中国海底科学研究进展

——庆贺金翔龙院士九十华诞

李家彪　方银霞　丁巍伟　主编

科 学 出 版 社

北　京

内 容 简 介

本论文集是为庆贺金翔龙院士九十华诞而编辑的专辑，为金院士学生和晚辈们在过去近十年的最新研究成果。内容主要涉及大陆边缘演化与动力学、海洋资源与成矿系统、海底沉积与环境效应、海底探测技术与方法四个方面。大陆边缘演化与动力学部分介绍了中国边缘海、东南亚、太平洋、北冰洋和南极等区域的结构探测、陆缘类型、动力模型及形成过程等方面的最新成果；海洋资源与成矿系统展示了目前包括热液硫化物、稀土资源、天然气水合物等海底资源地质过程和相应成矿体系；海洋沉积与环境效应部分展示了在不同海域海底沉积特征以及古-今环境指示意义；海底探测技术与方法则介绍了在包括海底地理实体命名、海岸带空间规划方法、海底原位探测技术、地震数据处理及成像在内的诸多最新海洋高新技术。

本文集可供从事海底科学研究的专业人员和大专院校师生参考。

审图号：GS 京(2024)0047 号

图书在版编目(CIP)数据

中国海底科学研究进展：庆贺金翔龙院士九十华诞 / 李家彪，方银霞，丁巍伟主编. —北京：科学出版社，2024.4

ISBN 978-7-03-077155-1

Ⅰ. ①中… Ⅱ. ①李… ②方… ③丁… Ⅲ. ①海洋地质学-文集 Ⅳ. ①P736-53

中国国家版本馆 CIP 数据核字(2023)第 233073 号

责任编辑：崔 妍 韩 鹏/责任校对：樊雅琼
责任印制：肖 兴/封面设计：图阅盛世

科 学 出 版 社 出版
北京东黄城根北街 16 号
邮政编码：100717
http://www.sciencep.com
河北鑫玉鸿程印刷有限公司印刷
科学出版社发行 各地新华书店经销
*
2024 年 4 月第 一 版 开本：787×1092 1/16
2024 年 4 月第一次印刷 印张：31 1/2
字数：747 000

定价：398.00 元

(如有印装质量问题，我社负责调换)

前　言

此论文集是为庆祝金翔龙院士九十华诞而编辑的专辑。

金翔龙院士是我国海底科学的奠基人，也是中国海洋地质与地球物理工作的开拓者之一，为中国海洋科学的发展做出了卓越贡献。新中国成立以来，金翔龙院士为中国边缘海的海底勘查与研究努力了长达四十余年，率先开展渤海、黄海、东海和南海的地球物理探测，在中国大陆架和邻近海域的勘查和资源评价方面做了连续的工作，对中国边缘海的地球物理场特征、构造格局、地壳性质、海底资源以及边缘海形成演化方面提出了独特的认识与见解。他在南海主持了首次大规模中德合作地质与地球物理调查航次，取得了深海洋盆洋壳地质属性的重要证据，发现了大量铁锰结核。大陆架与邻近海域的调查有力地支撑了我国大陆架与专属经济区的国家海洋权益维护，金翔龙院士因此受到国家表彰。

随着海洋科学和技术从边缘海向深海大洋的拓展，大洋矿产资源成为国际资源争夺的焦点。金翔龙院士主持、负责了多个原国家海洋局承担的大洋多金属结核资源勘探与开发研究国家重大专项。1990 年，金翔龙院士代表中国在联合国争取得到了东太平洋 15 万平方公里的理想矿区，使得我国成为世界上第 5 个国际海底先驱投资者，为中国进入大洋勘探开发的国际先进行列做出了巨大贡献。

除却在海洋基础科学调查与研究，金翔龙院士也同样重视高新探测技术在海洋科学中的作用，自 20 世纪 80 年代以来，通过与其他海洋科学家的联合上书、建言，金翔龙院士积极推动海洋领域的 863 项目立项，并在 20 世纪 90 年代后期终将海洋技术领域加入 863 计划。他主持了 863 海洋高技术研究项目“海底地形地貌与地质构造探测技术研究”，组织项目并重点研究海底多波束和深拖系统的全覆盖高精度探测技术，自主设计、开发了海底声像处理系统、海底视像处理系统和多波束海底地形电子成图系统 3 套软件，打破了国外软件在该领域的长期垄断，对我国海底探测、海洋测绘、海洋调查和海底科学等行业产生了深远的影响。

进入 21 世纪以来，面对国家能源供应日趋紧张的严峻形势，金翔龙院士积极推动我国海底天然气水合物资源的勘探研究，为我国南海神狐海域天然气水合物试采成功奠定基础。自然资源部组建以来，他着力推动海洋高新技术开发和海洋工程科学在国民经济方面的应用，积极为海洋强国建设献计献策。金翔龙院士认为，参与全球竞争的关键在于深海的技术研发，尤其是基础技术研发，除了各种“大国重器”的研发、设计外，很多看似不起眼的“小部件”也是真正的核心技术，在他的积极推动下，自然资源部第二海洋研究所团队在包括“海豚”漂浮式海洋地震仪、沉积物原位测试技术、海洋动力过程参数智能观测系统等方面取得创新性突破，打破了国外“卡脖子”技术垄断。

金翔龙院士不仅是海底科学领域的奠基人之一，更是多位学生和晚辈们的恩师和引领者。多年来，已经培养了硕士、博士研究生以及博士后 50 余名，专业涉及海洋地球物理与海底构造、海洋地质、岩石矿物学、海洋地球化学、大洋成矿等多个方面。他的学生已经遍布海洋系统的各个领域，并培养了中国工程院院士、国家特支计划领军人才、国家百千万人才、国务院特殊津贴获得者等诸多国家和省部级人才，为中国海洋科学的蓬勃发展注入了强大动力。

本论文集主要是金院士学生和晚辈们在近十年的最新研究成果，主要涉及大陆边缘演化与动力学、海底资源与成矿系统、海洋沉积与环境效应、海底探测技术与方法四个方面。大陆边缘演化与动力学部分介绍了中国边缘海、东南亚、太平洋、北冰洋和南极等区域的结构探测、陆缘类型、动力模型及形成过程等方面的最新成果；海底资源与成矿系统展示了目前包括热液硫化物、稀土资源、天然气水合物等海底资源地质过程和相应成矿体系；海洋沉积与环境效应部分展示了在不同海域海底沉积特征以及古-今环境指示意义；海底探测技术与方法则介绍了包括海底地理实体命名、海岸带空间规划方法、海底原位探测技术、地震数据处理及成像在内的诸多最新海洋高新技术。

本论文集由李家彪、方银霞、丁巍伟进行组稿并汇总。在编辑出版过程中得到了国内诸多专家学者的大力支持。自然资源部海底科学重点实验室吴自银、赵建如、孟兴伟，以及包括程立群、赖青海、李志锋、胡良明、张怡、亢瑞馨在内的研究生为本书进行了大量的编辑和校订工作，在此表示感谢。

编　者

2023 年 11 月 29 日

目　录

海底探测技术与方法

大陆边缘演化与动力学

东南亚环形俯冲系统的深部动力学过程及形成机制

李家彪*，丁巍伟[1]

1 自然资源部第二海洋研究所，自然资源部海底科学重点实验室，杭州 310012
*通讯作者，E-mail：jbli@sio.org.cn

摘要 东南亚位于特提斯构造域和太平洋构造域交汇处，其东、南、西分别被菲律宾俯冲带，爪哇俯冲带和苏门答腊俯冲带共同组成的环形俯冲带所围限，形成了地球上最大、最复杂的超级汇聚系统，对该区的深部结构、物质循环和动力过程一直缺乏清晰的认识一直是一个难以捉摸的科学谜团，既缺乏系统的科学观测，也缺乏公认的理论模型。本文在基于长周期天然地震观测数据的深部层析成像，和基于岩石地球化学数据的表层岩浆活动特征研究的基础上，对东南亚环形俯冲系统的深部结构、物质循环进行研究，并对 100Ma 以来动力学过程进行重建。指出研究区在深部地幔结构的精确重建，多期次俯冲与深部物质循环与浅部岩浆活动的影响，以及多板块汇聚的时空演变过程和耦合机制仍存在的挑战，未来需增加对东南亚环形俯冲系统高分辨率海陆联测三维地震层析成像的工作，结合地球化学分析和地球动力学模拟，以建立多板块超级汇聚环形俯冲系统的地球动力学新机制，发展相应的物质循环和动力演化的理论模型。

关键字 东南亚环形俯冲系统，深部结构，物质循环，岩浆活动，动力学演化模型

1 引言

在全球三大类板块边界中，俯冲带一直是人类探索地球深部的重要目标，不仅动力机制复杂，对人类影响直接，也是火山带、地震带、矿产带和能源带的交汇（如张培震等，2003）。俯冲带是地表物质返回地球深部的主要通道，其俯冲动力与循环对流模式是板块构造理论的基石和经典。然而当线性的俯冲带不断弯曲演化，最终形成三边俯冲的复杂的环形系统时，原有的板片形态、深部结构和对流模式将会极大改变，动力机制更趋复杂。环形俯冲系统主要发育于多个板块交接的复杂动力区域，根据俯冲极性可以分为向外型和向内型二类，其中三边向内俯冲的环形系统，由于本身构成了一个巨大的多板块汇聚系统，是环形俯冲系统中最复杂的表现形式，引发了一系列当今板块构造理论难以解释的新问题、新现象。

基金项目：国家自然科学基金（Nos 42025601）
作者简介：李家彪，院士，主要从事大陆边缘动力学研究，E-mail：jbli@sio.org.cn

东南亚环形俯冲带正是这类系统的典型代表。作为地球上独特的超级汇聚系统，它东西分割太平洋和印度洋，南北衔接澳大利亚陆块和欧亚板块，在东、西、南三个方向上分别被菲律宾海板块、印度洋-澳大利亚板块俯冲，形成了一个巨大的环形俯冲汇聚系统-东南亚环形俯冲系统（图 1），在三边汇聚的挤压应力场下，其内部又发育了大量的拉张型边缘海盆，包括南海，苏拉威西海，苏禄海等。虽然在斯科舍海、加勒比海和地中海也有发现类似的环形俯冲带，但是东南亚环形俯冲系统在规模上和复杂程度上都远超前者，其物质和能量的深部循环与最终归宿一直是一个捉摸不透的科学谜团，既缺乏系统科学观测，也缺乏公认的理论模型，使得厘清该区域动力学演化过程成为地球科学的难题之一。同时它又是全球地震、海啸灾害频发区，资源、能源富集区，也是我国“一路一带”倡议、国家海洋战略和维权的重点区域。因此，东南亚环形俯冲系统是当今板块构造动力学研究的国际前沿和潜在突破口，也是推动板块理论发展和验证科学假说的绝佳场所，亟需对该区的深部结构、物质循环、岩浆响应和动力学过程进行深入研究，以探讨东南亚环形俯冲系统形成机制。

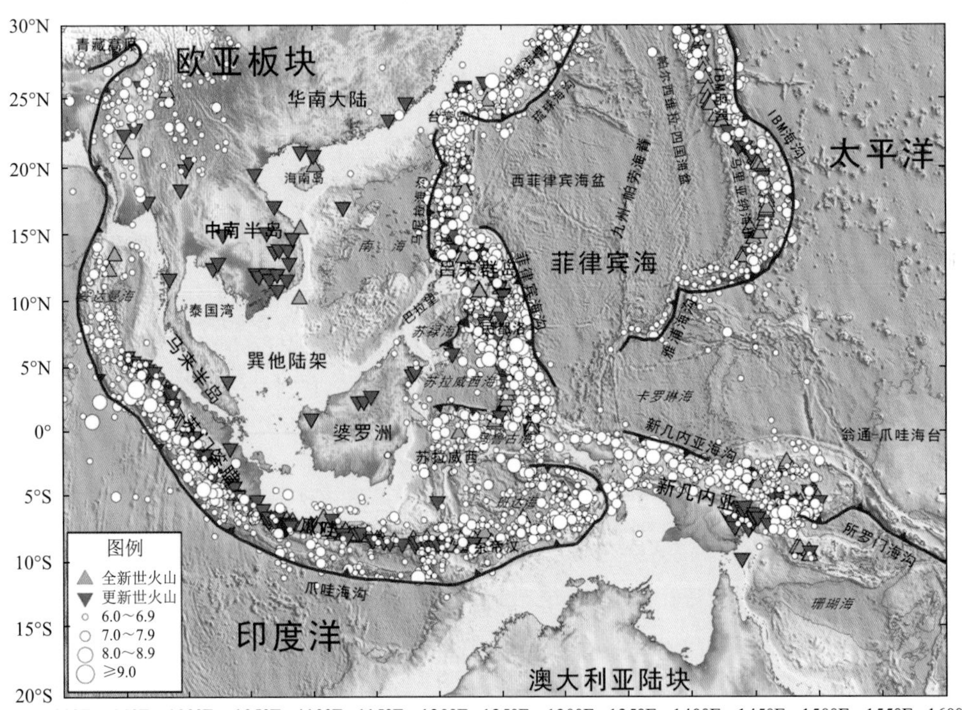

图 1　东南亚环形俯冲系统及周缘区域主要构造单元分布图

2　东南亚环形俯冲系统的深部结构

由于俯冲的大洋岩石圈相对于周围地幔具有明显的低温异常，在地震层析成像中表现为高速异常体而较易识别，因此地震层析成像技术成为研究地球内部非均一最为有效的方法之一。近年来基于东南亚陆地地震台站天然地震开展了一系列层析成像工作，发现了印度-澳大利亚俯冲板片在走向上存在俯冲角度和滞留深度的不一致性，即西侧苏门答腊俯冲带以高角度俯冲到达地幔转换带或更深的位置；而南侧的爪哇俯冲带俯冲板片平躺在下地幔（Hall and Spakman，2015；Huang et al.，2015；Li et al.，2008），同时在部分俯冲板片内发现板片窗（Hall and Spakman，2015；Wehner et al.，2022；Wang et al.，2022）。然而由于所用数据和反演方法的不一致性，具体到单个俯冲带，俯冲板片的形态与延伸深度依然存在较大的争议。比如对于爪哇俯冲带的东侧区域，有研究认为俯冲板片滞留在地幔转换带（Li et al.，2018；Hua et al.，2022），也有学者认为俯冲板片已经穿过地幔转换带进入下地幔（Li et al.，2008；Huang et al.，2015；Kong et al.，2022）。Li 等（2018）利用远震层析成像分析发现，苏门答腊下方俯冲板片到达 500km 深度；而 Liu 等（2018）利用近震和远震数据相结合的地震层析成像分析发现，苏门答腊北部下方俯冲板片已经到达 800km 的深度；全球地震层析成像模型则表明，苏门答腊地区俯冲板片的深度达到了 1000～1200km（Pesicek et al.，2008；Widiyantoro and van der Hilst，1997；Hua et al.，2022）。导致这些认识分歧的主要原因是缺乏关键海盆地震台站覆盖，影响了地震层析成像结果的分辨率和可靠性。

针对上述问题，自然资源部第二海洋研究所于 2019～2020 年对东南亚地区开展了宽频海底地震仪（Ocean Bottom Seismonitor，OBS）的天然地震观测，共有 17 个台站获取了长达 10 个月的地震观测数据，填补了东南亚地区海域长周期地震观测空白。本文基于 17 个 OBS 台站与 572 个陆地地震台站记录到的近震 P 波到时和远震 P 波相对走时残差，采用远近震联合层析成像方法，获得了基于海陆联测的东南亚地区地幔结构。使用水平方向 1°，深度方向 10km～100km 的网格开展了分辨率测试。结果表明：在陆地台站和 OBS 台站下方，上地幔、地幔过渡带和下地幔上部（深度<1500km）成像结果较好，模型分辨率约为 1°（约 100km），东南亚内部海域下方从上地幔到下地幔的速度结构得到显著提高。

本文由西向东截取了三条不同走向的剖面（图 2 中 AA’，BB’，CC’剖面）进行地质解释，同时在分辨率测试合格的区域，基于地震波高速异常体的识别与解释，对俯冲板片的三维形态进行了地质建模（图 3）。

2.1 P 波速度结构特征

在苏门答腊北侧，印度-澳大利亚俯冲板片呈近 N-S 向一直向北延伸到缅甸北部，俯冲角度在 25°～50°之间，至 120km 深度后变得较为陡直，并一直延伸至 600km 左右。而在安达曼群岛下方俯冲板片的角度更为陡直，部分区域可以达到近 90°，俯冲板片角度与板片的年龄基本正相关。在苏门答腊北部下方，俯冲板片的走向发生了明显的变化，与地表岩浆弧及海沟的走向相一致，但是在深部板片走向上的弯曲程度逐渐加大，并形成了明显的褶曲。

在苏门答腊中部和南部下方俯冲的印度-澳大利亚俯冲板片形态相对较为简单（图 2，AA’剖面），大致呈 NW-SE 向展布，俯冲角度随深度逐渐加大，并近乎陡直穿过地幔转换带。在下地幔 800～1500km 深度观测到纵向条带状高速体残留[图 2，AA’剖面中高速异常体 1（HVB1）]，与现今印度-澳大利亚的俯冲板片之间存在间断，推测为新特提斯洋俯冲残片。在苏门答腊和巽他陆架下方均有大范围的低速异常，从上地幔一直延续到下地幔[图 2，AA'剖面中低速异常体 1（LVB1）]，尤其在苏门答腊下方，与该区强烈的弧后岩浆活动一致（Cullen et al., 2013；Breitfeld et al., 2019）。在上述区域下地幔 1200km 深度观测到高速体的残留，并向下延续到 1500km 处，推测为新特提斯洋俯冲的残片（图 2，AA'剖面中 HVB2）。在南沙群岛之下地幔转换带观测到滞留板片，菲律宾岛弧带之下则为对向俯冲的马尼拉俯冲带和菲律宾俯冲带，该区之下也为地震多发区，地震震中深度基本集中在 300km 以浅的区域。

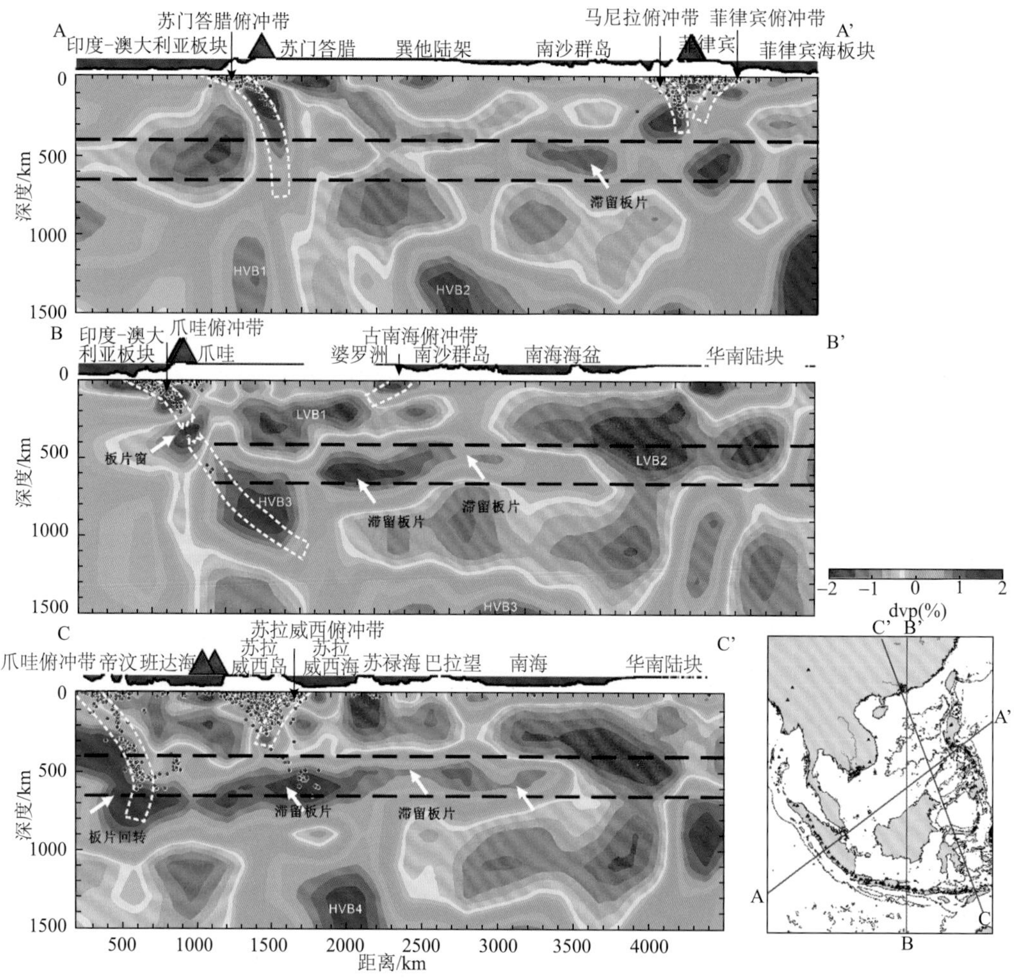

图 2 Vp 层析成像剖面所揭示的新特提斯洋东南段深部结构

AA'为 NE-SW 走向，横跨印澳板块-苏门答腊-巽他陆架-南沙群岛-吕宋群岛-菲律宾海；BB'剖面为 NS 走向，横跨印澳板块-爪哇-婆罗洲-南沙群岛-南海海盆-华南陆块；CC'剖面为 NWN-SES 走向，横跨帝汶-班达海-苏拉威西海-苏禄海-南海海盆-华南陆块。红色和蓝色分别表示 Vp 低速及高速异常。红色圆点表示天然地震位置。红色三角形为活动火山。黑色断续线为地幔转换带 410 km 和 660 km 界面。白色虚线标识俯冲板片，浅部根据天然地震分布限定，深部根据高值速度异常推测，俯冲板片厚度为示意性

在爪哇俯冲带下方，印度-澳大利亚俯冲板片在海沟处俯冲角度较为平缓，随深度加深而逐步增加至 60°左右，并穿过地幔转换带（图 2，BB'剖面）。从震源深度的分布

也可以看出，天然地震虽然主要集中在300km以浅，但在深部也有分布，最深可达600km。在婆罗洲下方下地幔可以看到比较连续的高速体（图2，BB’剖面中HVB3），随着深度增加俯冲角度减少，俯冲板片滞留在下地幔1500km深度，整体表现为北向俯冲。在婆罗洲下方上地幔大范围的低速异常（图2，BB’剖面中LVB2）与该区地表新生代板内岩浆活动相对应（Cullen et al.，2013；Breitfeld et al.，2019）。在婆罗洲和南沙群岛下方地幔转换带观测到的滞留板片比AA’剖面南沙群岛之下地幔转换带的滞留板片有所加大，并一直向北延续到南海海盆下方。在南海海盆下方，上地幔和下地幔均有大范围的低速异常（图2，BB’剖面中LVB2），最深可达1500km位置。在南海北部陆缘，也即海南岛的东部区域两者连通，该区域和前人广泛报道的海南地幔柱的位置相一致（Lei et al.，2009；Huang，2014；Xia et al.，2016；Yu et al.，2018；Wang et al.，2022）。

值得注意的是爪哇岛下方280～400km高速体出现明显的间断（图2，BB’剖面），该间断同时也是地震的空白区，表明存在板片窗，下地幔低速体从俯冲板片下部穿越该板片窗进入地幔楔。利用Lithgow-Bertelloni和Richards（1998）的俯冲板片年龄-深度对应关系可以得出，该板片窗形成的时代大约是8Ma左右。与该板片窗对应的爪哇岛地表有五座富钾的超级火山，Kong等（2022）将其解释为来自软流圈地幔的贡献。

在最东侧的CC’剖面（图2），印度–澳大利亚俯冲板片角度较大，穿过了地幔转换带，且发生板片回转。在苏拉威西海下方1100～1500km处有高速体（图2，CC’剖面中HVB4），为新特提斯洋俯冲板片残留。该区域由于澳大利亚陆块北缘已经与帝汶岛发生陆陆碰撞，与现今印度–澳大利亚俯冲板片发生断离，并导致800 km以浅的俯冲板片发生回转。在该剖面地幔转换带的高速体分布范围更广、更连续，从苏拉威西岛下方一直延续到南海的下方。与剖面BB’类似，南海海盆下方的上地幔和下地幔均存在被地幔转换带的高速体所分隔的大范围低速异常。

从剖面AA’、BB’、CC’可以看出，在东南亚内部的地幔转换带存在大规模的高速异常体，范围涵盖南海海盆、南沙群岛、婆罗洲及爪哇等区域，而且表现为由东向西逐步缩小和不连续的特征。我们推测这些高速异常体为来自太平洋构造域东南亚洋俯冲的滞留板片，当然在爪哇南部和东帝汶区域下方也不排除有部分澳大利亚陆块俯冲的贡献。

2.2 新特提斯洋与印度–澳大利亚板块的时空过渡

以苏门答腊和爪哇交接处为界，地震层析成像在上下地幔识别出的俯冲板片在展布方向上显示出不一样的特征（图3）。在交接处东部，俯冲带在上下地幔展布方向均为近E-W向，向北俯冲，整体表现连续，从浅部一直延续到1500km深度，俯冲角度越往深越平缓。但是，在苏门答腊交接处西部，上地幔和下地幔俯冲板片的走向和俯冲方向均出现明显差异。俯冲板片在上地幔大致为近NS向至NW向展布，与地表海沟–岛弧展布方向一致；而在下地幔，俯冲板片为近NNW向，大致在苏门答腊中部下方500～800km开始断离，我们认为在下地幔的高速体是新特提斯洋的残留板片。地震活动分析同样表明，在苏门答腊北部天然地震震源都在250km以浅的区域，而在苏门答腊南侧震源可以深达670km。

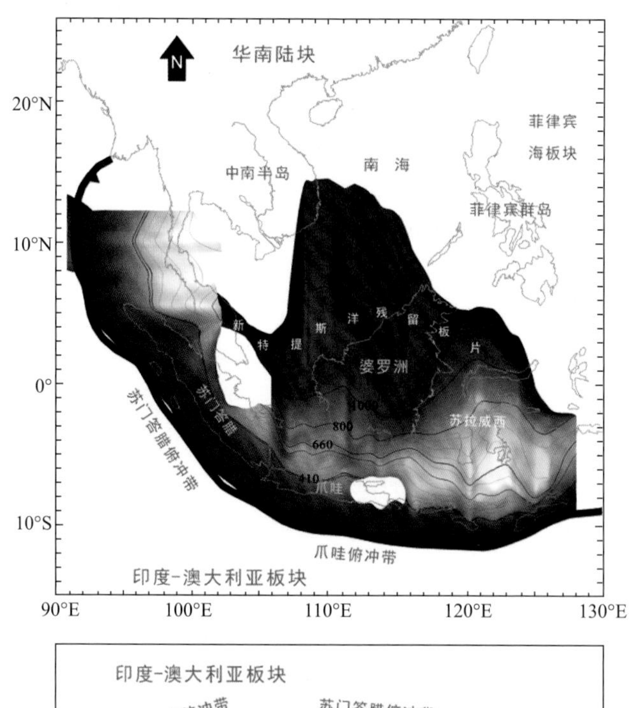

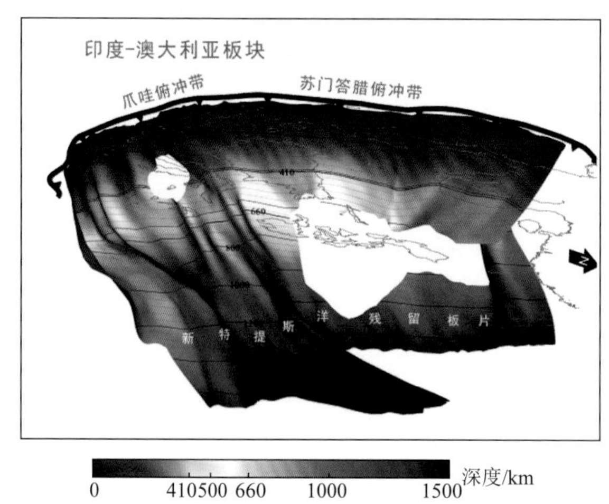

图 3 东南亚下部俯冲板片三维示意图

在下地幔可见新特提斯洋俯冲残留板片。在爪哇海沟一侧新特提斯洋残留板片俯冲角度较小，近似平坦，与上地幔印澳俯冲板片相接，在 300～500km 之间存在板片窗；在苏门答腊海沟一侧新特提斯洋残留板片俯冲角度较大，展布方向为近 NWW-SEE 走向，与上地幔印澳俯冲板片方向不一致，两者在爪哇和苏门答腊交接处发生断裂。颜色表明不同深度。红色线为地幔转换带 410km 和 660km 界面。上图：视角为鸟瞰图；下图：视角由 NE 看向 SW 方向

对印度-欧亚碰撞前新特提斯洋的动力学重建表明，在 60Ma 之前新特提斯洋俯冲板片主要呈 NNW 方向展布，向西一直到地中海，长度超过 10000km（朱日祥等，2022）。俯冲带与现今形态有很大的差异，延伸的范围也更大。其后由于印度陆块快速向北漂移，与欧亚板块在 60～50Ma 发生穿时碰撞（Decelles et al.，2014；Wu et al.，2014；丁林等，2017；Zheng and Wu，2018；Baral et al.，2019；An et al.，2021）。缅甸下方最古老的高速异常体是新特提斯洋板片北向俯冲的残留，随着新特提斯洋主体的闭合，俯冲极性逐渐由北转变为向东俯冲，大致以苏门答腊与爪哇交接处为轴逐步发生顺时针旋转；

而下地幔残留的板片依然与新特提斯洋近 NNE 俯冲走向一致，也就是说俯冲的新特提斯岩石圈发生了断离。断离的时间大致在 20～25Ma 左右（Richard et al.，2007）。青藏高原的隆升伴随着印支陆块向 SE 方向的挤出（Tapponnier et al.，1982；van Hinsbergen，2011），俯冲带逐渐向南回撤（Wu et al.，2016；Schellart et al.，2019），演化成近圆弧形的苏门答腊-爪哇俯冲带。

在苏门答腊往东至爪哇、东帝汶一侧，新特提斯洋和现今印度-澳大利亚板块的俯冲方向并未发生明显变化，45Ma 以来澳大利亚陆块向北漂移了近 1500km，也即沿着俯冲带有至少近 1500km 的新特提斯洋板块和现今印度-澳大利亚板块已经俯冲消减，俯冲板片一直延伸至 1500km 深度。

综上所述，大致以苏门答腊和爪哇交接处为界，西侧新特提斯洋俯冲板片和印度-澳大利亚俯冲板片已发生断离，前者已俯冲至下地幔，呈 NWW 向展布；后者主要集中在上地幔，展布方向与海沟大体一致；而在东侧，新特提斯洋和印度-澳大利亚俯冲板片仍为一体，新特提斯洋俯冲板片主要滞留在约 1500km 深处。

俯冲板片进入地球深部后有两种经典模式：一种是穿过地幔转换带后，亟需向下俯冲至核幔边界，比如马里亚纳海沟；一种是俯冲板片滞留在地幔转换带，比如中国东部的太平洋俯冲板片。现今对东南亚深部的地震层析成像表明新特提斯洋的俯冲板片穿过了地幔转换带，但是却滞留在了下地幔，水平延伸了数百千米，虽然在汤加俯冲带和秘鲁俯冲带也观测到俯冲板片在下地幔滞留的现象（Fukao and Obayashi，2013），但是如东南亚之下在地幔转换带又有另外的俯冲板片的滞留，这种在地幔转换带和下地幔均有俯冲板片滞留的地幔结构极为特殊，与传统的地幔对流模式结构有着显著的区别，其原因及相应的物质循环模式有待于未来深入研究。

3 东南亚环形俯冲系统的物质循环与岩浆响应

东南亚环形俯冲系统的形成不仅铸就了深部独特的地幔结构，而且促使物质和能量的深浅循环。大量的表面岩石圈物质随着俯冲带进入地球的深部，造就了地球表面岩石圈物质向深部循环的巨大“黑洞”。根据 GPS 观测获得的俯冲速率（Simons et al.，2007；DeMets et al.，2010），以及俯冲带的整体长度，我们利用以下公式对每年通过东南亚环形俯冲系统进入地球深部的俯冲量进行了计算：

$$V=H_{\mathrm{lithos}}*L*V_{\mathrm{RPM}}$$

其中，H_{lithos} 为俯冲板片的岩石圈厚度，L 为俯冲带的长度，V_{RPM} 为板块相对运动速率。该公式基于几个假设：①俯冲带的上、下盘的汇聚全部体现为俯冲作用；②所有的岩石圈均俯冲至深部。计算结果表明现今西边印度板块向东北和澳大利亚板块向北约有 23.4km^3/a 的岩石圈物质进入地球深部，东边的菲律宾海板块向西俯冲的岩石圈物质约为 5.8km^3/a；故东南亚地区三边俯冲系统的俯冲总量约为 29.2km^3/a。相比印度板块与欧亚板块碰撞约有 10.8km^3/a 的大陆岩石圈物质被挤压造山和俯冲到青藏高原底部的地幔中

（Gan et al.，2007），东南亚环形俯冲系统向深部输入的岩石圈物质巨大，至少是青藏高原的 3 倍多。因而在东南亚环形俯冲系统的深部汇聚了大量俯冲的地壳（印度洋和太平洋洋壳）、沉积物，以及水、碳和强不相容元素在内的化学物质，如此多的俯冲“原料”进入相对狭小的汇聚空间，势必造成地幔物理化学性质的变化。虽然我们仍然不知道所有这些俯冲物质的最终命运，也不知道板块-地幔混合和熔融过程的详细过程，但部分物质会以岩浆形式返回地表。这一点在地球物理证据中得到了突出体现，即在东南亚下方的上地幔，特别是在南海及其邻近地区，存在广泛的低速异常区域。在南海北部大陆边缘、中南半岛和南海盆地广泛而大量地发生了跨弧样带和沿弧样带的火山熔岩、板间岩浆活动和板内玄武岩岩浆活动（图 4）。

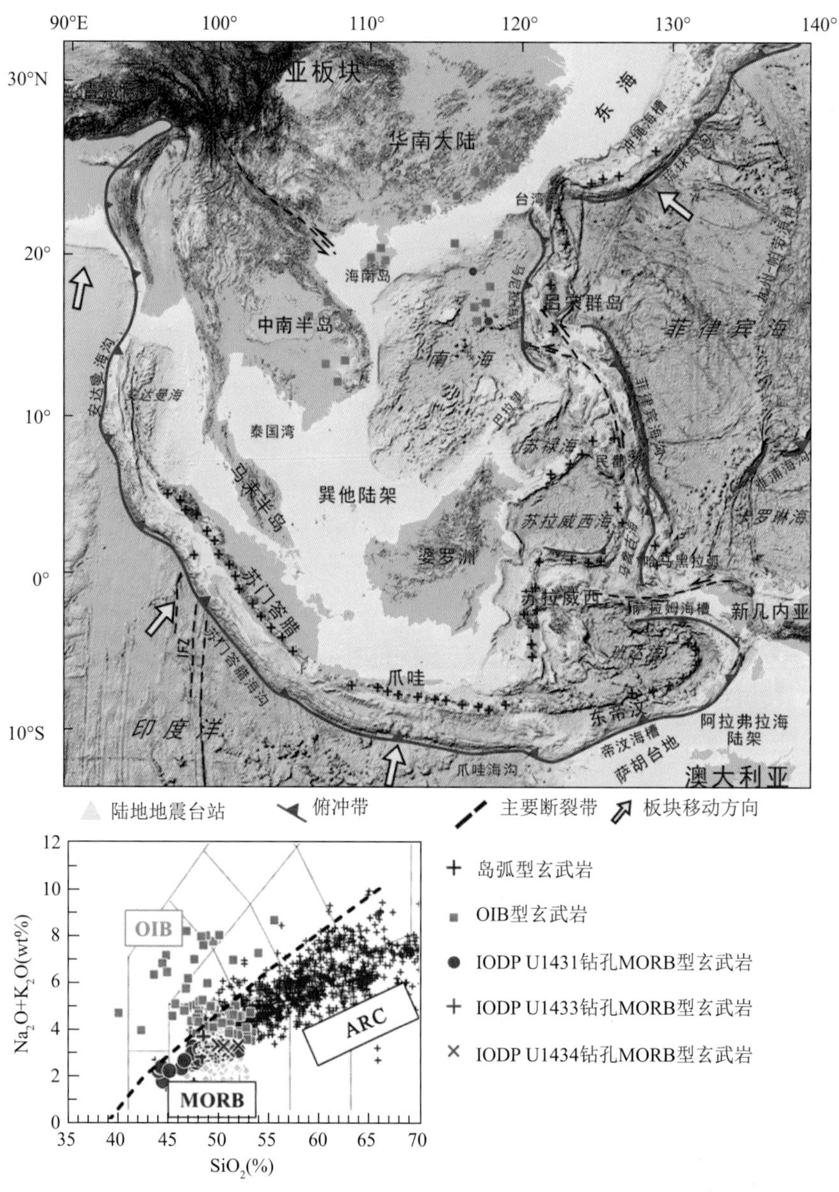

图 4　东南亚环形俯冲系统新生代玄武质岩浆活动分布图（上）及典型样品二氧化硅 vs 总碱指标（下）

3.1 东南亚环形俯冲系统的岛弧岩浆活动

东南亚环形俯冲系统发育了一系列的弧岩浆活动，如南海沿马尼拉海沟的俯冲以及菲律宾海板块沿菲律宾海沟的俯冲形成了从中国台湾到菲律宾民都洛之间南北向展布约1200km的吕宋弧火山岩带（Defant et al.，1989），印度洋-澳大利亚板块向巽他地块俯冲形成了从安德曼、苏门答腊、爪哇至班达海的长达 5600km 的巽他-班达弧火山岩带（Hamilton，1979；Vroon，1992；Honthaas et al.，1998），受苏禄海、苏拉威西海以及菲律宾海板块俯冲及其岛弧碰撞拼贴形成了棉兰老弧火山岩区（Pubellier et al.，1991；Rangin and Silver，1991）。

巽他-班达弧的火山活动从古近纪一直持续到现代，并且在成分上发生显著变化，其早第三纪主要为岛弧拉斑玄武岩，新近纪主要由安山岩组成，少量为英安岩和玄武岩，也具有典型的岛弧岩浆的地球化学特征（Hutchison，1982），但在上新世—第四纪主要为中钾钙碱性岩浆活动，显示出典型的陆弧火山特征（Soeria-Atmadja and Noeradi，2005）。棉兰老弧火山岩区内的岩浆岩亦为典型的大陆弧岩浆作用产物，发育有一系列的从玄武岩至流纹岩的钾质钙碱性火山岩以及埃达克岩等（Solidum et al.，2003；Rae et al.，2004；Macpherson et al.，2006）。有关巽他-班达岛弧和棉兰老弧火山岩区的岩浆岩及其相关的沉积岩已有大量研究，包括矿物学、岩石学、全岩元素地球化学及其 Sr-Nd-Hf-Pb 同位素等，涉及其形成时代、火山喷发机制、源区特征以及构造背景等（Honthaas et al.，1998；Handley et al.，2011；Harris et al.，2009；Métrich et al.，2017）。

南海沿马尼拉海沟的俯冲形成了吕宋岛弧，但是有关开始俯冲时间、俯冲系统的物质循环以及洋中脊俯冲机制都还存在较大争议。不同研究者依据马尼拉俯冲系统的不同地质事件来限定南海开始俯冲的时间，所获年龄结果跨度较大。早期研究认为南海东向俯冲起始于晚渐新世（Bachman et al.，1983；Hayes and Lewis，1984）。后续基于 Sr-Nd 同位素的工作表明初始俯冲时间为早-中中新世（Polve et al.，2007），甚至晚至 9Ma（Liu et al.，2020），而晚渐新世的地质记录主要和西菲律宾海沿着古东吕宋海槽的西向俯冲相关（Wolfe et al.，1988；Yumul et al.，2003；Hollings et al.，2011；Waters et al.，2011；Huang et al.，2018）。另外，前人对吕宋岛弧岩浆进行了大量的 Sr-Nd-Pb 同位素组成研究，并发现同位素比值在纬度上呈现系统变化的特征，如由 23°N（海岸山脉）向 16°N（北吕宋岛弧）呈现出 Sr 同位素比值降低的趋势，由 16°N 继续向南则呈现出增加的趋势（Defant et al.，1990），被解释为南海由南北两翼到洋中脊的大陆沉积物对吕宋岛弧岩浆不同贡献有关。值得注意的是，上述关于研究均未考虑古南海俯冲对吕宋构造和岩浆活动的影响（Hall 和 Breitfeld，2017），也使得吕宋岛弧的研究增加了更多的不确定性。

因此，东南亚环形俯冲系统不仅发育有洋-洋板块俯冲形成的岛弧，还发育有洋-陆俯冲形成的大陆弧。大陆弧的岩浆作用过程及组成都要比岛弧更为复杂，陆壳组分贡献、岩浆混合作用以及俯冲洋壳来源的流体、熔体共同控制了大陆弧岩浆的形成及成分变化。东南亚环形俯冲系统的最大特点是俯冲角度变化大，涉及印度洋板块、菲律宾板块和太平洋板块，目前并不清楚这些边界条件是如何影响岛弧岩浆作用的。回答这一问题需要系统考察东南亚环形俯冲系统岛弧岩浆的时空变化，考察俯冲板块的年龄、组成与性质，剖析岛弧岩浆源区的组成、性质与各边界条件之间的关系。

3.2 东南亚环形俯冲系统的板内岩浆活动及海南地幔柱

目前有关东南亚环形俯冲系统内海盆岩浆活动的研究受限于样品（主要依赖于拖网和大洋钻探）较为有限。苏禄海海盆由拖网获得的玄武岩-粗面安山岩样品的年龄为9～7Ma，为具有Nb-Ta负异常的弧后盆地岩浆岩（Honthaas et al.，1998）。班达海的拖网样品包括～10Ma的弧后玄武岩、8～7Ma的钙碱性安山岩以及7～3Ma的洋岛玄武岩和安山岩（Honthaas et al.，1998）。来自地球物理数据的研究表明南海有大规模的扩张期后岩浆活动，表现为海盆内的海山、洋壳内的岩浆侵入体和陆缘区的下地壳高速体（Xu et al.，2012；Fan et al.，2017；Zhao et al.，2020）。有限的钻井数据和岩石拖网数据表明在南海陆缘的岩浆活动年代在23～17Ma的区间（Fan et al.，2017），海盆内海山的年龄在15～3Ma的区间（Yan et al.，2014）。Zhao等（2020）计算出南海海盆内海底面以上海山的总体积为32676 km，几乎接近于一个中等规模的大火成岩省（LIPS）。

2014年IODP 349航次和2017年的IODP 367&368航次分别在南海终止扩张前洋脊和初始扩张洋脊进行了钻探，获得了代表初始扩张和最后扩张期的洋中脊玄武岩，为地球化学研究提供极为难得的机会。根据IODP 349航次获得的西南次海盆和东部次海盆的MORB的微量元素及其Sr-Nd-Pb-Hf同位素（Zhang et al.，2018；黄小龙等，2020），两个海盆具有明显不同的地幔源区特征，这种空间分布特征与环形俯冲系统俯冲物质的再循环有着直接关系（Lin et al.，2019；Yang et al.，2023）。

华南大陆沿海地区和中南半岛在新生代期间同时发生了大规模板内玄武质岩浆活动。越南-柬埔寨东部地区新生代玄武岩最为发育，主要集中分布于中南部西原高地及其东部岛屿，以拉斑玄武岩为主，含少量碱性玄武岩，形成时代为16.5～0.2Ma（Fedorov and Koloskov，2005；Tri and Khuc，2009）。老挝南部布拉万高原发育碱性玄武岩、橄榄拉斑玄武岩和石英拉斑玄武岩，喷发时代为15.7～0.5Ma（Sanematsu et al.，2011）。泰国呵叻高原分布有碱性玄武岩，喷发时代为0.9Ma（Zhou and Mukasa，1997）。总体上，中南半岛新生代玄武岩岩石自16Ma开始碱性逐渐增强，到6Ma出现碱性玄武岩（石学法，鄢全树，2011）。元素和同位素地球化学研究表明，中南半岛新生代玄武岩具有OIB型微量元素特征，但其Sr-Nd-Pb同位素显示亏损的印度洋型MORB和EM2组分两端元混合特征（An et al.，2017；Hoang et al.，2018），但对于EM2组分的来源存在很大的分歧，可能为再循环洋壳（An et al.，2017；Hoang et al.，2018；Liu et al.，2015；Wang et al.，2012）、俯冲沉积物（Mukasa et al.，1996）或大陆岩石圈地幔（Flower et al.，1992；Hoang et al.，1996；Zhou and Mukasa，1997）。岩石成因的认识分歧导致研究者提出了截然不同的地球动力学机制：①印度-欧亚大陆碰撞引发地幔挤出过程中伴随的软流圈-岩石圈地幔相互作用（Flower et al.，1992，1998；Hoang et al.，1996，2013；Zhou and Mukasa，1997；Koszowska et al.，2007）；②地幔柱上升过程中橄榄岩+榴辉岩/辉石岩减压熔融（An et al.，2017；Wang et al.，2012）。

地幔柱是地球内部主要运动形式之一，传统认为起源于核幔边界，俯冲板片进入下地幔的物质经过加热和相变，重新穿越地球内部的各个圈层结构到达地表（e.g. Hofmann et al.，1988；Campbell and Griffiths，1990；Courtillot et al.，2003；Li and Zhong，2009；Wang et al.，2012）。大量的地球物理证据表明在海南-雷州半岛的下方，以及南海西北部陆缘上地幔有明显的低速异常（e.g. Lei et al.，2009；Hall and Spakman，2015；Huang，2014；Huang et al.，2015；Xia et al.，2016；Mériaux et al.，2015；Yu et al.，2018）。虽然 Li 等（2006）认为该低速异常源自地幔转换带，但后续研究发现在海南岛下方的地幔转换带比全球平均厚度要小 40～50km，而且有～270-380°C 的正温度异常（Huang et al.，2015），表明有下地幔热物质的上涌，由此命名为海南地幔柱（Lei et al.，2009；Wang et al.，2013）。Wang 等（2012，2013）研究揭示海南玄武岩具有高的地幔潜能温度，源区含再循环俯冲洋壳和深部物质组分，从岩石学和地球化学上支持了海南地幔柱模型。

大多数的地幔柱以及相应的大火成岩省（LIPS）的形成与核幔边界的大型 S 波低速省（Large Low Shear Velocity Province，LLSVP）有关，然而海南地幔柱的位置远离位于太平洋的 Jason 和非洲下方的 Tuzo 大型 S 波低速省，这意味着如果海南地幔柱模型得到确认，它很可能代表了一种新的类型的地幔柱模式，而且其形状也与传统的单一柱状有明显区别。Xia 等（2016）层析成像结果显示出海南地幔柱位于下地幔的柱尾的周长为 200～300km，而柱头在地幔转换带附近，而进入上地幔后，柱头分解为多个细小的导管形状的结构。Huang（2014）的层析成像结果同样显示低速异常体延伸到了地幔转换带下方，并不是简单的一个柱子形状，而是倾斜的复杂形状。Hall 和 Spakman（2015）研究部认为在地幔转换带以上低速体分布大致偏东北向，但在深度大于 1000km 后，在海南岛西边有低速异常体分布。基于最新的海陆联测天然地震观测数据的地震层析成像表明，在南海西北部陆缘下地幔的低速体可以深至超过 1500km，同时在印支半岛和整个南海海盆的下地幔，也有大范围的低速异常分布（丁巍伟等，2023）。从以上研究不难看出，即便是支持上地幔的低速异常体来源于下地幔，即支持海南地幔柱模型，但不同研究成果提供的低速异常体的深度分布、来源方位、几何形态等方面差异很大。而且对于下地幔的低速体是否一定为海南地幔柱，也存在很多疑问，尤其是在南海海盆大部和印支半岛南部，如果大范围的低速异常用单一的地幔柱模式很难解释，很可能有其他原因导致的地幔热物质上涌，比如滞留在下地幔 1500 km 深度的新特提斯洋残留板片导致的脱水熔融。

4 东南亚环形俯冲系统的演化过程

现今的东南亚主要由三叠纪至白垩纪期间从冈瓦纳裂解而北漂至此的西缅、巽他、新几内亚陆块等（Audley-Charles et al.，1988；Hall，2012；Smyth et al.，2007；Metcalfe，2021；Hall 和 Spakman，2015；Li et al.，2020），也有太平洋俯冲增生形成的岛弧型陆块，如菲律宾岛弧带等（Wu et al.，2016），以及小部分东南亚内部边缘海盆地相互俯冲形成的陆块（Hall，2012），如北苏拉威西岛弧带，还有从华南大陆裂解的微陆块（Sibuet et al.，2016；Ding et al.，2018），如南沙和巴拉望。因此，将中生代以来新特提斯洋和东侧太平洋地球动力学过程统一考虑是非常必要的。为此，本文以东南亚环形俯冲系统为中心，同时兼顾特提斯构造域和太平洋构造域的动力过程重建。西侧印度陆块和欧亚板块间的动力学重建主要在 Müller 等（2019）全球模型的基础上进行修改。

4.1 晚中生代：新特提斯洋东南段俯冲及与太平洋的交互作用

新特提斯洋的形成始于基梅里陆块群在早二叠世早期从冈瓦纳大陆分离。这里需要注意的是，本文新特提斯洋指的是新特提斯洋的主体以及在不同区域发育的小洋盆，如羌塘陆块和拉萨陆块之间的班公-怒江洋，科西斯坦岛弧和拉萨陆块之间的雅鲁藏布江洋，印度陆块北部的北印度海，澳大利亚陆块北部的北澳大利亚洋等。白垩纪早期开始，冈瓦纳大陆主体开始快速裂解，印度陆块与非洲大陆和澳大利亚陆块分离并逐渐向北漂移。西缅陆块、印度尼西亚陆块（包括苏门答腊，爪哇和婆罗洲）具有与澳大利亚相似的基底（Hall，2012；Zhang et al.，2021），为晚侏罗世从澳大利亚北缘裂解向北漂移的产物。

早白垩世末期[图 5（a），100Ma]，在特提斯构造域东段，印度陆块向北漂移，而澳大利亚陆块的位置相对不动。新特提斯洋向北俯冲，形成了一条近东西向位于赤道附近的科西斯坦岛弧带，包括了科西斯坦岛弧、西缅陆块以及从澳大利亚陆块北部裂离的部分微陆块。印度、澳大利亚与北侧欧亚板块之间洋中脊扩张方向并不相同，通过三联点构造和转换断层进行协调。在澳大利亚陆块的北部洋盆的洋中脊走向为 NWW 向，我们将该洋盆命名为北澳大利亚洋，与新特提斯洋洋中脊之间通过 NNW-SSE 向转换断层协调。在太平洋构造域，伊泽奈崎板块正在向欧亚板块俯冲，而现代的太平洋从三联点开始发生扩张，其西南端向澳大利亚和南极陆块之下俯冲（Becker and Faccenna，2009）。

晚白垩世中期[图 5（b），85Ma]，西侧印度陆块快速北移，与科西斯坦岛弧之间的新特提斯洋快速缩减，包括印尼陆块和西缅陆块均向北漂移，并与亚洲大陆东南缘拼贴。东侧澳大利亚陆块相对不动。北侧的北澳大利亚洋持续扩张，其北侧开始向菲律宾岛弧带之下俯冲消减。现今已经消亡的东南亚洋的形成很可能是北澳大利亚洋俯冲形成的弧后盆地，因为在该阶段包括伊泽奈崎板块和太平洋板块均向 NW 向漂移，并分别俯冲至欧亚板块和北澳大利亚之下，如若东南亚洋为太平洋板块俯冲后撤相关的弧后盆地（Wu 等，2016），近 NWW 向的构造展布与太平洋板块运动方向近乎平行，动力机制上难以协调。

4.2 新生代：新特提斯洋东段的消亡及东南亚环形俯冲系统的形成

进入新生代[图 5（c），60Ma]，印度陆块向北加速漂移，科西斯坦岛弧及东部诸多陆块均已与欧亚板块拼贴，新特提斯洋中脊已经俯冲消减于欧亚板块南缘（Metcalfe，2021；Seton et al.，2020），大洋面积持续缩小。澳大利亚陆块在该阶段依旧处于相对静止状态，北侧与欧亚板块之间距离未见缩短。在太平洋构造域，伊泽奈崎板块-太平洋板块继续向欧亚板块之下俯冲。东南亚洋开始受到太平洋板块俯冲后撤的影响，进入大规模弧后海底扩张阶段，海盆的范围进一步扩大。晚白垩世华南陆缘受太平洋板块俯冲后撤影响形成的古南海（Hall，2012），新生代已经开始向南俯冲于东南亚洋之下。

始新世新特提斯构造域发生了重大调整[图 5（d），50Ma]，基于印度大陆及邻区地震层析成像的板块重建表明，印度陆块与特提斯喜马拉雅于 53Ma～48Ma 自西向东穿时碰撞，导致北印度海逐渐关闭（朱日祥等，2022）。北澳大利亚洋北侧俯冲于菲律宾岛弧带之下，澳大利亚陆块仍未向北漂移。西菲律宾海作为北澳大利亚洋向北俯冲的弧后盆地，在 55Ma 左右开始海底扩张（Deschamps and Lallemand，2002；Hall，2012），至 50Ma 已经形成面积较大的海盆[图 5（d）]。伴随着西菲律宾海的打开，太平洋板块在 50Ma 左右开始沿着先存薄弱带（如转换断层）俯冲其下，形成伊豆-小笠原-马里亚纳俯冲体系（IBM，Ishizuka et al.，2011；Arculus et al.，2015）。古南海持续打开，而东南亚洋持续俯冲消减，俯冲板片滞留在地幔转换带，形成现今在南海和婆罗洲之下地幔转换带观测到的地震波高速体。

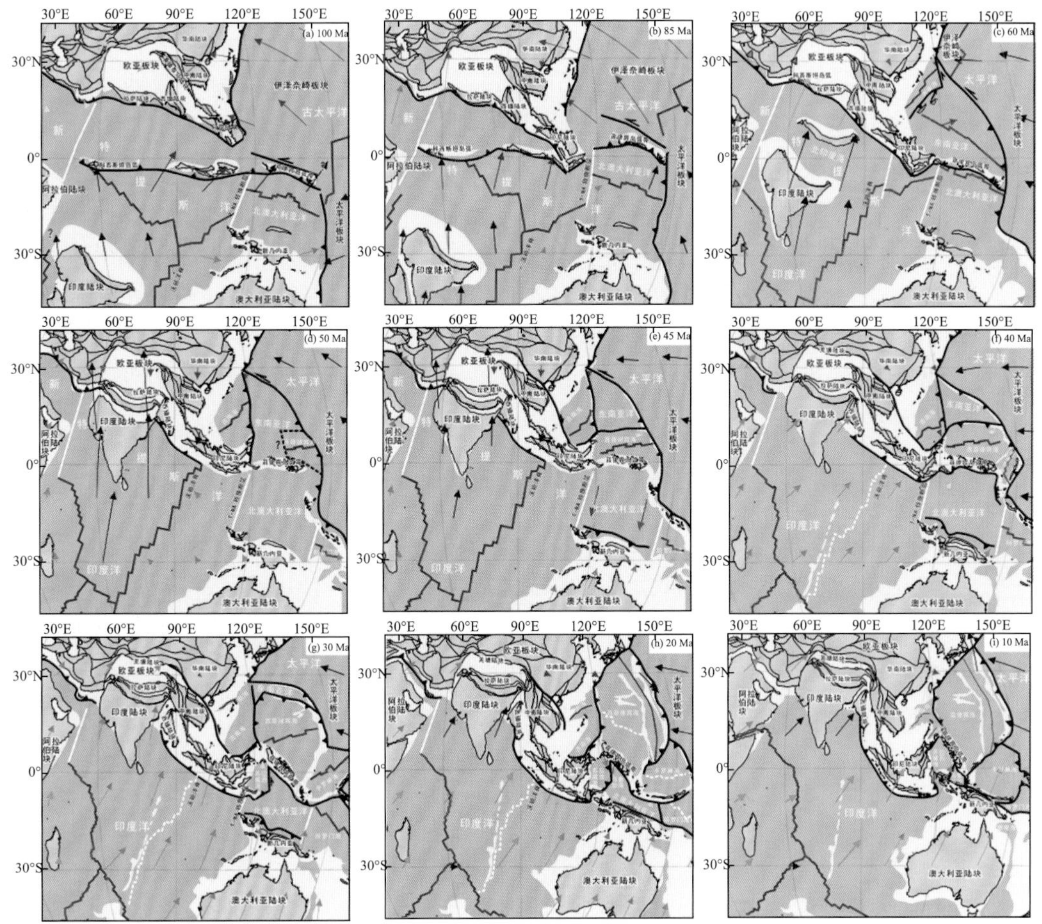

图 5　新特提斯洋东南段及西太平洋不同演化阶段板块重建图

随着北澳大利亚洋持续消减，澳大利亚陆块在 45Ma 左右才开始向北漂移[图 5（e）]，导致其与南极陆块之间海底扩张加速（Van den Ende et al.，2017；余星等，2022）。经过近 45Ma 北向快速漂移，北澳大利亚洋消亡，澳大利亚陆块北部的新几内亚微陆块开始与东南亚的苏拉威西-班达微陆块发生陆陆碰撞，并使得整个巽他大陆发生逆时针转动[图 5（f）～4（i）]。在班达区域的俯冲碰撞也导致北班达海（12.5～7Ma）和南班达海（6～3Ma）的打开（Honthaas et al.，1998；Hinschberger et al.，2001）。

由于印度陆块与欧亚板块的碰撞和新特提斯洋主体的消亡，在印度陆块东侧的印度-澳大利亚板块的俯冲方向转为 NE-NEE。原先新特提斯洋近 NWW 向线性展布的俯冲带开始逐步发生顺时针旋转，演变成现今观测到的近乎 90 度弯折的苏门答腊俯冲带[图 5(i)]。

东南亚东侧的西菲律宾海随着近 N-S 向海底扩张，海盆范围不断扩大，向西可一直到印尼陆块的东侧[图 5（e）]。与此同时，东南亚洋则分别向西侧的古南海和婆罗洲和南侧的西菲律宾海俯冲消减，并最终在 20 Ma 左右消亡[图 5（e）～5（h）]，现今的花东海盆很可能是唯一保留的残片；东南亚洋向西的俯冲板片主要滞留在南海-婆罗洲之下的地幔转换带（图 2），而向南的俯冲板片滞留在菲律宾海板块之下 500～900km 深度范围（Wu et al.，2016）。在西菲律宾海东侧 IBM 俯冲体系形成后，太平洋板块逐步向东俯冲后撤导致了一系列弧后盆地的打开，包括 30～15 Ma 之间渐进式扩张的帕尔西维拉-四国海盆（Okino et al.，1994）、6 Ma 以来拉张的马里亚纳海槽（Stern，2004）[图 5（h）～5（i）]。

在西菲律宾海的南侧，卡罗琳海在始新世晚期开始拉张，该海盆的拉张导致菲律宾海开始向 NNW 方向漂移，并伴随着将近 60°的顺时针旋转；而菲律宾岛弧带也随之向 NNW 方向漂移（Suppe et al.，1981；Wu et al.，2016）。苏拉威西海在始新世中期（50Ma～37Ma）与西菲律宾海均属于同一个海盆（Silver et al.，1991），在渐新世晚期由于菲律宾海板块向北漂移以及顺时针旋转，两者开始分离[图 5（f）]。苏拉威西海留在原先位置，并最终在～5 Ma 左右开始俯冲至北苏拉威西岛之下[图 5（i）]。

随着古南海向婆罗洲之下的俯冲消减，现今南海开始发生海底扩张[图 5（g）]，海盆扩张的时代在～33Ma–16Ma 之间（Taylor and Hayes，1980，1983；Briais et al.，1993；Li et al.，2015；Sun et al.，2018），扩张过程表现为洋中脊的多次向南跃迁和由 NE 向 SW 方向的渐进式扩张（Ding et al.，2018）。在南海的形成过程中，NWW 向漂移的菲律宾海板块最先在 20Ma～15Ma 左右与民都洛发生碰撞，形成了马尼拉海沟，并终止了南海的扩张[图 5（h）]，其后继续向南海之上仰冲，最终在 10Ma～5Ma 菲律宾岛弧带与欧亚板块发生碰撞，形成台湾造山带以及现今南海半封闭的地貌特征[图 5（i）]。

南海的打开过程中，原先为华南大陆一部分的南沙、礼乐和巴拉望等开始向南漂移、碰撞，在婆罗洲的东侧形成了在渐新世末期开始弧后扩张的苏禄海[图 5（i）]。而在菲律宾岛弧带的东侧，菲律宾海板块开始沿着菲律宾海沟俯冲，与马尼拉海沟形成了对向俯冲带（图 2），逐渐形成现今东南亚环形俯冲系统的东段[图 5（i）]。

5 结论与展望

东南亚环形俯冲系统作为地球上极为独特的超级汇聚系统，受到中生代以来西侧特提斯构造域和东侧太平洋构造域共同作用，深部结构复杂，地幔对流特殊，物质循环活跃，厘清该区域动力学演化过程是地球科学的难题之一。经多年攻关，国家自然科学基金重大专项“东南亚环形俯冲系统的地球动力学过程”在环形俯冲系统深部结构、物质循环、岩浆活动和地球动力学演化过程等方面取得了重要进展：①通过开展固定式被动源海底地震仪和漂浮式海洋地震仪的观测阵列组网试验，发现东南亚深部有复杂的双俯冲板片残留，其中下地幔为新特提斯洋俯冲板片残留，停滞于下地幔约 1500km 深度，而地幔转换带存在太平洋构造域的俯冲板片残留；②独特的深部结构导致在地幔源区存在大量再循环物质，具有复杂的地幔对流方式和表层岩浆响应，周缘深入下地幔的俯冲体系导致非典型“海南地幔柱”的形成，而地幔柱和地幔转换带滞留板片又相互作用，铸就了东南亚不同源区、多种类型、多种富集机制的岩浆活动；③动力学模拟重建表明东南亚环形俯冲系统的形成是晚中生代以来新特提斯洋东南段和印度-澳大利亚板块北向俯冲以及太平洋西向俯冲共同作用的结果，前者以俯冲消减-地块拼贴为特征，形成东南亚现今大陆岩石圈和弧形的苏门答腊-爪哇俯冲带；后者以俯冲后撤-弧后扩张为特征，形成了东侧菲律宾俯冲带和一系列边缘海盆地。

但是，东南亚环形俯冲系统的动力学依然存在着大量的科学问题尚未解答，包括（但不限于）①特提斯构造域与太平洋构造域自中生代以来的俯冲消减，使得东南亚地区内部汇聚了大量俯冲的大洋岩石圈（新特提斯洋、印度洋和太平洋）、沉积物。大量的俯冲物质如何改变地幔深部的物理和化学性质？对深部物质和能量循环产生什么样的影响？②物质从深部向浅部如何循环？新特提洋和太平洋不同性质的俯冲如何影响东南亚周缘岛弧岩浆作用和东南亚内部的板内岩浆活动？③新特提斯洋俯冲板片在 1500 km 深度的滞留，是否意味着地幔中除了地幔转换带，还有其他的温度-物性转换带？④不同俯冲体系在东南亚叠加作用对该区域油气矿产资源有何影响？未来需要进一步深入研究东南亚环形俯冲系统的地幔深部结构、岩浆响应机制、物质循环通量和地幔对流模式，不仅要了解东南亚深部结构和浅部构造变形，也需要通过岩浆活动、物质组成和源区特征来了解物质和能量循环过程。这不仅需要陆地上的地质、地球物理和地球化学工作，更迫切需要开展海域深部地震观测和对东南亚多岛海海域基底及海山的综合研究工作，重点针对澳大利亚-东南亚“山弯型”交汇区三维高分辨率地幔结构、二维精细壳幔固体-流体结构、多阶段俯冲-碰撞的深部物质循环过程和岩浆响应、东南亚环形俯冲系统的动力学过程及宜居性演变的耦合机制开展研究。建立多板块超级汇聚环形俯冲系统的地球动力学新机制，完善东南亚环形俯冲系统的物质循环及形成演化过程。

参考文献

丁林, Satybaev M, 蔡福龙, 王厚起, 宋培平, 纪伟强, 许强, 张利云, Qasim M, Baral U. 2017. 印度与欧亚大陆初始碰撞时限、封闭方式和过程. 中国科学: 地球科学, 47: 293-309

丁巍伟, 朱日祥, 万博, 赵亮, 牛雄伟, 赵盼, 孙宝璐, 赵阳慧. 2023. 新特提斯洋东南段动力过程及东南亚环形俯冲体系形成机制. 中国科学: 地球科学, 53(4): 687-701

黄小龙, 徐义刚, 杨帆. 2020. 南海玄武岩:扩张洋脊与海山. 科技导报, 38(18): 46-51

石学法, 鄢全树. 2011. 南海新生代岩浆活动的地球化学特征及其构造意义. 海洋地质与第四纪地质, 31(2): 59-72

余星, 许绪成, 韩喜球, 丁巍伟, 胡航, 党牛, 何虎. 2022. “全新特提斯洋”概念与广义特提斯构造域. 地质学报, 96(3): 1-13

张培震, 邓起东, 张国民, 马瑾, 甘卫军. 2003. 中国大陆的强震活动与活动地块. 中国科学: 地球科学, 33(z1), 12-20

朱日祥, 赵盼, 赵亮. 2022. 新特提斯洋演化与动力过程. 中国科学: 地球科学, 52(1): 1-25

An W, Hu X, Garzanti E, Wang J G, Liu Q. 2021. New precise dating of the India-Asia collision in the Tibetan Himalaya at 61 Ma. Geophysical Research Letters, 48: e90641

An A R, Choi S H, Yu Y, Lee DC. 2017. Petrogenesis of Late Cenozoic basaltic rocks from southern Vietnam.

Lithos, 272-273: 192-204

Arculus R J, Ishizuka O, Bogus K A, Gurnis M, Hickey-Vargas R, Aljahdali M H, Bandini-Maeder A N, Alexandre N, Barth A P, Brandl P A, Drab L, do Monte Guerra R, Hamada M, Jiang F, Kanayama K, Kender S, Kusano Y, Li H, Loudin L C, Maffione M, Marsaglia K, McCarthy A, Meffre S. 2015. A record of spontaneous subduction initiation in the Izu-Bonin-Mariana arc. Nature Geoscience, 8: 728-733

Audley-Charles M G, Ballantyne P D, Hall R, 1988. Mesozoic-Cenozoic rift-drift sequence of Asian fragments from Gondwanaland. Tectonophysics, 155: 317-330

Bachman SB, Lewis SD and Schweller WJ. 1983. Evolution of a forearc basin, Luzon Central Valley, Philippines. American Association of Petroleum Geologists Bulletin, 67: 1143-1162

Baral U, Lin D, Goswami T K, Sarma M, Qasim M, Bezbaruah D. 2019. Detrital zircon U-Pb geochronology of a Cenozoic foreland basin in Northeast India: Implications for zircon provenance during the collision of the Indian and Asian plates. Terra Nova, 31: 18-27

Becker T W, Faccenna C. 2009. A review of the Role of subduction dynamics for regional and global plate motions. In: Lallemand S and Funiciello F (eds), Subduction Zone Geodynamics. Berlin Heidelberg: Springer-Verlag

Breitfeld T, Macpherson C, Hall R, Thirlwall M, Ottley C, Hennig-Breitfeld J, 2019. Adakites without a slab: Remelting of hydrous basalt in the crust and shallow mantle of Borneo to produce the Miocene Sintang Suite and Bau Suite magmatism of West Sarawak. Lithos, 344-345: 100-121

Briais A, Patriat P, Tapponnier P, 1993. Updated interpretation of magnetic anomalies and seafloor spreading stages in the South China Sea: implications for the Tertiary tectonics of Southeast Asia. Journal of Geophysical Research, 98 (B4): 6299-6328

Campbell I H, Griffiths R W. 1990. Implications of mantle plume structure for the evolution of flood basalts. Earth and Planetary Science Letters, 99: 79 - 93

Courtillot V, Davaille A, Besse J, Stock J. 2003. Three distinct types of hot spots in the Earth' s mantle. Earth and Planetary Science Letters, 205: 295-308

Cullen A, Macpherson C, Taib I, Burton-Johnson A, Geist D, Spell T, Banda R, 2013. Age and petrology of the Usun Apau and Linau Balui volcanics: Windows to central Borneo's interior. Journal of Asian Earth Sciences, 76: 372-388

DeCelles P G, Kapp P, Gehrels G E, Ding L. 2014. Paleocene-Eocene foreland basin evolution in the Himalaya of Southern Tibet and Nepal: Implications for the age of initial India-Asia collision. Tectonics, 33: 824-849

Defant M J, Jacques D, Maury R C, Boer D J, Joron J-L. 1989. Geochemistry and tectonic setting of the Luzon arc, Philippines. Geological Society of America Bulletin, 101: 663-672

Defant M J, Maury R, Joron J-L, Feigenson M D, Leterrier J, Bellon H, Jacques D, Richard M. 1990. The geochemistry and tectonic setting of the northern section of the Luzon arc (The Philippines and Taiwan). Tectonophysics, 183: 187-205

DeMets C, R G Gordon, Argus D F. 2010. Geologically current plate motions. Geophysical Journal International, 181: 1-80

Deschamps A, Lallemand S. 2002. The West Philippine Basin: an Eocene to early Oligocene back arc basin opened between two opposed subduction zones. Journal of Geophysical Research, 107(B12): 2322

Ding W W, Sun Z, Dadd K, Fang Y X, Li J B. 2018. Structures within the oceanic crust of the central South China Sea basin and their implications for oceanic accretionary processes. Earth and Planetary Science Letters, 488: 115-125

Fan C, Xia S, Zhao F, Sun J, Cao J, Xu H, Wan K. 2017. New insights into the magmatism in the northern margin of the South China Sea: Spatial features and volume of intraplate seamounts. Geochemistry

Geophysics Geosystems, 18: 2216-2239

Fedorov P I, Koloskov A V. 2005. Cenozoic volcanism of southeast Asia. Petrology, 13: 352-380

Fukao Y, Obayashi M. 2013. Subducted slabs stagnant above, penetrating through, and trapped below the 660 km discontinuity. Journal of Geophysical Research-solid Earth, 18: 5920-5938

Gan W, Zhang P, Shen Z, Niu Z, Wang M, Wan Y, Zhou D, Cheng J. 2007. Present-day crustal motion within the Tibetan Plateau inferred from GPS measurements. Journal of Geophysical Research-solid Earth, 112: B08416

Hall R, Breitfeld T. 2017. Nature and demise of the Proto-South China Sea. Geological Society of Malaysia Bulletin, 63: 61-76

Hall R, Spakman W, 2015. Mantle structure and tectonic history of SE Asia. Tectonophysics, 658(C): 14-45

Hall R. 2012. Late Jurassic–Cenozoic reconstructions of the Indonesian region and the Indian Ocean. Tectonophysics, 570-571: 1-41

Hamilton W. 1979. Tectonics of the Indonesian region. U.S. Geological Survey, Prof. Pap. 1078, 345

Handley H K, Turner S, Macpherson C G, Gertisser R, Davidson J P. 2011. Hf–Nd isotope and trace element constraints on subduction inputs at island arcs: Limitations of Hf anomalies as sediment input indicators. Earth and Planetary Science Letters, 304: 212-223

Harris R, Vorkink M W, Prasetyadi C, Zobell E, Roosmawati N, Apthorpr M. 2009. Transition from subduction to arc-continent collision: Geologic and neotectonic evolution of Savu Island. Indonesia. Geosphere, 5: 152-171

Hayes D E, Lewis S D. 1984. A geophysical study of the Manila Trench, Luzon, Philippines:1. Crustal structure, gravity, and regional tectonic evolution. Journal of Geophysical Research-solid Earth, 89(B11): 9171-9195

Hinschberger F, Malod J A, Dyment J, Honthaas C, Rehault J P, Burhanuddin. 2001. Magnetic lineations constraints for the back-arc opening of the Late Neogene South Banda Basin (eastern Indonesia). Tectonophysics, 333(1-2): 47-59

Hoang T H A, Choi S H, Yu Y J, Pham T H, Nguyen, K H, Ryu J S. 2018. Geochemical constraints on the spatial distribution of recycled oceanic crust in the mantle source of late Cenozoic basalts, Vietnam. Lithos, 296-299: 382-395

Hofmann A W, 1988. Chemical differentiation of the earth: The relationship between mantle, continental crust and oceanic crust. Earth and Planetary Science Letters, 90: 297-314

Hollings P, Wolfe R, Cooke D R, Waters P J. 2011. Geochemistry of Tertiary Igneous Rocks of Northern Luzon, Philippines: Evidence for a Back-Arc Setting for Alkalic Porphyry Copper-Gold Deposits and a Case for Slab Roll-Back? Economic Geology and the Bulletin of the Society of Economic, 106: 1257-1277

Honthaas C, Réhault J P, Maury R C, Bellon H, Hémond C, Malod J A, Cornée J J, Villeneuve M, Cotten J, Burhanuddin S, Guillou H, Arnaud N. 1998. A Neogene back-arc origin for the Banda Sea basins: Geochemical and geochronological constraints from the Banda ridges (East Indonesia). Tectonophysics, 298: 297-317

Hua Y, Zhao D, Xu Y G, 2022. Azimuthal Anisotropy Tomography of the Southeast Asia Subduction System. Journal of Geophysical Research-solid Earth, 127: e2021JB022854

Huang J, 2014. P- and S-wave tomography of the Hainan and surrounding regions: Insight into the Hainan plume. Tectonophysics, 633: 176-192

Huang Z, Zhao D, Wang L. 2015. P wave tomography and anisotropy beneath Southeast Asia: Insight into mantle dynamics. Journal of Geophysical Research-solid Earth, 120: 5154-5174

Huang C Y, Chen W H, Wang M H, Lin C T, Yang S, Li X, Yu M, Zhao X X, Yang, K M, Liu C S. 2018.

Juxtaposed sequence stratigraphy, temporal-spatial variations of sedimentation and development of modern-forming forearc Lichi Mélange in North Luzon Trough forearc basin onshore and offshore eastern Taiwan: An overview. Earth-science Reviews, 182: 102-140

Hutchison S C. 1982. Indonesia. In: Thorpe R S (ed.) Andesites. New York: Wiley, 207-224

Ishizuka O, Tani K, Reagan M K, Kanayama K, Umino S, Harigane Y, Sakamoto I, Miyajima Y, Yuasa M, Dunkley D J. 2011. The timescales of subduction initiation and subsequent evolution of an oceanic island arc. Earth and Planetary Science Letters, 306: 229-240

Kong F, Gao S, Liu K, Li J. 2022. Potassic volcanism induced by mantle upwelling through a slab window: Evidence from shear wave splitting analyses in central Java. Journal of Geophysical Research-solid Earth, 127: e2021JB023719

Lei J, Zhao D, Steinberger B, Wu B, Shen F, Li Z. 2009. New seismic constraints on the upper mantle structure of the Hainan plume. Physics of the Earth and Planetary Interiors, 173: 33-50

Li C, van der Hilst R D, Engdahl E R, Burdick S. 2008. A new global model for P wave speed variations in Earth's mantle. Geochemistry Geophysics Geosystems, 9: Q05018

Li C, van der Hilst R, Toksoz M N. 2006. Constraining P-wave velocity variations in the upper mantle beneath Southeast Asia. Physics of the Earth and Planetary Interiors, 154: 180-195

Li C F, Lin J, Kulhanek D K, the Expedition 349 Scientists 2015. In: Proceedings of the International Ocean Discovery Program, vol.349, South China Sea Tectonics. International Ocean Discovery Program, College Station, TX

Li X, Hao T, Li Z. 2018. Upper mantle structure and geodynamics of the Sumatra subduction zone from 3-D teleseismic P-wave tomography. Journal of Asian Earth Sciences, 161: 25-34

Li Z X, Zhong S. 2009. Supercontinent-superplume coupling, true polar wander and plume mobility: plate dominance in whole-mantle tectonics. Physics of The Earth And Planetary Interiors, 176: 143-156

Lin J, Xu Y G, Sun Z, Zhou Z Y. 2019. Mantle upwelling beneath the South China Sea and links to surrounding subduction systems. National Science Review, 6(5): 877-881

Lithgow-Bertelloni C, Richards M, 1998. Lithgow-Bertelloni, C. & Richards, M. A. The dynamics of Cenozoic and Mesozoic plate motions. Reviews of Geophysics, 36: 27-43

Liu S, Suardi I, Yang D, Wei S, Tong P, 2018. Teleseismic traveltime tomography of northern Sumatra. Geophysical Research Letters, 45: 13,231-13,239

Liu H Q, Yumul G P, Jr, Dimalanta C.B, Queaño K, Xia X P, Peng T P, Lan J, Xu Y, Guotana J M R, Olfindo V S. 2020. Western Northern Luzon isotopic evidence of transition from proto - south China Sea to South China Sea fossil ridge subduction. Tectonics, 39: e2019TC005639

Liu J Q, Ren Z Y, Nichols A R L, Song M S, Qian S P, Zhang Y, Zhao P P. 2015. Petrogenesis of late Cenozoic basalts from North Hainan Island: constrains from melt inclusions and their host olivines. Geochimica et Cosmochimica Acta, 152: 89-121

Macpherson C G, Dreher S T, Thirlwall M F. 2006. Adakites without slab melting: High pressure differentiation of island arc magma, Mindanao, the Philippines. Earth And Planetary Science Letters, 243: 581-593

Metcalfe I. 2021. Multiple Tethyan Ocean basins and orogenic belts in Asia. Gondwana Research, 100: 87-130

Métrich N, Vidal CM, Komorowski J-C, 2017. New Insights into Magma Differentiation and Storage in Holocene Crustal Reservoirs of the Lesser Sunda Arc: the Rinjani–Samalas Volcanic Complex (Lombok, Indonesia). Journal of Petrology, 58: 2257-2284

Müller R D, Zahirovic S, Williams S E, Cannon J, Seton M, Bower D J, Tetley M G, Heine C, Le Breton E, Liu S, Russell S H J, Yang T, Leonard J, Gurnis M. 2019. A Global Plate Model Including Lithospheric Deformation Along Major Rifts and Orogens Since the Triassic. Tectonics, 38(6): 1884-1907

Okino K, Shimakawa Y, Nagaoka S. 1994. Evolution of the Shikoku Basin. J Geomagn Geoelec, 46: 463-479

Pesicek J D, Thurber C H, Widiyantoro S, Engdahl E R, DeShon H R. 2008. Complex slab subduction beneath northern Sumatra. Geophysical Research Letters, 35: L20303

Polve M, Maury R C, Jego S, Bellon H, Margoum A, Yumul G P, Payot B D, Tamayo R A, Cotten J. 2007. Temporal Geochemical Evolution of Neogene Magmatism in the Baguio Gold-Copper Mining District (Northern Luzon, Philippines). Resource Geology, 57: 197-218

Pubellier M, Quebral R, Rangin C, Deffontaines B, Muller C, Butterlin J, Manzano J. 1991. The Mindanao collision zone: a soft collision event within a continuous Neogene strike-slip setting. Journal of Southeast Asian Earth Sciences, 6: 239-248

Rae A J, Cooke D R, Phillips D, Zaide-Delfin M. 2004. The nature of magmatism at Palinpinon geothermal field, Negros Island, Philippines: implications for geothermal activity and regional tectonics. Journal of Volcanology and Geothermal Research, 129: 321-342

Rangin C, Silver E A. 1991. Neogene tectonic evolution of the Celebes-Sulu basins: New insights from leg 124 drilling. Proceedings of the Ocean Drilling Program, Scientific Results, 124: 51-63

Richards S, Lister G, Kennett B, 2007. A slab in depth: Three-dimensional geometry and evolution of the Indo-Australian plate. Geochemistry Geophysics Geosystems, 8: Q12003

Sanematsu K, Moriyama T, Sotouky L, Watanabe Y. 2011. Mobility of the rare earth elements in basalt-derived laterite at the Bolaven Plateau, Southern Laos. Resource Geology, 61: 140-158

Schellart W, Chen Z, Strak V, Duarte J, Rosas F, 2019. Pacific subduction control on Asian continental deformation including Tibetan extension and eastward extrusion tectonics. Nature Communications, 10: 4480

Seton M, Müller D, Zahirovic S, Williams S, Wright N, Cannon J, Whittaker J, Matthews K, Mcgirr R, 2020. A Global Data Set of Present-Day Oceanic Crustal Age and Seafloor Spreading Parameters. Geochemistry Geophysics Geosystems, 21: e2020GC009214

Sibuet J C, Yeh Y C, Lee C S. 2016. Geodynamics of the South China Sea. Tectonophysics, 692: 98-119

Silver E A, Rangin C, von Breymann M T, et al., 1991. Proceeding of ODP Scientific Results, 124: College Station, TX (Ocean Drilling Program)

Simons W J F, Socquet A, Vigny C, Ambrosius B A C, Haji Abu S, Chaiwat Promthong, Subarya C, Sarsito D A, Matheussen S, Morgan P, Spakman W. 2007. A decade of GPS in Southeast Asia: Resolving Sundaland motion and boundaries. Journal of Geophysical Research, 112: B06420

Soeria-Atmadja R, Noeradi D. 2005. Distribution of Early Tertiary volcanic rocks in south Sumatra and west Java. The Island Arc, 14: 679-686

Solidum R U, Castillo P R, Hawkins J W. 2003. Geochemistry of lavas from Negros Arc, west central Philippines: Insights into the contribution from the subducting slab. Geochemistry Geophysics Geosystems, 4(10): 9008

Stern B. 2004. Subduction initiation: Spontaneous and induced. Earth And Planetary Science Letters, 226: 275-292

Sun Z, Jian Z, Stock J M, Larsen H C, Klaus A, AvRarez Zarikian C A, the Expedition 367/368 Scientists. 2018. College Station, TX Proceedings of the International Ocean Discovery Program, vol.367/368, South China Sea Rifted Margin. International Ocean Discovery Program

Suppe J, Liou J G, Ernst W G, 1981. Paleogeographic origins of the Miocene East Taiwan Ophiolite. American Journal of Science, 281(3): 228-246

Tapponnier P, Peltzer G, Le Dain A Y, Armijo R, Cobbold P. 1982. Propagating extrusion tectonics in Asia: New insights from simple experiments with plasticine. Geology, 10: 611-616

Taylor B, Hayes D E. 1980. The tectonic evolution of the South China Sea. In: Hayes D E, ed. The Tectonic and Geologic Evolution of Southeast Asian Seas and Islands, Part 1. Washington DC: Geophys Monogr, AGU. 89-104

Taylor B, Hayes D E. 1983. Origin and history of the South China Sea basin. In: Hayes D E, ed. The Tectonic and Geologic Evolution of the Southeast Asian Seas and Islands: Part 2. Washington DC: Geophys Monogr, AGU. 360-372

Tri T V, Khuc V. 2009. Geology and Earth Resources of Vietnam. General Department of Geology and Minerals of Vietnam, pp. 344-345

van den Ende C, White L T, van Welzen P C. 2017. The existence and break-up of the Antarctic land bridge as indicated by both amphiPacific distributions and tectonics. Gondwana Research, 44: 219-227

van Hinsbergen D J J, Kapp P, Dupont-Nivet G, Lippert P, Decelles P. 2011. Restoration of Cenozoic deformation in Asia and the size of Greater India. Tectonics, 30: TC5003

Vroon P Z. 1992. Subduction of Continental Material in the Banda Arc, Eastern Indonesia: Sr-Nd-Pb Isotope and Trace Element Evidence from Volcanics and Sediments. Utrecht University

Wang X, Li Z, Li X, Li J, Xu Y, Li X. 2013. Identification of an ancient mantle reservoir and young recycledmaterials in the source region of a young mantle plume: implications for potential linkages between plume and plate tectonics. Earth and Planetary Science Letters, 377-378: 248-259

Wang Z, Zhao D, Chen X, Gao R. 2022. Subducting slabs, Hainan plume and intraplate volcanism in SE Asia: Insight from P-wave mantle tomography. Tectonophysics, 831: 229329

Wang X C, Li Z X, Li X H, Li J, Liu Y, Long W G, Zhou J B, Wang F. 2012. Temperature, pressure, and composition of the mantle source region of Late Cenozoic basalts in Hainan Island, SE Asia: a consequence of a young thermal mantle plume close to subduction zones? Journal of Petrology, 53: 177-233

Waters P J, Cooke D R, Gonzales R I, Phillips D. 2011. Porphyry and Epithermal Deposits and Ar-40/Ar-39 Geochronology of the Baguio District, Philippines. Economic Geology, 106: 1335-1363

Wehner D, Blom N, Rawlinson N, Christian Boehm D, Miller M S, Supendi P, Widiyantoro S. 2022. SASSY21: A 3-D seismic structural model of the lithosphere and underlying mantle beneath Southeast Asia from multi-scale adjoint waveform tomography. Journal of Geophysical Research-solid Earth, 127

Widiyantoro S, van der Hilst R, 1997. Mantle structure beneath Indonesia inferred from high-resolution tomographic imaging. Geophysical Journal International, 130: 167-182

Wolfe J A. 1988. Arc magmatism and mineralization in North Luzon and its relationship to subduction at the East Luzon and North Manila Trenches. Journal of Southeast Asian Earth Sciences, 2: 79-93

Wu F, Ji W, Wang J, Liu C, Chung S, Clift P D, 2014. Zircon U-Pb and Hf isotopic constraints on the onset time of India-Asia collision. American Journal of Science, 314: 548-579

Wu J, Suppe J, Lu R, Kanda R. 2016. Philippine Sea and East Asian plate tectonics since 52 Ma constrained by new subducted slab reconstruction methods. Journal of Geophysical Research-solid Earth, 121: 4670-4741

Xia S, Zhao D, Sun J, Huang H. 2016. Teleseismic imaging of the mantle beneath southernmost China: New insights into the Hainan plume. Gondwana Research, 36: 46-56

Xu Y G, Zhang H H, Qiu H N, Ge W C, Wu F Y. 2012. Oceanic crust components in continental basalts from Shuangliao, Northeast China: Derived from the mantle transition zone? Chemical Geology, 328: 168-184

Yan Q, Shi X, Castillo P R. 2014. The late Mesozoic-Cenozoic tectonic evolution of the South China Sea: A petrologic perspective. Journal of Asian Earth Sciences, 85: 178-201

Yang F, Huang X L, Xu Y G, He L P. 2023. Bifurcation of mantle plumes by interaction with stagnant slabs in the mantle transition zone: Evidence from late Cenozoic basalts within Southeast Asia. Geological Society of America Bulletin, https://doi.org/10.1130/B36558.1

Yu Y, Gao S S, Liu K H, Yang T, Xue M, Le K P, Gao J. 2018. Characteristics of the mantle flow system beneath the Indochina Peninsula revealed by teleseismic shear wave splitting analysis. Geochemistry Geophysics Geosystems, 19: 1519-1532

Yumul G P, Dimalanta C B, Tamayo R A, Maury R C. 2003. Collision, subduction and accretion events in the Philippines: A synthesis. Island Arc, 12: 77-91

Zhang X, Chung S., Tang J., Maulana A, Mawaleda M, Oo T, Tien C., Lee H., 2021. Tracing Argoland in eastern Tethys and implications for India-Asia convergence. Geological Society Of America Bulletin, 133: 1712-1722

Zhang G L, Luo Q, Zhao J, Jackson M G, Guo L S, Zhong L F. 2018. Geochemical nature of sub-ridge mantle and opening dynamics of the South China Sea. Earth And Planetary Science Letters, 489: 145-155

Zhao Y H, Ding W W, Yin S R, Li J B, Zhang J, Ding H H. 2020. Asymmetric Post-Spreading Magmatism in the South China Sea: Based on the Quantification of the Volume and Its Spatiotemporal Distribution of the Seamounts. International Geology Review, 62: 7-8, 955-969

Zheng Y F, Wu F Y. 2018. The timing of continental collision between India and Asia. Science Bulletin, 63: 1649-1654

Zhou P B, Mukasa S B. 1997. Nd-Sr-Pb isotopic, and major and trace-element geochemistry of Cenozoic lavas from the Khorat Plateau, Thailand: source and petrogenesis. Chemical Geology, 137: 175-193

外大陆架划界驱动北冰洋海底科学快速发展

方银霞[1*]，凌子龙[1,2]，张涛[1]，尹洁[1]

1. 自然资源部第二海洋研究所&自然资源部海底科学重点实验室，杭州 310012
2. 山东科技大学地球科学与工程学院，青岛 266590
*通讯作者，E-mail：fangyx@sio.org.cn

摘要 北冰洋具有独特的地理位置和丰富的油气资源，气候变暖和海冰融化又大幅提升了其拥有的资源、航道、空间环境、海权等地缘政治实力要素的战略价值。正是由于北冰洋日益成为海上贸易的新通道、资源的新产地、大国发展和安全战略的新前沿、全球治理的新焦点，使得北冰洋外大陆架划界成了当前北极地缘政治博弈的重要角斗场。环北极国家为了获得最大范围的外大陆架，纷纷投入巨资在北冰洋开展大规模的海洋地质与地球物理调查与研究，极大地弥补了北冰洋长期以来因环境恶劣导致的调查资料缺乏，快速推动了北冰洋海底科学认知进程。本文系统地介绍了 2000 年以来环北极国家在北冰洋的大陆架划界概况、开展的海洋地质与地球物理调查和相应的海底科学研究进展，分析了外大陆架划界国家需求在北冰洋海底科学快速发展中发挥的重要作用，并对未来的发展趋势提出了展望。

关键词 北冰洋，外大陆架划界，海洋地质与地球物理，海底科学，北极科考

1 引言

北冰洋具有极其丰富的油气资源和空间资源，被称为“地球最后的宝库”，拥有北极大陆架的国家将拥有世界上最大的油气资源储备基地（刘惠荣和张志军，2022）。正是由于北冰洋日益成为海上贸易的新通道、资源的新产地、大国发展和安全战略的新前沿、全球治理的新焦点，使得北冰洋外大陆架划界成了当前北极地缘政治博弈的重要角斗场。当前环北极国家纷纷提交北冰洋的 200 海里外大陆架划界案，各国均企图通过对《联合国海洋法公约》（以下简称“《公约》”）的扩大化解释为本国争取最大利益。外大陆架划界涉及复杂的科学和法律问题，是在《公约》法律框架下的科学划界行为，沿海国大陆架外部界限划定需要有地质理论和科学证据的支持，并通过为《公约》规则所认可的划界技术方法加以精确划定。因此，大陆架海底科学认知和大陆架划界是相辅相

基金项目：国家重点研发计划项目（2023YFC2808805）

作者简介：方银霞，女，1970 年生。研究员，主要从事海底环境与地球动力学研究。E-mail：fangyx@sio.org.cn

承的，海底科学证据是确定大陆架外部界限最重要的判定标准（尹洁等，2020）。

北冰洋气候条件恶劣且常年被海冰覆盖，严重阻碍了地球科学基础数据的获得，使其成为全球板块系统中认知程度最低的区域之一。众多的海底基础科学问题，如各地质单元的地壳属性、北冰洋的打开过程、海盆内众多高地的来源和形成演化等，目前依然处于争论中。但在大陆架划界巨大政治利益的驱动下，近年来各国对北冰洋的科考投入呈指数增长，环北极国家更是实施了大量的北冰洋海底调查计划，这在为北冰洋 200 海里外大陆架划界提供科学证据的同时，也直接推动了北冰洋海底地质环境、构造演化和动力机制的科学认识。大规模的北冰洋科考活动，也极大推动了包括冰区多道数字地震、冰下海底地震仪、冰下机器人（AUV）、冰区岩石钻机等极地海底探测新技术的发展。

2 北极外大陆架划界的法律依据及各国划界概况

根据《公约》第 76 条规定，沿海国的大陆架包括其领海以外陆地领土的全部自然延伸，扩展到大陆边外缘的海底区域的海床和底土，如果从测算领海宽度的基线量起到大陆边外缘的距离不到 200 海里，即扩展到 200 海里；如果超过其领海基线 200 海里，则可以主张 200 海里以外的大陆架，最大为从领海基线起 350 海里或 2500m 等深线 100 海里（尹洁等，2020）。

对于中心为海洋四周为陆地包围的北极地区而言，200 海里外大陆架划界对这一地区权益格局的影响尤为明显。环北极国家有俄罗斯、加拿大、美国、丹麦、芬兰、挪威、瑞典和冰岛 8 个国家，除美国外均为《公约》缔约国。北极圈内沿岸国中的俄罗斯、挪威、丹麦（格陵兰岛）和加拿大均已提交了北冰洋的 200 海里外大陆架划界案（图 1）。据初步统计，北极圈内海域面积约为 1300 万 km^2，各国 200 海里外的海域面积约为 320 万 km^2，根据当前的各国 200 海里外大陆架主张，以及美国肯定不会放弃外大陆架主张预估，剩余的"区域"面积仅为 26 万 km^2。截止到目前，挪威划界案早于 2009 年经大陆架界限委员会（以下简称"委员会"）审议通过；俄罗斯 2015 年提交的北冰洋划界案也于 2023 年 2 月完成审议。丹麦 2014 年提交的关于格陵兰岛划界案已完成向委员会陈述的程序，等待委员会设立小组委员会进行审议。加拿大 2019 年 5 月提交了北冰洋划界案，并于 2022 年 12 月提交了修正案，大幅度扩大了其主张区域范围。

俄罗斯在北冰洋的科考投入最大，其划界案也随着其调查进展不断有新的动作。2001 年，俄罗斯提交了 200 海里外大陆架划界案，这也是委员会收到的全球首份外大陆架划界案，提案的主张面积达 158 万 km^2，其中北冰洋部分超过 120 万 km^2，但委员会审议后认为俄罗斯提供的科学证据不足以支撑其外大陆架划界主张，建议补充调查数据和佐证材料后提交修订案。为了获取充足的海底科学证据，俄罗斯随即在北冰洋开展了大规模的海底科学调查，并于 2015 年 8 月提交了北冰洋修订划界案，基于 10 余年来获取的大量地球物理数据和岩石样品分析结果，对原划界案做了修订和补充，认为由罗蒙诺索夫海岭、楚科奇海台、阿尔法海岭和门捷列夫海岭等组成的"中北冰洋海底高地复合体"属于大陆地壳性质，是俄罗斯东西伯利亚大陆架的自然延伸（方银霞和尹洁，2020），据此主张了约 120 万 km^2 的外大陆架（图 1）。2021 年 3 月，俄罗斯又向委员会提交了两份科学证据补充材料，基于最新的地球物理学、地质学证据扩大了 2015 年修订划界案提出的大陆架主张范围，将俄罗斯大陆架延伸到加拿大和丹麦的专属经济区边界，并对欧亚海盆的加克洋中脊提出了重大要求。2023 年 2 月，大陆架界限委员会完成对俄罗斯北冰洋划界案的审议并通过了委员会建议，委员会认为除了欧亚海盆东南部的阿蒙森海盆南部外大陆架划定科学证据不足外，其余部分几乎全部通过。但仅仅一周后，俄罗斯就根据委员会建议再次提交了修订的欧亚海盆东南部外大陆架部分划界案，并于 2023 年 8 月 8 日刚刚结束的委员会第 59 次全会上获得通过。

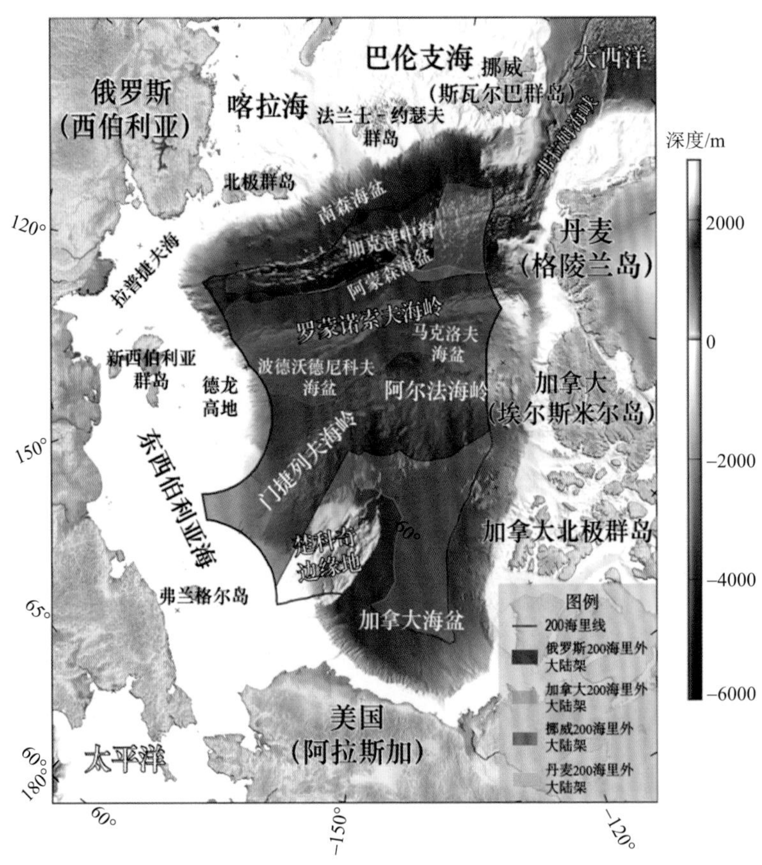

图 1　北冰洋大陆架划界形势图

挪威于 2006 年 11 月向委员会提交了涉北冰洋的外大陆架划界案，主张北冰洋南森海盆西部的部分区域属于斯瓦尔巴群岛的自然延伸（图 1）。委员会于 2009 年 3 月对该划界案提出建议，认可了其在北冰洋南森海盆西部的大陆架外部界限（方银霞和尹洁，2020）。丹麦在 2013 年和 2014 年分别就格陵兰岛东北部和北部提交了划界申请。2014 年 12 月提交的格陵兰岛北部划界案，其主张的外大陆架向北越过北极极点延伸至俄罗斯的 200 海里线，主张面积达 90 万 km^2，与俄罗斯划界案存在严重的主张重叠（图 1）。加拿大于 2019 年 5 月向委员会提交了北冰洋的外大陆架划界案，认为罗蒙诺索夫海岭、阿尔法-门捷列夫海岭属于加拿大陆地领土的自然延伸，并将加拿大海盆的大部分区域划入加拿大外大陆架范围，主张面积达 120 万 km^2，与俄罗斯和丹麦存在严重的主张重叠

（图 1）。美国尽管尚未加入《公约》，但美国肯定不会放弃其北冰洋的外大陆架主张，而且美国还会在北冰洋外大陆架划界中有着举足轻重的地位和影响，依靠其自身强大的经济能力和科研能力，美国发布的海底科学证据和相关的科研成果对大陆架界限委员会作出建议具有重要的参考价值。

3 北冰洋外大陆架划界推动的重大海底科学计划

北冰洋恶劣的气候和常年的海冰，使得其海底探测技术和活动均具有极大的挑战性。在环北极国家为外大陆架划界需求而开展大规模的海洋调查之前，北冰洋公开的地球科学数据十分稀少。近年来，俄罗斯、美国、加拿大等国加大了调查投入与力度，获得了大量的地球科学数据（图 2），直接地推动了北冰洋海底科认知的快速发展。

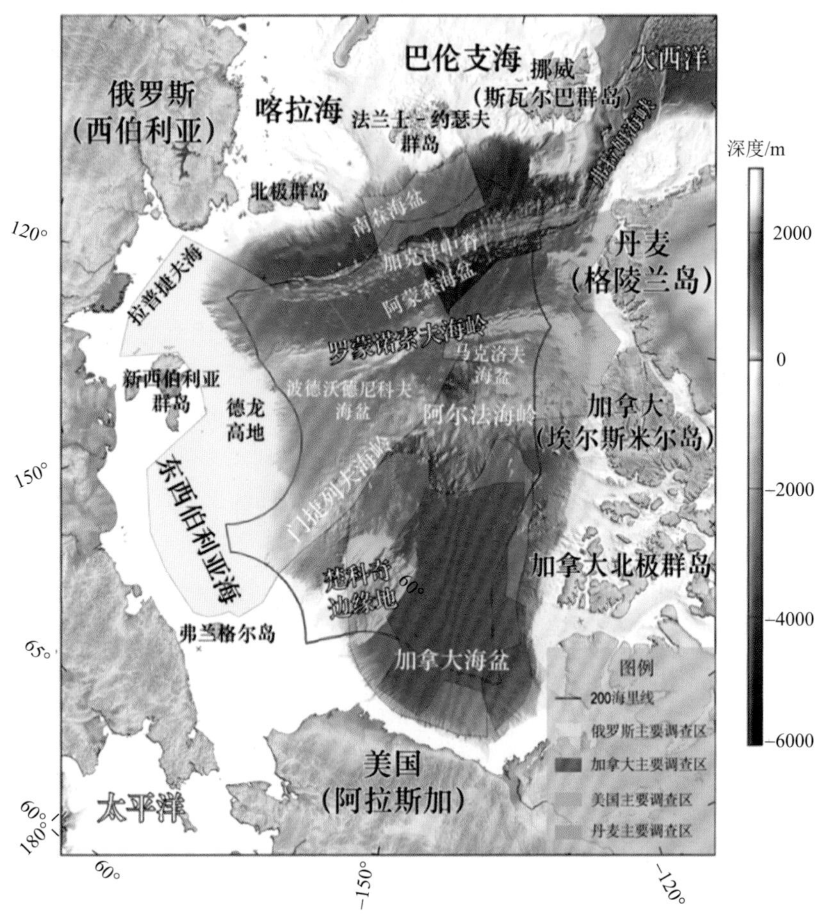

图 2　环北极国家的调查区域概况

3.1 俄罗斯

为了提供《公约》所要求的科学与技术数据，俄罗斯自 2005 年在北冰洋的门捷列夫海岭、罗蒙诺索夫海岭、欧亚海盆和波德沃德尼科夫海盆等区域（图 2）开展了大规模的多波束测深、反射地震、折射地震、岩石采样、重磁测量和浅地层剖面测量等海底调查活动。截至 2020 年，俄罗斯一共获得了约 35000km 的测深剖面、约 23000km 的多道地震测线、约 4000km 的反射/折射地震测线、150 个声呐浮标地震测深数据以及大量的海底岩石样本数据（Nikishin et al.，2021a）。

2005 年,俄罗斯沿着门捷列夫海岭的轴部获得了 500 km 的折射/反射地震测量数据。2007 年，俄罗斯 MAGE 公司从新西伯利亚群岛至罗蒙诺索夫海岭（83.5°N 附近）进行了 820km 的多道地震测量。此外，MAGE 公司从罗蒙诺索夫海岭的近西伯利亚部分到科特尔尼岛北部的拉普捷夫大陆架进行了 650km 的折射/反射地震测量。2009 年，MAGE 公司利用“Geolog Dmitry Nalivkin”科考船从楚科奇海岸线到楚科奇大陆架边缘采集了 540km 的多道地震数据。此外，Sevmorgeo 公司在东西伯利亚大陆架完成了 925km 的折射/反射地震测量。2011 年，为确定阿蒙森海盆、南森海盆和波德沃德尼科夫海盆的沉积层厚度，GNINGI 公司利用“Akademik Fedorov”科考船和“Rossiya”破冰船在这三个海盆内采集了 6300km 的多道地震数据。2012 年，俄罗斯将调查目标转移到了波德沃德尼科夫海盆、门捷列夫海岭、楚科奇海底高原和德龙高地（图 2）。为了研究门捷列夫海岭的沉积层结构和基岩，Sevmorgeo 公司利用“Kapitan Dranitsyn”破冰船和“Dikson”科考船在门捷列夫海岭采集了 5780km 的地震数据，其中 5300km 为多道地震数据，480km 为折射/反射地震数据。此外，俄罗斯利用新型核动力科学调查潜艇，在门捷列夫海岭获取了三块长度分别为 60cm、30cm 和 20cm 的岩心样品以及重达 500kg 的深海矿石和沉积物。2014 年，为了研究和细化欧亚海盆、美亚海盆及邻近大陆架的沉积层结构，MAGE 公司利用“Akademik Fedorov”科考船和“Yamal”破冰船在南森海盆、马克洛夫海盆、波德沃德尼科夫海盆、罗蒙诺索夫海岭、拉普捷夫海大陆架和东西伯利亚大陆架开展了多道地震测量，测线总长达到 9900km。2014 年和 2016 年，俄罗斯利用科学调查潜艇在门捷列夫海岭采集了大量的岩石样本。2019 年，俄罗斯利用多波束回声探测仪、单波束回声探测仪和浅剖仪在欧亚海盆采集了大量的地形数据和浅部地层剖面数据。

3.2 美国

虽然美国迄今为止尚未加入《公约》，但一直在有计划地持续进行扩大其大陆架权利范围主张所需证据的科考工作。2001 年，美国国会要求新罕布什尔大学评估美国大陆边缘的数据情况，并开展相应的外大陆架划界桌面研究，圈划潜在的外大陆架区域，并与德国一起开展了“国际北极洋中脊考察”项目，获得了欧亚海盆的多波束地形、重力、磁力和岩石采样等数据（图 2）。2003～2012 年间，美国利用美国海岸警卫队的“希利（Healy）”破冰船在北极地区共实施了 13 个航次，其中在 2008～2011 年期间连续 4 年与加拿大海岸警卫队的“威尔弗里德·劳里埃爵士（Sir Wilfrid Laurier）”破冰船采用双船冰区合作模式，在加拿大海盆进行了多波束声呐测深工作，覆盖了约 200000 km^2 的调查区域（图 2）。其他 9 个航次由美国独立完成，以多波束测深为主，并辅以重力测量、浅剖调查以及岩石取样。美国通过上述 13 个航次在北冰洋共完成 13323km 的多道地震勘测，355556km^2 的多波束勘测、17 个拖网和 12 个柱状取样。

3.3 加拿大

加拿大地质调查局和加拿大水文局在20世纪90年代中期就已完成大陆架划界桌面研究，初步判定加拿大在北冰洋和大西洋可能存在200海里外大陆架。加拿大在2003年批准加入《公约》后，有关外大陆架划界需要的科学数据的采集、整理和分析工作也随之展开。在过去的20年，加拿大不仅独自开展了一系列大规模的北极科学考察，还与其他国家，尤其是丹麦、美国和挪威，合作开展北冰洋调查工作，获得了大量的地质和地球物理数据。

加拿大北冰洋大陆边缘东部主要受罗蒙诺索夫海岭和阿尔法海岭控制，证明两条海岭为其陆地领土的自然延伸对于其大陆架的扩展至关重要。埃尔斯米尔岛北部存在一个海槽将罗蒙诺索夫海岭和大陆分开，因此加拿大海洋调查的重点在于证明罗蒙诺索夫海岭地壳结构与埃尔斯米尔岛具有延续性。与东部不同，加拿大北冰洋大陆边缘的西部大陆架外部界限划定主要依靠沉积物厚度公式线（Mosher et al.，2022），因此通过多道地震调查采集沉积厚度数据为其主要任务。

2006～2016年期间，加拿大一共实施了5次北极冰上调查和8次北极航次调查，并参与了3次丹麦领导的北极航次调查和1次联合航空磁力/重力调查。2006年，加拿大和丹麦通过冰上合作调查，获取了从格陵兰岛大陆架至罗蒙诺索夫海岭的地震反射、折射和水深测量数据。2008年，加拿大和丹麦获取了从伊丽莎白女王群岛大陆架至阿尔法海岭的地震反射、折射和水深测量数据。2009年，加拿大和丹麦又在这两个区域进行了航空磁力/重力调查，获得了近439000km^{2}的数据（图2，Matzka et al.，2010）。2006～2007年，加拿大在加拿大海盆实施了多波束测深和多道地震勘测的试航航次，并于2008年启动名为“Project Cornerstone”的技术试航工作，获得了在北冰洋极端条件下开展地质与地球物理调查的技术储备。此后，加拿大与美国自2008～2011连续4年在加拿大海盆完成了4个航次。2010年，加拿大在伊丽莎白女王群岛的博登岛开展测深与重力调查。2014年，为绘制北极海床图，加拿大启动了一项为期6周的科考任务，主要收集从埃尔斯米尔岛到罗蒙诺索夫海岭北极点附近的水深数据。综合估算，2006～2016年期间加拿大及其合作者总共获得了超过32000km的多道地震反射数据（Chian and Lebedeva-Ivanova，2015；Shimeld et al.，2021），8000km的折射地震数据，117287 km的多波束测深和海底剖面数据，800000km^{2}的航空重力和磁力数据以及800 kg的岩石样本（方银霞和尹洁，2020）。

3.4 其他环北极国家的科学计划

丹麦和挪威相较于其他三个国家，其北冰洋科学调查的规模相对较小，通常与其他国家合作开展大规模的北极科学考察。丹麦与瑞典和加拿大分别于2007、2009和2012年利用瑞典的“奥登”破冰船对罗蒙诺索夫海岭进行了地形调查。2009年，丹麦和加拿大合作在埃尔斯米尔岛和北极点之间开展走航式测深、航空重力和航空磁力调查，获得了550000km^{2}的航空重力和磁力数据（图2）。

挪威在1996年批准《公约》之后，挪威石油理事会（NPD）启动了一项研究计划，绘制斯瓦尔巴群岛周围海域的沉积物厚度图和大陆架坡脚图，以便划定200海里以外的外大陆架外部界限。2001年，挪威石油理事会、卑尔根大学和奥斯陆大学利用瑞典的“奥登”破冰船在斯瓦尔巴群岛北部开展了多道和广角地震调查，获得了约 1100km 高质量的多道地震剖面数据和 50 个广角地震剖面数据。

4 北冰洋海底科学认知进展

环北冰洋国家为外大陆架划界国家需求而开展的大规模海洋地质与地球物理调查，极大地弥补了北冰洋地球科学数据长期的缺乏，提高了大家对北冰洋海底形态、地壳结构和构造演化过程的科学认知。

4.1 罗蒙诺索夫海岭和阿尔法-门捷列夫海岭的地壳属性

北冰洋的众多海岭（尤其是阿尔法-门捷列夫海岭）的地壳属性和来源一致存在争议。环北冰洋国家清楚地认识到罗蒙诺索夫海岭和阿尔法-门捷列夫海岭的地壳属性对其大陆架外部界限确定的重要性，因此对这两条海岭开展了大规模的地质与地球物理调查，获得了大量的地质与地球物理实测数据。

俄罗斯对于各种典型地质构造（阿尔法-门捷列夫海岭、格陵兰-法罗海岭、冰岛、阿纳巴尔地盾和通古斯卡海盆）地磁异常场的频谱特性作了比较（Verba and Fedorov，2006），认为阿尔法-门捷列夫海岭的地磁异常频谱特性与格陵兰-法罗海岭和阿纳巴尔地盾相似，与通古斯卡海盆有较小的差异。然而，格陵兰-法罗海岭和阿纳巴尔地盾的形成和地质构造却截然不同。格陵兰-法罗海岭的海底构造有漫长的热点火山史，而阿纳巴尔地盾位于稳定地块的中心部位。因此，俄罗斯认为地磁异常模式的异同并不能成为区分各种大地构造的依据。俄罗斯转而运用重力场数据，Alvey 等（2008）利用重力数据反演了罗蒙诺索夫海岭和阿尔法-门捷列夫海岭的地壳厚度，发现罗蒙诺索夫海岭地壳厚度达 32km，阿尔法-门捷列夫海岭地壳厚度为 20～25km，因此俄罗斯认为它们具有陆壳典型结构，主张罗蒙诺索夫海岭和阿尔法–门捷列夫海岭为大陆架的自然组成部分，并将其外大陆架延伸至 350 海里之外。

美国认为罗蒙诺索夫海岭是北冰洋的独立构造，阿尔法-门捷列夫海岭是由热点形成的一个单一的连续的地质构造，两者不属于任何国家大陆架的一部分。从地貌特征来看，门捷列夫海岭地形崎岖，其两侧的坡度小，较平缓（Lebedeva-Ivanova et al.，2006），而与大陆有亲缘关系的洋脊，其两侧坡度较大，地形平缓。通过对航空磁力数据的分析，发现门捷列夫海岭的磁异常表现为一个单一的磁异常条带，并未穿过俄罗斯大陆边缘地带，也没有延伸至东西伯利亚海大陆架附近（Koulakov et al.，2013），证明门捷列夫海岭并非俄罗斯大陆架的自然延伸。

为了证明阿尔法-门捷列夫海岭的陆壳性质，俄罗斯后期在阿尔法-门捷列夫海岭进行了大量的地震测量和岩石采样。在埃尔斯米尔岛、斯瓦尔巴群岛、弗朗茨-约瑟夫岛、德龙群岛和弗兰格尔岛北部发现了玄武岩省（Corfu et al.，2013；Nikishin et al.，2021b），表明阿尔法-门捷列夫火成岩省（图 3）四周（除加拿大海盆外）被火成岩省包围。目前的资料表明，阿尔法-门捷列夫火成岩省的火山活动开始于 127-110Ma，这与周围的火山活动开始时间（约 125Ma）几乎相同，表明火山活动在大范围内几乎是同步发生的。根据对地震数据的分析，发现波德沃德尼科夫海盆的 Arlis Gap 是门捷列夫海岭结构的延续，而马克洛夫海盆的大部分基底是阿尔法海岭结构的延续（Nikishin et al.，2021b）。综合这些资料，推测阿尔法-门捷列夫火成岩省大约在 125Ma 形成于罗蒙诺索夫岭东缘，属于火山大陆边缘。这一假设与重磁异常数据分析的推论相一致（Gaina et al.，2011；Oakey and Saltus，2016）。2014 年和 2016 年，利用科学调查潜艇在门捷列夫海岭的三个陡坡处采集了岩石样本，发现它们主要是以古生代的沉积岩为主，并且这些剖面被早白垩世（110-115Ma）的玄武岩岩墙所穿透（Skolotnev et al.，2017，2019），表明门捷列夫海岭是一个经历了强烈伸展作用和岩浆作用的陆相块体。

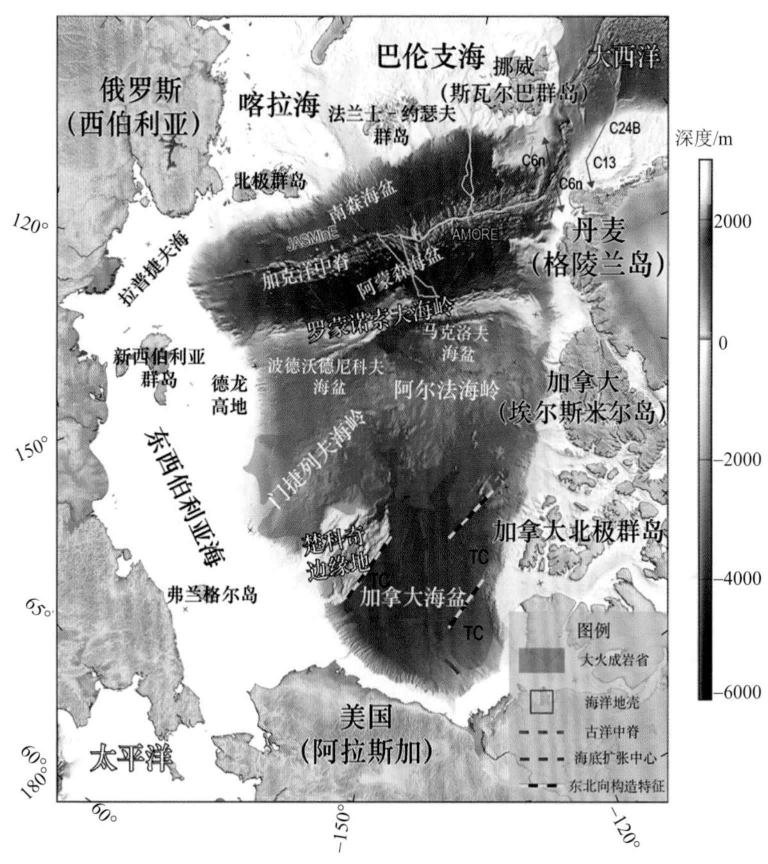

图 3　北冰洋的海底构造概况

4.2　加拿大海盆的沉积历史和形成过程

目前有许多关于北冰洋形成历史的重建模型（如 Alvey et al.，2008；Grantz et al.，2011；Hutchinson et al.，2017；Shephard et al.，2013），然而它们之间却存在较大的差异性。北冰洋重构模型建立的主要挑战在于缺乏对美亚海盆形成过程的了解，而美亚海盆内最大的加拿大海盆的形成演化问题又是其中的关键。

学者们提出很多构造模型来解释美亚海盆的形成过程（Shephard et al.，2013；Koulakov et al.，2013），但这些模型在很大程度上缺乏限制性证据。其中，逆时针旋转模型最被人们所接受，其将贯穿加拿大海盆中部的线性重力异常低值解释为古扩张脊（图3），海盆以麦肯齐–波弗特区域为旋转点逆时针打开（Grantz et al.，2011）。根据地震数据的分析，发现加拿大海盆由伸展减薄的陆壳、过渡地壳和沿着古洋中脊对称分布的洋壳组成（图 3，Chian et al.，2016），表明加拿大海盆确实是一个完全发育的海洋盆地（Mosher et al.，2022），这为逆时针旋转模型提供了关键证据。综合地震速度、重磁数据和地质数据，发现加拿大海盆及其邻区存在三个近平行的东北走向构造结构（图 3），认为其影响了加拿大海盆的起源、演化和构造（Hutchinson et al.，2017）。Hutchinson 等（2017）提出了加拿大海盆的两阶段打开模型：在初始阶段，楚科奇边缘地和北极阿拉斯加分别位于阿尔斯米尔岛和加拿大北极附近；在第一阶段，楚科奇边缘地和阿尔斯米尔岛之间以及北极阿拉斯加和加拿大北极之间沿东北向进行走滑或拉张运动，形成拉张盆地；在第二阶段，北极阿拉斯加逆时针旋转，同时加拿大海盆通过海底扩张作用不断形成。

Mosher 等（2012）通过对地震数据的分析，选取了 5 个地震层位（基底、R40、R30、R10 和海底）用来研究加拿大海盆的沉积历史。沉积物在波弗特海区域最厚，达到 12km 以上。整个沉积层序总体向北和向西变薄，主要反映了加拿大海盆基底的向南倾斜。沉积序列厚度变化反映了海盆沉积历史上沉积源方向的变化（Mosher and Hutchinson，2019）。最下部的沉积序列为 R40 至基底，时间为晚白垩世至古新世，被认为是裂陷序列，沉积物可能来自阿拉斯加和麦肯齐–波弗特边缘。在加拿大海盆的裂陷早期，阿拉斯加的布鲁克斯山脉隆起抬升，侵蚀作用为加拿大海盆提供了大量的沉积物。沉积物的来源方向似乎在始新世和渐新世（R10-R40）转向加拿大北极群岛的边缘，这可能是由于该地区在尤里坎造山运动期间的隆升所致。海底至 R10 时期的沉积过程可能始于渐新世，沉积物主要来自麦肯齐–波弗特地区。在渐新世至中新世时期，阿拉斯加东北部的布鲁克斯山脉和理查森山脉与育空地区和加拿大海盆东南部发生碰撞，形成了波弗特褶皱带和麦肯齐扇形区的上斜坡。育空地区的区域性隆起导致河流的排水模式向东移动。构造隆起形成的沉积物通过麦肯齐河流入麦肯齐三角洲，最后流入加拿大盆地。

4.3 楚科奇边缘地的形成过程

楚科奇边缘地的初始位置、形状以及构造演化过程是北冰洋形成演化模型中的一个重要组成部分（Døssing et al.，2020；Grantz et al.，2011；Zhang et al.，2022）。

根据逆时针旋转模型，在早白垩世，楚科奇–阿拉斯加地区从加拿大北极经逆时针旋转到达目前所在位置（Embry，1990，2000；Embry and Dixon，1990；Grantz et al.，2011）。然而，根据岩石采样数据的分析，发现楚科奇边缘地的基底与西斯瓦尔巴群岛的基底相似，表明美亚海盆的构造重建模型应使楚科奇边缘地在白垩世时期的位置更接近罗蒙诺索夫海岭和埃尔斯米尔岛（Brumley et al.，2014）。基于多道地震反射剖面数据，Ilhan 和 Coakley（2018）获得了北楚科奇海盆和楚科奇边缘地南部的地层单元分布，认为楚科奇边缘地的西南边缘为裂谷陆缘，裂谷活动发生在中侏罗世—早白垩世之间。

4.4 北大西洋-北冰洋通道的板块构造重构

弗拉姆海峡连接着北冰洋和大西洋，它的勒纳海槽是北冰洋和世界海洋之间唯一的深水通道（Kristoffersen，1990；Jakobsson et al.，2007；Engen et al.，2008）。根据地震数据、重磁数据和水深数据，Engen 等（2008）获得了弗拉姆海峡区域的地壳结构和地壳年龄，并确定了洋陆转换带位置，提出了弗拉姆海峡及其邻区的形成演化模型。在始新世—渐新世时期（C13，33.3Ma），斯瓦尔巴群岛与格陵兰岛之间由走滑运动变为斜向伸展运动是弗拉姆通道打开的前提条件（图 3）。在中新世早期（C6-C5B，20-15Ma），一个狭窄的海洋通道开始逐渐形成，但海底扩张作用却开始于中新世晚期（C5n，约 9.8Ma），之后弗拉姆通道通过海底扩张逐渐打开（图 3）。

5 结语和展望

围绕《公约》第 76 条关于沿海国 200 海里以外大陆架划定的规定，环北冰洋国家投入巨资开展北冰洋的海底科学调查与研究，积累了海量的海底地球科学数据。这不仅为大陆架外部界限的划定提供了科学依据，客观上也驱动了北冰洋海底科学的发展，提高了对北冰洋海底形态、地壳结构和构造演化历史的认识。目前，虽然俄罗斯和加拿大等北极各国已经提交了划界案，但是他们仍然在积极组织北极海底调查，准备在未来基于最新调查数据和研究成果提交修正案或补充材料，进一步扩大其外大陆架范围。例如，俄罗斯正在进行拉普捷夫海的地球物理和钻探工作，以扩大其欧亚海盆的外大陆架区域。同时，在环北极国家划界主张存在高度重叠情况下，对高精度、高质量的科学数据的需求会更大。可以预测，未来包括冰区海底地震仪、冰下无人自助机器人（AUV）等北极海底探测新技术，将在海底科学调查中发挥重要作用。

在环北极国家利益驱动的大规模海底调查的同时，具有北极调查能力的中国和德国等也基于科学认知开展了深部岩石圈结构和演化的调查。这些科学航次具有更明确的科学目标，发展了创新性的冰区海底探测技术和装备。2001 年，德国和美国组织了北极洋中脊考察（AMORE），系统性地采集了岩石样品，并使用冰上地震仪对加克洋中脊进行了探测。2007 年，美国组织了北极洋中脊喷口考察（AGAVE），首先在密集冰区使用 AUV 进行调查。2021 年，在中国第十二次北极科学考察中，我国组织了北极洋中脊国际联合探测计划（JASMInE），首次在加克洋中脊 90°E 以东开展了大规模的地质和地球物理调查，并成功在密集冰区进行了海底地震和大地电磁探测。这打破了国际上高纬密集冰区无法开展深部探测的论断，完成了洋中脊地壳探测最后一块拼图。科学考察聚焦海底与外部圈层的相互作用和深部动力过程，与外大陆架调查关注的地形起伏、沉积厚度和地壳属性互相促进、互相补充，共同推进了冰下海底科学和高新探测技术装备的进步与发展。

参考文献

方银霞，尹洁. 2020. 大陆架界限委员会的工作进展及全球外大陆架划界新形势. 国际法研究, 6: 61-69

刘惠荣，张志军. 2022. 北冰洋中央海域 200 海里外大陆架划界新形势与中国因应. 安徽大学学报, 46: 79-87

尹洁, 李家彪, 方银霞. 2020. 北冰洋 200 海里外大陆架划界主张之比较分析. 极地研究, 32: 533-543

Alvey A, Gaina C, Kusznir N J, Torsvik T H. 2008. Integrated crustal thickness mapping and plate reconstructions for the high Arctic. Earth and Planetary Science Letters, 274: 310-321

Brumley K, Miller E L, Konstantinou A, Grove M, Meisling K E, Mayer L A. 2015. First bedrock samples dredged from submarine outcrops in the Chukchi Borderland, Arctic Ocean. Geosphere, 11: 76-92

Chian D, Jackson H R, Hutchinson D R, Shimeld J W, Oakey G N, Lebedeva-Ivanova N, Li Q, Saltus R W, Mosher D C. 2016. Distribution of crustal types in Canada Basin, Arctic Ocean. Tectonophysics, 691: 8-30

Chian D, Lebedeva-Ivanova N. 2015. Atlas of sonobuoy velocity analyses in Canada Basin. Geological Survey of Canada, Open File, 7661: 55

Corfu F, Polteau S, Planke S, Faleide J I, Svensen H H, Zayoncheck A, Stolbov N. 2013. U-Pb geochronology of Cretaceous magmatism on Svalbard and Franz Josef Land, Barents Sea Large Igneous Province. Geological Magazine, 150: 1127-1135

Døssing A, Gaina C, Jackson H R, Andersen O B. 2020. Cretaceous ocean formation in the High Arctic. Earth and Planetary Science Letters, 551: 1-12

Engen Ø, Faleide J I, Dyreng T K. 2008. Opening of the Fram Strait gateway: A review of plate tectonic constraints. Tectonophysics, 450: 51-69

Embry A F, Dixon J. 1990. The breakup unconformity of the Amerasia Basin, Arctic Ocean: Evidence from Arctic Canada. Geological Society of America Bulletin, 102: 1526-1534

Embry A F. 1990. Geological and geophysical evidence in support of the hypothesis of anticlockwise rotation of northern Alaska. Marine Geology, 93: 317-329

Embry A F. 2000. Counterclockwise rotation of the Arctic Alaska Plate: Best available model or untenable hypothesis for the opening of the Amerasia Basin. Polarforschung, 68: 247-255

Gaina C, Werner S C, Saltus R, Maus S, the CAMP-GM GROUP. 2011. Chapter 3 Circum-Arctic mapping project: new magnetic and gravity anomaly maps of the Arctic. Geological Society, London, Memoris, 35: 39-48

Grantz A, Scott R A, Drachev S S, Moore T E, Valin Z C. 2011. Chapter 2 Sedimentary successions of the Arctic Region (58°～64° to 90°N) that may be prospective for hydrocarbons. Geol. Soc. London, Mem, 35: 17-37

Hutchinson D R, Jackson H R, Houseknecht D W, Li Q, Shimeld J W, Mosher D C, Chian D, Saltus R W, Oakey G N. 2017. Significance of Northeast-Trending Features in Canada Basin, Arctic Ocean. Geochemistry Geophysics Geosystems, 18: 4156-4178

Ilhan I, Coakley B J. 2018. Meso-Cenozoic evolution of the southwestern Chukchi Borderland, Arctic Ocean. Marine and Petroleum Geology, 95: 100-109

Jakobsson M, Backman J, Rudels B, Nycander J, Frank M, Mayer L, Jokat W, Sangiorgi F, O'Regan M, Brinkhuis H, King J, Moran K. 2007. The early Miocene onset of a ventilated circulation regime in the Arctic Ocean. Nature, 447: 986-990

Koulakov I Y, Gaina C, Dobretsov N L, Vasilevsky A N, Bushenkova N A. 2013. Plate reconstructions in the Arctic region based on joint analysis of gravity, magnetic, and seismic anomalies. Russian Geology and Geophysics, 54: 859-873

Lebedeva-Ivanova N N, Zamansky Y Y, Langinen A E, Sorokin M Y. 2006. Seismic profiling across the Mendeleev Ridge at 82°N: evidence of continental crust. Geophysical Journal International, 165: 527-544

Matzka J, Rasmussen T M, Olesen A V, Nielsen J E, Forsberg R, Olsen N, Halpenny J, Verhoef J. 2010. A new aeromagnetic survey of the North Pole and the Arctic Ocean north of Greenland and Ellesmere Island. Earth, Planets and Space, 62: 829-832

Mosher D C, Shimeld J, Hutchinson D R, Chian D, Lebedova-Ivanova N, Jackson R. 2012. Canada Basin revealed. OTC Arctic Technology Conference. OTC-23797-MS

Mosher D C, Hutchinson D R. 2019. Canada Basin: chapter 10. In Geologic structure of the Arctic Basin. In: Piskarev A, Poselov V, Lykousis V, Dimitris S, Locat J, eds. Netherlands: Springer. 77-88

Mosher D C, Dickson M L, Shimeld J, Jackson H R, Oakey G N, Boggild K, Campbell D C, Travaglini P, Rainey W A, Murphy A, Dehler S, Ells J. 2022. Canada's maritime frontier: the science legacy of Canada's extended continental shelf mapping for UNCLOS. Canadian Journal of Earth Sciences, 60: 1-51

Nikishin A M, Petrov E I, Cloetingh S, Korniychuk A V, Morozov A F, Petrov O V, Poselov V A, Beziazykov A V, Skolotnev S G, Malyshev N A, Verzhbitsky V E, Posamentier H W, Freiman S I, Rodina E A, Startseva K F, Zhukov N N. 2021a. Arctic Ocean Mega Project: Paper 1 - Data collection. Earth-Science Reviews, 217: 1-24

Nikishin A M, Petrov E I, Cloetingh S, Malyshev N A, Morozov A F, Posamentier H W, Verzhbitsky V E, Freiman S I, Rodina E A, Startseva K F, Zhukov N N. 2021b. Arctic Ocean Mega Project: Paper 2-Arctic stratigraphy and regional tectonic structure. Earth-Science Reviews, 217: 1-59

Nikishin A M, Petrov E I, Cloetingh S, Freiman S I, Malyshev N A, Morozov A F, Posamentier H W, Verzhbitsky V E, Zhukov N N, Startseva K. 2021c. Arctic Ocean Mega Project: Paper 3-Mesozoic to Cenozoic. Earth-Science Reviews, 217: 1-33

Oakey G N, Saltus R W. 2016. Geophysical analysis of the Alpha-Mendeleev ridge complex: characterization of the high arctic large Igneous Province. Tectonophysics, 691: 65-84

Shephard G E, Müller R D, Seton M. 2013. The tectonic evolution of the Arctic since Pangea breakup: Integrating constraints from surface geology and geophysics with mantle structure. Earth-Sciences Reviews, 124: 148-183

Shimeld J, Boggild K, Mosher D, Jackson H. Reprocessed multi-channel seismic-reflection data set from the Arctic Ocean, collected using icebreakers between 2007-2011 and 2014-2016 for the Canadian extended continental shelf program. Geological Survey of Canada, Open File, 8850: 10

Skolotnev S G, Fedonkin M A, Korniychuk A V. 2017. New data on the geological structure of the southwestern Mendeleev rise, Arctic Ocean. Doklady Earth Sciences, 476: 1001-1006

Skolotnev S G, Aleksandrova G, Isakova T, Tolmacheva T, Kurilenko A, Raevskaya E, Rozhnov S, Petrov E, Korniychuk A. 2019. Fossils from seabed bedrocks: implications for the nature of the acoustic basement of the Mendeleev rise (Arctic Ocean) . Marine Geology, 407: 148-163

Verba V V, Fedorov V I. 2006. Anomalous magnetic field over the Central Arctic uplifts the Amerasian Basin of the Arctic Ocean. Geophysical Journal, 28: 95-103. (in Russian)

Zhang T, Shen T Y, Zhang F, Ding M. 2021. Heat Flow Distribution in the Chukchi Borderland and Surrounding Regions, Arctic Ocean. Geochemistry, Geophysics, Geosystems, 22: e2021GC010033

海洋深地震探测数据处理中关键问题与展望

张佳政[1]，赵明辉[1,2*]

1. 中国科学院边缘海与大洋地质重点实验室，中国科学院南海海洋研究所，广东 广州 511458
2. 中国科学院大学，北京 100049
*通讯作者，E-mail：mhzhao@scsio.ac.cn

摘要 海底地震仪（OBS）是开展海洋地球科学探测的重要仪器，在国际科学前沿和重大国家需求方面发挥着不可或缺的作用，推动了我国海洋地球系统科学的发展。随着海洋深地震探测技术日益成熟，二维广角反射/折射探测与三维台阵深地震探测足迹遍布南海与大洋，获得了海量数据，并取得了丰硕的研究成果。本文结合前期探测实验数据，系统总结了在 OBS 数据处理中的关键问题，重点包括 OBS 异常数据的修复、走时数据拾取软件、炮点和 OBS 位置校正程序以及复杂海底地形下的震相识别等关键问题，这些关键问题的解决方案与程序更新进展，对于获得目标区准确速度结构至关重要。这些多年实践经验的总结，不仅为青年学者在 OBS 数据处理中提供指导与传承，同时还将推动 OBS 海洋深地震探测技术在地学发展中做出更大贡献。

关键词 海底地震仪，异常数据，位置校正，震相识别，程序改进

1 引言

近年来，海洋地球物理探测技术取得了突飞猛进的发展，促进了海洋科学与地球科学的进展与突破。在众多深部结构探测方法中，人工源深地震探测技术，由于具有分辨率高、探测范围广的优势，在南海及大洋的深部结构与构造演化研究中占据着重要的地位（丘学林等，2003；2012）。海底地震仪（ocean bottom seismometer，OBS）是一种放置于海底用于观测地震及其他地壳构造振动而设计的仪器，其内部通由 3 个正交的检波器和 1 个水听器组成，可以记录到完整的地震场信息，根据用途的不同可分为系留式、自浮式、卫星式等，通过接收和记录海底地震波动态和特征来认识地球内部结构，是地球科学探测的重要设备（阮爱国等，2004，2010；郝天珧和游庆瑜，2011；郝天珧等，2022；刘丹等，2022）。

基金项目：国家自然科学基金项目（Nos. 91958212，U20A20100，41730532）

作者简介：张佳政，副研究员，博士，主要从事大陆边缘、洋中脊和俯冲带等构造区域的海洋地球物理研究，E-mail：jzzhang@scsio.ac.cn

到了 20 世纪 90 年代，国产 OBS 仪器与探测技术日益成熟，在大陆边缘（例如，阮爱国等，2009，2011；吴振利等，2010；丘学林等，2011；吕川川等，2011；卫小冬等，2011；Liu et al.，2015；Huang et al.，2019；黎雨晗等，2020；Wei et al.，2021；Zhao et al.，2023）、洋中脊（例如，Ruan et al.，2016；Qi et al.，2021）和俯冲带（例如，刘思青等，2017；Wan et al.，2019；He et al.，2023）等板块构造区域积累了大量的二维深地震探测剖面。近年来，随着海洋考察大量兴起，OBS 探测进入了三维台阵探测的新阶段（赵明辉等，2018）。在西南印度洋中脊（敖威等，2010；张佳政等，2012；Zhao et al.，2013；牛雄伟等，2015；Niu et al.，2015；Li et al.，2015）、南海海盆（丘学林等，2012；王建等，2014；Zhang et al.，2016）、马尼拉俯冲带（张佳政等，2018；Du et al.，2018）以及南海陆缘（吕作勇等，2017；Fan et al.，2019；杨富东等，2020）等地区，开拓性地开展了一系列三维 OBS 探测实验（图 1），获得了大量数据质量好、深部信息多的地震资料，取得了丰硕的研究成果。

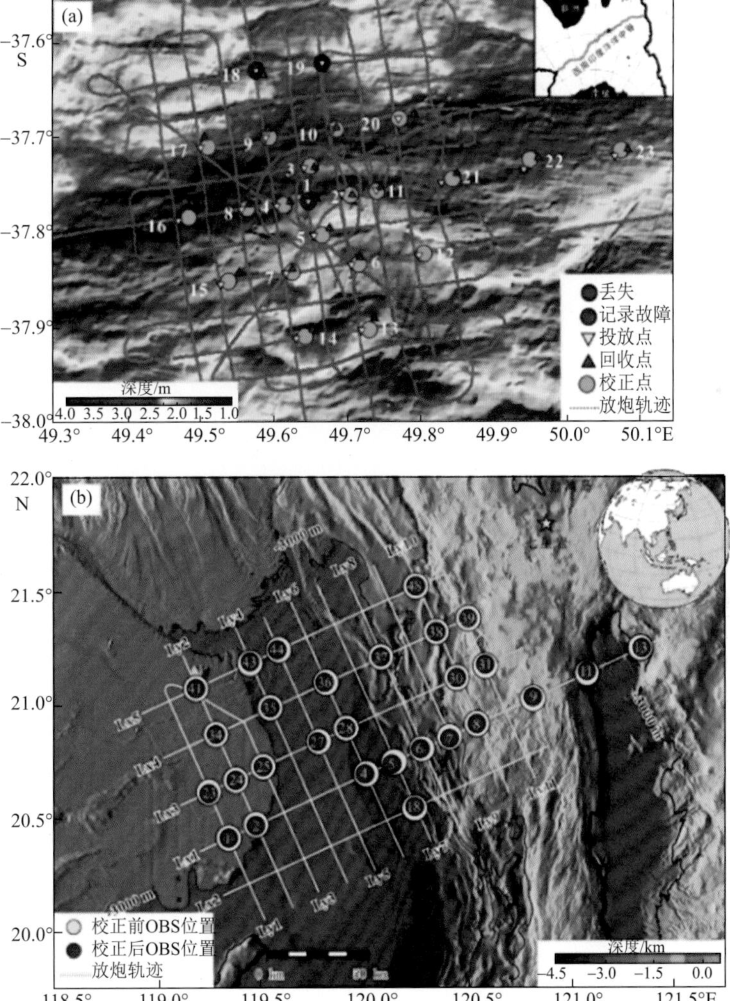

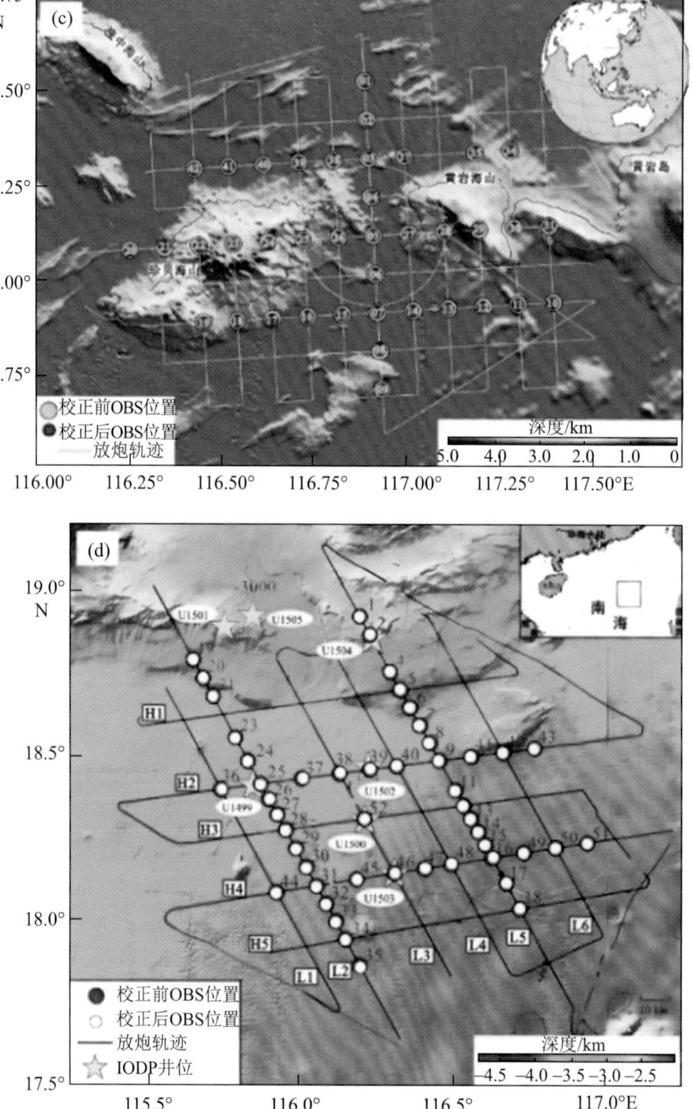

图 1　三维 OBS 探测实验及其 OBS 位置校正结果

（a）西南印度洋中脊（修改自敖威等，2010）；（b）南海中央次海盆（修改自张莉等，2013）；（c）马尼拉俯冲带北段（修改自 Du et al.，2018）；（d）南海北部陆缘洋陆过渡带（修改自杨富东等，2020）。所有子图的左上角插图指示三维 OBS 实验的地理位置

无论是过去、现在还是未来，海洋 OBS 深地震探测技术在油气探测、科学研究、防灾减灾、碳封存监测等方面均发挥着不可或缺的作用（阮爱国等，2010；郝天珧等，2022；张光学等，2014；丁魏伟等，2023；魏喆等，2023）。考虑到 OBS 的数据格式转换、炮点和 OBS 位置校正等基本流程直接关系到下一步速度结构建模、地震定位等的可靠性（张佳政等，2012；刘丽华等，2012；王强等，2016；刘训矩等，2019；韦成龙等，2020；白琨琳等，2023；杨庭威等，2023），因此，结合我们前期开展的一系列 OBS 探测实验，本文总结了 OBS 数据处理中需要关注的一些问题，包括异常数据处理、炮点和 OBS 位

置校正以及震相识别等，希望能够为后续学者开展 OBS 数据处理提供一些经验与指导，不断推动 OBS 深地震探测技术的向前发展。

2 OBS 异常数据及处理方法

目前国内的海洋深地震探测、海底天然地震观测中，使用最为普遍的是由中国科学院地质与地球物理研究所自主研发的国产 OBS（郝天珧和游庆瑜，2011）。该 OBS 在近 20 年的研发、试制过程中，仪器性能得到了不断的改进和优化，形成了多个系列和型号，便携式 OBS 便是其中的一个主要系列。该型 OBS 是在早期宽频带 4 通道和 7 通道 OBS（17 吋球）基础上，为适应实际工作中大批量作业对于便携性的需求以及较高频的气枪信号，经过一系列改进而发展起来的，采用了较小的 13 吋耐压玻璃舱球，选配 3 分量短周期检波器和单分量水听器。该系列 OBS 于 2013 年首次投入海上作业以来，整体上获得了优良的数据记录（Ruan et al.，2016；郭晓然等，2016），但在使用过程中也发现了一些问题（张佳政等，2018；张浩宇等，2019），正在不断改进中。

2016 年在马尼拉俯冲带北段开展的三维 OBS 深地震探测实验中，由于新研发的 L、S 型 OBS 为了节能优化，调低了 CPU 主频，导致在较高采样率情况下，实际采样间隔比预设要长[图 2（a）和 2（b）]，其采样率由设置的 4.0ms 变为实际的 4.5ms，从而造成数据异常，经常规处理后未能识别有效震相。因此，张佳政等（2018）通过数据格式检查、导航放炮时间查对、相邻台站信号对比、外部时间和内部时间分析等手段，利用修正采样间隔和数据重采样的方法，成功恢复了异常数据，从而获得了清晰的地震剖面。该研究不仅挽救了宝贵的地震数据，为下一步地壳结构研究提供数据基础，而且提升了国家自然科学基金委员会共享航次的科学意义，可为今后国产仪器的研发和使用提供重要参考。

鉴于张佳政等（2018）提出的 OBS 内部时间和外部时间问题，张浩宇等（2019）对历年 OBS 数据的时间记录进行了仔细检查，结果发现，部分国产便携式 OBS 的数据记录存在较大的内部时间误差，并且实测地震剖面异常的同相轴“断阶”、“倾斜”现象时有发生[图 2（c）]。张浩宇等（2019）通过自激自收试验，对这些异常现象进行了验证，确认其来源于 OBS 数据文件内部时间漂移，以及数据处理程序存在的缺陷。最后采用计算实际采样间隔、调整采样间隔、数据重采样的方法，对这种误差进行了校正[图 2（d）]，同时改进了相关的 OBS 数据处理程序。该研究厘清了 OBS 数据文件内部时间漂移的分布规律，使得中等及较大程度的内部时间漂移的精细校正得到重视，对 OBS 数据的有效利用进行了重要补充。

李子正等（2023）在处理马里亚纳海沟挑战者深渊海域 TS03 航次的主动源 OBS 数据时，发现了新型的由于数据丢失造成的时间异常。李子正等（2023）利用类似张佳政等（2018）的方法，通过对比 SAC 文件中记录到的直达水波到时及其理论到时，对异常数据进行了检查分析，结果表明，异常台站记录过程中发生了部分数据丢失，从而造成其内部时间存在错误，体现在 SAC 文件中气枪信号到时提前，以及相邻数据文件之间存在数十秒的时间间隔。因此，李子正等（2023）将整段气枪信号进行延后，使其可以和直达水波理论到时准确对应；之后再进行裁截、分道排列和 SEGY 格式转换，最终得到了正常的单台地震剖面。这项研究为后续准确的 OBS 位置校正和地壳结构计算模拟提供了可靠的数据保障，也为国产仪器的改进及其异常数据修复提供了新的参考。

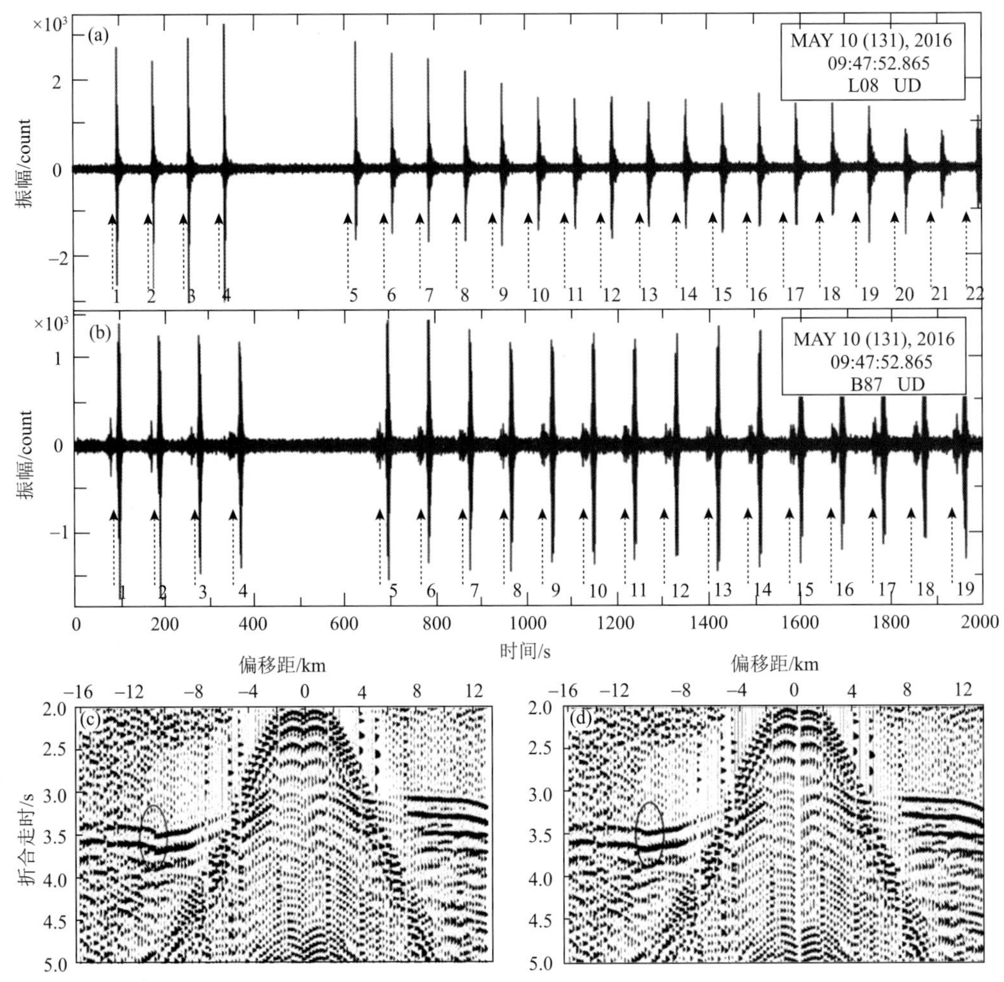

图 2 马尼拉俯冲带北段三维 OBS 探测实验的正常和异常地震数据对比（修改自张佳政等，2018；张浩宇等，2019）

（a）OBS41 台站 0～2000s 波形，共记录 22 炮，采样间隔 dt=4.0 ms；（b）OBS37 台站 0～2000s 波形，共记录 19 炮，与（a）对比说明 OBS41 台站炮点时间间隔小于 OBS37 台站；（c）OBS23 台站沿 L×2 测线单台综合地震剖面（垂直分量，折合速度为 6.0km·s^{-1}），黑色椭圆圈标记了同相轴“断阶”的位置；（d）与（c）相同，但经过内部时间校正后的综合地震剖面，黑色椭圆圈标记了校正之前同相轴“断阶”的位置。OBS41、OBS37、OBS23 台站位置见图 1（b）

3 炮点位置校正及注意问题

3.1 基本原理

当枪阵震源未安装 GPS 且船载 GPS 记录的船体位置与炮点位置不相同时，炮点位置校正就是将船载 GPS 所记录的放炮位置校正到实际的枪阵震源中心位置（敖威等，2010）。针对不同的地震实验，首先需要记录船载 GPS 到船尾的距离，以及枪阵震源中心到船尾的距离，从而获得船载 GPS 到船尾的相对位置。然后，根据每次海上作业的海况，选择根据航向或者艏向进行炮点位置校正，例如，航向与艏向相差小于 20°时，通常选择航向校正，反之，则选择艏向校正（敖威等，2010）。最后，结合记录的船载 GPS 到船尾的相对距离以及航向或者艏向角度，利用简单的三角函数关系（敖威等，2010；杨富东等，2020），将船载 GPS 记录的放炮位置校正到实际放炮位置。

3.2 常见问题及案例分析

2010 年，在西南印度洋中脊开展了国内首个海上三维 OBS 深地震探测实验[图 1（a）]（敖威等，2010）。该次实验使用的科考船是“大洋一号”，震源是中国科学院南海海洋研究所的 4 支大容量气枪组成的枪阵（总容量为 9.84×10^5cm^3）。“大洋一号”船载 GPS 天线位置距离船尾 56m，船尾距离枪阵中心的拖缆长度为 30m，即枪阵震源与船载 GPS 天线的距离为 86m [图 3（a）]。由于枪阵震源未安装 GPS 定位系统，因此，我们需要将船载 GPS 所记录的放炮位置校正到实际的枪阵震源中心位置。此外，在该次实验中，由于受到海流流速、流向和风速、风向以及船转弯的影响，船的航向和艏向有时相差超过 20°，而且考虑到“大洋一号”船载光纤罗经与运动传感器记录了船舶运动姿态参数、船艏向与测量精度等信息，因此，敖威等（2010）提出利用艏向校正代替航向校正的炮点位置校正方法[（图 3（a）]，提高了炮点位置校正精度。

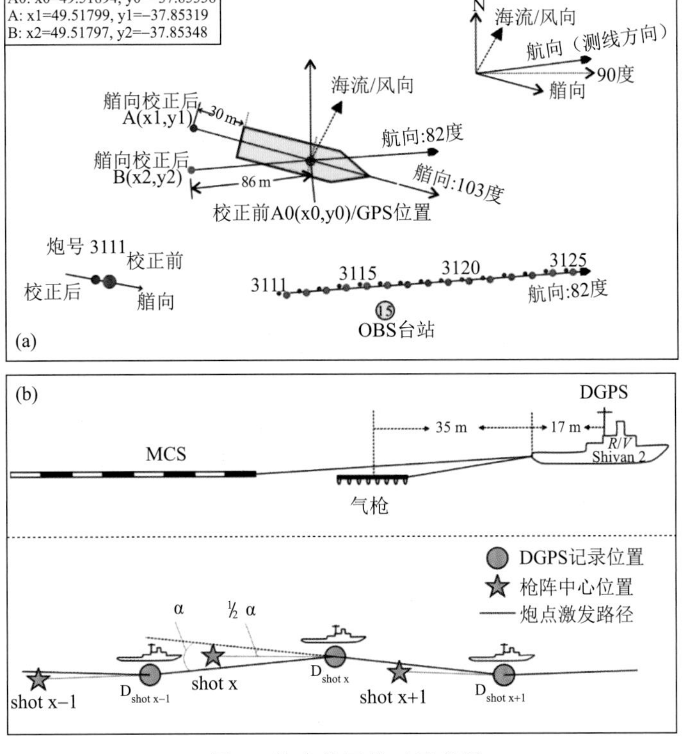

图 3　炮点位置校正示意图

（a）“大洋一号”科考船与气枪阵列的位置关系（修改自敖威等，2010）；（b）“实验 2 号”科考船与气枪阵列的位置关系（修改自杨富东等，2020）

2018 年，为了揭示南海的张裂-破裂机制，在南海北部陆缘洋陆过渡带开展了三维 OBS 深地震探测实验[图 1（b）]（赵明辉等，2018；杨富东等，2020）。该次实验使用的科考船是“实验 2 号”，震源同样是中国科学院南海海洋研究所的 4 支大容量气枪组成的枪阵。“实验 2”号科考船船体末端连接处距离 DGPS 接收点 17m，枪阵与船尾之间的连接拖缆长度为 35m，真实的炮点位置应位于 DGPS 记录位置的后方[图 3（b）]。由于枪阵震源也是未安装 GPS 定位系统，所以我们进行了炮点位置校正。考虑到枪阵震源与科考船之间为拖缆软连接，船只受海流、海风等因素会发生摇摆，尤其是在拐弯的时候，枪阵位置并非落在前后两炮 DGPS 记录位置连线的向后延伸直线上[图 3（b）虚线]。因此，杨富东等（2020）对前人的炮点航向校正方法（敖威等，2010）加以了改进，利用连续三炮的平均航向来校正炮点位置，从而更真实地反映气枪枪阵与船体之间的软连接状态。

4 OBS 位置校正及注意问题

4.1 基本原理

OBS 在下沉的过程中受海流等因素的影响会偏离投放点，因此，我们通过蒙特卡洛法和最小二乘法相结合，利用 OBS 记录的直达水波走时不断迭代反演获得真实的 OBS 落点位置。如图 4 所示，假设 OBS 投放点位置为 A，下沉至海底的真实位置为 A’（图 4a）。OBS 距离真实位置的偏离可分为沿测线方向漂移（横向漂移，d_a）和垂直测线方向漂移（纵向漂移，d_p）[图 4（b）]。我们假设 OBS 近偏移距范围内的水体为均匀介质（即水波速度取其平均值），因此，直达水波的射线路径可认为是沿直线传播，其计算的直达水波走时满足以下方程：

$$t_{\text{cal}}^{i} = \frac{l_i}{v_{\text{mean}}} \tag{1}$$

$$l_i = \sqrt{\left(r_i + d_a\right)^2 + d_p^{\,2} + \text{depth}^2} \tag{2}$$

其中，t_{cal}^{i} 表示第 i 炮到 A’点的理论到时，l_i 表示第 i 炮至 OBS 下沉点 A’的距离，v_{mean} 表示平均直达水波速度，r_i 表示炮点到投放点 A 点的水平偏移距，depth 为 OBS 的水深。

此外，理论走时与实际观测走时满足以下关系：

$$t_{\text{cal}}^{i} = t_{\text{pick}}^{i} + t_{\text{adjust}} \tag{3}$$

其中，t_{pick}^{i} 表示第 i 炮的直达水波拾取到时，t_{adjust} 表示 OBS 记录时间或者放炮时间的整体误差。将公式（1）、（2）和（3）合并简化得（4）和（5）

$$t_i = \frac{1}{v_{\text{mean}}^{\;\;2}} \cdot r_i^2 + \frac{2 \cdot d_a^i}{v_{\text{mean}}^{\;\;2}} \cdot r_i + \frac{d_a^{\,2} + d_p^{\,2} + \text{depth}^2}{v_{\text{mean}}^{\;\;2}} = a \cdot r_i^2 + b \cdot r_i + c \tag{4}$$

$$t_i = (t_{\text{pick}}^i + t_{\text{adjust}} + t_{\text{uncert}}^i)^2 \tag{5}$$

用二次双曲线对直达水波的走时曲线进行拟合，通过最小二乘法可以得到二次双曲线的拟合系数 a、b、c。再进一步推导可得，

$$v_{\text{mean}} = \frac{1}{\sqrt{a}} \tag{6}$$

$$d_a = \frac{b}{2 \cdot a} \tag{7}$$

$$\text{depth} = \sqrt{\frac{c}{a} - {d_a}^2 - {d_p}^2} \tag{8}$$

由公式（6），（7），（8）可知，直达水波的平均速度 v_{mean}，横向漂移 d_a 都可以由拟合双曲线的系数直接求取。另外，当存在两条交叉测线时，由图 4（c）可知，根据相交测线的夹角 α 以及 OBS 相对于两条测线的横向漂移 d_{a1} 和 d_{a2}，可计算出纵向偏移 d_p，依据公式（8）可知，也可以求取 OBS 的深度。

蒙特卡洛法是一种非线性反演法，其思想是通过随机发生器产生一系列模型、以实现全空间搜索，从而找到最符合观测值的模型。在位置校正过程中，以投放点（或候选点）为中心，在半径 2 至 3 km 范围内随机生成数万个点（MCP）[图 4（a）]，计算每一随机点（MCP）至炮点（x_i^{shot}，y_i^{shot}，z_i^{shot}）所需的理论到时 t_{cal}，

$$t_{\text{cal}}(i,j) = \frac{\sqrt{(x_i^{\text{shot}} - x_j^{\text{MCP}})^2 + (y_i^{\text{shot}} - y_j^{\text{MCP}})^2 + (z_i^{\text{shot}} - z_j^{\text{MCP}})^2}}{v_{\text{mean}}} \tag{9}$$

计算与拾取到时 t_{obs} 之间的残差 Δt，

$$\Delta t(i,\ j) = t_{\text{pick}}(i) - t_{\text{cal}}(i,\ j) \tag{10}$$

求取走时残差的均方差 RMS。

$$\text{RMS}(j) = \sqrt{\frac{1}{N_s} \cdot \sum_{i=1}^{N_s} \left[\Delta t^{\text{shot}}(i,\ j)\right]^2} \tag{11}$$

将最小 RMS 值对应的坐标点当作新的中心，生成数万个随机点（MCP），寻找新的最小 RMS 值。比较前后两次的 RMS 值，如果后者小于前者，则令新的坐标点成为新的中心点，再生成数万个随机点，重复上述步骤，直至走时残差收敛（RMS 不再减小）为止，此时最小 RMS 值对应的坐标点即为 OBS 的真实落点位置。

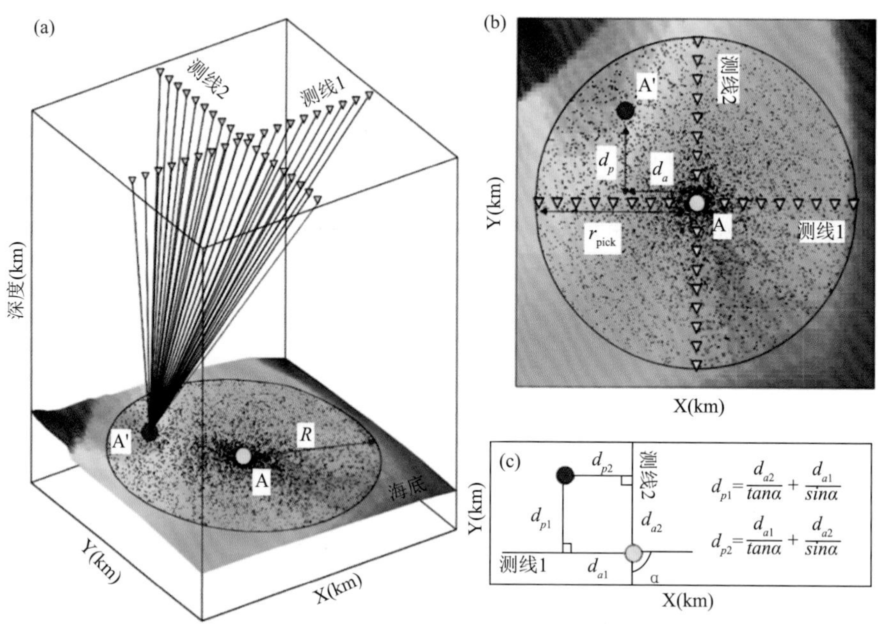

图 4 基于直达水波走时的 OBS 位置校正原理图（修改自 Du 等，2018）

（a）OBS 投放点 A 与真实落点 A'的相对位置关系，R 表示蒙特卡洛法的搜索半径，灰色倒三角示意炮点位置；（b）d_a 与 d_p 分别表示 OBS 真实落点相对于投放点沿测线方向的漂移（横向漂移）与垂直于测线方向上的漂移（纵向漂移），r_i 表示第 i 炮相对于投放点 A 的距离（偏移距）；（c）示意如何利用沿测线方向漂移 d_{a1} 和 d_{a2} 及 α 计算垂直于测线方向的漂移 d_{p1} 和 d_{p2}

4.2 常见问题及案例分析

4.2.1 直达水波走时拾取

敖威等（2010）在分析西南印度洋中脊的 OBS 位置校正结果时发现，大部分台站的走时残差 RMS 值一般稳定在 15～20ms，少量达到 100ms 以上（例如 OBS11 台站的 RMS 值达到 386ms），其认为 RMS 值的大小并不能说明校正精度的高低，走时拾取的误差是造成 RMS 值较大的因素之一。在其他 OBS 深地震探测实验中也出现过 OBS 位置校正后 RMS 值较大的现象，大部分在 10 ms 以上，最大值可达 230ms（张莉等，2013）。然而，从 3.1 节的基本原理可以看出，作为 OBS 位置反演的输入项，如果走时数据本身存在较大的误差，不仅会造成较大的走时残差 RMS 值，而且必然影响到位置校正结果的可靠性。因此，需要对 OBS 直达水波走时拾取软件进行完善。

另外，受船时有限的约束，在南海北部陆缘洋陆过渡带的三维 OBS 探测实验中，并非所有的 OBS 台站均有交叉测线经过。前人研究已经发现，对于交叉测线控制的 OBS，其位置校正结果具有很高的精度，误差范围约为 20m，而单条测线控制的 OBS 则在垂直测线方向具有较大的不确定性（敖威等，2010；张莉等，2013；Du et al.，2018；陈瀚等，2019）。杨富东等（2020）提出充分利用非交叉测线记录的直达水波走时信息，用于提高 OBS 位置校正精度。通常情况下，近偏移距的直达水波（Pw）表现为初至震相，容易识别和拾取；但当放炮测线不穿过 OBS 位置时，该测线最小偏移距的直达水波有时也会晚于其他震相，成为后至震相，此时其信噪比较低，不易识别和拾取。

综上原因，我们对 Upicker 软件（Wilcock，2011）进行了改进，增加了交叉点走时和理论直达水波走时显示功能，用于辅助直达水波的识别和拾取（图 5）（杨富东等，2020）。以南海北部陆缘的 OBS28 为例[图 1（d）]，简单介绍其主测线 L2、H3 和视测线 H2 的直达水波走时拾取。主测线 L2 和 H3 近偏移距的直达水波为初至震相，信噪比高，极易识别和拾取；远偏移距时则埋藏于地壳折射波震相（Pg）以下，可依据初至震相外延和理论直达水波（假设 OBS 投放点即为其落点时计算所得）进行识别和拾取[图 5（d）和图 4（e）]。对于视测线 H2，其直达水波完全埋藏于 Pg 震相之下，信噪比较差，此时可根据与其相交的主测线 L2 上识别的直达水波以及该测线的理论直达水波，快速准确地识别和拾取其直达水波走时[图 5（f）]。

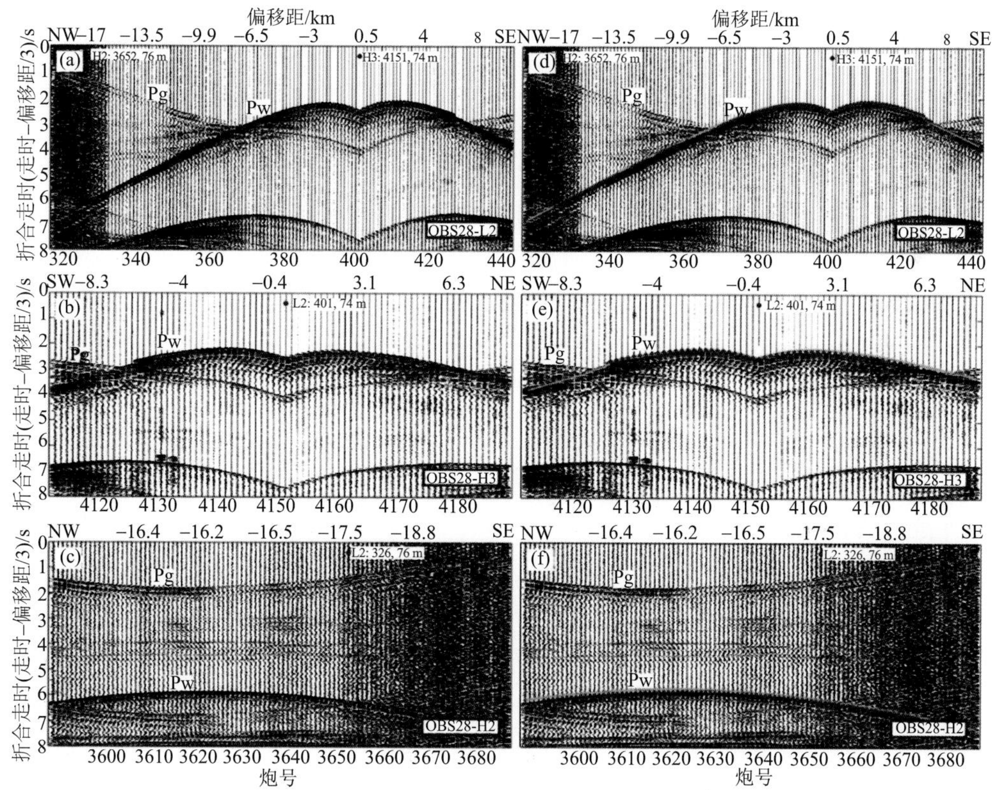

图 5 利用改进后的 Upicker 软件对南海北部陆缘洋陆过渡带三维 OBS 探测实验的 OBS28 台站进行直达水波走时拾取（修改自杨富东等，2020）

（a）～（c）分别为主测线 L2、H3 和 H2 的直达水波地震剖面；（d）～（f）分别对应（a）～（c）的直达水波走时拾取。折合速度为 3.0 km·s^{-1}。绿色线为改进后的 Upikcer 软件计算的直达水波走时；红色点为直达水波走时拾取；蓝色点为交叉测线上的炮号及其与本测线最近炮点的间距。OBS28 台站见图 1（d）

4.2.2 单测线、交叉测线和视双测线的 OBS 位置校正

前人研究发现，对于交叉测线控制的 OBS，其位置校正结果具有较高的精度，而单条测线控制的 OBS 则在垂直测线方向具有较大的不确定性(敖威等，2010；张莉等，2013；Du et al.，2018；陈瀚等，2019）。这里以南海北部陆缘洋陆过渡带的 OBS28 台站为例

（杨富东等，2020），探讨了单测线、交叉测线和视双测线的 OBS 位置校正方法[图 6(a)]，结果表明：①使用三种方法校正的 OBS28 台站直达水波走时 RMS 均呈现以 0ms 为中心的正态分布特征，视双测线校正 RMS 分布情况与交叉测线更加一致[图 6(b)]，且 RMS 值均为 4ms 左右，与走时拾取误差值相当，说明反演结果可靠，不存在系统误差；②视双测线和单测线最终校正结果 RMS 值均与交叉测线相近，但视双测线校正所得的 OBS 位置更接近于交叉测线的校正结果，且误差椭圆长轴相较于单测线法有大幅缩小，视双测线和交叉测线的误差椭圆轴长约为 35m，而且长短轴比值接近 1，说明 OBS 位置校正结果在各个方向的不确定性相当[图 6（c）]；③全局搜索中三种校正方法的 RMS 值均经历先变小后变大趋势，其中视双测线法与交叉测线法的变化趋势更接近，均表现为以最小值为中心的对称形态，反演声速结果均为 1500.5m·s^{-1}，单测线法的变化趋势则表现为以最小值为中心的非对称形态，反演声速为 1501.5m·s^{-1}，与前两者存在一定差异[图 6（d）]。

此外，对比校正前后 OBS28 台站主测线剖面的综合地震记录剖面发现，相对于位置校正前不对称的直达水波震相，经视双测线法校正后，直达水波震相呈现完全对称的“M”型（图 7），进一步表明该方法在位置校正中的准确性（敖威等，2010）。因此，对于单测线穿过的 OBS，采用视双测线位置校正方法可以显著地提高其校正精度，达到具有交叉测线穿过的 OBS 位置校正精度。

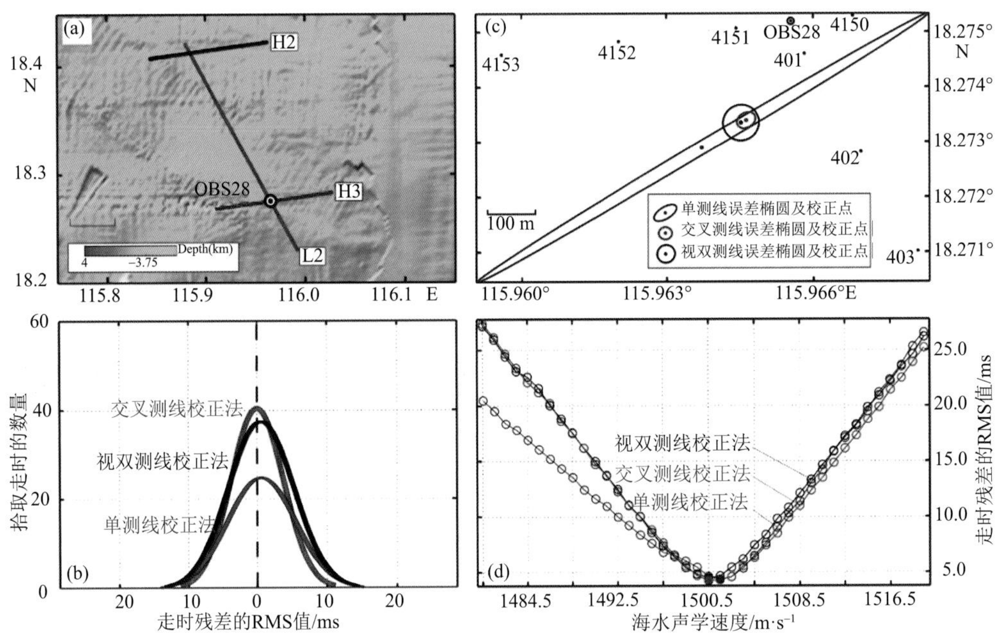

图 6 南海北部陆缘洋陆过渡带三维 OBS 探测实验的 OBS28 台站位置校正结果精度对比（修改自杨富东等，2020）

（a）OBS28 台站及相关测线位置，其中黑色圆圈为 OBS28 设计位置；（b）直达水波走时残差的 RMS 值分布，其中蓝色、红色、黑色曲线分别为单测线、交叉测线和视双测线校正结果；（c）校正位置及其误差椭圆分布，其中黑色圆圈为 OBS28 设计位置，蓝色、红色、黑色椭圆分别为单测线、交叉测线和视双测线校正结果；（d）海水声学速度反演结果，其中蓝色、红色、黑色圆圈分别为单测线、交叉测线和视双测线反演结果，实心点为最佳声速（对应最小的走时残差 RMS 值）。OBS28 台站见图 1（d）

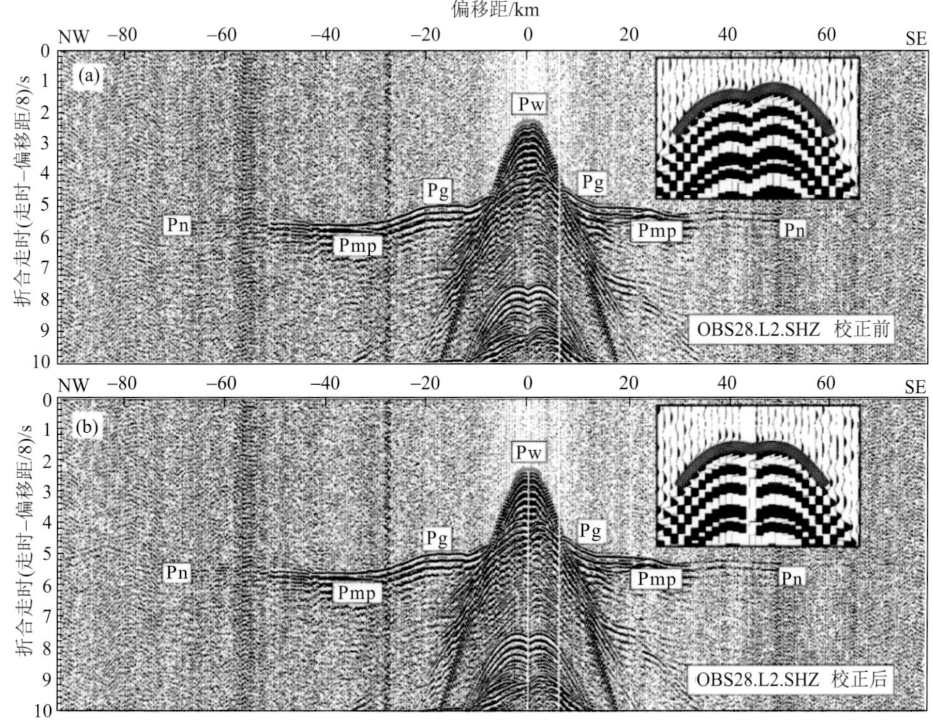

图 7 南海北部陆缘洋陆过渡带三维 OBS 探测实验的 OBS28 台站沿 L2 测线的综合地震记录剖面（修改自杨富东等，2020）

（a）为 OBS 位置校正前；（b）为 OBS 位置校正后。折合速度为 $8.0km\cdot s^{-1}$。红色粗线为直达水波震相。OBS28 台站见图 1（d）

4.2.3 OBS 位置校正的全局最优解问题

在确定炮点位置和走时拾取具有足够精度后，我们发现利用最小二乘法反演 OBS 位置和水波速度时，有时得到的水波速度会大大超出正常水声速度值范围，说明 OBS 记录时间或者放炮时间存在系统误差，因此，在反演过程中必须加入一个时间校正量（敖威等，2010；张莉等，2013；Du et al.，2018；杨富东等，2020）。针对这个时间校正量，我们的 OBS 位置校正程序经过了多次改进和完善。

在西南印度洋中脊和南海中央次海盆的三维 OBS 地震探测实验中，我们将水波速度设定了一个初始阈值范围（通常根据物理海洋学所测得海水声学速度值设置为 1480～1520m/s），当利用最小二乘法拟合直达水波走时求取的水波速度超出这个范围，就需要手动输入一个时间校正量，而且需要通过不断尝试输入不同值（试错法），直到求取的水波速度落入阈值范围，程序才能继续执行，最终经过多次迭代反演获得 OBS 位置和对应的时间校正量（敖威等，2010；张莉等，2013），此校正方法比较费时费力。

在马尼拉俯冲带北段的三维 OBS 地震探测实验和马里亚纳海沟着陆器定位实验中，因为之前的 OBS 位置校正方法比较费时费力，所以根据输入的时间校正量和计算的水波速度变化之间存在的负相关性，我们对原有程序进行了升级和完善，通过程序自动调整时间校正量，我们实现了 OBS 位置校正的快速运行，节省了时间和精力（Du et al.，2018；陈瀚等，2019）。此外，我们对原有程序假设不同测线走时具有相同的时间校正量进行了改进，因为 OBS 的内部时钟并不总是线性漂移的（Mànuel et al.，2012；Zhang et al.，2023），不同测线的放炮时间相隔可能超过几天甚至十几天，其时间漂移率可能发生了变化，所以我们认为不同测线的时间校正量应该会有不同的时间校正量。结果显示，改进后的程序使得所有 OBS 台站校正后的走时残差 RMS 值都控制在约 4～6ms（Du 等，2018），明显优于早期 OBS 位置校正的走时残差 RMS 值（敖威等，2010；张莉等，2013）。

在南海北部陆缘洋陆过渡带的三维 OBS 地震探测实验中，我们发现早期的 OBS 程序无论是手动还是自动调整时间校正量时，均有可能造成求取的水波速度刚落入其阈值范围便停止搜索更加合适的时间校正量，从而导致所获得的 OBS 落点位置、水波速度和时间校正量为局部最优的结果。为解决这一问题，我们参照地震数据处理中常用的“滑动窗口”思想（杨富东等，2020），将水波速度初始阈值依据给定的步长划分为 N 等份，然后经过循环测试直至 N 个速度阈值均参与反演，最终选取 RMS 最小值所对应的结果作为最优结果[图 6（d）]，从而获得全局最优的 OBS 落点位置、水波速度和时间校正量。

5 复杂海底地形下的震相查找与识别

当海底地形变化剧烈，深部构造复杂，如大洋中脊、岛弧、俯冲带、海山等，地震剖面上的震相展布特征将十分复杂，其视速度不同于水平层状介质的理论震相分布特征（Zhang et al.，2013；王建等，2017）。正确识别震相是获得正、反演速度结构的关键。

为了消除珍贝-黄岩海山链海底地形对震相产生的影响，减少震相识别产生的误差，王建等（2017）提出对海底地形起伏[图 1（c）]较大的广角 OBS 数据进行地形校正，并取得了良好效果。地形校正的具体做法如下：①假设地震波在传播过程中穿过水层进入海底时为垂直入射，计算出每一炮在水层中传播所用的时间（T_0），即该炮对应的水深除以水速（通常设定为常值 $1.5\text{km}\cdot\text{s}^{-1}$）；②根据 T_0 时间对导航文件（赵明辉等，2004）进行调整，抹去每一炮 T_0 时间对地震波走时的影响，从而生成新的导航文件；③使用新的导航文件对连续的 SAC（seismic analysis code）格式（William and Joseph，1991）地震数据进行截裁，生成新的、通用的 SEGY 文件，以及利用可视化 SU（seismic unix）软件（Cohen and Stockwell，1995）形成地形校正之后的地震剖面。此时，地震剖面的震相起伏变化基本反映了地震波在岩石圈内的真实传播情况，故可结合理论走时曲线准确地识别和拾取震相。

海底地形剧烈变化往往伴随着复杂的沉积基底展布，同样为震相走时拾取带来困难。例如，横穿马尼拉俯冲带北部的 T1 测线（庞新明等，2019），由于经过南海海盆、马尼拉海沟、恒春海脊、北吕宋海槽、吕宋岛弧、花东海盆、加瓜海脊以及西菲律宾海海盆等多个地质构造单元，海底地形与沉积基底变化剧烈（图 8），为震相识别增加了难度。因此，在完成海底地形校正后，还需要进一步开展基底校正，从而去除沉积层对震相的影响。基底校正的方法跟上述地形校正相似，地震剖面中每一道的时间减去该震源点下面地震波在海水和沉积层中传播的时间，由于沉积层和下覆地壳速度相差较大，地震波在沉积层中可以视为垂直入射和垂直出射。校正时间的计算有两种方法，一是从同步开展的海洋多道数据中拾取基底界面对应的反射地震波的走时，二是利用模拟获取的速度模型进行深时转换。第一种方法适用于初始建模时进行震相识别，第二种适用于得到模型后验证速度结构。

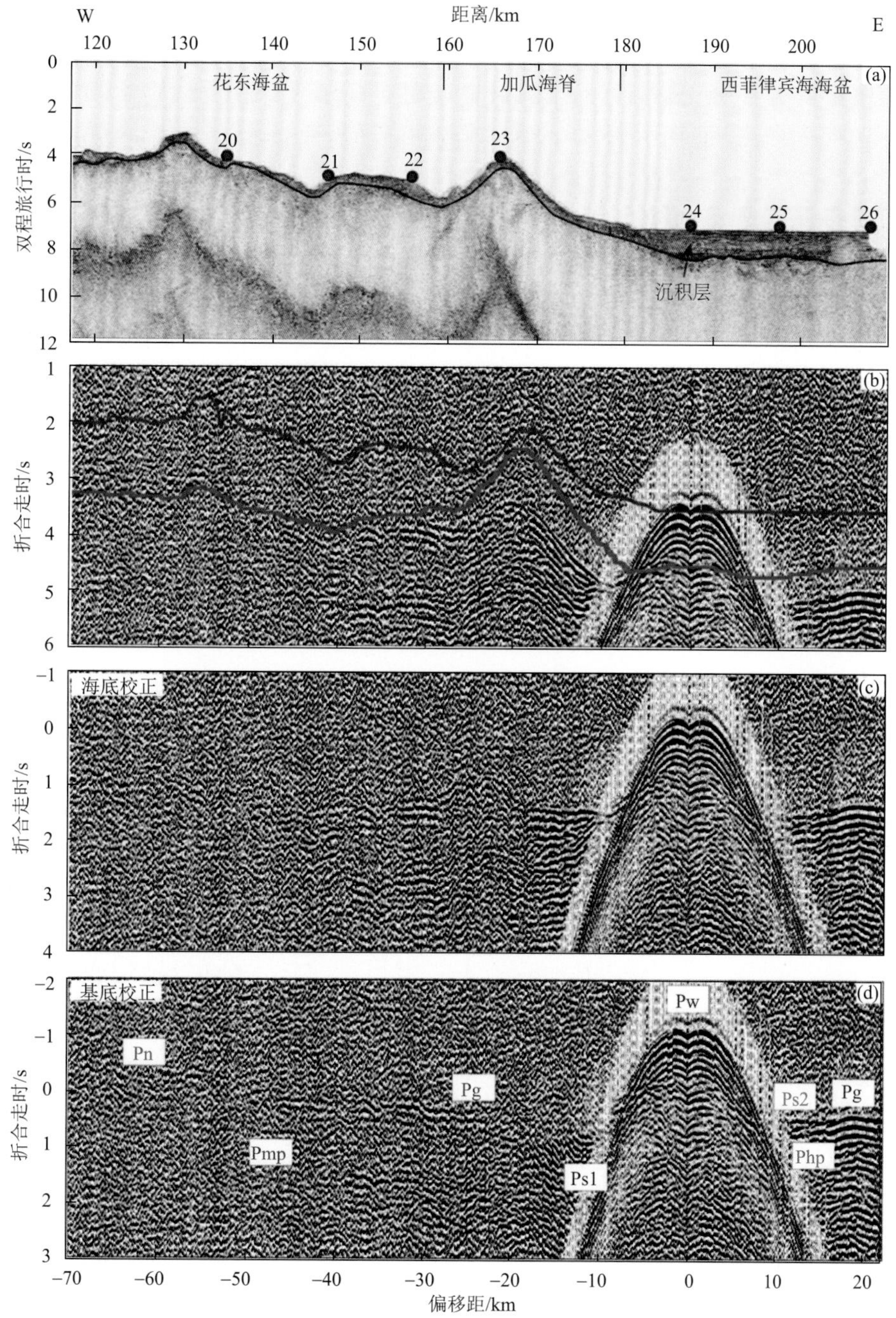

图 8　马尼拉俯冲带北段 T1 测线的 OBS24 台站地形校正和基底校正前后震相分布（修改自庞新明等，2019）

（a）T1 测线东段对应的多道地震剖面，黑色细线为拾取的沉积层层位。（b）垂直分量地震记录剖面，红线为地震波在海水中传播时间，蓝线为地震波在海水和沉积层中传播的时间；（c）地形校正后的地震记录剖面；（d）基底校正后的地震记录剖面。折合速度为 6.0km·s^{-1}。Pw、Ps、Pg、Php、Pmp、Pn 分别代表直达水波、来自沉积层的折射波、来自地壳的折射波、反射波、来自莫霍面的反射波以及来自上地幔的折射波。OBS24 台站位置见庞新明等（2019）的图 1

6 影响 OBS 偏移的因素分析

OBS 最终的落点位置受很多因素影响，海流的强度及其流向可能是最主要的原因。根据尼拉俯冲带北段和南海北部陆缘洋陆过渡带的三维 OBS 地震探测实验的 OBS 位置校正结果（Du et al.，2018；杨富东等，2020），为了验证海流是否对 OBS 最终落点产生影响，我们下载了 OBS 投放期间的海流数据（CMEMS-http://marine.copernicus.eu/）。通过计算投放期间海流流向与 OBS 偏移方向之间的相关性，我们发现，马尼拉俯冲带北段的三维 OBS 地震探测实验的 OBS 漂移方向与海流方向的皮尔森相关系数为 0.79，表现出很高的相关性[图 9（a）]；与之相比，南海北部陆缘洋陆过渡带的 OBS 漂移方向与海流方向的皮尔森相关系数为 0.54，具有相对较低的相关性[图 9（b）]。

由于我们下载的海流数据只能反映浅层水流情况，通过两个实验呈现不同的皮尔斯相关系数，我们推测可能与两个实验区域由浅到深的海流强度和流向差异有关。马尼拉俯冲带北段的三维 OBS 地震探测实验所处的巴士海峡，其浅层海流可能与深层海流较为一致，导致其皮尔森相关系数较高；而南海北部陆缘洋陆过渡带处于开阔海域，其浅层海流可能与深层海流存在差异，从而导致其皮尔森相关系数较低。海流的变化能够在 OBS 下沉（以及上升）的位置变化上有所体现（程立群等，2021），因此，后续可以考虑对 OBS 进行改进，并利用超短/超长基线监测 OBS 下沉和上升过程，从而能够更好地获得 OBS 在海底的真实落点位置，以及反推研究区的海流变化特征，促进地球物理和物理海洋的学科交叉。

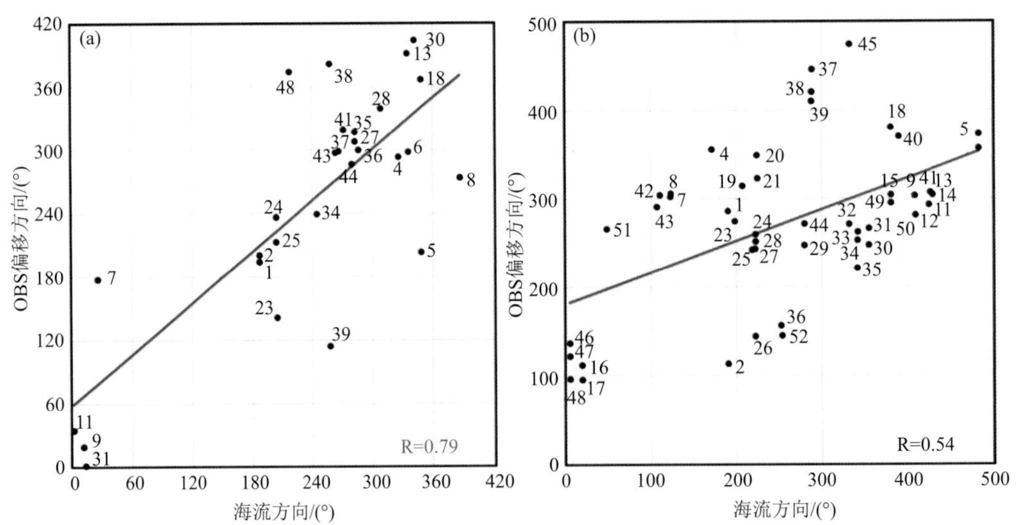

图 9 海流方向与 OBS 偏移方向的关系

（a）马尼拉俯冲带北段三维 OBS 探测实验（皮尔森相关系数 R 为 0.79，修改自 Du 等，2018）；（b）南海北部陆缘洋陆过渡带三维 OBS 探测实验（皮尔森相关系数 R 为 0.54，修改自杨富东等，2020）

7 结论与展望

本文通过系统介绍我们前期在 OBS 数据处理过程中遇到的一些关键问题及其解决方案，获得了以下基本认识：

（1）OBS 数据的时间记录至关重要，提高时间记录的准确性是数据处理的关键环节，最为重要的时间信息就是数据文件的起始记录时间以及实际采样间隔，内部时间漂移有时会造成数据非整微秒采样，需要进行重采样至整微秒采样间隔。

（2）炮点位置校正方法中，需要将船载 DGPS 记录的炮点位置校正到了枪阵震源中心，利用连续三个炮点求取平均航向的方法，比利用航向和艏向的方法，更加真实地反映气枪枪阵与船体之间的软连接状态，校正位置更加准确。

（3）走时拾取软件 Upicker 经过改进后，增加了测线交叉点走时和理论直达水波显示功能，有利于视双测线直达水波震相的识别和走时拾取，使得 OBS 的位置校正更为准确和高效。

（4）根据“滑动窗口”思路改进了 OBS 位置校正程序，使得水波速度阈值内所有取值均参与了反演，最后取所有窗口中 RMS 最小值所对应的结果作为全局最优值，从而避免落入局部最优，进而提高了 OBS 位置校正结果的可靠性。

（5）在剧烈起伏的海底地形环境下，OBS 综合地震记录剖面中震相走时比较复杂，开展地形和基底校正是正确识别震相的一种行之有效的方法。地形和基底校正方法的成功运用，将不断推动 OBS 深地震探测技术向前发展，为海底地形复杂地区的深部速度结构研究添砖加瓦。

得益于我国经济实力的增强，国产 OBS 仪器得到了不断发展和完善，并在国际科学前沿和重大国家需求方面发挥着不可或缺的作用。然而，OBS 探测技术作为一种新兴的地球物理手段还处在发展和进步中，具有其自身的优势，但也存在一些不足，其数据记录和处理技术还存在很大的提升空间。因此，在未来的研究中要深入开展这方面的研究，例如，可以使用原子钟和双时钟计时来提高 OBS 的时间精度（刘晨光等 2021；徐锡强等，2022）、制定标准行业规范来提高 OBS 数据的采集质量（阮爱国等，2022），以及开发专门的 OBS 数据处理软件来提高 OBS 的数据处理效率（刘训矩等，2019）等。

致谢 谨以此文恭贺金翔龙院士九十寿辰。本研究得到国家自然科学基金（91958212，U20A20100，41730532）的资助。

参考文献

敖威，赵明辉，丘学林，李家彪，陈永顺，阮爱国，李守军，张佳政，吴振利，牛雄伟. 2010. 西南印度洋中脊三维地震探测中炮点与海底地震仪的位置校正. 地球物理学报，53: 2982-2991

白琨琳，范朝焰，万奎元，张成龙，夏少红. 2023. 主动源海底地震仪记录数据的时间问题及原因分析. 地震学报，45: 550-567

陈瀚，丘学林，贺恩远，王元，陈传绪，陈俊. 2019. 深渊着陆器坐底位置的精确测量和反演计算. 地球物理学报，62: 1744-1754

程立群，方银霞，牛雄伟，王嵘，卫小冬，阮爱国，李家彪. 2021. 实测数据揭示海底地震仪上浮速率与

出水点规律. 地球科学, 46: 1072-1082
丁巍伟, 朱日祥, 万博, 赵亮, 牛雄伟, 赵盼, 孙宝璐, 赵阳慧. 2023. 新特提斯洋东南段动力过程及东南亚环形俯冲体系形成机制. 中国科学: 地球科学, 53: 687-701
郭晓然, 赵明辉, 黄海波, 丘学林, 王建, 贺恩远, 张佳政. 2016. 西沙地块地壳结构及其构造属性. 地球物理学报, 59: 1414-1425
郝天珧, 游庆瑜. 2011. 国产海底地震仪研制现状及其在海底结构探测中的应用. 地球物理学报, 54: 3352-3361
郝天珧, 游庆瑜, 王元, 郭永刚, 丘学林, 黄松, 徐亚, 赵春蕾, 张妍, 徐锡强. 2022. 国产海底地震探测装备技术研发与应用. 科学技术与工程, 22: 15020-15027
黎雨晗, 黄海波, 丘学林, 杜峰, 龙根元, 张浩宇, 王强. 2020. 中沙海域的广角与多道地震探测. 地球物理学报, 63: 1523-1537
李子正, 丘学林, 张佳政, 张浩宇, 陈瀚. 2021. 海斗深渊区十字放炮与 POBS 精确位置校正. 地球物理学报, 64: 3333-3343
李子正, 丘学林, 张佳政, 贺恩远, 王强, 张浩宇. 2023. 海底地震仪数据丢失异常及内部时间校正. 地球物理学报, 校稿中
刘晨光, 裴彦良, 华清峰, 李先锋, 孙蕾, 李西双, 刘保华. 2021. 一种双时钟海底地震仪数据采集装置和方法. 山东省: CN112444884A, 2021-03-05
刘丹, 杨挺, 黎伯孟, 吴越楚, 王宜志, 黄信锋, 杜浩然, 王建, 陈永顺. 2022. 分体式宽频带海底地震仪的研制、测试和数据质量分析. 地球物理学报, 65: 2560-2572
刘丽华, 吕川川, 郝天珧, 游庆瑜, 郑彦鹏, 支鹏遥, 刘少华. 2012. 海底地震仪数据处理方法及其在海洋油气资源探测中的发展趋势. 地球物理学进展, 27: 2673-2684
刘思青, 赵明辉, 张佳政, 孙龙涛, 徐亚, 詹文欢, 丘学林. 2017. 马尼拉俯冲带前缘(21°N)海底地震仪数据处理初步成果. 热带海洋学报, 36: 60-69
刘训矩, 郑彦鹏, 刘洋廷, 华清峰, 李先锋, 李祖辉, 马龙. 2019. 主动源 OBS 探测技术及应用进展. 地球物理学进展, 34: 1644-1654
吕川川, 郝天珧, 丘学林, 赵明辉, 游庆瑜. 2011. 南海西南次海盆北缘海底地震仪测线深部地壳结构研究. 地球物理学报, 54: 3129-3138
吕作勇, 丘学林, 叶春明, 孙金龙, 段永红. 2017. 珠江口区域海陆联合三维地震构造探测的数据处理与震相识别. 热带海洋学报, 36: 80-85
牛雄伟, 李家彪, 阮爱国, 吴振利, 丘学林, 赵明辉, 欧阳青. 2015. 超慢速扩张洋中脊 NTD 的蛇纹石化地幔:海底广角地震探测. 科学通报, 60: 952-961
丘学林, 施小斌, 阎贫, 吴世敏, 周蒂, 夏戡原. 2003. 南海北部地壳结构的深地震探测和研究新进展. 自然科学进展, 13: 9-14
丘学林, 赵明辉, 敖威, 吕川川, 郝天珧, 游庆瑜, 阮爱国, 李家彪. 2011. 南海西南次海盆与南沙地块的 OBS 探测和地壳结构. 地球物理学报, 54: 3117-3128
丘学林, 赵明辉, 徐辉龙, 李家彪, 阮爱国, 郝天珧, 游庆瑜. 2012. 南海深地震探测的重要科学进程:回顾和展望. 热带海洋学报, 31: 1-9
阮爱国, 李家彪, 陈永顺, 丘学林, 吴振利, 赵明辉, 王显光. 2010. 国产 I-4C 型 OBS 在西南印度洋中脊的试验. 地球物理学报, 53: 1015-1018
阮爱国, 李家彪, 冯占英, 吴振利. 2004. 海底地震仪及其国内外发展现状. 东海海洋, 22: 19-27
阮爱国, 牛雄伟, 游庆瑜, 丘学林, 郝天珧, 赵明辉, 王伟巍, 夏少红, 卫小冬, 黄海波, 吕川川. 2022. 主动源海底地震仪调查技术规范. 中华人民共和国自然资源部, GB/T 41520-2022. 国家市场监督管理总局: 国家标准化管理委员会
王建, 赵明辉, 贺恩远, 张佳政, 丘学林. 2014. 初至波层析成像的反演参数选取:以南海中央次海盆三维地震探测数据为例. 热带海洋学报, 33: 74-83

王彦林, 阎贫, 郑红波, 吕修亚. 2007. OBS 记录的时间和定位误差校正. 热带海洋学报, 26: 40-46

韦成龙, 马金凤, 李福元, 王祥春. 2020. 拖缆与海底地震仪联合采集及数据处理方法. 内蒙古石油化工, 46: 36-40, 63

卫小冬, 赵明辉, 阮爱国, 丘学林, 郝天珧, 吴振利, 敖威, 熊厚. 2011. 南海中北部陆缘横波速度结构及其构造意义. 地球物理学报, 54: 3150-3160

魏垚, 牛雄伟, 虞嘉辉, 宫文斐, 董崇志, 卫小冬, 阮爱国. 2023. 利用海底地震仪探测碳泄漏的研究进展. 地震学报, 45: 392-410

吴振利, 阮爱国, 李家彪, 牛雄伟, 李细兵, 刘宏扬. 2010. 南海南部海底地震仪试验及初步结果. 海洋学研究, 2010, 28: 55-61

薛彬, 阮爱国, 李湘云, 吴振利. 2008. SEDIS Ⅳ型短周期自浮式海底地震仪数据校正方法. 海洋学研究, 26: 98-102

徐锡强, 郝天珧, 张妍, 赵春蕾. 2022. 一种基于原子钟的沉浮式海底地震仪及原子钟驯服方法. 北京市: CN113835118B, 2022-05-03

杨富东, 张佳政, 杜峰, 王强, 庞新明, 赵明辉, 丘学林. 2020. 三维 OBS 探测实验中炮点和 OBS 位置校正新方法. 地球物理学报, 63: 766-777

杨庭威，徐亚，南方舟，曹丹平，刘丽华，郝天珧. 2023. 被动源海底地震仪数据预处理技术构建与应用. 地球物理学报，66: 746-759

张光学, 徐华宁, 刘学伟, 张明, 伍忠良, 梁金强, 沙志彬. 2014. 三维地震与 OBS 联合勘探揭示的神狐海域含水合物地层声波速度特征. 地球物理学报, 57: 1169-1176

张佳政, 丘学林, 赵明辉, 游庆瑜, 贺恩远, 王强. 2018. 南海巴士海峡三维 OBS 探测的异常数据恢复. 地球物理学报, 61: 1529-1538

张佳政, 赵明辉, 丘学林, 阮爱国, 李家彪, 陈永顺, 敖威, 卫小冬. 2012. 西南印度洋洋中脊热液 A 区海底地震仪数据处理初步成果. 热带海洋学报, 31: 79-89

张浩宇, 丘学林, 张佳政, 贺恩远, 游庆瑜. 2019. 国产海底地震仪的时间记录与原始数据精细校正. 地球物理学报, 62: 172-182

张莉, 赵明辉, 王建, 贺恩远, 敖威, 丘学林, 徐辉龙, 卫小冬, 张佳政. 2013. 南海中央次海盆 OBS 位置校正及三维地震探测新进展. 地球科学(中国地质大学学报), 38: 33-42

赵明辉, 丘学林, 叶春明, 夏戡原, 黄慈流, 谢剑波, 王平. 2004. 南海东北部海陆深地震联测与滨海断裂带两侧地壳结构分析. 地球物理学报, 47: 846-853

赵明辉, 杜峰, 王强, 丘学林, 韩冰, 孙龙涛, 张洁, 夏少红, 范朝焰. 2018. 南海海底地震仪三维深地震探测的进展及挑战. 地球科学, 43: 3749-3761

Cohen J, Stockwell J. 1995. The SU User’s Manual. Colorado: Colorado School of Mines: 1-40

Creager K C, Dorman L M. 1982. Location of instruments on the seafloor by joint adjustment of instrument and ship positions. Journal of Geophysical Research, 87: 8379-8388

Ding W, Schnabel M, Franke D, Ruan Aiguo, Wu Z. 2012. Crustal Structure across the Northwestern Margin of South China Sea: Evidence for Magma-poor Rifting from a Wide-angle Seismic Profile. Acta Geologica Sinica, 86: 854-866

Du F, Zhang J, Yang F, Zhao M, Wang Q, Qiu X. 2018. Combination of Least Square and Monte Carlo Methods for OBS Relocation in 3D Seismic Survey Near Bashi Channel. Marine Geodesy, 41: 494-515

He E, Qiu X, Chen C, Wang Y, Xu M, Zhao M, You Q. 2023. Deep crustal structure across the Challenger Deep: Tectonic deformation and strongly serpentinized layer. Gondwana Research, 118: 135-152

Huang H, Qiu X, Pichot T, Klingelhoefer F, Hao T. 2019. Seismic structure of the northwestern margin of the South China Sea: implication for asymmetric continental extension. Geophysical Journal International, 218: 1246-1261

Li J, Jian H, Chen Y, Singh S, Ruan A, Qiu X, Zhao M, Wang X, Niu X, Ni J, Zhang J. 2015. Seismic observation of an extremely magmatic accretion at the ultraslow spreading Southwest Indian Ridge. Geophysical Research Letters, 42: 2656-2663

Liu L, Hao T, Lv C, You Q, Pan J, Wang F, Xu Y, Zhao C, Zhang J. 2015. Crustal structure of Bohai Sea and adjacent area (North China) from two onshore-offshore wide-angle seismic survey lines. Journal of Asian Earth Sciences, 98: 457-469

Mànuel A, Roset X, Del Rio J, Toma D, Carreras N, Panahi S, Garcia-Benadi A, Owen T, Cadena J. 2012. Ocean bottom seismometer: design and test of a measurement system for marine seismology. Sensors (Basel, Switzerland), 12(3): 3693-3719

Nakamura Y, Donoho P L, Roper P H, McPherson P M. 1987. Large-offset seismic surveying using ocean bottom seismographs and air guns: Instrumentation and field technique. Geophysics, 52: 1601-1611

Niu X, Ruan A, Li J, Minshull T, Sauter D, Wu Z, Qiu X, Zhao M, Chen Y, Singh S. 2015. Along-axis variation in crustal thickness at the ultraslow spreading Southwest Indian Ridge (50°E) from a wide-angle seismic experiment. Geochemistry, Geophysics, Geosystems, 16: 468-485

Qi J, Zhang X, Wu Z, Meng X, Shang L, Li Y, Guo X, Hou F, He E, Wang Q. 2021. Characteristics of crustal variation and extensional break-up in the Western Pacific back-arc region based on a wide-angle seismic profile. Geoscience Frontiers, 12: 302-319

Ruan A, Wei X, Niu X, Zhang J, Dong C, Wu Z. 2016. Crustal structure and fracture zone in the Central Basin of the South China Sea from wide angle seismic experiments using OBS. Tectonophysics, 688: 1-10

Wan K, Lin J, Xia S, Sun J, Xu M, Yang H, Zhou Z, Zeng X, Cao J, Xu H. 2019. Deep seismic structure across the southernmost Mariana Trench: Implications for arc rifting and plate hydration. Journal of Geophysical Research: Solid Earth, 124: 4710-4727

Wei X, Ruan A, Ding W, Wu Z, Wang C. 2020. Crustal structure and variation in the southwest continental margin of the south china sea: evidence from a wide-angle seismic profile. Journal of Asian Earth Sciences, 203: 104557

Wilcock W. 1998. Upicker Version 1.1 Beta. University of Washington

William C T, Joseph E. 1991. SAC-Seismic Analysis Code User's Manual. Livermore, CA: Lawrence Livermore National Laboratory, 1-153

Zhang J, Li J, Ruan A, Wu Z, Ding W. 2016. The velocity structure of a fossil spreading centre in the southwest sub-basin, South China Sea. Geological Journal, 51: 548-561

Zhang J, Zhao M, Yao Y, Qiu X. 2023. Analysis of clock drift based on a three-dimensional controlled-source ocean bottom seismometer experiment. Geophysical Prospecting, 1: 1-10

Zhao M, Qiu X, Li J, Sauter D, Ruan A, Chen J, Cannat M, Singh S, Zhang J, Wu Z, Niu X. 2013. Three-dimensional seismic structure of the Dragon Flag oceanic core complex at the ultraslow spreading Southwest Indian Ridge (49°39'E). Ceochemistry, Ceophysics, Ceosystems, 14: 4544-4563

Zhao W, Wu Z, Hou F, Zhang X, Hao T, Kim H, Wang H. 2023. Velocity structure in the South Yellow Sea basin based on first arrival tomography of wide-angle seismic data and its geological implications. Acta Oceanologica Sinica, 42: 104-119

南海南沙陆缘的地壳结构特征与构造属性

郭建[1,2,3]，丘学林[1,2,3*]，黄海波[1,2]

1. 中国科学院南海海洋研究所，边缘海与大洋地质重点实验室 广州 510301
2. 南方海洋科学与工程广东省实验室（广州），广州 511458
3. 中国科学院大学，北京 100049
*通讯作者，E-mail：xlqiu@scsio.ac.cn

摘要 南海北部陆缘和南沙陆缘为共轭陆缘，其深部地壳结构记录着南海形成演化过程中的重要信息。但相比于南海北部陆缘，由于种种原因，南沙陆缘深地震探测数量仍较少，对其地壳结构的认识还相对陌生。本研究通过对位于南海南沙陆缘礼乐西海槽附近的 OBS2019-2 测线进行数据处理，获得了该区域的纵横波速度结构模型，揭示了该区域的深部地壳结构特征和岩性特征。通过与南沙陆缘其他 OBS 测线剖面进行对比，发现南沙陆缘东北部海底扩张初期岩浆活动丰富，扩张后期岩浆活动较弱，而南沙陆缘中部海底扩张期间岩浆活动均较弱。南沙陆缘各区域陆壳深处的地壳结构相似，说明南沙陆缘在裂离前各区域的性质相似。但海底扩张过程中，各区域可能受到了不同的构造作用，导致各区域的上下地壳减薄程度不同，下地壳表现出的流变性也有差异，因此陆壳伸展可能为深度相关的拉张模式。南沙陆缘属于中岩浆型被动陆缘，拉张过程中地幔先于地壳破裂。礼乐地块东西两侧地壳结构存在一定差异，西侧的地质过程更复杂，可能与中南-礼乐断裂相关。

关键词 南沙陆缘，海底地震仪（OBS），地壳结构，岩浆活动，礼乐地块

1 引言

南海是西太平洋最大的陆壳拉张型边缘海，地处欧亚、印-澳、太平洋板块的交汇处，构造环境复杂（Taylor and Hayes，1983；丘学林等，2003；李家彪等，2013）。其主要由北部大陆边缘、中部深海盆和南部的南沙陆缘组成，中部深海盆可以分为中央次海盆、西南次海盆和西北次海盆（Ru and Pigott，1986）。一般认为中央次海盆和西北次海盆在 33Ma 开始扩张，西北次海盆在 25.5Ma 停止扩张（Li et al.，2014）。其中 27Ma 和 23.6Ma 发生了两次洋脊跃迁，之后西南次海盆开始扩张（Ding et al.，2018）。最终

基金项目：国家自然科学基金项目（42174110，42176081，41849908）

作者简介：郭建，博士研究生，主要从事海洋地震探测等研究，E-mail：guojian@scsio.ac.cn

西南次海盆和中央次海盆随着古南海从西向东剪刀式俯冲的结束分别在 16Ma 和 15Ma 停止扩张。南海南北陆缘是不对称的共轭张裂大陆

边缘，其深部地壳结构记录了南海在扩张演化过程中的重要信息（Yan et al.，2001；李家彪，2005）。目前南海北部陆缘已开展了大量的海底地震仪（OBS）探测工作，取得了较为丰硕成果，对北部陆缘深部地壳结构及岩性特征已有了较为全面的了解（Yan et al.，2001；丘学林等，2006；黄海波等，2011；卫小冬等，2011a，2011b；Ding et al.，2012；Wan et al.，2017；Huang et al.，2019b，2020；黎雨晗等，2020；Li et al.，2021，2022；Liu et al.，2021，2023；Zhang et al.，2023）。南海北部陆缘较宽，东西两侧构造存在差异。东北部以较厚的下地壳高速体为特征，而西部暂未发现下地壳高速体的存在，但地壳结构受到海南地幔柱的影响较大，存在中下地壳塑性层（Lebedev and Nolet，2003；Huang et al.，2019a，2021；夏少红等，2022）。由于缺乏富岩浆型陆缘具有的向海倾斜反射层，南海北部陆缘曾被认为是贫岩浆型陆缘（Yan et al.，2001；卫小冬等，2011a；Ding et al.，2012），但扩张期后岩浆活动较为丰富，且 IODP 钻井暂未发现贫岩浆型陆缘具有的剥露的蛇纹石化现象，也有部分学者认为北部陆缘是介于富岩浆型陆缘和贫岩浆型陆缘之间的中间型陆缘（Clift et al.，2001；Cameselle et al.，2017；Ding et al.，2020）。

南沙陆缘主要由南沙地块组成，呈 NE-SW 走向，具有更优的油气成藏地质条件（李家彪，2011）。其北侧为南海海盆，东侧为吕宋-巴拉望岛弧，南侧为南沙海槽与婆罗洲，西侧为印支-巽他陆架（Ding et al.，2013；丘学林等，2013）。新生代以前，南沙地块为华南地块的一部分，由于大陆张裂作用及南海扩张，在渐新世到中新世期间向南发生漂移，最终与婆罗洲地块发生碰撞而停留在现今的位置（Taylor and Hayes，1980；Briais et al.，1993；Fuller et al.，1999）。礼乐地块位于南沙陆缘东北侧，海底发育有大量的碳酸盐礁体，铲式断层切穿基底并向下可能归并到同一条拆离断层上（丁巍伟等，2011；高金尉等，2015），与中沙和西沙地块性质相似，新生代变形作用较弱。科技部 973 项目“南海大陆边缘动力学及油气资源潜力”（2007-2011）首次组织航次在南沙陆缘开展 OBS 探测和研究工作，成功采集了 OBS973-1 和 OBS973-2 两条测线数据，获取了南沙陆缘的地壳结构特征，填补了南沙陆缘地壳结构的空白（丘学林等，2011，2013；阮爱国等，2011；牛雄伟等，2014；Wei et al.，2015）。但由于南沙陆缘距离较远且海上作业过程中常受到周边国家的干扰，开展的 OBS 深地震探测工作仍相对较少，对南沙陆缘深部地壳结构及岩性特征的认识还相对不足（丘学林等，2012；郭建等，2022）。本研究通过对南沙地块礼乐西海槽附近的 OBS2019-2 测线进行纵横波数据处理工作（图 1），得到了该区域的纵横波速度结构剖面，分析了沿剖面地壳尺度的岩性特征，结合南沙陆缘其他 OBS 剖面，进一步探讨南沙陆缘的地壳结构特征和构造属性，同时为今后全面认识南海的形成演化提供了宝贵的数据支持。

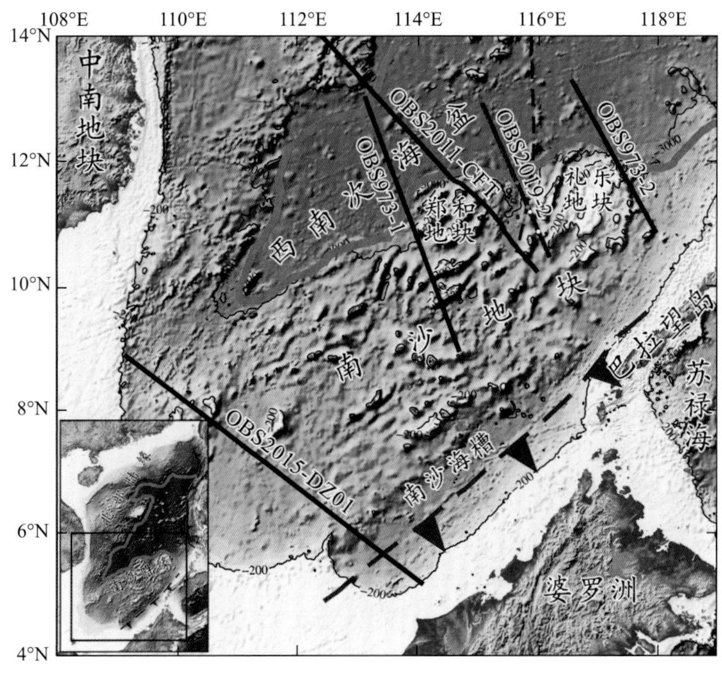

图 1　南海南沙陆缘及邻区水深地形图

图中黑色线为南沙陆缘主要的 OBS 测线，OBS2019-2 测线中红点表示数据处理成功的站位，黄点为数据异常站位，白点为仪器丢失站位。黄色粗线表示南海的洋陆边界（Song et al.，2019），带三角型的红色虚线表示俯冲碰撞带（Wei et al.，2020），紫色虚线表示中南–礼乐断裂（Li et al.，2008；郭建等，2023）。左下角插图中的黑色方框表示研究区在南海的位置

2　数据采集与处理

2019 年春，中国科学院南海海洋研究所“实验 2”号科考船在南海南沙地块礼乐西海槽附近的洋陆转换带上布设了 OBS2019-2 测线并完成了数据采集工作。测线全长约 300km，呈 NW-SE 走向，由南向北依次经过礼乐地块、礼乐西海槽和南海海盆。此次试验共投放 30 台 OBS，投放间距约为 10km，成功回收 28 台 OBS，其中 OBS22 和 OBS26 两台仪器丢失，回收率 93.3%。后续处理过程中发现 OBS16 和 OBS21 两台仪器记录的数据出现问题，无法使用。实验所选用的 OBS 均为中国科学院地质与地球物理研究所研制的国产短周期四通道 OBS。四支 Bolt 气枪震源的总容量为 6000in^3，距离船后约 10m，水下约 5m。气枪放炮间隔 80 或 85s，船速约为 5 节，共激发 1400 次有效炮（郭建等，2022）。

OBS 的纵波研究工作用到的是 SHZ 分量或 HYD 分量，处理流程包括：①UKOOA 文件制作，将 Hypack 文件中的气枪位置信息和计时器文件中的放炮时间信息合并，按照标准文件格式输出成 UKOOA 文件；②单道反射地震数据处理，将反射地震数据经过剔除空白道、叠加、增益、滤波等处理得到单道反射地震剖面，为后续建模提供水层和浅部结构等信息；③数据格式转换，将原始的 RAW 格式数据依次转换成 SAC 和 SEGY 格式，最后利用 SU 软件对 SEGY 格式数据进行增益、滤波、可视化等处理得到综合地震记录剖面；④炮点位置校正，将船载 DGPS 的位置校正到气枪的实际位置，并将校正

后的炮点拟合到一条直线上；⑤OBS 位置校正，通过反演直达水波走时信息将 OBS 的位置校正到实际着底位置；⑥震相识别与射线追踪，根据经验及各类震相的特征识别各类震相，然后用 Rayinvr 软件进行走时试算，验证震相识别的准确性；⑦模型拟合，根据单道地震剖面及邻近测线建立初始模型，并对各类震相进行拟合，得到最终纵波速度结构模型。

OBS2019-2 测线大部分台站均能识别到 Pg、PmP 和 Pn 等深部震相，数据质量较好、震相清晰，震相最远可追踪到 120km 以上，对模型的约束能力较好（郭建等，2023）。洋壳区 Pg 震相延伸距离较短，陆壳区由于地壳增厚，Pg 震相较为发育，延伸距离较长。Pdw、Pg 和 PsP 等穿透深度较浅的震相拾取误差设置为 50ms，部分台站 Pg 设置为 60ms，PmP 和 Pn 等穿透深度较大的震相其拾取误差设置为 80ms。通过试错法调整各层深度节点和速度节点的值得到正演速度结构模型。利用 Tomo2d 进行反演验证时，初始模型的沉积层结构采用正演纵波速度结构，使用分层反演法，先反演 Pg 震相，将反演得到的速度结构作为初始模型再反演 Pg 和 PmP 震相，对此次反演得到的速度结构进行编辑，将莫霍面之下的速度设置为 8.0～8.2km·s^{-1}，以实现莫霍面两侧的速度跳变，并将编辑后的速度结构作为初始模型反演 Pg、PmP 和 Pn 震相，得到最终反演速度模型。

横波研究工作用到的是 SHX 和 SHY 分量数据，其处理流程和纵波一致。但获取 SEGY 格式数据后，需要额外进行坐标转换工作。由于 OBS 进入海水中处于自由落体状态，所以着底时，SHX 和 SHY 分量并不是严格按照平行和垂直与炮检方向分布，而是随机的。因此需要进行坐标转换，将 SHX 和 SHY 分量的横波能量重新分配到炮检方向（R 分量或径向分量）和垂直炮检方向（T 分量或切向分量）上，利用横波能量最强的 R 分量综合地震记录剖面拾取到更多的转换横波震相（Wei et al.，2015；张莉等，2016）。

转换横波震相可以分为 PPS 和 PSS 两类。PPS 震相是纵波在向上传播的过程中发生波型转换产生转换横波，而 PSS 震相是纵波在向下传播的过程中发生波型转换产生转换横波。OBS2019-2 测线水平分量经过坐标转换后，R 分量的综合地震记录剖面记录的转换横波震相清晰，能识别到丰富的 PPS 与 PSS 转换横波震相（Guo et al.，2023）。对于 PPS 型转换横波，大部分台站能识别到 Pg 震相在沉积基底发生转换的 PPgSb 震相；Pn 在沉积基底和莫霍面发生转换的 PPnSb 和 PPnSm 震相，PmP 在莫霍面发生转换的 PPmSm 震相；而对于 PSS 型转换横波，大部分台站也能识别到 Pg 在沉积基底发生转换的 PSgSb 震相；Pn 在沉积基底发生转换的 PSnSb 震相；部分台站还能识别到 PmP 在海底面发生转换的 SmS 震相。根据信噪比，PPS 转换横波的震相拾取误差设置为 80～100ms，PSS 转换横波的震相拾取误差设置为 80～160ms。震相拟合时使用正演纵波速度结构模型作为初始模型，通过试错法不断调整不同梯形块体的泊松比及横波震相的转换界面，使模型计算的走时曲线与我们拾取的走时曲线接近重合，从而获得波速比模型与横波速度结构模型。进行 Tomo2d 反演时，由于 Tomo2d 软件不能联合反演在同一地层中不对称的转换横波震相，需要将 PSS 转换横波震相校正为 PSP 震相，利用在沉积层震相对称的 PSP 震相反演地壳的横波速度结构，校正原理为：$T_{PSS}-T_{PSP}=T_{PPS}-T_{P}$。横波反演的初始模型需要用纵波反演的莫霍面进行约束，以便波速比模型在莫霍面附近具有较为稳定的值，横波反演的方法与纵波反演一致。得到纵横波反演速度结构模型后，将对应的速度网格相除便可得到剖面的波速比模型。

3 模型结果与总结

研究区的纵波速度模型（图 2）和横波速度模型（图 3）显示，横波速度等值线与纵波速度等值线大致平行，形态也大致相似。研究区可以分为洋壳区、洋陆过渡带（COT）和陆壳区三部分（郭建等，2023；Guo et al.，2023）。礼乐地块位于陆壳区，陆壳区沉积层厚度 1～2km，地堑区域甚至大于 2km。沉积层纵波速度在 1.8～4.0km·s^{-1}之间，横波速度在 0.4～1.8 km·s^{-1}之间，模型 285km 附近有一处明显的火山。陆壳区莫霍面深度 14～20km，地壳厚度在 10～18km 之间，相比于华南陆缘 30km 的地壳厚度，研究区的地壳发生了明显的减薄，属于减薄陆壳区。上地壳的厚度为 3～8km，纵波速度为 4.6～6.4km·s^{-1}，横波速度为 2.9～3.6km·s^{-1}。下地壳的厚度为 7～10km，纵波速度为 6.5～7.3km·s^{-1}，横波速度为 3.6～4.1km·s^{-1}。陆壳区下地壳的纵横波速度横向变化差异较大，其中模型 190～220km 之间的低速带为中南-礼乐断裂，由于其低速带影响到了上地幔，因此中南-礼乐断裂为岩石圈级大断裂。纵波速度模型在下地壳底部也出现了少量下地壳高速体，但陆壳区域横波质量稍差，追踪距离较近，导致横波速度模型下地壳的射线覆盖程度较低，横波速度结构不能完整体现（图 3）。地壳内的密度为 2.52～2.96g·cm^{-3}，平均密度低于 2.60g·cm^{-3}，南海陆壳的平均密度 2.70g·cm^{-3}，因此陆壳区整体密度由于中南-礼乐断裂带的存在而偏低（郭建等，2023）。陆壳区上地幔的纵波速度为 7.5～8.0km·s^{-1}，横波速度在 4.3～4.6km·s^{-1}之间，低速区为中南-礼乐断裂带在上地幔的延伸。

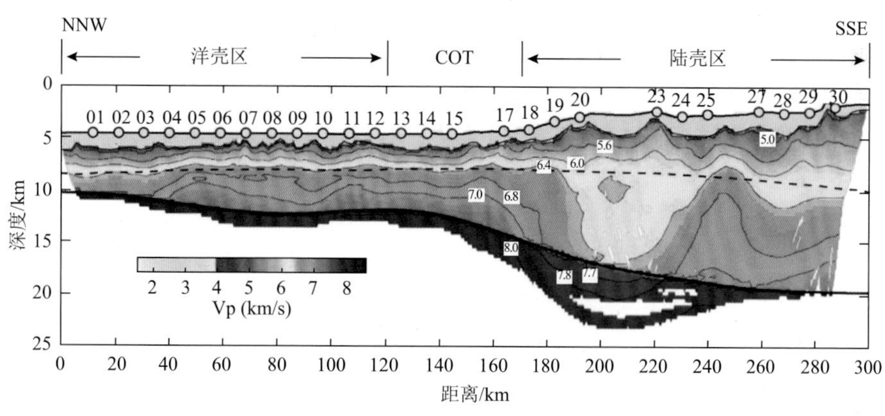

图 2 OBS2019-2 测线纵波反演速度结构模型（Guo et al.，2023）

洋壳区在模型 0～120km 之间，沉积层厚度薄于陆壳沉积层厚度，在 0～1.7km 之间，靠近残余扩张脊区域沉积层厚度较大。洋壳区沉积基底起伏剧烈，呈锯齿状，邻近的多道剖面显示为扩张期后的岩浆侵入或喷出造成的。沉积层纵波速度为 1.8～4.0km·s^{-1}，横波速度为 0.4～1.5km·s^{-1}。洋壳区莫霍面深度在 10～12km 之间，洋壳层 2 厚度较为均匀，约 2km，纵波速度为 4.8～6.4km·s^{-1}，横波速度为 2.9～3.6km·s^{-1}，纵横波速度横向变化较小，纵向速度梯度也较小。洋壳层 3 的厚度变化较大，靠近残余扩张脊区域厚度较小，约 2km，而靠近洋陆过渡带区域厚度较大，在 2～5km 之间。纵波速度为 6.4～7.3km·s^{-1}，横波速度为 3.6～4.2km·s^{-1}，纵横波速度的横向变化及纵向速度梯度均大于层 2。研究区洋壳的平均密度在 2.89g·cm^{-3} 左右，和南海的平均洋壳密度 2.90g·cm^{-3} 接近（郭建等，2023）。洋壳区上地幔顶部的纵波速度在 7.9～8.0km·s^{-1} 之间，横波速度在 4.3～4.6km·s^{-1} 之间。纵波速度模型由于 Pn 震相向下延伸的距离较小，仅在莫霍面附近，因此洋壳区上地幔的速度成像较少。

洋陆过渡带位于模型 120～170km 之间，宽度约 50km。该区域沉积层略厚于洋壳沉积层但薄于陆壳沉积层。莫霍面深度 12～14km 之间，地壳厚度 6～9km，厚度变化明显，全地壳伸展因子 5.1 左右，表明该区域发生了强烈的拉张减薄作用。但上地壳厚度变化较小，在 2～3km 左右，而下地壳变化较大，在 4～7km 之间。上地壳密度 2.64g·cm^{-3}，下地壳密度 2.78g·cm^{-3}，介于洋壳和减薄陆壳之间（郭建等，2023）。下地壳还存在纵波速度在 7.0～7.3km·s^{-1}，横波速度 4.0～4.2km·s^{-1} 的高速体，但该高速体厚度较薄，仅 3km 左右，在厚度上模型的分辨率不足以区分该高速体。因此相比于南海北部陆缘厚度大于 5km 甚至大于 10km 的下地壳高速体，南沙陆缘的下地壳高速体仍较少，南沙陆缘的性质整体和西北陆缘相似（Huang et al.，2019a，2021）。

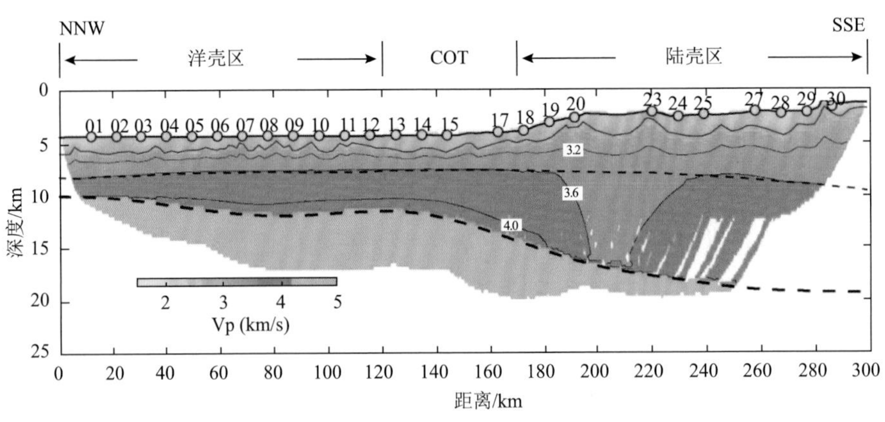

图 3　OBS2019-2 测线横波反演速度结构模型（Guo 等，2023）

将纵波速度模型的速度值与横波速度模型对应的速度值相除可得到研究区的波速比模型。波速比模型显示（图 4），沉积层内的波速比大于 2，大部分在 3.7～4.6 之间。洋壳区沉积层内的波速比大部分在 3.6～4.6 之间，较高的波速比反应了洋壳区沉积物较为松散，孔隙度大；陆壳区沉积层内的波速比大部分在 2.0～3.2 之间，小于洋壳区沉积层的波速比，反应了陆壳沉积物固结程度较高。陆壳区上地壳的波速比在 1.70～1.89 之间，下地壳的波速比在 1.70～1.87 之间；洋壳区层 2 的波速比在 1.70～1.86 之间，层 3 的波速比在 1.70～1.87 之间。下地壳高速体的波速比在 1.75～1.80 之间，上地幔顶部的波速比在 1.71～1.76 之间。根据波速比与岩性的关系，洋壳区层 2 可能由玄武岩组成，层 3 可能由辉长岩和辉绿岩组成，与典型洋壳的岩性结构是一致的。陆壳区上地壳主要由长英质岩性组成，可能含有安山岩、花岗岩、花岗闪长岩等岩石类型，但地球物理方法无法具体分辨岩石类型。下地壳的岩性由长英质向铁镁质转换，可能含有绿片岩、斜长岩和角闪岩等岩石类型。洋陆过渡带之间的岩性多为洋壳和陆壳之间的混合岩性，是洋壳增生与陆壳减薄之间相互作用的结果。下地壳高速体可能由角闪岩组成，与北部陆缘部分区域下地壳高速体的岩石成分相似，角闪岩是南海陆缘下地壳高速体的常见岩石组成成分之一。陆壳区连接沉积基底隆起与下地壳高速体之间较高的波速比区域也指示了海底扩张期后岩浆的侵入，表明高速体与岩浆的浅部侵入具有成因上的联系，下地壳高速体可作为岩浆的储存库（Guo et al.，2023）。

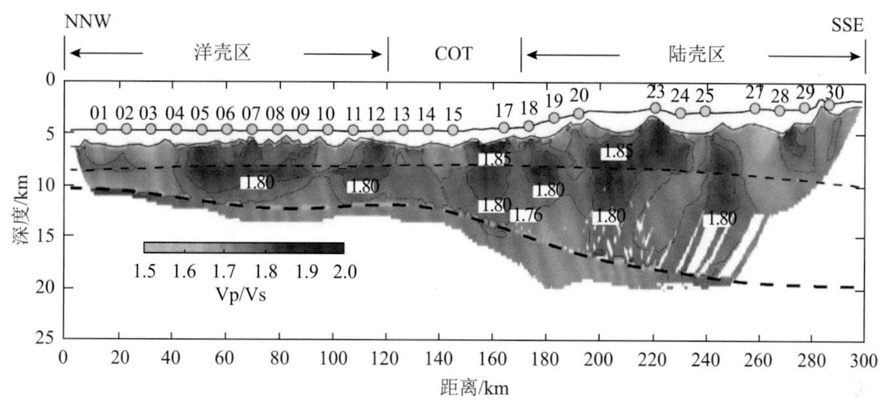

图 4　OBS2019-2 测线波速比模型（Guo 等，2023）

4　分析讨论

4.1　海盆扩张期岩浆活动

洋壳厚度的变化反映了海底扩张时期岩浆的供给量，洋壳越厚则岩浆供应量越多（White et al.，1992；Yu et al.，2021）。南海南沙陆缘从东北到中部，洋壳厚度有着显著的变化（图 5）。南沙陆缘东北部，靠近 COT 区域洋壳较厚，厚度大于 6km，属于正常洋壳，而靠近洋中脊区域洋壳较薄，厚度小于 6km，属于减薄洋壳（White et al.，1992；郭建等，2023）。说明在南沙陆缘东北部区域，海盆初始扩张阶段岩浆供应量较丰富，而扩张后期，岩浆供应量显著减少。南沙陆缘中部，洋壳厚度横向变化较小，厚度较为均匀，在 4～5km 之间，与南沙陆缘东北部海盆扩张后期的洋壳厚度相近，均属于减薄洋壳。说明南沙陆缘中部，海盆扩张期间岩浆供给量较少，构造拉伸作用占优势。

Yu 等（2021）通过对南海洋脊跃迁区域的多道剖面进行分析发现洋脊跃迁时岩浆供应充足，可能发生了小范围的地幔对流导致地幔上涌（Chang et al.，2017）。因此南沙陆缘东北部扩张初期洋壳较厚的原因可能是洋脊跃迁时伴随着较多的岩浆供应。而随后岩浆活动减弱可能是软流圈的温度或成分发生了随时间的变化导致了软流圈温度降低（Zhao et al.，2018）。南沙陆缘从东北部到中部，洋壳厚度变化是渐进的（图 5），说明从中央次海盆扩张到西南次海盆扩张不是突变的，而是一种过渡和继承，因此中央次海盆和西南次海盆扩张的动力机制可能是相同的。

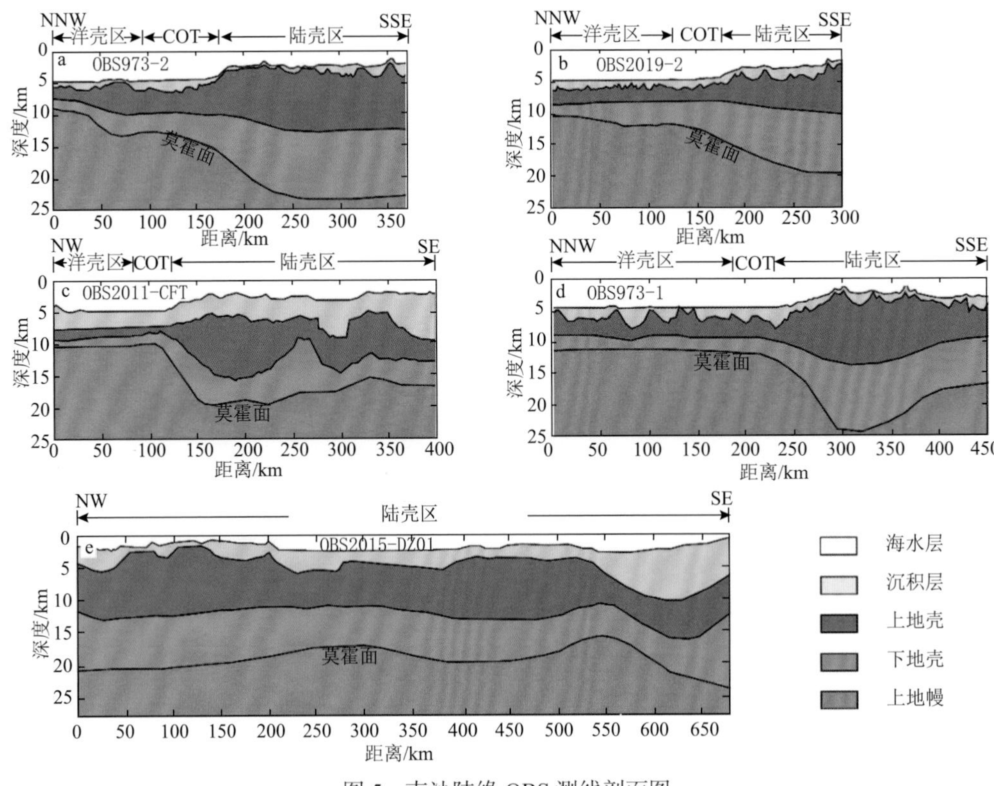

图 5 南沙陆缘 OBS 测线剖面图

图 5a—e 分别代表位于南海南沙陆缘从东北部到西南部的测线剖面图。据 OBS973-2（阮爱国等，2011），OBS2019-2（Guo et al.，2023），OBS2011-CFT（Pichot et al.，2014），OBS973-1（丘学林等，2011）和 OBS2015-DZ01（Wei et al.，2020）测线的纵波速度模型修改整理而成

4.2 南沙陆缘地壳结构变化特征

南海南沙陆缘地壳厚度的变化情况包含着南海扩张演化的重要信息。目前南沙陆缘东北、中部和西南部均有 OBS 测线覆盖，可以帮助我们了解南沙陆缘的地壳结构变化情况（图 1，图 5 和表 1）。南沙陆缘东北部，其地壳厚度为 11～21km，其中礼乐地块区域的地壳厚度较大。南沙陆缘中部的地壳厚度略小于东北部，其中郑和地块区域的地壳厚度较小，表明其减薄程度大于礼乐地块，刚性低于礼乐地块。最明显的区别在于郑和地块下地壳的减薄程度更大，该区域下地壳具有较强的韧性，流变性较强（Pichot et al.，2014）。南沙陆缘西南部的地壳厚度较为均匀，整体略大于东北部和中部，说明该区域地壳受到的拉伸减薄程度要低于中部和东北部，并未导致洋陆转换带的出现及西南次海盆的继续扩张。南沙陆缘从东北到西南，下地壳的减薄程度逐渐大于上地壳，表明向西南方向下地壳的流变性逐渐增强，同时也表明地壳伸展为深度相关的拉张模式（丁巍伟和李家彪，2011；Kusznir and Karner，2014；Weie et al.，2020）。对于 COT 区域的地壳厚度，从东北到中部有略微减小的趋势，说明地壳的拉伸作用逐渐增强。郑和地块附近同样因为下地壳流变性较强，COT 区域的地壳厚度减薄更明显。南沙地块各区域的最大地壳厚度相近，均位于形变较小的陆壳深处，且速度结构相似，说明南沙地块在裂离

前各区域的构造性质是相似的。

表 1　南沙陆缘各区域地壳厚度

区域	测线名称	洋壳厚度/km	COT 厚度/km	地壳厚度/km
东北部	OBS973-2	4～10	6～11	11～21
中部	OBS2019-2	4～9	6～9	8～18
	OBS2011-CFT	4～5	3～4	4～15
	OBS973-1	5	5～8	8～20
西南部	OBS2015-DZ01	——	——	14～19

南沙陆缘东北部没有发现大量的火成岩堆积及向海倾斜反射层（SDRs）（Hirsch et al.，2009；郝天珧等，2011），所以该区域不属于富岩浆型被动陆缘。但其在破裂、海底扩张初期及扩张期后岩浆活动较为丰富，被定义为贫岩浆型被动陆缘又太绝对。所以应当将其定义为两者之间的一种中间型被动陆缘（Nissen et al.，1995）。孙珍等（2021）根据地壳结构和底侵岩浆的量将被动陆缘再细分为五个子类：贫岩浆型、少岩浆型、中岩浆型、多岩浆型和富岩浆型。少岩浆型陆缘局部有地幔剥露，仅有局部和少量岩浆底侵；中岩浆型陆缘无地幔剥露，有小范围岩浆底侵。南沙陆缘未发现地幔剥露现象，靠近东北部的 OBS2019-2 测线纵横波速度模型显示下地壳有少量岩浆底侵作用，而中部的 OBS2011-CFT 剖面也显示有少量岩浆底侵（Pichot et al.，2014），所以南海南沙陆缘属于中岩浆型被动陆缘，但岩浆供应量向西逐渐减少。

陆缘破裂有两种类型，分别是地壳先于地幔破裂型（type Ⅰ 型）和地幔先于地壳破裂型（type Ⅱ 型）（Huismans and Beaumont，2011）。当下地壳较硬的时候，地壳往往先于地幔破裂，拉张过程中岩浆有限，海盆发育较晚；而下地壳较软的时候，则地幔会先于地壳破裂，地壳强烈减薄区域宽，地壳破裂后很快发育正常洋壳（Ros et al.，2017；Zhang et al.，2023）。南沙陆缘东北部扩张初期岩浆丰富，地壳破裂后迅速发育正常洋壳，而南沙陆缘中部下地壳具有较强的流变性。因此，南沙陆缘受到拉张作用时地幔要先用地壳破裂，与南海北部陆缘一致（Zhang et al.，2023）。

4.3　礼乐地块与南沙陆缘的构造属性

礼乐地块位于南沙陆缘东北部，处于西南次海盆和东部次海盆交界的关键位置。礼乐地块的伸展因子较小，属于刚性地块（丁巍伟等，2011）。纵横波速度模型及岩性结构与中沙地块相似，与中沙地块互为共轭地块的可能性更大（Li et al.，2022；郭建等，2023；Guo et al.，2023）。OBS973-2 与 OBS2019-2 测线分别位于礼乐地块的东西两侧，通过对两测线的速度结构进行对比，可以探讨礼乐地块东西侧的构造差异。通过实验室测量的波速比与岩性的关系，推测礼乐地块上地壳为长英质岩石，可能为花岗岩、花岗闪长岩等，而下地壳的岩性由长英质向铁镁质过渡，可能为绿片岩。这些岩石成分与在礼乐地块附近进行拖网采集的岩石成分相似。礼乐地块东侧，地壳最大厚度约 21km，而礼乐地块西侧地壳最大厚度 18km。因此礼乐地块西侧的减薄程度要大于东侧。礼乐地块东侧上地壳的波速比为 1.75，下地壳的波速比为 1.76～1.80，没有岩浆底侵（阮爱国等，2011；牛雄伟等，2014；Wei et al.，2015）；而礼乐地块西侧上地壳波速比为 1.70～1.89，下地壳的波速比为 1.70～1.86，下地壳底部有少量纵波速度在 7.0～7.3km/s，横波速度在 4.0～4.2km/s 的高速体，波速比剖面图可以发现西侧还出现了明显的岩浆侵入现象（图 4）。因此礼乐地块东西两侧可能发生了不同的构造作用，礼乐地块西侧波速比范围显著大于东侧，西侧可能发生了更复杂的地质过程。而中南-礼乐断裂位于礼乐地块西侧，且发育时间和礼乐地块的形成及漂移时间接近，因此，东西两侧的差异可能与中南-礼乐断裂相关（图 6）。

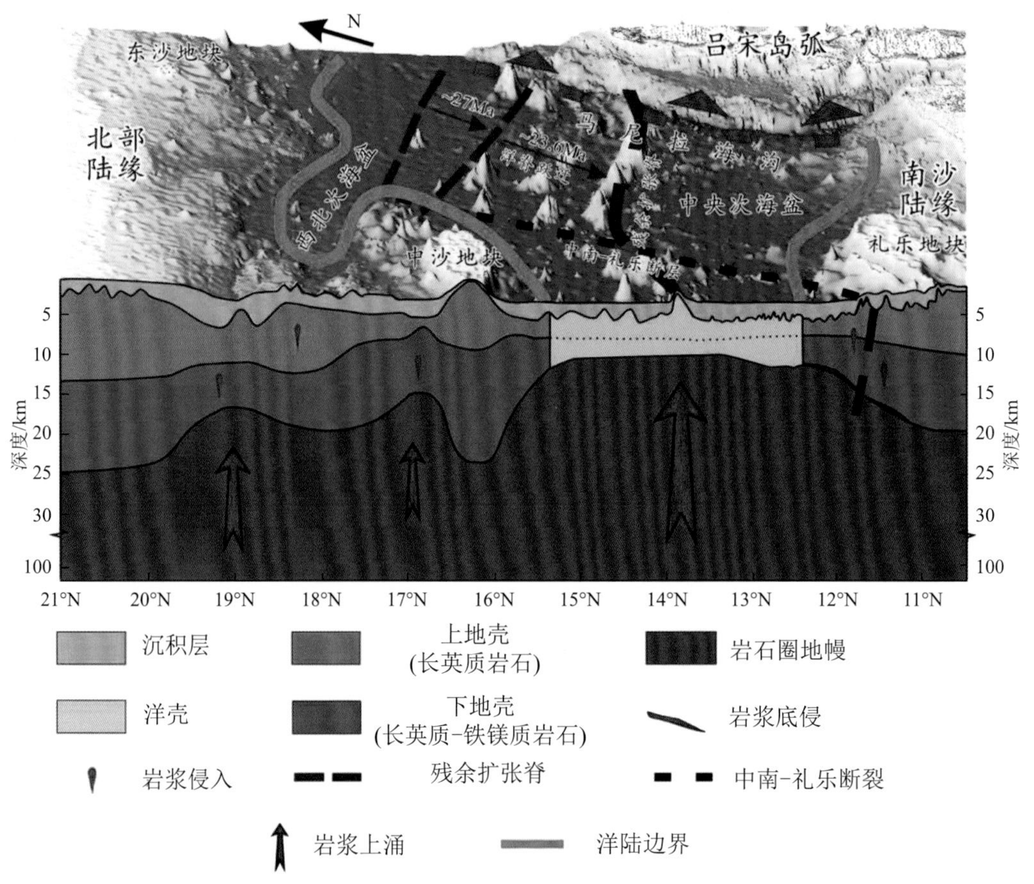

图 6　南海共轭陆缘构造模式图（Guo et al.，2023）

图中南海北部陆缘的地壳结构参考吴振利等（2011），Ding 等（2012），Wei 等（2017），Huang 等（2019a，2021）和 Li 等（2021）的研究结果；南部陆缘的地壳结构由 OBS2019-2 测线控制（郭建等，2023）；残余扩张脊附近的地壳结构参考 Ruan 等（2016）和 Zhang 等（2016）的研究结果

在渐新世以前，华南陆缘受到古南海的俯冲牵引逐渐张裂，产生了大量的断裂带、地堑及旋转块体（Hall，1996）。渐新世到中中新世期间，华南陆缘破裂，南海打开并扩张，南海南北陆缘逐渐裂离，南沙地块跟随南沙陆缘向南漂移（Briais et al.，1993；李家彪等，2013；Li et al.，2014）。南海南北陆缘从张裂到裂离的过程中，地幔先于地壳破裂。约 27Ma 和 23.6Ma 的时候，南海的扩张脊发生了两次向南的跃迁（Ding et al.，

2018）。在第二次洋脊跃迁以前，南海的扩张方向主要为 S-N 向，而第二次洋脊跃迁后，伴随着中沙与礼乐连合块体的破裂分离，西南次海盆逐渐打开，并形成了中沙与礼乐地块，海底扩张方向转变为 NW-SE 向。扩张脊向西南传播的过程中，地壳的伸展减薄作用逐渐增强。随着中沙与礼乐地块的裂离及漂移，中南-礼乐断裂带也逐渐形成（Ruan et al.，2016）。南海扩张期间，岩浆供应整体较为匮乏，尤其是西部陆缘，南海扩张的主要动力来自古南海板块的俯冲牵引。15Ma 左右，伴随着南沙地块与婆罗洲的碰撞及礼乐地块与巴拉望的碰撞，古南海在南沙海槽发生了从西向东剪刀式的消亡，并导致南海扩张的停止，南沙陆缘西南部的地壳拉伸作用减弱，甚至转变为碰撞挤压环境（Li et al.，2014；解习农等，2022）。因此南沙陆缘西南部的地壳减薄程度相对东北部和中部较小，并未产生破裂。海底扩张停止后，南海的岩浆活动逐渐增强。南沙陆缘区域在中南-礼乐断裂带附近的 OBS 测线中发现了少量的下地壳高速体，这些高速体为扩张期后岩浆沿着中南-礼乐大断裂上涌，在地壳内发生了底侵形成，同时也产生了丰富的岩浆侵入形成了海底火山或沉积基底隆起（图 6）。随着菲律宾海板块的顺时针旋转及北向移动，南海逐渐向其俯冲，形成了马尼拉海沟，同时也造就了南海目前北侧拉张、东侧俯冲、南侧前期拉张后期挤压及西侧走滑的构造格局（李家彪等，2013）。

5 结论

通过对南海南沙陆缘礼乐滩区域的 OBS2019-2 测线数据进行处理，获得了该区域的纵横波速度结构模型及波速比模型。结合南沙陆缘其他 OBS 测线剖面进行对比分析，获得了以下主要结论：

（1）OBS2019-2 测线数据质量良好，纵横波震相清晰，射线追踪距离较远，深部信息丰富，获得的模型有较高的射线覆盖密度及分辨率；

（2）南沙陆缘东北部海底扩张初期岩浆供给充足而扩张后期岩浆供给较少；中部海底扩张期间岩浆供应均较少，构造拉伸作用占优势；

（3）南沙陆缘从东向西，下地壳的流变性在增强，其中郑和地块的下地壳流变性更明显。同时从东北到西南各区域陆壳深处的地壳结构相似，说明南沙陆缘在裂离前各区域的性质是相似的；南沙陆缘属于中岩浆型陆缘，陆缘拉张破裂时，地幔先于地壳破裂；

（4）礼乐地块东西两侧发生了不同的构造作用，其中西侧更复杂，可能与中南-礼乐断裂相关。

致谢 感谢“实验 2”号全体船员及科考队员的共同努力。研究工作由国家自然科学基金项目（42174110，42176081，41849908）资助。实测数据由国家基金委共享航次（NORC2019-08）采集获得。文中部分图件用到了 GMT 软件（Wessel and Smith，1995）。

参考文献

丁巍伟，李家彪. 2011. 南海南部陆缘构造变形特征及伸展作用：来自两条 973 多道地震测线的证据. 地球物理学报，54：3038-3056

丁巍伟, 李家彪, 黎明碧. 2011. 南海南部陆缘礼乐盆地新生代的构造-沉积特征及伸展机制: 来自NH973-2 多道地震测线的证据. 地球科学-中国地质大学学报, 36: 113-122

高金尉, 吴时国, 彭学超, 董冬冬, 范建柯, 贾连凯, 周金扬. 2015. 南海共轭被动大陆边缘洋陆转换带构造特征. 大地构造与成矿学, 39: 555-570

郭建, 丘学林, 黄海波. 2022. 南沙地块 OBS2019-2 测线数据处理与震相识别. 热带海洋学报, 41: 43-56

郭建, 丘学林, 黄海波. 2023. 南沙地块礼乐西海槽的地壳结构特征. 地球物理学报, doi: 10.6038/cjg2023Q0939

郝天珧, 徐亚, 孙福利, 游庆瑜, 吕川川, 黄松, 丘学林, 胡卫剑, 赵明辉. 2011. 南海共轭大陆边缘构造属性的综合地球物理研究. 地球物理学报, 54: 3098-3116

黄海波, 丘学林, 徐辉龙, 赵明辉, 郝天珧, 胥颐, 李家彪. 2011. 南海西沙地块岛屿地震观测和海陆联测初步结果. 地球物理学报, 54: 3161-3170

李家彪. 2005. 中国边缘海形成演化与资源效应. 北京: 科学出版社: 398

李家彪. 2011. 南海大陆边缘动力学: 科学实验与研究进展. 地球物理学报, 54: 2993-3003

李家彪, 丁巍伟, 张洁. 2013. 西太平洋的边缘海系统. 见: 刘光鼎, 秦蕴珊, 李家彪, 主编. 中国海底科学研究进展-庆贺金翔龙院士八十华诞. 北京: 科学出版社: 7-24

黎雨晗, 黄海波, 丘学林, 杜峰, 龙根元, 张浩宇, 陈瀚, 王强. 2020. 中沙海域的广角与多道地震探测. 地球物理学报, 63: 1523-1537

牛雄伟, 卫小冬, 阮爱国, 吴振利. 2014. 海底广角地震剖面反演方法对比——以南海礼乐滩剖面为例. 地球物理学报, 57: 2701-2712

丘学林, 阮爱国, 游庆瑜, 赵明辉, 吴振利. 2013. 南沙海域首次海底地震仪(OBS)探测和研究. 见: 刘光鼎, 秦蕴珊, 李家彪, 主编. 中国海底科学研究进展——庆贺金翔龙院士八十华诞. 北京: 科学出版社. 40-50

丘学林, 施小斌, 阎贫, 吴世敏, 周蒂, 夏戡原. 2003. 南海北部地壳结构的深地震探测和研究新进展. 自然科学进展: 9-14

丘学林, 曾钢平, 胥颐, 郝天珧, 李志雄, Priestley K, Mckenzie D. 2006. 南海西沙石岛地震台下的地壳结构研究. 地球物理学报, 49: 1720-1729

丘学林, 赵明辉, 敖威, 吕川川, 郝天珧, 游庆瑜, 阮爱国, 李家彪. 2011. 南海西南次海盆与南沙地块的 OBS 探测和地壳结构. 地球物理学报, 54: 3117-3128

丘学林, 赵明辉, 徐辉龙, 李家彪, 阮爱国, 郝天珧, 游庆瑜. 2012. 南海深地震探测的重要科学进程: 回顾和展望. 热带海洋学报, 31: 1-9

阮爱国, 牛雄伟, 丘学林, 李家彪, 吴振利, 赵明辉, 卫小冬. 2011. 穿越南沙礼乐滩的海底地震仪广角地震试验. 地球物理学报, 54: 3139-3149

孙珍, 李付成, 林间, 孙龙涛, 庞雄, 郑金云. 2021. 被动大陆边缘张—破裂过程与岩浆活动: 南海的归属. 地球科学, 46: 770-789

卫小冬, 阮爱国, 赵明辉, 丘学林, 李家彪, 朱俊江, 吴振利, 丁巍伟. 2011a. 穿越东沙隆起和潮汕坳陷的 OBS 广角地震剖面. 地球物理学报, 54: 3325-3335

卫小冬, 赵明辉, 阮爱国, 丘学林, 郝天珧, 吴振利, 敖威, 熊厚. 2011b. 南海中北部陆缘横波速度结构及其构造意义. 地球物理学报, 54: 3150-3160

吴振利, 李家彪, 阮爱国, 楼海, 丁巍伟, 牛雄伟, 李细兵. 2011. 南海西北次海盆地壳结构: 海底广角地震实验结果. 中国科学: 地球科学, 41: 1463-1476

夏少红, 范朝焰, 王大伟, 曹敬贺, 赵芳. 2022. 琼东南盆地超伸展地壳结构及后期海南地幔柱影响. 中国科学: 地球科学, 52: 1113-1131

解习农, 赵帅, 任建业, 杨允柳, 姚永坚. 2022. 南海后扩张期大陆边缘闭合过程及成因机制. 地球科学, 47: 3524-3542

张莉, 赵明辉, 丘学林, 王强. 2016. 南沙地块海底地震仪转换横波震相识别最新进展. 热带海洋学报,

35: 61-71

Briais A, Patriat P, Tapponnier P. 1993. Updated interpretation of magnetic anomalies and seafloor spreading stages in the South China Sea: Implications for the tertiary tectonics of Southeast Asia. Journal of Geophysical Research: Solid Earth, 98: 6299-6328

Cameselle A L, Ranero C R, Franke D, Barckhausen U. 2017. The continent-ocean transition on the northwestern South China Sea. Basin Research, 29: 73-95

Chang J H, Hsieh H H, Mirza A, Chang S P, Hsu H H, Liu C S, Su C C, Chiu S D, Ma Y F, Chiu Y H, Hung H T, Lin Y C, Chiu C H. 2017. Crustal structure north of the Taiping Island (Itu Aba Island), southern margin of the South China Sea. Journal of Asian Earth Sciences, 142: 119-133

Clift P D, Lin J, ODP Leg 184 Scientific Party. 2001. Patterns of extension and magmatism along the continent-ocean boundary, south China margin. Geological Society London Special Publications, 187: 489-510

Ding W W, Franke D, Li J B, Steuer S. 2013. Seismic stratigraphy and tectonic structure from a composite multi-channel seismic profile across the entire Dangerous Grounds, South China Sea. Tectonophysics, 582: 162-176

Ding W W, Schnabel M, Franke D, Ruan A G, Wu Z L. 2012. Crustal structure across the northwestern margin of South China sea: evidence for magma-poor rifting from a wide-angle seismic profile. Acta Geologica Sinica, 86: 854-866

Ding W W, Sun Z, Dadd K, Fang Y, Li J. 2018. Structures within the oceanic crust of the central South China Sea basin and their implications for oceanic accretionary processes. Earth and Planetary Science Letters, 488: 115-125

Ding W W, Sun Z, Mohn G, Nirrengarten M, Tugend J, Manatschal G, Li J B. 2020. Lateral evolution of the rift-to-drift transition in the South China Sea: Evidence from multi-channel seismic data and IODP Expeditions 367&368 drilling results. Earth and Planetary Science Letters, 531: 115932

Fuller M, Ali J R, Moss S J, Frost B R, Mahfi A. 1999. Paleomagnetism of Borneo. Journal of Asian Earth Sciences, 17: 3-24

Guo J, Qiu X L, Huang H B, Jiang H, He E Y. 2023. S-wave velocity structure and Vp/Vs ratios beneath Liyuexi Trough, Nansha Block, the South China Sea: Implications for crustal lithology and tectonic nature of the southern continental margin. Tectonophysics, Accepted

Hall R. 1996. Reconstructing Cenozoic SE Asia. Geological Society, London, Special Publications, 106: 153-184

Hirsch K K, Bauer K, Scheck-Wenderoth M. 2009. Deep structure of the western South African passive margin — Results of a combined approach of seismic, gravity and isostatic investigations. Tectonophysics, 470: 57-70

Huang H B, Klingelhoefer F, Qiu X L, Li Y H, Wang P. 2021. Seismic imaging of an intracrustal deformation in the northwestern margin of the South China Sea: the role of a ductile layer in the crust. Tectonics, 40: e2020TC006260

Huang H B, Qiu X L, Pichot T, Klingelhoefer F, Zhao M H, Wang P, Hao T Y. 2019a. Seismic structure of the northwestern margin of the South China Sea: implication for asymmetric continental extension. Geophysical Journal International, 218: 1246-1261

Huang H B, Qiu X L, Zhang J Z, Hao T Y. 2019b. Low-velocity layers in the northwestern margin of the South China Sea: Evidence from receiver functions of ocean-bottom seismometer data. Journal of Asian Earth Sciences, 186: 104090

Huang H B, Xiong H, Qiu X L, Li Y H. 2020. Crustal structure and magmatic evolution in the Pearl River Delta of the Cathaysia Block: New constraints from receiver function modeling. Tectonophysics, 778:

228365

Huismans R, Beaumont C. 2011. Depth-dependent extension, two-stage breakup and cratonic underplating at rifted margins. Nature, 473: 74-78

Kusznir N, Karner G. 2014. Continental lithospheric thinning and breakup in response to upwelling divergent mantle flow: application to the Woodlark, Newfoundland and Iberia margins. Geological Society, London, Special Publications, 282: 389-419

Lebedev S, Nolet G. 2003. Upper mantle beneath Southeast Asia from S velocity tomography. Journal of Geophysical Research: Solid Earth, 108: 2048

Li C F, Xu X, Lin J, Sun Z, Zhu J, Yao Y, Zhao X, Liu Q, Kulhanek D K, Wang J, Song T, Zhao J, Qiu N, Guan Y, Zhou Z, Williams T, Bao R, Briais A, Brown E A, Chen Y, Clift P D, Colwell F S, Dadd K A, Ding W, Almeida I H, Huang X L, Hyun S, Jiang T, Koppers A A P, Li Q, Liu C, Liu Z, Nagai R H, Peleo-Alampay A, Su X, Tejada M L G, Trinh H S, Yeh Y C, Zhang C, Zhang F, Zhang G L. 2014. Ages and magnetic structures of the South China Sea constrained by deep tow magnetic surveys and IODP Expedition 349. Geochemistry, Geophysics, Geosystems, 15: 4958-4983

Li C F, Zhou Z Y, Li J B, Chen B, Geng J H. 2008. Magnetic zoning and seismic structure of the South China Sea ocean basin. Marine Geophysical Researches, 29: 223-238

Li Y H, Grevemeyer I, Huang H B, Qiu X L, Murray-Bergquist L. 2022. Crustal compositional variations from continental to oceanic domain: a Vp/Vs ratio study across the Zhongsha Block, South China Sea. Journal of Geophysical Research: Solid Earth, 127: e2021JB023470

Li Y H, Huang H B, Grevemeyer I, Qiu X L, Zhang H Y, Wang Q. 2021. Crustal structure beneath the Zhongsha Block and the adjacent abyssal basins, South China Sea: new insights into rifting and initiation of seafloor spreading. Gondwana Research, 99: 53-76

Liu Y T, Li C F, Qiu X L, Zhang J Z. 2023. Vp/Vs ratios beneath a hyper-extended failed rift support a magma-poor continental margin in the northeastern South China Sea. Tectonophysics. 846: 229652

Liu Y T, Li C F, Wen Y L, Yao Z W, Wan X L, Qiu X L, Zhang J Z, Aqeel A, Peng X, Li G. 2021. Mantle serpentinization beneath a failed rift and post-spreading magmatism in the northeastern South China Sea margin. Geophysical Journal International, 225: 811-828

Nissen S S, Hayes D E, Buhl P, Diebold J, Yao B C, Zeng W j, Chen Y Q. 1995. Deep penetration seismic soundings across the northern margin of the South China Sea. Journal of Geophysical Research: Solid Earth, 100: 22407-22433

Pichot T, Delescluse M, Chamot-Rooke N, Pubellier M, Qiu Y, Meresse F, Sun G, Savva D, Wong K P, Watremez L, Auxiètre J L. 2014. Deep crustal structure of the conjugate margins of the SW South China Sea from wide-angle refraction seismic data. Marine and Petroleum Geology, 58: 627-643

Ros E, Pérez-Gussinyé M, Araújo M, Romeiro M T, Andres-Martınez M, Morgan J P. 2017. Lower crustal strength controls on melting and serpentinization at magma-poor margins: potential implications for the south Atlantic. Geochemistry, Geophysics, Geosystems, 18: 4538-4557

Ru K, Pigott J D. 1986. Episodic rifting and subsidence in the South China Sea. AAPG Bull, 70: 1136-1155

Ruan A G, Wei X D, Niu X W, Zhang J, Dong C Z, Wu Z L, Wang X Y. 2016. Crustal structure and fracture zone in the Central Basin of the South China Sea from wide angle seismic experiments using OBS. Tectonophysics, 688: 1-10

Song T R, Li C F, Wu S G, Yao Y J, Gao J W. 2019. Extensional styles of the conjugate rifted margins of the South China Sea. Journal of Asian Earth Sciences, 177: 117-128

Taylor B, Hayes D E. 1980. The tectonic evolution of the South China Sea In: Hayes D E. The Tectonic and Geologic Evolution of the Southeast Asian Seas and Islands: Part 1. AGU Geophys Monogr, 23: 89-104

Taylor B and Hayes D E. 1983. Origin and history of the South China Sea basin In: Hayes D E. The Tectonic and Geologic Evolution of the Southeast Asian Seas and Islands: Part 2. AGU Geophys Monogr, 27: 23-56

Wan K Y, Xia S H, Cao J H, Sun J L, Xu H L. 2017. Deep seismic structure of the northeastern South China Sea: origin of a high-velocity layer in the lower crust. Journal of Geophysical Research: Solid Earth, 122: 2831-2858

Wei X D, Ruan A G, Ding W W, Wu Z C, Dong C Z, Zhao Y H, Niu X W, Zhang Z, Wang C Y. 2020. Crustal structure and variation in the southwest continental margin of the South China Sea: Evidence from a wide-angle seismic profile. Journal of Asian Earth Sciences, 203: 104557

Wei X D, Ruan A G, Li J B, Niu X W, Wu Z L, Ding W W. 2017. S-wave velocity structure and tectonic implications of the northwestern sub-basin and Macclesfield of the South China Sea. Marine Geophysical Research, 38: 125-136

Wei X D, Ruan A G, Zhao M H, Qiu X L, Wu Z L, Niu X W. 2015. Shear wave velocity structure of Reed Bank, southern continental margin of the South China Sea. Tectonophysics, 644-645: 151-160

Wessel P, Smith W H F. 1995. New version of the generic mapping tools. Eos, Transactions American Geophysical Union, 76: 329

White R S, Mckenzie D, O"Nions R K. 1992. Oceanic crustal thickness from seismic measurements and rare earth element inversions. Journal of Geophysical Research: Solid Earth, 97: 19683-19715

Yan P, Zhou D, Liu Z. 2001. A crustal structure profile across the northern continental margin of the South China Sea. Tectonophysics, 338: 1-21

Yu J H, Yan P, Qiu Y, Delescluse M, Huang W K, Wang Y L. 2021. Oceanic crustal structures and temporal variations of magmatic budget during seafloor spreading in the East Sub-basin of the South China Sea. Marine Geology, 436: 106475

Zhang J, Ruan A G, Wu Z L, Yu Z T, Niu X W, Ding W W. 2016. The velocity structure of a fossil spreading centre in the Southwest Sub-basin, South China Sea. Geological Journal, 51: 548-561

Zhang J Z, Zhao M H, Ding W W, Ranero C R, Sallares V, Gao J W, Zhang C M, Qiu X L. 2023. New insights into the rift-to-drift process of the northern South China Sea margin constrained by a three-dimensional wide-angle seismic velocity model. Journal of Geophysical Research: Solid Earth, 128: e2022JB026171

Zhao M H, He E Y, Sibuet J C, Sun L T, Qiu X L, Tan P C, Wang J. 2018. Postseafloor spreading volcanism in the central east South China Sea and its formation through an extremely thin oceanic crust. Geochemistry, Geophysics, Geosystems, 19: 621-641

西太平洋新近纪的俯冲起始模型及俯冲带参数分析

李泯[4]，黄松[1,3*]，郝天珧[1,2,3]，董淼[1,2,3]，徐亚[1,2,3]，张健[2]，何庆禹[1,2,3]，方桂[5]

1. 中国科学院地质与地球物理研究所，中国科学院油气资源研究重点实验室，北京 100029
2. 中国科学院大学，地球与行星科学学院，北京 100049
3. 中国科学院地球科学研究院，北京 100029
4. 中国科学院空天信息创新研究院，北京 100094
5. 中国石油杭州地质研究院，杭州 310023
*通讯作者，E-mail：huangsong@mail.iggcas.ac.cn

摘要 新近纪是研究俯冲起始的重要时期，在西太平洋地区形成了众多的俯冲带，包括 Ryukyu 俯冲带、Manila 俯冲带、Philippine 俯冲带、北 Sulawesi 俯冲带、Halmahera 俯冲带、New Britain 俯冲带、Solomon 俯冲带以及 New Hebrides 俯冲带等。但有关这些俯冲带的研究是相对独立的，对其进行系统的对比研究具有重要意义。本文主要回顾了关于西太平洋地区新近纪俯冲实例的起始模型研究，极性反转式的俯冲起始、诱发性的俯冲重起始以及形成新破裂的非继承性俯冲起始是其中较为典型的三类起始模型。另外，对其俯冲带参数进行汇编，俯冲带参数包括基本特征、俯冲板片特征、上覆板块特征、运动学特征以及俯冲后续活动五类。初步对俯冲过程的规律性、不同俯冲案例所体现出的特殊性以及俯冲起始类型与俯冲带参数特征之间可能存在的约束关系等进行讨论与分析。所汇编的俯冲带参数数据集可为相关研究提供数据支撑。

关键词 俯冲起始，西太平洋，新近纪，俯冲带参数

1 引言

板块构造是地球独有的构造系统，能够从海底扩张到板块俯冲，形成完整的板块运动过程，甚至可能影响了生命的起源与发展进程（Stern，2016；Pellissier et al.，2018）。俯冲带是地球表层和深部的物质与能量交换场所，是板块构造理论研究的核心与焦点（郑永飞等，2016；陈凌等，2020）。它包括了大洋地幔、洋壳和沉积物俯冲时所伴随的地球化学过程，俯冲板片的脱水、变质熔融和地幔楔橄榄岩部分熔融的深部过程，以及岛

基金项目：国家自然科学基金项目（批准号：91858212，91858214，41906056）资助

作者简介：李泯，助理研究员，博士，主要从事海洋地球物理与电磁探测等研究，E-mail：limin03@aircas.ac.cn

弧-弧后的岩浆、地形等响应过程（孙卫东等，2010；李三忠等，2014；徐敏等，2019；Holt and Condit，2021）。而俯冲的最初阶段——俯冲起始（Subduction zone initiation，SZI）更是板块构造研究的关键所在（Gurnis et al.，2004；Stern，2004；Stern and Gerya，2018；Crameri et al.，2019；Sun and Zhang，2022）。俯冲起始研究的是新俯冲带如何形成的问题。Stern 和 Gerya（2004，2018）根据俯冲带的观测实例和动力学模拟，提出两种类型的俯冲起始模式：自发型（Spontaneous）和诱发型（Induced）。所谓诱发型俯冲起始是由已存在的板块汇聚而形成的新俯冲；自发型俯冲则不需要板块运动而是由于自身岩石圈薄弱带处的巨大密度差异导致的。由于岩石圈尺度的断层激活到板块俯冲的过程至少需要 3～8Myr，时间跨度太大；再加上俯冲起始主要发生在深海，观测难度大，俯冲起始难以直接观测。因此，对比和分析当前年轻的俯冲带是研究俯冲起始机制的最佳方式之一（赵明辉等，2016；Lallemand and Arcay，2021）。

目前全球可观测到的俯冲带，多数形成于新生代（66Ma 以来）并主要位于西太平洋地区（如图 1 所示）。这些俯冲起始事件在起始时间上表现出了聚类的特征，主要集中在两个时间段：52Ma 左右（始新世）与 10Ma 左右（新近纪）。

Izu-Bonin-Mariana（IBM）俯冲带（Ishizuka et al.，2018；Reagan et al.，2019）、Aleutians 俯冲带（Jicha et al.，2006）以及 Tonga-Kermadec 俯冲带（Whattam et al.，2008；Meffre et al.，2012）共形成了总计约 10000 km 的海沟。其形成时间集中在 52Ma 左右，和新特提斯洋闭合碰撞以及夏威夷-帝王海山岛链的拐点时间接近（Najman et al.，2010；Bercovici and Ricard，2014；Torsvik et al.，2017）。Sun 等（2020a）认为，集中在 52Ma 左右的俯冲起始事件受到远程效应的影响。在 55Ma 左右，印度板块和澳大利亚板块漂移速度的降低显示出新特提斯洋闭合，进入硬碰撞阶段。澳大利亚板块和印度板块向北漂移的进程受到阻碍，致使耦连的太平洋板块改变漂移方向，在走滑断层等薄弱位置形成了新的俯冲带（Sun et al.，2020b）。

52Ma 左右起始的俯冲带中，IBM 俯冲带是研究俯冲起始机制的绝佳区域，但其机制是自发还是诱发仍存在争议。Arculus 等（2015）认为 IBM 是自发俯冲。IODP 351 航次在俯冲带附近发现了几乎同时期的基底玄武岩（具有弧前玄武岩特征）与沉积岩。由此他们推断板片俯冲的同时发生上覆板块的拉张，这是自发型俯冲的重要特征。但是 Li 等（2021）指出 IODP 351 航次发现的玄武岩晚于 IBM 最早的弧前玄武岩约 3Ma，而 IBM 俯冲最早期阶段弧前形成的低钛-钾、含铝尖晶石的拉斑玄武岩样品保留了高温高压的矿物学特征，表明俯冲起始阶段该区域处于挤压环境。Li 等（2019，2022）也给出了有关 IBM 俯冲带诱发起始的证据。他们利用 IODP 352 航次钻取的小笠原弧前玻安岩样品，寻找玻安岩与板片俯冲起始之间的成因联系，并发现早期形成的低硅玻安岩源区含有俯冲板片下洋壳辉长岩的熔体，而晚期形成的高硅玻安岩源区则含有沉积物和蚀变玄武岩的流体。这可能是最早期的低角度俯冲导致俯冲板片表面的沉积物和蚀变玄武岩被刮削增生到了初始海沟的位置，因而早期低硅玻安岩源区缺失沉积物和蚀变玄武岩组分，而下洋壳辉长岩最早发生熔融。由此推断的低角度早期俯冲形态可表明俯冲初始阶段存在诱发性的水平挤压作用。

在第二个时间段（新近纪，10Ma 左右），发生了俯冲起始的俯冲带包括：Ryukyu

俯冲带、Manila 俯冲带、Philippine 俯冲带、北 Sulawesi 俯冲带、Halmahera 俯冲带、New Britain 俯冲带、Solomon 俯冲带以及 New Hebrides 俯冲带等。而西太地区 10Ma 左右的俯冲起始事件与 52Ma 左右的俯冲起始事件相比，时间集中度较弱，俯冲带规模较小，尚未受到足够的关注（Hall，2019）。那么，是什么原因导致它们相对集中地俯冲起始？它们是否与 52Ma 左右的俯冲起始类似，可能受到了远程效应的影响？它们的俯冲起始机制、驱动力的来源及其俯冲带参数之间是否存在一些规律性以及特殊性的体现呢？

本文选择西太平洋新近纪俯冲带，回顾有关其起始模型的研究，并对俯冲带参数进行整理和汇编。通过对比、分析与总结这些年轻俯冲带的俯冲特征要素，期望获得对俯冲起始及演化过程的规律性认识。

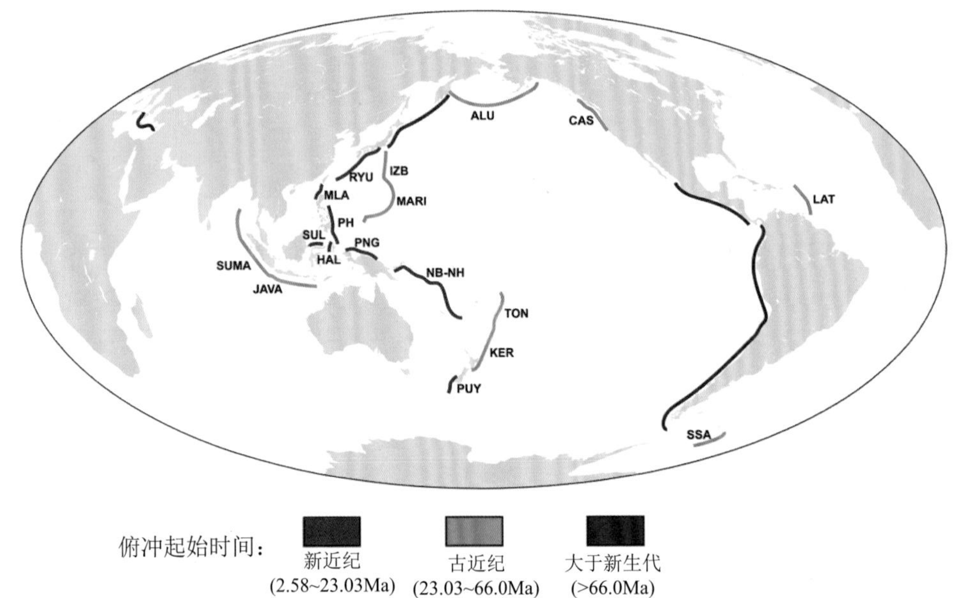

图 1 全球主要俯冲带分布（据 Gurnis et al.，2004，有修改）

俯冲带的起始时间信息来自 SZI 数据库（Crameri et al.，2020）。俯冲带位置信息来自 PB2003（Bird，2003）。红色、绿色和蓝色表示起始于新近纪、古近纪和早于新生代的俯冲带对新生代俯冲带标注了其名称缩写，ALU 表示 Aleutians；CAS 表示 Cascades；IZB 表示 Izu-Bonin；MARI 表示 Mariana；JAVA 表示 Java；SUMA 表示 Sumatra；TON 表示 Tonga；KER 表示 Kermadec；LAT 表示 Lesser Antilles；SSA 表示 South Sandwich；RYU 表示 Ryukyu；MLA 表示 Manila；PH 表示 Philippine；SUL 表示 Sulawesi；HAL 表示 Halmahera；PNG 表示 New Guinea；NB-NH 包括：NH 表示 New Hebrides，SOLO 表示 Solomon；NB 表示 New Britain；PUY 表示 Puysegur。下同

2 西太地区新近纪俯冲事件起始模型

SZI 数据库（Crameri et al.，2020；https://www.szidatabase.org/）对 100Ma 以来的大部分俯冲起始事件进行了地质学、地球化学、地球物理学、地球动力学、板块重建等多方面特征的总结。结合前人对于西太平洋新近纪俯冲事件在起始机制、演化过程等方面的研究与认识，以下三类俯冲起始演化模型在这些案例中较为典型，分别是极性反转式的俯冲起始、俯冲重起始以及形成新破裂的非继承性俯冲起始。

2.1 极性反转式的俯冲起始

Philippine、New Britain、Solomon 和 New Hebrides 俯冲带是由于极性反转而引发的。极性反转指在预先存在一个已终止的俯冲带的弧后区域形成一个新的极性相反的俯冲带，其演化过程如图 2（a）所示，是弧-陆碰撞期间形成新俯冲带的一种重要机制。

New Britain、Solomon 和 New Hebrides 俯冲带都位于澳大利亚板块与太平洋板块的交接位置。这些海沟彼此相连，并且都在相近时间极性反转而俯冲起始，统称为 NB-NH 俯冲带。NB-NH 俯冲带极性反转可能是 Ontong Java 洋底高原与 Vitiaz 海沟的碰撞所引起的（Greene et al.，1994；Holm et al.，2013；Holm et al.，2016）。Ontong Java 洋底高原位于西南太平洋，大约 120Ma 前形成（Coffin and Eldholm，1993），地壳厚度为 30～35km（Miura et al.，2004），是现今地球上规模最大的大火成岩省。在碰撞发生之前，太平洋板块向澳大利亚板块之下南向俯冲，形成 Melanesian 俯冲带[如图 2（b）]。Ontong Java 洋底高原与所罗门弧的初始碰撞发生在为 20～25Ma，随后 Ontong Java 洋底高原逐步堵塞了海沟，导致原俯冲带俯冲终止（Petterson et al.，1997；Mann and Taira，2004；Knesel et al.，2008；Hanyu et al.，2017）。在水平驱动力的作用下，在岛弧的另一侧形成了新的俯冲带，即北向俯冲的 NH-NB 俯冲带（Hall，2002）。存在岛弧岩浆活动的间歇期是支持极性反转俯冲起始模式的重要证据。在 New Hebrides 群岛以及 New Britain 群岛上观察到的间歇期分别为 14～11Ma（Greene et al.，1994；Schellart et al.，2006）和 20～12Ma（Holm et al.，2013）。在俯冲极性反转而形成新俯冲带时，断层激活等俯冲初始阶段并未发生岩浆岛弧活动。因此，观察到的岩浆活动间歇期与极性反转后的俯冲无岛弧岩浆作用阶段是相互对应的。

Philippine 俯冲带的起始也经历了从碰撞到极性反转的类似过程。巴拉望陆块隶属欧亚大陆板块，沿东南方向漂移直至它与菲律宾群岛碰撞，碰撞时间为 20～11Ma（Marchadier and Rangin，1990；Yumul Jr et al.，2003）。如图 2（c）所示，碰撞之前是东向俯冲，已形成了相应的火山弧。但碰撞引发了俯冲的极性反转，在菲律宾群岛的另一侧启动了西向的俯冲（Barrier et al.，1991），俯冲起始时间约为 9Ma（Wu et al.，2016）。

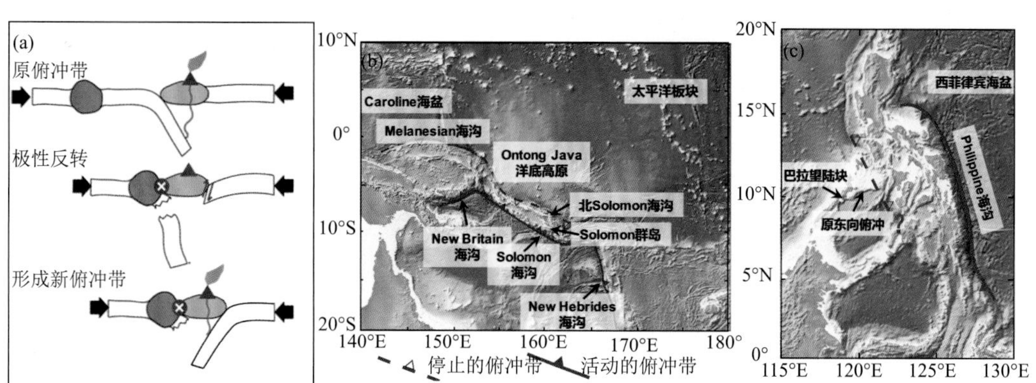

图 2　西太地区新近纪极性反转式的俯冲起始案例及其模式图

（a）为极性反转起始的演化路径示意图（据 Lallemand and Arcay，2021，有修改）；（b）、（c）分别为 NB-NH 俯冲带和 Philippine 俯冲带及周缘地区的地形及构造主要特征，包括停止的俯冲带、碰撞的洋底高原或陆块、新生的活动俯冲带等

2.2 俯冲重起始

诱发性的俯冲重起始是指俯冲过程由于碰撞或者俯冲板片断裂等原因而停止，后续在新的驱动力作用下俯冲重新启动的一种俯冲起始过程[如图 3（a）所示]。在年轻俯冲带中这一类型的俯冲起始也具有一定的代表性。由于新的驱动力来源多为水平方向的诱发性驱动力，因此这类俯冲也可以视为 Stern 和 Gerya（2018）提出的诱发型俯冲的一个补充子类。

Ryukyu 俯冲带是诱发性俯冲重起始的代表，是菲律宾海板块向欧亚板块之下的西北向俯冲而形成的[如图 3（b）所示]。现今琉球岛弧的火山活动仍在进行，但是自中中新世以来，存在岩浆间歇性活动的现象。所观测到的岛弧岩浆活动相关岩石样品记录的时间却集中在两个分离独立的时间段内：18～13Ma 和 6Ma 至今（Kizaki，1986；Shinjo，1999；Faccenna et al.，2018）。这表明俯冲活动曾经中断。原俯冲停止的原因可能是 Gagua 海脊与 Ryukyu 海沟的碰撞（接触）所引起的俯冲阻力增大或者俯冲板片断裂造成自身负浮力不足以维持俯冲活动（Lallemand et al.，2001；Malavieille et al.，2002）。而 IBM 俯冲带在 10～5Ma 左右海沟迁移方式由后撤转换为前进所带来的远场水平驱动力（Faccenna et al.，2018）以及地幔对流驱动力（Lallemand and Arcay，2021）等因素可能促使 Ryukyu 俯冲带在约 6Ma 重新起始俯冲。总之，由于驱动力不足，俯冲过程停止；而原俯冲带的海沟位置是一个现成的薄弱带，当新的驱动力出现时，就可能在原海沟处重新发生起始俯冲。

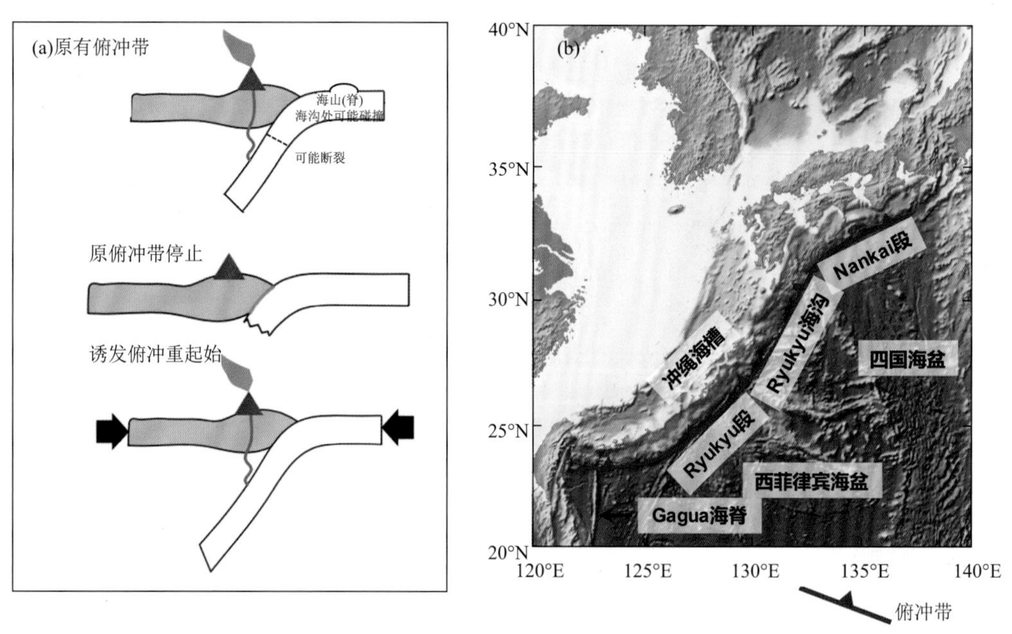

图 3　西太地区新近纪俯冲重起始的案例及其模式图

（a）诱发性的俯冲重起始演化路径示意图（据 Lallemand and Arcay，2021，有修改）；（b）Ryukyu 俯冲带及周缘地区的地形及构造主要特征

2.3 形成新破裂的非继承性俯冲起始

极性反转式的俯冲以及间歇性的俯冲重起始都是在原有俯冲带的基础上发展而成

的。其形成位置位于原俯冲带的弧后或弧前区域，具有明显的“继承”特性。而在洋陆转换带形成新的破裂，继而俯冲的非继承性的俯冲起始过程在西太地区的年轻俯冲带中也有相应的案例。

北 Sulawesi 海沟的俯冲起始发生在洋陆转换带[如图 4（a）]，为 5～9Ma 开始向南俯冲，上新世后持续后撤，俯冲深度有限，没有火山弧，是研究被动大陆边缘俯冲起始机制的绝佳区域（吕川川等，2019；张健等，2021）。Hall（2019）认为，北 Sulawesi 海沟和 Cotabato 海沟都是在拉伸环境中从一个点独立发展起来的，并且俯冲形成过程受到了陆壳塌陷引起的载荷下压的这种自发因素的驱动。Hall（2019）提出的北 Sulawesi 俯冲起始演化模型[如图 4（b）所示]中，Sulawesi 岛北支由于碰撞活动或先前的弧活动导致地壳增厚，高海拔的地形与苏拉威西海盆形成了巨大的地形落差。Sulawesi 岛北支为岛弧型地壳属性，具有热而薄弱的特点。显著的地形差异导致陆壳顶部容易发生坍塌。坍塌物作为载荷下压洋壳。随着陆壳坍塌持续进行，在洋陆转换带附近会形成逆冲推覆构造，多波束探测中也发现相应的证据（Hall，2019）。载荷的进一步下压，洋壳弯曲角度越来越大，俯冲到深部的洋壳开始榴辉岩化。俯冲的主要驱动力也由陆壳坍塌的载荷压力逐渐转变为俯冲板片自身负浮力，达到了能够自我维持的相对成熟俯冲阶段。

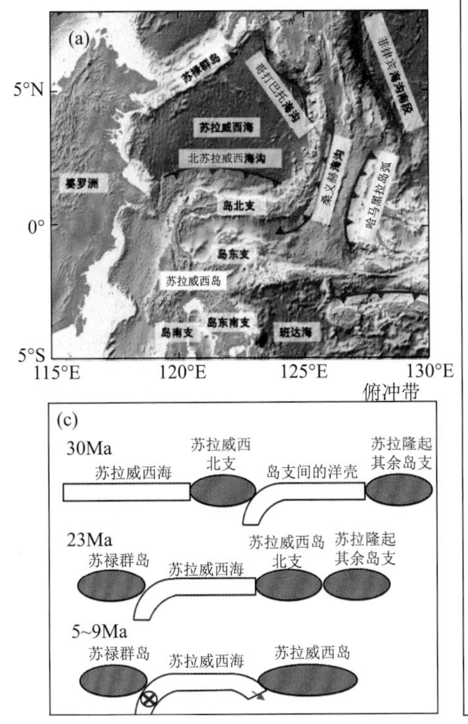

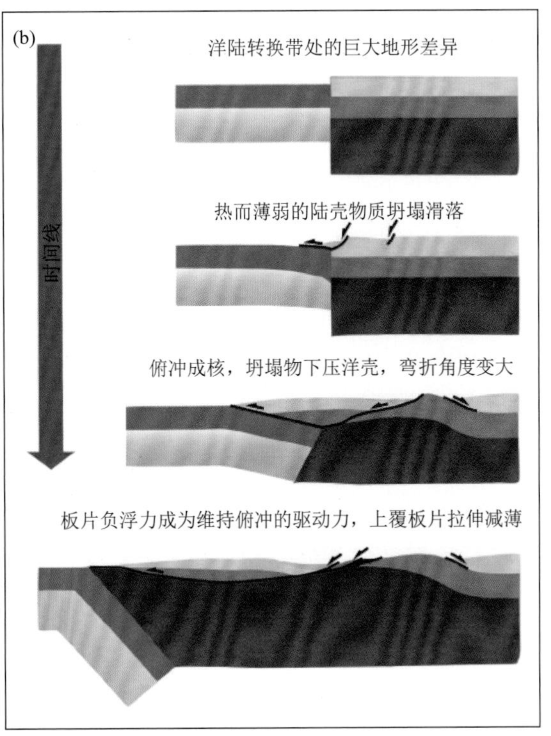

图 4　北 Sulawesi 俯冲带的地形、演化模型等图件

（a）为北 Sulawesi 俯冲带及周缘地区的地形及构造主要特征；（b）为 Hall 提出的北 Sulawesi 俯冲带起始演化模型（据 Hall，2019，有修改）；（c）为 Sulawesi 及其周缘地区 30 Ma 以来在南北向剖面上的构造演化过程示意图，参考 Hall 提出的晚侏罗世-新生代东南亚板块重建模型（Hall，2012）

关于北 Sulawesi 俯冲带断层激活、俯冲起始的过程，Hall（2019）的模型强调了陆壳坍塌载荷所提供的垂向驱动力，是一种自发性的驱动因素。但是根据苏拉威西地区的动力学演化过程（Hall et al.，2011；Hall，2012）[如图 4（c）所示]，从其余岛支（Sula spur）北向漂移与 Sulawesi 岛北支的拼接（30Ma），到苏拉威西海盆北向俯冲的开始（23Ma）与终止（～9Ma），再到苏拉威西海盆南向俯冲的起始（5～9Ma），这一系列动力学过程反映了在小洋盆及其邻区的应力相互传导过程。因此，Sulawesi 俯冲带断层激活的过程中周缘板块运动带来的水平驱动力也起到重要作用。

2.4 其余案例补充说明

另外，部分西太平洋新近纪案例（比如：Halmahera 俯冲带、Manila 俯冲带）与上述三类俯冲起始模型表现出一定的差异性，且仍存在较多的讨论与可能，并不适于划入其中某一类俯冲起始模型中。

Molucca 海位于菲律宾南部与印尼东北部之间，向西俯冲形成 Sangihe 俯冲带，向东俯冲形成 Halmahera 俯冲带。Hall 和 Smyth（2008）对始新世以来 Halmahera 弧相关的俯冲历史进行了说明。45～25Ma 期间，Philippine 弧与 Halmahera 弧相连，对应于澳大利亚板块的北向俯冲。25Ma 左右，北向俯冲因东 Philippine-Halmahera 弧和新几内亚北部的弧陆碰撞而终止，在碰撞区域形成左旋走滑边界。25～15Ma 期间，发生了一系列的板块重组等构造活动，如 Philippine 板块的顺时针旋转与北向漂移，Molucca 海西侧的 Sangihe 俯冲等。15Ma 左右，可能由于 Molucca 海板块南部边缘的 Sorong 断裂带锁定，Molucca 海板块开始东向俯冲，发展为现今的 Halmahera 俯冲带。Halmahera 俯冲的整体情况与俯冲重起始的模式有一定的相似之处，但是 Halmahera 弧对应俯冲历史情况复杂，从中生代至今经历过多次俯冲（Hall et al.，1995），并且伴随着板块重组等过程，岛弧位置以及俯冲方向都发生了重大变化。

Manila 俯冲带由菲律宾板块向南海板块仰冲而形成，海沟西侧为南海海盆，东侧为台湾—吕宋火山岛弧（高翔等，2012）。Manila 俯冲带具有转换型陆缘的构造背景，俯冲开始之前，南海东部边缘已存在南北向转换断层（Wu et al.，2016；Huang et al.，2019；Zhao et al.，2019；Sibuet et al.，2021），板片俯冲在中新世沿转换断层起始。巴拉望陆块与菲律宾群岛的碰撞，吕宋岛发生逆时针旋转，进而导致 Manila 俯冲起始（Yumul Jr et al.，2003）。南海扩张从 32 Ma 持续到 15Ma，与 Manila 俯冲存在时间上的重合，南海古洋脊输入俯冲带，在深部位置板片撕裂，进而形成板片窗（Fan et al.，2015；唐琴琴等，2017）。转换断层的构造背景、板块碰撞带来的驱动力以及洋脊输入俯冲带是影响 Manila 俯冲起始与演化的重要因素，其起始演化过程与上述三类典型模型存在一定的差异。

2.5 小结

西太地区新近纪俯冲起始案例的三种典型俯冲起始模型是根据动力学演化过程来确定的。根据俯冲起始是否继承了先前俯冲带形成的薄弱带，划分为形成新破裂的俯冲起始和继承性俯冲起始。继而根据所继承薄弱带的位置（弧前或者弧后）或者新俯冲的极性，划分为俯冲重起始和极性反转的俯冲起始。从三种典型俯冲起始模型对应的新近纪俯冲起始案例来看，其俯冲起始的过程均受到了不同程度的诱发因素作用。此外，还有部分俯冲起始事件表现出一定的差异性，比如 Halmahera 俯冲历史伴随着复杂的板块重组过程；转换断层、板块碰撞以及洋脊输入俯冲带的构造背景是 Manila 俯冲起始与演化的重要因素。

3 俯冲带参数分析

3.1 俯冲带参数简介

为了对西太平洋地区新近纪俯冲起始事件进行更为系统的对比与分析，在参考了众多关于俯冲带参数统计方面的研究（Jarrard，1986；Heuret 和 Lallemand，2005；Müller et al.，2008；Heuret et al.，2011；Heuret et al.，2012；Hayes et al.，2018；Hu and Gunis，2020；Crameri 等，2020）的基础上，本文对这些年轻俯冲带的俯冲特征要素进行了统计、整理与汇编，作为分析的数据基础。

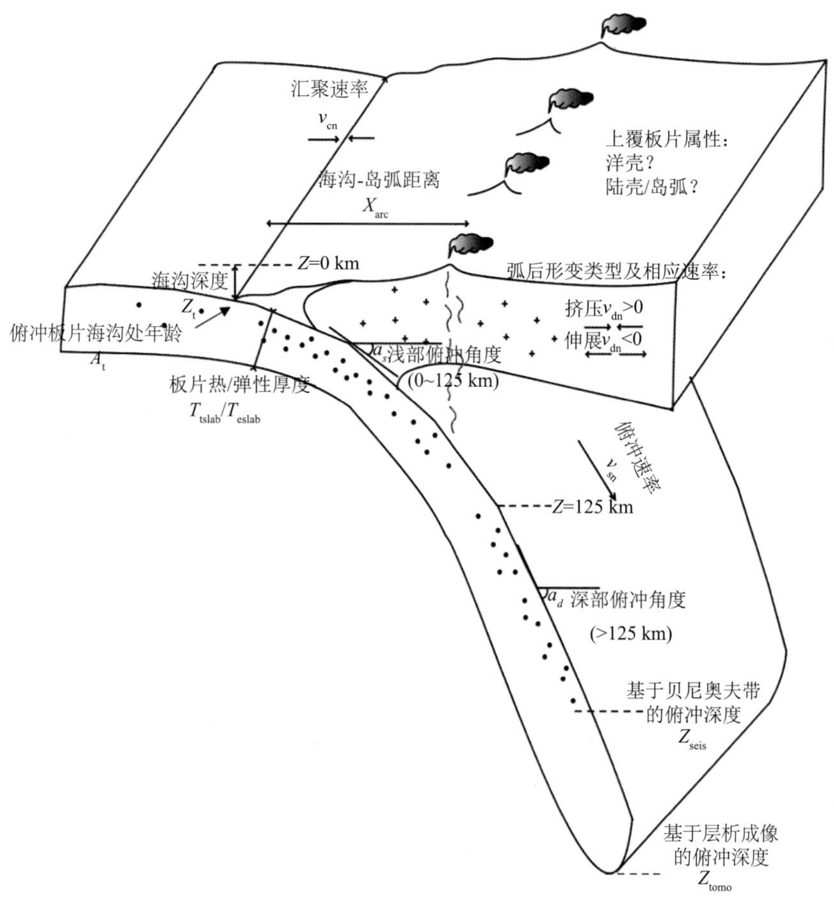

图 5 俯冲带参数示意图

图件参考 Heuret 和 Lallemand（2005）、Heuret 等（2011）、Heuret 等（2012）

表 1　俯冲带参数介绍表

俯冲带参数	代码	代表含义	参考来源
俯冲起始时间	A_{SZI}	依据弧前玄武岩、玻安岩、已知最早的岛弧年龄等信息进行综合推断得到的俯冲起始时间	
海沟深度	Z_t	海沟处水深	
海沟长度	Z_l	海沟延续的长度	
沟弧距	X_{arc}	海沟至岛弧的距离	
上覆板块属性	UPN	上覆板块的地壳属于大洋地壳还是大陆型/岛弧型地壳	
上覆板块应变	UPS	依据地形特征以及应变速率，判断上覆板块的应变属于挤压型、拉张型或者中性	
俯冲板片年龄	A_t	俯冲板片在海沟处的年龄	
板片热厚度	T_{tslab}	俯冲板片的干玄武岩固相线温度对应的板片厚度	Jarrard，1986；Gripp and Gordon，2002；Heuret and Lallemand 2005；Heuret et al.，2011；Frisch et al.，2011；Heuret et al.，2012；Hayes et al.，2018；Crameri et al.，2020；Lallemand and Arcay，2021
板片弹性厚度	T_{eslab}	俯冲板片在上覆载荷作用下产生与真实岩石圈相同弯曲的假想弹性板的厚度	
浅部俯冲角度	a_s	俯冲板片深度小于等于 125km 的部分的平均俯冲角度	
深部俯冲角度	a_d	俯冲板片深度大于 125km 的部分的平均俯冲角度	
最大俯冲深度	Z_{tomo} Z_{seis} Z_{slab2}	依据层析成像模型、贝尼奥夫带或者综合模型（Slab 2）确定的板片最大俯冲深度	
俯冲板片所属海盆	$Info_{slab}$	俯冲板片所属海盆（洋盆）的信息	
俯冲板片构造活跃度	Act_{slab}	指俯冲板片所属海盆是否仍在形成新洋壳	
俯冲板片热流	HF_{slab}	指俯冲板片的整体热流水平	
俯冲速率	v_{sn}	俯冲速率的海沟法向分量，属于相对速率，考虑了上覆板块的形变	
汇聚速率	v_{cn}	板片汇聚速率的海沟法向分量，属于相对速率，不考虑上覆板块的形变	
弧后形变速率	v_{dn}	上覆板块弧后区域形变速率的海沟法向分量，属于相对速率。弧后扩张为正，挤压为负	
海沟迁移速率	v_{tn}	以固定热点为参考的海沟迁移速率，这里考虑其海沟法向的分量，属于绝对速率。海沟后撤为负，前进为正	
热参数	φ	为俯冲板片年龄与板片汇聚速率的乘积，单位是 km	
火山岛弧信息	$Info_{arc}$	是否形成火山岛弧	
弧后盆地信息	$Info_{basin}$	是否形成的弧后拉张盆地	

将俯冲带参数划分为俯冲带基本特征、上覆板块特征、俯冲板片特征、运动学特征和俯冲后续活动五类。表 1 介绍了俯冲带参数的符号，定义以及数据来源，图 5 对俯冲带参数的定义进行了直观展示。

俯冲带基本特征包括俯冲事件的起始时间、海沟深度、海沟长度以及岛弧到海沟的距离。其中俯冲事件的起始时间主要依据弧前玄武岩、玻安岩、已知最早的岛弧年龄等信息进行综合推断。主要参考了来自 SZI 数据库（Crameri et al.，2020）的起始时间。

上覆板块特征包括：上覆板块属性（大洋型地壳或者大陆型/岛弧型地壳）、上覆板块的应变状态（挤压型、伸展型或者中性）。由于观测数据的不足，难以用上覆板块的应变张量进行定量描述。上覆板块的震源机制解、第四纪断层信息、是否弧后扩张等指标常用来对上覆板块的应变情况进行定性描述，而获得的上覆板块应变状态所代表的是近期（第四纪约 2.5Ma 以内）的情况（Jarrard，1986）。挤压型的上覆板块应变表明最大的水平挤压力垂直于海沟，往往存在垂直于海沟的逆冲断层等特征。伸展型的上覆板块应变表明水平最大拉张力垂直于海沟，往往存在平行于海沟的正断层或弧后扩张等特征。

俯冲板片特征包括：俯冲板片在海沟处的年龄、俯冲板片的热厚度及弹性厚度、浅部及深部的俯冲角度、俯冲深度、俯冲板片所属海盆及其构造活跃度与热流水平。其中，俯冲板片的热厚度是指干玄武岩固相线温度对应的板片厚度，而有效弹性厚度是指在上覆载荷作用下产生与真实岩石圈相同弯曲的假想弹性板的厚度（郑勇等，2012）。俯冲板片的热厚度（T_{tslab}）以及弹性厚度（T_{eslab}）与俯冲板片年龄（A）的平方根在数值上存在一定的线性关系（Jarrard，1986）：$T_{\mathrm{tslab}} \approx 13\sqrt{A}$，$T_{\mathrm{eslab}} \approx 4.2\sqrt{A}$。由于俯冲板片的形态是弯曲的，不同深度处的板片弯曲角度不同，因此有必要分别测量浅部倾角和深部倾角，从而获得对于俯冲板片形态更具体的刻画。选取 125km 作为浅部倾角与深部倾角的分界（Jarrard，1986），因为通常上覆板块岛弧火山的位置向下延伸至俯冲板片的深度（弧下深度）范围为 100～125km。板片的最大俯冲深度是根据 Slab 2 俯冲带的综合几何模型（Hayes et al.，2018）确定的，Slab 2 模型综合了主动源地震数据、全球或区域的接收函数和层析成像模型以及震源分布等信息。俯冲板片所属的洋盆或海盆不同，其活跃性与热流情况也存在差异。除了产生新洋壳的活跃盆地外，还有洋壳已经逐渐冷却的非活动盆地.其整体热流水平也存在差异，并且可能会对俯冲过程产生影响。故对俯冲板片所属洋盆的活跃性与热流也进行了汇编（信息来自 Frisch et al.，2011）。

选择板片汇聚速率、俯冲速率、弧后形变速率以及海沟漂移速率作为板片运动学方面的参数。除表 1 的定义外，还有部分信息需要补充说明。三个相对速率参数在数值上存在转化关系，即在俯冲带法线方向上的汇聚速率等于俯冲速率与弧后形变速率之和。由于我们所统计的俯冲带分布在西太地区，因此海沟迁移速率根据太平洋固定热点参考框架 HS3-NUVEL1A（Gripp and Gordon，2002）来确定，即假定过去 5.7Ma 所参考的太平洋热点没有净移动，并且下地幔运动远小于上地幔。热参数 φ 的定义为俯冲板片年龄与板片汇聚速率的乘积。由于俯冲板片的年龄与厚度及密度密切相关，洋壳板片年龄越大，其相对质量越大。因此热参数 φ 可以反映俯冲板片的动量信息，即板片保持俯冲运动趋势的大小。

俯冲后续构造活动部分主要统计俯冲事件的岛弧岩浆活动以及弧后盆地扩张活动。俯冲板片在俯冲的过程中，发生板片脱水，水进入地幔楔导致地幔橄榄岩固相线变化，从而导致地幔楔岩石发生部分熔融。另外，随俯冲板片俯冲的沉积物也可以发生部分熔融。部分熔融形成的岩浆上升到浅部，从而形成火山岛弧。岩石圈的俯冲作用在软流圈内引起对流，俯冲板片可能会拖拽一部分低粘度的软流圈物质至弧后区域的上覆板块岩石圈底部，地幔上涌，在拉张应力作用下形成弧后盆地。俯冲带对应岛弧与弧后盆地的形成与俯冲带的发展程度以及区域应力状态等因素有关。

板片属性、岛弧岩浆活动信息等区域性的参数对于同一俯冲事件来说，是总体保持一致的。但是汇聚速率、俯冲角度等反映俯冲带在力学、几何学、运动学等方面细节信息的参数往往会沿海沟有一定的变化。因此，在俯冲带走向上以 200km 左右为间隔设置了共计 42 条横切面[如图 6（a）所示]，对横切面处的俯冲带参数进行统计与整理。横切面的位置提取自 submap 数据库,并参考与整理了 submap 数据库(Heuret and Lallemand 2005；Heuret et al.，2011；Heuret et al.，2012）所提供的力学、几何学以及运动学方面的俯冲带特征参数。依据所属俯冲带，对 42 条横切面的参数进行归属，得到西太地区新近纪俯冲带参数汇总表（表 2）。其中俯冲角度等参数为俯冲带所包含横切面的参数变化范围。

3.2 俯冲带参数规律讨论

本文所统计的对象是西太平洋地区新近纪起始的俯冲带，是现今地球上最年轻的、能够依靠俯冲板片自身负浮力而自我维持俯冲状态的案例。对其俯冲带参数进行统计、对比与分析，有助于获得有关俯冲起始以及发展过程在力学、几何学、运动学等方面的规律性认识。

3.2.1 单一俯冲带参数特征分析

首先，根据俯冲参数汇总表（表 2），对俯冲带案例在单一俯冲带特征上表现出的规律性和特殊性进行讨论。

部分俯冲带表现出海沟深度上的空间趋势性变化特征，比如：Ryukyu 海沟与 Manila 海沟由南向北深度逐渐变小；Philippine 海沟由中部向两侧深度逐渐变小。同时，部分俯冲带的俯冲深度也同样具有类似的空间上的趋势性变化特征，比如：Philippine 俯冲带和北 Sulawesi 俯冲带的俯冲深度由中部向两侧逐渐变小。在海沟深度与板片俯冲深度上的空间趋势性变化特征可能与俯冲起始事件从岩石圈最薄弱处起始进而侧向传播扩展（Lateral propagation）的过程有关（Hall，2019；Zhou et al.，2020；Lallemand and Arcay，2021）。

从海沟长度来看，新近纪俯冲带的规模总体较小。其中北苏拉威西海沟长度为 440km，属于典型的小型海盆（苏拉威西海盆）俯冲；海沟长度最大的是 Ryukyu 俯冲带，达到 1650km。而 52Ma 左右开始俯冲持续至今的俯冲带，其海沟规模总体较大，比如：IBM 俯冲带为 2350km；Tonga-kermadec 俯冲带为 3500km；Sumatra-Java 俯冲带为 3800km。

依据“沟-弧距”分析，相比于其他俯冲带，New Britain 俯冲带的火山岛弧距离海沟较近，相对应的是它们的俯冲板片浅部弯折角度较大。北 Sulawesi 俯冲带火山岛弧的发育情况特殊。其俯冲板片已达到弧下深度，但却并未形成俯冲相关的火山岛弧。Sulawesi 岛上唯一存在的 UNA-UNA 火山也并非俯冲带产生的岛弧火山（Cottam et al.，2011）。常见的俯冲火山岛弧缺失原因有以下几种：俯冲板片几何形态影响与地幔楔之间的充分互动；俯冲挠曲正断层较小，携带的“水”不足；热俯冲板片在浅部过早脱水；含水矿物被剥离堆积在增生楔（McCarthy et al.，2018）。而北 Sulawesi 俯冲带岛弧缺失的原因需要结合更多的观测以及动力学模拟手段来确定，这对于分析俯冲前期阶段形成岩浆岛弧的控制条件具有重要意义。

表 2 西太地区新近纪俯冲事件参数汇总表*

俯冲带	起始时间/Ma	海沟深度/km	海沟长度/km	沟弧距/km	上覆板块属性	上覆板块应变	俯冲板片年龄/Ma	板片热厚度T/km	板片弹性厚度/km	浅部俯冲角度/(°)	深部俯冲角度/(°)	Slab2最大俯冲深度/km	俯冲板片所属海盆	俯冲板片构造活跃度与热流	法向俯冲速率/(mm/yr)	法向汇聚速率/(mm/yr)	法向弧后形变速率/(mm/yr)	法向海沟迁移速率/(mm/yr)	是否形成火山岛弧	弧后盆地信息
Ryukyu	6±1	4～7，由南到北逐渐变小	1650	189～442	陆壳	N-Ryu与S-Ryu为伸展型；北部Nankai为中性	14～52	34～66	16～30	12～39	57～65	380	西菲律宾海盆（Ryk）；四国海盆（Nankai）	不活动、低热流；不活动、高热流	37～96	37～56	0～45	−9～30	是	冲绳海槽
Manila	20或15	0～4，由南到北逐渐变小	1000	166～197	洋壳	挤压型	21～31	42～51	19～23	26～41	60～75	460	南海海盆	不活动、高热流	70～97	70～96	0～1	60～94	是	无
Philippine	9±3	4～9，由中部向南北两侧逐渐减小	1380	120～200	陆壳	挤压型	36～50	55～65	25～30	30～39		220	西菲律宾海盆	不活动、低热流	16～53	70～95	17～62	−62～52	是	无
Halmahera	15±4	2	700	51～100	洋壳	中性	43	60	28	46～51	50～55	280	摩鹿加海	俯冲板片已完全进入深部	9～19	107	89～98	80～97	是	无
Sulawesi	5～9	5	440	俯冲岩浆岛弧缺失	陆壳	中性	35～40	54～58	25～27	30		250	苏拉威西海盆	不活动、高热流	26～36	23～56	20～43	37～49	否	无
New Britain	10±2	3～8	800	67～117	洋壳	伸展型	30	50	23	37～44	70～82	620	所罗门海盆	不活动、高热流	65～120	2～48	−10～74	−18～20	是	无

续表

俯冲带	起始时间/Ma	海沟深度/km	海沟长度/km	沟弧距/km	上覆板块属性	上覆板块应变	俯冲板片年龄/Ma	板片热厚度T/km	板片弹性厚度/km	浅部俯冲角度/（°）	深部俯冲角度/（°）	Slab2 最大俯冲深度/km	俯冲板片所属海盆	俯冲板片构造活跃度与热流	法向俯冲速率/（mm/yr）	法向汇聚速率/（mm/yr）	法向弧后形变速率/（mm/yr）	法向海沟迁移速率/（mm/yr）	是否形成火山岛弧	弧后盆地信息
Solomon	10±2	4～8	1500	142～206	陆壳	中性	4～50	18～65	8～30	38～44	70～77	520	所罗门海盆	不活动、高热流	5～102	5～102		−46～68	是	无
New Hebrides	10±2	4～8	1350	127～154	洋壳	伸展型	26～55	47～68	21～31	44～57	66～82	340	南斐济海盆	不活动、低热流	38～163	60～88	−3～75	19～145	是	北斐济盆地

*Manila 俯冲起始时间尚存在争议：20Ma（Wu et al.，2016）或 15Ma（Sibuet and Hsu，2004）；Halmahera 俯冲带的俯冲板块（摩鹿加海）已经完全俯冲到上覆板块之下，现今 Halmahera 不存在常规意义上的海沟，而是 Halmahera 与 Sangihe 俯冲带的上覆板块弧前形成的逆冲构造，此表中的 Halmahera 海沟深度以及长度为逆冲构造附近的水深及相应长度，沟-弧距为岛弧至其上覆板块前端的距离

从上覆板块的应变状态来看[如图 6(b)所示]，Ryukyu 俯冲带的琉球段、New Britain 俯冲带以及 New Hebrides 俯冲带的上覆板块发生了伸展形变，并形成了相应的弧后盆地，即冲绳海槽（Ryukyu）与北斐济盆地（New Hebrides）；而 Manila 俯冲带与 Philippine 俯冲带的上覆板块为挤压型应变；其余案例为中性应变。

俯冲板片在海沟处的年龄变化范围由“沟-脊角”（海沟和俯冲板片扩张脊的轴向夹角）控制。Ryukyu 俯冲带的海沟走向与西菲律宾海盆以及四国海盆的扩张轴向大角度相交，其俯冲板片在海沟处的年龄变化范围也较大，为 14～52Ma。俯冲板片的年龄进而会影响到俯冲板片的形态学、运动学参数。

俯冲板片的年龄控制俯冲板片弹性及热厚度[如图 6（c）、（d）]。板片年龄以及厚度的增加会提高板片强度，增加板片俯冲过程中必须克服的抗弯曲阻力(Lu et al.，2021)。因此在板块汇聚力相同的情况下，俯冲板片的年龄较小时更容易发生俯冲起始（Zhong and Li，2019）。新近纪案例海沟处的俯冲板片年龄总体在 10～60Ma 范围内。相比之下，大西洋东西两侧洋陆转换带处约 100Ma 甚至更高的洋壳年龄不利于发生被动陆缘俯冲起始。

运动学特征方面，Manila 俯冲带、Philippine 俯冲带、Halmahera 俯冲带、Solomon 俯冲带以及 New Hebrides 俯冲带具有较大的汇聚速率。但由于 Philippine 俯冲带和 Halmahera 俯冲带的弧后形变偏向于挤压型，因此并没有显示出较大的俯冲速率[如图 6（e）～（g）所示]。根据海沟漂移速率，Philippine 俯冲带为典型的俯冲前进型海沟漂移模式，而 New Hebrides 俯冲带、Halmahera 俯冲带、北 Sulawesi 俯冲带以及 Manila 俯冲带为典型的俯冲后撤型海沟漂移模式[如图 6（h）所示]。俯冲板片年龄与汇聚速率相乘得到的热参数 φ 可以反映俯冲板片的动量信息[如图 6（i）]，年轻板片低速俯冲的北 Sulawesi 俯冲带和 Ryukyu 俯冲带 Nankai 段的热参数 φ 取值较小，俯冲动量也较小；而 Philippine 俯冲带、New Hebrides 俯冲带的俯冲板片年龄和汇聚速率较大，其热参数 φ 取值也较大，具有较大的俯冲动量。

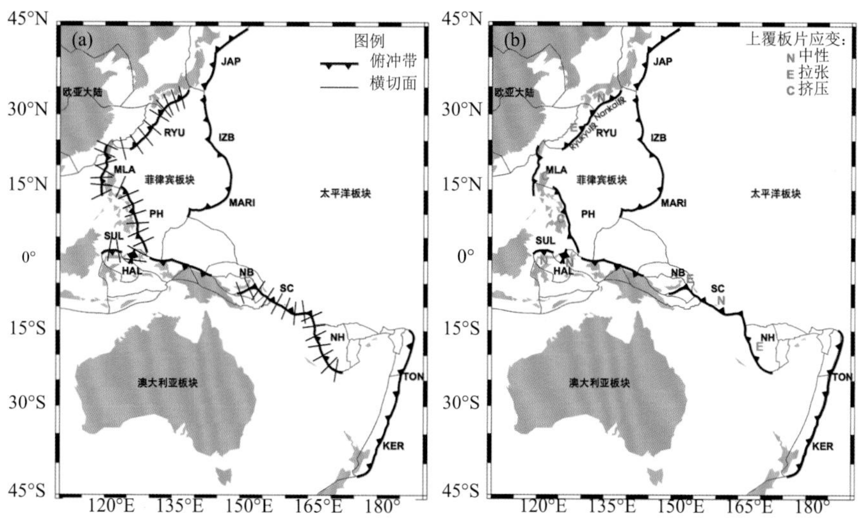

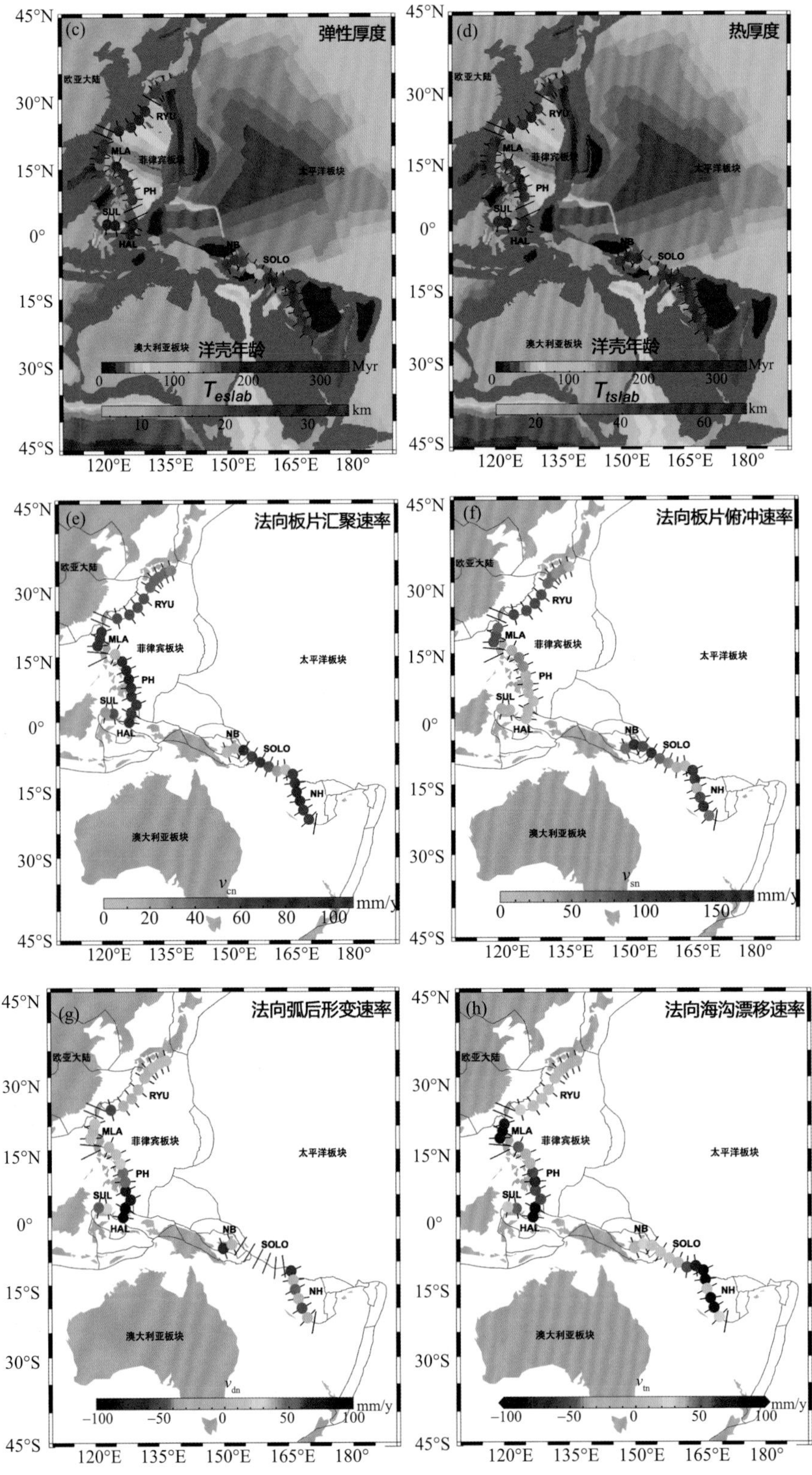
(c)
弹性厚度
(d)
热厚度
欧亚大陆
RYU
MLA
菲律宾板块
太平洋板块
PH
SUL
HAL
NB
SOLO
澳大利亚板块
洋壳年龄
Myr
T_{eslab}
T_{tslab}
km
(e)
法向板片汇聚速率
(f)
法向板片俯冲速率
NH
v_{cn}
v_{sn}
mm/y
(g)
法向弧后形变速率
(h)
法向海沟漂移速率
v_{dn}
v_{tn}
45°N
30°N
15°N
0°
15°S
30°S
45°S
120°E
135°E
150°E
165°E
180°

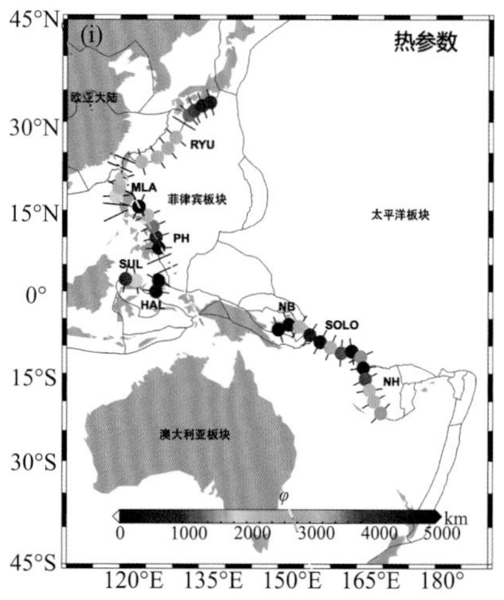

图 6　部分俯冲带参数可视化分布图

（a）针对新近纪俯冲事件进行俯冲带参数统计的 42 条横切面位置分布；（b）为俯冲带的上覆板变应变状态；（c）、（d）为俯冲板片的弹性厚度及热厚度，其底图为洋壳年龄分布（Müller et al.，2008），亦可观察到俯冲板片海沟处的年龄；（e）～（h）分别为法向的板片汇聚速率、俯冲速率、弧后形变速率以及海沟漂移速率分布；（i）为热参数 φ

从俯冲板片的形态特征来看（表 2，图 7），由于所统计的案例均为新近纪俯冲带，俯冲持续时间总体较短，约为 10Ma 左右。与持续约 50Ma 的 IBM 俯冲带和 Tanga-Kermadec 俯冲带相比，其整体俯冲深度较小。对统计案例进行内部横向比较，北 Sulawesi 俯冲带（250km）和 Philippine 俯冲带（220km）的俯冲深度较小；New Britain 俯冲带也达到了较大的深度，其最大俯冲深度接近 660km 不连续面。NB-NH 俯冲带位于印度-澳大利亚板块与太平洋板块汇聚边界，其俯冲深度表现出明显的空间差异性，不同位置的俯冲深度变化明显。这可能受该地区多期次、多类型板块俯冲起始作用的影响（宫伟等，2019）。

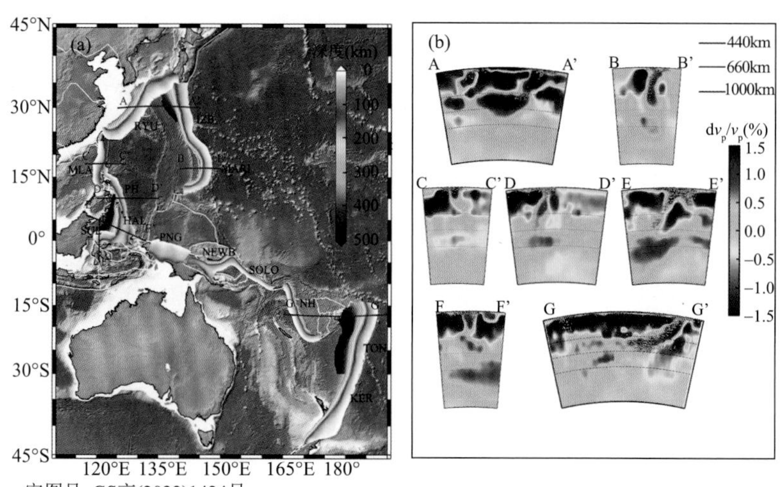

图 7　俯冲带的形态学特征

（a）图中的俯冲板片形态数据来自于 Slab 2.0（Hayes et al.，2018）；（b）图为本文所分析对比的俯冲板片的 P 波速度异常剖面，数据来自 UU-P07 模型（Amaru，2007）以及贝尼奥夫带（地震震源）剖面，数据为 ISC-EHB 地震目录中 2017-01-01 至 2019-01-01 震级 4 级以上的地震；（a）、（b）直观展示俯冲板片形态方面的特征

3.2.2 俯冲带参数间的相关性分析

俯冲带参数相互耦合，为了分析俯冲参数之间的关系，依据 42 条横切面样本，计算俯冲带参数之间的相关系数，如图 8 所示。

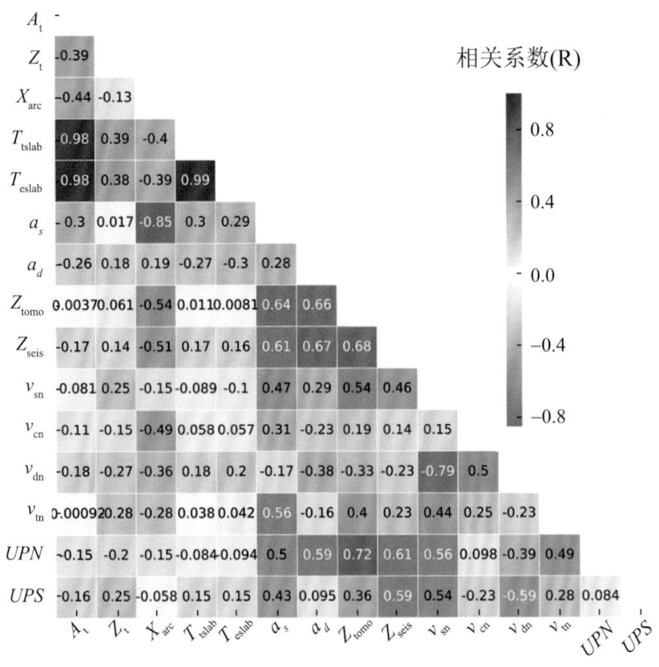

图 8　俯冲带参数相关系数热力图

部分俯冲带参数之间具有较高的相关性，是因为参数定义相关或接近。比如：数值上存在线性关系的俯冲板片年龄与厚度（T_{tslab} 和 T_{eslab}）；基于两种观测手段但表征相同属性的层析成像板片深度（Z_{tomo}）与贝尼奥夫带板片深度（Z_{seis}）；弧后形变速率（v_{dn}）与俯冲速率（v_{sn}）的负相关关系源于，汇聚速率一定时，$v_{cn}= v_{sn} + v_{dn}$，弧后挤压（弧后形变速率为正）会降低俯冲速率，弧后拉张（弧后形变速率为负）会提高俯冲速率。

“沟弧距”（X_{arc}）与俯冲板片浅部倾角（a_s）具有明显的负相关关系（$R = -0.85$）。随着俯冲板片深度的增大，逐步发生岩相变质作用及脱水作用。脱水流体向上运移，交代上覆的地幔楔，并使后者发生部分熔融，进而导致岛弧岩浆作用（Wu et al.，2019）。弧下深度（100～125km）是相对固定的（Jarrard，1986），故俯冲带浅部倾角对于岛弧的形成位置非常重要。浅部倾角越大，“沟弧距”越小。

俯冲板片倾角（a_s 和 a_d）与俯冲带最大深度（Z_{tomo} 和 Z_{seis}）具有高相关性（R 值在 0.6 以上）。俯冲带的最大深度实际上可以反映俯冲带的成熟度。随最大俯冲深度的增大，俯冲带的主要驱动力也在发生变化，初期主要为板块相互作用或地幔柱等因素带来的水平驱动力；而后发生高密度的榴辉岩相变质，垂向的俯冲板片负浮力（拖曳力）大幅增加，俯冲达到能够自我维持的状态。主要的驱动力的方向由水平转变为垂向，俯冲板片倾角也在俯冲带发展（俯冲深度增加）的过程中逐渐增大。俯冲板片浅部倾角还控制着“沟弧距”，岛弧的位置在俯冲带发展过程中也可能受此影响出现跃迁的情况。Halmahera

俯冲带就存在中上新世以来的火山弧位置跃迁的现象。动力学模拟的结果（Dong et al.，2022）表明，Halmahera 板片俯冲期间不同俯冲速率、板块汇聚速率交替变化可能导致了岛弧火山位置的跃迁。上述案例表明：在俯冲发展过程中，俯冲深度、驱动力组成、汇聚速率、俯冲角度以及地表响应沟弧距的变化，环环相扣，互相约束。

上覆板块属性（UPN）对俯冲板片形态参数（倾角、深度）有较大影响（*R* 值在 0.5 以上）。在这些年轻的案例中，上覆板块陆壳属性的俯冲带，如 Ryukyu 俯冲带、北 Sulawesi 俯冲带、Philippine 俯冲带，倾向于较小的俯冲角度，且俯冲深度也有限；而上覆板块洋壳属性的俯冲带，如 New Britain 俯冲带、New Hebrides 俯冲带的俯冲倾角更大，并且横切面中最大的 Z_{tomo} 接近 660km 不连续面。目前众多研究（Jarrard，1986；Heuret and Lallemand，2005；Holt et al.，2015；Hu and Gurnis，2020）分析实际俯冲带案例的板片弯曲形态特征时，也指出了上覆板块属性对于俯冲角度、弯曲半径等形态特征存在重要的影响。动力学模拟（Kukacka，2003；Rodríguez-González et al.，2012；Hu and Liu，2016）也得到了相关的结论：上覆板块厚度较大（陆壳属性）时，板片俯冲角度较小，甚至会出现平板俯冲（如南美地区）的情况；上覆板块厚度较小（洋壳属性）时，板片俯冲角度较大。不同属性上覆板块对应的厚度、密度、热参数设定如何影响俯冲过程，进而形成差异化的俯冲几何形态，上覆板块与俯冲板片的动力学耦合过程还值得进一步探究。

3.2.3 俯冲带参数对起始过程的约束分析

这些俯冲事件，从俯冲起始到现今成熟俯冲状态的发展过程已持续约 10Ma。俯冲带参数主要是面向现今成熟状态下的俯冲带，而俯冲起始模型是依据众多地质证据提出的过去式推断。"将今论古"是地球科学的重要思想。那么，不同成熟俯冲带的参数对于俯冲起始过程是否具有一定的约束，亦或俯冲起始的不同模式是否可能导致不同的俯冲带参数？

新近纪的典型起始模型主要有极性反转、俯冲重起始以及形成新破裂的非继承性俯冲起始。这三类俯冲起始模式本质上的区别在于：①驱动力构成的差异，即诱发因素、自发因素在俯冲起始初始化过程中的占比贡献不同；②俯冲起始之前是否具有可继承的岩石圈薄弱带。驱动力以及有关薄弱带等方面的动力学构造背景差异，造成了俯冲起始的形式与过程上的差异。有关弧前玄武岩及玻安岩的分析可以为俯冲起始的构造应力环境提供重要的线索（Arculus et al.，2015；Li et al.，2019，2021，2022；Sun，2019），持续时间较短的年轻俯冲带参数也可以提供一定的约束。

（1）诱发因素主导的俯冲起始更容易在俯冲前中期阶段形成前进型海沟漂移模式。全球俯冲带大部分表现为海沟后撤，这是受控于俯冲板片榴辉岩化相变导致的垂向驱动力增强。对于持续时间较长、高成熟度的俯冲带（如 IBM 俯冲带等），在年龄较小、塑性强度较小的情况下，俯冲带容易在水平驱动力作用下形成海沟前进型的俯冲，同时海沟漂移模式也受到俯冲板片与 660km 不连续面的相互作用的影响（周信等，2019）。由于所统计的新近纪俯冲事件持续时间较短，俯冲带的动力学过程相似，包括破裂形成的俯冲初始化、脱水榴辉岩化驱动板片进一步向下俯冲，尚未涉及俯冲板片与 660km 的相互作用（停滞或穿越的分异情况）。因此，处于中前期阶段（10Ma 左右）的俯冲带形成前进型的海沟漂移模式，其受控因素相对单一，更多地取决于在水平方向是否存在较强的诱发性板块相互作用力。中前期阶段俯冲带的驱动力构成中若仍然存在强诱发因素，那么 10Ma 前的俯冲起始阶段也很有可能会受到诱发因素影响。Philippine 俯冲带是一个典型案例。卡罗琳洋脊俯冲产生的挤压、澳大利亚板块北向的推挤、马里亚纳俯冲带造成的地幔吸力等驱动力共同促使菲律宾海板块向西北漂移，形成 Philippine 俯冲带极性反转式的起始。西向的板块漂移分量导致 Philippine 俯冲带的海沟持续前进，所统计横切面的海沟漂移速率最大达到了 62mm/a（负值表示海沟前进）。因此，在俯冲中前期阶段的前进型海沟漂移模式可以作为识别俯冲起始诱发因素的特征之一。

（2）挤压型的上覆板块应变类型倾向于诱发型俯冲起始。利用弧前玄武岩、玻安岩来推断上覆板块在俯冲起始时处于拉张还是挤压环境，是判断自发或诱发俯冲的重要证据（Arculus et al.，2015；Li et al.，2019；Sun，2019；Li et al.，2021；Li et al.，2022）。主要依靠板片自身重力维持俯冲的成熟俯冲带（表 2 的 Philippine 俯冲带、Manila 俯冲带）也可能仍然表现出挤压型的上覆板块应变。这说明巨大的板块相互作用力克服了作用于上覆板块的、可能促使弧后拉张的地幔吸力。上覆板块的挤压状态可能从俯冲起始阶段持续至今。因此，成熟俯冲带上覆板块的挤压应变以及较高的正弧后形变速率可以用来约束诱发型的俯冲起始类型。

（3）动力学模拟时，给定同一俯冲带不同的汇聚速率，可以估算比较俯冲总驱动力的相对大小（Zhong and Li，2019）。而实际的俯冲带存在规模上差异，总驱动力的组成也很复杂，可能受到相邻板块的相互作用力、俯冲板片拖曳力、地幔吸力等驱动因素以及板块间摩擦力、板片弯曲阻力、地幔黏性阻力等阻碍因素的影响。相邻板块的相互作用力只是成熟俯冲带总驱动力中的一方面影响因素，并且所反映的是现今的状态，因而汇聚速率只可对俯冲起始的诱发因素进行弱约束。

4 讨论与结论

4.1 新近纪俯冲起始事件在 10Ma 左右集中发生的可能原因初步讨论

针对前言所提出的问题——“什么原因导致 10Ma 左右相对集中的俯冲起始”，相关区域现有的地球物理观测资料以及动力学模拟结果目前难以给出相对确定的答案。结合前人对新近纪俯冲起始事件俯冲起始机制的分析、俯冲带参数的分析以及西太地区的板块重建信息（Müller et al.，2016；Wu et al.，2016；Hall，2019），我们尝试性地对可能原因进行初步讨论。

俯冲起始是驱动力和板块强度的竞争结果（Lu 等，2021）。俯冲起始需要克服岩石圈破裂、断层摩擦和板块弯曲等阻力，才能完成初期的启动并进入依靠板片负浮力自我维持的阶段（Gurnis et al.，2004）。Zhong 和 Li（2021）总结诱发被动大陆边缘俯冲起始的驱动力来源包括地形加载、相邻板片俯冲的带动、下沉地幔流以及板块构造力等因素。时空分布相对集中的新近纪俯冲起始事件可能受控于相对集中的驱动力来源。部分研究者认为，已经俯冲下沉的板块可能产生一些远场构造应力，从而触发其他区域的俯冲（Hall et al.，2003；Baes and Sobolev，2017；Baes et al.，2018）。新近纪的俯冲起始可能适用于上述观点。一种可能的解释是，西太地区 52Ma 左右大规模板块俯冲事件的“连锁反应”为 10Ma 左右俯冲起始事件的集中发生提供了相对集中统一的驱动力来源。“连锁反应”是指大规模俯冲事件的发展演化往往可能伴随着板块间的相互作用、弧后扩张等构造活动，这一系列构造活动可能会带来板块驱动力的传递、扩张脊的板块滑移以及地幔对流响应等多种来源的驱动力，进而作用于其他的岩石圈薄弱带形成新的俯冲。其中，Ryukyu 俯冲带、Manila 俯冲带、Philippine 俯冲带与 IBM 俯冲带可能是一个俯冲的“连锁反应”组合。结合诱发俯冲起始的可能因素（Zhong and Li，2021），大规模俯冲活动带来的“连锁反应”可能涉及以下几个方面（如图 9 所示）：

（1）板块间相互作用力的累积和传递。在 15Ma 之前 IBM 俯冲带主要是后撤式俯冲，10 Ma 左右开始逐渐转变为海沟前进的模式（Faccenna et al.，2018）。IBM 俯冲后撤的过程中，太平洋板块北西向运动带来的巨大驱动力难以有效传递至菲律宾海板块。俯冲板片的年龄效应及其与地幔转换带的相互作用等因素可能会导致海沟迁移模式由后撤到前进的转变（周信等，2019）。在 10Ma 左右，IBM 俯冲逐渐转化为前进模式，太平洋板块北西向运动带来的板块相互作用力能够更加有效地累积并传递至菲律宾海板块，从而为 Ryukyu 俯冲带、Manila 俯冲带、Philippine 俯冲带起始提供重要驱动力来源。另外需要说明的是，始新世至中新世期间，西太平洋地区经历了众多板块重组过程（Wu et al.，2016；Hall，2019）比如菲律宾板块的顺时针旋转与北向漂移，板块重组后各板块的位置接触关系对于板块间相互作用力的累积和传递非常重要。

（2）弧后扩张脊带来的“岩浆引擎”式板块滑移力。在“岩浆引擎”模型（孙卫东，2019）中，洋中脊岩浆有序释放，形成新洋壳；新洋壳轻而薄，老洋壳厚而重，致使板片斜置于软流圈之上，产生滑移力从而驱动洋脊扩张与板片俯冲。板片俯冲的弧后扩张作用同样伴随着岩浆的有序释放过程，会在弧后扩张脊走向方向产生板块滑移力。IBM 俯冲过程带来了两个期次的弧后扩张，分别是：30～15Ma 的 Shikoku-Parece Vela 弧后盆地和 7Ma 至今的 Mariana 海槽。需要说明的是，菲律宾海盆相比太平洋洋盆，其空间上的范围宽度以及洋壳年龄的跨度都要小很多。故 IBM 的弧后扩张脊带来的“岩浆引擎”式板块滑移力要弱很多。弧后扩张过程作为一种俯冲连锁反应形式，也可能为菲律宾海板片西侧的俯冲起始提供一定的驱动力。

（3）板片俯冲及后续构造运动形成地幔流，地幔流对上覆板块的吸力可能对新的俯冲起始具有诱发作用。地幔流对于板块俯冲的动力学过程具有重要影响，包括俯冲的起始、驱动以及是否地幔转换带附近形成停滞板片等诸多环节（Base and Sobolev，2017；Peng et al.，2021）。数值模拟的结果表明地幔流具有驱动岩石圈的能力（Lu et al.，2015）。俯冲后续的弧后扩张区域，扩张脊附近的拉张减薄环境可能形成上升地幔流，相应地在远端可能形成下沉地幔流。另外早期断裂的古老板块下沉也可能促使形成下沉地幔流。下沉地幔流对上覆板块的地幔吸力可能对新的俯冲起始的诱发提供驱动力。IBM 大规模俯冲连锁反应形成的两个期次弧后扩张活动，叠加 Ryukyu 俯冲带、Philippine 俯冲带下方可能存在的早期下沉板块，俯冲起始之前可能就已存在利于驱动俯冲起始的下沉地幔流（如图 9 所示）。但是下沉地幔流驱动俯冲起始受到地幔流的速度、宽度以及位置等因素控制，最佳的情况是较强的地幔流恰好位于岩石圈薄弱位置的下方（Base and Sobolev，2017），而在实际情况中存在较大的不确定性。

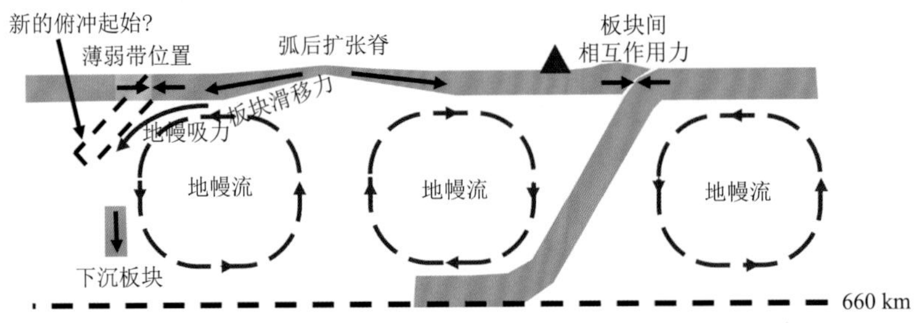

图 9　大规模俯冲活动“连锁反应”可能诱发新俯冲起始的模式示意图

以上多种形式的俯冲“连锁反应”带来的驱动力需要一定的时间来孕育和累积。当总驱动力足以克服岩石圈破裂、断层摩擦和板块弯曲等阻力，达到俯冲起始的触发阈值时，就可能在薄弱带处形成新的俯冲带。大规模俯冲的“连锁反应”过程是复杂且具有不确定性的。因此对于 10Ma 左右的俯冲起始案例来说，“连锁反应”带来的多类型驱动力作用于其相应区域的时间集中程度相对较弱。Tonga-Kermadec 俯冲带与 NB-NH 俯冲带、Puysegur 俯冲带也可能是一个俯冲“连锁反应”组合。但其构造接触关系更复杂，对应的俯冲“连锁反应”过程可能也更为复杂。以上的分析目前仅是一种可能的推测，还需要更多地质地球物理观测以及动力学模拟结果做支撑才能给出更可靠的原因。

4.2　结论

本文一方面回顾前人对西太地区集中分布的新近纪俯冲起始模型的研究，另一方面对其俯冲带参数进行了汇编与分析，并对这两部分内容进行联合分析，对俯冲起始及演化过程形成部分规律性认识。主要结论如下：

（1）俯冲起始的驱动力可以划分为两大类：水平力和垂直力。绝大多数西太地区新近纪的俯冲起始案例一定程度上会受到板块相互作用所带来的诱发性水平驱动力。而北 Sulawesi 俯冲带的案例，在其起始过程中陆壳坍塌物质作为载荷下压洋壳（Hall，2019），这种自发性因素在被动陆缘俯冲起始的过程中可能也会发挥一定作用。

（2）这些最年轻的俯冲带中，大部分的起始过程表现出“继承性”的特点。在原有俯冲带的基础上，通过极性反转（NB-NH 俯冲带、Philippine 俯冲带）或者俯冲重起始（Ryukyu 俯冲带）的方式在原俯冲带弧后或者弧前的薄弱区域形成新俯冲带。这说明预先存在的俯冲带或转换断层可以为俯冲起始创造有利条件。

（3）汇编并分析西太地区新近纪俯冲带的参数数据集，获得有关俯冲过程的规律性认识（如上覆板块属性对于俯冲板片形态的影响等）以及不同俯冲案例表现出的特殊性（如北 Sulawesi 俯冲带的俯冲岩浆岛弧缺失等）。数据集可为相关研究提供数据支撑。

（4）通过分析新近纪 SZI 俯冲带参数对起始过程的约束发现：俯冲起始模型与是否存在可继承的薄弱带以及驱动力构成（自发因素、诱发因素的占比）有关。持续 10Ma

左右的俯冲带出现前进型海沟漂移模式、挤压型的上覆板块形变的特征时，对诱发因素的存在可以起到强约束，属于充分非必要条件。

（5）对 10Ma 左右俯冲起始事件集中发生的可能原因进行了尝试性分析，52Ma 左右大规模俯冲起始事件的“连锁反应”可能为西太新近纪的俯冲起始事件提供了相对集中的驱动力来源。

致谢 感谢主编、编委、编辑以及评审人的重要修改建议与诸多帮助。谨以此文庆贺金翔龙院士九十华诞。

参考文献

陈凌, 王旭, 梁晓峰, 万博, 刘丽军. 2020. 俯冲构造 vs.地幔柱构造——板块运动驱动力探讨. 中国科学: 地球科学, 50: 501-514

高翔, 张健, 孙玉军, 吴时国. 2012. 马尼拉海沟俯冲带热结构的模拟研究. 地球物理学报, 55: 117-125

宫伟, 姜效典, 邢军辉, 李德勇, 徐冲. 2019. 新几内亚-所罗门弧俯冲体系动力过程:板块起始俯冲的制约. 海洋地质与第四纪地质, 39: 115-130

李三忠, 赵淑娟, 刘鑫, 索艳慧, 曹花花, 戴黎明, 郭玲莉, 刘博, 余珊, 张国伟. 2014. 洋-陆转换与耦合过程. 中国海洋大学学报(自然科学版), 44: 113-133

吕川川, 郝天珧, Rawlinson N, 赵亮, 徐亚, 刘丽华. 2019. 苏拉威西俯冲带结构与俯冲起始机制的三维地震观测. 海洋地质与第四纪地质, 39: 131-137

孙卫东. 2019. “岩浆引擎”与板块运动驱动力. 科学通报, 64: 2988-3006

孙卫东, 凌明星, 杨晓勇, 范蔚茗, 丁兴, 梁华英. 2010. 洋脊俯冲与斑岩铜金矿成矿. 中国科学: 地球科学, 40: 127-137

唐琴琴, 詹文欢, 李健, 冯英辞, 姚衍桃, 孙杰, 黎雨晗. 2017. 南海东部边缘火山活动所反映的板片窗构造. 海洋地质与第四纪地质, 37: 119-126

徐敏, 狄会哲, 周志远, 李海勇, 林间. 2019. 俯冲带水圈-岩石圈相互作用研究进展与启示. 海洋地质与第四纪地质, 39: 58-70

张健, 郝天珧, 董淼, 徐亚, 王蓓羽, 艾依飞, 方桂. 2021. 苏拉威西地热特征的重、磁分析. 中国科学: 地球科学, 51: 261-275

赵明辉, 贺恩远, 孙龙涛, 徐亚, 游庆瑜, 郝天珧, 杜峰, 丘学林. 2016. 马里亚纳海沟俯冲带深地震现状对马尼拉海沟俯冲带的研究启示. 热带海洋学报, 35: 48-60

郑永飞, 陈仁旭, 徐峥, 张少兵. 2016. 俯冲带中的水迁移. 中国科学: 地球科学, 46: 253-286

郑勇, 李永东, 熊熊. 2012. 华北克拉通岩石圈有效弹性厚度及其各向异性. 地球物理学报, 55: 3576-3590

周信, 许志琴, 李忠海, 皇甫鹏鹏, 张进江. 2019. 上地幔俯冲板块的动力学过程:数值模拟. 地球物理学报, 62: 2455-2465

Amaru M. 2007. Global travel time tomography with 3-D reference models. Doctoral Dissertation. Utrecht: Utrecht University

Arculus R J, Ishizuka O, Bogus K A, Gurnis M, Hickey-Vargas R, Aljahdali M H, Bandini-Maeder A N, Barth A P, Brandl P A, Drab L, Do Monte Guerra R, Hamada M, Jiang F Q, Kanayama K, Kender S, Kusano Y, Li H, Loudin L C, Maffione M, Marsaglia K M, McCarthy A, Meffre S, Morris A, Neuhaus M, Savov I P, Sena C, Tepley Iii F J, Van Der Land C, Yogodzinski G M, Zhang Z H. 2015. A record of spontaneous subduction initiation in the Izu-Bonin-Mariana arc. Nature Geoscience, 8: 728-733

Barrier E, Huchon P, Aurelio M. 1991. Philippine fault: A key for Philippine kinematics. Geology, 19: 32-35

Baes M, Sobolev S V. 2017. Mantle flow as a trigger for subduction initiation: A missing element of the Wilson Cycle concept. Geochem Geophys Geosyst, 18: 4469-4486

Baes M, Sobolev S V, Quinteros J. 2018. Subduction initiation in mid-ocean induced by mantle suction flow. Geophysical Journal International, 215: 1515-1522

Bird P. 2003. An updated digital model of plate boundaries. Geochem Geophys Geosyst, 4: 1027

Bercovici D, Ricard Y. 2014. Plate tectonics, damage and inheritance. Nature, 508: 513-516

Coffin M F, Eldholm O. 1993. Scratching the surface: estimating dimensions of large igneous provinces. Geology, 21: 515-518

Cottam M A, Hall R, Forster M A, Boudagher-Fadel M K. 2011. Basement character and basin formation in Gorontalo Bay, Sulawesi, Indonesia: new observations from the Togian Islands. Geological Society of London Special Publication, 355: 177-202

Crameri F, Conrad C P, Montési L, Lithgow-Bertelloni C R. 2019. The dynamic life of an oceanic plate. Tectonophysics, 760: 107-135

Crameri F, Magni V, Domeier M, Shephard G E, Chotalia K, Cooper G, Eakin C M, Grima A G, Gürer D, Király Á, Mulyukova E, Peters K, Robert B, Thielmann M. 2020. A transdisciplinary and community-driven database to unravel subduction zone initiation. Nature Communications, 11: 3750

Dong M, Zhang J, Jiang C H, Hao T Y, Xu Y, Huang S, Liu L H, Nan F Z, Fang G. 2022. Thermal simulation of migration mechanism of the Halmahera volcanic arc, Indonesia. Journal of Asian Earth Sciences, 232: 105042

Faccenna C, Holt A F, Becker T W, Lallemand S, Royden L H. 2018. Dynamics of the Ryukyu/Izu-Bonin-Marianas double subduction system. Tectonophysics, 746: 229-238

Frisch W, Meschede M, Blakey R C. 2011. Plate Tectonics: Continental Drift and Mountain Building. Berlin Heidelberg: Springer. 1-212

Greene H G, Collot J Y, Fisher M A, Crawford A J. 1994. Neogene tectonic evolution of the New Hebrides island arc: A review incorporating ODP drilling results. Proceedings of the Ocean Drilling Program, Scientific Results, 134: 19-46

Gripp A E, Gordon R G. 2002. Young tracks of hotspots and current plate velocities. Geophys J Int, 150(2): 321-361

Gurnis M, Hall C, Lavier L. 2004. Evolving force balance during incipient subduction. Geochem Geophys Geosyst, 5: Q07001

Hall R, Ali J R, Anderson C D, Baker S J. 1995. Origin and motion history of the Philippine Sea Plate. Tectonophysics, 251: 229-250

Hall R. 2002. Cenozoic geological and plate tectonic evolution of SE Asia and the SW Pacific: computer-based reconstructions, model and animations. Journal of Asian Earth Sciences, 20: 353-431

Hall C E, Gurnis M, Sdrolias M, Lavier L L, Müller R D. 2003. Catastrophic initiation of subduction following forced convergence across fracture zones. Earth Planet Sci Lett, 212(1-2): 15-30

Hall R. 2019. The subduction initiation stage of the Wilson cycle. In: Wilson R W, Houseman G A, McCaffrey K J W, Doré A G, Buiter S J H, eds. Fifty Years of the Wilson Cycle Concept in Plate Tectonics. London: Geological Society of London Press. 415-437

Hall R, Smyth H R. 2008. Cenozoic arc processes in Indonesia: Identification of the key influences on the stratigraphic record in active volcanic arcs. In: Draut A E, Clift P D, Scholl D W, eds. Formation and Applications of the Sedimentary Record in Arc Collision Zones. Boulder: Geological Society of America Press. 27-54

Hall R. 2012. Late Jurassic-Cenozoic reconstructions of the Indonesian region and the Indian Ocean. Tectonophysics, 570: 1-41

Hall R, Cottam M A, Wilson M E. 2011. The SE Asian gateway: history and tectonics of the Australia-Asia collision. Geological Society, London, Special Publications, 355: 1-6

Hanyu T, Tejada M L G, Shimizu K, Ishizuka O, Fujii T, Kimura J I, Chang Q, Senda R, Miyazaki T, Hirahara Y. 2017. Collision-induced post-plateau volcanism: Evidence from a seamount on Ontong Java Plateau. Lithos, 294: 87-96

Hayes G P, Moore G L, Portner D E, Hearne M, Flamme H, Furtney M, Smoczyk G M. 2018. Slab2, a comprehensive subduction zone geometry model. Science, 362: 58-61

Heuret A, Conrad C, Funiciello F, Lallemand S, Sandri L. 2012. Relation between subduction megathrust earthquakes, trench sediment thickness and upper plate strain. Geophys Res Lett, 39: L05304

Heuret A, Lallemand S. 2005. Plate motions, slab dynamics and back-arc deformation. Phys Earth Planet Inter, 149: 31-51

Heuret A, Lallemand S, Funiciello F, Piromallo C, Faccenna C. 2011. Physical characteristics of subduction interface type seismogenic zones revisited. Geochem Geophys Geosyst, 12: Q01004

Holm R J, Spandler C, Richards S W. 2013. Melanesian arc far-field response to collision of the Ontong Java Plateau: geochronology and petrogenesis of the Simuku Igneous Complex, New Britain, Papua New Guinea. Tectonophysics, 603: 189-212

Holm R J, Rosenbaum G, Richards S W. 2016. Post 8 Ma reconstruction of Papua New Guinea and Solomon Islands: Microplate tectonics in a convergent plate boundary setting. Earth-Sci Rev, 156: 66-81

Holt A F, Buffett B A, Becker T W. 2015. Overriding plate thickness control on subducting plate curvature. Geophys Res Lett, 42: 3802-3810

Holt A F, Condit C B. 2021. Slab temperature evolution over the lifetime of a subduction zone. Geochem Geophys Geosyst, 22: e2020GC009476

Hu J S, Gurnis M. 2020. Subduction duration and slab dip. Geochem Geophys Geosyst, 21: e2019GC008862

Hu J S, Liu L J. 2016. Abnormal seismological and magmatic processes controlled by the tearing South American flat slabs. Earth Planet Sci Lett, 450: 40-51.

Ishizuka O, Hickey-Vargas R, Arculus R J, Yogodzinski G M, Savov I P, Kusano Y, McCarthy A, Brandl P A, Sudo M. 2018. Age of Izu-Bonin-Mariana arc basement. Earth Planet Sci Lett, 481: 80-90

Jarrard R D. 1986. Relations among subduction parameters. Rev Geophys, 24: 217-284

Jicha B R, Scholl D W, Singer B S, Yogodzinski G M, Kay S M. 2006. Revised age of Aleutian Island Arc formation implies high rate of magma production. Geology, 34: 661-664

Kizaki K. 1986. Geology and tectonics of the Ryukyu Islands. Tectonophysics, 125: 193-207

Knesel K M, Cohen B E, Vasconcelos P M, Thiede D S. 2008. Rapid change in drift of the Australian plate records collision with Ontong Java plateau. Nature, 454: 754-757

Kukacka M, Matyska C. 2003. Influence of the zone of weakness on dip angle and shear heating of subducted slabs. Phys Earth Planet Inter, 141: 243-252

Lallemand S, Font Y, Bijwaard H, Kao H. 2001. New insights on 3-D plates interaction near Taiwan from tomography and tectonic implications. Tectonophysics, 335: 229-253

Lallemand S, Arcay D. 2021. Subduction initiation from the earliest stages to self-sustained subduction: Insights from the analysis of 70 Cenozoic sites. Earth-Sci Rev, 221: 103779

Li H, Arculus R J, Ishizuka O, Hickey-Vargas R, Yogodzinski G M, McCarthy A, Kusano Y, Brandl P A, Savov I P, Tepley F J. 2021. Basalt derived from highly refractory mantle sources during early Izu-Bonin-Mariana arc development. Nature communications, 12: 1-10

Li H Y, Li X, Ryan J G, Zhang C, Xu Y G. 2022. Boron isotopes in boninites document rapid changes in slab inputs during subduction initiation. Nature communications, 13: 1-10

Li H Y, Taylor R N, Prytulak J, Kirchenbaur M, Shervais J W, Ryan J G, Godard M, Reagan M K, Pearce J A.

2019. Radiogenic isotopes document the start of subduction in the Western Pacific. Earth Planet Sci Lett, 518: 197-210

Lu G, Kaus B J, Zhao L, Zheng T Y. 2015. Self-consistent subduction initiation induced by mantle flow. Terr Nova, 27: 130-138

Lu G, Zhao L, Chen L, Wan B, Wu F Y. 2021. Reviewing subduction initiation and the origin of plate tectonics: What do we learn from present-day Earth? Earth and Planetary Physics, 5(2): 123-140

McCarthy A, Chelle-Michou C, Müntener O, Arculus R, Blundy J. 2018. Subduction initiation without magmatism: The case of the missing Alpine magmatic arc. Geology, 46: 1059-1062

Malavieille J, Lallemand S E, Dominguez S, Deschamps A, Lu C Y, Liu C S, Schnurle P, Crew, A. 2002. Arc-continent collision in Taiwan: New marine observations and tectonic evolution. SPECIAL PAPERS-GEOLOGICAL SOCIETY OF AMERICA, 187-211

Mann P, Taira A. 2004. Global tectonic significance of the Solomon Islands and Ontong Java Plateau convergent zone. Tectonophysics, 389: 137-190

Marchadier Y, Rangin C. 1990. Polyphase tectonics at the southern tip of the Manila trench, Mindoro-Tablas Islands, Philippines. Tectonophysics, 183: 273-287

Meffre S, Falloon T J, Crawford T J, Hoernle K, Hauff F, Duncan R A, bloomer S H, Wright D J. 2012. Basalts erupted along the Tongan fore arc during subduction initiation: evidence from geochronology of dredged rocks from the Tonga fore arc and trench. Geochem Geophys Geosyst, 13: Q12003

Miura S, Suyehiro K, Shinohara M, Takahashi N, Araki E, Taira A. 2004. Seismological structure and implications of collision between the Ontong Java Plateau and Solomon Island Arc from ocean bottom seismometer-airgun data. Tectonophysics, 389: 191-220

Müller R D, Sdrolias M, Gaina C, Roest W R. 2008. Age, spreading rates, and spreading asymmetry of the world's ocean crust. Geochem Geophys Geosyst, 9: Q04006

Müller R D, Seton M, Zahirovic S, Williams S E, Matthews K J, Wright N M, Shephard G E, Maloney K T, Barnett-Moore N, Hosseinpour M. 2016. Ocean basin evolution and global-scale plate reorganization events since Pangea breakup. Annu Rev Earth Planet Sci, 44: 107-138

Najman Y, Appel E, Boudagher - Fadel M, Bown P, Carter A, Garzanti E, Godin L, Han J, Liebke U, Oliver G. 2010. Timing of India - Asia collision: Geological, biostratigraphic, and palaeomagnetic constraints. J Geophys Res, 115: B12416

Pellissier L, Heine C, Rosauer, D F, Albouy, C. 1997. Structure and deformation of north and central Malaita, Solomon Islands: tectonic implications for the Ontong Java Plateau-Solomon arc collision, and for the fate of oceanic plateaus. Tectonophysics, 283: 1-33.

Petterson M G, Neal C R, Mahoney J J, Kroenke L W, Saunders A D, Babbs T L, Duncan R A, Tolia D, McGrail B. 1997. Structure and deformation of north and central Malaita, Solomon Islands: tectonic implications for the Ontong Java Plateau-Solomon arc collision, and for the fate of oceanic plateaus. Tectonophysics, 283: 1-33

Peng D D, Liu L J, Hu J S, Li S Z, Liu Y M. 2021. Formation of East Asian Stagnant Slabs Due To a Pressure-Driven Cenozoic Mantle Wind Following Mesozoic Subduction. Geophys Res Lett, 48: e2021GL094638.

Reagan M K, Heaton D E, Schmitz M D, Pearce J A, Shervais J W, Koppers A A. 2019. Forearc ages reveal extensive short-lived and rapid seafloor spreading following subduction initiation. Earth Planet Sci Lett, 506: 520-529.

Rodríguez-González J, Negredo A M, Billen M I. 2012. The role of the overriding plate thermal state on slab dip variability and on the occurrence of flat subduction. Geochem Geophys Geosyst, 13: , Q01002

Schellart W, Lister G, Toy V. 2006. A Late Cretaceous and Cenozoic reconstruction of the Southwest Pacific region: tectonics controlled by subduction and slab rollback processes. Earth-Sci Rev, 76: 191-233.

Shinjo R. 1999. Geochemistry of high Mg andesites and the tectonic evolution of the Okinawa Trough-Ryukyu arc system. Chem Geol, 157: 69-88.

Sibuet J-C, Hsu S K. 2004. How was Taiwan created? Tectonophysics, 379: 159-181.

Sibuet J-C, Zhao M H, Wu J, Lee C-S. 2021. Geodynamic and plate kinematic context of South China Sea subduction during Okinawa trough opening and Taiwan orogeny. Tectonophysics, 817: 229050.

Stern R J. 2004. Subduction initiation: spontaneous and induced. Earth Planet Sci Lett, 226: 275-292.

Stern R J. 2016. Is plate tectonics needed to evolve technological species on exoplanets? Geoscience Frontiers, 7: 573-580.

Stern R J, Gerya T. 2018. Subduction initiation in nature and models: a review. Tectonophysics, 746: 173-198.

Sun W D. 2019. The Magma Engine and subduction initiation. Acta Geochimica, 38: 611-612.

Sun W D, Zhang L P, Li H, Liu X. 2020a. The synchronic Cenozoic subduction initiations in the west Pacific induced by the closure of the Neo-Tethys Ocean. Sci Bull, 65: 2068-2071.

Sun W D, Zhang L P, Liao R Q, Sun S J, Li C Y, Liu H. 2020b. Plate convergence in the Indo-Pacific region. Journal of Oceanology and Limnology, 38: 1008-1017.

Sun W D, Zhang L P. 2022. Characterization of subduction initiation. Journal of Oceanology and Limnology, 1-3.

Torsvik T H, Doubrovine P V, Steinberger B, Gaina C, Spakman W, Domeier M. 2017. Pacific plate motion change caused the Hawaiian-Emperor Bend. Nature Communications, 8: 1-12.

Whattam S A, Malpas J, Ali J R, Smith I E. 2008. New SW Pacific tectonic model: cyclical intraoceanic magmatic arc construction and near - coeval emplacement along the Australia-Pacific margin in the Cenozoic. Geochem Geophys Geosyst, 9: Q03021

Wu F Y, Wang J G, Liu C Z, Liu T, Zhang C, Ji W Q. 2019. Intra-oceanic arc: Its formation and evolution. Acta Petrol Sin, 35: 1-15

Wu J, Suppe J, Lu R Q, Kanda R. 2016. Philippine Sea and East Asian plate tectonics since 52 Ma constrained by new subducted slab reconstruction methods. J Geophys Res, 121: 4670-4741

Yumul Jr G P, Dimalanta C B, Tamayo Jr R A, Maury R C. 2003. Collision, subduction and accretion events in the Philippines: A synthesis. Isl Arc, 12: 77-91

Zhong, X Y, Li Z H. 2019. Forced subduction initiation at passive continental margins: Velocity-driven versus stress-driven, Geophysical Research Letters, 46(20), 11054-11064.

Zhong X Y, Li Z H. 2021. Subduction initiation at passive continental margins: A review based on numerical studies, Solid Earth Sciences, 6(3), 249-267.

Zhou X, Li Z H, Gerya T V, Stern R J. 2020. Lateral propagation-induced subduction initiation at passive continental margins controlled by preexisting lithospheric weakness. Science advances, 6: eaaz1048

利用大地水准面起伏模拟马里亚纳海沟洋坡岩石圈的挠曲

赵俐红[1,2]，刘洪芹[1]，陈明均[3]，凌子龙[1*]，李朝阳[1]

1. 山东科技大学地球科学与工程学院，青岛，266590
2. 海洋矿产资源评价与探测技术功能实验室 崂山实验室，青岛 266237
3. 山东省核工业二四八地质大队，青岛，266041
*通讯作者，E-mail：lingzilong@sdust.edu.cn

摘要 马里亚纳海沟是西太平洋地区“沟—弧—盆”复杂结构系统的主要区域，是全球最著名的板块汇聚边缘之一，也是研究大洋俯冲的重要区域。马里亚纳海沟的构造、演化以及深部结构特征已有大量学者进行研究，但关于海沟洋坡岩石圈挠曲方面的研究相对较少。为更好地厘清马里亚纳海沟洋坡岩石圈的挠曲位置及其幅度，本文基于研究区的地壳厚度、大地水准面起伏与水深数据模拟马里亚纳海沟北、中、南三段岩石圈的挠曲，经非线性最小二乘拟合，得到马里亚纳海沟洋坡各段岩石圈的挠曲特征和有效弹性厚度（Te）。模拟结果表明，马里亚纳海沟的挠曲位置在15～100km，挠曲幅度为120～270m，有效弹性厚度为20～50km，地层年龄为100～170Ma，整体的变化幅度较大。马里亚纳海沟洋坡的 Te 中段大，南北段小；南北段相比，南段的有效弹性厚度则较北段稍大。

关键词 大地水准面起伏，挠曲，有效弹性厚度，马里亚纳海沟

0 引言

大洋俯冲带是地球上各圈层与地幔之间相互作用最活跃的场所，它是这些圈层之间物质和能量交换的重要区域，在地球的运行和演变中占据着中心位置（郑永飞等，2013；Yoshiyuki，2005）。同时，大洋俯冲带区域地质构造运动活跃，是地震、海啸和火山爆发等频发的区域，亦给人类带来了深重的灾难（Brudzinski et al.，2007；Rietbrock，2007）。显然，对俯冲带的研究不仅具有非常重要的科学意义，还对人类的防震减灾具备重要的现实意义。位于西太平洋地区的马里亚纳海沟具有世界上最独特的双俯冲系统和典型的

基金项目：国家自然科学基金项目（批准号：92058213、41676039、41106037）

作者简介：赵俐红，教授，博士，主要从事海洋地球物理与构造地质等研究，E-mail：zhaolihong@sdust.edu.cn

“沟—弧—盆”体系，是太平洋板块与菲律宾海板块的俯冲汇聚带，是研究俯冲带俯冲过程的理想区域之一。而且马里亚纳海沟远离大陆区域，汇入其中的陆源物质较少，其海底保留了较为原始的构造地貌特征，已成为俯冲带板块强度研究与挠曲模拟最为理想的场所之一。

板块的挠曲会引发俯冲带进行一系列的地质活动，挠曲模拟对大洋俯冲带的研究具有非常重要的意义。板块在运动到俯冲带时，会形成弯曲，同时在板块的外缘形成向上的隆起，俯冲区域的上盘会受到拉张作用形成正断层，同时引发正断层地震，正断层会把水带入地球内部引起蛇纹岩化，进入深部后，水量的多少会引发深部的脱水作用，进而影响到火山作用与中源地震。板块的隆起现象与其受到的应力大小、岩石圈强度、板块俯冲状态以及俯冲环境有关。通过对挠曲特征的研究不仅可以获得板块的强度特征信息，还能获得板块的俯冲信息。有效弹性厚度（the effective thickness，Te）是板块强度的一个重要参数，用于表征岩石圈长期强度和动力学响应。它的提出是为了研究大洋深处的海山或火山引起的其下大洋岩石圈发生的挠曲变形情况（Walcott，1970；Watts et al.，1980）。随着板块构造理论的出现，该概念成为理解岩石圈动力学性质的重要内容，同时也成为岩石圈动力学研究的热点之一（付永涛等，2000）。

关于马里亚纳海沟岩石圈的挠曲，已经有不少学者采用不同的方法进行计算。在20世纪80年代，Bodine和Watts（1979）、Bodine等（1981）分别利用简单的弹性模型与复杂的条件约束的岩石圈模型模拟了马里亚纳海沟外侧太平洋岩石圈的挠曲，得出用一个均匀的弹性薄板就可以模拟出岩石圈的挠曲；Zhang等（2014，2018）基于可变有效弹性厚度板块弯曲模型，模拟了马里亚纳海沟岩石圈的挠曲，并计算其海沟洋坡岩石圈有效弹性厚度为19～40km；此后，Zhang等（2020，2018）、张江阳等（2019）建立了三维挠曲模型，研究了马里亚纳俯冲带南端的板块挠曲，并采用粒子群优化（PSO）方法反演出俯冲板块的挠曲参数。彭祎辉等（2022）基于俯冲初始倾角模拟马里亚纳海沟岩石圈的挠曲，并得到海沟各挠曲参数。

1984年，McAdoo和Martin（1984）基于弹性薄板理论，首次利用大地水准面起伏模拟了多个海沟洋坡岩石圈的挠曲，并研究发现海洋岩石圈的有效弹性厚度与岩石圈年龄的平方根近似成线性关系，且海洋岩石圈的弯曲强度受温度控制。此后陈美等（2004）利用此方法模拟了琉球海沟的挠曲，并得出了与McAdoo的研究结果一致的结论。这些研究表明利用大地水准面起伏方法模拟海洋岩石圈挠曲方面的可行性。基于以上研究结果的启示，本文采用弹性薄板理论推导的大地水准面起伏公式，利用最小二乘法进行拟合大地水准面起伏，模拟垂直于马里亚纳海沟南、中、北段三段共12条剖面（图1）的挠曲，计算它们的有效弹性厚度、挠曲幅度、挠曲位置，并推断其年龄。

1 数据与方法

1.1 数据

区域内的地形数据采用全球海陆地形数据库（General Bathymetric Chart of Oceans，

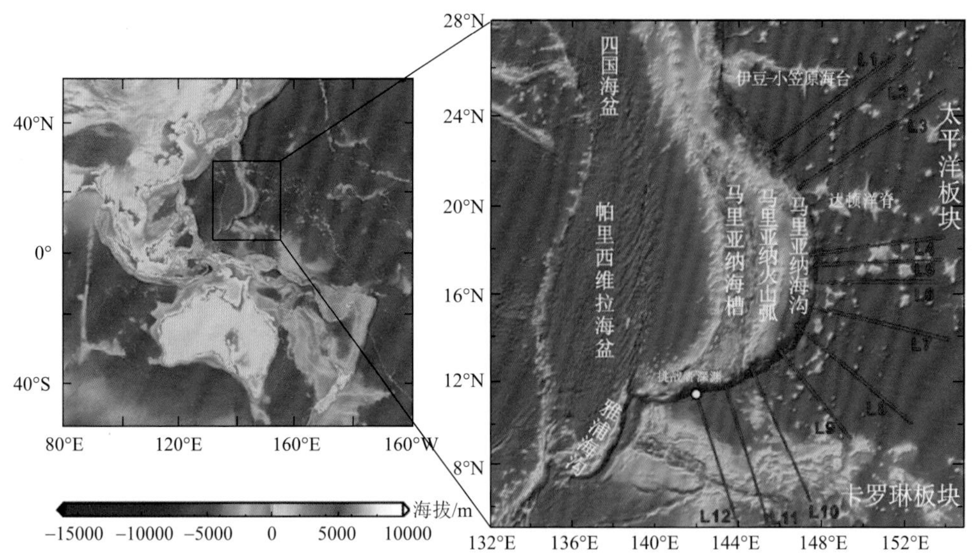

图 1　马里亚纳海沟的区域位置和水深地形图

底图数据来源于全球水深数据，右图中的红线代表剖面位置

GEBCO）2019 年发布的网格数据，网格间距为 15 弧秒。大地水准面起伏数据则用卫星测高的大地水准面进行 48 阶滤波得到，排除长、短波长的干扰。

1.2 模拟方法

岩石圈挠曲引发的密度异常致使大地水准面起伏，而将岩石圈近似为弹性薄板并利用其挠曲描述大地水准面起伏，可有效地模拟出海沟洋坡区域岩石圈的挠曲。McAdoo 和 Martin（1984）基于弹性薄板理论采用数值积分的方法构建了因弹性薄板挠曲产生的大地水准面起伏模型，积分表达式如下：

$$\Delta N(x)=\frac{-2G}{g}\int_{-x_0}^{\infty}[d\int_{d-w(\xi)}^{d}(\rho_c-\rho_w)\ln R\mathrm{d}z+\int_{d+t-w(\xi)}^{d+t}(\rho_m-\rho_c)\ln R\mathrm{d}z]d\xi+L(x) \quad (1)$$

其中

$$R=[(x-\xi)^2+z^2]^{1/2} \quad (2)$$

G 是万有引力常数，d 是未发生变形的海底深度，t 为地壳厚度（或莫霍面深度），ρ_c 为地壳密度，ρ_w, ρ_m 分别为海水和地壳密度，E 是杨氏模量，v 是泊松比，g 是重力加速度，计算时其假定参数值为表 1。

积分结果为

$$\Delta N(x)=\frac{(\rho_m-\rho_w)Gw_0\alpha}{g}\cdot\left\{-2\exp\frac{x_0}{\alpha}\cos\frac{x_0}{\alpha}-\sin\frac{x_0}{\alpha}\ln\frac{x+x_0}{L'}-\exp\left(\frac{-x}{\alpha}\right)\left(\cos\frac{x}{\alpha}-\right.\right.$$
$$\left.\sin\frac{x}{\alpha}\right)\cdot\left\{\pi+\operatorname{Im}\left[E_i\left(\frac{(x+x_0)(-1+i)}{\alpha}\right)\right]\right\}-\exp\left(\frac{-x}{\alpha}\right)\left(\cos\frac{x}{\alpha}+\sin\frac{x}{\alpha}\right)\cdot$$
$$\operatorname{Re}\left[E_i\left(\frac{(x+x_0)(-1+\mathrm{i})}{\alpha}\right)\right]+\exp\left(\frac{2x_0+x}{\alpha}\right)\left(\cos\frac{2x_0+x}{\alpha}+\sin\frac{2x_0+x}{\alpha}\right)\cdot \tag{3}$$
$$\operatorname{Im}\left[E_i\left(\frac{(x+x_0)(1+i)}{\alpha}\right)\right]-\exp\left(\frac{2x_0+x}{\alpha}\right)\left(\cos\frac{2x_0+x}{\alpha}-\sin\frac{2x_0+x}{\alpha}\right)\cdot$$
$$\left.\operatorname{Re}\left[E_i\left(\frac{(x+x_0)(-1+i)}{\alpha}\right)\right]\right\}-\frac{2\pi G}{\mathrm{g}}w_0\sin\frac{x}{\alpha}\exp\left(\frac{-x}{\alpha}\right)\left[(\rho_m-\rho_w)d+(\rho_c-\rho_w)t\right]$$

$$E_{\mathrm{i}}(\xi)=\int_{\xi}^{\infty}\frac{e^{-u}}{u}\mathrm{d}u \tag{4}$$

$E_i(\xi)$是指数积分式，Im(x)和 Re(x)是分别对变量 x 求的虚部和实部。x 是垂直海沟轴部的水平坐标，x_0 是岩石圈的挠曲位置，L' 是无量纲常数，取 1000；幅值参数 $w_0=\sqrt{2}\exp$（$\pi/4$）w_b，w_b 是挠曲幅度，挠曲波长 $\alpha=\left[4D/(\rho_m-\rho_w)g\right]^{1/4}$，挠曲刚度 $D=E\cdot T_{\mathrm{e}}^3/12\left(1-v^2\right)$。

表 1　计算所用参数

参数	定义	数值
ρ_m	地幔密度，kg/m^3	3300
ρ_c	地壳密度，kg/m^3	2700
ρ_w	海水密度，kg/m^3	1000
G	万有引力常数，m^3/s^2·kg	6.67×10^{-11}
E	杨氏模量，Pa	6.5×10^{10}
v	泊松比	0.25
g	重力加速度，m/s^2	9.8

由板块挠曲引起的大地水准面起伏的公式（3）可以直接与去除长、短波长的大地水准面海洋卫星测高剖面进行比较，该比较可提供待定模型参数的估计。待定模型参数包括挠曲波长 α（或板块厚度 Te）、振幅 w_0、岩石圈的挠曲位置 x_0，地壳厚度 t。

最小二乘法的正规方程构建需要关于参数 α、w_0、x_0 和 t 对 $N(\mathrm{x},w_0,x_0,\alpha,t)$ 的偏导表达式。这些偏导数的解析表达式是通过公式（3）对各个待定参数进行微分获得的。

估算假定参数时要求残差的平方和 S 式（5）达到最小。首先假设一组待定参数的初始估计值，然后使用信赖域拟合算法来调节各个待定参数，通过不断迭代，直到拟合结果满足收敛标准。

假设 N_i 表示观测值，N_i' 表示拟合值，N'' 表示实测大地水准面的平均值，

则残差 $r_i = N_i - N_i'$

$$残差的平方和\mathrm{S} = \sum_{i=1}^{n} r_i^2 = \sum_{i=1}^{n}\left[\left(N_i - N_i'\left(x,\ w_0,\ x_0,\ \alpha,\ t\right)\right)\right]^2 \tag{5}$$

关于拟合结果的衡量，下式（6）表示回归平方和（SSR），式（7）表示平均平方和(SST),定义 R-Square(8)为 SSR 和 SST 之比。R-Square 的值在 0～1 之间,用R-Square 来衡量拟合的精度，其值越接近于 1 表示拟合精度越高。

$$回归平方和\mathrm{SSR} = \sum_{i=1}^{n}\left(N_i' - N''\right)^2 \tag{6}$$

$$平均平方和\mathrm{SST} = \sum_{i=1}^{n}\left(N_i - N''\right)^2 \tag{7}$$

$$R - \mathrm{Square} = \frac{\mathrm{SSR}}{\mathrm{SST}} \tag{8}$$

2 模拟结果

本文利用卫星测高大地水准面数据采用最小二乘法模拟了垂直马里亚纳海沟的 12 条剖面，它们几乎覆盖了整个海沟（图 1），其中剖面 1～3 位于海沟北段，剖面 5～9 位于海沟中段，剖面 10～12 位于海沟南段。为避免因海山对 w_0 取值的影响造成挠曲模拟的不精确,在剖面的选取上尽量避开大型海山这样可以有效避免 w_0 取值过大或过小从而影响模拟结果精度。除海山的影响外，剖面长度对模拟结果也有一定影响，剖面太短会使模拟结果精度下降，而剖面太长又会使目标函数 S 不能很好地收敛，所以本研究选择的剖面长度基本上为 300km,这几条剖面足以说明海沟洋侧大地水准面起伏变化趋势。

从模拟结果来看（图 2），海沟北段剖面的 R-Square 为 0.976～0.994，海沟中段的 R-Square 为 0.969～0.988，海沟南段的 R-Square 为 0.971～0.995；显然南段和北段模拟效果较好，而中段拟合效果相差较远，可能和中段遭受大范围海山入侵有关。

从挠曲幅度来看,海沟北段的挠曲幅度为 160～200m,海沟中段的挠曲幅度为 120～250m，海沟南段的挠曲幅度为 230～270m。

从有效弹性厚度看，海沟北段的有效弹性厚度为 30～32km，中段为 20～50km，南段则是 28～32km,与前人的研究结果基本一致(McAdoo and Martin, 1984; Yang and Fu, 2018)，Yang 和 Fu(2018)利用移动窗口导纳技术，估算马里亚纳海沟俯冲带的 Te 值，北部 Te 较小（< 20km），南部 Te 较大（> 40 km）以及 McAdoo 等（1984）模拟马里亚纳海沟北部 Te 值为 41～61.3km。挠曲位置总体在 20～115km，与 Zhang F 等（2014，2019）的结果基本一致。

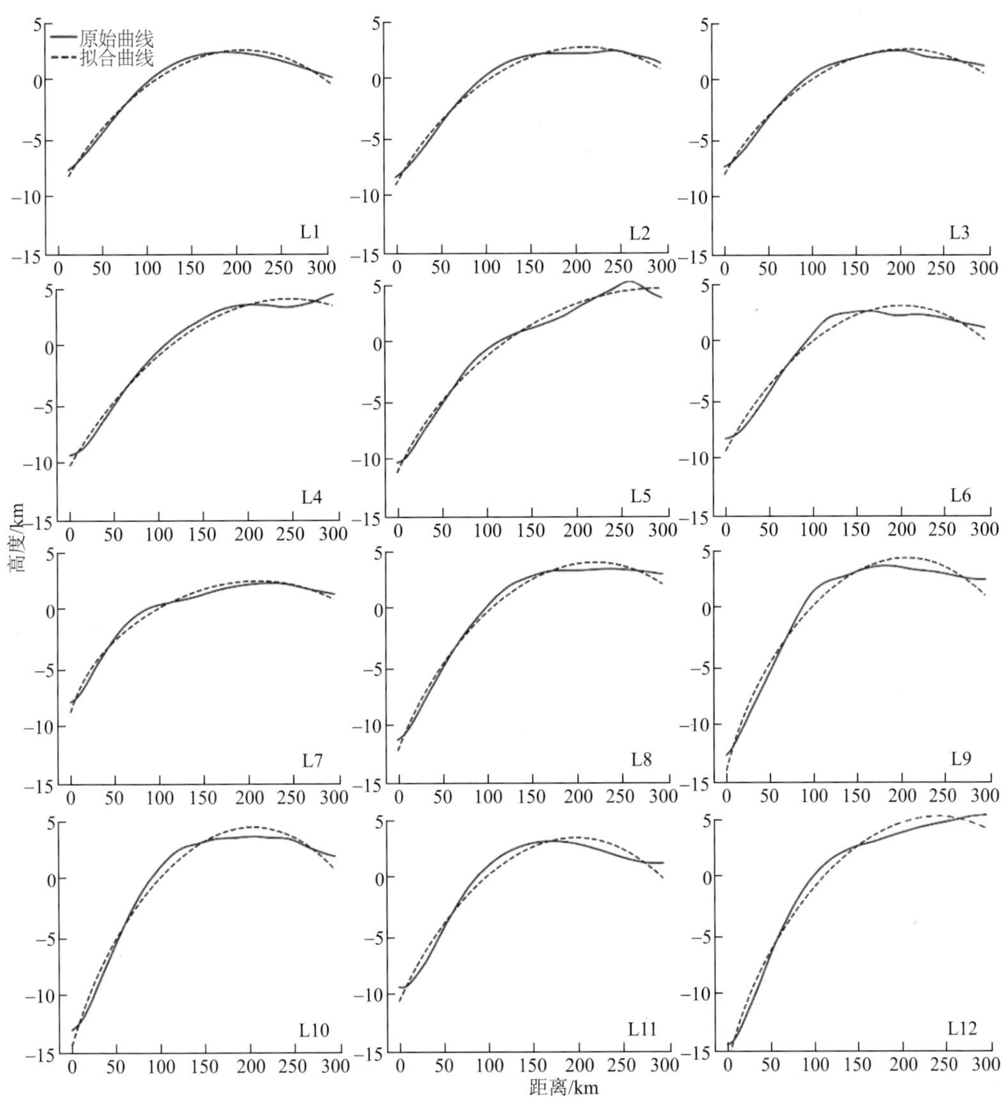

图 2　马里亚纳海沟实测大地水准面起伏和模拟大地水准面起伏

3　分析与讨论

根据岩石圈有效弹性厚度和岩石圈年龄之间的简单关系式：$\mathrm{Te}=(2.70\pm0.15)t^{1/2}$（Te 的单位为 km，$t$ 的单位为 Ma）（Calmant and Cazenave，1987），我们得到了过马里亚纳海沟 12 条剖面的岩石圈年龄（表 2）。马里亚纳海沟是由太平洋板块向菲律宾海板块下方俯冲形成，太平洋板块对菲律宾海板块开始加载的时间正是马里亚纳海沟形成演化的时间。根据 Müller 等（2008）提供的涵盖世界海洋盆地的年龄的数字化的模型，可知马里亚纳海沟地区洋壳平均年龄超过 120Ma，是全球大洋岩石圈俯冲带最老的岩石圈。Yang 和 Fu（2018）利用移动窗口导纳技术估算马里亚纳海沟地壳年龄为 140～160Ma，与我们利用弹性薄板模拟得到马里亚纳海沟俯冲板片的岩石圈年龄为 100～170Ma 相一致。

表 2　剖面计算结果

	剖面	有效弹性厚度 Te/km	挠曲幅度 w_b/km	挠曲位置 x_0/km	年龄/Ma	R-Square
北段	P1	31.669	0.206	55.285	123.478～154.241	0.994
	P2	31.384	0.173	54.134	121.265～151.476	0.976
	P3	30.556	0.164	54.306	114.951～143.590	0.988
中段	P4	47.125	0.223	71.945	273.414～341.531	0.973
	P5	42.438	0.149	49.235	221.724～276.964	0.978
	P6	38.559	0.242	95.367	183.047～228.651	0.969
	P7	23.614	0.119	16.474	68.651～85.755	0.988
	P8	31.547	0.218	48.894	122.526～153.051	0.982
	P9	25.872	0.233	30.696	82.409～102.940	0.982
南段	P10	28.734	0.270	45.159	101.648～126.972	0.991
	P11	32.436	0.243	68.179	129.532～161.803	0.971
	P12	31.736	0.229	34.876	123.995～154.887	0.995

挠曲模拟中使用 Te 来表示岩石圈对变形的抵抗能力。通过模拟结果发现，马里亚纳海沟中段的有效弹性厚度较大，而南北两端则相对较小。该海沟位于太平洋板块与菲律宾海板块的汇聚边界，在太平洋板块俯冲至菲律宾海板块下方时，上覆的菲律宾海板块会产生垂直载荷。由于俯冲部分的太平洋板块南北两段抵抗变形能力较低，因此挠曲程度增加，导致俯冲板片整体在南北两端比中段向大洋方向更容易发生挠曲变形。这与现有的马里亚纳岛弧和马里亚纳海沟呈半月形凸向太平洋板块的特征相一致。

马里亚纳海沟作为太平洋板块和菲律宾海板块汇聚的边界，在太平洋板块俯冲到菲律宾海板块之下后，因海沟各剖面对挠曲变形的抵抗能力不同以及后期所受构造作用的差异，其各剖面所反映出来的特点也有所不同。

（1）海沟北段

海沟北段的海沟整体变化较小，挠曲幅度 w_b 为 160～200m，挠曲位置 x_0 为 54～55km，有效弹性厚度 Te 为 30～32km。海沟北段的剖面中，1～3 剖面的洋侧为典型海底高原地貌，近端没有海山，没有受到局部地形的影响，该区域的挠曲幅度、有效弹性厚度大小与变化整体较小。

（2）海沟中段

海沟中段海沟挠曲幅度 w_b 在 120～250 m 左右，挠曲位置 x_0 为 15～100km，有效弹性厚度 Te 为 20～50km，非常明显，海沟中段挠曲幅度和有效弹性厚度的大小和变化比海沟北段 1～3 段明显得多。据张斌（2015），当大型孤立海山随板块相对运动向海沟移动时，周边板块的俯冲作用会减弱。从北向南，海沟中段遭受了不同程度的海山侵入，其中达顿（Dutton）洋脊位于海沟北部，而南部则存在着多个独立的海山，它们的规模各异。这些海山侵入海沟洋侧，能够有效地缓解海沟的俯冲，并提高板块的稳定性。因此，其表现出更高的有效弹性厚度。但在海沟中段剖面 7 处有效弹性厚度异常偏小，这可能是由于小规模海山侵入海沟轴所致，这些海山无法削弱海沟的俯冲作用，导致板块稳定性不佳，该区域的有效弹性厚度较小。海沟北段所选取的剖面呈现出典型的海底高原地貌，其海山分布相对较少且远离海沟轴部，板块俯冲作用较中段和南段更为强烈，有效弹性厚度的大小及变化均小于中段和南段。

（3）海沟南段

海沟挠曲 w_b 为230～270m，挠曲位置 x_0 为35～70km，有效弹性厚度Te为28～32km。南段有效弹性厚度较小，可能与海沟南段的热流和构造活动有关，这可能是由于该区域存在大规模的正断层作用、卡罗琳洋脊的俯冲作用以及卡罗琳热点的影响所致（Zhang et al.，2020）。相对于中段，海沟南段的海山规模较小，且距离海沟轴部的距离较远。在南段，卡罗琳的热点对热流值产生了显著的影响，导致热液活动异常强烈，同时俯冲板片也因热流软化而失去了抵抗挠曲变形的能力。Zhang 等（2014）研究表明在海沟轴向负荷下，弯曲板的上半部分将处于伸展状态，而下部板将受到压缩。计算地球动力学模型表明，由于正断层滑动引起岩石黏聚力和应变削弱，可以显著降低岩石圈板块的强度。同时正断层的滑动也会减弱岩石圈的强度，故而海沟南段表现为较小的有效弹性厚度（McAdoo and Martin，1984；Zhang et al.，2014）。

4 结论

马里亚纳海沟是西太平洋地区“沟—弧—盆”复杂结构系统的主要区域，是研究大洋俯冲的重要区域。马里亚纳海沟的构造、演化以及深部结构特征已有大量学者进行研究，但关于该海沟岩石圈板块挠曲方面的研究尤其是基于大地水准面起伏模拟海沟洋坡岩石圈的挠曲特征相对缺乏。

本文使用水深、地壳厚度和大地水准面数据，基于弹性薄板理论推导的大地水准面起伏公式，通过最小二乘法对马里亚纳海沟的大地水准面进行拟合，模拟了从北到南共12条剖面的挠曲特征和有效弹性厚度，并探讨了海沟各段之间的差异性特征。基于模拟结果，我们得出以下两点认识：

（1）马里亚纳海沟的挠曲位置在15～100km，挠曲幅度为120～270m，有效弹性厚度为20～50km，地层年龄为100～170Ma。其中，有效弹性厚度在海沟中段的最高，在北段和南段之间略微存在差异；

（2）海沟中段受大规模海山侵入作用，造成有效弹性厚度、挠曲幅度、挠曲位置及地层年龄发生显着改变；海沟南段有效弹性厚度很小，可能与大尺度正断层作用，卡罗琳（Caroline）洋脊俯冲作用和卡罗琳热点作用有关。

参考文献

陈美, 高金耀, 金翔龙, 张涛. 2004. 利用大地水准面起伏模拟琉球海沟洋坡岩石圈的挠曲. 海洋地质与第四纪地质, 4: 55-59

付永涛, 李继亮, 周辉, 王义天, 吴运高, 吴峻. 2000. 大陆岩石圈有效弹性厚度研究综述. 地质论评, 2: 149-159

彭祎辉, 赵俐红, 凌子龙, 李沐洁. 2022. 基于俯冲倾角的马里亚纳海沟挠曲模拟. 海洋地质前沿, 38: 23-32

张斌. 2015. 马里亚纳俯冲带分段性及其成因研究. 博士学位论文.青岛: 中国海洋大学

张江阳, 孙珍, 邱宁, 张云帆, 李付成. 2019. 基于粒子群算法的俯冲带三维有效弹性厚度反演. 地球物理学报, 62: 4738-4749

郑永飞, 赵子福, 陈伊翔. 2013. 大陆俯冲隧道过程:大陆碰撞过程中的板块界面相互作用. 科学通报, 58: 2233-2239

Bodine J H, Steckler M S, Watts A B. 1981. Observations of flexure and the rheology of the oceanic lithosphere. Journal of Geophysical Research: Solid Earth, 86: 3695-3707

Bodine J H, Watts A B. 1979. On lithospheric flexure seaward of the Bonin and Mariana trenches. Earth and Planetary Science Letters, 43: 132-148

Brudzinski M R, Thurber C H, Hacker B R, Engdahl E R. 2007. Global Prevalence of Double Benioff Zones. Science, 316: 5830

Calmant S, Cazenave A. 1987. Anomalous elastic thickness of the oceanic lithosphere in the south–central Pacific. Nature, 328: 236-238

McAdoo D C, Martin C F. 1984. Seasat observations of lithospheric flexure seaward of trenches. Journal of Geophysical Research: Solid Earth, 89: 3201-3210

Müller R D, Sdrolias M, Gaina C, Roest W R. 2008. Age, spreading rates, and spreading asymmetry of the world's ocean crust. Geochemistry, Geophysics, Geosystems, 9: 1525-2027

Rietbrock A. 2007. Listening to the Crackle of Subducting Oceanic Plates. Science, 316: 1472-1474

Walcott R I. 1970. Flexural rigidity, thickness, and viscosity of the lithosphere. Journal of Geophysical Research, 75: 119-141

Watts A B, Bodine J H, Steckler M S. 1980. Observations of flexure and the state of stress in the oceanic lithosphere. Journal of Geophysical Research: Solid Earth, 85: 6369-6376

Yang A, Fu Y. 2018. Estimates of effective elastic thickness at subduction zones. Journal of Geodynamics, 117: 75-87

Yoshiyuki T. 2005. The subduction factory: How it operates in the evolving Earth. GSA Today, 15: 4-10

Zhang F, Lin J, Zhan W. 2014. Variations in oceanic plate bending along the Mariana trench. Earth and Planetary Science Letters, 401: 206-214

Zhang F, Lin J, Zhou Z, Yang H, Zhan W. 2018. Intra- and intertrench variations in flexural bending of the Manila, Mariana and global trenches: implications on plate weakening in controlling trench dynamics. Geophysical Journal International, 212: 1429-1449

Zhang F, Lin J, Zhou Z. 2019. Intra-trench variations in flexural bending of the subducting Pacific Plate along the Tonga-Kermadec Trench. Acta Oceanologica Sinica, 38: 81-90

Zhang J, Xu M, Zhen S. 2020. Lithospheric flexural modelling of the seaward and trenchward of the subducting oceanic plates. International Geology Review, 62: 908-923

Zhang J, Sun Z, Xu M, Yang H, Zhang Y, Li F. 2018. Lithospheric 3-D flexural modelling of subducted oceanic plate with variable effective elastic thickness along the Manila Trench. Geophysical Journal International, 215: 2071-2092

北冰洋西部海域涡旋及亚中尺度结构的地震海洋学研究展望

宋海斌*，张锟，杨顺

海洋地质国家重点实验室，同济大学海洋与地球科学学院，上海 200092
*通讯作者：宋海斌，E-mail：hbsong@tongji.edu.cn

摘要 北冰洋西部海域发育了大量涡旋及亚中尺度结构，对北冰洋热盐和沉积物输运具有重要作用。由于亚中尺度结构时空尺度较小，传统的手段难以进行观测，限制了对这些动力过程的认识。地震海洋学是利用多道反射地震数据对海洋进行观测的新技术，具有高分辨率（约 10m 级）和快速采集的优势，可以同时对海洋内部和海底地层进行成像，是观测涡旋（特别是次表层涡旋）和亚中尺度结构的绝佳工具。通过地震海洋学方法，结合同步采集的流速、温度、声速等物理海洋学数据，对北冰洋西部海域水体精细结构进行观测，有望在涡旋及亚中尺度结构的研究方面取得新的突破。

关键词 地震海洋学，涡旋，亚中尺度结构，北冰洋

1 引言

海洋中存在着从大尺度环流、中尺度（mesoscale）过程、亚中尺度（submesoscale）结构到小尺度湍流混合的多尺度动力过程（Olbers et al.，2012；Mcwilliams，2016）。这些动力过程与海底多尺度地形地貌和全球气候变化之间存在着复杂的相互作用（杜岩等，2020；刘志宇等，2022；王东晓等，2022）。以中尺度涡旋为代表的中尺度过程在海洋中普遍存在，对海洋的热量、营养盐、溶解二氧化碳和沉积物等物质和能量的横向和垂向输运都起着重要作用，进而深刻影响了地球系统的变化（Zhang et al.，2014；李敏等，2014；McGillicuddy，2016）。亚中尺度结构是中尺度过程和小尺度湍流混合的中间状态，是两种尺度之间能量级联的重要通道，其非地转性及强烈的垂向运动为海洋垂向热量输运和物质交换提供了重要途径（Klein and Lapeyre，2009；Zhong et al.，2017；Su et al.，2018；张雨辰等，2020）。研究涡旋及亚中尺度结构，对我们理解全球海洋和气候变化过程具有重要的意义。

基金项目：国家自然科学基金项目（Nos. 42306063，42176061）

作者简介：宋海斌，教授，博士，主要从事海洋地球物理研究，E-mail：hbsong@tongji.edu.cn

2 涡旋与亚中尺度结构研究现状

按照垂向结构及核心所在深度， 中尺度涡旋可以分为表层涡旋（surface-intensified eddy）和次表层涡旋（subsurface-intensified eddy），分别指旋转速度最大核心出现在表层/上混合层和次表层（混合层以下）的中尺度涡旋（南峰等，2022）。由于卫星遥感、地转海洋学实时观测阵（arroy for real-time geostrophic oceanography，Argo）、漂流浮标等方法的快速发展和大量应用，一系列涡旋自动探测和涡旋三维结构合成的方法也逐渐发展起来（Yang et al.，2015；Zhang et al.，2017；董昌明等，2017；de Marez et al.，2019）。目前对全球（特别是部分热点海域）表层涡旋的空间统计特征、统计特征的时间变化、三维结构、运动学特征和物质能量输运等方面已经有了较为清楚的认识（Chelton et al.，2007；林鹏飞等，2007；Zhang et al.，2013，2014；郑全安等，2017；张永垂等，2020）。然而，卫星遥感对次表层的观测存在困难，次表层涡旋的发现依赖于现场实测，但现场资料的数量和横向分辨率均非常有限，仅有部分次表层涡旋在北冰洋（Manley and Hunkins，1985）、大西洋东部（Richardson et al.，2000）、印度洋（Nauw et al.，2006）、南海（Zhang et al.，2017）和菲律宾以东（Zhang et al.，2015，2019a）等海域被报道和研究。因此，由于观测的困难，目前对次表层涡旋的精细结构及其对海洋物质能量传输作用的认识仍然非常有限（南峰等，2022）。

亚中尺度结构主要以锋面、涡丝、亚中尺度涡旋等形式（图 1）广泛存在于中尺度涡旋的边缘（冀承振等，2017；郑瑞玺等，2018；Luo et al.，2020）和复杂地形区域（Zheng et al.，2008；Qiu et al.，2019）。亚中尺度结构的生成机制主要包括混合层斜压不稳定（Callies et al.，2015）、锋生机制（Capet et al.，2008；Gula et al.，2014；Zheng and Jing，2022）、锋生调控下的混合层不稳定机制（Zhang et al.，2020）、流与地形相互作用（Gula et al.，2016，2019）以及高频、高波数过程（Cao and Jing，2020）等。高分辨率数值模拟和表层观测资料表明，上混合层的亚中尺度过程具有冬强夏弱的季节变化特征，与混合层厚度变化引起的混合层不稳定和中尺度涡的拉伸引起的锋生作用密切相关（Dong and Zhong，2018；Dong et al.，2020；Luo et al.，2020；王芮芮和孙忠斌，2022）。然而，亚中尺度结构的时空范围都很小（水平尺度约几百米到几十公里，时间尺度约几小时到几天），对亚中尺度结构的观测十分困难（王东晓等，2022）。目前对亚中尺度结构的研究主要依赖于理论分析和数值模拟方法，观测方面主要使用卫星遥感（Zheng et al.，2008；Yu et al.，2018；Zhang et al.，2019b）、锚系阵列（Zhang et al.，2022a）和高分辨率水文断面（Zhong et al.，2017；Gula et al.，2019）等手段。同样地，由于卫星遥感对海洋内部的亚中尺度结构难以直接观测（南峰等，2022），现场的水文观测成本较高，常常局限于较小的地理范围和较浅的深度（Dickinson and Gunn，2022；王东晓等，2022），目前对亚中尺度结构垂向结构特征、时空变化过程及其对能量传递和海洋混合的影响认识非常有限。因此，观测的困难同样影响了亚中尺度结构研究的进一步深入。

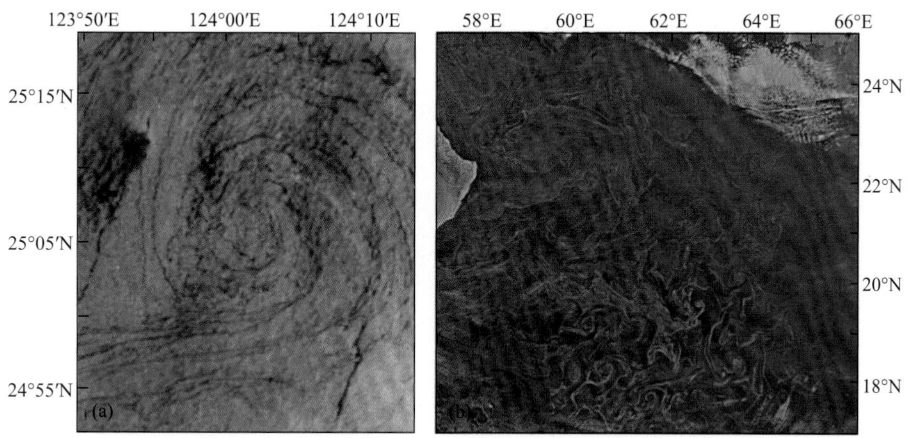

图 1 (a)中国东海 2008 年 7 月 11 日 01:48(UTC 时间)Envisat 号卫星合成孔径雷达(SAR)图像上的亚中尺度涡(Ji et al., 2021);(b)阿拉伯海北部 2015 年 2 月 14 日 9:23(UTC 时间)Aqua 号卫星中分辨率成像光谱仪(MODIS)图像上的涡丝(https://oceancolor.gsfc.nasa.gov/gallery/feature/images/A2015045092000. ArabianSea.jpg)

3 地震海洋学

地震海洋学是使用反射地震学方法对海洋精细结构进行观测的新方法。该方法通过主动源的地震波(在海水中即为声波)对水体波阻抗(密度乘以声波速度,主要受温度控制)差异、反射率进行成像[图 2(a)],具有空间分辨率高(约 10m 级)和采集速度快(探测 10km 断面约需 1 小时)的优势,是研究海洋中尺度和亚中尺度结构的绝佳工具(Song et al., 2021a)。自 Holbrook 等(2003)在地震海洋学方面开创性的工作发表以来,地震海洋学迅速发展,广泛应用于涡旋(Pinheiro et al., 2010; Tang et al., 2014; Yang et al., 2022)、锋面(Gunn et al., 2020, 2021)、内孤立波(拜阳等, 2015a; Bai et al., 2017; Tang et al., 2018; Fan et al., 2021; Song et al., 2021b)、温盐阶梯(Biescas et al., 2010; Buffett et al., 2017)等海洋学现象的研究。另外,一些定量化的工作如基于地震数据的温度、盐度、声速、密度等海水物性参数反演(Papenberg et al., 2010; 陈江欣等, 2013; Xiao et al., 2021)、流速估算(Sheen et al., 2011; 黄兴辉等, 2013; Tang et al., 2014)、海洋混合参数估算(Sheen et al., 2009; 拜阳等, 2015b; Dickinson et al., 2017; Gong et al., 2021)、海水物性与地震反射关系研究(Ruddick et al., 2009; 董崇志等, 2013; Biescas et al., 2014)等方面也获得了大量进展。

在涡旋及亚中尺度结构的研究方面,地震海洋学已经取得了大量成果。包括:①在涡旋和亚中尺度结构的识别和空间结构特征方面,研究者利用地震海洋学剖面,同时结合漂流计、浮标、卫星海表高度、海表温度、海表地转流速、声学多普勒流速剖面仪(acoustic Doppler current profiler, ADCP)、数值模式再分析数据等多种数据,识别出大量涡旋,这些涡旋在地震剖面上主要呈透镜状、碗状、同心圆状等反射结构,涡旋核心内部往往为弱反射或近空白反射,而核心边界处则为较强的连续反射,涡旋核心往往对应流速断面上一对相反的流速极值区(图 2)和 Okubo-Weiss 参数的负值(Pinheiro et al.,

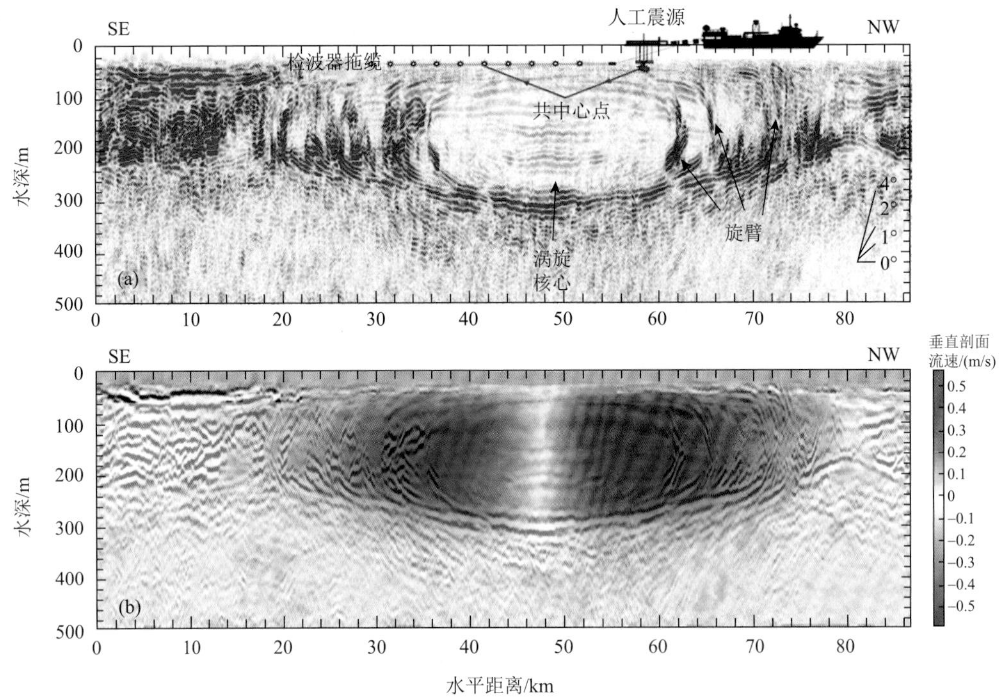

图 2 （a）北冰洋西部海域一处中尺度反气旋涡旋及其旋臂结构的地震海洋学剖面；（b）与地震海洋学剖面同步测量的流速断面图，速度值表示流速垂直穿过地震剖面的分量，红色表示垂直剖面向外，蓝色表示垂直剖面向内（据 Yang 等，2022，修改）

2010；Tang et al.，2014；Gorman et al.，2018；杨顺等，2021；Zhang et al.，2022b）。亚中尺度锋面和细丝等结构往往在涡旋的边缘区域被识别，有时也被称作涡旋的“旋臂”，在地震剖面上表现为条带状、叠瓦状、铲状等相间分布的强振幅反射（图 2；Song et al.，2011；Tang et al.，2020；Yang et al.，2022；Zhang et al.，2022b）。亚中尺度相干涡（Submesoscale Coherent Vortices，SCVs）则以透镜状反射为特征，分布于水体的次表层，与锋面不稳定和流-地形相互作用等因素有关（Gula et al.，2019；Gunn et al.，2020，2021；杨顺等，2021）。一些学者还基于地震剖面计算了涡旋及亚中尺度结构的相关空间结构参数，如涡旋的直径、厚度、涡旋核心所在水深以及锋面的倾角等，并分析了各个参数的统计特征和可能的影响因素（Gorman et al.，2018；Yang et al.，2022；Zhang et al.，2022b）。②涡旋和亚中尺度结构的精细水文特征反演方面，大量学者基于线性迭代反演、叠前全波形反演、地质统计学反演、马尔科夫链-蒙特卡洛反演、叠后波阻抗反演等方法，结合抛弃式温深仪数据（expendable bathythermograph，XBT）和温盐深测量仪（conductivity-temperature-depth system，CTD）测量的温盐数据，反演得到涡旋及其边界处精细的温盐分布，发现涡旋核心处海水的温度、盐度和密度等物理性质比较稳定，成层性较强，而边界区域表现出地震反射同相轴中断以及温度和盐度的快速水平变化（Papenberg et al.，2010；陈江欣等，2013；Dagnino et al.，2016；Xiao et al.，2021）。③涡旋及亚中尺度结构海洋混合参数、垂向热通量和流速估算方面，拜阳等（2015b）通过地震海洋学数据，估算了地中海涡旋的海洋混合参数，发现地中海涡旋所引起的湍流

混合率可达 $10^{-3.44}m^2/s$，比大洋的统计结果高出 1.5 个数量级，且地中海涡旋下边界处的混合率要强于上边界；Tang 等（2020）利用地震海洋学数据，在阿拉斯加湾北部一个涡旋边缘发现了锋面和涡丝这两种亚中尺度结构，并通过混合参数的估算，发现跨等密度面扩散率从涡旋中心向周围水体呈递增趋势，以普遍的亚中尺度结构为过渡动力。Gunn 等（2021）通过利用反射地震估算的湍流耗散率进一步估计了由于巴西-福克兰汇合处锋面的垂向混合而产生的垂直热通量，显示了锋面和亚中尺度结构在海洋混合和海洋热量输送方面的重要作用。此外，也有一些学者利用地震数据对海洋内部结构的地转流速进行了估算（Sheen et al.，2009；黄兴辉等，2013；Tang et al.，2014），以研究这些结构的运动学特征。

此外，Song 等（2021b）还提出了利用共偏移距道集叠前偏移剖面分析海水运动学过程的新思路，即从多道地震数据中抽取共偏移距道集，再对共偏移距道集进行偏移、去噪、增益等处理，得到共偏移距叠前偏移剖面图集，该图集可以被近似地当作海水内部结构不同时刻的快照集，进而可以通过研究剖面中同相轴的变化，揭示海水温盐细结构的变化过程。目前，该方法已被应用于南海和中美洲太平洋海域内孤立波细结构的研究（Fan et al.，2021；Song et al.，2021b），清晰地给出了内孤立波细结构随时间的演化特征，为研究涡旋和亚中尺度结构的动力学特征提供了新的技术手段。

然而，同步观测资料的缺乏在一定程度上影响了地震海洋学的进一步发展（Gorman et al.，2018；Dickinson and Gunn，2022）。前人主要使用由 XBT、CTD 和卫星遥感数据中获取的温度、盐度和地转流速等数据与地震海洋学数据进行联合分析（Papenberg et al.，2010；Gorman et al.，2018；宋海斌等，2018；Fan et al.，2021；Xiao et al.，2021），仅有少量学者使用 ADCP 流速数据对地震海洋学研究结果进行佐证（Nakamura et al.，2006；Klaeschen et al.，2009；Gunn et al.，2018；Yang et al.，2022；Zhang et al.，2022b）。流速资料对于涡旋和亚中尺度结构的识别和动力学特征分析具有重要的价值（Krishfield et al.，2002；史久新等，2008；Zhang et al.，2022a），将地震海洋学数据与同步测量的流速数据进行联合分析，有助于深化对涡旋和亚中尺度结构的认识。

4 北冰洋西部海域研究展望

北冰洋西部海域是太平洋水和大西洋水交汇的十字路口，发育了波福特环流（Armitage et al.，2020）、陆坡流（Corlett and Pickart，2017；Leng et al.，2021）、中尺度涡旋（史久新等，2008；Zhao et al.，2014；Zhang et al.，2022b）、亚中尺度涡旋（D'Asaro，1988；Zhang et al.，2019b）、内波（Rainville and Woodgate，2009；Kawaguchi et al.，2016）等复杂的多尺度海洋动力过程，同时发育了深海盆、海底峡谷、海脊、麻坑、沉积物波、冰川冲刷等复杂的多尺度海底地形地貌（图 3，图 4；Astakhov et al.，2014；Mosher and Boggild，2021；Shen et al.，2021）。前人研究发现，北冰洋西部海域的涡旋主要分布在盐跃层内（Spall et al.，2008；Zhao and Timmermans，2015），大多属于次表层涡旋，涡旋核心部分的直径 15km 左右，视厚度 150m 左右，以反气旋性中尺度涡旋为主（Spall et al.，2008；Zhao et al.，2014；Zhao and Timmermans，2015；Zhang et al.，

2022b），但也发育了一些亚中尺度相干涡（D’Asaro，1988）。这些次表层涡旋主要由锋面不稳定（Muench et al.，2000）、陆架坡折射流的不稳定（Manley and Hunkins，1985；Spall et al.，2008）和流与地形相互作用（D’Asaro，1988）等机制形成，其核心水大部分为太平洋水。前人的研究表明，中尺度涡旋及亚中尺度结构在北冰洋西部海域跨陆架-深海盆的热量、盐分、生物和沉积物输运方面具有重要的作用，其演化和传播影响了区域地形地貌和气候变化（Kadko et al.，2008；O’Brien et al.，2013；Watanabe et al.，2014，2022；Zhang et al.，2022b）。

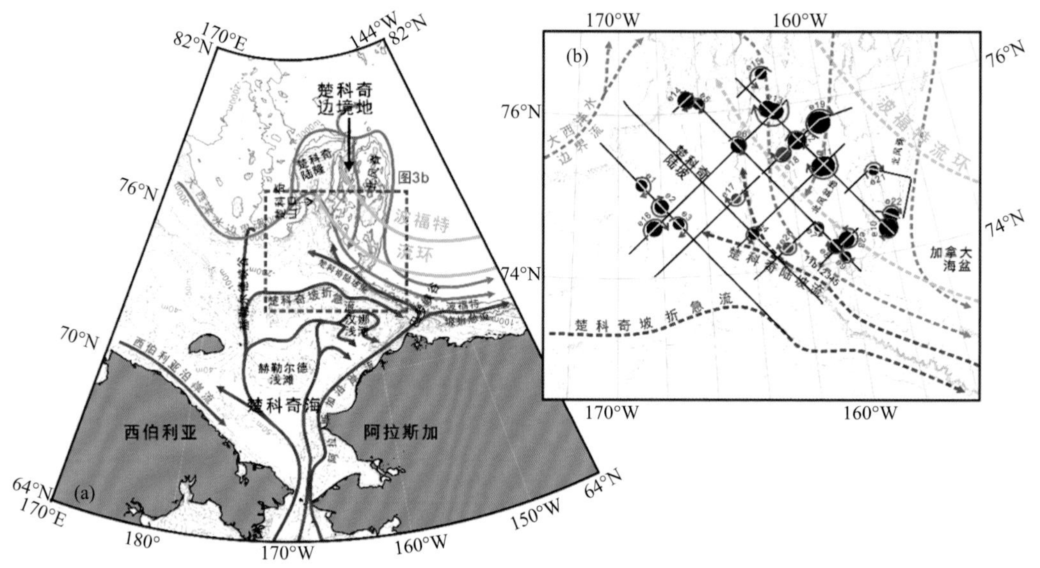

图 3　（a）北冰洋西部海域海底地形与主要洋流示意图，红线虚线框指示图 b 位置；（b）根据地震海洋学剖面在北冰洋西部海域发现的涡旋分布，黑色实线表示地震测线位置，黑色圆圈指示涡旋核心所在位置，红色表示暖涡，蓝色表示冷涡，红色箭头指示涡旋的旋转方向（据 Zhang et al.，2022b，修改）

前人主要通过船载或漂流计平台水文调查（Manley 和 Hunkins，1985；Muench et al.，2000；Kawaguchi et al.，2012；Nishino et al.，2018；Scott et al.，2019）、泊系海冰剖面仪（ice-tethered profiler；Timmermans et al.，2008；Zhao et al.，2014）、冰站（史久新等，2008）、锚系（Spall et al.，2008）和卫星遥感（Kozlov et al.，2019；Kubryakov et al.，2021；Cassianides et al.，2021）等手段对北冰洋西部海域的中尺度涡旋及亚中尺度结构进行研究。如前文所述，这些观测手段时空分辨率较低，导致对北冰洋西部海域涡旋（特别是次表层涡旋）和亚中尺度结构的精细空间结构特征缺乏清晰的认识，进而限制了对北冰洋气候和环境演化的认识。Yang 等（2022）和 Zhang 等（2022b）使用地震海洋学方法，结合同步测量的船载 ADCP 流速数据，在北冰洋西部海域发现了大量涡旋及亚中尺度结构，给出了涡旋及其旋臂结构的高分辨率图像（图 2，图 3），为北冰洋涡旋及亚中尺度结构的观测提供了新的选项。

因此，利用地震海洋学方法，结合同步采集的流速、温度、声速等物理海洋学数据，对北冰洋西部海域水体精细结构进行观测，有望在涡旋及亚中尺度结构的研究方面取得新的突破，并为北冰洋气候和环境变化机制提供新的认识。

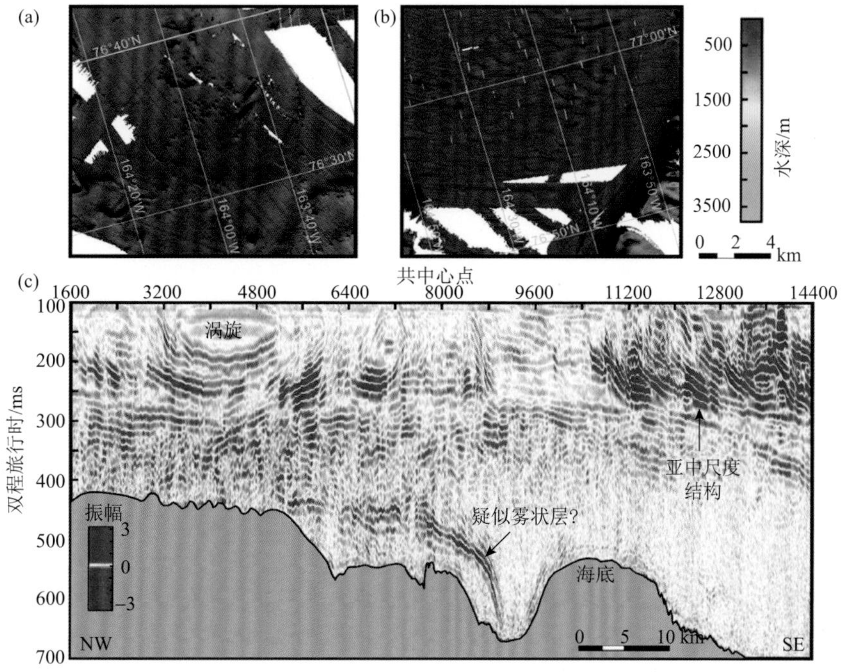

图 4 （a）北冰洋西部海域发育的麻坑地貌；（b）北冰洋西部海域发育的疑似沙波；（c）北冰洋西部海域一处地震海洋学剖面指示的涡旋、亚中尺度结构及疑似雾状层等海洋动力学过程

未来拟通过同步采集的多道地震数据和水文数据（特别是流速数据），结合卫星遥感数据、历史水文数据、高分辨率地形数据和数值模式数据，开展以下工作：①对北冰洋西部海域涡旋及亚中尺度结构进行系统的地震海洋学研究，分析涡旋及亚中尺度结构的空间结构特征；②通过共偏移距道集叠前偏移技术、海水物性参数反演、流速、混合率和热通量估算，分析涡旋和亚中尺度结构能量传递过程和相互作用关系，并从地球系统科学的角度揭示涡旋和亚中尺度结构对北冰洋西部地貌和环境演化的影响。

致谢 谨以此文恭贺金院士 90 寿辰，致敬金院士在海洋地球物理与海底科学领域的重大贡献。

参考文献

拜阳, 宋海斌, 董崇志, 刘伯然, 陈江欣, 耿明会. 2015b. 地震海洋学方法在海洋混合参数提取中的研究与应用——以南海内波和地中海涡旋为例. 地球物理学报, 58: 2473-2485

拜阳, 宋海斌, 关永贤, 杨胜雄, 刘伯然, 陈江欣, 耿明会. 2015a. 利用地震海洋学方法研究南海东北部东沙海域内孤立波的结构特征. 科学通报, 60: 944-951

陈江欣, 宋海斌, 拜阳, Pinheiro L, 黄兴辉, 刘伯然. 2013. 地中海涡旋的垂向结构与物理性质. 地球物理学报, 56: 943-952

董昌明, 蒋星亮, 徐广珺, 季巾淋, 林夏艳, 孙文金, 王森. 2017. 海洋涡旋自动探测几何方法、 涡旋数据库及其应用. 海洋科学进展, 35: 439-453

董崇志, 宋海斌, 王东晓, 黄兴辉, 拜阳. 2013. 海水物性对地震反射系数的相对贡献. 地球物理学报, 56: 2123-2132

杜岩, 陈举, 经志友, 王祥鹏, 陈更新, 徐驰, 储小青, 陈植武, 徐杰, 施震, 唐世林,何云开, 梁韵, 施平. 2020. 南海开放共享航次关键科学问题的思考——从多尺度海洋动力学角度出发. 热带海洋学报, 39: 1-17

黄兴辉, 宋海斌, 拜阳, 刘伯然, 陈江欣. 2013. 利用地震海洋学方法估算南海中尺度涡的地转流速. 地球物理学报, 56: 181-187

冀承振, 叶瑞杰, 董济海, 张志伟, 田纪伟. 2017. 南海中尺度涡边缘亚中尺度过程模式 研究 . 中国海洋大学学报(自然科学版), 47: 1-6

李敏, 谢玲玲, 杨庆轩, 田纪伟. 2014. 湾流区涡旋对海洋垂向混合的影响. 中国科学:地球科学, 44: 744-752

林鹏飞, 王凡, 陈永利, 唐晓晖. 2007. 南海中尺度涡的时空变化规律Ⅰ. 统计特征分析. 海洋学报, 29: 14-22

刘志宇, 白晓林, 马家骏. 2022. 南海北部陆架区内波的演变与耗散机制. 海洋科学进展, 40: 791-799

南峰, 于非, 徐安琪, 丁雅楠. 2022. 西北太平洋次表层中尺度涡研究进展和展望.地球科学进展, 37: 1115-1126

史久新, 赵进平, 矫玉田, 曹勇. 2008. 北极加拿大海盆中一个次表层涡旋的结构研究. 极地研究, 20: 1-13

宋海斌, 陈江欣, 赵庆献,关永贤. 2018. 南海东北部地震海洋学联合调查与反演.地球物理学报, 61: 3760-3769

王东晓, 邱春华, 舒业强, 王强, 俎婷婷, 梁长荣, 李明婷, 张志鹏, 张小波. 2022.南海环流多尺度动力过程演变特征与机制研究进展. 海洋科学进展, 40: 605-623

王芮芮, 孙忠斌. 2022. 海洋亚中尺度非地转运动的季节变化及对地转能量串级的影响研究. 中国海洋大学学报(自然科学版), 52: 14-21

杨顺, 宋海斌, 范文豪, 吴迪. 2021. 中美洲鹦鹉湾气旋涡的亚中尺度结构特征.地球物理学报, 64: 1328-1340

张永垂, 王宁, 周林, 刘科峰, 汪浩笛. 2020. 海洋中尺度涡旋表面特征和三维结构研究进展. 地球科学进展, 35: 568-580

张雨辰, 张新城, 张金超, 孙忠斌, 张志伟. 2020. 南海亚中尺度过程的时空特征与垂向热量输运研究. 中国海洋大学学报(自然科学版), 50: 1-11

郑全安, 谢玲玲, 郑志文, 胡建宇. 2017. 南海中尺度涡研究进展. 海洋科学进展, 35: 131-158

郑瑞玺, 经志友, 罗士浩. 2018. 南海北部反气旋涡旋边缘的次中尺度动力过程分析. 热带海洋学报, 37: 19-25

Armitage T W K, Manucharyan G E, Petty A A, Kwok, Thompson A F. 2020. Enhanced eddy activity in the Beaufort Gyre in response to sea ice loss. Nature Communications, 11: 761

Astakhov A S, Markevich V S, Kolesnik A N, Wang R, Kononov V V, Obrezkova M S, Bosin A A. 2014. Possible conditions and the formation time of the Chukchi Plateau pockmarks. Oceanology, 54: 624-636

Bai Y, Song H, Guan Y, Yang S. 2017. Estimating depth of polarity conversion of shoaling internal solitary waves in the northeastern South China Sea. Continental Shelf Research, 143: 9-17

Biescas B, Armi L, Sallarès V, Gràcia E. 2010. Seismic imaging of staircase layers below the Mediterranean Undercurrent. Deep-Sea Res Part I-Oceanography Research Papers, 57: 1345-1353

Biescas B, Ruddick B R, Nedimovic M R, Sallarès V, Bornstein G, Mojica J F. 2014. Recovery of temperature, salinity, and potential density from ocean reflectivity. Journal of Geophysical Research-Oceans, 119: 3171-3184

Buffett G G, Krahmann G, Klaeschen D, Schroeder K, Sallares V, Papenberg C, Ranero C R, Zitellini N. 2017. Seismic Oceanography in the Tyrrhenian Sea: thermohaline staircases, eddies, and internal waves. Journal of Geophysical Research-Oceans, 122: 8503-8523

Callies J, Flierl G, Ferrari R, Fox-Kemper B. 2015. The role of mixed-layer instabilities in submesoscale turbulence. Journal of Fluid Mechanics, 788: 5-41

Cao H, Jing Z. 2022. Submesoscale ageostrophic motions within and below the mixed layer of the Northwestern Pacific Ocean. Journal of Geophysical Research-Oceans, 127: e2021JC017812

Capet X, McWilliams J C, Molemaker M J, Shchepetkin A F. 2008. Mesoscale to submesoscale transition in the California Current System. Part II: Frontal processes. Journal of Physical Oceanography, 38: 44-64

Cassianides A, Lique C, Korosov A. 2021. Ocean eddy signature on SAR-derived sea ice drift and vorticity. Geophysical Research Letters, 48: e2020GL092066

Chelton D B, Schlax M G, Samelson R M, de Szoeke R A. 2007. Global observations of large oceanic eddies. Geophysical Research Letters, 34: L15606

Corlett W B, Pickart R S. 2017. The Chukchi slope current. Progress in Oceanography, 153: 50-65

D'Asaro E A. 1988. Generation of submesoscale vortices: A new mechanism. Journal of Geophysical Research, 93: 6685-6693

Dagnino D, Sallarès V, Biescas B, Ranero C R. 2016. Fine-scale thermohaline ocean structure retrieved with 2-D prestack full-waveform inversion of multichannel seismic data: Application to the Gulf of Cadiz (SW Iberia). Journal of Geophysical Research-Oceans, 121: 5452-5469

de Marez C, L'Hégaret P, Morvan M, Carton X. 2019. On the 3D structure of eddies in the Arabian Sea. Deep-Sea Res Part I-Oceanography Research Papers, 150: 103057

Dickinson A, Gunn K L. 2022. The next decade of seismic oceanography: possibilities, challenges and solutions. Frontiers in Marine Science, 9: 736693

Dickinson A, White N J, Caulfield C P. 2017. Spatial variation of diapycnal diffusivity estimated from seismic imaging of internal wave field, Gulf of Mexico. Journal of Geophysical Research-Oceans, 122: 9827-9854

Dong J, Fox-Kemper B, Zhang H, Dong C. 2020. The seasonality of submesoscale energy production, content, and cascade. Geophysical Research Letters, 47: e2020GL087388

Dong J, Zhong Y. 2018. The spatiotemporal features of submesoscale processes in the northeastern South China Sea. Acta Oceanology Sinica, 37: 8-18

Fan W, Song H, Gong Y, Sun S, Zhang K, Wu D, Kuang Y, Yang S. 2021. The shoaling mode-2 internal solitary waves in the Pacific coast of Central America investigated by marine seismic survey data. Continental Shelf Research, 212: 104318

Gong Y, Song H, Zhao Z, Guan Y, Zhang K, Kuang Y, Fan W. 2021. Enhanced diapycnal mixing with polarity-reversing internal solitary waves revealed by seismic reflection data. Nonlinear Process in Geophysics, 28: 445-465

Gorman A R, Smillie M W, Cooper J K, Bowman M H, Vennell R, Holbrook W S, Frew R. 2018. Seismic characterization of oceanic water masses, water mass boundaries, and mesoscale eddies SE of New Zealand. Journal of Geophysical Research-Oceans, 123: 1519-1532

Gula J, Blacic T M, Todd R E. 2019. Submesoscale coherent vortices in the Gulf Stream. Geophysical Research Letters, 46: 2704-2714

Gula J, Molemaker M J, McWilliams J C. 2014. Submesoscale cold filaments in the Gulf Stream. Journal of Physical Oceanography, 44: 2617-2643

Gula J, Molemaker M J, McWilliams J C. 2016. Topographic generation of submesoscale centrifugal instability and energy dissipation. Nature Communication, 7: 12811

Gunn K L, Dickinson A, White N J, Caulfield C P. 2021. Vertical mixing and heat fluxes conditioned by a seismically imaged oceanic front. Frontiers in Marine Science, 8: 697179

Gunn K L, White N, Caulfield C P. 2020. Time-lapse seismic imaging of oceanic fronts and transient lenses within south Atlantic Ocean. J Geophys Res-Oceans, 125: e2020JC016293

Gunn K L, White N J, Larter R D, Caulfield C P. 2018. Calibrated seismic imaging of eddy-dominated warm-water transport across the Bellingshausen Sea, Southern Ocean. Journal of Geophysical Research -Oceans, 123: 3072-3099

Holbrook W S, Paramo P, Pearse S, Schmitt R W. 2003. Thermohaline fine structure in an oceanographic front from seismic reflection profiling. Science, 301: 821-824

Ji Y, Xu G, Dong C, Yang J, Xia C. 2021. Submesoscale eddies in the East China Sea detected from SAR images. Acta Oceanology Sinica, 40: 18-26.

Kadko D, Pickart R S, Mathis J. 2008. Age characteristics of a shelf-break eddy in the western Arctic and implications for shelf-basin exchange. Journal of Geophysical Research, 113: C02018

Kawaguchi Y, Itoh M, Nishino S. 2012. Detailed survey of a large baroclinic eddy with extremely high temperatures in the Western Canada Basin. Deep-Sea Res Part I-Oceanography Research Papers, 66: 90-102

Kawaguchi Y, Nishino S, Inoue J, Maeno K, Takeda H, Oshima K. 2016. Enhanced diapycnal mixing due to near-inertial internal waves propagating through an anticyclonic eddy in the ice-free Chukchi Plateau. Journal of Physical Oceanography, 46: 2457-2481

Klaeschen D, Hobbs R W, Krahmann G, Papenberg C, Vsemirnova E. 2009. Estimating movement of reflectors in the water column using seismic oceanography. Geophysical Research Letters, 36: L00D03

Klein P, Lapeyre G. 2009. The oceanic vertical pump induced by mesoscale and submesoscale turbulence. Annual Review of Marine Science, 1: 351-375

Kozlov I E, Artamonova A V, Manucharyan G E, Kubryakov A A. 2019. Eddies in the Western Arctic Ocean from spaceborne SAR observations over open ocean and marginal ice zones. Journal of Geophysical Research-Oceans, 124: 6601-6616

Krishfield R, Plueddemann A J, Honjo S. 2002. Eddys in the Arctic Ocean from IOEB ADCP data. Technical Report.

Kubryakov A A, Kozlov I E, Manucharyan G E. 2021. Large mesoscale eddies in the western Arctic Ocean from satellite altimetry measurements. Journal of Geophysical Research-Oceans, 126: e2020JC016670

Leng H, Spall M A, Pickart R S, Lin P, Bai X. 2021. Origin and fate of the Chukchi Slope Current using a numerical model and in-situ data. Journal of Geophysical Research-Oceans, 126: e2021JC017291

Luo S, Jing Z, Qi Y. 2020. Submesoscale flows associated with convergent strain in an anticyclonic eddy of the Kuroshio Extension: A high-resolution numerical study. Ocean Science Journal, 55: 249-264

Manley T O, Hunkins K. 1985. Mesoscale eddies of the Arctic Ocean. Journal of Geophysical Research, 90: 4911-4930

McGillicuddy Jr D J. 2016. Mechanisms of physical-biological-biogeochemical interaction at the oceanic mesoscale. Annual Review of Marine Science, 8: 125-159

McWilliams J C. 2016. Submesoscale currents in the ocean. Proc R Soc A-Math Phys Eng Sci, 472, 20160117

Mosher D C, Boggild K. 2021. Impact of bottom currents on deep water sedimentary processes of Canada Basin, Arctic Ocean. Earch and Planetary Science Letters, 569:117067

Muench R D, Gunn J T, Whitledge T E, Schlosser P, Smethie W. 2000. An Arctic Ocean cold core eddy. Journal of Geophysical Research-Oceans, 105: 23997-24006

Nakamura Y, Noguchi T, Tsuji T, Itoh S, Niino H, Matsuoka T. 2006. Simultaneous seismic reflection and physical oceanographic observations of oceanic fine structure in the Kuroshio extension front. Geophysical Research Letters, 33: L23605

Nauw J J, van Aken H M, Lutjeharms J R E, de Ruijter W P M. 2006. Intrathermocline eddies in the Southern Indian Ocean. Journal of Geophysical Research, 111: C03006

Nishino S, Kawaguchi Y, Fujiwara A, Shiozaki T, Aoyama M, Harada N, Kikuchi T. 2018. Biogeochemical anatomy of a cyclonic warm-core eddy in the Arctic Ocean. Geophysical Research Letters, 45:

11284-11292

O'Brien M C, Melling H, Pedersen T F, Macdonald R W. 2013. The role of eddies on particle flux in the Canada Basin of the Arctic Ocean. Deep-Sea Res Part I-Oceanography Research Papers, 71: 1-20

Olbers D, Willebrand J, Eden C. 2012. Ocean Dynamic: Springer Science and Business Media.

Papenberg C, Klaeschen D, Krahmann G, Hobbs R W. 2010. Ocean temperature and salinity inverted from combined hydrographic and seismic data. Geophysical Research Letters, 37: L04601

Pinheiro L M, Song H, Ruddick B, Dubert J, Ambar I, Mustafa K, Bezerra R. 2010. Detailed 2-D imaging of the Mediterranean outflow and meddies off W Iberia from multichannel seismic data. Journal of Marine Systems, 79: 89-100

Qiu C, Mao H, Liu H, Xie Q, Yu J, Su D, Ouyang J, Lian S. 2019. Deformation of a warm eddy in the northern South China Sea. Journal of Geophysical Research-Oceans, 124: 5551-5564

Rainville L, Woodgate R A. 2009. Observations of internal wave generation in the seasonally ice-free Arctic. Geophysical Research Letters, 36: L23604

Richardson P L, Bower A S, Zenk W. 2000. A census of Meddies tracked by floats. Progress in Oceanography, 45: 209-250

Ruddick B R, Song H, Dong C, Pinheiro L M. 2009. Water column seismic images as maps of temperature gradient. Oceanography, 22: 192-205

Scott R M, Pickart R S, Lin P, Münchow A, Li M, Stockwell D A, Brearley J A. 2019. Three-dimensional structure of a cold-core arctic eddy interacting with the Chukchi Slope Current. Journal of Geophysical Research-Oceans, 124: 8375-8391

Sheen K L, White N, Caulfield C P, Hobbs R W. 2011. Estimating geostrophic shear from seismic images of oceanic structure. Journal of Atmosphere and Ocean Technology, 28: 1149-1154

Sheen K L, White N J, Hobbs R W. 2009. Estimating mixing rates from seismic images of oceanic structure. Geophysical Research Letters, 36: L00D04

Shen Z, Zhang T, Gao J, Yang C, Guan Q. 2021. Glacial bedforms in the Northwind Abyssal Plain, Chukchi Borderland. Acta Oceanology Sinica, 40: 114-119

Song H, Chen J, Pinheiro L M, Ruddick B, Fan W, Gong Y, Zhang K. 2021a. Progress and prospects of seismic oceanography. Deep-Sea Res Part I-Oceanography Research Papers, 177: 103631

Song H, Gong Y, Yang S, Guan Y. 2021b. Observations of internal structure changes in shoaling internal solitary waves based on seismic oceanography method. Frontiers in Marine Science, 8: 733959

Song H, Pinheiro L M, Ruddick B, Teixeira F C. 2011. Meddy, spiral arms, and mixing mechanisms viewed by seismic imaging in the Tagus Abyssal Plain (SW Iberia). Journal of Marine Research, 69: 827-842

Spall M A, Pickart R S, Fratantoni P S, Plueddemann A J. 2008. Western Arctic shelfbreak eddies: formation and transport. Journal of Physical Oceanography, 38: 1644-1668

Su Z, Wang J, Klein P, Thompson A F, Menemenlis D. 2018. Ocean submesoscales as a key component of the global heat budget. Nature Communication, 9: 775

Tang Q, Gulick S P S, Sun J, Sun L, Jing Z. 2020. Submesoscale features and turbulent mixing of an oblique anticyclonic eddy in the Gulf of Alaska investigated by marine seismic survey data. Journal of Geophysical Research, 125: e2019JC015393

Tang Q, Xu M, Zheng C, Xu X, Xu J. 2018. A locally generated high-mode nonlinear internal wave detected on the shelf of the northern south china sea from marine seismic observations. Journal of Geophysical Research-Oceans, 123: 1142-1155

Tang Q S, Gulick S P S, Sun L T. 2014. Seismic observations from a Yakutat eddy in the northern Gulf of Alaska. Journal of Geophysical Research-Oceans, 119: 3535-3547

Timmermans M L, Toole J, Toole J, Krishfield R, Plueddemann A. 2008. Eddies in the Canada Basin, Arctic

Ocean, observed from ice-tethered profilers. Journal of Physical Oceanography, 38: 133-145

Watanabe E, Onodera J, Harada N, Honda M C, Kimoto K, Kikuchi T, Nishino S, Matsuno K, Yamaguchi A, Ishida A, Kishi M J. 2014. Corrigendum: Enhanced role of eddies in the Arctic marine biological pump. Nature Communication, 5: 3950

Watanabe E, Onodera J, Itoh M, Mizobata K. 2022. Transport processes of seafloor sediment from the Chukchi Shelf to the western Arctic Basin. Journal of Geophysical Research-Oceans, 127: e2021JC017958

Xiao W, Sheen K L, Tang Q, Shutler J, Hobbs R, Ehmen T. 2021. Temperature and salinity inverted for a Mediterranean Eddy captured with seismic data, using a spatially iterative Markov Chain Monte Carlo approach. Frontiers in Marine Science, 8: 734125

Yang G, Yu W, Yuan Y, Zhao X, Wang F, Chen G, Liu L, Duan Y. 2015. Characteristics, vertical structures, and heat/salt transports of mesoscale eddies in the southeastern tropical Indian Ocean. Journal of Geophysical Research-Oceans, 120: 6733-6750

Yang S, Song H, Coakley B, Zhang K, Fan W. 2022. A mesoscale eddy with submesoscale spiral bands observed from seismic reflection sections in the Northwind Basin, Arctic Ocean. Journal of Geophysical Research-Oceans, 127: e2021JC017984

Yu J, Zheng Q, Jing Z, Qi Y, Zhang S, Xie L. 2018. Satellite observations of sub-mesoscale vortex trains in the western boundary of the South China Sea. Journal of Marine Systems, 183: 56-62

Zhang K, Song H, Coakley B, Yang S, Fan W. 2022b. Investigating eddies from coincident seismic and hydrographic measurements in the Chukchi Borderlands, the western Arctic Ocean. Journal of Geophysical Research-Oceans, 127: e2022JC018453

Zhang X, Dai H, Zhao J, Yin H. 2019b. Generation mechanism of an observed submesoscale eddy in the Chukchi Sea. Deep-Sea Res Part I-Oceanography Research Papers, 148: 80-87

Zhang X, Zhang Z, McWilliams J C, Sun Z, Zhao W, Tian J. 2022a. Submesoscale coherent vortices observed in the northeastern South China Sea. Journal of Geophysical Research-Oceans, 127: e2021JC018117

Zhang Z, Li P, Xu L, Li C, Zhao W, Tian J, Qu T. 2015. Subthermocline eddies observed by rapid-sampling Argo floats in the subtropical northwestern Pacific Ocean in Spring 2014. Geophysical Research Letters, 42: 6438-6445

Zhang Z, Liu Z, Richards K, Shang G, Zhao W, Tian J, Huang X, Zhou C. 2019a. Elevated diapycnal mixing by a subthermocline eddy in the Western Equatorial Pacific. Geophysical Research Letters, 46: 2628-2636

Zhang Z, Wang W, Qiu B. 2014. Oceanic mass transport by mesoscale eddies. Science, 345: 322-324

Zhang Z, Zhang Y, Qiu B, Sasaki H, Sun Z, Zhang X, Zhao W, Tian J. 2020. Spatiotemporal characteristics and generation mechanisms of submesoscale currents in the northeastern South China Sea revealed by numerical simulations. Journal of Geophysical Research Oceans, 125: e2019JC015404

Zhang Z, Zhang Y, Wang W. 2017. Three-compartment structure of subsurface-intensified mesoscale eddies in the ocean. Journal of Geophysical Research-Oceans, 122: 1653-1664

Zhang Z, Zhang Y, Wang W, Huang R X. 2013. Universal structure of mesoscale eddies in the ocean. Geophysical Research Letters, 40: 3677-3681

Zhao M, Timmermans M-L, Cole S, Krishfield R, Proshutinsky A, Toole J. 2014. Characterizing the eddy field in the Arctic Ocean halocline. Journal of Geophysical Research-Oceans, 119: 8800-8817

Zhao M, Timmermans M L. 2015. Vertical scales and dynamics of eddies in the Arctic Ocean's Canada Basin. Journal of Geophysical Research-Oceans, 120: 8195-8209

Zheng Q, Lin H, Meng J, Hu X, Song Y T, Zhang Y, Li C. 2008. Sub-mesoscale ocean vortex trains in the Luzon Strait. Journal of Geophysical Research, 113: C04032

Zheng R, Jing Z. 2022. Submesoscale-enhanced filaments and frontogenetic mechanism within mesoscale eddies of the South China Sea. Acta Oceanology Sinica, 41: 42-53

Zhong Y, Bracco A, Tian J, Dong J, Zhao W, Zhang Z. 2017. Observed and simulated submesoscale vertical pump of an anticyclonic eddy in the South China Sea. Science Reports, 7: 44011

南海北部被动陆缘类型新探讨

陈泽纪[1]，索艳慧[1,2*]，李三忠[1,2]，张建利[1,2]

1. 深海圈层与地球系统教育部前沿科学中心，海底科学与探测技术教育部重点实验室，中国海洋大学海洋地球科学学院，山东青岛 266100
2. 崂山实验室海洋矿产资源评价与探测技术功能实验室，山东青岛 266237
*通讯作者，E-mail：suoyh@ouc.edu.cn

摘要 南海北部陆缘处于欧亚板块、太平洋（菲律宾海）板块和印度-澳大利亚板块的交汇位置，经历了由主动大陆边缘向被动大陆边缘的复杂构造转换过程。目前，南海北部被动陆缘的类型一直存在争议。本文基于高精度三维地震资料，采用火山地震地层学方法，在珠江口盆地最南端的鹤山坳陷和双峰盆地的同裂陷期地层中，发现有下地壳高速层（HVLC）和疑似向海倾斜反射体（SDR）的存在。同裂陷期强烈的构造活动，导致 SDR 的楔状体结构有所破坏、多被断块化，但是其向海倾斜的基本特点是十分明显的，故南海北部陆缘鹤山凹陷和双峰盆地区段可能为火山型被动陆缘。该区段 SDR 为被动裂谷成因模式下、同裂陷期多期玄武岩喷出地表的结果，SDR 表现出下老上新、外老内新的特征。这一认识将有助于进一步深入理解南海陆缘的张裂过程和动力学机制。

关键词 南海北部陆缘，鹤山凹陷，双峰盆地，火山型被动陆缘，SDR

1 引言

根据伸展构造和岩浆活动的相对强弱差异，被动大陆边缘一般被划分为两种类型：火山型被动陆缘（volcanic passive margin，VPM）和非火山型被动陆缘（non-volcanic passive margin，NVPM）（White and McKenzie，1989）。非火山型被动陆缘以伸展作用为主，上地壳以脆性断裂和掀斜断块为主，下地壳和上地幔以塑性拉伸变形为主，岩浆活动较少或几乎没有。而火山型被动陆缘的宽度相对一般较窄，在大陆边缘裂解阶段，岩浆活动占主导地位，而地壳伸展作用有限。区分火山型和非火山型被动陆缘的重要标准是：大陆岩石圈破裂前后，是否存在由岩浆大量侵入形成的下地壳高速层（high velocity

---

基金项目：崂山实验室科技创新项目（LSKJ202204400）、国家自然科学基金项目（91958214，41976054）、中央高校基本科研业务费专项（202172003）

作者简介：陈泽纪，硕士研究生，地质学专业，E-mail：czj17860828432@163.com

lower crust，HVLC）和玄武质岩浆喷发形成的具有向海倾斜反射特征的向海倾斜反射体（seaward dipping reflector，SDR）与陆缘沉积岩互层的沉积层序（Huismans and Beaumont，2014）。

随着研究的不断深入，构造地质学家们逐渐意识到，火山型和非火山型并不能全部准确描述世界上所有的被动大陆边缘。即使在非火山型被动陆缘，火山活动也有发生，只是岩浆活动产生的岩浆量较少。因此，被动大陆边缘的分类后来被调整为贫岩浆型和富岩浆型（如 Reston and Manatschal，2011；Doré and Lundin，2015）。在大多数富岩浆型被动陆缘，地壳的减薄拉伸发生在岩浆活动之前，当岩浆活动开始时，火山活动贯穿于地壳伸展破裂的过程中，并最终导致岩石圈破裂。

IODP 最新钻探成果（349、367/368/368X）揭示，我国南海北部陆缘虽然在结构上看似属于非火山型，但在珠江口盆地的东北部，发现有宽度约 25km 的火山岩（Clift and Lin，2001），以及由于岩浆在地壳下部向上底侵而在下地壳形成的厚达 10km 的 HVLC（Yan et al.，2001）。因此，对于南海北部被动陆缘的类型，存在如下争议：①白垩纪至白垩世至古新世期间，强烈伸展作用形成的经典大西洋模式的非火山型被动陆缘（宋海斌等，1998；阎贫和刘海龄，2002；吴世敏等，2001；郝天珧等，2011）；②南海北部陆缘的主要构造形态与伊比利亚-纽芬兰非火山型被动陆缘的构造形态更加一致，并且可按非火山被动陆缘的 5 个构造单元对南海北部陆缘进行划分（任建业等，2015），但是仍然带有火山型被动陆缘的若干特征（吴通等，2018）；③“先贫后富”的中间型（hybird 或 intermediate 型）被动陆缘（Ding et al.，2018；Larsen et al.，2018），在张裂早期，伸展作用导致地壳强烈薄化，岩浆活动较少，表现为贫岩浆型，而在张裂后期伸展作用影响较小，高速下地壳底侵丰富、岩浆活动剧烈，表现为富岩浆型（林间等，2020；孙珍，2022）。上述对于陆缘类型的争议，制约了对南海北部被动陆缘张裂过程和动力学机制的研究。

本文以高精度三维地震资料为基础，结合前人研究成果，分析了珠江口盆地地壳结构特征，发现了疑似 SDR 的存在。因此，南海北部陆缘可能不是简单的非火山型被动陆缘，这一认识将有助于进一步深入理解南海陆缘的张裂过程。

2 地质背景

南海位于欧亚、印度-澳大利亚和菲律宾海板块的交汇位置，经历了特提斯构造域和太平洋构造域两大动力系统的共同作用，并至少在 34Ma 之前完成了由主动大陆边缘向被动大陆边缘的转换（程世秀等，2012）。目前，南海周缘构造环境存在明显差异：东部陆缘为俯冲挤压背景，西部陆缘为走滑-伸展环境，而南部和北部陆缘为一对类似于共轭大陆边缘的伸展环境（陈建军等，2015）。在上述过程中，南海周边发育了十多个大型沉积盆地。本文研究区位于南海北部陆缘的珠江口盆地，珠江口盆地是南海北部陆缘最大的新生代含油气盆地。在 NE 向和 NW 向断裂的共同控制下，珠江口盆地整体呈现“三隆三坳”的构造格局（施和生等，2010）：由北至南依次为北部隆起带、中央隆起带、南部隆起带，“三坳”为北部坳陷带、中央坳陷带以及南部坳陷带（詹诚等，2022）

（图 1）。但珠江口盆地实质上是由“三坳”构成的走滑拉分盆地群（李三忠等，2012），并且“三坳”的成因联系十分密切，其形成过程不仅受到新生代先存构造的影响（Suo et al.，2022），也与新生代构造运动相关（如珠琼运动、南海运动、东沙运动等），具体表现为：基底内的先存断裂在新生代珠琼运动的作用下重新活化，并伴随岩浆侵入，导致地壳强烈伸展减薄（程世秀等，2012）。这些特征被记录在沉积地层中，因而珠江口盆地是研究南海北部陆缘张裂过程和动力学机制的理想场所。

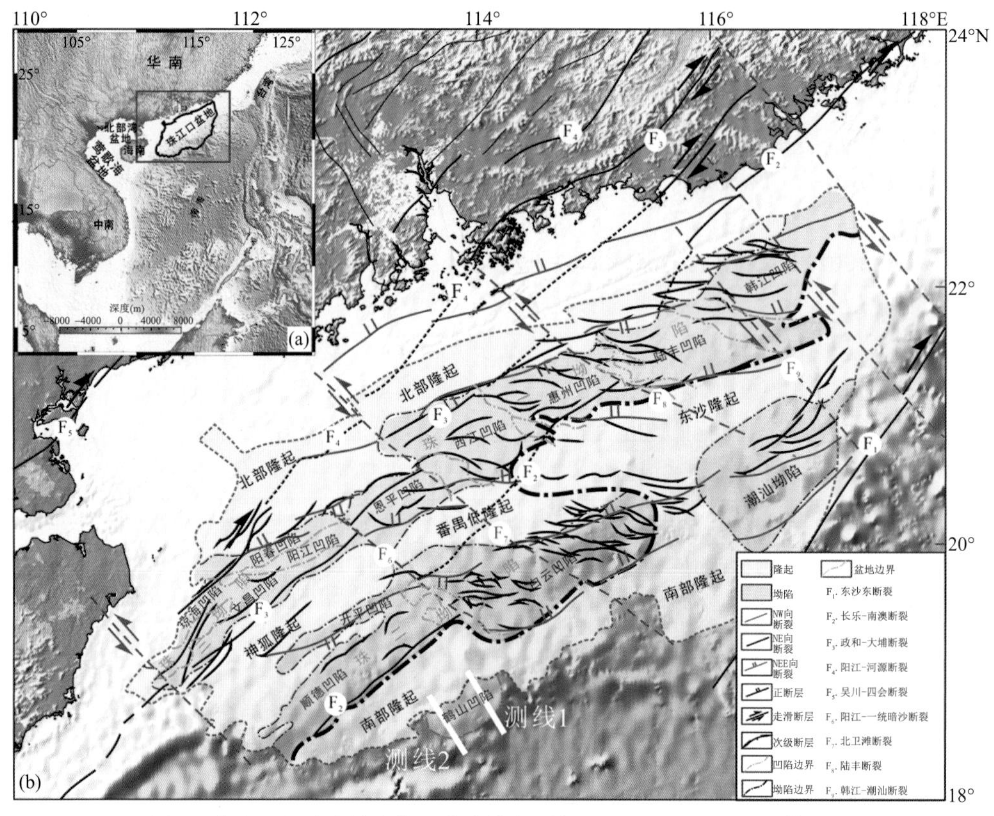

图 1　南海北部陆缘构造单元分布特征（据 Wang et al.，2020，修改）

珠江口盆地自新生代发育以来，经历了裂陷阶段（Tg～T70）、拗陷阶段（T70～T60）和新构造运动阶段（T60 以上）（图 2），进一步可划分为多期次的构造运动，从早到晚依次为：神狐运动、珠琼运动、南海运动、白云运动和东沙运动，构造运动所反映的构造-沉积事件记录了华南陆缘裂解到南海洋盆扩张的全过程（吴湘杰等，2014）。其中，珠琼运动分为两幕：珠琼运动一幕使得 NEE-SWW 向展布的珠江口盆地进一步扩大，在中央隆起两侧形成 NE-NEE 向展布的裂陷湖盆群，形成多个深水盆地，沉积了文昌组；珠琼运动二幕使珠江口盆地发生区域性的抬升剥蚀，并伴有一期强烈而集中的岩浆活动，盆地再次张裂，湖盆范围扩大，但水体变浅，沉积了恩平组地层（杨悦等，2021）。

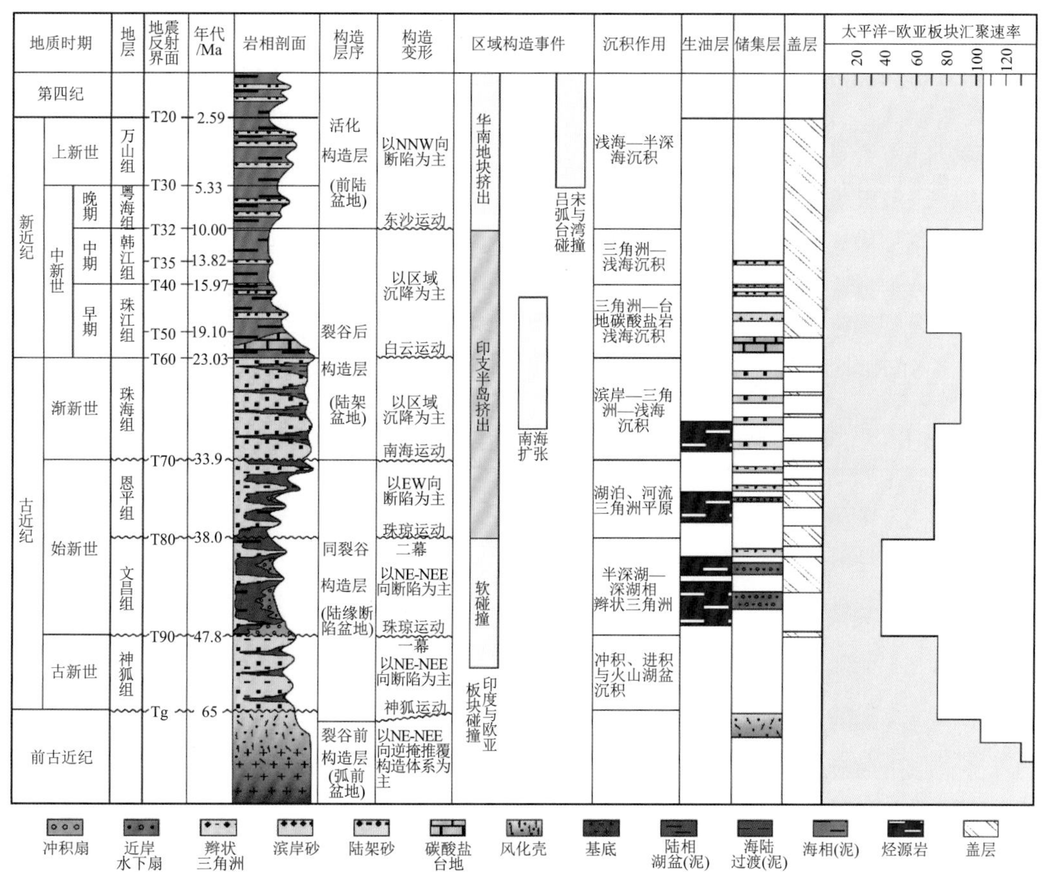

图 2　南海北部被动陆缘盆地新生代地层与构造演化（马晓倩等，2021）

3　SDR 的识别和分布特征

3.1　SDR 的识别特征

Geoffroy（2005）认为，SDR 对应于初始海底扩张期形成的向海倾斜的扇状洪泛式溢流玄武岩。SDR 是地幔物质减压熔融形成的基性玄武质岩浆，沿着大陆边缘向海方向溢流形成的三角洲形扇状沉积物。在地震剖面上表现为连续的、向海倾斜的反射层，且多弓形向上凸起。溢流玄武岩层一般具有典型的三层结构：上部为多孔玄武岩、中部为正常熔岩、底部为薄层半玻璃质熔岩。这种内部结构的变化（而非由沉积物薄夹层）可引起强烈的波阻抗差异，如火山岩的 P 波速度范围可从 1.5km/s（未固结的凝灰岩）到 7.5km/s（侵入地壳底部的熔岩）。故目前 SDR 的识别主要依据地震火山地层学方法。

地震火山地层学是通过地震层序分析和地震相分析来研究火山岩的特性与发育历史的一种方法。地震火山地层学的主要工作方法是，通过分析地震相对地震相中的地质单元进行成像和地质解释。第一步是识别地震图像中的地震层序，因为在内部火山岩地震反射层序中，由于强烈的干扰，地震层序内往往边界成像不清晰，因此，在实际工作中进行分析和解释时，一般将整个火山喷发复合体解释为一个层序；第二步就是识别地震图像中的地质单元，绘制出特定地质单元和反射单元的分布位置，根据刻画出的地质单元，分析该地区的地质成因模式与动力学机制，综合分析每个相单元的位置和反射特征、反射模式等，最后进行火山岩岩石学解释（Planke et al.，2000）。依据该方法，火山型被动陆缘常见 6 种火山岩地震相（表 1）。

其中，SDR 总体特征为：在近地表处的地方角度较小，比较趋近于水平，但是在向海方向角度变大，坡度变陡，呈现楔状体的反射特征，至基底处倾角可达 9°～30°，但是整体呈向海倾斜楔型体的地震反射特征却是基本不变的（Geoffroy，2005）。地震反射特征均表现为强振幅、平滑，内部表现为平滑的弧形（武爱俊等，2014）。SDR 可以分为内部 SDR（SDRint）和外部 SDR（SDRext）两套单元（Planke et al.，2000）。

表 1　火山型被动陆缘常见火山岩地震相的主要特征（据 Planke 等，2000，修改）

地震相单元	岩石成分	侵位环境	反射特征			解释
			形态	边界	内部	
内 SDR 带	溢流相玄武岩	地表	楔状	楔界：强振幅、平滑 底界：很少识别出	发散的弧形	地表溢流相玄武岩对构造低地的填充
外高带	火山碎屑岩	深海	丘状	顶界：强振幅 底界：无	杂乱	与扩展中心被淹没的浅海火山有关
外 SDR 带	溢流相玄武岩	深海	楔状	顶界：强振幅、平滑 底界：很少识别出	发散的弧形	地表溢流相玄武岩对构造低地的填充
内陆熔岩流	溢流相玄武岩	地表	席状	顶界：强振幅、平滑 底界：低振幅，杂乱	平行至近平行	地表溢流相玄武岩侵位于平坦开阔的区域
熔岩三角洲	块状、破碎状玄武岩，火山碎屑岩	海滨	弧状	顶界：强振幅或削截反射 底界：削截反射	前积	熔岩经地表流入海中时形成的火山碎屑
内熔岩流	块状、破碎状玄武岩，火山碎屑岩	水下	席状	顶界：强振幅、近平行 底界：杂乱，很少识别	近平行	火山碎屑岩的重力运移堆积而成

（1）外部 SDR：外部 SDR 一般位于外部高地向海的一侧，所处的位置比内部 SDR 水深更深，并且外部 SDR 的顶界的反射界面光滑，之后逐渐过渡到丘状或光滑的正常洋壳反射[图 3（a）]（吴通等，2018）。但是外部 SDR 内部反射微弱且不明显。外部 SDR 的侵位发生在深海环境中，通常被解释为深海席状流建造（匡增桂和郭忻，2010）。

（2）内部 SDR：呈楔形，由陆向海厚度逐渐增大，呈现向海倾斜的特征，最大厚度为 6km，宽度为 15～50km [图 3（c）]。其顶界面反射特征一般与基底顶界特征一致，地震反射特征表现为强而连续的、光滑或波状反射，局部反射平坦或有小的起伏，内部反射显示为弧形发散，部分呈平面形发散，波形相当微弱，并且不连续。在地震图像中，可以明显地分辨出反射终端，并且有时在内部可识别出较为明显的用来分隔亚单元的反射界面。但是对于底面反射的鉴别较为困难，内部反射一般小于 10～15km，倾角小于 15°，在火山热点尾部的 SDR 宽度更大。内部 SDR 的存在可以准确判断为火山型大陆边缘，但是并不是所有的火山型大陆边缘均发育内部 SDR（吴通等，2018）。

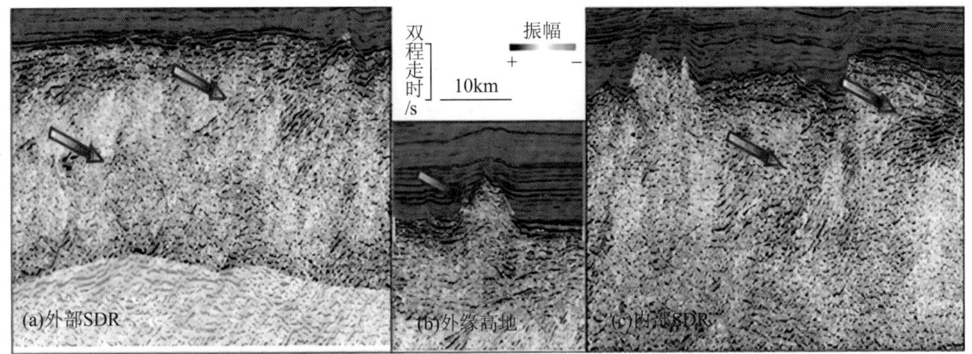

图 3　印度西海岸典型 SDR 剖面特征（Calvès et al.，2011）

3.2　SDR 的分布特征

珠江口盆地最南部为珠四坳陷内向洋壳过渡的鹤山凹陷和发育洋壳的双峰盆地。沿跨这两个构造单元的 NW 向地震剖面，莫霍面反射特征清晰，可见多个负花状构造，推测为华南陆缘 NE 向右行走滑断裂的向海延伸（程世秀等，2012；Suo et al.，2022）；并发育一系列向陆倾斜的小型正断层。沿断裂带及其附近，可见岩浆底侵和侵入作用：①沿莫霍面，存在一与之近平行展布的杂乱堆积体，宽度<50km，其地震纵波速度呈高速特征（大于 7.0km/s）（赵钊等，2016），这一特征与南海北部陆缘的下地壳高速体（岩浆底侵形成）发育特征相似，推测其可能为 HVLC（图 4）。②该 HVLC 上部，可见一近垂直的、发育在基底内的岩浆侵入体，其物质来源可能直接来自中下地壳甚至地幔。根据上覆沉积地层的构造变形（如强制褶皱）、地层的厚度变化以及局部地层抬升削截等构造现象，推测该岩浆侵入发生的时间大致为裂陷期后、不早于 32Ma（Zhang et al.，2016）。在其上覆裂陷期地层内，靠近大陆坡部位深水区，发育具有中-低频、连续、中-强振幅反射特征的顶面光滑的向海倾斜的反射体，外部形态一般多呈席状或丘状（图 4），与湖相烃源岩反射特征比较类似。但当被正断层切断时，这些反射体虽整体表现出断块特征、但很多依附断层面分布，不同于裂陷期地层的楔形沉积，推测可能为靠近洋壳区的外部 SDR。

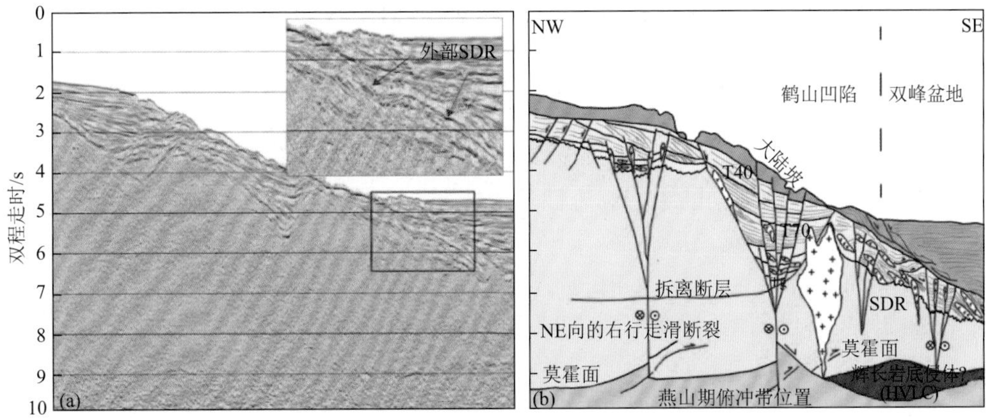

图 4　珠江口盆地测线 1 的 SDR 剖面识别特征（剖面位置见图 1）

在穿过鹤山凹陷西侧的 NW 向地震剖面中，发育类似的构造特征，但断裂切割深度更深、深至莫霍面，同样为华南陆缘 NE 向右行走滑断裂的向海延伸。该剖面不发育下地壳高速体。但裂陷期地层中，同样可见一系列具有中-低频、连续、中-强振幅反射特征的顶面光滑的向海倾斜的丘状或透镜状反射体（图 5），推测为外部 SDR。虽然裂陷期强烈的构造活动，导致 SDR 的楔状体结构有所破坏、多被断块化，但其总体向海倾斜的基本特点还是十分明显的。

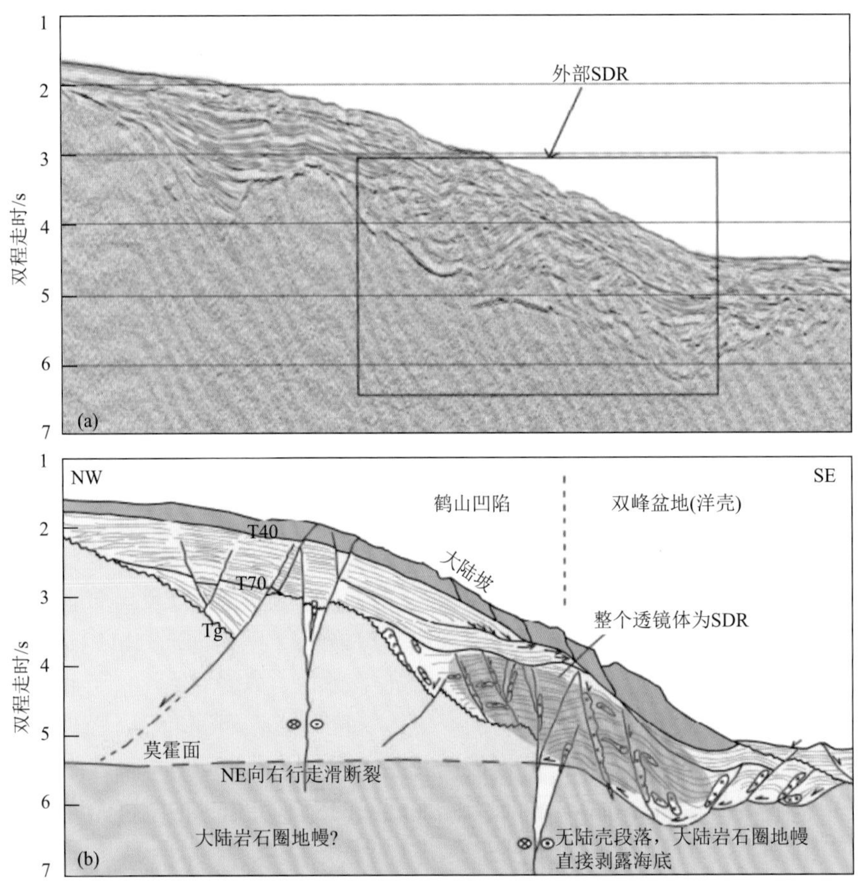

图 5 珠江口盆地测线 2 的 SDR 剖面识别特征（剖面位置见图 1）

4 SDR 的形成过程

SDR 作为火山型被动陆缘的标志性识别特征，其形成过程和机制目前存在较大争议，主要存在以下两种模式：

（1）Palmason 模式：Palmason 在研究冰岛岩石圈裂谷作用及其过程时，提出了一种稳定状态的洋中脊倾斜熔岩的动力学模式[图 6（a）]。该模式认为，下地壳-上地幔位置有一个稳定持续供应的岩浆房，通过一个独立持久的中央增生轴，向两侧大陆地壳对称地供给岩浆。在裂解作用发生时，岩浆向上喷发，基性玄武质岩浆溢流形成了 SDR（Palmason，1980）。但是这种稳定模式的假设状态，受到了众多海洋地质学家的质疑，对于在两侧裂解的大陆上，岩浆供应是否对称，即在裂谷两端大陆边缘上 SDR 是否呈对称分布，在实际观测的地震剖面中尚未得到验证。实际上，共轭陆缘两端的岩浆供应不可能做到完全对称，岩浆活动往往在某一端的大陆边缘较为剧烈，而在另一端的大陆边缘可能不发生（武爱俊等，2014）。

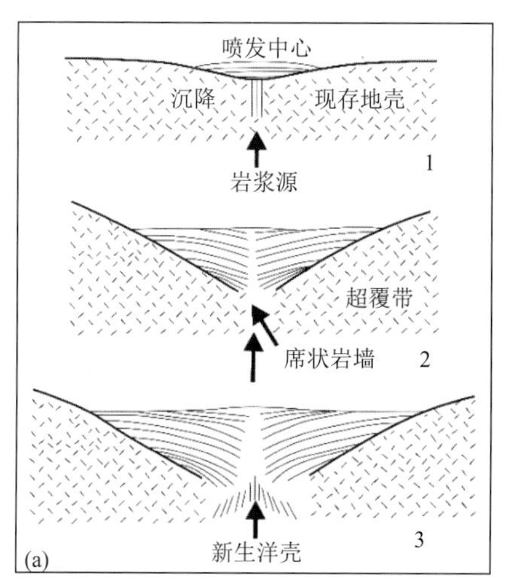

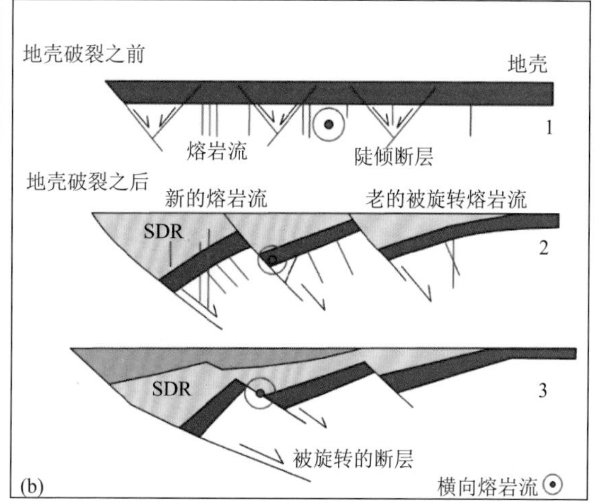

图 6 SDR 形成模式

（a）Palmason 模式（Palmason，1980）；（b）Geoffroy 模式（Geoffroy，2005）。

（2）Geoffroy 模式：该模式认为，SDR 的形成是火山作用与构造滚动挠曲同时作用形成的[图 6（b）]（Geoffroy，2005）。SDR 的发育空间由一系列向陆倾斜的正断层控制，而溢流玄武岩的基性玄武质岩浆由上地幔的岩墙群提供。首先，在岩浆活动早期，在玄武岩侵位之初，与裂谷方向平行的正断层只承受很小的拉张应力，岩浆上涌主要通过岩墙群向上侵位，在断层间发生横向流动；之后，随着伸展作用的不断增强，正断层活动越来越强烈，伸展作用导致地壳破裂，地层发生旋转，旧岩墙也随地层的旋转而发生旋转，从而产生了新的近垂直的岩墙，岩浆的底侵方向也随之发生转变，下部的岩浆通过新形成的岩墙不断地流向裂谷中的洼地，从而形成内部 SDR；岩浆运动到溢出点之后，流向下一个洼地，形成多期涌出的溢流相玄武岩，最终形成了大规模分布的 SDR，即外部 SDR。简而言之，在地壳破裂之前，断层为铲式陡倾，熔岩流沿岩墙群垂向流动；在地壳破裂之后，断层和熔岩流均发生旋转和横向流动，楔状 SDR 形成。Geoffroy 模式暗示了地幔物质在沿着张裂断层向上涌出的过程中，可能存在地幔柱的影响，地幔柱与大陆岩石圈之间发生的大规模反应，导致地壳的快速减薄，地幔物质减压熔融，形成玄武质岩浆，从而喷发出地表形成陆相溢流玄武岩。

本文地震剖面揭示的 SDR 主要发育在裂陷期，支持被动裂谷成因、也说明了向陆倾斜正断层对于 SDR 形成的重要性，但与上述两种模式略有不同（图 7）：①在地壳破裂之前，南海北部陆缘之下存在一个异常热中心（如地幔柱），导致岩石圈伸展减薄，最终熔岩突破地表形成溢流玄武岩并发生横向流动，玄武岩岩墙沿垂向、呈水平层状叠置[图 7（a）]。②随着拉张作用持续增强，老的岩墙发生裂解并远离热中心或裂陷中心，同时发生掀斜向裂陷中心旋转[图 7（b）]；同时，沿裂解中心又产生了新的近垂直的岩墙，这些新岩墙堆垛在老岩墙的内壁，即早期溢流玄武岩被后期溢流玄武岩所覆盖，形成具有下老上新、内老外新的分布特征的多期玄武岩透镜体。受到向洋倾斜正断层的影响，这些透镜体在产状上总体表现为向海倾斜，由此形成 SDR[图 7(c)]。③岩浆不断地通过岩墙上涌并流向裂谷中洼地，在洼地中冷凝形成溢流玄武岩，之后的岩浆在达到溢出点之后，又开始流向下一个洼地，最终在大陆边缘形成了大规模分布的向海倾斜楔状体。

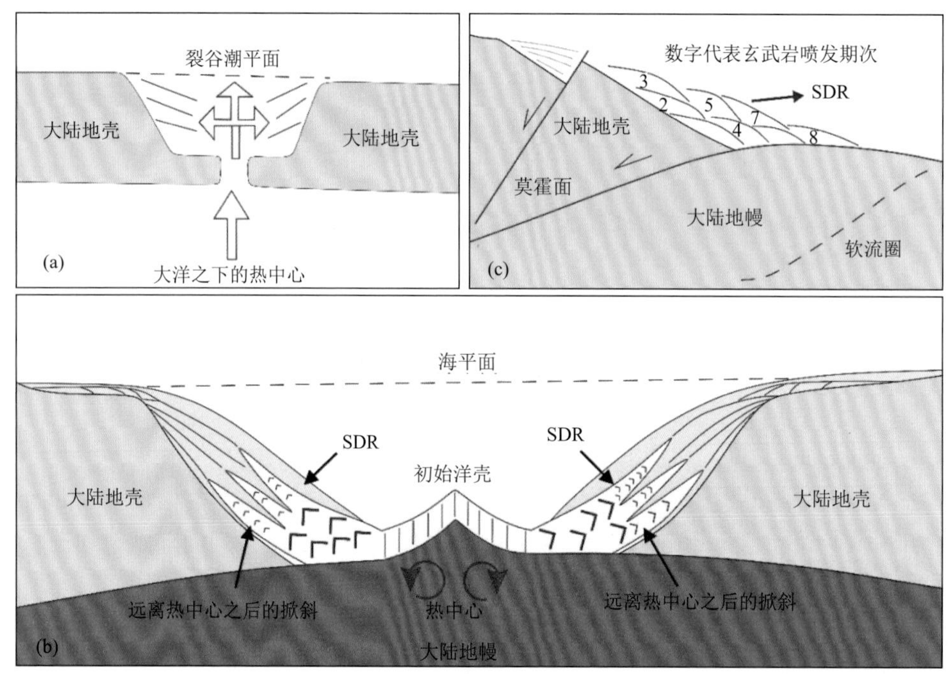

图 7 推测的 SDR 形成过程

5 结论和展望

以往钻井、拖网和地球物理成像等研究结果揭示，南海北部陆缘存在岩浆活动（孙珍等，2021）。其中，岩浆喷发作用虽然广泛，但是多数岩浆活动的体积比较小、年龄比较轻，南海北部陆缘的洋陆过渡带附近的岩浆喷发的年龄普遍小于 23Ma，不同于同裂陷期的 SDR（任江波等，2013；Sun et al.，2019）。故传统认识认为，南海北部被动陆缘不发育 SDR、就其陆缘类型也一直存在争议。而本文研究揭示，珠江口盆地最南端的鹤山坳陷和双峰盆地的同裂陷期地层中，有 HVLC 和疑似 SDR 的存在。同裂陷期强烈的构造活动，导致 SDR 的楔状体结构有所破坏、多被断块化，但其向海倾斜的基本特点是十分明显的，故南海北部陆缘鹤山凹陷和双峰盆地区段可能为火山型被动陆缘。该区段 SDR 为被动裂谷成因模式下、同裂陷期多期玄武岩喷出地表的结果，SDR 表现出下老上新、外老内新的特征。但是，南海陆缘的张裂-破裂过程、南海打开过程和机制等远比预想的更为复杂，或许 SDR 形成过程和机制不同于现今的任意一种，提出被动陆缘形成新模式对传统被动陆缘的形成模式也是一个挑战。关于该项工作还需继续深入开展研究。

（1）目前 SDR 的识别仍存在难度，容易将其与裂陷期沉积充填相混淆，虽然推测的 SDR 产状或反射特征略不同于沉积层，但依旧需要借助反射层速度仔细鉴别其充填究竟为沉积岩还是火成岩。

（2）南海南北陆缘地壳结构、岩浆活动等还需系统分析，南海南北陆缘岩浆量是否对称分布等仍需进一步考证，这也是探索南海北部陆缘 SDR 存在与否乃至其形成机制的关键。

致敬 谨以此文，庆贺金翔龙院士九十华诞！

致谢 感谢中海石油（中国）有限公司深圳分公司提供的地震剖面资料。

参考文献

陈建军, 马艳萍, 陈建中, 孙贵宾. 2015. 南海北部陆缘盆地形成的构造动力学背景.地学前缘, 22: 38-47

程世秀, 李三忠, 索艳慧, 刘鑫, 余珊, 戴黎明, 马云, 赵淑娟, 王霄飞, 安慧婷, 熊莉娟, 薛友辰. 2012. 南海北部新生代盆地群构造特征及其成因. 海洋地质与第四纪地质, 32: 79-93

郝天珧, 徐亚, 孙福利, 游庆瑜, 吕川川, 黄松, 丘学林, 胡卫剑, 赵明辉. 2011. 南海共轭大陆边缘构造属性的综合地球物理研究. 地球物理学报, 54: 3098-3116

匡增桂, 郭忻. 2010. 地震火山地层学研究综述. 海洋地质动态, 26: 19-24

李三忠, 索艳慧, 刘鑫, 戴黎明, 余珊, 赵淑娟, 马云, 王霄飞, 程世秀, 薛友辰, 熊莉娟, 安慧婷. 2012. 南海的基本构造特征与成因模型: 问题与进展及论争. 海洋地质与第四纪地质, 32: 35-53

林间, 孙珍, 李家彪, 周志远, 张帆, 罗怡鸣. 2020. 南海成因：岩石圈破裂与俯冲带相互作用新认识. 科技导报, 38: 35-39

马晓倩, 刘军, 朱定伟, 李三忠, 李颖薇, 索艳慧, 周洁, 李玺瑶, 王光增, 王鹏程, 刘泽. 2021. 多期走滑拉分盆地的沉积响应: 以南海北部珠江口盆地为例. 大地构造与成矿学, 45: 64-78

任建业, 庞雄, 雷超, 袁立忠, 刘军, 杨林龙. 2015. 被动陆缘洋陆转换带和岩石圈伸展破裂过程分析及其对南海陆缘深水盆地研究的启示. 地学前缘, 22: 102-114

任江波, 王嘹亮, 鄢全树, 石学法, 廖林, 方念乔. 2013. 南海玳瑁海山玄武质火山角砾岩的地球化学特征及其意义. 地球科学, 38: 10-20

施和生, 柳保军, 颜承志, 朱明, 庞雄, 秦成岗. 2010. 珠江口盆地白云-荔湾深水区油气成藏条件与勘探潜力. 中国海上油气, 22: 369-374

宋海斌, 郝天珧, 江为为. 1998. 南海北部张裂边缘的类型及其形成机制探讨. 寸丹集——庆贺刘光鼎院士工作 50 周年学术论文集, 90-97

孙珍, 李付成, 林间, 孙龙涛, 庞雄, 郑金云. 2021. 被动大陆边缘张-破裂过程与岩浆活动: 南海的归属. 地球科学, 46: 770-789

孙珍. 2022. 南海的形成与演变. 自然杂志, 44: 31-38

吴世敏, 周蒂, 丘学林. 2001. 南海北部陆缘的构造属性问题. 高校地质学报. 7: 419-426

吴通, 杨林龙, 任建业, 雷超, 徐菲菲. 2018. VPM 和 NVPM 对南海北部被动陆缘类型的探讨. 中国石油和化工标准与质量, 38: 170-175

吴湘杰, 庞雄, 何敏, 申俊, 颜承志. 2014. 南海北部被动陆缘盆地断陷期结构样式和动力机制. 中国海上油气, 26: 43-50

武爱俊, 滕彬彬, 张树林, 徐建永, 何玉平, 印斌浩, 李凡异. 2014. 火山型被动大陆边缘 SDR 形成机理及其对烃源岩影响. 地质科技情报, 33: 110-118

阎贫, 刘海龄. 2002. 南海北部陆缘地壳结构探测结果分析. 热带海洋学报, 02: 1-12

杨悦, 彭光荣, 朱定伟, 索艳慧, 占华旺, 刘泽, 李玺瑶, 周洁, 王光增, 刘博, 郭玲莉,李三忠. 2021. 珠江口盆地阳江东凹裂陷期沉积环境及其构造控制. 大地构造与成矿学, 45: 79-89

詹诚, 卢绍平, 方鹏高. 2022. 汇聚背景下的多幕裂陷作用及其迁移机制: 以南海北部珠江口盆地为例. 地学前缘, 04: 307-318

赵钊, 赵志刚, 沈怀磊, 杨海长, 曾清波, 纪沫, 蔡露露, 杨东升, 李超. 2016. 南海北部超深水区双峰盆地构造演化与油气地质条件. 石油学报, 37: 47-57

Clift P D, Lin J. 2001. Preferential mantle lithospheric extension under the South China margin. Mar Pet Geol, 18: 929-945

Calvès G, Schwab A M, Huuse M, Clift P D, Gaina C, Jolley D, Tabrez A I. 2011. Seismic Volcanostratigraphy of the Western Indian Rifted Margin: The Pre-Deccan Igneous Province. Journal of Geophysical Research Atmospheres, 116: B01101

Ding W W, Sun Z, Dadd K, Fang Y, Li J. 2018. Structures within the oceanic crust of the central South China Sea basin and their implications for oceanic accretionary processes. Earth and Planetary Science Letters, 488: 115-125

Doré T, Lundin E. 2015. Hyperextended Continental Margins: Knowns and Unknowns. Geology, 43: 95-96

Geoffroy L. 2005. Volcanic passive margins. C. R. Geoscience, 337: 1395-1408

Huismans R S, Beaumont C. 2014. Rifted Continental Margins: The Case for Depth - Dependent Extension. Earth and Planetary Science Letters, 407: 148-162

Larsen H C, Mohn G, Nirrengarten M, Sun Z, Stock J, Jian Z, Klaus A, Alvarez-Zarikian C A, Boaga J, Bowden S A, Briais A, Chen Y, Cukur D, Dadd K, Ding W W, Dorais M, Ferre E C, Ferreira F, Furusawa A, Zhong L. 2018. Rapid transition from continental breakup to igneous oceanic crust in the South China Sea. Nat Geosci, 11: 782-789

Palmason G A. 1980. Continuum model of crustal generation in Ice-land: Kinematics aspect. J.Geophys., 47: 7-18

Planke S, Symonds P A, Alvestad E, Skogseid J. 2000. Seismic Volcanostratigraphy of Large-Volume Basaltic Extrusive Complexes on Rifted Margins. Journal of Geophysical Research: Solid Earth, 105: 19335-19351

Reston T J, Manatschal G. 2011. Rifted Margins: Building Blocks of Later Collision. In: Arc-Continent Collision, Frontiers in Earth Science, 4: 3-21

Reston T J, Leythaeuser T, Booth-Rea D, Sawyer D, Klaeschen D, Long C. 2007. Movement along a Low-Angle Normal Fault: The S Reflector West of Spain. Geochemistry, Geophysics, Geosystems, 8: Q06002

Sun Z, Lin J, Qiu N, Jian Z M, Wang P X, Pang X, Zheng J Y, Zhu B D. 2019. The Role of Magmatism in the Thinning and Breakup of the South China Sea Continental Margin.National Science Review, 6: 871-876

Suo Y H, Li S Z, Peng G R, Du X D, Zhou J, Wang P C, Wang G Z, Somerville I, Diao Y X, Liu Z Q, Fu X J, Liu B, Cao X Z. 2022. Cenozoic basement-involved rifting of the northern South China Sea margin. Gondwana Research, 120: 20-30

White RS, Mc Kenzie DP. 1989. Magmatism at rift zones: The generation of volcanic continental margins and flood basalts. Geophys. Res., 94: 7685-7729

Wang P C, Li S Z, Suo Y H, Guo L L, Wang G Z, Hui G G, Santosh M, Somerville I D, Cao X Z, Li Y. 2020. Plate tectonic control on the formation and tectonic migration of Cenozoic basins in northern margin of the South China Sea. Geoscience Frontiers, 11: 1231-1251

Yan P, Zhou D, Liu Z. 2001. A crustal structure profile across the northern continental margin of the South China Sea. Tectonophysics 338: 1-21

Zhang Q, Wu S G, Dong D D. 2016. Cenozoic Mag-matism in the Northern Continental Margin of the South China Sea: Evidence from Seismic Profiles. Marine Geo-physical Research, 37: 71-94.

基于重磁数据反演的南极罗斯海区域热结构研究

王威[1,2,3*]，陈美[1,2]，孙淼军[1,2]，高金耀[4]

1. 华东勘测设计研究院有限公司，杭州，311122
2. 浙江华东岩土勘察设计研究院有限公司，杭州，311122
3. 浙江大学，地球科学学院，杭州，310007
4. 自然资源部第二海洋研究所，杭州，310012
*通讯作者，E-mail：wei_wang_89@qq.com

摘要 本文在总结前人观点和论据的基础上，利用罗斯海及周边区域已有的地质地球物理资料，阐述了罗斯海的区域重力异常、磁力异常特征和构造动力演化过程。并用功率谱方法通过磁力异常数据反演罗斯海区域居里面深度；用 Parker-Oldenburg 方法反演莫霍面；根据居里面深度和莫霍面深度反演罗斯海区域的热流，获得了罗斯海区域高精度热结构信息，热流异常更加清楚地展示了深部地幔浆作用的强度变化。结果表明西罗斯海的平均热流值要高于东罗斯海，高热流区域尤其集中在维多利亚地盆地。西罗斯海的高热流条件反映了活跃的张裂环境。这种高热流有可能是上地幔热异常的直接显示，同时也是裂谷型盆地地壳拉张减薄的典型特征。

关键词 磁力，重力，居里面，莫霍面，热流

1 前言

南极洲位于地球最南端，面积约 1400 万 km^2。由于处于高纬度区域，南极大陆 98% 陆地常年被冰雪覆盖（武衡，1985）。南极自然环境变化，乃至全球气候变化，背后支配性的力量都离不开地球本身的地质演变及地球内部的动力基础。原先包含南极和各大洲南部各个板块的冈瓦纳大陆的破裂，以及南大洋的形成，是南极自然环境及全球气候长期变化的关键性支配力量。因此，了解南极洲的构造演化对研究全球变化起着举足轻重作用。

在南极洲周围，罗斯海具有宽阔的陆架和海湾，也是南极构造比较活跃的一个地区。在新生代，西南极裂谷系统大规模的走滑断裂作用，使得岩石圈减薄形成罗斯海沉积盆地。

基金项目：海滩岩探测技术方法及应用研究（ZKY2022-HDJS-02-03）；南北极环境综合考察与评估专项（CHINARE 2017-01-03 and 2017-04-01）；浙江省重大研发项目“尖兵”“领雁”—海洋灾害综合预警预报与海洋工程防灾减灾技术、装备与示范（2022C03009）资助

作者简介：王威，工程师，博士，湖南岳阳市人，主要从事海洋地球物理方面的研究。E-mail：wei_wang89@qq.com

海洋地球物理考察与评价方法是了解南极洲构造演化最有效的方法之一。本文旨在系统总结罗斯海地球物理数据资料的基础上，充分利用重、磁异常数据横向分辨率高的特点，反演罗斯海区域居里面深度及莫霍面深度；根据居里面深度和莫霍面深度反演罗斯海区域的热流，获得了罗斯海区域高精度热结构信息。

2 研究区概况

罗斯海是位于南极洲西南极太平洋扇形区内的一个大海湾，地理坐标处于 72°S～85°S，160°E～160°W 之间，陆缘区宽度约 850km，长约 1500km，且陆架约有一半宽度常年被冰川覆盖，因此罗斯海通常指罗斯海湾北端（图 1）。罗斯海西靠横贯南极山脉、维多利亚地，东临玛丽伯德地，南部大陆滑流下来的冰体组成罗斯冰架。海底地形具有北高（浅）南低（深）的特点，亦即由外向内朝着罗斯冰架加深（Cooper et al.，1988）。罗斯海是南极调查研究程度相对较高的陆缘区之一。从 1976 年算起，共有十几个国家组织了 70 多个航次对南极大陆架进行地球物理调查。1980 年后在罗斯海的多道地震（multichannel seismic，MCS）调查清晰地反映了海底裂谷构造的特征和范围，MCS 资料揭示罗斯海有 3 个主要沉积中心：维多利亚地盆地（Victoria Land Basin，VLB），中央海槽和东部盆地（Thomson et al.，1991）。Davey 等（1982）首次圈定出罗斯海中新生代三大沉积盆地。除以上 3 个盆地之外，在罗斯冰架之下还有伯德盆地（陈延愚等，2006）。深海钻探第 28 航次在区内完成了 270～273 号共 4 个钻孔（270～273 位置如图 1 所示）。

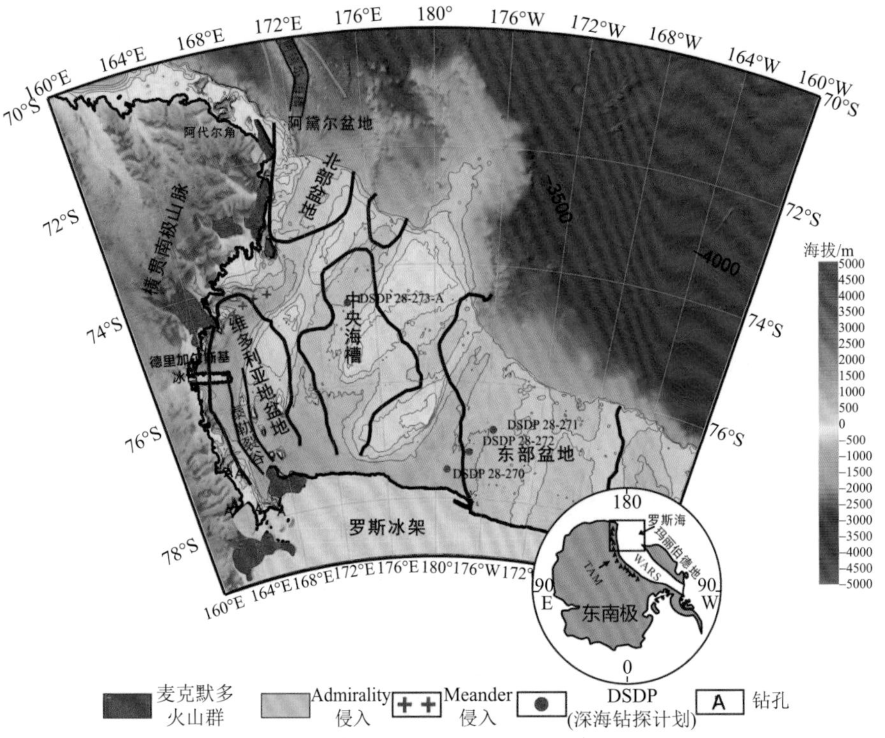

图 1　罗斯海地区构造单元、钻孔分布和盆地构造（Houtz and Markl，1972）

西南极裂谷系统（west antarctic rift system，WARS）是现今地球上最大的活动大陆裂谷系统之一（Cande et al.，2000a），具有独特的裂谷作用模式，被认为是经典板块重构模型中缺失的一个环节（Molnar et al.，1975）。不同于逐渐变化过渡的典型裂谷活动（东非裂谷、贝加尔裂谷），由于受到该区岩石圈热结构和地壳生热的双重影响（Huerta and Larry，2007），自冈瓦纳大陆破裂以来，西南极裂谷系统经历了自扩散型伸展到集中型伸展两个截然不同的裂谷阶段。白垩纪冈瓦纳破裂产生了陆壳性质的西南极裂谷系统，为第一次裂谷活动的开始，组成了罗斯海主要的地壳，沿着横贯南极山脉出露的中侏罗统大陆洪泛玄武岩费拉组，提供了冈瓦纳大陆破裂最古老的证据（Elliot，1992；Boger，2011）。这次裂谷作用经历了长期的，几乎覆盖西南极全区的扩散型伸展，拉张量超过 200km（Siddoway et al.，2004）。自 83Ma，新西兰从玛利伯德地裂离之后，开启第二次裂谷活动。与第一次广泛的张裂作用不同的是，第二次张裂主要表现为集中型拉张伸展，整个南极的构造活动向西移动，只局限在西南极裂谷系统（Fielding et al.，2006，2008）。新近纪以后，裂谷作用主要发生在西罗斯海北部盆地和维多利亚地盆地，第二次张裂的最后一个阶段集中在泰勒裂谷，它是位于维多利亚地中央的一个中中新世狭长的裂谷带。自 13Ma，泰勒裂谷伸张量只有 10～15km（Henry et al.，2007；Fielding et al.，2006，2008）。

目前，对西南极裂谷系统的地理边界、沉积盆地形成机制、岩石圈特征等方面已经取得了较为成熟的认识（Behrendt et al.，1991；Behrendt，1999；Karner et al.，2005；Chaput et al.，2014），但对其裂谷作用的演化历史和形成机制还存在多种不同的解释。西南极裂谷系统罗斯海地区新生代以来，发生大规模的岩浆活动，火成岩体积大于 106km^3（Behrendt，1994），其中新生代麦克默多火山组平行于横贯南极山脉，长度超过 2000km（图 1）（Kyle，1990）。新生代岩浆活动以双峰碱性为特征（Nardini et al.，2009），包括 Meander 侵入岩和麦克默多火山组。罗斯海北边的北维多利亚地露头资料显示碱性岩浆岩年龄开始于 50Ma，自 38Ma 起岩浆活动变的连续，侵入岩延展达 10～20km，盾状火山毗邻海岸线，南北向延展伸超过 60km（Armienti and Baroni，1999）。然而，裂谷系统内的岩浆活动作为研究裂谷作用性质以及与冈瓦纳破裂继承关系和深层动力学机制的突破口，缺乏整个裂谷系统尺度范围内相应的精细研究。因此，为了全面且深入的研究西南极裂谷系统新生代裂谷作用的起源及演化的地球动力学机制，必须在新生代发生裂谷作用及大规模岩浆活动的罗斯海盆地的背景下全面探讨西南极裂谷系统新生代岩浆活动的特征及时空分布。

泰勒裂谷作为新生代构造活动的产物，以高热流值（Della Vedova et al.，1995）、减薄地壳（Busetti et al.，1999；Trey et al.，1999；Ji et al.，2017）及上地幔低速带（Bannister et al.，2000）为特征，是西南极裂谷系统新生代活动性的最后的窗口。前人已经就其地层单位、盆地特征、构造要素及形成机制取得了研究成果（Cooper and Davey，1985；Salvini et al.，1997；Hall et al.，2007；Henrys et al.，2007）。

我们从 2011 年开始执行南北极环境综合考察与评估专项任务，2012 年在罗斯海西海岸维多利亚地新站选址和勘探，到 2013 年正式执行罗斯海地球物理考察，并在罗斯海地区采集重、磁测线里程达到 740km；2014 年在罗斯海地区完成 409km 的重、磁、震联合调查测线；2015 年在罗斯海地区共获得 723km 的综合地球物理数据。

因此，为深化认识罗斯海岩石圈物性、热动力结构、与周边构造的关系和张裂过程性质、方式及动力来源，有必要在罗斯海地区提供一套可靠的、高分辨率的区域热流分布图。

3　罗斯海重磁异常特征

3.1　数据来源

地形数据采用了美国国家海洋和大气管理局（National Oceanic and Atmospheric Administration，NOAA）于 2008 年 8 月发布的 ETOPO1 卫星测高反演的数据。

地磁数据来自南极地磁调查项目 ADMAP 最新公开数据，2000 年底 ADMAP 已整编完成全球分辨率为 5km 的磁异常网格。

重力数据主要用于莫霍面反演。重力异常采用 Sandwell（1987）的 23 版本数据。

热流数据通过“国际热流委员会的全球热流数据库”下载。

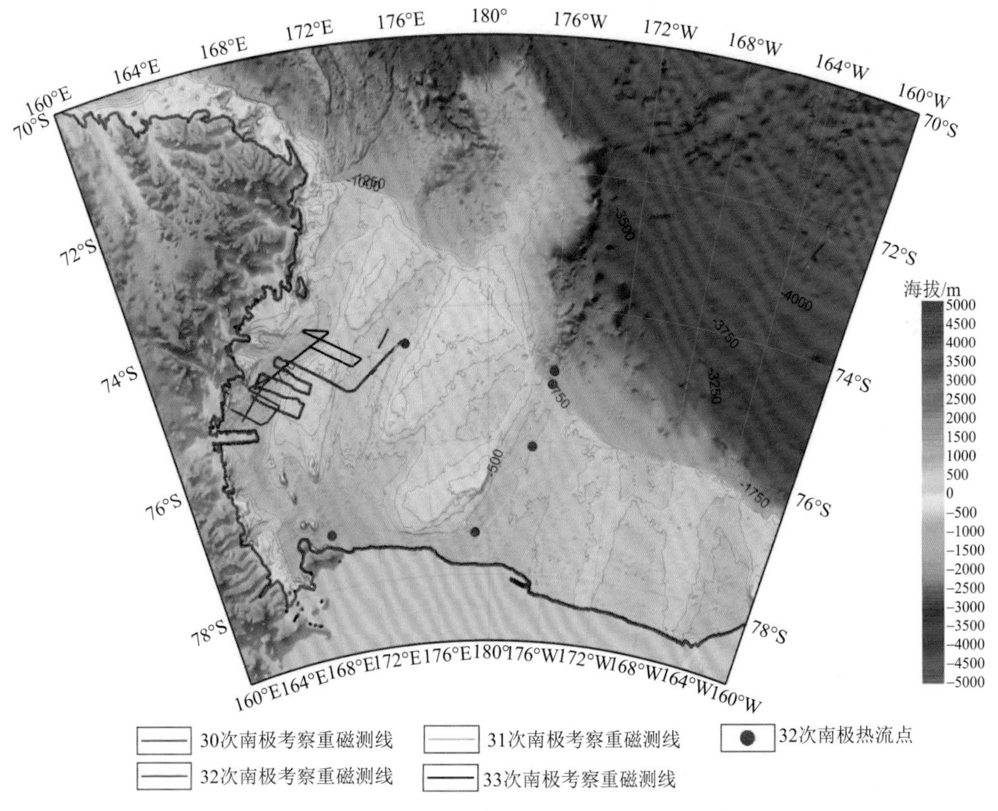

图 2　历次南极科学考察罗斯海地区测线、站位图

除以上数据外，通过多次中国南极科学考察的积累，在罗斯海地区也积累了相当多的地球物理资料，通过处理计算，并与公开数据融合使用（图 2）。历次南极罗斯海科

学考察测线，每条测线都进行了水深、重力和磁力测量，大部分进行了地震测量，并进行热流测量。

3.2 重力异常特征

3.2.1 罗斯海空间重力异常特征

罗斯海空间重力异常典型变化范围为–130～90mGal，除盆地的多个小型低值负异常圈闭和隆起区的高值正异常圈闭外，罗斯海陆架区空间异常值多位于–60～30mGal之间。如图 3。与西部的中央高地和维多利亚沉积盆地相比，东部沉积盆地缺乏明显大的异常和区域性变化（Bennett，1964）。在西罗斯海地区，北部盆地也存在孤立的高重力异常区域，但整体平行于南极横断山脉方向，呈现相对偏高的异常，并在 76°S，168°E 出现较高的重力异常。南部的维多利亚地盆地的的高重力异常也相对其中西南端的大异常与地震剖面记录上看到的基底凸起位置一致（Hayes and Davey，1975）。

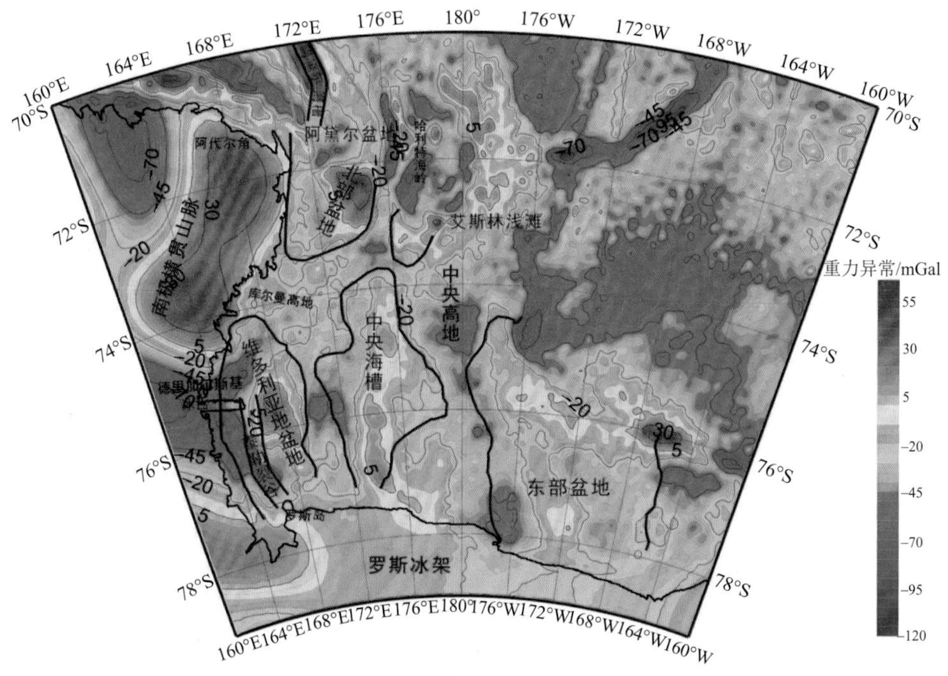

图 3 罗斯海空间重力异常

3.2.2 罗斯海布格重力异常特征

罗斯海布格重力异常普遍在 150mGal 上下变化（图 4），维持在 100～200mGal 之间，朝陆架边缘和深海盆迅速增大，超过 250mGal。大的负异常和陡变梯度紧邻横贯南极山脉出现。罗斯海沉积盆地却以高异常为特征，并与盆地走向大致一直，呈 N-S 分布，异常幅度达 150～200mGal，宽度达 100～150km。并延 E-W 方向，重力高异常与低异常相间分布。与罗斯海大的盆地相反，罗斯海西南部年轻的特拉（Terror）裂谷伴有低重力异常。

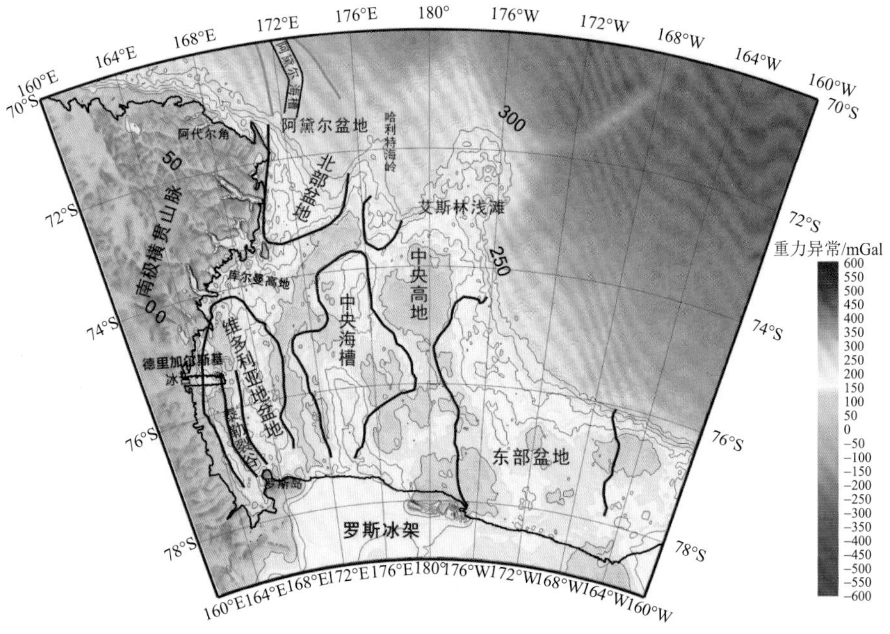

图 4　罗斯海布格重力异常图

3.3　磁力异常

西罗斯海内陆架区（主要包括维多利亚盆地、库尔曼隆起和中央海槽）磁异常变化平缓（图 5），基本在±100nT 以内，磁性基底偏深，说明是罗斯海的主要沉积区；往南朝冰架区和自西朝东的罗斯海盆地，磁异常变化明显，大片的正异常可以超过 200nT；西罗斯海外陆架、陆坡及南太平洋区磁异常变化更剧烈，一些线性高值异常可以超过 300nT。

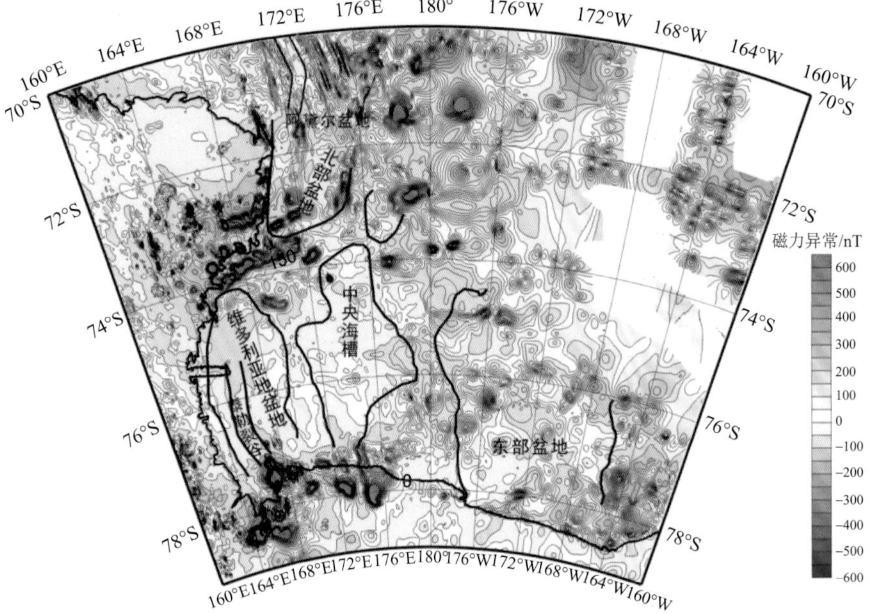

图 5　罗斯海磁力异常

4 重磁反演罗斯海热结构

4.1 重磁反演居里面、莫霍面深度

热流是最难以捉摸的地球物理可观测量之一，难以直接测量，其测量结果规律性差，并且具有较大的可变性（Davies，2013）。Li 和 Wang（2016）指出，目前地球表面热流变化的了解程度不足以用于推断深部热结构，通过源自磁异常的居里点深度（Curie-point depth，CPD）可以更好地约束。因此，在南极周边表面热流测量存在困难，数据量少，且难以真实反映内部热结构情况下，CPD 的计算则成为岩石圈热结构反演的最好手段。

CPD 是指高于特定温度的磁化材料变为顺磁性的温度的深度。在地壳中，铁钛氧化物（钛磁铁矿）是磁异常的主要来源（O'Reilly，1976），磁铁矿的居里点温度通常为 580°C。该边界的位置提供了计算罗斯海热流分布的关键根据。计算的 CPD 变化还需与获得的地壳厚度（crustal thickness，CT）变化进行比较。

4.1.1 磁异常反演居里面

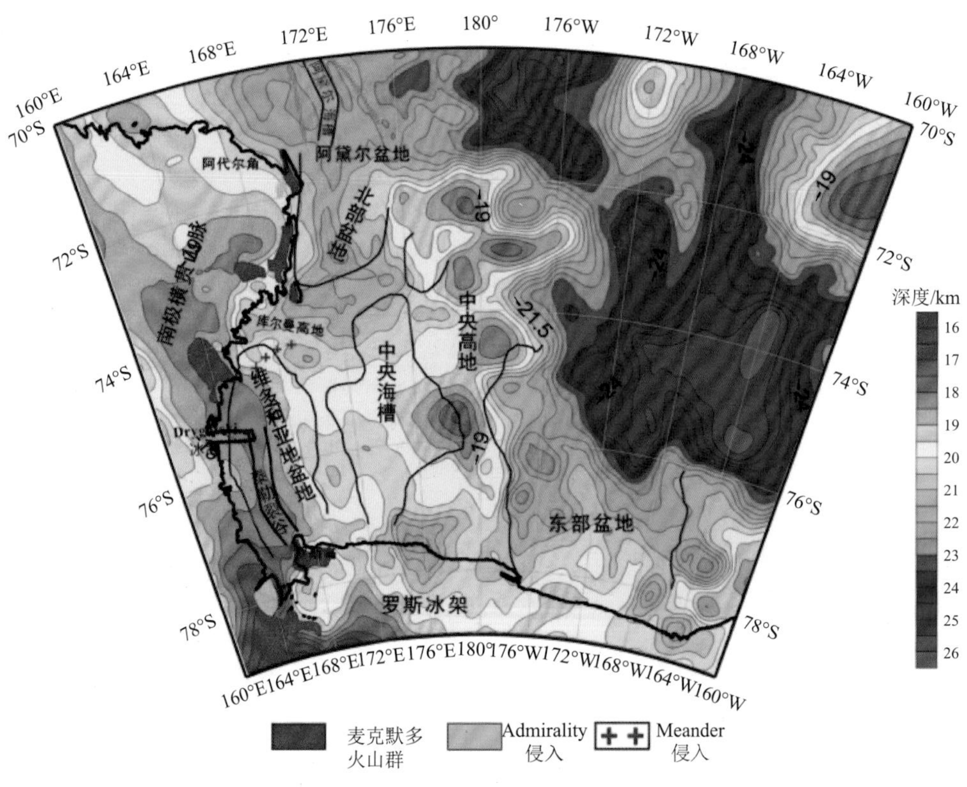

图 6 磁性层底部深度（CPD）分布

等值线对应于 CPD 的轮廓，粗线表示地质单元

采用小波多尺度分解方法来分离磁性层上、下界面的磁异常信息，并进行对数功率

谱分析。采用功率谱法反演居里面埋深，所得的磁性层底面深度，作为该处的居里面深度，代表了该处的平均深度值，反演结果见图 6。

4.1.2 重力反演莫霍面

根据 Parker（1973）和 Oldenburg（1974）提出的迭代反演过程，反演研究区域莫霍面深度（图 7）。

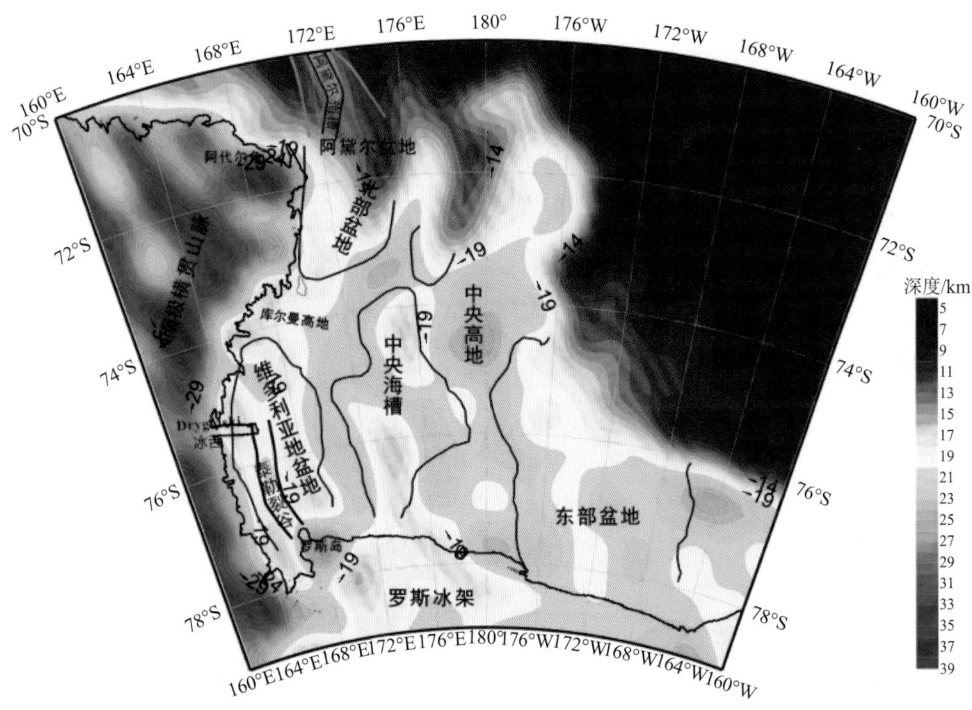

图 7 罗斯海地区莫霍面埋深分布

粗线表示地质单元

4.2 热流值计算

由 CPD 和 CT 计算热流 Q_o。假设在稳态条件下，表面热流有两个部分组成：背景热和来自放射性衰变的层内热量产生。根据傅里叶定律，稳态下的一维表面热流 Qo，与恒定的热量产生（A）、恒定的热导率（k）、表面温度（T_o）和 Z 深度处的温度 Tz 之间的关系如下：

$$Q_o = A \cdot Z/2 + \left(T_z - T_o\right)k/Z \tag{1}$$

在公式中，T_z=TCPD 是磁性层底部的温度。当 CPD 高于莫霍面时，计算为单层问题：

$$Q_o = A \cdot Z\text{CPD}/2 + \left(T\text{CPD} - T_o\right)k_c/Z\,\text{CPD} \tag{2}$$

但是当 CDP 低于莫霍面时，计算为两层问题（图 8）：

$$Q_o = \frac{\left[TCPD - T_o + A \cdot Z_m \cdot \left(CPD - Z_m\right)/k_m + A \cdot Z_m{}^2/2k_c\right]}{\left[Z_m/k_c + \left(CPD - Z_m\right)/k_m\right]} \tag{3}$$

其中 Z_m 是莫霍面深度，k_c 和 k_m 分别是地壳和地幔的导热系数。

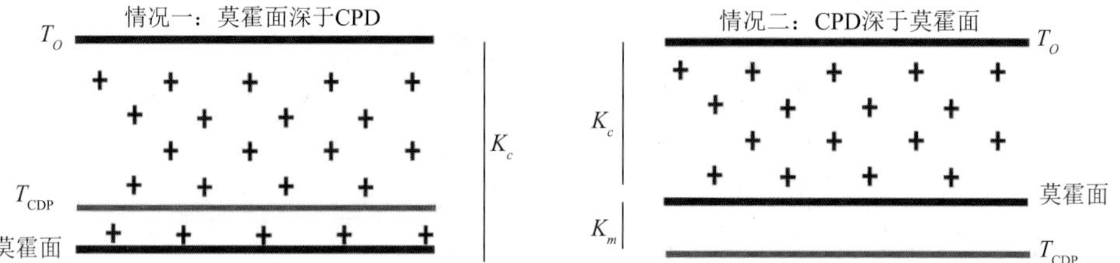

图 8　当莫霍面比 CDP 更深时，表面热流计算为单层问题，而当 CDP 比莫霍面深时，表面热流计算为两层问题。假设产热（A）和热导率（地壳的 k_c 和地幔的 k_m）是恒定的。

对于地壳和上地幔，假设热导率和放射性地壳热参数的值是恒定的。莫霍面深于 CPD，则地壳的热导率取 2.2W/mK 作为沉积物、上地壳和下地壳的平均值。在 CPD 深于莫霍面的区域，2.7W/mK 的值被用于解释上地幔的变化（Osako et al.，2010）。假设地壳的放射性热产量为 1μWm^3（Ramalho and FFernàndez，1998），而岩石圈地幔则为零。

如图 9 所示。白线为 An 等人（2015）计算的热流趋势。红色点为全球热流数据库

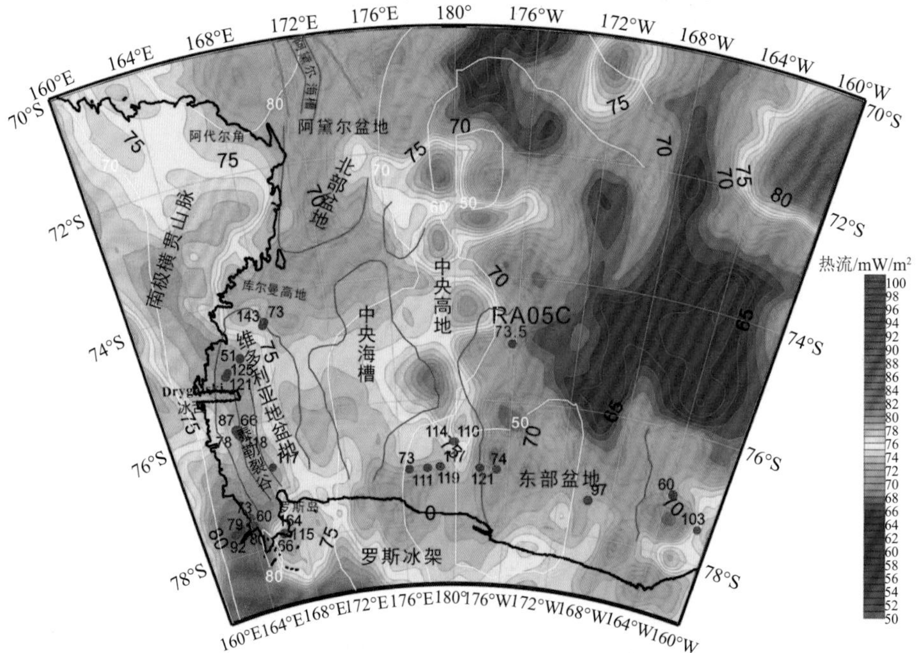

图 9　罗斯海地区由 CPD 推算的热流异常分布

白线表示 An 等（2015）计算的热流值。红色点为罗斯海地区积累的海底表面热流点位测量值，RA05C 为 2016 年第 32 次南极科学考察测量热流值

积累的研究区域热流点。RA05C 站位为 2016 年国家海洋局第二海洋研究所在中国第 32 次南极科学考察所测热流数据，为 73.5mW/m^2。An 等（2015）研究集中于南极大陆，他们模型在计算陆地区域的热流有较高分辨率，在海洋地区分辨率非常低。本文计算结果在长波长上趋势与 An 等（2015）结果比较一致，在短波长上有着更高的分辨率。在罗斯冰架区域，An 等（2015）结果并未有过高的热流异常，而本文计算出较高的热流异常值，这与 Maule 等（2005）计算结果相符。由于 An 等（2015）模型在海洋地区分辨率非常低，显然无法满足盆地级别的热流定量表达。相比国际热流数据库搜集的海底热流值，许多高热流异常值主要集中在经度 180°、纬度 77°S 区域和维多利亚地盆地和中央高地南端区域，与本文计算出来的高热流分布相符。

5 结论

本文通过实际测量及搜集研究区域的重力、磁力数据，计算获取研究区域高精度重力异常及磁力异常数据。通过重力及磁力异常数据反演莫霍面及居里面深度，继而反演罗斯海地区高分辨率的热流信息。

本文根据罗斯海区域实际地质情况，优化了居里面反演方法，获得了更优的反演结果。用优化后的居里面反演罗斯海区域热结构，相比已有模型，在海洋区域拥有更高的分辨率，也更加符合罗斯海区域地质构造情况。计算结果表明，高热流主要分布在维多利亚地盆地和中央高地，尤其在特拉裂谷区域，而东部盆地与北部盆地表现出低热流。北部盆地受北部洋盆区阿黛尔（Adair）盆地影响较大，地幔热释放完全；东部盆地相对独立，拉张不够充分，构造活动停止早。中央高地和维多利亚地盆地同属高热流异常区域。中央高地高热流可能是地质构造稳定导致的热释放不够充分的反映；维多利亚地盆地现代裂谷及岩浆活动则带来了高的热流值。

参考文献

陈延愚, 沈炎彬, 赵越, 任留东. 2006. 南极洲地质发展与冈瓦纳古陆演. 商务印书. 311-320

武衡. 1985. 中国首次南极科学考察. 科学, 2: 2-5

An M, Wiens D A, Zhao Y, Feng M, Nyblade A, Kanao M, Li Y, Maggi A, Lévêque, Jacques J. 2015. Temperature, lithosphere-asthenosphere boundary, and heat flux beneath the Antarctic Plate inferred from seismic velocities. Journal of Geophysical Research Solid Earth , 120: 8720

Armienti P, Baroni C. 1999. Cenozoic climatic change in Antarctica recorded by volcanic activity and landscape evolution. Geology, 27: 612-620

Bannister S, Davey F J, Kennett B. 2000. Lithospheric structure of the TransAntarctic Mountains, Antarctica, from broadband seismic data. Geological Society of New Zealand Miscellaneous Publication A, 108

Behrendt J C, Lemasurier W E, Cooper A K, Tessensohn F, Trehu A, Damaske D. 1991. The West Antarctic Rift System: A Review of Geophysical Investigations. Contributions to Antarctic Research II, 53: 67-112

Behrendt J C, Blankenship D D, Finn C A. 1994. CASERTZ aeromagnetic data reveal late Cenozoic flood basalts in the West Antarctic rift system. Geology, 22: 527-530

Behrendt J C. 1999. Crustal and lithospheric structure of the West Antarctic Rift System from geophysical investigations — A review.Global Planet Change, 23: 25-44

Bennett H F. 1964. A Gravity and Magnetic Survey of the Ross Ice Shelf Area. Antarctica

Boger S D. 2011. Antarctica—before and after Gondwana. Gondwana Research, 19: 335-371

Busetti M, Spadini G, Van der Wateren F M, Cloetingh S, Zanolla C. 1999. Kinematic modeling of the West Antarctic Rift System, Ross Sea, Antarctica. Global and Planetary Change, 23: 79-103

Cande SC, Stock J, Müller RD, Ishihara T. 2000a. Cenozoic motion between East and West Antarctica. Nature, 404: 145-150

Cande SC, Stock JM, Müller RD, Ishihara T. 2000b. Two stages of Cenozoic separation in the western Ross Sea embayment. EOS, 48: F1131

Chaput J, Aster RC, Huerta A. 2014. The crustal thickness of West Antarctica. Journal of Geophysical Research Solid Earth, 119: 378-395

Cooper A K, Davey F J. 1985. Episodic rifting of Phanerozoic rocks in the Victoria Land basin, western Ross Sea, Antarctica. Science, 229: 1085-1087

Cooper A K, Davey F J, Hinz K. 1998. Liquid hydrocarbons probable under Ross Sea. Oil Gas J, 86: 118

Davey F J, Bennett D J, Houtz R E. 1982. Sedimentary basins of the Ross Sea, Antarctica. New Zealand Journal of Geology and Geophysics, 25: 245-255

Davies J Huw. 2013. Global map of solid Earth surface heat flow. Geochemistry Geophysics Geosystems, 14: 4608

Della Vedova B, Pellis G, Cooper A K, Makris J, Trey H, Zhang J. 1995. ACRUP Working group, Crustal Structure of the Transantarctic Mountains at 76 degrees south, western Ross Sea area. VII Int. Symp of Antarctic Earth Science: Abstracts, 107

Elliot D H. 1992. Jurassic magmatism and tectonism associated with Gondwanaland break-up: an Antarctic perspective. Geological Society London Special Publications, 68: 165-184

Fernàndez M, Marzán I, Correia A, Ramalho E. 1998. Heat flow, heat production, and lithospheric thermal regime in the Iberian Peninsula. Tectonophysics, 291: 29-53

Fielding C R, Henrys S A, Wilson T J. 2006. Rift History of the Western Victoria Land Basin: A new Perspective Based on Integration of Cores with Seismic Reflection Data. Antarctica: Contributions to global earth sciences. Berlin, Heidelberg: Springer Berlin Heidelberg, 309-318.

Fielding C R, Whittaker J, Henrys S A. 2008. Seismic facies and stratigraphy of the Cenozoic succession in McMurdo Sound, Antarctica: Implications for tectonic, climatic and glacial history. Palaeogeography Palaeoclimatology Palaeoecology, 260: 8-29

Hall J, Wilson T, Henrys S. 2007. Structure of the central Terror Rift, western Ross Sea, Antarctica. Antarctica: A Keystone in a Changing World—Online Proceedings of the 10th ISAES: USGS Open-File Report, 1047

Hayes D E, Davey F J. 1975. A geophysical study of the Ross Sea, Antarctica. Initial reports of the deep sea drilling project, 28: 887-907

Henrys S, Wilson T, Whittaker J M, Fielding C, Hall J, Naish T. 2007. Tectonic history of mid-Miocene to present southern Victoria Land Basin, inferred from seismic stratigraphy in McMurdo Sound. Antarctica,1-4

Houtz R E, Markl R G. 1972. Seismic Profiler Data Between Antarctica and Australia. (American Geophysical Union (AGU)

Huerta A D, Harry D L. 2007. The transition from diffuse to focused extension: Modeled evolution of the West Antarctic Rift system. Earth and Planetary Science Letters, 255: 133-147

Ji F, Gao J, Li F, Shen Z Y, Zhang Q, Li Y D. 2017. Variations of the effective elastic thickness over the Ross Sea and Transantarctic Mountains and implications for their structure and tectonics. Tectonophysics, 717: 127-138

Karner G D, Studinger M, Bell R E. 2005. Gravity anomalies of sedimentary basins and their mechanical implications: Application to the Ross Sea basins, West Antarctica rapid communication. Earth & Planetary Science Letters, 235: 577-596

Kyle P R A. 1990. McMurdo Volcanic Group Western Ross Embayment. Volcanoes of the Antarctic Plate and Southern Oceans, 48: 18-145

Li C F, Wang J. 2016. Variations in Moho and Curie depths and heat flow in eastern and southeastern Asia. Marine Geophysical magnetic data using the de-fractal method. Tectonophysics, 624-625, 75-86

Maule C F, Purucker M E, Olsen N, Mosegaard K. 2005. Heat Flux Anomalies in Antarctica Revealed by Satellite Magnetic Data. Science, 309: 464-467

Molnar P, Atwater T, Mammerickx J. 1975. Magnetic-Anomalies, Bathymetry and Tectonic Evolution of South Pacific since Late Cretaceous. Geophysics Journal of the Royal Astronomical Society, 40: 383-420

Nardini I, Armienti P, Rocchi S. 2009. Sr-Nd-Pb-He-O Isotope and Geochemical Constraints on the Genesis of Cenozoic Magmas from the West Antarctic. Journal of Petrolog, 7: 1359-1375

O' Reilly W. 1976. Magnetic minerals in the crust of the Earth. Reports on Progress in Physics, 39: 857

Oldenburg D W. 1974. The Inversion and interpretation of gravity anomalies. Geophysics, 39: 526-536

Osako M, Yoneda A, Ito E. 2010. Thermal diffusivity, thermal conductivity and heat capacity of serpentine (antigorite) under high pressure. Physics of the Earth and Planetary Interiors, 183: 229-233

Parker R L. 1973. The Rapid Calculation of Potential Anomalies. Geophysical Journal International, 31: 447-455

Salvini F, Brancolini G, Busetti M, Storti F, Mazzarini F, Coren F. 1997. Cenozoic geodynamics of the Ross Sea region, Antarctica: crustal extension, intraplate strike-slip faulting, and tectonic inheritance. Journal of Geophysical Research Solid Earth, 102:24669-24696

Sandwell D T. 1987. Biharmonic spline interpolation of GEOS-3 and SEASAT altimeter data. Geophysical research letters, 14: 139-142

Siddoway CS, Baldwin SL, Fitzgerald PG. 2004. Ross Sea mylonites and the timing of intracontinental extension within the West Antarctic rift system. Geology, 32: 57-60

Thomson M R A, Crame J A, Thomson J W. 1991. Geological Evolution of Antarctica. Cambridge: Cambridge University Press

Trey H, Cooper A K, Pellis G, Della Vedova B, Cochrane G, Brancolini G, Makris J. 1999. Transect across the West Antarctic rift system in the Ross Sea. Antarctica Tectonophysics, 301: 61-74

Y K, K H. 1991. Crustal development: Weddell Sea-Ross Sea region. Geological Evolution of Antarctica, 225-230

Characteristics of crustal structure of the East China Sea: New insights from improved gravity inversion

Zhongyang LIN[1,3], Zhiyuan ZHOU[2*], Xianglong JIN[4], Zouxia LONG[5], Ling CHEN[4], Gyaltsen Norbu[6], Yizhuo WANG[4]

1 Zhejiang Institute of Geosciences, Hangzhou 310007, China

2 Department of Ocean Science and Engineering, Southern University of Science and Technology, Shenzhen 518055, China

3 Technology Innovation Center of Ecological Evaluation and Remediation of Agricultural Land in Plain Area, Ministry of Natural Resources, Hangzhou 310007, China

4 Key Laboratory of Submarine Geoscience, Second Institute of Oceanography, MNR, Hangzhou 310012, China

5 Academy of Advanced Carbon Conversion Technology, Huaqiao University, Xiamen 361021, China

6 Geological Party, Xizang Bureau of Geology and Mineral Exploration and Development

*Corresponding author: E-mail: zhouzy@sustech.edu.cn

Abstract East China Sea （ECS） consists of a broad continental shelf, a thick sedimentary basin, a back-arc basin, an arc of uplift, and a deep trench, making it a typical trench-arc-basin tectonic system on the western Pacific continental margin. However, the crustal structure of the ECS is still poorly understood due to the extremely limited seismic investigations of its deep structure. We first collected all available seismic data and compiled a high-resolution sediment thickness dataset with a 1 arc minute grid size, consisting a crucial and robust basis for revealing the high-resolution crustal structure of the ECS. We then used the density profile obtained from drilling in the East China Sea Shelf Basin （ECSSB） to correct for the gravitational effect of the sediments, yielding the high-accuracy complete Bouguer gravity anomaly （CBA）. For the first time, we illustrated the significant linear relationship between the CBA and the available seismic-derived Moho depth. We innovated upon the gravity inversion method and obtained the best-fitting Moho depth of the ECS with the least deviation. The results reveal that the Moho depth is at its lowest depth of 16km in the

---

Funding projects: National Natural Science Foundation of China (92258303), National Key Research and Development Program of China (2023YFF0803404), Shenzhen Science and Technology Innovation Commission (JCYJ20220818100417038, KCXFZ20211020174803005), and Chinese Academy of Sciences (133244KYSB20180029, Y4SL021001)

First author: Zhongyang Lin, Senior engineer, Ph.D., research interests include geophysics and geological environment; E-mail: linamdy@163.com

southern Okinawa Trough (OT) and that the crust is thinnest, with a depth of 14km, in both the eastern ECSSB and southern OT, implying that both the OT and ECSSB are subjected to significant tectonic extension. Furthermore, the improved normalized full gradient of gravity anomaly method was employed to invert for the fault structure along three cross-ECS profiles. Through integrated analyses of the crustal and fault structures along the profiles, we speculated that the southern ECS might be associated with stronger tectonism than the northern ECS and that the continental rifting in the southern OT might induce stronger mantle upwelling.

Key words East China Sea, Moho depth, crustal thickness, fault structure, Okinawa Trough

1 Introduction

As a large marginal sea in eastern China, East China Sea (ECS) consists of a broad continental shelf, a thick sedimentary basin, a back-arc basin, an arc of uplift, and a deep trench, making it a typical trench-arc-basin tectonic system on the western Pacific continental margin. The ECS is an important window into the tectonic activity, formation and evolution of the western Pacific marginal sea. Under the collision and interaction between the Pacific plate and the Eurasian plate, the tectonics of the ECS have gradually developed features of east-west zoning and north-south blocking since the Mesozoic (Xu et al., 1997; Wei et al., 2021). From the west to east, six major tectonic areas are located in the ECS (Xu and Le, 1988; Zeng et al., 2004), including the Zhejiang-Fujian Uplift Belt (ZUB), East China Sea Shelf Basin (ECSSB), Taiwan-Sinzi Fold Belt (TFB), Okinawa Trough (OT), Ryukyu Arc (RA), and Ryukyu Trench (RT). Three major tectonic events occurred in the ECS between 220～120 Ma, 200～86Ma, and 90～20Ma (Li and Zhu, 1992), building the basic tectonic framework of the eastern margin of the Eurasian plate. The formation and evolution of the ECS is highly related to the interaction between the Eurasian plate, Philippine Sea plate, and the Pacific plate (Li, 2008). However, the crustal and fault structure of the ECS is still poorly understood due to the extremely limited seismic investigations on its deep structure.

Previous studies have revealed the Moho depth of the ECS through different methods. The Moho depth of the ECS was inverted by the sin x/x method based on gravity measurement results from the State Oceanic Administration in the ECS collected during 1977 and 1980 (Xu et al., 1983), revealing that the Moho depth is 18.5～31km. A simplified linear formula method was first used to calculate the Moho depth in the ECS (Jiang et al., 2002; Chen et al., 2022), suggesting that the thickness of the continental shelf in the East China Sea shelf basin is 26～30km, the thickness of the Okinawa Trough is 12～18km, and the crust of OT is dominated by transitional crust rather than oceanic crust. The harmonic series method was adopted to invert the Moho depth of Yellow Sea-East China Sea (Hao et al., 2006), revealing that the Moho depth in most sea areas is 25～27km, is approximately 17km in the Okinawa

Trough, and is only 16km in the southern part of the trough. The high-resolution Bouguer gravity anomaly data were employed to calculate the Moho depth of the ECS and its adjacent regions （Han et al., 2007）, revealing that the Moho depth ranges from 12 to 34km and the OT has 14～22km of continental crust. The complete Bouguer gravity anomaly （CBA） was first adopted to invert the Moho depth of the OT （Gao et al., 2008）, suggesting that the crustal thickness of the southern OT is as thin as 13km and that the crust gradually changes from continental crust in the northeast OT to oceanic crust in the southwest OT. Based on high-resolution of sediment thickness data, the CBA was precisely calculated to invert the Moho depth of the ECS （Zhou et al., 2013; He et al., 2019）. However, none of the above studies directly employ all available seismic observations in the inversion of the Moho depth.

In this study, we first calculated high-resolution CBA of the ECS through removing the effects of topography and sediment thickness from the free-air gravity anomaly （FAA）. Then, we calculated the wavelet approximation of the CBA and, for the first time, distinctly illustrated the significant linear relationship between the CBA and the Moho depth derived from seismic investigations in the ECS. Therefore, we employed the initial Moho depths calculated by the linear relationship as the initial values for the gravity inversion. Finally, the Moho depths and crustal thicknesses of the ECS were inverted, revealing that the crust of the eastern ECSSB and southern OT is significantly thinned by tectonic extension. In addition, we inverted the fault location and depth along three cross-ECS profiles through the normalized full gradient of gravity anomaly method, suggesting that the faults could cut deeper in the ECSSB than in its adjoining regions.

2 Data and methods

2.1 Sources and characteristics of the geophysical data in the ECS

The bathymetric data used in this study （Fig. 1a） were derived from a dataset with a 15-arc-second grid size, which integrated global bathymetry data inverted from satellite altimetry data and the available multibeam bathymetry data （SRTM15_PLUS Version 1, http://topex.ucsd.edu/marine_topo/）. The free-air gravity anomaly （FAA） data （Fig. 1b） were obtained from the global marine gravity model with 1 arc minute resolution （Sandwell et al., 2014）. The bathymetry in the ZUB, ECSSB, and TFB are significantly shallow with depths lower than 200m, while the sea floor reaches deeper than 2000m in the OT. There are several depressions and uplifts in the RA, causing large variations in the bathymetry of the RA. The FAA is close to 0mGal in the ECSSB, implying that the ECSSB is almost isostatically compensated. However, the amplitude of FAA in the TFB and RA is remarkably large, suggesting that they are significantly nonisostatically compensated and are undergoing prominent tectonism.

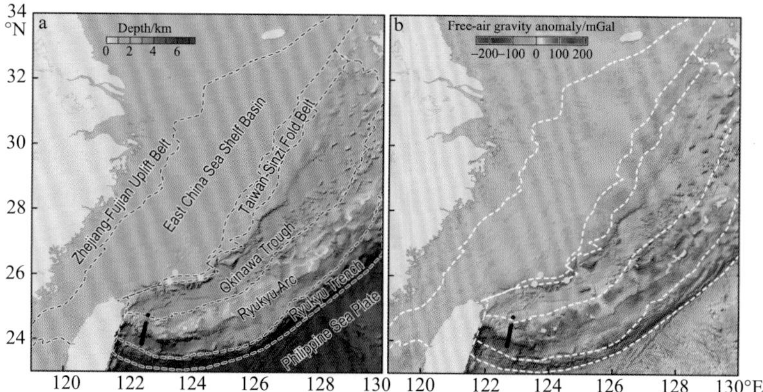

Fig. 1 Topography (a) and free-air gravity anomaly (b) of the East China Sea

The black(a)and white (b)dashed lines denote the boundaries of the six major tectonic areas located in the ECS: Zhejiang-Fujian Uplift Belt (ZUB), East China Sea Shelf Basin (ECSSB), Taiwan-Sinzi Fold Belt (TFB), Okinawa Trough (OT), Ryukyu Arc (RA), and Ryukyu Trench (RT)

The Bouguer gravity anomaly (BA) was calculated by removing the gravitational effect of the seawater-sediment interface from the FAA (Fig. 2a) using the fast Fourier spectrum forward method of gravity calculation (Parker, 1973) . The BA of the ECSSB, TFB, and eastern RA are distinctly lower than that of the OT. The differences reach up to more than 200 mGal, implying that the OT might be undergoing significant tectonic extension. The magnetic anomaly data (Fig. 2b) were derived from the global Earth Magnetic Anomaly Grid (EMAG2) with a 2 arc minute grid size (Maus et al., 2008; Müller et al., 2008) , which was compiled from satellite, airborne, and marine magnetic data (http://www.geomag.us/models/emag2.html) . The magnetic anomalies of the ZUB and TFB are almost positive with high values, consistent with the prevalent outcrops of large igneous rocks. The magnetic anomaly is significantly larger in the southern OT than in the northern OT, implying that the southern OT might be involved in massive magmatism.

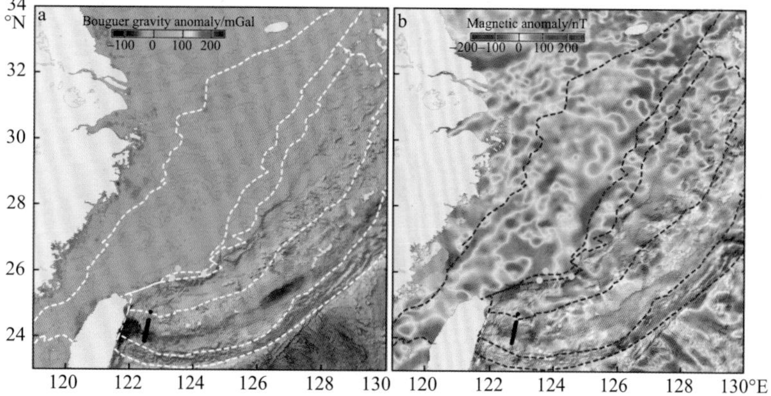

Fig. 2 Bouguer gravity anomaly (a) and magnetic anomaly (b) of the ECS

The BA was calculated by removing the gravitational effect of the seawater-sediment interface from the FAA. The white (a) and black (b) dashed lines denote the boundaries of the six major tectonic areas located in the ECS

The basic sediment thickness data were obtained from the National Centers for Environmental Information(NCEI)of NOAA （Divins，2003） with a 5 arc minute resolution (http://www.ngdc.noaa.gov/mgg/sedthick/sedthick.html). In addition，we also incorporated a large amount of high-resolution sediment thickness data from the ECS obtained by seismic investigations （Liu，1992；Park et al.，1998；Guo，2004；Lin et al.，2005），substantially improving the accuracy of the sediment thickness and calculation of the CBA. Finally，we compiled synthesized sediment thickness data with a 1 arc minute resolution （Fig. 3a）.

The sediment thickness of the ECS generally spreads along the NE-NNE direction. The sediment thicknesses of the ECSSB mostly vary from 1km to 10km and gradually thicken from the west to the east. The maximum sediment thickness is located in the eastern depression，reaching 13km. Most of the TFB is covered with thin sediment deposits of less than 2.5km. The sediment in the OT is basically thick in the west and thin in the east. The maximum thickness reaches 11km in the northwest depression，while other regions are covered with thin sediment deposits less than 3km thick.

Based on the sediment thickness data，we calculated the CBA （Fig. 3b） by removing the gravitational effect of the sediment from the BA. The sediment density was derived from drilling materials from the ECSSB （Gao，1995；Gao et al.，2003；Gao et al.，2005）. Based on the drilling results，the sediment density was assumed to increase with depth from 1900kg/m^3 to 2600kg/m^3 nonlinearly with an average density of 2200kg/m^3. The depth-dependent gradient of sediment density is variable rather than constant as assumed in a previous study （Wang et al.，2013）. The densities of water and crust were assumed to be 1030kg/m^3 and 2700kg/m^3，respectively. The CBA in the OT is significantly larger than its adjacent regions，implying that the crust in the OT is prominently thinned due to tectonic back-arc spreading.

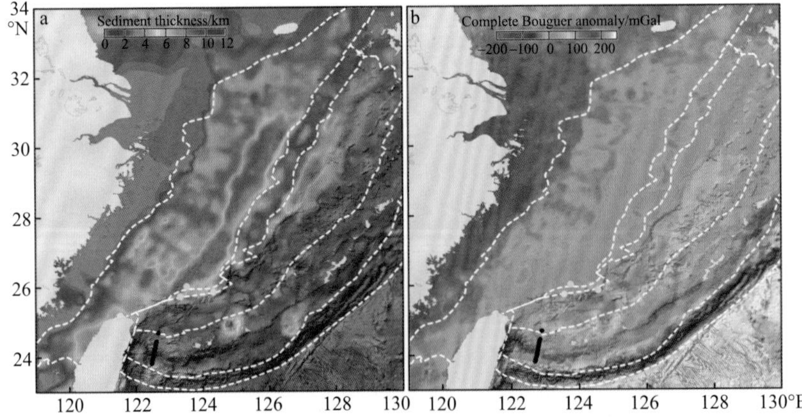

Fig. 3 Sediment thickness（a）and calculated complete Bouguer gravity anomaly（b）of the ECS

The sediment thickness data were compiled from multiple sources，including a global dataset and a large number of regional seismic investigations. The CBA was calculated by removing the gravitational effects of the seawater and sediment from the FAA. The white dashed lines denote the boundaries of the six major tectonic areas located in the ECS.

2.2 Inversion method for the Moho depth

We employed two steps to invert the Moho depth after obtaining the complete Bouguer gravity anomaly. We first calculated the gravity anomaly caused by the initial Moho depth and subtracted it from the observed gravity anomaly, yielding the residual gravity anomaly. We then used the iterative Parker-Oldenburg gravity inversion method to invert the variation of Moho depth by downward continuation （Parker, 1973; Oldenburg, 1974）. The density contrast at the crust-mantle interface was assumed to be 450kg/m^3. The residual gravity anomaly was adopted for three-dimensional iterative inversion in the spectral domain. The recursive inversion process will not stop until the root-mean-square （RMS） error between the calculated and observed gravity anomaly meets a prescribed convergence criteria. This innovation on the Parker-Oldenburg gravity inversion method can significantly enhance the robustness of the Moho inversion. In this study, the RMS error between the calculated and observed gravity anomalies is calculated to be 3.2mGal, and the mean standard deviation between the gravity-derived and the seismic-derived Moho depth is reduced to 2.1km after 20 iterations.

2.3 Inversion method for the fault structure

The method of normalizing the full gradient（NFG）of gravity anomalies has been widely used to invert fault structures and density interfaces （Xiao and Zhang, 1984; Wang et al., 1987; Zeng, 1999; Zhang and Meng, 2015）. This method is mainly based on the basic principle that the gravity field is a nonrotational field. The gravity potential and its derivative can be extended to the region outside the field source while maintaining analyticity. However, the gravity potential and its derivative lose analyticity when the observation location is just at the field source, which is called a singularity in the analytic function. Therefore, the problem of determining the source of the gravity field can be attributed to the singularity problem of the extension of the analytic function.

In this study, we first calculated the normalized full gradient of the gravity anomaly following the classic algorithm:

$$G_H(x,z)=\frac{G(x,z)}{G_{cp}(z)}=\frac{\sqrt{V_{xz}^2(x,z)+V_{zz}^2(x,z)}}{\frac{1}{M}\sum_{i=0}^{M}\sqrt{V_{xz}^2(x_i,z_i)+V_{zz}^2(x_i,z_i)}} \tag{1}$$

where M is the total number of measured points on the profile, and V_{xz} and V_{zz} are the horizontal and vertical derivatives of the gravity anomaly, respectively. In this study, we innovatively calculated the contour data of the normalized full gradient of gravity anomaly and found the locations of extreme points. Based on the locations of the extreme points, we could easily distinguish the distribution pattern of the fault structure.

3 Results

3.1 The linear relationship between CBA and seismic-derived Moho depth

As the gravitational effects of the interfaces above the crust have been removed, the CBA is assumed to indicate the gravitational anomaly of the Moho undulation and other short wavelength sources. Generally, the wavelength of the Moho undulation is significantly long. To further suppress the residual gravity effects of shallow fields and obtain gravity from deep sources, the residual gravity anomaly is decomposed by the wavelet multiscale method. The wavelet approximation is the long wavelength component, which is considered to be induced mainly by the variation of the Moho depth. Therefore, we employed the fourth-order wavelet approximation of the CBA as the observed gravity anomaly(Fig. 4a) to invert for the Moho depth.

To constrain and improve our Moho depth inversion result, we collected all available seismic-derived Moho depth data (Murauchi et al., 1968; Luan et al., 2001; Gao et al., 2004; Wang et al., 2004; Mcintosh et al., 2005; Ai et al., 2007; Klingelhoefer et al., 2009; Nakamura and Umedu, 2009;Qi et al., 2021), including 162 data points in the ECS (Fig. 4b). Remarkably, we found a significant linear relationship between the CBA and the Moho depth derived from seismic investigations in the ECS, proving that the calculated CBA was robust. The best-fitting linear formula is calculated to be $y = 26 - 0.049x$. Therefore, we obtained the initial Moho depth through employing the best-fitting linear formula, which is the basis of the gravity inversion of Moho depth.

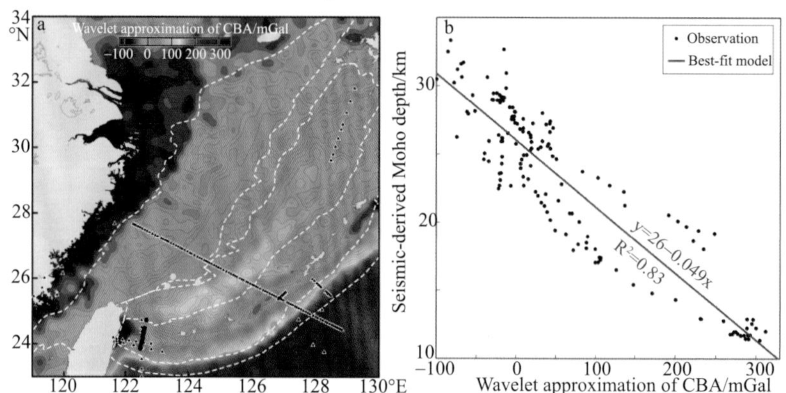

Fig. 4 Wavelet approximation of the complete Bouguer gravity anomaly (a) and the linear relationship between the CBA and the seismic-derived Moho depth (b)

(a) The black triangles indicate the locations of seismic investigations of the Moho depth. The white dashed lines denote the boundaries of the six major tectonic areas located in the ECS. (b) The black dots represent the original data, and the red line denotes the best-fitting linear formula

3.2 Moho depth and crustal thickness of the ECS

The inverted Moho depth in the ECS clearly reveals the following significant characteristics of the fluctuations of the Moho surface (Fig. 5a) :

(1) The Moho undulation in the ECS is generally distributed in the NE direction, which gradually becomes shallower from the continental crust to the oceanic crust. The Moho depth varies from 10 to 33km with the features of east-west zoning and north-south blocking.

(2) The Moho surface is characterized as "concave-convex-concave- convex-concave" from northwest to southeast, consistent with the tectonic units. The overall change in Moho depth is gentle in the west but drastic in the east.

(3) The Moho depth of the Zhejiang-Fujian Uplift Belt is deeper than 28km, which is a typical continental crust. The Moho depth of the East China Sea Shelf Basin varies from 24~29km and is much deeper in the west than in the west, suggesting that the crust of the eastern ECSSB has been significantly thinned due to strong tectonic extension.

(4) The Moho depth of the Okinawa Trough is 16~26km and gradually deepens from southwest to northeast, implying that the southern OT is undergoing strong tectonic extension. It significantly deepens up to 30km in the Ryukyu Arc with a large gradient and rapidly shallows to 10km towards the Ryukyu Trench.

We calculated the crustal thickness by removing the bathymetry and sediment thickness from the Moho depth(Fig. 5b). The crustal thickness of the ECS is generally NE-NNE-striped with alternating bands of thick and thin from northwest to southeast. The crustal thickness of the ECSSB gradually becomes thinner from 28km in the west to 14km in the east, while the crustal thickness of the TFB is relatively constant at~25km. The crust of the OT is significantly thin, with a depth of only 14~18km in the southern OT and 18~22km in the northern OT. The crust of the RA is rapidly thickened up to 28km, while it is gradually thinned to several kilometers to the east in the RT.

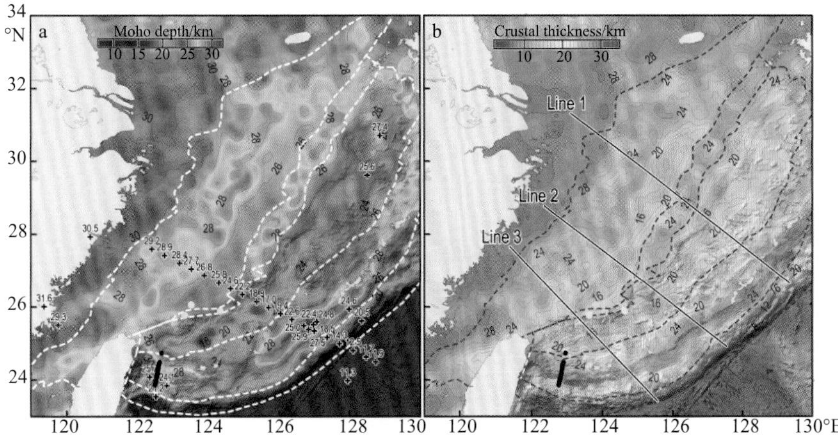

Fig. 5 Inverted Moho depths (a) and calculated crustal thicknesses (b) of the ECS

The crosses and their adjacent numbers indicate the locations and values of the seismic-derived Moho depth, respectively. The black solid lines indicate the locations of the three cross-ECS profiles sliced to investigate the variation in crustal structure of the ECS. The white (a) and black (b) dashed lines denote the boundaries of the six major tectonic areas located in the ECS

3.3 Crustal and fault structure along the cross-ECS profiles

The above results revealed significant variations in basement and crustal structure in the ECS along a northwest-southeast trend. Therefore, we sliced three northwest-southeast cross-ECS profiles across the north（Line 1）, center（Line 2）, and south（Line 3）of the ECS（Fig. 5b）. We inverted the fault structure along the profiles using the normalized full gradient method of gravity anomalies（Figs. 6~8）. To illustrate the detailed crustal structure along the profiles, the depths of the seafloor, basement, Curie interface, and Moho interface are simultaneously shown（Figs. 6~8）. The Curie depth data in the ECS were obtained from our previous study（Zhou, 2012）.

Line 1 is the northern line across all six major tectonic areas in the ECS（Fig. 6）. The magnetic anomalies in most regions remain low except for the ZUB and TFB, where massive igneous rocks are pervasive. Although there are significant variations in the depth of the basement, the Moho depth changes slightly by approximately 28km. The crust is thinnest in the eastern depression of the ECSSB. The Curie depth is relatively invariant, at approximately 20km, and lower than the Moho depth. The faults are evenly distributed within the ECSSB, most of which cut through the basement. However, the faults are mostly located in the east of the OT rather than the west, implying that the eastern OT is associated with stronger tectonism.

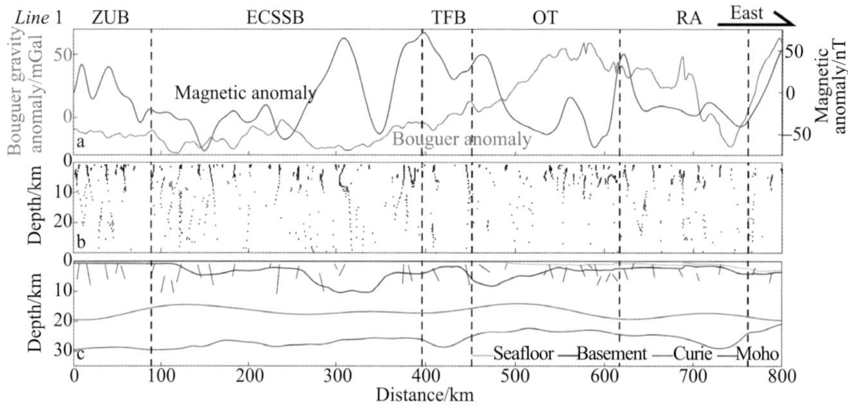

Fig. 6 The inverted crustal and fault structure along Line 1

（a）The orange and gray lines denote the Bouguer gravity anomaly and magnetic anomaly along Line 1, respectively.（b）The dots represent the locations of extreme values of the calculated normalized full gradient of gravity anomalies.（c）The cyan, blue, green, and red lines denote the depths of the seafloor, basement, Curie interface, and Moho interface, respectively. The black lines indicate the inferred faults based on the map of NFG extreme points.

Line 2 is also the central line across all six major tectonic areas in the ECS（Fig. 7）. The Moho depth gradually decreases from more than 30km at ZUB to 18km in the eastern OT and then increases rapidly to over 30km in the RA. The Curie depth remains relatively constant, with approximately 20km at line 1. It is amazing that the Curie depth is almost equivalent to the Moho depth in the eastern OT. This implies that it is strikingly hot due to mantle upwelling associated with continental rifting or back-arc spreading, which is consistent with observations of high heat flow in the central OT (Letouzey and Kimura, 1986; Sibuet et al., 1987, 1998). The faults are significantly dense within the ECSSB. In contrast to line 1, the faults are almost evenly distributed within the OT, while they are mainly in the west of the RA.

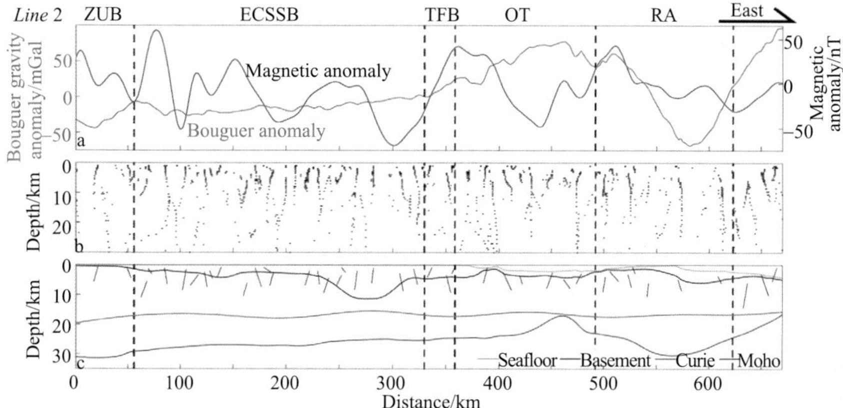

Fig. 7 The inverted crustal and fault structure along Line 2.The labels and symbols are the same as in Fig. 6.

Line 3 is the southern line and only crosses five of the six major tectonic areas in the ECS, excluding the TFB (Fig. 8). The Moho depth gradually decreases from approximately 30km at ZUB to 16 km in the eastern OT and then increases rapidly to approximately 26km in the RA. The Curie depth is obviously lower as well as larger variations than along the northern and central lines, implying that it is significantly hotter in the south than in the north of the ECS. The Curie interface also approaches the Moho as it did along line 2. This is also consistent with the observation of high heat flow in the southern OT. The faults are evenly distributed within the ECSSB and OT, while they are mainly clustered in the west of the RA. The faults in the ECSSB are few but large along the southern line, while they are dense and small in the OT and RA.

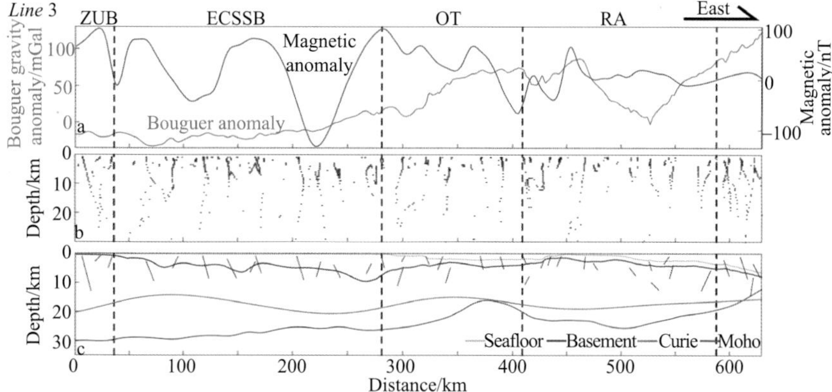

Fig. 8 The inverted crustal and fault structure along Line 3.The labels and symbols are the same as in Fig. 6.

4. Discussion

4.1 Data uncertainties

All the data used in this study are obtained from publicly available datasets and research. The bathymetric data derived from the SRTM15_PLUS was compiled with a large amount of high-resolution multibeam bathymetric data, making it sufficient for this study. The free-air gravity anomaly data come from the latest version of marine gravity data, which is proven to be as accurate as ship-measured marine gravity data. The most crucial data for inverting Moho depth in this study is the sediment thickness, as there are significant variations in sediment thickness. The global dataset of sediment thickness is almost blank in the ECS. We collected as much available seismic-derived sediment thickness data as possible and merged them according to the confidence of the data source and resolution of the data. All of the sediment thickness data in the ECSSB and TFB come from massive seismic investigations conducted by the Shanghai Offshore Oil Bureau of Sinopec in the ECS, which is reliable high-resolution data. However, the sediment thickness data in the OT, RA, and RT are not as good as the data in the ECSSB. To maintain the same resolution as the FAA, we interpolated the sediment thickness data to a 1 arc minute resolution, introducing some uncertainties into the sediment data in the OT, RA, and RT. Nevertheless, the sediment thickness of the OT, RA, and RT are thin with small variations relative to the ECSSB, limiting their influence on the Moho depth inversion results.

4.2 Inversion of Moho depth in regions with continental crust

The Parker-Oldenburg gravity inversion method was widely employed to invert the depth of the density interface due to its rapid calculation. In regions with oceanic crust, this method is quite efficient and robust because the residual mantle Bouguer anomaly (RMBA) can be accurately calculated by removing the gravitational effects of topography, sediment, assumed crust-mantle interface, and thermal cooling from the FAA. The latter two effects could be calculated due to the relatively invariant thickness of oceanic crust and the simple thermal structure of oceanic lithosphere, which could be concluded from the 1-D plate cooling model. However, it is significantly difficult to directly apply this method to the gravity inversion of Moho depth in regions with continental crust due to its complexity. The continental crust is generally thick but without known average crustal thickness and very old but without known crustal age, making it hard to remove the gravitational effects of the assumed crust-mantle interface and thermal cooling. Therefore, we innovatively employed the CBA instead of the RMBA as the observed gravity anomaly because we found a significant linear relationship between the CBA and the seismic-derived Moho depth. We employed the initial Moho depth calculated through the linear formula into the inversion to significantly reduce the deviation of the inversion result from the observation. This treatment avoids the difficulty of calculating the RMBA when the crustal age and average crustal thickness are unknown, making it an ideal method for the regions with continental crust. Moreover, this treatment more fully utilized the observational data to improve the accuracy of gravity inversion. We suggest that this highly efficient improved method of gravity inversion should be widely applied to all regions with continental or transitional crust.

5 Conclusions

(1) We compiled high-resolution sediment thickness data with a 1 arc minute grid size through collection of all available seismic data and illustrated the significant linear relationship between the CBA and the available seismic-derived Moho depth.

(2) We innovated upon the gravity inversion method and obtained the best-fitting Moho depth of the ECS with the least deviation. The results reveal that the Moho depth is lowest at 16 km in the southern OT and that the crust is thinnest at 14km in both the eastern ECSSB and southern OT, implying that both the OT and ECSSB are subjected to striking tectonic extension.

(3) The improved normalized full gradient of gravity anomaly method was employed to invert for the fault structure along three across-ECS profiles. Through integrated analyses of the crustal and fault structure along the profiles, we speculated that the southern ECS might be associated with stronger tectonism than the northern ECS and that the continental rifting in the southern OT might induce stronger mantle upwelling.

Acknowledgements

We thank marine geodynamic group of South China Sea Institute of Oceanology, CAS, for constructive discussions and suggestions that significantly improved the manuscript.

Funding

This work was supported by the National Natural Science Foundation of China (92258303), National Key Research and Development Program of China (2023YFF0803404), Shenzhen Science and Technology Innovation Commission (JCYJ20220818100417038, KCXFZ20211020174803005), and Chinese Academy of Sciences (133244KYSB20180029, Y4SL021001).

References

Ai Y S, Chen Q F, Zeng F, Hong X, Ye W Y. 2007. The crust and upper mantle structure beneath southeastern China. Earth Planet Sci Lett, 260: 549-563

Chen Z, Xu G, Kubeka Z O. 2022. The crustal structure inferred from gravity data and seismic profiles beneath the Okinawa Trough in the western Pacific. J Asian Earth Sci, 238: 105375

Divins D L. 2003. Total Sediment Thickness of the World's Oceans & Marginal Seas. NOAA National Geophysical Data Center, Boulder, CO

Gao D Z. 1995. Density and magnetic of rocks in the East Sea shelf basin. Shanghai Geol, 54: 38-45

Gao D Z, Tang J, Bo Y L. 2003. An integrated profile of geophysical survey and its interpretation in East China Sea. China Offshore Oil Gas, 17: 38-43

Gao D Z, Tang J, Bo Y L. 2005. Study on the distribution of Mesozoic and Paleozoic layer in Haijiao doming and Qiantang depression in the East China Sea. Offshore Oil, 25: 1-6

Gao D Z, Zhao J H, Bo Y L, Tang J, Wang S J. 2004. A profile of gravity-magnetic and seismic comprehensive survey in the East China Sea. Chin J Geophy, 47: 853-861

Gao J Y, Wang J, Yang C G, Zhang T, Tan Y H. 2008. Discussion on back-arc rifting tectonics and its geodynamic regime of the Okinawa Trough. Prog Geophys, 23: 1001-1012

Guo J H. 2004. Seismic sequences and the tectonic restoration of the southern Okinawa Trough, Institute of Oceanology, Chinese Academy of Sciences, Qingdao

Han B, Zhang X H, Pei J X, Zhang W G. 2007. Characteristics of crust-mantle in East China Sea and adjacent regions. Prog Geophys, 22: 376-382

Hao T Y, Xu Y, Xu Y, Suh M, Liu J H, Dai M G, Li Z W. 2006. Some new understandings on deep structure in Yellow Sea and East China Sea. Chin J Geophy, 49: 459-468

He H, FANG J, CHEN M, CUI R. 2019. Moho Depth of the East China Sea Inversed Using Gravity Data. Geom Inf Sci Wuhan Univ, 44, 682-689

Jiang W W, Liu S H, Hao T Y, Song H B. 2002. Using gravity data to compute crustal thickness of East China Sea and Okinawa Trough. Prog Geophys, 17: 35-41

Klingelhoefer F, Lee C S, Lin J Y, Sibuet J C. 2009. Structure of the southernmost Okinawa Trough from reflection and wide-angle seismic data. Tectonophysics, 466: 281-288

Letouzey J, Kimura M. 1986. The Okinawa Trough: Genesis of a back-arc basin developing along a continental margin. Tectonophysics, 125: 209-230

Li J B. 2008. Regional geology of the East China sea. Beijing: China Ocean Press

Li P L, Zhu P. 1992. Basement tectonic evolution and basin formation mechanism of the East China Sea shelf basin. Mar Geol Quat Geol, 12: 39-45

Lin J Y, Sibuet J C, Hsu S K. 2005. Distribution of the East China Sea continental shelf basins and depths of magnetic sources. Earth Planets Space, 57: 1063-1072

Liu G D. 1992. Geophysical field features of China sea and adjacent regions. Geological Publishing House, Beijing

Luan X W, Gao G Z, Yu P Z, Zhao J H. 2001. The crust velocity structure of a profile in the area of East China Sea and its vicinity. Prog Geophys, 16: 28-34

Maus S, Yin F, Lühr H, Manoj C, Rother M, Rauberg J, Michaelis I, Stolle C, Müller R D. 2008. Resolution of direction of oceanic magnetic lineations by the sixth-generation lithospheric magnetic field model from CHAMP satellite magnetic measurements. Geochem Geophys Geosyst, 9: Q07021

Mcintosh K, Nakamura Y, Wang T K, Shih R C, Chen A, Liu C S. 2005. Crustal-scale seismic profiles across Taiwan and the western Philippine Sea. Tectonophysics, 401: 23-54

Müller D, Seton M, Gaina C, Roest W R. 2008. Age, spreading rates, and spreading asymmetry of the world's ocean crust. Geochem Geophys Geosyst, 9: Q04006

Murauchi S, Den N, Asano S, Hotta H, Yoshii T, Asanuma T, Hagiwara K, Ichikawa K, Sato T, Ludwig W J, Ewing J I, Edgar N T. 1968. Crustal structure of the Philippine Sea. J Geophys Res, 73: 3143-3171

Nakamura M, Umedu N. 2009. Crustal thickness beneath the Ryukyu arc from travel-time inversion. Earth Planets Space, 61: 1191-1195

Oldenburg D W. 1974. The inversion and interpretation of gravity anomalies. Geophysics, 39: 526-536

Park J O, Tokuyama H, Shinohara M, Suyehiro K, Taira A. 1998. Seismic record of tectonic evolution and backarc rifting in the southern Ryukyu island arc system. Tectonophysics, 294: 21-42

Parker R L. 1973. The rapid calculation of potential anomalies. Geophys J R Astron Soc, 31: 447-455

Qi J, Zhang X, Wu Z, Meng X, Shang L, Li Y, Guo X W, Hou F H, He E Y, Wang, Q. 2021. Characteristics of crustal variation and extensional break-up in the Western Pacific back-arc region based on a wide-angle seismic profile. Geosci. Front, 12: 101082

Sandwell D T, Müller R D, Smith W H F, Garcia E, Francis R. 2014. New global marine gravity model from CryoSat-2 and Jason-1 reveals buried tectonic structure. Science (New York, N.Y.), 346: 65-67

Sibuet J C, Letouzey J, Barbier F, Charvet J, Foucher J P, Hilde T W C, Kimura M, Chiao L Y, Marsset B, Muller C, Stéphan J F. 1987. Back Arc Extension in the Okinawa Trough. J Geophys Res, 92: 14041-14063

Sibuet J C, Deffontaines B, Hsu S K, Thareau N, Formal J P L, Liu C S, Party A. 1998. Okinawa trough backarc basin: Early tectonic and magmatic evolution. J Geophys Res, 103: 30245-30267

Wang J L, Wang Y X, Wan M H, Shen Y. 1987. The determination of density interface using the normalized total gravity gradient method. Oil Geophys Prospect, 22: 684-692

Wang T K, Lin S F, Liu C S, Wang C S. 2004. Crustal structure of the southernmost Ryukyu subduction zone: OBS, MCS and gravity modelling. Geophys J Int, 157: 147-163

Wang T T, Lin J, Tucholke B, Chen J Y S. 2013. Crustal thickness anomalies in the North Atlantic Ocean basin from gravity analysis. Geochem Geophys Geosyst, 12: Q0AE02

Wei X D, Ding W W, Christeson G L, Li J B, Ruan A G, Niu X W, Zhang J, Zhang Y F, Tan P C, Wu Z C, Wang A X, Ding H H. 2021. Mesozoic suture zone in the East China Sea: evidence from wide-angle seismic profiles. Tectonophysics, 820, 229116.

Xiao Y M, Zhang L X. 1984. The application of total gradient of gravity in funding oil-gas. Oil Geophys Prospect, 19: 247-254

Xu D Q, Li Q X, Jiang J Z. 1983. The Mohorovicic discontinuity in the East China Sea and its geologic significance. Mar Sci Bull, 2: 34-41

Xu D Y, Liu X Q, Zhang X H, Li T G, Chen B Y. 1997. China offshore geology. Geological Publishing House

Xu W L, Le J Y. 1998. Tectonic movement and evolution of the East China Sea. Mar Geol Quat Geol, 8: 11-23

Zeng H L, Li X M, Yao C L, Meng X H, Lou H, Guan Z N, Li Z P. 1999. The modified normalized full gradient of gravity anomalies and its application to Shengli oil field, East China. Pet Explor Dev, 26: 1-6

Zeng J L, Wang C Q, Xi M H. 2004. Geological tectonic unit division and geological structure characteristics in the East China Sea. Proceedings of the Fifth East China Sea Petroleum Geology Symposium

Zhang S, Meng X H. 2015. Improved normalized full-gradient method and its application to the location of source body. J Appl Geophy, 113: 86-91

Zhou Z Y. 2012. Integrated geophysical research on basement and deep crustal structure in East China Sea, Second Institute of Oceanography, SOA, Hangzhou

Zhou Z Y, Gao J Y, Wu Z C, Shen Z Y, Zhang T, Sun Y F. 2013. Preliminary analyses of the characteristics of Moho undulation and crustal thinning in East China Sea. J Mar Sci, 31: 16-25

海底资源与成矿系统

西南印度洋龙角区拆离断层的构造演化及其对热液系统的控制作用

陶春辉[1,2,3*]，吴涛[1]，贺文霄[2]，郭志馗[1]，柳云龙[1]，梁锦[1]

1 自然资源部第二海洋研究所 杭州 310012
2 浙江大学海洋学院 舟山 316021
3 上海交通大学海洋学院 上海 200240
*通讯作者，E-mail：taochunhuimail@163.com

摘要 洋中脊热液系统汇聚了洋壳演化、物质循环和极端生态环境等科学问题。理解热液循环系统的形成机制是建立海底热液成矿模型并开展成矿预测的前提。通过长期的调查研究，前人对快速和慢速扩张洋脊的热液循环模型的认识已较为清晰，但受区域地理位置和调查程度的限制，这些认识往往不能通用于超慢速扩张洋脊。考虑到岩浆作用和断裂构造在研究热液循环系统的过程中占据着重要地位，本文以我国西南印度洋多金属硫化物勘探合同区内的龙角区拆离断层为对象，总结了过去几年发表在 *Nature Communications*《中国科学：地球科学》等期刊上关于龙角区的研究成果，对海底微震、热液喷口流体化学成分、热源循环数值模拟等地球物理、地球化学的综合调查研究工作进行了综述，阐明了该区域拆离断层的构造演化及其对热液系统的控制作用，为理解超慢速扩张洋脊热液循环的运行机制提供了多视角新模型。

关键词 西南印度洋中脊，拆离断层，断裂构造，热液系统

1 引言

西南印度洋中脊（southwest Indian ridge，SWIR）全长约为 8000km，宽 200～1000km，最大水深约 6000m，是非洲板块和南极洲板块的边界，也是目前我国调查研究程度最高的超慢速扩张洋中脊区域之一（陶春辉等，2023；Tao et al.，2014b）。我国大洋 19 航次在 SWIR 龙角区发现了龙旂热液区，为世界上首个在超慢速扩张洋中脊被报道的活动热液区，且后续在该区域又陆续发现了多处热液异常（Tao et al.，2012，2020；Liao et al.，2018）。

基金项目：国家自然科学基金（42127807；42276065）和国家重点研发项目（2022YFE0140200）联合资助

作者简介：陶春辉，研究员，博士，主要从事洋中脊海底热液活动、多金属硫化物资源的调查与研究，E-mail：taochunhuimail@163.com

20 世纪 60 年代赫斯和迪兹提出的海底扩张理论揭示：在海底新的洋壳沿着洋脊不断生成，老的洋壳在俯冲带不断消亡，洋壳的年龄与离轴距离成正比（Dietz, 1961; Hess, 1962）。然而，受拆离等构造作用的影响，在慢速/超慢速洋脊增生（扩张）过程中可跳跃地形成洋壳增生，即洋壳的年龄并不严格与其离轴距离呈现出正相关。Standish 和 Sims（2010）对 SWIR 11°～15°E 的岩石进行铀测年表明，其洋脊附近的玄武岩样品测年成功率低，且年龄分布呈混乱现象，精确描述超慢速洋脊增生过程以及拆离断层的构造演化是困难的。

此外，前人围绕拆离断层对热液系统的控制作用研究主要集中在大西洋洋中脊（mid-Atlantic ridge, MAR）的慢速扩张洋脊，对 SWIR 超慢速扩张洋脊展开的研究较少，而且主要集中在热液活动很少或没有热液活动的地区。对超慢速扩张洋脊上的拆离断层及其伴生热液系统演化关系的详细研究很少，主要原因是难以精确限定时间，而且新火山活动广泛分布于整个裂谷。不过，Wu 等（2021）提出近底磁可用于识别只有数百米级的短磁条带，这大大提高了识别洋壳磁条带年龄与扩张速率的精度。基于此，本文拟重点总结龙角区的构造与演化研究工作（Tao et al., 2023, 2020, 2012; Wu et al., 2021; Yu et al., 2018; Zhao et al., 2013），阐述该区域拆离断层的构造演化及其对热液系统的控制作用，为理解超慢速扩张洋脊热液循环的运行机制提供多视角新模型。

2 地质背景及热液活动

2.1 地质背景

2007 年我国在该区域发现了龙角区热液活动，拍摄到了活动喷口、硫化物和热液生物照片，并获取了烟囱体等样品（Tao et al., 2012, 2014a, 2014b）。如图 1a 所示，龙角区（～49.7°E）位于 SWIR 第 28 洋脊段与非转换不连续带的交汇处，该区域包含近东西向的洋中脊轴部中央裂谷及南侧高地。地形总体上高低起伏不平，变化较为复杂。研究区发育有中央裂谷，裂谷西段为非转换不连续带，平均水深较深，构造运动强烈，地形起伏较大。该区域发育有多期次的大型拆离断层（Tao et al., 2020），拆离断层拆离面面积约为 5km × 5km，在其南脊翼处发现有海底核杂岩（OCC）的出露（图 1b）。

龙角区周边洋壳较薄。海底地震仪（ocean bottom seismometer, OBS）台站长期观测未记录到火山地震及岩浆侵入体相关的岩墙诱发的地震，也未找到龙角区下部存在洋壳岩浆房或岩浆侵入的证据，与该区整体岩浆供给水平相对较低这一特点一致。在龙角高温热液区，根据前人展开的地震速度（Zhao et al., 2013）和微震（Wu et al., 2021; Yu et al., 2018）研究，发现大多数地震位于轴向火山脊，且活跃的拆离断层为热液循环提供了通道。此外，微震数据表明拆离断层可能深至距离海底以下 13km 处的脆性-韧性转换带（～650℃；柳云龙，2018）。

49.3°E～50.8°E 沿 SWIR 的主动源广角地震资料显示，龙角区下方不存在地壳岩浆房，OBS 台网也未记录到火山震动。其次，与岩浆侵入有关的岩脉诱发地震的震源通常会随时间沿一条狭窄的路径迁移。此外，在大西洋中脊（MAR）的 Logatchev-1、TAG

和 Irinovskoe 热液区也观测到了类似的地震分布，前人将其解释为拆离断层扩张的结果（Demartin et al.，2007；Grevemeyer et al.，2013；Parnell-Turner et al.，2017）。在 MAR 的 TAG-9 热液区和 13°20'N，前人也观察到了多数震源所在区域之外的地方出现了分散的微地震，推测这是由玄武岩蛇纹石化而引起的岩石体积膨胀造成的（Horning et al.，2018）。

总体而言，根据几何形态、地质采样和地震资料，我们在西南印度洋龙角区定义了两条拆离断层（图 1c 中的 DF1 和 DF2）。首先，本文通过对幔源橄榄岩的采样，证明了海底面是个拆离断层（图 1b）。其次，大多数记录到的微地震的震源都沿着两个拆离断层的轨迹带分布（图 1c）。最后，三维 P 波地震速度模型显示，龙角区下方的拆离断层下盘有着浅的高地壳速度和强的垂直速度梯度特征（图 1c）。

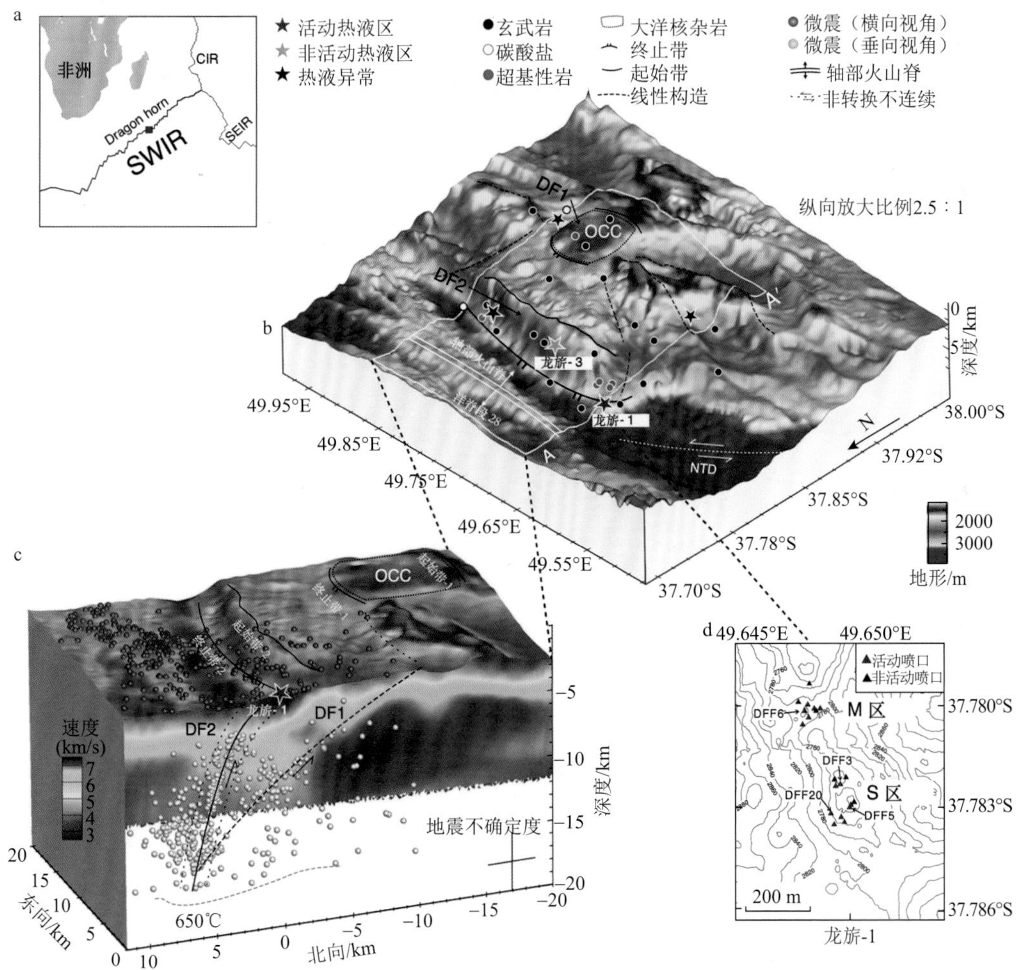

图 1　西南印度洋龙角区的地理位置和构造简图（Tao et al.，2020）

2.2　热液活动

不同洋脊段的岩浆量与构造活动之间比例的差异，催生了热液循环系统中热源和通道的多样性，塑造了丰富多彩的热液活动。20 世纪 90 年代以来，在西南印度洋中脊发现了一批热液区和热液异常点（German et al.，1998；Sauter et al.，2002；Baker et al.，2004；Tao et al.，2014a，2014b），并于 2007 年首次发现活动热液区（Tao et al.，2012）。目前，在中国西南印度洋多金属硫化物勘探合同区（46°E～56°E）发现的热液区达 18 处（图 2），在其中的 11 处热液区获得多金属硫化物、蛋白石或矿化围岩样品。这些热液区发育的位置包括沿轴的新生火山脊、拆离断层的上盘以及下盘，龙角区热液发育位置为拆离断层上盘。

在龙角区附近已确认 2 处热液喷口主要群区，分别是南区（S 区）、中区（M 区）（Tao et al.，2012），水深范围在 2700～2900m。M 区位于 S 区的西北侧相距约 450m，此外在 M 区的北侧还发现了较强的水体浊度异常（N 区），其中在 M 区测得的最高喷口流体温度为 379℃，与 M 区 DFF6 的活动热液喷口位置有关（图 1b、d；Tao et al.，2020）。活跃的龙旂-1 号喷口与不活跃的龙旂-3 号喷口可能和一个热液柱异常位置在拆离断层 DF2 末端处形成了线状矿化带（图 1b，c）。

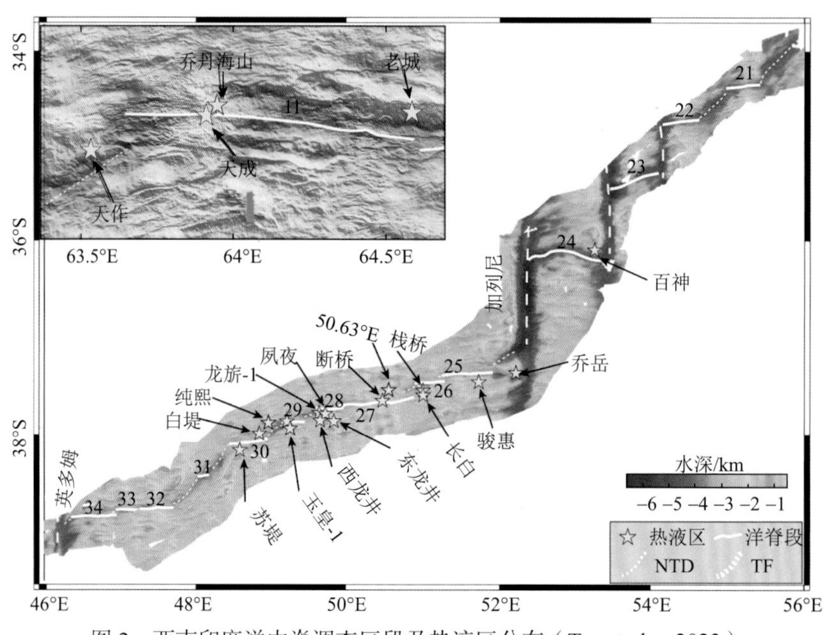

图 2 西南印度洋中脊调查区段及热液区分布（Tao et al.，2023）

白色实线表示洋脊段，数字表示洋脊段编号；白色虚线表示非转换不连续带（non-transform offset，NTD）；白色粗虚线表示转换断层

3 龙角区拆离断层构造特征

前人通过深海电视抓斗（TV grab）方法采集的岩石样本记录了龙角区拆离断层表面和附近地区的岩性（Wu et al.，2021；图 3a、b）。玄武岩、辉长岩和橄榄岩分布在拆离断层 DF1 表面，并表现出角闪石化、绿泥岩化和蛇纹岩化等后生蚀变的特征。

如图 3a、b 所示，超镁样品 P1～P4 均位于 DF2 表面或其附近。P1 和 P2 采集自拆离断层面 LQ-1 喷口部位，P2 位置的超基性岩比例较高，但其蚀变程度均不及 P1 处，可能是由于 P2 离 T2 端的距离较近，该处地壳剖面较深，岩石蚀变时间较短的原因。P3 和 P4 位于拆离面，其岩石微观结构表现出滑脱构造作用导致的弯曲、断裂特征。P5 发育有相对较为新鲜的玄武岩和蚀变特征明显的橄榄岩，这可能是拆离断层面上部分的块体滑落至终端，并继续接受拆离面的滑落体导致的。P5 的显微照片包含磁铁矿，且显示出强烈的橄榄岩蚀变特征。

LQ-3 喷口附近 S1～S4 站的样品为玄武岩，角砾岩化程度较重，且发生了不同程度的后期蚀变，这可能是因为 LQ-3 的喷发使该区域的围岩受到了强烈的热液流体改造。玄武岩均表现出明显的角砾岩化特征，且含有石英、不透明铁矿物和绿泥石，普遍存在的带状蚀变晕也表明着热液蚀变现象在样品中普遍发生。

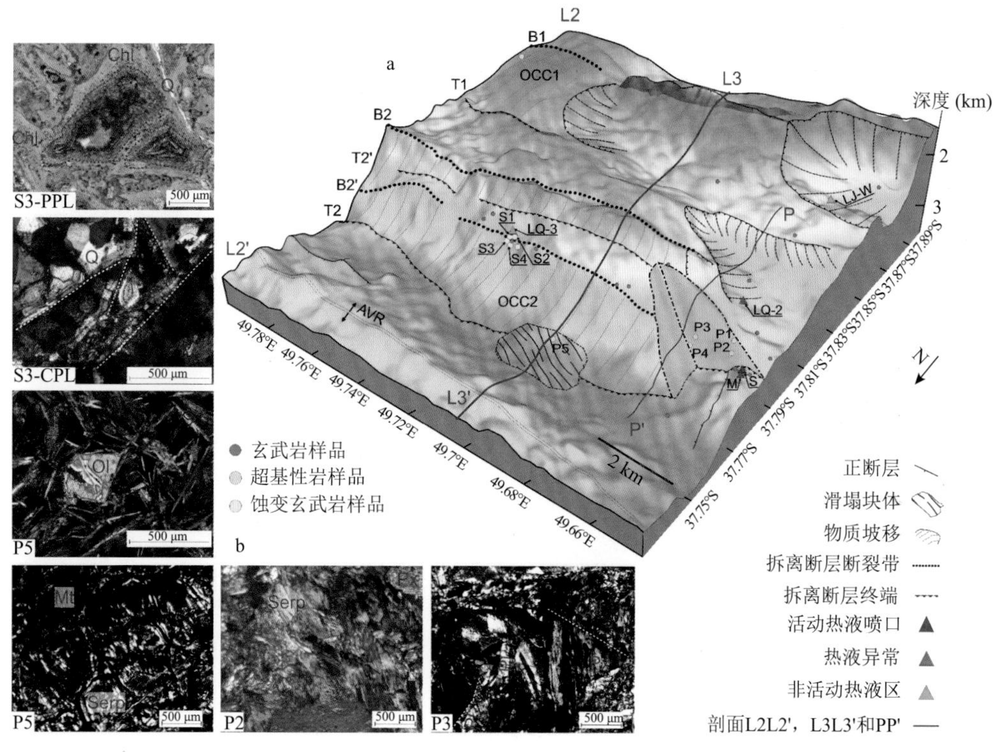

图 3　研究区构造、岩性分布特征与岩石显微构造（Wu et al.，2021）

4　龙角区拆离断层的构造演化过程

在 Li 等（2015）对龙旂热液区速度结构、岩浆活动及热液断层通道等长期研究工作基础上，该区域长期的的海底微震观测结果显示：该区域微震从海底面至海底下 13km 处均有分布。主要地震带位于洋中脊裂谷中部的 AVR（轴部火山脊）的下方呈条带状分布，从垂直于洋脊的剖面上来看（图 1c），两条线性分布的地震带与构造断层关系密切，结合反射地震速度成像的结果，将这两条地震带解释为两条拆离断层。

在 AUV 精细地形和近底磁资料的基础上，沿磁剖面 L2 和 L3 对这部分的洋脊进行构造演化历史的重建。如图 4 所示，认为拆离断层 DF1 的形成始于裂谷壁，通常位于距离轴部火山脊（AVR）3～6km 的地方，且地震活动指示目前拆离断层 DF2 仍在发生持续滑动（Liu et al.，2019）。

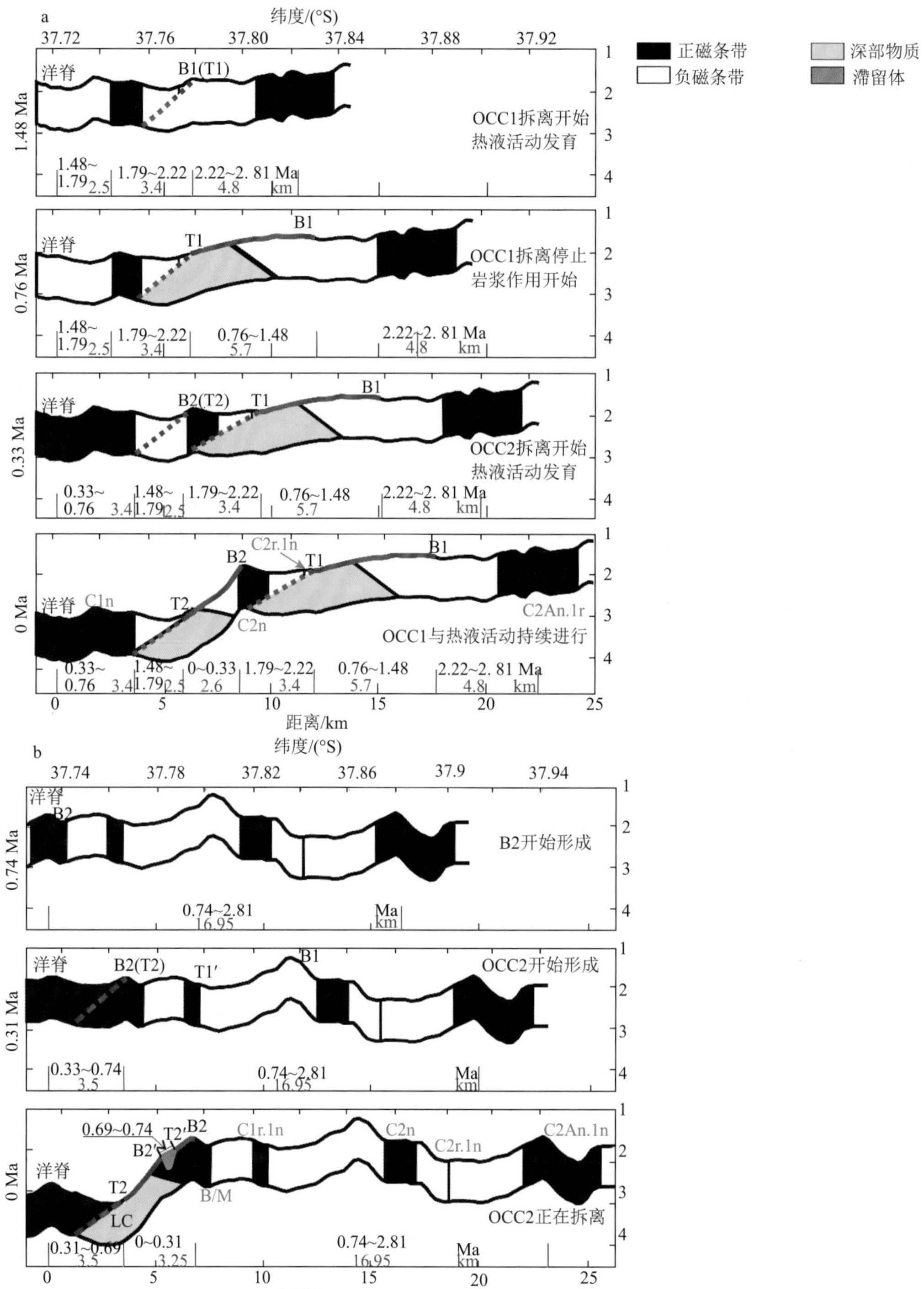

图 4 基于 L2 和 L3 剖面的热液活动拆离断层系统演化历史（Wu et al.，2021）

我们按时间顺序对磁剖面L2进行了历史重建,发现其能较好地同时约束DF1和DF2的形成时间。对于DF2，借助先前从剖面L2估计出的半扩散速率7.97km/Ma来恢复断层的滑动（Wu et al.，2021），发现DF2的第二个终止点T2位于距离现今扩散轴约5.9 km的位置。考虑到DF2的侧向滑动距离达到了2.6km，最新期次的拆离（DF2）的估计年龄为0.33Ma(图4a)。DF2的第二个分离点B2与DF1的第一个终止点T1之间约3.4km。如果我们假设年代更久远的DF1与扩展轴的距离和现在的DF2形成距离（5.9km）相同，这代表着0.43Ma的扩展时间，表明DF1终止点T1约在距今0.76 Ma[即（0.33+0.43）Ma]停止滑动。若在7.97km/Ma的条件下对DF1 5.7 km位置上的滑坡进行重建，其持续时间为0.72Ma。因此如图4a所示，将这一时间与DF1滑动结束时的年龄相加，得到DF1分离体B2形成时间为1.48Ma。

L3 磁剖面上，DF1 的形成时间相对来说并不能明确限定，但对于形成时间较短的DF2，发现布容（Brunhes）磁条带似乎比其他剖面延伸得更远（Wu et al.，2021），这可能是由于在DF2表面形成了一个链块（T2’-B2’，宽度约500m）。通过高分辨率近底磁数据，确定了哈拉米略（Jaramillo）事件，这给扩张半速率的精准计算添加了约束条件。基于此，估计Jaramillo和Brunhes之间的半扩散速率为7.6km/Ma，但Brunhes到AVR（包括DF2断层）的半扩散速率会更快，为9.1km/Ma。如果假设DF2目前处于活动状态,并对上面的滑动采用9.1km/Ma的扩散半速率进行估计,计算得出的时间为0.31 Ma，会略快于通过L2磁剖面的估计（图4b）。

在Brunhes时期，如果扩张发生于0.31Ma，那么地壳会有0.47Ma增生时间，在9.1km/Ma的扩张速率下，这段时间将导致约4.3km的地壳增生。考虑到断层的终止点T2距离AVR约3.5km，加上搁浅地块的宽度，则断层起源于正常极性的Brunhes时期，距Brunhes/Matuyama边界约300m。这与实地观测结果一致，即在Brunhes时期中，现今断裂的分离点B2约为300m（图5a）。在L3剖面上，DF1相对来说并不清晰，但却在L2剖面的更西边明显出现。因此，根据L2磁剖面的计算结果，如果所有的延展都是由DF1沿L2剖面的滑动所造成的，那么DF1的拆离则开始于距今1.48Ma，结束于距今0.76Ma的时刻， Jaramillo时期将湮灭其中，以拆离作用为主。

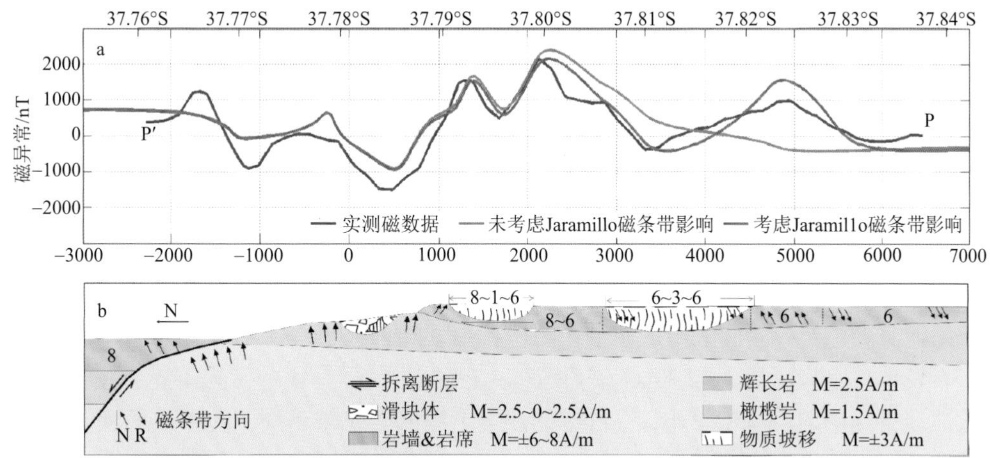

图5 研究区近海底磁异常的二维正演模拟（磁异常、构造与岩性信息基于PP’剖面）（Wu et al.，2021）

如果假设 DF 主动滑动的时期是岩浆供应减少的时期，那么龙角区的拆离断层演化历史表明：龙角区的拆离断层呈现多期次拆离。岩浆扩张事件首次发生与距今 2.8～1.48Ma，第二次发生于距今 0.76～0.33Ma。同样，在近一次的拆离断层（DF1）上的滑动持续了约 0.72Ma，与 SWIR 其他段的拆离断层滑动时间相比（Cannat et al.，2019），误差范围为 0.6～1.5Ma。如果认为 DF1 的演化时间代表着一个完整的旋回，那么 DF2 的新生拆离断层已经活动了约 0.33Ma，且可能会继续活动约 0.4Ma，进而形成大规模的硫化物矿。

结果（图 6）揭示，拆离断层 DF1 持续了 0.72Ma（0.76～1.48Ma 年前）；而最新期次的拆离断层 DF2 已活动约 0.33Ma，仍然处在青壮年时期，还将再活动约 0.4Ma。覆在 DF2 上盘的热液系统在 0.28Ma 前已开始活动，印证了超慢速洋脊跳跃的洋壳增生过程。此外，因拆离断层与断裂组成的通道，可为其获得源源不断的热源，热液系统有望继续活动 0.4Ma，进而形成大规模的硫化物矿。

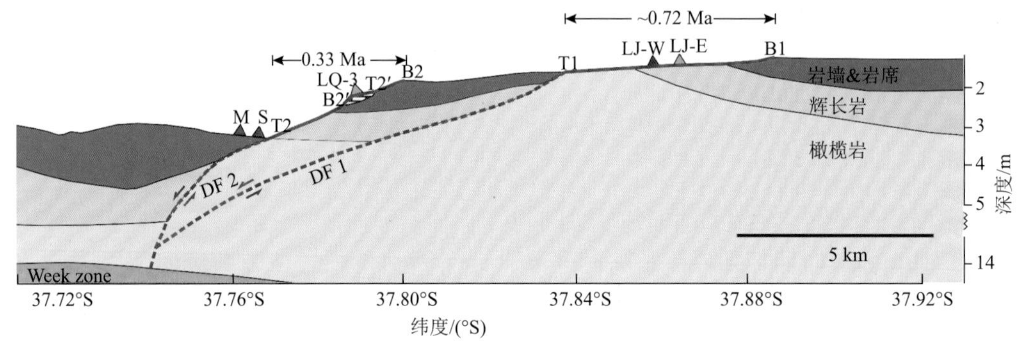

图 6　间断的拆离作用与跳跃的洋脊增生示意图（基于研究区结果）（Wu et al.，2021）

5　龙角区拆离断层对热液系统的控制作用

本文对龙角区拆离断层附近的高温喷口流体化学成分与全球其他区域的大洋中脊热液流体展开了总结，如图 7 所示，发现该区域热液流体显示出以下特征：①流体亏损 B，具有相对海水（545mmol/kg；Seyfried et al.，2003）较高的 Cl，K/Cl 比值较低；②Si 和 Li 含量适中，位于全球镁铁质热液流体的分布范围内；③相较于 TAG 热液区具有较高的 H_2、CH_4、H_2S 含量。这些特征证明龙角区拆离断层的热液循环系统经历了较长时间的水岩反应，并且该水岩反应包含海水与橄榄岩和玄武岩（或辉长岩）两种类型。

地球化学资料显示龙角区拆离断层附近的热液系统有着相对较长的循环反应路径。由于前人发现 B 在一定的温压范围内（200～300 ℃，约 500 bar）（Janecky and Seyfried，1986；Seyfried and Dibble，1980；Seyfried et al.，2007）会表现出从溶液中分馏成蛇纹石或绿泥石的趋势，因此该区域热液中可溶性 B 的亏损（图 7a）表明海水曾与超镁铁质的岩石发生过水岩反应。与 TAG 喷口流体（图 7a）一样，B 的亏损可能会在补给过程中或地球更深层的反应中发生，在这样的环境下温度会越来越高，流体/岩石质量比会越来越低。海水（Cl 含量通常为 550mmol/kg，B 含量通常为 420μmol/kg；Seyfried et al.，2003）在流经地壳这一区域的过程中，不仅会从流体中流失 B，而且与橄榄石和斜长石之间的持续水解反应也会导致溶解 Cl 含量的升高（Seyfried et al.，2007；Schmidt et al.，2011）。喷口热液流体中，氯化物浓度相对于海水的提升是许多与拆离断层相关的洋中脊热液系统的显著特征（Pester et al.，2012；Seyfried and Ding，1995；Bach and Humphris，1999）。尽管在 NaCl-H_2O 系统中，特别是在轮廓明显的浅层岩浆房玄武岩热液系统（例如，东太平洋海隆 9°N）中，通常可以用相分离现象来解释喷口流体中溶解 Cl 浓度的高低，但由于 SWIR 喷口系统的推断深度中普遍存在着高静水压力，流体发生相分离的可能性较低。龙角区喷口流体通常具有较低的 K/Cl、较高的 Ca/Cl 和较高的溶解 CH_4，说明该区富含着水解反应所需的橄榄石和斜长石类深部岩体（图 7b）。SWIR 处幔源 CO_2 的圈闭及其在海洋地壳深部岩石流体包裹体中会被还原为甲烷的现象已被长久发现（Proskurowski et al.，2008；Kelley，1996，1997；Kelley and Früh-Green，1999），而随后热液蚀变的淋滤（McDermott et al.，2015）也可以解释本文报道的 CH_4 溶解在喷口流体中的原因。

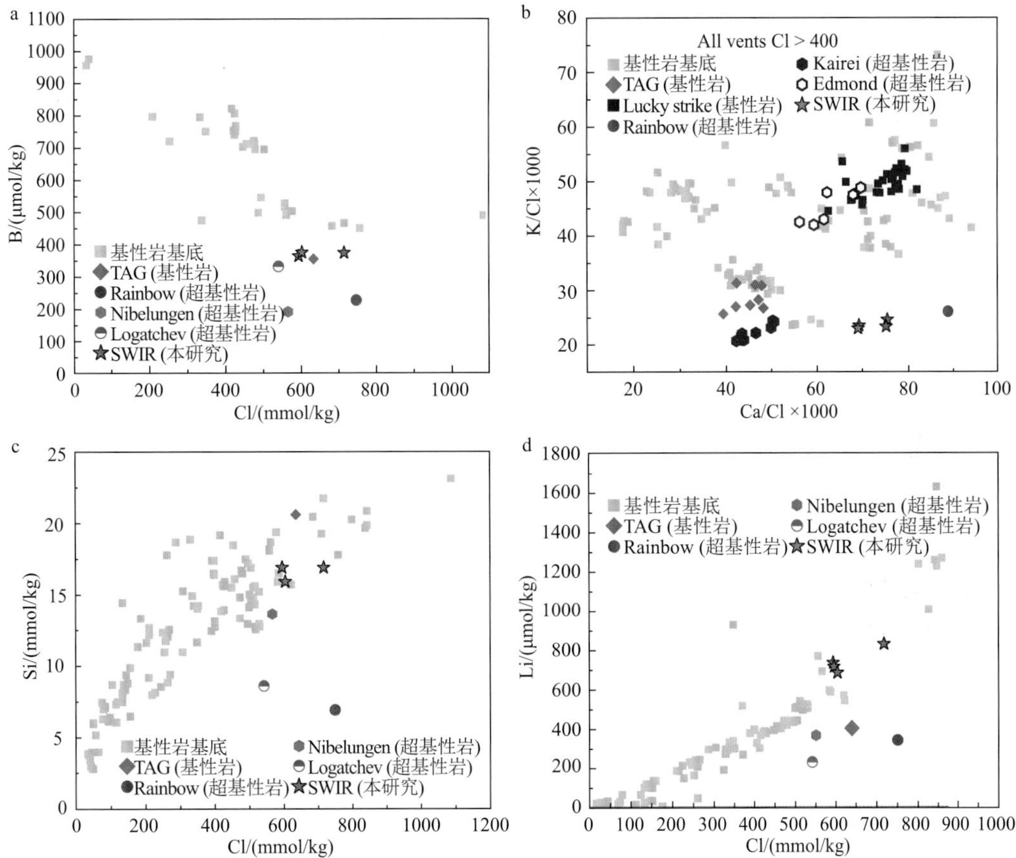

图 7　龙角区拆离断层附近的热液流体成分与其它热液区的对比（Tao et al.，2020）

与在慢速扩张洋脊 MAR 热液喷口观察到的流体特征一致，龙角区喷口流体的氢氧同位素含量出现了显著上升（$\delta^{18}O$ 从 0.18‰上升到 1.21‰，δD 从 0.8‰上升到 3.4‰），表明即使在中高温条件下，随着水岩比的降低，同位素之间的分馏会增加，且有着较长的反应路径和强烈的水岩反应（Bach and Humphris，1999；Schmidt et al.，2007；Shanks et al.，1995；Shanks，2001；McCaig et al.，2007，2010）。然而，中高浓度的溶解 Si、Li 浓度（图 7c，d）与该区域发生的蛇纹石化结果并不协同，但这些数据的异常可以解释为海水穿过了玄武岩，进而发生蚀变，就像在 TAG 热液区的情况一样，拆离断层系统所固有的海底构造过程使这种情况可能发生（Proskurowski et al.，2008；McDermott et al.，2015）。Cs 和 Rb 在龙角区喷口热液流体中具有相似的含量，H_2 在流体中的溶解度也很低，这些数据都表明相平衡涉及斜长石、绿泥石，也许还有绿帘石固溶体或石英的存在（Seyfried et al.，2007）。这些水岩反应可以解释龙角区热液流体 pH 值相对较低（约 3.15～3.6），且存在较高的 Fe、Ca 含量的现象。考虑到流体中含有相对较高的溶解 Cl（图 2d），上述元素的溶解度也会收到影响而提升（Kelley and Früh-Green，1999；Edmonds et al.，1996）。实际上，龙角区高温喷口流体化学成分的模型与前人提出的用于解释 Kairei（Kumagai et al.，2008）和 Nibelungen（Schmidt et al.，2011）热液区的喷口流体化学成分的混合模型有些相似。这与深穿透和高渗透性断层的存在所施加的限制一致，这些断层会限制流体的流动，并允许其与拆离断层系统固有的非均质地壳成分发生反应。从速度结构（图 1c）可以看出，龙角区热液场下方基性洋壳厚度为 3～6km，说明超镁铁质岩石的流体化学特征可能不是浅层岩石导致的结果。因此，流体与基性和超基性混合岩的反应路径较长，且来源于深部。

对于有拆离断层陡峭且深穿透和反应路径较长的热液系统，确定其下伏热源的位置显得尤为重要。龙角区热液喷口流体的实测温度最高可达 379°C，喷口喷发热通量（热功率）为（250±100）MW，如此高温高通量的喷口可能需要岩浆热源驱动（Lowell，2010）。但地震速度结构和微地震的分布排除了龙角区在海底以下 13±2km 范围内的地壳岩浆房或辉长岩侵入的存在（图 1c）。因此，热源最有可能位于 13±2km 深度以下，并可能位于轴向火山脊的下方。为明确热液循环动力学以及龙角区高温流体的喷发是否可以通过深部岩浆热源和陡倾的拆离断层驱动，热液流动模型的数值模拟工作也被开展，求解了海水在多孔介质中的传热传质问题（Andersen et al.，2015；Hasenclever et al.，2014）。这种数值模拟能够让我们在给定的初始条件范围内（包括断裂带宽度和断层区域与围岩的的渗透率差异）对海底喷口流体的温度展开研究（k_{df}/k_b）。模拟过程中，我们将热源深度设置在微震下限的底部（海底以下约 13km），温度为 650°C，这与根据微震最大深度所推断出的岩石圈地幔脆性-韧性转变的等温线一致（Schlindwein and Schmid，2016；McKenzie et al.，2005；Schlindwein et al.，2013）。

数值模拟结果为理解龙角区热液循环提供了重要线索。如图 8c 所示，对于宽度在 400m 左右的断裂带，当断裂带渗透率为海洋岩石圈的 10～60 倍时，喷发流体的温度会在 380～410°C之间变化。对于渗透率相对较低的断裂带（$k_{df}/k_b<30$），喷发流体的温度会高于 350°C，但与断裂带的宽度未表现出明显关系。对于较大的断裂带宽度（200～1000 m）和 k_{df}/k_b（10～100）范围，预测的喷发流体温度将会大于 300°C（图 8c）。如图 8a 所示，当 k_{df}/k_b 被设为 60 时，断裂带渗透率与根据热功率数据估计的热液喷出区域渗透率（3×10^{-14} m^2）接近，宽度为 200～400m 的断裂带会使热液流体的温度与观测值（379°C）保持一致。数值模拟预测的喷口温度对断层/围岩的渗透率比值和断层宽度的响应与 Andersen 等（2015）所报道的相似，热液喷发的质量通量的模拟结果（1～5×10^{-4} kg m^{-2} s^{-1}）

与前人文献报道的数值范围也较为相似（Andersen et al., 2015; Hasenclever et al., 2014）。数值流体示踪剂的压力–温度路径（图 8b）进一步表明热液流体达到了海底以下 13km 的深度，且流体始终保持在海水的单相区域。这两项发现都与快速扩张洋中脊东太平洋海隆处的模拟结果非常不同，在东太平洋海隆（Hasenclever et al., 2014）中，流体循环深度不超过 7km bsf（below seafloor，海底以下），压力–温度路径与海水相的边界相交，与上文基于流体地球化学的推论相一致。

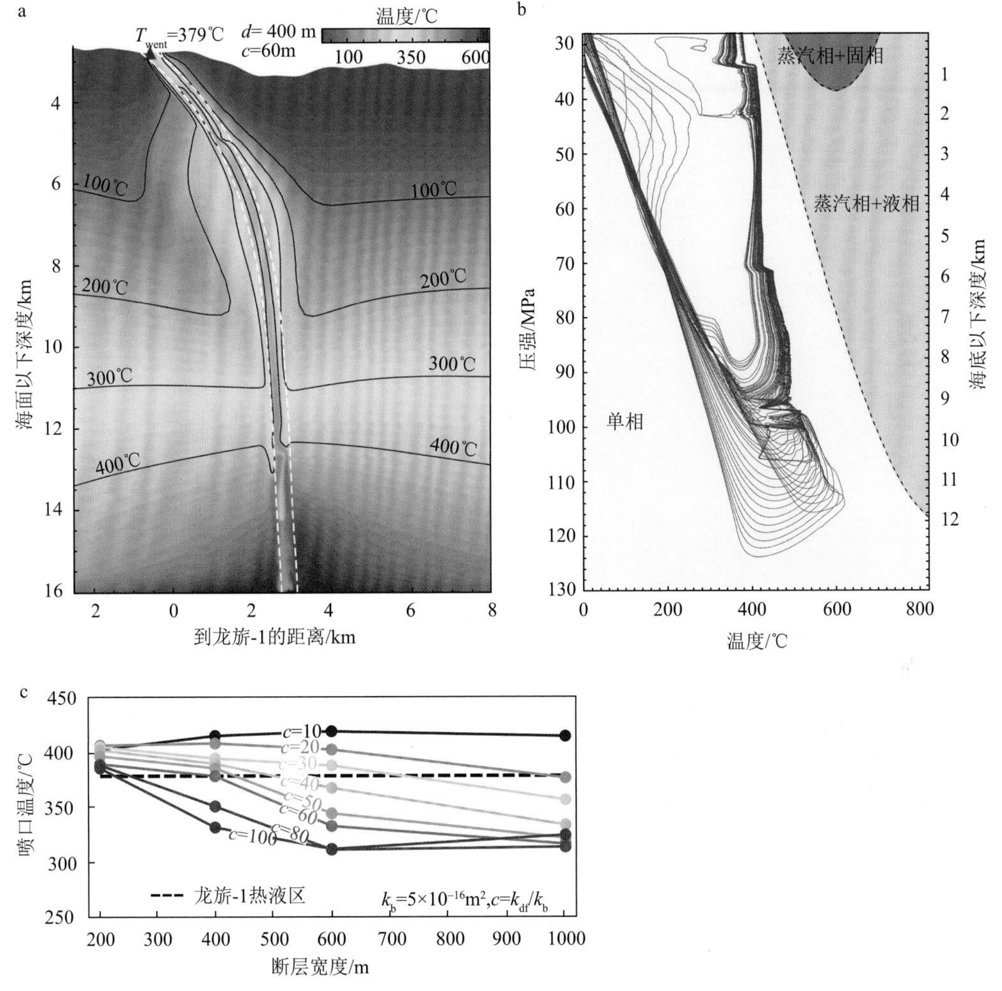

图 8 热液循环二维数值模拟结果（Tao et al., 2020）

（a）断层宽度为 400m，围岩和断层渗透率分别 $k_{df}=3\times10^{-14}m^2$，$k_b=5\times10^{-16}m^2$ 时，热液循环达到稳态时的温度分布；（b）流体在循环过程中经历的温度–压力路径曲线，显示位于单相区域，未发生相分离；（c）一系列不同断层宽度和渗透率模型得到的喷口温度

为进一步确定喷口热液温度对 DF1 和 DF2 渗透率比值（k_{df}/k_b）的响应，数值模型也被建立。结果表明：当 DF1 渗透率高于背景渗透率时，DF1 会成为流向 DF2 底部的流体下渗通道，而热液上升流不流经 DF1，与 DF1 末端附近不存在高温热液活动的现象一致。在 DF1 末端也没有明显的热液环流特征，并与 DF2 相比，沿 DF1 的微地震要少

得多（图 1c），也印证了 DF1 渗透率远低于 DF2 的结论（k_{df2}/k_{df1} 比值高）。因此，考虑到热源的最高温度可达 650℃，模拟结果支持龙角区高温热液流体起源于海底以下约 13±2 km 的观点。

人们普遍认为岩浆热源是高温、高通量热液活动存在的前提条件（Lowell，2010）。因为二维地震观测结果揭示了邻近寒冷地区存在着向龙角区的地幔熔融输送，在岩石圈深部地幔中可能存在这样一个熔融带（Li et al.，2015）。由于这样一个集中熔融体的存在，DF2 深层前缘的温度很容易达到 650℃，从而驱动热液循环。综上所述，如图 9 所示，龙角区高温热液环流的热源可能为来自深部约 13±2km bsf 的岩石圈地幔熔体带，该熔体带与深部大规模多期拆离断层系统有关。

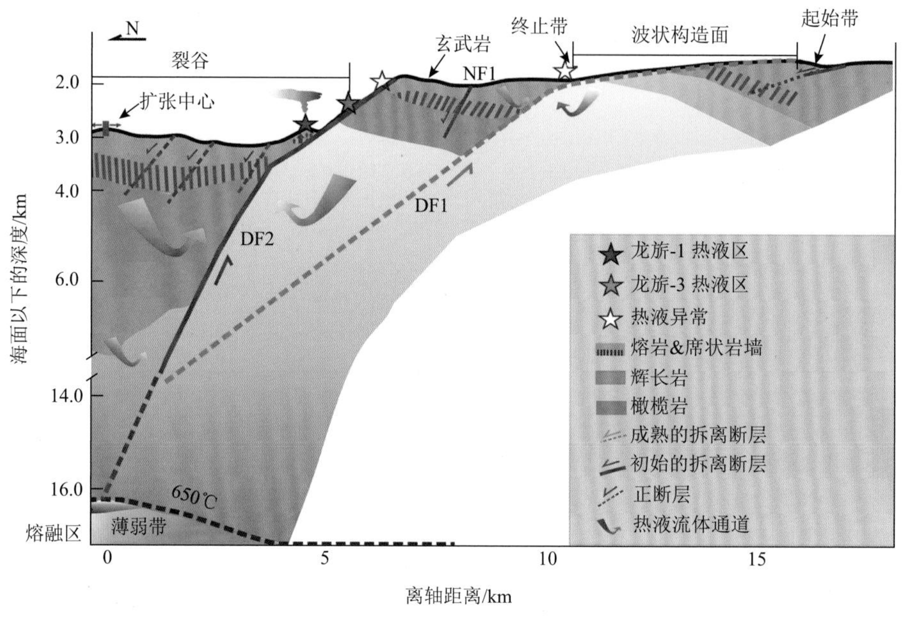

图 9 龙角区热液循环模型（Tao et al.，2020）

结合脆性岩石圈微震活动特征、流体化学特征和断层形态特征所揭示的流体-岩石长反应路径以及热液环流系统数值模拟，本文认为沿超慢速扩张洋中脊的热液环流深度可达约 13±2 km bsf。这比 MAR 的 TAG 和 Logatchev-1 热液喷口场深得多（Demartin et al.，2007；Grevemeyer et al.，2013），且比该地区的地震莫霍界线深约 6～7km bsf（Li et al.，2015），意味着热液循环将渗透到上层岩石圈地幔中。这些信息可以推断出更深、更长的热液循环路径促进了海水与海洋岩石圈之间的相互作用，从而影响了海洋岩石圈的热结构和组成（Schlindwein and Schmid，2016；Staudigel et al.，1996）以及超慢速扩张洋中脊环境下热液活动的成矿能力。

6 结论

本文在前期研究的基础上出发，总结了超慢速扩张洋中脊上的典型拆离断层型高温热液循环模型，为理解超慢速洋脊热液循环系统的运行机制提供了证据。总结得出的主要结论如下：

（1）在构造演化上，超慢速洋脊存在洋壳的跳跃增生过程，且间断的拆离作用可以促使跳跃式的岩浆增生。基于多尺度的磁测资料研究，在识别宽的磁条带的同时可以识别窄的磁条带，而这些磁条带的年龄往往落在近期的拆离断层的形成期间，因此可以用于精确约束其演化年龄。

（2）在对热液系统的控制上，拆离时期通道的热源有促使形成大型硫化物矿床的可能。且超慢速扩张洋中脊热液循环模型会表现出如下特点：①超慢速扩张洋脊热液循环起源深度比其他洋中脊热液区更深，达到了莫霍面以下；②其热源可以不是在洋壳中的岩浆房，而是存在于岩石圈下部的熔体聚集带，暗示了其热液系统可能循环得更深、持续时间更长、产出硫化物矿床的概率更大。

参考文献

柳云龙. 2018. 西南印度洋洋中脊龙旂-1 热液区地震活动及其构造特征研究. 博士学位论文. 长春: 吉林大学. 1-123

陶春辉, 郭志馗, 梁锦等. 2023. 超慢速扩张西南印度洋中脊硫化物成矿模型. 中国科学: 地球科学, 53（6）: 1216-1234

Andersen C, Rüpke L, Hasenclever J, et al. 2015. Fault geometry and permeability contrast control vent temperatures at the Logatchev 1 hydrothermal field, Mid-Atlantic Ridge. Geology, 43: 51-54

Bach W, Humphris S E. 1999. Relationship between the Sr and O isotope compositions of hydrothermal fluids and the spreading and magma-supply rates at oceanic spreading centers. Geology, 27: 1067-1070

Cannat M, Sauter D, Lavier L, et al. 2019. On spreading modes and magma supply at slow and ultraslow mid-ocean ridges. Earth and Planetary Science Letters, 519: 223-233

Demartin B J, Sohn R A, Canales J P, et al. 2007. Kinematics and geometry of active detachment faulting beneath the Trans-Atlantic Geotraverse (TAG) hydrothermal field on the Mid-Atlantic Ridge. Geology, 35: 711-714

Dietz R S. 1961. Continent and ocean basin evolution by spreading of the sea floor. Nature, 190: 854-857

Edmonds H N, German C R, Green D R H, et al. 1996. Continuation of the hydrothermal fluid chemistry time series at TAG, and the effects of ODP drilling. Geophysical Research Letters, 23: 3487-3489

Grevemeyer I, Reston T J, Moeller S. 2013. Microseismicity of the Mid-Atlantic Ridge at 7° S-8°15′ S and at the Logatchev Massif oceanic core complex at 14°40′N-14°50′N. Geochemistry, Geophysics, Geosystems, 14: 3532-3554

Hasenclever J, Theissen-Krah S, Rüpke L H, et al. 2014. Hybrid shallow on-axis and deep off-axis hydrothermal circulation at fast-spreading ridges. Nature, 508: 508-512

Hess H H. 1962. History of ocean basins. Petrological Studies, A Volume in Honor of AF Buddington, 599-620

Horning G, Sohn R A, Canales J P, et al. 2018. Local seismicity of the rainbow massif on the Mid-Atlantic Ridge. Journal of Geophysical Research: Solid Earth, 123: 1615-1630

Janecky D R, Seyfried Jr W E. 1986. Hydrothermal serpentinization of peridotite within the oceanic crust: Experimental investigations of mineralogy and major element chemistry. Geochimica et Cosmochimica Acta, 50: 1357-1378

Kelley D S, Früh-Green G L. 1999. Abiogenic methane in deep-seated mid-ocean ridge environments: Insights from stable isotope analyses. Journal of Geophysical Research: Solid Earth, 104: 10439-10460

Kelley D S. 1997. Fluid evolution in slow-spreading environments. In: Flood R D, Piper D J W, Klaus A, Peterson L C, eds. Proceedings of the Ocean Drilling Program, Scientific Results. Texas: Ocean Drilling Program. 399-418

Kelley D S. 1996. Methane-rich fluids in the oceanic crust. Journal of Geophysical Research: Solid Earth, 101: 2943-2962

Kumagai H, Nakamura K, Toki T, et al. 2008. Geological background of the Kairei and Edmond hydrothermal fields along the Central Indian Ridge: implications of their vent fluids' distinct chemistry. Geofluids, 8: 239-251

Li J, Jian H, Chen Y J, et al. 2015. Seismic observation of an extremely magmatic accretion at the ultraslow spreading Southwest Indian Ridge. Geophysical Research Letters, 42: 2656-2663

Liao S, Tao C, Li H, et al. 2018. Surface sediment geochemistry and hydrothermal activity indicators in the Dragon Horn areaon the Southwest Indian Ridge. Marine Geology, 398: 2234

Liu Y, Tao C, Liu C, Qiu L, et al. 2019. Seismic activity recorded by a single OBS/H near the active Longqi hydrothermal vent at the ultraslow spreading Southwest Indian Ridge (49 39′ E). Marine Georesources & Geotechnology, 37: 201-211

Lowell R P. 2010. Hydrothermal circulation at slow spreading ridges: analysis of heat sources and heat transfer processes. Washington DC American Geophysical Union Geophysical Monograph Series, 188: 11-26

McCaig A M, Cliff R A, Escartin J, et al. 2007. Oceanic detachment faults focus very large volumes of black smoker fluids. Geology, 35: 935-938

McCaig A M, Delacour A, Fallick A E, et al. 2010. Detachment fault control on hydrothermal circulation systems: Interpreting the subsurface beneath the TAG hydrothermal field using the isotopic and geological evolution of oceanic core complexes in the Atlantic. Diversity of Hydrothermal Systems on Slow Spreading Ocean Ridges, Geophysical Monography Series, 188: 207-240

McDermott J M, Seewald J S, German C R, et al. 2015. Pathways for abiotic organic synthesis at submarine hydrothermal fields. Proceedings of the National Academy of Sciences, 112: 7668-7672

McKenzie D, Jackson J, Priestley K. 2005. Thermal structure of oceanic and continental lithosphere. Earth and Planetary Science Letters, 233: 337-349

Parnell-Turner R, Sohn R A, Peirce C, et al. 2017. Oceanic detachment faults generate compression in extension. Geology, 45: 923-926

Pester N J, Reeves E P, Rough M E, et al. 2012. Subseafloor phase equilibria in high-temperature hydrothermal fluids of the Lucky Strike Seamount (Mid-Atlantic Ridge, 37 17′ N). Geochimica et Cosmochimica Acta, 90: 303-322

Proskurowski G, Lilley M D, Seewald J S, et al. 2008. Abiogenic hydrocarbon production at Lost City hydrothermal field. Science, 319: 604-607

Schlindwein V, Demuth A, Geissler W H, et al. 2013. Seismic gap beneath Logachev Seamount: Indicator for melt focusing at an ultraslow mid-ocean ridge? Geophysical Research Letters, 40: 1703-1707

Schlindwein V, Schmid F. 2016. Mid-ocean-ridge seismicity reveals extreme types of ocean lithosphere. Nature, 535: 276-279

Schmidt K, Garbe-Schönberg D, et al. 2011. Fluid elemental and stable isotope composition of the Nibelungen hydrothermal field (8 18′ S, Mid-Atlantic Ridge): Constraints on fluid-rock interaction in heterogeneous lithosphere. Chemical Geology, 280: 1-18

Schmidt K, Koschinsky A, Garbe-Schönberg D, et al. 2007. Geochemistry of hydrothermal fluids from the ultramafic-hosted Logatchev hydrothermal field, 15 N on the Mid-Atlantic Ridge: Temporal and spatial investigation. Chemical Geology, 242: 1-21

Seyfried Jr W E, Dibble Jr W E. 1980. Seawater-peridotite interaction at 300 C and 500 bars: implications for the origin of oceanic serpentinites. Geochimica et Cosmochimica Acta, 44: 309-321

Seyfried Jr W E, Ding K. 1995. Phase equilibria in subseafloor hydrothermal systems: A review of the role of redox, temperature, pH and dissolved Cl on the chemistry of hot spring fluids at mid-ocean ridges. Washington DC American Geophysical Union Geophysical Monograph Series, 91: 248-272

Seyfried Jr W E, Foustoukos D I, Fu Q. 2007. Redox evolution and mass transfer during serpentinization: An experimental and theoretical study at 200 C, 500 bar with implications for ultramafic-hosted hydrothermal systems at Mid-Ocean Ridges. Geochimica et Cosmochimica Acta, 71: 3872-3886

Seyfried Jr W E, Seewald J S, Berndt M E, et al. 2003. Chemistry of hydrothermal vent fluids from the Main Endeavour Field, northern Juan de Fuca Ridge: Geochemical controls in the aftermath of June 1999 seismic events. Journal of Geophysical Research: Solid Earth, 108: 2429

Shanks III W C. 2001. Stable isotopes in seafloor hydrothermal systems: vent fluids, hydrothermal deposits, hydrothermal alteration, and microbial processes. Reviews in Mineralogy and Geochemistry, 43: 469-525

Shanks W C, Boehlke J K, Seal R R. 1995. Stable isotopes in mid-ocean ridge hydrothermal systems: Interactions between fluids, minerals, and organisms. Geophysical Monograph-American Geophysical Union, 91: 194

Standish J J, Sims K W W. 2010. Young off-axis volcanism along the ultraslow-spreading Southwest Indian Ridge. Nature Geoscience, 3: 286-292

Staudigel H, Plank T, White B, et al. 1996. Geochemical fluxes during seafloor alteration of the basaltic upper oceanic crust: DSDP Sites 417 and 418. Geophysical Monograph Series, 96: 19-38

Tao C, Lin J, Guo S, Chen Y, et al. 2012. First active hydrothermal vents on an ultraslow-spreading center: Southwest Indian Ridge. Geology, 40: 47-50

Tao C, Li H, Jin X, et al. 2014a. Seafloor hydrothermal activity and polymetallic sulfide exploration on the southwest Indian ridge. Chinese Science Bulletin, 59: 2266-2276

Tao C, Li H, Deng X, et al. 2014b. Hydrothermal Activity on ultraslow spreading ridge: new hydrothermal fields found on the Southwest Indian ridge. AGU Fall Meeting Abstracts, OS53C-1061

Tao C, Seyfried W, Lowell R, et al. 2020. Deep high-temperature hydrothermal circulation in a detachment faulting system on the ultra-slow spreading ridge. Nature Communications, 11: 1300

Tao C, Guo Z, Liang J, et al. 2023. Sulfide metallogenic model for the ultraslow-spreading Southwest Indian Ridge. Science China Earth Sciences, 1-19

Wu T, Tivey M, Tao C, et al. 2021. An intermittent detachment faulting system with a large sulfide deposit revealed by multi-scale magnetic surveys. Nature Communications, 12: 1-10

Yu Z, Li J, Niu X, et al. 2018. Lithospheric structure and tectonic processes constrained by microearthquake activity at the central ultraslow-spreading Southwest Indian Ridge (49.2° to 50.8°E). Journal of Geophysical Research: Solid Earth, 123: 6247-6262

Zhao M, Qiu X, Li J, et al. 2013. Three-dimensional seismic structure of the Dragon Flag oceanic core complex at the ultraslow spreading Southwest Indian Ridge (49°39′E). Geochemistry, Geophysics, Geosystems, 14: 4544-4563

大洋中脊热液硫化物的氧化过程及其元素迁移

孟兴伟，李小虎*，初凤友，章伟艳，赵建如，董传奇，丁一，樊泽栋，金翔龙*

自然资源部第二海洋研究所，自然资源部海底科学重点实验室 杭州 310012
*通讯作者：E-mail：xhli@sio.org.cn；xljin@mai.hz.zj.cn

摘要 现代海底块状硫化物（seafloor massive sulfides，SMS）矿床的风化过程将显著改变硫化物的矿物学和地球化学特征。然而目前对洋中脊多金属硫化物氧化过程中矿物转变、金属赋存形态变化和元素迁移机制尚未完全揭示。本文通过对大西洋洵美热液区（SMAR 26°S）的热液硫化物及其次生产物开展矿物学和地球化学研究。结果显示，洋中脊热液硫化物主要受到海水和后期富 Si 热液流体的氧化风化作用。在海水环境下，黄铁矿/白铁矿和黄铜矿分别被氧化为 Fe（羟基）氧化物和次生含铜矿物，例如：铜蓝、副氯铜矿/氯盐铜矿和蓝矾，而黄铁矿和白铁矿在后期富 Si 流体风化作用下形成 Si-Fe 和 Fe-Si 羟基氧化物。在海水环境中，黄铁矿、白铁矿和黄铜矿中的重金属元素 Cu、Zn、Ag 和 Pb 在氧化作用下释放，通过吸附作用富集在次生矿物中。硫化物在富 Si 热液流体风化作用下，形成富含过渡族金属元素（Fe、Cu、Zn、Co 和 Ni）的 Fe-Si 和 Fe 羟基氧化物。洋中脊硫化物矿床的氧化过程受到多种因素的影响，包括原电池效应、矿物种类、海水含氧量、与海水的接触面积，以及微生物作用。通过上述研究，本文主要揭示了海底热液硫化物在海水和富 Si 流体氧化过程中的矿物转变和元素迁移机制，探讨了海底氧化风化作用对 SMS 矿床经济性的负面影响。

关键词 洋中脊，热液硫化物，氧化作用，次生矿物，元素迁移

1 引言

现代海底多金属硫化物矿床是海底热液活动的产物（Haymon，1983；Tivey，2007；Tivey and Delaney，1986；Hannington et al.，2011）。在活跃或熄灭的海底热液硫化物矿床中，海水-硫化物的接触面上矿物的相态、形貌和化学组成正在经历变化（Fallon et al.，2017）。类似的过程普遍发生在陆地矿床，例如火山型块状硫化物（volcanogenic massive sulfide，VMS）的风化过程将形成富含重金属元素和大量次生矿物的酸性（pH<

基金项目：中国大洋矿产资源研究开发协会项目（DY135-G2-1-03，DY135-S2-2-05，DY135-N1-1），国家自然科学基金项目（U2244222）

作者简介：孟兴伟，助理研究员，博士，主要从事海底资源与成矿系统研究，E-mail：xwmeng@sio.org.cn

3）尾矿废水（Andreu et al.，2015；Zheng et al.，2019）。热液硫化物氧化过程中释放出的金属元素通过离子交换、沉淀或吸附作用富集在次生矿物中，例如 Pb、Cu、Ag 等（Hamberg et al.，2016；Fallon et al.，2017）。因此，硫化物风化过程以及次生矿物的形成将极大地影响金属元素的迁移和赋存。

海底氧化过程中由于海水的缓冲作用，氧化环境接近中性，不会形成类似陆地矿床的酸性尾水（Fallon et al.，2017）。海底硫化物风化能够形成不溶性的铁氧化物和铁羟基氧化物，如针铁矿和赤铁矿（Herzig and Hannington，1995）。这些次生矿物不仅能够吸附重金属，充当金属的汇，同时覆盖在硫化物表层形成保护层，从物理上抑制硫化物进一步氧化（Bruemmer et al.，1988；Fallon et al.，2017）。多金属硫化物风化作用下往往能够促进硫化物中 Ag、Au 等贵金属元素的活化，并富集在次生矿物中（Herzig et al.，1991；Severmann et al.，2006）。然而，Dekov 等（2011）的研究结果显示 Cu 的次生矿物，包括氯盐铜矿和副氯铜矿，并没有显示富集金属元素的特征。Knight 等（2018）在实验室中模拟单矿物和多金属硫化物在人造海水中的氧化过程，结果显示硫化物在风化过程中释放出大量的 Cu、Fe、Zn 等元素。虽然海底硫化物的氧化过程已经有详细研究，但是对于海底热液硫化物在风化过程中的矿物转变、金属赋存形态变化和元素迁移机制尚未完全揭示，因此制约了海底风化过程对矿床经济性影响的评价。

目前在北大西洋中脊发现了 30 余处热液区，包括 Logatchev（14°N）、Snakepit（23°N）、Trans-Atlantic Getraverse（26°N）、Broken Spur（29°N）等热液区（Chavagnac et al.，2018；Findlay et al.，2015；Fouquet et al.，2018；Haalboom et al.，2019；Kelley et al.，2001；Kelley et al.，2005；Lalou et al.，1990；Tivey et al.，1995）。而同为慢速扩张洋脊，地质背景相似的南大西洋也同样被认为具有成矿潜力。2011 年中国大洋第 22 航次调查中，在南大西洋中脊发现了 26°S 热液区，被命名为洵美热液区（Li et al.，2014），通过电视抓斗发现了大量的金属硫化物和活动烟囱体，揭示了该地区广泛分布有热液喷口，具有良好的硫化物资源前景。因此，对该热液区采集的硫化物的风化产物的研究，能够了解该热液区硫化物的风化程度和硫化物-海水之间的地球化学交换过程，评估矿后风化作用对该热液区硫化物资源经济性的影响。本文将使用矿物学和地球化学手段对采集自南大西洋洵美热液区（SMAR 26°S）的硫化物样品中原生硫化物和次生产物的矿物组成、结构形貌和化学组成特征进行系统研究，揭示矿物相转化、元素赋存形态变化、元素迁移和沉淀过程，建立现代海底热液硫化物氧化过程模型。

2 地质背景

南大西洋中脊（south mid-Atlantic ridge，SMAR）是一个不对称的慢速扩张洋中脊，从西向东扩张速率从 19.3 mm/a 向 16.3 mm/a 递减（Carbotte et al.，1991）。洋中脊被一系列发育的北东东（NEE）向转换断层分割成多个独立的洋脊段：从北到南依次为 Equatorial、Central Segment、Austral 和 Falkland（Engel and Engel，1964；Moulin et al.，2010；Regelous et al.，2009）。Austral 洋脊段内 25°S 和 27°30'S 之间的 Moore 断裂带被不连续断裂带进一步分割成 1N、2N 和 3N 次一级的洋脊段（Carbotte et al.，1991）。研

究区是以北部的 Rio Grande 转换断层和南部的 Moore 断裂段为界限，位于 2N 洋脊段内的 26°S 附近（图 1）（Niu and Rodey，1994）。位于研究区洋脊段的中央裂谷处有一沿轴高地，水深最浅处约 2600m（Regelous et al.，2009）。洋脊段 26°S 有多个岩浆熔融和供给历史（Chauvet et al.，2021；Franke et al.，2007）。洋中脊发育的断裂构造和岩浆活动分别为热液循环系统的形成提供了流体通道和热源（James and Elderfield，1996）。南大西洋中脊上出露的玄武岩富集 FeO、Cu 和 Zn（分别为 8.80%～11.02%、65.8～116 ppm[①] 和 60.3～82.5ppm）（Regelous et al.，2009）。随着海底热液硫化物调查的开展，南大西洋中脊上发现了大量的海底热液区，包括德音（15°S）（Wang et al.，2020）、洵美（26°S）（Li et al.，2014）、彤管（27°S）（Wang et al.，2022）等。

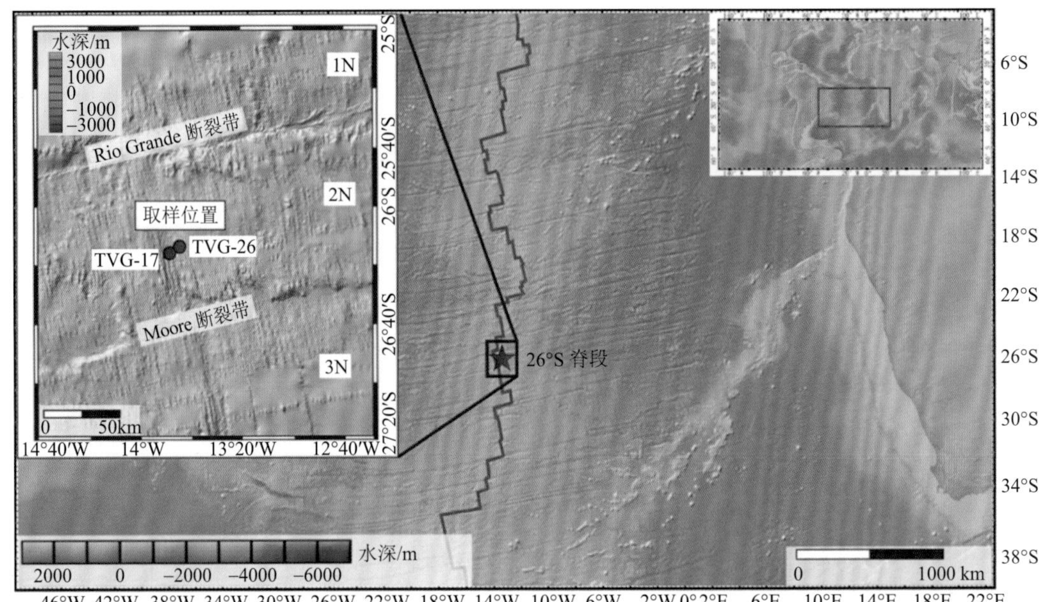

图 1　南大西洋中脊洵美热液区的地质图和取样位置图（GeoMapApp，www.geomapapp.org）

在 2011 年中国大洋 22 航次调查中，位于南大西洋中脊 26°S 附近的热液区被大洋一号首次发现并命名为“洵美”热液区（Li et al.，2014）（图 1）。基于海底深拖系统调查，在该水域的海底发现了温度和浊度异常，并在后续调查中证实了该地区热液喷口的存在。随后，在洵美热液区的斜坡和低洼地区发现了大量的多金属块状硫化物、硫化物烟囱体碎块和活动的硫化物烟囱体（Li et al.，2014）。热液区基底主要由大量的微晶玄武岩、斑状玄武岩和枕状玄武岩组成，缺乏沉积物覆盖（Niu and Rodey，1994）。热液区的熔岩由正常的洋中脊玄武岩（N-MORB）组成（Niu and Rodey，1994）。在大西洋中脊上，与洵美热液区地质背景相似的热液区的热液流体富含金属元素 Fe（高达 18700μM）、Cu（高达 150 μmol/L）、Zn（高达 780 μmol/L）等（James and Elderfield，1996；Tivey，2007），热液流体的 pH 值为 2.8～4.5，温度为 265～405°C（Shanks，2001；Tivey，2007）。在洵美热液区附近发现有大量的海底生物，形成了热液喷口生态系统（Li

① $1ppm=10^{-6}$

et al.，2014）。洵美热液区硫化物烟囱体主要由黄铁矿、白铁矿、黄铜矿、闪锌矿等组成（Fan et al.，2022；Meng et al.，2021）。热液区的块状硫化物表层受到海水和富 Si 热液流体的氧化作用。

3 样品来源和分析方法

本文样品来自 2017 年中国大洋 46 航次采集的南大西洋中脊洵美热液区（SMAR 26°S）硫化物烟囱体（TVG-26）和氧化的块状硫化物（TVG-17）。洵美热液区的硫化物样品主要由电视抓斗采集自熄灭的热液喷口附近[图 2（a）、（b）]。根据手标本的初步观察，硫化物烟囱体和氧化的块状硫化物样品主要由黄铁矿、白铁矿和黄铜矿组成。氧化的块状硫化物样品（TVG-17）表层附着有大量的氧化物[图 2（b）]。

3.1 矿物学分析

将矿物样品制备成薄片和光片，使用光学显微镜对矿物组合和结构进行观察和拍照。使用 X 射线衍射仪（XRD）对样品粉末中的矿物类型和丰度进行半定量分析，仪器型号为荷兰 X′Pert-MPDPro，采用 Cu 靶。XRD 的工作电压为 45kV 和工作电流为 40mA。矿物的 X 射线衍射图谱记录角度范围在 10°～90°（2θ），扫描速率为 4°/min。数据使用软件 MDI JADE6 进行处理。

利用 Zeiss Ultra 55 场发射扫描电子显微镜（SEM）和 Oxford INCA MAX 20 能谱系统（EDS）对矿物形貌、结构和组成进行观察和分析。扫描电镜工作电压为 20kV，工作电流为 16～22mA。上述矿物学工作均在自然资源部第二海洋研究所海底科学重点实验室内完成。

3.2 主量元素分析

使用武汉上谱分析科技有限责任公司的电子探针（型号：JEOL JXA-8230）对洵美热液区的硫化物和次生矿物进行主量和微量元素分析。电子探针点分析的电子束电流为 20nA，束斑为 1～5μm，工作电压在测试硫化物时为 20kV，在测试氧化物和羟基氧化物时为 15kV。矿物面分析的工作电压为 20kV、电流为 100nA，以及束斑为 2μm。为了对所测元素值进行校准，使用一系列天然和合成矿物（美国 SPI Supplies）作为标样。

3.3 微区元素面扫描分析

使用中国石油大学（华东）的台式微区 X 射线荧光光谱仪（μ-XRF，型号为 Bruker M4 Tornado™）对矿物光片进行元素面扫描分析。该仪器配备了铑靶的 X 射线管和 Flash®硅漂移 X 射线探测仪（Stephanie et al.，2017）。元素面扫描分析在 40 μm 的光斑尺寸条件下完成，在每个像素的停留时间为 5ms（Mao et al.，2017）。仪器的工作电压为 50kV，电流为 800nA。数据使用软件 M4 Tornado V1.6.614.0 处理。

3.4 全岩元素地球化学分析

对氧化的块状硫化物样品进行分层取样，开展全岩主量和微量元素的分析。化学前处理和测试分析工作均在南京聚谱检测科技有限公司内完成。准确称量 100mg 粉末样品，先加入 1ml 浓硝酸于 130°C加热溶解，去掉样品中部分硫，然后加入 1.5ml 盐酸、0.5ml 硝酸和 0.2ml 氢氟酸，密闭后放置于加热板上加热至 150°C溶解 48 小时。样品蒸干后，加入 1ml 浓硝酸赶氢氟酸并蒸干，残渣用稀王水溶解，稀释到 10ml 后上机测试（总共稀释 1000 倍）。

主量元素 Fe、Al 和 Mg 使用电感耦合等离子体发射光谱仪(Agilent Technologies 5110 四极杆 ICP-OES）测定。使用美国地质调查局岩石标样组合（AGV-2 和 BHOV-2）进行校准后完成结果的量化，结果误差在 2%以内。使用电感耦合等离子体质谱仪（Agilent Technologies 7700x 四极杆 ICP-MS）测定溶液的微量元素。利用国际岩石标准，包括玄武岩（BIR-1、BCR-2 和 BHVO-2）、安山岩（AGV-2）、流纹岩（RGM-2）和花岗闪长岩（GSP-2），进行样品数据的校准（Du et al.，2017）。同时，通过重复分析法监测数据的分析精度。浓度> 50ppm 的元素分析精度优于 5%，浓度< 50ppm 的元素分析精度优于 10%。

4 结果

4.1 矿物组成特征

利用 XRD 对 TVG-17 和 TVG-26 样品的不同矿物环带进行了半定量的矿物含量分析[表 1，图 2（c），（d）]，结果显示硫化物主要由黄铁矿、白铁矿和黄铜矿组成，而次生矿物主要由 Fe-Si 羟基氧化物、蓝钒（$CuSO_4·5H_2O$）、铜蓝（CuS）、氯盐铜矿（$Cu_2Cl(OH)_3$）组成。次生矿物的丰度从样品边部向内部环带逐渐降低。

表 1 大西洋中脊洵美热液区硫化物样品中不同矿物环带的 XRD 矿物分析

样品序号	Py	Mrc	Ccp	Fe-Si oxy	Cha	Cv	Atc	Anh
TVG17-1	+++	+	+++	+	+++	+	+	tr
TVG17-2	+++	+++	+					
TVG17-3	+++	tr	+++					
TVG26-1	+++		+++		+++		+	+
TVG26-2	+++	+	+++		+		+	
TVG26-3	+++	+++	+++		+			
TVG26-4	+++	++	+++					

注：+++：大量，++：较多；+：少量；tr：微量，Py：黄铁矿，Mrc：白铁矿，Ccp：黄铜矿，Fe-Si oxy：Fe-Si 羟基氧化物，Cha：蓝矾（chalcanthite），Cv：铜蓝，Atc：氯盐铜矿，Anh：硬石膏

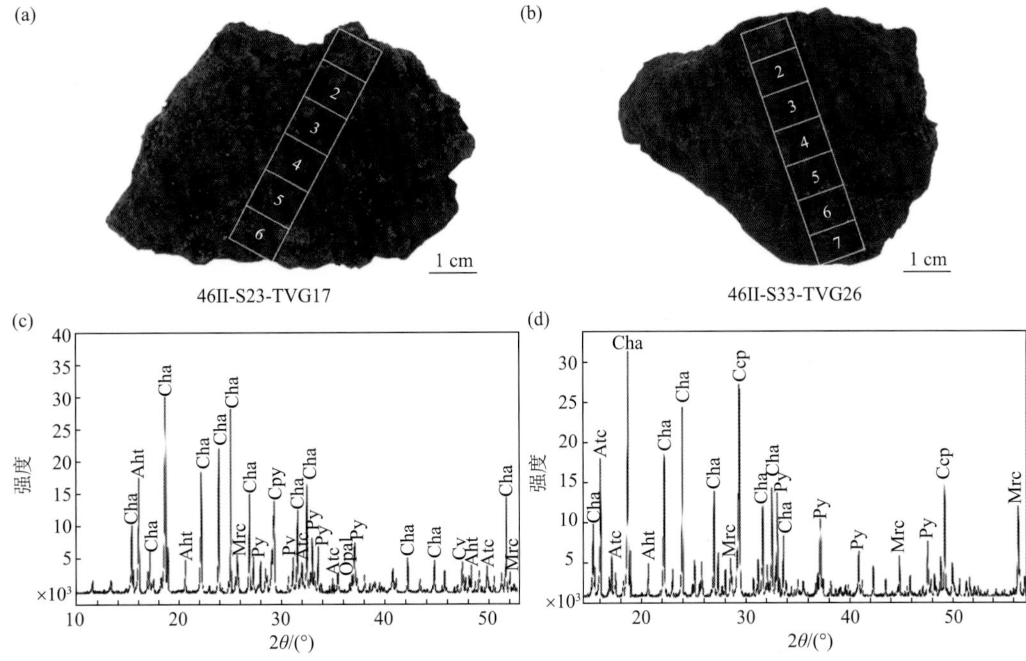

图 2　洵美热液区硫化物样品（a）TVG-17 和（b）TVG-26

为了分析在硫化物不同蚀变环带内矿物的矿物种类和化学元素，对氧化的硫化物剖面进行微钻取样，并进行 XRD 和 ICP-MS 分析。图（c）和（d）分别是 TVG-17 和 TVG-26 外层蚀变层（1）的 XRD 分析结果

显微镜观察显示，样品 TVG-17 和 TVG-26 中硫化物受到后期氧化作用，形成次生矿物（图 3）。自形黄铁矿受到后期白铁矿的包裹和交代[图 3（a）]。黄铁矿在氧化作用下形成红棕色的 Fe 氧化物[图 3（b）、（c）]。大量的 SiO_2 充填在黄铁矿中[图 3（d）]。样品中柱状的白铁矿受到强烈的风化作用，部分已经失去了晶形[图 3（e）]。黄铜矿在后期风化作用下形成次生矿物，例如铜蓝[图 3（f）]。

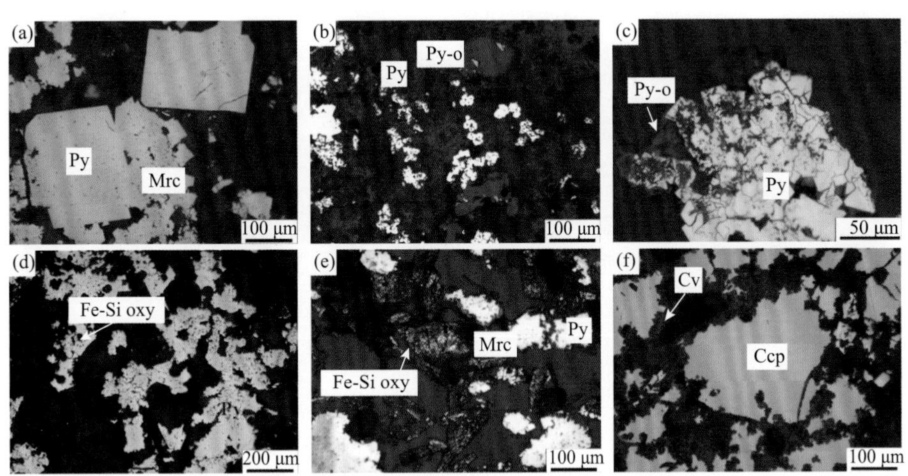

图 3　洵美热液区块状硫化物样品的矿物学观察

（a）自形黄铁矿和白铁矿；（b）红棕色的 Fe 氧化物；（c）黄铁矿被部分氧化；（d）Fe-Si 氧化物充填在黄铁矿颗粒间；（e）黄铁矿被 Fe-Si 羟基氧化物强烈蚀变；（f）黄铜矿被部分氧化成铜蓝

扫描电镜结果显示（图 4，表 2），自形黄铁矿（Py）受到风化作用形成 Fe 氧化物（Py-o）[图 4（a），（b）]。EDS 成分分析主要由 Fe 和 O 组成（表 2）。短柱状白铁矿（Mrc）受到后期热液流体的交代和蚀变形成风化产物（Mrc-o），EDS 分析结果显示该类风化产物除了由 Fe 和 O 组成，还具有较高的 Si 含量，形成 Fe-Si 氧化物/Fe-Si 羟基氧化物。

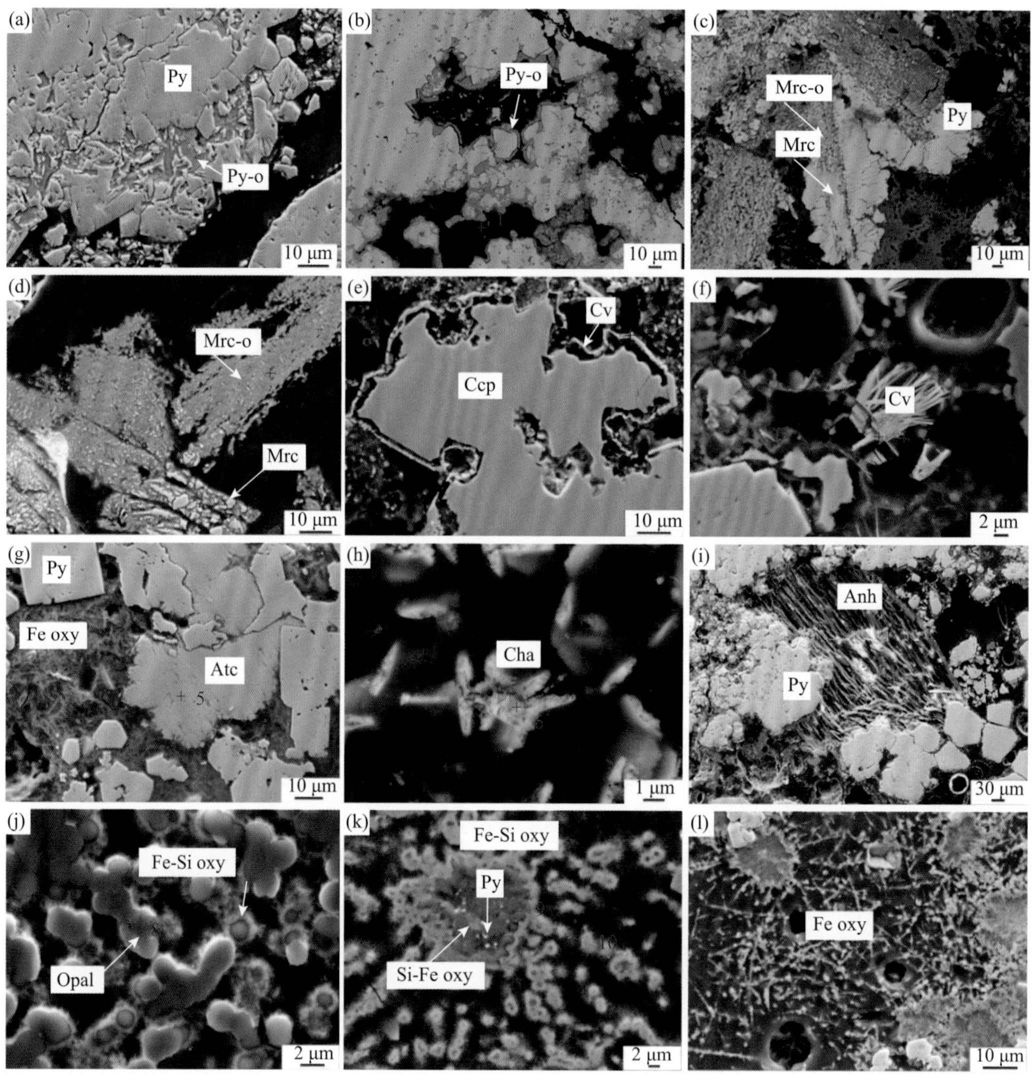

图 4 洵美热液区硫化物和次生矿物的显微照片和 EDS 成分分析

红色十字位置代表 EDS 测试位置，数字代表测试序号，测试结果见表 2。（a）黄铁矿（Py）受到后期氧化作用形成铁氧化物（Py-o）；（b）黄铁矿边部氧化形成铁氧化物（Py-o）；（c）长柱状白铁矿（Mrc）被 Fe-Si 流体风化；（d）长柱状白铁矿（Mrc）被风化形成次生产物（Mrc-o）；（e）黄铜矿（Ccp）和铜蓝环带（Cv）；（f）位于黄铜矿颗粒间的铜蓝（Cv）；（g）分布在黄铁矿颗粒间的氯盐铜（Atc）；（h）短柱状块蓝钒（Cha）；（i）黄铁矿之间的硬石膏（Anh）；（j）二氧化硅被外层含 Fe 羟基氧化物（Fe-Si oxy）和蛋白石（Opal）；（k）Fe-Si 羟基氧化物（Fe-Si oxy）和 Si-Fe 羟基氧化物（Si-Fe oxy）中包裹黄铁矿颗粒；（l）Fe 羟基氧化物（Fe oxy）

表 2 大西洋中脊洵美热液区次生矿物的 EDS 成分分析/%

图 4 中位置	矿物类型	Fe	Si	O	S	Cu	Al	Cl	Ca	总量
1	Py-o	37.7	5.3	43.2	5.2	8.6	bdl	bdl	bdl	100
2	Mrc-o	23.7	19.9	41.5	10.2	4.2	0.5	bdl	bdl	100
3	Cv-1	2.0	bdl	4.4	31.9	61.7	bdl	bdl	bdl	100
4	Cv-2	1.9	bdl	bdl	30.6	65.7	bdl	1.8	bdl	100
5	Atc	bdl	bdl	20.8	bdl	56.7	bdl	22.5	bdl	100
6	Cha	2.6	bdl	33.4	13.1	49.1	bdl	1.8	bdl	100
7	Anh	bdl	bdl	60.1	13.2	bdl	7.4	bdl	19.3	100
8	Opal	3.5	36.4	59.4	0.8	bdl	bdl	bdl	bdl	100
9	Fe-Si oxy	24.2	18.5	54.6	2.2	bdl	bdl	0.6	bdl	100
10	Si-Fe oxy	9.4	31.5	50.9	0.9	bdl	7.3	bdl	bdl	100
11	Fe oxy	38.4	1.5	42.1	4.8	9.3	bdl	3.9	bdl	100

注：Py-o：铁氧化物，Mrc-o：白铁矿的蚀变产物，Cv：铜蓝，Atc：氯盐铜矿，Cha：胆矾，Anh：硬石膏，Opal：无定形二氧化硅，Fe-Si oxy：Fe-Si 羟基氧化物，Si-Fe oxy：Si-Fe 羟基氧化物；Fe oxy：Fe 羟基氧化物，bdl：低于检测限

相比黄铁矿，黄铜矿（Cpy）在后期风化作用下形成多种次生矿物。黄铜矿氧化作用下形成铜蓝环带[Cv；图 4（e）]，或是形成柱状铜蓝矿物[图 4（f）]。氯盐铜矿呈颗粒集合体[图 4（g）]，而蓝矾（Cha）晶体呈现短柱状颗粒[图 4（h）]。Cu 的次生矿物周围常常伴随着 Fe 的氧化物，形成 Cu-Fe 氧化物。在样品的表层发现有蓝钒晶体。铜蓝在大气中极易被快速氧化，从而形成蓝钒。

除了黄铁矿和黄铜矿的次生产物，羟基氧化物也是外层风化带中重要的组成部分。羟基氧化物集合主要由富含二氧化硅和富 Fe 羟基氧化物组成[图 4（j）]。羟基氧化物集合内部和外部显示不同 Fe 和 Si 含量[图 4（k）]。EDS 成分分析显示，羟基氧化物集合的边部具有较高的 Fe 含量和较低的 Si 含量，命名为 Fe-Si 羟基氧化物（Fe-Si oxy），而内部羟基氧化物具有较低的 Fe 含量和较高的 Si 含量，命名为 Si-Fe 羟基氧化物（Si-Fe oxy）。在黄铁矿颗粒间发现呈针状 Fe 羟基氧化物[图 4（l）]。

4.2 μ-XRF 元素面扫描特征

通过对 TVG-17 和 TVG-26 所制的矿物薄片进行元素扫描，揭示硫化物烟囱体中元素的整体分布特征（图 5，图 6）。研究结果显示，两个硫化物样品都呈矿物环带结构，但是矿物组成和元素分布特征存在差异。

TVG-17 样品由一个富黄铁矿带和一个富黄铁矿-黄铜矿带组成（图 5）。硫化物样品边部 Al，V 和 Cl 含量相对较高。其中样品中间环带的白铁矿受到强烈的风化作用，并富集 Al 和 V 元素。

TVG-26 样品同样呈现环带构造，由两个富黄铁矿-黄铜矿带和一个富黄铁矿带组成（图 6）。样品中闪锌矿含量较少，主要分布在中间黄铁矿带中。相比 TVG-17，TVG-26 硫化物样品外层并没有富集 V 和 Cl 元素。元素 Mo 和 V 在硫化物烟囱体中具有相似的分布特征，主要分布在烟囱体矿物的中间环带。

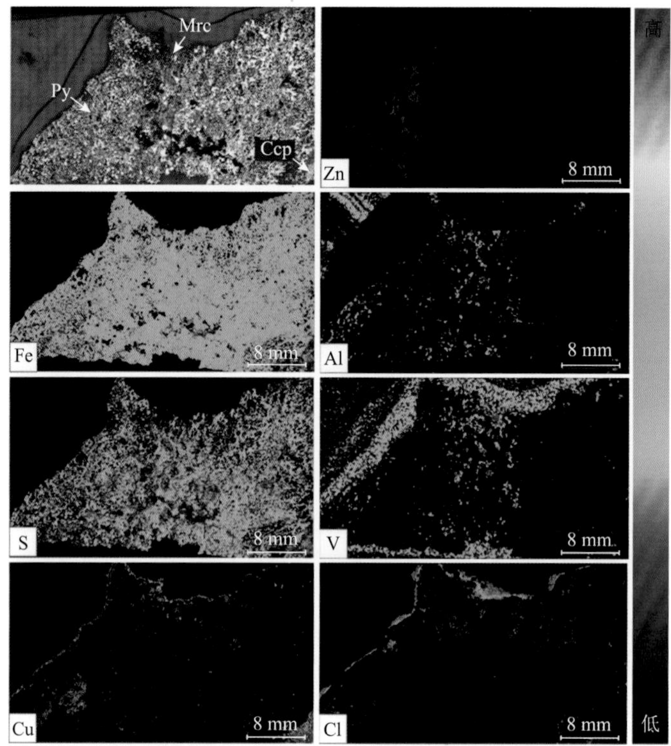

图 5 硫化物样品 TVG-17 的微区 X 射线荧光光谱元素分析

Py：黄铁矿，Mrc：白铁矿，Ccp：黄铜矿

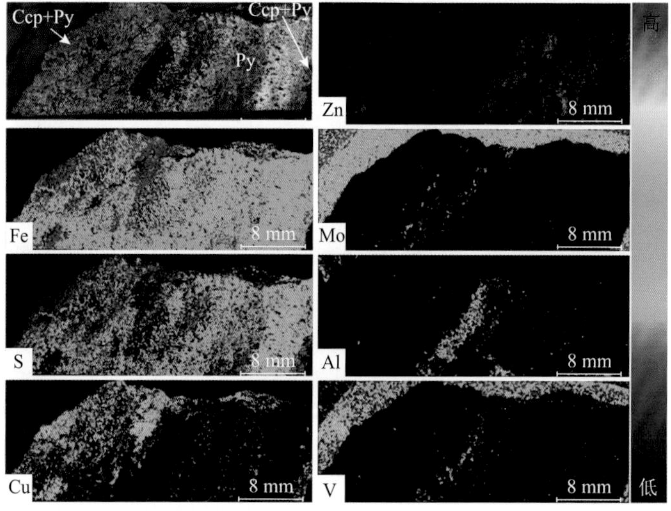

图 6 硫化物样品 TVG-26 的微区 X 射线荧光光谱元素分析

Py：黄铁矿， Ccp：黄铜矿

4.3 主量和微量元素特征

利用电子探针微区分析（electron probe microanalysis，EPMA）对采集的硫化物样品

中的硫化物、次生矿物和羟基氧化物开展原位主量和微量元素分析，分析数据见图 7 和表 3。

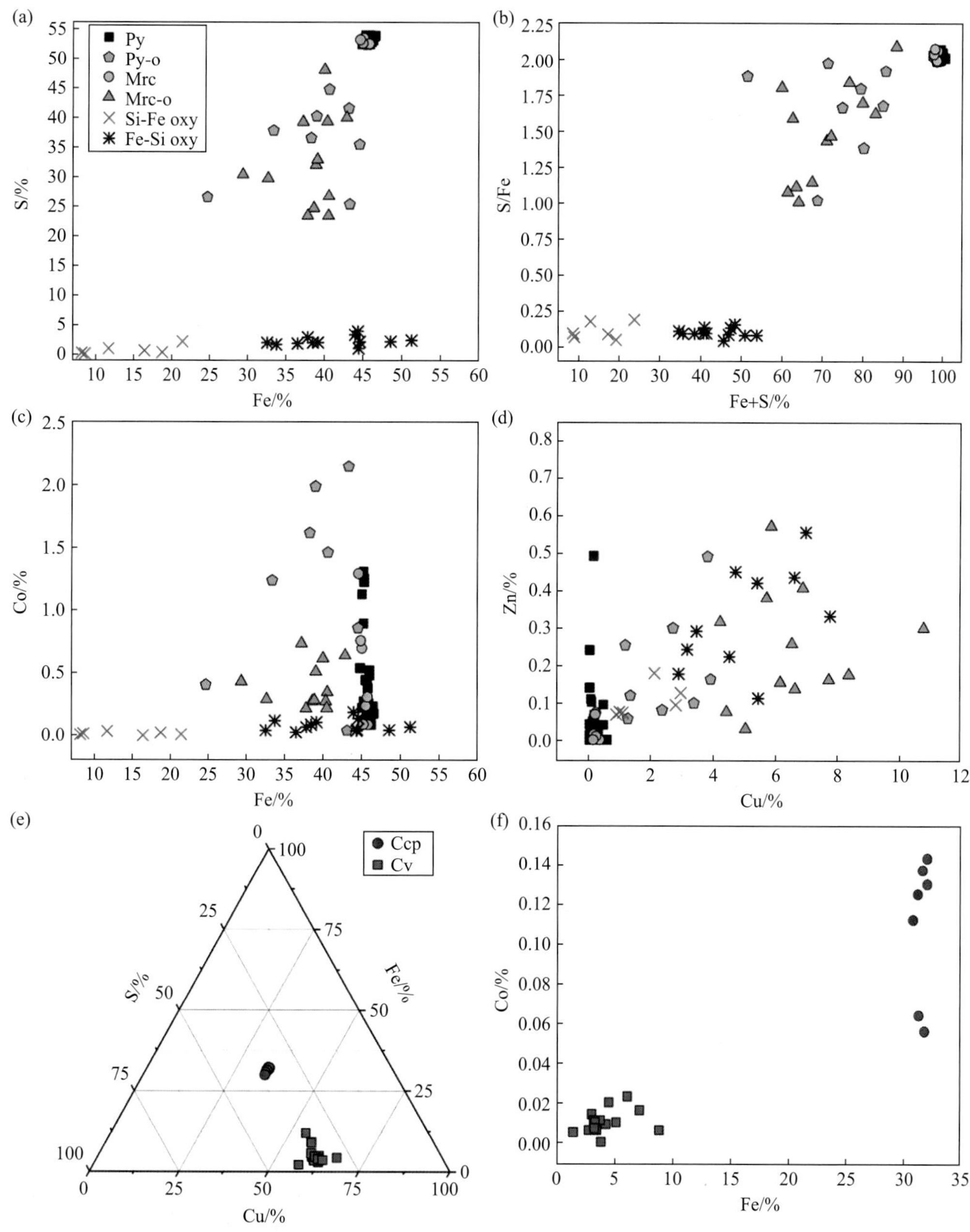

图 7　洵美热液区中硫化物及其风化产物的主量元素含量

黄铁矿（Py）、黄铁矿的氧化物（Py-o）、白铁矿（Mrc）、白铁矿的风化产物（Mrc-o）、Si-Fe 羟基氧化物（Si-Fe oxy）和 Fe-Si 羟基氧化物（Fe-Si oxy）的常量元素含量。（a）Fe vs. S；（b）Fe+S vs. S/Fe；（c）Fe vs. Co；（d）Cu vs. Zn；（e）黄铜矿（Ccp）和铜蓝（Cv）的 Cu-Fe-S 三元图；（f）黄铜矿和铜蓝的 Co vs. Fe

表 3　大西洋中脊洵美热液区硫化物、次生矿物和羟基氧化物的主量和微量元素含量/%

矿物类型		S	Fe	Cu	Co	Ni	Zn	Pb	As	总量
Py	平均值	53.52	45.83	0.12	0.41	bdl	0.03	0.02	0.03	99.98
	最小值	52.68	45.15	bdl	0.09	bdl	bdl	bdl	bdl	98.90
	最大值	54.21	46.61	0.56	1.32	0.01	0.14	0.19	0.16	101.11
Py-o	平均值	36.29	38.38	2.46	1.23	0.01	0.20	0.11	0.02	78.66
	最小值	25.57	24.70	1.15	0.04	bdl	0.06	0.03	bdl	53.42
	最大值	45.01	44.57	3.88	2.16	0.01	0.49	0.41	0.05	88.45
Mrc	平均值	52.97	45.31	0.19	0.50	bdl	0.02	0.02	0.10	99.12
	最小值	52.59	44.61	0.11	0.09	bdl	bdl	bdl	0.02	98.42
	最大值	53.72	45.88	0.32	1.30	bdl	0.07	0.10	0.22	99.89
Mrc-o	平均值	32.74	38.19	6.49	0.41	bdl	0.25	0.01	0.05	78.46
	最小值	23.64	29.39	4.18	0.22	bdl	0.03	bdl	bdl	67.40
	最大值	48.28	42.91	10.75	0.74	0.01	0.57	0.03	0.09	94.05
Ccp	平均值	34.07	31.53	33.89	0.11	bdl	0.03	bdl	bdl	99.65
	最小值	33.49	30.78	33.56	0.06	bdl	bdl	bdl	bdl	98.48
	最大值	34.61	32.04	34.27	0.14	bdl	0.11	0.02	0.01	100.61
Cv	平均值	29.15	4.71	44.70	0.01	bdl	0.05	0.02	0.01	74.96
	最小值	20.45	1.33	37.05	0.01	bdl	0.05	bdl	bdl	64.65
	最大值	34.18	8.80	57.35	0.02	bdl	0.05	0.05	0.01	90.66
Fe-Si oxy	平均值	2.54	43.11	5.29	0.07	bdl	0.44	0.01	0.04	52.19
	最小值	1.28	32.57	2.85	0.03	bdl	0.18	bdl	bdl	37.87
	最大值	4.21	51.26	8.80	0.19	0.01	1.00	0.02	0.07	61.84
Si-Fe oxy	平均值	1.00	16.79	1.93	0.02	bdl	0.11	bdl	0.03	20.06
	最小值	0.37	8.14	0.86	bdl	bdl	0.07	bdl	bdl	9.76
	最大值	2.43	32.57	2.92	0.04	0.01	0.18	0.02	0.07	37.87

注：Py：黄铁矿，Py-o：铁氧化物，Mrc：白铁矿，Mrc-o：白铁矿的次生产物，Ccp：黄铜矿，Cv：铜蓝，Si-Fe oxy：Si-Fe 羟基氧化物，Fe-Si oxy：Fe-Si 羟基氧化物，bdl：低于检测限

硫化物样品中黄铁矿（Py）和白铁矿（Mrc）主要由 Fe 和 S 组成，Mrc 较 Py 富集 Co 和 As。当黄铁矿（Py）被氧化形成铁氧化物（Py-o），主量元素 Fe 和 S 含量逐渐降低[图 7（a）、（b）]。类似的，从白铁矿（Mrc）向其风化产物（Mrc-o）转变，主量元素 Fe 和 S 也呈逐渐下降的趋势[图 7（a）、（b）]。从原生黄铁矿和白铁矿向其次生矿物转变过程中，As 元素呈现亏损，而 Cu、Zn 和 Pb 呈现富集[图 7（c）、（d）]。

随着黄铜矿（Ccp）被氧化成铜蓝（Cv），Fe 含量急剧下降，Cu 含量增加，S 含量变化较小[图 7（e）]。相比铜蓝的理论值，本文中铜蓝具有较高的 Fe 含量。铜蓝相比黄

铜矿亏损微量元素 Co 和 Zn[图 7（f）]。

使用电子探针对内层 Si-Fe 羟基氧化物和外层的 Fe-Si 羟基氧化物进行了分析，结果显示，外层 Fe-Si 羟基氧化物相比内层 Si-Fe 羟基氧化物具有较高的 Fe 和 S 含量[图 7(a)]。此外，其他金属元素，包括 Cu、Co、Pb 和 As，也呈现外层 Fe-Si 羟基氧化物比内层 Si-Fe 羟基氧化物高的趋势（表 3）。

电子探针面扫描结果显示，黄铁矿边部受到氧化作用形成富 O 和 Fe 的次生产物 Py-o（图 8）。在风化过程中，Py-o 中常量元素 S 和 As 亏损。白铁矿相比黄铁矿，受到更为强烈的风化作用，从而使矿物内部结构破坏（图 9）。相比黄铁矿，柱状白铁矿亏损微量元素，并富集 Si 元素。这一现象揭示了白铁矿的风化机制与黄铁矿的不一致。白铁矿风化过程与后期富 Si 流体有关。黄铜矿在氧化环境下形成铜蓝环带。次生矿物铜蓝强烈亏损 Fe 元素（图 10）。在铜蓝附近，伴生有黄铁矿。

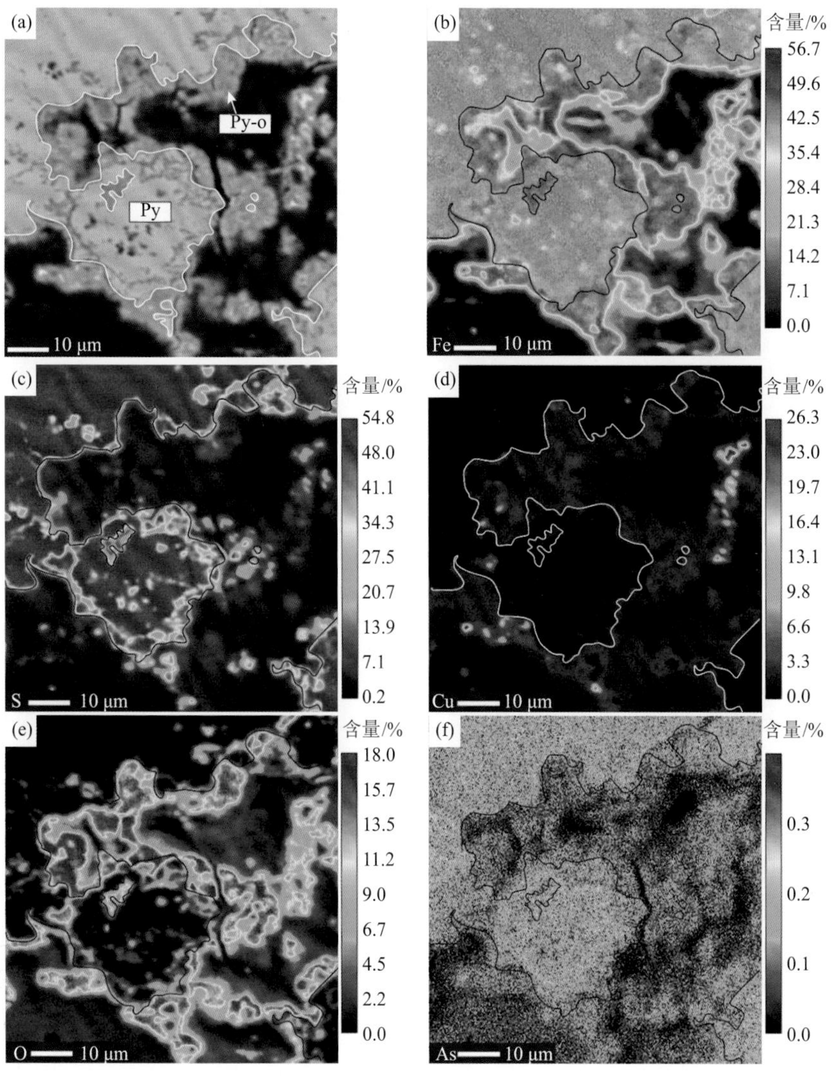

图 8　洵美热液区中黄铁矿（Py）及其次生矿物（Py-o）的电子探针面扫描分析图像

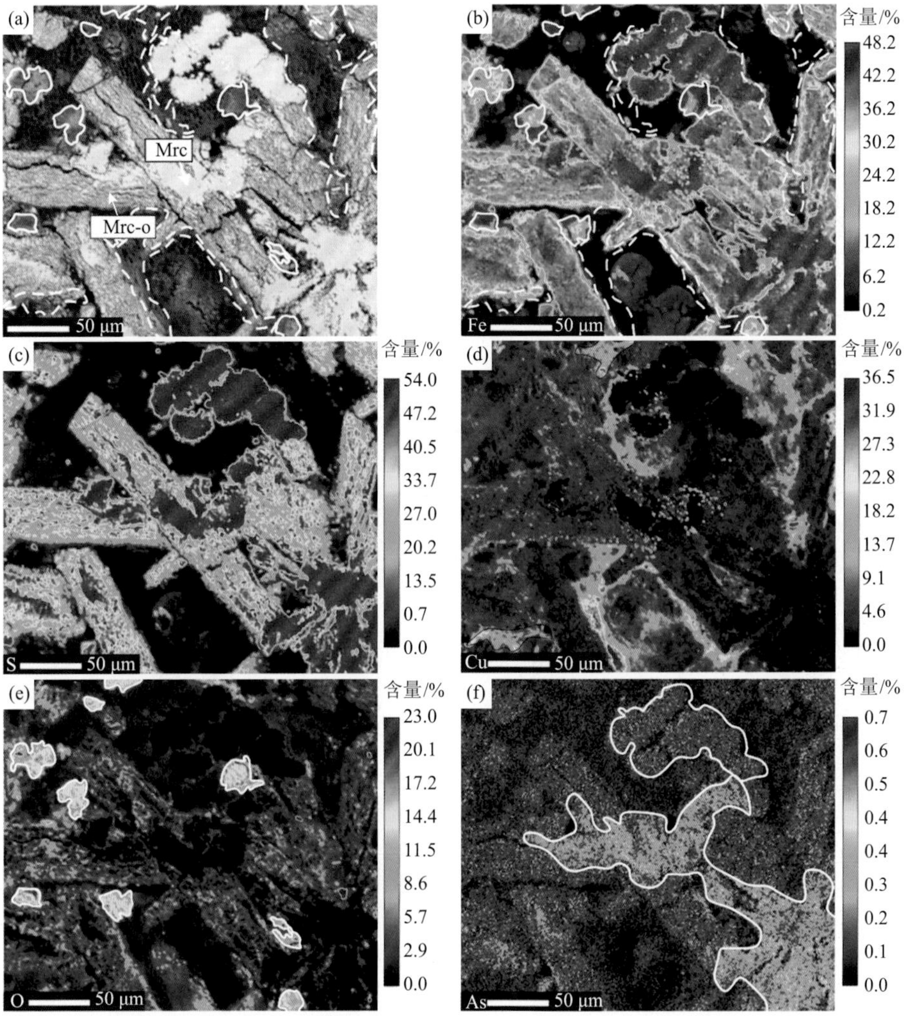

图 9 洵美热液区中白铁矿（Mrc）及其次生矿物（Mrc-o）的电子探针面扫描分析图像

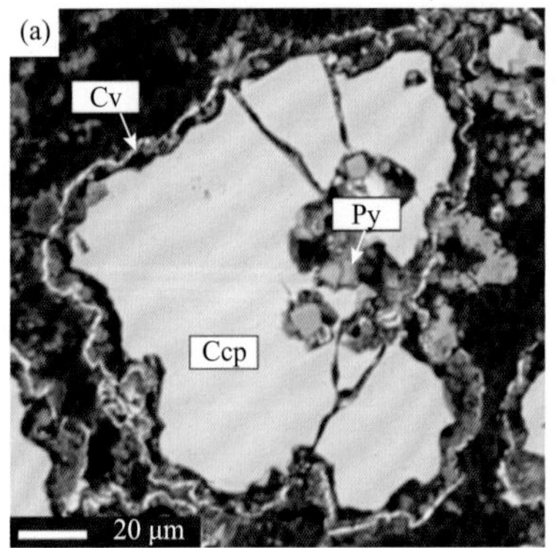

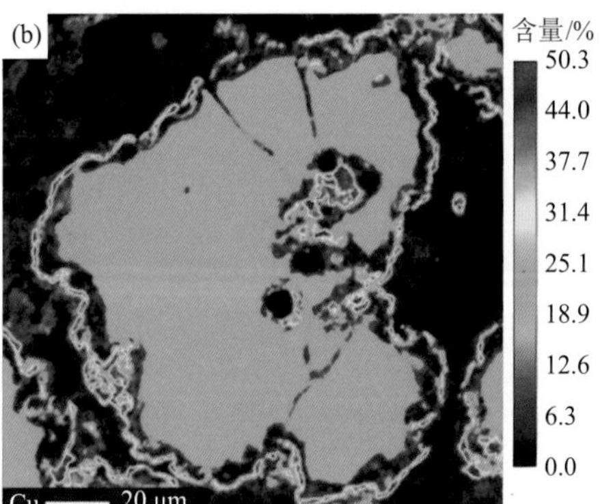

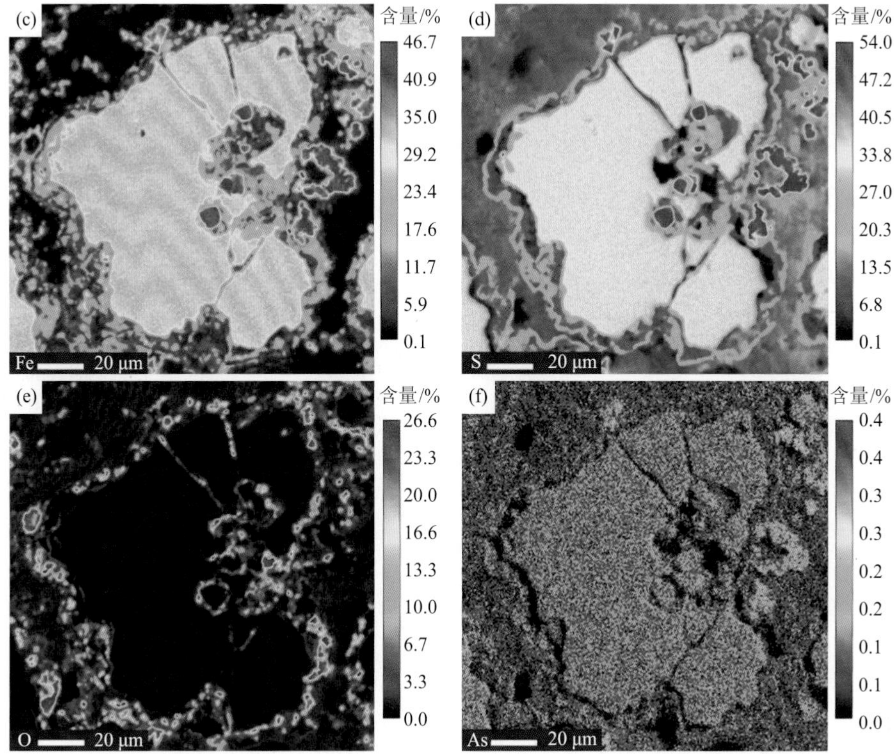

图 10 洵美热液区黄铜矿（Ccp）及铜蓝（Cv）的电子探针面扫描分析图像

4.4 全岩微量元素特征

为了研究氧化的块状硫化物不同风化带的地球化学组成，本研究结合微钻取样和 ICP-MS 分析方法对氧化的块状硫化物样品开展不同层位的全岩化学组成分析（图 11，表 4）。

根据元素含量从硫化物样品边部至内部的变化趋势，可以将元素分成三组。在 TVG-17 样品中，从边部至内部：①元素含量呈递减趋势：Cu、Sr、V、Ni、U 和 Ba；②元素含量呈递增趋势：Zn、Mg、Co、Cd、As、Sb、Pb、Ag、Au 和 Tl；③元素含量变化不明显：Se、Te、Cr、Mn 和 Mo。在 TVG-26 样品中，从边部至内部：①元素含量呈递减趋势：Cu、Se、Cd 和 Ag；②元素含量呈递增趋势：V、Cr、Co、Pb 和 Au；③元素含量变化不明显：Zn、Te、Sr、Mg、Mn、Ni、As、Sb、Tl、Mo、U 和 Ba。

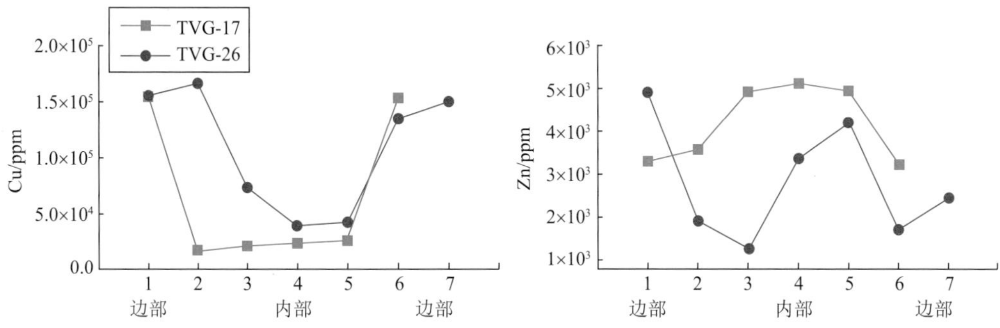

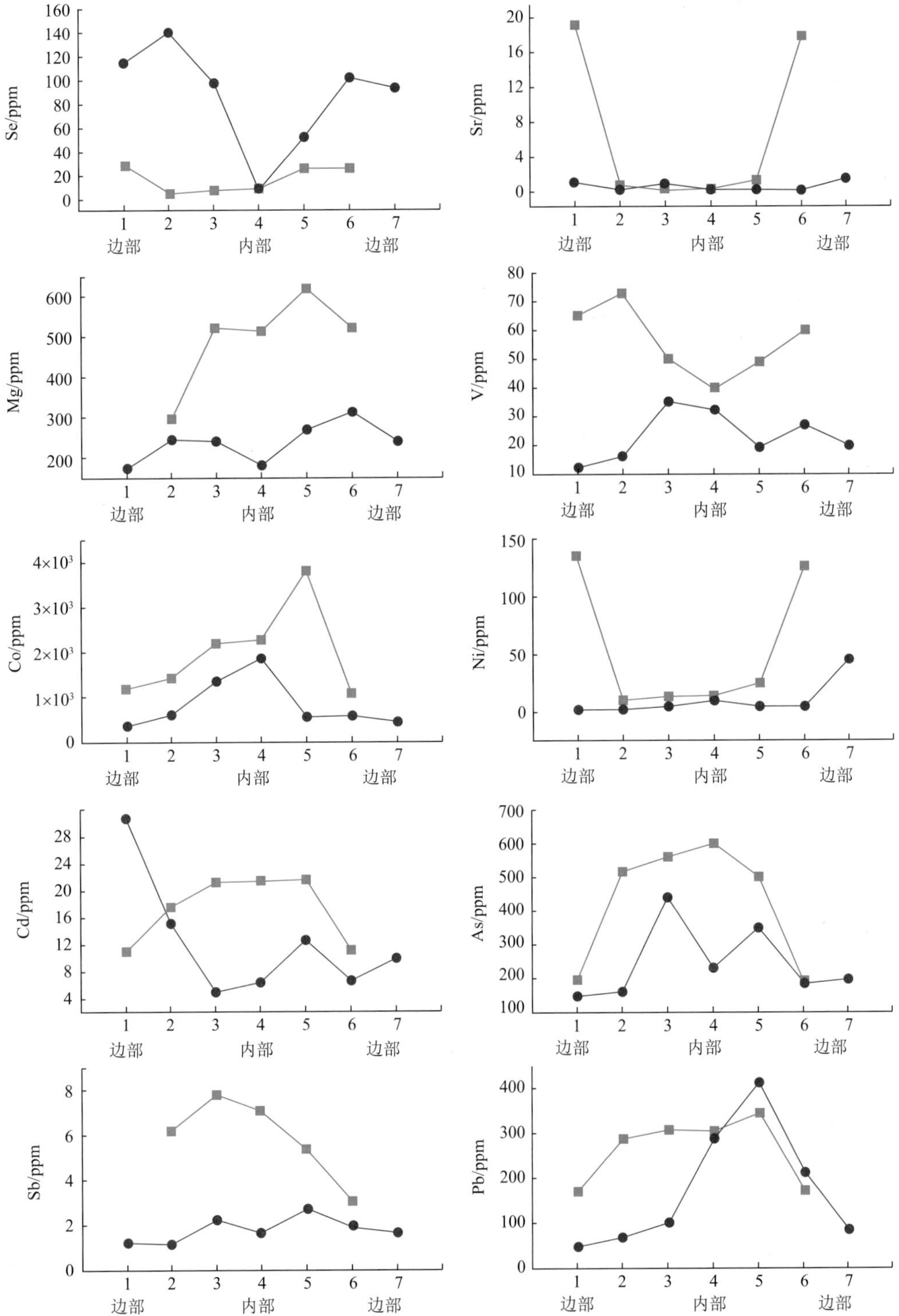
Se/ppm
Sr/ppm
Mg/ppm
V/ppm
Co/ppm
Ni/ppm
Cd/ppm
As/ppm
Sb/ppm
Pb/ppm
边部
内部
边部

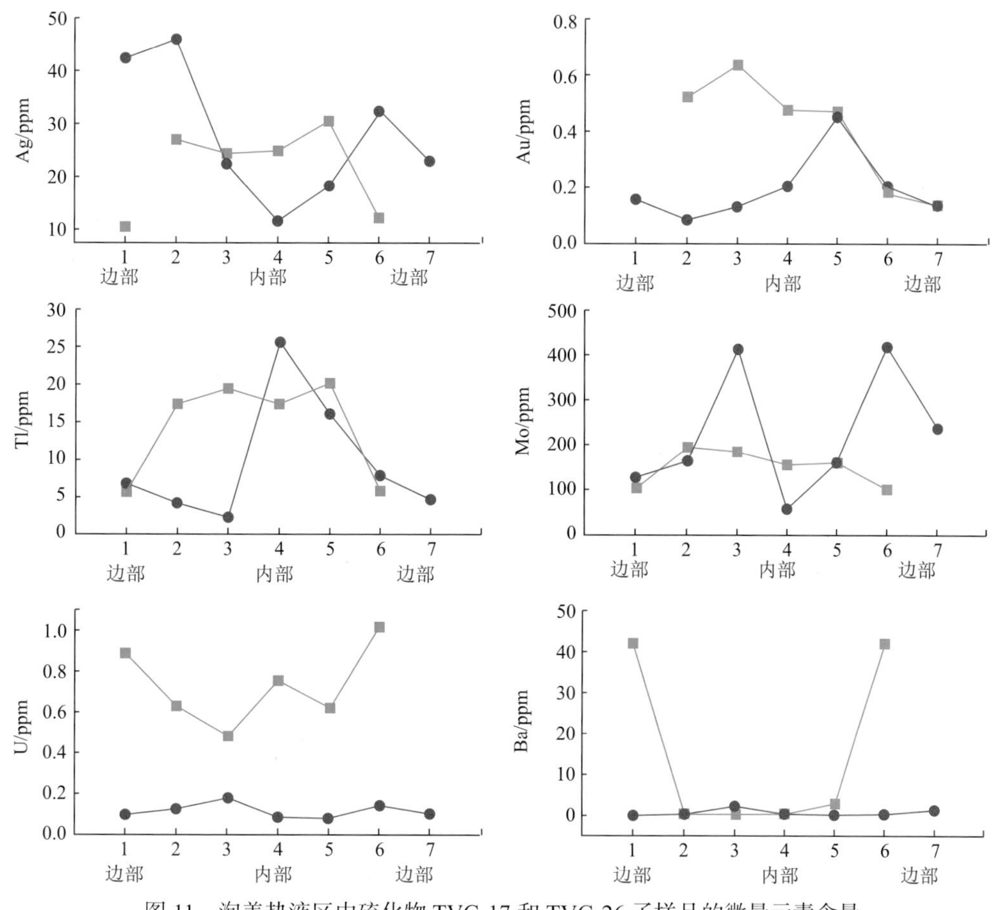

图 11　洵美热液区中硫化物 TVG-17 和 TVG-26 子样品的微量元素含量

表 4　大西洋中脊洵美热液区硫化物样品风化带的全岩化学组成/ppm

样品	TVG17-1	TVG17-2	TVG17-3	TVG17-4	TVG17-5	TVG17-6	TVG26-1	TVG26-2	TVG26-3	TVG26-4	TVG26-5	TVG26-6	TVG26-7
Fe	408914	436345	450858	409343	178172	–	395372	365778	416037	363573	431076	366964	281860
Al	1841	1328	1121	1149	1134	–	773	965	2072	278	888	1547	1098
Mg	294	522	512	620.3	523	–	171	242	239	183	269	311	238
Cu	154251	16918	21223	23357	26070	153773	155627	166472	73137	38771	42511	134692	149840
Zn	3290	3548	4957	5123	4959	3213	4921	1913	1246	3363	4210	1692	2433
Co	1174	1420	2191	2266	3804	1096	352	582	1324	1841	541	553	433
Ni	135.5	8.72	12.3	13.6	25.2	126	1.75	1.84	3.87	9.37	4.40	4.25	44.0
As	195	516	560	600	501	192	145	158	437	229	347	184	194
Sb	6.19	7.79	7.07	5.35	3.01	–	1.20	1.11	2.21	1.62	2.69	1.93	1.58
Cd	10.9	17.5	21.1	21.3	21.6	11.2	30.7	15.1	4.86	6.23	12.6	6.51	9.79
Ag	10.3	26.7	24.4	24.8	30.2	12.2	42.4	45.9	22.3	11.4	18.2	32.4	22.8
Se	28.5	4.35	7.99	8.88	26.2	26.1	115	141	98.4	7.14	52.3	102	93.2
Mn	901	422	807	785	853	843	106	52.6	39.7	136	72.1	90.2	85.2
Pb	169	287	306	304	345	172	45.1	65.0	99.7	287	411	211	83.1

续表

样品	TVG17-1	TVG17-2	TVG17-3	TVG17-4	TVG17-5	TVG17-6	TVG26-1	TVG26-2	TVG26-3	TVG26-4	TVG26-5	TVG26-6	TVG26-7
Tl	5.55	17.4	19.5	17.2	20.1	5.69	6.62	4.05	2.07	25.5	16.0	7.72	4.41
Mo	105	196	186	157	162	102	128	166	413	58.5	160	419	238
U	0.90	0.64	0.48	0.75	0.62	1.02	0.10	0.13	0.18	0.09	0.08	0.14	0.10
Ba	42.4	0.51	0.37	0.48	2.80	42.2	0.11	0.13	2.12	0.44	0.17	0.22	1.15
Sr	18.9	0.56	0.36	0.23	1.14	17.7	1.03	0.09	0.88	0.23	0.10	0.10	1.40
V	65.0	73.0	49.7	39.7	48.5	59.8	12.1	16.1	34.9	32.2	18.5	26.8	19.6

注释：–表示未检测

5 讨论

5.1 次生矿物的形成途径

5.1.1 海水氧化过程

热液硫化物与海水接触的过程中将会产生海水氧化作用，改变硫化物的矿物类型和矿物组成（Edwards et al.，2004）。硫化物的氧化作用受到多种因素的影响，包括矿物组成、显微矿物颗粒、压力、氧气含量、pH、温度等诸多因素的影响（Fallon et al.，2017）。

洵美热液区中的硫化物样品受到强烈的氧化作用，形成了大量次生矿物。氧化过程中，黄铁矿蚀变形成针铁矿等铁的（羟基）氧化物（Izaguirre，1987），而黄铜矿转变为氯盐铜矿、铜蓝和蓝钒等（Dekov et al.，2011；Hannington，1993）。相比黄铁矿，黄铜矿更易受到风化作用并形成多种次生矿物，例如：铜蓝和氯盐铜矿（Bilenker，2011）。黄铜矿在氧化过程中，Fe 元素释放，并以 Fe 氧化物的形式伴生在次生矿物铜蓝和氯盐铜矿周围（Hannington，1993）。

氯盐铜矿常常形成于稳定的氧化环境，包括 pH 和 Eh（Woods and Garrels，1986）。氧化环境控制着次生矿物类型。在酸性环境中，含铜盐类具有较高的溶解度，能够渗透进入硫化物矿床中的氧化区域。当释放的 Cu^{2+}、$CuCl_2^-$ 和 $CuCl_3^{2-}$ 进入碱性和氧化环境，它们的溶解度迅速下降，导致氯盐铜矿在硫化物–海水的接触面上沉淀（图 12）。由于海水具有较高的 Cl 含量，因此导致氯盐铜矿的溶解度迅速降低（<10ppm）而沉淀，因此氯盐铜矿和副氯铜矿被认为 Cu 的汇（Dekov et al.，2011）。氯盐铜矿和副氯铜矿虽然也可以是高温热液产物（Lisitsyn et al.，1989），但是样品中的铜蓝和针铁矿等低温次生产物共同形成，证明了氯盐铜矿和副氯铜矿是次生矿物。当温度高于 25℃，这些次生矿物将会溶解（Hannington，1993；Rose，1976）。氯盐铜矿主要形成于酸性成矿环境，铜蓝的形成以及蓝钒的逐渐形成，揭示硫逸度（f_{S_2}）的降低和氧逸度（f_{O_2}）的升高，表明了成矿环境逐渐向碱性和氧化环境转变。

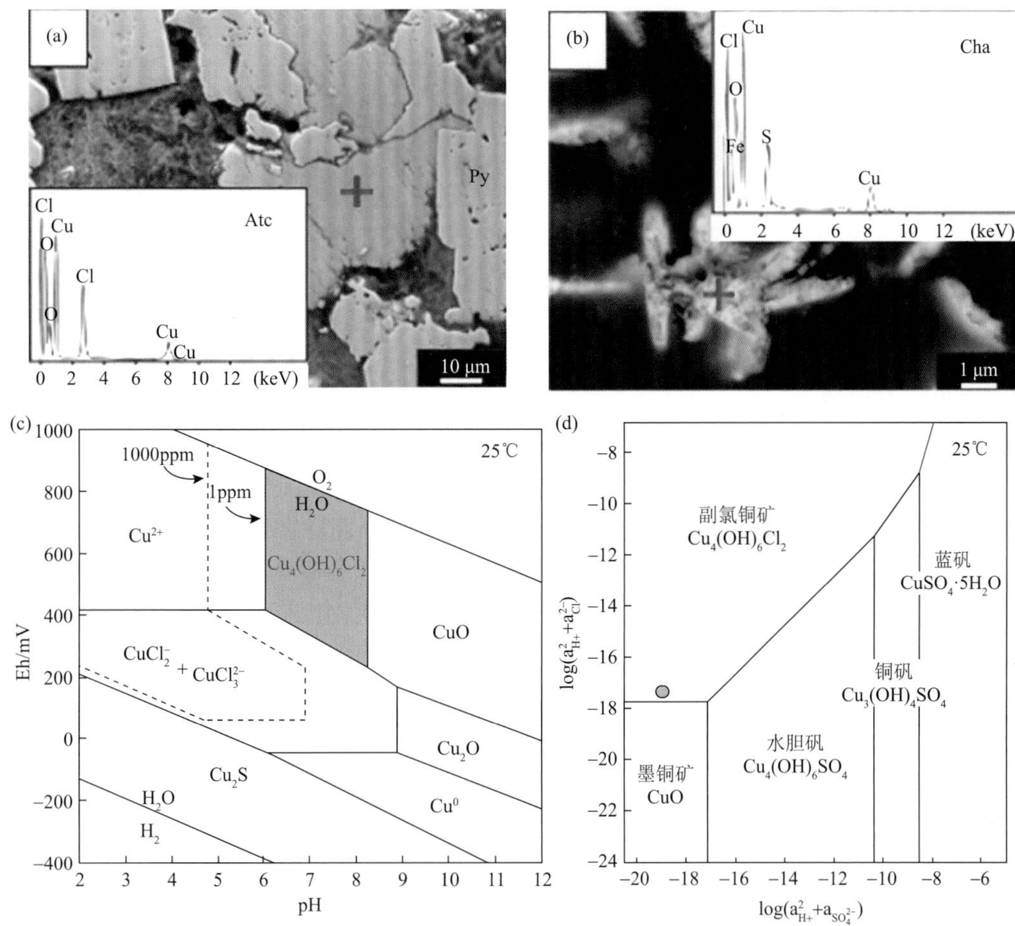

图 12 氯盐铜矿/副氯铜矿（Atc）和蓝钒（Cha）在 25°C海水中的稳定区（修改自 Woods 和 Garrels, 1986）

5.1.2 富 Si 流体风化作用

研究样品中黄铁矿周围发现有大量的羟基氧化物，根据化学元素特征可以追溯其形成和来源。Hekinian 等（1993）将羟基氧化物分成 4 类：①Fe 羟基氧化物形成于烟囱体和硫化物堆积体中，微量元素含量较低（Cu+Zn+Co+Ni < 0.1wt%），且 Fe 含量在 27%～45%之间；②与硫化物密切相关的 Fe 羟基氧化物，主要形成于硫化物的风化过程中，微量元素含量较高 （Cu+Zn+Co+Ni > 0.4%～1%），且 Fe 含量在 30%～50%之间；③Fe-Si 羟基氧化物形成于富含黏土矿物（绿脱石）的烟囱体和硫化物堆积体中，微量元素亏损，且 Fe 含量在 7%～30%之间；④Si-Fe（羟基）氧化物富含二氧化硅，具有较高的 Si 含量（>35%），以及较低的 Fe（<10%）和微量元素含量。

研究样品中无论是核部 Si-Fe 羟基氧化物还是边部的 Fe-Si 羟基氧化物均富集微量元素，Cu+Zn+Co+Ni 含量分别位于 0.93%～3.15%和 3.06%～10.00%之间。因此研究样品中黄铁矿周围的羟基氧化物与风化作用密切相关，即黄铁矿受到后期富 Si 热液流体的风化作用（Toner et al., 2008）。该研究样品中 Fe 羟基氧化物具有较高的 Cu 含量（0.86%～

8.80%），表明其成矿环境较高（Olatunde Popoola et al.，2018）。核部 Si-Fe 羟基氧化物相比边部 Fe-Si 羟基氧化物亏损 Fe 和微量元素，揭示了两类羟基氧化物位于不同风化阶段。鉴于边部 Fe-Si 羟基氧化物具有较高的微量元素和 Fe 含量，可以推测 Fe-Si 羟基氧化物是富 Si 热液蚀变硫化物的后期阶段。相比早期 Si-Fe 羟基氧化物形成阶段，该阶段的风化作用显得尤为强烈。相似的矿物组成、形貌特征和共生组合，揭示了 Fe-Si 羟基氧化物是 Si-Fe 羟基氧化物持续风化作用的产物。研究样品中针铁矿常常与 Fe-Si 羟基氧化物伴生在一起。隐晶质的 Fe-Si 羟基氧化物可以转换形成针铁矿（Iizasa et al., 1998）。

因此该研究区不仅受到海水氧化作用的影响，还受到后期富 Si 热液流体风化作用的影响。相比海水缓慢而持续的氧化过程，后期富 Si 热液流体的风化作用要更为强烈，能够对黄铁矿等矿物进行风化蚀变。

5.2 风化过程中元素的迁移

现代海底硫化物氧化过程是全球元素循环（包括：硫和金属元素）的重要组成部分（图 13）。洵美热液区中，随着黄铁矿和白铁矿转变为铁的氧化物，Fe 含量逐渐升高[>46.7%；FeS_2 中理论 Fe 含量；图 7（a）、（b）]。随着黄铁矿/白铁矿风化程度的逐渐增加，S/Fe 比值逐渐降低[图 7（b）]。S 以硫酸盐和硫酸根离子的形式被溶解。在黄铁矿和白铁矿的氧化过程中，大部分 Co 和 As 被继承到次生 Fe 氧化物中，少部分被释放出来[图 7（c）]。白铁矿的次生矿物相比黄铁矿的次生矿物亏损 Co 和 As，说明白铁矿风化过程中能够释放出更多的 Co 和 As[图 7（c）]，这是由于受到了后期强烈的富 Si 热液流体的风化作用。然而，黄铁矿和白铁矿的风化产物均比其原生硫化物富集 Cu、Zn 和 Ag 元素。这可能与铁的氧化物（针铁矿/赤铁矿）的吸附作用相关（Benjamin and Leckie，1981；Bruemmer et al.，1988）。次生氧化物较大的表面积比有利于吸附离子络合物，例如：$CuCl_2^-$ 和 $CuCl_3^{2-}$。该吸附过程是迅速，往往在若干小时的时间尺度内完成（Ahmad et al.，2012）。在黄铜矿氧化成铜蓝的过程中，黄铜矿中富 Co 黄铁矿显微颗粒被逐渐氧化溶解，Fe 和亲铁元素 Co 都被释放出来[图 7（f）]，并在铜蓝附近重新沉淀形成黄铁矿。然而，黄铜矿和铜蓝的 As 含量几乎保持不变（表 3），这表明黄铜矿中 As 元素被继承到铜蓝中。

为了揭示成矿后期风化作用对块状硫化物中元素的变化，对洵美热液区的风化的块状硫化物进行不同环带的微量元素进行了分析（图 11）。Cu、Se 和 Te 作为高温元素，在高温成矿环境中富集。高含量的 Cu 元素（16918～166472 ppm），说明了矿物环带中黄铜矿含量较高，受到了矿物组成的控制。高温成矿环境不利于富集低温成矿元素 Zn、As、Sb、Pb、Au 和 Tl（Huston et al.，1995）。海水来源元素 Sr、V、U 和 Ba，能够作为海水的指示元素（Maslennikov et al.，2009）。在硫化物样品的边部环带中元素 Sr、V、U 和 Ba 的含量较高，揭示硫化物边部受到海水的显著影响，推测与后期海水氧化作用相关。次生矿物的形成将会吸附大量 V、U 和 Sr，以及在硫化物边部形成 $BaSO_4$ 等（Butler and Nesbitt，1999）。样品 TVG-17 和 TVG-26 样品中，不同硫化物环带中的微量元素的分布特征并不相同。例如，相比 TVG-26，TVG-17 边部矿物环带中海水元素 Sr、V、U 和 Ba 具有较高的含量，揭示了 TVG-17 边部硫化物环带中矿物成矿过程中受到海水混

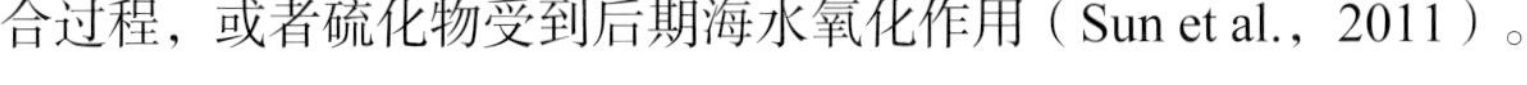

合过程，或者硫化物受到后期海水氧化作用（Sun et al.，2011）。

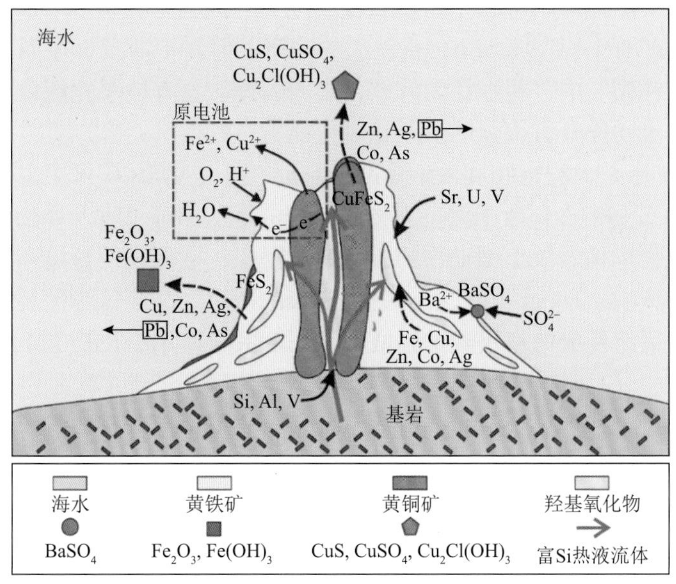

图 13　洵美热液区硫化物在氧化过程中金属元素迁移过程示意图

5.3　硫化物风化过程及其影响

实验室模拟单个或多金属硫化物在海水中的氧化速率，结果显示在原电池效应下，富含磁黄铁矿、闪锌矿、硫盐和/或方铅矿的硫化物集合具有更快的氧化速率（Knight et al.，2018）。矿床的物理和化学降解在很大程度上取决于硫化物的氧化速率。例如黄铁矿的氧化程度和速率取决于氧的浓度、海水更新速率和底层海水的缺氧程度，反应方程如下（Evangelou and Zhang，1995）。

$$FeS_2\,(s) + 7/2O_2\,(aq) + H_2O\,(l) \rightarrow Fe^{2+}\,(aq) + 2SO_4^{2-}\,(aq) + 2H^+\,(aq)$$

$$4FeS_2\,(s) + 14O_2\,(aq) + 4H_2O\,(l) \rightarrow 4FeSO_4\,(aq) + 4H_2SO_4\,(aq)$$

这两种反应都将显著增加溶液酸度，但溶液酸度的维持取决于这些初始反应在封闭系统中发生的程度。Fe^{3+}的溶解度对 pH 值具有很强的依赖性。

海底风化过程中形成的针铁矿、赤铁矿、水钠锰矿、铁蒙脱石和多晶硅等集合体组成“铁帽”（Fallon et al.，2017；Miller et al.，2018），并富集有大量的金属元素（Fallon et al.，2017）。然而，硫化物表层“铁帽”的覆盖也可能会降低海底硫化物的氧化速率。“铁帽”最初具有较高的孔隙度和渗透率，因此对海水循环没有形成有效的屏障，但经过压实后，“铁帽”可以有效隔离外部海水，从而抑制了海水的氧化作用（Fallon et al.，2017）。在“铁帽”中，贵金属可能具有较高的品位，特别是当原始硫化物中含有金和银的原生矿物时。

海底硫化物的氧化程度与以下因素有关：①Fe 含量，也就是二价铁可用于氧化还原反应的程度；②矿物晶格的稳定性，即晶格能容纳元素的能力；③金属与硫的比值。Koski等（2008）测定了陆地矿床中硫化物在氧化环境中的抗氧化能力，结果显示矿物抗氧化能力具有磁黄铁矿<闪锌矿<黄铜矿<黄铁矿的顺序，但尚不清楚该序列是否也适用于海底环境。海底“铁帽”中普遍存在闪锌矿，表明闪锌矿具有抗氧化能力。其他金属硫化物，如方铅矿，也同样具有很强的抗氧化风化能力。

现代 SMS 矿床是大型生物和微生物的栖息地，在古 VMS 矿床中也发现了大型动物化石（Little et al.，1997）。由于大型动物的食物链是从细菌尺度开始的，所以能够推断古代 VMS 沉积物也是大量小型动物的栖息地。因此，硫化物的直接和间接氧化也可能是受到微生物的影响（Toner et al.，2009）。Koski 等（2008）认为闪锌矿、黄铜矿、毒砂和硫砷铜矿的氧化反应速率受到细菌成因 Fe^{3+}的氧化作用，反应如下：

$$ZnS(s) + 8Fe^{3+}(aq) + 4H_2O(l) \rightarrow Zn^{2+}(aq) + 8Fe^{2+}(aq) + SO_4^{2-}(aq) + 8H^+(aq)$$

$$CuFeS_2(s) + 16Fe^{3+}(aq) + 8H_2O(l) \rightarrow Cu^{2+}(aq) + 8Fe^{2+}(aq) + 2SO_4^{2-}(aq) + 16H^+(aq)$$

6 结论

本文使用矿物学和地球化学手段系统研究了大西洋洵美热液区（SMAR 26°S）中的硫化物和次生矿物的矿物组成、结构形貌和元素组成特征，揭示了洋中脊热液硫化物的风化途径、元素迁移和富集机制。主要取得以下结论：

（1）洵美热液区硫化物主要受到两种氧化作用，包括海水氧化作用和富 Si 热液流体风化作用。热液硫化物在海水氧化作用下形成 Fe（羟基）氧化物、氯盐铜矿、铜蓝和蓝钒等，而在富 Si 流体风化作用下形成富 Fe 和 Si 的羟基氧化物。

（2）在海水氧化过程中，黄铁矿、白铁矿和黄铜矿会释放出 Cu、Zn 和 Ag，并以吸附作用富集在次生矿物中，而 Co 和 As 则被继承到次生矿物中。海底热液系统中，富 Si 热液流体风化硫化物形成富含过渡族金属元素（Fe、Co、Ni、Cu 和 Zn）的 Fe-Si 羟基氧化物。

（3）海底热液硫化物的氧化过程受到多种因素的制约，包括原电池效应、海水含氧量、矿物的抗氧化能力以及微生物作用。氧化产物“铁帽”可以看作是特定金属（例如 Cu、Zn 和 Ag）的汇，同时它的形成也会影响氧化速率。

致谢 谨以此文恭贺导师金翔龙院士九十寿辰，感谢他为我国海底科学事业做出的重大贡献。本研究得到中国大洋矿产资源研究开发协会项目（DY135-G2-1-03，DY135-S2-2-05，DY135-N1-1）和国家自然科学基金（U2244222）的资助。

参考文献

Ahmad R, Kumar R, Haseeb S. 2012. Adsorption of Cu^{2+} from aqueous solution onto iron oxide coated eggshell powder: Evaluation of equilibrium, isotherms, kinetics and regeneration capacity. Arabian Journal of Chemistry, 5: 353-359

Andreu E, Torro L, Proenza J A, Domenech C, Garciacasco A, De Benavent C V, Chavez C, Espaillat J, Lewis J F. 2015. Weathering profile of the Cerro de Maimón VMS deposit (Dominican Republic): textures, mineralogy, gossan evolution and mobility of gold and silver. Ore Geology Reviews, 65: 165-179

Benjamin M M, Leckie J O. 1981. Multiple-Site Adsorption of Cd, Cu, Zn, and Pb on Amorphous Iron Oxyhydroxide. Journal of Colloid and Interface Science, 79: 209-221

Bilenker L D. 2011. Abiotic Oxidation Rate of Chalcopyrite in Seawater: Implications for Seafloor Mining. Master's Dissertation. Riverside: University of California, Riverside. 1-84

Bruemmer G W, Gerth J, Tiller K G. 1988. Reaction kinetics of the adsorption and desorption of nickel, zinc and cadmium by goethite. I. Adsorption and diffusion of metals. Journal of Soil Science, 39: 37-52

Butler I B, Nesbitt R W. 1999. Trace element distributions in the chalcopyrite wall of a black smoker chimney: insights from laser ablation inductively coupled plasma mass spectrometry (LA–ICP–MS). Earth and Planetary Science Letters, 167: 335-345

Carbotte S, Welch S M, Macdonald K C. 1991. Spreading rates, rift propagation, and fracture zone offset histories during the past 5 my on the Mid-Atlantic Ridge; 25°–27°30′ S and 31°–34°30′ S. Marine Geophysical Researches, 13: 51-80

Chauvet F, Sapin F, Geoffroy L, Ringenbach J-C, Jean-NoëlFerry. 2021. Conjugate volcanic passive margins in the austral segment of the South Atlantic Architecture and development. Earth-Science Reviews, 212: 103461

Chavagnac V, Leleu T, Fontaine F J, Cannat M, Ceuleneer G, Castillo A. 2018. Spatial Variations in Vent Chemistry at the Lucky Strike Hydrothermal Field, Mid-Atlantic Ridge (37°N): Updates for Subseafloor Flow Geometry From the Newly Discovered Capelinhos Vent. Geochemistry Geophysics Geosystems, 19: 4444-4458

Dekov V, Boycheva T, Hålenius U, Petersen S, Billström K, Stummeyer J, Kamenov G, Shanks W. 2011. Atacamite and paratacamite from the ultramafic-hosted Logatchev seafloor vent field (14°45′N, Mid-Atlantic Ridge). Chemical Geology, 286: 169-184

Du D H, Wang X L, Yang T, Chen X, Li J Y, Li W. 2017. Origin of heavy Fe isotope compositions in high-silica igneous rocks: A rhyolite perspective. Geochimica et Cosmochimica Acta, 218: 58-72

Edwards K J. 2004. Formation and degradation of seafloor hydrothermal sulfide deposits. Special Paper of the Geological Society of America, 379: 83-96

Engel A E J, Engel C G. 1964. Composition of Basalts from the Mid-Atlantic Ridge. Science, 144: 1330-1333

Evangelou V P, Zhang Y L. 1995. A review: Pyrite oxidation mechanisms and acid mine drainage prevention. Critical Reviews in Environmental Science and Technology, 25: 141-199

Fallon E K, Petersen S, Brooker R A, Scott T B. 2017. Oxidative dissolution of hydrothermal mixed-sulphide ore: An assessment of current knowledge in relation to seafloor massive sulphide mining. Ore Geology Reviews, 86: 309-337

Fan L, Wang G, Astrid H, Basem Z, Shi X, Lei Q. 2022. Systematic variations in trace element composition of pyrites from the 26° S hydrothermal field, Mid-Atlantic Ridge. Ore Geology Reviews, 148: 105006

Findlay A J, Gartman A, Shaw T J, Luther G W. 2015. Trace metal concentration and partitioning in the first 1.5 m of hydrothermal vent plumes along the Mid-Atlantic Ridge: TAG, Snakepit, and Rainbow. Chemical Geology, 412: 117-131

Fouquet Y, Wafik A, Cambon P, Mevel C, Meyer G, Gente P. 1993. Tectonic setting and mineralogical and geochemical zonation in the Snake Pit sulfide deposit (Mid-Atlantic Ridge at 23°N). Economic Geology, 88: 2018-2036

Franke D, Neben S, Ladage S, Schreckenberger B, Hinz K. 2007. Margin segmentation and volcano-tectonic architecture along the volcanic margin off Argentina/Uruguay, South Atlantic. Marine Geology, 244:

46-67

Haalboom S, Price D M, Mienis F, Van Bleijswijk J, De Stigter H, Witte H, Reichart G, Duineveld G C A. 2019. Successional patterns of (trace) metals and microorganisms in the Rainbow hydrothermal vent plume at the Mid-Atlantic Ridge. Biogeosciences Discussions, 1-44

Hamberg R, Bark G, Maurice C, Alakangas L. 2016. Release of arsenic from cyanidation tailings. Minerals Engineering, 93: 57-64

Hannington M D. 1993. The formation of atacamite during weathering of sulfides on the modern seafloor. Canadian Mineralogist, 31: 945-956

Hannington M, Jamieson J, Monecke T, Petersen S, Beaulieu S. 2011. The abundance of seafloor massive sulfide deposits. Geology, 39: 1155-1158

Hannington M D, Jonasson I R, Herzig P M, Petersen S. 1995. Physical and Chemical Processes of Seafloor Mineralization at Mid-Ocean Ridges. Washington DC American Geophysical Union Geophysical Monograph Series, 91: 115-157

Haymon R M. 1983. Growth history of hydrothermal black smoker chimneys. Nature, 301: 695-698

Hekinian R, Hoffert M, Larque P, Cheminee J L, Stoffers P, Bideau D. 1993. Hydrothermal Fe and Si oxyhydroxide deposits from South Pacific intraplate volcanoes and East Pacific Rise axial and off-axial regions. Economic Geology, 88: 2099-2121

Herzig P M, Hannington M D. 1995. Polymetallic massive sulfides at the modern seafloor a review. Ore Geology Reviews, 10: 95-115

Herzig P, Hannington M D, Scott S D, Maliotis G, Rona P A, Thompson G E. 1991. Gold-rich sea-floor gossans in the Troodos Ophiolite and on the Mid-Atlantic Ridge. Economic Geology, 86: 1747-1755

Huston D L, Sie S H, Suter G F, Cooke D R, Both R A. 1995. Trace Elements in Sulfide Minerals from Eastern Australian Volcanic-Hosted Massive Sulfide Deposits; Part I, Proton Microprobe Analyses of Pyrite, Chalcopyrite, and Sphalerite, and Part II, Selenium Levels in Pyrite;Comparison with_δ34S Values and Implic. Economic Geology, 90: 1167-1196

Iizasa K, Kawasak K, Maeda K, Matsumoto T, Saito N, Hirai, K. 1998. Hydrothermal sulfide-bearing Fe-Si oxyhydroxide deposits from the Coriolis Troughs, Vanuatu backarc, southwestern Pacific. Marine Geology, 145: 1-21

Izaguirre S M. 1987. The oxidation kinetics of Fe(II) in seawater. Geochimica et Cosmochimica Acta, 51: 793-801

James R H, Elderfield H. 1996. Chemistry of ore-forming fluids and mineral formation rates in an active hydrothermal sulfide deposit on the Mid-Atlantic Ridge. Geology, 24: 544-553

Kelley D S, Karson J A, Blackman D K, Fruhgreen G L, Butterfield D A, Lilley M D, Olson E J, Schrenk M O, Roe K K, Lebon G. 2001. An off-axis hydrothermal vent field near the Mid-Atlantic Ridge at 30° N. Nature, 412: 145-149

Kelley D S, Karson J A, Fruhgreen G L, Yoerger D R, Shank T M, Butterfield D A, Hayes J M, Schrenk M O, Olson E J, Proskurowski G. 2005. A Serpentinite-Hosted Ecosystem: The Lost City Hydrothermal Field. Science, 307: 1428-1434

Knight R D, Roberts S, Cooper M J. 2018. Investigating monomineralic and polymineralic reactions during the oxidation of sulphide minerals in seawater: Implications for mining seafloor massive sulphide deposits. Applied Geochemistry, 90: 63-74

Koski R, Munk L, L Foster A, C Shanks III W, L.Stillings L. 2008. Sulfide oxidation and distribution of metals near abandoned copper mines in coastal environments, Prince William Sound, Alaska, USA. Applied Geochemistry, 23: 227-254

Koski R A, German C R, Hein J R. 2003. Fate of hydrothermal products from mid-ocean ridge hydrothermal systems: near-field to global perspectives. In: Halbach P E, Tunnicliffe V, Hein J R, eds. Energy and Mass Transfer in Marine Hydrothermal Systems. Berlin: Dahlem University Press. 317-335

Lalou C, Thompson G E, Arnold M, Brichet E, Druffel E R M, Rona P A. 1990. Geochronology of TAG and Snakepit hydrothermal fields, Mid-Atlantic Ridge: witness to a long and complex hydrothermal history. Earth and Planetary Science Letters, 97: 113-128

Li T, Yang Y M, Wang G Z, Fan L, Wang C, Li B. 2014. The Mineralogical Characteristics of Pyrite at 26°S Hydrothermal Field, South Mid-Atlantic Ridge. Acta Geologica Sinica, 88: 179-180

Lisitsyn A P, Bogdanov Y A, Zonenshayn L P, Kuz'min M I, Sagalevich A M. 1989. HYDROTHERMAL PHENOMENA IN THE MID-ATLANTIC RIDGE AT LAT. 26°N (TAG HYDROTHERMAL FIELD). International Geology Review, 31: 1183-1198

Little C T, Herrington R J, Maslennikov V V, Morris N J, Zaykov V V. 1997. Silurian hydrothermal-vent community from the southern Urals, Russia. Nature, 385: 146-148

Mao Y-J, Qin K-Z, Barnes S J, Ferraina C, Iacono–Marziano G, Verrall M, Tang D M, Xue S C. 2017. A revised oxygen barometry in sulfide-saturated magmas and application to the Permian magmatic Ni-Cu deposits in the southern Central Asian Orogenic Belt. Mineralium Deposita, 53: 731-755

Maslennikov V V, Maslennikova S P, Large R R, Danyushevsky L V. 2009. Study of Trace Element Zonation in Vent Chimneys from the Silurian Yaman-Kasy Volcanic-Hosted Massive Sulfide Deposit (Southern Urals, Russia) Using Laser Ablation-Inductively Coupled Plasma Mass Spectrometry (LA-ICPMS). Economic Geology, 104: 1111-1141

Meng X W, Jin X L, Li X H, Chu F Y, Zhang W Y, Wang H, Zhu J H, Li Z G. 2021. Mineralogy and geochemistry of secondary minerals and oxyhydroxides from the Xunmei hydrothermal field, Southern Mid-Atlantic Ridge (26° S): Insights for metal mobilization during the oxidation of submarine sulfides. Marine Geology, 442: 106654

Miller K A, Thompson K, Johnston P, Santillo D. 2018. An Overview of Seabed Mining Including the Current State of Development, Environmental Impacts, and Knowledge Gaps. Frontiers in Marine Science, 4: 418

Moulin M, Aslanian D, Unternehr P. 2010. A new starting point for the South and Equatorial Atlantic Ocean. Earth-Science Reviews, 98: 1-37

Niu Y, Rodey B. 1994. Magmatic processes at a slow spreading ridge segment: 26°S Mid-Atlantic Ridge. Journal of Geophysical Research, 99: 19719-19740

Olatunde Popoola S, Han X, Wang Y, Qiu Z, Ye Y. 2018. Geochemical Investigations of Fe-Si-Mn Oxyhydroxides Deposits in Wocan Hydrothermal Field on the Slow-Spreading Carlsberg Ridge, Indian Ocean: Constraints on Their Types and Origin. Minerals, 9: 19

Regelous M, Niu Y, Abouchami W, Castillo P R. 2009. Shallow origin for South Atlantic Dupal Anomaly from lower continental crust: Geochemical evidence from the Mid-Atlantic Ridge at 26°S. Lithos, 112: 57-72

Rose A W. 1976. The effect of cuprous chloride complexes in the origin of red-bed copper and related deposits. Economic Geology, 71: 1036-1048

Severmann S, Mills R A, Palmer M R, Telling J P, Cragg B, Parkes R J. 2006. The role of prokaryotes in subsurface weathering of hydrothermal sediments: A combined geochemical and microbiological investigation. Geochimica et Cosmochimica Acta, 70: 1677-1694

Shanks W C. 2001. Stable Isotopes in Seafloor Hydrothermal Systems: Vent fluids, hydrothermal deposits, hydrothermal alteration, and microbial processes. Reviews in Mineralogy and Geochemistry, 43: 469-525

Stephanie F, Michael H, Michael S. 2017. Application of benchtop micro-XRF to geological materials. Mineralogical Magazine, 81: 923-948

Sun Z, Zhou H, Yang Q, Sun Z, Bao S, Yao H. 2011. Hydrothermal Fe-Si-Mn oxide deposits from the Central and South Valu Fa Ridge, Lau Basin. Applied Geochemistry, 26: 1192-1204

Tivey M K. 2007. Generation of seafloor hydrothermal vent fluids and associated mineral deposits. Oceanography, 20: 50-65

Tivey M K, Delaney J R. 1986. Growth of large sulfide structures on the endeavour segment of the Juan de Fuca ridge. Earth and Planetary Science Letters, 77: 303-317

Tivey M K, Humphris S E, Thompson G E, Hannington M D, Rona P A. 1995. Deducing patterns of fluid flow and mixing within the TAG active hydrothermal mound using mineralogical and geochemical data. Journal of Geophysical Research: Solid Eaeth, 100: 12527-12555

Toner B M, Rouxel O, Santelli C M, Edwards K J. 2008. Sea-floor weathering of hydrothermal chimney sulfides at the East Pacific Rise 9°N: Chemical speciation and isotopic signature of Iron using X-ray absorption spectroscopy and laserablation MC-ICP-MS. Geochim et Cosmochim Acta Supplement, 72: A951

Toner B M, Santelli C M, Marcus M A, Wirth R, Chan C S, McCollom T, Bach W, Edwards K J. 2009. Biogenic iron oxyhydroxide formation at mid-ocean ridge hydrothermal vents: Juan de Fuca Ridge. Geochimica et Cosmochimica Acta, 73: 388-403

Wang S, Li C S, Li B, Dang Y, Ye J, Zhu Z W, Zhang L C, Shi X F. 2022. Constraints on fluid evolution and growth processes of black smoker chimneys by pyrite geochemistry: A case study of the Tongguan hydrothermal field, South Mid-Atlantic Ridge. Ore Geology Reviews, 140: 104410

Wang S J, Sun W D, Huang J, Zhai S K, Li H M. 2020. Coupled Fe-S isotope composition of sulfide chimneys dominated by temperature heterogeneity in seafloor hydrothermal systems. Science Bulletin, 65: 1767-1774

Woods T L, Garrels R M. 1986. Phase relations of some cupric hydroxy minerals. Economic Geology, 81: 1989-2007

Zheng L G, Qiu Z, Tang Q, Li Y. 2019. Micromorphology and environmental behavior of oxide deposit layers in sulfide-rich tailings in Tongling, Anhui Province, China. Environmental Pollution, 251: 484-492

东太平洋海隆海底热液蠕虫管道矿化特征及其成因

罗礼涛[1,3]，王叶剑[2*]，韩喜球[2]，茅克勤[1,3]，王鹏[1,3]

1. 浙江省海洋科学院，杭州 310012
2. 自然资源部海底科学重点实验室，自然资源部第二海洋研究所，杭州 310012
3. 自然资源部海洋空间资源管理技术重点实验室，杭州 310012
*通讯作者，E-mail：yjwang@sio.org.cn

摘要 本文对采自东太平洋海隆热液蠕虫矿化管道样品开展了高分辨率矿物学和元素分布研究。结果表明，样品具有以胶状黄铁矿为主的多圈层矿化结构，分为快速（F型）和慢速矿化（S型）两种类型。相比“S型”样品，“F型”的管壁更厚，同心层的数量少、间隙小、厚度均一。这主要受矿物沉淀速率的影响，即矿物的快速沉淀加快了蠕虫管道生长和矿化。此外，“F型”样品外壁分布的草莓状黄铁矿，表明纳-微米晶硫化物矿物的定向生长是形成胶状黄铁矿带的重要中间途径。而“S型”管壁从内到外具有氧化程度逐渐增加、胶状黄铁矿逐渐减薄的显著特征，指示样品同时受到了后期低温、富 Fe-Si 热液流体和低温海水风化氧化作用的影响。本项研究为理解现代海底热液系统的管状蠕虫矿化机制提供了新见解。

关键词 海底热液，管状蠕虫，矿物学，管道圈层结构，硫化物矿化。

1 引言

广泛发育于海底热液系统中的管状蠕虫能够影响现代海底热液喷口的成矿过程，是研究“生物与矿物相互作用”的理想载体（Martin et al.，2008；Georgieva et al.，2021）。Haymon 和 Kastner（1981）首次在东太平洋海隆（east pacific rise，EPR）21°N 热液区发现蠕虫有机管道黄铁矿化和硅化现象。这种现象在现代海底热液区和古代火山成因块状硫化物矿床中普遍存在（Halbach et al.，2002；Wang et al.，2017；Georgieva et al.，2021），主要表现为蠕虫有机管道受到不同程度矿化，最终成为硫化物烟囱体的一部分（Georgieva et al.，2015）。目前，常见的蠕虫管道矿化现象主要报道的有 Alvinellidae 蠕虫（Juniper and Sarrazin，1995）和 *Ridgeia piscesae* 巨型管状蠕虫（Cook and Stakes，1995）等类型，其矿化机制的主要认识有：①蠕虫有机管壁可吸附流体中矿物颗粒，使管壁发

基金项目：国家重点研发计划项目课题（No. 2021YFF0501304），国家自然科学基金面上项目（No. 41976076）

作者简介：罗礼涛（1996—），男，硕士研究生，主要从事海底热液与生物矿化相关研究. E-mail：luolitao@ cdut.edu.cn

生矿化的作用，并在 S、Fe、Zn 和 Cu 等元素的迁移中发挥重要作用（Juniper et al., 1986; Maginn et al., 2002）；②矿化过程也与共生微生物、有机管壁降解以及成矿元素的选择性富集等因素有关（Peng et al., 2008; Georgieva et al., 2015）。然而，作为蠕虫矿化管道的标志性特征，管壁的圈层结构类型及其成因是蠕虫管道矿化机制研究的关键。Zbinden 等（2003）研究发现矿化管道的圈层结构主要取决于蠕虫有机管壁的厚度；Georgieva 等（2015）指出圈层结构还与管壁硫化物矿物沉淀与有机质的降解过程有关。由于风化氧化作用贯穿了海底硫化物形成与保存的全过程（Jamieson and Gartman, 2020），因此对蠕虫矿化管道的改造是不可忽视的。例如，低温流体和海水的风化氧化作用可显著改造蠕虫矿化管道的结构（Georgieva et al., 2015），同时，共生微生物介导下的风化氧化作用可促进早期矿化阶段铁氢氧化物的形成（Li et al., 2017）。

鉴于此，本文选取采自 EPR 13°N 和 5.3°S 热液区 Alvinellidae 蠕虫矿化管道样品，利用高分辨率的矿物学和元素原位分析方法，对比分析了蠕虫矿化圈层结构及特征矿物组合，旨在揭示蠕虫管道矿化及风化氧化过程及其控制因素。

2 研究区背景

东太平洋海隆为快速扩张洋脊（扩张速率 6.2～14.9 cm/a）（MacDonald et al., 1992），分布大量的海底热液系统（Hannington et al., 2005; 罗洪明等, 2021）。热液系统以玄武岩为围岩，其喷口端元流体以富 Fe、Mn，而甲烷和氢气浓度以及 pH 值（3～4）普遍较低为主要特征（Pester et al., 2011; Humphris and Klein, 2018）。

EPR 13°N 热液区位于 Orozco 断裂带和 Clipperton 断裂带之间（Workman et al., 2004），水深约 2650m（图 1）。前人在该热液区发现有不同种属的 Alvinellidae 蠕虫，其中 *Alvinella* 包括 *Alvinella pompejana* 和 *A. caudata*，*Paralvinella* 包括 *Paralvinella* grasslei、*P. bactericola* 和 *P. pandorae irlandei*（Han et al., 2021）。Alvinellidae 蠕虫可长达 95mm，最大直径可达 12 mm，其有机管壁具有良好的耐热性，能适应较广的温度范围（20～105 ℃）（Le Bris et al., 2005）。EPR 5.3°S 热液区在 2011 年被发现于中国大洋 22 航次，位于 Gofar 转换断层和 Yaquina 转换断层之间（Lonsdale, 1983），水深 2721m（图 1）。相比 EPR 13°N 热液区，EPR 5.3°S 热液区的研究程度较低，未见热液流体相关报道。此外，该热液区与 EPR 13°N 发育有相同的多毛类蠕虫（Han et al., 2021）。

3 样品与方法

样品利用深海电视抓斗采集，站位信息见表 1。其中样品 17A-TVG02-2 采自 EPR 13°N 热液区，为富 Fe 型硫化物烟囱体，主要矿物组成为黄铁矿和闪锌矿。蠕虫管道分布在烟囱体外侧，其横截面呈圆形，直径约 1cm，内部主要被闪锌矿充填，外部为黄铁矿包裹[图 2（a）]。样品 22VII-TVG07-2 采自 EPR 5.3°S 热液区，为富 Zn 型硫化物烟囱体顶部，由闪锌矿和黄铁矿组成，内部流体通道几乎完全封闭，外侧有红褐色铁氧化物覆盖。蠕虫管道占据在烟囱体外部，其横截面呈圆或椭圆形，直径为 1～1.5cm，管道内部未被充填[图 2（b）]。

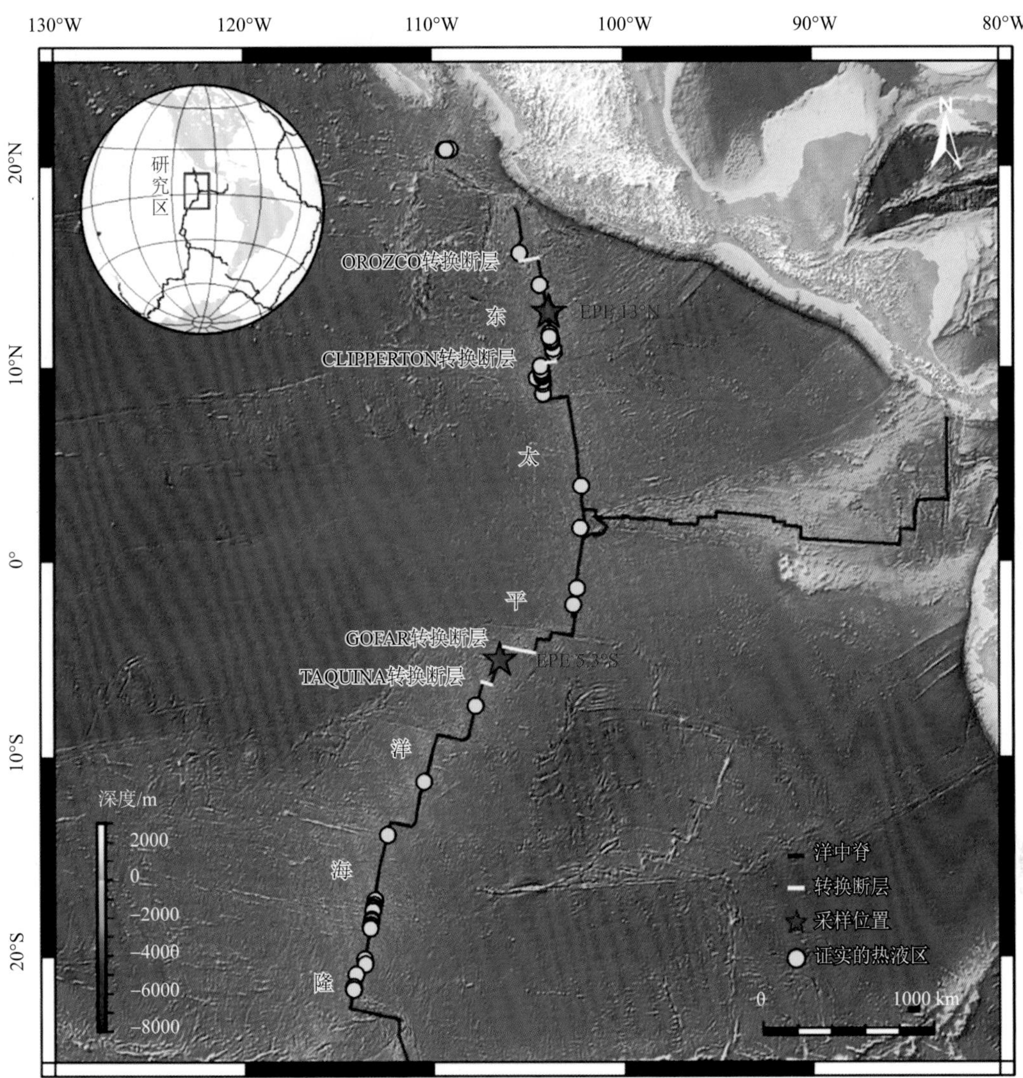

图 1 东太平洋海隆 13°N 和 5.3°S 热液区位置图

注：地图用 GMT 6 制作（Wessel et al.，2019），地形数据自海洋地球科学数据系统（http://www.marine-geo.org/），热液区位置来源于 InterRidge Vents Database Ver. 3.4（Beaulieu and Szafranski，2020）

表 1 硫化物烟囱体样品

样品编号	热液区	纬度	经度	深度/m	样品类型	矿物组合
17A-TVG02-2	EPR 13°N	12.711°N	103.907°W	2633	富 Fe 烟囱体	Py+Sp+Ccp
22VII-TVG07-2	EPR 5.3°S	5.301°S	106.482°W	2721	富 Zn 烟囱体	Sp+Mar+Ams

注：Py = 黄铁矿，Sp = 闪锌矿，Ccp = 黄铜矿，Mar = 白铁矿，Ams = 无定型硅

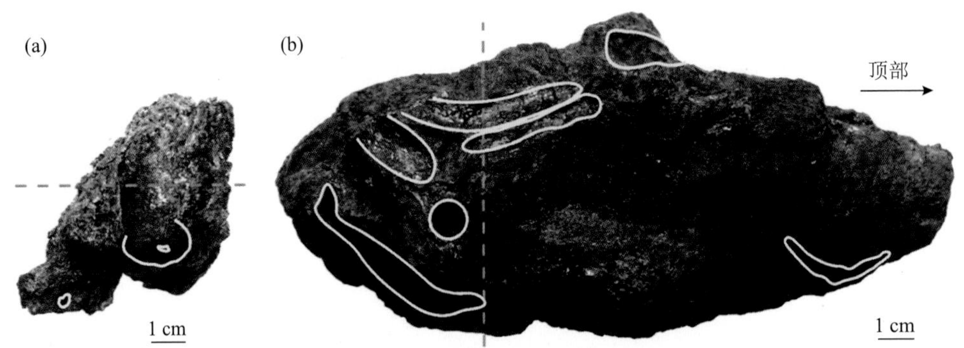

图 2　含蠕虫矿化管道的硫化物烟囱体

注：(a)：富 Fe 烟囱体碎块；(b)：富 Zn 烟囱体顶部。黄色实线表示蠕虫矿化管道，蓝色虚线表示切片位置

首先对样品进行清洗、晾干，后进行拍照、制片。在自然资源部海底科学重点实验室使用透反射两用偏光显微镜（型号：Leica DM 2700P）对样品进行矿物组成和结构分析。在广州市拓岩检测技术有限公司先使用微区 X 射线荧光面扫分析仪（μ-XRF）初步确定管壁元素的富集特征，再通过 TESCAN 综合矿物分析实验（TIMA）对关键区域进行管道结构分析及矿物学鉴定。μ-XRF 型号为 M4Plus，工作气压为 2mbar，电压 50kV，电流 300μA，采样步长 20μm，单点驻留时间 5ms。利用 M4Tornado 软件处理原始数据，解析谱峰信息，最终导出可信的元素面分布图。TIMA 实验原理是能谱分析，使用的场发射扫描电镜型号为 MIRA3，加速电压 25kV，电流 10nA，束斑大小 1μm，分辨率 3μm，电流和背散射信号强度使用铂法拉第杯自动程序校准，能谱信号使用 Mn 标样（GB/T 25189—2010）校准。使用 TIMA 2.2 软件及其矿物标准数据库（http://marine-geo.com/）对实验数据处理并进行矿物分类，形成二维矿物图。由于能谱分析方法存在的弊端，结合了矿物光学镜下鉴定识别黄铁矿和白铁矿。

4　结果

4.1　矿物学特征

基于详细的光学显微观察，本研究发现两个热液区样品具有显著的差异：①EPR 13°N 样品的蠕虫管道生长烟囱体内部，管道被闪锌矿和白铁矿充填（图 3）；②EPR 5.3°S 样品的蠕虫管道主要附着在烟囱体外侧，其内部未被其他矿物充填（图 4）。详细的矿物学特征分析结果如下。

4.1.1　EPR 13°N

该烟囱体主要由黄铁矿、闪锌矿、白铁矿和少量无定型硅等矿物组成（图 3）。其中，烟囱体的主要矿物黄铁矿，呈细晶至粗晶结构。蠕虫管道的矿物主要为黄铁矿，呈胶状、带状结构，偶见微弱的各向异性，具有向管内生长和同心层状（3 层）的特征[图 3（b）、（c）]，厚度从内到外逐渐增厚（31～76μm）。偶见黄铁矿呈草莓状多晶聚合体，粒径多为 5～35μm，常被胶状黄铁矿同心环带包裹[图 3（d）]。次要矿物闪锌矿，具细晶至粗晶结构，主要充填在蠕虫管道内侧[图 3（a）]。白铁矿少量，主要分布在管道中心、管壁和硫化物烟囱体，其中管壁上的白铁矿与胶状黄铁矿组成韵律层[图 3（e）、（g）]，而管道中心和烟囱体的白铁矿多具多孔性[图 3（b）]。主要脉石矿物为无定型硅和铁氧化物，多分布在胶状黄铁矿带的之间[图 3（f）、（h）]。

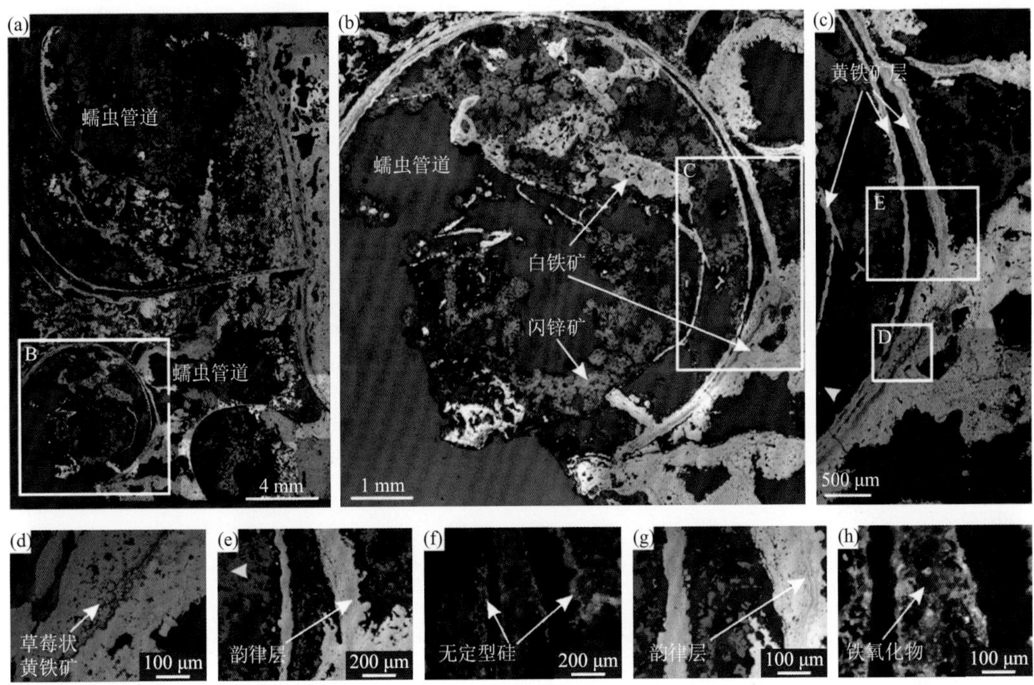

图 3 EPR 13°N 热液区烟囱体矿物组成和蠕虫矿化管道结构显微照片

注：（a）蠕虫矿化管道及硫化物烟囱体矿物。（b）被白铁矿和闪锌矿充填的蠕虫矿化管道。（c）从外到内胶状黄铁矿层逐渐减薄的矿化管壁。（d）位于外壁的草莓状黄铁矿聚合体。（e、g）外壁中胶状黄铁矿和白铁矿的韵律层。（f）胶状黄铁矿层间的无定型硅。（h）无定型硅中的红褐色铁氧化物。黄色箭头指向蠕虫管道中心；除（f）和（h）使用的是透射光条件，其他照片均在反射光条件下拍摄

通过 TIMA 分析进一步发现，蠕虫管道具有显著的矿物分带结构，表现为以胶状黄铁矿带为核心，其两侧依次是铁氧化物和闪锌矿带[图 4（a）、（b）、（c）]。其中，黄铁矿带的 3 层同心层厚度从内到外逐渐增大（53.1～212.5μm）[图 4（a）]。铁氧化物带在 3 个胶状黄铁矿带的两侧均有分布，普遍具有管道中心一侧厚度更薄的特征[图 4（b）、（c）]。外壁氧化程度高，可见胶状黄铁矿核心被铁氧化物部分或完全取代[图 4（d）、（e）]。闪锌矿带分布在铁氧化物带的两侧，管道内壁闪锌矿呈自形-半自形（Sp1）[图 4（a）]，粒径 196.9～303.4μm，外壁闪锌矿具胶状结构（Sp2）[图 4（a）]。沿闪锌矿带外侧可见少量的无定型硅零星分布（图 4）。

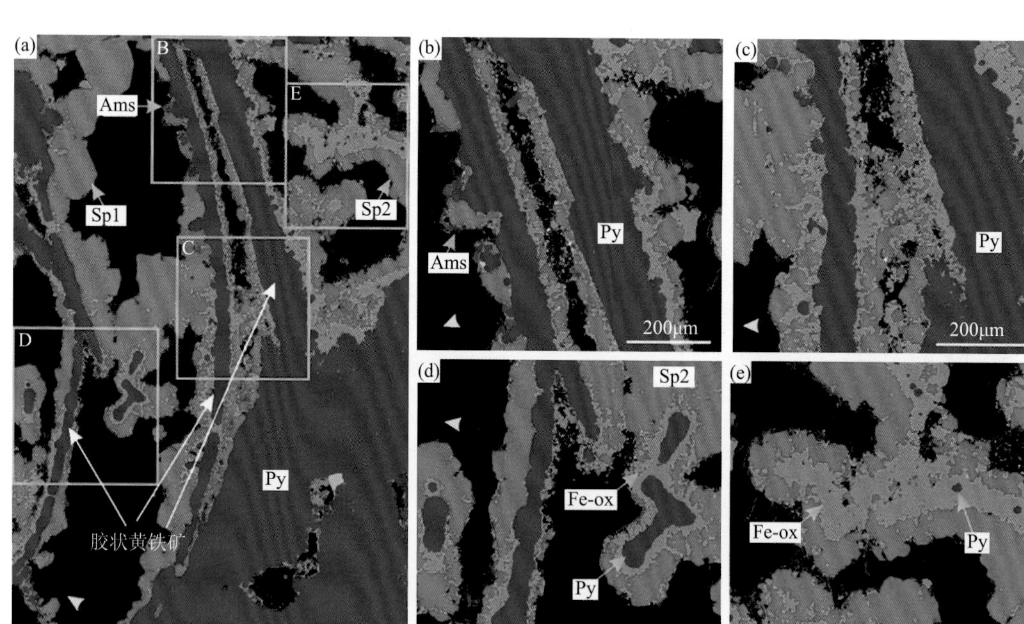

图 4　蠕虫矿化管道[图 3（c）]局部的 TIMA 分析结果

注：Py = 黄铁矿，Sp1 = 半自形-自形闪锌矿，Sp2 = 胶状闪锌矿，Ams = 无定型硅，Fe-ox = 铁氧化物，下同。黄色箭头指向蠕虫管道中心

4.1.2　EPR 5.3°S

该烟囱体主要由半自形-自形闪锌矿和胶状黄铁矿组成，并含少量无定型硅[图 5（a）]。蠕虫矿化管道主要由胶状黄铁矿组成[图 5（b）]，并具有多圈层结构[图 5（c）、（d）]，层厚从内到外逐渐减薄（2.5～144μm）。这与 EPR 13°N 热液区样品蠕虫管壁圈层从内到外增厚的特征截然相反（表 2）。此外，朝向烟囱体中心的管壁圈层数量少[8 层；图 5（c）]、平均厚度大（30.5μm），相反，靠近海水一侧的黄铁矿层具有圈层数量多 13 层；[图 5（d）]、平均厚度薄（12.7μm）的特征。黄铁矿层之间常发育胶状闪锌矿带（厚为 22.8～29.8μm）以及无定型硅带（厚为 8.4～10.3μm）[图 5（d）]。

通过 TIMA 分析发现，烟囱体中自形程度高、粒径较大（48.9～118μm）的闪锌矿内部可见高温热液条件下形成的特殊结构[图 7（a）]，如“黄铜矿疾病（chalcopyrite disease）”（Auclair et al.，1987）。在蠕虫矿化管道中，除分布有黄铁矿和胶状闪锌矿外，还可见少量的无定型硅、针钠铁矾和铁氧化物等矿物（图 6，图 7）。在朝向烟囱体中心一侧的管壁，矿物主要由 8 层交错相接的胶状黄铁矿带与无定型硅带组成。胶状黄铁矿带，厚度从内（84μm）到外（12μm）逐渐减薄。而无定型硅带，具有从内（9μm）到外（124μm）逐渐增厚的特征[图 6（a）、（b）、（c）]。此外，铁氧化物零星分布在黄铁矿带和无定型硅带之间，且多分布在外壁[图 6（c）]。针钠铁矾（Gordaite: $NaZn_4(SO_4)Cl(OH)_6 \cdot 6H_2O$）偶见于外壁胶状闪锌矿内部或被无定型硅包裹，多与铁氧化物共生[图 8（d）]。

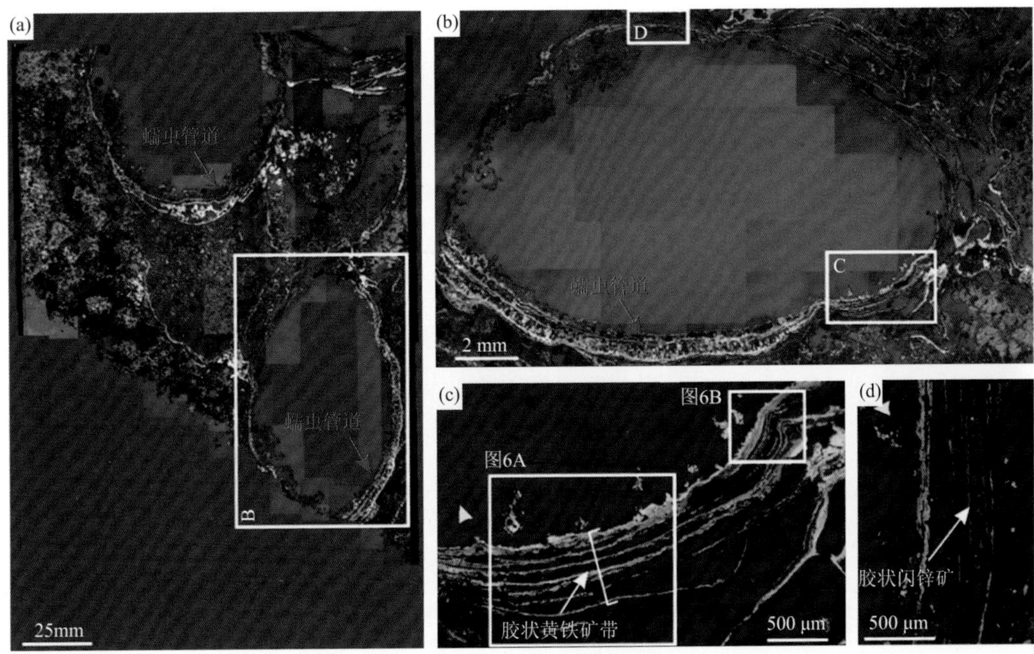

图 5　EPR 5.3°S 热液区烟囱体矿物组成和蠕虫管道结构显微照片

注：(a) 蠕虫矿化管道及硫化物烟囱体矿物。(b) 未被充填的蠕虫矿化管道。(c) 朝向烟囱体一侧的管壁分层明显。(d) 靠近海水一侧的管壁层间可见闪锌矿充填。黄色箭头指向蠕虫管道中心

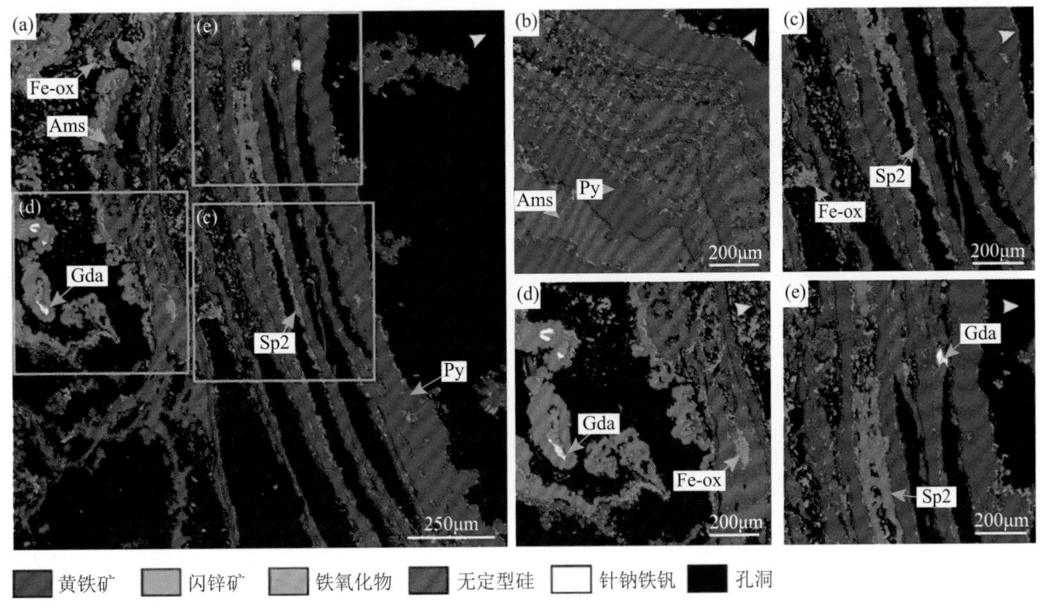

图 6　蠕虫矿化管道[图 5 (c)]局部的 TIMA 分析结果

注：(a) 分层明显的胶状黄铁矿管壁。(b) 无定型硅和胶状黄铁矿交错相接的管壁。(c) 管壁氧化程度从内到外增加。(d) 充填在管壁层间的胶状闪锌矿。(e) 管道外壁的铁氧化物及与之共生的针钠铁钒。Gda = 针钠铁钒，黄色箭头指向蠕虫管道中心

靠近海水一侧的管壁具有 13 个胶状黄铁矿为核心的同心层，从内到外为 4 个矿物带（图 7）：胶状黄铁矿带（B1）、无定型硅-黄铁矿带（B2）、闪锌矿-黄铁矿带（B3）

和针钠铁钒-铁氧化物-黄铁矿带（B4）。且黄铁矿同心层逐渐减薄。B1 由 3 个胶状黄铁矿层组成[图 7（b）]，厚度均一，平均 20.3μm，两侧分布少量的铁氧化物和无定型硅。B2 由 5 个胶状黄铁矿层结合成 4 个无定型硅层[图 7（c）]，相比于 B1，胶状黄铁矿厚度减薄，约为 4.8μm。无定型硅层平均厚约 9.6μm。B3 由 1 个胶状黄铁矿层和 2 个闪锌矿层组成[图 7（d）]，闪锌矿，呈胶状结构，平行分布于胶状黄铁矿两侧。B4 由 3 个胶状黄铁矿层组成，平均厚度为 9.2 μm，两侧分布大量的针钠铁钒和铁氧化物。针钠铁钒呈叶片状或条板状，粒径在 15.7～57.9 μm 之间，其周围有铁氧化物分布[图 7（e）]。

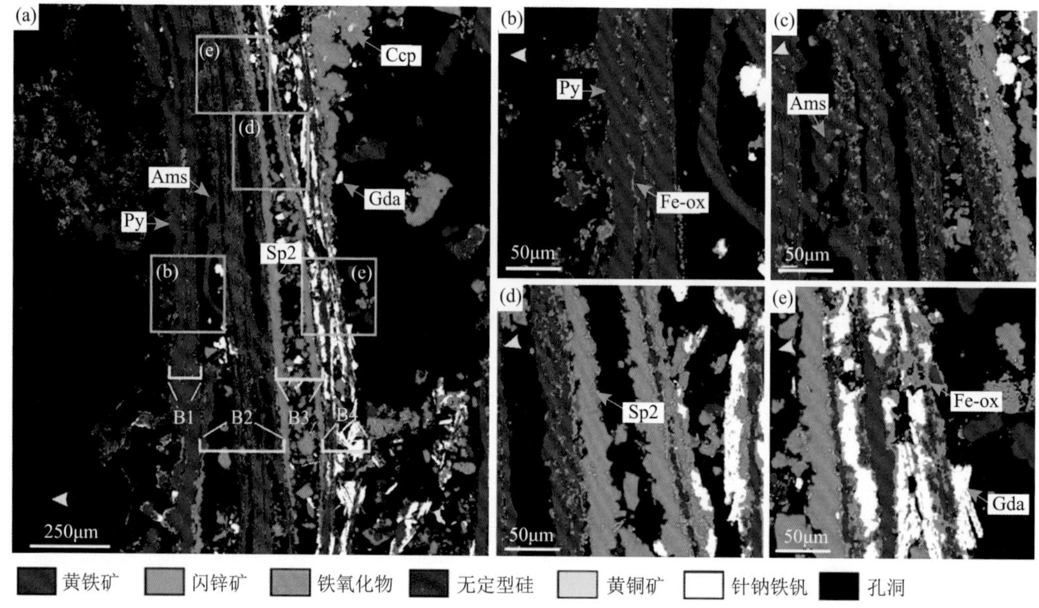

图 7　蠕虫矿化管道[图 5（d）]局部的 TIMA 分析结果

注：（a）具有明显矿物分带的蠕虫管壁。（b）内壁的氧化程度低。（c）管壁被无定型硅取代，并保留了胶状黄铁矿核心。（d）充填在管壁层间的胶状闪锌矿。（e）管道外壁的铁氧化物及与之共生的针钠铁钒。Ccp =黄铜矿，黄色箭头指向蠕虫管道中心

4.2　元素分析特征

总体上，两个热液区的样品管道均具有富集 Fe、Mn、Zn、As 和 S 等元素，亏损 Cu 的特征。其中，Fe 和 Mn、Zn 和 As 均呈正相关关系（图 8、9），Fe 和 Mn 主要富集在管壁上的胶状黄铁矿中。相反，Zn 和 As 在内壁的闪锌矿中更富集（图 8、9）。

4.2.1　EPR 13°N

元素面扫描结果显示，Fe 的计量数在烟囱体中约为 75，在管道上约为 50，表明 Fe 含量在烟囱体中明显高于蠕虫管道区域，这与矿物学观察一致（图 3）。相比管道内壁，外壁的 Fe 和 Mn 更为富集，并具有从外到内逐渐降低的趋势（图 8）。在 Fe 和 Mn 含量较低的区域，Zn 和 As 往往具有较高含量，这主要受闪锌矿分布的控制[图 3（b）]。Si 稀疏的分布在样品中（图 8），这主要取决于无定型硅的分布[图 3（f）、（h）]。

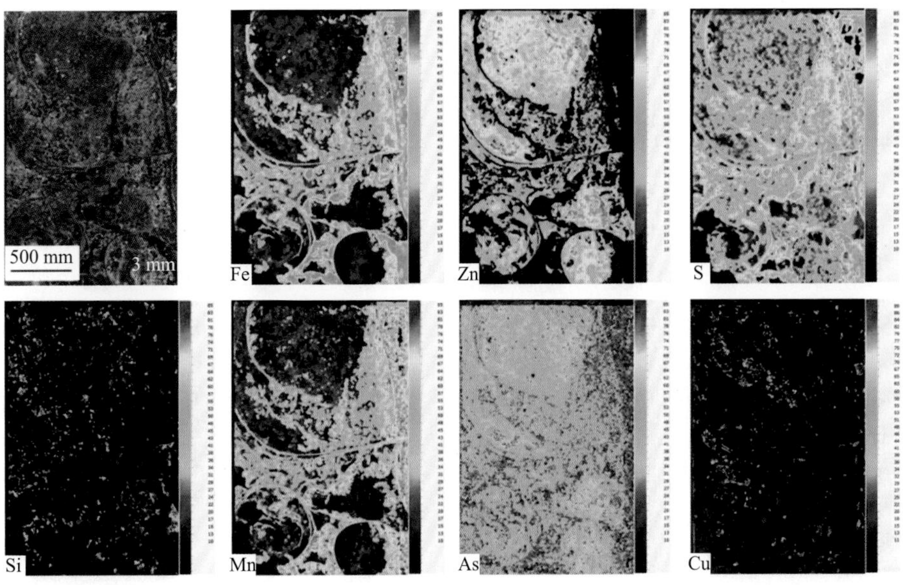

图 8　EPR 13°N 蠕虫矿化管道 μ-XRF 分析图

4.2.2　EPR 5.3°S

结果显示，Fe 和 Mn 在同一管道中分布不均匀，朝向烟囱体中心一侧的管壁较厚，元素计量数呈现出从外壁（约 89）到内壁（约 60）逐渐降低的趋势。在靠近海水的管壁较薄，内外管壁元素计量数变化较小，约为 54（图 9），这是由胶状黄铁矿仅分布在管壁上决定的（图 4）。Zn 和 As 的计量数在烟囱体（约 74）中高于管壁（约 50）。Zn 与 As 具有正相关的变化关系。在管道上，Zn 与 As 都具有在内壁上更富集的特征（图 9），这主要受闪锌矿的控制（图 4）。与 EPR 13°N 样品相比，EPR 5.3°S 样品的蠕虫管道和烟囱体中均具有较高的 Si 元素含量，Si 的计量数可达 85（图 9）。在蠕虫管道上，Si 的计量数也具有从外壁到内部逐渐降低的趋势，这与无定型硅在管道的分布特征一致（图 4）。

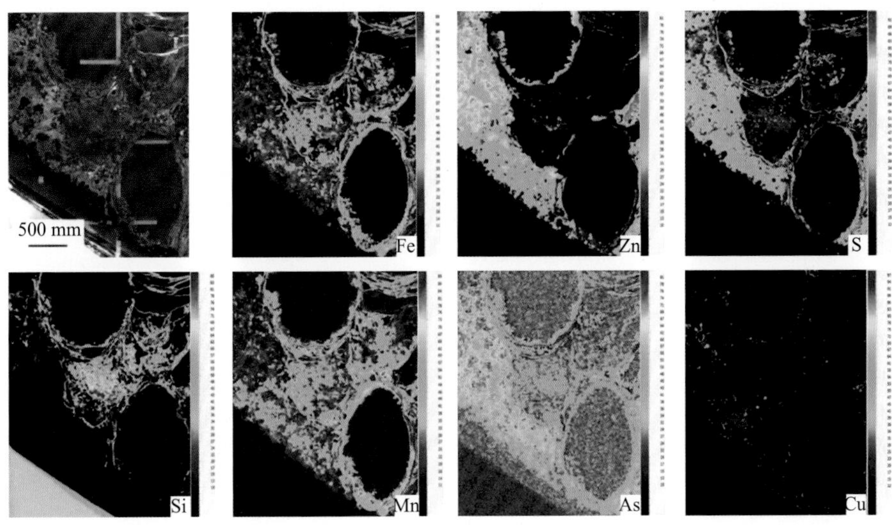

图 9　EPR 5.3°S 蠕虫矿化管道 μ-XRF 分析图

5 讨论

5.1 管壁的矿化特征对比

本研究对 EPR 13°N 和 5.3°S 热液区样品研究发现，蠕虫矿化管道矿物主要为胶状黄铁矿，结构呈多同心层状的特征（图 3，图 5）。这与 Zbinden 等（2003）和 Georgieva 等（2015）在 EPR 9°N 所报道的 Alvinellidae 蠕虫矿化管道多圈层特征高度相似。其中，分布在 EPR 热液区烟囱体周围能形成有机管道的 Alvinellidae 蠕虫主要为 *Alvinella* 属的 *A. pompejana*，*A. caudata*（Han et al.，2021），且两者有机管道的形态几乎完全相同（Zbinden 等，2003）。然而，这两者有机管道在矿化后形成管道在结构上具有显著差异，如 Zbinden 等（2003）报道的矿化管道仅发现 3～6 个同心层，而 Georgieva 等（2015）描述的同心层多于 10 层。可见，蠕虫种属并不是导致管道结构差异的主要原因，而可能与烟囱体生长速率等因素有关（Gaill and Hunt，1991；Zbinden et al.，2003）。

硫化物烟囱体的矿物组合特征和管道充填程度受海底热液流体的性质及其与海水的混合速率等多种因素的控制，并能指示矿物的沉淀速率和烟囱体的生长速率（如 Tivey et al.，1995；Nozaki et al.，2016）。热液流体与海水缓慢混合会促进硫化物（白铁矿、方铅矿等中低温矿物）在流体通道内快速沉淀，导致烟囱体快速生长（Nozaki et al.，2016）。相反，热液流体与海水快速混合，矿物沉淀速率较慢，其流体通道则很少有矿物充填（Tivey et al.，1995）。研究发现，相比 EPR 5.3°S 富 Zn 烟囱体，EPR 13°N 富 Fe 烟囱体蠕虫矿化管道的封闭程度（约 75%）更高、中低温矿物（如白铁矿）更多见，表明其生长速率更快。与此同时，EPR 13°N 样品的蠕虫矿化管道同心层数和平均厚度分别是 EPR 5.3°S 样品的 1/4、4 倍。这是由于为适应烟囱体的快速生长，蠕虫快速建造有机管道，从而导致管道矿化速率加快、管壁增厚、同心层数减少（Zbinden et al.，2003）。再者，在同一矿化管道中，相比于靠近海水一侧的管壁，朝向烟囱体中心一侧的管壁更厚、同心层数更少（图 6，图 7）。这主要是由于朝向烟囱体中心一侧的管壁更靠近热液流体通道，环境金属离子浓度更高，使其矿物沉淀速率更快（Maginn et al.，2002）。由此可见，矿物的沉淀速率越快导致烟囱体生长速率越快，并促进蠕虫管道快速生长、矿化，使得矿化管壁增厚、同心层数减少。据此，EPR 13°N 矿化管道对应为快速矿化型（Fast-deposited type，F 型），EPR 5.3°S 矿化管道为慢速矿化型（Slow-deposited type，S 型）。这种机制也能很好地解释同一矿化管道存在的显著结构差异（图 6，图 7）。这为深入理解古今海底硫化物矿床普遍存在的流体通道遗迹化石结构的形成机制提供了重要参考。

表 2 研究区蠕虫管道矿化特征对比

热液区	管壁分布特征	通道封闭程度	通道内充填的矿物	矿化管壁特征						
				主要矿物分带	同心层（内→外）	矿物组合	黄铁矿带厚度（内→外）/ μm	厚度变化（内→外）	元素富集特征	元素变化（内→外）
EPR 13°N	被硫化物烟囱体包围	75%	闪锌矿 白铁矿	黄铁矿带	①	胶状黄铁矿	30.3～75.8	增厚	Fe、Mn	增加

续表

热液区	管壁分布特征	通道封闭程度	通道内充填的矿物	矿化管壁特征						
				主要矿物分带	同心层（内→外）	矿物组合	黄铁矿带厚度（内→外）/ μm	厚度变化（内→外）	元素富集特征	元素变化（内→外）
EPR 13°N	被硫化物烟囱体包围	75%	闪锌矿白铁矿	黄铁矿带	②	胶状黄铁矿	53.1～110.6	增厚	Fe、Mn	增加
					③	胶状黄铁矿+草莓状黄铁矿	121.2～303.2		Fe、Mn	
EPR 5.3°S	朝向烟囱体中心一侧	5%	闪锌矿	黄铁矿带	①	胶状黄铁矿与无定型硅交错分布	52.6～144.1	减薄	Fe、Mn	增加
					②		15.6～28.5		Fe、Mn	
					③		5.5～24.1		Fe、Mn	
					④		12.1～34.5		Fe、Mn	
					⑤		13.2～42.3		Fe、Mn	
					⑥		18.9～41.8		Fe、Mn	
					⑦		5.4～22.5		Fe、Mn	
					⑧		9.8～17.5		Fe、Mn	
	靠近海水一侧	8%	闪锌矿	B1：黄铁矿带	①	胶状黄铁矿	21.4～62.6	减薄	Fe、Mn	蠕虫管壁太薄，未分辨元素变化
					②		8.4～17.8		Fe、Mn	
					③		19.7～47.1		Fe、Mn	
					④		2.9 ～10.4		Si	
				B2：无定型硅+黄铁矿带	①	胶状黄铁矿核心两侧分布无定型硅	5.3～15.3		Si	
					②		3.1～8.7		Si	
					③		2.5～7.9		Si	
					④		3.8～6.3		Si	
					⑤		2.4～7.5		Si	
				B3：闪锌矿+黄铁矿带	①	胶状黄铁矿核心两侧分布闪锌矿	2.9～9.3		Zn、As	
				B4：针钠铁钒+铁氧化物+黄铁矿带	①	胶状黄铁矿核心两侧分布针钠铁钒	5.2～9.8		Zn	
					②		3.1～23.2		Zn	
					③		3.9～19.3		Zn	

5.2 管壁矿化过程

管状蠕虫的矿化作用可以改变硫化物烟囱体的形貌和矿物组成，还可导致有机管道被矿物所取代，并最终成为硫化物烟囱体的一部分（Juniper and Sarrazin，1995）。Georgieva等（2015）对蠕虫管道的矿化过程进行了详细的研究，并建立了“外层矿化-管壁矿化分层-完全矿化”三阶段模型。

本研究“F型”样品管道具有胶状黄铁矿向管内生长，厚度从外到内逐渐减薄[图3（b）、图4（a）]的特征，这是外壁开启矿化的重要证据（Maginn et al.，2002；Peng et al.，2008；Georgieva et al.，2015）。此外，“F型”管道生长在烟囱体内，外壁厚度均一、与内壁紧密结合。相反，“S型”管道生长在烟囱体表层，相比海水一侧的管壁外壁，其朝向烟囱体一侧的外壁更厚、与内壁结合更紧密[图5（c）]。这种外壁矿化结构的差异可能与热液流体与海水的混合速率造成的金属离子浓度差有关（Nozaki et al.，2016）。在热液流体和海水快速混合的情况下，金属离子更容易向海水中扩散，在蠕虫管道两侧形成离子浓度梯度差，使得朝向烟囱体一侧的管壁矿化程度更强（Maginn et al.，2002）。

当含硫化物的热液流体通过管壁时，由于有机管道层间的空隙（Zbinden et al.，2003）和微生物的捕获作用（Maginn et al.，2002），导致了细小的铁硫化物先在管道层间堆积。随后，在缺氧、富H_2S的热液流体环境下，细小黄铁矿核心在管壁层间空隙中定向生长形成黄铁矿带，并逐步形成胶状结构（Le Bris and Gaill，2008）。这种多同心层结构的胶状黄铁矿带是管壁矿化分层的主要标志（Maginn et al.，2002；Le Bris and Gaill，2007），并且由于有机管道对金属离子选择性透过的特性，矿化管壁厚度通常由外到内逐渐减薄（Georgieva，2015）。与前人发现类似，本研究样品也具有由外到内逐渐减薄的多同心层状黄铁矿带特征[图3（c）]。此外，在“F型”管道外壁中还发现罕见的草莓状黄铁矿多晶聚合体与热液矿物共生，呈团聚状分布于胶状黄铁矿带中，粒径为5～35 μm[图3（d）]。草莓状黄铁矿中心或边缘发生不同程度的重结晶，表现为被胶状黄铁矿同心环带包裹的特征[图3（d）]。这是由于蠕虫管道处于管道内部海水与外部热液流体物质交换的界面，在这种热液与海水快速混合的环境中，细小黄铁矿核心更有利于聚集形成草莓状黄铁矿（Ohfuji and Rickard，2005），并且在硫化物快速沉淀、FeS过饱和的外壁流体环境，纳-微米晶硫化物颗粒先形成草莓状黄铁矿聚合体（Taylor and Macquaker，2000），然后在热液流体的持续供应下，草莓状黄铁矿发生热液交代和重结晶，并在其外侧形成胶状黄铁矿环带（Barrie et al.，2009）。这一解释有别于前人提出的在管壁矿化分层的早期阶段硫化物矿物核心直接形成胶状黄铁矿层的观点（Maginn et al.，2002；Georgieva et al.，2015）。然而，在管道其他胶状黄铁矿带未见草莓状黄铁矿，这是受限于蠕虫有机管道的特性，进入内壁的金属离子饱和度降低（Georgieva et al.，2015），导致纳-微米晶硫化物直接结晶形成胶状黄铁矿（Rickard and Luther，1997）。

随着有机管壁的降解，蠕虫管道被完全矿化并作为热液流体通道被保存在烟囱体中（Georgieva et al.，2015）。我们在“F型”管道内外均发现有白铁矿的沉淀，这是由于管道中较冷（T = 20～80℃）的弱酸性（pH = 6～7）流体逐渐转变为热（T=100～175℃）的强酸性（pH = 4～5）流体（Le Bris et al.，2005），在较低pH值条件下，白铁矿先于黄铁矿在管道内沉淀的结果（Benning et al.，2000；郭志馗等，2021）。此外，在“F型”和“S型”管壁胶状黄铁矿同心层之间均发现胶状闪锌矿带的充填现象[图 3（c）]，这通常被认为与低温（<100 ℃）热液流体环境密切相关（Barrie 等，2009）。类似特征在 Georgieva 等（2015，2021）报道的蠕虫矿化管道中也有发现。这表明，后期低温热液流体的成矿作用在蠕虫完全矿化阶段较为普遍。

5.3 风化氧化过程

硫化物烟囱体及其蠕虫矿化管道形成之后，其表面将沉淀碧玉、铁（氢）氧化物等氧化产物（Halbach et al.，2002；Georgieva et al.，2021）。研究区“F 型”管道中仅见少量的无定型硅和铁氧化物（图 3，4），相反，“S 型”管道分布大量的无定型硅、针钠铁钒、铁氧化物等氧化产物（图 6，7），表明风化氧化作用更强烈。硫化物的风化氧化作用主要包括微生物氧化，低温、富 Fe-Si 热液流体的氧化以及含氧海水的氧化（Toner et al.，2008）。前人研究表明，铁氧化物不止出现在早期矿化阶段的蠕虫管道内（Peng et al.，2008），在完全矿化的蠕虫管道中也有发现（Georgieva et al.，2015）。本研究中，铁氧化物在“F 型”和“S 型”管道胶状黄铁矿的两侧均有发现（图 4，6），这通常被认为是由管状蠕虫及其共生微生物在管壁早期矿化过程中氧化作用所致（Le Bris and Gaill，2007；Li et al.，2017）。

其次，风化的蠕虫矿化管道经过晚期低温、富 Fe-Si 热液流体的持续作用形成无定型硅等矿物（Toner et al.，2008）。本文“S 型”管道从内到外具有胶状黄铁矿带厚度减薄[图 7（b）]，无定型硅和铁氧化物逐渐增多，Fe 和 Mn 含量增高（图 9）等特征。相反，在氧化程度低的“F 型”管道样品中，胶状黄铁矿同心层从内到外逐渐增厚，氧化矿物少见[图 6（a）；表 2]。Halbach 等（2002）对富 Si 硫化物的研究发现，硫化物烟囱体经过低温（约 65℃）、富 Fe-Si 热液流体的改造，通过传导冷却与海水混合沉淀形成无定型硅，并由外到内取代铁氧化物。这种机制可以解释“S 型”管道中的风化氧化矿物学特征，并导致了蠕虫矿化管道圈层减薄。

含氧海水的氧化是硫化物最普遍的风化氧化机制。研究表明黄铁矿通常与海水发生氧化反应（$2FeS_2+7.5O_2(aq)+4H_2O=Fe_2O_3+4SO_4^{2-}+8H^+$）（aq.溶液），在矿物表面形成不溶性氧化铁和铁氧氢氧化物（Fallon et al.，2017）。在“S 型”管道中，铁氧化物大量分布在靠近海水一侧的管道外壁（B4）中，表明其经历了海水的风化氧化作用。此外，针钠铁钒与铁氧化物和少量无定型硅共生分布在闪锌矿带（B3）的外侧[图 7（c）]。针钠铁钒最早被发现于胡安·德福卡脊富 Zn 型硫化物烟囱体的表面氧化层中，通常被认为是低温（约 2℃）海水氧化作用的产物（Brett et al.，1987；Nasdala et al.，1998）。在氧化过程中，闪锌矿和黄铁矿的氧化作用分别为针钠铁钒的形成提供了 Zn^{2+}和 SO_4^{2-}（Brett et al.，1987；Fallon et al.，2017）。上述风化氧化矿物组合分布特征表明海水的风化氧化过程主要发生在管道外壁黄铁矿带中，而闪锌矿带有效限制该过程向内壁发展的趋势（Fallon et al.，2017），导致了管道外壁的氧化程度更强烈。

6 结论

本文对 EPR 13°N 和 5.3°S 热液区硫化物烟囱体中蠕虫矿化管道进行了高分辨率矿物

学观察和元素原位分析，取得了以下主要结论：

（1）不同流体环境形成的 Alvinellidae 蠕虫矿化管道具有截然相反的矿化特征。其中，EPR 13°N 样品的矿化管道“F 型”单层管壁厚、同心层数少，EPR 5.3°S 样品矿化管道“S 型”单层管壁薄、同心层数多，这主要受控于矿物的沉淀速率。矿物的快速沉淀导致烟囱体生长速率加快，从而促进蠕虫管道快速生长、矿化，使得矿化管壁增厚、同心层数减少。

（2）蠕虫管道的矿化过程主要表现为从外壁向内壁矿化、圈层厚度减薄等特征。“F 型”和“S 型”管道在外壁厚度和同心层间距等方面存在巨大差异，这与热液流体和海水不同混合程度造成的金属离子浓度梯度差有关。我们首次在管道外壁胶状黄铁矿带内观测到草莓状黄铁矿多晶聚合体，并提出该聚合体的形成是矿化分层的早期阶段从纳-微米晶硫化物矿物定向生长为胶状黄铁矿带的重要中间途径。管道完全矿化后作为热液流体通道继续伴随硫化物烟囱体生长，并在同心层间充填胶状闪锌矿等中低温矿物。

（3）相比“F 型”，“S 型”管壁具有更普遍的低温流体氧化特征，包括胶状黄铁矿带厚度从外到内逐渐增加，富 Fe、Mn 的无定型硅带从外到内逐渐减薄。这是由于在低温、富 Fe-Si 热液流体的作用下，胶状黄铁矿带被无定型硅间接取代减薄。随后，海水氧化作用占据主导，管道外壁的硫化物矿物被低温海水进一步氧化形成针钠铁钒和铁氧化物，管壁层间充填的闪锌矿带有效限制了海水氧化过程向内壁发展。

致谢　本研究受国家自然科学基金面上项目（41976076）和国家重点研发计划项目课题（2021YFF0501304）联合资助。自然资源部海底科学重点实验室为本文样品分析测试提供了实验支撑，在此一并感谢！

参考文献

郭志馗, 陈超, 陶春辉, 胡正旺, 许顺芳. 2021. 海底热液循环中矿物沉淀过程数值模拟. 地球科学, 46: 729-742

罗洪明, 韩喜球, 王叶剑, 吴雪停, 蔡翌旸, 杨铭. 2021. 全球现代海底块状硫化物战略性金属富集机理及资源前景初探. 地球科学, 46: 3123-3138

Auclair G, Fouquet Y, Bohn M. 1987. Distribution of selenium in high-temperature hydrothermal sulfide deposits at 13° North, East Pacific Rise. The Canadian Mineralogist, 25: 577-587

Barrie C D, Boyce A J, Boyle A P, Williams P J, Blake K, Ogawara T, Akai J, Prior D J. 2009. Growth controls in colloform pyrite. American Mineralogist, 94: 415-429

Beaulieu S E, Szafranski K. 2020. InterRidge Global Database of Active Submarine Hydrothermal Vent Fields, Version 3.4. World Wide Web Electronic Publication. https://vents-data.interridge.org

Benning L G, Wilkin R T, Barnes H L. 2000. Reaction pathways in the Fe–S system below 100 °C. Chemical Geology, 167: 25-51

Brett R, Evans H T, Gibson E K, Hedenquist J W, Wandless M V, Sommer M A. 1987. Mineralogical studies of sulfide samples and volatile concentrations of basalt glasses from the southern Juan de Fuca Ridge. Journal of Geophysical Research: Solid Earth, 92: 11373-11379

Cook T L, Stakes D S. 1995. Biogeological mineralization in deep-seahydrothermal deposits. Science, 267: 1975-1979

Fallon E K, Petersen S, Brooker R A, Scott T B. 2017. Oxidative Dissolution of Hydrothermal Mixed-

Sulphide Ore: An Assessment of Current Knowledge in Relation to Seafloor Massive Sulphide Mining. Ore Geology Reviews, 86: 309-337

Gaill F, Hunt S. 1991. The biology of annelid worms from high temperature hydrothermal vent regions. Reviews in Aquatic Sciences. 4: 107-137

Georgieva M N, Little C T S, Ball A D, Glover A G. 2015. Mineralization of Alvinella polychaete tubes at hydrothermal vents. Geobiology, 13: 152-169

Georgieva M N, Little C, Maslennikov V V, Glover A G, Ayupova N R, Herrington R J. 2021. The history of life at hydrothermal vents. Earth-Science Reviews, 217: 103602

Haymon R M, Kastner M. 1981. Hot spring deposits on the East Pacific Rise at 21°N: preliminary description of mineralogy and genesis. Earth and Planetary Science Letters, 53: 363-381

Halbach M, Halbach P, Lüders V. 2002. Sulfide-impregnated and pure silica precipitates of hydrothermal origin from the Central Indian Ocean. Chemical Geology, 182: 357-375

Hannington M D, De Ronde C E J, Petersen S. 2005. Sea-floor tectonics and submarine hydrothermal systems. Economic Geology, 100: 111-159

Han Y R, Zhang D S, Wang C S, Zhou Y D. 2021. Out of the Pacific: a new alvinellid worm (Annelida: Terebellida) from the northern Indian Ocean hydrothermal vents. Frontiers in Marine Science, 8: 543

Humphris S E, Klein F. 2018. Progress in deciphering the controls on the geochemistry of fluids in seafloor hydrothermal systems. Annual review of marine science, 10: 315-343

Jamieson J W, Gartman A. 2020. Defining active, inactive, and extinct seafloor massive sulfide deposits. Marine Policy, 117: 103926

Juniper S, Thompson J A J, Calvert S E. 1986. Accumulation of minerals and trace elements in biogenic mucus at hydrothermal vents. Deep Sea Research Part A Oceanographic Research Papers, 33: 339-347

Juniper S K, Sarrazin J. 1995. Interaction of vent biota and hydrothermal deposits: present evidence and future experimentation. Geophysical Monograph Series, 91: 178-193

Le Bris N, Zbinden M, Gaill F. 2005. Processes controlling the physic-chemical micro-environments associated with Pompeii worms. Deep Sea Research Part I Oceanographic Research Papers, 52: 1071-1083

Le Bris N, Gaill F 2007. How does the annelid Alvinella pompejana deal with an extreme hydrothermal environment? Reviews in Environmental Science and Bio/Technology, 6: 197-221

Li J T, Cui J M, Yang Q H, Cui G J, Wei B B, Wu Z J, Wang Y, Zhou H Y. 2017. Oxidative weathering and microbial diversity of an inactive seafloor hydrothermal sulfide chimney. Frontiers in microbiology, 8: 1378

Lonsdale P. 1983. Overlapping rift zones at the 5.5 S offset of the East Pacific Rise. Journal of Geophysical Research: Solid Earth, 88: 9393-9406

Macdonald K C, Fox P J, Miller S, Carbotte S, Edwards M H, Eisen M, Fornari D J, Perram L, Pockalny R, Scheirer D, Tighe S, Weiland C, Wilson D. 1992. The East Pacific Rise and its Flanks 8-18°N: history of segmentation, propagation and spreading direction based on Sea MARC II and sea beam studies. Marine Geophysical Researches, 14: 299-344

Maginn E J, Little C T S, Herrington R J, Mills R A. 2002. Sulphide mineralisation in the deep sea hydrothermal vent polychaete, alvinella pompejana: implications for fossil preservation. Marine Geology, 181: 337-356

Martin W, Baross J, Kelley D, Russell M J. 2008. Hydrothermal vents and the origin of life. Nature Reviews Microbiology, 6: 805-814

Nasdala L, Witzke T, Ullrich B, Brett R. 1998. Gordaite [$Zn_4Na(OH)_6(SO_4)Cl\cdot 6H_2O$]: Second occurrence in the Juan de Fuca Ridge, and new data. American Mineralogist, 83: 1111-1116

Nozaki T, Ishibashi J I, Shimada K, Nagase T, Takaya Y, Kato Y, Kawagucci S, Watsuji T, Shibuya T, Yamada R, Saruhashi T, Kyo M, Takai K. 2016. Rapid growth of mineral deposits at artificial seafloor hydrothermal vents. Scientific Reports, 6: 1-10

Ohfuji H, Rickard D. 2005. Experimental syntheses of framboids-a review. Earth Science Reviews, 71: 147-170

Peng X T, Zhou H Y, Tang S, Yao H Q, Jiang L, Wu Z J. 2008. Early-stage mineralization of hydrothermal tubeworms: New insights into the role of microorganisms in the process of mineralization. Chinese Science Bulletin, 53: 251-261

Pester N J, Rough M, Ding, K, Seyfried Jr W E. 2011. A new Fe/Mn geothermometer for hydrothermal systems: Implications for high-salinity fluids at 13N on the East Pacific Rise. Geochimica et Cosmochimica Acta, 75: 7881-7892

Rickard D, Luther G W. 1997. Kinetics of pyrite formation by the H_2S oxidation of iron (II) monosulfide in aqueous solutions between 25 and 125C: The mechanism. Geochimica et Cosmochimica Acta, 61: 135-147

Taylor K G, Macquaker J H S. 2000. Early diagenetic pyrite morphology in a mudstone-dominated succession: the Lower Jurassic Cleveland Ironstone Formation, eastern England. Sedimentary Geology, 131: 77-86

Tivey M K, Humphris S E, Thompson G, Hannington M D, Rona P A. 1995. Deducing patterns of fluid flow and mixing within the TAG active hydrothermal mound using mineralogical and geochemical data. Journal of Geophysical Research: Solid Earth, 100: 12527-12555

Toner B M, Rouxel O, Santelli C M, Edwards K J. 2008. Sea-floor weathering of hydrothermal chimney sulfides at the East Pacific rise 9°N: Chemical speciation and isotopic signature of Iron using X-ray absorption spectroscopy and laserablation MCICP-MS. Geochim. Cosmochim. Acta, 72: A951

Wang Y J, Han X Q, Petersen S, Frische M, Qiu Z Y, Li H M, Li H L, Wu Z C, Cui R Y. 2017. Mineralogy and trace element geochemistry of sulfide minerals from the Wocan Hydrothermal Field on the slow-spreading Carlsberg Ridge, Indian Ocean. Ore Geology Reviews, 84: 1-19

Wessel P, Luis J F, Uieda L, Scharroo R, Wobbe F, Smith W H, Tian D. 2019. The generic mapping tools version 6. Geochemistry, Geophysics, Geosystems, 20: 5556-5564

Workman R K, Hart S R, Jackson M, Regelous M, Farley K A, Blusztajn J, Kurz M, Staudigel H. 2004. Recycled metasomatized lithosphere as the origin of the Enriched Mantle II (EM2) end-member: Evidence from the Samoan Volcanic Chain. Geochemistry, Geophysics, Geosystems, 5: Q04008

Zbinden M, Le Bris N, Compère P, Martinez I, Guyot F, Gaill F. 2003. Mineralogical gradients associated with alvinellids at deep-sea hydrothermal vents. Deep Sea Research Part I: Oceanographic Research Papers, 50: 269-280

深海稀土分布特征、资源潜力与开发技术

石学法[1*]，黄牧[1]，毕东杰[1]，于淼[1]，沈芳宇[1]，任向文[1]，蒋训雄[2]，李茂林[3]

1. 自然资源部第一海洋研究所，自然资源部海洋地质与成矿作用重点实验室，山东省深海矿产资源开发重点实验室等，青岛 266061
2. 矿冶科技集团有限公司，北京 100160
3. 长沙矿冶研究院有限责任公司，长沙 410012
*通讯作者，E-mail：xfshi@fio.org.cn

摘要　深海稀土作为一种新型深海矿产资源，自 2011 年发现以来得到全世界的广泛关注。研究发现，深海稀土主要分布在印度洋和太平洋远离大陆且水深超过 4000m 的深海盆地。在全球初步划分出 4 个深海稀土成矿带：西太平洋深海稀土成矿带、中-东太平洋深海稀土成矿带、东南太平洋深海稀土成矿带和中印度洋海盆-沃顿海盆深海稀土成矿带。深海稀土主要发育在沸石黏土和远洋黏土沉积物中，生物磷灰石和微结核是主要的稀土元素赋存矿物，海水是稀土元素的主要来源。大水深、低沉积速率、强底流活动是深海稀土大面积富集的主要控制因素。全球深海稀土资源潜力巨大，据估算其资源潜力是陆地稀土储量的数千倍，是陆地稀土的战略潜在替代资源。目前深海稀土资源勘查主要采用的是沉积物岩心取样与浅地层调查相结合的技术方法，尚未建立起快速高效的勘查技术体系；对深海稀土的环境监测评价技术、采矿和选冶技术尚处于探索阶段。今后需要在加强深海稀土成矿作用和分布规律研究的基础上，加大深海稀土资源勘查开发利用技术和设备的研发，建立深海稀土“探-采-选-冶”高效勘探与绿色开发利用理论和资源评价技术体系，为深海稀土资源开发提供保障支撑。

关键词　深海稀土，地质特征，分布规律，资源潜力，开发技术

1　引言

稀土元素（rare earth elements，REE）是元素周期表中镧系元素加钪和钇 17 种元素的统称，因其具有特殊的光-电-磁等属性，被广泛应用于传统工业、高科技、新材料和新能源等领域，是关系国民经济、国家安全和科技发展的关键矿产资源，是我国为数不多的优势战略矿产资源（范宏瑞等，2020）。我国是世界上最大的陆地稀土资源拥有国、生产国、消耗国和出口国，但稀土资源分布非常不均匀，具有明显的“南重北轻”的特

基金项目：国家自然科学基金项目（Nos. 42249301，91858209），中国大洋矿产资源研究项目（No. DY135-R2-1-01）
作者简介：石学法，研究员，博士，主要从事海洋沉积和海底成矿作用研究

点，轻稀土资源丰富，中-重稀土资源也显缺乏（袁忠信，2012）。随着世界科技革命和产业变革的不断进步，国际上稀土元素（特别是中-重稀土元素）的消耗量日渐增加（何宏平和杨武斌，2022；Liu 等，2023）。

“深海稀土”（也称“深海富稀土沉积”或“富稀土泥”），发现于 2011 年，是指产于深海盆地中的富含稀土元素（镧系元素加钇，简称 REY）的沉积物，其主要特征是富含中-重稀土元素，是继多金属结核、富钴结壳和多金属硫化物之后发现的第四种深海金属矿产，资源潜力巨大（Kato et al.，2011；石学法等，2021a，b）。深海稀土资源的发现对我国的稀土产业既是挑战，也是机遇，是我国由“陆地稀土资源大国”走向“深海稀土资源大国”的契机。因而，持续推进深海稀土资源勘查研究，加强深海稀土资源勘探开发技术与装备研发，具有重要的战略意义和现实意义。本文梳理了 10 多年来深海稀土资源调查研究方面的主要进展，总结了深海稀土成矿作用研究、勘探技术、开发利用等方面存在的主要问题和挑战，初步提出了本领域今后的研究目标和主要任务。

2 深海稀土资源的发现与调查

2.1 国外调查研究

日本是国际上首个发现深海稀土资源并积极推动其调查与开发的国家（Kato et al.，2011；石学法等，2021a，b）。作为稀土资源匮乏的国家，日本对深海稀土的研究一开始就是以开发利用为目的。2013 年 4 月日本内阁会议修订的《海洋基本计划》明确提出“要加强对含稀土的深海沉积物的基础科学勘查和研究，探讨其作为未来稀土资源的潜力”。2013 年 12 月日本经济产业省制定的《海洋能源矿产资源开发计划》中提出，“为探讨未来的稀土资源潜力，利用 3 年左右的时间对深海稀土沉积物赋存状态进行勘查，确定有前景的稀土富集海域并估算资源量”，由日本石油天然气金属矿物资源机构[Japan Oil，Gas and Metals National Corporation（JOGMEC）]为主体推进和实施。

日本深海稀土资源调查工作主要聚焦在南鸟岛附近海域内。2016 年 JOGMEC 宣布初步完成了南鸟岛周边海域深海稀土资源的初步勘查和潜力评价，并开展了深海稀土的采集、扬矿和冶炼等技术领域的研究。日本在其 2020 年提出的“战略性创新创造计划（SIP）”中关于深海资源开发技术研发的规划是，将在近年利用“Chikyu”号地球深部探测船，建立世界上首套连续采集和提升深海富稀土泥技术，并在实际海域中进行验证试验，争取在近年内进行稀土试采。

在印度洋区域，2013 年日本科学家通过对印度洋沃顿海盆东北部 DSDP 213 钻孔岩心样品测试发现，在该站位表层以下 75～120m 层位的沉积物中也发现含有高浓度 REY 的富稀土泥，总稀土元素含量（ΣREY）可达 1113×10^{-6}，ΣREY 平均约 700×10^{-6}（Yasukawa et al.，2014）。

在东南太平洋区域，2011 年日本科学家报道了高浓度 REY 含量的富稀土泥，ΣREY 分别可达 2230×10^{-6} 和 1000×10^{-6}，2012 年，英国科学家对东南太平洋海域深海沉积物中的 REY 分布特征进行了初步总结（Bashir et al.，2012）。在大西洋区域 2016 年，英国对横跨大西洋的 24°N 剖面附近深海沉积物中稀土资源潜力进行了初步评估，认为该海

域内深海黏土中 ΣREY 仅为太平洋沉积物的 1/4，该剖面的沉积物中资源潜力较小（Menendez et al.，2017）。

2.2 国内调查研究进展

我国是国际上第二个开展深海稀土资源调查研究并取得重大发现的国家。在日本开展深海稀土调查研究的同一年（2011 年），中国大洋协会即组织开展了深海稀土调查研究，先后在印度洋、太平洋若干海域预测并发现了大面积富稀土沉积区，并对大西洋稀土资源潜力进行了初步分析（石学法等，2021a，b）。

2012 年，我国科学家预测了中印度洋海盆富稀土沉积的存在，于 2013 年 12 月在该海域成功获取了富稀土沉积样品，2015 年率先在中印度洋海盆发现了 30 万平方公里的大面积富稀土沉积区，并通过后期的调查研究，将富稀土沉积区面积进一步扩展（石学法等，2021a，b）。2018 年，我国在东南太平洋首次发现了超过 150 万平方公里的大面积富稀土沉积区；2013～2020 年，我国在西太平洋海域持续发现了大面积的富稀土沉积区，其 ΣREY 最高可达近 6000×10^{-6}。根据调查结果，初步在太平洋-印度洋海底划分了 4 个深海稀土成矿带（图 1）（石学法等，2021a，b）。此外，中国地质调查局也在太平洋组织实施了深海稀土调查。

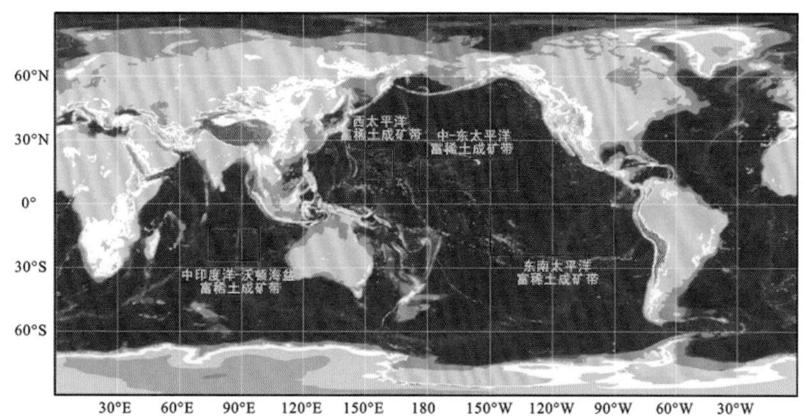

图 1 太平洋和印度洋深海稀土成矿带（据石学法等，2021a，改绘）

我国科学家基于深海稀土勘查的工作实践，编制出版了中国海洋工程咨询协会团体标准《深海富稀土沉积物资源勘查指南》（石学法等，2023），这是国际上第一个深海稀土勘查标准；与此同时，研发了 5 个深海富稀土沉积物地球化学标样，被定级为国家一级标准物质，这是我国也是国际上首次研制成功深海富稀土沉积物标准物质。

3 深海稀土资源分布规律及资源潜力

3.1 基本特征

通过对三大洋深海沉积物研究发现，富稀土沉积物大多表现为 Ce 负异常的轻稀土元素（LREE）亏损、中-重稀土元素（M-HREY）富集的特征，为典型受到海水来源影响的 REY 配分模式（黄牧等，2014；Zhou et al.，2020；Bi et al.，2021；Yu et al.，2021；Zhou et al.，2021；Li et al.，2023b）。

深海沉积物中的稀土元素含量明显受沉积物组分的控制，ΣREY 在不同类型沉积物中呈规律性变化，表现为在沸石黏土、远洋黏土、硅质黏土、硅质/钙质软泥中依次减少（Piper，1974；刘季花，1992，2004）。统计发现，REY 在沸石黏土和远洋黏土中最为富集，其次为硅质黏土和硅质软泥，钙质黏土和钙质软泥的 ΣREY 较低，即从钙质软泥→钙质黏土→硅质软泥→硅质黏土→远洋黏土→沸石黏土，LREE、HREY 和 ΣREY 逐渐增加，HREY 相对富集程度增加，Ce 负异常越来越明显（黄牧，2013；黄牧等，2021）。

研究发现，生物磷灰石（鱼牙、鱼骨）是深海富稀土沉积物中稀土元素最主要赋存矿物，微结核（铁锰氧化物或氢氧化物）也是深海富稀土沉积物中稀土元素的重要赋存矿物（Kato et al.，2011；Kashiwabara et al.，2018；石学法等，2021a，b；Bi et al.，2021；孙懿等，2022；Liao et al.，2022；Ren et al.，2022；Yasukawa et al.，2022；Fan et al.，2023；Li et al.，2023b；Zhang et al.，2023b；Cai et al.，2023）。另外，深海沉积物中也存在磷钇矿、磷铝铈矿、褐帘石等稀土独立矿物，但粒度很细（一般小于 10μm），对深海富稀土沉积中稀土元素的贡献尚不清楚（方明山等，2016；汪春园等，2020）。

深海沉积物稀土元素的赋存状态有两种：赋存在矿物内部发生晶格替代和被矿物表面吸附（石学法等，2021a）。一般认为，稀土元素在早期成岩阶段就已通过离子替换方式进入生物磷灰石晶格中（Liao et al.，2019a；Zhou et al.，2020；Bi et al.，2021；Li et al.，2023b）。此外，微结核具有非常强的离子吸附能力，其主要通过元素“清扫”机制吸附稀土元素（Kato et al.，2011；Liao et al.，2019b；Yu et al.，2021；Zhou et al.，2021）。

已有研究表明，沉积物-海水界面是沉积物中稀土元素富集的主要场所（Bi et al.，2021；Deng et al.，2022；Li et al.，2023b）。沉积物埋藏后发生稀土元素的重新分配，微结核等受早期成岩作用影响释放的稀土元素，会通过孔隙水最终转移进入生物磷灰石，但该部分稀土总体来说比较有限（Bi et al.，2021；Yu et al.，2021；Zhou et al.，2021；Deng et al.，2022；Li et al.，2023b）。一般认为，大水深、低沉积速率、强底流活动是深海稀土富集的主要控制因素（石学法等，2021a，b；Bi et al.，2021，2023；孙懿等，2022；Li et al.，2023a）。基于已有研究成果，可将深海稀土成矿初步总结为“底流驱动—吸附富集”成矿假说，即底流驱动稀土元素主要赋存矿物（生物磷灰石、铁锰微结核等）富集，在大水深、低沉积速率条件下，深海沉积物与流体（海水、孔隙水等）长期相互作用造成稀土元素多次富集。

3.2 分布规律

深海稀土在三大洋的分布极不均匀，目前发现其主要分布在太平洋和印度洋，南大西洋可能不发育深海稀土（石学法等，2021a）。前已述及，全球深海稀土可划分出 4 个成矿带：西太平洋深海稀土成矿带、中-东太平洋深海稀土成矿带、东南太平洋深海稀土成矿带和中印度洋海盆-沃顿海盆深海稀土成矿带（石学法等，2015；2021a，b）（图 1，表 1），其中西太平深海稀土成矿带可能是全球富稀土沉积发育最好的成矿带

（图 1）。从发育水深看，深海稀土主要分布于远离大陆且水深超过 4000m 的深海，边缘海或浅海沉积物中稀土元素含量较低，不发育富稀土沉积（黄牧，2013；石学法等，2021a）（图 1）。基于已有调查研究发现，深海稀土发育于构造稳定的深海盆地，水深在碳酸盐补偿深度（carbonate compensation depth，CCD）之下；生物生产力低，碎屑物质输入量少沉积速率低；南极底流发育，海底呈氧化环境（石学法等，2021a，b）。碳酸盐补偿深度、沉积物类型、沉积速率、物质组成、氧化-还原环境等都是影响深海 REY 富集的重要因素。深海稀土上述发育环境与多金属结核非常相似，二者往往相伴发育。

表 1　深海稀土成矿带特征对比一览表（据石学法等，2021a，修改）

海区	太平洋			印度洋	
成矿带	西太平洋	东南太平洋	中-东太平洋	中印度洋海盆	沃顿海盆
主要沉积物类型	深海黏土（沸石黏土，远洋黏土）				
ΣREY/10^{-6}	700～7974	700～2738	700～1732	700～1987	700～1037
ΣREY 平均值/10^{-6}	1296	1243	910	1120	822
>700 × 10^{-6} 的岩心数量/检测样品数量	110/897	38/607	26/387	55/756	6/42
主要赋存层位	0～25 m；0～12 m 发育至少 3 层 ΣREY> 2000 × 10^{-6} 的稀土富集层	0～10 m	0～64 m；多层	0～5 m	0～5 m
主要赋存矿物	生物磷灰石为主，其次为铁锰微结核				

3.3　资源潜力

深海稀土最主要的特征是富集中-重稀土，资源潜力巨大。深海富稀土沉积中稀土元素配分模式表现出明显的负 Ce 异常及弱正 Y 异常，以轻稀土元素相对亏损、中-重稀土元素相对富集为特征（石学法等，2021a）。深海富稀土沉积物的中-重稀土元素占比（ΣM-HREY/ΣREY）和重稀土元素占比（ΣHREY/ΣREY）随 REY 值增加而增大（石学法等，2021a）。与陆地稀土矿床相比，深海富稀土沉积物的 M-HREY 占比、HREY 占比略低于华南离子吸附型重稀土矿床，但与贵州磷块岩稀土矿床相当，远高于白云鄂博稀土矿床和华南离子吸附型轻稀土矿床；并且其 ΣREY 较华南离子吸附型稀土矿床和贵州磷块岩稀土矿床明显偏高（石学法等，2021a；Bi et al.，2021）。

深海富稀土沉积除富集稀土元素外，还富集 Mn、Sc、Co、Ni、Cu、Zn 等金属元素，其含量比上地壳平均值高 1-2 个数量级（Sa et al.，2018；Yasukawa et al.，2018；Bi et al.，2021）。同时，深海稀土沉积中 Th、U 等放射性元素含量低，其含量大体与上地壳平均值相当，比陆地稀土矿床低 1-2 个数量级（Nakamura et al.，2015），可见深海稀土开采过程中不会产生明显的放射性污染。因此，深海富稀土沉积与已知的任何一种陆地稀土矿床特征都不相同，是一种非常有潜力的新型稀土矿床（石学法等，2021a，b）。

2018 年，日本科学家推断南鸟岛周边约 2500km^2 海域深海稀土资源量超过 1600×10^4t

（海底之下 0～10m），可供全球使用一百多年（2010～2017 年 8 年间世界稀土氧化物平均年产量是 12.52×10^4t），尤其富集钇元素（Y）和重稀土元素（HREE，占 44%）（Takaya et al.，2018）。仅南鸟岛南部最有前景的 105km^2 范围内“高品位分布区”沉积物中稀土氧化物资源量就可达 120 万 t（Takaya et al.，2018）。

据美国地质调查局（USGS，2022）统计，目前全球陆地稀土储量为 1.3×10^8t。初步估算，全球三大洋深海稀土资源潜力为 4420×10^8t，约为陆地稀土的 3400 倍；太平洋-印度洋 4 个深海稀土成矿带深海稀土资源潜力为 520×10^8t，约为陆地稀土的 400 倍（石学法等，2020；黄牧等，2021）。可见，深海稀土资源潜力巨大。

4 深海稀土资源勘查开发技术及装备

深海稀土是继多金属结核、富钴结壳和多金属硫化物之后的新型深海矿产资源。鉴于深海稀土与多金属结核产出环境相近，二者往往伴生，产状相对简单，多金属结核开采技术（如深海扬矿、运输等）大多可适用于深海稀土。因此，深海稀土有望与多金属结核一起成为首批开发的深海矿产资源之一。

4.1 勘查技术

目前深海稀土资源勘查广泛采用的是沉积物岩心取样与浅地层剖面探测等地球物理调查手段相结合的方法，即根据获取的柱状沉积物岩心样品中的元素含量、矿物组分、物性参数等，结合浅地层剖面等资料，综合研究判断深海稀土发育区域与富集层位，并初步估算资源潜力。

（1）沉积物长岩心取样技术与装备

深海沉积物岩心取样主要采用重力取样器/重力活塞取样器和钻探取样（钻探船、深海钻机）等设备。目前在深海稀土资源勘查中主要应用重力取样器和重力活塞取样器调查取样，并收集深海钻探（DSDP）和大洋钻探（ODP）钻取的岩心样品；调查间距一般按照 100km、50km、25km 以及更小的间距进行加密（Takaya et al.，2018）。

深海稀土多发育于海底表层至以下 10 余米，最深可达表层以下百余米（Yasukawa et al.，2014；Mimura et al.，2019；石学法等，2021a）。目前在深海稀土资源勘查中，利用重力取样器和重力活塞取样器获取岩心长度一般为数米至十余米，岩心长度多未穿透富集层底部边界。需要发展在 5000m 以深的深水盆地取样深长度超过 50m 的重力活塞取样器和钻探取芯能力超过 100m 的深海钻机。

（2）深海沉积物浅地层剖面精准探测与识别技术

在深海稀土资源地球物理勘查中，主要是利用浅地层剖面探测仪等设备获取调查区域内的浅地层剖面资料，结合沉积物岩心中富集层段的声学特征进行对比，以解决 REY 富集层位的连续性及三维分布问题。

稀土元素主要富集于细颗粒的深海沉积物中，由于其具有黏性大、粒度细、纹层间物性差异小等特点，目前未找到直接有效的识别方法。Nakamura 等（2016）利用在南鸟岛周边海盆获取的浅地层剖面及多波束地形资料，根据沉积层与下伏地层的平行关系与反射强度，结合岩心地质特征对比研究，初步判断南鸟岛周边海盆中富稀土层主要发育于未被 L 型（分层型）覆盖的 T 型（透明型）地层内；但还有待进一步精细识别，且仍难以有效识别出具体富集层位。

日本在 2020 年提出了基于 5～10 台深海 AUV 搭载的多应用技术和深海海底终端技术的、作业水深为 2000～6000m 的精确海底地形和地层结构列队化观测技术应用计划，计划开发一种能够同时控制和定位多个 AUV 的集成系统；并通过海底充电技术和对接技术，实现长时间海底连续观测，而无需将其装载到母船中，从而显著提高深海资源勘查的工作效率。

（3）沉积物稀土元素原位快速探测技术

针对深海稀土资源的高效探测，2012 年克罗地亚、挪威、美国等国科学家联合利用放射性同位素 Lu^{176} 和 Gd 热中子捕获等放射性核素，探索了基于海底作业平台的表层沉积物中 REY 快速探测技术的理论与方法，即利用放射性核素法，原位测量沉积物 REY 中某种元素的含量；根据建立的单个元素含量与 ΣREY 的线性关系，初步估算表层沉积物的 ΣREY（Valkovic et al.，2013；Obhođaš et al.，2018）。实验室模拟结果显示，该方法虽然简单，但由于深海沉积物中低浓度的 U、Th 等元素会降低其检测限，并延长其检测时间。该方法探索了在浅海开展沉积物中 ΣREY 原位快速测量的理论可行性，但其对深海稀土资源的高效探索的可行性与应用需进一步研究。

4.2 采矿技术

在深海稀土开发利用技术方面，日本、英国、美国等国进行了探索研究。其中，日本在深海稀土采矿设备技术研究方面走在前列。

2013～2015 年，日本以南鸟岛周边海盆中富稀土沉积为对象，进行了深海稀土开发利用研究，提出了与多金属结核采矿模式相类似的深海稀土资源开发理念，初步设计了扬泥量为 3500 吨/日的海上浮式生产存储卸载系统及作业流程方案。该开发技术方案主要包括以下 6 个部分：①海底采泥与选矿；②海底扬泥；③泥浆现场脱水；④泥样海上运输；⑤选冶与分离；⑥尾矿综合利用（Nakamura et al.，2015；Takaya et al.，2018）。日本对该开采系统提进行了成本估算，计划近年进行稀土资源试采（王淑玲等，2017）。

日本在 2020 年发布的“战略性创新创造计划（SIP）”中的关于深海资源开发技术研发计划中提出，计划在 2022 年底前利用“Chikyu”号地球深部探测船，建立世界上首套连续采集和提升深海富稀土泥技术，并在实际海域中进行验证试验，确定泥浆分解、泥浆收集和提升泥浆等每一个操作所需设备的规格与效率之间的关系，以及构建有效回收稀土泥浆的方法等。2022 年 8～9 月，日本利用“地球号”在 2479m 水深海底成功完成了 70 吨/日的深海沉积物抽吸试验，并将进一步升级相关技术参数，为能在今后 5 年内确立深海稀土有效的开采和生产方式提供技术支撑。

2012 年，英国南安普顿大学开展了深海稀土采矿的概念设计（Bashir et al.，2012）。在该设计中，深海富稀土沉积物的采集装置采用了绞吸式履带挖掘采矿车，模拟并初步估算了掘进速率、绞吸头转速、绞吸刀片尺寸、设备功率等。

此外，2015 年美国 Deep Reach Technology 公司对太平洋库克群岛附近海域的深海稀土资源进行了调查，并尝试研发深海稀土资源开采技术。

我国深海勘查和深海采矿技术设备主要依赖进口，与西方发达国家相比还存在较大差距。我国今后应特别重视深海勘查和深海采矿设备技术研发，尤其是关键设备和关键技术的研发。

4.3 选冶技术

日本根据其提出的与多金属结核采矿模式相类似的深海稀土资源开发理念，提出了将脱水后的泥块从采矿母船转运回陆地上，利用盐酸进行淋洗、用碳酸钠进行沉淀，之后按照现有分离工艺对 REY 进行分离、回收的选冶技术草案；并计划通过 2020 年提出的"战略性创新创造计划（SIP）"的实施，进一步比较与验证海陆开采模式与技术研究，逐渐完善采矿模式与系统，建立相关产业链。

英国南安普顿大学提出的深海稀土采矿的概念设计中，在海底进行稀土的冶炼，并将冶炼产品装在反应罐中，利用绞车系统提升至海面平台（Bashir et al.，2012）。

我国也开展了深海稀土的选冶流程、技术方法等探索研究，认为盐酸作为较理想的浸出剂，能够浸出富稀土沉积物中 90%以上的 Y、40%以上的 Ce，并从深海沉积物中提取出稀土氧化物（方明山等，2016；石学法等，2021a）。熊文良等（2018）提出了以浮选为主的选冶条件温和、能耗低、效率高、环境友好的稀酸浸出流程，主要包括沉积物脱泥预处理、研磨浮选与粗精矿分离、粗精矿浸出与渣液分离、浸渣浮选分离等。范艳青等（2019）从综合利用的角度，提出了利用 98%的浓硫酸与沉积物混合稀释放热和化学反应放热，实现深海沉积的低能耗、自熟化池浸提取 REY，以及沉积物中 Al、K 等金属的综合利用方法。Zhang 等（2023a）提出了硫酸酸浸-N1923+TBP 有机溶剂萃取-$Na_2C_2O_4$ 沉淀法分离回收深海软泥中稀土元素的高效工艺方法，能够回收深海软泥中 80.20%的稀土元素，稀土氧化物含量可达 81.82%。

4.4 环境监测技术

与陆地稀土采选生态破坏、难以修复不同，深海稀土资源开采的环境影响可能较小，并有实现自然修复的可能性。根据 2015 年 DORD 报导，日本经过长期观测后发现，在进行海底采矿实验 17 年后的深海生物种群数量上已经和扰动前无差别。从开采面积和采矿方式上看，在现有深海资源中，深海稀土采选可能对海底生态环境影响最小。据国际海底管理局探矿和勘探规章，多金属结核资源的一个矿址面积约为 75000km^2，多金属硫化物为 2500km^2，富钴结壳为 1000km^2，并且采矿作业过程中，富钴结壳和多金属硫化物等可能都需要进行硬岩剥离作业；而深海稀土采矿，初步估计数百平方公里的面积就可满足采矿作业，并且不需要硬岩剥离。同时，深海稀土与多金属结核产出环境相近，产状相对简单，因此多金属结核开发过程中的环境监测技术可应用于深海稀土开发。然而，深海稀土开发相关的环境监测技术发展仍处在起步阶段，今后需要大力加强相关研究。

5 问题与展望

5.1 存在的主要问题

深海稀土资源自2011年发现至今刚过10年，对其分布规律、成矿作用的认知不够深入系统，许多关键科学问题尚未解决；对相关勘探开发技术的研究尚不深入，制约着深海稀土资源的勘查与开发工作。主要问题如下：

（1）深海稀土作为一种与已知陆地稀土矿床成因完全不同的新型稀土资源，目前对其成矿规律的认知程度非常有限，成矿理论研究明显不足，对深海稀土成矿动力学及超常聚集机制这一重大基础问题尚不清楚，这是深入认识稀土分布规律和开发利用的关键问题。

（2）目前深海稀土资源勘查程度多处于潜力评价和远景区调查阶段，调查程度偏低，数据样品资料仍然偏少，目前尚未提出国际海域稀土资源探矿规章。

（3）由于深海稀土分布于5000～6000m的海盆沉积物中，且赋存状态与陆地稀土差异很大，尚未建立高效的、针对性强的勘查技术体系，也没有形成环境评价监测技术，深海稀土采矿、选冶技术尚处于探索阶段。

5.2 未来研究展望

作为一种新型深海矿产资源，深海稀土的成矿理论研究和开发利用技术研究可以说是刚刚起步，但发展迅速。由于深海稀土资源主要发育于国际海域，它的发现既是挑战也是机遇。我国在该领域工作开展得比较早，现在总体与日本处于“并跑”阶段，处于国际领先地位。我们应抓住机遇，积极应对挑战，在加大深海稀土勘查力度的同时，加快勘探开发技术的研发，进一步加强深海稀土分布规律和成矿作用研究。

（1）加强深海稀土勘查与基础研究工作。深海稀土相关研究才刚刚起步，应该从基础入手，在广泛调查、深入研究深海稀土地球化学特征、矿化异常、成矿时代、成矿地质背景、稀土赋存状态、成矿物质来源和迁移的基础上，结合应用大数据技术方法，阐明深海稀土的成矿规律和分布规律，揭示深海稀土超常富集的成矿背景和条件，建立深海稀土成矿理论，实现海底成矿理论创新和找矿突破。

（2）大力发展深海稀土资源勘探技术体系，加快深海稀土资源勘查工作。研发形成集沉积岩心取样-高分辨率地震探测-原位测试分析于一体的深海稀土勘探技术体系和设备，为快速、准确寻找深海稀土“高品位、分布连续、厚度大、杂质少”的优质富集区提供支撑；进一步完善深海稀土勘查技术标准，形成国际海底区域深海稀土资源评价技术方法。

（3）探讨高新技术在深海稀土成矿作用研究中的应用。高新技术在传统陆地矿床和其他深海矿床研究中已显示出独特的优势，在今后研究中应该借鉴相关研究经验，充分利用高新技术解决深海稀土成矿作用研究的难点。在外业勘查方面，可以尝试应用AUV、ROV等无人深潜设备，特别是能够同时控制和定位多台AUV/ROV的集成系统，因其靠近海底且可长时间连续观测，可以显著提高深海稀土勘查工作的效率和精度。在室内研究方面，如高分辨率透射电镜技术（high resolution transmission electron microscopy，HRTEM）、原位 X 射线衍射技术 in istu X-RayDiffraction 和 X 射线吸收精细结构谱技术（X-ray adsorption fine structrue，XAFS）可以用于确定深海富稀土沉积物中稀土元素的赋存矿物和赋存状态。

（4）建立深海稀土资源的“探-采-选-冶”高效勘探与利用理论和资源评价技术体系。随着深海稀土资源勘查的深入以及试采脚步的加快，应重视深海稀土资源绿色开发、综合利用技术研发，尤其是开发利用中核心技术和关键设备的研发，包括深海稀土的海底采矿与集矿、选矿与分离、扬矿与传输、冶炼与分离，以及废渣废液的无害化处理、回收与再利用以及高附加值的功能性新材料、新工艺、新方法等综合利用技术。可以结合多金属结核的开发利用，探索建立深海稀土资源的“探-采-选-冶”高效勘探与利用理论和资源评价技术体系，为实现深海稀土的绿色、高效、综合开发利用提供技术储备。

致谢 本文在撰写过程中使用的数据资料主要来源于中国大洋协会调查研究基础资料、成果报告及国内外已发表的论文数据，在此对上述报告和论文作者以及参加调查人员表示衷心感谢。

谨以此文祝贺金翔龙院士 90 华诞，他为海底科学和我国大洋矿产事业的发展做出了重大贡献。

参考文献

范宏瑞, 牛贺才, 李晓春, 杨奎锋, 杨占峰, 王其伟. 2020. 中国内生稀土矿床类型、成矿规律与资源展望. 科学通报, 65: 3778-3793

范艳青, 蒋训雄, 张登高, 冯林永. 2017. 一种硫酸自热熟化池浸提取深海沉积物中稀土的方法. 中国, CN201710556314.3, 2019-01-08

方明山, 石学法, 肖仪武, 李传顺. 2016. 太平洋深海沉积物中稀土矿物的分布特征研究. 矿冶, 25: 81-84

何宏平, 杨武斌. 2022. 我国稀土资源现状和评价. 大地构造与成矿学, 46: 829-841

黄牧, 刘季花, 石学法, 朱爱美, 吕华华, 胡利民. 2014. 东太平洋 CC 区沉积物稀土元素特征及物源. 海洋科学进展, 32: 175-187

黄牧, 石学法, 毕东杰, 于淼, 李力, 李佳, 张培萍, 张霄宇, 刘季花, 杨刚, 周天成, 朱爱美. 2021. 深海稀土资源勘查开发研究进展. 中国有色金属学报, 31: 2665-2681

黄牧. 2013. 太平洋深海沉积物稀土元素地球化学特征及资源潜力初步研究. 硕士学位论文.青岛: 国家海洋局第一海洋研究所. 1-71

刘季花. 1992. 太平洋东部深海沉积物稀土元素地球化学. 海洋地质与第四纪地质, 12: 33-42

刘季花. 2004. 东太平洋沉积物稀土元素和 Nd 同位素地球化学特征及其环境指示意义. 博士学位论文. 青岛: 中国科学院研究生院(海洋研究所). 1-124

石学法, 毕东杰, 黄牧, 于淼, 罗一鸣, 周天成, 张兆祺, 刘季花. 2021a. 深海稀土分布规律与成矿作用. 地质通报, 40: 195-208

石学法, 符亚洲, 李兵, 黄牧, 任向文, 刘季花, 于淼, 李传顺. 2021b. 我国深海矿产研究：进展与发现(2011—2020). 矿物岩石地球化学通报, 40: 305-318+517

石学法, 黄牧, 于淼. 2020. 国际海域资源调查与开发“十三五”资源环境项目“深海稀土资源勘查报告”. 自然资源部第一海洋研究所石学法, 李传顺, 黄牧. 2015. 国际海域资源调查与开发“十二五”课题“世界大洋海底稀土资源潜力评估报告”. 国家海洋局第一海洋研究所

石学法, 于淼, 黄牧, 初凤友, 毕东杰, 刘予, 罗祎, 宋成兵, 蒋军, 张辉, 蒋训雄, 张培萍, 朱爱美, 刘季花, 石丰登, 姜静, 汪虹敏, 张颖, 白亚之, 任向文, 李西双, 裴彦良, 杜德文, 李传顺, 杨刚, 2023. 深海富稀土沉积物资源勘查指南(T/CAOE 61-2023). 团体标准, 中国海洋工程咨询协会. 2023-8-17

孙懿, 石学法, 鄢全树, 刘希军, 于淼, 黄牧, 毕东杰, 李佳, 朱爱美, 高晶晶, 汪虹敏, 张兆祺. 2022. 中印度洋海盆富稀土沉积地球化学特征及富集机制研究. 海洋学报，44：42-62

汪春园, 王玲, 贾木欣, 温利刚. 2020. 大洋沉积物中稀土赋存状态研究. 稀土, 41: 17-25

王淑玲, 吴西顺, 孙张涛, 王铭晗. 2017. 日本对南鸟礁周边海域海洋稀土资源潜力的评价. 中国矿业, 26: 8

熊文良, 邓杰, 陈达, 邓善芝, 张丽军, 胡泽松, 陈炳炎. 2018. 一种从深海沉积物中提取稀土的方法. 中国, CN201711202665.0, 2018-05-04

袁忠信. 2012. 中国稀土矿床成矿规律. 北京: 地质出版社

Bashir M B, Kim S H, Kiosidou E, Wolgamot H, Zhang W. 2012. A concept for seabed rare earth mining in the Eastern South Pacific. University of Southampton

Bi D J, Shi X F, Huang M, Yu M, Shen F Y, Liu J X, Zhou T C, Chen T Y, Shi F D, Wang X J, Qiang X K, Liu J H. 2023. Dating Pelagic Sediments from the Northwestern Pacific Ocean by Integration of Multi-geochronologic Approaches. Ore Geology Reviews, 105614

Bi D J, Shi X F, Huang M, Yu M, Zhou T C, Zhang Y, Zhu A M, Shi M J, Fang X S. 2021. Geochemical and mineralogical characteristics of deep-sea sediments from the western North Pacific Ocean: Constraints on the enrichment processes of rare earth elements. Ore Geology Reviews, 138: 104318

Cai Y C, Shi X F, Zhou T C, Huang M, Yu M, Zhang Y, Bi D J, Zhu A M, Fang X S. 2023. Evaluating the contribution of hydrothermal fluids and clay minerals to the enrichment of rare earth elements and yttrium (REY) in deep-sea sediments. Ore Geology Reviews, 105679

Deng Y N, Guo Q J, Liu C Q, He G W, Cao J, Liao J L, Liu C H, Wang H F, Zhou J H, Liu Y F, Wang F L, Zhao B, Wei R F, Zhu J, Qiu H J. 2022. Early diagenetic control on the enrichment and fractionation of rare earth elements in deep-sea sediments. Science Advances, 5466: 1-12

Fan W, Zhou J, Yuan P, Zhang H, Wang F, Liu D, Dong Y. 2023. Identifying the roles of major phosphorus fractions in REY enrichment of Pacific deep-sea sediments using sequential extraction and mineralogical analysis. Ore Geology Reviews, 157: 105430

Kashiwabara T, Toda R, Nakamura K, Yasukawa K, Fujinaga K, Kubo S, Nozaki T, Takahashi Y, Suzuki K, Kato Y. 2018. Synchrotron X-ray spectroscopic perspective on the formation mechanism of REY-rich muds in the Pacific Ocean. Geochimica et Cosmochimica Acta , 240: 274-292

Kato Y, Fujinaga K, Nakamura K, Takaya Y, Kitamura K, Ohta J, Toda R, Nakashima T, Iwamori H. 2011. Deep-sea mud in the Pacific Ocean as a potential resource for rare-earth elements. Nature geoscience, 4: 535-539

Li D, Peng J, Chew D, Liang Y, Hollings P, Fu Y, Dong Y, Sun X. 2023a. Dating rare earth element enrichment in deep-sea sediments using U-Pb geochronology of bioapatite. Geology, G50938.1

Li J, Shi X F, Huang M, Yu M, Bi D J, Song Z J, Shen F Y, Liu J H, Zhang Y, Wang H M, Sun Y, Shi F D. 2023b. The transformation and accumulation mechanism of rare earth elements in deep-sea sediments from the Wharton Basin, Indian Ocean. Ore Geology Reviews, 105655

Liao J, Chen J, Sun X, Wu Z, Deng Y, Shi X, Wang Y, Chen Y, Koschinsky A. 2022. Quantifying the controlling mineral phases of rare-earth elements in deep-sea pelagic sediments. Chemical Geology, 595: 120792

Liao J, Sun X, Li D, Sa R, Lu Y, Lin Z, Xu L, Zhan R, Pan Y, Xu H. 2019a. New insights into nanostructure and geochemistry of bioapatite in REE-rich deep-sea sediments: LA-ICP-MS, TEM, and Z-contrast imaging studies. Chemical Geology, 512: 58-68

Liao J, Sun X, Wu Z, Sa R, Guan Y, Lu Y, Li D, Liu Y, Deng Y, Pan Y. 2019b. Fe-Mn (oxyhydr) oxides as an indicator of REY enrichment in deep-sea sediments from the central North Pacific. Ore Geology Reviews, 112: 103044

Liu S, Fan H, Liu X, Meng J, Butcher A R, Yann L, Yang K, Li X. 2023. Global rare earth elements projects: new developments and supply chains. Ore Geology Reviews, 157: 105428

Menendez A, James R H, Roberts S, Peel K, Connelly D. 2017. Controls on the distribution of rare earth elements in deep-sea sediments in the North Atlantic Ocean. Ore Geology Reviews, 87:100-113

Mimura K, Nakamura K, Yasukawa K, Machida S, Ohta J, Fujinaga K, Kato Y. 2019. Significant impacts of pelagic clay on average chemical composition of subducting sediments: New insights from discovery of extremely rare-earth elements and yttrium-rich mud at Ocean Drilling Program Site 1149 in the western North Pacific Ocean. Journal of Asian Earth Sciences, 186:104059

Nakamura K, Fujinaga K, Yasukawa K, Takaya Y, Ohta J, Machida S, Haraguchi S, Kato Y. 2015. REY-rich mud: A deep-sea mineral resource for rare earths and yttrium. Handbook on the Physics and Chemistry of Rare Earths, 46: 79-127

Nakamura K, Machida S, Okino K, Masaki Y, Iijima K, Suzuki K, Kato Y. 2016. Acoustic characterization of pelagic sediments using sub-bottom profiler data: Implications for the distribution of REY-rich mud in the Minamitorishima EEZ, western Pacific. Geochemical Journal, 50: 605-619

Obhođaš J, Sudac D, Meric I, Pettersen H E, Uroić M, Nađ K, Valković V. 2018. In-situ measurements of rare earth elements in deep sea sediments using nuclear methods. Scientific report, 8: 4925

Piper D Z. 1974. Rare earth elements in ferromanganese nodules and other marine phases. Geochimica et Cosmochimica Acta, 38: 1007-1022

Ren J, Jiang X, He G, Wang F, Yang T, Luo S, Deng Y, Zhou J, Deng X, Yao H, Yu H. 2022. Enrichment and sources of REY in phosphate fractions: Constraints from the leaching of REY-rich deep-sea sediments. Geochimica et Cosmochimica Acta, 335: 155-168

Sa R, Sun X, He G, Xu L, Pan Q, Liao J, Zhu K, Deng X. 2018. Enrichment of rare earth elements in siliceous sediments under slow deposition: A case study of the central North Pacific. Ore Geology Reviews, 94: 12-23

Takaya Y, Yasukawa K, Kawasaki T, Fujinaga K, Ohta J, Usui Y, Nakamura K, Kimura J I, Chang Q, Hamada M, Dodbiba G. 2018. The tremendous potential of deep-sea mud as a source of rare-earth elements. Scientific report, 8: 1-8

Valkovic V, Sudac D, Obhodas J, Eleon C, Perot B, Carasco C, Sannié G, Boudergui K, Kondrasovs V, Corre G, Normand S. 2013. The use of alpha particle tagged neutrons for the inspection of objects on the sea floor for the presence of explosives. Nucl Instrum Method A, 703: 133-137

Yasukawa K, Liu H, Fujinaga K, Machida S, Haraguchi S, Ishii T, Nakamura K, Kato Y. 2014. Geochemistry and mineralogy of REY-rich mud in the eastern Indian Ocean. Journal of Asian Earth Sciences, 93: 25-36

Yasukawa K, Ohta J, Hamada M, Chang Q, Nakamura H, Ashida K, Takaya Y, Kentaro N, Iwamori H, Kato Y. 2022. Essential processes involving REE-enrichment in biogenic apatite in deep-sea sediment decoded via multivariate statistical analyses. Chemical Geology, 121184

Yasukawa K, Ohta J, Mimura K, Tanaka E, Takaya Y, Usui Y, Fujinaga K, Machida S, Nozaki T, Iijima K, Nakamura K. 2018. A new and prospective resource for scandium: Evidence from the geochemistry of deep-sea sediment in the western North Pacific Ocean. Ore Geology Reviews, 102: 260-267

Yu M, Shi X, Huang M, Liu J, Yan Q, Yang G, Li C, Yang B, Zhou T, Bi D, Wang H, Bai Y. 2021. The transfer of rare earth elements during early diagenesis in REY-rich sediments: An example from the Central Indian Ocean Basin. Ore *Geology Reviews*, 138: 104269

Zhang K, Wei B, Tao J, Zhong X, Zhu W, Wang R, Liu Z. 2023a. Recovery of rare earth elements from deep-sea mud using acid leaching followed by selective solvent extraction with N1923 and TBP. Separation and Purification Technology, 318: 124013

Zhang X, Lu Y, Yu M, Huang M, Zhu K, Cai L, Wang J, Shi X. 2023b. Radiogenic Nd in bioapatite from rare earth elements rich deep-sea sediments from Central Indian Oceanic Basin and its implication in material sources. Ore *Geology Reviews*, 154: 105295

Zhou T, Shi X, Huang M, Yu M, Bi D, Ren X, Liu J, Zhu A, Fang X, Shi M. 2021. Genesis of REY-rich deep-sea sediments in the Tiki Basin, eastern South Pacific Ocean: Evidence from geochemistry, mineralogy and isotope systematics. Ore *Geology Reviews*, 138: 104330

Zhou T, Shi X, Huang M, Yu M, Bi D, Ren X, Yang G, Zhu A. 2020. The influence of hydrothermal fluids on the REY-rich deep-sea sediments in the Yupanqui Basin, eastern South Pacific Ocean: Constraints from bulk sediment geochemistry and mineralogical characteristics. Minerals, 10: 1141

蚀变洋壳绿帘石脉的地球化学特征及对海底热液循环过程的指示

田丽艳[1]，陈凌轩[1,2]，胡斯宇[3]，龚晓晗[4]，董彦辉[5]，吴涛[6]，高金尉[1]，丁巍伟[5*]

1. 中国科学院深海科学与工程研究所，海南三亚，572000
2. 中国科学院大学，北京，100049
3. 澳大利亚联邦科学与工业研究组织矿产资源部，西澳肯辛顿，澳大利亚，6151
4. 中国地质大学（北京）海洋学院，北京，100083
5. 自然资源部第二海洋研究所海底科学实验室，浙江杭州，310012
6. 浙江大学海洋学院，浙江舟山，316022

*通讯作者，E-mail：wwding@sio.org.cn

摘要 作为中-高温热液活动的产物，绿帘石对于沉积热力学环境变化尤为敏感，是探究岩石圈热液循环系统的极佳示踪对象。本文利用国际大洋发现计划（International Ocean Discovery Program，IODP）368 航次在南海初始洋壳区钻探的 U1502B 钻孔蚀变玄武岩首次开展了绿帘石脉的矿物学和原位地球化学研究，发现绿帘石具有高 X_{Fe} 值（X_{Fe} = 0.21～0.37），属于富铁绿帘石和下绿片岩相；绿帘石脉破碎严重，具有再胶结现象和环带结构。根据绿帘石的稀土元素和原位 Sr 同位素组成特征，可以推测 U1502B 钻孔热液系统的循环流体包括三种类型，即改性海水（具有 Ce 负异常，$^{87}Sr/^{86}Sr$ 值约为 0.708）、高温热液流体（具有 Eu 正异常，$^{87}Sr/^{86}Sr$ 值约为 0.706）和岩浆流体（具有 Eu 负异常，$^{87}Sr/^{86}Sr$ 值约为 0.704）。此外，研究结果表明 U1502B 钻孔基岩绿帘石脉可能是在构造活跃和开放的环境下形成的，绿帘石的生长过程和化学组成受到循环流体演化过程的影响。通过绿帘石脉的岩相学和原位地球化学特征，结合区域地质背景，本文提出 U1502B 钻孔基岩绿帘石脉的形成可能与南海初始扩张相关。与典型洋中脊热液系统不同，U1502B 钻孔热液系统以侵入岩墙作为热源，以海底扩张初期在初始洋壳形成的正断层作为流体迁移通道；在侵入岩墙的加热下，高温热液流体、岩浆流体与改性海水混合上涌在洋壳浅部的热液释放区形成绿帘石脉。

关键词 绿帘石脉，原位地球化学分析，海底热液循环，IODP U1502B 钻孔，南海

基金项目：海南省重点研发计划合作方向项目（国际科技合作研发项目）（GHYF2022009），国家自然科学基金项目（41876044；42025601）

作者简介：田丽艳，研究员，博士，主要从事海底岩石学及地球化学研究，E-mail：lytian@idsse.ac.cn

1 引言

海底热液循环可以改变海水和洋壳的化学成分，也会影响洋壳的增生和冷却过程，对于理解岩石圈-水圈的物质和能量循环具有重要意义。大量的研究表明，热液循环系统受到许多因素的影响，包括温度、洋壳渗透率、流体-岩石相互作用、基岩岩性、区域岩浆作用和构造活动等（Coogan and Gillis，2018；Gamo et al.，2001；Gillis et al.，2005；Kawada and Yoshida，2010；Monecke et al.，2014）。

洋壳玄武岩的绿帘石化是海底热液循环中的一个重要蚀变过程，可以维持海洋和大陆之间的 Fe、Ca 和 Mg 元素平衡（Humphris and Thompson，1978），为海底多金属硫化物矿床提供了重要的金属来源（Jowitt et al.，2007）；绿帘石溶解过程中形成的碳酸盐也可以促进洋壳固碳（Marieni et al.，2021）。作为洋壳玄武岩绿帘石化的产物，绿帘石对其沉积的热液环境变化尤为敏感（例如构造活动、温度以及循环流体和围岩的化学成分），使其可以作为热液循环系统的示踪剂，反演热液蚀变过程中流体的化学组成和演化历史（Caruso et al.，1988；Arnason et al.，1993；Liou，1993；Fowler et al.，2015；Tillberg et al.，2019）。例如，绿帘石的稀土元素（REEs）特征可用于推测循环流体的化学组成（Anenburg et al.，2015；Bieseler et al.，2018；Fox et al.，2020）；绿帘石脉的 Sr 同位素组成可以记录海底热液系统的冷却过程，并反映岩浆活动的强度（Bieseler et al.，2018；Fox et al.，2020；Zhang et al.，2021）。然而，海底热液环境对绿帘石成分的影响尚未完全确定。更重要的是，目前对绿帘石矿物和围岩绿帘石化的认识主要来源于陆上蛇绿岩的研究，其构造环境有争议或偏向于俯冲相关环境（Wang et al.，2012；Gilgen et al.，2016），仍然缺乏对边缘海或大洋环境中原位大洋玄武岩中绿帘石的系统研究。此外，已有研究提出，除了活动的大洋中脊（Mid Ocean Ridge，MOR）外，洋壳玄武岩的绿帘石化也可能发生在与残留扩张中心或伸展断层有关的热液系统中，但仍需要更多的证据来证明该推断（Banerjee et al.，2000；Gilgen et al.，2016）。

2017 年国际大洋发现计划（IODP）368 航次在位于南海北部陆缘洋-陆过渡带的 U1502 站位钻探获得了南海最古老的洋壳基底，回收的玄武岩经历了强烈的蚀变，发育了大量的热液绿帘石脉（Larsen et al.，2018a）。本研究首次对蚀变洋壳玄武岩中的绿帘石脉进行了详细的岩相学和地球化学研究，力图①识别循环流体的化学成分，②约束绿帘石的生长环境，③建立南海大陆裂解至海底扩张阶段海底热液循环的简要模型。

2 区域地质背景和样品信息

南海是西太平洋面积最大的边缘海之一，位于欧亚板块、太平洋板块和印-澳板块交界处，大致呈北东-南西向伸展的菱形（图 1）。南海北缘为被动大陆边缘，南缘为碰撞挤压边缘，西缘为走滑边缘，东缘为俯冲汇聚边缘，构造背景复杂。根据水深和海底地形地貌特征，南海海盆可分为西南次海盆、西北次海盆和东部次海盆。由于自新生代以来，从大陆裂解到海底扩张再到俯冲消减，南海经历了一个几乎完整的威尔逊旋回（Li et al.，2015；Ding and Li，2016；Ding et al.，2017），因此成为近年来研究最多的边缘海之一。

南海北部陆缘在上白垩统-古新统开始张裂（邹和平，2001），传统观点认为其具有与伊比利亚非火山型张裂陆缘相似的岩石圈减薄特征，岩浆活动贫乏（Franke et al.，2014；任建业等，2015；Haupert et al.，2016）。然而，2017～2018年的IODP 367/368/368X航次在南海北部洋-陆过渡带和早期洋盆位置获取了具有大洋中脊玄武岩（Mid-Ocean Ridge Basalt，MORB）特征的基底玄武岩，表明火成岩洋壳出现快速以及存在较多的岩浆侵入，并不支持南海陆缘属于贫岩浆型被动大陆边缘的观点（Larsen et al.，2018b；Lin et al.，2019；Sun et al.，2019；Wang et al.，2019）。之后的研究继而提出南海从大陆裂解到海底扩张之间的陆洋转换过程较迅速，南海北部陆缘与经典大陆边缘端元类型并不相似，兼具贫岩浆和富岩浆双重特征，属于一种"中间"型大陆边缘，并且与周围的俯冲系统密切相关（Gao et al.，2015；Lin et al.，2019；Sun et al.，2019；Wang et al.，2019）。

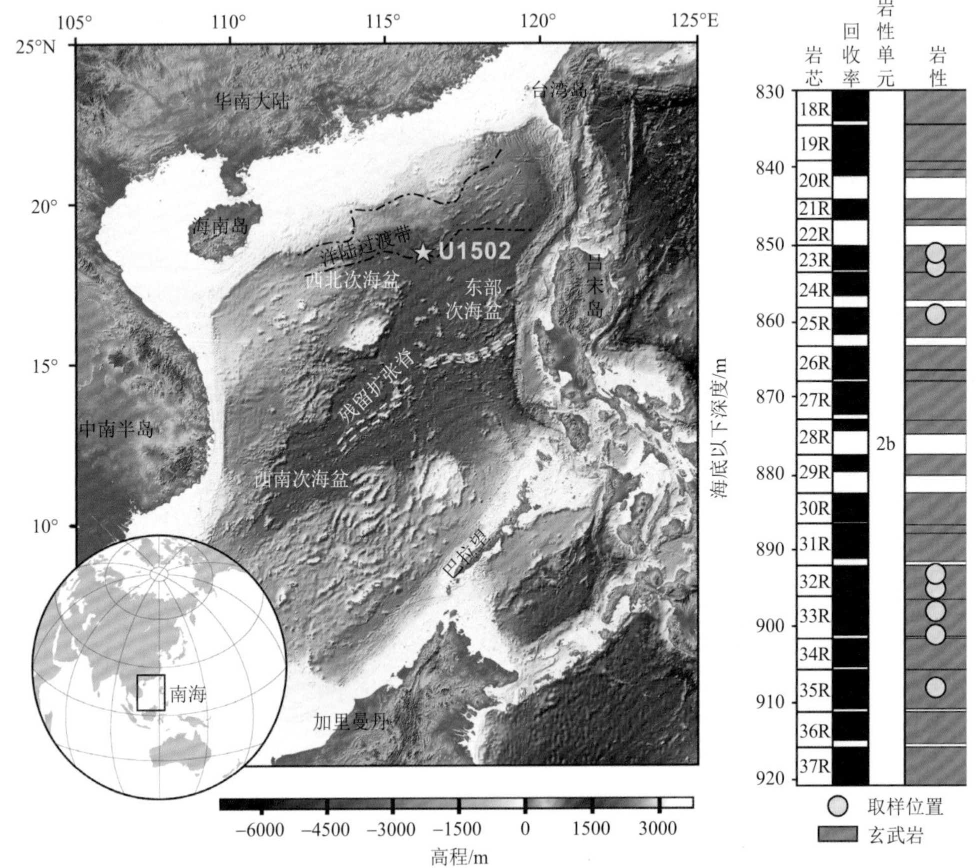

图1　南海地质简图和U1502B钻孔火成岩子单元2b取样位置图

左图底图据美国国家海洋和大气管理局NOAA数据库；右图U1502B钻孔火成岩子单元2b岩心数据来自Larsen等（2018a）

IODP 368航次的U1502站位位于南海北部陆缘向洋盆过渡的最北端（图1），其中U1502B钻孔穿过沉积物/地壳界面，进入下方玄武岩基底约182m（Larsen et al.，2018a）。已发表的研究数据表明U1502B钻孔获取的基底玄武岩具有类似MORB的岩相学特征和化学组成，但整体蚀变严重；结合构造位置以及有孔虫定年结果，推测其可能代表了南海扩张形成的初始洋壳（Larsen et al.，2018a，2018b；Jian et al.，2019；Wu et al.，2021）。根据岩性和蚀变特征，U1502B 钻孔基底岩心可以分为两个火成岩单元（Larsen 等，2018a），其中火成岩单元 1（海底以下深度 727.96～728.04m）的玄武岩中原生矿物包括斜长石、辉石和铁钛氧化物，但蚀变矿物取代了大部分原生矿物（含量小于 50%）；火成岩单元 2（海底以下深度 739.16～920.95m）同样经历了强烈的蚀变作用，蚀变矿物组合为钠长石±绿泥石±绿帘石±石英±黄铁矿，属于下绿片岩相变质，说明玄武岩经历了高温流体的蚀变作用（200℃～500℃）（Bird et al.，1984；Reyes et al.，1990；Franzson et al.，2008）。

本研究的研究对象是位于 U1502B 钻孔火成岩子单元 2b（海底以下深度 801.95～920.95m）的 8 个蚀变玄武岩样品中的绿帘石脉（图 1）。所取得的蚀变玄武岩呈绿色-蓝绿色，蚀变矿物以绿泥石、绿帘石和石英为主，并有粘土矿物、沸石、碳酸盐和黄铁矿等出现（图 2）。绿帘石脉与铁锰氢氧化物、碳酸盐矿物和黄铁矿共存，根据切割状态可判断绿帘石为最早期形成的矿物。脉体内的绿帘石破碎严重，未发现完整晶体；根据形态特征，可分为不规则细粒、半自形长条状和放射状（图 3）。此外，在背散射照片中，可见绿帘石表现出三种不同的环带结构：第一类为杂斑状环带，深色或浅色的不规则斑块随机分布，斑块可沿裂隙生长[图 4（a）]；第二类为核-边环带，具有浅色核部和深色边缘[图 4（b）]；第三类为振荡环带，深色或浅色区域交替出现[图 4（c），（d）]。

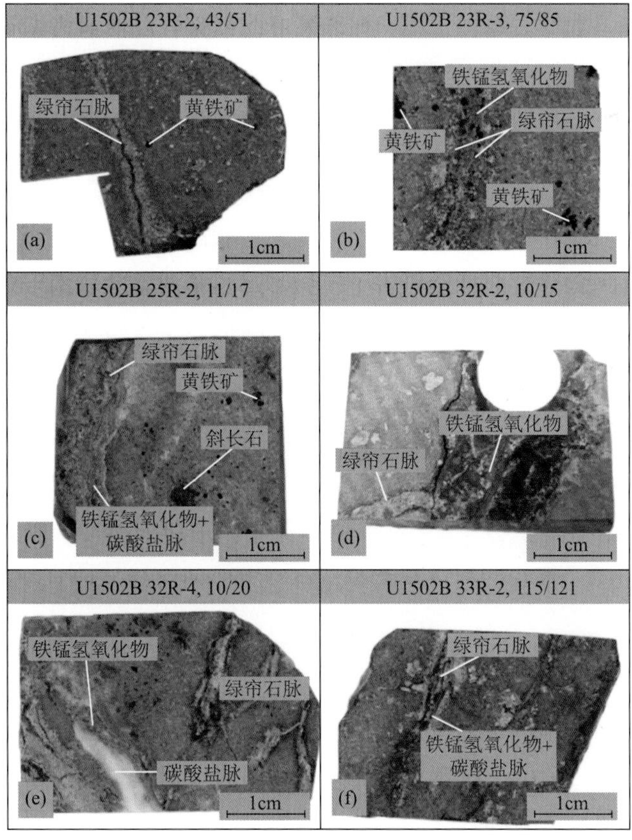

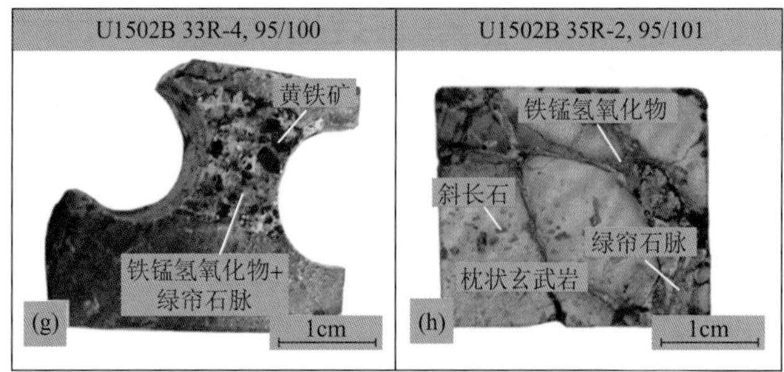

图 2　U1502B 钻孔蚀变玄武岩样品的手标本特征

（a）绿帘石脉切割蚀变玄武岩；（b）绿帘石脉被铁锰氢氧化物切割；（c）绿帘石脉与铁锰氢氧化物和碳酸盐矿物共存，肉眼可以观察到长达 1mm 的铁锰氢氧化物鲕粒；（d）绿帘石脉被铁锰氢氧化物切割；（e）绿帘石脉、碳酸盐岩脉和铁锰氢氧化物共存；（f）绿帘石脉被铁锰氢氧化物和碳酸盐脉切割；（g）混合铁锰氢氧化物的绿帘石脉；（h）绿帘石脉切割枕状玄武岩并沿其外缘分布

图 3　U1502B 钻孔蚀变玄武岩绿帘石脉的镜下特征

（a）绿帘石呈放射状生长（样品 23R-2）；（b）、（c）长条状绿帘石位于绿帘石脉中心，细粒状绿帘石靠近围岩（样品 23R-3）；（d）绿帘石被碳酸盐脉切割（样品 25R-2）；（e）长条状与细粒状绿帘石共存（样品 32R-4）；（f）绿帘石被碳酸盐脉包裹（样品 33R-4）

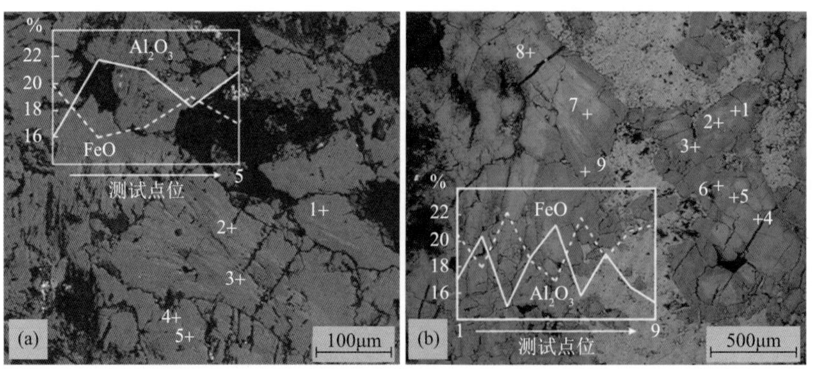

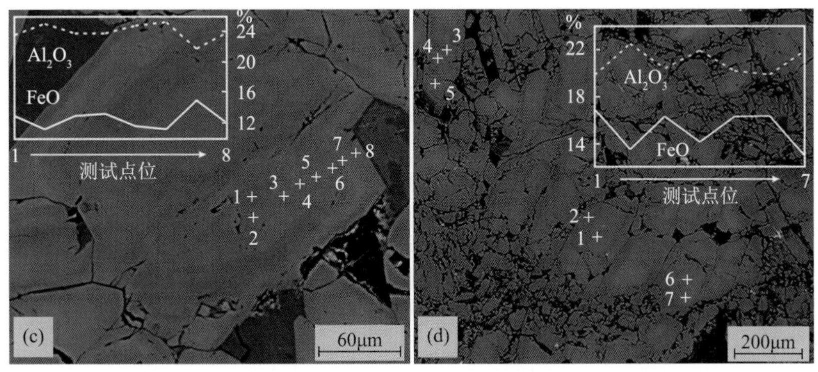

图 4　U1502B 钻孔蚀变玄武岩绿帘石脉的环带结构

（a）杂斑状环带结构（样品 23R-2）；（b）核-边环带结构（样品 23R-3）；（c）、（d）振荡环带结构（样品 32R-2）。图中十字符号为 SEM 测试点位，对应折线图中 X 轴；折线图中 Y 轴为 Fe 和 Al 氧化物的百分比含量

3　样品测试方法

本研究中的 8 个蚀变玄武岩样品来自钻孔不同的深度，深度跨度达 50m，包含肉眼可观察的绿帘石脉，且绿帘石脉不与其他岩脉混合。在自然资源部第二海洋研究所完成岩石薄片的制作后，利用奥林巴斯 BX53 型显微镜对脉体内部的绿帘石矿物进行观察，可见清晰的绿帘石颗粒。

3.1　绿帘石主量-微量元素含量分析

首先，在澳大利亚联邦科学与工业研究组织（Commonwealth Scientific and Industril Research Organization，CSIRO）矿产资源部利用 TESCAN MIRA 场发射扫描电子显微镜（FEG-SEM）对喷镀过的抛光薄片进行了观测，同时在加速电压为 20kV、电子束流为 8nA 环境下采集了主量元素（Na、Mg、Al、Si、Ca、Mn 和 Fe）的能谱数据。随后，在自然资源部第二海洋研究所利用 JEOL-JXA-8100 型电子探针（EMPA）对绿帘石的主量元素进行了定量分析，使用的加速电压为 15kV、电子束流为 20nA、束斑直径为 5～10μm。在测试中，利用天然矿物和合成氧化物作为标准，包括硬玉（Na）、金红石（Ti）、辉石-石榴石（Al、Fe）、锰蔷薇辉石（Mn）、透辉石（Si、Mg、Ca）、透长石（K）、镍（Ni）、Cr_2O_3（Cr）；测试数据采用 ZAF 程序进行校正（原子序数、吸收、荧光）。主量元素（重量百分含量高于 5%）的数据分析误差优于 1%。

绿帘石的微量元素含量测试工作在 CSIRO 利用激光剥蚀-电感耦合等离子质谱仪（LA-ICP-MS）完成，使用的是 Agilent 7700 型号 ICP-MS 以及 PhotonMachines ATLex 300si-x Excite 193nm 激光剥蚀进样系统。在测试每个样品前，先进行 30s 的背景采集，之后使用能量为 $3J/cm^2$、重复频率为 9 Hz 的激光至少 30s，光斑直径为 40μm。测试中使用的内部标准为 NIST610，同时使用标样美国地质调查局标样 BCR-2g 来约束测试的准确度和精度；测试数据采用 Iolite v3.6 程序（Paton et al.，2011）进行处理，大多数微量元素的测试精度优于 15%（Cu、Zn 优于 20%）。

此外，为了更好地识别绿帘石结晶过程中化学成分的变化，我们对一个代表性玄武岩样品 25R-2 中的绿帘石颗粒开展了 LA-ICP-MS 面扫描分析。矿物面扫描分析在合肥工业大学矿床成因与勘查技术研究中心矿物微区分析实验室完成，使用的是 Agilent 7900 型号 ICP-MS 以及 PhotonMachines Analyte HE（相干公司 193nm ArF 准分子器）激光剥蚀系统。在测试过程中，使用的激光输出能量约为 50mJ，光斑直径为 70μm，扫描速度为 15μm/s。样品分析前和结束后分别采集约 20s 的背景信号；扫描待测样品开始和结束时对外标样品 NIST610 进行点剥蚀。质谱仪数据采集参数设定为所有元素测试时间控制在 0.5s 以内，测试数据使用 LaIcpMsSoftWare2.2 程序来处理（Xiao et al.，2018）。

3.2 绿帘石 Sr 同位素比值分析

绿帘石颗粒的原位 Sr 同位素比值在北京科荟测试技术有限公司，使用 Neptune plus LA-MC-ICP-MS（RESOlution 193nm 激光剥蚀系统）完成。所选的 Sr 同位素测试点尽量靠近已经获得 Sr 元素含量（>400ppm）的测试点附近，确保 Sr 同位素比值和元素含量的测试来自同一位置。在测试过程中，共计使用了九个法拉第杯，质量配置阵列从 ^{83}Kr 到 ^{89}Y；数据是在低分辨率的静态、多接收器模式下获得的。测试时使用的激光能量约为 50 mJ，能量密度为 5.2J/cm^2，光斑大小设置为 80μm，频率为 10Hz；进行样品剥蚀之前采集 10s 的气体背景信号，积分时间为 20s。测试数据采用指数律校正 ^{87}Rb 的干扰，使用的自然比值为 $^{85}Rb/^{87}Rb = 2.593$；使用 $^{88}Sr/^{86}Sr = 8.375209$ 来校正 $^{87}Sr/^{86}Sr$ 的分馏。一种国际磷灰石标准（Durango）用来评估激光剥蚀分析的可靠性，其 $^{87}Sr/^{86}Sr$ 的平均比值为 0.70608 ± 0.00014（2SD，n=10），具体的测试分析步骤可见 Hou 等（2013）。

绿帘石的主量-微量元素含量和 Sr 同位素比值原位测试数据请见 Chen 等（2023）。

4 绿帘石的原位地球化学组成

4.1 绿帘石的主量元素组成

U1502B 钻孔蚀变玄武岩绿帘石脉中的绿帘石主量元素含量为 SiO_2（34.2%～38.6%）、Al_2O_3（18.5%～24.4%）、FeO_t（10.4%～17.3%）、CaO（20.4%～23.2%）、MnO（0.04%～0.86%）、MgO（0.02%～0.46%）、TiO_2（0.01%～0.44%）。

根据电荷平衡，可以计算得到 Fe 的价态，公式为离子电荷$\sum X = 2(12-X) + X + 1$，其中 X = Cl + F（apfu）（绿帘石中 Cl^-和 F^-的含量非常低，可以忽略）（Frei et al.，2004）；为了使阳离子电荷和阴离子电荷相等，Fe^{2+}会先氧化，Mn^{2+}随后氧化，计算结果显示绿帘石中所有的铁都是三价（该计算方法的细节见 Armbruster et al.，2006）。之后，假设存在 12.5 个氧原子（Franz and Liebscher，2004），可以进一步计算获得绿帘石的平均化学式为 $Ca_{2.08}Fe_{0.97}Al_{2.18}S_{i3.06}O_{12}(OH)$。

绿帘石的 X_{Fe} 值（$X_{Fe} = Fe^{3+}/(Fe^{3+} + Al^{3+})$）为 0.21～0.37（平均值为 0.29，$n$ = 119）表明其属于富铁绿帘石和下绿片岩相（Grapes and Hoskin，2004；Larsen et al.，2018a）。此外，样品的平均 X_{Fe} 值随着采样深度增加而减小，SEM 图像显示观察到的浅色区域和

深色区域主要受绿帘石中 Fe 和 Al 元素含量的控制（图 4）。

4.2 绿帘石的微量元素组成

U1502B 钻孔蚀变玄武岩绿帘石脉中的绿帘石在稀土元素总量（∑REEs =1.0 ppm～743 ppm）和微量元素含量（S = 156 ppm～839 ppm；Sr = 109 ppm～1726 ppm）上都展现出较大的变化范围，但稀土元素含量和微量元素含量随采样深度增加并无规律性的变化。从稀土元素的分布特征来看，大多数绿帘石呈现出富集轻稀土元素（LREE）、亏损重稀土元素（HREE）的特征，具有 Ce 异常和 Eu 异常（图 5）。

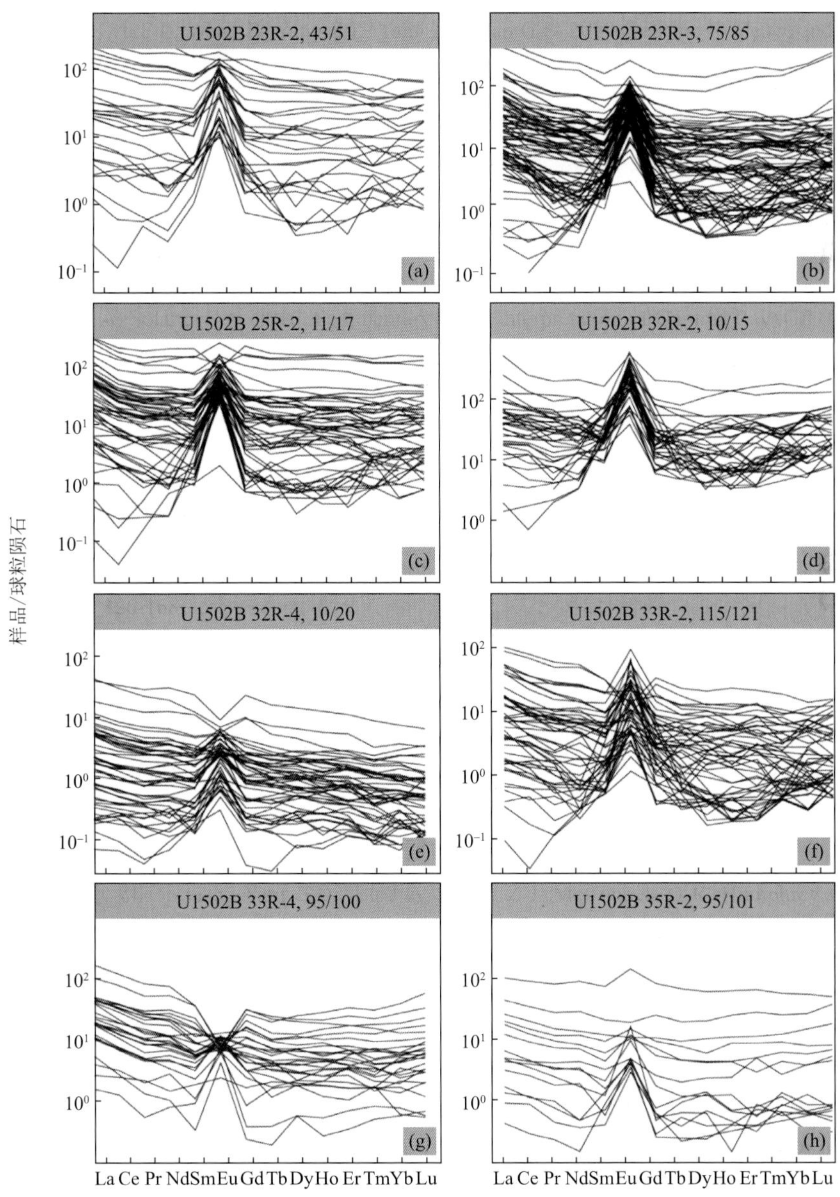

图 5　U1502B 钻孔蚀变玄武岩绿帘石脉中绿帘石的球粒陨石标准化稀土元素模式图

球粒陨石数据引自 Sun 和 McDonough（1989）

为了更精确的量化描述绿帘石的稀土元素分布特征，本研究使用 lambda 方法提取了以下信息（图 6）：Ce 异常（Ce/Ce*）、Eu 异常（Eu/Eu*）、∑REEs（lambda0）、斜率（lambda1）、曲率（lambda2）（lambda 方法计算细节见 O'Neill，2016；Anenburg and Williams，2022）。计算结果显示绿帘石的 Ce 异常值为 0.20～3.34，Eu 异常值为 0.22～89.2。约 55%的样品具有 Ce 正异常（Ce/Ce* > 1），45%具有 Ce 负异常（Ce/Ce* < 1）；约 93%的样品表现出 Eu 正异常（Eu/Eu* > 1），仅有 7%表现出 Eu 负异常（Eu/Eu* < 1）。与具有 Eu 负异常的绿帘石相比，具有 Eu 正异常的样品表现出较低的 lambda0 值（即低∑REEs）。约 82%的样品具有 lambda1 值大于 1 的特征（即富集 LREE，亏损 HREE），约 74%的样品具有 lambda2 值大于 0 的特征（即 U 型稀土元素分布模式）。

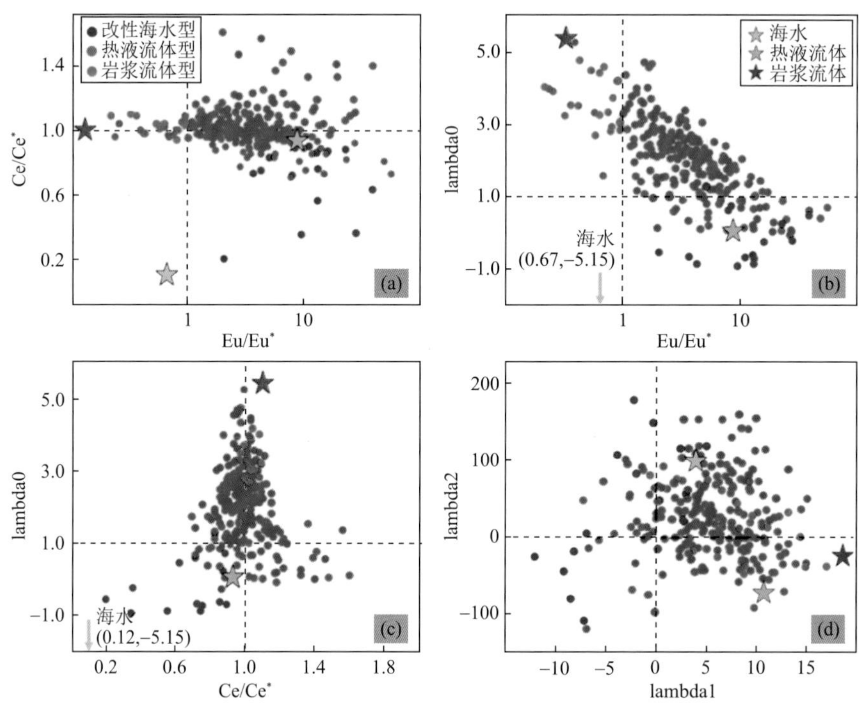

图 6　U1502B 钻孔蚀变玄武岩绿帘石脉中绿帘石的分类特征

Ce/Ce*、Eu/Eu*、lambda0、lambda1 和 lambda2 值均通过 lambda 方法计算（https://lambdar.rses.anu.edu.au/blambdar/）；三种循环流体端员数据引自 Banks 等（1994）和 Douville 等（1999）

4.3　绿帘石的 Sr 同位素组成

U1502B 钻孔蚀变玄武岩绿帘石脉中的绿帘石的 Sr 同位素比值范围较大（$^{87}Sr/^{86}Sr$ = 0.70412～0.70955），约 77%的样品 $^{87}Sr/^{86}Sr$ 值大于 0.70552；其中，玄武岩 35R-2 中脉体的绿帘石具有最大变化的 Sr 同位素比值（$^{87}Sr/^{86}Sr$ = 0.70412～0.70883）。必须指出的是，也存在部分绿帘石样品具有相对较低的 Sr 同位素比值，接近该钻孔在同一深度获得的基底玄武岩的全岩 Sr 同位素比值（$^{87}Sr/^{86}Sr$ = 0.70395～0.70642；Wu 等，2021）。

5 U1502B 钻孔海底热液循环系统的流体特征

5.1 绿帘石稀土元素特征提供的约束

如前所述，U1502B 钻孔蚀变玄武岩绿帘石脉中的绿帘石的微量元素含量，尤其是稀土元素含量变化范围较大。根据样品的稀土元素特征，可以将其划分为三类（图 6）：第一类具有明显的 Ce 负异常（Ce/Ce* < 1），几乎所有的样品都具有低∑REEs（lambda0 < 1）；第二类具有明显的 Eu 正异常（Eu/Eu* > 1）；第三类具有 Eu 负异常（Eu/Eu* < 1）和高∑REEs（lambda0 > 2.7）。这三种类型的绿帘石在矿物形态上没有明显区别，因此后文的讨论主要是基于绿帘石的化学组成特征。

第一类绿帘石[图 6（a）]的 Ce 负异常（Ce/Ce* = 0.20～0.90）和低∑REEs（lambda0 = –0.90～1.3）特征与海底热液系统的海水端员相似（Bach et al.，2003；Douville et al.，1999）。但与海水相比，该类绿帘石具有 Eu 正异常（Eu/Eu* = 3.7～40），说明在形成绿帘石之前，海水已经与洋壳玄武岩发生了一定程度的相互作用（Fox et al.，2020）。与第一类相比，第二类绿帘石具有明显的 Eu 正异常（Eu/Eu* = 1.0～40），并且大多数样品表现出 LREE 富集特征（lambda1 > 0）。在海底热液系统中，由于斜长石缓冲或 Cl 离子络合作用控制的高温热液流体都具有上述特征（Bach et al.，1998；Coogan et al.，2019；Klinkhammer et al.，1994；Liu et al.，2017）。在绿帘石形成温度范围（> 200°C）内的热液中，Eu 通常以二价存在，Eu^{2+}可以直接取代绿帘石中的 Ca^{2+}，导致高温热液流体中结晶的绿帘石具有 Eu 正异常（Anenburg et al.，2015，2020；Fowler et al.，2015）。

第三类绿帘石具有明显的 Eu 负异常（Eu/Eu* = 0.22～0.98）和最高的∑REEs（lambda0 = 2.7～5.3，除了一个数据点），具有上述特征的流体通常属于岩浆演化后期的出溶流体（Banks et al.，1994），其 Eu 负异常表明熔体中有斜长石的结晶。而且，第三类绿帘石具有明显的 Eu 负异常，表明并没有受到高温热液流体（高 Eu 迁移率）的影响；绿帘石的高∑REEs 的特征也说明其结晶没有受到海水（低∑REEs）的影响。样品 33R-4 中脉体的绿帘石在显微镜下可以观察到彩色的环带结构，与印度马兰肯德邦热液矿床结晶于岩浆流体中的绿帘石非常相似（Pandit et al.，2014），也进一步证明了第三类绿帘石结晶于岩浆流体。综上所述，本研究认为至少存在三种类型的循环流体参与了 U1502B 钻孔蚀变玄武岩绿帘石脉中绿帘石的结晶，即改性海水、高温热液流体、岩浆流体。

将 U1502B 钻孔蚀变玄武岩绿帘石脉中绿帘石与蛇绿岩中的不同类型绿帘石对比，可以进一步支持本研究对于循环流体类型的推测。在 lambda 图解中（图 7），本研究中的第一类和第二类绿帘石分别与蛇绿岩中改性海水型和热液流体型绿帘石范围重叠，说明在 U1502B 钻孔海底热液循环系统中存在同种类型的循环流体。但相比而言，本研究中的第一类绿帘石比蛇绿岩中的海水型绿帘石具有更高的 lambda0 和 lambda2 值，而第二类绿帘石比蛇绿岩中的热液型绿帘石具有更高的 lambda1 和 lambda2 值。

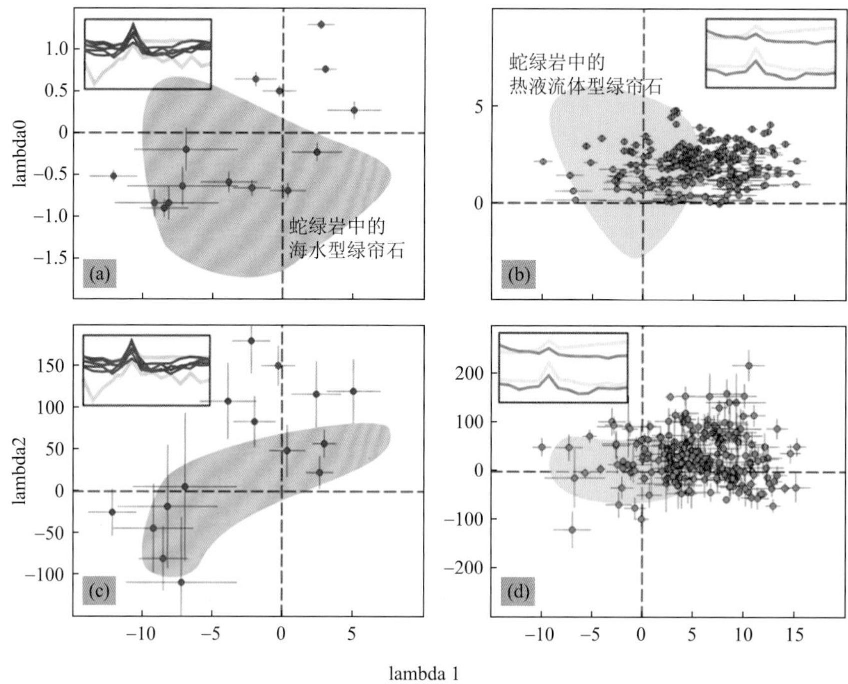

图 7　U1502B 钻孔蚀变玄武岩绿帘石脉中绿帘石与蛇绿岩中同类型绿帘石的对比

（a）、（c）中蓝色实心圆代表本研究中的第一类绿帘石，与蛇绿岩中的改性海水型绿帘石范围重叠（数据引自 Bieseler 等, 2018）;（b）、（d）中绿色实心圆代表本研究中第二类绿帘石，与蛇绿岩中的热液型绿帘石范围重叠（数据引自 Fox 等, 2020）。图中左或右上角的折线图为本研究中的绿帘石（深蓝/深绿色线条）和蛇绿岩中同种类型绿帘石（浅蓝/浅绿色线条）的稀土元素分布模式。图中展示的误差棒为 1 SE

具体来说，本研究中的第一类绿帘石的高 lambda0 值表明 U1502B 钻孔海底热液循环系统的海水与洋壳玄武岩发生了更大程度的相互作用，因此其具有更高的稀土元素丰度。第一类和第二类绿帘石的高 lambda2 值说明其具有亏损 MREE 的特征，这可能是由于角闪石结晶或者含硫酸根的流体淋滤导致。然而，U1502B 钻孔基底玄武岩中并没有发现角闪石矿物，因此可以排除角闪石结晶的影响。但是，绿帘石样品中 lambda2 值与 S 元素含量及 Eu/Eu*值表现出良好的正相关（图 8），说明绿帘石形成后，后期流体中

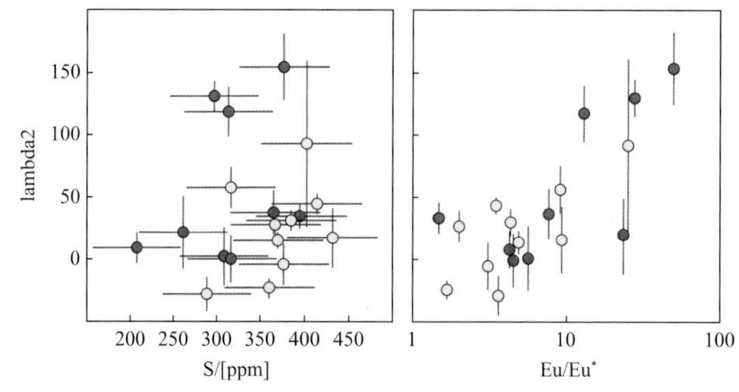

图 8　U1502B 钻孔蚀变玄武岩绿帘石脉中绿帘石的 lambda2 值与 S 元素含量、Eu 异常值关系图

图中红色实心圆代表样品 23R-3，黄色实心圆代表样品 25R-2；误差棒为 1 SE

的硫酸根淋滤带走了绿帘石中的 MREE（除了 Eu）（Cole et al.，2014；Migdisov et al.，2009），但由于 Eu^{2+} 和硫酸根的络合物不溶于流体，从而沉淀在原位（Bao et al.，2008）。第二类绿帘石的高 lambda1 值则表明其具有更亏损 HREE 的特征，这可能是由于围岩的稀土元素组成差异导致。U1502B 钻孔基底玄武岩具有富集 LREE 的特征（Wu et al.，2021），而蛇绿岩中结晶形成绿帘石的高温热液继承了围岩富集 HREE 的特征（Anenburg et al.，2015）。

5.2 绿帘石 Sr 同位素组成提供的约束

三种类型绿帘石的数量分布（图 6）表明 U1502B 钻孔热液循环系统的主要循环流体是高温热液流体，而岩浆流体和改性海水的贡献相对较小。为了进一步确定循环流体的化学组成和相对比例，本研究结合绿帘石的 REE 特征和 Sr 同位素比值建立了简单的混合模型。

从绿帘石 REE-Sr 同位素特征来看，本研究中的第一类绿帘石（改性海水型）具有负 Ce 异常（Ce/Ce* < 1），Sr 同位素比值在 0.70573 至 0.70890 之间[图 9（a）]，其高 $^{87}Sr/^{86}Sr$ 值端员趋向于始新世晚期全球海水的 Sr 同位素组成（0.7078 ± 0.0001；McArthur et al.，2012）。此外，这类绿帘石还具有明显的 Eu 正异常（Eu/Eu* > 1），表明在绿帘石沉淀之前，海水已经对镁铁质地壳进行了一定程度的改造[图 9（b）]。第二类绿帘石（热液流体型）具有 Eu 正异常（Eu/Eu* > 1），Sr 同位素比值在 0.70488 至 0.70829 之间。第三类绿帘石（岩浆流体型）具有 Eu 负异常（Eu/Eu* < 1），Sr 同位素比值的平均值低于第二类绿帘石（$^{87}Sr/^{86}Sr$ 值分别为 0.7059 和 0.7063），并且其相对较低的 $^{87}Sr/^{86}Sr$ 值（$^{87}Sr/^{86}Sr = 0.70495$～0.70686）接近于在相同采样深度采集的"新鲜"玄武岩全岩 Sr 同位素比值（0.7039～0.7048；Wu et al.，2021）。在 MOR 热液循环系统的概念模型中，海水在地壳中渗透至一定深度，会与辉绿岩发生相互作用，其 $^{87}Sr/^{86}S$ 值接近于岩浆的 Sr 同位素比值（Fox et al.，2020 及其参考文献）。如果 U1502B 钻孔热液循环系统中岩浆流体的 Sr 同位素组成约为 0.704，则有两种可能的情况来解释高温热液流体的来源。即①补给区的渗透海水与辉绿岩发生了广泛的相互作用，形成高温热液流体，其 Sr 同位素组成（$^{87}Sr/^{86}Sr = 0.706$）为始新世晚期海水（$^{87}Sr/^{86}Sr = 0.708$）和镁铁质地壳（$^{87}Sr/^{86}Sr = 0.704$）的平均值。②岩浆流体（$^{87}Sr/^{86}Sr = 0.704$）和海水（$^{87}Sr/^{86}Sr = 0.708$）以大致相同的比例混合形成平均 Sr 同位素组成为 0.706 的高温热液流体。

另一方面，混合计算[图 9（a）]表明，低于 50%的改性海水（即高于 50%的高温热液流体）可以产生在第一类绿帘石中观察到的 REE-Sr 同位素特征（即 Ce/Ce* < 1，$^{87}Sr/^{86}Sr > 0.706$）。第二类绿帘石的 Eu/Eu*和 $^{87}Sr/^{86}Sr$ 值分布范围较广，可以用约 10%至 100%的高温热液流体贡献来解释[图 9（b）]。如 5.1 所述，第三类绿帘石的高 REE 含量排除了海水参与其形成的可能性，其 Eu 负异常（Eu/Eu* < 1）和 $^{87}Sr/^{86}Sr$ 值（0.70495～0.70686）可能是由 80%以上的岩浆流体（即低于 20%的高温热液流体）导致的[图 9（b）]。需要指出的是，该混合计算的数据结果取决于假设的循环流体端员的化学组成，但对于计算结果的解释并不受端员参数的影响。

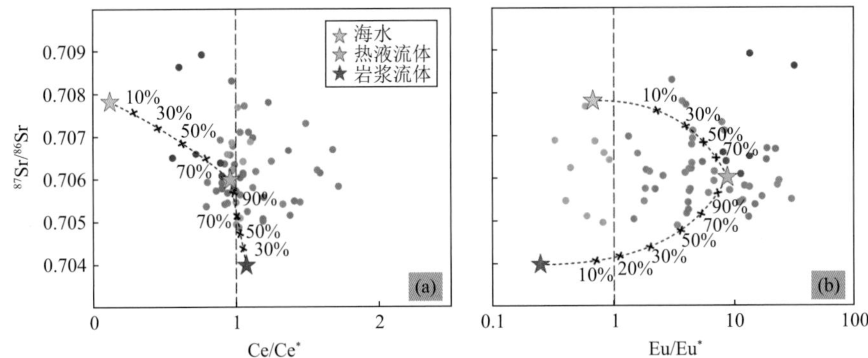

图 9 U1502B 钻孔蚀变玄武岩绿帘石脉中绿帘石的 REE-Sr 同位素组成特征

图中五角星代表不同流体端员，其化学组成见文本解释；图中数字代表热液流体的混合比例

6 绿帘石的生长环境

6.1 绿帘石矿物结构提供的约束

U1502B 钻孔蚀变玄武岩中绿帘石脉中的绿帘石大多数颗粒破碎严重，呈现出 Fe-Al 变化的环带结构（图 4）。前人研究提出绿帘石裂隙的形成和再胶结可能会改变循环流体的迁移路径和流速（Holten et al.，2000；Jamtveit et al.，1993；Yardley et al.，1991），因而造成循环流体中 Fe、Al 含量产生波动，影响结晶流体以及绿帘石结晶过程的连续性，可以形成绿帘石复杂的结构特征（如破碎与再胶结、环带结构等）。例如，已经胶结的裂隙重新破裂会导致循环流体无法连续穿过绿帘石生长带（Holten et al.，2000），就会形成我们观察到的绿帘石振荡环带结构[图 4（c）]。当绿帘石的生长过程不连续时，或者早期形成的绿帘石晶体在后期被溶解和重吸收，沉淀的绿帘石会表现出斑状的环带结构[图 4（a）]；同时，斑状环带结构的出现也意味着绿帘石的沉淀环境由最初的不平衡状态，随着时间的推移演化为平衡状态（Choo，2002；Menard and Spear，1996）。

6.2 单颗粒绿帘石化学组成提供的约束

已有研究表明，由于沉淀环境变化形成的绿帘石核-边化学成分的变化，可以记录热液循环系统的演化历史（Anenburg et al.，2015；Fox et al.，2020；Guo et al.，2015）。本研究在玄武岩样品 25R-2 中选择了一个较大的绿帘石颗粒，对其开展了 LA-ICP-MS 矿物面扫描分析（图 10）。分析结果显示其具有 Eu 正异常（Eu/Eu* > 1）和富集 LREE（lambda1 > 0）的特征，表明所选的绿帘石颗粒很可能属于第二类绿帘石，即在高温热液流体中沉淀的绿帘石。值得注意的是，海水和岩浆流体的混合也可能产生热液流体型绿帘石的 REE-Sr 同位素值特征（Fox et al.，2020），但本研究中重点关注的是绿帘石生长过程中 REE 的变化，而 REE 的变化不太可能由海水混入而导致。因此，我们将所选的绿帘石颗粒归为高温热液流体沉淀，以便更好地讨论循环流体的演化过程。

在图 10（b）中，沿测线 A-A′，La 元素含量和 Eu/Eu*值从核部到边缘表现出协同降低的趋势，这可能体现了高温热液流体的演化过程。随着绿帘石的结晶，高温热液中的 La 元素不断被绿帘石矿物吸收，导致残余热液流体中的 La 含量变低；此外，高温热液流体中的 Eu^{2+}可以直接取代绿帘石中的 Ca^{2+}，并优先进入矿物晶格（Anenburg et al.，2015；Fowler et al.，2015）。随着绿帘石的不断沉淀，残余热液中的 Eu 异常越来越不明显，在这种情况下，后期形成（即朝向边缘）的绿帘石将具有较低的 Eu/Eu*值。

沿测线 B-B′, La 元素含量和 Eu/Eu*值也整体表现出从核部到边缘的协同降低趋势，但在裂隙附近突然增加[图 10（c）]。这可能是由于绿帘石中先前胶结的裂隙破裂时，有新的循环流体的补给造成的，这一观察结果也与绿帘石中 Ti 元素含量的变化吻合。由于 Ti 元素很难在流体中迁移，其在高水-岩比环境下形成的绿帘石的 Ti 含量较低（Anenburg et al.，2020；Jamtveit et al.，1993）。因此，可以推测当封闭裂隙由于构造活动再次打开时，新注入的循环流体补给会使得温度和水-岩比增高，沉淀的绿帘石出现较低的 Ti 含量。而远离裂隙的绿帘石的 Eu/Eu*和 $^{87}Sr/^{86}Sr$ 值出现明显降低[图 10（c）和（d）]的原因可能是后期岩浆流体的注入（岩浆流体的 Eu/Eu*和 $^{87}Sr/^{86}Sr$ 值都低于高温热液流体）。必须指出的是，本研究中几乎所有绿帘石颗粒都表现出严重的碎裂和再胶结现象，因此上述高温热液流体的演化过程也适用于改性海水和岩浆流体的演化。

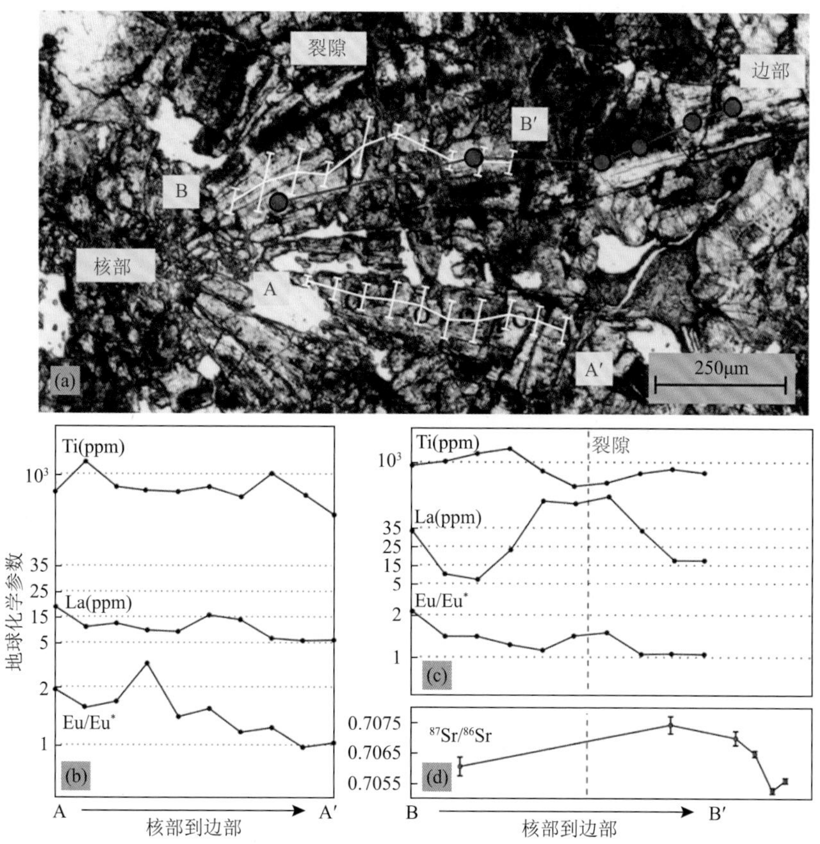

图 10　U1502B 钻孔蚀变玄武岩绿帘石脉中单个绿帘石颗粒生长过程中的地球化学特征变化

6.3 围岩化学组成提供的约束

除了上述原因之外，寄主岩石的矿物组成和化学成分也可能会影响绿帘石的生长。对于本研究中的绿帘石来说，U1502B 钻孔基底玄武岩中含有大量斜长石斑晶（Larsen et al.，2018a；Wu et al.，2021），因此在蚀变过程中，斜长石的水解会降低结晶流体中的 Fe/Al 比值，导致绿帘石形成富 Fe 核部及富 Al 边部的环带结构（Arnason et al.，1993；Freedman et al.，2010）。

此外，绿帘石的主量元素含量（Fe、Al 和 Ca）和晶体形式也会受到围岩化学成分的影响。例如，在玄武岩样品 23R-3 中[图 3（b）和（c）]，靠近脉体边界的绿帘石颜色较浅（即高 Fe 含量），多呈细粒；而靠近脉体中心的绿帘石颜色较深（即低 Fe 含量），晶体较大、呈长条状。在玄武岩样品 32R-4（图 11）中，细粒绿帘石的 Ca 和 Fe 含量高于粗粒长条状绿帘石，这说明细粒绿帘石结晶于岩石主导的环境中，并继承了寄主岩石中高 Fe 和高 Ca 的特征；而粗粒长条状绿帘石边部存在很多的坑洞，这可能是在流体主导的结晶环境中，较高的水-岩比导致绿帘石边缘发生了溶解，当溶解速率快于沉淀速率时，就产生了孔隙空间（例如，Ahmed et al.，2020）。

综上所述，在绿帘石颗粒生长过程中，其化学成分主要受循环流体演化的控制。本研究中的绿帘石是在一个开放体系中、从脉体的两侧向脉体中心生长的；绿帘石颗粒上形成的裂隙和再胶结，以及寄主岩石的矿物组成和化学成分共同控制了绿帘石脉的生长过程。

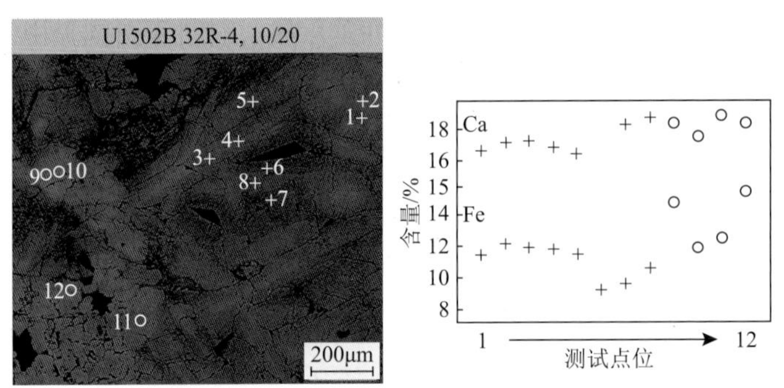

图 11　蚀变玄武岩 32R-4 绿帘石脉中绿帘石的 Fe、Ca 含量

图中十字符号代表在长条状绿帘石上的测试点位，空心圆圈代表在细粒绿帘石上的测试点位

7　U1502B 钻孔海底热液循环模式

洋中脊海底热液循环系统概念模型通常将热液系统分为三个区域（Coogan et al.，2019）。首先，海水注入区是一个相对宽阔的区域，海水通过断层向下渗入地壳，海水和熔岩之间的相互作用导致循环流体逐渐出现 Eu 正异常。由于温度低、流速快，循环流体还会保持海水的特征，包括低稀土元素含量、明显的 Ce 负异常和高 $^{87}Sr/^{86}Sr$ 值。然而，如果海水流经低水-岩比或高温区域，它将与洋壳发生强烈的相互作用，其稀土元素含量将大大增加。其次，反应区被认为位于海底热液循环系统底部，靠近岩浆房，

因此循环流体可达到其最高温度，并与围岩发生充分的相互作用，循环流体的组成接近岩浆的 Sr 同位素比值。当来自深层的岩浆流体加入时，其可以与改性海水混合，在反应区形成高温热液流体。洋壳的绿帘石化在反应区通常形成绿帘岩（一种主要由绿帘石和石英组成的变质岩）。最后，热液释放区是一个相对狭窄的区域，循环流体通过管道从反应区迁移到海底，流体与围岩之间几乎没有任何相互作用；改性海水、岩浆流体和高温热液流体在该区域混合或连续上升。在热液释放区，洋壳的绿帘石化通常以基底绿帘石脉的形式出现（Banerjee et al.，2000；Bettison-Varga et al.，1992；Gilgen et al.，2016）。

本研究中的 U1502B 钻孔位南海北部陆缘的洋-陆过渡带，IODP 的钻探结果表明，从大陆裂解到洋壳出现是一个快速的过程（Larsen et al.，2018b）；Sun et al.（2019）进一步提出，在洋-陆过渡带约 200km 的距离上存在侵入岩床和岩墙。这里我们提出一个 U1502B 钻孔海底热液循环的简要模式（图 12）。与快速扩张的 MOR 热液系统不同，U1502B 钻孔的深部不存在岩浆房，只有侵入岩墙提供了热源，这与南海海洋岩石圈较慢的扩张速率一致（35 mm/a～50 mm/a；Li et al.，2015）；此外，海底扩张初期在初始洋壳形成的正断层为热液流体循环提供了通道。由于岩墙可以侵入到地壳浅部，会导致温度梯度在相对较浅的深度就能上升到绿帘石的形成温度，即沉积物/岩石界面下方 112m～169m（在 ODP 504B 钻孔，该深度为沉积物/岩石界面下方 600m～1800m；Alt et al.，1996）。

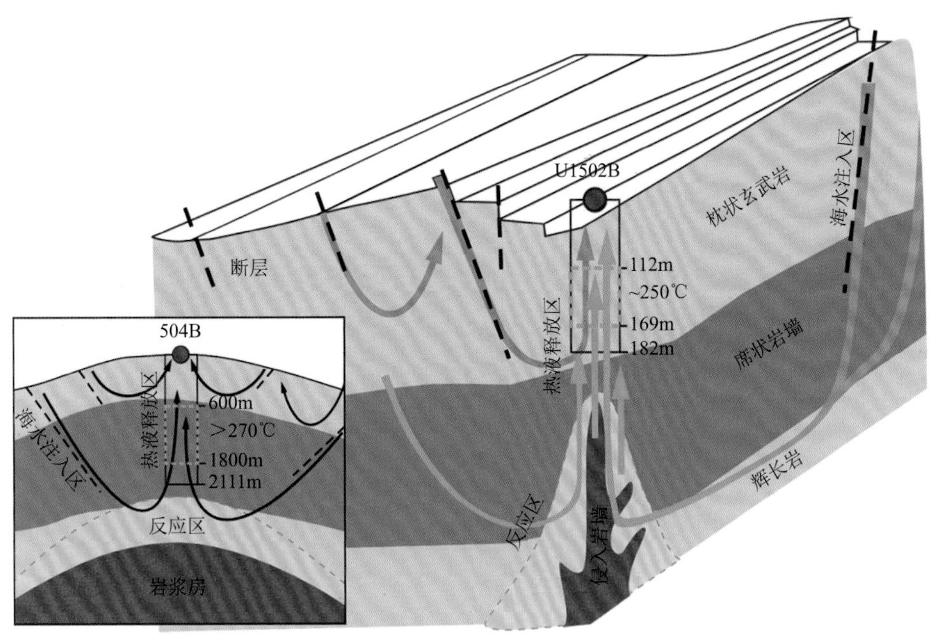

图 12　U1502B 钻孔海底热液循环系统模式图

如前所述，本研究中的绿帘石具有高 X_{Fe} 值（0.21～0.37），代表着较高的岩石氧化率（Grapes and Hoskin，2004）。在下绿片岩相，根据绿帘石 X_{Fe} 与温度之间的相关性（Grapes and Hoskin，2004；Liou，1993）可以推测绿帘石形成于 250℃左右，低于典型 MOR 热液循环系统中绿帘石的形成温度（> 270℃）（Mottl，1983；Kawahata and Furuta，1985），这可能与沉淀环境中相对较高的氧逸度有关。U1502B 钻孔基底绿帘石脉也提供了洋壳绿帘石化和典型 MOR 热液循环系统解耦的范例（Gilgen et al.，2016）。

另一方面，由于侵入岩墙提供的热量远低于岩浆房，因此不可能在离轴的海水注入区维持形成绿帘石脉所需的高温。在海水注入区，硬石膏是最主要的、首先发生的化学沉淀（Schwarzenbach and Steele-Maclnnis，2020），而 U1502B 钻孔基底玄武岩中并未发现硬石膏，据此可以推断本研究中的绿帘石脉主要形成于热液释放区或反应区。U1502B 钻孔洋壳玄武岩的绿帘石化以脉体的形式出现，且位于最深位置的手标本存在枕状玄武岩[图 2（h）]，进一步表明基底绿帘石脉形成于洋壳浅部的热液释放区。Wu 等（2021）基于蚀变玄武岩的角砾化、金属元素的富集和高水-岩比等特征提出，U1502B 钻孔玄武岩位于热液释放区，并覆盖了从浅部到深部的热液蚀变环境，与本研究根据基岩绿帘石脉获得的研究结果一致。而且，侵入岩墙较低的热量会导致 U1502B 钻孔海底热液循环系统的持续时间相对较短（Nirrengarten et al.，2020）。

8 结论

本研究报道了南海北部陆缘 IODP U1502B 钻孔中 8 个蚀变玄武岩基底绿帘石脉的岩石学和原位地球化学分析结果，得出的主要结论如下：

（1）绿帘石破碎严重，具有环带结构，其 X_{Fe} 值在 0.21 至 0.37 之间，表明它们属于富铁绿帘石、下绿片岩相。

（2）根据地球化学特征，绿帘石可分为三种类型：第一类具有∑REEs、明显的 Ce 负异常、Eu 正异常；第二类富集 LREE，具有 Eu 正异常；第三类具有最高的∑REEs 和 Eu 异负常。

（3）可以推测绿帘石沉淀涉及三种不同的流体来源，即改性海水（具有 Ce 负异常，$^{87}Sr/^{86}Sr$ 值约为 0.708）、高温热液流体（具有 Eu 正异常，$^{87}Sr/^{86}Sr$ 值约为 0.706）和岩浆流体（具有 Eu 负异常，$^{87}Sr/^{86}Sr$ 值约为 0.704）。

（4）绿帘石的矿物结构和矿物化学组成表明，绿帘石脉是在构造活跃和开放的环境中沉淀的，绿帘石颗粒生长过程中的化学成分变化主要受循环流体演化的控制。

（5）U1502B 钻孔的热液循环系统不同于典型的 MOR 热液循环系统，以侵入岩墙而非岩浆房作为热源，以海底扩张初期在初始洋壳形成的正断层作为流体迁移通道；侵入岩墙的低热通量导致绿帘石脉出现在洋壳浅部（沉积物/岩石界面以下 112～169m）的热液释放区。

致谢 本文作者对参与 IODP 367/368 航次的科学家团队，以及 IODP 中国办公室一并致谢。此外，非常感谢与王选策博士对文章内容的讨论，Michael Verrall 博士在 SEM 测试分析、Louise Schoneveld 博士在 LA-ICP-MS 测试分析时提供的帮助。谨以此文祝贺金翔龙院士 90 华诞。

参考文献

任建业, 庞雄, 雷超, 袁立忠, 刘军, 杨林龙. 2015. 被动陆缘洋陆转换带和岩石圈伸展破裂过程分析及其对南海陆缘深水盆地研究的启示. 地学前缘, 22: 102-114

邹和平. 2001. 南海北部陆缘张裂——岩石圈拆沉的地壳响应. 海洋地质与第四纪地质, 21: 39-44

Ahmed A D, Fisher L, Pearce M., Escolme A J, Cooke D R, Howard D, Belousov I. 2020. A microscale analysis of hydrothermal epidote: Implications for the use of laser ablation-inductively coupled plasma-mass spectrometry mineral chemistry in complex alteration environments. Economic Geology and the Bulletin of the Society of Economic Gelolgists, 115: 793-811

Alt J C, Laverne C, Vanko D A, Tartarotti P, Teagle D A H, Bach W, Zuleger E, Erzinger J, Honnorez J, Pezard P A, Becker K, Salisbury M H, Wilkens R H. 1996. Hydrothermal alteration of a section of upper oceanic crust in the Eastern Equatorial Pacific: a synthesis of results from Site 504 (DSDP Legs 69, 70, and 83, and ODP Legs 111, 137, 140, and 148). Proceeding of the Ocean Drilling Program. Program Scientific Results, 148

Anenburg M, Katzir Y, Rhede D, Jöns N, Bach W. 2015. Rare earth element evolution and migration in plagiogranites: a record preserved in epidote and allanite of the Troodos ophiolite. Contributions to Mineralogy and Petrology, 169: 11-19

Anenburg M, Mavrogenes J A, Bennett V C. 2020. The fluorapatite P-REE-Th vein deposit at Nolans Bore: Genesis by carbonatite metasomatism. Journal of Petrology, 61: egaa003

Anenburg M, Williams M J. 2022. Quantifying the tetrad effect, shape components, and Ce-Eu-Gd anomalies in rare earth element patterns. Mathematical Geosciences, 54: 47-70

Armbruster T, Bonazzi P, Akasaka M, Bermanec V, Chopin C, Gieré R, Heuss-Assbichler S, Liebscher A, Menchetti S, Pan Y, Pasero M. 2006. Recommended nomenclature of epidote-group minerals. European Journal of Mineralogy, 18: 551-567

Arnason J G, Bird D K, Liou J G, Hoeck V, Koller F. 1993. Variables controlling epidote composition in hydrothermal and low-pressure regional metamorphic rocks. Abhandlungen Der Geologischen Bundesanstalt, 49: 17-25

Bach W, Irber W, Ragnarsdottir K V, Oelkers E H. 1998. Rare earth element mobility in the oceanic lower sheeted dyke complex: evidence from geochemical data and leaching experiments. Chemical Geology, 151: 309-326

Bach W, Roberts S, Vanko D A, Binns R A, Yeats C J, Craddock P R, Humphris S E. 2003. Controls of fluid chemistry and complexation on rare-earth element contents of anhydrite from the Pacmanus subseafloor hydrothermal system, Manus Basin, Papua New Guinea. Mineralium Deposita, 38: 916-935

Banerjee N R, Gillis K M, Muehlenbachs K. 2000. Discovery of epidosites in a modern oceanic setting, the Tonga forearc. Geology, 28: 151-154

Banks D A, Yardley B, Campbell A R, Jarvis K E. 1994. REE composition of an aqueous magmatic fluid: A fluid inclusion study from the Capitan Pluton, New Mexico, U.S.A. Chemical Geology, 113: 259-272

Bao S X, Zhou H Y, Peng X T, Ji F W, Yao H Q. 2008. Geochemistry of REE and yttrium in hydrothermal fluids from the Endeavour segment, Juan de Fuca Ridge. Geochemical Journal, 42: 359-370

Bettison-Varga L, Varga R J, Schiffman P. 1992. Relation between ore-forming hydrothermal systems and extensional deformation in the Solea Graben spreading center, Troodos Ophiolite, Cyprus. Geology, 20: 987-990

Bieseler B, Diehl A, Joens N, Lucassen F, Bach W. 2018. Constraints on cooling of the lower ocean crust from epidote veins in the Wadi Gideah Section, Oman Ophiolite. Geochemistry Geophysics Geosystems, 19:

4195-4217

Bird D K, Schiffman P, Elders W A, Williams A E, McDowell S D. 1984. Calc-silicate mineralization in active geothermal systems. Economic geology and the bulletin of the Society of Economic Geologists, 79: 671-695

Caruso L J, Bird D K, Cho M, Liou J G. 1988. Epidote-bearing veins in the State 2-14 drill hole: implications for hydrothermal fluid composition. Journal of Geophysical Research: Solid Earth, 93: 13123-13133

Chen L X, Tian L Y, Hu S Y, Gong X B, Dong Y H, Gao J W, Ding W W, Wu T, Liu H L. 2023. Seafloor hydrothermal circulation at a rifted margin of the South China Sea: insights from basement epidote veins in IODP Hole 1502B. Lithos, 444-445: 107102

Choo C O. 2002. Complex compositional zoning in epidote from rhyodacitic tuff, Bobae sericite deposit, Southeastern Korea. Neues Jahrbuch für Mineralogie-Abhandlurgen, 177: 81-197

Cole C S, James R H, Connelly D P, Hathorne E C. 2014. Rare earth elements as indicators of hydrothermal processes within the East Scotia subduction zone system. Geochimica et Cosmochimica Acta, 140: 20-38

Coogan L A, Gillis K M. 2018. Temperature dependence of chemical exchange during seafloor weathering: Insights from the Troodos ophiolite. Geochimica et Cosmochimica Acta, 243: 24-41

Coogan L A, Seyfried W E, Pester N J. 2019. Environmental controls on mid-ocean ridge hydrothermal fluxes. Chemical Geology, 528: 119285

Ding W W, Chen Y F, Sun Z, Cheng Z H. 2017. Chemical compositions and precipitation timing of basement calcium carbonate veins from the South China Sea. Marine Geology, 392: 170-178

Ding W, Li J. 2016. Conjugate margin pattern of the Southwest Sub-basin, South China Sea: insights from deformation structures in the continent-ocean transition zone. Geological Journal, 51: 524-534

Douville E, Bienvenu P, Charlou J L, Donval J P, Fouquet Y, Appriou P, Gamo T. 1999. Yttrium and rare earth elements in fluids from various deep-sea hydrothermal systems. Geochimica et Cosmochimica Acta, 63: 627-643

Fowler A P G, Zierenberg R A, Schiffman P, Marks N, Friðleifsson G Ó. 2015. Evolution of fluid-rock interaction in the Reykjanes geothermal system, Iceland: evidence from Iceland deep drilling project core RN-17B. Journal of Volcanology and Geothermal Research, 302: 47-63

Fox S, Katzir Y, Bach W, Schlicht L, Glessner J. 2020. Magmatic volatiles episodically flush oceanic hydrothermal systems as recorded by zoned epidote. Communications Earth & Environment, 1: 1-9

Franke D, Savva D, Pubellier M, Steuer S, Mouly B, Auxietre J, Meresse F, Chamot-Rooke N. 2014. The final rifting evolution in the South China Sea. Marine and Petroleum Geology, 58: 704-720

Franz G, Liebscher A. 2004. Physical and chemical properties of the epidote minerals; an introduction. Reviews in Mineralogy and Geochemistry, 56: 1-82

Franzson H, Zierenberg R, Schiffman P. 2008. Chemical transport in geothermal systems in Iceland. Journal of Volcanology and Geothernal Research, 173: 217-229

Freedman A J E, Bird D K, Arnorsson S, Fridriksson T, Elders W A, Fridleifsson G O. 2010. Hydrothermal minerals record CO_2 partial pressures in the Reykjanes geothermal system, Iceland. American Journal of Science, 309: 788-833

Frei D, Liebscher A, Franz G, Dulski P. 2004. Trace element geochemistry of epidote minerals. Reviews in Mineralogy and Geochemistry, 56: 553-605

Gamo T, Chiba H, Yamanaka T, Okudaira T, Shinjo R. 2001. Chemical characteristics of newly discovered black smoker fluids and associated hydrothermal plumes at the Rodriguez Triple Junction, Central Indian Ridge. Earth and Planetary Science Letters, 193: 371-379

Gao J W, Wu S G, Mcintosh K, Mi L J, Yao B C, Chen Z M, Jia L K. 2015. The continent-ocean transition at the mid-northern margin of the South China Sea. Tectonophysics, 654: 1-19

Gilgen S A, Diamond L W, Mercolli I. 2016. Sub-seafloor epidosite alteration: Timing, depth and stratigraphic distribution in the Semail ophiolite, Oman. Lithos, 260: 191-210

Gillis K M, Coogan L A, Pedersen R. 2005. Strontium isotope constraints on fluid flow in the upper oceanic crust at the East Pacific Rise. Earth and Planetary Science Letters, 232: 83-94

Grapes R M, Hoskin P W O. 2004. Epidote group minerals in low-medium pressure metamorphic terranes. Reviews in Mineralogy and Geochemistry, 56: 301-345

Guo S, Chen Y, Ye K, Su B, Yang Y H, Zhang L M, Liu J B, Mao Q. 2015. Formation of multiple high-pressure veins in ultrahigh-pressure eclogite (Hualiangting, Dabie terrane, China): fluid source, element transfer, and closed-system metamorphic veining. Chemical Geology, 41: 238-260

Haupert I, Manatschal G, Decarlis A, Unternehr P. 2016. Upper-plate magma-poor rifted margins: Stratigraphic architecture and structural evolution. Marine and Petroleum Geology, 69: 241-261

Holten T, Jamtveit B, Meakin P. 2000. Noise and oscillatory zoning of minerals. Geochimica et Cosmochimica Acta, 64: 1893-1904

Hou K J, Qin Y, Li Y H, Fan C F. 2013. In situ Sr-Nd isotopic measurement of apatite using laser ablation multi-collector inductively coupled plasma-mass spectrometry. Rock and Mineral Analysis, 32: 547-554

Humphris S E, Thompson G. 1978. Hydrothermal alteration of oceanic basalts by seawater. Geochimica et Cosmochimica Acta, 42: 107-125

Jamtveit B, Wogelius R A, Fraser D G. 1993. Zonation patterns of skarn garnets: records of hydrothermal system evolution. Geology, 21: 113-116

Jian Z M, Jin H Y, Kaminski M A, Ferreira F, Li B H, Yu P S. 2019. Discovery of the marine Eocene in the northern South China Sea. National Science Review, 6: 881-885

Jowitt S M, Jenkin G R, Coogan L A, Naden J, Chenery S R. 2007. Epidosites of the Troodos Ophiolite: A direct link between alteration of dykes and release of base metals into ore-forming hydrothermal systems? In: Digging deeper: proceedings of the ninth biennial Meeting of the Society for Geology Applied to Mineral Deposits. The Geological Society of London. 77

Kawada Y, Yoshida S. 2010. Formation of a hydrothermal reservoir due to anhydrite precipitation in an arc volcano hydrothermal system. Journal of Geophysical Research, 115: B11106

Kawahata H, Furuta T. 1985. Sub-seafloor hydrothermal alteration in the Galápagos Spreading Center. Chemical Geology, 49: 259-274

Klinkhammer G P, Elderfield H, Edmond J M, Mitra A. 1994. Geochemical implications of rare earth element patterns in hydrothermal fluids from mid-ocean ridges. Geochimica et Cosmochimica Acta, 58: 5105-5113

Larsen H C, Jian Z, Alvarez Zarikian C A, Sun Z, et al., 2018a. Site U1502. In: Sun Z, Jian Z, Stock J M, Larsen H C, Klaus A, Alvarez Zarikian C A, and the Expedition 367/368 Scientists, eds. South China Sea rifted margin. Proceeding of the International Ocean Discovery Program Volume, 367-368

Larsen H C, Mohn G, Nirrengarten M, Sun Z, et al., 2018b. Rapid transition from continental breakup to igneous oceanic crust in the South China Sea. Nature Geoscience, 11: 782-789

Li C F, Li J B, Ding W W, Franke D, Yao Y J, IODP Expedition 349 Scientists. 2015. Seismic stratigraphy of the central South China Sea basin and implications for neotectonics. Journal of Geophysical Research: Solid Earth, 120: 1377-1399

Lin J, Xu Y G, Sun Z, Zhou Z Y. 2019. Mantle upwelling beneath the South China Sea and links to surrounding subduction system. National Science Review, 6: 877-881

Liou J G. 1993. Stabilities of natural epidotes. Abhandlungen Der Geologischen Bundesanstalt, 49: 7-16

Liu W H, Etschmann B, Migdisov A, Boukhalfa H, Testemale D, M ü ller H, Hazemann J, Brugger J. 2017. Revisiting the hydrothermal geochemistry of europium (II/III) in light of new in-situ XAS spectroscopy results. Chemical Geology, 459: 61-74

Marieni C, Voigt M J, Oelkers E H. 2021. Experimental study of epidote dissolution rates from pH 2 to 11 and temperatures from 25 to 200 °C. Geochimica et Cosmochimica Acta, 294: 70-88

McArthur J M, Howarth R J, Shields G A. 2012. Strontium isotope stratigraphy. In: Gradstein F M, Ogg J G, Schmitz M, Ogg G, eds. The Geologic Time Scale 2012. Elsevier, Amsterdam. 127-144

Menard T, Spear F S. 1996. Interpretation of plagioclase zonation in calcic pelitic schist, South Strafford, Vermont, and the effects on thermobarometry. The Canadian Mineralogist, 34: 938-943

Migdisov A, Williams-Jones A E, Wagner T. 2009. An experimental study of the solubility and speciation of the Rare Earth Elements (III) in fluoride-and chloride-bearing aqueous solutions at temperatures up to 300°C. Geochimica et Cosmochimica Acta, 73: 7087-7109

Monecke T, Petersen S, Hannington M D. 2014. Constraints on water depth of massive sulfide formation: evidence from modern seafloor hydrothermal systems in arc-related settings. Economic Geology, 109: 2079-2101

Mottl M J. 1983. Metabasalts, axial hot springs, and the structure of hydrothermal systems at mid-ocean ridges. Bulletin of the Geological Society of America, 94: 161-180

Nirrengarten M, Mohn G, Schito A, Corrado S, Guti é rrez-Garc í a L, Bowden S A, Despinois F. 2020. The thermal imprint of continental breakup during the formation of the South China Sea. Earth and Planetary Science Letters, 531: 115972

O'Neill H S C. 2016. The smoothness and shapes of chondrite-normalized rare earth element patterns in basalts. Journal of Petrology, 57: 1463-1508

Pandit D, Panigrahi M K, Moriyama T. 2014. Constrains from magmatic and hydrothermal epidotes on crystallization of granitic magma and sulfide mineralization in paleoproterozoic Malanjkhand granitoid, Central India. Geochemistry, 74: 715-733

Paton C, Hellstrom J, Paul B, Woodhead J, Hergt J. 2011. Iolite: Freeware for the visualisation and processing of mass spectrometric data. Journal of Analytical Atomic Spectrometry, 26: 2508-2518

Reyes A G. 1990. Petrology of Philippine geothermal systems and the application of alteration mineralogy to their assessment. Journal of Volcanology and Geothermal Research, 43: 279-309

Schwarzenbach E M, Steele-Maclnnis M. 2020. Fluids in submarine mid-ocean ridge hydrothermal settings. Elements, 16: 389-394

Sun S S, McDonough W F. 1989. Chemical and isotopic systematics of oceanic basalts: implications for mantle composition and processes. Geological Society London Special Pubications, 42: 313-345

Sun Z, Lin J, Qiu N, Jian Z M, Wang P X, Pang X, Zheng J Y, Zhu B D. 2019. The role of magmatism in the thinning and breakup of the South China Sea continental margin. National Science Review, 6: 871-876

Tillberg M., Maskenskaya O M, Drake H, Hogmalm J K, Broman C, Fallick A E, Åström M E. 2019. Fractionation of rare earth elements in greisen and hydrothermal veins related to a-type magmatism. Geofluids, 2019: 1-20

Wang J P, Kusky T M, Polat A, Wang L, Peng S B, Jiang X F, Deng H, Wang S J. 2012. Sea-floor metamorphism recorded in epidosites from the ca. 1.0 Ga Miaowan ophiolite, Huangling anticline. China. Journal of Earth Science, 23: 696-704

Wang P X, Huang C Y, Lin J, Jian Z M, Sun Z, Zhao M H. 2019. The South China Sea is not a mini-Atlantic: Plate-edge rifting vs Intra-plate rifting. National Science Review, 6: 902-913

Wessel P, Luis J F, Uieda L, Scharroo R, Wobbe F, Smith W H F, Tian D. 2019. The Generic Mapping Tools Version 6. Geochemistry Geophysics Geosystems, 20: 5556-5564

Wu J W, Liu Z F, Yu X. 2021. Plagioclase-regulated hydrothermal alteration of basaltic rocks with implications for the South China Sea rifting. Chemical Geology, 585: 120569

Xiao X, Zhou T F, White N C, Zhang L J, Fan Y, Wang F Y, Chen X F. 2018. The formation and trace elements of garnet in the skarn zone from the Xinqiao Cu-S-Fe-Au deposit, Tongling ore district, Anhui Province, Eastern China. Lithos, 302-303: 467-479

Yardley B W D, Rochelle C A, Barnicoat A C, Lloyd G E, Clark A M. 1991. Oscillatory zoning in metamorphic minerals; an indicator of infiltration metasomatism. Mineralogical Magazine, 55: 357-365

Zhang C, Koepke J, Wolff P E, Horn I, Garbe-Schönberg D, Berndt J. 2021. Multi-Stage hydrothermal veins in layered gabbro of the Oman ophiolite: implications for focused fluid circulation in the lower oceanic crust. Journal of Geophysical Research: Solid Earth, 126: e2021JB022349

南海北部天然气水合物富集差异与主控因素

王秀娟[1,2]，李三忠[1,2]，靳佳澎[2*]，匡增桂[3]，李丽霞[4]，周吉林[1,2]，余晗[3]，王耀葵[1,2]

1 天然气水合物国家重点实验室，海底科学与探测技术教育部重点实验室，中国海洋大学，青岛 266100

2 崂山实验室，深海多学科交叉研究中心与海洋矿产资源评价与探测技术功能实验室，青岛 266237

3 天然气水合物勘查开发国家工程研究中心，广州海洋地质调查局，广州 511458

4 天然气水合物国家重点实验室，中海油研究总院有限责任公司，北京 100028

*通讯作者，E-mail：Jinjp@qnlm.ac

摘要 我国在南海北部天然气水合物勘探、钻探及试采研究取得重要进展，对天然气水合物赋存形态、类型及其储层特性等开展了大量研究，试开采技术也已经走在国际前列，发现细粒储层中形成相对高富集的天然气水合物矿体。本文系统分析与对比近年来在台西南盆地、揭阳凹陷、珠江口盆地、琼东南盆地和中建盆地天然气水合物富集差异特征等研究成果，揭示了不同盆地间天然气水合物富集差异的主控因素。至今在南海既发现了多种赋存形态、不同岩性储层的水合物，同时又发现了II型水合物及天然气水合物与游离气共存等复杂水合物成藏样式。研究认为储层岩性是控制天然气水合物赋存形态及富集程度的重要因素，构造环境差异是影响不同盆地流体运移通道和运移方式主要因素，各类型断层、气烟囱构造、渗透性地层等有利于流体垂向和横向长距离运移方式控制了天然气水合物富集成藏，与基底隆起构造相关的高通量流体运移是冷泉系统及高富集裂隙充填型天然气水合物成藏主要因素，被动大陆边缘晚期岩浆活动及侵入构造对天然气水合物成藏的流体运移具有重要作用，查明南海北部不同盆地天然气水合物差异富集特性及主控因素对于寻找高富集天然气水合物藏具有重要意义。

关键词 天然气水合物，差异富集，流体运移，储层，主控因素

1 引言

天然气水合物（简称水合物）广泛分布于冻土带及大陆边缘深水区，资源量巨大，被誉为一种未来新型的清洁战略能源。近年来的研究表明，泥质沉积物中低饱和度水合物分布广、资源量大，但是在现有开发技术条件下，该类型水合物还难以进行有效开发。

基金项目：天然气水合物国家重点实验室开放基金（2022-KFJJ-SHW），国家自然科学基金（42206063）

作者简介：王秀娟（1976-），女，教授，主要从事天然气水合物的地质和地球物理识别。ORCID：0000-0003-1144-8698，E-mail：wangxiujuan@ouc.edu.cn

根据最新估算，全球水合物资源量有所降低，但其资源量仍然巨大。水合物胶结浅部沉积物颗粒，使地层硬化，温度压力环境改变，如海平面的变化、底层水温度升高、构造活动等，都会导致水合物发生分解或溶解，大量气体和水导致孔隙压力升高而释放，进而影响海底稳定性，触发海底失稳而出现海底滑坡。长期以来，水合物形成与分解一直被认为与海底稳定性或者海底滑坡有关（Sultan et al.，2004）。同时，研究发现，水合物分解释放大量甲烷气体会渗漏到海洋与大气中，且陆架坡折区发育的水合物对千年尺度气候变化造成的底层水变暖较为敏感，容易发生分解（Ruppel and Kessler，2017）。目前，大陆边缘区域大规模的冷泉活动，可能是由于从几年到百年时间尺度上的水体温度变暖而导致的上陆坡甲烷渗漏所致（Brothers et al.，2014），因此，水合物在气候变化和碳循环研究中意义不容忽视。

按照形成水合物分子结构差异可分为Ⅰ型、Ⅱ型和H型，其中Ⅰ型水合物的客体分子主要为甲烷，也称为甲烷水合物，而Ⅱ型和H型水合物主要与热成因气及气体混合比有关（Sloan，2007）。自然界中，甲烷水合物分布最广，H型水合物较少见，在加拿大马利克区域发现了H型水合物（Lu et al.，2007）。近年来随着钻探越来越多，研究发现II型水合物分布也较广，相同温度、压力条件下，其稳定带厚度大于甲烷水合物，目前已经在墨西哥湾（Klapp et al.，2010）、中国南海南部（Paganoni et al.，2018）及南海北部等多个盆地发现了II型水合物（Yang et al.，2017；Wei et al.，2018）。研究发现在II型水合物发育区，地震资料常常出现多个似海底反射（bottom simulating reflector，BSR）。在早期研究中，从反射地震剖面上识别的BSR及振幅空白被作为寻找水合物的一种重要标志，但是近年来基于大量钻探和三维地震资料联合分析，尤其是砂质水合物储层，发现相对富集水合物层的地震异常反射特征为BSR及BSR上部的局部强振幅反射，该强反射层的极性与海底相同，与深部流体的运移、储层及其气源等密切相关。因此，水合物探勘从传统寻找BSR、振幅空白等转变到水合物稳定带与成藏系统相结合，来寻找中等（10%～40%）或者高饱和度（>50%～60%）等水合物藏。

我国从20世纪90年代末开展水合物勘探研究，自2007年以来，广州海洋地质调查局先后在南海北部的珠江口盆地（Zhang et al.，2007；Yang et al.，2015，2017）、台西南盆地（Zhang et al.，2015；Zhong et al.，2017）、西沙海槽（Yang et al.，2017）和琼东南盆地（Ye et al.，2019；Liang et al.，2019）等区域完成了7次水合物钻探与取心（图1），发现了不同赋存形态的I型和II型水合物。不同钻探区域由于构造、沉积与气源条件不同，导致水合物分布与富集差异较大。台西南盆地BSR分布较广、类型多，受马尼拉俯冲影响，台湾岛西南部区域形成大量逆冲-褶皱构造，发育大量底辟、泥火山及其冷泉系统，BSR呈连续分布，区域BSR深度横向变化大。珠江口盆地BSR主要分布在白云凹陷4个迁移峡谷区，BSR呈不连续的片状分布，主要发育在峡谷脊部，少量分布在峡谷底部，厚度从几米至几十米不等，水合物的富集与断层、气烟囱、侵蚀不整合面、晚期岩浆活动及局部有利储层有关。琼东南盆地发育多期块体搬运沉积，地层多呈水平状，识别的BSR与地层近平行，局部BSR与块体搬运沉积底部的强振幅反射重叠，不易识别，BSR主要发育在区域基底隆起上部。在地震剖面上呈烟囱状反射特征的地质体上进行钻探，发现了厚度不等的裂隙充填型水合物和不同厚度的砂质孔隙充填型水合物。本文通过对比不同盆地钻探发现的水合物赋存形态、地震异常反射的差异，研究南

海北部不同盆地水合物富集及其控制因素的差异，为寻找高富集水合物提供研究支撑。

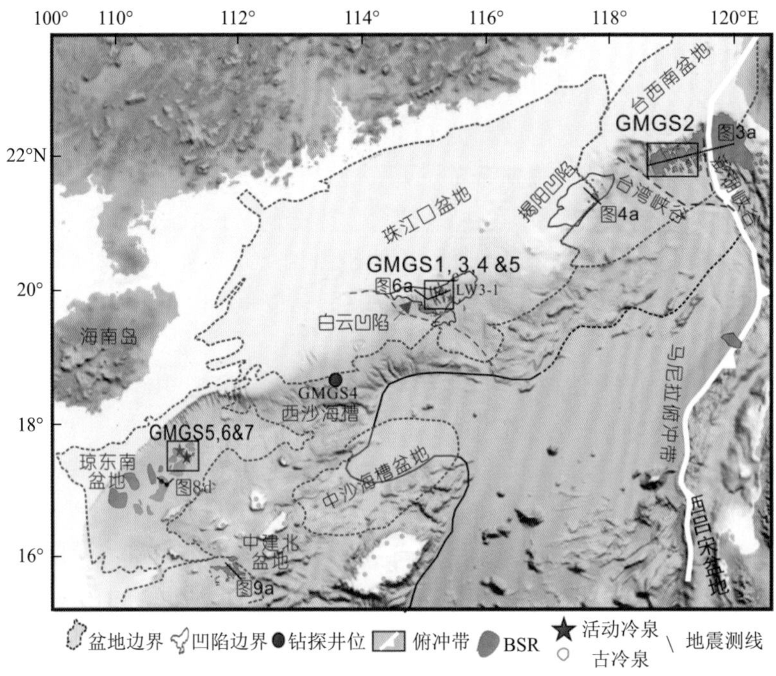

图 1　南海北部不同盆地水合物钻探航次与 BSR 分布

2　区域地质背景

南海是西太平洋面积最大的边缘海，位于欧亚板块、太平洋板块和澳大利亚－印度板块的相接部位，中生代以来，在三大板块的相互作用下，南海经历了复杂的构造、沉积等演化过程（Briais et al.，1993），由于不同构造位置及其边界条件，形成了不同的陆缘和盆地类型，即南海北部的离散型陆缘、西部走滑-伸张型陆缘和南部伸展-挠曲复合型陆缘，离散型陆缘盆地包括北部湾盆地、琼东南盆地、珠江口盆地，其中陆内裂谷盆地为北部湾盆地，琼东南和珠江口盆地为典型被动大陆边缘盆地，盆地深部由多个半地堑或地堑式裂陷组成，而中建盆地为走滑-伸展型陆缘盆地（解习农等，2011）。台西南盆地位于南海东北部，是在南海北部陆缘上发育的新生代伸展型断陷盆地，从中生代晚期到新生代早期，一直处于拉张和张扭性构造环境，盆地正断层十分发育。新生代晚期受菲律宾板块西向俯冲影响，东部形成了南北向大型逆冲断层，主要发育了北东向、北东东向、近南北向和北西向断裂，盆地中西部主要为北东向、北东东向的正断层，主要为基底断层，与中生代以来的基岩断块活动有关，受张应力作用，盆地东部多为南北向或东西向复合伴生的逆断层，受新生代以来挤压应力作用，盆地发育有多套生油气地层和多种局部构造圈闭。

南海北部陆缘盆地发育巨厚的陆相冲积扇、河流或湖泊三角洲粗碎屑流沉积，也发育有浅海和深海砂岩储层，琼东南盆地陵水组扇三角洲砂岩储层与三亚组滨浅海相砂岩储层、珠江口盆地珠海组浅海相、珠江组三角洲砂岩储层，是重要的油气储层，在中中新世及上新世半深海相浊流及深水沉积体系砂岩储层，形成了各种类型的低位砂体和深水沉积体系，是海相环境重要的储层，而中建盆地中中新世碳酸盐岩沉积较为发育（图 2）。同时构造演化差异性对盆地内烃源岩的形成演化具有重要控制作用，不

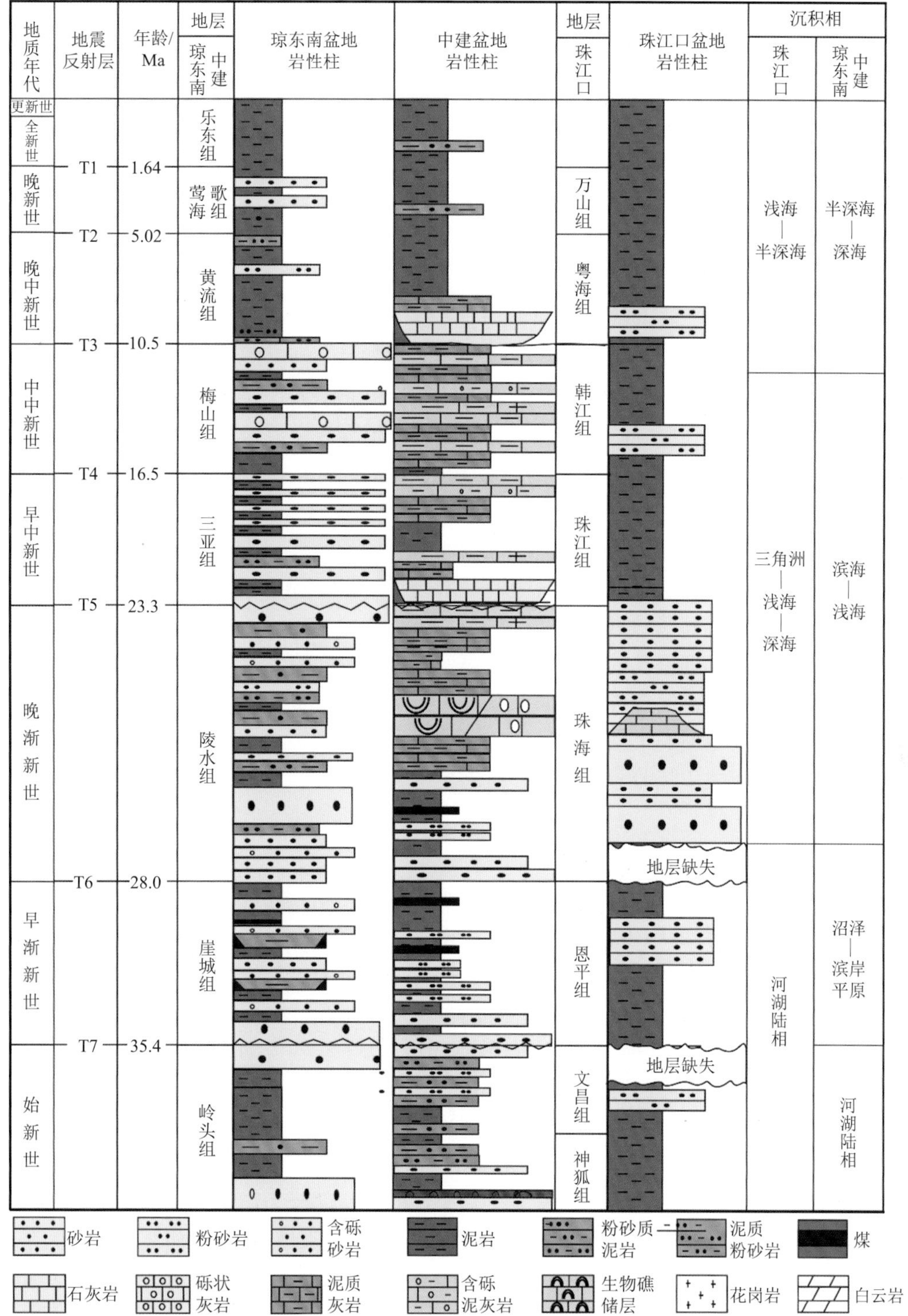

图 2 南海北部珠江口盆地、琼东南盆地和中建盆地地层对比图（米立军等，2019；Liang et al.，2019）

仅控制沉积环境演化，而且控制着有机质类型和丰度，另外构造演化也控制着盆地沉降及热演化史，影响着有机质的成熟度，导致不同盆地烃源岩类型、成熟度及其晚期流体运移等存在差异。深水钻探已经发现南海北部不同盆地不仅发育了丰富的油气资源，也发育了不同富集程度的水合物资源。目前，在珠江口盆地、琼东南盆地和台西南盆地，通过钻探发现了水合物，现阶段利用地震资料也在中建盆地、台西南盆地西部的揭阳凹陷、荔湾凹陷及东沙海域等都发现了指示水合物发育的 BSR（Lu et al.，2017；颜承志等，2018；Jin et al.，2020a；Zhang et al.，2022；王秀娟，2023）。但是不同盆地水合物赋存类型与富集特征存在差异性，可能与控制水合物成藏条件的区域构造演化过程和沉积环境的差异有关。

2.1 台西南盆地

台西南盆地东西部构造应力存在差异，盆地西部与东沙隆起相邻，呈典型被动大陆边缘特性，海底发育多个海底峡谷及海底滑坡区，BSR 分布广，但不连续，而盆地东部区域受俯冲影响，在马尼拉俯冲前缘、澎湖峡谷与恒春海脊等区域发育了大量挤压逆冲褶皱-断层、底辟与泥火山等特殊地质体，BSR 较为发育且类型多样，同时发育了大量活动冷泉系统（Liu et al.，2007；Berndt et al.，2014；Wang et al.，2018）。2013 年，在台西南盆地西部区域，通过钻探发现了脉状、块状、球状、结核状等与渗漏有关的裂隙充填型水合物，同时也发现了孔隙充填型水合物（Sha et al.，2015；Zhang et al.，2015）。基于二维与三维地震解释的 BSR 主要位于台湾峡谷以东与恒春海脊之间的峡谷、逆冲褶皱区，由于受侵蚀、沉积及其沿断层、底辟、气烟囱等强流体运移影响，发育了大量活动和不活动冷泉系统，不同位置 BSR 反射特征及其深度不同（Wang et al.，2018，2022）。岩芯与原位观测表明形成水合物的气源以生物成因气为主，水合物赋存与高沉积速率、高通量流体运移有关（陈芳等，2017；匡增桂等，2018）。

2.2 揭阳凹陷

揭阳凹陷位于珠江口盆地的东北部、台西南盆地西部，横跨两个盆地，主要呈北东-南西走向，为一个残留的中生代盆地，该区域以中生代沉积为主，沉积物最厚约为 5200m，受东沙隆起影响的基底发生隆升，受海底侵蚀作用影响下，新生代沉积较薄。揭阳凹陷与台西南盆地西部的构造特征较相似，构造沉积过程与东沙隆起带及其周边的情况一致（图 1）。在晚中新世末～早上新世初（5.5Ma）经历了东沙运动，在构造上东沙运动主要表现为断块升降，在隆起区上覆沉积层受到强烈侵蚀作用，局部地区具有强烈的构造抬升，从而造成了明显的角度不整合、地层缺失等地震剖面可以直接观察的现象，表现为中新世及部分上新世地层的缺失。东沙运动伴随着强烈的断裂和岩浆活动，10.5Ma 以浅地层都遭受了不同程度的剥蚀，发育大量张性断层，部分为切穿海底和基底的“大断层”（Yan et al.，2006）。揭阳凹陷是油气勘探的潜力区，侏罗系海相沉积被认为是有利油气储层，在该区域发现了 BSR，且发现了受侵蚀影响 BSR 向下调整（Jin et al.，2020a；李杰等，2020）。BSR 主要发育于海底峡谷侧翼，受峡谷迁移影响和储层改造作用明显，BSR 多呈不连续特征，局部地温梯度较高，超过 70℃/km。

2.3 珠江口盆地

珠江口盆地是南海北部重要的油气及水合物富集盆地，其构造演化分为三个阶段：同裂陷期古近纪阶段（-T7），转换期新近纪阶段（T7～T6）和坳陷期第四纪阶段（T6至今）。珠江口盆地经历了中生代挤压、新生代早期裂陷作用以及新生代晚期马尼拉海沟俯冲作用的影响，基底组成十分复杂，盆地拉张过程中经历多期次岩浆侵入活动（图2），断裂发育（施和生等，2010；Sun et al.，2020a）。盆地自下而上依次发育了古近系始新统文昌组，下渐新统恩平组，上渐新统珠海组，新近系下中新统珠江组，中中新统韩江组，上中新统粤海组，上新统万山组及第四系地层（图2），其中以T6为地层界面的珠江组和珠海组三角洲砂岩地层为珠江口盆地白云凹陷深水区主力油气储层（米立军等，2019）。

珠江口盆地内的白云凹陷是水合物重要研究区域，自 2007 年以来，在该盆地进行了多次水合物钻探（Zhang et al.，2007；Yang et al.，2015，2017）和3次水合物试采（周守为等，2017；Li et al.，2018；Ye et al.，2020）。白云凹陷东西两侧陆架坡折较为平缓，北部陆架坡折较陡，发育了19条海底峡谷，白云凹陷海底峡谷在“源-渠-汇”体系中扮演了重要角色，是浅水沉积物质向深海运输的重要通道，由一系列复杂的内部沉积构型组成，其中包括峡谷侵蚀面及一系列富砂单元，例如埋藏水道-天然堤复合体及峡谷限制型扇体等（Zhu et al.，2010）。利用常规油气采集三维地震资料及水合物采集高分辨率二维及三维地震资料，在珠江口盆地及其南部的荔湾凹陷发现了成片BSR。三维地震资料和钻探压力分析认为强烈的岩浆活动和深部地层超压的幕式释放是流体垂向运移重要驱动力（Zhao et al.，2016；Sun et al.，2020a），大量侵入岩席与深部断层相连接，浅部发育的迁移峡谷侧壁、断层、气烟囱等为流体垂向运移提供通道，为水合物富集成藏提供有利疏导体系（吴能友等，2009；Jin et al.，2022）。

2.4 琼东南盆地

琼东南盆地位于南海北部西部区域，经历了古近纪时期张裂阶段、新近纪时期裂后坳陷阶段以及晚中新世～第四纪时期快速沉降阶段，为典型的下断上坳型结构，主要包括乐东凹陷、陵南低凸起、陵水凹陷、北礁凹陷、松南低凸起、松南-宝岛凹陷、北礁凸起、长昌凹陷等，始新世沉积环境以断陷湖盆为主，渐新世依次沉积了崖城组、陵水组，沉积环境由湖盆逐渐变为局限海和浅海，中新世三亚组、梅山组、黄流组地层，发育浅海-半深海沉积，中新世晚期，琼东南盆地相对海平面下降，在中央坳陷发育大型的轴向重力流，侵蚀下伏地层，形成琼东南中央峡谷，在垂直水道走向的剖面上表现为“V”或“U”形。由于峡谷内发育多期浊积砂岩，这些砂岩纵向叠置、横向上延伸范围比较长，故峡谷圈闭成藏的天然气可沿着上倾方向侧向运移聚集成藏（张功成等，2016），上新世莺歌海组地层以及更新统乐东组地层则主要发育了滑塌、块体搬运沉积（mass transport deposits，MTD）以及浊积水道等沉积，重力流成因的MTDs与浊流呈互层关系，乐东组由于受红河及海南岛物源体系影响，在深水区形成了深水扇、块体流等多种沉积体系，叠置样式丰富，而且地层岩性横向变化大（甘军等，2019），沿中央峡谷现已发现多个高产深水气田（张迎朝等，2017），表明该区域深部发育充足气源条件。

自 2018 年以来，广州海洋地质调查局在陵水凹陷水深 1700m 区域完成了 3 次水合物钻探，靠近 L17-2 和 L18-1 等多个深水优质天然气田，钻探了 20 多口井，发现了呈块状、脉状以及结核状的裂隙充填型水合物和厚度不等、富集程度不同的砂质水合物（Liang et al.，2019；Ye et al.，2019），GMGS5-W08 井水合物较为富集，这与区域流体渗漏的差异性有关（Deng et al.，2022）。同时，利用海底机器人在局部井位发现了大量的冷泉生物、自生碳酸盐岩、海底丘以及麻坑（Ye et al.，2019；张伟等，2020；Deng et al.，2022），钻探和反射地震的研究都表明该区域发育孔隙充填型与裂隙充填型水合物，并且局部区域发育游离气（Liang et al.，2019，2020）。岩心样品的气体组分表明水合物的气源较复杂，C2+含量在 2.31～18.79%变化（Ye et al.，2019；Wei et al.，2021；Lai et al.，2022a），为典型的深部热成因气，Wei 等（2021）利用拉曼光谱分析发现了 I 型和 II 型水合物共存，表明该区域水合物赋存类型与成藏较为复杂。

2.5 中建盆地

中建盆地位于琼东南盆地以南、西沙海域以西，受北东向陆缘伸展体系和北西-北西西向走滑体系的影响，不同时期都伴随着较强且规模较大的岩浆活动。以 23.3Ma（T5）为界，可分为裂陷伸展和裂后热沉降 2 个演化阶段，裂陷期地层以地堑、半地堑充填为特征，沉积了海陆过渡相渐新统崖城-陵水组地层，裂后期以热沉降为特点，分别以 16.5Ma（T4）、10.5Ma（T3）、5.02Ma（T2）和 1.64Ma（T1）为界，发育了中新统三亚组、梅山组和黄流组、上新统莺歌海组以及更新统乐东组地层（图 2）。前人研究表明中建盆地发育的渐新统的浅湖、半深湖-深湖相沉积，以及下中新统-中中新统的浅海、半深海-深海相沉积，是盆地重要的烃源岩地层（高红芳等，2007）。烃源岩有机质成熟度模拟计算表明，研究区渐新统地层有机质成熟度总体大于 0.5%，深部烃源岩有机质成熟度大于 1.3%，处于生气窗内，具备一定的热成因气形成能力。裂陷期构造活动较为活跃，发育多组北东向、近东西向断裂，自中新世以来，中建海域处于稳定热沉降期，大规模的构造活动不活跃，但局部区域火山活动较活跃，发育断裂、多边形断层、底辟及岩浆侵入等流体疏导体系，为深部热成因气源提供垂向运移通道（Lu et al.，2017；李林等，2022）。

3 多类型水合物赋存特征

3.1 台西南盆地水合物富集特征

3.1.1 测井响应特征

台西南盆地西部区域 16 口井，水深位于 667～1747m 之间，发现了脉状、结核状、球状和层状等多种形态的水合物样品（Yang et al.，2014；Zhang et al.，2015）。取心证实含水合物的井位为 GMGS2-05，GMGS2-07，GMGS2-08，GMGS2-09 和 GMGS2-16 井，GMGS2-01，GMGS2-04，GMGS2-11 和 GMGS2-12 井测井数据分析发现了含水合物的测井异常，但是没有进行取心。在 GMGS2-02，GMGS2-03 和 GMGS2-15 井，测井数据未发现含水合物的异常响应。在 GMGS2-07，GMGS2-08 和 GMGS2-09 井，利用保压取心发现了块状水合物，而在 GMGS2-05，GMGS2-09 和 GMGS2-16 井，BSR 上方发现了孔隙充填型水合物（Zhang et al.，2015）。

从 GMGS2-05 井测井资料看，在 198～204m 出现电阻率和纵波速度明显增加、密度略微降低，而伽马测井无明显变化，但出现上下界面明显突变，利用氯离子异常计算的水合物饱和度约 31%左右。由于岩心、盐度和电阻率变化都非常均匀，仅对少数岩心进行了 C1/C2 比测试，其值大于 10000。GMGS2-9 井位于碳酸盐丘上，在 GMGS2-09A 孔进行了随钻测井，GMGS2-09B 进行取心，两个孔之间约为 200m，但是海底相差 62m（Wang et al.，2018）。从 GMGS2-09A 井看，测井数据异常指示地层不含水合物，在深度 64～86m 处，纵波速度出现低值异常，约为 1300m/s，指示地层含有游离气，另一个低速异常区出现在 114m。在 GMGS2-09B 孔，发现了两个水合物层，一个是近海底，另一个是深度 99m 处，在 GMGS2-09B-3M 样品（位于海底下 6m 处）呈现出冷、黏稠、气泡状的特征，指示了水合物分解，氯离子异常计算的水合物饱和度为 35%～46%。在 GMGS2-09B-4H 样品中（海底下 10m 处），沉积物呈黏稠状，能够看到白色斑状水合物；GMGS2-09B-5H（海底下 22m），水合物呈薄层脉状，饱和度为 9%，而 GMGS2-09B-8H 样品（海底下 98m），显示岩心呈均匀的低温，水合物饱和度为 17%～25%。从 GMGS2-16 井测井资料看，存在两层水合物，一层是浅部 13～29m 地层范围，另一层是在 196m 处，利用氯离子异常计算的水合物饱和度达 40%以上，GMGS2-16D-3A 孔压力取心计算的水合物饱和度 20%。而深部含水合物层压力取心计算的水合物饱和度为 44%～55%，浅部水合物层的密度测井偏低，伽马测井略微降低。在深度 200m 处，气体化学组分发生迅速间断，在 212m 发育含有孔虫的砂岩地层（Yang et al.，2014）。

GMGS2-08 井是台西南盆地钻探发现的水合物最富集井位，随钻测井资料显示从浅部至水合物稳定带处存在三层速度与电阻率异常。浅层 9～22m，电阻率明显增加，而速度变化不明显，水合物呈脉状分布；中间层速度、电阻率和密度均明显增加，取心结果表明该层为碳酸盐层；下层 58～98m，电阻率与速度明显增加，水合物呈块状、脉状等分布。从岩心的碳同位素分析看，多口井位含水合物层的 C1/C2 比值均大于 1000，指示气源主要为生物成因气，在局部含水合物层出现了孔隙水地球化学元素的迅速变化，这种突变可能指示存在其它气源的影响，很可能与流体横向运移有关。台西南盆地东部区域缺乏水合物钻探资料，水合物赋存形态及其富集特性并不清楚，主要是利用地震资料识别不同类型 BSR。

3.1.2 地震异常特征

台西南盆地发育大型海底峡谷、冲蚀沟、陡坡、冲蚀凹槽等地貌单元，在峡谷与峡谷交汇地带发育活动断层和挤压脊，海底滑坡区发育冲蚀凹槽，盆地西部 BSR 主要分布在台湾峡谷与澎湖峡谷之间的峡谷脊部，峡谷谷底局部区域出现 BSR，不同地质体分布区 BSR 特征不同（图 3）。从井震对比看，在相对富集的脉状、块状、结核状、球状等裂隙充填型水合物层，地震剖面上呈现出局部上拱的丘状反射，该异常反射与中间碳酸盐岩层及其下部相对高饱和度水合物有关，而浅部水合物层仅在海底出现强反射，该井位识别 BSR 振幅较弱，而 BSR 为弱振幅反射，周围地层出现明显的下拉反射，指示地层可能含游离气[图 3（b）]。

从过 GMGS2-09 井地震剖面看，该井位于一个丘状体附近，GMGS2-09B 井岩心样品发现了赋存于不同深度的多层水合物，地震剖面出现弱振幅和上拱反射（Yang et al., 2014）。从井震对比看，利用速度与密度测井、地震子波生成的合成记录与地震反射吻合较好，在 GMGS2-09A 井出现低纵波速度异常层，地震剖面出现了明显的下拉反射，地震振幅变强[图 3（c）]，指示地层含气（Wang et al., 2018）。因此，该区域 BSR 下部出现强振幅反射是地层含有游离气造成的。

台西南盆地东部区域，在马尼拉俯冲带前缘，发育了大量逆冲-褶皱构造，BSR 发育更广且连续性好，逆冲褶皱与底辟发育区上部 BSR 为强振幅、连续性好，与地层斜交，且 BSR 较厚[图 3（a）]，而局部区域受快速沉积影响发育双 BSR（Berndt et al., 2019）。在马尼拉俯冲带前缘峡谷脊部发育活动冷泉站位 F，峡谷侧壁 BSR 明显小于峡谷脊部，在局部位置 BSR 出现上翘，近海底出现强反射[图 3（d）和（e）]。在逆冲-褶皱脊部侵蚀侧翼，BSR 连续性、振幅明显变弱且厚度变化差异大，两个逆冲-褶皱之间的沟谷位置，无 BSR 或 BSR 较弱[图 3（f）和（g）]。由于缺乏钻探资料，强 BSR 区域水合物的富集程度仍缺乏准确评价，构造圈闭有利于 BSR 形成，但是水合物是否富集并不明确。

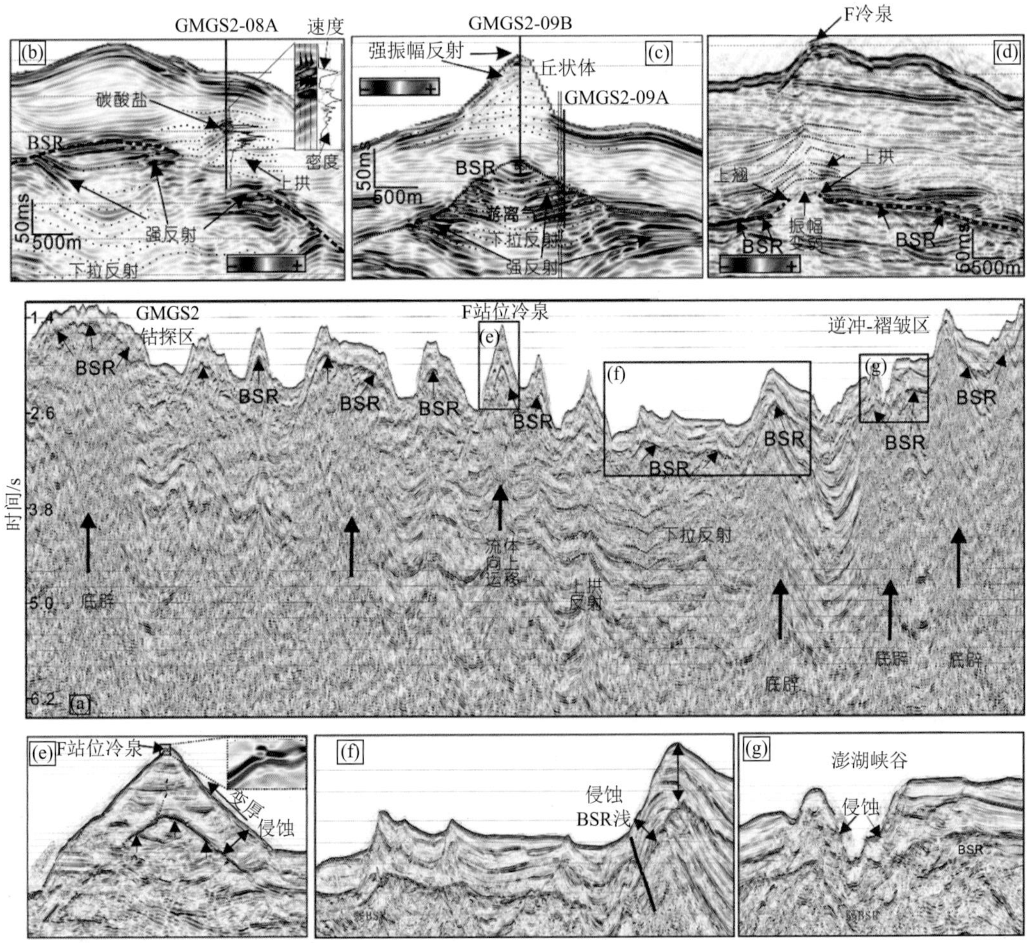

图 3 横跨台西南盆地典型地震剖面及其局部放大图

不同位置 BSR 反射特征及其厚度不同，逆冲-褶皱区 BSR 较连续且振幅反射强，峡谷谷底 BSR 较弱或不发育

3.2 揭阳凹陷

3.2.1 BSR 地震异常特征

揭阳凹陷迄今没有进行水合物钻探，从重处理三维地震资料看，该区域发育不同类型 BSR，包括连续 BSR（CBSR）、不连续 BSR（DBSR）及其古 BSR，位于受不同侵蚀程度的海底峡谷侧翼。CBSR 具有极性与海底相反、强振幅反射特征，主要发育在峡谷 1 两个侧翼及峡谷 3 侧翼顶部。DBSR 为弱-强振幅反射，极性与海底相反，与倾斜沉积层相交，分布于峡谷 2 和 3 侧翼，BSR 下部倾斜沉积层的强振幅反射指示地层可能含游离气。

BSR 指示了某一时期的水合物稳定带底界，与现今稳定带底界可能存在差异。通过计算现今水合物稳定带底界，与识别 BSR 进行对比，能研究水合物稳定带底界调整对水合物成藏的影响及其地质历史时期 BSR 调整过程。由于研究区存在古 BSR，从地震剖面异常特征看，古 BSR 极性与海底相同，为正极性、中-强振幅且与沉积层相切，主要发育在峡谷 3 侧翼的顶部区域，受深部基底隆升作用影响（图 4），古 BSR 和 BSR 之间存在一系列垂向叠置的强振幅反射，厚度约为 95m，表明该区域发育较厚的水合物层[图 4（a）]。BSR 与古 BSR 指示了水合物稳定带底界发生了向下调整，其原因可能是受海底侵蚀的影响。

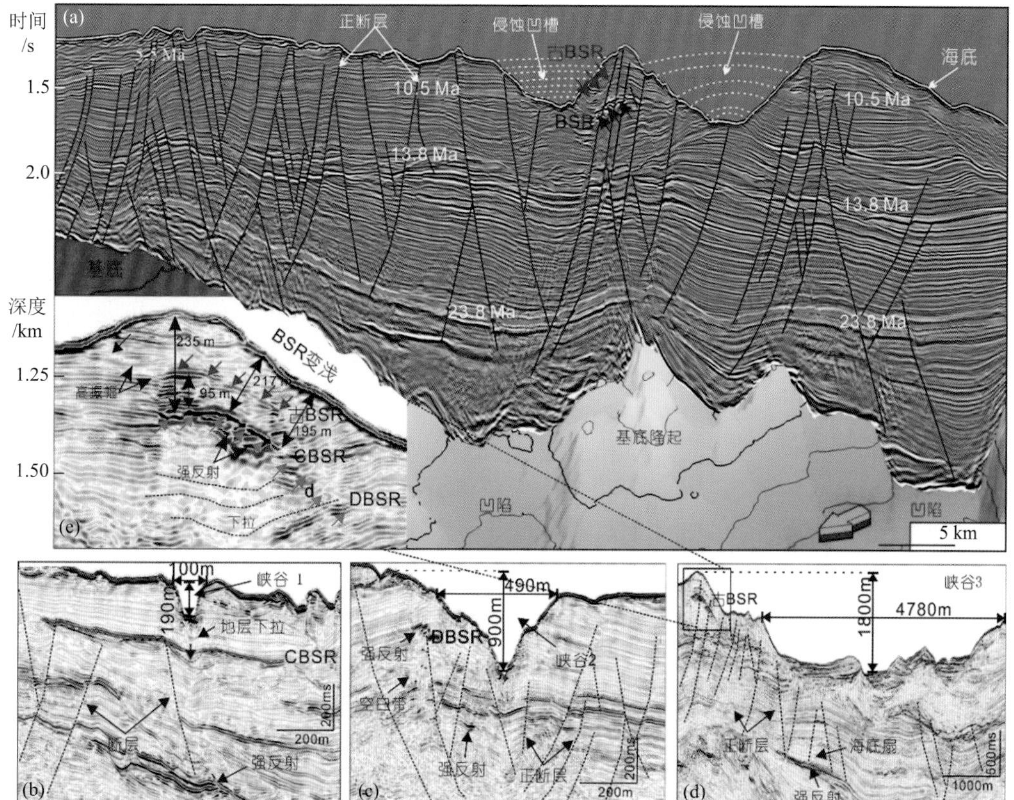

图 4　揭阳凹陷典型地震剖面及基底隆起上 BSR 发育，不同侵蚀峡谷侧翼发育不同类型 BSR，包括 CBSR，DBSR 和古 BSR

3.2.2 侵蚀峡谷区 BSR 分布

研究区三维地震资料面积约为 2200km^2，从识别 BSR 看，主要分布在峡谷 1～3 的侧翼。三个峡谷规模存在明显差异，峡谷宽度和深度不同[图 4（b），（c）和（d）]，代表了峡谷在侵蚀过程中的三个演化阶段，展布方向主要为北西-南东，即陆坡下倾方向，海底峡谷具有较强的溯源侵蚀作用，并表现出较强的海底侵蚀特征，说明峡谷现在可能还在侵蚀陆坡沉积物。峡谷 1 侵蚀程度最小，为幼年期峡谷，下部仅发育 CBSR，但在峡谷轴线下部 BSR 振幅变弱，出现向下转换调整趋势，下部可观察到断层及含游离气的异常地震反射特征，表明峡谷轴线下游离气与水合物可能存在转换现象[图 4（b）]。峡谷 2 侵蚀程度中等，为青年期峡谷，侧翼局部发育 DBSR，且剖面可看到流体运移及聚集等形成的强振幅反射特征，DBSR 是由于侵蚀作用导致水合物发生分解，对水合物系统破坏而形成的[图 4（c）]。峡谷 3 侵蚀程度大，代表成熟期峡谷，峡谷 3 侧翼 BSR 较为复杂，可以识别出三种类型 BSR，分别发育在不同深度地层，包括古 BSR，CBSR 和 DBSR[图 4（d）和（e）]，大量正断层和气烟囱构造发育，源于基底隆起，复杂的 BSR 样式表明强烈侵蚀作用影响水合物成藏。

3.3 珠江口盆地

珠江口盆地是水合物钻探最多与研究程度最高的区域，发现水合物以孔隙充填型为主，在空间上呈现不均匀分布特征，主要发育在白云凹陷 4 个海底峡谷脊部。在 GMGS3-W18&W19 和 GMGS3-W11&W17 井发现了成层性好、厚度大、饱和度高的水合物层，饱和度最高达 70%，部分井水合物层厚度超过 70m（杨胜雄等，2017；Qian et al.，2018；Jin et al.，2023）。在高通量流体运移区，发现近期活动的水合物系统和 II 型水合物，形成水合物储层主要为泥质粉砂，局部地层富含有孔虫。

3.3.1 近期活动水合物系统

3.3.1.1 测井响应特征

神狐海域 GMGS4-W18、GMGS4-SC02、GMGS4-SC01 井，含水合物层周围地层的孔隙水出现了高氯离子浓度异常（Yang et al.，2015，2017），该特征与国际上在活动冷泉或高通量流体活动区含水合物层相似，例如 ODP204 航次 U1249 和 U1250 井以及 IODP311 航次 U1328 井等，这些井位附近均发现活动或者近期活动水合物系统，其形成是由于深部流体沿与断层、烟囱构造或者渗透性地层等运移到海底[图 5（a）]，形成活动冷泉（Torres et al.，2004）。利用一维动力模型可以模拟水合物的形成时间，模拟的南水合物脊的水合物形成时间为 0.5ka～1.3ka（Liu and Flemings，2007；Cao et al.，2013）。神狐海域钻探发现的水合物系统与国际典型井位冷泉系统不同，研究区水合物系统被厚层沉积物埋藏，水合物附近地层的高氯离子浓度异常，指示该水合物系统可能为近期生成，或近期活动过。基于测井计算水合物饱和度、孔隙度及氯离子异常等数据，以 GMGS3-W18 井为例，利用一维衰减模型，分别利用电阻率和氯离子异常计算的水合物饱和度，模拟的 GMGS3-W18 井水合物形成时间，为 26ka～28ka。

从 GMGS3-W18 井测井数据看，含水合物层呈漏斗型分布的测井特征，即电阻率和纵波速度均为向上增大趋势，纵波速度最高达到 2400m/s，电阻率最高达 6Ω·m，远高于背景纵波速度与电阻率值（1500m/s 和 1Ω·m），而伽马测井为向上降低趋势，密度测井无明显变化，表明该井存在水合物，且沉积环境与下伏及上覆地层明显存在岩性差异，沉积物粒度向上由细变粗，这种测井异常的响应特征通常为天然堤或者决口扇的沉积环境[图 5（c），Nazeer et al.，2016]，从地震剖面上也看到了侵蚀凹槽[图 5（b）]，但并不是低伽马地层均发育水合物，仅在 BSR 附近发育了 20 多米水合物层，表明仅有储层条件还不能都形成水合物，而且需要良好的气源条件。

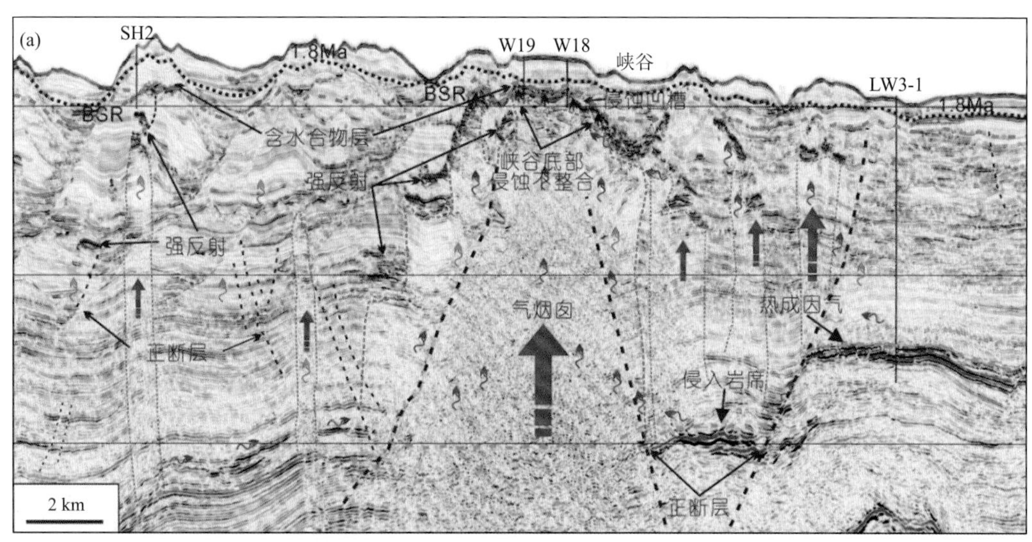

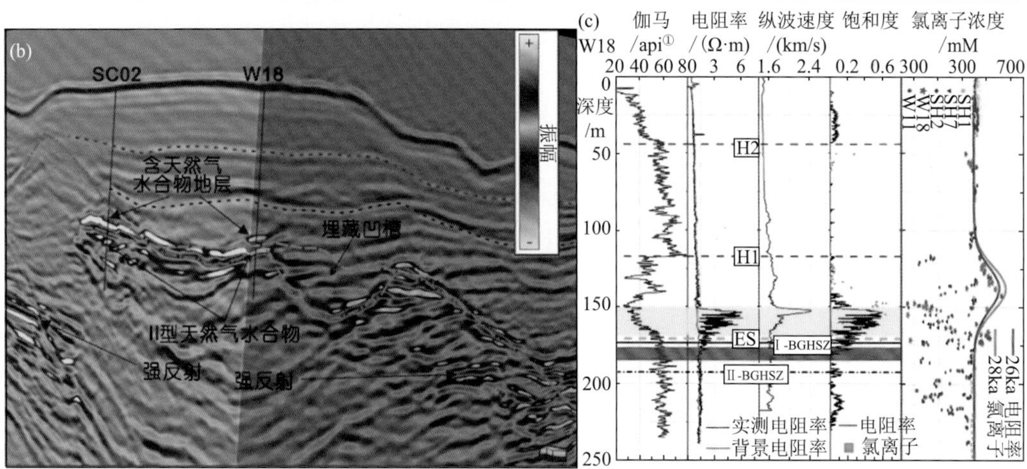

图 5　横跨珠江口盆地神狐海域不同井位地震剖面，深部流体沿气烟囱、断层及其侵入岩席等影响水合物富集，W18 井随钻测井指示甲烷稳定带上部含相对高富集水合物，含水合物层氯离子出现高值异常指示近期活动的水合物系统

3.3.1.2　地震响应特征

研究区 GMGS3-W18&W19 井附近识别 BSR 呈现出连续或不连续强振幅反射、与地

① 1api=39.37A/m。

层斜交、与海底极性相反，局部与侵蚀面平行或重合，振幅异常受侵蚀面控制作用明显[图5（b）]。水合物的富集与埋藏凹槽发育有关，在凹槽头部和天然堤局部构造高点处 BSR 深度明显变浅。通过测井与地震数据对比，发现 BSR 下部的强振幅与测井数据中Ⅰ型与Ⅱ型稳定带底界之间略微增加的纵波速度和电阻率异常相吻合，可能是由于赋存Ⅱ型水合物造成[图5（b）和（c）]。Ⅰ型水合物稳定带底界下部出现了负极性、杂乱与下拉强振幅反射异常，指示该区域发育游离气。

3.3.2 II 型水合物赋存特征

3.3.2.1 测井响应特征

GMGS3-W17 和 GMGS3-W18&19 井发现了热成因气及Ⅱ型水合物的测井响应与气体组分异常，岩心拉曼分析在Ⅰ型水合物稳定带内发现了Ⅱ型水合物（Wei et al.，2018），随钻测井异常表明在Ⅰ型水合物稳定带与Ⅱ型水合物稳定带之间存在Ⅱ型水合物。由于Ⅱ型水合物稳定带底界比Ⅰ型水合物稳定带底界更深，因此，Ⅱ型水合物的发现不仅会影响水合物的资源量评估，也会对海底烃类气体排放起到缓冲作用（Klapp et al.，2010）。

GMGS3-W17 井靠近水合物试采井，水深为 1252m，地震剖面上识别 BSR 深度约为 247m，利用实测地温梯度和海底温度计算的 I-BGHSZ 深度约为 250m，与 BSR 深度基本一致。该井压力取心气体组分显示，气体以甲烷为主，但是乙烷和丙烷等重烃气体含量随深度增加出现增加的趋势，该区域具有形成 II 型水合物气源条件，计算的 II 型水合物稳定带底界（II-BGHSZ）约为 290m（Qian et al.，2018）。从随钻测井数据看，GMGS3-W17 井测井响应较为复杂，在 210m～250m，伽马曲线值约为 70api，密度和中子孔隙度值无明显异常，纵波速度和电阻率值有明显的增加，其中速度从 1700m/s 增加到 2200m/s，而电阻率从 1.42Ω·m 增加到 5.74Ω·m，该层段为水合物层（图6）。在 250～272m，电阻率出现高值异常，但纵波速度呈现出高低互层、剧烈变化的特征，横波速度在 255m 和 265m 出现高值，在其它层基本保持不变，但其值大于计算的饱和水横波速度，因此，BSR 下部可能为含游离气和水合物的共存层。从孔隙度对比看，在 258～270m，中子孔隙度明显大于密度孔隙度，指示地层含有游离气。两种孔隙度的交会分析可以明显地将含游离气层、含水合物层与含水层区分开。在 265m 处，压力取心氯离子异常指示地层含有水合物，利用氯离子异常计算的水合物饱和度为 30%。从纵波速度看，在该深度明显高于饱和水地层的纵波速度，且位于 I-BSR 下部，岩心气体组分中含有丙烷、丁烷等重烃气体（Qian et al.，2018），认为该井测井异常可能是由于 II 型水合物和游离气共存造成。

在 GMGS3-W18&W19 井，从测井数据中同样可以观察到 I-BSR 下部纵波速度高低互层、高电阻率特征，结合岩心氯离子异常，同样可以判断在 I-BGHSZ 下部出现水合物与游离气共存（Jin et al.，2020b）。在 GMGS4-SC01 井，该井距离 GMGS3-W18 井约 70m，通过对水合物岩心样品的拉曼光谱分析，在甲烷水合物稳定带上部发现 II 型水合物，表明该井位 I 型与 II 型水合物共存（Wei et al.，2018）。

3.3.2.2 地震响应特征

从过 GMGS3-W17 井地震剖面看，该井附近发育双 BSR，在 BSR 上方和下方均能够观察到强振幅反射，BSR 上方的强振幅反射，深度约为 207m，与测井解释的高纵波速度和高电阻率异常层一致，而 I-BSR 和 II-BSR 之间（250m～290m）的强振幅反射与测井解释的高电阻率和高低互层的纵波速度特征一致，表明为水合物和游离气共存地层[图 6（d）和（e）]。地震剖面振幅异常也指示 GMGS3-W11 井 BSR 上方的水合物层厚度要明显大于 GMGS3-W17 井。此外，在 GMGS3-W17 井附近还存在一些断层，贯穿水合物层与下方游离气层并一直向上延伸至近海底[图 6（b）]，为流体从深部地层向浅部地

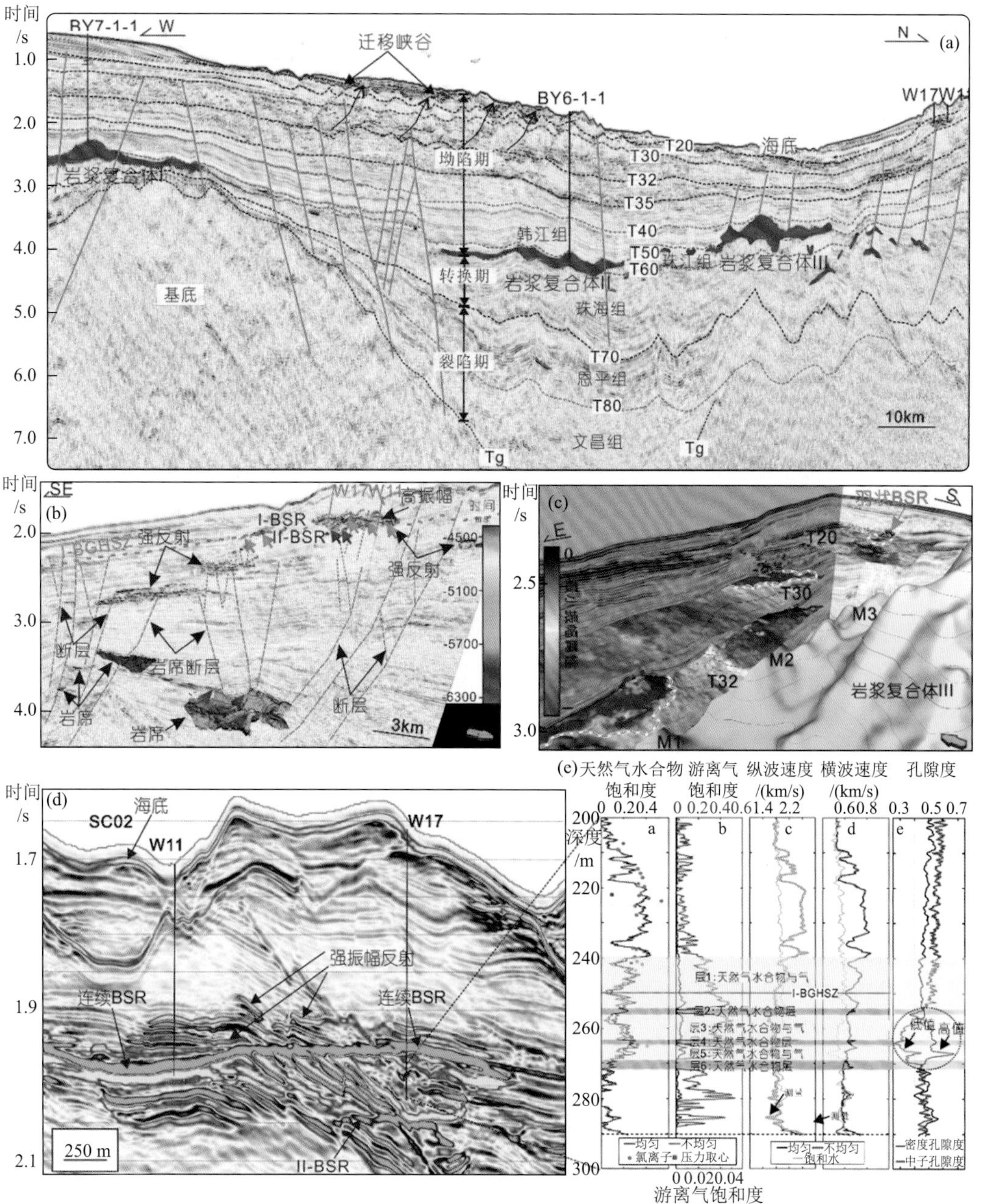

图 6　横跨珠江口盆地神狐海域水合物试采区地震剖面及测井曲线，在岩浆侵入体和岩席等上部发育大量断层，断层位于 BSR 下部或者切穿 BSR，局部区域发育双 BSR，测井异常指示了地层含水合物、水合物与游离气共存及其游离气层

层的输送提供了有利的运移通道。因此，从水合物试采区的地质结构看，试采区发育水合物层、水合物和游离气共存层以及游离气层，这种特殊的“三明治型”水合物赋存特征是细粒沉积物中水合物富集成藏的典型案例，提高了细粒沉积物中水合物的资源勘探价值。

3.4 琼东南盆地

3.4.1 测井响应特征

琼东南盆地测井异常显示该盆地既发育了不同富集程度的裂隙充填型水合物，也发育了不同厚度、不同饱和度的砂质水合物，同时发现了正在活动的海底冷泉系统，受储层、流体运移及气源等影响，水合物空间分布差异大。该盆地钻探发现的裂隙充填型水合物包括两种赋存方式：①水合物发育在特定地层的裂隙内，呈“层控”分布，水合物饱和度不高；②高通量垂向流体运移区，呈烟囱状反射，与冷泉系统有关，水合物较为富集（王秀娟，2023）。同时，发现了厚度不等、饱和度存在差异的砂质水合物层，砂层从不足 1m 至 3m～7m 不等，局部较薄，空间分布不连续，饱和度达 60%（Meng et al.，2021；Deng et al.，2022），地震剖面上发现了双 BSR，测井异常指示孔隙充填与裂隙充填型水合物垂向叠置。钻探岩心样品分析认为形成水合物的气源以热成因气为主，并且在多个站位发现了 I 型和 II 型水合物共存（Wei et al.，2019，2021）。

GMGS5-W08 进行了随钻测井和取心，利用测量海底温度、地温梯度计算 GMGS5-W08 井甲烷水合物稳定带厚度约为 146m，II 型水合物稳定带厚度为 177m[图 7（a）]。从测井资料看，在 9～174m 均存在较高电阻率异常，最大值可达 73Ω·m。纵波速度变化呈现出多层性特征，在 20～55m，纵波速度略微增加，局部薄层出现高速，最高达 1750m/s；在 60～120m 间，纵波速度明显增加，最高达 1930m/s；在 152～160m 和 163～174m 仍存在水合物层，利用各向异性速度模型，基于水平裂隙与垂直裂隙计算的饱和度约 40%左右，纵波速度出现高值异常，最高达 2059m/s[图 7（a）]。速度异常层的密度并没有明显变化，表明该层不是由于岩性变化造成的速度异常。密度值位于 1.50～1.85g/cm^3 之间，在 50～60m 处出现了高密度异常值，可达 2.20g/cm^3，但是纵波速度却没有明显增加，取心表明该层为碳酸盐岩层（Ye et al.，2019；张伟等，2020）。氯离子异常指示水合物饱和度变化大，局部水合物饱和度达 60%以上，由于岩心限制，计算的水合物饱和度垂向不连续（Ye et al.，2019）。

GMGS6-W01-2019 井水深约 1513.9m，利用海底深潜器发现了活动冷泉（Ren 等，2022），该位置发育有大量冷泉生物，如贻贝、虾、蟹等，也有发现自生碳酸盐岩，并通过现场取样获取了块状水合物实物样品。从测井资料看，该井发育两层水合物，在近海底 5.2～43.2m，厚度为 38m，出现高电阻率、局部高纵波速度和低密度异常，平均电阻率 14Ω·m，最大电阻率为 157.43Ω·m，在深度 52.2～118.2m，厚度为 66m，出现高电阻率、高纵波速度和略微增加密度异常，伽马测井无明显变化，岩心指示水合物主要呈块状、片状分布，在 56～64m 处，发育较高饱和度的砂质水合物层，平均电阻率为 18.7Ωm，最大值为 313.93Ωm[图 7（b）]。从岩心红外温度测量看，在深度 59.5～64.5m 处，出现明显低温异常，温度在−8℃至−11℃[图 7（d）]，除少量可视水合物，大部分水合物充填在砂质储层内，厚度约为 11m。GMGS6-W03 井水深约为 1543.07m，42.9～52.1m 为砂质储层，与泥岩地层相比，伽马测井出现明显低值，呈箱型变化，平均值为 50.5api，中子孔隙为 45%～61.9%，核磁孔隙度 25.7%～49%，在深度 56.3～131.5m 处，电阻率从 1.59～89.3Ω·m 变化，声波从 101.2～178.2us/ft①变化，出现明显高纵波速度异常，利用电阻率计算水合物饱和度为 51.5%，在 139.5～158.6m 之间，电阻率从 1.01～86.5Ω·m 变化，而声波为 145.3～208.5us/ft，电阻率计算的饱和度约为 12%，水合物饱和度略微偏低[图 7（c）]，砂层约为 15m（Meng et al.，2021）。目前，在琼东南盆地既发现了裂

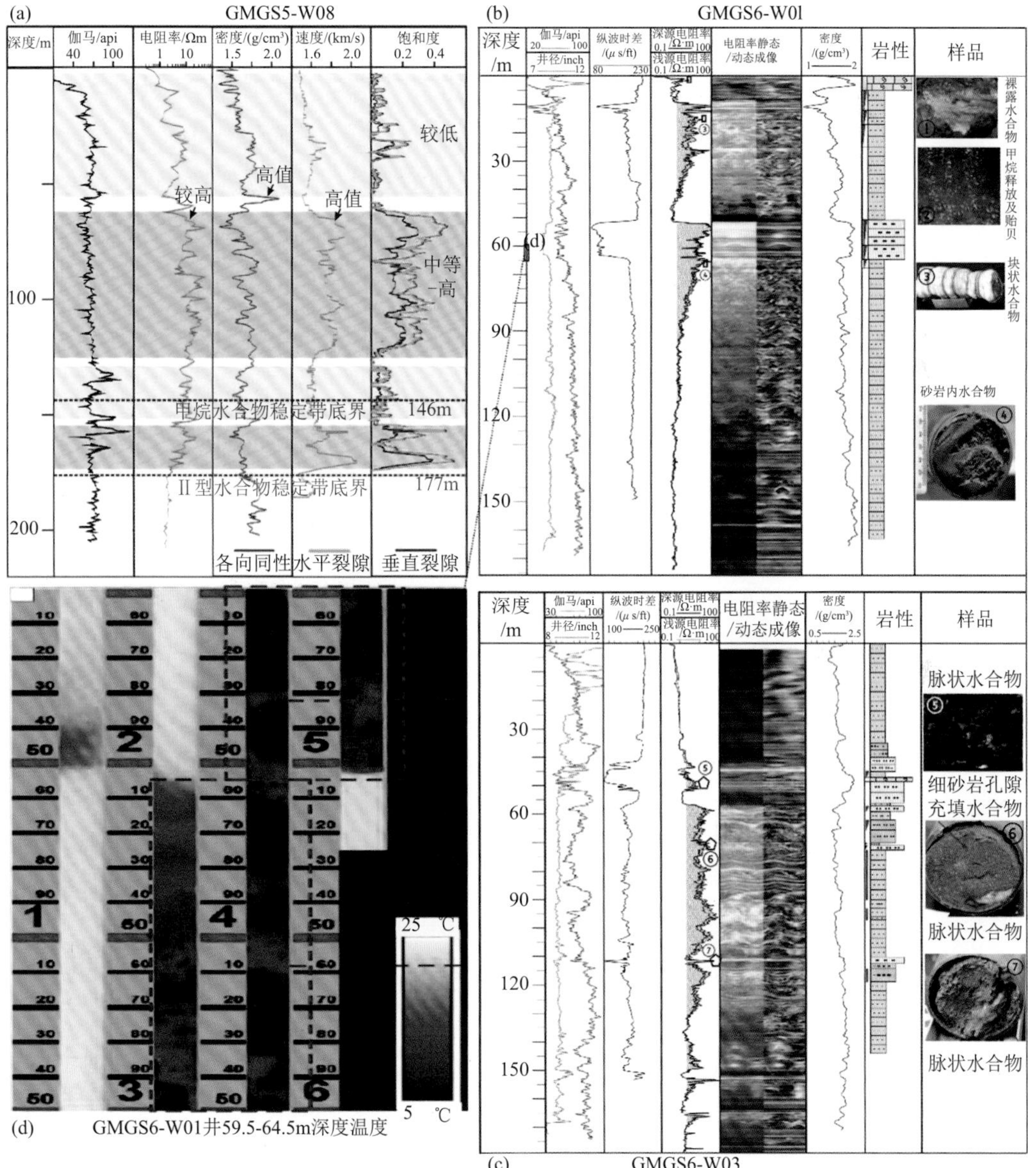

图 7　琼东南盆地不同井位的随钻测井响应，该区域发育不同厚度细砂岩的孔隙充填型水合物与不同赋存形态的裂隙充填型水合物，红外温度出现地层含水合物的低温异常，局部井位发育活动冷泉及裸露海底的水合物

① 1ft=0.3048m。

隙充填型水合物又发现了砂质水合物，既存在活动的冷泉系统，也存在不活动冷泉系统，孔隙充填型与裂隙充填型水合物垂向叠置，水合物赋存形态多样，同时发育游离气，指示水合物成藏较为复杂。

3.4.2 地震响应特征

通过对常规油气采集地震数据进行宽频、保幅、鬼波压制与深度偏移等重处理，能识别 BSR 与流体渗漏造成的地震异常反射。该盆地发育多期 MTD，其内部呈弱振幅空白反射，底部为强反射，在相对富砂的半深海沉积地层，地震剖面出现中等-强振幅特征，横向并不连续（图 8）。由于该区域地层呈水平产状，识别 BSR 近似平行海底，从过 GMGS5-W07 和 GMGS6-W05 井地震剖面看，钻探发现的水合物层位于甲烷稳定带附近，地震反射呈强振幅异常，同一地层出现了含水合物与含游离气层的横向变化，GMGS5-W07 井下部出现与海底相反的负极性强振幅反射，出现低纵波速度异常，指示地层含游离气，而 GMGS6-W05 井出现了与海底极性一致的强振幅反射，电阻率出现高值异常，指示含水合物[图 8（a）]。过 GMGS5-W08 井地震剖面出现了上拱、弱振幅反射特征，BSR 呈上翘或者不连续的弱反射，类似“烟囱”状，海底发育麻坑，受浅层多期 MTD 沉积影响，该区域 BSR 并不明显，在甲烷稳定带下部出现多个强振幅反射[图 8（b）]。利用相干属性、蚂蚁追踪技术对地震数据进行属性融合，识别气烟囱及多期 MTD 内的断层和裂隙，研究发现基底隆起上方的大部分断层发育至气烟囱构造上方，MTD 内存在大量微裂隙，尤其是 MTD3 内裂隙最为明显，为裂隙充填型水合物形成提供有利空间。大量呈烟囱状反射的水合物发育区与基底边界断层密切相关，其走向与基底断层近似[图 8（c）]，靠近基底陡坡处为中央峡谷，基底边界发育的大规模断层不仅可以将深部气体输送至浅部地层，为水合物形成提供了有利气源条件。

盆地发育了多期第四纪水道，分布在水合物稳定带内浅部地层，在 MTD 下部发育薄砂层，多口井钻探显示砂层厚度几米不等，影响着浅层的流体运移，沿基底隆起运移来的流体沿 MTD 与半深海沉积交界的倾斜地层发生侧向运移，聚集在浅层水道内。在 GMGS6-W01 井发现了活动冷泉，浅层 MTD 下部发育了厚度约为 10 多米砂层，地震剖面上出现明显强振幅反射，下部出现弱振幅、明显上拱反射，为厚层裂隙充填型水合物，海底振幅较强，与周围地层出现明显不连续[图 8（e）]。由于该冷泉穿透一套砂岩层，砂层内含水合物层出现明显高电阻率与高速度异常[图 7（b）～（d）和图 8（d）]，该砂层横向上相对较为连续，位于水合物稳定带上部地层，但是仅在冷泉周围砂层内含水合物，可能是由于下部流体不易到达浅部砂体。

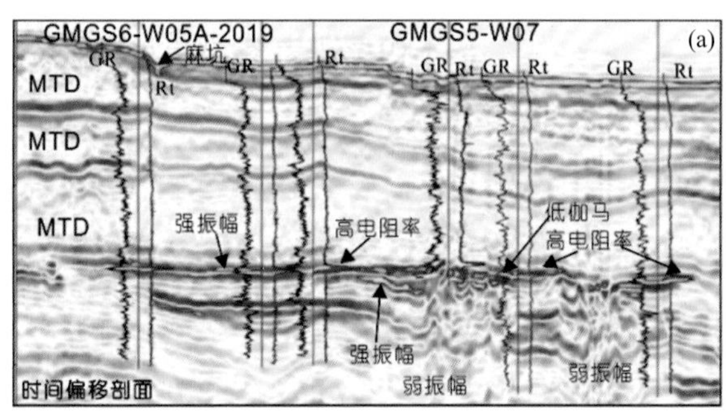

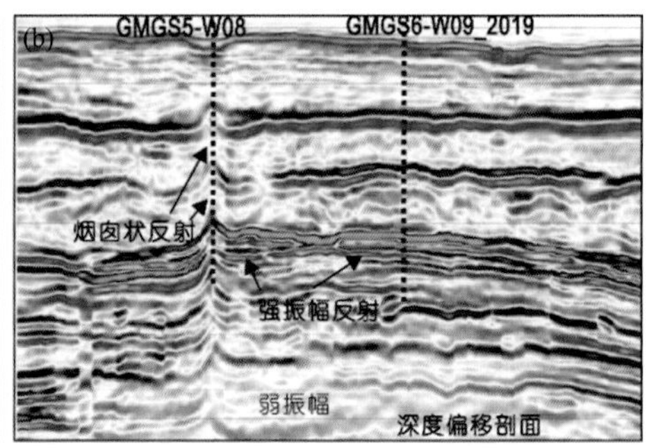

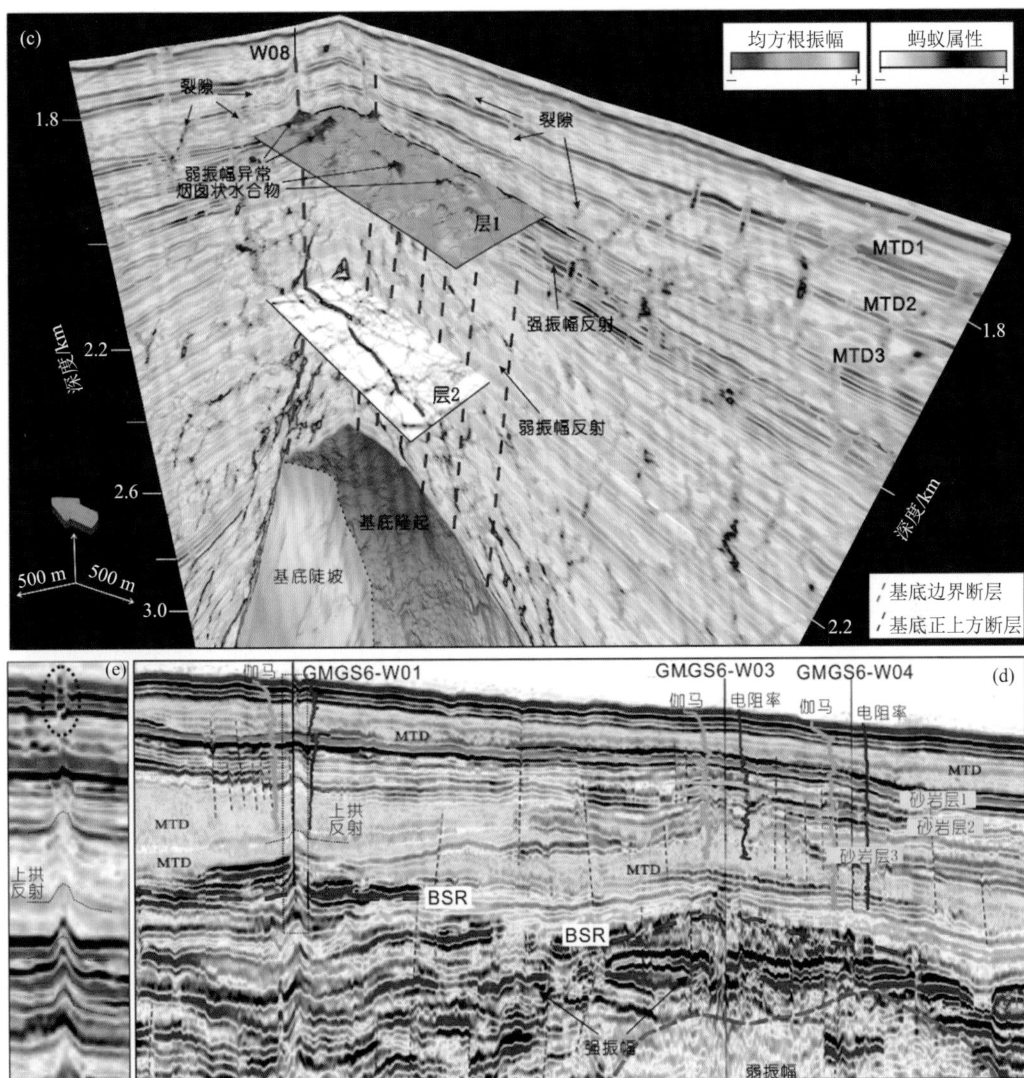

图 8 琼东南盆地过不同井位、不同水合物赋存形态的地震异常特征，MTD 内部呈弱振幅，底部为强反射，内部发育裂隙，MTD 下部发育不同厚度砂层，BSR 与地层平行，下部发育强振幅异常，裂隙充填型水合物发育区出现明显上拱反射与弱振幅

3.5 中建盆地

中建盆地迄今为止没有进行水合物钻探，该盆地沉积物为远源的细粒沉积，受区域构造作用影响，中建盆地裂陷期构造活动强烈，受控于北东向陆缘伸展为主的断裂体系以及北西-北西西向红河走滑断裂体系。两大构造体系的发育同时伴随较强且规模较大的岩浆活动，诱发火山喷发，形成大量的岩浆古隆起，在隆起带上部发育规模不等的岩席、火山等，大量岩浆沿活动断裂侵入上覆沉积层或喷出海底，导致断裂区域沉积层发生破裂及上拱变形，同时伴随着深部流体向上运移，为水合物赋存提供气源。研究区发育了大规模多边形断层和超大型麻坑，根据麻坑的长宽比和形态，及麻坑特征将中建海域的

麻坑分为圆形麻坑、椭圆形麻坑、拉长形麻坑、新月形麻坑和复合型麻坑 5 类（Sun et al., 2011）。中建海域发育的圆形麻坑规模都较大，直径为 1500～2100m。总体上中部最深，最深可达 170m。麻坑主要分布在地形相对平缓的区域，呈近 SN 向排列展布，EW 向为短轴方向，南北向为长轴方向；圆形麻坑规模相对较小，麻坑中部最深，最深可达 120m，向两侧变浅。从地震剖面上能清晰识别该区域发育断层及其多边形断层，当断层切穿至水合物稳定带时，则发育 BSR 反射，断裂或裂隙越发育且与深部断层联通的位置，BSR 反射越明显，若断裂不能达到水合物稳定带下部，则不存在 BSR 或者 BSR 不明显[图 9（a）]。

从研究区识别的 BSR 看，其分布范围大、连续性好，BSR 振幅在横向存在变化，在弱 BSR 区，也易识别且边界清晰，波组特征较明显[图 9（b）]，BSR 主要包括三类：①位于台地区，呈连续、中等-强振幅，断层穿透 BSR，达上部强振幅层，水合物层越靠近 BSR 位置，振幅越强；②位于台地边缘斜坡区，呈连续、弱-中等振幅，断层到达 BSR 下部，局部断层控制水合物层，水合物层与 BSR 厚度大；③位于海底麻坑发育区，局部出现 BSR，BSR 整体较弱或者无 BSR（李林等，2022）。由于该盆地无水合物测井资料，利用叠加速度与宽频处理地震资料进行的约束稀疏脉冲反演获得纵波阻抗剖面，在 BSR 上部地层内，出现明显高纵波阻抗，达 4.6×10^6kg/(m^2·s)，明显高于区域背景纵

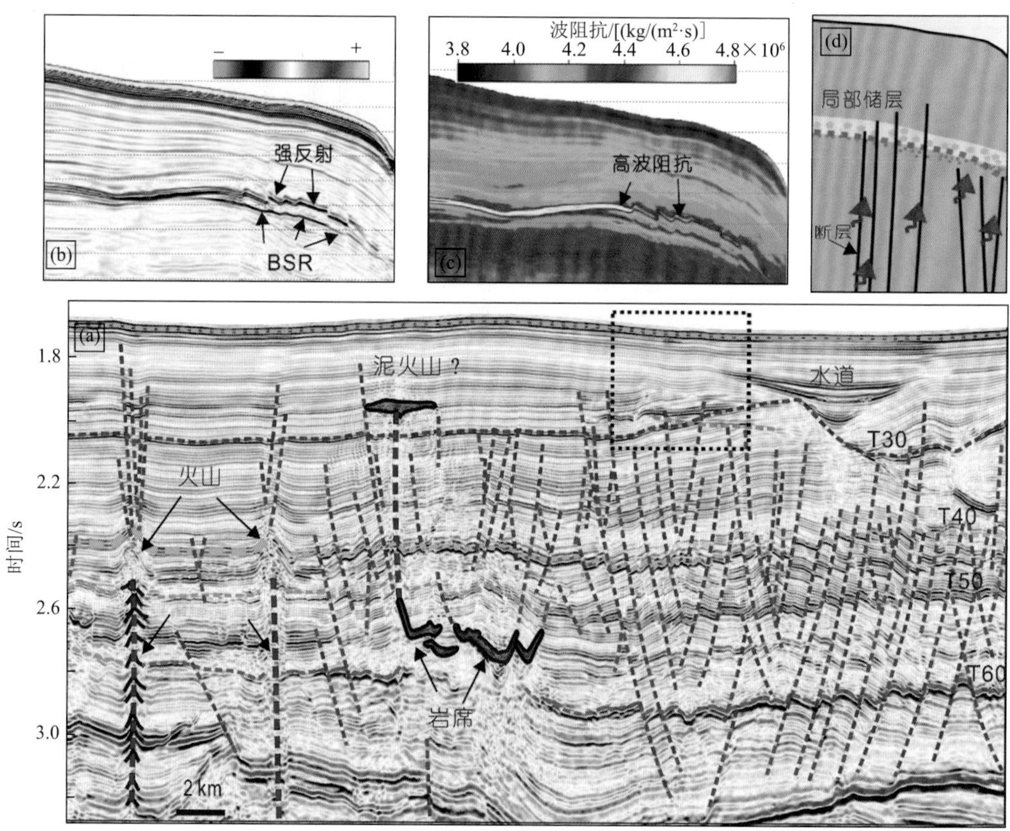

图 9　中建盆地地震识别 BSR 与断层、多边形断层、火山、岩席等构造之间关系，断层切穿局部发育 BSR，反演的局部区域纵波阻抗，BSR 及上部呈高波阻抗异常

波阻抗 4.2×10^{6}kg/(m^2·s)，横向上具有连续性，局部地层纵波阻抗出现变化，该异常可能是由于地层含水合物导致波阻抗增加，水合物层平均厚度约 20m，局部区域较厚达 50 多米[图 9（c）]。目前该盆地研究程度相对较低，有待开展水合物钻探，进一步揭示水合物分布与富集特性研究。

4. 水合物富集成藏的主控因素

4.1 南海北部水合物成藏主控因素

从南海北部多个盆地钻探发现的水合物层测井响应特征、岩心与反射地震异常看，形成水合物储层类型多样，发现了细粒沉积物中形成相对富集水合物，也发现了砂质水合物储层，水合物赋存形态多样，钻探揭示了 II 型水合物与游离气共存，发现砂质储层孔隙充填型水合物与裂隙充填型水合物叠置共存，南海北部水合物勘探改变了国际上对水合物成藏系统的认识，也表明水合物富集成藏规律存在差异性与复杂性。

4.4.1 储层岩性

水合物赋存特征及富集程度与储层关系密切，细粒泥质和粗粒砂质沉积物中都能形成水合物（Collett，2009），但国际海域研究发现泥质沉积物中形成的水合物饱和度相对较低、砂质地层水合物饱和度为中等至高饱和度。自 2007 年以来，广州海洋地质调查局在南海北部台西南盆地、珠江口盆地、西沙海域及琼东南盆地进行了 7 次水合物钻探，发现水合物储层主要为泥质粉砂沉积物，这是由于南海北部陆架较宽，深水-半深水区整体处于粉砂质泥岩和泥质粉砂岩的物源供给区。受海平面变化或海底峡谷浊流输运影响，部分沉积层段可能出现局部富砂或富有孔虫砂储层（陈芳等，2013），例如珠江口盆地 GMGS3-W18&19 井和琼东南盆地 GMGS6-W01、GMGS6-W03 等多口钻井，发现薄砂层高饱和度水合物。

细粒储层中水合物层的厚度差异较大，从几米至几十米不等，在 GMGS3-W11 井，水合物层厚度达 70m，分别为含中等饱和度水合物层或不含水合物的夹层，饱和度平均值为 40%，最高值在 50%以上，呈多个不同厚度的层状分布。从伽马测井看，虽然在水合物层内部也存在局部沉积物粒度变化，但整体为高伽马测井层段，以细粒黏土质粉砂储层为主。而在 GMGS3-W18&19 井，I 型水合物稳定带底界上部的含水合物地层呈漏斗型分布的测井特征，该层与地震上解释的侵蚀凹槽有关，这表明该区水合物层比 GMGS3-W17 井岩性相对较粗（图 5，Jin et al.，2020b，2023），有利于高饱和度水合物赋存。元素捕获能谱测井及岩心分析显示，低伽马地层主要由富有孔虫砂等碎屑物质组成，这些碎屑颗粒与砂岩粒度相当，且有孔虫内部空腔可为水合物提供更好的生长空间（陈芳等，2013；康冬菊等，2018）。但同时可以观察到，并不是低伽马层都发育水合物层，例如 GMGS4-SC02 井，水合物仅发育在 I 型水合物层上部的高伽马值地层，而其上部低伽马值的地层并没有形成水合物（Jin et al.，2020b）。因而，储层特性是影响水合物富集的重要因素，但并非唯一因素，水合物成藏需进一步考虑气源和流体供给差异的影响。

4.4.2 气源条件

气源是水合物成藏中的重要因素，根据气源类型可以分为热成因气、生物成因气和混合成因气（Collett et al.，2009）。南海北部水合物岩心样品分析指示水合物气源复杂性，最初地球化学指标认为，水合物成藏以生物成因气为主；随后发现部分水合物站位有少量热成因气信号，认识转变为水合物成藏以混合成因气为主；近期越来越多的水合物钻探、成藏模拟及地球化学指标研究发现仅靠稳定带内原位生物成因气难以形成富集的水合物藏，要形成具有一定规模且高富集的水合物，需要大量深部热成因烃类气体运移至水合物稳定带。

从岩心分析看，珠江口盆地未发现热成因气为主的水合物，但是 GMGS3-W18&19、GMGS4-SC01&SC02 和 GMGS3-W11&17 井与深水热成因气田 LW3-1-1 仅距 200km，含水合物层附近样品 C1/C2 均出现明显降低的异常变化趋势（郭依群等，2017；Qian et al.，2018），水合物生烃模拟显示 GMGS3-W18&19 站位高饱和度水合物赋存需 80%的热成因气气源组成（Sun et al.，2020b），而浅部样品地化数据分析显示热成因气在运移到浅部地层后会经过微生物降解从而表现为偏生物成因气特征（Lai et al.，2022a），这些证据均表明深部热成因气为该地区水合物富集提供重要的气源。而琼东南盆地同位素地球化学分析显示，GMGS5-W08 站位由丰富重烃气体和甲烷组成，重烃气体是典型的热成因气，主要来源于深埋的煤型气田或烃源岩，而甲烷来源于热成因气和微生物成因气的混合气体，估计的微生物气占比为 44%-67%（Lai et al.，2022b）。琼东南盆地多个冷泉喷口及站位虽气源组分比例存在一定程度差异，但均表明深部高通量热成因气对水合物系统贡献显著。

4.4.3 流体疏导条件

流体运移包括扩散、对流与气相运移三种方式，流体通过疏导通道运移到水合物稳定带，再经过短距离或长距离运移进入储层，在合适的温压条件下形成水合物（You et al.，2019）。原位生物成因气难以形成较为富集的水合物层，形成水合物气源主要是通过稳定带下部或深部运移来的，因此流体运移方式和运移通道对水合物成藏十分重要。从南海北部水合物分布区看，水合物赋存均与盆地内发育的正断层、多边形断层、气烟囱、岩浆/泥底辟及不整合面等流体疏导构造具有良好匹配关系，虽不同盆地流体运移条件与方式存在一定差异，但水合物富集均需要与深部气源相匹配的良好流体疏导体系发育。

台西南盆地受主动陆缘构造俯冲及东沙运动影响，构造活跃，发育大量逆冲断层、正断层及气烟囱构造等；珠江口盆地为典型被动陆缘盆地，深部烃类流体活跃，岩浆侵入及差异压实作用造成大量同沉积断层、火山断层和气烟囱构造发育；琼东南盆地受走滑断层、基底隆起及深部丰富烃源岩影响，盆地同样发育大量垂向和横向疏导的烃类流体。地震解释与数值模拟结合可对水合物气体来源和运移路径进行分析，珠江口盆地热成因气烃源岩主要为文昌组和恩平组，沉积于白云主凹，在经过横向几十到上百公里和垂向几公里跨地层运移，到达浅部水合物稳定带内形成热成因气占比达 80%的 GMGS3-W18&19 水合物矿体（Sun et al.，2020b），因而深部流体长距离搬运可能是珠江口盆地主要机制。而琼东南盆地中，基底隆起在水合物成藏过程中有重要作用，在基底隆起上方差异压实褶皱对流体有明显汇聚作用，高通量流体通过隆起上方断层和气烟囱构造聚集性垂向运移，从而在隆起上方的浅部地层形成水合物矿体及海底冷泉（孙鲁一等，2023）。对南海北部典型研究区分析后，我们认为垂向与横向交互的高通量流体运移对高富集水合物成藏非常重要。

4.2 晚期岩浆活动对水合物成藏影响

南海北部裂后期岩浆活动活跃，在多个地区与水合物赋存区叠置共存，岩浆火山及侵入岩席构造对水合物及浅层游离气赋存可能存在明显影响,但由于地球物理资料缺失，裂后岩浆活动如何影响水合物赋存等方面研究很少。现阶段国际上在多个盆地发现了岩浆系统或盐构造对水合物成藏影响，在日本上越（Joetsu）盆地的水合物样品中，发现了地幔来源的气体与热成因气，且深部来源气体通过气烟囱构造对水合物系统供给，造成水合物稳定带底界变浅（Snyder et al.，2020）。南海北部水合物钻探区附近，三维地震资料和钻探压力分析也发现强烈的岩浆活动和深部地层超压幕式释放是流体垂向运移重要驱动力（Zhao et al.，2016；Sun et al.，2020a）。在 GMGS1-SH5，GMGS3-W18 和 GMGS3-W19 井位发现明显变高的地温梯度，表明这些井位附近存在局部热流体影响，造成热异常的原因并不清楚。

在神狐海域南部的云荔低凸起发育大型岩浆复合体[图 6（a）]，中央火山直径约 15km，高度约 1100ms，出露海底，周围发育一系列埋藏的直径<1km 的小规模海底火山，这些岩浆火山为典型裂后期岩浆侵入构造。神狐海域深部地层可见中正极性、不连续的中高振幅反射，并与周围正常沉积地层次平行，为火山成因岩席地震识别标志。岩席宽度范围为 0.7km～8km，延伸长度为 2km～13km，岩席位于中央岩浆复合体周围，表明岩浆活动向围岩沉积地层侵入作用形成。利用水合物钻探区重处理的三维地震数据，对海底火山和岩浆席进行追踪解释，发现大量正断层、浅部强反射、BSR 与深部岩浆活动存在密切关系，即大型岩浆火山及伴生的水合物系统。例如：GMGS1-SH2、GMGS1-SH5、GMGS3-W18、GMGS3-W11 和 GMGS3-W17 井地震剖面均可发现岩浆侵入岩席呈条带状富集于地层中，岩席边界或内部伴生发育正断层、气烟囱构造，成为连接不同深度烃源岩与浅部水合物系统的通道条件[图 6（b）]，与神狐海域水合物富集关系密切。

白云凹陷深部烃类流体活跃，火成岩岩席分布广泛，岩浆侵入作用可能触发流体或气体运移，有利于上覆地层中游离气和水合物赋存。因而岩浆活动可能有利于深部流体向浅部地层运移，特别是在云荔低凸起地区，游离气可通过地层挤压破裂时产生断层及微裂隙等构造运移，并赋存于火山上部不同深度的褶皱地层中[图 6（c）]。总之，游离气可沿断层和气烟囱构造迁移，并在①水合物稳定带底界下部的褶皱地层中赋存，形成强振幅反射，即浅层气；②当火山上部地层较薄，游离气可运移到水合物稳定带底界上部地层，而形成水合物。另外火山上方发现的羽状 BSR 表明深部火山的存在可能为水合物系统提供高地温梯度和热流体条件。因而火山复合体对水合物和游离气赋存的影响主要有两方面：①促进流体运移通道发育，为水合物成藏提供气源条件；②提供高地温梯度异常，水合物稳定带底界变浅。综合研究表明广泛分布的岩浆或火成岩系统可以影响或触发流体迁移路径，并影响沉积盆地内水合物和游离气富集，类似于盐底辟构造驱动的水合物系统。

4.3 块体搬运沉积对水合物成藏影响

块体搬运沉积广泛发育于大陆边缘沉积盆地中，为低渗透率低孔隙度地层，与高孔高渗的薄砂层互层分布，储层垂向非均质性是造成块体搬运沉积区孔隙充填型与裂隙充填型水合物叠置发育的重要原因。以琼东南盆地为例，水合物主要富集在第四系乐东组地层中，在稳定带内，发育了 3 期块体搬运沉积，尽管块体搬运沉积不利于水合物形成，但受构造活动、超压压裂以及块体搬运过程中挤压等影响，沉积物中存在大量的断层和裂隙，为裂隙充填型水合物形成提供了有利空间，尤其在断层发育的沉积物周围，从地震上可以观察到浅部地层中发育烟囱状垂向反射特征（图 8）。而表征孔隙充填型水合物和游离气赋存的强振幅反射主要位于 MTD3 下方的薄砂层沉积[图 8（c）]，其渗透率可超过 15Md（Deng et al.，2022），水合物生烃模拟结果显示其内部水合物饱和度值较高（>40%）且平面较为连续，并且当存在薄砂层时，I 型稳定带底界下方的可能发育 II 型水合物层（孙鲁一等，2023）。综合来看，在琼东南盆地，多期块体搬运沉积体系内部的断层、裂隙体系为裂隙充填型水合物提供了有利生长空间，而在多期块体搬运沉积体系底部的富砂沉积物，是孔隙充填型水合物富集的有利储层，在这种块体搬运沉积与浊积水道交汇的复杂沉积体系下，形成的水合物饱和度富集分布特征在不同区域的垂向和横向上差异明显。

5 结论

通过对南海北部已发现水合物赋存区地震、测井及其岩心等资料综合对比，发现南海北部不同盆地水合物均受控于储层条件、气源及流体疏导等条件，但赋存形态多样，主控因素存在差异，水合物富集成藏是多因素耦合、共同控制的复杂过程，水合物富集差异受构造背景差异控制。台西南盆地受马尼拉俯冲影响，盆地东西部水合物富集存在明显差异，在稳定带上部发育了广泛分布的孔隙充填型水合物，在高通量流体运移区发育与冷泉系统相关的裂隙充填型水合物，在逆冲褶皱发育区，水合物分布广，活跃的构造条件为水合物赋存提供有利地质条件。在经历基底隆起和海底侵蚀作用区域，BSR 厚度变化大，出现 BSR 向下调整，在快速沉积区出现双 BSR，指示水合物系统呈动态调整。

南海北部为被动大陆边缘，但是由于南海独特构造活动，中新世以来发育多期岩浆活动，尽管构造不活跃，但是晚期岩浆活动导致断层活化，深部流体沿断层向上运移为水合物成藏提供气源条件，在珠江口盆地发现了近期活动水合物系统和 II 型水合物，横向与垂向交互式流体运移方式是高富集水合物成藏主要因素。琼东南盆地水合物主要富集在基底隆起区，浅部地层发育了多期次块体搬运沉积，同时互层沉积多个薄砂层，晚期岩浆与断层活动为高通量流体运移提供通道，独特的沉积与流体疏导过程，控制着琼东南盆地孔隙充填型和裂隙充填型水合物叠置共生的组合样式。中建盆地独特的超大型麻坑构造表明该地区曾经发生强烈的流体渗漏活动，水合物赋存于部分近水平地层中。南海水合物钻探表明细粒储层同样可以发育相对富集水合物，储层、气源与流体疏导耦合控制了水合物赋存形态及富集程度，未来的高富集水合物成藏评价需要综合考虑气源、流体疏导条件和储层物性的影响，同时也要关注沉积与构造活动对水合物成藏影响。

参考文献

陈芳, 苏新, 陆红锋, 周洋, 庄畅. 2013. 南海神狐海域有孔虫与高饱和度水合物的储存关系. 地球科学, 38: 907-915

陈芳, 周洋, 吴聪, 刘坚, 苏新, 庄畅, 陆红锋, 余少华, 段焜, 荆夏. 2017. 珠江口盆地东部陆坡末次冰期天然气水合物-冷泉活动的记录与时间. 地学前缘, 24: 66-77

甘军, 张迎朝, 梁刚, 杨希冰, 李兴, 宋鹏. 2019. 琼东南盆地深水区烃源岩沉积模式及差异热演化. 地球科学, 44: 2627-2635

高红芳, 王衍棠, 郭丽华. 2007. 南海西部中建南盆地油气地质条件和勘探前景分析. 中国地质, 04: 592-598

郭依群, 杨胜雄, 梁金强, 陆敬安, 林霖, 匡增桂. 2017. 南海北部神狐海域高饱和度天然气水合物分布特征. 地学前缘, 24: 24-31

匡增桂, 方允鑫, 梁金强, 陆敬安, 王磊. 2018. 珠江口盆地东部海域高通量流体运移的地貌-地质-地球物理标志及其对水合物成藏的控制. 中国科学: 地球科学, 48: 1033-1044

康冬菊, 梁金强, 匡增桂, 陆敬安, 郭依群, 梁劲, 蔡慧敏, 曲长伟. 2018. 元素俘获能谱测井在神狐海域天然气水合物储层评价中的应用. 天然气工业, 38: 54-60

李林, 王彬, 孙鲁一, 王兆旗, 鲁银涛, 杨涛涛, 钱进, 王秀娟. 2022. 南海中建盆地天然气水合物富集特征与控制因素研究. 地球科学, 1-20

李杰, 何敏, 颜承志, 李元平, 靳佳澎. 2020. 南海北部揭阳凹陷天然气水合物的地震异常特征分析. 海洋与湖沼, 51: 274-282

米立军, 何敏, 翟普强, 朱俊章, 庞雄, 陈聪, 马宁. 2019. 珠江口盆地深水区白云凹陷高热流背景油气类型与成藏时期综合分析. 中国海上油气, 31: 1-12

施和生, 何敏, 张丽丽, 余秋华, 庞雄, 钟志洪, 刘丽华. 2010. 珠江口盆地(东部)油气地质特征、成藏规律及下一步勘探策略. 中国海上油气, 26: 11-22

孙鲁一, 李清平, 陈芳, 余晗, 王秀娟, 靳佳澎, 钱进, 李丽霞, 张广旭, 张正一. 2023. 琼东南盆地块体搬运沉积区多类型水合物赋存特征与数值模拟. 地球物理学报, doi: 10. 6038/cjg2023R0003

吴能友, 杨胜雄, 王宏斌, 梁金强, 龚跃华, 卢振权, 邬黛黛, 管红香. 2009. 南海北部陆坡神狐海域天然气水合物成藏的流体运移体系. 地球物理学报, 52: 1641-1650

王秀娟. 2023. 天然气水合物储层特性与定量评价. 北京: 科学出版社. 388

解习农, 张成, 任建业, 姚伯初, 万玲, 陈慧, 康波. 2011. 南海南北大陆边缘盆地构造演化差异性对油气成藏条件控制. 地球物理学报, 54: 3280-3291

颜承志, 施和生, 李元平, 李杰, 朱焱辉, 王秀娟. 2018. 珠江口盆地白云凹陷天然气水合物与浅层气识别及成藏控制因素. 中国海上油气, 30: 25-32

杨胜雄, 梁金强, 陆敬安, 曲长伟, 刘博. 2017. 南海北部神狐海域天然气水合物成藏特征及控制因素新认识. 地学前缘, 24: 1-14

周守为, 陈伟, 李清平, 周建良, 施和生. 2017. 深水浅层非成岩天然气水合物固态硫化试采技术研究及进展. 中国海上油气, 29: 1-8

张功成, 曾清波, 苏龙, 杨海长, 陈莹, 杨东升, 纪沫, 吕成福, 孙钰皓. 2016. 琼东南盆地深水区陵水17-2 大气田成藏机理. 石油学报, 37: 34-46

张迎朝, 甘军, 杨希冰, 徐新德, 朱继田, 杨金海, 杨璐, 李兴. 2017. 琼东南盆地陵水凹陷构造演化及其对深水大气田形成的控制作用. 海洋地质前沿, 33: 22-31

张伟, 梁金强, 陆敬安, 孟苗苗, 何玉林, 邓炜, 冯俊熙. 2020. 琼东南盆地典型渗漏型天然气水合物成藏系统的特征与控藏机制. 天然气工业, 40: 90-99

Berndt C, Feseker T, Treude T, Krastel S, Liebetrau V, Niemann H, Bertics V J, Dumke I, D ü nnbier K, Ferré B, Graves C, Gross F, Hissmann K, Hühnerbach V, Krause S, Lieser, K, Schauer, J, Steinle, L. 2014. Temporal constraints on hydrate-controlled methane seepage off Svalbard. Science, 343: 284-287

Berndt C, Chi W C, Jegen M, Lebas E, Crutchley G, Muff S, Hölz S, Sommer M, Lin S, Liu C S, Lin A T, Klaeschen D, Klaucke I, Chen L, Hsu H H, Kunath P, Elger J, Mclntosh K D, Feseker T. 2019. Tectonic controls on gas hydrate distribution off SW Taiwan. Journal of Geophysical Research: Solid Earth, 124: 1164-1184

Briais A, Patriat P, Tapponnier P. 1993. Updated interpretation of magnetic anomalies and seafloor spreading stages in the South China Sea: Implications for the Tertiary tectonics of Southeast Asia. Journal of Geophysical Research: Solid Earth, 98: 6299-6328

Brothers D S, Ruppel C, Kluesner J W, ten Brink U S, Chaytor J D, Hill J C, Andrews B D, Flores C. 2014. Seabed fluid expulsion along the upper slope and outer shelf of the U. S. Atlantic continental margin. Geophysical Research Letters, 41: 96-101

Cao Y C, Su Z, Chen D F. 2013. Influence of water flow on gas hydrate accumulation at cold vents. Science China Earth Sciences, 56: 568-578

Collett T S, Johnson A, Knapp C C, Boswell R. 2009. Natural gas hydrates: A review. In: Collett T S, eds. Natural Gas Hydrates: Energy Resource Potential and Associated Geologic Hazards, AAPG Memoir, 89. Tulsa: American Association of Petroleum Geologists. 146-219

Deng W, Liang J Q, Kuang Z G, Zhong T, Zhang Y N, He Y L. 2022. The variation of free gas distribution within the seeping seafloor hydrate stability zone and its link to hydrate formations in the Qiongdongnan Basin. Acta Geophysica, 70: 1115-1136

Jin J P, Wang X J, He M, Li J, Yan C Z, Li Y P, Zhou J L, Qian J. 2020a. Downward shift of gas hydrate stability zone due to seafloor erosion in the eastern Dongsha Island, South China Sea. Journal of Oceanology and Limnology, 38: 1188-1200

Jin J P, Wang X J, Guo Y Q, Li J, Li Y P, Zhang X, Qian J, Sun L Y. 2020b. Geological controls on the occurrence of recently formed highly concentrated gas hydrate accumulations in the Shenhu area, South China Sea. Marine and Petroleum Geology, 116: 104294

Jin J P, Wang X J, Zhang Z Y, He M, Magee C, Li J, Li Y P, Li S Z, Luan Z D, Zhang G X, Sun L Y. 2022. Shallow gas and gas hydrate accumulations influenced by magmatic complexes in the Pearl River Mouth Basin, South China Sea. Marine Geology, 453: 106928

Jin J P, Wang X J, Zhu Z Y, Su P B, Li L X, Li Q P, Guo Y Q, Qian J, Luan Z D, Zhou J L. 2023. Physical characteristics of high concentrated gas hydrate reservoir in the Shenhu production test area, South China Sea. Journal of Oceanology and Limnology, 41: 694-709

Klapp S A, Murshed M M, Pape T, Klein H, Bohrmann G, Brewer P G, Kuhs W F. 2010. Mixed gas hydrate structures at the Chapopote Knoll, southern Gulf of Mexico. Earth and Planetary Science Letters, 299: 207-217

Lai H F, Qiu H J, Kuang Z G, Ren J F, Fang Y X, Liang J Q, Lu J A, Su X, Guo R B, Yang C Z, Yu H. 2022a. Integrated signatures of secondary microbial gas within gas hydrate reservoirs: A case study in the Shenhu area, northern South China Sea. Marine and Petroleum Geology, 136: 105486

Lai H F, Qiu H J, Liang J Q, Kuang Z G, Fang Y X, Ren J F, Lu J A. 2022b. Geochemical Characteristics and Gas-to-Gas Correlation of Two Leakage-type Gas Hydrate Accumulations in the Western Qiongdongnan Basin, South China Sea. Acta Geologica Sinica-English Edition, 96: 680-690

Li J F, Ye J L, Ye J L, Qin X W, Qiu H J, Wu N Y, Lu H L, Xie W W, Lu J A, Peng F, Xu Z Q, Lu C, Kuang Z

G, Wei J G, Liang Q Y, Lu H F, Kou B B. 2018. The first offshore natural gas hydrate production test in South China Sea. China Geology, 1: 5-16

Liang J Q, Zhang W, Lu J A, Wei J G, Kuang Z G, He Y L. 2019. Geological occurrence and accumulation mechanism of natural gas hydrates in the eastern Qiongdongnan Basin of the South China Sea: Insights from Site GMGS5-W9-2018. Marine Geology, 418: 1-14

Liang J Q, Deng W, Lu J A, Kuang Z G, He Y L, Zhang W, Gong Y H, Liang J, Meng M M. 2020. A fast identification method based on the typical geophysical differences between submarine shallow carbonates and hydrate bearing sediments in the northern South China Sea. China Geology, 3: 16-27

Lu H L, Seo Y T, Lee J W, Moudrakovski I, Ripmeester J A, Chapman N R, Coffin R B, Gardner G, Pohlman J. 2007. Complex gas hydrate from the Cascadia margin. Nature, 445(18): 303-306

Lu Y T, Luan X W, Lyu F L, Wang B, Yang Z L, Yang T T, Yao G S. 2017. Seismic Evidence and Formation Mechanism of Gas Hydrates in the Zhongjiannan Basin, Western Margin of the South China Sea. Marine and Petroleum Geology, 84: 274-288

Liu X, Flemings P B. 2007. Dynamic multiphase flow model of hydrate formation in marine sediments. Journal of Geophysical Research: Solid Earth, 112: B03101

Meng M M, Liang J Q, Lu J A, Zhang W, Kuang Z G, Fang Y X, He Y L, Deng W, Huang W. 2021. Quaternary deep-water sedimentary characteristics and their relationship with the gas hydrate accumulations in the Qiongdongnan Basin, Northwest South China Sea. Deep-Sea Research I, 177: 1-14

Nazeer A, Abbasi S A, Solangi S H. 2016. Sedimentary facies interpretation of Gamma Ray(GR) log as basic well logs in Central and Lower Indus Basin of Pakistan. Geodesy and Geodynamics, 7: 432-443

Paganoni M, Cartwright J A, Foschi M, Shipp C R, Rensbergen P V. 2018. Relationship between fluid-escape pipes and hydrate distribution in offshore Sabah(NW Borneo). Marine Geology, 395: 82-103

Qian J, Wang X J, Collett T S, Guo Y Q, Kang D J, Jin J P. 2018. Downhole log evidence for the coexistence of structure II gas hydrate and free gas below the bottom simulating reflector in the South China Sea. Marine and Petroleum Geology, 98: 662-674

Ruppel C D, Kessler J D. 2017. The interaction of climate change and methane hydrates. Reviews of Geophysics, 55: 126-168

Ren J F, Cheng C, Xiong P F, Kuang Z G, Liang J Q, Lai H F, Chen Z G, Chen Y, Li T, Jiang T. 2022. Sand-rich gas hydrate and shallow gas systems in the Qiongdongnan Basin, northern South China Sea. Journal of Petroleum Science and Engineering, 215: 110630

Sloan E D, Koh C A. 2007. Clathrate Hydrates of Natural Gases, third Ed. New York: CRC press

Snyder G T, Sano Y, Takahata N, Matsumoto R, Kakizaki Y, Tomaru H. 2020. Magmatic fluids play a role in the development of active gas chimneys and massive gas hydrates in the Japan Sea. Chemical Geology, 535: 119462

Sha Z B, Liang J Q, Zhang G X, Yang S X, Lu J A, Zhang Z J, McConnell D R, Humphrey G. 2015. A Seepage Gas Hydrate System in Northern South China Sea: Seismic and Well Log Interpretations. Marine Geology, 366: 69-78

Sultan N, Foucher J P, Cochonat P, Tonnerre T, Bourillet J F, Ondreas H, Cauquil E, Grauls D. 2004. Dynamics of gas hydrate: case of the Congo continental slope. Marine Geology, 206: 1-18

Sun Q L, Wu S G, Hovland M, Luo P, Lu Y T, Qu T L. 2011. The morphologies and genesis of mega-pockmarks near the Xisha Uplift, South China Sea. Marine and Petroleum Geology, 28: 1146-1156

Sun Q L, Jackson C A L, Magee C, Xie X. 2020a. Deeply buried ancient volcanoes control hydrocarbon migration in the South China Sea. Basin Research, 32: 146-162

Sun L Y, Wang X J, He M, Jin J P, Li J, Li Y P, Zhu Z Y, Zhang G X. 2020b. Thermogenic gas controls high saturation gas hydrate distribution in the Pearl River Mouth Basin: Evidence from numerical modeling and seismic anomalies. Ore Geology Reviews, 127: 103846

Torres M E, Wallmann K, Tréhu A M, Bohrmann G, Borowski W S, Tomaru H. 2004. Gas hydrate growth, methane transport, and chloride enrichment at the southern summit of Hydrate Ridge, Cascadia margin of Oregon. Earth Planet Science Letter, 226: 225-241

Wang X J, Collett T S, Lee M W, Yang S X, Guo Y Q, Wu S G. 2014. Geological controls on the occurrence of gas hydrate from core, downhole log, and seismic data in the Shenhu area, South China Sea. Marine Geology, 357: 272-292

Wang X J, Liu B, Qian J, Zhang X, Guo Y Q, Su P B, Liang J Q, Jin J P, Luan Z D, Chen D X, Xi S C, Li C L. 2018. Geophysical Evidence for Gas Hydrate Accumulation Related to Methane Seepage in the Taixinan Basin, South China Sea. Journal of Asian Earth Science, 168: 27-37

Wang X J, Zhou J L, Li L, Jin J P, Li J, Guo Y Q, Wang B, Sun L Y, Qian J. 2022. Bottom simulating reflections in the South China Sea. World Atlas of Submarine Gas Hydrates in Continental Margins, 163-172

Wei J G, Fang Y X, Lu H L, Lu H F, Lu J A, Liang J Q, Yang S X. 2018. Distribution and characteristics of natural gas hydrates in the Shenhu Sea area, South China Sea. Marine and Petroleum Geology, 98: 622-628

Wei J G, Liang J Q, Lu J A, Zhang W, He Y L. 2019. Characteristics and dynamics of gas hydrate systems in the northwestern South China Sea-Results of the fifth gas hydrate drilling expedition. Marine and Petroleum Geology, 110: 287-289

Wei J G, Wu T T, Zhu L Q, Fang Y X, Liang J Q, Lu H L, Cai W J, Xie Z Y, Lai P X, Cao J, Yang T B. 2021. Mixed gas sources induced co-existence of sI and sII gas hydrates in the Qiongdongnan Basin, South China Sea. Marine and Petroleum Geology, 128: 105024

Yan P, Deng H, Liu H L. 2006. The geological structure and prospect of gas hydrate over the Dongsha Slope, South China Sea. Terrestrial, Atmospheric and Oceanic Sciences, 17: 645-658

Yang S X, Zhang M, Liang J Q, Lu J A, Zhang Z J, Holland M, Schultheiss P, Fu S Y, Sha Z B. 2015. Preliminary results of China's third gas hydrate drilling expedition: A critical step from discovery to development in the South China Sea. Fire in the Ice, 15: 1-5

Yang S X, Liang J Q, Lei Y, Gong Y, Xu H, Wang H, Lu J A, Holland M, Schultheiss P, Wei J. 2017. GMGS4 gas hydrate drilling expedition in the South China Sea. Fire in the Ice, 17: 7-11

Yang S X, Zhang G X, Zhang M, Liang J Q, Lu J A, Schultheiss P, Holland M. 2014. A complex gas hydrate system in the Dongsha Area, South China Sea: results from Drilling Expedition GMGS2. Proceedings of the 8th international conference on gas hydrates, OS2B-2

Ye J L, Wei J G, Liang J Q, Lu J A, Lu H L, Zhang W. 2019. Complex gas hydrate system in a gas chimney, South China Sea. Marine and Petroleum Geology, 104: 29-39

Ye J L, Qin X W, Xie W W, Lu H L, Ma B J, Qiu H J, Liang J Q, Lu J A, Kuang Z G, Lu C, Liang Q Y, Wei S P, Yu Y J, Liu C S, Li B, Shen K X, Shi H X, Lu Q P, Li J, Kou B B, Song G, Li B, Zhang H E, Lu H F, Ma C, Bian H. 2020. The second natural gas hydrate production test in the South China Sea. China Geology, 2: 197-209

You K H, Flemings P B, Malinverno A, Collett T S, Darnell K. 2019. Mechanisms of methane hydrate formation in geological systems. Reviews of Geophysics, 57: 1146-1196

Zhang H Q, Yang S X, Wu N Y, Su X, Holland M, Schultheiss P, Rose K, Butler H, Humphrey G, GMGS-1 Science Team. 2007. Successful and Surprising Results for China First Gas Hydrate Drilling Expedition. Fire in the Ice, 7: 6-9

Zhang G X, Liang J Q, Lu J A, Yang S X, Zhang M, Holland M, Schultheiss P, Su X, Sha Z B, Xu H N, Gong Y H, Fu S Y, Wang L F, Kuang Z G. 2015. Geological Features, Controlling Factors and Potential

Prospects of the Gas Hydrate Occurrence in the East Part of the Pearl River Mouth Basin, South China Sea. Marine and Petroleum Geology, 67: 356-367

Zhang G X, Wang X J, Li L, Sun L Y, Guo Y Q, Lu Y T, Li W, Wang Z Q, Qian J, Yang T T, Wang W L. 2022. Gas Hydrate Accumulation Related to Pockmarks and Faults in the Zhongjiannan Basin, South China Sea. Frontiers in Earth Science, 10: 902469

Zhao F, Alves T M, Wu S G, Li W, Huuse M, Mi L J, Sun Q L, Ma B J. 2016. Prolonged post-rift magmatism on highly extended crust of divergent continental margins(Baiyun Sag, South China Sea). Earth and Planetary Science Letters, 445: 79-91

Zhong G F, Liang J Q, Guo Y Q, Kuang Z G, Su P B, Lin L. 2017. Integrated core log facies analysis and depositional model of the gas hydrate-bearing sediments in the northern continental slope, South China Sea. Marine and Petroleum Geology, 86: 1159-1172

Zhu M Z, Graham S, Pang X, McHargue T. 2010. Characteristics of migrating submarine canyons from the middle Miocene to present: Implications for paleoceanographic circulation, northern South China Sea. Marine and Petroleum Geology, 27: 307-319

海洋沉积与环境效应

阿拉伯海西南部黏土和稀土垂向变化的物源和古环境意义

陈坚[1,2*]，冯启营[3]，汪柯宇[3]，徐勇航[1,2]，赖志坤[1,2]，王凤[1,2]，王亮[1,2]

1. 自然资源部第三海洋研究所，厦门 361005
2. 福建省海洋物理与地质过程重点实验室，厦门 361005
3. 中国海洋大学海洋地球科学学院，青岛 266100
* 通讯作者，E-mail：chenjian@tio.org.cn

摘要 通过对阿拉伯海西南部柱状沉积物 CJ09-03 上部 100cm 样品的粒度、元素、黏土矿物以及加速器质谱（accelerator mass spectrometry，AMS）^{14}C 测年分析，探讨了 45ka 以来该区的物源、沉积演变及其制约因素。黏土矿物和稀土元素组成显示，研究区沉积物含有较多的有孔虫等微体生物壳体和碎片以外，沉积物还含有较多的矿物碎屑，具有明显的陆源属性；$(La\text{-}Sm)_{NASC}$-$(Gd/Yb)_{NASC}$ 及黏土矿物组成显示矿物碎屑的来源相对复杂，主要物源地有伊朗马卡兰海岸、塔尔沙漠、阿拉伯半岛、非洲东北部、塞舌尔群岛，以及卡尔斯伯格脊的热液物质等。结合前人的西阿拉伯海季风指标 $\delta^{15}N$，以及伊利石化学指数，K/Al，1−CaCO3（%）等，可将阿拉伯海西南部 45ka 以来沉积环境演化分为末次冰期，末次盛冰期，冰消期以及全新世阶段四个阶段，不同阶段物质来源和贡献主要是受到海平面升降以及印度洋季风强弱的影响。

关键词 阿拉伯海，黏土矿物，稀土元素，物质来源，古环境演变

1 引言

源-汇系统理论的出现丰富和发展了现代沉积学研究的内涵，其不仅研究母源问题，还研究风化搬运全过程中的构造、气候等因素，气候变化、海面升降和洋流的变化对源汇过程起着重要的控制作用（Thamban et al.，2002）。作为重要的地质信息载体，海洋沉积物携带了过去源汇区及环境气候变化的重要信息，如沉积物的来源、生物生产力的变化、构造活动等（Schnetger et al.，2000）。沉积物中的黏土矿物、主微量元素、稀土元素等地球化学性质与源区的母岩组成、风化以及环境变迁有着紧密的联系（Stewart et al.，1965；Thamban et al.，2007；Das et al.，2013；Mir et al.，2022），沉积物矿物学和地球化学等，为物源追踪、气候以及环境变化等地学问题研究提供重要的手段，并取得取得很好的研究成果（Liu et al.，2004，2010；Hu et al.，2010；Wei et al.，2006）。

阿拉伯海三面环陆，是陆源碎屑重要的“汇”，其物源不仅有印度河等周边河流，陆上众多干旱和沙漠区还提供了大量的风尘，如西北侧有继撒哈拉和东亚沙尘区之后的世界第三大沙尘区——阿拉伯半岛沙尘区，北侧有伊朗和巴基斯坦等中亚和南亚沙漠，西侧则为非洲东部的埃及东部沙漠和索马里沙漠等，东北侧有印巴交界处的塔尔沙漠（Goldberg et al.，1970；Kolla et al.，1981；Kessarkar et al.，2003；Das et al.，2013）。

研究区处在典型的南亚季风区（图 1）。夏季，西南季风从东非海岸上升加强，经阿拉伯海和印度半岛吹向孟加拉湾；东地中海和中亚的高压在阿拉伯半岛和西南亚（伊朗）上空分别形成强劲的夏马尔风（5 月中旬～8 月中旬）和 Levar 风（5 月中旬～9 月中旬），常扬起沙尘暴（Ramaswamy et al.，2017）。冬季，从印度次大陆南部吹向阿拉伯海的东北季风风速小，但持续 1～5 天的西部扰动或冬季夏马尔风从地中海吹向喜马拉雅，可形成沙尘暴，经常出现的热带气旋可将风尘带到印度半岛（Kumar A，et al.，2020）。

南亚季风在亚洲季风系统中起重要的作用（Pandey et al.，2016），深刻地控制物源区的化学风化过程和汇区陆源碎屑（风尘）的输入和组成（Thamban et al.，2002；Das et al.，2013）。独特的地理位置以及复杂的沉积物来源，使得阿拉伯海成为海陆源汇过程、印度季风及环境演化等研究的理想区域（Sirocko et al.，1989；Clemens et al.，1990；Thamban et al.，2007）。

尽管具有非常重要的研究意义，前人对阿拉伯海沉积学的研究主要集中在海盆的北部和东部，如利用氧同位素指标，揭示了六千年来的气候变化特征，氧同位素变化周期可反映印度河流量和南亚季风的变化（Staubwasser et al.，2003）；通过 SST 和 Ba/Ca 等讨论热带消冰温度趋势、季风变化及其在冰期-间冰期过渡期间全球气候变化中的作用（Saraswat et al.，2013）等。而在西阿拉伯海海盆南部的研究总体仍比较少，主要局限在

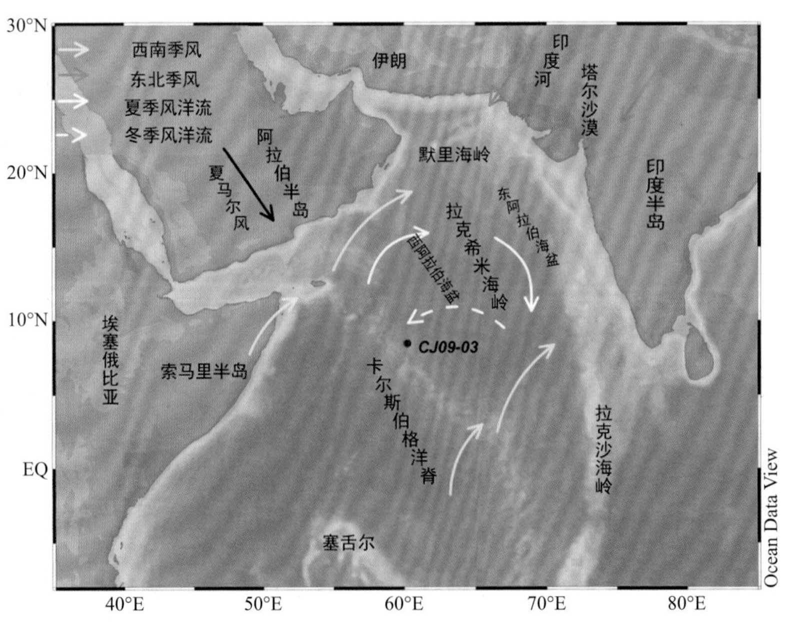

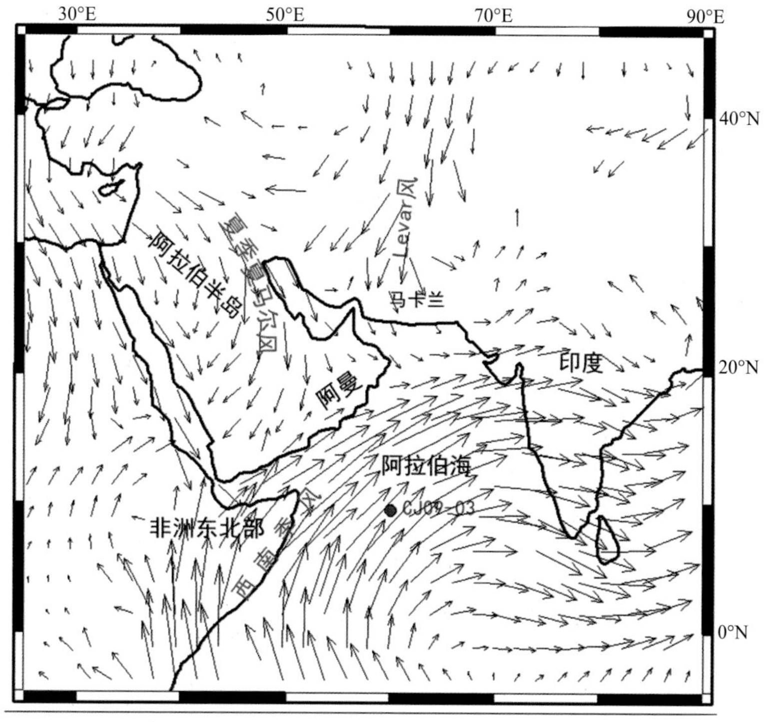

图 1　柱状样 CJ09-03 位置与周边夏季（6～8 月）西南季风平均风场

对表层沉积物中黏土矿物和稀土元素组成（Goldberg et al.，1970；Kolla et al.，1976，1981；Pattan J N and Higgs N C，1995）和沉积物的来源及搬运路径等方面（Rao and Rao，1995；Kessarkar et al.，2003；Das et al.，2013）。从柱状沉积物黏土矿物和稀土元素的组成的垂向变化，探讨物源变化和沉积环境的演化，揭示南亚季风变化的沉积记录还没有做过深入的讨论。

本文以阿拉伯海西南部 CJ09-03 号柱状样沉积物为研究对象，通过黏土矿物、元素地球化学和有孔虫 AMS^{14}C 测年分析，结合前人在周边地区的资料对比分析沉积物的物源及其变化，探讨研究区的沉积演化历史和控制因素，深化该区域海洋沉积学和古气候的认识。

2　材料与方法

CJ09-03 号样品由自然资源部第三海洋研究所于 2020 年采自阿拉伯海西南部（60.22°E，8.46°N）（图 1），西南侧为卡尔斯伯格脊。采样时测得水深 4118m，柱样长度 296cm。考虑到该处沉积速率较低且年龄能被 AMS^{14}C 测年方法确定，因此以柱样上部 100cm 沉积物为研究对象，每 2cm 间隔进行取样，共得样品 50 个，进行粒度、黏土矿物和元素组成、以及有孔虫 ^{14}C 年龄分析。除有孔虫 ^{14}C 年龄测试送美国 Beta 实验室测试外，其余样品的前处理及测试分析都在自然资源部第三海洋研究所分析测试中心完成，主要方法如下：

岩性描述：样品岩性比较单一，以粉砂为主，含有较多的有孔虫等微体生物，分为两段，0～40cm 呈灰色，沉积物类型为有孔虫粉砂质黏土，40～96cm 呈土黄色，沉积物类型为有孔虫黏土质粉砂。

粒度测试：用玻璃棒取黄豆粒大小的沉积物于试管中，取样后的试管中加入 30%双氧水 5～8mL 去除有机质，12 小时后加入 1∶10 稀盐酸 2ml 去除碳酸盐，静置 24 小时，待反应完成后，洗酸 2～3 次，最后，加入 0.5mol/L 的六偏磷酸钠分散剂 5ml，混合均匀 12 小时后测试，所用仪器为英国 Mastersizer2000 型激光粒度仪。

黏土矿物鉴定：样品加 15%H_2O_2去除有机质，加入 30ml 浓度为 25%的冰乙酸（醋酸）去除碳酸盐，用蒸馏水反复清洗，根据 Stokes 沉降原理所确定的沉淀时间，提取 0.002mm 粒径悬浮物，在提取的溶液中，加入少量 $CaCl_2$，沉降一小时后，放入离心管中，离心 5 分钟，待完全沉降，倒掉水后，准备涂样。所用测试仪器为日本理学 Smart Lab X 射线衍射仪，分析的起始角 3°，终止角 30°；步长 0.02°（2θ）；靶型 Cu；管压/管流：40kV/100mA；发散狭缝为 1/4deg，散射狭缝为 10mm。各黏土矿物的含量采用改进的 biscay 方法进行计算（Biscay，1965），其中，坡缕石的含量根据相对于伊利石的峰高比来计算（Kolla et al.，1976）。

常量元素分析：将样品烘干、研磨至 200 目的粉末，称取干燥后样品 0.8g，加混合熔剂（无水四硼酸锂 67% + 偏硼酸锂 33%）玻璃棒搅匀，倒入铂金坩埚内，加入 LiBr 脱模剂后放入熔样机熔融，待其冷却后上机测试。使用 XRF 全自动检测，所用标样为 GBW07316，选取 10%重复测试样品监控精密度，测试相对误差小于 4%。

稀土元素分析：将样品烘干、研磨至 200 目的粉末，称取 40mg，加入 3mL HNO_3 和 3mL HF 放入防腐蚀烘箱中 180 度消解 12 小时。冷却后，放入赶酸仪中 150 度蒸至近干（约 30～45 分钟，样品呈现白色固体），加 1mL HNO_3，再次蒸至近干（约 15～30 分钟，样品呈现白色固体），以赶尽 HF。近干的样品加 1mL HNO_3，1mL H_2O，密封加盖组装后，放入烘箱中 150 度 6 小时溶解后，定容至 40mL 等待测试，用电感耦合等离子体质谱仪 iCAPQ 测稀土元素含量，标样为 Multi-element Calibration Standard 2A，Multi-element Calibration Standard 1，Multi-element Calibration Standard 4（Agilent，混标，内含 10μg/mL 各待测元素）。选取 10%重复测试样品监控精密度，测试相对误差小于 10%。

总碳、总氮测试：将沉积物样品冷冻、干燥，并研磨至 200 目，称取 1g 左右加入 1mol/L 稀盐酸约 2mL 并超声处理约 3h 后，放于低温电热板上加热 12h 左右，待 HCl 挥发后干燥，准确称取 50mg 左右沉积物于锡舟中上机测试。$CaCO_3$ 含量采用下述公式计算：$CaCO_3 = (TC - TOC) \times 8.33$

年代测试：对柱状沉积物顶部 100cm 样品间隔 20cm 共取样 5 个，挑选浮游有孔虫 *Globorotalia. Menardii* 和 *Globorotalia. tumida* 为测年材料。原始测年数据经 Calib 8.20 软件校正（Southon，2002），区域碳库校正值为 206a。

3 结果

3.1 测年与沉积速率

研究测得 5 个 ASM^{14}C 年龄数据（表 1），最底部的年龄为 44713a B.P.，依据日历年龄计算沉积速率在 1.76～6.15cm/ka，平均为 2.24cm/ka（图 2）。

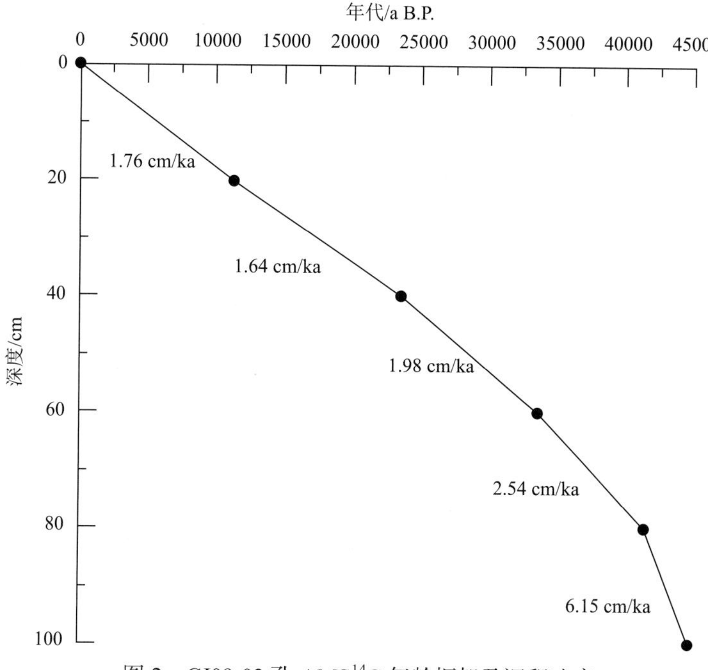

图 2　CJ09-03 孔 AMS^{14}C 年龄框架及沉积速率

表 1　CJ09-03 孔有孔虫 AMS^{14}C 测年结果

层位/cm	AMS^{14}C 年龄/（a B.P.）	日历年龄（cal. a B.P.；±2σ）
18～20	10560 ± 30	11336（11182～11557）
38～40	20550 ± 70	23524（23237～23767）
58～60	30110 ± 150	33602（33177～34002）
78～80	37980 ± 340	41463（40985～41922）
98～100	43070 ± 640	44713（43661～45828）

3.2　粒度特征

CJ09-03 站上部 100cm 的样品，沉积物以粉砂级组分为主（64.68%～84.39%，平均为 76.51%），砂级组分的含量在 0.55%～12.18%，平均 3.07%，黏土级组分的含量为 11.41%～27.91%，平均 20.44%。垂向分布上岩心粒度组分及参数以 20cm、60cm 为界分为三段（图 3）。砂级组分主要集中在 0～20cm，20cm 向下砂级组分的含量较低。在整体上来看，该样品的平均粒径变化并不大，在 6.64 Φ～7.56 Φ之间，平均为 6.99 Φ；除表面 1 个样品（0～2cm）外，分选系数小于 2.0，分选较差；偏态在−0.02～0.85 之间，为近对称、正偏；峰态在 2.94～4.49 之间，很宽。

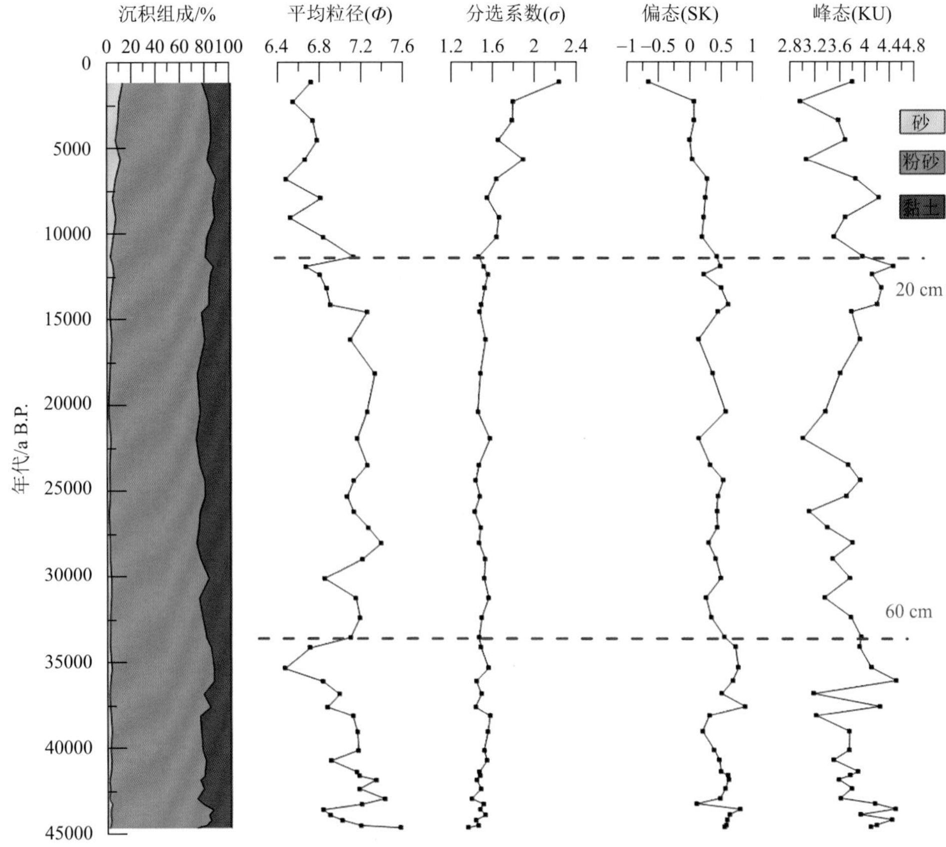

图 3　沉积物粒度参数垂向变化

3.3　常量和稀土元素特征

垂向上可以分为 100～60cm、60～20cm、20～0cm 三段（图 4）。各段 CaO 与其他常量元素呈相反变化，与有孔虫等生物碎屑含量有关。其余元素具有如下变化：100～60cm 段，含量呈小幅升高的趋势；60～20cm 段，总体表现出先增多然后减小的特点；20～0cm 段，除 Mn 有一个异常高值，其他元素的含量变化不大。

稀土元素含量总体较低（图 5），总含量（ΣREE）介于 38.92～67.89mg/kg，平均值为 52.18mg/kg；轻稀土元素的含量（ΣLREE）在 32.77～58.35mg/kg 之间，平均值为 44.41mg/kg；重稀土元素含量（ΣHREE）介于 6.15～9.54mg/kg，平均值为 7.77mg/kg，轻稀土的含量要高于重稀土的含量。垂向上，可以分为 100～60cm、60～20cm、20～0cm 三部分。100～60cm 段，轻重稀土元素含量都有一个小幅度的升高，ΣLREE/ΣHREE、δCe、δEu 也呈现小幅度的波动变化；60～20cm 段，ΣLREE、ΣHREE、ΣLREE/ΣHREE、δCe、$(La/Yb)_N$ 等都呈现相互先升高然后降低的趋势；20～0cm，各稀土元素含量（ΣLREE、ΣHREE）、δEu 以及 $(Sm/Nd)_N$ 都呈现出一个升高的趋势，而ΣLREE/ΣHREE、δCe、$(La/Yb)_N$ 则呈现出一个降低的趋势。

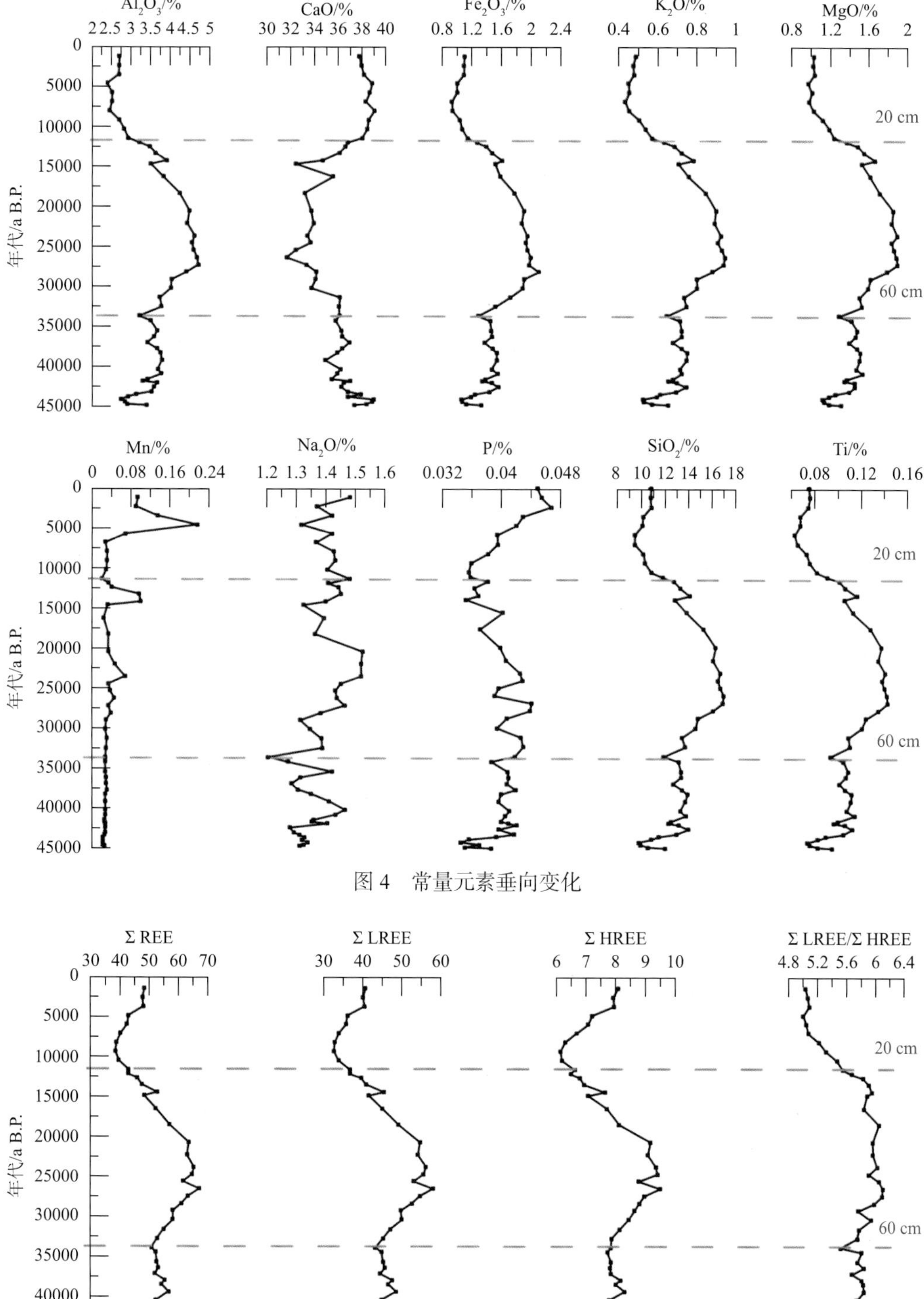
Al_2O_3/%
CaO/%
Fe_2O_3/%
K_2O/%
MgO/%
Mn/%
Na_2O/%
P/%
SiO_2/%
Ti/%
年代/a B.P.
20 cm
60 cm
Σ REE
Σ LREE
Σ HREE
Σ LREE/Σ HREE

图 4　常量元素垂向变化

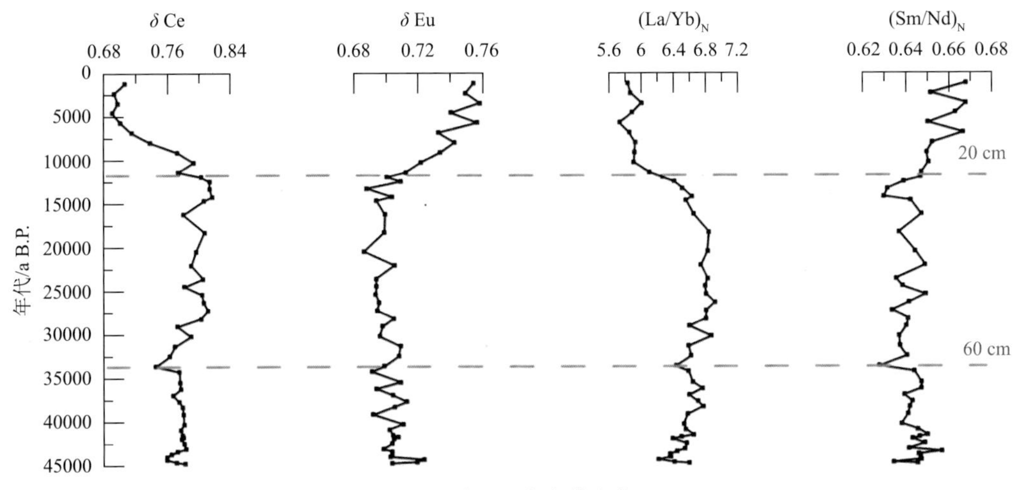

图 5　稀土元素参数变化

与卡尔斯伯格脊周边表层沉积物的稀土元素组成数据（Pattan J N and Higgs N C，1995）用北美页岩（NASC）数据标准化后可见（图 6），CJ09-03 孔沉积物各稀土元素与北美页岩稀土组成总体一致，呈现出明显的陆源特征。与卡尔斯伯格脊附近沉积物相比，CJ09-03 孔沉积物总稀土含量较低，Eu 富集较不明显，但两者标准化后蛛网图的分布特征极为相似，均呈现出 Ce 亏损、Eu、Ho、Yb 等元素相对富集的特征，两者表现出较好的一致性。值得指出的是，文献中的数据仅精确到小数点后一位，图中常出现多个样品交点到一处的情况。

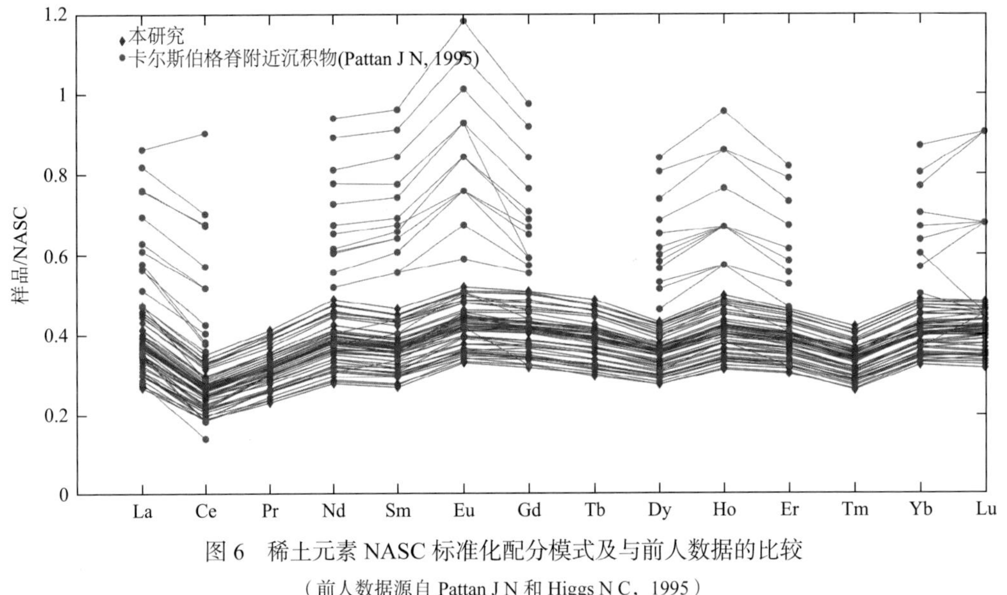

图 6　稀土元素 NASC 标准化配分模式及与前人数据的比较

（前人数据源自 Pattan J N 和 Higgs N C，1995）

3.4　黏土矿物特征

根据特征峰强度，从 CJ09-03 黏土矿物的乙二醇饱和片的 X-射线典型衍射图谱（图 7），除了蒙脱石、绿泥石、高岭石、伊利石四种常见的黏土矿物之外，还识别出 10.5Å 的坡缕石 001 衍射峰，相对于伊利石的峰高，可计算出坡缕石含量在 17.04%～32.91%左右。

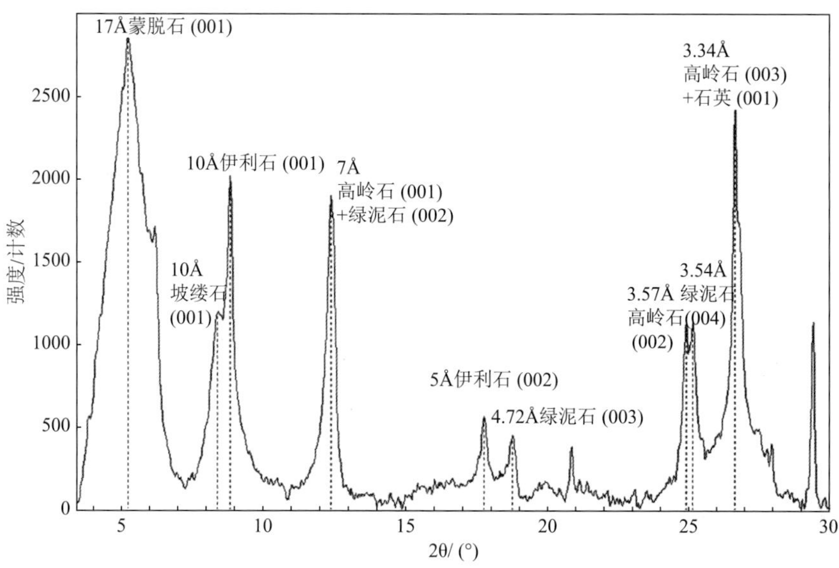

图 7 柱样 CJ09-03 黏土矿物 X-射线典型衍射图谱

CJ09-03 号柱样沉积物上部 100cm 的黏土矿物，以伊利石为主（53.61%～64.56%），其次为绿泥石和高岭石，其含量分别为 13.82%～20.06%和 11.20%～19.51%，蒙脱石含量少，为 4.82%～10.94%（图 8）。

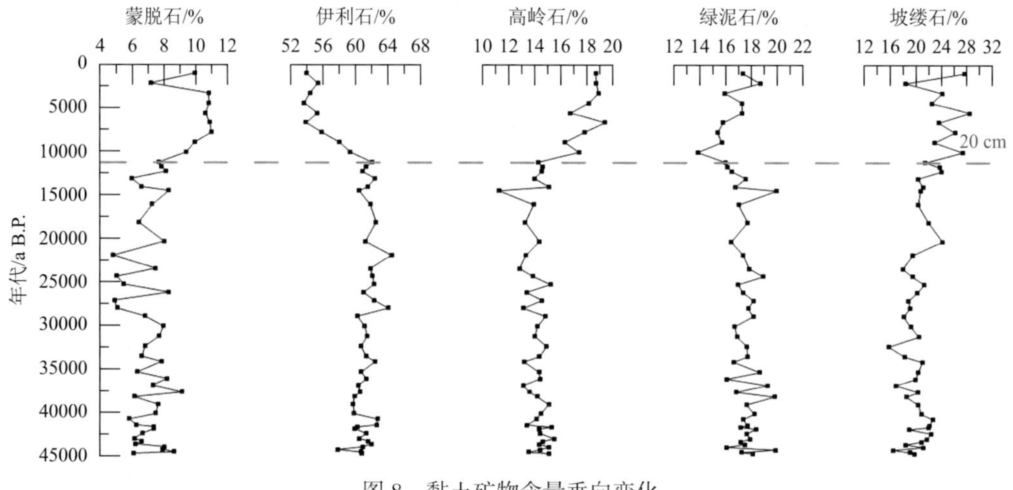

图 8 黏土矿物含量垂向变化

垂向上，黏土矿物的变化可以分为 100～20cm、20～0cm 两段。100～20cm 段，各黏土矿物的含量呈现波动变化，其中在 30cm 深度（约 14600a B.P.），除伊利石外，都出现一个高值或低值；20～0cm 段，除伊利石呈现降低的趋势外，其他黏土矿物含量有增加的特征。

4 讨论

4.1 沉积物来源

4.1.1 基于稀土元素的物源分析

稀土元素物理化学性质比较稳定，在风化、剥蚀、搬运、沉积过程中，往往以“一个整体”进行，各元素组成比例不会发生很大改变，可以较好反映源区母岩的特征（陈中华，2015；Mclennan et al.，1989；毛光周和刘池洋，2011），可用于物质来源方面的研究（Um et al.，2013；Lim et al.，2014；齐文菁等，2022）。（La/Sm）、（Gd/Yb）等稀土元素标准化后的比值与源岩岩性有关，有着良好的物源指示意义，在“源-汇”研究中被广泛应用（Liu et al.，2016）。

（La/Sm）$_{NASC}$-（Gd/Yb）$_{NASC}$ 关系图（图 9）可以看出，研究柱样沉积物稀土组成与塔尔沙漠西部干荒盆地（playa）的沉积物（Jonell T N et al.，2018）、塞舌尔群岛基岩部分样品（Shellnutt and Nguyen，2022）比较一致，同时与来自西南亚（伊朗）-阿拉伯半岛-东北非洲、沙特阿拉伯 An Nafud 沙漠的沉降风尘的稀土组分比较接近（Suresh et al.，2020；Laura M. Ottera et al.，2020）。推断研究柱样的物源与印度-巴基斯坦结合部的塔尔沙漠、伊朗、阿拉伯半岛、非洲东北部、以及塞舌尔群岛输入的碎屑物质有关。由图 9 也可看出，11ka B.P.（上部 9cm）前后沉积物投点位置存在一些变化，11～45ka B.P. 沉积物更接近于塔尔沙漠，11ka B.P.之后（La/Sm）$_{NASC}$ 要小一些，即在 11ka B.P.前后沉积物的各物源比例/结构发生了一些变化。

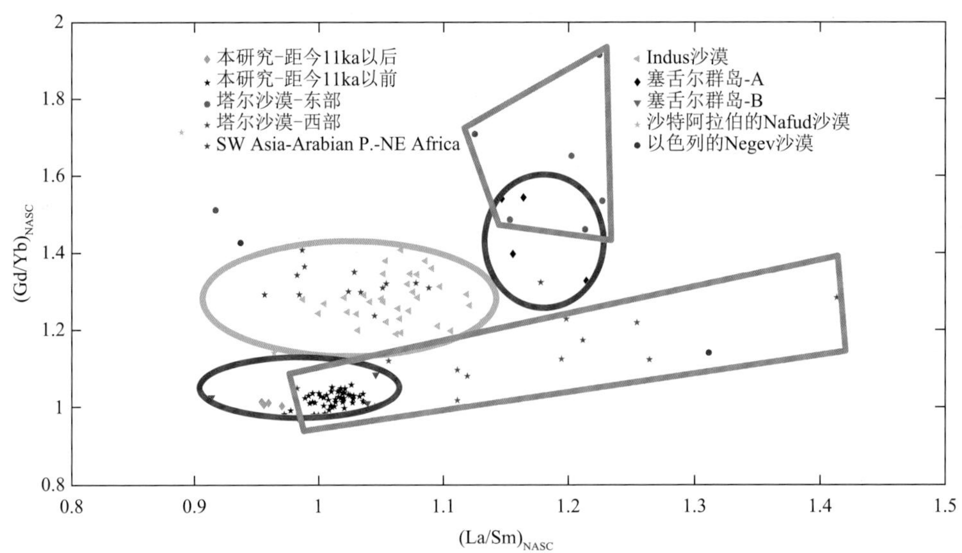

图 9 研究柱样与邻区样品（La-Sm）$_{NASC}$-（Gd/Yb）$_{NASC}$ 关系图（两红色椭圆代表塞舌尔群岛、两蓝色不规则框代表塔尔沙漠、绿色椭圆代表印度河三角洲及西南亚-阿拉伯半岛-东北非洲）

塔尔沙漠数据引自 Roy et al., 2007；非洲东北部数据引自 Worash et al., 2022；塞舌尔数据引自 Shellnutt and Nguyen, 2022；阿拉伯半岛和南西亚数据引自 Suresh et al.，2020；印度河三角洲数据引自 Jonell et al.，2018

为进一步研究 CJ09-03 柱样与邻区物源稀土各元素的关系，分别做研究区沉积物，与塔尔沙漠干荒盆地沉积物、塞舌尔群岛露头基岩、印度河三角洲沉积物、2013 年 6～9 月在印度 Goa 采集的湿降尘（wet dust）及沙特 An Nafud 沙漠的风尘、以及卡尔斯伯格脊西南端拖网岩石（D. Ray et al.，2013）等样品的 NASC 标准化稀土元素蛛网图（图 10），可以看出：

①研究柱样沉积物的稀土元素组成呈现大致水平分布的平缓曲线，属于明显的陆源沉积物，有明显的 Ce 亏损，微弱的 Eu、Ho、Yb 富集；②来自研究柱样北侧和西北侧大陆以及塞舌尔的物源区稀土元素，总体上分布都有右倾的特征，即物源区的轻稀土比中、重稀土更为富集，其中 Goa 采集的湿降尘、沙特 An Nafud 沙漠的降尘和印度河三角洲沉积物表现为较弱的右倾，塔尔沙漠右倾尤为明显；③重稀土部分，研究柱样与邻区较为相似，轻稀土部分明显较为富集，显示研究柱样与周边地区相比，富集程度有从轻稀土向中稀土方向逐渐减弱，至重稀土部分基本相近的特征；④卡尔斯伯格脊显示典型的洋脊型轻稀土亏损的特征，其中-重稀土部分的形态与研究柱样基本相似。

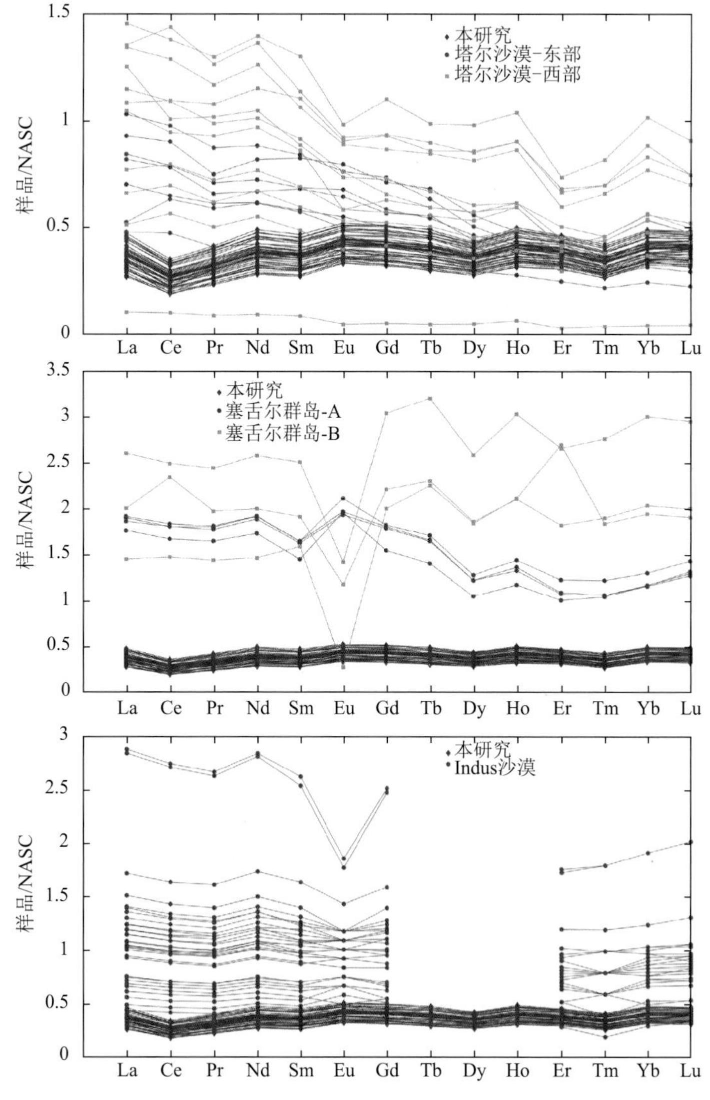

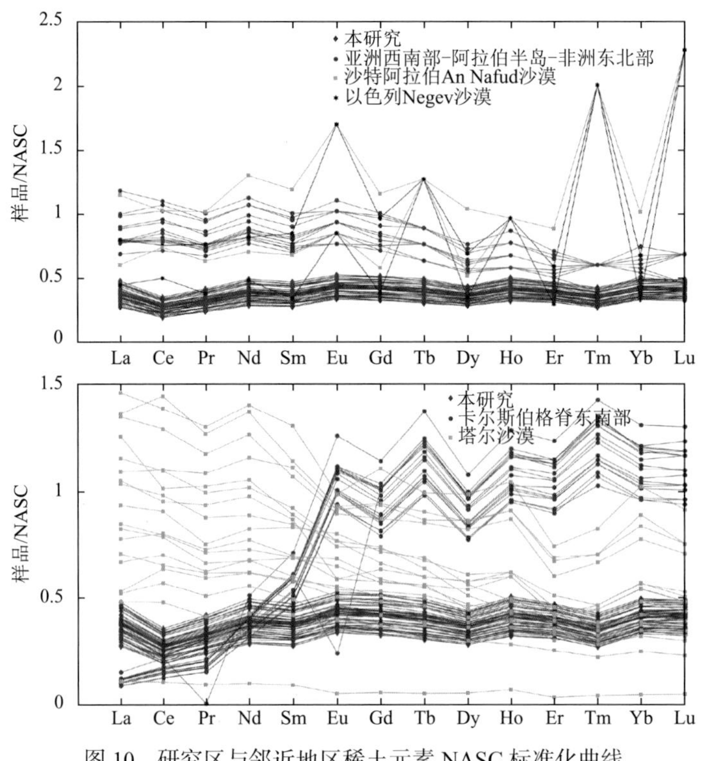

图 10 研究区与邻近地区稀土元素 NASC 标准化曲线

数据来源：塔尔沙漠 Roy et al.，2007；印度河 Jonell et al.，2018；西南亚（伊朗）-阿拉伯半岛-非洲东北部 Suresh et al.，2020，2022；Carlsberg 脊 Pattan J N and Higgs N C，1995

从研究柱样与邻区的比较来看，除了周边风尘及塞舌尔群岛输入碎屑物质以外，来自卡尔斯伯格脊喷发的具有轻稀土组分亏损的热液物质也是重要的物源，其低的轻稀土含量平衡了来自风尘及塞舌尔群岛的高含量的轻稀土组分，共同塑造出研究柱样沉积物与北美标准页岩轻-重稀土元素组成比例基本一致的特征。

4.1.2 基于黏土矿物的物源分析

黏土矿物是沉积物的重要组成部分，能够敏感地响应源区风化特征，对阐明海洋沉积环境的变化具有重要的作用（Liu，2010；Dou et al.，2014；Qiao et al.，2016）。在识别物源时常通过黏土矿物三角图来研究，从图 11 可看出研究区黏土矿物的点落在塔尔沙漠、伊朗、以及印度河（其中三个数据点）的周边，其中塔尔沙漠更为接近一些，而与印度半岛、阿拉伯半岛、大部分的印度河样品、非洲东北部的黏土矿物组成差别要大一些。

研究柱样中发现一定量的坡缕石，其是一种发育在干旱地区的特有黏土矿物，西亚中东地区曾有报道坡缕石出现在沙特、伊拉克、叙利亚、以色列、科威特、约旦、埃及、伊朗等地（Khademi H and Mermut A R，1998）。印度西海岸 Goa 地区（图 1）多年降尘黏土组分分析，西南季风期（6～9 月）降尘以坡缕石和蒙脱石为主，干季（10 月～次年 5 月）降尘以伊利石和绿泥石为主，坡缕石含量很少。造成两者差异的主要原因是：

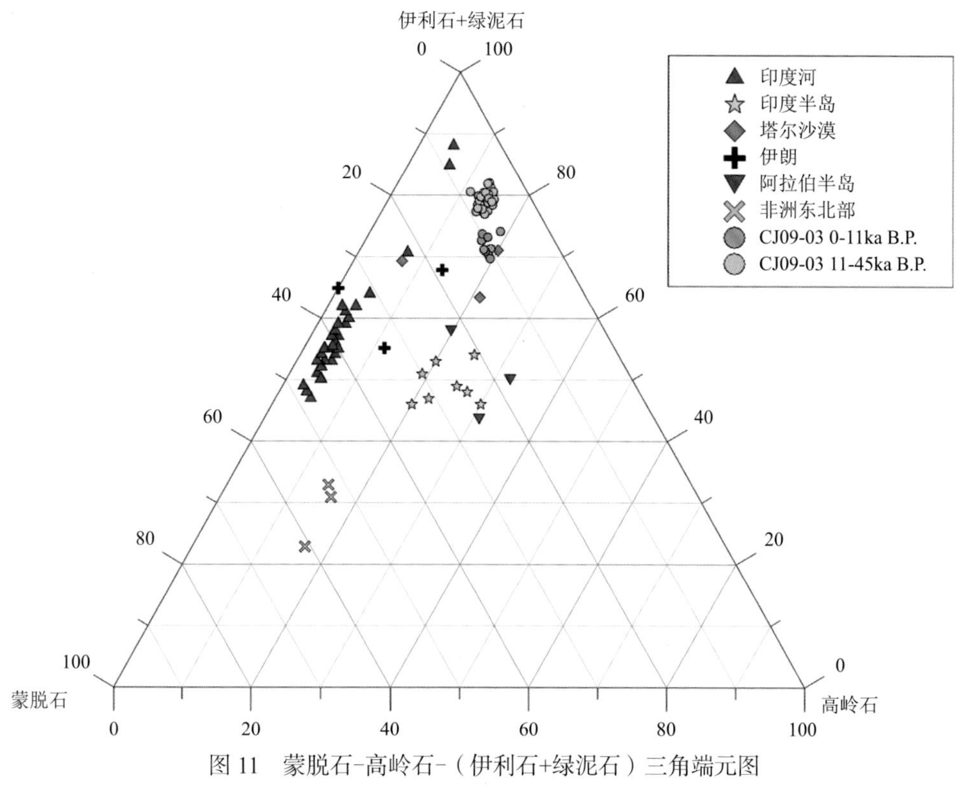

图 11 蒙脱石-高岭石-（伊利石+绿泥石）三角端元图

印度河、印度半岛数据引自 Rao and Rao 1995；Thamban et al.，2002；Kessarkar et al.，2003；Alizai et al.，2012；Limmer et al.，2012；塔尔沙漠、伊朗、阿拉伯半岛数据引自 Kumar et al.，2020；非洲东北部数据引自 Suresh et al.，2022

西南季风期间降尘主要来自阿拉伯半岛和非洲东北部地区，而干季主要来自伊朗和塔尔沙漠（Suresh et al.，2020；Suresh et al.，2022）。塔尔沙漠黏土矿物组成比较复杂，一类以蒙脱石为主，含量 40%以上，绿泥石、云母-伊利石和坡缕石分别为 11%、6%和 10%左右；一类有较多的高岭石（20%～33%）和坡缕石（22%～34%），蒙脱石、绿泥石和云母-伊利石分别为 14.3%、13%和 11%左右（Hameed et al.，2018）。伊朗中部土壤含 20%～50%的云母，坡缕石较多，部分高达 50%以上，蒙脱石、绿泥石和高岭石含量都在 20%以下（Khademi H and Mermut A R，1998）；伊朗南部霍尔姆斯海峡和马卡兰海岸地区风积-冲积物的黏土矿物以伊利石和绿泥石为主，蒙脱石和坡缕石均含量低，该地区是南亚沙尘暴最为重要的源地（Mohammadi A，2023，线上文章，还未报告具体数据）。

研究区沉积物黏土以伊利石-绿泥石为主，蒙脱石含量低（4.82%～10.94%），有高多的坡缕石（17.04%～32.91%）。从黏土矿物组合看，研究区黏土更接近阿拉伯半岛和非洲东北部，高伊利石-绿泥石含量则与马卡兰海岸相似，此外，塔尔沙漠的投点最接近研究区（图 11），这些复杂的特征显示研究区沉积物来源的多样性和复杂性。

总的来说，由于季风冬夏季之间的转换，导致沉积物可能主要来源于伊朗南部马卡兰海岸、塔尔沙漠和阿拉伯半岛，周边其他地区，如非洲大陆也有可能，但其来源含量可能相对要少一些。比较不同年龄样品，研究区的黏土矿物组成在 11ka B.P.前后也发生一定的改变，相对而言 11ka B.P.以后的黏土矿物组成中，伊利石+绿泥石的含量有所减少，高岭石和蒙脱石的含量相对增加，表现出黏土的主要来源由北侧（伊朗南部、塔尔沙漠）转向西北侧（阿拉伯半岛、非洲东北部）的特征。

4.2 沉积物来源的变化

CJ09-03 孔沉积物的稀土配分模式表现出具有明显的陆源属性，11ka 以后较年轻沉积物的（La/Sm）$_{NASC}$ 值略小于之前的沉积物，物质来源显示出明显的差异，下面从黏土矿物和稀土组成来讨论物源的历史变化。

如前所述，研究区柱状沉积物陆源物质主要来源于伊朗、塔尔沙漠、阿拉伯半岛和非洲东北部地区；它们的输入量与季风等的变化有关，如常年盛行西北风（夏马尔风）的阿拉伯半岛，可以将蒙脱石和坡缕石运送到阿拉伯海上空，强劲的 Levar 风（北、北北东向）则可能把北部大陆（伊朗马卡兰海岸、塔尔沙漠）高伊利石含量的碎屑带到研究区，而西南季风则带来非洲东北部蒙脱石和高岭石含量较高的碎屑。气候和海平面产生巨大的变化，沉积物组成也呈现出相应变化特征。

45-11ka B.P.，存在多个冷期，相较于全新世阶段，西南季风强度减弱、东北季风增强，海面下降（Clemens et al.，1990）。研究柱样黏土矿物含量呈现波动式变化，但总体上含量变化不大，伊利石和绿泥石含量达到了 80%左右，马卡兰海岸和塔尔沙漠等向阿拉伯海提供了含伊利石和绿泥石、低蒙脱石的碎屑，季风作用下，通过海盆内部的环流，将物质输送到 CJ09-03 站位（卡尔斯伯格脊北侧）；由于此时西南季风相对较弱，来自阿拉伯半岛和非洲东北部的坡缕石输入较少。

11ka 以后的全新世时期，西南季风强度增强，更多的来自非洲东北部的坡缕石和蒙脱石可被输送到阿拉伯海上空，强盛的西南季风还可以将夏马尔风带来的高含量的坡缕石和蒙脱石风尘带入阿拉伯海，减弱的冬季北风则使得来自塔尔沙漠和伊朗高伊利石和绿泥石含量的风尘减少；绿泥石的增加可能来自于印度河的输入。

4.3 末次冰期以来阶段性沉积演变

4.3.1 沉积演变替代性指标

矿物岩石的化学风化，各元素表现出不同的稳定性。K 易被风化淋滤，而 Al 性质稳定不容易风化，它们都具有典型的陆源属性（Yang et al.，2003；Deplazes et al.，2014）。因而，K/Al 可以用来指示源区化学风化的强弱。对于黏土矿物来说，化学风化较强及湿热气候条件下形成的伊利石化学指数较高，结晶度降低（褚玉娟，2008），伊利石风化指数也是源区风化程度很好的指标。CIA 指数也是反映源区风化状况的很好指标，由于研究区沉积物中含较多生物成因的 CaO，本文使用改进的方法计算化学风化指数 CIA*（Tripathy et al.，2014）。此外，通过 TC（%）、TOC（%）数据可以计算出生物成因的 $CaCO_3$ 的含量，剩余的（1−$CaCO_3$（%））就可指示陆源物质（风尘）的输入强度。

前人研究还表明，西阿拉伯海低氧区沉积物的 $\delta^{15}N$ 可以作为生产力的有效指标

（Altabet et al.，2002），用 $\delta^{15}N$ 可以指示印度季风的强度，即 δ^{15}N 值越高，生产力越高，西南季风（印度夏季风）强度越强。

4.3.2 阶段性沉积演变和控制因素

本文根据 CJ09-03 柱样 AMS^{14}C 测年结果，以及 K/Al、1−$CaCO_3$（%）、伊利石化学指数、海平面变化，格陵兰冰心氧同位素以及代表季风指标的西阿拉伯海 RC27-14 孔的 δ^{15}N 等指标（图 12），初步探讨了 45ka B.P.以来阿拉伯海西南部沉积演变以及控制因素，根据化学风化程度以及陆源输入量的变化可分为四个阶段：

（1）末次冰期阶段

这一阶段印度洋夏季风减弱，降水量减少，沉积记录与季风强度变化有较好的呼应。H2、H3、H4 时期，伊利石化学风化指数、K/Al 以及 CIA*指示的化学风化强度都减弱，而各冷期之间指化学风化强度较强（图 12）。本阶段的化学风化强度主要受控于夏季风的强度，比较而言，伊利石化学风化指数相对于 K/Al、CIA*能够更好的的指示夏季风的强度。

在 H4-H2 这段时间，1−$CaCO_3$（%）指示的陆源物质的输入量逐渐增多，H2、H3 和 H4 这三个冷期相对于这个阶段的其他时期的陆源物质输入量有所增加，且有 H4 向 H2 增加的趋势[图 12（g）]，这可能是由于海平面和季风强度两者共同控制的结果。其中，海平面下降，导致大范围裸露的陆架，缩短物源区的距离，在东北季风作用下带来较多的陆源碎屑。H2、H3 和 H4 时期的夏季，西南季风强度降低，来自非洲东北部陆源物质的输入要相应减少。

因此，这个时期陆源碎屑输入的增加，主要受到海平面降低和东北季风的增强的共同影响的控制。

（2）末次冰盛期

末次冰盛期（LGM）气候变冷，冰盖覆盖面积显著增加，夏季风强度和降水量显著减小，物理剥蚀和化学风化作用强度降低。伊利石化学风化指数有较大幅度较小，K/Al 继续保持在高值区，显示风化程度和夏季风强度的减弱。但是 CIA*相较于末次冰期没有明显的减小，可能是 CIA*不能很好反映此时的夏季风强度的明显减弱（图 12）。

与此同时，末次冰盛期海平面急剧降低（比现代海平面低约 120m），增强的东北季风带来了北方较多的陆源碎屑物质。相对于末次冰期，此时的 1−$CaCO_3$（%）没有明显的增大，甚至还要低于末次冰期的部分时期，可能是西南季风强度大幅减弱，非洲东北部陆源输入量的严重减少所致。

总体而言，这一阶段海平面急剧降低，夏季风强度大幅减弱。相比于末次冰期，陆源物质的输入量略有降低，主要体现出西南季风大幅减弱的影响。

（3）末次冰消期

这一阶段主要包括 H1 时期、暖期（B/A）、新仙女木事件（YD）。总体上，这一阶段海平面和气温上升，阿拉伯海季风指标指示的印度洋夏季风强度升高，在 YD 和 H1 期夏季风强度有所减弱，B/A 期夏季风强度增加。伊利石化学指数的值总体上高于末次冰盛期，YD 和 H1 期要低于 B/A 期，能够较好的指示夏季风强度的增强（图 12）。

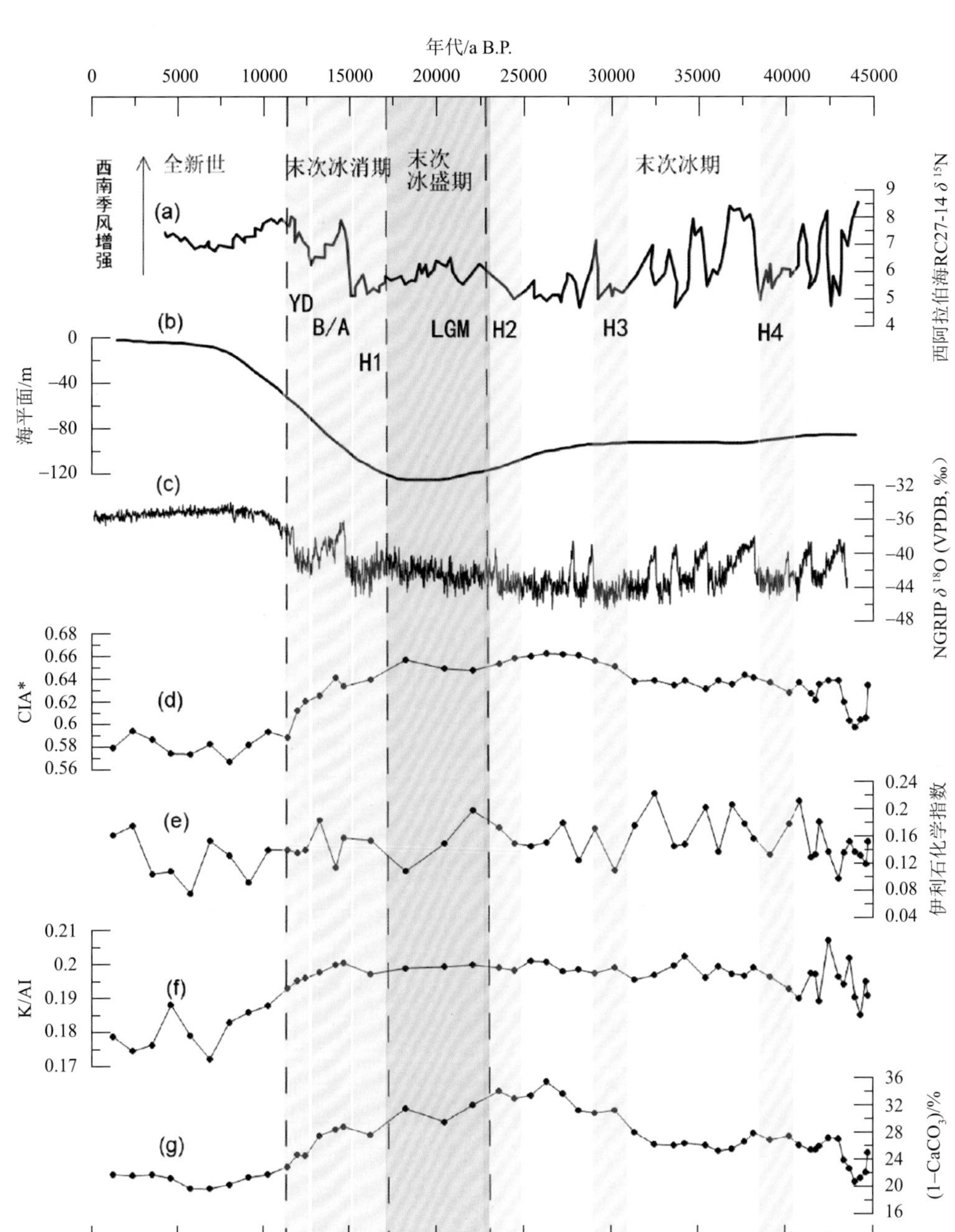

图 12 CJ09-03 孔沉积物 K/Al、CIA*、1−$CaCO_3$（%）、伊利石化学指数海平面与格陵兰冰心氧同位素及西阿拉伯海 RC27-14$\delta^{15}N$ 分布图

RC27-14$\delta^{15}N$ 数据引自 Altabet et al.(2002)；格陵兰冰心氧同位素数据引自 Svensson et al.(2008)；海平面数据引自 Stanford et al.(2011)

K/Al 在这一阶段总体上是呈现下降的趋势，也说明夏季风强度的增强。1−$CaCO_3$(%)显示的陆源物质输入量总体上呈现下降的趋势，B/A 期的陆源物质输入量要高于 YD 和

H1 时期，显示 B/A 期的引起的夏季风增强[图 12（f）、（g）]，其对陆源输入的作用要高于海平面上升的影响。但是 CIA*在此阶段的值要相对低于末次冰盛期，未能反映出风化强度增高的趋势。

在 H1 时期，伊利石化学风化指数和 1−$CaCO_3$（%）指示的陆源物质的输入量以及阿拉伯海季风指标 $\delta^{15}N$ 都处于低值，K/Al 处于相对高值，这些也都表明出此时夏季风强度的减弱。

（4）全新世阶段

这一阶段气候回暖，西南季风强度增强，降水量增多，K/Al 有明显的下降，伊利石化学风化指数则整体上处于上升趋势，显示化学风化程度的增强（图 12）。从沉积物组成看，黏土矿物中蒙脱石成分增多（图 6），（La/Sm）$_{NASC}$ 和（Gd/Yb）$_{NASC}$ 比值变小（图 9），表明增强的夏季风及西北风从非洲东北部和阿拉伯半岛带来更多的陆源物质，它们与东北风带来的碎屑具有很大的区别。物质来源输入比例的变化是造成沉积物黏土矿物和元素组成变化的主要原因。

5 结论

（1）通过 CJ09-03 柱状样和周边陆地沉积物的黏土矿物和稀土元素组成特征的比较，阿拉伯海西南部沉积物除了有较多海洋生物成因碎屑外，还具有较明显的陆源属性。黏土矿物和稀土元素的组成特征显示，伊朗马卡兰海岸、塔尔沙漠和阿拉伯半岛是其最主要的物质来源，同时周边大陆地区，如非洲东北部、塞舌尔群岛也是其物源区，它们在不同的地质历史阶段扮演了不同的角色。此外，从轻-重稀土元素的组成，还可以推断卡尔斯伯格脊的热液物质对沉积物的元素组成也产生了重要影响，也是重要的物源区。

（2）通过伊利石化学风化指数、K/Al、及 1−$CaCO_3$（%）等指标，研究区 45ka B.P. 以来沉积环境可以划分为末次冰期，末次盛冰期，冰消期以及全新世四个阶段，不同阶段物质供应主要受控于海平面升降及季风强弱变化的消长。

致谢 感谢自然资源部第三海洋研究所“向阳红 03”西北印度洋 2020 年航次全体人员和仪器测试中心为沉积物样品采集和测试作出的贡献。

参考文献

陈红瑾, 徐兆凯, 蔡明江, 李铁刚. 2019. 30ka 以来东阿拉伯海 U1456 站位黏土粒级碎屑沉积物来源及其古环境意义. 地球科学, 8: 15

陈中华. 2015. 地球化学在物源及沉积背景分析中的应用. 中国化工贸易. 000(012): 195-195

褚玉娟. 2008. 江淮平原浅钻孔岩芯黏土矿物环境意义研究. 硕士学位论文. 南京: 南京师范大学

刘娜, 孟宪伟. 2004. 冲绳海槽中段表层沉积物中稀土元素组成及其物源指示意义. 海洋地质与第四纪地质, 24(4): 37-43

刘瑞璇. 2018. 晚上新世以来东阿拉伯海拉克希米盆地沉积序列及其对南亚季风气候的响应. 硕士学位论文. 南京: 南京大学. 1-72

毛光周, 刘池洋. 2011. 地球化学在物源及沉积背景分析中的应用. 地球科学与环境学报, 33(4):

337-348

齐文菁, 李小艳, 范德江, 等. 2022. 印度洋东经 90°海岭现代沉积物稀土元素组成及其物源示踪意义. 海洋地质与第四纪地质, 42(2): 9

尹延鸿. 1994. 阿拉伯海的扩张历史: 某些新的控制条件. 海洋地质动态, 01: 12-13

Alizai A, Hillier S, Clift P D, Giosan L, Hurst A, VanLaningham S, Macklin M. 2012. Clay mineral variations in holocene terrestrial sediments from the Indus Basin. Quaternary Research: An Interdisciplinary Journal, 3: 77

Altabet M A, Higginson M J, Murray D W. 2002. The effect of millennial-scale changes in Arabian Sea denitrification on atmospheric CO2. Nature, 415(6868): 159-162

Aqrawi A A M. 1993. Palygorskite in the recent fluvio-lacusirine and deltaic sediments of Southern Mesopotamia. Clay Minerals, 28: 153-159

Biscaye P E. 1965. Mineralogy and sedimentation of recent deep-sea clay in the Atlantic Ocean and. adjacent seas and oceans. GSA Bull, 76: 803-832

Boyton W V. 1984. Cosmochemistry of the rare earth studies: meteorite studies. Rare Earth Element Geochemistry, 2: 63-114

Clemens S C, Prell W L. 1990. Late pleistocene variability of Arabian Sea summer monsoon winds and continental aridity: Eolian records from the lithogenic component of deep sea sediments. Paleoceanography, 5(2): 109-145

Clift P D. 2002. A brief history of the Indus River. Geological Society, London, Special Publications, 195: 237-258

Das S S, Rai A K, Akaram V, Verma D, Pandey A C, Dutta K & G V Prasad R. 2013. Paleoenvironmental significance of clay mineral assemblages in the southeastern Arabian Sea during last 30kyr. Journal of Earth System Science, 122(1): 173-185

Deplazes G, Lückge A, Stuut J-B W, Pätzold J, Kuhlmann H, Husson D, Fant M, Haug G H. 2014. Weakening and strengthening of the Indian monsoon during Heinrich events and Dansgaard-Oeschger oscillations. Paleoceanography, 29: 99-114

Dietze E, Hartmann K, Diekmann B, et al. 2012. An end-member algorithm for deciphering modern detrital processes from lake sediments of Lake Donggi Cona, NE Tibetan Plateau, China. Sedimentary Geology, 243/244: 169-180

Dou Y G, Yang S Y, Liu Z X, Clift P D, Yu H. 2010. Clay mineral evolution in the Central Okinawa Trough since 28ka: implications for sediment provenance and paleoenvironmental change. Palaeogeography, Palaeocli-matology, Palaeoecology, 288(1-4): 108-117

Dou Y G, Li J, Zhao J T, Wei H L, Yang S Y, Bai F L, Zhang D L, Ding X, Wang L B. 2014. Clay mineral distributions in surface sediments of the Liaodong Bay,Bohai Sea and surrounding river sediments: Sources and transport patterns. Continental Shelf Research, 73: 72-82

Goldberg E D, Griffin J J. 1970. The sediments of the northern Indian Ocean. Deep-Sea Research and Oceanographic Abstracts, 17(3): 513-537. DOI: 10. 1016/0011-7471(70)90065-3

Griffin J J, Windom H, Goldberg E D. 1968. The distribution of clay minerals in the World Ocean. Deep Sea Research and Oceanographic Abstracts, 15: 433-459

Guerzoni S, Molinaroli, Chester R. 1997. Saharan dust inputs to the western Mediterranean Sea: Depositional patterns, geochemistry and sedimentological implications. Deep Sea Research Part II Topical Studies in Oceanography, 44: 631-354

Hameed A, Raja P, Ali M, Upreti N, Kumar N, Tripathi J K, Srivastava P. 2018. Micromorphology, clay mineralogy, and geochemistry of calcic-soils from western Thar Desert: Implications for origin of palygorskite and southwestern monsoonal fluctuations over the last 30 ka. Catena, 163: 378-398

Hu D K, Böning P, Köhler C M, Hillier S, Pressling N, Wan S M, Brumsack H J, Clift P D. 2010. Deep sea records of the continental weathering and erosion response to east asian monsoon intensification since 14 ka in the South China Sea. Chemical Geology, 326-327(11): 1-18

Jonell T N, Li Y, Blusztajn J, Giosan L, Clift P D. 2018. Signal or noise? Isolating grain size effects on Nd and Sr isotope variability in Indus delta sediment provenance. Chemical Geology, S0009254118301554

Kessarkar P M, Rao V P, Ahmad S M, Babu G A. 2003. Clay minerals and Sr-Nd isotopes of the sediments along the western margin of India and their implication for sediment provenance. Marine Geology, 202(1-2): 55-69

Khademi H & Mermut A R. 1998. Source of palygorskite in gypsiferous aridisols and associated sediments from central Iran. Clay Minerals, 33: 561-578

Kolla V, Henderson L, Biscaye P E. 1976. Clay mineralogy and sedimentation in the western Indian ocean. Deep Sea Research and Oceanographic Abstracts, 23(10): 949-961

Kolla V, Kosteckl J A, Robinson F, Biscaye P E, Ray P K. 1981. Distributions and origins of clay minerals and quartz in surface sediments of the Arabian Sea. Journal of Sedimentary Petrology, 51(2): 563-569

Kumar A, Suresh K, Rahman W. 2020. Geochemical characterization of modern aeolian dust over the Northeastern Arabian Sea: Implication for dust transport in the Arabian Sea. Science of The Total Environment, 729(1): 138576

Laura M O, Dorothea S M, Klaus P J, Brigitte S, Ulrike W, Bettina W, Denis S, Gerald H. H, Abdullah M A A, Meinrat O A. 2020. Geochemical insights into the relationship of rock varnish and adjacent mineral dust fractions. Chemical Geology 551, 119775

Lim D, Jung H S, Choi J Y. 2014. REE partitioning in riverine sediments around the Yellow Sea and its importance in shelf sediment provenance. Marine Geology, 357: 12-24

Limmer D R, Böning P, Giosan L, Ponton C, Köhler C M, Cooper M J, Tabrez A R, Clift P D. 2012. Geochemical record of holocene to recent sedimentation on the Western Indus continental shelf, Arabian Sea. Geochemistry, Geophysics, Geosystems, 13(1): 1-26

Liu S F, Shi X F, Yang G, Khokiattiwong S, Kornkanitnan N. 2016. Distribution of major and trace elements in surface sediments of the western Gulf of Thailand: evidence for understanding modern sedimentation. Continental Shelf Research, 117: 81-91

Liu Z F, Colin C, Li X J, Zhao Y L, Tuo S T, Zhong Chen Z, Siringan F P, Liu J T, Huang C-Y, You C-F, Huang K-F. 2010. Clay mineral distribution in surface sediments of the northeastern South China Sea and surrounding fluvial drainage basins: Source and transport. Marine Geology, 277(1-4): 48-60

Liu Z F, Colin C, Trentesaux A, Blamart D, Bassinot F, Siani G, Sicre M A. 2004. Erosional history of the eastern Tibetan Plateau since 190 kyr ago: clay mineralogical and geochemical investigations from the southwestern South China Sea. Marine Geology 209: 1-18

Liu Z F, Colin C, Trentesaux A, Siani G, Frank N, Blamart D, Faridl S. 2005. Late quaternary climatic control on erosion and weathering in the Eastern Tibetan Plateau and the Mekong Basin. Quaternary Research, 63: 316-328

Malod J A, Droz L, Kemal B M, Patriat P. 1997. Early spreading and continental to oceanic basement transition beneath the Indus deep-sea fan: northeastern Arabian Sea. Marine Geology, 141: 221-235

McLennan S M. 1989. Rare earth elements in sedimentary rocks: Influence of provenance and sedimentary processes. Reviews in Mineralogy and Geochemistry, 21(1): 169-200

Mir I A, Mascarenhas M B L, Khare N. 2022. Geochemistry and granulometry as indicators of paleoclimate, weathering, and provenance of sediments for the past 1,00,000 years in the eastern Arabian Sea. Journal of Asian Earth Sciences, 227: 105102

Mohammadi A. 2003. Aeolian and fuvial processes infuence on dust storms of Hormuz Strait and Makran coastal plains (SE Iran); insight from geomorphic landforms, and sediment texture and mineralogy. International Journal of Earth Sciences, Published online: 05 August 2023. https://doi.org/10.1007/s00531-023-02335-0

Moharana P C, Gaur M, Chaudury C, Chauhan J S, Rajpurohit R S. 2013. A system of geomorphological mapping for Western Rajasthan with relevance for agricultural land use. Annals of arid zone, 52: 163-180

Naidu P D, Malmgren B A. 1995. A 2, 200 years periodicity in the Asian Monsoon System. Geophysical Research Letters-Geophys Res Lett, 22: 2361-2364

Ottera L M, Macholdta D S, Jochum K P, Stoll B, Weis U, Weber B, Scholz D, Haug G H, Al-Amri A M, Andreae M O. 2020. Geochemical insights into the relationship of rock varnish and adjacentmineral dust fractions. Chemistry Geology. 551. 119775: 1-16

Pandey D K, Clift P D, Kulhanek D K. 2016. Arabian sea monsoon. Proceedings of the International Ocean Discovery Program, 355

Pattan J N, Higgs N C. 1995. Rare earth element studies of surficial sediments from the southwestern Carlsberg Ridge, Indian Ocean. Proceedings of the India Academy of Sciences (Earth and Planetary Sciences), 104 (4): 569-578

Qiao S Q, Shi X F, Fang X S, Shengfa Liu S F, Kornkanitnan N, Gao J J, Zhu A M, Hu L M, Yu Y G. 2016. Heavy metal and clay mineral analyses in the sediments of Upper Gulf of Thailand and their implications on sedimentary provenance and dispersion pattern. Journal of Asian Earth Sciences, 144 (3): 488-496

Ramaswamy V, Muraleedharan P M, Babu C P. 2017. Mid-troposphere transport of Middle-East dust over the Arabian Sea and its effect on rainwater composition and sensitive ecosystems over India. Sci. Rep. 7 (1), 1-8

Rao V P, Rao B R. 1995. Provenance and distribution of clay minerals in the sediments of the Western Continental Shelf and Slope of India. Continental Shelf Research, 15 (14): 1757-1771

Ray D, Misra S, Banerjee R. 2013. Geochemical variability of MORBs along slow to intermediate spreading Carlsberg-Central Indian Ridge, Indian Ocean. Journal of Asian Earth Sciences, 70-71: 125-141

Roy P D, Smykatz-Kloss W. 2007. REE geochemistry of the recent playa sediments from the Thar Desert, India: An implication to playa sediment provenance. Chemie der Erde 67: 55-68

Roy P D, Nagar Y C, Juyal N, Smykatz-Kloss W, Singhvi A K. 2009. Geochemical signatures of Late Holocene paleo-hydrological changes from Phulera and Pokharan saline play as near the eastern and western margins of the Thar Desert, India. Journal of Asian Earth Sciences, 34 (3): 275-286

Saraswat R, Lea D W, Nigam R, Mackensen A, Naik D K. 2013. Deglaciation in the tropical Indian Ocean driven by interplay between the regional monsoon and global teleconnections. Earth and Planetary Science Letters, 375: 166-175

Schnetger B, Brumsack H-J, Schale H, Hinrichs J, Dittert L. 2000. Geochemical characteristics of deep-sea sediments from the Arabian Sea: a high-resolution study. Deep Sea Research Part II: Topical Studies in Oceanography, 47 (14): 2735-2768

Shellnutt J G, Nguyen D T. 2022. Resolving the origin of the Seychelles microcontinent: Insight from zircon geochronology and Hf isotopes. Precambrian Research, 343

Sirocko F, Sarnthein M. 1989. Wind-Borne Deposits in the Northwestern Indian Ocean: Record of holocene sediments versus modern satellite data. Heidelberg: Springer Netherlands

Southon J, Kashgarian M, Fontugne M, Bernard Metivier B, Yim W-S W. 2002. Marine Reservoir Corrections for the Indian Ocean and Southeast Asia. Radiocarbon, 44 (1): 167-180

Stanford J D, Hemingway R, Rohling E J, Challenor P G, Medina-Elizalde M. 2011. Sea-level probability for the last deglaciation: A statistical analysis of far-field records. Global & Planetary Change, 79 (3-4): 193-203

Staubwasser M, Sirocko F, Grootes P M, Segl M. 2003. Climate change at the 4.2 ka BP termination of the Indus valley civilization and Holocene south Asian monsoon variability. Geophysical Research Letters, 30(8): 1425

Stewart R A, Pilkey O H, Nelson B W. 1965. Sediments of the northern Arabian Sea. Marine Geology, 3(6): 411-427

Suresh K, Singh U, Kumar A, Karri D, Peketi A, Ramaswamy V. 2020. Provenance tracing of long-range transported dust over the Northeastern Arabian Sea during the southwest monsoon. Atmospheric Research, 250, 105377

Suresh K, Kumar A, Ramaswamy V, Babu P C. 2022. Seasonal variability in aeolian dust deposition fluxes and their mineralogical composition over the Northeastern Arabian Sea. International Journal of Environmental Science and Technology, 19(8): 7701-7714

Svensson A, Andersen K K, Bigler M, Clausen H B, Dahl-Jensen D, Davies S M, Johnsen S J, Muscheler R, Parrenin F, Rasmussen S O, Röthlisberger R, Seierstad I, Steffensen J P, Vinther B M. 2008. A 60 000 year Greenland stratigraphic ice core chronology. Climate of the Past, 4(1): 47-57

Thamban M, Rao V P, Schneider R R. 2002. Reconstruction of late Quaternary monsoon oscillations based on clay mineral proxies using sediment cores fromthe western margin of India. Marine Geology 186: 527-539

Thamban M, Kawahata H, Rao V P. 2007. Indian summer monsoon variability during the holocene as recorded in sediments of the Arabian Sea: Timing and implications. Journal of Oceanography, 63(6): 1009-1020

Tripathy G R, Singh S K, Ramaswamy V. 2014. Major and trace element geochemistry of Bay of Bengal sediments: Implications to provenances and their controlling factors. Palaeogeography Palaeoclimatology Palaeoecology, 397(1): 20-30

Um I K, Choi M S, Bahk J J, Song Y H. 2013. Discrimination of sediment provenance using rare earth elements in the Ulleung Basin, East/Japan Sea. Marine Geology, 346: 208-219

Wang P X, Clemens S, Beaufort L, Braconnot P, Ganssen G, Zhimin Jian Z M, Kershaw P, Sarnthein M. 2005. Evolution and variability of the Asian monsoon system: state of the art and outstanding issues. Quaternaryence Reviews, 24: 595-629

Wei G J, Li X-H, Liu Y, Shao L, Liang X L, 2006. Geochemical record of chemical weathering and monsoon climate change since the early miocene in the South China Sea. Paleoceanography, 24: 1-11

Worash G, Dereje A, Adise Z, 2022. Balmwal A. Metallogenic implications of volcanic quiescence during continental flood basalt eruption-The case of sediment hosted Mn-Fe mineralization in the Ethiopian volcanic plateau. Ore Geology Reviews, 145, 104884: 1-20

Yang S Y, Jung H S, Choi M S, Li C X. 2002. The rare earth element compositions of the Changjiang(Yangtze) and Huanghe(Yellow) river sediments. Earth and Planetary Science Letters, 201: 407-419

Yang S Y, Jung H S, Lim D I, Li C X. 2003. A review on the provenance discrimination of the Yellow Sea sediments. Earth-Science Reviews, 63(1): 93-120

Zorzi C, Sanchez Goñi M F, Anupama K, Prasad S, Hanquiez V, Johnson J, Giosan L, Giosan L. 2015. Indian monsoon variations during three contrasting climatic periods: The Holocene, Heinrich Stadial 2 and the last interglacial-glacial transition. Quaternary Science Reviews, 125: 50-60

全球海洋沉积的潮汐、地热和太阳辐射能量配比关系

高抒*

南京大学地理与海洋科学学院，南京 210023
E-mail：shugao@nju.edu.cn
*通讯作者，E-mail：shugao@nju.edu.cn

摘要 地表沉积过程涉及天体引潮力、地球内部热能释放和太阳辐射的能量转换，但消耗的净功率却较少关注，尽管沉积体系的规模和演化趋势与此相关。本文试图集成岩石风化、生物沉积（有机颗粒物、生物礁、碳酸盐碎屑沉积）、陆架与海岸沉积（河口湾与三角洲、砂砾质海岸、潮汐沉积）、深海沉积（沉积物重力流、等深线流、远海-半远海沉积）的产出率及其所蕴含的净功率信息。结果表明，虽然现今海洋集中了全球沉积物总量的一大半，但各类沉积所消耗的净功率只占其各自能量来源总功率的极小部分，这可以从能量收支的宏观格局、母岩风化和生态系统的空间局限性以及沉积物循环的时间尺度等因素得到解释。同时，地球沉积物总量及时间演化受到沉积物产出和移除过程的控制，目前可能已达到最大值，绝大部分沉积记录已从地表环境中消失。以上分析蕴含了一系列需进一步研究的科学问题，如风化和生物过程的能量转换、沉积物收支净功率的变化和可调节性、沉积记录完整性随时间的变化等。

关键词 海洋沉积，能量耗散，天体引潮力，地球热能通量，太阳辐射，物质收支，沉积记录完整性

地球表层沉积物总量约占地壳物质的 5%(Davis，1983),由于地壳平均厚度为 17km，总面积 5.1×10^8km^2，平均密度约为 3t/m^3，因此总量约为 1.3×10^{18}t。另一个视角是碳酸盐沉积，含碳量为 50×10^{15}t（Libes，2009），假设其组成主要为碳酸钙，那么其质量有 4.2×10^{17}t，这部分物质占沉积物总量的 20%，故沉积物总量约为 2.1×10^{18}t，与前一个估算值略有差别，但处于同一数量级。这就是说，地球自从有了风化和生物作用，沉积物不断产生，尽管部分物质后来被损耗了（通过碳酸盐物质溶蚀、海沟俯冲带过程等），但年复一年的累积效应使得沉积总量达到了 10^{18}t 量级。

沉积物从产生到堆积，所需能量来自天体引潮力、地球内部热能释放和太阳辐射。

基金项目：国家自然科学基金委员会重点基金项目（Nos. 41530962）

作者简介：高抒，教授，博士，主要从事海洋沉积地质学研究，E-mail：shugao@nju.edu.cn

天体引潮力以月球引潮力最为重要，在目前的状况下，月球引潮力在地球上的输出功率约为 3.5TW（1TW=10^{12}W）（Cartwright，1999）。来自地球内部的地热通量为 0.08W/m^2，因此整个地球表面的总输出功率约为 410TW（Tarbuck and Lutgens，2006）。太阳向太空辐射的能量功率高达 3.8×10^{14}TW，其中有一小部分被地球所接受，地表接受的太阳辐射功率平均为 340W/m^2，总输出功率约为 1.7×10^5TW（Wells，2012）。

地表沉积过程必然消耗上述三类能量，问题是最终堆积产物所消耗的净功率的占比各有多大？陆源沉积物的产生要靠母岩风化作用，而进入地球系统的沉积物可能经过多次循环，其输运和堆积与河流、潮流、波浪、洋流等水动力相关联，但各次循环的能耗并非在最终产物中累计起来，而是耗散在漫长的过程之中，最终产物所代表的净功率可能远小于整个过程的能耗。因此，通过分析净功率在三大输出功率中的占比，有助于了解地球环境沉积物产出的“效率”及其控制机制。此外，研究表明，沉积物的大部分是分布于现在的海洋环境（Pickering and Hiscott，2015），从地球演化史的角度看，现今海洋沉积是最近 0.2ga（1ga = 10^9a）里形成的，而现今陆地上的沉积物是此前 4.4ga 的产物，两者的总量对比关系是非常不平衡的。沉积地层提供了地球历史的沉积记录，其完整性在演化史研究中具有极大的重要性。

因此，本项研究的目的是估算现今海洋环境中不同类型的沉积物形成、输运和堆积所涉及的净功率消耗，进而探讨它们在输出功率来源中的占比以及控制机制，分析沉积物收支对沉积记录的影响，最后提出今后需进一步研究的科学问题。

1 材料与方法

1.1 海洋沉积数据来源

分析所需的相关数据和信息从文献记录中收集，包括岩石风化过程及其产物、生物来源颗粒（有机颗粒物、生物礁、碳酸盐碎屑沉积）、陆架与海岸沉积（河口湾与三角洲、砂砾质海岸、潮汐沉积）、深海沉积（沉积物重力流、等深线流、远海-半远海沉积）。

岩石风化包括物理、化学和生物过程，热胀冷缩使得岩石裂解，空气、水和生物物质加入引发化学反应，植物生长、动物钻穴等生物过程导致岩石结构瓦解（Tarbuck and Lutgens，2006）。风化产物含有许多新生成的密度较小组分，例如黏土矿物，因此松散沉积物的密度低于原先岩石的密度。岩石裂解或分解为沉积物的过程主要发生于陆地环境，海底的岩石风化相对较弱。风化过程的实质是能量转换，尤其是太阳能，由于生物体本身是太阳辐射能量的产物，因此生物风化作用也是太阳辐射能量间接转化的结果（Hall et al.，2012）。风化过程的最终产物大多是砂砾、泥（黏土和粉砂的混合物），全球现存沉积物及其固结而成的沉积岩中，砂砾质与泥质物质之比约为 3∶5（Davis，1983）。

生物生长形成的颗粒物也属于沉积物。植物来源的有机颗粒物、动物身体中的骨骼、贝壳碎屑、生物礁上的碳酸钙等，这些颗粒都是沉积物，其中含有碳。海洋中生物礁形成的碳酸盐沉积是其最大部分（Fagerstrom，1987；Woodroffe and Webster，2014），全球碳酸盐沉积含有 50×10^{15}t 碳，约为颗粒态有机碳总量的 5 倍（Libes，2009）。总体上，岩石风化来源的沉积物占 80%，生物来源物质为 20%（Davis，1983）。无疑，有机颗粒物主要来自光合作用，需消耗太阳能；生物礁涉及底栖动物生长，也是太阳能在生态系统中传输的结果。

陆架与海岸沉积是河流、潮流、波浪、陆架环流输运过程的结果（Dyer，1986；金翔龙，1992）。冰川和大气也造成物质输入，但其通量比河流输入小一个数量级（Hay，1998）。来自流域盆地的风化物质被河流所搬运，一部分被截留于河口湾、三角洲，大部分物质则被输运至陆架环境，内陆架的砂砾质海岸有波浪作用堆积而成的海滩，还有潮汐作用产生的潮滩、潮流脊沉积（Woodroffe，2002）。在短时间尺度上，陆源物质中有较大比率是来自侵蚀、堆积循环过程（Clift and Jonell，2021），但在长时间尺度看均为风化产物。河流、潮流、波浪、陆架环流的动能分别来自太阳能和潮汐能。

深海沉积的物质主要来源于陆地，分为沉积物重力流、等深线流、远海-半远海沉积等三大类型，并在成因上有过渡状态（Rebesco et al.，2014；Stow and Smillie，2020）。沉积物重力流常见于大陆边缘，有地层蠕动、海底滑坡和崩塌、浊流、颗粒流、液化流、泥石流等多种形式（Middleton and Hampton，1976；Anderson，1986；Pickering et al.，1989；Pickering and Hiscott，2015；Sun et al.，2022），其实质是重力做功，而大陆边缘沉积物所拥有的势能主要是地质历史上地球内部热能耗散的结果。等深线流是深海底部环流输运、堆积的产物，其中部分物质是来自重力流堆积物，经由侵蚀过程重新进入输运系统（Stow and Lovell，1979；Rebesco et al.，2014）；远海-半远海沉积是细颗粒物质沉降的产物，物质来源于陆地或大陆边缘的深海区域，堆积之前受到重力和/或洋流作用影响（Stow，1981；Pickering and Hiscott，2015；Mosher and Yanez-Carrizo，2021）。因此，等深线流和远海-半远海沉积与重力作用及太阳能驱动的深海环流相关联。

1.2 陆地风化作用耗能估算

陆地风化作用将岩石转化为沉积物，但其耗能在文献中极少涉及且缺乏定量描述。物理风化方面，温度变化、上覆荷载变化、生物生长是主要原因；化学风化方面，化学反应需要外来物质（如降水）的参与，且反应的速率与温度有关，化学反应中的能量收支是复杂的，依具体的反应式而定；生物风化方面，可能同时涉及物理和化学过程。虽然研究者们提出风化作用的要点是考虑岩石转化为沉积物时的能量转换（Hall et al.，2012），但以往的研究只注重了风化作用的产物及其指标，而忽视了能量转换。由于物理、化学、生物过程复杂，难以用简单的计算公式来概括，因此，采用以下的基于数量级预估的方法。首先从岩石风化的过程入手，计算风化过程所需的外来物质数量：以花岗岩为代表性岩石，假设其物质构成为 30%石英、60%钾长石、10%云母，基本的化学反应是钾长石与水化合，转化为黏土矿物（Tarbuck and Lutgens，2006）：

$$2\ KAlSi_3O_8 + H_2O + \text{其他物质} \rightarrow Al_2Si_2O_5(OH)_4 + \text{溶解物质} \quad (1)$$

从式（1）中可估算所需的水量，然后，根据风化作用的沉积物产出量估算参与反应的水的总质量，进而估算所需的功率：

$$P = g\,MwH\,/\,T \tag{2}$$

式中 P 为风化作用功率，g 为重力加速度，Mw 为单位时间内转化反应的需水量，H 为所需水体从海洋输运至风化地点的高程差。一般情形下，风化过程中的水是通过全球水文循环输送而来，其能量来源于太阳辐射。Mw 的估算中，假定风化产物与沉积物入海通量一致，即 2.0×10^{10}t/a，再根据花岗岩物质构成和化学反应式（1）计算入海通量中黏土矿物的占比，最终获得 Mw 的值。式（2）的假设是，物理、化学、生物风化过程的耗能是处于同一量级。

1.3　沉积物输运和堆积耗能估算

对于重力作用的产物，计算由于堆积体所在地点高程与源区高程的差异而显示的功率（当有坡度存在时会伴随派生的水平移动，因其能量属于同一来源而不再重复计算）：

$$P = gMH\,/\,T \tag{3}$$

式中 P 为沉积物堆积所消耗的功率，g 为重力加速度，M 为沉积物总量（kg），H 为源区到堆积区的平均垂向高程位移（m），T 为堆积作用发生的时段（s）。

当沉积体势能上升时，式（3）不代表重力做功的情形，而是显示外力做功的效应，如潮流输运引发的沉积物势能提高，其能量来源于天体引潮力，又如大洋环流引发的沉积物势能提高，其能量来源于太阳辐射。

对于水流作用的产物，需考虑水流输运造成的水平位移：

$$P = kML\,/\,T \tag{4}$$

式中 k 为水流所受的作用力加速度，主要是为了克服床面阻力，L 为水平输运距离（m）。沉积动力学研究表明，水流的动能只有很小一部分用于沉积物净输运；陆坡重力流依靠沉积物势能而获得输运动力，高差为 10^0km 的情形下重力流搬运距离可达 10^3km 量级，对比式（3）、（4）可知，k 应远小于重力加速度 g，约为 $10^{-3}g$。因此，在本项研究的估算中，假定式（3）、（4）所定义的能耗具有同一量级，以势能转换为量度。当此势能由重力做功而来，归因于地球内部热能耗散效应，当水流来自于潮汐作用或太阳能转换（以河流径流、波浪、海洋环流等形式）时，分别归因于潮汐或太阳辐射的能量耗散效应。

1.4　珊瑚礁沉积固定的太阳辐射能量估算

植物通过光合作用把太阳能转化为化学能，但光合作用的化学反应式一般未给出具体的能量消耗数据。若沉积物所含的植物生物量（表示为有机质质量）为已知，则其太阳辐射转换功率表示为

$$P = CoMHp / T \tag{5}$$

式中 Co 为沉积物的有机质含量（%），M 为沉积物质量（kg），Hp 为单位质量的有机质的热值（J/kg）。

生物礁尤其是珊瑚礁与初级生产的关系较为复杂，例如珊瑚虫与虫黄藻之间构成共生关系，珊瑚虫生长与初级生产、次级生产、甚至更高营养级均有关联（Fagerstrom，1987）。本文采用间接方式，由虫黄藻固碳能力获得生物量，再根据植物的热值估算太阳辐射转换能量即功率：

$$P = A\,Mc\,Hp / (RT) \tag{6}$$

式中 A 为珊瑚礁面积（m^2），Mc 为单位面积的虫黄藻固碳能力（kg C/m^2），R 为有机质的碳含量（%）。在一般生态系统中，从初级生产到次级生产的能量转化比率约为 7∶1，但瑚虫并不完全属于次级生产，且珊瑚礁有 6 个营养级，转换效率较低（Fagerstrom，1987），因此其比率应小于此值，此处取为 10∶1。珊瑚礁沉积中，有机质含量较低，所含的碳主要是包含于珊瑚骨骼而不是有机质，假定此产出量的能耗等同于从初级生产到珊瑚虫能量转换的值，则珊瑚礁沉积总量及对应的功率分别为

$$Ms = \int A\,Gs\,\mathrm{d}t \tag{7}$$

$$P = Ks\,A\,Mc\,Hp / (RT) \tag{8}$$

式（7）中 Ms 为珊瑚礁沉积总量，Gs 为珊瑚骨骼平均产出率，积分时段为珊瑚礁生长的时期；式（8）中 Ks 为初级生产到珊瑚虫的能量转换比率。全球范围内，珊瑚礁是生物礁的主体部分，因此此处以式（7）、（8）近似代表全部生物礁的情形。

2 估算结果

2.1 风化产物的能量损耗

在式（1）、（2）所指的条件下，每 2 个钾长石分子转化为 1 个黏土矿物分子，即 556 份钾长石形成 298 份黏土矿物；此外，若母岩花岗岩的物质构成为 60%钾长石、30%石英、10%云母，则母岩风化产物中每 100 个石英分子（分子量 60）需要配给 43 个钾长石分子（分子量 278）、8 个云母分子（分子量 254），即风化作用形成的沉积物含有 298 份黏土矿物（44%），279 份石英（42%）、93 份云母（14%），其中黏土矿物的产出要消耗 18 份水。

设产生的沉积物总量为 2.0×10^{10}t/a，与河流入海通量相当，则需水 0.054×10^{10}t/a；这

部分水是由海洋输运而来，所需能量来自太阳辐射。风化作用发生与陆地，其平均高程为 840m（Sverdrup et al.，2005），则根据式（2），所消耗的功率为 1.4×10^{-4}TW，计算中 1a 的时长为 3.2×10^{7}s。

2.2 陆架与海岸物质输运、堆积的能量损耗

陆源物质首先从内陆输运到海岸与陆架区域（Petley，2010）。河流沉积物入海通量为 2.0×10^{10}t/a 量级（Milliman and Farnsworth，2011），假定其中 30%堆积于三角洲，而 70%输出到陆架水域（其中一部分又被波浪、潮流输往邻近海岸堆积）。根据这一假设，由于河流三角洲的起始时间大多为 7000a B.P.前后，因此，在全新世沉积物入海总量中，4.2×10^{13}t，或 2.6×10^{4}km^3（质量、体积换算中沉积物容重设为 1.6t/m^3），被河流所截获。这一预估值可与全球河流三角洲的实际规模相印证。

在河口区域形成的单个全新世沉积体系，恒河三角洲的规模最大，为 10^3km^3 量级（Allison et al.，2003），而长江河口三角洲陆地部分的全新世沉积约为 400km^3（李保华等，2002）。全球范围内，最大的 20 多条入海河流的流域面积总计为全球陆地面积的三分之一，沉积物通量占全球总量的 40%（Corbett et al.，2006）。这些规模较大的河流，其河口三角洲沉积物滞留指数（截留物质量与沉积物通量之比）高于 30%（Li et al.，2021），表 1 列出了全球沉积物通量较高的 10 条河流，显示了这一特征。要注意的是，此处的滞留指数是全新世时期的平均值，随着三角洲前缘的向海推进，滞留指数逐渐降低（Gao，2007），这也是小型河流难以形成三角洲的原因。Milliman 和 Farnsworth（2011）给出了全球 1534 条入海河流的流域面积、河流长度、沉积物入海通量数据，其中绝大部分是小型河流，因此全球平均的滞留指数应低于大河的数值。

据式（3）估算，M 为 4.2×10^{16}kg，堆积时段 T 取为 220×10^{9}s，沉积物输运前后的高程差按陆地平均高程计，即 840m，则全球河流三角洲沉积物输运、堆积所耗费的功率为 1.6×10^{-3}TW。虽然河流的水体是由于全球水文循环的过程而被输入到陆地内部，但河流水流本身的运动是重力所致，正是因为内陆与海面的高差才导致了河流入海。因此，这部分功率应是重力做功所致，而陆地高程最初是由于地球内部热能引发的地壳运动而决定的，因而这应归属于地热的做功功率。

表 1 全球主要大河三角洲的规模（沉积厚度据以下文献信息估算：Coleman 等，1998；Saito 等，2001；Ta 等，2002；Allison 等，2003；Bui 等，2011；Milliman 和 Farnsworth，2011；Stanley 和 Clemente，2014；Fricke 等，2019；Liu 等，2020；Clift 等，2021）

沉积地点	陆上面积/（$\times10^4$km^2）	沉积厚度/m	沉积物入海通量/（Mt/a）	全新世滞留指数/%
恒河-雅鲁藏布江三角洲	6.5	30	1060	42
亚马孙河三角洲	2.4	100	1200	46
长江三角洲	2.5	25	470	30
黄河三角洲	1.8	10	1100	26
密西西比河三角洲	3.0	35	400	60
伊洛瓦底江三角洲	3.2	20	360	40

续表

沉积地点	陆上面积/（$\times10^4km^2$）	沉积厚度/m	沉积物入海通量/（Mt/a）	全新世滞留指数/%
湄公河三角洲	4.4	5～15	150	67
印度河三角洲	4.1	15	250	60
尼罗河三角洲	2.4	5-15	120	46
红河三角洲	1.3	20	110	54

河流物质输往陆架，重力做功要高于三角洲处，因为陆架的高程进一步下降，使得高程差平均增加约 70m，式（3）中的 H 值要调整为 910m。因此，在全新世有 9.8×10^{13}t 沉积物进入陆架区，耗费净功率为 4.0×10^{-3}TW。

海滩和海岸沙丘输运、堆积是由于波浪横向搬运和海岸带向岸风做功，能量来自太阳辐射。设海滩和海岸沙丘体积为三角洲沉积的 25%，波浪作用下源区到堆积区的平均垂向高程位移设为波浪基面到海岸波浪沉积顶部的距离的 50%，而向岸风输运的进一步垂向位移相当于沙丘沉积厚度的 50%，一般情形下海岸沙丘顶部高程小于 60m，最高者>100m，但很少出现（高抒，2009），因此总的垂向位移取为 40m。根据式（3），提高势能所消耗的功率为 1.9×10^{-5}TW。此外，沉积物水平输运的距离设为 10km，根据式（4）为此需要消耗功率 0.47×10^{-5}TW。

潮汐沉积主要有潮滩和潮流脊，堆积过程所需能量来源于天体引潮力。据遥感分析，全球潮间带面积为 127921km^2，大部分为潮滩（Murray et al.，2019）。此外，由于部分潮滩已经成陆，因此不在遥感统计范围之内。综合上述因素，潮滩滨海平原的面积设为 $2\times10^5km^2$。潮滩沉积平均厚度为 10^0～10^2m，平均厚度设为 40m，平均垂向位移高程也设为 40m。堆积时段覆盖末次冰期高海面以来的 7000a，据式（3）估算，全球潮滩沉积物势能提高所耗费的功率为 2.3×10^{-8}TW。细颗粒物质被潮流从源区到堆积地点的水平输运距离为 10^1～10^2km 量级，设为 10^2km，据式（4）估算，耗费的功率为 5.7×10^{-8}TW。潮滩物质输运、堆积的能量均来自潮汐动能。

潮流脊是往复潮流作用于砂质海底或改造原有沉积而形成的堆积体，分布于开敞内陆架、海湾-河口湾、岬角等环境（Pattiaratchi and Collins，1987；Collins et al.，1995；Dyer and Huntley，1999；刘振夏和夏东兴，2004）。内陆架潮流脊体系的规模为 10^3～10^4km^2 量级（任美锷，1986；Collins et al.，1995；Knaapen，2009），海湾-河口湾潮流脊为 10^2～10^3km^2 量级（Pattiaratchi and Collins，1987；Harris et al.，1992；Horrillo-Caraballo and Reeve，2008），岬角潮流脊（headland-associated sandbanks）为 10^2km^2 量级（Geyer，1993；Bastos et al.，2004；McCarroll et al.，2020）。潮流脊的脊槽高差为 15～40m，脊间距为 1～5km，在潮流作用下，槽部物质向脊部输运，并且潮流脊可向两端延长，整个体系形成的时间尺度为 10^2～10^3a。若全球总面积为 10^5km^2 量级，脊槽高差为 40m 计算，堆积时段为 2000a（6.3×10^{10}s），水平输运距离按 10^2km 计，则据式（3）、（4）估算，沉积物向脊部输运、潮流脊延长所耗费的功率分别为 2.0×10^{-8}TW 和 1.0×10^{-7}TW。

2.3 深海重力流、等深线流、远海-半远海沉积的能量转换

大陆边缘沉积物重力流造成陆架沉积物势能的变化，从陆架到深海的高差为 4000m 量级。重力流沉积以海底扇的形式堆积于邻近陆架的深海底，或者充填到板块俯冲带和深水边缘海。

世界上最大的海底扇位于印度洋孟加拉湾，长约 3000km，宽约 1000km，最大厚度 16.5km，总体积 10^6～10^7km^3 量级，沉积物总量接近 $10^{17}t$，其堆积始于 5×10^7a 以前（Curray et al.，2002）。其他规模较大的海底扇沉积物质量达 $10^{15}t$ 量级，如亚马孙河、印度河岸外（Wetzel，1993；Figueiredo et al.，2009；Clift and Jonell，2021）。在缺乏大量物质供给的地方，虽然也有重力流沉积，但规模较小，因此海底扇沉积物质量也较小（Stow，1981；Piper et al.，1984；Piper，2005；Bentley et al.，2016；Maier et al.，2020）。表 2 列出了代表性的大、中、小规模海底扇，其形成的时间尺度为 10～60Ma，在估算中将沉积物量设为 $2\times10^{17}t$，时间长度设为 30Ma，所消耗的功率为 $8.2\times10^{-3}TW$。

表 2 全球代表性海底扇的规模和形成年代

海底扇名称	沉积物质量/（$\times10^{15}t$）	起始年龄/Ma	文献
孟加拉	10～100	59	Curray et al.，2002
亚马孙	2.6	12	Figueiredo et al.，2009；Ketzer et al.，2018
印度河	1.4	45	Clift and Jonell，2021
密西西比	0.12	10	Weimer，1990；Bentley et al.，2016
劳伦斯	0.10	23	Piper et al.，1984；Piper，2005

充填到板块俯冲带海沟和深水边缘海重力流沉积可能与海底扇在总量上处于同一量级。沉积物进入海沟之后，经过一段时间的停留，最终可能完全进入俯冲带，重回地球的地幔；在一些消亡中的海盆，如地中海，也有沉积物的临时堆积。边缘海是新生代西太平洋及周边区域的特殊现象，这些海盆的起始时间约为 30Ma B.P.。南海的张裂开始于 37Ma B.P.，此后接受了陆源沉积物 $7.0\times10^6km^3$，即 $1.4\times10^{16}t$（Wang and Li，2009）。缅甸安达曼海盆北部全新世沉积为 $1075km^3$，即 $1.3\times10^{12}t$，物质来源于伊洛瓦底江（Liu et al.，2020）；若将时间尺度放大到 30Ma B.P.，也可达到 $10^{15}t$ 量级。其他边缘海盆，如东海冲绳海槽、日本海，其沉积物厚度范围达到 10^2～10^4m（金翔龙，1992；Qin et al.，1996；Yoon et al.，2014；Varkouhi et al.，2020）。若沉积物量设为 $1\times10^{17}t$，时间长度设为 30Ma，则所消耗的功率为 $4.1\times10^{-3}TW$。

海底等深线流沉积是深海沉积物在水流作用下运动和堆积的产物，其物源部分来自原有海底沉积的改造，另一部分来自于最新加入的重力流沉积。Rebesco 等（2014）给出了全球 116 个主要等深线流沉积体的特征，多数分布在大西洋。沉积体的尺度为：长 10^2km，宽 10^1km，厚 10^2～10^3m，堆积速率 $10^{-1}m/ka$（Stow and Lovell，1979；Pickering et al.，1989；Pickering and Hiscott，2015），因此单个沉积体的质量为 $10^{12}t$ 量级，116 个主要沉积体系的总量为 $10^{14}t$～$10^{15}t$。全部质量设为 $10^{16}t$ 量级，平均输运距离以 10^3km

计，沉积厚度以 500m 计，按照式（3）、（4），10Ma 时间里堆积体势能提升和水平输运所消耗的功率分别为 7.7×10^{-5}TW 和 3.1×10^{-5}TW，能量均来自于太阳辐射。

远海-半远海沉积是悬浮颗粒沉降的产物，物质有多种来源，如流域入海物质扩散、冰川和大气输运、沉积物重力流过程、海洋生物过程等。若深海部分的面积为 2.8×10^8km^2，远海-半远海沉积物平均厚度为 500m（Pinet，1992），则其总量为 2.2×10^{17}t，大致上为过去 100Ma 的堆积产物。Hay 等（1988）认为过去 34Ma 以来在海底堆积的沉积物总量约为 2.6×10^{17}t，大于此值，但应注意的是这一估算的范围是针对全部海洋。深海的平均深度取为 4km，则重力做功的功率为 2.7×10^{-3}TW，洋流和大气造成的功率损耗也假设为同一量级。

2.4 珊瑚礁沉积固定的太阳辐射能量

全球珊瑚礁面积估计为 25×10^4km^2 面积（Woodroffe and Webster，2014），主要分布于热带海洋。在 1a 时间内，珊瑚礁虫黄藻的初级生产设为 0.4kg C/m^2，因此在 25×10^4km^2 面积上，初级生产总量为 1.0×10^{11}kg/a；虫黄藻生物体热值取为 15MJ/kg，从虫黄藻到珊瑚的营养级换效率定为 10%。根据式（6）、（8），消耗的功率为 1.2×10^{-2}TW。珊瑚礁沉积中有机质含量相对较低，所含的碳主要是包含于珊瑚骨骼而不是有机质，珊瑚骨骼的最大产出量为 60kg/m^2，最小低于 1kg/m^2（参见：高抒，2023），因此 10kg/m^2 是一个较为适中的预估值。根据此值，式（7）给出的全球珊瑚礁生物沉积产出量为 2.5×10^9t/a。

3 讨论

以上分项估算的综合结果（表 3）表明，沉积物从产生到堆积所需能量消耗功率在各自所属的天体引潮力（3.5TW）、地球内部热能释放（410TW）和太阳辐射（1.7×10^5 TW）中的占比很小。潮汐沉积消耗的功率占天体引潮力的 5.7×10^{-8}，与地球内部热能相关的沉积占其总功率的 4.5×10^{-4}，而与太阳辐射能相关的沉积只占其总功率的 7.4×10^{-8}。

表 3 全球现今海洋沉积的净功率及其再能量来源中的占比

沉积体系	沉积物质量/（10^{15}t）	时间尺度	消耗的净功率/TW	能量来源	功率占比
岩石风化	2.0×10^{-5}	1 a	1.4×10^{-4}	太阳辐射	8.2×10^{-10}
碳酸盐沉积	2.5×10^{-6}	1 a	1.2×10^{-2}	太阳辐射	7.1×10^{-8}
河流三角洲	0.042	7 ka	1.6×10^{-3}	地球重力/热能	3.6×10^{-6}
陆架沉积	0.098	7 ka	4.0×10^{-3}	地球重力/热能	9.8×10^{-6}
海滩与海岸沙丘	0.011	<7 ka	2.4×10^{-5}	太阳辐射	1.4×10^{-10}
潮滩沉积	0.013	7 ka	8.0×10^{-8}	天体引潮力	2.3×10^{-8}
潮流脊沉积	0.0064	2 ka	1.2×10^{-7}	天体引潮力	3.4×10^{-8}

续表

沉积体系	沉积物质量/(10^{15} t)	时间尺度	消耗的净功率/TW	能量来源	功率占比
沉积物重力流（海底扇）	200	10～60 Ma	8.2×10^{-3}	地球重力/热能	2.0×10^{-5}
沉积物重力流（边缘海、海沟充填）	100	30 Ma	4.1×10^{-3}	地球重力/热能	1.0×10^{-5}
等深线流沉积	10	10 Ma	1.1×10^{-4}	太阳辐射	6.4×10^{-10}
远海–半远海沉积 I	220	100 Ma	2.7×10^{-3}	地球重力/热能	6.6×10^{-6}
远海–半远海沉积 II	220	100 Ma	2.7×10^{-3}	太阳辐射	1.6×10^{-9}

在本文所做的计算中，不确定性最大的是沉积物生成所需要的能量转换。风化作用将岩石转化为沉积物，其能量转换关系缺乏充分的信息，因而难以进行准确计算。虽然流域风化对汇区沉积特征的影响（Dellinger et al.，2015）、化学风化程度（吴蓓娟等，2016）和环境特征（可菲等，2023）等方面都是重要的，但今后更应该加强能量转换问题的研究，既要考虑系统内部的能量转换（罗健，1987），也要考虑系统与外部的能量交换（Hall et al.，2012）。

通过生物途径产生的沉积物也有这个问题。本文所涉及的碳酸盐岩沉积过程中，从初级生产到次级生产，直至动物骨骼的产生，这些过程究竟耗费了多少能量？能量转换的速率是多少？文献中很少涉及。本文考虑营养级之间的能量转化，充其量只是一种间接的粗略估算。从生态系统动力学的角度来看，这里涉及的是能量的传输、转换、循环。在生态系统动力学的框架内，应加强这方面的研究，使碳酸盐沉积能够从能量角度得到更好的解释。

在我们考虑的陆源沉积物入海通量中有一大部分物质其实是系统中重新循环的，并不代表新的风化产物。此外，还有时间尺度问题，例如，全新世海岸、陆架沉积的时间尺度是 7ka，然而在更长的尺度上，10^2m 量级的海面变化幅度导致这些沉积物的改造和重新搬运，因此净功率的时间积分效应使得净功率进一步减小。在现今的海洋环境中，板块构造的时间尺度决定了海洋沉积物形成的特征，若将净功率计算统一到 0.2ga 时间尺度，则表 3 的数据可能估算过高。

如果考虑 0.2ga 的海洋沉积，则会引出地球表面的沉积物总量及其随时间演化的问题。现今海洋的沉积物总量占到全球总量的 65%（Pickering and Hiscott，2015），因此，更早的 4.4ga 里产生的沉积物只占 35%，而且几乎全部集中于现今的陆地。由于入海沉积物的一大部分来自大陆（Clift and Jonell，2021），且输运通量在长时间尺度下较为稳定（Gilluly，1964），因此前 4.4ga 的沉积还在逐步减少。除入海通量造成陆地沉积物损失之外，还有碳酸盐岩暴露于大气的风化和溶蚀、板块俯冲携带沉积物、岩浆熔融等过程，它们进一步加大全球沉积物的损失。

从物质收支平衡来看，地球沉积物总量的演化可能已经达到最后的平稳阶段，也就是说，沉积物新产生的量与各种损失的量是相等的，沉积物总量不再增加。在此情形下，由于沉积物总量为 10^{18}t 量级，每年的沉积物入海通量为 10^{10}t 量级，因此沉积物的平均

滞留时间应是 10^8a 尺度，说明在过去的 4.6ga 里沉积物已经循环过很多次了。大量的沉积物曾经产生过，但现在已经消失了；在长时间尺度看，沉积层序的保存潜力和完整性是非常低的，这一点在论证化石记录的时候被达尔文所著《物种起源》多次提到。

沉积物既是环境变化的参与者，也是其记录者。沉积记录是研究地球演化史的重要数据来源。如果沉积物总量以后不再增加，那么随着时间的变化沉积记录的完整性也将逐年下降。表 3 的数据显示，沉积物产生所需要的净功率是非常低的，既然如此，是否有可能从三大功率中稍微增加一点，用于增加沉积物生成？其答案涉及净功率特征值的控制机制问题。

净功率特征值的较小取值与沉积体系的动力学有关。沉积物生成需要物理、化学和生物的条件。首先，母岩需要暴露在可以被风化的环境。在地球表面，虽然松散沉积物的占比很小，但是覆盖面积却很大，超过 75%的地表面积，这使得大量的母岩不能暴露在大气中。因此，各种风化过程都极为缓慢，这是空间上的限制。在海洋环境中，海水覆盖也有同样的效应。

其次，生物生长受到光照、温度、盐度、营养物质等因素的制约，虽然地表的初级生产已经非常高，但是能量转换的效率限制了生物颗粒的产生数量。此外，与母岩风化一样，生物生长的空间约束也非常明显。在海洋环境，只有上层水体能够进行浮游植物光合作用，珊瑚礁形成碳酸盐沉积，但珊瑚的生长空间较小。

最后，在输运和堆积方面，三大能量来源所提供的功率，大部分消耗在能量循环上了。大气辐射能量的主要消耗是反射到太空中，只有非常小的一部分被用来产生洋流、波浪、水汽输运。输运过程又是重复的，不同方向的输运相互抵消，也使得其净效应很小，大部分功率都消耗于摩擦等能量耗散过程。

如要提高净功率，那么宏观环境条件就成为关键。在气球历史的早期，更多的母岩暴露在地球表面，更容易遭受风化。地质历史时期产生的碳酸盐沉积的速率高于现今。在陆地面积较小、板块运动强度较弱的时期，沉积物的损失也会较少。因此，未来地球环境中与沉积作用相关的净功率也有变化的可能，甚至可能通过人类干预来实现。

4 结论

（1）虽然现今海洋集中了全球沉积物总量的一大半，但沉积物从产生到堆积所消耗的功率较小，潮汐沉积消耗的功率占天体引潮力的 5.7×10^{-8}，与地球内部热能相关的沉积占其总功率的 5.0×10^{-4}，而与太阳辐射能量转换相关的沉积只占其总功率的 7.4×10^{-8}。

（2）净功率特征值的较小取值受控于沉积体系的动力学机制，这可以从能量收支的宏观格局、母岩风化和生态系统的空间局限性、以及沉积物循环的时间尺度等因素得到解释。

（3）沉积体系形成演化所涉及的能量转换是值得探索的研究方向，其科学问题包括风化和生物过程的能量转换、沉积物收支净功率的变化和可调性、沉积记录完整性随时间的变化等。

致谢 本项研究得到国家自然科学基金委员会重点基金项目“海岸风暴频率-强度关系的沉积记录分析”（41530962）的资助。感谢金翔龙老师多年对东海陆架与海岸沉积作用和南海边缘海形成演化研究工作的指导和帮助。审稿专家提出修改意见，谨此致谢。

参考文献

高抒. 2009. 大型海底、海岸和沙漠沙丘的形态和迁移特征. 地学前缘, 16(6): 13-22

高抒. 2023. 环礁沉积体系的过程-产物关系: 勘察式模拟初探. 海洋与湖沼, 54(1): 1-15

金翔龙, 主编. 1992. 东海海洋地质. 北京: 海洋出版社, 524

可菲, 徐建, 张鹏, 等. 2023. 200 ka 以来澳大利亚西北岸外沉积物源区风化的 Mg 同位素记录及其对澳洲古季风的响应. 地质学报, 97: 565-582

李保华, 李从先, 沈焕庭. 2002. 冰后期长江三角洲沉积通量的初步研究. 中国科学(D 辑), 32: 776-782

刘振夏, 夏东兴. 2004. 中国近海潮流沉积沙体. 北京: 海洋出版社, 222

罗健. 1987. 两个化学风化反应方程式的讨论. 地质论评, 33: 291-296

任美锷, 主编. 1986. 江苏省海岸带和海涂资源综合调查报告. 北京: 海洋出版社, 517

吴蓓娟, 彭渤, 张坤, 等. 2016. 黑色页岩化学风化程度指标研究. 地质学报, 90: 818-832

Allison M A, Khan S R, Goodbred S L, et al. 2003. Stratigraphic evolution of the late Holocene Ganges-Brahmaputra lower delta plain. Sedimentary Geology, 155: 317-342

Anderson R N. 1986. Marine geology: a planet earth perspective. New York: John Wiley, 328

Bastos A C, Paphitis D, Collins M. 2004. Short-term dynamics and maintenance processes of headland-associated sandbanks: Shambles Bank - English Channel (UK). Estuarine, Coastal and Shelf Science, 59: 33-47

Bentley S J, Blum M D, Maloney J, et al. 2016. The Mississippi River source-to-sink system: perspectives on tectonic, climatic, and anthropogenic influences, Miocene to Anthropocene. Earth-Science Reviews, 153: 139-174

Bui D D, Kawamura A, Tong T N, et al. 2011. Identification of aquifer system in the whole Red River Delta, Vietnam. Geosciences Journal, 15: 323-338

Cartwright D E. 1999. Tides: a scientific history. Cambridge: Cambridge University Press, 292

Clift P D, Jonell T N. 2021. Monsoon controls on sediment generation and transport: mass budget and provenance constraints from the Indus River catchment, delta and submarine fan over tectonic and multimillennial timescales. Earth-Science Reviews, 220: 103682

Coleman J M, Roberts H H, Stone G W. 1998. Mississippi River delta: an overview. Journal of Coastal Research, 14: 699-716

Collins M B, Shimwell S J, Gao S, et al. 1995. Water and sediment movement in the vicinity of linear sandbanks: the Norfolk Banks, southern North Sea. Marine Geology, 123: 125-142

Corbett D R, McKee B, Allison M. 2006. Nature of decadal-scale sediment accumulation on the western shelf of the Mississippi River delta. Continental Shelf Research, 26: 2125-2140

Curray J R, Emmel F J, Moore D G. 2002. The Bengal Fan: morphology, geometry, stratigraphy, history and processes. Marine and Petroleum Geology, 19: 1191-1223

Davis R A Jr. 1983. Depositional systems: a genetic approach to sedimentary geology. Englewood Cliffs (NJ): Prentice-Hall, 669

Dellinger M, Gaillardet J, Bouchez J, et al. 2015. Riverine Li isotope fractionation in the Amazon River basin controlled by the weathering regimes. Geochimica et Cosmochimica Acta, 164: 71-93

Dyer K R. 1986. Coastal and estuarine sediment dynamics. Chichester: John Wiley, 342

Dyer K R, Huntley D A. 1999. The origin, classification and modelling of sand banks and ridges. Continental Shelf Research, 19: 1285-1330

Fagerstrom J A. 1987. The evolution of reef communities. New York: John Wiley, 600

Figueiredo J, Hoorn C, van der Ven P, et al. 2009. Late Miocene onset of the Amazon River and the Amazon deep-sea fan: evidence from the Foz do Amazonas Basin. Geology, 37: 619-622

Fricke A T, Nittrouer C A, Ogston A S, et al. 2019. Morphology and dynamics of the intertidal floodplain along the Amazon tidal river. Earth Surface Process and Landforms, 44: 204-218

Gao S. 2007. Modeling the growth limit of the Changjiang Delta. Geomorphology, 85: 225-236

Geyer R W, 1993. Three-dimensional tidal flow around headlands. Journal of Geophysical Research, 98（C1）: 955-966

Gilluly J. 1964. Atlantic sediments, erosion rates, and the evolution of the continental shelf: some speculations. Geological Society of America Bulletin, 75: 483-492

Hall K, Thorn C, Sumner P. 2012. On the persistence of "weathering". Geomorphology, 149-150: 1-10

Harris P T, Pattiaratchi C B, Cole A R, et al. 1992. Evolution of subtidal sandbanks in Moreton Bay, eastern Australia. Marine Geology, 103: 225-247

Hay W W, Sloan J L, Wold C N. 1988. Mass/age distribution and composition of sediments on the ocean floor and the global rate of sediment subduction. Journal of Geophysical Research, 93（B12）: 14933-14940

Hay W W. 1998. Detrital sediment fluxes from continents to oceans. Chemical Geology, 145: 287-323

Horrillo-Caraballo J M, Reeve D E. 2008. Morphodynamic behaviour of a nearshore sandbank system: the Great Yarmouth Sandbanks, UK. Marine Geology, 254: 91-106

Ketzer J M, Augustin A, Rodrigues L F, et al. 2018. Gas seeps and gas hydrates in the Amazon deep-sea fan. Geo-Marine Letters, 38: 429-438

Knaapen M. 2009. Sandbank occurrence on the Dutch continental shelf in the North Sea. Geo-marine Letters, 29: 17-24

Li G C, Xia Q, Wang Y P, et al. 2021. Geometric modeling of Holocene large-river delta growth patterns, as constrained by environmental settings. Science China: Earth Sciences, 64: 318-328

Libes S M. 2009. An Introduction to Marine Biogeochemistry（2nd edition）. Amsterdam: Academic Press, 909

Liu J P, Kuehl S A, Pierce A C, et al. 2020. Fate of Ayeyarwady and Thanlwin Rivers sediments in the Andaman Sea and Bay of Bengal. Marine Geology, 423: 106137

Maier K L, Paul C K, Caress D W, et al. 2020. Submarine-fan development revealed by integrated high-resolution datasets from La Jolla Fan, offshore California, U. S. A. Journal of Sedimentary Research, 90: 468-479

McCarroll R J, Masselink G, Valiente N G, et al. 2020. Impact of a headland-associated sandbank on shoreline dynamics. Geomorphology, 355: 107065

Middleton G V, Hampton M A, 1976. Subaqueous sediment transport and deposition by sediment gravity flows, In: Stanley D J, Swift D J P, ed, Marine sediment transport and environmental management. New York: John Wiley, 197-218

Milliman J D, Farnsworth K L. 2011. River discharge to the coastal ocean: a global synthesis. Cambridge: Cambridge University Press, 384

Mosher D C, Yanez-Carrizo G. 2021. The elusive continental rise: Insights from residual bathymetry analysis of the Northwest Atlantic margin. Earth-Science Reviews, 217: 103608

Murray N J, Phinn S R, DeWitt M, Ferrari R, Johnston R, Lyons M B, Clinton N, Thau D, Fuller A. 2019. The global distribution and trajectory of tidal flats. Nature, 565: 222-225

Pattiaratchi C, Collins M. 1987. Mechanisms for linear sandbank formation and maintenance in relation to dynamical oceanographic observations. Progress in Oceanography, 19: 117-176

Petley D N, 2010. The continental shelf and continental slop. In: Burt T, Allison R, ed. Sediment cascades: an integrated approach. Chichester: Wiley-Blackwell, 433-448

Pickering K T, Hiscott R N, 2015. Deep marine systems: processes, deposits, environments, tectonics and sedimentation. American Geophysical Union: Wiley, 672

Pickering K T, Hiscott R N, Hein F J, 1989. Deep-marine environments: classic sedimentation and tectonics. London: Unwin Hyman, 416

Pinet P R. 1992. Oceanography: an introduction to the planet oceanus. St. Paul: West Publishing Company, 571

Piper D J W, 2005. Late Cenozoic evolution of the continental margin of eastern Canada. Norsk Geologisk Tidsskrift, 85: 305-318

Piper D J W, Stow D A V, Normark W R. 1984. The Laurentian Fan: Sohm abyssal plain. Geo-Marine Letters, 3: 141-146

Qin Y S, Zhao Y Y, Chen L R, et al. 1996. Geology of the East China Sea. Beijing: Science Press, 357

Rebesco M, Hernández-Molina F J, Van Rooij D, et al. 2014. Contourites and associated sediments controlled by deep-water circulation processes: state-of-the-art and future considerations. Marine Geology, 352: 111-154

Saito Y, Yang Z, Hori K. 2001. The Huanghe(Yellow River) and Changjiang(Yangtze River) deltas: a review on their characteristics, evolution and sediment discharge during the Holocene. Geomorphology, 41: 219-231

Stanley J D, Clemente P L. 2014. Clay distributions, grain sizes, sediment thicknesses, and compaction rates to interpret subsidence in Egypt's northern Nile Delta. Journal of Coastal Research, 30: 88-101

Stow D, Smillie Z. 2020. Distinguishing between deep-water sediment facies: turbidites, contourites and hemipelagites. Geosciences, 10: 68

Stow D A V, 1981. Laurentian Fan: morphology, sediments, processes, and growth pattern. American Association of Petroleum Geologists Bulletin, 65: 375-393

Stow D A V, Lovell J P B. 1979. Contourites: their recognition in modern and ancient sediments. Earth-Science Reviews, 14: 251-291

Sun Q L, Wang Q, Shi F Y, et al. 2022. Runup of landslide-generated tsunamis controlled by paleogeography and sea-level change. Communications Earth and Environment, 3: 244

Sverdrup K A, Duxbury A C, Duxbury A B. 2005. Introduction to the world's oceans(8th edition). New York: McGraw-Hill, 514

Ta T K O, Nguyen V L, Tateishi M, et al. 2002. Sediment facies and Late Holocene progradation of the Mekong River Delta in Bentre Province, southern Vietnam: an example of evolution from a tide-dominated to a tide- and wave-dominated delta. Sedimentary Geology, 152: 313-325

Tarbuck E J, Lutgens F K, 2006. Earth science(11th edition). Upper Saddle River NJ: Pearson Education, 726

Varkouhi S, Cartwright J A, Tosca N J. 2020. Anomalous compaction due to silica diagenesis - Textural and mineralogical evidence from hemipelagic deep-sea sediments of the Japan Sea. Marine Geology, 426: 106204

Wang P, Li Q, ed. 2009. The South China Sea: paleoceanography and sedimentology. Berlin: Springer, 506

Weimer P. 1990. Sequence stratigraphy, facies geometries, and depositional history of the Mississippi Fan, Gulf of Mexico. American Association of Petroleum Geologists Bulletin, 74: 425-453

Wells N. 2012. The Atmosphere and ocean: A physical introduction(3rd edition). Chichester: John Wiley, 424

Wetzel A. 1993. The transfer of river load to deep-sea fans: a quantitative approach. American Association of Petroleum Geologists Bulletin, 77: 1679-1692

Woodroffe C D. 2002. Coasts: form, process and evolution. Cambridge: Cambridge University Press, 623

Woodroffe C D, Webster J M. 2014. Coral reefs and sea-level change. Marine Geology, 352: 248-267

Yoon S H, Sohn Y K, Chough S K. 2014. Tectonic, sedimentary, and volcanic evolution of a back-arc basin in the East Sea(Sea of Japan). Marine Geology, 352: 70-88

末次冰消期以来冲绳海槽北部沉积特征及其古环境意义

周铭鑫[1,2]，吴怀春[1,2*]，孙军[1,2,3]，李博雅[1,2]

1. 中国地质大学（北京）海洋学院，极地地质与海洋矿产教育部重点实验室，北京 100083
2. 中国地质大学（北京）生物地质与环境地质国家重点实验室，北京 100083
3. 中国地质调查局青岛海洋地质研究所，青岛 266237
*通讯作者，E-mail：whcgeo@cugb.edu.cn

摘要 冲绳海槽是中国东部海域末次冰期以来唯一保持连续沉积的区域，对区域气候和环境变化非常敏感，其沉积物蕴含着丰富的古气候和环境变化信息。本文通过对冲绳海槽北部 CS16-1 站位岩心沉积物开展 AMS ^{14}C 测年、粒度以及磁学综合测试分析，探讨了 17.4 ka B.P.以来冲绳海槽北部沉积物的物源变化及其古气候指示意义。结果显示，CS16-1 站位岩心沉积物以泥质砂和粉砂质砂为主；沉积物中的主要载磁矿物为磁铁矿。不同物源区沉积物的岩石磁学参数散点图表明岩心沉积物中的磁性矿物在 17.4～8.8 ka B.P.期间来自于中国大陆物质与中国台湾地区物质的混合；8.8 ka B.P.以来则主要来自中国台湾地区。沉积物的环境磁学指标揭示东亚冬季风活动变化经历了四个阶段：在 17.4～11 ka B.P.期间较为强盛；11～8.8 ka B.P.期间强度逐渐减弱；8.8～3.6 ka B.P.期间冬季风强度逐渐增大并频繁波动，可能与太阳活动的周期性波动有关；3.6 ka B.P.以来随着气候的变暖，冬季风强度逐渐减弱。

关键词 中国东海，环境磁学，物源分析，东亚季风

1 引言

东亚大陆边缘地区沉积物的产生、输运和沉积过程及其对沉积环境和气候变化的响应一直是学术界及社会关注的热点问题（李铁刚等，2003；杨守业等，2015；Liu et al.，2016）。位于东海陆架与琉球岛弧之间的冲绳海槽是受菲律宾海板块俯冲而张裂于东亚大陆边缘的晚新生代弧后盆地（Honza et al.，2004；尚鲁宁，2014；Fang et al.，2020）。作为东亚地区陆源物质搬运入海的一个重要的“汇”，冲绳海槽晚第四纪以来的连续沉

基金项目：国家自然科学基金项目（批准号：41925010、42002028）

作者简介：周铭鑫，男，博士研究生，海洋科学专业，主要从事海洋地质学研究。E-mail：zmxmarine@163.com

积保存着海平面升降、陆源物质供给、洋流和季风气候变化等古气候与古环境演化信息，是研究东亚地区沉积物源-汇过程、海陆相互作用、季风气候与环境演化的理想区域（李军，2007；Dou et al.，2016；王玥铭等，2018；窦衍光等，2018）。

前人通过元素地球化学、黏土矿物等方法对冲绳海槽末次冰消期以来的沉积物来源进行了示踪（Dou et al.，2010；Xu et al.，2012；Wang et al.，2015），但目前对海槽中、北部地区末次冰消期以来的沉积物来源仍然存在较大争议：一部分学者认为末次冰消期以来冲绳海槽的物源没有明显变化，依然来自长江、黄河和东海陆架的物质通过底流侧向输入（Iseki et al.，2003；Katayama et al.，2003）；另一部分学者则认为末次冰消期以来的高海平面时期，随着黑潮主轴重新进入海槽，黑潮及其支流的"水障"作用阻碍陆架物质向海槽输运，并携带中国台湾地区的碎屑物质进入海槽（Diekmann et al.，2008；Dou et al.，2010）。此外，物源还有可能来自东亚冬季风携带的亚洲内陆风尘物质的贡献（王越奇等，2019）。因此，从沉积物中提取有效的物源与环境指标，是重建这一时期冲绳海槽物质来源与环境演化的关键。

海洋沉积物的磁性特征是反映物质来源、沉积环境变化的重要代用指标（L et al.，1995；Liu et al.，2010）。冲绳海槽沉积物来源复杂多样，不同物源区沉积物的磁学特征存在明显差异，因此可将磁学特征作为物源示踪的指标之一（王永红等，2004；Liu et al.，2007；Li et al.，2012）。本文对取自冲绳海槽北部的重力柱状样 CS16-1 站位岩心沉积物进行 AMS ^{14}C 测年、粒度、岩石磁学和环境磁学的综合分析，探讨冲绳海槽北部沉积物的来源并重建末次冰消期以来东亚冬季风的演化过程，这为了解区域气候变化以及探索区域对全球变化的响应提供了可靠资料。

2 材料与方法

本次研究的 CS16-1 站位岩心为 2016 年由"张謇"号调查船使用重力取样器在冲绳海槽北部获取的柱状样，地理坐标为 127°21′59.3″E，28°47′30.5″N（图 1 所示），水深 995m，岩心全长 382cm。该岩芯整体颜色为灰色，在 170～180cm 深度处为青灰色，沉积记录较为连续，未见明显浊流沉积层。

年代学测试：在 CS16-1 站位沉积物不同深度处挑选浮游有孔虫混合种在青岛海洋科技中心海洋同位素与地质年代测试平台进行 AMS ^{14}C 测年，共获得四个年代学数据（表 1）。测得的放射性年龄数据根据区域海洋碳库效应进行了校正（冲绳海槽地区海洋碳库年龄差值为 ΔR=（−126 ± 7）a，并使用 Calib Rev.7.0.2 软件进行日历年的校准（Stuiver et al.，1993），本文所使用的日历年龄均是以 1950 年为基点向前推算的。

粒度测试：以 2cm 间距采集 190 件样品在青岛海洋地质研究所海洋地质实验测试中心完成测试。样品测试前的预处理步骤概述如下：使用 10 ml 10%的 H_2O_2 和 10 ml 30%的 HCl 分别去除有机质、钙质胶结物和生物壳，加入 10ml 0.05 mol/L 的分散剂（$NaPO_3$）$_6$ 在超声波振荡器上振荡分散，然后放入激光粒度仪进行测试。测试仪器使用英国马尔文（Malvern）公司生产的 Mastersizer 2000 型激光粒度分析仪，测量范围 0.02～2000 μm，重复测量相对误差小于 2%。本文使用 Folk 三端元分类法（Folk，1954）对沉积物分类

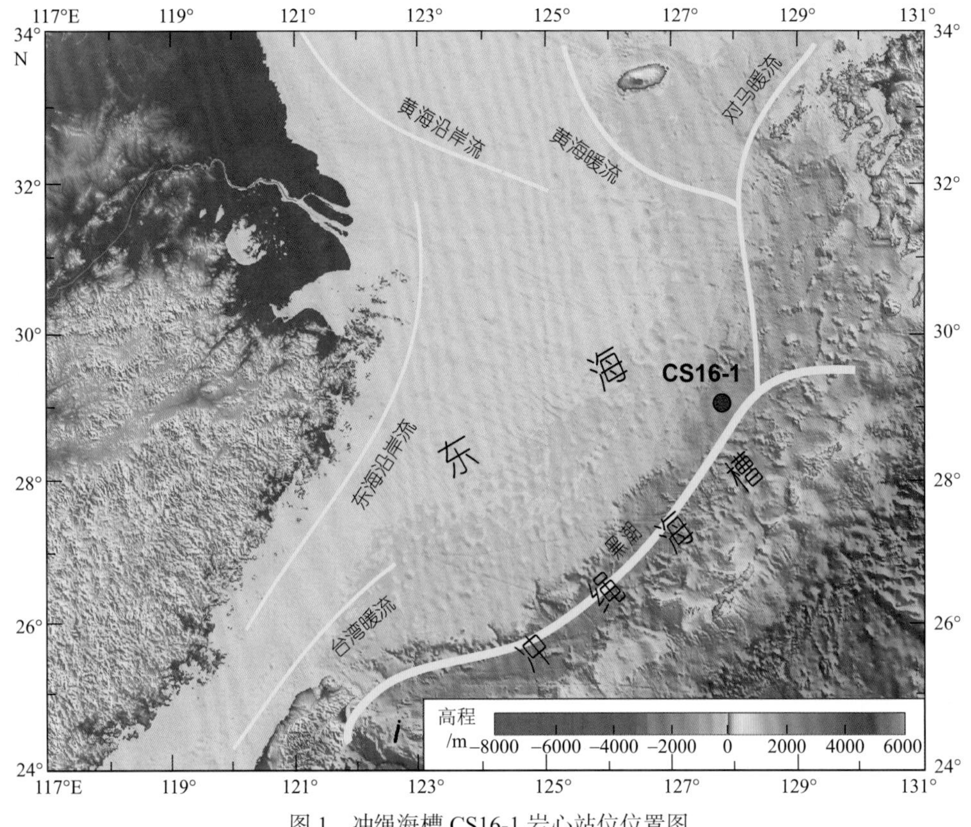

图 1　冲绳海槽 CS16-1 岩心站位位置图

和命名，沉积物粒级标准采用 Udden-Wentworth 等比制 Φ 粒级标准，使用 Folk-Ward 公式（Folk et al.，1957）计算粒度参数（平均粒径 Mz、分选系数 σ、偏度 S_k、峰度 K_g）。

磁学测试：在岩心新鲜面上使用 $8cm^3$ 无磁塑料方盒以 2cm 间距连续定向采集 190 件样品。样品磁学测试在中国地质大学（北京）古地磁与环境磁学实验室的磁屏蔽室（<300 nT）中完成。磁学测试包括：使用 Kappa Bridge MFK1 磁化率仪分别测量样品的磁化率（低频 κlf：976 Hz；高频 κhf：15616 Hz）；使用 D-2000 型交变退磁仪和 JR-6 型旋转磁力仪测量非磁滞剩磁（ARM）（设定交变场峰值为 100 mT，稳定直流磁场为 0.05 mT）；使用 IM10-30 型脉冲磁力仪和和 JR-6 型旋转磁力仪分别在 1 T、−100 mT、−300 mT 的脉冲磁场中获得饱和等温剩磁（SIRM）和反向场等温剩磁 IRM_{-100} 和 IRM_{-300} 并分别计算 S_{-ratio} 和硬剩磁（HIRM，Hard Isothermal Remanent Magnetization），公式为 S_{-ratio}=（$-IRM_{-300}$/SIRM）× 100%，HIRM=（IRM_{-300}+SIRM）/2；选择 4 个不同层位典型样品在氩气环境下使用 KLY-4S 型卡帕桥磁化率仪和 CS-3 温控系统完成 κ-T 测试，温度区间为 40～700℃。测试的磁学参数经质量校正后得到质量磁化率（χ）、非磁滞剩磁（ARM）、饱和等温剩磁（SIRM）、等温剩磁（IRM）以及比值参数 SIRM/χ、ARM/SIRM、χ_{ARM}。

3 结果

3.1 AMS ^{14}C 结果

冲绳海槽 CS16-1 站位沉积物的 AMS ^{14}C 测年结果如表 1 所示，包括取样深度、测试材料、日历年龄、校正年龄等。在 4 个测年结果中，沉积物的 AMS^{14}C 年龄结果符合下老上新的沉积序列，年龄结果可信。根据沉积物深度和测年结果，使用线性插值法估算对应深度范围内的沉积速率，建立了 CS16-1 站位岩心沉积物的年龄-深度曲线（图 2），CS16-1 岩心沉积物底界年龄约为 17.4 ka B.P.，岩芯底部沉积速率较高，顶部沉积速率较高。17.4～16.1 ka B.P.之间的沉积速率达 63.98 cm/ka，之后呈阶梯状上升，16.1～7.2 ka B.P.之间的沉积速率仅为 11.2 cm/ka，7.2～2.9 ka B.P.之间的沉积速率为 23.4 cm/ka，2.9 ka B.P.以来的沉积速率达 34.7 cm/ka。

表 1 冲绳海槽 CS16-1 孔的年代学数据

层位/cm	测试材料	AMS 14C 年龄/ cal a B.P.	校正年龄/cal a B.P.
100～102	浮游有孔虫混合种	4510±40	2907
200～202	浮游有孔虫混合种	8380±40	7181
300～302	浮游有孔虫混合种	15130±60	16103
380～382	浮游有孔虫混合种	16280±70	17369

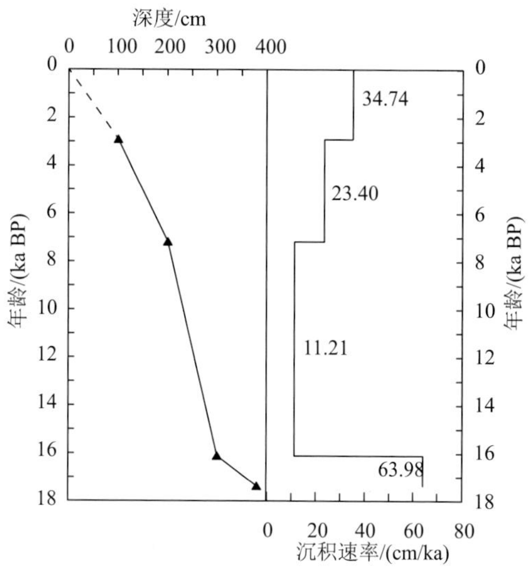

图 2 冲绳海槽 CS16-1 岩心 AMS ^{14}C 年龄-深度图及沉积速率变化图

3.2 粒度结果

粒度测试结果显示，CS16-1 站位沉积物主要由泥质砂和粉砂质砂组成（图 3、图 4），平均粒径介于 5.68～7.47 Φ，平均值为 6.83 Φ。其中，粉砂粒级组分含量范围是 56.85%～87.08%，平均含量达 64.28%；黏土含量范围是 8.36%～36.22%，平均含量是 27.47%；

砂粒级组分含量范围是 1.38%～24.08%，平均含量仅为 8.25%。从垂直变化看，在 7 ka B.P. 以前沉积较为连续，平均粒径和粒度参数变化较小，沉积环境较为稳定；沉积物平均粒径在 7 ka B.P.左右突然变粗，分选变差，指示水动力突然增强；7 ka B.P.以来，沉积物平均粒径逐渐变细，指示水体逐渐加深。

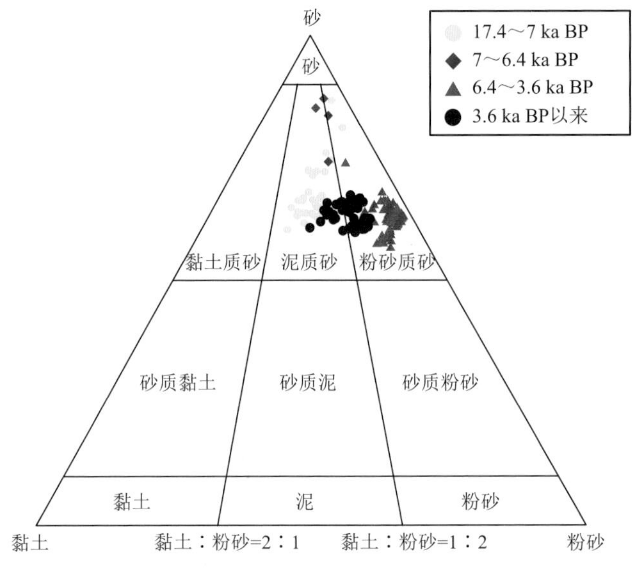

图 3　冲绳海槽 CS16-1 岩心沉积物粒度 Folk 三角投点图

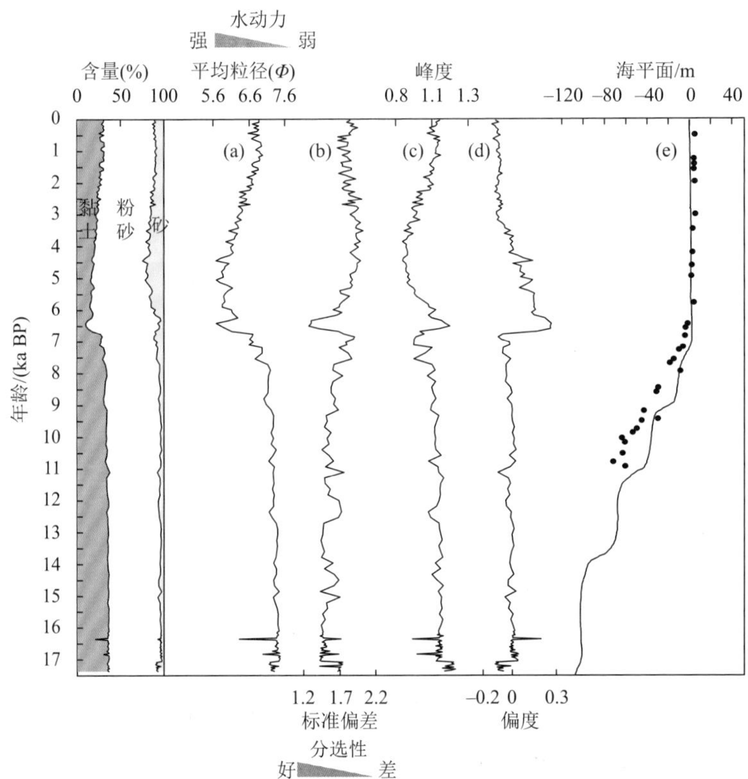

图 4　冲绳海槽 CS16-1 岩心沉积物粒级组成与粒度参数的时间域变化曲线图

3.3 磁学结果

κ-T 曲线可以用来判别沉积物中的载磁矿物类型。所有代表性样品的 κ-T 曲线（图 5）的加热曲线在 500℃左右开始下降，到 580℃左右降为零，表明样品中主要的磁性矿物为磁铁矿（Dunlop et al.，1969）。图 6 给出了 CS16-1 岩心沉积物环境磁学参数 χ、SIRM、SIRM/χ、ARM/SIRM、S_{-300} 和 HIRM 的时间域变化曲线。其中 χ 代表物质被磁化的难易程度，是一个综合性指标，受控于磁性矿物的含量、粒径和类型。SIRM 可以反映沉积物中磁性矿物含量的变化，其数值的大小和磁性矿物含量成正比。SIRM/χ 可以判断磁性

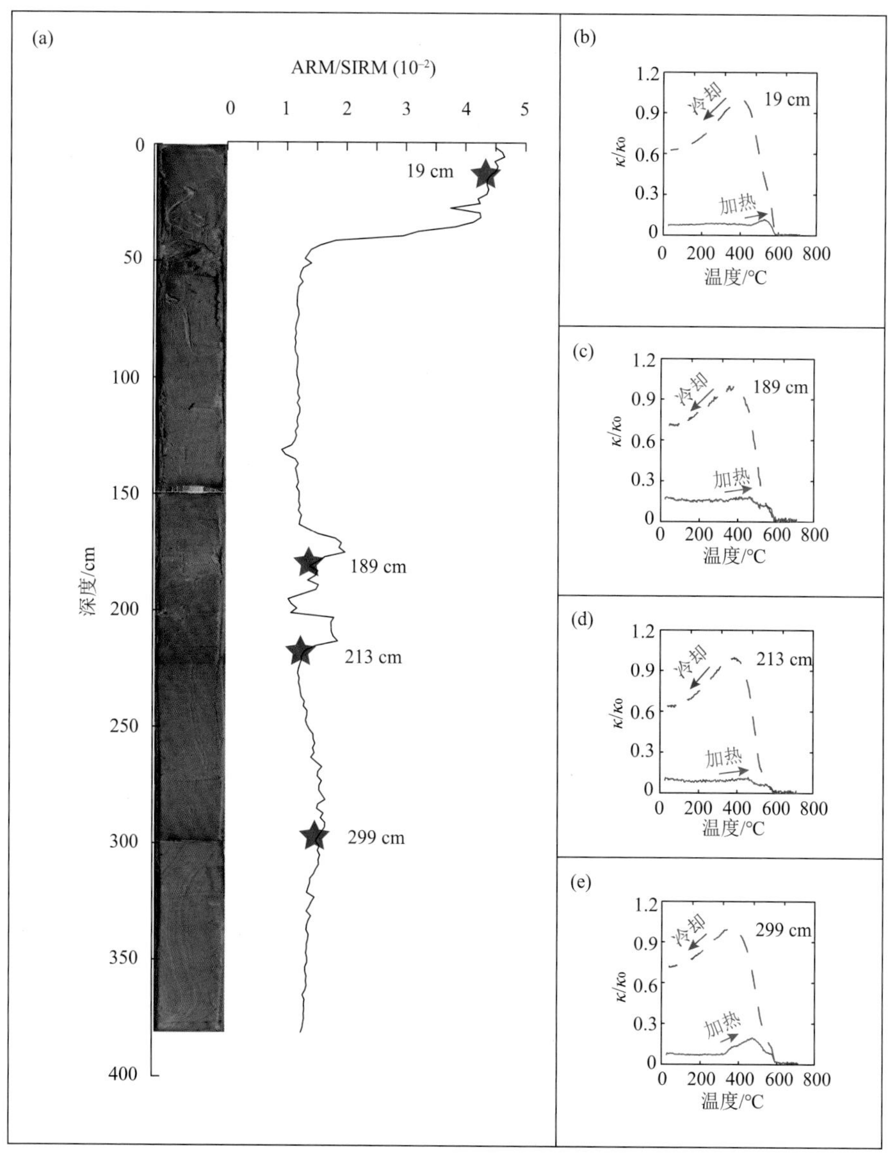

图 5　冲绳海槽 CS16-1 岩心照片及代表性样品的岩石磁学结果

（a）CS16-1 站位 ARM/SIRM 随深度的变化曲线，其中红色五角星代表岩石磁学测试样品；（b）～（e）代表性样品的磁化率随温度的变化曲线（κ-T 曲线：红色实线表示加热曲线，蓝色虚线表示冷却曲线）

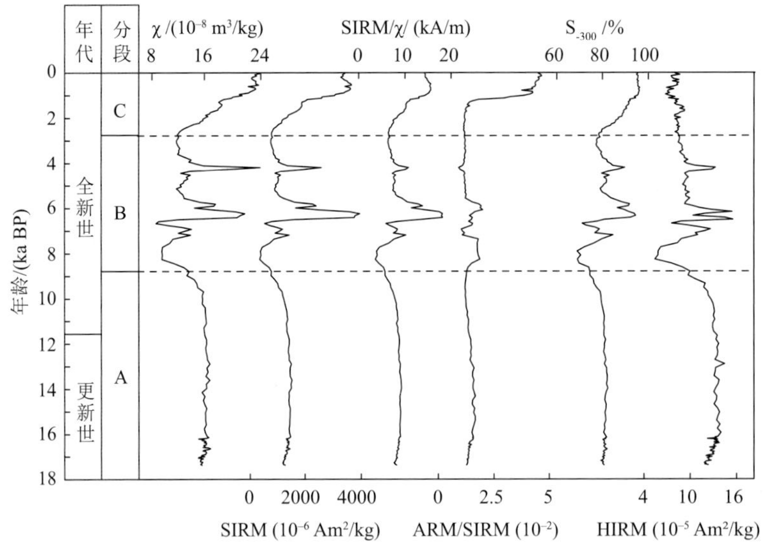

图 6　冲绳海槽 CS16-1 岩芯环境磁学参数变化特征

矿物的类别与粒径大小，磁铁矿的 SIRM/χ 从 1.5 kA/m 增加到 50 kA/m，赤铁矿的 SIRM/χ 值通常大于 200 kA/m。ARM/SIRM 通常反映磁性矿物颗粒粒径的变化，颗粒越细，其值越大。S_{-300} 通常反映低矫顽力颗粒（如磁铁矿）与高矫顽力颗粒（如赤铁矿、针铁矿等）的相对含量，低矫顽力颗粒含量越高其值就越接近于 1。HIRM 通常用于指示样品中反铁磁性矿物（赤铁矿和针铁矿）的浓度，反映样品中高矫顽力的硬磁性矿物的剩磁贡献（Dunlop et al.，1969）。图 6 显示 C 段沉积物表现为自上而下环境磁学参数的快速降低，这是成岩作用的典型特征（Roberts，2015），而其下部多数层位磁学信号高于 C 段，暗示其磁学信号保留原生信号的特征，成岩作用的影响可以忽略不计，可以进行古环境演化研究（Roberts et al.，2018）。各个环境磁学参数的时间演化特征描述如下：

A 段（17.4～8.8 ka B.P.）：在 A 段中，χ、SIRM、SIRM/χ、S_{-300} 和 HIRM 显示相同的变化趋势，在 11 ka B.P.之前较为稳定，在 11 ka B.P.之后快速降低直至 B 段，ARM/SIRM 则呈现出完全相反的变化趋势。相关磁学参数的变化说明 11 ka B.P.之前沉积物中的磁性矿物含量和粒径变化不大，11 ka B.P.之后磁性矿物含量降低，粒径逐渐变细。整个阶段沉积物中以低矫顽力的软磁矿物为主。

B 段（8.8～3.6 ka B.P.）：该段各磁学参数变化剧烈。相比于 A 段，B 段沉积物中的平均磁性矿物含量降低，平均粒径变粗，整个阶段沉积物中以低矫顽力的软磁矿物为主。

C 段（3.6 ka B.P.以来）：本阶段除 HIRM 以外，其它环境磁学参数均呈现增加的趋势，指示该阶段磁性矿物含量逐渐升高，低矫顽力的软磁组分逐渐升高，高矫顽力的硬磁组分有所减少。

CS16-1 孔岩芯沉积物各阶段的环境磁学参数的最小值、最大值和平均值详见表 2。

表 2 各段环境磁学参数的平均值

层段	χ/（$10^{-7}m^3/kg$）	SIRM /（$10^{-3}Am^2/kg$）	SIRM/χ /（kA/m）	ARM/SIRM /（10^{-2}）	HIRM /（$10^{-5}Am^2/kg$）	S_{-300}/%
C	1.74	1.92	10.23	2.22	8.26	87.8
B	1.39	1.32	8.8	1.37	9.95	81.2
A	1.6	1.34	8.4	1.41	9.74	80.6

4 讨论

4.1 物源分析

冲绳海槽晚第四纪以来的沉积物来源复杂，以大陆和台湾河流携带的陆源碎屑物质为主，还包含火山物质、生物碎屑和亚洲风尘等（王越奇等，2019；邹亮等，2021）。其中，陆源碎屑物质主要来源于长江、黄河、台湾岛以及九州岛等地区的小山区河流，同时东海的海底侵蚀对海槽也有贡献（蒋富清，2001；Wang et al.，2015）。由于各物源区母岩性质、气候条件的不同，沉积物的磁性特征（磁性矿物含量、颗粒大小及矿物种类等）也存在明显差异（Li et al.，2019）。因此，可以通过对比分析沉积物的磁学特征差异来有效辨别沉积物来源。

SIRM 和 χ 能够指示沉积物中磁性矿物的含量高低，HIRM 和 S_{-300} 值的高低可以指示沉积物中不同矫顽力磁性矿物的相对含量（Dunlop et al.，1969）。为了判别 CS16-1 孔沉积物中的磁性矿物来源，本文选择 SIRM、S_{-300}、HIRM、χ 等四个环境磁学参数分别做散点图，将研究区沉积物环境磁学参数进行投点，并与长江、黄河、台湾和中国黄土等四个主要潜在物源端元的环境磁学参数进行对比（图 7），结果显示，CS16-1 站位沉积物环境磁学参数表现为两个阶段的特点：在 17.4～8.8 ka B.P.期间，站位沉积物环境磁学参数散点与主要潜在物源区不完全重合，介于台湾物质与黄河、长江物质落点之间，指示该阶段沉积物的磁性矿物可能来自于长江、黄河和台湾物质的混合；8.8 ka B.P.以来，站位沉积物在各参数的二元交叉图中均与台湾地区沉积物重合，说明沉积物与中国台湾地区沉积物的磁学性质更相似，表明冲绳海槽北部沉积物的磁性矿物自 8.8 ka B.P.以来可能主要来自于中国台湾地区。前人对冲绳海槽中、北部的 OKI04 孔、KE12-3 孔、DGKS9604 孔、PC-1 孔等站位沉积物的黏土矿物、元素地球化学等方面研究认为台湾物质对研究区的物源贡献在全新世逐渐明显（Dou et al.，2010；Xu et al.，2014；Wang et al.，2015；Xu et al.，2017；王玥铭等，2018），这与本文结果基本一致。前人研究表明，冲绳海槽末次冰消期以来的物源变化受海平面变化和黑潮活动的控制（Dou et al.，2010；Dou et al.，2012）。随着全新世海平面上升，黑潮主轴重新进入冲绳海槽，随着黑潮强度的增大，输运更多的台湾物质进入冲绳海槽中、北部地区。同时，黑潮沿着冲绳海槽西部自南向北流动，成为阻挡东海陆架地区物质直接输入冲绳海槽的“水障”，使得长江、黄河等陆源物质输入减少（Xu et al.，1999；郭志刚等，2001；Wang et al.，2015；Zheng et al.，2016；Chen et al.，2017；杨宝菊等，2018）。

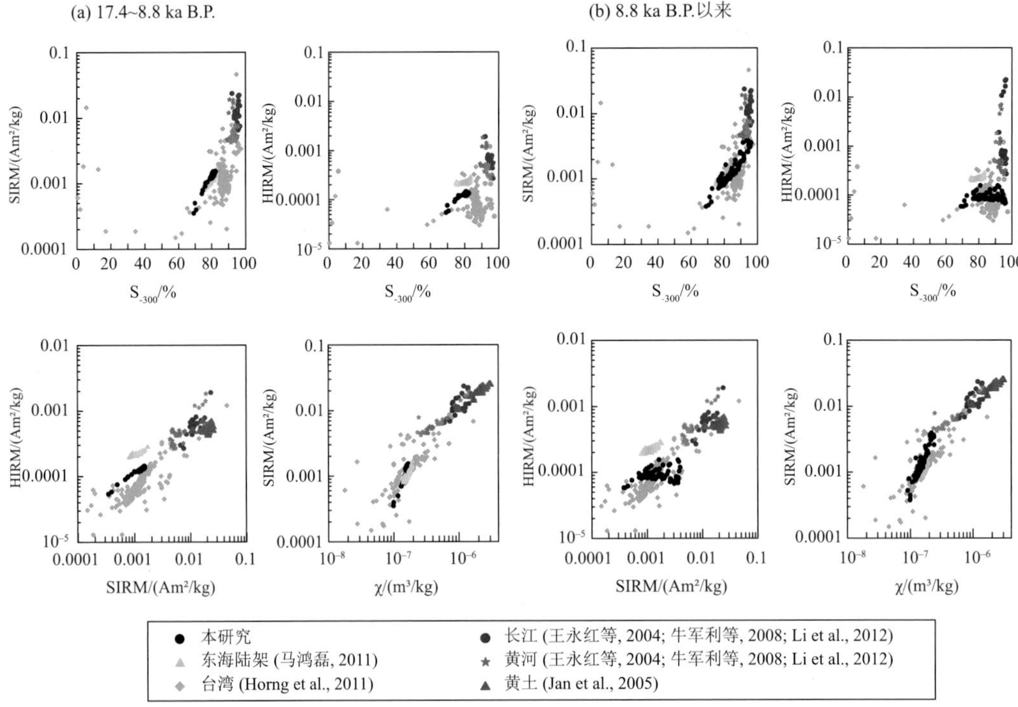

图 7 冲绳海槽 CS16-1 岩心沉积物物源分析

图（a）：17.4～8.8 ka B.P.；图（b）：8.8 ka B.P.以来

4.2 环境磁学参数对风尘沉积和东亚冬季风的响应

东亚季风是东亚地区气-海-陆相互作用最为活跃的气候系统之一，在区域乃至全球气候和环境演变中扮演着十分重要的角色（An，2000；Sun et al.，2022）。其中，东亚冬季风携带内陆风尘在西太平洋边缘海地区沉降，冲绳海槽作为一个重要的风尘物质汇集区，保存了风尘运输途径和物源等重要信息。此外，东亚冬季风驱动的流系还可以将长江等河流入海物质以悬浮体形式向冲绳海槽输运（Wang et al.，2015）。

东亚夏季风具有显著的水文响应，前人已利用粒度、黏土矿物、化学蚀变指数（CIA）等诸多指标揭示了东亚夏季风长期高分辨率的变化趋势及其影响因素，获得了一系列重要成果（张瑞虎，2011；Dou et al.，2016；田旭等，2020；安郁辉等，2020）。研究区沉积物的物质来源还有来自亚洲的风尘物质（周宇等，2015；张强等，2016；王越奇，2018；冯旭光，2019），它们主要是通过东亚冬季风输送至西太平洋边缘海地区，包括东海、西菲律宾海等临近东亚大陆的海域，风尘沉积物的输送量随东亚冬季风强度的增强而增加（Wan et al.，2012；Xu et al.，2015；王越奇等，2019），因此可以用于重建冬季风演化历史。

前人通过研究建立了环境磁学指标如 χ（徐方建等，2011）、HIRM（Robinson et al.，1986）、$IRM_{AF@120\ mT}$（Larrasoaña et al.，2003）与亚洲风尘输入的关系。侯啸林等人（2022）在对位于热带西太平洋的 B10 钻孔沉积物进行研究时利用 χ_{ARM}/SIRM 和 S_{-300} 来指示亚洲季风的强度。亚洲风尘输入的成分以高矫顽力矿物（赤铁矿、针铁矿等）为主，风尘输入量越高，会导致 S_{-300} 值降低（王双，2014）。HIRM 同 S_{-300} 类似可以指示沉积物中高矫顽力组分的相对变化，因此，其数值增高指示风尘输入增强。CS16-1 岩心沉积物的岩石磁学分析结果显示，由中国台湾地区向研究区输送的沉积物以低矫顽力的软磁矿物为主，缺少高矫顽力的硬磁矿物（图 6）。前文物源分析结果表明，黑潮对长江和黄河的物质输入起到了“屏障”作用，因此 CS16-1 岩心沉积物中的高矫顽力矿物主要来自亚洲风尘（主要是中国黄土）的输入。基于此，本文利用 HIRM 和 S_{-300} 两个指示高矫顽力组分的指标，探讨冲绳海槽北部沉积记录对风尘沉积和东亚冬季风的响应过程。

根据参数的时间域变化趋势可将 CS16-1 岩心沉积物所记录的东亚冬季风的演化过程分为三个阶段（图 8）。在 A 段（17.4～11 ka B.P.）期间 HIRM 相对较高，S_{-300} 相对较低，二者整体上变化不大，说明高矫顽力的风尘输入稳定，指示冬季风强盛期。之后在 11～8.8 ka B.P.期间 HIRM 逐渐降低，指示冬季风强度减弱。B 段（8.8～3.6 ka B.P.）研究站位沉积物的 HIRM 值低于 A 段（仅在部分层位高于 A 段），S_{-300} 值高于 A 段（仅在部分层位低于 A 段），且两参数变化较为频繁，指示此时东亚冬季风强度波动较为频繁。本文对 CS16-1 岩心沉积物时间域的 S_{-300} 磁学指标序列进行频谱分析（Li et al.,2019），发现其具有 1500 a 的千年尺度波动周期和 400 a、480 a、625 a、833 a 的百年尺度波动周期，置信度达 90%以上（图 9），2000 a 的周期有微弱显示。C 段（3.6 ka B.P.以来）研究站位沉积物的 HIRM 值不断降低，而 S_{-300} 值则呈上升的变化趋势，说明沉积物中高矫顽力的硬磁组分逐渐降低，这可能指示了亚洲风尘的输送通量不断减少，东亚冬季风强度不断减弱。

肖尚斌等（2005）、王琳淼（2014）对东海、南黄海等中国陆架边缘海泥质区进行研究，通过沉积粒度记录与化学元素记录重建东亚季风演化。二者的研究都显示了冬季风在 8～4 ka B.P.的高频波动特征，3 ka B.P.之后的冬季风强度变弱。Wu 等（2019）利用东北地区大兴安岭中部月亮湖 10.8 ka B.P.以来的孢粉数据重建了全新世以来东亚冬季风强度变化，指出东北地区经历了中全新世的气候转型之后，暖冬发生频率增加，东亚冬季风减弱。Yancheva 等（2007）用中国东南沿海的湖光岩玛珥湖沉积物的磁化率及 Ti 含量作为东亚冬季风的指标，重建了过去 16 ka 的东亚冬季风。其数据结果在 8 ka B.P.以来与研究岩芯的磁学记录显示了较好的一致性。但其数据在 8 ka B.P.以前具有较低的 Ti 含量，指示较弱的冬季风，与本文结论相矛盾。结合其站位 TOC 数据，推测是该时期湖泊的缺氧环境引起的成岩作用所造成的，对 Ti 含量与磁化率产生了干扰，导致了冬季风恢复的差异。

本文对冬季风的阶段演化的驱动机制进行深入分析。在 17.4～11 ka B.P.，研究区重建的东亚冬季风强度较为稳定，没有显示新仙女木时期（12.9～11.6 ka B.P.）冬季风加强的证据。这可能与黄河改道有关。受到新仙女木冷事件影响，中国东部陆架海平面在−66 m 等深线附近振荡徘徊，由前文物源分析可以看出，黄河来源的物质中，高矫顽力矿物组分稍高于台湾的物质，低于亚洲内陆风尘物质。新仙女木时期，冬季风加强，来自于亚洲内陆风尘物质的高矫顽力矿物增多，而低海平面导致黄河输入量减少，随之高矫顽力矿物组分较少，进而掩盖了东亚冬季风的信号。

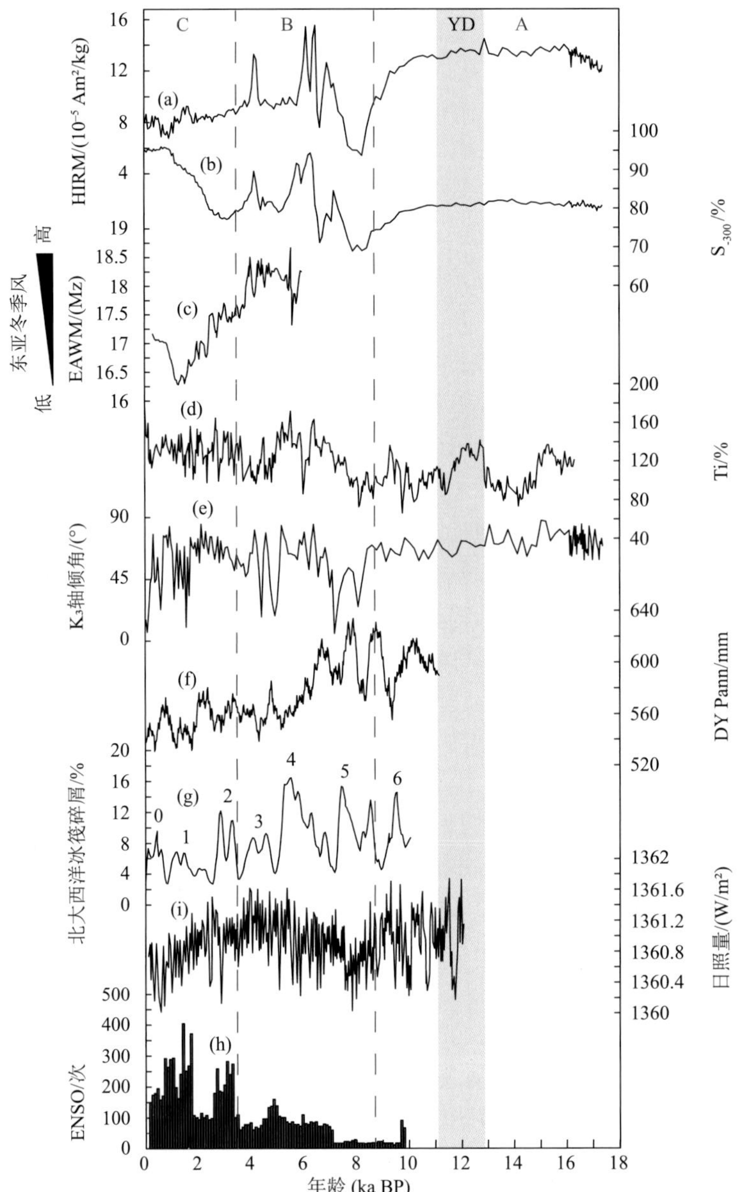

图 8　CS16-1 岩心沉积物环境磁学参数与其他气候记录的对比

（a）HIRM；（b）S_{-300}；（c）EAWM（王琳森，2014）；（d）Ti（Yancheva et al.，2007）；（e）K_3 轴倾角；（f）DY Pann（Li et al.，2022）；（g）北大西洋冰筏碎屑（Bond et al.，2001）；（h）太阳活动日照量（孙炜毅等，2022）；（i）ENSO 活动频次（王琳森，2014）（数字代表北大西洋的冰漂事件）

11～8.8 ka B.P.以来，冬季风强度逐渐减弱。大陆冰盖和融水对亚洲季风气候有着重要影响。有学者发现早全新世劳伦泰德冰盖逐渐衰退引起，大西洋经向翻转环流的线性减弱，通过减少大气和海洋的向北热输送，引起北半球的突然降温，并通过影响经向温度梯度使热带辐合带南移，并减弱亚洲季风（孙炜毅等，2022）。大洋环流的变化必然

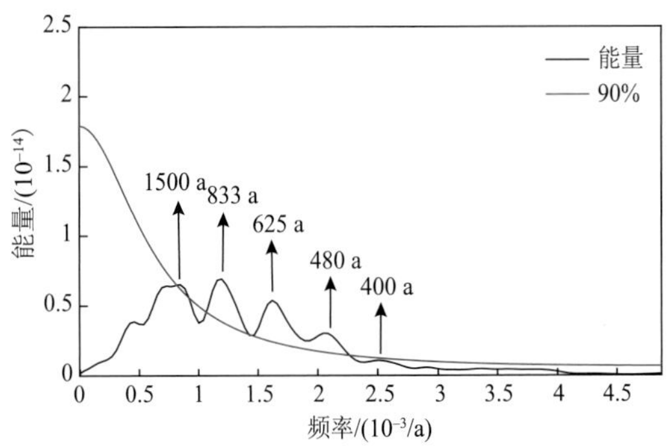

图 9 CS16-1 岩心沉积物 8.8～3.6 ka B.P.期间 S_{-300} 序列频谱分析

在海洋沉积中留下印记。然而，对比研究站位磁学参数与粒度参数，可以发现明显的粒度变化出现在 7 ka B.P.，此时海平面已达到现今水平（图 4）。虽然粒度参数上没有响应，但是磁化率最小轴（K_3 轴）指示冲绳海槽北部水动力环境的改变，并且与模拟的华北降雨（Li et al.，2022）有很好的吻合。

8.8～3.6 ka B.P.期间 S_{-300} 序列相同的周期也存在于我国神农架石笋氧同位素、南黄海中部泥质区沉积物的粒度指标、东海内陆架浙江沿岸泥质区沉积物的粒度指标中（姜修洋等，2008；王琳淼，2014；徐德克等，2021）。曾雅兰等人（2019）在解释全新世东亚冬季风千年-百年尺度的波动周期时认为这些周期受控于太阳活动。有学者用 Lomb-Scargle 等谱分析方法对太阳黑子进行研究发现太阳活动在百年尺度上存在约 229a、约 350a、约 440 a 和 500～551 a 的活动周期（Xiao et al.，2006）。Xiao 等（2006）在东海内陆架泥质区发现东亚冬季风与太阳黑子数存在良好的反相对应关系，由此推测太阳辐照度减少可能通过大气-海洋耦合机制导致冬季陆地-海洋温差增大，从而使得东亚冬季风增强。在测年误差范围内，冬季风的波动记录与北大西洋浮冰所指示的气候变化对应（Bond et al.，2001），并很有可能通过温盐环流放大太阳活动信号从而影响全球气候。

随着“现代”ENSO 的开始（Chongyin，1990；Chen et al.，2000；Sandweiss et al.，2001；Moy et al.，2002；Shangfeng et al.，2013；Wen et al.，2013；Zhou et al.，2013），在 3.6 ka B.P.以来的 ENSO 高频模式下，热带海洋-大气系统对太阳辐射能量起到能量再分配的作用，东亚季风系统受到来自 ENSO 的影响（Ronghui et al.，2004；Wang et al.，2008；Jia et al.，2015）。在 El Niño 年，西北太平洋地区为异常反气旋环流，其西侧的异常偏南风削弱了南下的偏北风，另一方面东亚有明显的异常高空脊维持，高空锋区位置偏北，不利于寒潮向南爆发，从而使得冬季风偏弱（陈文等，2018）。

5 结论

本文通过对冲绳海槽北部的 CS16-1 岩心沉积物开展 AMS ^{14}C 测年、粒度以及磁学综合测试与分析，建立了 CS16-1 岩芯沉积物 383 cm 以浅 17.4 ka B.P.以来的年龄格架，确定出 CS16-1 岩心沉积物中主要的载磁矿物是磁铁矿，推断出 CS16-1 岩心沉积物主要来自于台湾地区，且含有少量来自亚洲内陆的硬磁性矿物，可能为赤磁铁矿。通过环境磁学分析，建立了末次冰消期以来东亚冬季风演化历史：在 17.4～11 ka B.P.东亚冬季风较为强盛，11～8.8 ka B.P.东亚冬季风强度逐渐减弱，8.8～3.6 ka B.P.东亚冬季风强度频繁波动，在 3.6 ka B.P.以来随着气候的变暖，东亚冬季风强度逐渐减弱。冬季风的演化受控于大陆冰盖演化、太阳活动、ENSO。

致谢 感谢中国地质大学（北京）时美楠副教授和任晋珂博士在实验和数据分析过程中提供的指导和帮助，感谢审稿专家提出的宝贵意见。

参考文献

安郁辉, 陈彬, 张欣, 等. 2020. 近 70 年来南黄海中部泥质沉积物源的变化及其与东亚季风强度变化的响应关系. 中国海洋大学学报(自然科学版), 50(12): 98-106

陈文, 丁硕毅, 冯娟, 等. 2018. 不同类型 ENSO 对东亚季风的影响和机理研究进展. 大气科学, 42(3): 640-655

窦衍光, 陈晓辉, 李军, 等. 2018. 东海外陆架-陆坡-冲绳海槽不同沉积单元底质沉积物成因及物源分析. 海洋地质与第四纪地质, 38(4): 21-31

冯旭光. 2019. 第四纪以来奄美三角盆地风尘输入对东亚古气候的响应. 硕士. 北京: 中国科学院大学

郭志刚, 杨作升, 雷坤, 等. 2001. 冲绳海槽中南部及其邻近陆架悬浮体的分布、组成和影响因子分析. 海洋学报(中文版), 23(1): 66-72

侯啸林, 徐继尚, 姜兆霞, 等. 2022. 热带西太平洋沉积物的环境磁学特征对东亚冬季风的响应. 地学前缘, 29(5): 23-34

姜修洋, 汪永进, 孔兴功, 等. 2008. 末次间冰期东亚季风气候不稳定的神农架洞穴石笋记录. 沉积学报, 26(1): 139-143

蒋富清. 2001. 冲绳海槽晚第四纪沉积特征及其物源和环境意义. 博士. 青岛: 中国科学院海洋研究所

李军. 2007. 冲绳海槽中部 A7 孔沉积物地球化学记录及其对古环境变化的响应. 海洋地质与第四纪地质, (1): 37-45

李铁刚, 曹奇原, 李安春, 等. 2003. 从源到汇: 大陆边缘的沉积作用. 地球科学进展, (5): 713-721

尚鲁宁. 2014. 冲绳海槽构造地质特征及形成演化研究. 博士. 青岛: 中国海洋大学

孙炜毅, 刘健, 严蜜, 等. 2022. 全新世亚洲季风百年千年-尺度变化的模拟研究进展. 地学前缘, 29(5): 342-354

田旭, 胡邦琦, 王飞飞, 等. 2020. 末次冰消期(1.9 万年)以来冲绳海槽中部黏土矿物来源及其环境响应. 中国地质, 47(5): 1501-1511

王琳淼. 2014. 南黄海中部泥质区全新世以来古环境沉积记录及其对东亚季风的响应. 博士. 青岛: 中国海洋大学

王双. 2014. 黄渤海表层沉积物磁学特征及其环境指示意义. 硕士. 青岛: 中国海洋大学. 104

王永红, 沈焕庭, 张卫国. 2004. 长江与黄河河口沉积物磁性特征对比的初步研究. 沉积学报, 22(4): 658-663

王玥铭, 窦衍光, 李军, 等. 2018. 16 ka 以来冲绳海槽中南部沉积物物源演化及其对古气候的响应. 沉积学报, 36(6): 1157-1168

王越奇, 宋金明, 袁华茂, 等. 2019. 近千年来台湾以东黑潮主流区沉积物来源及其对气候波动的响应. 海洋科学进展, 37(2): 231-244

王越奇. 2018. 台湾东黑潮主流径海域近千年来沉积物物源与气候变化讯息反演. 硕士. 北京: 中国科学院大学

肖尚斌, 李安春. 2005. 东海内陆架泥区沉积物的环境敏感粒度组分. 沉积学报, 23(1): 122-129

徐德克, 吕厚远, 储国强, 等. 2021. 全新世东亚季风 500 年周期对人类活动的影响. 中国吉林长春: 2

徐方建, 李安春, 李铁刚, 等. 2011. 末次冰消期以来东海内陆架沉积物磁化率的环境意义. 海洋学报(中文版), 33(1): 91-97

杨宝菊, 吴永华, 刘季花, 等. 2018. 冲绳海槽表层沉积物元素地球化学及其对物源和热液活动的指示. 海洋地质与第四纪地质, 38(2): 25-37

杨守业, 韦刚健, 石学法. 2015. 地球化学方法示踪东亚大陆边缘源汇沉积过程与环境演变. 矿物岩石地球化学通报, 34(5): 902-910

曾雅兰, 陈仕涛, 杨少华, 等. 2019. 过去 640 ka 亚洲季风变化的多尺度分析. 中国科学: 地球科学, 49(5): 864-874

张强, 刘青松. 2016. 晚上新世更新世北太平洋深海沉积环境磁学研究. 北京: 342-343

张瑞虎. 2011. 长江口沉积物记录的全新世沉积环境和东亚夏季风演变研究. 博士. 上海: 华东师范大学. 166

周宇, 蒋富清, 徐兆凯, 等. 2015. 近 2 Ma 帕里西-维拉海盆沉积物中碎屑组分粒度特征及其物源和古气候意义. 海洋科学, 39(9): 86-93

邹亮, 窦衍光, 陈晓辉, 等. 2021. 冲绳海槽中南部不同环境表层沉积物质来源. 海洋地质与第四纪地质, 41(1): 115-124

An Z. 2000. The History and Variability of the East Asian Paleomonsoon Climate. Quaternary Science Reviews, 19(1): 171-187

Bond G, Kromer B, Beer J, et al. 2001. Persistent Solar Influence on North Atlantic Climate During the Holocene. Science, 294(5549): 2130-2136

Chen C A, Kandasamy S, Chang Y, et al. 2017. Geochemical Evidence of the Indirect Pathway of Terrestrial Particulate Material Transport to the Okinawa Trough. Quaternary International, (441): 51-61

Chen L, Wu R. 2000. The Role of the Asian/Australian Monsoons and the Southern/Northern Oscillation in the ENSO Cycle. Theoretical and Applied Climatology, 65(1-2): 37-47

Chongyin L. 1990. Interaction Between Anomalous Winter Monsoon in East Asia and El Nino Events. Advances in Atmospheric Sciences, 7(1): 36-46

Diekmann B, Hofmann J, Henrich R, et al. 2008. Detrital Sediment Supply in the Southern Okinawa Trough and its Relation to Sea-Level and Kuroshio Dynamics During the Late Quaternary. Marine Geology, 255(1-2): 83-95

Dou Y, Yang S, Liu Z, et al. 2010. Clay Mineral Evolution in the Central Okinawa Trough Since 28 ka: Implications for Sediment Provenance and Paleoenvironmental Change. Palaeogeography, Palaeoclimatology, Palaeoecology, 288(1-4): 108-117

Dou Y, Yang S, Liu Z, et al. 2010. Provenance Discrimination of Siliciclastic Sediments in the Middle Okinawa Trough Since 30 ka: Constraints From Rare Earth Element Compositions. Marine Geology, 275(1): 212-220

Dou Y, Yang S, Liu Z, et al. 2012. Sr–Nd Isotopic Constraints on Terrigenous Sediment Provenances and Kuroshio Current Variability in the Okinawa Trough During the Late Quaternary. Palaeogeography, Palaeoclimatology, Palaeoecology, (356-366): 38-47

Dou Y, Yang S, Shi X, et al. 2016. Provenance Weathering and Erosion Records in Southern Okinawa Trough Sediments Since 28 ka: Geochemical and Sr–Nd–Pb Isotopic Evidences. Chemistry Geology, (425): 93-109

Dunlop D J, West G F. 1969. An Experimental Evaluation of Single Domain Theories. Reviews of Geophysics (1985), 7(4): 709-757

Fang P, Ding W, Lin X, et al. 2020. Neogene Subsidence Pattern in the Multi-Episodic Extension Systems:

Insights From Backstripping Modelling of the Okinawa Trough. Marine and Petroleum Geology, (111): 662-675

Folk R L, Ward W C. 1957. Brazos River Bar [Texas]; A Study in the Significance of Grain Size Parameters. Journal of Sedimentary Petrology, 27(1): 3-26

Folk R L. 1954. The Distinction Between Grain Size and Mineral Composition in Sedimentary-Rock Nomenclature. The Journal of Geology, 62(4): 344-359

Honza E, Fujioka K. 2004. Formation of Arcs and Backarc Basins Inferred From the Tectonic Evolution of Southeast Asia Since the Late Cretaceous. Tectonophysics, 384(1): 23-53

Iseki K, Okamura K, Kiyomoto Y, et al. 2003. Seasonality and Composition of Downward Particulate Fluxes at the Continental Shelf and Okinawa Trough in the East China Sea. Deep-Sea Research. Part II, Topical Studies in Oceanography, 50(2): 457-473

Jia X, Lin H, Ge J. 2015. The Interdecadal Change of Enso Impact On Wintertime East Asian Climate. Journal of Geophysical Research. Atmospheres, 120(23): 11, 911-918, 935

Katayama H, Watanabe Y, Tsunogai S, et al. 2003. The Huanghe and Changjiang Contribution to Seasonal Variability in Terrigenous Particulate Load to the Okinawa Trough. Deep-Sea Research. Part II, Topical Studies in Oceanography, 50(2): 475-485

L V K, P R A. 1995. Environmental Magnetism: Past, Present, and Future. Journal of Geophysical Research: Solid Earth, 100(B2): 2175-2192

Larrasoaña J C, Roberts A P, Rohling E J, et al. 2003. Three Million Years of Monsoon Variability Over the Northern Sahara. Climate Dynamics, 21(7-8): 689-698

Li C, Yang S, Zhang W. 2012. Magnetic Properties of Sediments From Major Rivers, Aeolian Dust, Loess Soil and Desert in China. Journal of Asian Earth Sciences, (45): 190-200

Li M, Hinnov L, Kump L. 2019. Acycle: Time-Series Analysis Software for Paleoclimate Research and Education. Computers & Geosciences, (127): 12-22

Li Q, Zhang Q, Li G, et al. 2019. A New Perspective for the Sediment Provenance Evolution of the Middle Okinawa Trough Since the Last Deglaciation Based On Integrated Methods. Earth and Planetary Science Letters, (528): 115839

Li X, Liu X, Pan Z, et al. 2022. Orbital Scale Dynamic Vegetation Feedback Caused the Holocene Precipitation Decline in Northern China. Communications Earth & Environment, 3(1): 1-10

Liu J, Chen Z, Chen M, et al. 2010. Magnetic Susceptibility Variations and Provenance of Surface Sediments in the South China Sea. Sedimentary Geology, 230(1): 77-85

Liu J, Zhu R, Li T, et al. 2007. Sediment–Magnetic Signature of the Mid-Holocene Paleoenvironmental Change in the Central Okinawa Trough. Marine Geology, 239(1-2): 19-31

Liu Z, Zhao Y, Colin C, et al. 2016. Source-to-Sink Transport Processes of Fluvial Sediments in the South China Sea. Earth-Science Reviews, (153): 238-273

Moy C M, Seltzer G O, Rodbell D T, et al. 2002. Variability of El Nino/Southern Oscillation Activity at Millennial Timescales During the Holocene Epoch. Nature, 420(6912): 162-165

Roberts A P, Zhao X, Harrison R J, et al. 2018. Signatures of Reductive Magnetic Mineral Diagenesis From Unmixing of First-Order Reversal Curves. Journal of Geophysical Research. Solid Earth, 123(6): 4500-4522

Roberts A P. 2015. Magnetic Mineral Diagenesis. Earth-Science Reviews, (151): 1-47

Robinson S G, Oldfield F, Thompson R. 1986. The Late Pleistocene Palaeoclimatic Record of North Atlantic Deep-Sea Sediments Revealed by Mineral-Magnetic Measurements. Physics of the Earth and Planetary Interiors, 42(1-2): 22-47

Ronghui H, Wen C, Bangliang Y, et al. 2004. Recent Advances in Studies of the Interaction Between the East

Asian Winter and Summer Monsoons and Enso Cycle. Advances in Atmospheric Sciences, 21(3): 407-424

Sandweiss D H, Maasch K A, Burger R L, et al. 2001. Variation in Holocene El Nino Frequencies: Climate Records and Cultural Consequences in Ancient Peru. Geological Society of America, 29(7): 603-606

Shangfeng C, Wen C, Ke W. 2013. Recent Trends in Winter Temperature Extremes in Eastern China and their Relationship with the Arctic Oscillation and ENSO. Advances in Atmospheric Sciences, 30(6): 1712-1724

Stuiver M, Reimer P J. 1993. Extended 14C Data Base and Revised Calib 3. 0 ^{14}C Age Calibration Program. Radiocarbon, 35(1): 215-230

Sun Y, Wang T, Yin Q, et al. 2022. A Review of Orbital-Scale Monsoon Variability and Dynamics in East Asia During the Quaternary. Quaternary Science Reviews, (288): 107593

Wan S, Yu Z, Clift P D, et al. 2012. History of Asian Eolian Input to the West Philippine Sea Over the Last One Million Years. Palaeogeography, Palaeoclimatology, Palaeoecology, (326-328): 152-159

Wang J, Li A, Xu K, et al. 2015. Clay Mineral and Grain Size Studies of Sediment Provenances and Paleoenvironment Evolution in the Middle Okinawa Trough Since 17 ka. Marine Geology, (366): 49-61

Wang L, Chen W, Huang R. 2008. Interdecadal Modulation of Pdo On the Impact of Enso On the East Asian Winter Monsoon. Geophysical Research Letters, 35(20): 1-4

Wen C, Xiaoqing L, Lin W, et al. 2013. The Combined Effects of the ENSO and the Arctic Oscillation on the Winter Climate Anomalies in East Asia. Atmospheric Science, 30(6): 1712-1724

Wu J, Liu Q, Cui Q Y, et al. 2019. Shrinkage of East Asia Winter Monsoon Associated with Increased ENSO Events Since the Mid-Holocene. Journal of Geophysical Research-Atmospheres, 124(7): 3839-3848

Xiao S, Li A, Liu J P, et al. 2006. Coherence Between Solar Activity and the East Asian Winter Monsoon Variability in the Past 8 kyr From Yangtze River-Derived Mud in the ECS. Palaeogeography, Palaeoclimatology, Palaeoecology, 237(2006): 293-304

Xu X, Oda M. 1999. Surface-Water Evolution of the Eastern East China Sea During the Last 36, 000 Years. Marine Geology, 156(1-4): 285-304

Xu Z, Li T, Chang F, et al. 2012. Sediment Provenance Discrimination in Northern Okinawa Trough During the Last 24 ka and Paleoenvironmental Implication: Rare Earth Elements Evidence. Journal of Rare Earths, 30(11): 1184-1190

Xu Z, Li T, Chang F, et al. 2014. Clay-Sized Sediment Provenance Change in the Northern Okinawa Trough Since 22 kyr B. P. and its Paleoenvironmental Implication. Palaeogeography, Palaeoclimatology, Palaeoecology, (399): 236-245

Xu Z, Li T, Clift P D, et al. 2015. Quantitative Estimates of Asian Dust Input to the Western Philippine Sea in the Mid-Late Quaternary and its Potential Significance for Paleoenvironment. Geochemistry, Geophysics, Geosystems, 16(9): 3182-3196

Xu Z, Li T, Clift P D, et al. 2017. Sediment Provenance and Paleoenvironmental Change in the Middle Okinawa Trough During the Last 18. 5 kyr: Clay Mineral and Geochemical Evidence. Quaternary International, (440): 139-149

Yancheva G, Nowaczyk N R, Mingram J, et al. 2007. Influence of the Intertropical Convergence Zone On the East Asian Monsoon. Nature, 445(7123): 74-77

Zheng X, Li A, Kao S, et al. 2016. Synchronicity of Kuroshio Current and Climate System Variability Since the Last Glacial Maximum. Earth and Planetary Science Letters, (452): 247-257

Zhou Q, Chen W, Zhou W. 2013. Solar Cycle Modulation of the ENSO Impact on the Winter Climate of East Asia. Journal of Geophysical Research: Atmospheres, (118): 5111-5119

海底滑坡沉积物的岩石物性特征

孙启良 [1*]

1. 中国地质大学（武汉）海洋地质资源湖北省重点实验室，武汉 430074
*通讯作者，E-mail：sunqiliang@cug.edu.cn

摘要 海底斜坡失稳及其产物发生在大陆边缘和岛屿侧面上，且规模各异。在此，我们从岩石物理学的角度总结了三个代表性地区的细粒块状搬运沉积（mass transport deposits，MTDs），分别是韩国海域的郁陵盆地，墨西哥湾的 Ursa 区域和巴西的亚马逊扇。本研究表明，细粒块状搬运沉积包括“主体”和“基底剪切带”。此外，与未变形的半深海沉积物相比，所有研究过的块状搬运沉积的主体都包含这两方面特征：①更高的电阻率、密度、速度和剪切强度，以及②更低的含水量、孔隙度和渗透率。这些特性表明，块状搬运沉积比未变形地层更加固结，因为它们在运移过程中经历了明显的脱水和剪切压实作用，从而增强了这种地层的封闭能力。然而，基底剪切带显示出截然不同的岩石物理性质，与块状搬运沉积主体相比，基底剪切带的孔隙度更高。这表明块状搬运沉积的存在裂隙的基底剪切带可以作为主要的流体通道，且流体可在其中聚集或沿其侧向迁移。

关键词 海底滑坡，海底失稳，岩石物性，地质灾害

1 引言

海底滑坡是沉积物在自身重力作用下沿坡度方向发生垮塌、滑塌和碎屑流的过程及其产物，广泛发育于大陆边缘盆地和海岛斜坡带中（Hampton et al.，1996）。它们可以造成海洋设施（海底管线/电缆/光缆、钻井平台和港口码头等）的损毁（Terry et al.，2017；Sun and Leslie，2020）及海岸带人们生命、财产的损失（Rasyif et al.，2016）。海底滑坡也是沉积物往深海盆地搬运的重要方式，在全球大陆边缘“从源到汇”研究体系中扮演着重要角色。近几十年来，随着沿海地区人口和海洋工程设施的增多，以海底滑坡和海啸为代表的海洋地质灾害评估变得越来越重要，海底滑坡研究已经成为当今海洋地球科学研究的热点问题之一。

目前关于细粒海底滑坡的研究大多数是基于地震数据分析所得，因此这些沉积物的外部形态和内部特征是 5m 及以上的分辨率（例如 McAdoo et al.，2000；Posamentier，2004；Sawyer et al.，2007；Moscardelli and Wood，2008；Bull et al.，2009）。DSDP/ODP/IODP

基金项目：国家自然科学基金优秀青年科学基金项目（批准号：42222607）

和探井对海底滑坡进行了取样，对主要的岩石学特征进行了分析，如密度具有相对增加和孔隙度相对减少的趋势，证实了在沉积盆地中细粒海底滑坡可以构成油气圈闭盖层（Piper et al.，1997；Shipp et al.，2004；Sawyer et al.，2007；Dugan，2012；Reece et al.，2012；Riedel et al.，2012；Hornbach et al.，2015；Cardona et al.，2016；Bahk et al.，2017）。但对于大部分块状搬运沉积体而言，缺乏岩心样品和测井数据，对应岩石学特征没有得到充分的研究（Shipp et al.，2004；Dugan，2012；Alves et al.，2014）。过去的研究工作聚焦于离散的个例，很少利用不同大陆边缘的数据进行综合研究。为了提高对海底滑坡岩石学特征的认识水平，也为了更好地评价它们的封闭能力，需要做到：①定量分析不同海底滑坡的岩石学特征；②整合不同大陆边缘的不同数据集和岩性信息；③探究海底滑坡岩石学特征变化及其潜在的地质控制因素。

本文详细介绍了 Sun 和 Alves（2020）的工作，以使读者对细粒块体搬运沉积的岩石物性有更加全面和细致的理解。与以往的工作相比，我们的研究是定量的，描述更详细，重点是了解海底滑坡与未变形地层之间的岩石物理特征差异，以及块状搬运沉积不同部分（“主体”和“基底剪切带”）之间的差异。这项工作还提供了关于海底滑坡岩石物理特征的新数据。

2 研究资料

为了得出海底滑坡的岩石学特征，本研究使用了 IODP 308 航次的 U1322、U1323 和 U1324 井、ODP 155 航次的 933、936 和 941 井，以及韩国郁陵盆地的一口探井的随钻测井（logging while drilling，LWD）数据，再加上 UBGH 1-4 探井（韩国近海郁陵盆地）的电缆数据，用于确定这些地区代表性海底滑坡的岩石物理性质（电阻率、伽马射线、堆积密度、孔隙度、压实速度、剪切强度和含水量）。大多数的 IODP 和 ODP 数据是有效的。

UBGH 1-4 探井数据来源于 Riedel 等（2012）。这些数据是公开可得的，并在以前的研究中用于处理天然气水合物和流体流动的存在，以及韩国近海边坡失稳的发育特征。本研究主要研究离散海底滑坡内及相关地层的岩石物理特征。解释后的电缆数据被加载到 Resform 软件中。利用 Dugan（2012）的方法，根据堆积密度（ρ_b）数据计算了 IODP 308 的沉积物孔隙度（ϕ）值：

$$\phi = (\rho_b - \rho_g) / (\rho_w - \rho_g)$$

其中 ρ_g 和 ρ_w 分别为固体颗粒密度和孔隙流体密度。根据观测到的孔隙水化学和测量到的颗粒密度，墨西哥湾的标准海水密度为 1.024g/cm^3，颗粒密度为 2.7g/cm^3。

3 海底滑坡岩石物性特征

3.1 墨西哥湾盆地海底滑坡岩石物性特征

在 2005 年举行的第 308 次 IODP 考察期间，在墨西哥湾的 Brazos-Trinity 盆地和 Ursa

地区钻了 6 个井位（图 1）。海底滑坡在 4 个井位交叉（IODP 井位 U1320、U1322、U1323 和 U1324），在前人研究中其岩石学特征已有详细描述。本研究关注了细粒海底滑坡的 3 个井位（IODP 井位 U1322、U1323 和 U1324），在此以 U1323 为例，分析块状搬运沉积的岩石物性差异。

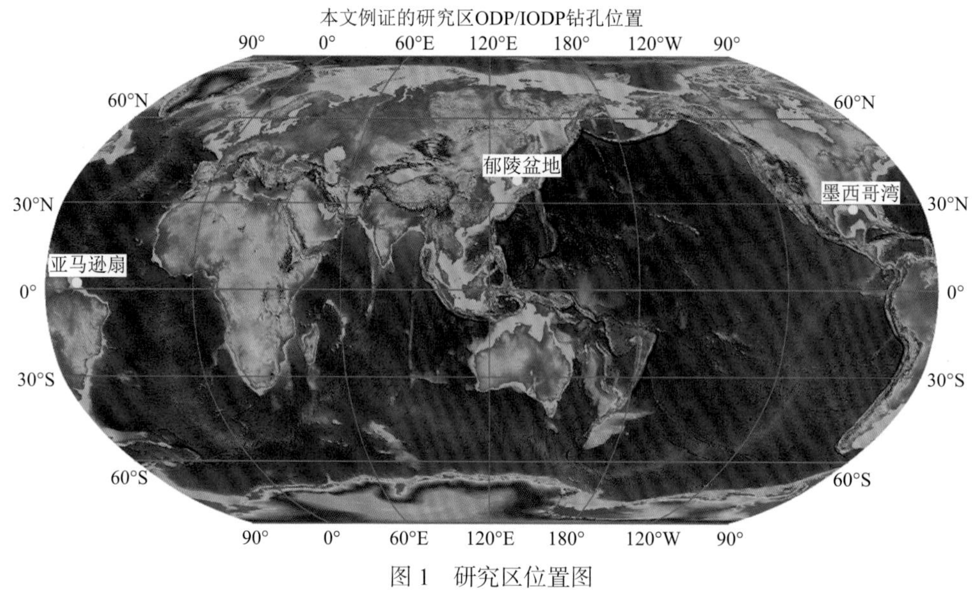

图 1 研究区位置图

3.1.1 IODP 井位 U1323

IODP 井位 U1323 钻探了 241m 的半深海泥岩（海底以下 0～195m 的位置）和粉砂岩（海底以下 195～241m 的位置）（图 2）。该井位通过地震和电缆数据确定了两个块状搬运沉积。较浅的泥岩层 MTD5 厚度约 9 米（41～50mbsf 的位置）。较深的 MTD6 厚度约 98 米（海底以下 97～195mbsf），以泥岩为主，但存在 3～6m 的薄粉砂层（图 2）。

在 IODP 井位 U1323 泥质沉积物中，电阻率在前 195m 从约 0.5Ω·m 增加到约 1.4 Ω·m（图 2）。与海底滑坡顶部相对应，电阻率有两次激增。例如，在 MTD6 顶部，电阻率从约 1.06Ω·m 增加到约 1.30Ω·m；MTD5 和 MTD6 的平均电阻率比未变形的上覆地层分别高约 18%和 23.6%，比未变形的下伏地层分别高约 8%和 24.8%（图 2）。与未变形的泥岩沉积层相比，MTD6 内部及以下的粉砂层电阻率较低。

与未变形的地层相比，海底滑坡的伽马射线曲线有着细微不同（图 2）。总体而言，泥岩的伽马射线值比粉砂岩或砂岩的伽马射线值高很多（图 2）。MTD5 的堆积密度在顶部激增并在底部持续增大，达到最大值约 1.68Ω·m。MTD5 的平均堆积密度略高于未变形地层。在 MTD6 的顶部堆积密度有着约 $0.1g/cm^3$ 的突变。在海底以下 120～184m 位置上堆积密度保持在约 $2.0g/cm^3$，只有两处密度下降，对应于粉砂层和砂层（图 2）。MTD6（海底以下 184～195m 的位置上）堆积密度显著降低，比上覆地层的平均堆积密度低 12%左右。MTD 6 以下粉砂层的堆积密度逐渐增加到 $1.86g/cm^3$，直到 IODP Site U1323 的底部都保持不变（图 2）。总体来说，MTD6 的平均堆积密度比未变形的地层高约 7%。

在 IODP 井位 U1323，孔隙度与堆积密度呈负相关；MTD5 的孔隙度从顶部的约 66% 降低到底部的约 60%（图 2）。MTD5 的平均孔隙度比上覆、下伏未变形地层的平均孔隙度分别低 4.5%和 3%。在海底以下 120m 的位置上孔隙度逐渐降低到约 43%。除了粉砂质层对应的两次小幅增长之外，孔隙度基本保持不变，但是在海底以下 120～184m 的位置上有小幅波动（图 2）。然而，在 MTD6 的底部（海底以下 184～195m）孔隙度显著增加，该位置的平均孔隙度比上覆地层高出约 28.3%。MTD6 下面的砂岩粉砂岩层的孔隙度逐渐增加到约 52%并一直保持不变，直到 IODP 井位 U1323 的底部。总而言之，MTD6 的平均孔隙度比未变形沉积物的孔隙度低约 14.3%。

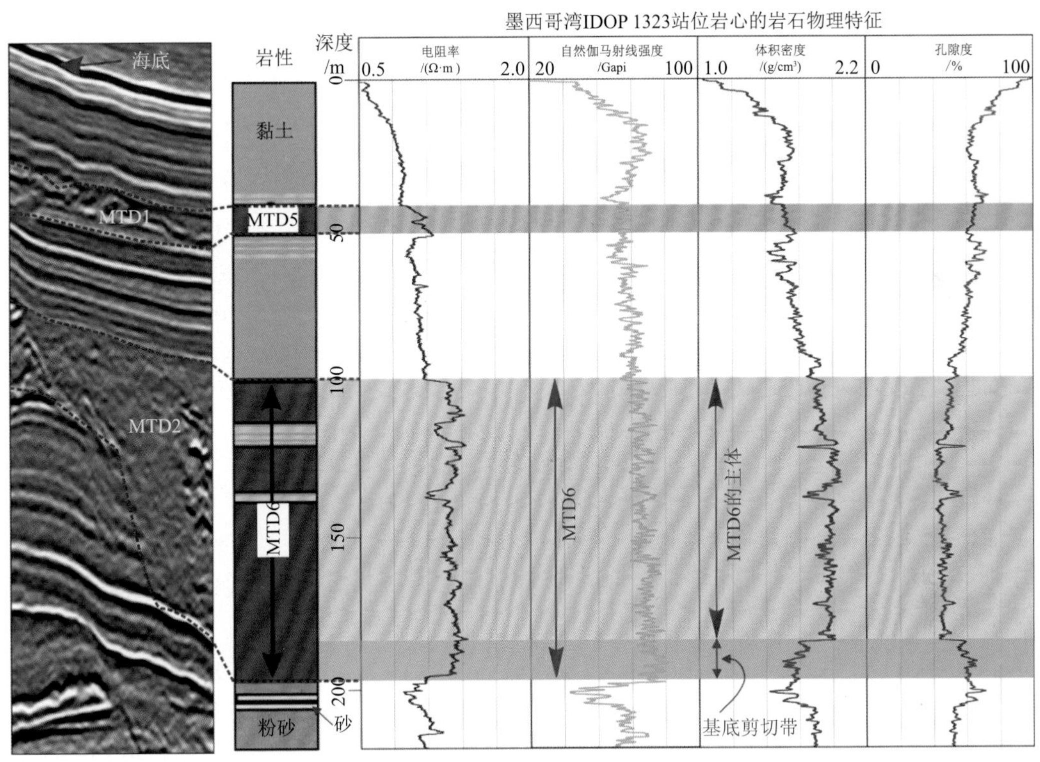

图 2 IODP U1323 井位（308 航次）测井数据图

3.2 韩国郁陵盆地海底滑坡岩石物性特征

为了证实天然气水合物的存在，2007 年和 2010 年在韩国郁陵盆地进行了钻探。有几口探井发现了海底滑坡的存在（如 UBGH1-4、UBGH1-14、UBGH2-4、UBGH2-5A 和 UBGH2-8）。在本研究中，我们重新评估了 UBGH1-4 的电缆数据。UBGH1-4 贯穿了一个以泥岩为主的序列，包括三个不同的海底滑坡（图 3）。稍浅的 MTD8 大约 9m 厚（约海底以下 38～47m 位置上），而更深的 MTD10 仅有约 4m 厚（海底以下 146～150m 位置上）。在钻探序列的中部的 MTD9 厚度约 56m（海底以下 66～122m 位置上）（图 3）。在 MTD9 的顶部，电阻率从约 0.8Ω·m 激增到 1.4Ω·m（图 9）。MTD9 电阻率在约 1.2Ω·m 到约 1.4Ω·m 之间波动，在海底以下 112～115m 之间激增（从最小值增加到约 1.8Ω·m）。在 MTD9 底部电阻率降低到约 1.1Ω·m（图 3）。MTD10 的电阻率与 MTD8 和 MTD9 的电阻率分布形式相似，在其顶部增加到约 1.5Ω·m，在底部降低到约 0.8Ω·m（图 3）。

伽马射线曲线没有揭示海底滑坡与未变形地层的不同（图 3）。在 MTD9 上部，伽马射线值略有下降，在其下部又有所增加；在 MTD9 底部，伽马射线值略有下降（图 3）。

纵波速度（V_p）在 MTD8 的顶部（海底以下 36～41m 的位置）从约 1480m/s 增加到 1540m/s，在其底部（海底以下 44～46m）降低到约 1490m/s（图 3）。在 MTD8 和 MTD9 之间的地层中，V_p 值基本保持不变（1490～1500m/s）。V_p 值在 MTD9 的顶部增加到约 1580m/s，并在 1550m/s 到 1700m/s 之间保持不变，比未变形的地层 V_p 值高约 10.0%。在 MTD10 的底部（119-122mbsf 的位置上），V_p 值显著降低（图 3）。

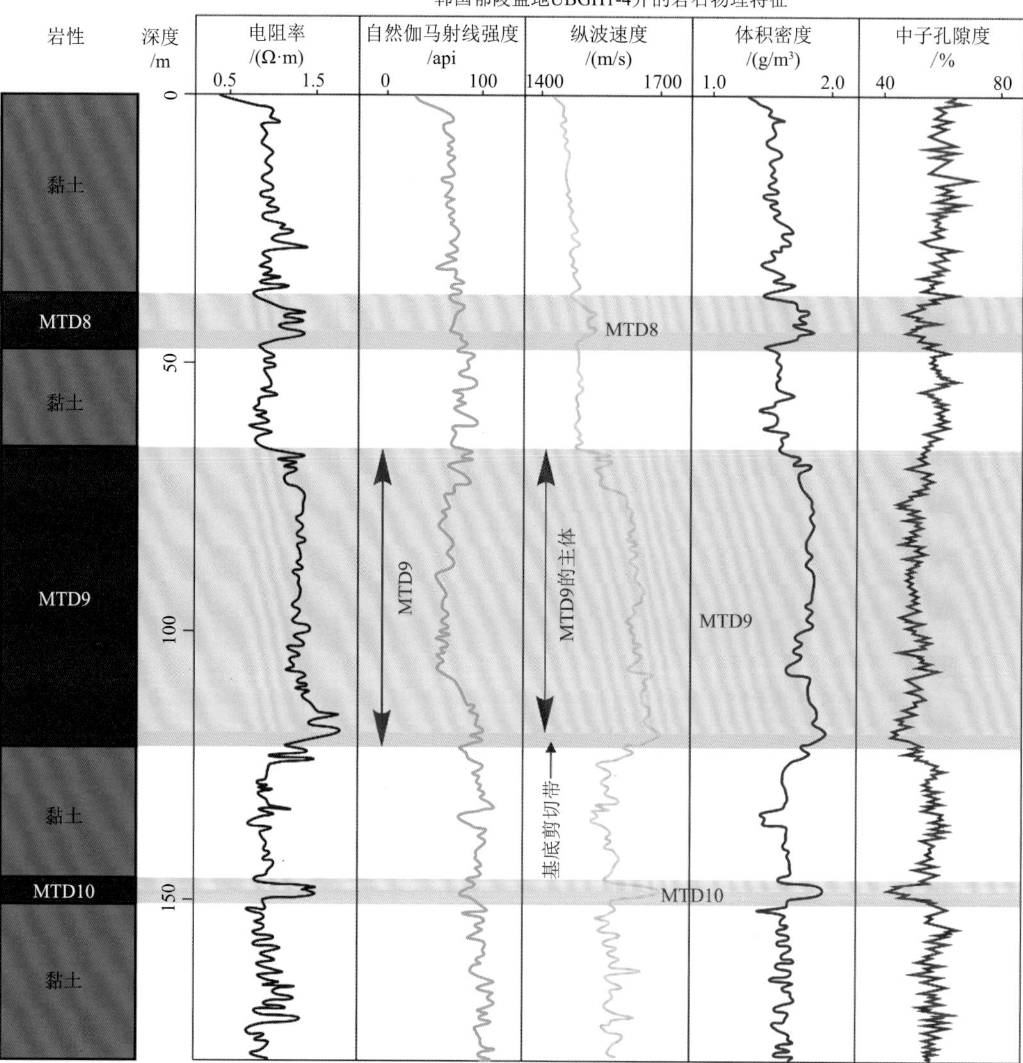

图 3 韩国郁陵盆地 UBGH 1-4 测井数据图

岩石物理数据显示了海底滑坡 8-10 和未变形斜坡地层的测井电阻率、伽马射线、纵波速度、堆积密度和中子孔隙度

在 MTD8 的顶部堆积密度从约 1.4g/cm^3 增加到约 1.85g/cm^3，在其底部降低到约

1.4g/cm^3（图 3）。在 MTD9 的顶部堆积密度也有所增加，之后的海底滑坡堆积密度范围是从约 1.6g/cm^3 到约 2.0g/cm^3（图 3）。在 MTD9 的底部（海底以下 119～122m 的位置上）堆积密度急剧减少到约 1.75g/cm^3（图 3）。在 MTD9 的下伏岩层，堆积密度范围在 1.5 到 1.7g/cm^3 之间（图 3）。

中子孔隙度从海底到 MTD8 较深处逐渐降低。然而，在 MTD8 的底部的孔隙度增加到约 64%（图 3）。在 MTD9 顶部的下面（海底以下 77～99m），孔隙度逐渐降低，范围从 48%到 52%。在海底以下 99 到 112m 的位置孔隙度变化明显，在海底以下 112m 的位置上降低到了最小值（约 60%）（图 3）。在海底以下 112 到 119m 之间，孔隙度逐渐降低，到了海底以下 119m 的位置上孔隙度为 42%，MTD9 的底部孔隙度迅速增加到约 54%（海底以下 119～122m 的位置上）。除了 MTD10 孔隙度的大幅降低（降低到了约 40%的最小值），在 MTD9 的下伏地层的孔隙度变化不大，范围在 52%到 60%（图 3）。

3.3 亚马逊扇海底滑坡岩石物性特征

在亚马逊扇，海底滑坡被 ODP 井位 931、933、935、936、941 和 944（ODP 测井 155）穿透，与较厚的泥质河道暗堤沉积物互层（Piper et al.，1997）。本研究分析了在 ODP 933、936 和 941 井位钻探细粒沉积物海底滑坡的岩石学特征。与前几节提到的最新 IODP 和探井数据相比，ODP 测井 155 钻探于 1994 年，每隔 1～6 m 对岩心取样。因此，我们只能依靠测井数据的趋势，不能具体地识别岩石学性质的详细变化，尤其是在海底滑坡的顶部和底部。换句话说，海底滑坡的主体和基底剪切面的问题，在亚马逊扇的井位并不能得到很好的解决（图 4）。

3.3.1 ODP 井位 933

ODP 井位 933 岩心段总长度接近 254.2m，其中钻取了一个厚度约 70m（在海底以下 976～167.3m 的位置上）的块体搬运沉积（MTD 11）（图 4）。

在 ODP Site 933 孔隙度从海底到井底逐渐减小。在 MTD11 顶部，孔隙度显著降低，在底部则显著增加[图 4（a）]。以 MTD 11 孔隙度为例，孔隙度从顶部的约 52%下降到约 50.8%，从底部的约 44.6%增加到约 58.1%。MTD 11 孔隙度范围为 41.1% ～50.8%，平均孔隙度为 45.8%。这比 MTD 11 上覆未变形地层孔隙度（约 54.3%）低 15.6%，比下伏未变形地层孔隙度（约 53.4%）低 14.2%[图 4（a）]。

该井位电阻率变化很大，通常随深度增加而增加[图 4（b）]。在 MTD 11 顶部，电阻率从未变形地层的约 0.39Ω·m 增加到约 0.45Ω·m[图 4（b）]。在 MTD 11 的下伏未变形地层中，其电阻率也从底部的约 0.54Ω·m 下降到约 0.36Ω·m。总体而言，MTD 11 的平均电阻率为约 0.47Ω·m，分别比上覆未变形地层（约 20m 间隔电阻率平均值约 0.43 Ω·m）和下伏未变形地层（约 30m 间隔平均值约 0.40Ω·m）分别高约 9.3%和 17.5%。

MTD 11 比上下未变形地层密度大[图 4（c）]。密度在 MTD 11 顶部由约 1.87g/cm^2 增加到约 1.92g/cm^2，在 MTD 11 底部由约 2.04g/cm^2 减少约 1.79g/cm^2。总的来说，MTD11 的平均密度为约 2.00g/cm^2，范围在 1.91～2.11g/cm^2 之间。密度比上覆未变形地层（在

约 20 米间隔约为 1.88g/cm^2）和下伏未变形地层（在约 30 米范围内约为 1.88g/cm^2）高约 6.4%。

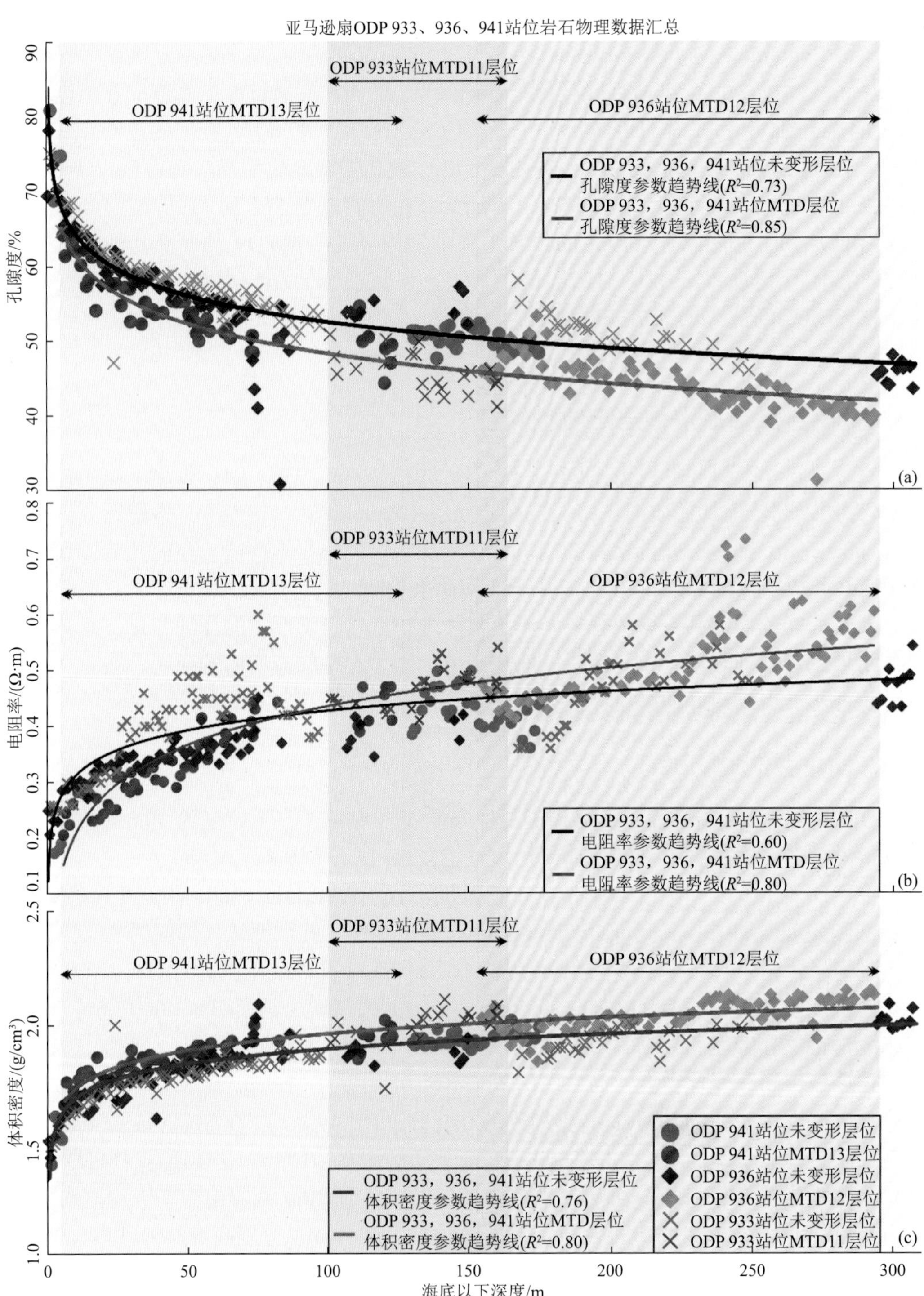

图 4　亚马逊扇 ODP 井位 933、936 和 941（155 航次）的岩石物性数据图

3.3.2 ODP 井位 936

ODP 井位 936 钻探了约 300m 的泥质沉积物。MTD12 约 141m 厚，位于海底以下 153～294m 之间（图 4）。

该井位与 ODP 933 相似，孔隙度随深度逐渐减小[图 4（a）]。MTD 12 孔隙度从上覆未变形地层的约 52.1%下降到顶部的约 45.9%。孔隙度在 MTD12 底部的 40%增加到下伏未变形地层的约 45.3%。MTD12 的平均孔隙度为约 44%，变化范围为 39.1%～53.3%[图 4（a）]。孔隙度比上覆未变形地层的平均孔隙度（平均值约为 54.4%，位于 MTD12 之上 50m 厚）低约 19.1%，比下伏未变形地层的平均孔隙度（平均值约为 45.7%，位于 MTD12 之下 10m 厚）低约 3.6%。

ODP 井位 936 处的 MTD12 电阻率范围在约 0.41Ω·m 到约 0.73Ω·m，平均值为 0.51Ω·m[图 4（b）]。电阻率比间隔约 40m 的上覆未变形地层的平均值（约 0.41Ω·m）高约 24.4%，比间隔约 10 米的下伏未变形地层（约 0.47Ω·m）高 8.5%。此外，在 MTD 12 与未变形地层的边界处，电阻率变化剧烈[图 4（b）]。例如，在 MTD12 顶部，电阻率从约 0.42Ω·m 增加到约 0.48Ω·m，在 MTD12 底部，电阻率从约 0.61Ω·m 降低到约 0.44Ω·m。

与未变形地层相比，MTD 12 具有更高的密度[图 4（c）]。在 MTD 12 顶部，密度由约 1.87g/cm^{2}增加到约 2.03g/cm^2，MTD12 底部，密度由约 2.13g/cm^{2}减少到约 2.00g/cm^2。一般情况下，MTD12 的平均密度约为 2.04g/cm^2，介于约 1.84g/cm^2 到约 2.15g/cm^2 之间。密度比间隔约 40m 的上覆未变形地层的平均值（约 1.87g/cm^2）高约 9.1%，比间隔约 10m 的下伏未变形地层（约 2.02g/cm^2）高约 1.0%。

3.3.3 ODP 井位 941

ODP 井位 941 钻探深度约在海底以下 177.9m，该井位从约 5.3m 到 129.7m 穿过了一个浅层 MTD 13[图 4（a）]。

MTD13 的孔隙度范围约为 44.3%～64.3%，平均孔隙度约为 54.8%，比间隔 20m 厚的下伏未变形地层平均孔隙度（约为 50.7%）高约 8.1%，比间隔 5.3m 厚的上覆未变形地层的平均孔隙度（约 74.8%）低约 26.7%。MTD13 下部孔隙度由约 49.4%增加到下伏未变形地层的约 51.3%。在 MTD13 顶部，孔隙度从约 64.2%增加到与上覆未变形地层一致的 74.8%左右[图 4（a）]。

MTD13 上下边界的电阻率变化剧烈[图 4（b）]。例如，在 MTD13 底部的约 0.41Ω·m 增加到下伏未变形地层的约 0.39Ω·m。MTD13 的平均电阻率约为 0.33Ω·m，变化范围为 0.21～0.47Ω·m；比距离海底 5.3m 厚的上覆未变形地层（电阻率约为 0.20Ω·m）高约 65%，但与 MTD 13 间隔 20m 下伏未变形地层的电阻率（约 0.44Ω·m）低 25%左右。

在密度方面，MTD13 与 MTD11、MTD12 趋势相似[图 4（c）]。密度由上覆未变形地层的约 1.5g/cm^2 激增到 MTD12 顶部的 1.65g/cm^2。在 MTD13 底部，密度由约 1.99g/cm^2 下降到约 1.92g/cm^2。总的来说，MTD13 的密度在约 1.65g/cm^2 到 2.02g/cm^2 之间，平均为 1.85g/cm^2。这一平均值比 MTD13 上覆未变形地层（在距离海底 5.3m 厚的层段密度范围约在 1.5g/cm^2）高出约 23.3%。

3.4 块状搬运沉积的含水量特征

本节介绍了亚马逊扇中 ODP 站点 933、936 和 941 的含水量。含水量通常随深度下降，当穿过 MTD 边界进入未变形地层时，含水量显示出急剧变化（图 5）。含水量从 MTD12 以上未变形地层的约 28.9%下降到该滑坡的约 23.9%。它从上面未变形地层的约 52.6%下降到 MTD13 顶部的约 40.2%。相反，含水量通常从块状搬运沉积本身急剧增加到下面的未变形地层（图 5）。例如，它们分别从 MTD11 和 MTD12 底部的约 23.2%和约 19.8%增加到下面未变形地层的约 34.0%和约 23.9%。MTD11 的平均含水量（约 24.1%）分别为约 18.6%和约 19.4%，低于未变形地层（约 20m 区间内，平均约 29.6%）和以下（约 20 米区间内，平均约 29.9%）。MTD12 的平均含水量为～22.7%，范围为 19.4%～30.2%。它比间隔 10m 厚的上覆未变形地层（平均约 31.1%）和间隔 10m 厚的下伏未变形层段（平均约 23.8%）低约 27.0%和约 4.6%。MTD13 的平均含水量约为 31.2%，范围为 22.9%～40.4%；该值比间隔 5.3m 上覆未变形地层记录的值低约 40.2%（平均约 52.2%），比间隔 10m 的下伏未变形地层的值低 13.5%（平均约 27.5%）。块状搬运沉积和未变形地层的含水量显示出良好拟合的对数关系；未变形地层的 R^2=0.92，块状搬运沉积的 R^2=0.87（图 5）。此外，未变形地层的含水量曲线始终高于块状搬运沉积，并且这种差异在深度上保持不变（图 5）。

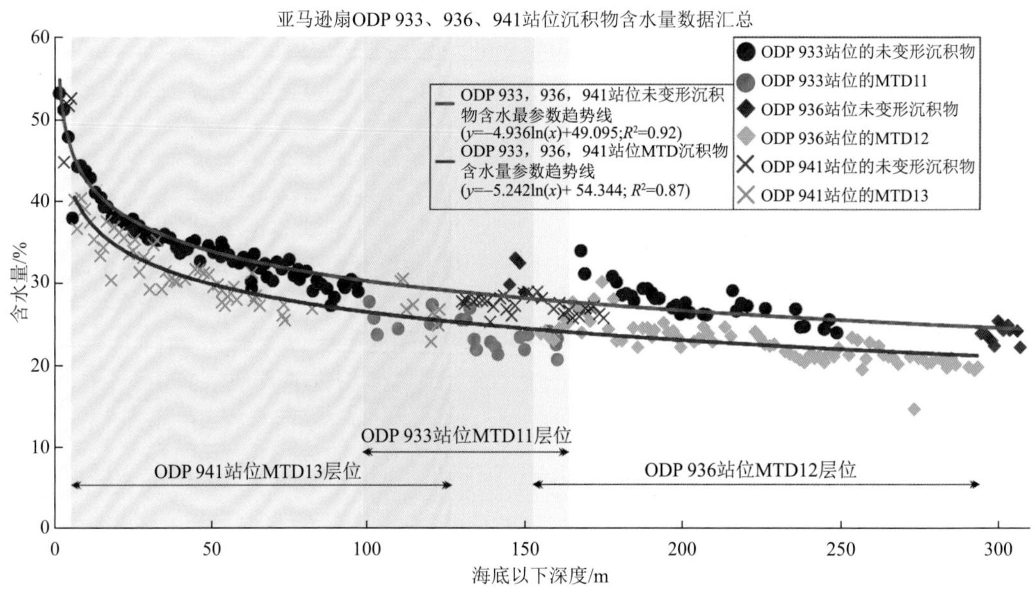

图 5　亚马逊沉积扇区，ODP 933、936 和 941 井位地层的含水量

海底滑坡的含水率往往低于背景地层

3.5 块状搬运沉积主体和基底剪切带的岩石物理性质

根据测井曲线的趋势，块状搬运沉积可细分为两部分：主体（块状搬运沉积的上部）和基底剪切带（块状搬运沉积最下部）（图 2 和图 3）。这两个不同的部分在电缆数据上显示出相反的趋势。例如，与块状搬运沉积主体相比，基底剪切带的电阻率、堆积密

度和 p 波速度（V_p）急剧下降（图 2 和图 3）。基底剪切带的孔隙度大大增加，与块状搬运沉积主体中记录的相对较低的孔隙度形成对比（图 2 和图 3）。

块状搬运沉积主体和基底剪切带的平均电阻率呈线性相关性[R_2=～0.54；图 6（a）]。此外，基底剪切带的大部分平均电阻率（75%）高于块状搬运沉积主体的平均电阻率[图 6（a）]。相反，块状搬运沉积主体的平均伽马射线与其基底剪切带之间没有重大差异[图 6（b）]。伽马射线的 R_2 估计值约为 0.92，表明存在近乎完美的线性关系[图 6（b）]。

基底剪切带的平均密度低于块状搬运沉积主体的平均密度，R_2 值约为 0.64[图 6（c）]。与平均密度相反，基底剪切带的平均孔隙度高于块状搬运沉积主体的平均孔隙度，其 R_2 值相对适中，约为 0.45[图 6（d）]。尽管基底剪切带的最大厚度可达 10.5m（MTD 2），但大多数（75%）明显较薄，厚度在 2.7～5.0m 之间[图 6（e）]。块状搬运沉积的主体通常比基底剪切带厚 2～19 倍（另见 Alves and Lourenço，2010）[图 6（e）]。块状搬运沉积的总厚度也显示出与基底剪切带厚度的部分相关性[R_2=0.42；图 6（b）]。

4 海底滑坡岩石物性的影响因素

通过对墨西哥湾、郁陵盆地和亚马逊扇细粒块状搬运沉积的岩石物理数据以及先前工作中块状搬运沉积样本的详细分析（例如，Piper et al.，1997；Sawyer et al.，2007，2009；Dugan，2012；Riedel et al.，2012；Reece et al.，2012），确认了几个关键性质。它们包括：

（1）电阻率、堆积密度和 p 波速度（V_p）通常在块状搬运沉积的顶部增加，但在底部急剧下降；

（2）块状搬运沉积中的平均电阻率远高于限制这些前矿床的未变形地层的平均电阻率（图 2 和图 3）；

（3）伽马射线值在不同的块状搬运沉积中显示出不同的模式，在块状搬运沉积和未变形地层之间没有观察到明显的趋势（图 2 和图 3）；

（4）孔隙率通常在块状搬运沉积的顶部下降，在其底部增加，显示出与堆积密度相反的趋势（图 2、图 3 和图 7）；

（5）块状搬运沉积的平均孔隙度通常低于正上方和正下方未变形地层的孔隙度（图 2 和图 3）；

（6）块状搬运沉积的剪切强度从顶部到底部增加，通常高于上方和下方未变形地层的剪切强度（图 2 和图 3）；

（7）块状搬运沉积的含水量远低于未变形地层的含水量，在块状搬运沉积的顶部和底部观察到急剧变化（图 6）。

除了这些共同特征外，我们还观察到块状搬运沉积基底剪切带的岩石物理特征与其主体具有相反的趋势，即孔隙率增加，电阻率、堆积密度和速度降低（图 2、图 3 和图 7）。

伽马射线值主要受岩性控制。由于所研究的块状搬运沉积主要由成分与“背景”斜坡地层相似的泥质沉积物组成，因此块状搬运沉积及其限制性未变形层段之间的伽马射线值没有急剧增加或减少（图 2、图 3 和图 7）。

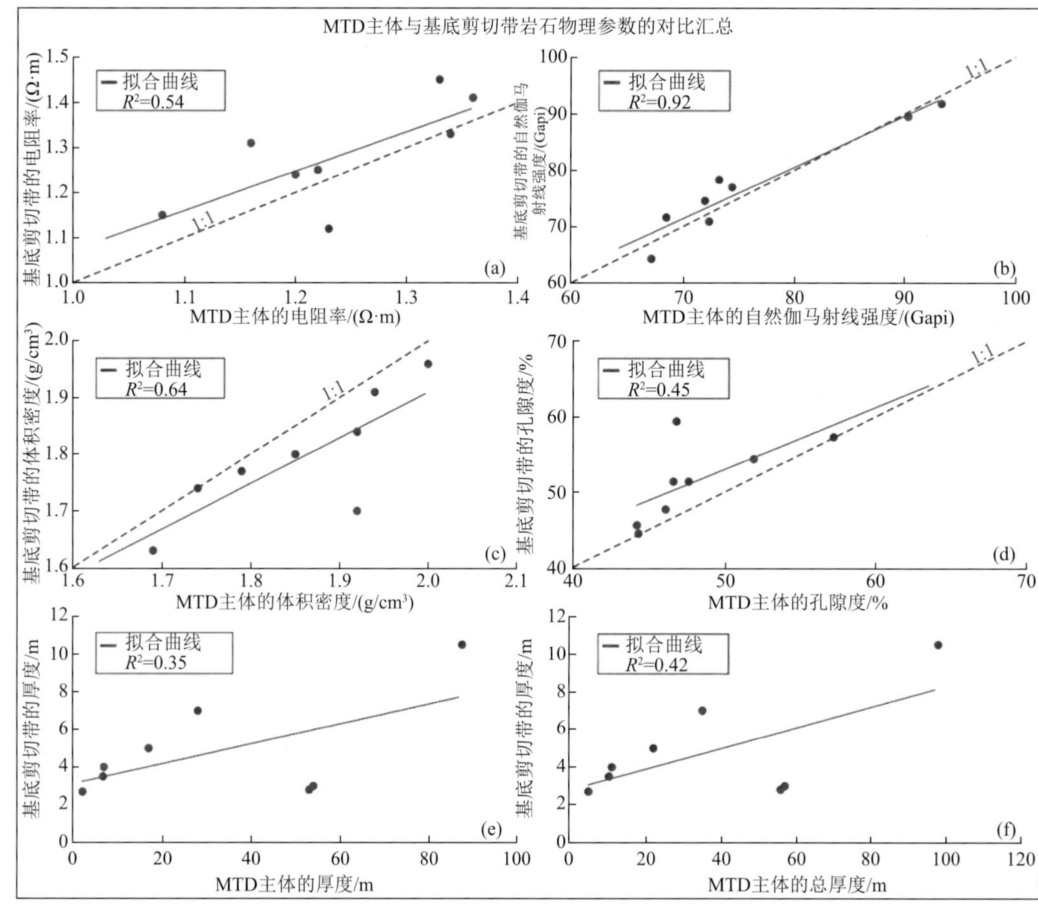

图 6 海底滑坡的主体和基底剪切带特征

（a）BSZ（剪切带）电阻率与 MB（主体）电阻率的关系；（b）BSZ 与 MB 的伽马射线曲线；（c）BSZ 的容重与 MB 的容重；（d）BSZ 孔隙度与 MB 孔隙度的关系；（e）BSZ 厚度与 MB 厚度的关系；（f）BSZ 厚度与海底滑坡总厚度的关系

电阻率、堆积密度、速度和孔隙度表明，块状搬运沉积比背景沉积物更固结，正如许多先前的研究所报道的那样（例如，Piper et al.，1997；Shipp et al.，2004；Strasser et al.，2011；Dugan，2012；Sun et al.，2018）（图 7）。除了覆盖层应力外，失稳沉积物在侵位过程中也会受到剪切应力的影响（图 7），这在一定程度上证明了所研究块状搬运沉积的过度固结（图 2、图 3 和图 4）。这种额外的剪切应力源导致孔隙度降低，从而使失稳地层脱水。如本研究所观察到的，脱水也会导致密度和 V_p 值的相对增加；电阻率对以泥浆为主沉积物中的水分损失更敏感，因此可以在块状搬运沉积的顶部和底部观察到急剧变化（图 7）。

当将基底剪切带与块状搬运沉积的主体进行比较时，观察到与后者相反的趋势，这表明基底剪切带中的地层固结相对适中。这种特征可能是由块状搬运沉积底部的极端剪切引起的，从而在其底部剪切带中形成剪切裂缝和渗透结构（Alves and Lourenco，2010；Alves，2015；Cardona et al.，2016）（图 7）。剪切应力总是从块状搬运沉积的顶部增加到其底部（例如，Piper et al.，1997；De Blasio et al.，2004），这是由于失稳沉积物经历的相对运动（摩擦），以及失稳沉积物和下方未变形地层之间的相对运动。块状搬运沉积中的电缆曲线形状支持了这种观察结果，特别是记录在其中的电阻率逐渐增加（图2、图3和图4）。当剪切应力超过大陆斜坡上倾斜地层的剪切强度时，在剪切破坏的临界点，裂缝将在即将形成的基底剪切带内形成，这一点也得到了证实：①块状搬运沉积基底地层的剪切应力极限较大（图7），以及②郁陵盆地（Riedel et al.，2012）、南开海槽（Expedition 333 Scientists，2011）、亚马逊扇（Piper et al.，1997）和北美东部边缘（Tripsanas et al.，2008）的岩心和电阻率图像测井（formation microscanner image，FMI）数据中，块状搬运沉积底部普遍存在裂缝。在郁陵盆地，裂缝也垂直于地震定义的MTD流动路径（Riedel et al.，2012），这表明它们是由其侵位期间的显著剪切引起的。

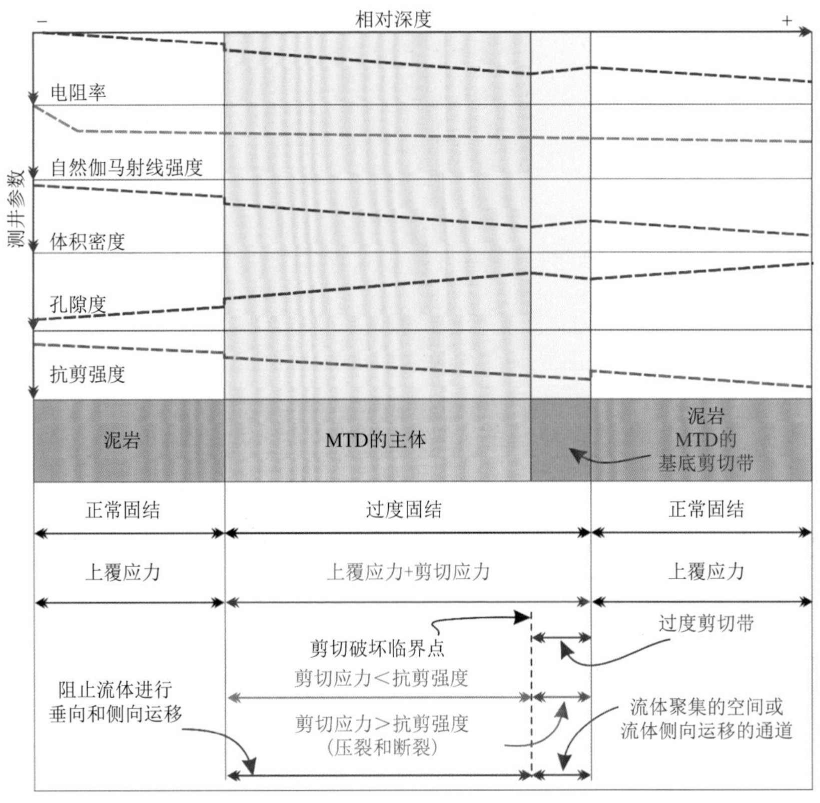

图7 未变形地层、海底滑坡主体及其基底剪切带的测井资料总结与解释

5 结论

通过对IODP/ODP井位和1口勘探井的测井资料进行详细的定性和定量分析，识别出前人研究已建立的海底滑坡地球物理识别特征，同时也发现了一些新的特征，这些特征对识别潜在的海底滑坡地质灾害具有重大意义。关于海底滑坡物性特征，本研究主要取得以下认识：

（1）与上覆和下伏的未变形地层相比，海底滑坡主体具有较高的电阻率、速度、堆积密度和抗剪强度，以及较低的孔隙度、含水量和渗透率；

（2）海底滑坡主体比上下未变形地层更加固结，这主要是由于海底滑坡侵位过程中的脱水和剪切压实作用所致；

（3）下部（基底剪切带）的岩石物理特征与主体相反（电阻率、速度、堆积密度和孔隙度均较低）。这种差异可能是由于剪切应力过大导致基底剪切带存在裂缝所致；

（4）海底滑坡的主体侵位后可作为良好的密封单元，阻止流体垂直运移。然而，流体可以沿着断裂的基底剪切带聚集或侧向运移；

（5）具有破裂带的倾斜沉积物可能在自身重力作用下倒塌，而不需要存在任何触发因素（例如地震），可能由流体控制，承担薄弱层的作用。此外，具有裂缝的高孔隙压力基底剪切带是钻井过程中严重的地质灾害。

主要参考文献

Alves T M. 2015. Submarine slide blocks and associated soft-sediment deformation in deep-water basins: a review. Mar Pet Geol, 67: 262-85

Alves T M, Kurtev K, Moore G F, Strasser M. 2014. Assessing the internal character, reservoir potential, and seal competence of mass-transport deposits using seismic texture: a geophysical and petrophysical approach. AAPG Bull, 98: 793-82

Alves T M, Lourenco S. 2010. Geomorphologic features related to gravitational collapse: submarine landsliding to lateral spreading on a Late Miocene-Quaternary slope (SE Crete, eastern Mediterranean). Geomorphology, 123: 13-33

Bahk J J, Kang N K, Yi B Y, Lee S H, Jeong S W, Urgeles R, Yoo D G. 2017. Sedimentary characteristics and processes of submarine mass-transport deposits in the Ulleung Basin and their relations to seismic and sediment physical properties. Mar Geol, 393: 124-140

Bull S, Cartwright J, Huuse M. 2009. A review of kinematic indicators from mass-transport complexes using 3D seismic data. Mar Pet Geol, 26: 1132-1151

Cardona S, Wood L, Day-Stirrat R J, Moscardelli L. 2016. Fabric development and pore-throat reduction in a mass-transport deposit in the Jubilee Gas Field, Eastern Gulf of Mexico: consequences for the sealing capacity of MTDs. In: Lamarche G, eds. Submarine mass movements and their consequences: 7th international symposium. Cham: Springer International Publishing. 27-37

De Blasio F V, Engvik L, Harbitz C B, Elverhøi A. 2004. Hydroplaning and submarine debris flows. Journal of Geophysical Research-oceans, 109: C01002

Dugan B. 2012. Petrophysical and consolidation behavior of mass-transport deposits from the northern Gulf of Mexico, IODP Expedition. Mar Geol, 315: 98-107

Expedition 333 Scientists. 2011. NanTroSEIZE Stage 2: Subduction inputs 2 and heat flow. Preliminary reports of the Integrated Ocean Drilling Program, 333

Hampton M A, Lee H J, Locat J. 1996. Submarine landslides. Rev Geophys, 34: 33-59

Hornbach M J, Manga M, Genecov M, Valdez R, Miller P, Saffer D, Adelstein E, Lafuerza S, Adachi T, Breitkreuz C, Jutzeler M, Le Friant A, Ishizuka O, Morgan S, Slagle A, Talling P J, Fraass A, Watt S F L, Stroncik N A, Aljahdali M, Boudon G, Fujinawa A, Hatfield R, Kataoka K, Maeno F, Martinez-Colon M, McCanta M, Palmer M, Stinton A, Subramanyam K S V, Tamura Y, Villemant B, Wall-Palmer D, Wang F. 2015. Permeability and pressure measurements in Lesser Antilles submarine slides: Evidence for pressure-driven slow-slip failure. J Geophys Res: Solid Earth 120: 7986-8011

McAdoo B G, Pratson L F, Orange D L. 2000. Submarine landslide geomorphology, U. S. Continental slope. Mar Geol, 169: 103-136

Moscardelli L, Wood L. 2008. New classification system for mass-transport complexes in offshore Trinidad. Basin Res, 20: 73-98

Piper D J W, Pirmez C, Manley P L, Long D, Food R D, Normark W R, Showers W. 1997. Mass-transport Deposits of the Amazon Fan. In: Flood R D, Piper D J W, Klaus A, Peterson L C, eds. Proceedings of the Ocean Drilling Program, Scientific Results. Texas: Ocean Drilling Program. 109-146

Posamentier H. 2004. Stratigraphy and geomorphology of deep-water mass transport complexes based on 3D seismic data. Offshore Technology Conference. OTC-16740

Rasyif T M, Syamsidik Al'ala M, Fahmi M. 2016. Numerical simulation of the impacts of reflected tsunami waves on Pulo Raya Island during the 2004 Indian Ocean tsunami. J Coast Conserv, 20: 489-499

Reece J S, Flemings P B, Dugan B, Long H, Germaine J T. 2012. Permeability-porosity relationships of shallow mudstones in the Ursa Basin, northern deepwater Gulf of Mexico. J Geophys Res: Solid Earth, 117: B12102

Riedel M, Bahk J J, Scholz N A, Ryu B J, Yoo D G, Kim W, Kim G Y. 2012. Mass-transport deposits and gas hydrate occurrences in the Ulleung Basin, East Sea e Part 2: Gas hydrate content and fracture-induced anisotropy. Mar Pet Geol, 35: 75-90

Shipp R C, Nott J A, Newlin J A. 2004. Physical characteristics and impact of mass transport complexes on deepwater jetted conductors and suction anchor piles. Offshore Technology Conferenc. OTC-16751

Strasser M, Moore G F, Kimura G, Kopf A J, Underwood M B, Guo J, Screaton E J. 2011. Slumping and mass transport deposition in the Nankai fore arc: Evidence from IODP drilling and 3-D reflection seismic data. Geochem, Geophys, Geosyst, 12: Q0AD13

Sun Q L, Leslie S. 2020. Tsunamigenic potential of an incipient submarine slope failure in the northern South China Sea. Mar Pet Geol, 112: 104111

Sun Q L, Alves T M, 2020. Petrophysics of fine-grained mass-transport deposits: A critical review. Journal Of Asian Earth Sciences, 192: 10429

Sun Q L, Alves T M, Lu X Y, Chen C X, Xie X N. 2018. True volumes of slope failure estimated from a Quaternary mass-transport deposit in the northern South China Sea. Geophys Res Lett, 45: 2642-2651

Sawyer D E, Flemings P B, Shipp R C, Winker C D. 2007. Seismic geomorphology, lithology, and evolution of the late-Pleistocene Mars-Ursa turbidite region, Mississippi Canyon area, northern Gulf of Mexico. AAPG Bull, 91: 215-234

Sawyer D E, Flemings P B, Dugan B, Germaine J T. 2009. Retrogressive failures recorded in mass-transport deposits in the Ursa Basin, Northern Gulf of Mexico. Journal of Geophysical Research: Solid Earth, 114: B10102

Terry J P, Winspear N, Goff J, Tan P H. 2017. Past and potential tsunami sources in the South China Sea: a brief synthesis. Earth-Sci Rev, 167: 47-61

Tripsanas E K, Piper D J W, Jenner K A, Bryant W. 2008. Submarine mass-transport facies: new perspectives on flow processes from cores on the eastern North American margin. Sedimentology, 55: 97-136

南海北部柱状沉积物中Ba元素特征及其对甲烷渗漏的指示*

杨克红[1]　赵建如[1]　许冬[1]　叶黎明[1]　李小虎[1]　葛倩[1]
孟兴伟[1]　李洁[1]　初凤友[1*]

1 自然资源部海底科学重点实验室 自然资源部第二海洋研究所
*通讯作者，E-mail：chu@sio.org.cn

摘要　在甲烷渗漏系统中，生物成因 Ba 极易活化、迁移和再结晶形成自生 Ba 的持续累积（即“Ba 峰”），从而表现出与冷泉有关的 Ba 来源。通过对南海北部水合物勘探区南部沉积物重力柱状样 ZHS-8-1 中 Ba 元素及相关元素的变化特征研究，认为该柱状样中 Ba 存在陆源、生物成因来源及与冷泉有关的自生 Ba 等 3 种来源，并建立了不同来源 Ba 的估算方法，识别出 1 个指示甲烷渗漏的“Ba 峰”。对比低钙事件及南海北部的 6 次碳酸盐旋回粗略建立了该柱状样的年龄框架，表明“Ba 峰”发育在低钙事件之后的全新世暖期，温度升高引起的天然气水合物分解造成了甲烷渗漏，渗漏持续时间较短，附近冷泉系统中海底重晶石可能参与了该“Ba 峰”的形成。与冷泉有关的自生 Ba 的变化也揭示了甲烷渗漏的间歇式特征。

关键词　Ba 峰，甲烷渗漏，沉积物，南海北部

1　引言

在海洋沉积环境，甲烷厌氧氧化作用（$CH_4 + SO_4^{2-} \rightarrow HCO_3^- + HS^- + H_2O$）非常普遍，并在海底浅表层形成硫酸盐-甲烷转换带（sulfate-methane transition zone ，SMTZ），在 SMTZ 之上甲烷亏损，在 SMTZ 之下 SO_4^{2-}亏损（Yao et al.，2020）。而重晶石中的 Ba 极易受孔隙水中 SO_4^{2-}浓度的影响。当孔隙水中 SO_4^{2-}亏损时，重晶石发生溶解，导致孔隙水中 Ba^{2+}发生数量级的升高。而海水中重晶石的溶解度很低，富含 Ba^{2+}的流体即使在沉积物和孔隙水系统中具有较低浓度的 SO_4^{2-}也会造成重晶石的沉淀。可见，海洋沉积物中 Ba 与孔隙水中 SO_4^{2-}密切相关。

在海洋沉积物中，Ba 主要以存在铝硅酸盐相中或者分散的微晶重晶石形式存在，但

基金项目：国家自然科学基金项目（Nos. 41476050）

作者简介：杨克红，副研究员，博士，主要从事甲烷渗漏系统、海底资源与成矿系统等研究，E-mail：yangkh@sio.org.cn

是铝硅酸相中的 Ba 比较稳定（Gonneea and Paytan，2006），在沉积物埋藏过程中不易发生变化，而分散的微晶重晶石因为受孔隙水中 SO_4^{2-} 的影响，极易发生溶解和重结晶。随着沉积物的埋藏，先前沉积的重晶石向下埋藏至硫酸盐亏损带，随之发生溶解转换为溶解 Ba（Henkel et al.，2012）。当富含 Ba^{2+} 的流体向上从贫 SO_4^{2-} 到富 SO_4^{2-} 的孔隙水中移动时，沉淀重晶石。因此，形成了沉积物-孔隙水中的 Ba 循环。

在甲烷渗漏环境，由于甲烷氧化古细菌和硫酸盐还原菌的共同作用，甲烷厌氧氧化作用更加强烈，消耗了大量的 SO_4^{2-}，会加强生物重晶石溶解（Henkel et al.，2012）。当甲烷渗漏流体向上渗漏时携带溶解 Ba 一起向上扩散，在 SMTZ 之上与孔隙水中的 SO_4^{2-} 反应重新沉淀。当体系中向上扩散的溶解 Ba 超过埋藏的重晶石中的 Ba，将在 SMTZ 之上附近形成一个不稳定的、Ba 含量异常高的带，称之为"Ba 峰"（Barium front）（Dickens，2001；Smrzka et al.，2021；冯东和陈多福，2007；孟宪伟等，2014）。生物成因 Ba 的活化、迁移和再结晶形成了自生 Ba 的持续累积（即"Ba 峰"），从而表现出与冷泉有关的 Ba 来源。"Ba 峰"记录了孔隙水 SO_4^{2-} 中接近 0 的位置。另一方面，"Ba 峰"发育的强度与历史时期甲烷通量变化也非常密切（Dickens，2001），因为孔隙水中 SO_4^{2-} 的亏损受 CH_4 释放通量变化的制约。在较长的时间内，如果 CH_4 释放过程是连续的、且释放通量没有发生显著变化，那么就会在 SMTZ 内发育明显的、且宽度较大的"Ba 峰"；如果 CH_4 的释放通量发生过脉冲式的剧烈变化，那么就会在多个深度上发育多个离散式的"Ba 峰"（Torres et al.，1996b）。在水合物赋存段及附近沉积物中 Ba 元素高度富集，也存在明显的"Ba 峰"（于哲等，2022）。因此，沉积物中 Ba 元素的变化已经成为识别甲烷渗漏特征的新指标（Castellini et al.，2006；Riedinger et al.，2006；孟宪伟等，2014；程俊等，2019）。

我国南海北部陆坡数个区域发现了与甲烷渗漏有关的冷泉碳酸盐岩（如 Feng and Chen，2015；Han et al.，2008；Liang et al.，2017；Xu et al.，2020；陈忠等，2006；陈忠等，2008；陆红锋等，2006；陆红锋等，2005；杨克红等，2013），一些区域甚至发现了与冷泉有关的"非生物"成因重晶石（陈忠等，2007）。南海北部陆坡 ODP 1146 站钻孔上部深度 185m 沉积物中发育了 4 个"Ba 峰"，揭释了冰期-间冰期旋回期间天然气水合物形成分解的过程（孟宪伟等，2014）。因此，南海北部沉积物中 Ba 可能受到甲烷渗漏的影响，对其进行识别不仅可以揭示历史时期甲烷渗漏特征，也可以讨论沉积物中的 Ba 循环。作者前期的研究中发现水合物勘探区附近 ZHS-8-1 浅表层沉积物柱状样中的 Ba 具有明显的峰值（杨克红等，2014），因此本文对该柱状沉积物中的 Ba 元素变化特征进行分析，探讨该柱状样中 Ba 的可能来源，讨论与冷泉来源有关 Ba 的计算方法，从而识别出"Ba 峰"并揭示其对甲烷渗漏的指示意义。

2 样品和方法

研究样品为 2005 年搭载"海洋四号"获取的沉积物重力柱状样 ZHS-8-1（115°10.47′E，19°06.62′N），位于水合物勘探区南部（图 1），柱长 184cm，所处水深 1950m，为灰褐色、岩性单一、分布均匀、富含钙质生物的正常沉积序列。

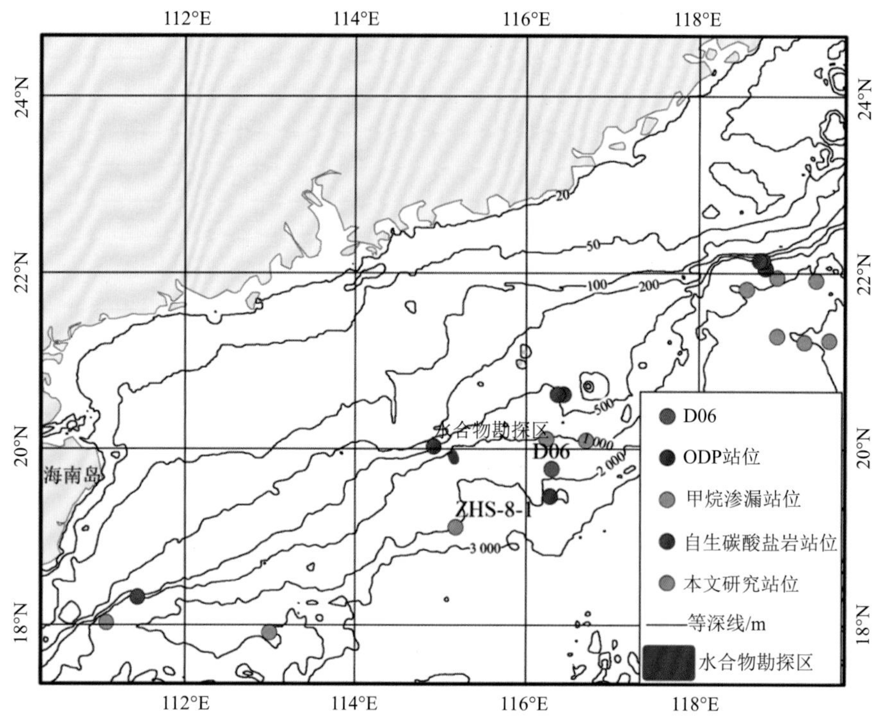

图1 采样位置图及周边地质环境

柱状样沿中轴线割开，一半整体保留，另一半以 2cm 间隔取样，约 10g 样品经冷冻干燥研磨后进行化学成分及有机碳（Total Organic Carbon，TOC）分析。化学成分分析在同济大学海洋地质国家重点实验室进行，主量元素采用电感耦合等离子体-原子发射光谱仪（Inductively Coupled Plasma-Atomic Emission Spectrometry，ICP-AES）进行测试，仪器型号为 IRIS Advantage，相对标准偏差（Relative Standard Deviation，RSD）均在 1%以下；微量元素采用电感耦合等离子体质谱仪（Inductirely Coupled Plasma-mass Spectrometry，ICP-MS），仪器型号为 X Series VG-X7，相对标准偏差均在 4%以下。

有机碳在自然资源部海底科学重点实验室完成，取适量样品经 2*N* 盐酸超声波反应 30min 后去除其中碳酸盐，用去离子水洗至中性并低温烘干，使用 Thermo NE1112 型碳氮元素分析仪进行分析。

3 结果

测试结果显示（图 2），南海北部 ZHS-8-1 柱状样沉积物中 Ba 元素的变化范围为 670.8×10^{-6}～947.4×10^{-6}，平均值为 784.2×10^{-6}；在垂直深度上有震荡式旋回变化的特征，在约 18～30cm、80～100cm 及 170～184cm（柱状样的最底部）为高值区域，即所谓的峰值区间。Al 元素的变化范围为 6.20%～8.66%，平均值为 7.77%；在垂直深度上也有震荡式旋回变化的特征。Ti 元素的变化范围为 0.44%～0.70%，平均值为 0.53%；在垂直深度上变化不大。TOC 的变化范围为 0.70%～2.63%，平均值为 1.27%；在垂直深度上自顶部逐渐增大，至约 160cm 深度达到峰值，然后至底部逐渐降低。Ca 元素的变化范围为 5.16%～17.15%，平均值为 10.85%；在垂直深度上有震荡式旋回变化的特征，80～170cm 深度内出现了低值区间，与 Al 元素的变化呈现反向对应关系，显示了陆源的稀释效应。

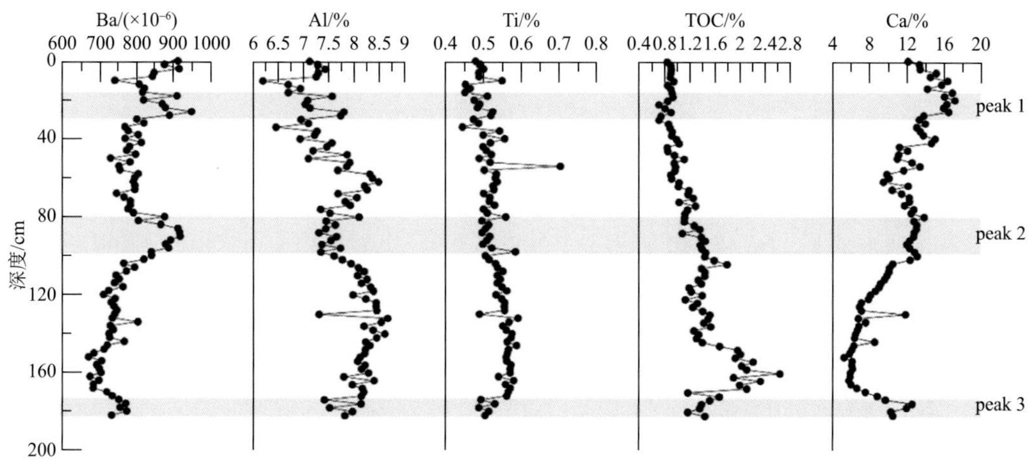

图 2　ZHS-8-1 中沉积物 Ba 及相关元素变化特征

4　讨论

4.1　Ba 元素的来源

ZHS-8-1 柱状样位于珠江口外围（图 1），主要物质来源受控于珠江口的物质来源。研究表明，珠江口表层沉积物中 Ba 含量的变化范围为 200.8×10^{-6}～382.6×10^{-6}，均值为 338.6×10^{-6}（刘激等，2010），与之相比 ZHS-8-1 柱状样的 Ba 含量均远远高于珠江口表层沉积物中 Ba 含量，尤其是在 3 个峰值区域（图 2）。

理论上，海底沉积物中的 Ba 元素主要有 3 种来源：陆源、热液源和生物来源（Gonneea and Paytan，2006；Torres et al.，1996a）。而 ZHS-8-1 柱状样位于南海北部陆坡，该区域及附近未见有热液活动的报道。因此研究区附近的 Ba 主要来自陆源和生物来源。生物来源 Ba 和生物生产力关系密切，是指示古生产力的重要地球化学指标（Dymond et al.，1992）。陆源的指示元素一般为 Al 和 Ti，而总有机碳是指示生产力的重要指标，但是图 2 中 Ba 元素的高值区也并非对应着 Al、Ti 及 TOC 的峰值区间。如果是生产力增高导致生源 Ba 升高造成的峰值应该具有同时性和区域性（Dickens，2001），并且应与总有机碳具有协同性（Schoepfer et al.，2015），但是未见到有类似的研究报道，因此可能其他来源 Ba 的加入导致了该柱状样中 Ba 的峰值。

前期的研究表明，ZHS-8-1 柱状样受到甲烷渗漏的影响（杨克红等，2014）。而在甲烷渗漏区，沉积物中除了陆源和生物来源之外，还有与甲烷渗漏有关的物质记录。而对于 Ba 元素来说，除了受到陆源及生物来源的影响外，还受到与冷泉有关的来源的影响（McQuay et al.，2008），比如冷泉沉积的硫酸钡矿床、冷泉系统中生物成因 Ba 活化后形成的富含 Ba 的冷泉流体等。和冷泉来源有关的 Ba 我们称之为自生 Ba。

ZHS-8-1 柱状样元素因子分析结果显示（表 1），主要物质来源可以分为 3 种，占总成分的 83.4%，与上述冷泉区 Ba 元素的物质来源比较吻合。与因子 1 密切相关的元素组合为 Sr、Ba、Ca、P，表明了生物来源的成分；与因子 2 密切相关的元素组合为 Al、Fe、K、Mg、Na、Ti 等，表明了陆源成分；与因子 3 密切相关的元素组合为 Sr、Ba、Mn、P 等，表明了与冷泉有关的物质来源。在因子 3 中，Mn 与该因子相关系数最高，高达 0.872，这与一些区域发现的冷泉碳酸盐岩被一层铁锰氧化物覆盖吻合（Han et al.，2008，Greinert et al.，2001；von Rad et al.，1996；杨克红等，2013），并且也有 Mn 和 Fe 作为电子受体参与的甲烷厌氧氧化作用的报道（如 Sivan et al.，2014；Sun et al.，2015；Torres et al.，2010；Beal et al.，2009），充分支持了该因子代表了冷泉有关的物质来源。在 1%显著性水平上，Ba 与 Mn 的相关系数为 0.399，呈显著相关；这也与 Ba 可以以吸附方式存在于铁锰氧化物中吻合（McQuay et al.，2008）。Ba 元素与因子 3 的相关性也较高，表明其主要以重晶石的形式存在。在冷泉系统，由于冷泉碳酸盐岩的沉淀，Ca 元素也应该与该因子具有较高的相关性，可是实际的相关系数只有 0.077，可能是在样品分析中没有去掉生源组分的 Ca，并且陆源 Ca 含量较高造成的稀释效应。同样，因子 3 中 Fe 元素由于和 Mn 元素共存于铁锰氧化物/氢氧化物，也应该具有较高的相关性，但是由于陆源 Fe 的稀释作用造成 Fe 元素与该因子的相关系数也很低。

从 Ba 元素和各因子的相关系数来看，Ba 元素与陆源因子的相关性最低，但是这可能是一种假象，是由于稀释效应造成。

表 1　ZHS-8-1 柱状样元素最大方差旋转因子分析载荷矩阵

	因子 1	因子 2	因子 3
Sr	0.959	−0.166	0.127
Ba	0.786	0.062	0.481
Al_2O_3	−0.692	0.645	0.058
CaO	0.952	−0.199	0.077
Fe_2O_3	−0.659	0.614	0.082
K_2O	−0.611	0.754	−0.002
MgO	0.023	0.932	−0.052
MnO	0.105	−0.185	0.872
Na_2O	−0.101	0.751	−0.272
P_2O_5	0.786	0.043	0.496
TiO_2	−0.675	0.324	0.006

注：主成分提取，因子的特征值大于 1，正交旋转，旋转在 10 次迭代后收敛，累计方差达 83.4%。

4.2　不同来源 Ba 的估算

前面的研究已表明 ZHS-8-1 柱状样中 Ba 元素有三种来源：陆源、生物来源及与冷泉有关的来源，我们分别标记为 Ba_{terri}、Ba_{bio} 和 Ba_{auth}。总的 Ba 元素含量记为 Ba_{total}。为了查明各种来源 Ba 元素的含量变化特征，我们对各种来源的 Ba 元素含量进行了估算。

对于陆源 Ba 来说，一般采用标准元素比值法来估算：

$$Ba_{terri}=Me_{total}\times（Ba/Me）_{stand}$$

其中 Ba_{terri} 为陆源 Ba 元素含量；Me_{total} 为沉积物中的陆源指示（标准）元素 Me 的含量；（Ba/Me）$_{stand}$ 为陆源 Ba 与标准元素 Me 的比值。标准元素一般选取 Al 元素或者 Ti 元素。但是由于南海存在过剩 Al 的问题（Murray and Leinen，1996；韦刚健等，2003），可能会导致估算的 Ba_{terri} 过高，而 Ti 不存在自生富集现象，是估算陆源碎屑比例的最佳代用指标。因此本文采用 Ti 元素作为标准来估计陆源 Ba 的含量。由于 Ba_{terri} 是通过 Ti 元素估算的，陆源的 Ba/Ti 对于估算精度非常重要，经常选用物质来源区域的 Ba/Ti 来降低计算误差（Reitz et al.，2004）。前已述及柱状样 ZHS-8-1 位于珠江口外围，因此我们采取珠江口表层沉积物的 Ba/Ti 值（0.064）作为陆源标准元素比值来计算 Ba_{terri}。

对于生源 Ba 来说，多数的研究采取 $Ba_{bio}=Ba_{total}-Ba_{terri}$ 来进行计算（Boström et al.，1973；Pirrung et al.，2008），而我们的研究区 Ba 的来源除了生物来源和陆源外，还有与冷泉有关的来源，这种方法显然不适合我们的研究。McQuay 等（2008）在研究圣克莱门特盆地表层沉积物时发现生源 Ba 与有机碳的比值与水深具有相关关系，而南海表层沉积物中生源 Ba 与水深之间也有指数相关关系（倪建宇等，2006）。但是由于该柱状样处在南海北部陆坡，历史时期经历了海平面的变化，无法获取该柱状样历史时期的水深变化信息，如果利用目前的水深进行估算会存在结果的不确定性。因为生源 Ba 和有机碳均和生产力密切相关，并有研究表明水体中有机碳通量和生源 Ba 通量具有很好的线性关系（Sun et al.，2013）。因此为了找到生源 Ba 的估算方法，我们研究了除了陆源 Ba 以外的 Ba（称之为剩余 Ba，Ba_{ex}）与有机碳的相关关系，此时 $Ba_{ex}=Ba_{total}-Ba_{terri}$。我们对剩余 Ba 与有机碳之间的关系进行了多种模型的拟合（线性、幂函数及指数），发现幂函数模型和指数函数模型的拟合结果相关性较好（表 2）。同时我们考虑到剩余 Ba 中包含了与冷泉来源有关的 Ba 含量，而冷泉系统贡献的 Ba 会导致总 Ba 含量发生峰值，影响了生物成因 Ba 与有机碳之间关系的评估。为此，我们又进行了除去 3 个峰值区间的数据重新对剩余 Ba 和有机碳之间的关系进行拟合，发现各种模型的拟合相关系数均有提高（表2）。因此，我们认为去除峰值数据之后的剩余 Ba 和有机碳之间的关系反映了 ZHS-8-1 柱状样沉积过程中生物 Ba 和有机碳之间较为真实的关系，可以利用这种关系对生源 Ba 进行估算。根据相关系数，我们选择了幂函数作为估算生源 Ba 的模型（图 3）。生源 Ba 的计算结果表明，ZHS-8-1 的生源 Ba 的变化范围为 $254\times10^{-6}\sim478\times10^{-6}$，平均值为 369×10^{-6}，结果与该站位附近 D06 站位（图 1）的结果较为吻合（倪建宇等，2019）。

表 2　不同模型拟合的剩余 Ba 与有机碳之间的相关性比较

	相关系数 1	相关系数 2
线性关系	0.40	0.51
幂函数	0.43	0.56
指数函数	0.44	0.53

注：相关系数 1 为全部样品数据的拟合结果（n=92）；相关系数 2 为去除峰值区间数据后的拟合结果（n=69）

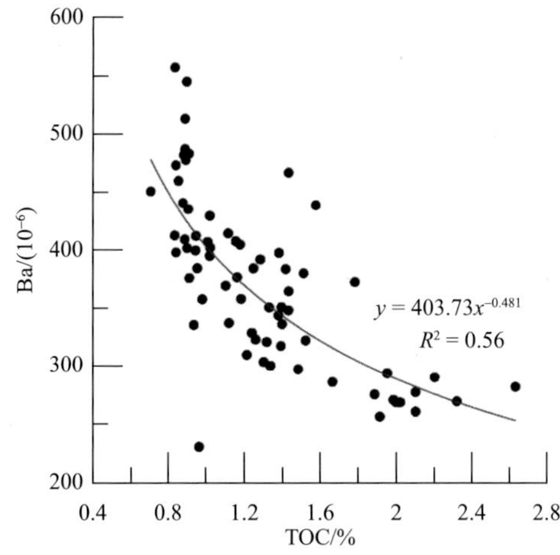

图 3　去除总 Ba 峰值区间数据后剩余 Ba 与有机碳之间的关系拟合（n=69）

当陆源和生物来源的 Ba 被估算出来之后，与冷泉来源有关的 Ba 通过以下公式：$Ba_{auth}=Ba_{total}-Ba_{terri}-Ba_{bio}$ 进行估算。估算结果显示，ZHS-8-1 柱状样除了 30～64cm 没有出现与冷泉有关来源的 Ba，其他地方均有冷泉来源有关的 Ba 出现，并且在大概在 80～100cm 出现了 1 个峰值（图 4）。因此，总 Ba 含量的 3 个峰值中只有 1 个与冷泉来源 Ba 的参与有关，其他两个是陆源和生物来源 Ba 元素的叠加效应造成的。

4.3　“Ba 峰”形成的时间及原因

已有研究表明，南海北部在 11.3～8.0ka B.P.存在一次典型的“低钙事件”（Carbonate Minnimum，CM），该事件具有“快速降低、缓慢升高”不对称的变化结构特征（Ge et al.，2010；李学杰等，1997；叶黎明等，2013）。ZHS-8-1 柱状样的在 170～100cm 深度范围的 Ca 元素变化也表现出了类似的规律（图 2），因此该柱状样也记录了南海北部这次明显的低钙事件。在本研究中 Ca 代表 CaO，理论上受硅酸岩和黏土矿物的影响，利用 CaO 换算成 $CaCO_3$ 会导致含量偏高，但前述因子分析已经显示 Ca 元素主要来源于生源（表 1），并且研究表明这种换算方法不影响利用 $CaCO_3$ 含量变化讨论天然水合物分解作用（葛倩等，2008）。南海北部多地柱状样研究表明近 2 万年来南海北部及西部存在 6 期碳酸盐沉积旋回：①晚冰期，15～13.4ka B. P.，$CaCO_3$ 含量低；②早冰消期，13.4～12.5ka B. P.，$CaCO_3$ 含量明显上升；③晚冰消期，12.5～9.5ka B. P.，$CaCO_3$ 含量出现高峰；④早冰后期，9.5～6ka B. P.，$CaCO_3$ 含量下降；⑤中冰后期，6～2.3ka B. P.，$CaCO_3$ 含量再次上升；⑥晚冰后期，2.3ka B. P. 以来，$CaCO_3$ 含量再次下降（李学杰等，1997）。定年表明 ZHS-8-1 柱状样的最大年龄为 13ka B.P.（未发表数据），利用低钙事件和南海北部的 6 期碳酸盐旋回（主要是中冰后期及晚冰后期），根据 ZHS-8-1 柱状样 $CaCO_3$ 含量变化（为 CaO 换算）粗略地建立了其年龄框架（图 4），可以看出 Ba 峰出现的位置为低钙事件结束之后，大概在 8～7ka B. P.之间的冰后期，表明甲烷渗漏发生在大约 7ka B. P.之后。

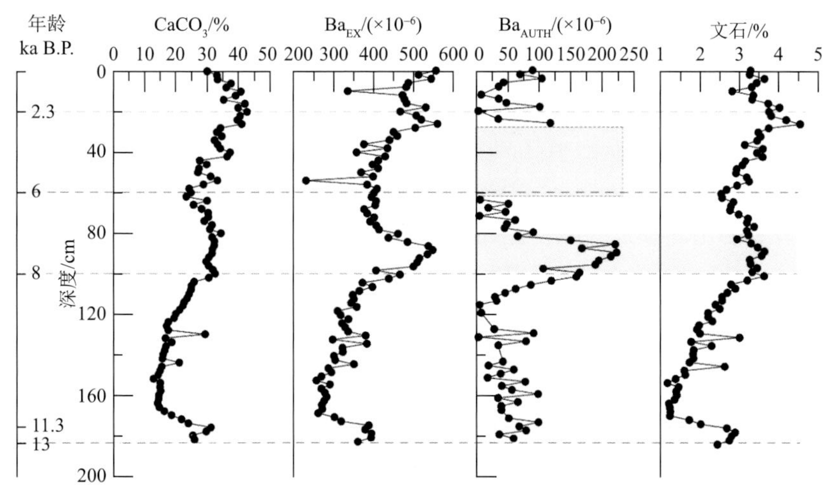

图 4 ZHS-8-1 柱状样剩余 Ba、自生 Ba 及文石含量随深度变化及粗略的年龄框架

“Ba 峰”在沉积物中发育的位置所代表的时间并不一定是“Ba 峰”形成的时间，只有当硫酸盐-甲烷转换带在近海底时“Ba 峰”出现时的沉积年龄才为其形成时的近似年龄。ZHS-8-1 柱状样的 Ba 峰出现在约 80～100cm 的地方，而该位置也是文石的高值区（杨克红等，2014）。文石除了与高甲烷通量密切相关外，易在较高浓度的 SO_4^{2-}环境中沉淀（Peckmann et al.，2001），多形成在海底或近海底的开放环境（Magalhães et al.，2012）。根据 Ba 峰与文石的对应关系，同时考虑沉积物的埋藏过程，推测当时的甲烷通量较大，SMTZ 在距海底 20cm 以浅范围。因此，ZHS-8-1 柱状样中的“Ba 峰”出现时沉积物的年龄可以近似地看作是其形成年龄。

“Ba 峰”发育的深度取决于 CH_4 释放通量和沉积埋藏速率：当 CH_4 通量减小时，随着沉积埋藏，“Ba 峰”形成深度变深，位于前期“Ba 峰”（“古 Ba 峰”）之下；当 CH_4 通量增大时，“Ba 峰”形成深度变浅，位于“古 Ba 峰”之上。研究区附近已有的研究结果表明，目前该区域的硫酸盐-甲烷还原界面深度在 2.7～17.2m 之间变化，多数在离底 10m 左右（蒋少涌等，2005；陆红锋等，2012；栾锡武，2009）。因此，ZHS-8-1 柱状样发现的这个明显的“Ba 峰”是古 Ba 峰。

ZHS-8-1 柱状样附近的 ODP1146 站位沉积物中也发现了 4 个“Ba 峰”，自生 Ba 的最大值总是对应于冰期-间冰期的转换处，为天然气水合物气候效应的正、负反馈机制造成的（孟宪伟等，2014）。ZHS-8-1 柱状样定年结果显示其“Ba 峰”出现在沉积物中的位置为最后一次冰期结束后，对应全新世暖期（Liu et al.，2015），虽然与 ODP1146 站位中“Ba 峰”出现的位置不同，但是同受天然气水合物分解的影响，只是 ODP1146 站位识别出的“Ba 峰”是长周期的、由于海平面大幅度下降引起天然气水合物分解而形成的，而 ZHS-8-1 柱状样识别出的“Ba 峰”是短周期的、由温度升高引起的天然气水合物分解而形成的。

然而，有研究认为 1 个完整“Ba 峰”的发育至少需要 10^4～10^6 年（Torres et al.，1996b），而 ZHS-8-1 柱状样的年龄框架表明甲烷渗漏发生在“低钙事件”之后，即使甲烷渗漏一直到现在，也不到 8000 年的时间，这与形成一个完整的“Ba 峰”似乎存在矛盾。然而，柱状样 ZHS-8-1 中完整的 Ba 峰确实存在，因此要么 1 个完整的“Ba 峰”可以在更短的时间内发育，要么其他与冷泉有关的重晶石加速了“Ba 峰”的形成。在冷泉系统中，当富含 Ba^{2+}的流体喷溢或渗漏到海底时，便产生丘状或烟囱状的重晶石沉淀（如 Canet et al.，2013；Feng and Roberts，2011；Greinert et al.，2002），而这些在海底的重晶石极易破碎和发生迁移（McQuay et al.，2008）。圣克莱门盆地沉积中 Ba 的地球化学收支表明，与冷泉有关的重晶石是沉积物中 Ba 的重要来源之一，主要以重晶石颗粒方式发生迁移（McQuay et al.，2008）。而研究区附近的西沙海槽发现了含重晶石的冷泉碳酸盐岩结壳，并且重晶石的含量在 15.6%～21.2%之间变化（陈忠等，2007），因此，不排除历史时期在 ZHS-8-1 柱状样附近海底有重晶石丘体/烟囱体出现的可能性。这些生成的重晶石丘体/烟囱体在海流的作用下破碎并向外扩散，可能加剧了沉积物中“Ba 峰”的形成。也有研究表明，和冷泉有关的碳酸盐中 Ba 元素也相对富集（陈忠等，2007），因此沉积物中含有较多的冷泉有关的碳酸盐矿物可能也加速了“Ba 峰”的形成。

ZHS-8-1 柱状样在 30～64cm 没有出现与冷泉有关来源的 Ba，表明一段时间甲烷渗漏较弱甚至停止，向上扩散的溶解 Ba 没有超过原来埋藏的重晶石中的钡，从而表现为没有来自甲烷渗漏的重晶石沉淀。

5 结论

通过对 ZHS-8-1 柱状样 Ba 元素及其相关元素的研究，探讨了该柱状样中 Ba 的可能来源，识别出了冷泉来源 Ba，并建立了冷泉来源 Ba 的估算方法，发现了沉积物中存在的“Ba 峰”，讨论了“Ba 峰”的形成时间及原因，得出以下几点认识：

（1）ZHS-8-1 柱状样 Ba 元素具有 3 种来源：陆源、生物成因及与冷泉有关的自生 Ba；与冷泉有关的自生 Ba 是生物成因 Ba 的活化、迁移和再结晶形成；

（2）大概在 80～100cm 处出现了 1 个“Ba 峰”，这个“Ba 峰”是生物成因 Ba 在 SO_4^{2-}亏损带附近再循环的结果，反映了当时的硫酸盐-甲烷转换带位置；结合已有的矿物学研究结果，并考虑沉积物的埋藏过程，推测当时的硫酸盐-甲烷转换带在距海底 20cm 以浅范围，甲烷通量较大；年龄框架显示“Ba 峰”发育在“低钙事件”之后的全新世暖期，形成时间较短，可能附近冷泉系统中海底重晶石参与了该“Ba 峰”的形成；

（3）ZHS-8-1 柱状样在 30～64cm 缺失与冷泉有关来源的 Ba，表明了甲烷渗漏的间歇式特征。

致谢 感谢大洋环境航次全体科考人员为样品获取付出的艰辛劳动！

主要参考文献

陈忠，黄奇瑜，颜文，陈木宏，陆钧，王淑红. 2007. 南海西沙海槽的碳酸盐结壳及其对甲烷冷泉活动的指示意义. 热带海洋学报，26: 26-33

陈忠，颜文，陈木宏，王淑红，陆钧，郑范，向荣，肖尚斌，阎贫，古森昌. 2006. 南海北部大陆坡冷泉碳酸盐结核的发现: 海底天然气渗漏活动的新证据. 科学通报，51: 1065-1072

陈忠, 杨华平, 黄奇瑜, 颜文, 陆钧. 2008. 南海东沙西南海域冷泉碳酸盐岩特征及其意义. 现代地质, 22: 382-389

程俊, 王淑红, 黄怡, 颜文. 2019. 天然气水合物赋存区甲烷渗漏活动的地球化学响应特征. 海洋科学, 43: 110-122

冯东, 陈多福. 2007. 海底沉积物孔隙水钡循环对天然气渗漏的指示. 地球科学进展, 22: 49-57

葛倩, 孟宪伟, 初凤友, 方银霞, 杨克红, 雷吉江, 李小虎, 赵建如. 2008. 近 3 万年来南海北部碳酸盐旋回及古气候意义. 海洋学研究, 26: 18-21

蒋少涌, 杨涛, 薛紫晨, 杨竞红, 凌洪飞, 吴能友, 黄永样, 刘坚, 陈道华. 2005. 南海北部海区海底沉积物中孔隙水的 Cl^- 和 SO_4^{2-} 浓度异常特征及其对天然气水合物的指示意义. 现代地质, 19: 45-54

李学杰, 段威武, 魏国彦, 李扬. 1997. 近 2 万年来南海北部与西部碳酸盐旋回及其古海洋学意义. 海洋地质与第四纪地质, 17: 10-21

刘激, 欧阳秀珍, 周英, 李团结. 2010. 珠江口底质元素含量分布特征及其地球化学意义. 热带海洋学报: 116-125

陆红锋, 陈芳, 刘坚, 廖志良, 孙晓明, 苏新. 2006. 南海北部神狐海区的自生碳酸盐岩烟囱——海底富烃流体活动的记录. 地质论评, 52: 352-357

陆红锋, 刘坚, 陈芳, 程思海, 廖志良. 2012. 南海东北部硫酸盐还原-甲烷厌氧氧化界面——海底强烈甲烷渗溢的记录. 海洋地质与第四纪地质, 32: 93-98

陆红锋, 刘坚, 陈芳, 廖志良, 孙晓明, 苏新. 2005. 南海台西南区碳酸盐岩矿物学和稳定同位素组成特征——天然气水合物存在的主要证据之一. 地学前缘, 12: 268-276

栾锡武. 2009. 天然气水合物的上界面——硫酸盐还原-甲烷厌氧氧化界面. 海洋地质与第四纪地质, 29: 91-102

孟宪伟, 张俊, 夏鹏. 2014. 南海北部陆坡沉积物“Ba 峰”及其天然气水合物分解指示意义. 海洋学报, 36: 33-39

倪建宇, 潘建明, 扈传昱, 刘小涯. 2006. 南海表层沉积物中生物钡的分布特征及其与初级生产力的关系. 地球化学, 35: 615-622

倪建宇, 赵军, 江巧文, 姚旭莹. 2019. 南海北部海域沉积物中生物钡、碳氮同位素的组成特征及其与表层水体初级生产之间的关系. 海洋学报, 41: 41-51

韦刚健, 刘颖, 李献华, 梁细荣, 邵磊. 2003. 南海沉积物中过剩铝问题的探讨. 矿物岩石地球化学通报, 22: 23-25

杨克红, 初凤友, 叶黎明, 章伟艳, 许冬, 朱继浩, 杨海丽, 葛倩. 2014. 南海北部甲烷渗漏的沉积地球化学指标(Sr/Ca 和 Mg/Ca)识别. 吉林大学学报(地球科学版), 44: 469-479

杨克红, 初凤友, 赵建如, 韩喜球, 叶黎明, 章伟艳. 2013. 南海北部烟囱状冷泉碳酸盐岩的沉积环境分析. 海洋学报, 35: 82-89

叶黎明, 初凤友, 葛倩, 许冬. 2013. 新仙女木末期南海北部天然气水合物分解事件. 地球科学: 中国地质大学学报, 38: 1299-1308

于哲, 邓义楠, 陈晨, 曹珺, 方允鑫, 蒋雪筱, 黄毅. 2022. 海洋沉积物微量元素地球化学特征对天然气水合物勘探的指示意义. 海洋地质与第四纪地质, 42: 111-122

Beal E J, House C H, Orphan V J. 2009. Manganese- and Iron-dependent marine methane oxidation. Science, 325: 184-187

Boström K, Joensuu O, Moore C, Boström B, Dalziel M, Horowitz A. 1973. Geochemistry of Barium in Pelagic Sediments. Lithos, 6: 159-174

Canet C, Anadón P, Alfonso P, Prol-Ledesma R M, Villanueva-Estrada R E, García-Vallès M. 2013. Gas-Seep Related Carbonate and Barite Authigenic Mineralization in the Northern Gulf of California. Marine and Petroleum Geology, 43: 147-165

Castellini D G, Dickens G R, Snyder G T, Ruppel C D. 2006. Barium Cycling in Shallow Sediment above

Active Mud Volcanoes in the Gulf of Mexico. Chemical Geology, 226: 1-30

Dickens G R. 2001. Sulfate Profiles and Barium Fronts in Sediment on the Blake Ridge: Present and Past Methane Fluxes through a Large Gas Hydrate Reservoir. Geochimica et Cosmochimica Acta, 65: 529-543

Dymond J, Suess E, Lyle M. 1992. Barium in Deep-Sea Sediment: A Geochemical Proxy for Paleoproductivity. Paleoceanography and Paleoclimatology, 7: 163-181

Feng D, Chen D. 2015. Authigenic Carbonates from an Active Cold Seep of the Northern South China Sea: New Insights into Fluid Sources and Past Seepage Activity. Deep Sea Research Part II: Topical Studies in Oceanography, 122: 74-83

Feng D, Roberts H H. 2011. Geochemical Characteristics of the Barite Deposits at Cold Seeps from the Northern Gulf of Mexico Continental Slope. Earth and Planetary Science Letters, 309: 89-99

Ge Q, Chu F Y, Xue Z, Liu J P, Du Y S, Fang Y X. 2010. Paleoenvironmental Records from the Northern South China Sea Since the Last Glacial Maximum. Acta Oceanologica Sinica, 29: 46-62

Gonneea M E, Paytan A. 2006. Phase Associations of Barium in Marine Sediments. Marine Chemistry, 100: 124-135

Greinert J, Bollwerk S M, Derkachev A, Bohrmann G, Suess E. 2002. Massive barite deposits and carbonate mineralization in the Derugin Basin, Sea of Okhotsk: precipitation processes at cold seep sites. Earth and Planetary Science Letters, 203: 165-180

Greinert J, Bohrmann G, Suess E. 2001. Gas hydrate-associated carbonates and methane-venting at Hydrate Ridge: classification, distribution, and origin of authigenic lithologies. Natural gas hydrates: Occurrence, distribution, and detection, 124: 99-113

Han X Q, Suess E, Huang Y Y, Wu N Y, Bohrmann G, Su X, Eisenhauer A, Rehder G, Fang Y X. 2008. Jiulong Methane Reef: microbial mediation of seep carbonates in the South China Sea. Marine Geology, 249: 243-256

Henkel S, Mogollón J M, Nöthen K, Franke C. 2012. Diagenetic barium cycling in Black Sea sediments – a case study for anoxic marine environments. Geochimica et Cosmochimica Acta, 88: 88-105

Liang Q Y, Hu Y, Feng D, Peckmann J, Chen L Y, Yang S X, Liang J Q, Tao J, Chen D F. 2017. Authigenic carbonates from newly discovered active cold seeps on the northwestern slope of the South China Sea: constraints onfluid sources, formation environments, and seepage dynamics. Deep Sea Research Part I: Oceanographic Research Papers, 124: 31-41

Liu S Z, Deng C L, Xiao J L, Li J H, Paterson G A, Chang L, Yi L, Qin H F, Pan Y X, Zhu R X. 2015. Insolation driven biomagnetic response to the Holocene Warm Period in Semi-Arid East Asia. Scientific Reports, 5: 8001

Magalhães V H, Pinheiro L M, Ivanov M K, Kozlova E, Blinova V, Kolganova J, Vasconcelos C, McKenzie J A, Bernasconi S M, Kopf A J, Díaz-del-Río V, González F J, Somoza L. 2012. Formation Processes of Methane-Derived Authigenic Carbonates From the Gulf of Cadiz. Sedimentary Geology, 243-244: 155-168

McQuay E L, Torres M E, Collier R W, Huh C, McManus J. 2008. Contribution of Cold Seep Barite to the Barium Geochemical Budget of a Marginal Basin. Deep-Sea Research I: Oceanographic Research Papers, 55: 801-811

Murray R W, Leinen M. 1996. Scavenged excess Aluminum and its relationship to bulk Titanium in biogenic sediment from the central Equatorial Pacific Ocean. Geochimica et Cosmochimica Acta, 60: 3869-3878

Peckmann J, Reimer A, Luth U, Luth C, Reitner J. 2001. Methane-derived carbonates and authigenic Pyrite from the northwestern Black Sea. Marine Geology, 177: 129-150

Pirrung M, Illner P, Matthiessen J. 2008. Biogenic barium in surface sediments of the European Nordic Seas. Marine Geology, 250: 89-103

Reitz A, Pfeifer K, de Lange G J, Klump J. 2004. Biogenic barium and the detrital Ba/Al Ratio: a comparison of their direct and indirect determination. Marine Geology, 204: 289-300

Riedinger N, Kasten S, Gröger J, Franke C, Pfeifer K. 2006. Active and buried authigenic Barite fronts in sediments from the eastern Cape Basin. Earth and Planetary Science Letters, 241: 876-887

Schoepfer S D, Shen J, Wei H Y, Tyson R, Ingall E, Algeo T. 2015. Total organic carbon, organic phosphorus, and biogenic barium fluxes as proxies for paleomarine productivity. Earth-Science Reviews, 149: 23-52

Sivan O, Antler G, Turchyn A V, Marlow J J, Orphan V J. 2014. Iron oxides stimulate sulfate-driven anaerobic methane oxidation in seeps. Proceedings of the National Academy of Sciences of the United States of America, 111: E4139-E4147

Smrzka D, Zwicker J, Lu Y, Sun Y, Feng D, Monien P, Bohrmann G, Peckmann J. 2021. Trace element distribution in methane-seep carbonates: the role of mineralogy and dissolved sulfide. Chemical Geology, 580: 120357

Sun W P, Han Z B, Hu C Y, Pan J M. 2013. Particulate barium flux and its relationship with export production on the continental shelf of Prydz Bay. East Antarctica. Marine Chemistry, 157: 86-92

Sun Z L, Wei H L, Zhang X H, Shang L N, Yin X J, Sun Y B, Xu L, Huang W, Zhang X R. 2015. A unique Fe-rich carbonate chimney associated with cold seeps in the Northern Okinawa Trough, East China Sea. Deep Sea Research Part I: Oceanographic Research Papers, 95: 37-53

Torres M E, Bohrmann G, Suess E. 1996a. Authigenic barites and fluxes of barium associated with fluid seeps in the Peru Subduction Zone. Earth and Planetary Science Letters, 144: 469-481

Torres M E, Brumsack H J, Bohrmann G, Emeis K C. 1996b. Barite fronts in continental margin sediments: a new look at barium remobilization in the zone of sulfate reduction and formation of heavy barites in diagenetic fronts. Chemical Geology, 127: 125-139

Torres M E, Martin R A, Klinkhammer G P, Nesbitt E. 2010. Post depositional alteration of foraminiferal shells in cold seep settings: new insights from flow-through time-resolved analyses of biogenic and inorganic seep carbonates. Earth and Planetary Science Letters, 299: 10-22

von Rad U, Röch H, Berner U, Geyh M, Marchig V, Schulz H. 1996. Authigenic carbonates derived from oxidized methane vented from the Makran accretionary prism off Pakistan. Marine Geology, 136: 55-77

Xu H C, Du M, Li J, Zhang H B, Chen W L, Wei J G, Wu Z J, Zhang H J, Li J W, Chen S, Ta K, Bai S, Peng X T. 2020. Spatial distribution of seepages and associated biological communities within Haima Cold Seep Field, South China Sea. Journal of Sea Research, 165: 101957

Yao H, Niemann H, Panieri G. 2020. Multi-proxy approach to unravel methane emission history of an Arctic cold seep. Quaternary Science Reviews, 244: 106490

南极底层水的研究进展

韩喜彬[1,2*]，张怡[1,2]，王逸卓[3,1]，胡良明[1,2]，向波[3,1]，孙曦[1,2]，
龙飞江[4]，武文栋[5]

1. 自然资源部海底科学重点实验室，浙江 杭州 310012
2. 自然资源部第二海洋研究所，浙江 杭州 310012
3. 成都理工大学沉积地质研究院，四川 成都 610059
4. 江西软件职业技术大学，江西 南昌 330041
5. 上海交通大学机械与动力工程学院，上海，200240
*通讯作者，E-mail：hanxibin@sio.org.cn

摘要 南极底层水（Antarctic bottom water，简称 AABW）是大洋底层水的重要组成部分，填充了全球大部分深海盆地，对全球气候和环境影响巨大，但其长期可变性、变化规律及其演变机制还不清楚。故通过对全球 AABW 研究成果的归纳总结，发现 AABW 目前的判定有 2 个标准：位势温度小于 0℃和中性密度大于 28.27kg/m^3；AABW 可能在中新世中期的 14 Ma 稳定下来；AABW 形成的区域确定的有威德尔海、罗斯海、阿德利地近岸、达恩利角近岸和樊尚湾等海域；AABW 在生成后向北与各大洋盆之间的扩散路径大多与海底地形上的洼地与通道有关，并在向北运移的过程中逐渐变淡变轻；AABW 的增强减弱是由多种复杂的因素引起的，其中包括海洋环流、气候变化、冰盖和冰架的融化和海洋生态系统的影响等。但 AABW 在形成时期、形成区域、扩散路径、变化过程和驱动机制等方面还存在疑问，还需要更多的调查研究，深海观测、海气相互作用的模拟和深水沉积学等在 AABW 的未来研究中要给予重点关注。

关键词 南极底层水，高密度陆架水，形成源地，运移路径，全球变暖

0 引言

南极底层水（Antarctic bottom water，AABW）因为温度低和密度异常高而在全球大洋底部的大部分区域稳定的分布（Carmack and Foster，1975），是全球环流中最冷和密度最大的水团（Ohashi et al.，2022）。它向北扩散到各大洋的底部，其扩散范围可到大西洋的 45°N 区域和太平洋的 50°N 区域（Johnson，2008），是世界大洋底层水的重要

基金项目：国家重点研发计划（Nos.2022YFC2905500），南极重点海域对气候变化的响应和影响（Nos.IRASCC2020-2022）
作者简介：韩喜彬，高级工程师，博士，主要从事海洋沉积的研究工作，E-mail：hanxibin@sio.org.cn

组成部分，大约可占全球大洋水量的 30%～40%（Johnson，2008；Silvano et al.，2020）。AABW 的下沉和再循环是全球海洋热量、碳和营养物质储存的主要调节器（Lago and England，2019），是影响全球大洋底部与深部换气过程和热量交换的重要因素（Pardo et al.，2012；张凡等，2013），是南极与全球进行物质、能量、动量的输运和交换的重要纽带（Takahashi et al.，2012），对全球物质输运、沉积过程、沉积物分布和地貌形态特征的形成也起着重要作用，特别是对深海水团的充氧作用（李前裕等，2008）、生物和沉积物的氧化作用、底部沉积物的侵蚀和不整合的形成、沉积物的再沉积和特殊海底地形的塑造、大洋盆地的地球化学过程、碳酸盐和硅酸盐的溶解以及多金属结核、富钴结壳成矿的形成过程均起重要作用（韩杰等，2006；王焕夫，1998；武光海和刘婕红，2012；肖永林等，1991）。AABW 与北大西洋深层水（north Atlantic deep water，简称 NADW）的相互作用被认为是调控热盐环流强度的重要因子（Brix and Gerdes，2003），是热盐环流全球输运带的一个重要引擎（马浩等，2012），同时也是两半球之间海温跷跷板（Bi-polar Seesaw）产生的重要机制（Und et al.，2003），是形成和驱动大西洋径向翻转环流（Atlantic meridional overturning circulation，简称 AMOC）的重要因子之一（马浩等，2012）。

总而言之，AABW 的形成、循环和变化对全球物质输运、沉积过程（Ledbetter and Ciesielski，1982）、生物生产力、海洋碳循环、海平面变化（Purkey and Johnson，2013）、海洋热量交换和全球气候系统的变化都有着十分重要的意义。但从 AABW 的判定、形成机制、主要源头、扩撒路径和演化方面还没有进行过系统的梳理，对其长期可变性尚未得到很好的理解。故本文针对 AABW 的判定、生成机制、主要源头、扩散路径和演化等 5 个方面的研究现状进行系统回顾和探讨，以期为在全球变暖背景下 AABW 变化与全球气候变化的耦合关系研究提供支持。

1 AABW 的定义

AABW 早期的定义为产出地在南半球，下沉至大洋底部的水体，其温度低于 2℃，比来自北半球的底层水温度低（Deacon，1933）。这一定义存在了相当长的一段时间，直到 1993 年 Speer 和 Zenk（1993）在论文中还采用这一定义。但来源于南极绕极流（Antarctic circumpolar current，ACC）的绕极深层水也符合这一定义，所以在该定义下 AABW 既有源于 ACC 的绕极深层水（circumpolar deep water，CDW），也有从亚极地环流中导出的较冷深层水（Mantyla and Reid，1983）。Gordon 认为 AABW 的定义适用范围为源自南极大陆附近的低温底层水团，并建议以位势温度（potential temperature）小于 0℃作为判定标准（Amos et al.，1971）。也有科学家提出用位势密度来定义 AABW，如 Reid 等（1977）在阿根廷海盆（Argentine Basin）使用底层位势密度（参考层深度为 4000m 的位势密度）大于 46.22kg/m^3 作为判定标准用来区分 CDW 和从威德尔海涡流（Weddell Gyre）输出的密度较大的威德尔海底层水（Weddell sea bottom water，WSBW）。为了能体现深度、经纬度和不同海域对密度的影响，Jackett 和 McDougall（1997）提出用中性密度（neutral density）来定义 AABW。此概念得到了众多科学家的认可，如

Whitworth 等（1985）将南大洋中中性密度大于 28.27kg/m^3，同时位温大于−1.7℃的水团定义为 AABW。随后 Orsi 等（1999）也把中性密度=28.27kg/m^3 的等密度面作为 AABW 和位于其上层的绕极深层水的分界面。

因此，目前国际上判定 AABW 的常用标准有 2 个：位势温度小于 0℃（Purkey and Johnson, 2012; Purkey and Johnson, 2013; Yabuki et al., 2006）和中性密度大于 28.27kg/m^3（Rintoul，2007；Williams et al.，2010）。

2 AABW 的生成

2.1 AABW 的形成时代

海洋环流的形成和演化与地形的改变密切相关（Nong et al.，2000）。AABW 最初的形成与德雷克海峡的打开有着重要的联系（Nong et al.，2000），德雷克海峡打开的时间估计在塔斯马尼亚通道（Tasmania Gateway）之前的 49～17Ma 之间打开（Scher and Martin，2006），最可能是在 23Ma 打开（Beu et al.，1997）。只有当德雷克海峡打开时，海洋锋面才会形成，也只有当锋面的温度梯度达到一定强度时 AABW 才能形成，AABW 的大量形成，也有利于推动整个 AMOC 的发展，为 NADW 的形成提供有力的前提条件（邵秋丽，2012）。稳定的 AABW 形成可能出现在中中新世的 14Ma，因为在南极冰盖形成时，太平洋、大西洋和印度洋广大地区曾产生了中新世大规模的沉积间断（Aoki and Kohyama，1998）和水体热结构发生了变化（Loutit et al.，1983），可能与 AABW 的形成有关（陈红霞等，2014）。

2.2 AABW 的生成机制

目前被广泛接受的 AABW 产生模式是冬季在南极宽广陆架上，由于增强的大气—海冰—海洋的相互作用，南极表层水（Antarctic surface water，AASW）在冰间湖（Polynyas）内及冰架（Ice shelf）下冷冻而成。表层水因为海冰的盐析作用（Foster and Carmack，1976），使其含盐量增加而导致密度上升，当水温达到−0.4℃，盐度 34.7 时，便开始下沉，形成的高密度陆架水（Dense shelf water，DSW）（Whitworth et al.，1985）向南极洲大陆边缘底层流去（Aoki et al.，2013；Thoma et al.，2008；Toggweiler and Samuels，1995），最终生成 AABW，并向北扩散到各大洋的底部。海冰的形成与融化对 AABW 生成产生巨大影响（王裕民和王博彦，2012），如在冬季，海冰促进 AABW 的形成；在夏季，海冰又抑制 AABW 的形成（马浩等，2012）。目前已经确认每流出 1×10^{6}m^3 陆架水就能形成 2×10^{6}m^3 的 AABW（Gordon，2001）。

初期，科学家通过对威德尔海和罗斯海的研究，一直认为 AABW 产生的必要条件是大陆湾和冰架（Foldvik et al., 2004; Jacobs et al., 1970）。但至到阿德利地底层水（Adélie land bottom water，ALBW）的发现，才改变了人们对只有宽阔大陆架才能生成 AABW 的认识。因为在阿德利地（Adélie Land），科学家们发现没有大陆湾的出现而能产生 AABW 的原因是阿德利地附近的冰间湖（Polynya）能产生高盐水从而生成阿德利地底层水（Williams et al.，2010）。这为在其他以冰间湖为基础的狭窄陆架区寻找 AABW 形成的可能性打开了一扇大门（Kitade et al.，2014）。

冰间湖的形成是在冬季结冰期南极强烈的下降风将某些区域新生成的海冰从海岸（或冰架、沿岸固定冰）向北吹离南极大陆，在海岸与外围的海冰之间形成一块持续无冰或仅被薄冰覆盖的水域，即沿岸冰间湖。冰间湖由于受南极大陆吹来的风温度非常低，会使海水持续降温，达到冰点 1℃下生成海冰，海冰含有的盐分远远小于海水（通常海水的盐度约 34.5，而新生成的海冰盐度约为 5），所以当海冰产生时，盐分会析出，使部分海水的盐度升高。此部分海水又具有极低的温度（一般表层海水的冰点为−1.85℃），所以产生的陆架水具有了温度低，盐度高，密度大的物理特性，即高密度陆架水。

因为陆架水直接与空气接触，溶解氧处于饱和状态，且低温使海水更容易溶解氧，这也能使生成的陆架水具有高溶解氧的物理特性，故 AABW 常常含有大量的氧气（Gordon et al.，1993；Jacobs，2004）。

另外，有关研究也表明绕级深层水（circumpolar deep water，CDW）与 DSW 的产生也有很大的联系（Toggweiler and Samuels，1995）。在阿蒙森海（Thoma et al.，2008）和罗斯海，CDW 沿等密度面或海槽侵入陆架（Castagno et al.，2017）。CDW 含有较高的盐度，与较低盐度的陆架水发生混合作用产生 DSW（Thoma et al.，2008）。DSW 与暖而咸的改造绕级深层水（modified circumpolar deep water，MCDW）相较更冷而淡，并且通过混合增密生成密度更大的过渡水体——改造陆架水（modified shelf water，MSW），MSW 下降到南极周边的海盆，从而形成 AABW（Orsi and Wiederwohl，2009）。

3 AABW 的源地

AABW 生成的源头是 DSW，DSW 主要形成于南极大陆周边陆架上，如威德尔海（Foster and Middleton，1980）、罗斯海（Jacobs et al.，1970；Orsi et al.，1999）、阿德利地近岸（Foldvik et al.，2004；Orsi et al.，1999；Rintoul，1985）、达恩利角近岸（Aoki et al.，2013）和樊尚湾（Vincennes Bay）（Kitade et al.，2014）等海域，前两者占了 AABW 总量的 60%～65%（Morozov et al.，2020）。AABW 在南极各处形成的速率在 30～40Sv（Gordon et al.，2001），向北扩散的总量大概在 20 Sv（1Sv=100 万 m^3/s）（Lumpkin and Speer，2007）。

3.1 威德尔海底层水

AABW 形最早发现区域是威德尔海（60°W～0°）（Foster and Middleton，1980；Gill，1973），并且 AABW 最初就是根据威德尔海底层水（Weddell sea deep water，WSDW）的物理性质来定义的。经估算在威德尔海产生的 AABW 大约在（9.7±3.7）Sv（Whitworth et al.，1991）。在很长一段时期，研究者都认为威德尔海是 AABW 的唯一生成地（Deacon，1937；Warren，1971；Wright，1970）和研究的重要场所。WSBW 是最冷和盐度最低的（$\theta < -1$℃，Sp < 34.64），所以在威德尔海 AABW 的生成和环流情况也非常清晰（Foster and Carmack，1976；Foster and Middleton，1979；Gill，1973）。伴随着 AABW 其他生成源地的发现，威德尔海的重要性逐渐开始下降，但研究表明威

德尔海在 AABW 生成上的贡献度仍然超过 50%（Orsi et al.，1999）。

3.2 罗斯海底层水

罗斯海从 20 世纪 70 年代开始就被认为有可能生成底层水（Jacobs et al.，1970），其陆架区为罗斯海底层水（Ross Sea bottom water，RSBW）生成的主要区域（160°W～180°）。在罗斯海，发现了两种类型的 AABW，一种是罗斯海东部 CDW 与冰架水（Ice Shelf Water，ISW）混合形成的低盐度南极底层水（Jacobs et al.，1970）。由于 ISW 来源于冰架下方，温度低于海表面的冰点温度，含有融冰水成分，其盐度和温度都较小。另一种是罗斯海西部陆架水与 CDW 混合形成的高盐南极底层水（Jacobs et al.，1970）。RSBW 是南大洋最暖和盐度最高（$-0.6℃ \leqslant \theta \leqslant -0.3℃$，Sp > 34.72，$\theta$ 为位势温度）的底层水，其中性密度>28.27kg/m^3（Jacobs et al.，1970；Orsi and Wiederwohl，2009）。AABW 在此输出的强弱会受到潮汐大小的影响（Padman et al.，2009）。AABW 在此主要向东南太平洋海盆输送（Jacobs，2004）。罗斯海在最开始的时候被认为是仅次于威德尔海的底层水生成地，产生的 AABW 占总量的 20%左右（Carmack，1977）。但随着调查研究的进展，新的 AABW 源地的不断发现，导致罗斯海对 AABW 的贡献度曾被降为 10%左右，小于阿德利地的贡献度，但是产出水体仍然占总量 20%左右（Rintoul，1985）。

3.3 阿德利地底层水

早在 1972 年就有人注意到阿德利地产生 AABW 的可能性（Gordon and Tchernia，1972），直到 1998 年 Rintoul 才利用相关数据确定了阿德利地底层水（Adélie Land Bottom Water，ALBW）主要形成在阿德利地——乔治五世地（George V Land）近岸（136°E～154°E 之间）（Rintoul，1998），可能来源于联邦湾（Commonwealth Bay）和默茨（Mertz）冬季冰间湖海冰的形成和上涌 MCDW 的变冷导致的盐析作用。此地形成的高盐度陆架水（high salinity shelf water，HSSW）向北流注入印度洋海盆成为 ALBW（Williams et al.，2010），具有显著的跨大陆架运输。ALBW 的特点是寒冷、盐度相对较低和 O_2 含量高，可在大陆架洼地中停留数年（Rintoul and Bulister，1999），其温度、盐度和 O_2 含量介于 WSBW 和 RSBW 之间（Fukamachi et al.，2000），约占南极周边形成 AABW 的 25%（Williams et al.，2008）。现有的研究认为其产生的水体占南极底层总量的 30%左右（Rintoul，1985）。

3.4 达恩利角底层水

达恩利角位于普里兹湾附近，是一个新发现的 AABW 生成区域，达恩利角底层水（Cape Darley Bottom Water，CDBW）主要形成于达恩利角冰间湖（65°E～69°E），与其它区域底层水的形成需要冰架的出现或者巨大容积不同，CDBW 在此形成首要是由海冰形成导致的盐析通量驱动的，转变成 AABW 的高密度陆架水 DSW 的通量大约在 0.3×10^6～0.7×10^6m^3/s，主要沿着戴利海底峡谷（Daly Canyon）下移，约占大西洋 AABW 生成的 13%～30%（Ohshima et al.，2013）。

3.5 普里兹湾底层水

Middleton 和 Humphries 认为普里兹湾底层水（Prydz Bay Bottom Water，PBBW）是在东风作用下，普里兹湾较宽陆架上的高盐陆架水（S>34.6）向西流动，由于陆架宽度向西变窄且陆架水的密度大于其下的绕极深层水，故向陆架外缘运动的陆架水必然获得向下的顺坡分量，使其与绕极深层水混合，于是形成普里兹湾底层水 PBBW（Middleton and Humphries，1989）。Wong 等（1985）从 CTD 数据的结果认为普里兹湾是产生 AABW 的地方，但随后 Bindoff 等（2003）认为其盐度数据质量较差而不能肯定 Wong 等的结论。中国第 15 次南极考察队在普里兹湾陆架上测得了比 AABW 密度还要大的陆架水，因此蒲书箴和董兆乾认为这一陆架水一旦越过附近的坡折，便可能沿着陆坡下沉，对 AABW 的形成有所贡献（蒲书箴和董兆乾，2003）。Nunes 和 Lennon（1996）也认为普里兹湾陆架水越过陆架边缘的海槛，有形成底层水的可能，并且埃默里冰架的存在也有利于陆架上形成冰架水，有助于 AABW 的形成。Jia 等更强调了普里兹湾陆架水对 AABW 的形成有着重要作用（Jia et al.，2022）。

但从 1990～1993 年共计 3 个航次的调查资料中发现，普里兹湾仅在 1991 年 1 月有 PBBW 存在（乐肯堂等，1998）。因此虽然普里兹湾海区存在显著的深层水涌升和陆架水北扩现象，某些年份深层水与陆架水混合后产生了较重的水体，但是尚未发现生成 AABW 的直接证据（史久新和赵进平，2002），还需要找到从普里兹湾底向陆坡外深水区 AABW 连续扩展的直接证据（陈红霞等，2014）。孙永明利用 1970 年代至 2015 年的中国南极考察和国际南大洋调查获得的高精度水文重复观测资料和南大洋状态评估数值模式（Southern Ocean State Estimate，SOSE）的模拟结果表明达恩利角以西海域确为 AABW 的源地，但其东侧的普里兹湾并不能直接在其北部的陆坡区生成 AABW，普里兹湾区域底层水的 72%来源于威德尔海的 AABW（孙永明，2015）。

3.6 樊尚湾底层水

樊尚湾（Vincennes Bay）地处纳特角（Nutt Cape）和福尔杰角（Folger Cape）之间，属于南大洋的印度洋扇区，位于 65.0°S～67.0°S，104.0°E～114.0°E 之间。樊尚湾底层水（Vincennes bay bottom water，VBBW）是 Kitade 等人 2012 年在南极樊尚湾（the Vincennes Bay）陆坡 3020m 处，检测到一种相对低温（<−0.5℃）和低盐（<34.64）新形成 AABW（VBBW）的信号，该信号在两个锚系观测点大概持续了 5 个月。在樊尚湾 AABW 输送量相对较小，为（0.32±0.14）$\times10^6 m^3/s$（Kitade et al.，2014）。后 Mizobata 等（2020）进一步估算了在樊尚湾涡旋西侧处，AABW 向赤道的净输运量为（0.6±0.4）$\times10^6 m^3/s$。虽然 VBBW 输出的量虽小，但仍对澳大利亚—南极盆地的 AABW 有贡献。此处 VBBW 的生成是因为南极樊尚湾拥有活跃的沿岸冰间湖，高的海冰生产量使其成为 AABW 的重要生成源地之一（叶文珺，2022）。

4 AABW 的扩散路径

AABW 在生成后向北与各大洋洋盆之间的扩散路径大多与海底地形上的洼地与通

道有关（Morozov et al.，2020），充填于深度超过 4km 的大部分海盆（Orsi et al.，1999）。AABW 的密度面在向北流动中的变深和最终的搁浅表明其向北流动时会逐渐变轻。其一旦密度小于 28.1kg/m^3，AABW 就会向南折返，形成深海翻转（abyssal overturning）的环流回路（Ganachaud and Wunsch，2000；Toggweiler and Samuels，1993）。在威德尔海生成的 AABW 主要向北流向大西洋，在罗斯海盆产生的 RSBW 会向西流动，伴随着大陆坡上的南极陆坡流，而不是直接下沉到罗斯海海盆底部。向西流动的 RSBW 会生成两部分，一部分发生回流，返回太平洋——南极海盆，最后沉入南极绕极流 ACC；而另一部分 RSBW 在流经 140°E 附近的阿德利地附近海域时，会与阿德利地生成的 ALBW 混合，混合后的 AABW 到达凯尔盖朗海岭（Kerguelen Ridge），在特殊地形的影响下，继续向西，并不断向海盆深处扩散，到达南极——澳大利亚海盆（Bindoff et al.，2000；Orsi et al.，1999；Williams et al.，2008），而后 AABW 沿大洋底部（5000～6000m）向北继续流动，呈扇形展开流入三大洋盆地。AABW 在南大西洋、印度洋和太平洋多以西部边界流的形式向北流动，并可在这些底层水核心通过其固有特性（如低温、盐度和含量升高的硅酸盐、溶解氧和氟氯化碳等）来清晰地识别（Bullister et al.，2013）。

4.1 AABW 在大西洋的扩散路径

在威德尔海南部和西部产生的 WSBW 大部分在威德尔海盆和恩德比海盆之间沿着威德尔涡（Weddell Gyre）流动，AABW 从威德尔海向北流经斯科舍海（Scotia Sea），通过南斯科舍海脊的五条通道，穿过南桑威奇海槽，穿过德雷克海峡北部，通过福克兰海脊的福克兰通道进一步向北延伸到阿根廷海盆（Argentine Basin）。一部分继续沿着阿根廷海盆的南部和西部边缘向北延伸，通过维马通道（Vema Channel）和猎人通道（Huner Channel）进入巴西海盆（Brazil Basin），通过两个通道的通过量在 1970s 末和 1990s 初的观测到流速的分别为 4×10^6m^3/s 和 3×10^6m^3/s。AABW 在巴西海盆继续沿着西部边界向北，接下来在赤道处遇到两个限制：一条是通往塞阿拉深海平原（Ceara Abyssal Plain）和北大西洋西部的赤道通道，AABW 在此流速为 2.0×10^6m^3/s；另外一条是穿过中大西洋海岭进入大西洋东部的罗马人——链条断裂带（Romanche-Chain Fracture Zones）通道，AABW 在此的流速为 1.2×10^6m^3/s。一小部分 AABW 通过沃尔维斯海岭（Walvis Ridge）中的沃尔维斯通道（Walvis Passage）进入南大西洋东部，沃尔维斯海岭是一个界限并不清晰的连接南部非洲和中大西洋海岭并将安哥拉海盆和开普海盆隔离的凹陷。

AABW 从塞阿拉深海平原进入北大西洋西部，但它不是继续作为一个深西部边界流，而是沿着大西洋中脊的西侧向北流动，直到大约 11°N 的另一个深断裂带——维马断裂带（Vema Fracture Zone），穿过洋脊继续向东延伸，研究表明通过这个缺口输送的底层水约为 2.0×10^6m^3/s。另外一个重要的通道是北大西洋东部近 40°N 的发现豁口（The Discovery Gap），大约有 0.2×10^6m^3/s 流速的 AABW 从马德拉海盆（Madeira Abyssal Plain）向北进入到伊比利亚海盆（Iberian Abyssal Plain），可抵达 45°N（Amos et al.，1971）。

AABW 伴随南极绕极流时，与上层密度较小的水体发生混合，形成温度更高密度更小的水体，该过程被称为“稀释”（Orsi，2010）。AABW 和北部水团不会发生直接的交换，这是因为横跨在它们中间的大洋海脊的阻挡，只有少部分大西洋东南区的 AABW 穿过阿根廷海盆和巴西海盆的继续向北流动，导致大部分 AABW 只能沉积在海盆底部，只有少许才能向北流动。当这些底层水越过海盆向北扩展时，会与上层海水混合进一步稀释。在 AABW 绕过海脊后，底层水仅保留基本的低盐低温高溶解氧的物理特性，但与源地底层水比较，经过稀释的水体已经不完全相同了。当来自南极的底层水在低纬度与来自北大西洋的深层水相遇时，相对密度更大的 AABW 会下沉到 NADW 下方，继续向北扩展，AABW 在向北流动的过程中会不断发生稀释（Orsi et al.，1999）。

4.2 AABW 在印度洋的扩散路径

AABW 从威德尔海出来的另一部分被亚南极锋线裹挟，跟随南极绕极流 ACC 一起向东扩展至大西洋——印度洋海盆（Atlantic—Indian Basin）的恩德比深海平原（Enderby Abyssal Plain），向北靠近西南印度洋洋中脊的南侧，然后向北进入印度洋（Callahan，1972）。但因受到该区复杂地形的控制，AABW 的流动较为复杂。研究发现 AABW 在 30°E 以西分为四支：第一分支向北流过西南洋中脊的豁口，穿过厄加勒斯海盆（Agulhas Basin）进入莫桑比克海盆（Mozambique Basin），从非洲——马达加斯加携带而来的巨量细粒沉积物沿着莫桑比克海盆边缘地区可达到海盆的北部边缘，形成波浪状的海底地形（Kolla et al.，1980）。第二分支是一个较窄的分支，其沿着西南印度洋洋中脊的东南侧，经过爱德华王子断裂带（the Prince Edward Fracture Zone）在 35°E～36°E 通过德尔卡诺隆起（the Del Cano Rise）（Boswell and Smythe-Wright，2002；Kolla et al.，1976），向北逐渐减少，至到西南印度洋洋中脊北侧的 SWINDEX II 观测站（Boswell and Smythe-Wright，2002）。第三分支在康拉德隆起（Conrad Rise）西侧绕到北侧后向东，通过克罗泽——凯尔盖朗豁口（the Crozet-Kerguelen Gap）向北经进入到克罗泽海盆（Crodez Basin），并沿着克罗泽海盆西部深边界向北流动进入到马达加斯加海盆（Madagascar Basin）（Kolla et al.，1976），在克罗泽海盆和马达加斯加海盆之间断面的流速大约为 $6.0\times10^6 m^3/s$（Warren，1978），在马达加斯加海盆北部断面的流速为 $5.2\times10^6 m^3/s$（Swallow and Pollard，1988），而后继续向北进入到马斯卡林海盆（Mascarene Basin），通过阿米兰特通道进入西北印度洋索马里海盆（Somali Basin），直到阿拉伯海盆（Arabian Basin）（Kolla et al.，1976）。第四分支是从康拉德隆起的南面流过，通过克罗泽——凯尔盖朗豁口进入克罗泽盆地（Boswell and Smythe-Wright，2002）。

进入印度洋另外一个重要分支是从罗斯海生成的 RSBW 向西混合 ALBW 沿南极陆坡向西流动至凯尔盖朗海岭（Kerguelen Ridge）沿其东边向北流动，大约在 105 °E～120°E 通过东南印度洋脊（Southeast Indian Ridge）向北进入南澳大利亚海盆（the South Australian Basin），沿东南印度洋脊北侧向西形成狭窄的西边界流，直到受阿姆斯特丹岛（Amsterdam Island）而后向北抵达破碎隆起（Broken Ridge），AABW 沿该隆起南侧向东转向，至到破碎隆起（Broken Ridge）和博物学家海台（Naturaliste Plateau）之间的蒂阿曼蒂那海沟（the Diamantina Trench）通道向北流入沃顿海盆（Wharton Basin）（Corliss，1979；Mahieu et al.，2020）。

4.3 AABW 在太平洋的扩散路径

从罗斯海和阿德利地近岸产生的 RSBW 和 ALBW 混合形成的 AABW 进入太平洋。尽管太平洋比其他大洋要大许多，但它对 AABW 扩散的地形限制并不太明显，主要是因为目前确认的 AABW 进入到太平洋的海底通道并不多。AABW 在南太平洋是经过澳大利亚南部流向新西兰，以深层水边界流的形式扩散流入克马德克海沟（Kermadec Trench）和汤加海沟（Tonga Trench），而后转向萨摩亚海盆（Samoan Basin），再通过罗比海脊(Robbie Ridge)上的萨摩亚水道(the Samoan Passage)进入北托克劳海盆(North Tokelau Basin)，此处观测到 AABW 的流速为 $6.0\times10^6 m^3/s$。而后，AABW 在中太平洋海盆分为三股支流：一支向吉尔伯特群岛(Gilbert Island)、马绍尔群岛(Marshall Island)流动；另一支向东流向彭林海盆（Penrhyn basin），再往北至克拉里昂（Clarion）和金曼水道（Kingman Passage）向东流；还有一支则沿威克水道（Wake Island Passage）向西北流入西北太平洋（王焕夫，1998），在此水道观测到的流量为 $3.6\times10^6 m^3/s$（Hogg 2009），至北太平洋 50°N（周天军等，2000）附近。这些海盆中，AABW 温度变化缓慢（0.05℃/100km）。但是在 AABW 进入海盆的深水通道处，底层温度会发生很快的变化（大约 0.04℃/10km～0.1℃/10km）。

5 AABW 的变化

AABW 自形成后就一直在随时间变化，主要表现为流速、盐度、密度和体积的增强或减弱变化。AABW 的变化又会通过温盐环流传导到其他大洋，影响到全球气候和环境的变化。

5.1 AABW 的增强

在 20 世纪 70～80 年代就发现由于晚新生代气候变冷和南极冰川增加，AABW 的流速大幅度增加（Ledbetter and Ciesielski，1982；Watkins and Kennett，1971）。如在中中新世南极冰期 12～13Ma 印度洋铁锰结壳和结核的增生显示了 AABW 的增强(Banakar et al.，1993；Banakar and Hein，2000）。

在太平洋，自 4.7 Ma 以来存在多次深海通风增强， AABW 的增强事件（Yi et al.，2023）。

在大西洋，AABW 在阿根廷海盆(the Argentine Basin)自中新世以来的 5.3～4.5 Ma、4.0～3.5 Ma、3.3～3.1 Ma、2.5～2.3 Ma、2.0～1.5 Ma 和 1.0 Ma 时期发生了流速增强事件。这些 AABW 流速增强事件以 1.5Ma 为分界，在此之前是南半球的气候事件对 AABW 增强提供了主要的驱动机制；在此之后是北半球气候变化引起的暖深水波动可能是影响 AABW 古流速增强的主要因素（Ledbetter and Bork，1993）。在阿根廷海盆与巴西海盆之间的维马水道（Vema Channel）AABW 自 160 ka B.P.以来发生了四次流速增强的事件（Corliss，1979；Ledbetter，1979）。其中在末次冰盛期时，AABW 在维马水道（Vema Channel）的上限最浅处仅约 100m，流速增强，导致 AABW 的输运增加（Ledbetter and

Johnson，1976）。

在印度洋，AABW 上新世晚期（2.0 Ma B.P.）和中更新世气候转型（Mid Pleistocene Transition，MPT）时期（1.2～1.1 Ma B.P.）也有记录表明增强，并有着很好的通风（Kawagata et al.，2006）。在末次冰盛期，AABW 在印度洋显著增强，导致绕极深层水（Lower Circumpolar Deep Water，LCDW）下段的含氧条件升高（Nambiar et al.，2022）。

南极同位素最大值（Antarctic Isotope Maximum，AIM）时期的 AIM12 和 AIM8 期间 AABW 形成的增强会有助于增加南大洋经向热输送，从而导致空气中 CO_2 的增加（Menviel et al.，2015）。

5.2 全球变暖背景下 AABW 的减弱

南极周缘的气—海—冰的相互作用在 AABW 的形成中起到重要的作用，但其对气候的驱动也非常的敏感（Orsi et al.，1999）。自海洋同位素 MIS5e 阶段 470ka 以来的任何其他间冰期中有观察表明 AABW 形成的减少（Aoki et al.，2020）。在目前全球变暖的背景下，全球海洋各层均发现了变暖现象（Aoki et al.，2003；Gouretski and Koltermann，2007；Lyman et al.，2010），AABW 在过去的几十年里存在着的广泛变暖趋势，其盐度、密度和体积等均有所下降（Johnson et al.，2020；Kouketsu et al.，2011；Purkey and Johnson，2012），如太平洋北部（Rintoul，2007）、太平洋南部（Purkey et al.，2019）、大西洋（Limeburner et al.，2005）、大部分印度洋（Menezes et al.，2017）等大多数洋盆的 AABW 存在变暖、淡化和体量减少现象（Purkey and Johnson，2013）。如 1980s～2000s 间，全球 AABW 就减少了（8.2±2.6）Sv（Purkey and Johnson，2012），在 2010 年后更有加速的趋势（Purkey et al.，2019）。

AABW 在巴西海盆从 20 世纪 70 年代就发现有变暖的趋势（Zenk and Hogg，1996；Zenk and Morozov，2007），变暖幅度是每年（2.1±0.4）m ℃（Johnson et al.，2020）。阿根廷海盆（Argentine Basin）的 AABW 在 20 世纪 80 年代期间发生了显著的增暖和密度减小事件（Coles et al.，1996），且这种增暖以每年 2.8mK 的速率持续到 2006 年之后（Zenk and Morozov，2007）。澳大利亚——南极海盆的 AABW 自 1970 年起，其中性密度大于 28.3kg/m^3 水体每十年减少了 100m，体积减少超过了一半（Van Wijk et al.，2014），在 1995～2005 年间存在变暖，盐度和密度持续下降（Johnson et al.，2008；Rintoul，2007），从 2000～2010 年代中期 AABW 的淡化速度进一步加快（Menezes et al.，2017）。

这些变化的原因与 AABW 的源头——南大洋底层水输出到全球深海的 AABW 的变暖、淡化和减弱有关（Anilkumar et al.，2015；Azaneu et al.，2014；Zenk and Morozov，2007），且南极洲周边的海盆平均变暖幅度最大，并随着 AABW 扩散距离的增加而减少（Purkey and Johnson，2010）。AABW 在东南极普遍存在淡化现象，且有自罗斯海、阿蒙森——别林斯高晋海至威德尔海逐渐减弱的趋势（Purkey et al.，2019）。罗斯海存在最显著的 AABW 淡化现象，RSBW 在 20 世纪 50 年代至 2008 年期间淡化速率就达到每十年 0.03（Castagno et al.，2019；Silvano et al.，2020），这种盐度淡化可能与连接阿蒙森海岸和罗斯海陆架的沿岸流的淡化有关，沿岸流的淡化与冰川冰融化进入阿蒙森-别林斯高晋海有关（Jacobs and Giulivi，2010；van Wijk et al.，2010）。RSBW 在 2004

年以前的 40 年内位势温度增加，盐度和溶解氧浓度明显下降（Ozaki et al.，2009）。

阿德利地附近的海域的 AABW 淡化现象也较为明显，ALBW 自 1960 年代后期到现在的几十年内一直在持续淡化，如 1994～2012 年间，淡化速率为每十年 0.008～0.009；可能与默茨冰间湖区域的陆架水明显的淡化现象有关（Aoki et al.，2005）。在达恩利角附近海域生成的 AABW 存在相对较小的淡化现象，盐度的变化速率约为每十年−0.005（孙永明，2015）。威德尔海底层水 WSBW 在 1989～1995 年间以每年约 0.01℃的速率增暖（Fahrbach et al.，1995），这与威德尔海和达恩利冰间湖开放海域的对流活动有关（Coles et al.，1996）。也可能是随着全球升温，南极半岛区域及其附近海区的水文地理和生物状况都发生了改变，促进了冰架的消逝和冰线的后退（Schloss et al.，2012），导致淡入输入的增加，这将影响到该区域的表层浮力通量，导致 AABW 生成的减弱（Jacobs and Giulivi，2010；Masuda et al.，2010；Anilkumar et al.，2015；Silvano et al.，2018），甚至最终导致 AABW 形成机制的崩溃（Williams et al.，2016）。海气耦合模式的模拟显示 AABW 的减弱表现为年际和年代际的变化（Seidov et al.，2001；Seidov et al.，2005；Stouffer et al.，2007）。

但也有少部分研究认为某些区域 AABW 没有明显变化，如威德尔海却没有发现类似的淡化现象（孙永明，2015），在其西部的底层水变淡而东部的深层水盐度增加。Broecker and Wallace（1998）通过比较南大西洋 NADW 的体量和威德尔海产生 AABW 的体量的变化也无法推断出南大洋深海 AABW 形成速率的下降。这可能是因为南方涛动指数（Southern Oscillation Index，SOI）负异常和南极环状模（Southern Annular Mode，SAM）正异常的组合，使罗斯海沿岸东风减弱，导致进入罗斯海的海冰量减少，气候异常驱动罗斯海海冰形成的周期性增加，从而抵消了冰盖融化增加以减少 AABW 形成的趋势（Silvano et al.，2020）。Aoki 等（2020）观测到在 2010 年代末澳大利亚——南极海盆 AABW 最密集层的厚度增加，其淡化的趋势已经反转，其主要的驱动因素是罗斯海底层水 RSBW 增加导致的，RSBW 的增强原因被认为是阿蒙森海西向沿岸流减弱引发罗斯海淡水输入减少，从而使 DSW 盐度快速增加。此外，动了罗斯海陆架区海冰的形成，也为 DSW 提供了盐量。

6 问题与展望

AABW 的形成和循环对全球物质、热量和动量的输运和交换有着十分重要的意义，对海底大洋矿产资源、全球碳循环和全球气候变化有着重要的贡献，但对其内在成矿机制和对全球碳循环和气候变化的贡献程度还不清楚。

AABW 主要形成于南极周边威德尔海、罗斯海、阿德利地近岸和达恩利角近岸海域，其他海域也有形成的可能性，但因为这些形成区域地理上很偏远，全年被海冰覆盖，并且分布在南极洲周围延伸超过 18000km 的大陆架断裂前沿区域，在许多情况下，源地区极难到达进行观测和监测，因此还没有直接的证据可以证明。

相对于其它的深层西边界流而言，AABW 的长期直接观测非常有限。AABW 从南极下沉扩散全球大洋的路径在某些区域研究的较为详细，现有的观测和监测主要集中在一些阻塞点上，包括南大西洋的维玛水道、赤道大西洋的罗曼什断裂带、萨摩亚深海水道、位于南太平洋的新西兰以东海域、威克岛通道、马斯克林海盆以及印度洋的珀斯盆地南部（吴立新和陈朝晖，2013），但在其他大部分区域还缺少有效的观测和监测。

AABW 最初的形成还没有确定的时间，对其随时间变化的长期记录没有覆盖，它的变化过程、特征和机制还不甚明了。

AABW 存在着可变性，对远程强迫有着敏感性，在全球变暖趋势下观测到 AABW 减弱的记录，但在部分区域却存在着增强的信号，这意味着 AABW 变化与全球气候变化之间耦合关系和驱动机制还存在着争议。

因此，AABW 对全球变暖对的区域响应需要更多的调查。一是需要在诸如 SOOS（The Southern Ocean Observing System）、WOCE（World Ocean Circulation Experiment）、IODP（the International Ocean Discovery Program）等框架和计划下采用新的技术方法在全球范围内对 AABW 进行观测、监测和调查，多学科交叉，结合地质记录，确定 AABW 的确切形成时期、变化过程、充氧机制、扩散路径和驱动机制。二是要增强南大洋海——气耦合模式、古气候变化等的数值模拟效果，添加诸如风、冰川径流变化、南极边缘海环流变化、表层浮力通量和潮汐等影响参数，深入系统开展 AABW 的形成速率、扩散路径和演化过程等的数值模拟，了解其变化的关键过程的控制因素、发展机理及其对全球气候变化、物质输运和深海成矿等的贡献程度与耦合关系。

致谢 编委及审稿人对论文提出了宝贵意见，在此表示衷心感谢。

参考文献

陈红霞, 林丽娜, 史久新. 2014. 南极普里兹湾及其邻近海域水团研究. 海洋学报, 36: 1-8

韩杰, 武光海, 叶瑛, 邬黛黛. 2006. 铁锰结壳中底层洋流活动的地球化学研究. 矿床地质, 25: 620-628

乐肯堂, 史久新, 于康玲, 陈锦年. 1998. 普里兹湾区水团和环流时空变化的若干问题. 海洋科学集刊, 40: 43-54

李前裕, 赵泉鸿, 钟广法, 翦知湣, 田军, 成鑫荣, 陈木宏. 2008. 新近纪南海深层水的增氧与分层. 地球科学: 中国地质大学学报, 33: 1-11

马浩, 王召民, 史久新. 2012. 南大洋物理过程在全球气候系统中的作用. 地球科学进展, 27: 398-412

蒲书箴, 董兆乾. 2003. 普里兹湾附近物理海洋学研究进展. 极地研究, 15: 53-64

邵秋丽. 2012. 地形和淡水通量的改变对热盐环流的影响研究. 硕士学位论文. 青岛: 自然资源部第一海洋研究所. 1-84

史久新, 赵进平. 2002. 中国南大洋水团、环流和海冰研究进展(1995-2002). 海洋科学进展, 20: 116-126

孙永明. 2015. 普里兹湾周边海域南极底层水的来源及长期变化研究. 博士学位论文. 青岛: 中国海洋大学. 1-139

王焕夫. 1998. 南极底层流水循环运动及其成矿意义. 海洋地质动态: 4-7

王裕民, 陈博彦. 2012. 南极漂浮冰山与洋流之影响评估分析研究. 国立宜兰大学工程学刊, 8: 107-127

吴立新, 陈朝晖. 2013. 物理海洋观测研究的进展与挑战. 地球科学进展, 28: 542-551

武光海, 刘捷红. 2012. 海山当地物源和南极底层水对富钴结壳成矿作用的影响——来自海山周围水柱化学分析的证据. 海洋学报(中文版), 34: 92-98

肖永林, 赵济湘, 张连英. 1991. 太平洋中部硅质沉积. 成都：西南交通大学出版社

叶文珺. 2022. 南极结冰期樊尚湾陆架区水体演变及沿岸冰间湖特征研究. 上海海洋大学硕士学位论文.

张凡, 高众勇, 孙恒. 2013. 南极普里兹湾碳循环研究进展. 极地研究, 25: 284-293

周天军, 王绍武, 张学洪. 2000. 大洋温盐环流与气候变率的关系研究: 科学界的一个新课题. 地球科学进展, 15: 654-660

Amos A F, Gordon A L, Schneider E D. 1971. Water masses and circulation patterns in the region of the Blake-Bahama outer ridge. Deep Sea Research and Oceanographic Abstracts, 18: 145-165

Anilkumar N, Chacko R, Sabu P, George J V. 2015. Freshening of Antarctic Bottom Water in the Indian Ocean sector of Southern Ocean. Deep Sea Research Part II: Topical Studies in Oceanography, 118: 162-169

Aoki S, Kohyama N. 1998. Cenozoic sedimentation and clay mineralogy in the northern part of the Magellan Trough, Central Pacific Basin. Marine Geology, 148: 21-37

Aoki S, Yoritaka M, Masuyama A. 2003. Multidecadal warming of subsurface temperature in the Indian sector of the Southern Ocean. Journal of Geophysical Research: Oceans, 108: 8081

Aoki S, Rintoul S R, Ushio S, Watanabe S, Bindoff N L. 2005. Freshening of the Adélie Land Bottom Water near 140°E. Geophysical Research Letters, 32: L23601

Aoki S, Kitade Y, Shimada K, Ohshima K I, Tamura T, Bajish C C, Moteki M, Rintoul S R. 2013. Widespread freshening in the Seasonal Ice Zone near 140°E off the Adélie Land Coast, Antarctica, from 1994 to 2012. Journal of Geophysical Research: Oceans, 118: 6046-6063

Aoki S, Yamazaki K, Hirano D, Katsumata K, Shimada K, Kitade Y, Sasaki H, Murase H. 2020. Reversal of freshening trend of Antarctic Bottom Water in the Australian-Antarctic Basin during 2010s. Scientific Reports, 10(1): 14415.

Azaneu M, Kerr R, Mata M M. 2014. Assessment of the representation of Antarctic Bottom Water properties in the ECCO2 reanalysis. Ocean Science, 10: 923-946

Banakar V K, Nair R R, Tarkian M, Haake B. 1993. Neogene oceanographic variations recorded in manganese nodules from the Somali Basin. Marine Geology, 110: 393-402

Banakar V K, Hein J R. 2000. Growth response of a deep-water ferromanganese crust to evolution of the Neogene Indian Ocean. Marine Geology, 162: 529-540

Beu A G, Griffin M, Maxwell P A. 1997. Opening of Drake Passage gateway and Late Miocene to Pleistocene cooling reflected in Southern Ocean molluscan dispersal: evidence from New Zealand and Argentina. Tectonophysics, 281: 83-97

Bindoff N L, Rosenberg M A, Warner M J. 2000. On the circulation and water masses over the Antarctic continental slope and rise between 80 and 150°E. Deep Sea Research Part II: Topical Studies in Oceanography, 47: 2299-2326

Bindoff N L, Forbes A, Wong A P S. 2003. Data on bottom water in Prydz Bay, Antarctica, revised. Eos, Transactions American Geophysical Union, 84: 200

Boswell S M, Smythe-Wright D. 2002. The tracer signature of Antarctic Bottom Water and its spread in the Southwest Indian Ocean: Part I—CFC-derived translation rate and topographic control around the Southwest Indian Ridge and the Conrad Rise. Deep Sea Research Part I: Oceanographic Research Papers, 49: 555-573

Brix H, Gerdes R. 2003. North Atlantic Deep Water and Antarctic Bottom Water: Their interaction and influence on the variability of the global ocean circulation. Journal of Geophysical Research: Oceans, 108: 1-17

Broecker, Wallace S. 1998. Paleocean circulation during the Last Deglaciation: A bipolar seesaw. Paleoceanography, 13: 119-121

Bullister J L, Rhein M, Mauritzen C. 2013. Chapter 10 - Deepwater Formation. In: Siedler G, Griffies S M, Gould J, Church J A (eds). International Geophysics. Academic Press: 227-253

Callahan J E. 1972. The structure and circulation of deep water in the Antarctic. Deep Sea Research and

Oceanographic Abstracts, 19: 563-575

Carmack E C, Foster T D. 1975. On the flow of water out of the Weddell Sea. Deep-Sea Research, 22: 711-724

Carmack E C. 1977. Water characteristics of the Southern Ocean south of the Polar Front. In: Angel M (ed). A Voyage of Discovery. Pergamon: Pergamon Press: 15-42

Castagno P, Falco P, Dinniman M S, Spezie G, Budillon G. 2017. Temporal variability of the Circumpolar Deep Water inflow onto the Ross Sea continental shelf. Journal of Marine Systems, 166: 37-49

Castagno P, Capozzi V, DiTullio G R, Falco P, Fusco G, Rintoul S R, Spezie G, Budillon G. 2019. Rebound of shelf water salinity in the Ross Sea. Nature Communications, 10: 5441

Coles V, McCartney M, Olson D, Smethie W. 1996. Changes in Antarctic Bottom Water properties in the western South Atlantic in the late 1980s. Journal of Geophysical Research, 101: 8957-8970

Corliss B H. 1979. Recent deep-sea benthonic for aminiferal distributions in the southeast Indian Ocean: Inferred bottom-water routes and ecological implications. Marine Geology, 31: 115-138

Deacon G. 1937. The hydrology of the Southern Ocean. Discovery Reports, 15: 1-124

Deacon G, Sir. 1933. A general account of the hydrology of the South Atlantic Ocean. Discovery Reports, VII: 177-238

Fahrbach E, G. Rohardt, N. Scheele, M. Schroder, V. Strass, A. Wisotzki. 1995. Formation and discharge of deep and bottom water in the northwestern Weddell Sea. Journal Maritime Research, 53: 515-538

Foldvik A, GammelsrøD T, ØSterhus S, Fahrbach E, Rohardt G, Schröder M, Nicholls K W, Padman L, Woodgate R A. 2004. Ice shelf water overflow and bottom water formation in the southern Weddell Sea. Journal of Geophysical Research, 109: C02015

Foster T D, Carmack E C. 1976. Frontal zone mixing and Antarctic Bottom water formation in the southern Weddell Sea. Deep Sea Research and Oceanographic Abstracts, 23: 301-317

Foster T D, Middleton J H. 1979. Variability in the bottom water of the Weddell Sea. Deep Sea Research Part A Oceanographic Research Papers, 26: 743-762

Foster T D, Middleton J H. 1980. Bottom water formation in the western Weddell Sea. Deep Sea Research Part A. Oceanographic Research Papers, 27: 367-381

Fukamachi Y, Wakatsuchi M, Taira K, Kitagawa S, Ushio S, Takahashi A, Oikawa K, Furukawa T, Yoritaka H, Fukuchi M, Yamanouchi T. 2000. Seasonal variability of bottom water properties off Adélie Land, Antarctica. Journal of Geophysical Research: Oceans, 105: 6531-6540

Ganachaud A, Wunsch C. 2000. The oceanic meridional overturning circulation, mixing, bottom water formation, and heat transport. Nature, 408: 453-457

Gill A E. 1973. Circulation and bottom water production in the Weddell Sea. Deep Sea Research and Oceanographic Abstracts, 20: 111-140

Gordon A, Visbeck M, Huber B. 2001. Export of Weddell Sea deep and bottom water. J Geophys Res-Oceans, 106: 9005-9017

Gordon A L, Tchernia P. 1972. Waters off Adelie Coast. In: Antarctic Research Series. Washington, DC: American Geophysical Union. 59-69

Gordon A L, Huber B A, Hellmer H H, Ffield A. 1993. Deep and Bottom Water of the Weddell Sea's Western Rim. Science, 262: 95-97

Gordon A L. 2001. Bottom Water Formation. In: Steele J H (ed). Encyclopedia of Ocean Sciences. Oxford: Academic Press. 334-340

Gouretski V, Koltermann K P. 2007. How much is the ocean really warming? Geophysical Research Letters, 34: L01610

Hogg N G. 2009. Flow through Deep Ocean Passages. In: Steele J H (ed). Encyclopedia of Ocean

Sciences (Second Edition). Oxford: Academic Press: 564-571

Jackett D R, McDougall T J. 1997. A Neutral Density Variable for the World's Oceans. J Phys Oceanogr, 27: 237-263

Jacobs S S, Amos A F, Bruchhausen P M. 1970. Ross sea oceanography and antarctic bottom water formation. Deep Sea Research and Oceanographic Abstracts, 17: 935-962

Jacobs S S. 2004. Bottom water production and its links with the thermohaline circulation. Antarctic Science, 16: 427-437

Jacobs S S, Giulivi C F. 2010. Large Multidecadal Salinity Trends near the Pacific-Antarctic Continental Margin. J Climate, 23: 4508-4524

Jia R, Chen M, Pan H, Zeng J, Zhu J, Liu X, Zheng M, Qiu Y. 2022. Freshwater components track the export of dense shelf water from Prydz Bay, Antarctica. Deep Sea Research Part II: Topical Studies in Oceanography, 196: 105023

Johnson G C. 2008. Quantifying Antarctic bottom water and North Atlantic deep water volumes. Journal of Geophysical Research: Oceans, 113: C05027

Johnson G C, Purkey S G, Toole J M. 2008. Reduced Antarctic meridional overturning circulation reaches the North Atlantic Ocean. Geophysical Research Letters, 35: L22601

Johnson G C, Cadot C, Lyman J H, Steffen E L, McTaggart K E. 2020. Antarctic bottom water warming in the Brazil basin: 1990s through 2020, from WOCE to Deep Argo. Geophysical Research Letters, 47: e2020GL089191

Kawagata S, Hayward B W, Gupta A K. 2006. Benthic foraminiferal extinctions linked to late Pliocene–Pleistocene deep-sea circulation changes in the northern Indian Ocean (ODP Sites 722 and 758). Marine Micropaleontology, 58: 219-242

Kitade Y, Shimada K, Tamura T, Williams G D, Aoki S, Fukamachi Y, Roquet F, Hindell M, Ushio S, Ohshima K I. 2014. Antarctic Bottom Water production from the Vincennes Bay Polynya, East Antarctica. Geophysical Research Letters, 41: 3528-3534

Kolla V, Sullivan L, Streeter S S, Langseth M G. 1976. Spreading of Antarctic Bottom Water and its effects on the floor of the Indian Ocean inferred from bottom-water potential temperature, turbidity, and sea-floor photography. Marine Geology, 21: 171-189

Kolla V, Eittreim S, Sullivan L, Kostecki J A, Burckle L H. 1980. Current-controlled, abyssal microtopography and sedimentation in Mozambique Basin, southwest Indian Ocean. Marine Geology, 34: 171-206

Kouketsu S, Doi T, Kawano T, Masuda S, Sugiura N, Sasaki Y, Toyoda T, Igarashi H, Kawai Y, Katsumata K, Uchida H, Fukasawa M, Awaji T. 2011. Deep ocean heat content changes estimated from observation and reanalysis product and their influence on sea level change. Journal of Geophysical Research: Oceans, 116: C03012

Lago V, England M H. 2019. Projected Slowdown of Antarctic Bottom Water Formation in Response to Amplified Meltwater Contributions. J Climate, 32: 6319-6335

Ledbetter M T, Johnson D A. 1976. Increased transport of antarctic bottom water in the vema channel during the last ice age. Science, 194: 837-839

Ledbetter M T. 1979. Fluctuations of Antarctic Bottom Water velocity in the Vema Channel during the last 160, 000 years. Marine Geology, 33: 71-89

Ledbetter M T, Ciesielski P F. 1982. Bottom-current erosion along a traverse in the South Atlantic sector of the Southern Ocean. Marine Geology, 46: 329-341

Ledbetter M T, Bork K R. 1993. Post-Miocene fluctuations of Antarctic Bottom Water paleospeed in the southwest Atlantic Ocean. Deep Sea Research Part II: Topical Studies in Oceanography, 40: 1057-1071

Limeburner R, Whitehead J A, Cenedese C. 2005. Variability of Antarctic bottom water flow into the North

Atlantic. Deep Sea Research Part II: Topical Studies in Oceanography, 52: 495-512

Loutit T S, Kennett J P, Savin S M. 1983. Miocene equatorial and southwest Pacific paleoceanography from stable isotope evidence. Marine Micropaleontology, 8: 215-233

Lumpkin R, Speer K. 2007. Global ocean meridional overturning. J Phys Oceanogr, 37: 2550-2562

Lyman J M, Good S A, Gouretski V V, Ishii M, Johnson G C, Palmer M D, Smith D M, Willis J K. 2010. Robust warming of the global upper ocean. Nature, 465: 334-337

Mahieu L, Lo Monaco C, Metzl N, Fin J, Mignon C. 2020. Variability and stability of anthropogenic CO_2 in Antarctic Bottom Water observed in the Indian sector of the Southern Ocean, 1978–2018. Ocean Science, 16: 1559-1576

Mantyla A W, Reid J L. 1983. Abyssal characteristics of the World Ocean waters. Deep Sea Research Part A. Oceanographic Research Papers, 30: 805-833

Masuda S, Awaji T, Sugiura N, Matthews J P, Toyoda T, Kawai Y, Doi T, Kouketsu S, Igarashi H, Katsumata K, Uchida H, Kawano T, Fukasawa M. 2010. Simulated Rapid Warming of Abyssal North Pacific Waters. Science, 329: 319-322

Menezes V V, Macdonald A M, Schatzman C. 2017. Accelerated freshening of Antarctic Bottom Water over the last decade in the Southern Indian Ocean. Science Advances, 3: e1601426

Menviel L, Spence P, England M H. 2015. Contribution of enhanced Antarctic Bottom Water formation to Antarctic warm events and millennial-scale atmospheric CO_2 increase. Earth and Planetary Science Letters, 413: 37-50

Middleton J H, Humphries S E. 1989. Thermohaline structure and mixing in the region of Prydz Bay, Antarctica. Deep Sea Research Part A. Oceanographic Research Papers, 36: 1255-1266

Mizobata K, Shimada K, Aoki S, Kitade Y. 2020. The Cyclonic Eddy Train in the Indian Ocean Sector of the Southern Ocean as Revealed by Satellite Radar Altimeters and In Situ Measurements. Journal of Geophysical Research: Oceans, 125: e2019JC015994

Morozov E G, Frey D I, Tarakanov R Y. 2020. Antarctic Bottom Water Flow through the Eastern Part of the Philip Passage in the Weddell Sea. Oceanology, 60: 589-592

Nambiar R, Bhushan R, Raj H. 2022. Paleoredox conditions of bottom water in the northern Indian Ocean since 39 ka. Palaeogeography, Palaeoclimatology, Palaeoecology, 586: 110766

Nong G T, Najjar R G, Seidov D, Peterson W H. 2000. Simulation of ocean temperature change due to the opening of Drake Passage. Geophysical Research Letters, 27: 2689-2692

Nunes Vaz R A, Lennon G W. 1996. Physical oceanography of the Prydz Bay region of Antarctic waters. Deep Sea Research Part I: Oceanographic Research Papers, 43: 603-641

Ohashi Y, Yamamoto-Kawai M, Kusahara K, Sasaki K i, Ohshima K I. 2022. Age distribution of Antarctic Bottom Water off Cape Darnley, East Antarctica, estimated using chlorofluorocarbon and sulfur hexafluoride. Scientific Reports, 12: 8462

Ohshima K I, Fukamachi Y, Williams G D, Nihashi S, Roquet F, Kitade Y, Tamura T, Hirano D, Herraiz-Borreguero L, Field I, Hindell M, Aoki S, Wakatsuchi M. 2013. Antarctic Bottom Water production by intense sea-ice formation in the Cape Darnley polynya. Nature Geoscience, 6: 235-240

Orsi A H, Johnson G C, Bullister J L. 1999. Circulation, mixing, and production of Antarctic Bottom Water. Progress in Oceanography, 43: 55-109

Orsi A H, Wiederwohl C L. 2009. A recount of Ross Sea waters. Deep Sea Research Part II: Topical Studies in Oceanography, 56: 778-795

Orsi A H. 2010. Recycling bottom waters. Nature Geoscience, 3: 307-309

Ozaki H, Obata H, Naganobu M, Gamo T. 2009. Long-term bottom water warming in the north Ross Sea. Journal of Oceanography, 65: 235-244

Padman L, Howard S L, Orsi A H, Muench R D. 2009. Tides of the northwestern Ross Sea and their impact on dense outflows of Antarctic Bottom Water. Deep Sea Research Part II: Topical Studies in Oceanography, 56: 818-834

Pardo P C, Pérez F F, Velo A, Gilcoto M. 2012. Water masses distribution in the Southern Ocean: Improvement of an extended OMP (eOMP) analysis. Progress in Oceanography, 103: 92-105

Purkey S G, Johnson G C. 2010. Warming of Global Abyssal and Deep Southern Ocean Waters between the 1990s and 2000s: Contributions to Global Heat and Sea Level Rise Budgets. J Climate, 23: 6336-6351

Purkey S G, Johnson G C. 2012. Global Contraction of Antarctic Bottom Water between the 1980s and 2000s. J Climate, 25: 5830-5844

Purkey S G, Johnson G C. 2013. Antarctic Bottom Water Warming and Freshening: Contributions to Sea Level Rise, Ocean Freshwater Budgets, and Global Heat Gain. J Climate, 26: 6105-6122

Purkey S G, Johnson G C, Talley L D, Sloyan B M, Wijffels S E, Smethie W, Mecking S, Katsumata K. 2019. Unabated Bottom Water Warming and Freshening in the South Pacific Ocean. J Geophys Res-Oceans, 124: 1778-1794

Reid J L, Nowlin W D, Patzert W C. 1977. On the Characteristics and Circulation of the Southwestern Atlantic Ocean. J Phys Oceanogr, 7: 62-91

Rintoul S R. 1985. On the Origin and Influence of Adélie Land Bottom Water. *In*: Jacobs S S, Weiss R F (eds). Ocean, Ice, and Atmosphere: Interactions at the Antarctic Continental Margin, Washington, DC. 151-171

Rintoul S R. 1998. On the origin and influence of Adelie land bottom water. *Ocean, Ice, and Atmosphere: Interactions at the Antarctic Continental Margin*, 75: 151-171

Rintoul S R, Bullister J L. 1999. A late winter hydrographic section from Tasmania to Antarctica. Deep Sea Research Part I: Oceanographic Research Papers, 46: 1417-1454

Rintoul S R. 2007. Rapid freshening of Antarctic Bottom Water formed in the Indian and Pacific oceans. Geophysical Research Letters, 34: L06606

Scher H D, Martin E E. 2006. Timing and Climatic Consequences of the Opening of Drake Passage. 312: 428-430

Schloss I R, Abele D, Moreau S, Demers S, Bers A V, González O, Ferreyra G A. 2012. Response of phytoplankton dynamics to 19-year (1991–2009) climate trends in Potter Cove (Antarctica). Journal of Marine Systems, 92: 53-66

Seidov D, Barron E, Haupt B J. 2001. Meltwater and the global ocean conveyor: northern versus southern connections. Global and Planetary Change, 30: 257-270

Seidov D, Stouffer R J, Haupt B J. 2005. Is there a simple bi-polar ocean seesaw? Global and Planetary Change, 49: 19-27

Silvano A, Rintoul S R, Peña-Molino B, Hobbs W R, Wijk E V, Aoki S, Tamura T, Williams G D. 2018. Freshening by glacial meltwater enhances melting of ice shelves and reduces formation of Antarctic Bottom Water. Science Advances, 4: eaap9467

Silvano A, Foppert A, Rintoul S R, Holland P R, Tamura T, Kimura N, Castagno P, Falco P, Budillon G, Haumann F A, Naveira Garabato A C, Macdonald A M. 2020. Recent recovery of Antarctic Bottom Water formation in the Ross Sea driven by climate anomalies. Nature Geoscience, 13: 780-786

Speer K G, Zenk W. 1993. The Flow of Antarctic Bottom Water into the Brazil Basin. J Phys Oceanogr, 23: 2667-2682

Stouffer R J, Seidov D, Haupt B J. 2007. Climate Response to External Sources of Freshwater: North Atlantic versus the Southern Ocean. J Climate, 20: 436-448

Swallow J C, Pollard R T. 1988. Flow of bottom water through the Madagascar Basin. Deep Sea Research Part A. Oceanographic Research Papers, 35: 1437-1440

Takahashi T, Sweeney C, Hales B, Chipman D W, Newberger T, Goddard J G, Iannuzzi R A, Sutherland S C. 2012. The changing carbon cycle in the Southern Ocean. Oceanography, 25: 26-37

Thoma M, Jenkins A, Holland D, Jacobs S. 2008. Modelling Circumpolar Deep Water intrusions on the Amundsen Sea continental shelf, Antarctica. Geophysical Research Letters, 35: L18602

Toggweiler J R, Samuels B. 1993. Is the Magnitude of the Deep Outflow from the Atlantic Ocean Actually Governed by Southern Hemisphere Winds, 15: 303-331

Toggweiler J R, Samuels B. 1995. Effect of Sea Ice on the Salinity of Antarctic Bottom Waters. Journal of physical Oceanography, 25: 1980-1997

Und N T, Brix H, Meeresforsch B P, Brix H. 2003. North Atlantic Deep Water and Antarctic Bottom Water: Their Interaction and Influence On Modes of the Global Ocean Circulation Die wechselseitige Beeinflussung von. Journal of Geophysical Research Oceans, 108: 1-18

van Wijk E M, Rintoul S R, Ronai B M, Williams G D. 2010. Regional circulation around Heard and McDonald Islands and through the Fawn Trough, central Kerguelen Plateau. Deep Sea Research Part I: Oceanographic Research Papers, 57: 653-669

Van Wijk E M, Rintoul S R. 2014. Freshening drives contraction of Antarctic Bottom Water in the Australian Antarctic Basin. Geophysical Research Letters, 41: 1657-1664

Warren B A. 1971. Evidence for a Deep Western Boundary Current in the South Indian Ocean. Nature Physical Science, 229: 18-19

Warren B A. 1978. Bottom water transport through the Southwest Indian Ridge. Deep Sea Research, 25: 315-321

Watkins N D, Kennett J P. 1971. Antarctic Bottom Water: Major Change in Velocity during the Late Cenozoic between Australia and Antarctica. Science, 173: 813-818

Whitworth III T, Orsi A H, Kim S-J, Nowlin Jr. W D, Locarnini R A. 1985. Water Masses and Mixing Near the Antarctic Slope Front. *In*: Jacobs S S, Weiss R F(eds). Ocean, Ice, and Atmosphere: Interactions at the Antarctic Continental Margin1-27

Whitworth T, Nowlin W D, Pillsbury R D, Moore M I, Weiss R F. 1991. Observations of the Antarctic Circumpolar Current and deep boundary current in the southwest Atlantic. Journal of Geophysical Research, 96: 15105

Williams G D, Bindoff N L, Marsland S J, Rintoul S R. 2008. Formation and export of dense shelf water from the Adélie Depression, East Antarctica. Journal of Geophysical Research: Oceans, 113

Williams G D, Aoki S, Jacobs S S, Rintoul S R, Tamura T, Bindoff N L. 2010. Antarctic Bottom Water from the Adélie and George V Land coast, East Antarctica (140–149°E). Journal of Geophysical Research: Oceans, 115: C04027

Williams G D, Herraiz-Borreguero L, Roquet F, Tamura T, Ohshima K I, Fukamachi Y, Fraser A D, Gao L, Chen H, McMahon C R, Harcourt R, Hindell M. 2016. The suppression of Antarctic bottom water formation by melting ice shelves in Prydz Bay. Nature Communications, 7: 12577

Wong A P S, Bindoff N L, Forbes A. 1985. Ocean-Ice Shelf Interaction and Possible Bottom Water Formation in Prydz Bay, Antarctica. In: Ocean, Ice, and Atmosphere: Interactions at the Antarctic Continental Margin173-187

Wright W R. 1970. Northward transport of antarctic bottom water in the western Atlantic Ocean. Deep Sea Research and Oceanographic Abstracts, 17: 367-371

Yabuki T, Suga T, Hanawa K, Matsuoka K, Kiwada H, Watanabe T. 2006. Possible source of the antarctic bottom water in the Prydz Bay Region. Journal of Oceanography, 62: 649-655

Yi L, Medina-Elizalde M, Tan L, Kemp D B, Li Y, Kletetschka G, Xie Q, Yao H, He H, Deng C, Ogg J G. 2023. Plio-Pleistocene deep-sea ventilation in the eastern Pacific and potential linkages with Northern

Hemisphere glaciation. Science Advances, 9: eadd1467

Zenk W, Hogg N. 1996. Warming trend in Antarctic Bottom Water flowing into the Brazil Basin. Deep Sea Research Part I: Oceanographic Research Papers, 43: 1461-1473

Zenk W, Morozov E. 2007. Decadal warming of the coldest Antarctic Bottom Water flow through the Vema Channel. Geophysical Research Letters, 34: L14607

制约国际塑料污染防治协定达成的几个关键问题

龙邹霞[1,2,3*]，潘钟[2]，饶小平[1,3]，李伟文[2]，李云海[2]，陈坚[2]

1 华侨大学先进碳转化技术研究院，厦门，361021
2 自然资源部第三海洋研究所，厦门，361005
3 生物质低碳转化福建省高校重点实验室，厦门，361021
*通讯作者，E-mail：zouxialong@hqu.edu.cn

摘要 塑料污染无国界，但解决塑料污染的责任则常受国家边界所限制，并因各国国情不同而存在显著国别差异。在有限的谈判时间内达成具有国际法律约束力的塑料污染防治协定（以下简称塑料协定）需要充分考虑责任的国别差异。然而，当前我们不仅对全球塑料污染史的国别差异知之甚少，而且对现有塑料污染防治政策的效率，以及政策与塑料污染之间的共同演化规律和机制的认识都还十分缺乏。基于已有研究，我们综合形成了自 1965 年至 2021 年的 11440 个全球塑料污染监测数据和 729 个全球、区域和国家等三个层面的防治政策数据集，并在此基础上，分别从全球塑料污染史的国别差异、历史政策效力评估、兼顾效率和公平以及充分发挥科技支撑作用等四个维度，探讨了塑料协定谈判所亟待解决的几个科学问题，以为在有限时间里达成可执行、可核查和兼顾公平的塑料协定奠定坚实科学基础并提供潜在路径指引。希望这些初步见解也有助于未来增进防治政策与塑料污染的共演化规律的思考和理解，对提高塑料协定的效率和降低政策实施成本，促进全球范围内实现包容性经济增长和公平发展能发挥一定的借鉴和参考作用。

关键词 塑料污染防治，微塑料，优先事项，国际法律约束力

1 引言

自 20 世纪 50 年代人类社会开始大规模生产和使用塑料以来，塑料产量就以年均约 8.4%的速率在持续增长，到 2022 年产量已达到 3.91 亿吨（Plastics Europe，2022）。全球累计已生产约 90 亿吨塑料，然而却只有少部分塑料废物得到了适当的处理，而大部分（约 80%）的塑料废物则通过被焚烧、填埋场或直接排放等方式进入到自然环境中

基金项目：国家自然科学基金、华侨大学科研基金（Nos. 42176220，41976050）

作者简介：龙邹霞，高级工程师，博士，主要从事碳足迹科学、人类世微塑料地层学、海洋环境管理支撑技术等研究工作，E-mail：zouxialong@hqu.edu.cn

（Lampitt et al.，2023），使得塑料污染遍布地球的每一个角落。在地球上最高的山峰（Napper et al.，2020）、极地（Bergmann et al.，2022）、深海（Chen，2022）以及最偏远和最原始的大洋（Pinheiro et al.，2023）也都能发现塑料污染物的存在。初步估计每年与塑料污染有关的社会和环境成本在3000亿～6000亿美元之间（UNEP，2023），另有估计每年超过1.5万亿美元（Landrigan et al.，2023）。

按照现有生产和消费速度，预计到2060年塑料产量将达到13.21亿吨（OECD，2022），如果不采取有效措施扼制塑料污染，我们生活的蓝色地球将不可避免的变成“塑料星球”（Center for International Environmental Law，2019；Hamilton and Feit，2019）。塑料污染（包括海洋塑料污染）问题已成为仅次于气候变化的全球第二大环境焦点问题，给全球可持续发展带来极大挑战，已引起国际社会广泛关注（Borrelle et al.，2017；龙邹霞 等，2017），迫切需要世界各国团结一致，从全球、区域和国家等不同层面上，共同努力加快解决（Long，2023）。

达成具有国际法律约束力的塑料污染防治协定（以下简称塑料协定）被认为是从全球尺度治理塑料污染最有力的政策工具。2022年3月2日，第五届联合国环境大会通过了决议，计划2024年底前最终达成一项具有国际法律约束力的塑料协定，这将是继《巴黎协定》后最重要的国际多边环境决议，对彻底解决全球塑料污染危机至关重要。截至2023年9月，已召开两次联合国政府间谈判委员会会议，各国代表、政府间组织、非政府组织成员、跨行业联盟和科学界就塑料协定的目标、核心义务和实施措施进行了深入的讨论。已形成塑料协定的零文本草案供各国政府代表讨论，以便促进和支持政府间谈判委员会更好的商讨协定的条款。

然而，要在短时间内达成这一塑料协定的难点就在于各国责任如何分担。其背后的关键科学问题却是我们对各国的塑料污染历史贡献仍然不十分了解。一个发展中国家和一个发达国家的历史塑料污染累计贡献和人均排放情况存在巨大差别，例如，中国虽是全球最大的塑料生产国和消费国，但中国的人均消费量和塑料废物产生量都远低于世界发达国家平均水平，且生产的很大部分塑料产品都通过贸易被世界其他国家所消费。基于现有塑料生产和废物排放量、而不考虑塑料污染的历史贡献、塑料产品和塑料废物全球流动等关键问题的谈判显然与污染者付费、共同但有区别的责任等国际环境污染治理和合作的普遍原则不相符，就难以短时间内形成共识，达成塑料协定。

另外，目前全球已制定了数百项包括国际、区域、国家等不同层面的与塑料污染防治相关的政策（Diana et al.，2022；Karasik et al.，2022；Virdin et al.，2020），但这些政策在多大程度上减少了塑料的污染，我们还缺乏定量科学评估和认识。这无疑又让人们对塑料协定的国际约束性、可执行性、可核查性和公平性等未来命运感到担忧。

厘清制约塑料协定谈判难点背后的几个关键问题，不仅有助于在2024年底达成塑料协定这一雄心勃勃的目标提供清晰可达的路径，而且对进一步增进对现有国际、区域和国家等不同层面的防治政策与塑料污染之间共演化机理和规律的认识和理解，支撑国家外交谈判也具有重要战略意义。

2 方法与材料

2.1 塑料监测数据集

以 LITTERBASE 数据库（https：//litterbase.awi.de/litter）为基础，筛选出从 1965 年至 2020 年的 397 篇与本研究目标相关的经过同行评议的论文，获得宏塑料（$n = 1900$）和微塑料（$n = 1797$）相关的 3667 个监测数据。通过 Web of Science 和 Google Scholar 等学术搜索引擎，筛选出 LITTERBASE 数据库未涵盖的 41 篇文章的相关数据，经过消除重复项，建立了包含 8651 个独特样本的表面水体（主要为海水）、海底和海岸微塑料数据子集。最终构建形成涵盖 1965～2021 年的 11440 个样本的全球塑料监测数据集，为目前已知的时间跨度最长、覆盖面最广的塑料监测数据集。

2.2 塑料污染防治政策数据集

按照一般的废物管理政策和特定的塑料污染防治政策（以下简称“一般政策”和“塑料政策”）（Diana et al.，2022；Virdin et al.，2020）对塑料政策清单（https://nicholasinstitute.duke.edu/plastics-policy-inventory）进行分类整理，共提取自 2000 年以来的 649 项政策目录和文本（379 项塑料政策和 270 项一般政策）。为了探明塑料污染防治政策的历史演变，将 2000 年之前的国际塑料污染防治政策纳入了数据集（UNEP，2017）。此外，鉴于中国在塑料废物产生和防控方面的重要作用，以及原清单中缺乏非英语相关的政策，本文还补充收集来自中国的塑料污染防治政策（Yu and Cui，2021；Zhang et al.，2022）。经过消除重复项，形成了涵盖 729 项塑料污染防治政策的数据集，其中包括 80 项新增条目（约占总数的 12.3%）。按照世界银行的地理和收入水平分类，进一步对各国的塑料污染防治政策进行分类分析（The World Bank，2023）。

3 结果与讨论

3.1 塑料污染史的国别差异

由于长周期监测数据的匮乏，塑料污染的全球时空格局仍然未得到充分认识。自塑料问世以来，塑料污染物就持续不断的进入环境。20 世纪 50 年代，由饮料和包装公司资助的零星清理和回收举措开始出现（Kane and Clare，2019；Villarrubia-Gómez et al.，2022），直到 20 世纪 70 年代，当塑料废物对海洋生物构成重大威胁时，塑料污染问题才逐渐被认识，世界各国政府相继达成了伦敦公约和 MARPOL 公约等国际政策法规，以防止和减少塑料污染（Ryan，2015）。一份时间跨度为 1965～2021 年的 11440 个样本数据集显示，已有监测调查区域主要集中在北纬 20°至 45°之间，只有海岸线上宏塑料调查站点分布较为广泛[图 1（a）～（f）、（j）]。对于热带、非洲周边和极地地区的塑料污染了解仍然十分稀少（Tekman et al.，2023）。在时间分布方面，自 1965 年、1986 年和 1991 年以来，水表面、海底和沙滩中的宏塑料丰度分别增加了 1.28、2.45 和 1.04

个数量级[图 1（g）、1（h）和 1（i）中的蓝线]。相比之下，自 1972 年以来，表层水体中的微塑料丰度增加了 2.68 个数量级[图 1（g）中的绿线]，但在沉积物和沙滩中却呈下降趋势[图 1（h）和 1（i）中的绿线]，在不考虑数据收集完整性的影响下，这一初步结果显然与我们当前的认识相矛盾，无疑需要进一步的深入研究和基于科学的合理解释。

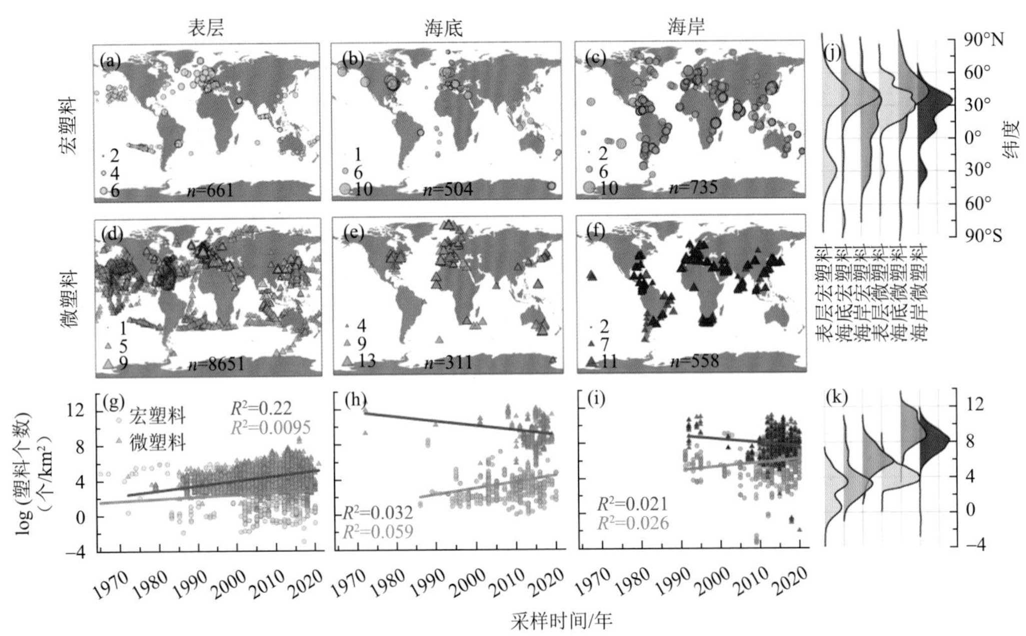

图 1　全球水体宏塑料和微塑料时空分布。（a）～（f）：宏塑料和微塑料在水表面、海底和海岸上的空间分布；（g）～（i）宏塑料和微塑料在水表面、海底和海岸上的时间演变；（j）宏塑料和微塑料的纬度分布图；（k）宏塑料和微塑料的核密度估计图

虽然有不少研究对全球塑料污染的总体状况（Geyer et al.，2017）或短时间尺度内的塑料污染管理和排放作了研究和分析（Jambeck et al.，2015；Kaza et al.，2018），但我们仍不十分清楚世界各国的塑料污染历史变化和地域差异，更不了解一个欠发达国家和一个发达国家塑料污染累计和人均排放情况有什么差别。然而，查明这些信息又十分重要，因为塑料协定无论采取自上而下还是自下而上的制度框架设计（GRID-Arendal，2022），都涉及到塑料污染治理责任如何分担这一核心问题。只有建立在对这一科学问题深刻认识和了解的基础之上，才可能达成具有可执行性、可核查性和公平性的塑料协定。

为了解决这一问题，在长周期野外观测数据缺乏的现实情况下，迫切需要基于现有的野外观测数据，模拟和量化历史上塑料污染的空间变化。全面了解塑料污染物的时空分布对于有限时间内的谈判和协定的达成至关重要，因为只有了解了每个国家塑料污染的历史以及塑料污染防治现状基础上，才能建立一个类似于气候公约的框架，充分考虑和尊重每个国家的国情，既包括强制减排方法，也包括自愿减排方法。塑料污染物的产生主要受到各地区经济发展的影响，而人口增长的影响则相对有限（OECD，2022）。虽然高人口密度地区通常会产生更多的塑料污染物，但这并不一定意味着更多的塑料污染物被丢弃在环境中。例如，相对建立良好的固体废物收集系统的城市中心区域通常比该地区内的其他街区更干净，而塑料污染在人口较少的农村或近城区通常更严重。基于人口分布的现有模型可以较准确预测塑料污染物的产生量，但它们不能很好评估塑料污染物的空间分布，因为它们未考虑人为收集和运输塑料污染物的影响。

3.2 塑料污染防治政策效率评估

据不完全统计，目前在全球、区域和国家层面内已经实施了 700 多项政策[图 2（a）]（Diana et al.，2022；Karasik et al.，2022；UNEP，2017；Virdin et al.，2020；Yu and Cui，2021；Zhang et al.，2022），但对于政策执行效果的定量评估仍然缺乏"全球盘点"（UNEP，2017），由此可能制约和影响塑料协定最终目标的可达性（Jian and Martin，2022）。截至目前，已有 154 个国家在不同时期发布了各自的塑料防治政策[图 2（b）和 2（c）]，高收入国家和低收入国家分别占总数的 41%和 6%[图 2（d）]。不成比例的野外调查[图 1（a）～（f）和 1（j）]和国家政策[图 2（b）和 2（c）]可能妨碍了对全球政策实施效率的评估。

塑料污染物在环境中的累积不仅受塑料生产、消费和自然环境的影响，更受与塑料相关的调控措施影响（Long et al.，2022）。各类政策的执行不仅可能减少塑料污染物的数量，也会改变塑料污染物的时空分布（Brooks et al.，2018）、成分组成以及赋存方式等。然而我们对已有政策执行效果的研究远不及对假设政策情景下，预测未来塑料污染的研究做得更多。关于不同尺度、不同类型的已有政策对局地或全球塑料污染综合累计影响更是不得而知。制定具有全球约束力的塑料协定，有必要对不同尺度和种类繁多的历史政策的效率做出科学的定量评估，但这一评估目前还面临着监测数据缺乏、理论模型构建精度不高等诸多巨大挑战。历史是认识未来的镜子和钥匙，通过对已有政策影响下塑料污染史的变化规律认识，可以更好地帮助我们预测在塑料协定实施情景下的塑料污染发展趋势，从而更具前瞻性地对政策制定做出更科学的规划。探明在当前政策下塑料污染的历史模式，也能更好地了解和认识政策与塑料污染之间的共同演化规律，帮助塑料协定更好地与已有环境政策的衔接和协调，解决全球塑料污染治理的碎片化问题（李雪威和李鹏羽，2022），使其变得效率更高、执行成本更低。

3.3 兼顾效率和公平

为确保塑料协定成功达成并得到有效实施，有必要综合考虑其效率和公平的问题。尤其对较不发达国家来说，其自身经济和社会发展所需的治理能力、技术手段和财务资金等方面都面临较大挑战，更不用说开展与塑料污染监测和治理的相关工作了。鉴于目前塑料在社会经济发展中的重要作用（OECD，2022），塑料协定有必要考虑塑料污染控制与社会经济进步之间的平衡，共同但有区别的责任应在塑料协定中充分体现，这样才能保障广大发展中国家的发展权益和他们的参与意愿。虽然塑料协定的实施将促使新技术和与塑料循环经济相关标准的发展，创造就业机会（Editorials，2023b），然而，据不完全估计，现有应对塑料污染的新兴技术约 92%都掌握在发达国家手里（Schmaltz et al.，2020）。发达国家必须增加对发展中国家的技术和经济援助，以提高其塑料废物管控能力，推动实现联合国 2030 年可持续发展议程中确定的包容性经济增长和公平发展。

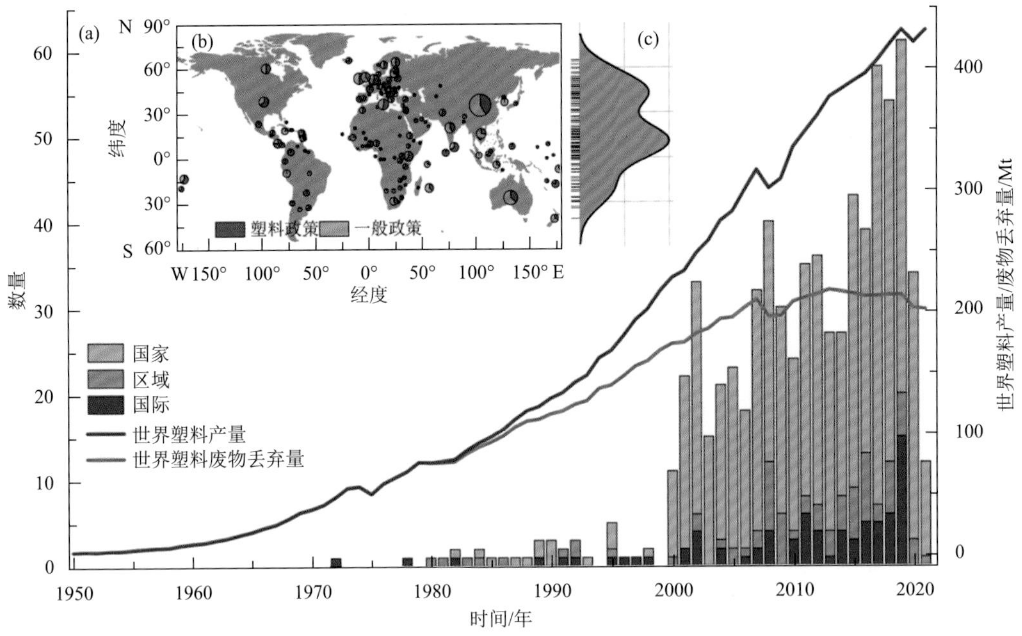

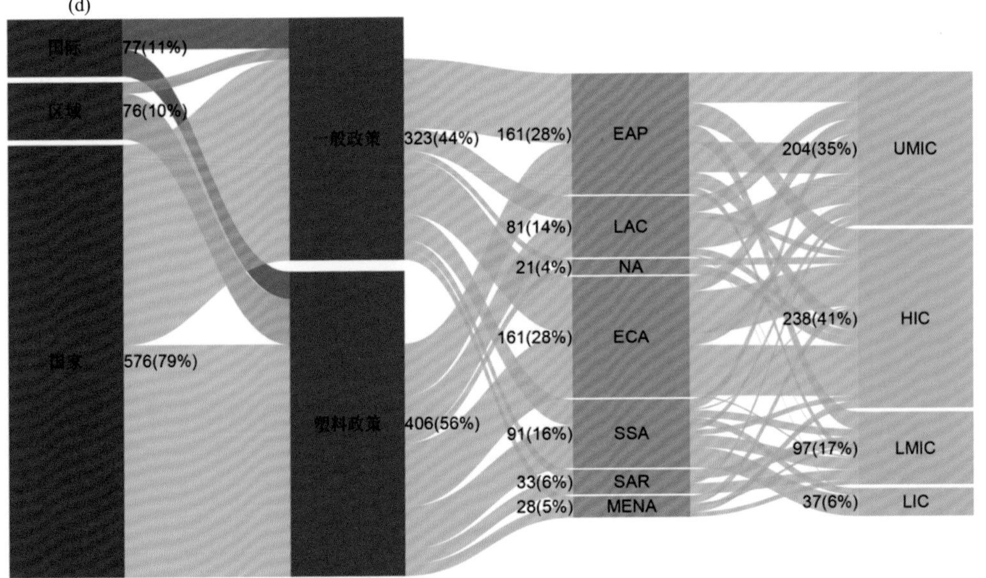

图 2 全球塑料污染防治政策分析。（a）：全球塑料政策的时间演变，塑料生产和废弃物排放（Geyer et al.，2017；OECD，2022），Mt =百万公吨；（b）和（c）：国家塑料政策的地理和纬度分布；（d）：全球塑料政策桑基图。区域和收入水平根据世界银行相关标准进行分类：EAP =东亚和太平洋地区；LAC =拉丁美洲和加勒比地区；NA =北美；ECA =欧洲和中亚；SSA =撒哈拉以南非洲；SAR =南亚；MENA =中东和北非；UMIC =中上收入国家；HIC =高收入国家；LMIC =中下收入国家；LIC =低收入国家

另外，尽管塑料污染可以通过河流、海洋、大气和贸易等方式发生跨越国界的转移，但塑料污染的处置责任却不能转移。大量塑料废物通过貌似合规的国际贸易在全球流动，

而最终处理的透明度或问责制则又很少（UNEP，2017）。自 1988 年以来，高收入国家一直向低收入国家出口塑料废物，仅 2016 年，高收入国家在经济合作与发展组织内产生的 70%塑料废物出口到了低收入国家（Brooks et al.，2018）。然而，许多低收入国家由于缺乏管理进口塑料废物的能力（Wang et al.，2021），致使本不应该出现在本国的塑料污染变得愈加严重，而相应的处理责任显然应由塑料污染产生国来承担。

3.4 发挥科技的支撑作用

科技支撑必须贯穿塑料协定起草和谈判的全过程并发挥核心作用。弥补塑料污染的历史监测数据不足，量化现有政策的效率，建立高效和公平的塑料污染控制模式，都需要科学界的智慧以及广泛的参与和讨论。联合国关于塑料协定的谈判已进入关键阶段，科技界必须发挥对塑料协定谈判的支撑作用。应尽快组建一个跨学科的专家组，以便为塑料协定提供可靠的数据、强有力的证据和信息（Busch et al.，2021；Thompson et al.，2022），这包括在谈判过程中提供技术支持和审计监督、监测方法建立以及促进科学与政策之间的互动。这将为政策制定者提供科学数据，使他们能够基于证据做出决策（Busch et al.，2021）。塑料协定达成后，科学家必须深度参与国家行动计划和监测报告的监督和评估。未来，开发出可降解塑料和新的环保替代品也更加依赖科技创新的支撑和引领作用，以便最终实现零废塑料目标的光明未来。

4 结论

联合国关于塑料协定的政府间谈判正在加紧进行，然而在这一过程中鲜有来自科学界的声音。环境条约谈判通常需要 5～15 年才能完成，要想在 2024 年底前达成被广泛认可且具国际法律约束力的塑料协定并非易事，这就迫使各国必须关注解决制约塑料协定达成的核心要素（Editorials，2023a），即责任如何分担的问题，而这一核心要素背后的科学逻辑却鲜有科学家加以思考和认识。责任的分担涉及到塑料污染历史和现在的国别贡献差异，自身技术、经济、基础能力等发展水平，以及如何处理好塑料工业对社会经济发展的贡献与塑料污染控制之间的平衡等关键科学问题。同时，历史表明，我们已在全球、区域以及各国内部颁布并实施了大量与塑料污染控制有关的法律政策，但它们对减少塑料污染发挥了多大作用却不得而知。因此非常有必要对过去这些政策的效率进行回顾和评估，以便对塑料协定的逻辑框架和内容进行科学设计，实现可执行、可核查和具有广泛国际法律约束力的目标。针对科学界参与谈判的不足，我们还提出科技应在促进塑料协定谈判和后续监督执行过程中发挥核心支撑作用。相关见解和思考希望有助于为塑料协定的快速达成，为减少塑料污染对全球环境的影响提供借鉴和参考。

参考文献

李雪威，李鹏羽. 2022. 欧盟参与全球海洋塑料垃圾治理的进展及对中国启示. 太平洋学报，(002)：030
龙邹霞，余兴光，金翔龙，任建业. 2017. 海洋微塑料污染研究进展和问题. 应用海洋学学报，36(4)：

586-596

Bergmann, M., Collard, F., Fabres, J., Gabrielsen, G. W., Provencher, J. F., Rochman, C. M., van Sebille, E. and Tekman, M. B. 2022. Plastic pollution in the Arctic. Nature Reviews Earth & Environment, 3: 323-337

Borrelle, S. B., Rochman, C. M., Liboiron, M., Bond, A. L., Lusher, A., Bradshaw, H. and Provencher, J. F. 2017. Opinion: Why we need an international agreement on marine plastic pollution. Proceedings of the National Academy of Sciences, 114(38): 9994-9997

Brooks, A. L., Wang, S. and Jambeck, J. R. 2018. The Chinese import ban and its impact on global plastic waste trade. Science Advances, 72: 219-230

Busch, P. -O., Schulte, M. L. and Simon, N. 2021. Strengthen the global science and knowledge base to reduce marine plastic pollution. Nordic Council of Ministers.

Center for International Environmental Law. 2019. Plastic and Health The Hidden Costs of a Plastic Planet.

Chen, H. W., Sumin; Guo, Huige; Huo, Yunlong; Lin, Hui; Zhang, Yuanbiao. 2022. The abundance, characteristics and diversity of microplastics in the South China Sea: Observation around three remote islands. Front. Environ. Frontiers of Evironmental Science & Engineering , 16(1): 9

Diana, Z., Vegh, T., Karasik, R., Bering, J., D. Llano Caldas, J., Pickle, A., Rittschof, D., Lau, W. and Virdin, J. 2022. The evolving global plastics policy landscape: An inventory and effectiveness review. Environmental Science & Policy, 134: 34-45

Editorials. 2023a. Plastic waste is everywhere — and countries must be held accountable. Nature, 619: 222

Editorials. 2023b. Solutions for plastic pollution. Nature Geoscience, 16(8): 655-655

Geyer, R., Jambeck, J. R. and Law, K. L. 2017. Production, use, and fate of all plastics ever made. Science Advances, 3(7): e1700782

GRID-Arendal. 2022. Crafting an effective treaty on plastic pollution Emerging fault lines in the intergovernmental negotiations.

Hamilton, L. A. and Feit, S. 2019. Plastic & climate: The hidden costs of a plastic planet.

Jambeck, J. R., Geyer, R., Wilcox, C., Siegler, T. R., Perryman, M., Andrady, A., Narayan, R. and Law, K. L. 2015. Plastic waste inputs from land into the ocean. Science, 347(6223): 768-771

Jian, X. and Martin, J. 2022. Plastic Waste Management in Rwanda : An Ex-post Policy Analysis. Washington, DC: The World Bank.

Kane, I. A. and Clare, M. A. 2019. Dispersion, accumulation, and the ultimate fate of microplastics in deep-marine environments: A review and future directions. Frontiers in Earth Science, 7(80): 00080

Karasik, R., Bering, J., Griffin, M., Diana, Z., Laspada, C. and Schachter, J. 2022. Annual Trends in Plastic Policy: A Brief. Durham, NC: Duke University. 22-01

Kaza, S., Yao, L. C., Bhada-Tata, P. and Van Woerden, F. 2018. What a Waste 2. 0 : A Global Snapshot of Solid Waste Management to 2050. Urban Development. Washington, DC: World Bank.

Lampitt, R. S., Fletcher, S., Cole, M., Kloker, A., Krause, S., O'Hara, F., Ryde, P., Saha, M., Voronkova, A. and Whyle, A. 2023. Stakeholder alliances are essential to reduce the scourge of plastic pollution. Nature Communications, 14(1): 2849

Landrigan, P. J., Raps, H., Cropper, M., Bald, C., Brunner, M., Canonizado, E. M., Charles, D., Chiles, T. C., Donohue, M. J., Enck, J., Fenichel, P., Fleming, L. E., Ferrier-Pages, C., Fordham, R., Gozt, A., Griffin, C., Hahn, M. E., Haryanto, B., Hixson, R., Ianelli, H., James, B. D., Kumar, P., Laborde, A., Law, K. L., Martin, K., Mu, J., Mulders, Y., Mustapha, A., Niu, J., Pahl, S., Park, Y., Pedrotti, M. L., Pitt, J. A., Ruchirawat, M., Seewoo, B. J., Spring, M., Stegeman, J. J., Suk, W., Symeonides, C., Takada, H., Thompson, R. C., Vicini, A., Wang, Z., Whitman, E., Wirth, D., Wolff, M., Yousuf, A. K. and Dunlop, S. 2023. The Minderoo-Monaco Commission on Plastics and Human Health. Ann Glob Health, 89(1): 23

Long, Z. 2023. Begin ocean garbage cleanup immediately. Science, 381(6658): 612-613

Long, Z., Pan, Z., Jin, X., Zou, Q., He, J., Li, W., Waters, C. N., Turner, S. D., do Sul, J. A. I., Yu, X., Chen, J., Lin, H. and Ren, J. 2022. Anthropocene microplastic stratigraphy of Xiamen Bay, China: A history of plastic production and waste management. Water Research, 226: 119215

Napper, I. E., Davies, B. F. R., Clifford, H., Elvin, S., Koldewey, H. J., Mayewski, P. A., Miner, K. R., Potocki, M., Elmore, A. C., Gajurel, A. P. and Thompson, R. C. 2020. Reaching New Heights in Plastic Pollution— Preliminary Findings of Microplastics on Mount Everest. One Earth, 3(5): 621-630

OECD. 2022. Global Plastics Outlook: Policy Scenarios to 2060. Paris: OECD Publishing

Pinheiro, H. T., MacDonald, C., Santos, R. G., Ali, R., Bobat, A., Cresswell, B. J., Francini-Filho, R., Freitas, R., Galbraith, G. F., Musembi, P., Phelps, T. A., Quimbayo, J. P., Quiros, T. E. A. L., Shepherd, B., Stefanoudis, P. V., Talma, S., Teixeira, J. B., Woodall, L. C. and Rocha, L. A. 2023. Plastic pollution on the world's coral reefs. Nature, 619(7969): 311-316

Plastics Europe. 2022. Plastics-the Facts 2022. Brussels, Belgium: Plastics Europe AISBL.

Ryan, P. G. 2015. Marine Anthropogenic Litter. Bergmann, M., Gutow, L. and Klages, M., Heidelberg: Springer

Schmaltz, E., Melvin, E. C., Diana, Z., Gunady, E. F., Rittschof, D., Somarelli, J. A., Virdin, J. and Dunphy-Daly, M. M. 2020. Plastic pollution solutions: emerging technologies to prevent and collectmarineplastic pollution. Environment International, 144: 106067

Tekman, M. B., Gutow, L., Macario, A., Haas, A., Walter, A. and Bergmann, M. 2023. Online Portal for Marine Litter. Research, A. W. I. H. C. f. P. a. M.,

The World Bank. 2023. World Bank Country and Lending Groups. Washington, DC: The World Bank.

Thompson, R. C., Pahl, S. and Sembiring, E. 2022. Plastics treaty — research must inform action. Nature, 608(472): 1

UNEP. 2017. Combating marine plastic litter and microplastics summary for policymakers: An assessment of the effectiveness of relevant international, regional and subregional governance strategies and approaches.

UNEP. 2023. Turning off the Tap. How the world can end plastic pollution and create a circular economy

Villarrubia-Gómez, P., Carney Almroth, B. and Cornell, S. E. 2022. Re-framing plastics pollution to include social, ecological and policy perspectives. Nature Reviews Earth & Environment, 3(11): 724-725

Virdin, J., Karasik, R., Vegh, T., Pickle, A., Diana, Z., Rittschof, D., Bering, J. and Caldas, J. 2020. 20 Years of Government Responses to the Global Plastic Pollution Problem: The Plastics Policy Inventory. Durham, NC: Duke University

Wang, Z., Altenburger, R., Backhaus, T., Covaci, A., Diamond, M. L., Grimalt, J. O., Lohmann, R., Schäffer, A., Scheringer, M., Selin, H., Soehl, A. and Suzuki, N. 2021. We need a global science-policy body on chemicals and waste. Science, 371(6531): 774-776

Yu, J. and Cui, W. 2021. Evolution of marine litter governance policies in China: Review, performance and prospects. Marine Pollution Bulletin, 167: 112325

Zhang, D., Wang, Y., Peng, X., Man, J., Song, G., Yuan, J., Cui, X. and Fan, X. 2022. plastic Pollution Prevention and Control in China: Principles and Practice. Beijing: Economic Science Press

海底探测技术与方法

中国周边海域海底地理实体命名研究进展

赵荻能[1]，吴自银[1*]，周洁琼[1]，王明伟[1]，尚继宏[1]

1 自然资源部第二海洋研究所，自然资源部海底科学重点实验室，杭州 310000
*通讯作者，E-mail：zywu@vip.163.com

摘要　海底地理实体命名指的是将海底划分为可测量、可划分边界的地貌单元，即海底地理实体，并赋予其标准名称的行为。海底地名命名是国家领土主权的标志，事关国家安全和重大海洋权益。近 20 多年来，在 480 万 km^2 的中国周边海域，我国学者已经开展了大量海底命名工作。本文论述了海底地理实体命名的国内外研究进展，并结合海底地貌学开展了海底地理实体的分类体系研究，最后对中国周边海域海底地理实体命名现状作了一些介绍，得到的主要结论如下：①西方沿海发达国家在海底地名命名工作方面起步较早，我国虽起步较晚，但发展迅速，已在基础理论、技术方法、标准规范和系统建设等方面做了大量工作；②结合海底地貌学研究，我们按照形态、规模和主从关系，先宏观后微观、先群体后个体，将海底地理实体划分为 4 个级别共计 54 种类型；③中国周边海域目前已完成 769 项海底地理实体的命名，依据海底地理实体的分类体系，可分为一级海底地理实体命名共计 7 项，二级海底地理实体命名共计 43 项，三级和四级海底地理实体命名共计 719 项，海丘和海山占到所有已命名海底地理实体的 60%。

关键词　中国海，海底地理实体，海底地名，地理实体划定，海洋权益

0　引言

海洋覆盖面积约占地球表面积的 71%，海水覆盖之下的海底地形地貌多姿多彩，既有平缓的海底平原，也有连绵起伏的海岭、高耸的海山和深邃的海沟，其复杂程度不亚于陆地山川地貌。海底地理实体指的是将海水之下的海底划分为可测量、可划分边界的地貌单元；将这些地貌单元按照一定的命名标准和规范赋予其标准名称的行为称为海底地理实体命名，可用于航海制图、海洋科学研究、海洋管理等，其重要性不言而喻（吴自银，2022）。

国际海底地名分委会（Sub-Committee on Undersea Feature Names，SCUFN）是由国际海道测量组织（International Hydrographic Organization，IHO）和政府间海洋学委员会

基金项目：国家自然科学基金项目（No. 41830540），国家重点研发计划（No. 2022YFC2806600），上海交通大学深蓝计划（No. SL2022ZD205）

作者简介：赵荻能，副研究员，博士，主要从事海底地形地貌研究，E-mail：zhaodineng@sio.org.cn

（Intergovernmental Oceanographic Commission，IOC）联合领导下的大洋水深制图委员会的下属专业组织，成立于 1975 年，是当今海底地理实体研究与命名领域具有较高权威性和影响力的国际组织，致力于全球海底地理实体命名的指导方针、原则以及相关标准规范的研究和制定工作，审议沿海国提交的海底地理实体命名提案（IHO-IOC，2019）。经 SCUFN 审议采纳的海底地理实体名称将写入世界海底地理实体名录中，主要用于世界通用大洋制图（IHO-IOC，2023）。

国际上关于海底地理实体的命名工作，最早可追溯到 1899 年，在第七届国际地理大会（International Geographic Congress，IGC）上，由两位德国科学家提出建立海洋地理实体命名国际协议的建议（李四海等，2012）。当前，包括美国、德国、日本、韩国、法国等很多世界沿海发达国家高度重视海底地理实体命名工作，并成立了专门的海底命名委员会。中国于 2011 年 9 月在北京承办了 SCUFN 第 24 次会议，在这次会议上审议通过了我国提交的 7 个位于太平洋海域的海底地理实体命名提案，这批以《诗经》和中国美好传说中的词命名的海底地理实体，不仅打开了我国参与国际海底地理实体命名的新局面，更弘扬了中国传统文化，将中国文化符号永久镌刻在海底（陶春辉等，2012）。我国向 SCUFN 提交的位于南海、太平洋、印度洋、大西洋和南大洋的上百个海底地名提案已经获得审议通过，并收录到世界海底地理实体名录中。

中国周边海域位于亚洲大陆东缘，总海域面积约 $4.80\times10^6 km^2$，包括“四海一洋”，其中有属于内陆海的渤海、属于陆缘海的黄海、属于陆架海和边缘海的东海与南海，以及台湾以东的太平洋海域。中国周边海域不仅包含广阔的大陆架，还有地形复杂的大陆坡、深海盆和深海槽，四大海域从北向南面积越来越大，水深越来越深，地形特征也越来越复杂（吴自银和赵荻能，2021）。

准确规范的海底地理实体名称是进行科学交流的基础，但在 20 世纪 90 年代以前，受限于当时的单波束调查技术手段，我们对海底精细地形地貌特征了解的很不够，对于海底地理实体命名的研究工作开展的不多。自 20 世纪 90 年代我国大规模引进多波束测深系统以来，在中国周边海域实施了大规模的多波束海底地形地貌调查，获取了一批全新的高分辨和高精度的多波束水深数据资料，可精细地刻画海底地形地貌特征，大幅度提升了对海底地形地貌的科学认知，为我国周边海域的海底地理实体命名研究奠定了扎实的数据资料基础。

1 海底地理实体命名国内外研究进展

1.1 国际研究进展

从 19 世纪末期开始一直持续到 20 世纪中叶，海上科学调查、商业捕捞和电缆铺设等业务已经涉及海底地形，有些具有典型地形特征的地理实体已有名称。1855 年，M. F. Maury 制作的北大西洋水深图已能清楚地显示出毗邻大陆的浅台地、通往深海的陡坡、中大西洋的较浅区域以及加勒比海边缘的深海沟等地形特征，但图上只标注了“Grand Newfoundland Bank”这个海底地名（Maury，1855）。1877 年，P. Petermann 和 J.Murray 使用调查船名或人名对太平洋最深部分的地形特征进行了命名。1882 年，V. Neumayer

则使用周边陆地上的地名来命名海底地理实体。后来逐渐形成了两种海底地理实体命名方法：一是由 P Petermann 和 J Murray 等人提出的“英国命名法”，即海底凹陷特征主要采用人或船只的名字命名，海底高原或海岭等采用陆地地名；二是 V Neumaye 等人提出的“德国命名法”，使用附近陆地上的地名或水体名称为海底地理实体命名（王琦和罗婷婷，2012）。在 1899 年召开的第七次国际地理学大会上，对不同国家科学家分别编制的大西洋、太平洋和印度洋水深图进行了比较，发现同一区域的海底地形图上出现完全不同的海底地理实体的描述和命名，建立国际统一的海底地理实体类型和命名标准就显得非常必要，因此会议决定编制全球通用大洋水深图（General Bathymetric Chart of the Oceans，GEBCO）（樊妙等，2012）。

1903 年，第一版 GEBCO 正式发布出版（图 1），但受当时水深资料限制，图中标注的海底地理实体名称只有不到 100 个。随着水深测量技术的进步，在之后出版的第 2、3 版 GEBCO 水深图上，标注的海底地理实体个数明显增多。1978 年出版的第 5 版 GEBCO 水深图上，海底地理实体名称已达 1000 多个（Jacqueline et al.，2003）。

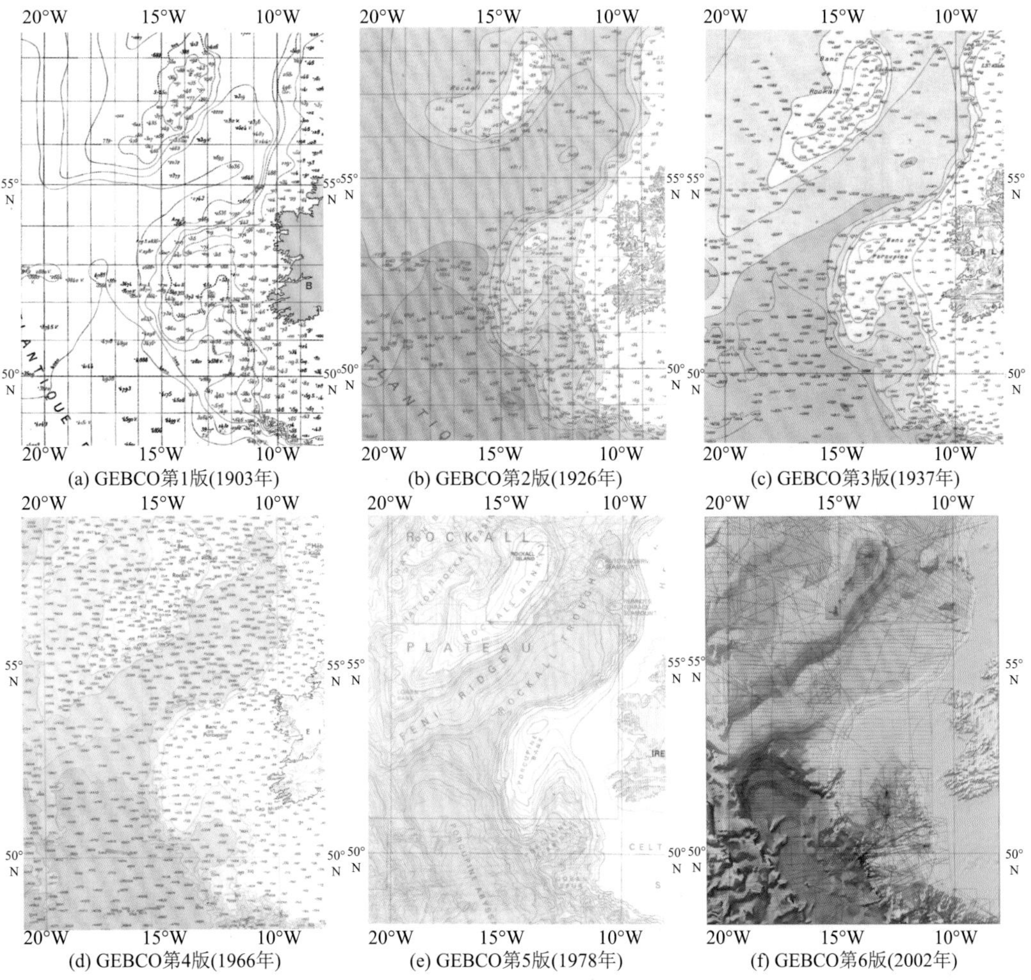

图 1　GEBCO 各个版本在爱尔兰西北侧海域的海底地形细节展示

IHO 和 IOC 成立了专门的海底地名机构，即在 1974 年 GEBCO 第 5 次大会上成立的 GEBCO 地理名称分委会（Sub-Committee on Geographic Names and Nomenclature of Ocean Bottom Features，SCGN），该分委会由资深的海洋科学家在 IHO 和 IOC 联合监督下负责海底地理实体命名工作。1975 年，SCGN 第一次会议上确定了海底地理实体定义表，它基于现有陆地已知地理实体形状、坡度、相对大小和其他物理特征的类似性定义，而不考虑其成因，这些惯例沿用至今。在这次会议上，海底地理实体名称列表的编辑工作首次被确定下来。在 1976 年 SCGN 第二次会议上推出了《海底地理实体通名列表》，明确了 40 个海底地理实体的定义，并给出了类型的详细描述和示例（IOC-IHO-GEBCO，1976）。在 1980 年的 SCGN 第 4 次会议上，公布了《海底地名命名标准》第一版，相较于 1976 年的《海底地理实体通名列表》，海底地理实体的类型总数增加至 42 个（IOC-IHO-GEBCO，1980）。

1993 年，SCGN 更名为 SCUFN（IHO-IOC，2023），进一步明确该组织将致力于全球海底地理实体界定及命名的指导方针、原则以及相关标准规范的研究和制定工作，主要关注的是全部或者主体（50%以上）位于领海以外的海底地理实体命名。2008 年的 SCUFN 第 21 次会议上公开发布了《海底地名命名标准》第四版，并以英语/法语、英语/西班牙语、英语/韩语、英语/日语和英语/俄语对照形式提供给世界各国科学家使用，该标准的中文/英语版本在 2011 年的 SCUFN 第 24 次会议审议并通过。之后该版本在历次会议中进行了陆续的修改完善，如在 2019 年的 SCUFN 第 32 次会议上修改了海脊（Ridge）的定义，并发布了 4.2.0 版本的标准，共包含 74 个海底地理实体的定义（IHO-IOC，2019）。

很多沿海国家，包括美国、德国、俄罗斯、巴西、日本、韩国、法国、葡萄牙、哥伦比亚、墨西哥、摩纳哥、印度、阿根廷、澳大利亚、越南等国，都已参与国际海底地名的命名工作。较早开展海底地名命名研究的国家主要有美国、俄罗斯、英国、德国、法国、日本，并成立了本国的海底地名机构。

美国是开展国际海底地名命名工作较早的国家。1890 年成立的美国地名委员会（U.S. Board on GeographicNames，USBGN）是世界上历史最悠久的国家级地名主管机构之一。1963 年，USBGN 正式成立了美国海底地名咨询委员会（Advisory Committee on Undersea Features，ACUF）作为 USBGN 的咨询委员会，其核心工作是为美国政府制定海底地理实体命名标准化政策，同时处理海底地理实体命名工作。20 世纪 70 年代，ACUF 就编制出版了包含 4000 多条目的《世界海底地名名录》（周定国，1997）。美国不但长期参了国际海底地名命名工作，而且对 SCUFN 的发展也做出了很大贡献。SCUFN 制定的国际海底地理实体命名标准（B-6 文件）就参考了美国海底地理实体命名的相关标准。此外，美国很早就开始关注极地的命名，制定了《南极地名命名政策》。

日本较早就开展了海底地理实体命名工作，1966 年日本水道测量局（Hydrographic Department of Japan，JHD）组织成立了由相关海洋组织机构组成的海底地名委员会（Japanese Committee on Undersea Feature Names，JCUFN）。该委员会是一个非官方的咨询机构，由日本海上保安厅、渔业局等单位组成，主要负责日本邻近海域海底地名的标准化工作。20 世纪 70 年代日本正式加入 GEBCO。JCUFN 负责日本在领海以外海底地名命名方面的主要工作，包括调查、命名、递交提案等（李四海等，2012）。

2002 年，韩国海洋水产部属下成立了海洋地名委员会（Korea Committee on Marine Geographical Names，KCMGN），主要任务是对海洋地形命名并加以管理，并于 2004 年 11 月发布了《海洋地理名称命名指南》。2005 年 11 月，海洋地名委员会完成 18 处海底地形命名，其中包括江原道前海的海底盆地和海山。2007 年完成 10 处海底地形命名，2008 年完成 8 处，2009 年 4 处，2010 年 9 处，2011 年 7 个。目前被 SCUFN 采纳的地名包括可居礁、海鸥礁、鸟颚礁、济州海底溪谷、蔚山海底水道、竹岩海底隆起、牛山海底隆起、王石礁等，其中日向礁是我国黄海的水下暗礁，1966 年、2006 年我国海军航保部出版的 1∶100 万海图上均注明为日向礁（韩国称可居礁），以及 1985 年、2002 年英国和日本分别出版的 1∶120 万，1∶350 万海图均注明为 IIhyang Ch′o，2008 年韩国将日向礁更名为可居礁（Gageo Reef），并获得审议通过，只是在备注部分加入“2006 年以前，在海图上该暗礁被称为 IIhyang Reef”进行说明，这将对今后我国与韩国的海上权益斗争产生不利影响，埋下隐患（樊妙等，2012）。

自 2005 年开始，日、韩就针对双方提交的海地地名引发外交之争，尤其是以独岛附近海域海底地名的冠名权为主，双方都坚持用本国语言为该海域海底冠名，并将命名提案提交至 SCUFN 审定（王琦和罗婷婷，2012）。2008 年日本提交到 SCUFN 的命名提案有 8 处，均位于九州附近，在日本国 12 海里领海附近。2009 年提交了 11 个海底地名命名提案，所针对的地名全部位于我国钓鱼岛以东的海域。2010 年日本又提交 11 个提案，全部位于其东南部海域，其中有 5 个提案获得 SCUFN 认可，2011 年日本提及 28 个提案，27 个审议通过（樊妙等，2012）。

1.2 国内研究进展

我国的专家和学者在 90 年代中期开始海底地形命名的研究，中国地名研究所李汝雯在介绍和分析美国地名委员会相关命名规则的基础上，对我国海底地形命名的规则做出了几点建议（李汝雯，2001）。在 2002 年，我国以观察员身份参加 SCUFN 工作会议，但多年来并未开展实质性工作。在 2011 年北京举办的 SCUFN 第 24 次会议，我国第一位专家正式成为 SCUFN 委员会 12 位委员之一，为我国争取到了该领域的话语权。同时，会上审议通过了我国提出的 7 个位于太平洋海域海底地名命名提案（陶春辉等，2011），结束了国际海底地名没有中国人命名的历史（余建斌，2011）。

在海底地理实体命名标准规范制定方面，借鉴我国陆地行政区划和地名规划、地形地貌命名体系等，在研究 SCUFN 及国内地名相关标准的基础上，我国研制系列的海底地名命名标准规范，制定了国家标准《海底地名命名》（GB 29432—2012）、《海底地名通名界定技术规程》、《海底地名通名分类体系与代码》、《海底地名命名数据处理技术规范》、《海底地名命名提案编制技术指南》、《海底地名数据库和管理信息系统建设技术规程》、《海底地名专题图编绘规程》、《海底地名专题要素表达图式图例》和中国大洋协会的《国际海底区域地理实体命名管理规定（试行）》、《国际海底区域地理实体命名指南（试行）》等，规范了我国在周边海域及深远海海底区域地理实体命名活动。

在海底地名命名的基础理论和技术方法研究方面，我国学者做了大量工作。李四海等（2012）介绍了国际海底地名分委会（SCUFN）的海底地名命名规则和标准的演化过程，分析了俄罗斯、美国等国的国际海底地理实体命名的发展趋势。樊妙等（2012）结合 SCUFN 规则和我国海洋调查当中发现的某些海底地形特征，开展了我国领海以外海底地名命名实际应用研究。李四海等（2013a）研究了海底地理实体命名工作中涉及的技术标准、数据处理、地理实体识别与分类、海底地名专题图编制，以及管理信息系统建设等关键技术。李四海等（2013b）在总结国内外已有陆地和海洋地貌分类研究成果的基础上，提出了基于地貌分类的海底地名通名分类体系。李艳雯等（2014）认为 SCUFN 分类方法对于地理实体类型的界定较多地依赖于地貌的形态特征，而忽略了地质成因、构造性质等因素，需要寻找更加科学准确的海底地理实体界定方法。黄文星和朱本铎（2014）基于地质辞典和相关标准，对海底命名规范个别具有争议的通名的术语定义进行了探讨，建议现有的海底地名命名标准和规范需作相应修正。刘丽强等（2018）制定了基于 ArcGIS、Global Mapper 和 Surfer 制图平台的海底地理实体专题图编制方案，为我国海底地名专题图编制工作提供技术参考。在国家海洋公益性行业科研专项“典型海域海底地形地貌特征及命名示范研究（2012～2016）”的支持下，来自国家信息中心、原国家海洋局第一、二、三海洋研究所的科研人员围绕海底地名命名，通过开展标准规范研究、海底地名提案研究、海底地形数据处理技术方法研究、海底地名数据库和管理信息系统建设、权益分析等工作，为海底地名命名提供信息和技术支撑服务，有效提高我国海底地名命名的技术水平，提升我国在该领域的国际影响力都具有重要的意义（李四海等，2015）。

在海底地名数据库与系统建设方面，我国学者也取得一些成果。白燕和艾松涛（2012）开发了基于 Google Map 的海洋地名可视化发布与管理的网络 GIS 平台，实现了海底地名管理和地图影像浏览等功能。邢喆等（2013）提出我国海底地名数据库建设的设计思路，并针对实际需求，讨论海底地名数据库的应用方向及其支撑信息系统的结构和功能设计。2018 年，由国家海洋信息中心牵头建设的中国海底地名网（www.ccufn.org.cn）正式投入运营，该网站可提供海底地名数据基本浏览，信息查询、下载以及数据元数据和范围的查询浏览、资料提取等功能，为国家海洋工作者及社会公众提供全面权威的海底地名数据服务，充分挖掘海底地名数据资源的潜在价值，进一步促进海洋科学持续稳步发展。

在海底地名命名与海洋权益维护方面的探讨，我国学者开展了大量工作。王琦和罗婷婷（2012）论述了海底地形命名可能引发的权益争端及其原因，并借助传统国际法理论和相关判例（日韩独岛附近海域的命名之争、英法海峡群岛案、印度尼西亚与马来西亚岛屿争端案）探究海底地形命名与主权及主权权利之间的关系。原福建省委书记陈明义（2014）认为要加快对我国管辖海域及特殊敏感海域的地名命名工作，抢占先机，并对涉我海洋权益的外国地名提案进行反制。黄文星等（2016a）研究了日本与俄罗斯帝王海山链（Emperor Seamount Chain）之争、日本与俄罗斯日本平顶海山群（Japanese Guyots）之争和日本与美国幸运星海脊（Lucky Star Ridge）之争的过程，探讨据 SCUFN 处理地名命名争端的主要依据，并提出应加快推进我国周边海域的海底命名工作。黄文星等（2016b）通过跟踪日本在其大陆架划界案相关海域的海底地理实体命名和更名的动作，认为日本将海底地名命名与大陆架划界两者结合起来，使海底命名工作服务于其海权扩张，具有极大的隐秘性。余童璐和马行知（2018）通过分析大陆架和国际海底区域不同国际法地位，探讨对二者海底地形命名采取不同程序的必要性。

2 海底地理实体的分类体系

海底地理实体的分类体系是海底地理实体命名研究的重要内容，科学的分类有助于认识庞杂纷繁的地名世界的内在规律，促进地名研究的深入发展，也是地名科学管理所必需的。

SCUFN B-6 文件《海底地名命名标准》罗列了 54 类海底地理实体类型及其定义，但其界定原则多局限于对地理实体外表形态的判别，较少考虑其地质成因和构造性质，未形成系统完整的多层次海底地理实体分类体系。海底地理实体是海底地貌学研究的重要内容之一，对海底地理实体的界定和分类不仅需要海底地貌学方面的理论指导，还需要结合其他学科共同完成。SCUFN 对海底地理实体类型的界定与分类虽与传统海底地形地貌分类成果有相似之处，但仍存在较大差异。

多层级的海底地理实体往往叠加在一起，在海底地名命名前必须对其进行分级与分类。海底地理实体分级以地貌形态与成因相结合为原则，按照地貌形态、规模大小和主从关系，先宏观后微观、先群体后个体进行分级与分类，确保海底地名命名的层次性和实用性。将海底地理实体划分为 4 个级别的分类体系（表 1）。

表 1 海底地理实体分级体系

一级海底地理实体	二级海底地理实体	三级海底地理实体	四级海底地理实体
大陆架（岛架）	陆架平原	洼地	
	陆架浅滩		
	陆架沙脊群		
大陆坡（岛坡）	斜坡	水道	海底冷泉
	海山群	海山	海底峰
	海丘群	海丘	山嘴
	平顶海山群	平顶海山	
	海岭	海谷	
	海山链	海底峡谷	
	海丘链	热液区	
	海槽	海底崖	
	深海扇	泥火山	
	海底阶地		
	海底峡谷群		

续表

一级海底地理实体	二级海底地理实体	三级海底地理实体	四级海底地理实体
大陆隆	海底峡谷群	海底峡谷	
大洋洋中脊	中央裂谷	裂谷	海底热液烟囱
	断裂带	海脊	
		海谷	
		海山	
		海丘	
		海脊	
		海底热液区	
大型海岭	海山群	海山	
	海丘群	海丘	
		海谷	
大洋盆地	海山群	海山	海底峰
	海丘群	海丘	山嘴
	平顶海山群	平顶海山	海底冷泉
	海岭	海谷	
	海山链	洼地	
	海丘链	海脊	
	断裂带	裂谷	
	深海平原	海台	
	深海盆地	海底峡谷	
		海谷	
		水道	
		海底火山	
		洼地	
海沟		海山	
		海丘	
		海渊	

（1）一级海底地理实体：依据海域的大地构造划分的大型海底理实体，包括大陆架（岛架）（Shelf）、大陆坡（岛坡）（Slope）、大陆隆（Rise）、大洋洋中脊（Mid-ocean ridge）、大型海岭（Ridge）、大洋盆地（Basin）、海沟（Trench）7 类。

（2）二级海底地理实体：依据区域大地构造和地貌形态划分的海底地理实体，包括陆架平原（Shelf plain）、陆架浅滩（Bank/Banks）、陆架沙脊群（Sand ridges）、斜坡

（Slope）、海山群（Seamounts）、海丘群（Hills）、平顶海山群（Guyots）、海岭（Ridge）、海山链（Seamount chain）、海丘链（Hill chain）、断裂带（Fracture zone）、深海平原（Abyssal plain）、深海盆地（Basin）、中央裂谷（Mid-oceanic rift）、海槽（Trough）、深海扇（Fan）、海底阶地（Terrace）17 类。

（3）三级海底地理实体：依据地貌形态划分的海底地理实体，是海底地理实体命名中数量最大的一部分，包括浅滩（Bank）、海山（Seamount）、海丘（Hill）、圆海丘（Knoll）、平顶海山（Guyot）、海台（Plateau）、海脊（Ridge）、海槛（Sill）、海渊（Deep）、裂谷（Gap）、海谷（Valley）、海底峡谷（Canyon）、水道（Channel）、洼地（Depression）、海底火山（Submarine volcano）、热液区（Hydrothermal field）、海底崖（Escarpment）、泥火山（Mud Volcano）18 类。

（4）四级海底地理实体：三级地理实体中形态独特的小型海底地理实体，或独立的小型地理实体，包括海底峰（Peak）、海底鞍部（Sea saddle）、山嘴（Spur）、海底热液烟囱（Hydrothermal chimney）、海底冷泉（Cold seep）5 类。

3 中国海海底地理实体划定与命名

3.1 我国政府历次正式公布的地名

成立于 1977 年的中国地名委员会是中国地名的国家管理机构，其职责是贯彻执行国家关于地名工作的方针政策、法令；制定全国地名管理的规定和办法以及地名标准化、译写规范化的技术法规；指导和协调各省、自治区、直辖市和国务院所属各有关部门的地名管理工作；组织地名调查，收集、整理、审定、储存、地名档案资料，提供利用；开展对外咨询，编译出版地名书刊；组织开展地名学理论研究和国际交往活动。各省、自治区、直辖市相应成立了地名委员会，负责管理本地区的地名工作。

中国海底地名命名分委员会隶属于中国地名委员会，自该分委员会成立以来，我国相关单位的科学家，依据我国地名管理法律法规和国际海底地理实体命名规则，结合中国文化特色，对中国周边海域的地理实体进行了长期、系统、深入的研究，先后形成了一批规范化的海底地理实体名称。

我国政府开展过三次较大规模的周边海域海底地理实体命名，分别是 1986 年、2020 年 4 月和 6 月，累计公布中国周边海域海底地理实体标准名称 127 项。1986 年，外交部和中国地名委员会批准原地矿部第二海洋地质调查大队（现广州海洋地质调查局）对南海 22 个海底地理实体的命名（图 2），分别是：北坡海山、尖峰海山、笔架海山（2021 年更名为笔架海丘）、西沙海槽、中沙北海岭（2021 年更名为中沙北海隆）、盆西海岭、南海中央海盆（2021 年更名为南海海盆）、双峰海山、中沙海槽、石星海山、宪北海山、宪南海山、玳瑁海山、涨中海山、珍贝海山、大珍珠海山、小珍珠海山、中南海山、长龙海山链、龙北海山、龙南海山、黄岩海山（顶部为黄岩岛，2021 年删除该命名），但这些地名仅限于科研、航海等工作中使用，不对外公开。

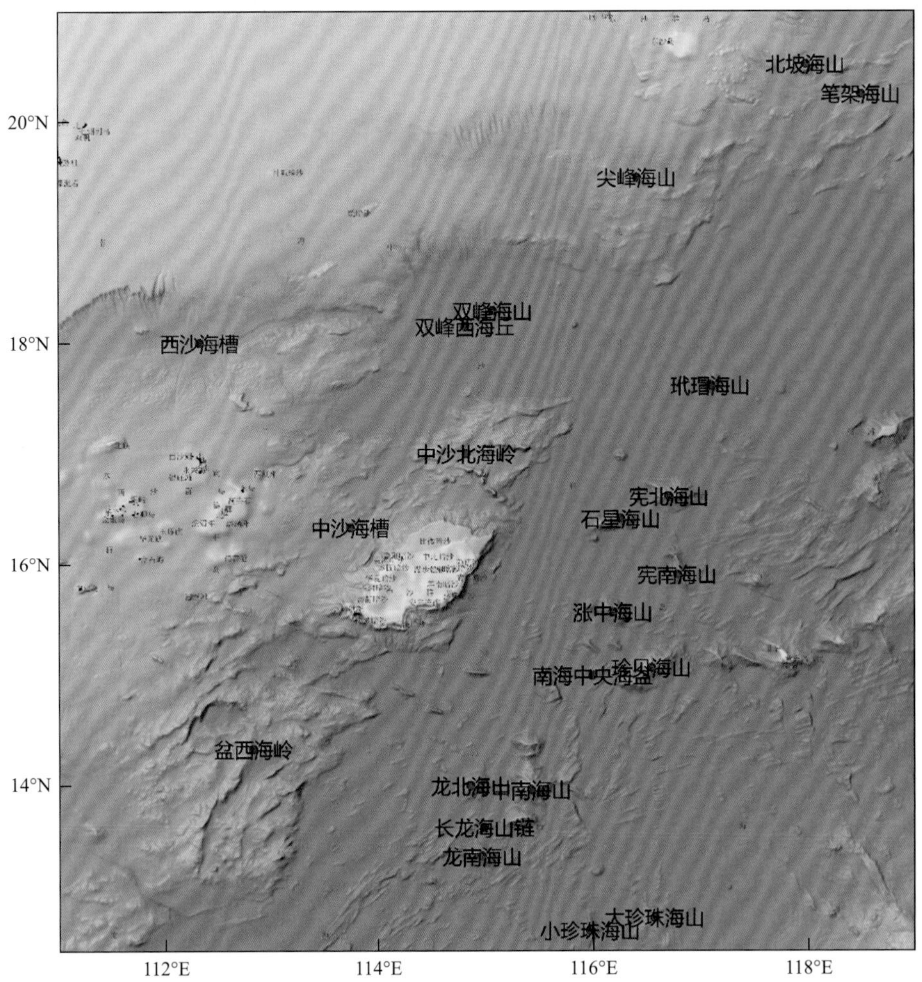

图 2　1986 年国务院、外交部和中国地名委员会批准公布的南海 22 个海底地名位置示意图

2020 年 4 月 19 日（在我国政府批准海南省三沙市设置市辖区的次日），自然资源部、民政部公布了位于我国南海的 55 项海底地名的标准名称、汉语拼音和中心点坐标信息。这些地理实体位于西沙群岛以南，南沙群岛以西，靠近越南一侧，其中金吒海丘、木吒海丘紧贴九段线，距离越南最近处大约在 100 千米（图 3），其命名工作由自然资源部第二海洋研究所和中国地质调查局广州海洋地质调查局的科研人员共同完成。这些海底地名的公布有力反击了当年 3 月底以来，越南常驻联合国代表团接连向联合国秘书长递交多份照会，一再宣称其对南海的非法主张，妄图否定中国在南海的主权和权益。

2020 年 6 月 23 日，自然资源部、民政部公布了位于我国东海部分海底地理实体的 50 项海底地名的标准名称、汉语拼音和中心点坐标信息。这些地理实体位于我国钓鱼岛及其附属岛屿附近海域以及冲绳海槽南部（图 4），其命名工作由自然资源部第二海洋研究所和国家海洋信息中心的科研人员共同完成。

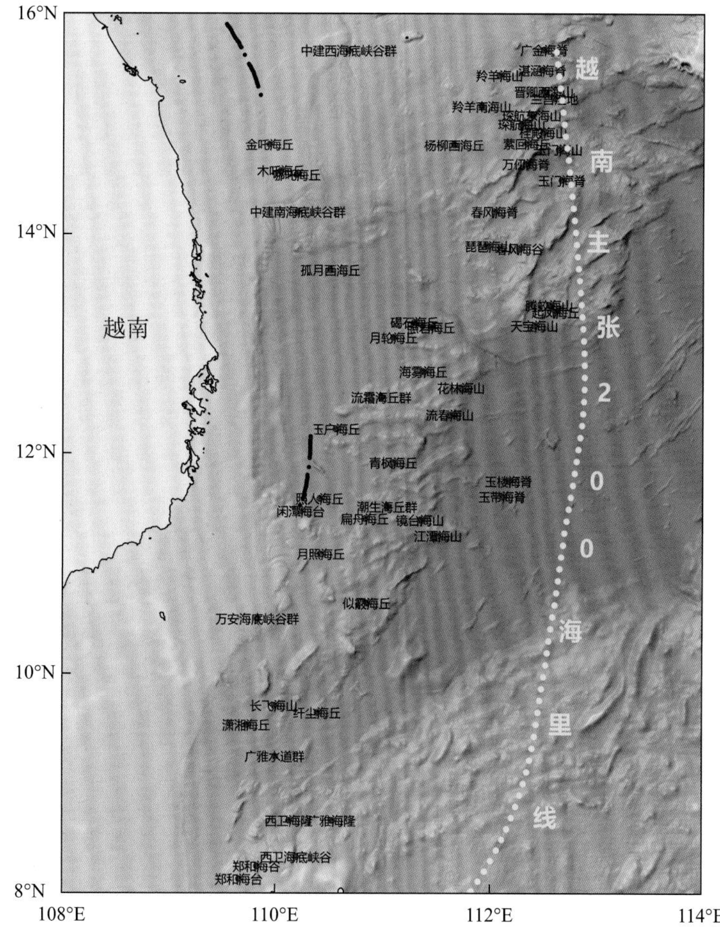

图 3　2020 年 4 月自然资源部、民政部公布南海 55 项海底地名位置示意图

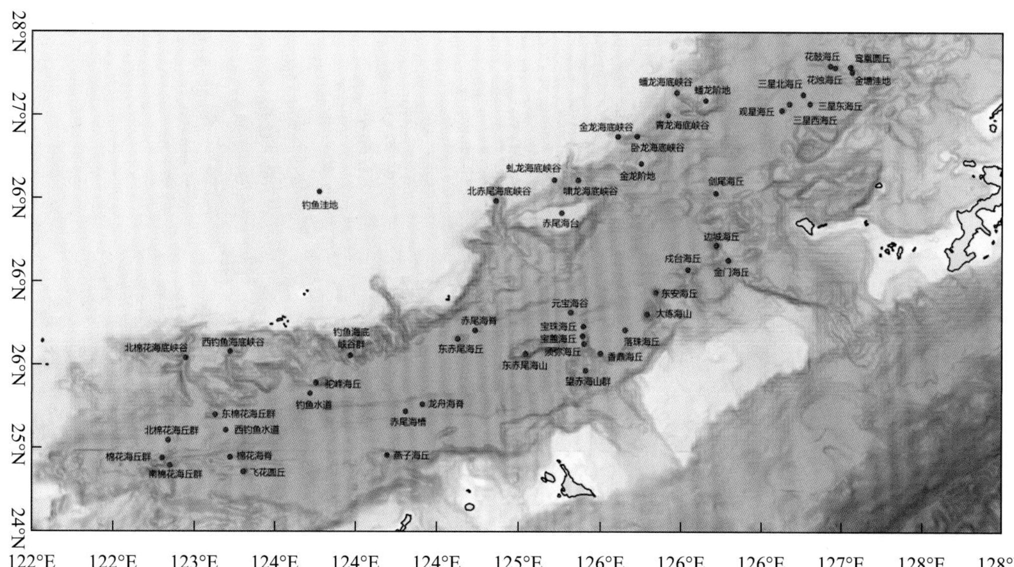

图 4　2020 年 6 月自然资源部、民政部公布东海 50 项海底地名位置示意图

3.2 中国海 769 项海底地理实体命名情况介绍

2020 年 4 月和 6 月，自然资源部先后 2 次向全社会公布位于我国周边海域海底地名共 105 项，其他还有 600 余项新命名的海底地名尚未公布。为尽快分享我国周边海底地名最新研究成果，2020 年 8 月 10 日，在自然资源部国际合作司的统一部署下，由海洋二所牵头完成中国周边海域完整的海底地名名录的编制工作（吴自银和赵荻能，2021；吴自银，2022）。

中国周边海域目前已有 769 项海底地理实体名称，其中 55 项海底地理实体名称传承自历史习惯名，约占总数的 7%。这 55 项海底地名，包括了 1986 年中国政府公布的 22 项海底地名，有像南海北部陆架、南海西部陆坡等约定俗成的地名，还有像东海陆架沙脊群、长江口外水道、棉花海底峡谷等为我国学者在相关学术文献中已经常使用的海底地名。714 项海底地理实体名称为近几年新命名的，约占总数的 93%；这些地名依据地理实体等级、所述海区等，采用系统的、富有中国文化特色的海底地名命名体系。

依据海底地理实体的分类体系，将中国周边海域 769 项海底地理实体名称划分到各自对应的地理实体级别。如表 2 所示，其中一级海底地理实体共 7 项，均分布在我国南海海域，它们分别是："南海北部陆架"、"南海北部陆坡"、"北部湾陆架"、"南海西部陆坡"、"南沙陆坡"、"南海东部岛坡"和"南海海盆"，共包含 4 类海底地貌类型。一级海底地理实体名称的专名命名体系为：①以所在的海域名称命名；②以所依靠的岛屿名称命名。

表 2 中国周边海域四级海底地理实体的个数、地理实体类型以及相应的专名命名方案

	一级实体	二级实体		三级实体		四级实体
实体个数	7	43		711		8
地貌类型	大陆架 大陆坡 岛坡 海盆	海槽 海底阶地 海底峡谷 海底峡谷群 海底斜坡 海谷 海脊	海岭 海隆 海盆 海台 海山链 海底沙脊群 海底洼地	暗沙 海槽 海底沙脊群 海底阶地 海底洼地 海底峡谷 海底峡谷群 海底斜坡 海底崖 海谷 海脊 海岬 海隆	海盆 海丘 海丘群 海丘链 海山 海山链 海山群 海台 平顶海山 浅滩 水道 水道群 圆丘	海底峰
专名命名体系	1）以所在的海域名称命名 2）以所依靠的岛屿名称命名	1）以靠近的岛屿名（结合方位）命名 2）以该海域已有的海底地名（结合方位）命名 3）以邻近陆地上规模较大的地名命名 4）以描述地理实体地貌形态的词命名	24 15 2 2	1）所邻近的岛礁名称 2）描述地理实体形态的词语 3）富有中国文化特色的纪念性名称 4）优先采用团组化命名		

中国周边海域共包含二级海底地理实体 43 项（表 2），主要分布在我国东海陆架、冲绳海槽南部、台湾以东海域、南海北部陆坡、南海西部陆坡、南沙陆坡和南海海盆（图 5）；共包含十四类海底地貌类型：海底峡谷群最多，为 11 项；海底斜坡、海槽和海盆分别为 7 项、5 项和 4 项；海隆和海山链各项 3 项；海底峡谷、海岭各 2 项；其他地貌类型的海底地理实体各 1 项（图 5）。

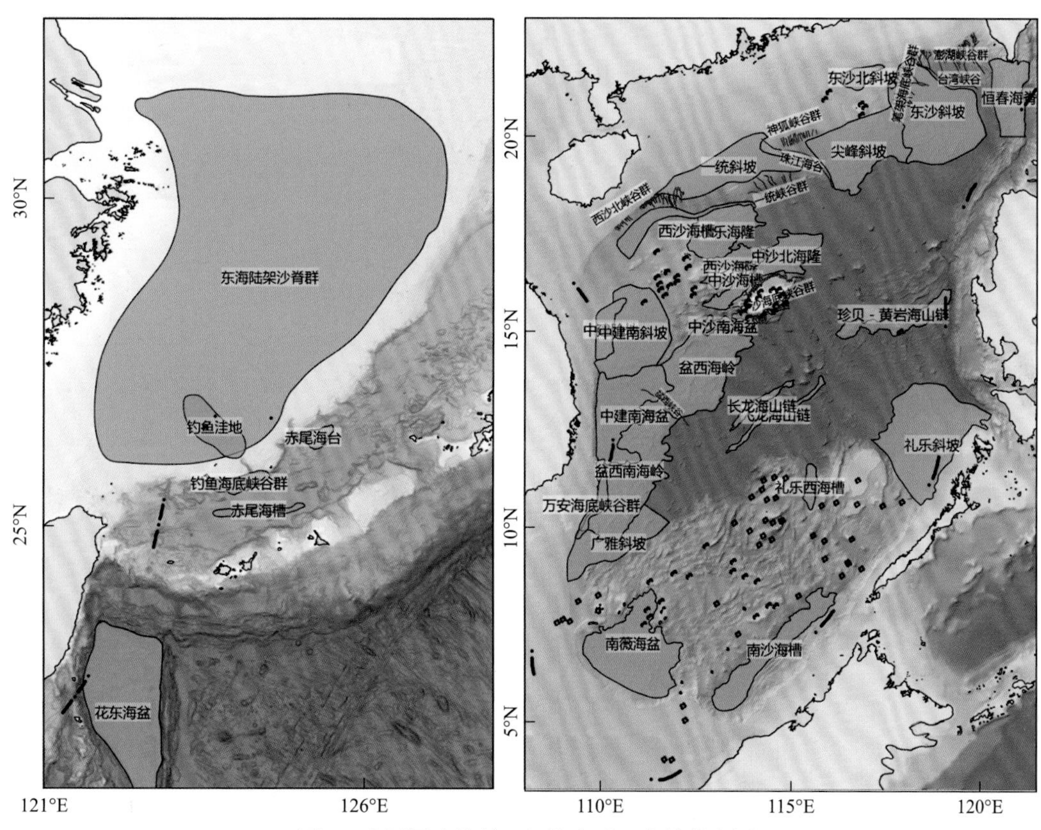

图 5　中国周边海域二级海底地理实体分布图

中国周边海域共包含三级和四级海底地理实体 719 项（表 2），共包含 27 类海底地貌类型，从图 6 可以看出，各类地貌地貌类型数据分布差异极大，其中海丘这一类地貌类型最多，为 301 项，占所有三级和四级海底地理实体的 42%；海山数量为 171 项（24%）；海脊、海底峡谷的数量也较多，分别为 72 项和 48 项；其 23 种地貌类型均在 20 项以下，其中海底沙脊群、海丘链和水道群仅为 1 项。

三级和四级海底地理实体按照所在的海区，具有各自独立且各具特色的命名体系与方案（图 7、表 3 和表 4）。我们共划分了 18 个区域，其中渤海、黄海、东海和台湾以东海域共 6 个区域，分别是①渤海、黄海和东海陆架海区，②东海陆坡海区、冲绳海槽北段海区、冲绳海槽中段海区、冲绳海槽南段海区和台湾以东海区；南海共 12 个区域，分别是①南海北部陆架和陆坡海区，②西沙群岛周边海区，③中沙北海隆周边海区，④盆西海岭海区，⑤盆西南海岭海区，⑥南沙群岛西部海区，⑦南沙群岛南部海区，

⑧南沙群岛北部海区，⑨礼乐滩周边海区，⑩南海海盆北部海区，⑪南海海盆南部海区和⑫南海海盆西部海区。

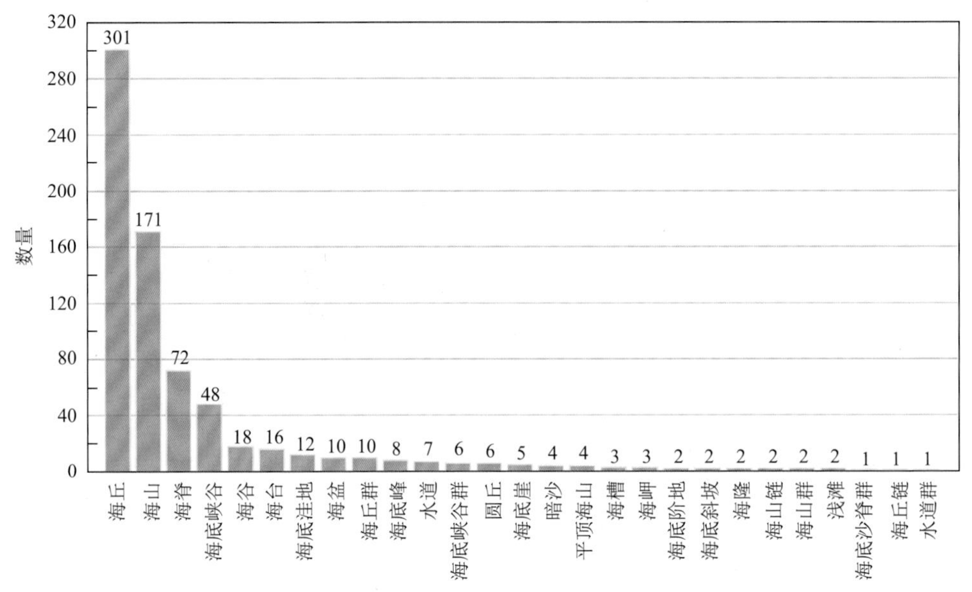

图 6 中国周边海域三级和四级海底地理实体类型统计

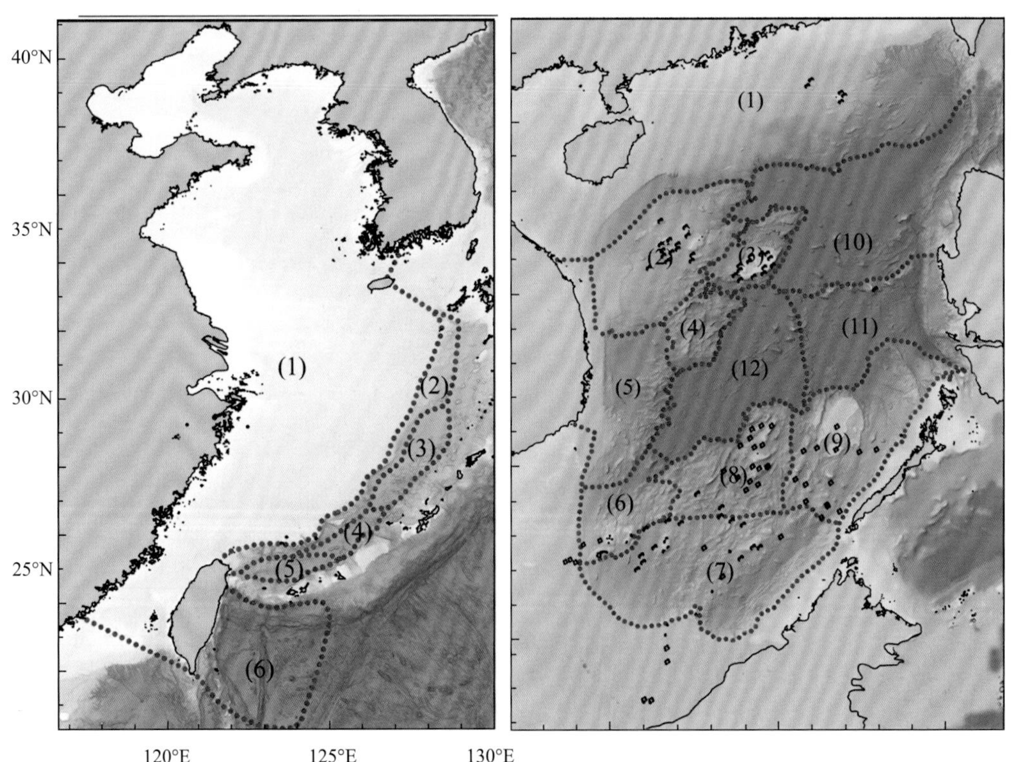

图 7 中国周边海域三级和四级海底地理实体分区，各分区名和相应命名体系见表 3 和表 4

表 3　渤海、黄海、东海和台湾以东海域三级地理海底地理实体名称专名命名体系

编号	海区名	总数量	三级海底地名的专名命名体系及个数	
1	渤海、黄海和东海陆架海区	10	1）以邻近陆地上的地名命名	7
			2）以靠近的岛屿名命名	2
			3）以寄托美好寓意的词命名	1
2	东海陆坡海区	33	1）以与“龙”相关的词团组化命名	13
			2）以舟山群岛的岛礁名（结合方位）团组化命名	13
			3）以钓鱼岛及其附属岛屿的岛礁名（结合方位）团组化命名	2
			4）以描述地理实体地貌形态的词命名	2
			5）以我国学者的惯用名命名	3
3	冲绳海槽北段海区	34	1）以舟山群岛的岛礁名（结合方位）团组化命名	29
			2）以描述地理实体地貌形态的词命名	3
			3）以该海域已有的海底地名（结合方位）命名	2
4	冲绳海槽中段海区	16	1）以描述地理实体地貌形态的词命名	10
			2）以钓鱼岛及其附属岛屿的岛礁名（结合方位）团组化命名	5
			3）以寄托美好寓意的词命名	1
5	冲绳海槽南段海区	10	1）以钓鱼岛及其附属岛屿的岛礁名（结合方位）团组化命名	3
			2）以描述地理实体地貌形态的词命名	1
			3）以该海域的鱼类命名	1
			4）以该海域已有的海底地名（结合方位）命名	5
6	台湾以东海区	28	1）以我国学者的惯用名命名	10
			2）以邻近陆地上的地名命名	1
			3）以该海域已有的海底地名（结合方位）命名	4
			4）以《山海经》中的神兽名团组化命名	13

表 4　南海海域三级和四级地理海底地理实体名称专名命名体系

编号	海区名	总数量	三级海底地名的专名命名体系及个数	
1	南海北部陆架和陆坡海区	44	1）以我国学者的惯用名命名	3
			2）以我国古代科学家的名字团组化命名	18
			3）以邻近陆地上的地名团组化命名	12
			4）以靠近的岛屿名（结合方位）团组化命名	3
			5）以该海域已有的海底地名（结合方位）命名	8
2	西沙群岛周边海区	50	1）以西沙群岛的岛礁名团组化命名	37
			2）以该海域已有的海底地名（结合方位）命名	10
			3）以《封神演义》中的神话人物团组化命名	3

续表

编号	海区名	总数量	三级海底地名的专名命名体系及个数	
3	中沙北海隆周边海区	55	1）以中沙群岛的礁滩名团组化命名	30
			2）以寄托美好寓意的词命名	4
			3）以《梦游天姥吟留别》中的词语团组化命名	13
			4）以该海域已有的海底地名（结合方位）命名	8
4	盆西海岭海区	35	1）以《凉州词》中的词语团组化命名	12
			2）以《滕王阁序》中的词语团组化命名	12
			3）以《关山月》中的词语团组化命名	7
			4）以该海域已有的海底地名（结合方位）命名	4
5	盆西南海岭海区	42	1）以《春江花月夜》中的词语团组化命名	41
			2）以该海域已有的海底地名（结合方位）命名	1
6	南沙群岛西部海区	34	1）以南沙群岛的岛礁名团组化命名	6
			2）以我国古代航海人物、船名团组化命名	16
			3）以汉字的雅称团组化命名	3
			4）以该海域已有的海底地名（结合方位）命名	9
7	南沙群岛南部海区	53	1）以南沙群岛的岛礁名团组化命名	22
			2）以我国古代航海人物、船名团组化命名	18
			3）以该海域已有的海底地名（结合方位）命名	13
8	南沙群岛北部海区	17	1）以南沙群岛的岛礁名团组化命名	10
			2）以我国古代航海人物、船名团组化命名	1
			3）以该海域已有的海底地名（结合方位）命名	6
9	礼乐滩周边海区	27	1）以南沙群岛的岛礁名团组化命名	23
			2）以我国唐宋文学家的名字团组化命名	4
10	南海海盆北部海区	62	1）以我国学者的惯用名命名	6
			2）以我国古代科学家、医学家和文人的名字团组化命名	15
			3）以海洋软体动物的名字团组化命名	8
			4）以毛泽东的诗词中的词语团组化命名	10
			5）以我国古代司法官吏名团组化命名	6
			6）以我国古代文学作品中的词语团组化命名	13
			7）以我国自主研发的深潜器团组化命名	2
			8）以该海域已有的海底地名（结合方位）命名	2
11	南海海盆南部海区	59	1）以我国学者的惯用名命名	3
			2）以我国唐宋文学家的名字团组化命名	22
			3）以海洋软体动物的名字团组化命名	9

续表

编号	海区名	总数量	三级海底地名的专名命名体系及个数	
11	南海海盆南部海区	59	4）以我国古代文学作品中的词语团组化命名	11
			5）以成语团组化命名	10
			6）以宝石、矿物团组化命名	2
			7）以该海域已有的海底地名（结合方位）命名	2
12	南海海盆西部海区	110	1）以我国学者的惯用名命名	3
			2）以该海域已有的海底地名（结合方位）命名	3
			3）以宝石、矿物团组化命名	22
			4）以与“玉”相关的词团组化命名	62
			5）以与“龙”相关的词团组化命名	20

4 结论

本文论述了海底地理实体命名的国内外研究进展，并结合海底地貌学开展了海底地理实体的分类体系研究，最后对中国周边海域海底地理实体命名现状作了一些介绍，得到的主要结论如下：

（1）西方沿海发达国家在海底地名命名工作方面起步较早，我国虽起步较晚，但发展迅速，已在基础理论、技术方法、标准规范和系统建设等方面做了大量工作；

（2）结合海底地貌学研究，我们按照形态、规模和主从关系，先宏观后微观、先群体后个体，将海底地理实体划分为 4 个级别共计 54 种类型；

（3）中国周边海域目前已完成 769 项海底地理实体的命名，依据海底地理实体的分类体系，可分为一级海底地理实体命名共计 7 项，二级海底地理实体命名共计 43 项，三级和四级海底地理实体命名共计 719 项，海丘和海山占到所有已命名海底地理实体的 60%。

参考文献

白燕, 艾松涛. 2012. 海洋地名整理及其 GIS 应用研究. 测绘与空间地理信息, 35: 47-52

陈明义. 2014. 积极参与国际海底命名—拓展海洋权益的新形式. 福建论坛: 人文社会科学版, 11: 5-7

樊妙, 陈奎英, 邢喆, 李四海, 李艳雯. 2012. 国际海底地形命名规则研究. 海洋通报, 31: 661-666

黄文星, 朱本铎. 2014. 中国现行海底地理实体通名术语存在问题辨析. 地质论评, 60: 962-970

黄文星, 朱本铎, 刘丽强, 张金鹏. 2016a. 国际海底命名争端案例研究及其启示. 地球科学进展, 31: 78-85

黄文星, 朱本铎, 刘丽强, 张金鹏. 2016b. 海底地理实体命名对大陆架划界的影响——以日本为例. 地球科学进展, 31: 810-819

李四海, 邢喆, 李艳雯, 樊妙, 刘志杰. 2012. 海底地理实体命名研究进展与发展趋势. 海洋通报. 31: 594-600

李四海, 李艳雯, 邢喆, 高金耀. 2013a. 海底地理实体命名关键技术研究. 海洋测绘, 33: 42-44

李四海, 李艳雯, 樊妙, 邢喆, 张艳杰. 2013b. 基于海底地貌分类的海底地名通名分类体系研究. 海洋通报, 32: 160-163

李四海, 邢喆, 樊妙, 李艳雯. 2015. 海底地名命名理论与技术方法. 北京: 海洋出版社. 55

李艳雯, 邢喆, 李四海, 樊妙. 2014. 基于海底地名命名的海底地理实体分类进展. 地球科学进展, 29: 756-764

李汝雯. 2001. 美国《海底地名》的"术语与定义". 中国地名, 2: 1-2

刘丽强, 朱本铎, 黄文星, 万荣胜. 2018. 海底地理实体命名专题图编制方法探讨. 海洋地质前沿, 34: 71-76

陶春辉, 丘磊, 李守军, 宋成兵, 程永寿, 杨春国, 何拥华, 周洋, 邓显明, 高金耀, 丘磊. "鸟巢"海底丘——我国第一个国际海底地形命名支撑技术研究. 中国科学: 地球科学, 2012, 42: 969-972

王琦, 罗婷婷. 2012. 海底地形命名背后的权益争端及其法律效力之辨. 海洋开发与管理, 29: 10-15

吴自银等. 2022. 中国周边海域海底地理实体图集丛书. 北京: 海洋出版社. 1

吴自银, 赵荻能. 2021. 中国周边海域海底地形与地名图. 北京: 中国地图出版社. 1

吴自银, 温珍河. 2021. 中国近海海洋地质. 北京: 科学出版社. 166

邢喆, 李艳雯, 樊妙, 李四海. 2013. 海底地名数据库建设及应用研究. 测绘通报, 10: 119-121

余童璐, 马行知. 2018. 海底地形命名的国际法分析——以 SCUFN 海底地形命名为出发点. 五邑大学学报: 社会科学版, 20: 66-74

余建斌. 2011. "鸟巢"被标太平洋底-中国 7 个海底地名提案通过. 中国地名, 11: 1-2

周定国. 1997. 漫谈海底地形名称. 海洋世界, 1: 2-8

IHO-IOC. 2019. Standardization of Undersea Feature Name, Edition 4. 2. 0(B-6). Monaco: International Hydrographic Organization. 55

IHO-IOC. 2023. Gazetteer of Geographical Names of Undersea Features(B-8) [EB/OL]. https: //www. ngdc. noaa. gov/gazetteer/, 2023-09-03

IOC-IHO-GEBCO. 1976. Second Meeting of the GEBCO Sub-Committee on Undersea Feature Names (SCUFN)

IOC-IHO-GEBCO. 1980. Fourth Meeting of the GEBCO Sub-Committee on Undersea Feature Names (SCUFN)

Maury M F. 1855. The Physical Geography of the Sea. New York: Harper & Brothers. 23

Jacquelin C, Fisher R, Harper B, Hunter P, Jones M, Keer A, Laughton A, Richie S, Scott, D, Whitmarsh M. 2003. The History of GEBCO 1903-2003 Netherland: GITC BV, 1-137

浙江大学海底观测技术研究与进展

——纪念金翔龙院士九十大寿专刊学术论文

陈鹰

浙江大学海洋学院，舟山定海浙大路 1 号，316021
通讯作者，E-mail：ychen@zju.edu.cn

摘要 论文通过介绍二十多年来，浙江大学海洋技术团队在海底观测技术领域的研究与进展，包括海洋传感器、海底原位探测、海底采样技术、海底观测网络、移动-固定联合海底观测平台、海底水下机器人等内容，以回顾我们团队在该领域的技术发展历程，同时也是我国这个技术领域发展进程中的一个总结，以此纪念金翔龙院士九十大寿。

关键词 海洋技术，海底，海洋观测，海洋观测平台，海底采样

金翔龙院士一直指导着我们海洋技术团队的研究工作开展。特别是在 2011 年～2014 年间担任浙江大学海洋研究中心主任期间，浙江大学海洋学科的发展达到了一个高光时刻。我们团队开拓海洋观测技术研究，特别是遵循金翔龙院士发展海底科学研究的指导意见，针对海底观测开展了一系列相关的理论与技术研究工作，支撑海底科学以及海洋事业发展。本文回顾汇报浙江大学海洋技术团队二十余年来在海底观测技术研究与发展历程，藉此向金翔龙院士表示由衷的敬意。

1 海底观测技术的意义和挑战

1872～1876 年间，英国人 Charles W Thomson 领导的“挑战者”号皇家海军护卫舰开展的海洋科考，拉开了现代海洋科学的序幕。150 多年前的那次科考中，人们用绳索测量马里亚纳海沟的深度，也是对海底观测的一种有益的尝试。海洋观测是海洋科学的基础，海底科学的发展也需要海底的观测。海底资源勘探、海底热液现象的发现、海洋考古和海洋军事活动，急需海洋观测技术发展。据我们估计，海底观测量应占海洋观测的 60%以上。

然而，海底观测由于发生在海底，技术难度也是最大的。随着人类认知的不断前进，海洋的观测深度不断加大，技术难度也不断增大。由于技术的限制，海底观测活动是远远满足不了海洋事业发展的需求。大多数人估计人类对海洋的认识只有 5%（梁启星，

2023），那剩下的不为所知的 95%，大多是在海底。也就是说，认识海底，是人类探索海洋的最后堡垒，也是最新的技术前沿（Last Frontier）。因此，发展海底观测技术，意义十分重大。

海洋观测技术是指利用传感器及其平台技术，对海洋环境各量在一段时间内的感知、分析。相对应的海洋探测技术的定义则是指利用传感器及平台技术，对海洋环境各量的感知、分析。观测强调在一段时间里的数据获取。（陈鹰，2019）海底观测技术也是如此，借助海洋传感器搭载海底观测平台，对海底环境各量在一段时间里的感知和分析。海底观测也分直接观测与间接观测两种。直接观测，就是利用先进的观测平台，直接对海底进行观测。譬如，潜航科学家乘坐"奋斗者"号载人潜水器开展对马里安纳海沟的直接观测。间接观测是指在海底获取各类样品，回到实验室后借助仪器获得数据进行观测。事实上，在很长的一段时间内，我们是采用间接观测手段，对海底实施观测的。譬如，为了了解海底底质情况，通常是利用各种采样设备，常见的有拖网、箱式沉积物采样器等等，采集底质样品，回到实验室进行分析从而实施对海底的观测。

随着海底深度的加大，海洋观测技术的挑战就越来越大。尤其是人类难以进入海底，因此，我们特别强调海底的"原位（in-situ）"观测。随着技术的发展，观测的"实时性"是海洋观测技术发展的另一个重要的技术指标（陈鹰，2019）。如何提升海底观测的实时性，则是海底观测技术发展的新挑战。

在国家自然科学基金、国家大洋专项、国家 863 高技术计划和国家重点研发计划等项目的支持下，浙江大学海洋技术团队从事海洋观测技术研究，尤其是海底观测技术研究二十余年，内容涵盖海洋传感器、海底原位观测技术、采样技术、海底观测网技术、无人自治式潜水器（AUV）与海底观测网络的接驳技术以及海底 AUV 技术等。下面，就这些工作的开展，做一个全面的总结，籍此向金翔龙院士作一汇报。

2 海洋传感器技术与海底原位观测

20 年前，正是海底热液现象研究在国外刚刚兴起的时候。我们团队第一次进入深海海底，是支撑美国明尼苏达大学的热液研究小组开展热液化学传感器的研究开发。与明大同行一道，我们共同研制了海底热液高温高压电化学传感器，并搭载美国的"Alvin"号载人潜水器，于 2002 年 1～2 月间在东太平洋隆起（EPR）2500m 水深处的热液口，进行了相关化学量的测量。这是在国际上第一次在热液口 350℃高温、25MPa 的高压下，原位获得了热液口的 pH 值、H_2S 等量，意义是十分重大的（陈鹰等，2019）（见图 1）。从此，在国家 863 计划项目的支持下，我们也全面开展了深海电化学传感器的研制工作，支撑国内的海洋科考工作（Chen et al.，2005）。

在这项工作的基础上，我们还开展了深海传感器原位校正技术研究，将化学传感器在海底作业的有效时间增长数倍。这是一项富有挑战性的工作，需要在传感器里设计流体控制系统，实现海底传感器探头的自校正工作。这项工作也在海底热液口进行了海试工作并取得了较好的效果（Tan et al.，2012）。

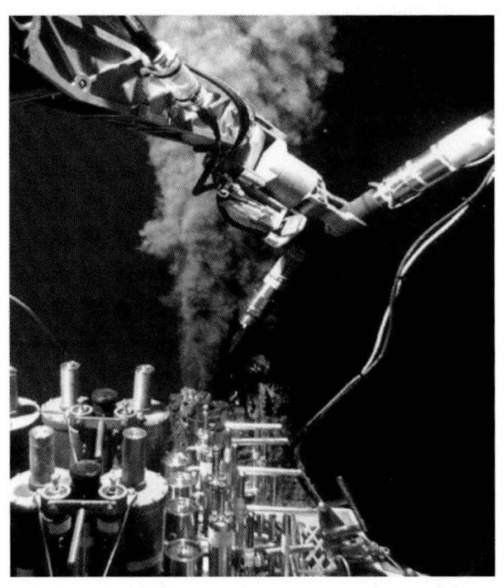

图 1　原位化学传感器在海底热液口作业

我们还开展了许多的海底原位观测方面的工作。2005 年我们利用中美载人潜水器联合航次，开展了深海“高温帽”的研制，这是一个观测热液口温度分布变化的原位观测系统。为了探究海底热液现象，我们设计了有 9 路热电偶温度传感器三层正交布置的高温帽系统，在载人潜水器作业时放置在一热液口顶上（布放前先将热液口铲平），待 1～2 天后热液硫化物包裹整个高温帽使之成为热液口“烟囱”的一部分。在海底放置了 15 天后取回，从而完整地获得了 15 天里热液口内的温度分布变化曲线，从而为科学家深入研究热液现象提供了重要的原始数据依据（Wu et al.，2007）（见图 2）。图 2（a）表示了高温帽的结构组成，它由温度传感器布设舱、中继单元和数据采集电路舱三部分组成。而从图 2（b）中可以看到有 7 路温度传感器获得 15 天的数据，有 2 路温度传感器发生了故障。图 2（c）所示高温帽于 2005 年在东北太平洋 Juan De Fuca 海底热液地区作业中。

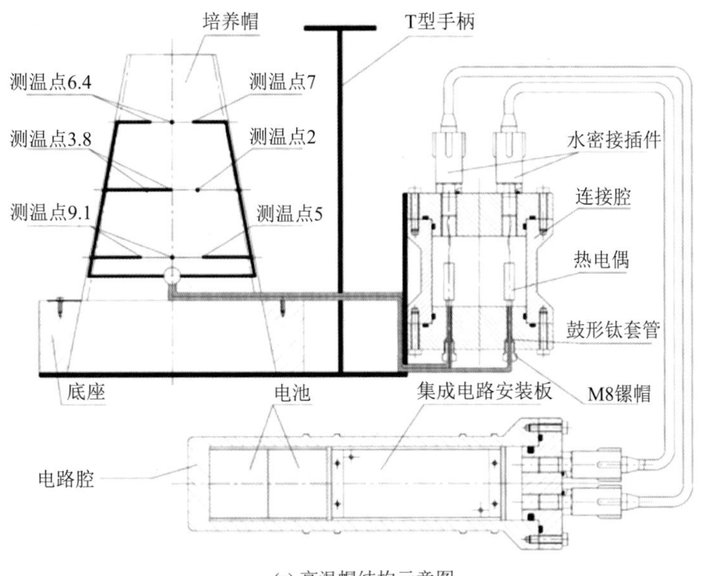

(a) 高温帽结构示意图

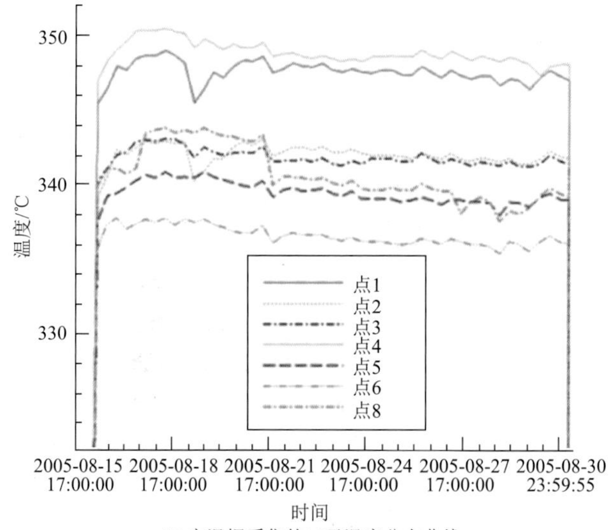

(b) 高温帽采集的15天温度分布曲线

(c) 高温帽在海底热液地区作业中

图 2 "高温帽"热液原位温度观测

3 海底采样技术

如前文所述，海底采样技术是海底间接观测的重要手段。为了支撑海底热液现象科学研究和海洋资源勘探，我们团队开展了一系列采样技术的研究与采样器的研制开发。海底采样技术主要有二个关键技术，一是要解决获得样品的保压性、保气性（gas tight）甚至保真性；另一个重要的技术关键是采样的自动化以及自动采样的可靠性。

在海底热液现象研究领域，我们开发了热液采样器，在国外称之为 CGT（Chinese Gas-tight sampler）（Wu et al.，2011）。该热液采样器通过 DSV（载人潜水器）或 ROV（无人有缆遥控潜水器）操作，在热液口获取热液样品，以支撑科学家对海底热液现象的研究工作。

从图 3（a）中可以看到热液采样器由驱动器、采样阀、采样腔和蓄能器腔四大部分组成。这是一个电驱动采样器，由测量温度来判断合适的采样时间和地点，电动机构操纵采样阀开启实施采样。热液样品通过事先处理过的采集管道流入采样腔储放，并由蓄能器腔实施保压功能，以采得保压的热液样品。这个采样器多次为美国“Alvin”载人潜水器、我国“蛟龙“号载人深潜器等在太平洋和印度洋的洋中脊使用，也曾由美国的“Jason”号 ROV 在大西洋的洋中脊使用。

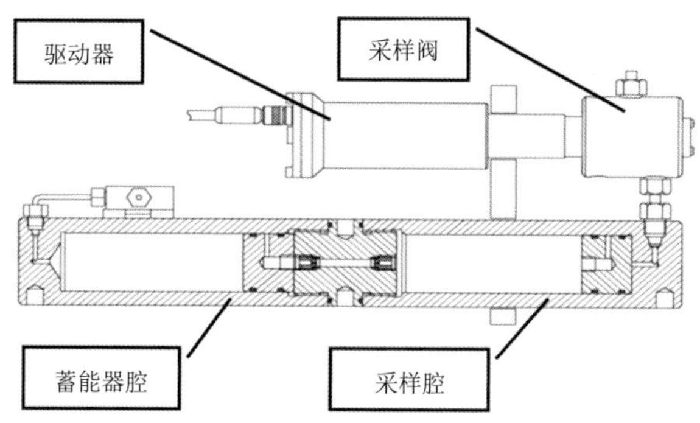

(a) 热液采样器原理结构示意图

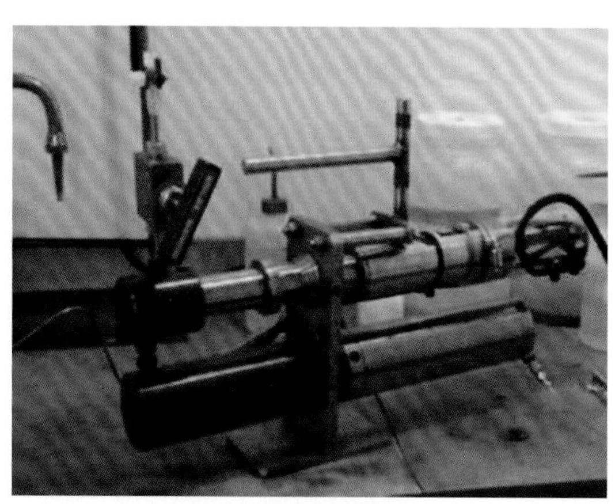

(b) 热液采样器实物照片

图 3　热液采样器

我们团队还开展了大长度的海底沉积物保气采样器的研发（Qin et al.，2005）。图 4 所示的是我们团队为南海天然气水合物资源勘探而开发的沉积物保气采样器。该采样器采用了巧妙的滑移结构，以 11.5m 的装备总长度成功实现 10m 长度保气海底沉积物的获取，即设计特殊的花瓣自封结构配之蓄能器系统，实现了保气功能。在 2005 年的一次南海海试过程中，成功抓取 9.8m 有效长度沉积物，并通过保气结构获得了大量的烃类气体，证明南海该海域存在天然气水合物资源。之后我们团队又相继开发出 20m、30m 等级的超长长度沉积物保气采样器，支撑我国的海洋资源勘探工作。

图 4 10m 海底沉积物保气采样器在南海作业中

4 海底观测网技术

为了实施海底观测的实时化，我们在国内率先开展了海洋观测网络技术的研究。只有采用海底观测网络技术，才能真正做到海底的原位、长期、在线的实时观测（陈鹰等，2006）。海底观测网络的基本构架见图 5 所示，它由岸基站、光电复合缆、接驳盒、观测设备插座模块和观测传感器五个大部分组成。其中接驳盒承担着海底观测网络水上水下的电能与信号的中转，是整个海底观测网络的灵魂。图 6 是浙江大学研制的接驳盒，该技术转让江苏中天科技集团进行了成功的产业化，并用于国内的一些海底观测网络的建设之中。同时团队还研发了观测仪器接口模块，从而全覆盖性地对海底观测网络技术进行了研发。

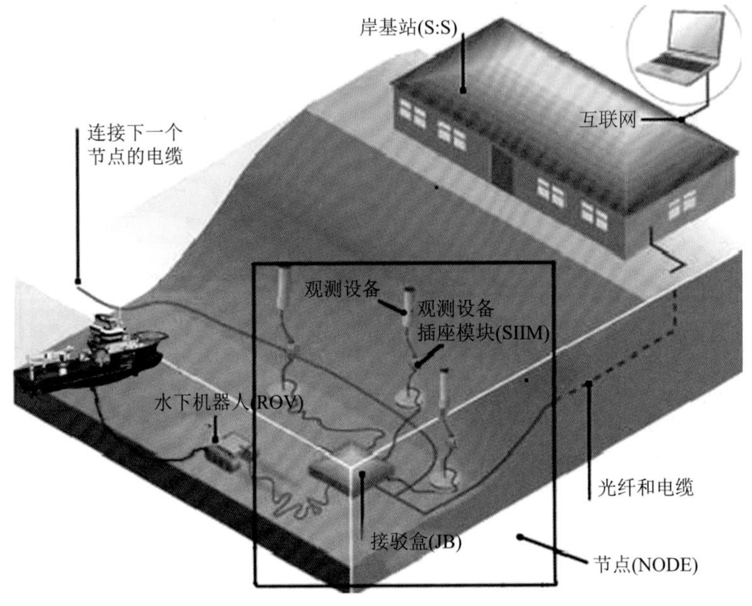

图 5 海底观测网络构架示意图

图 6　中天科技集团生产的浙大接驳盒产品

在攻克接驳盒等技术的基础上，2012 年我们团队在浙江舟山摘箬山海洋技术装备试验场建设了一个海底观测网络试验系统（见图 7 所示），用于关键技术验证性海试，名为 Z_2ERO 海底观测网络（Zheda-Zhairushan Experimental Research Observatory）。该系统的前身是 2008 年在实验室环境下建设起来的 ZERO 海底观测网络原型系统（Zhejiang University Experimental Research Observatory），意为中国的海底观测网络事业，从 ZERO 开始。以 10kV 直流供电（针对长距离供电场景），从岸基站、接驳盒，到观测仪器插座模块、传感器，应有尽有，且长距离供电，应该是国内首个真正意义上的完整海底观测网络系统。

图 7　Z_2ERO：浙江大学建设在舟山摘箬山岛上的海底观测网络试验系统

5 移动-固定联合观测技术

确实，海底观测网络实现了真正意义上的原位实时长期的海底观测。然而，建设成本不菲，效率极低。针对这种情况，团队提出了移动-固定海底联合观测技术。在国家863 高技术计划重点项目的支持下，团队联合学校里的其他力量，开展了海底观测网络与无人自治潜水器 AUV 的水下对接技术研究。该研究旨在充分发挥海底观测网络拥有“无限”电能以及可以直接传输数据到岸基的优势，同时结合 AUV 能够在较大范围内开展移动观测的优势，设计水下接驳站（我们称之为 DOCK 系统），实现移动-固定联合观测平台，如图 8 所示。在 AUV 在移动观测之后通过自动游入接驳站，进行充电补给与观测数据上传等工作。充电传数据之后，AUV 又可开展下一周期的移动观测活动。与此同时，联接在海底观测网络的观测仪器插座模块上的各种传感器，也在执行着定点的观测。这个系统有几个技术关键，一是要在 AUV 上设计一套附加装置，以实现 AUV 与 DOCK 的非接触式信号传输与电能传输；二是要解决 AUV 对接接驳时的精确导航，而我们是采用了声学-光学复合导航的方式，使 AUV 精确进入 1m 直径的接驳站喇叭对接口。

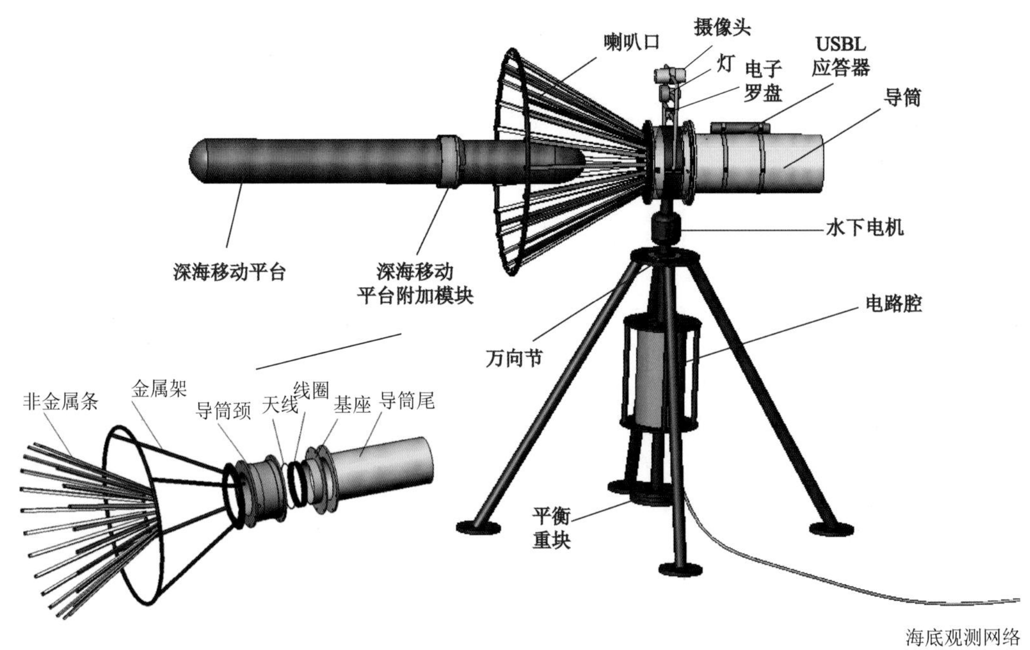

图 8 接驳站 DOCK 系统

该系统于 2017 年 5 月在南海 100m 海底进行了成功的海试。在 AUV 与联接在海底观测网络上的接驳站水下对接试验中，10 次接驳 9 次成功，验证该系统的可行性。这项工作，是我们团队对一项世界性的技术难题进行了成功的挑战。移动-固定联合观测系统原理示意图见图 9 所示。

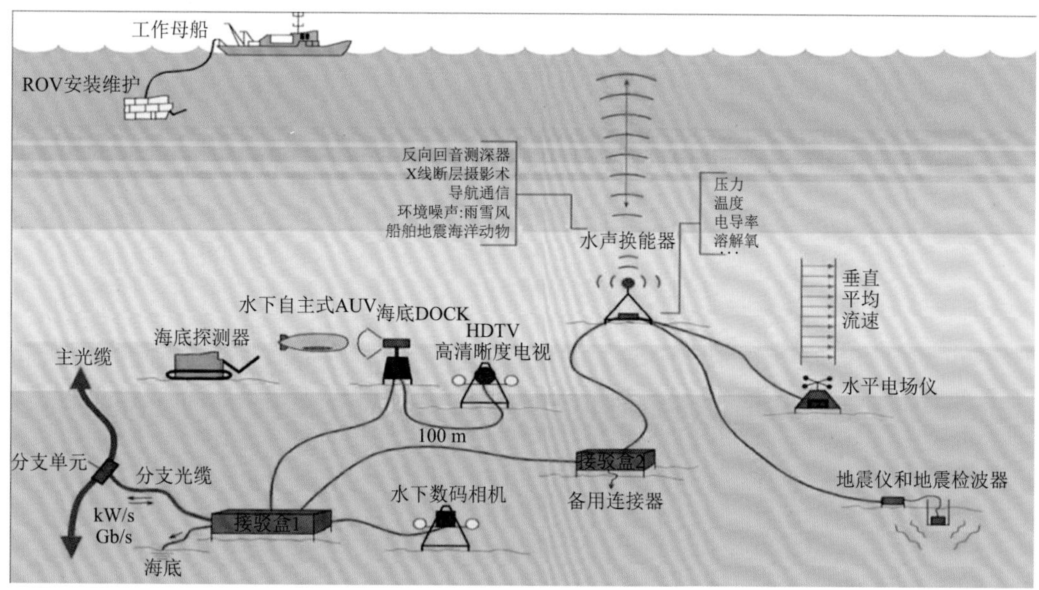

图 9 移动-固定联合观测系统原理示意图

6 海底 AUV 技术

在移动-固定海底联合观测技术研究中，我们发现，鱼雷型的 AUV 在与 DOCK 接驳时，由于 AUV 的欠稳定性，经常会发生“脱靶”现象（见图 9 所示）另外，鱼雷型的 AUV 无法运行在离海底较近的地方，然而海底观测网络的接驳站是必须放在海底的。因此需要有一种专门运行于海底的移动观测平台。同时，海底海洋的观测探测，亟需大范围、长时间的移动观测平台。目前现有的海洋移动观测平台，常见的有 AUV、ROV、DSV（载人潜水器）和 AUG（水下滑翔机）等等，都无法满足海底观测的需要。

为此，我们团队提出了海底 AUV 的概念，也即 Subsea Robotics（Zhou et al.，2023a），并指出海底 AUV 有三大要点：适应海底机动性的结构、适应海底复杂环境的机敏运动性能、适应海底的水声通信定位技术。并开展了海底 AUV 的一种——水下直升机的研究与开发，我们称之为 AUH，Autonomous Underwater Helicopter（Zhou et al.，2023b）。同时建构了海底 AUV 的机敏性概念，最近被 MDPI 的百科全书收录（Zhou et al.，2023c）。

AUH 具有适应海底作业圆碟形本体设计，通过双向推进器布置加之浮力调节获得高机动性，可在海底实现自由起降、全周转向、定点悬停、贴底飞行等机动功能。由于 AUH 能够驻底，因此可具备一定的作业功能，有效填补了海洋底部区域缺乏观测平台的空白。通常情况下，AUH 与水下停机坪（Underwater Helipad）协同工作（如图 11 所示），水下停机坪可为 AUH 提供电能补给与信息传输，实现 AUH 的水下常驻（Subsea Residency）。并通过设计被动式逆超短基线（pi-USBL）水声定位系统，加之组合惯导，较好地实现了 AUH 的水下定位与导航。在国家和地方有关科研计划的支持下，团队初步开展了基于 AUH 海底观测探测初步应用，在将来的几年中重点突破海底 AUV 的机动性和敏捷性，进一步提升其在海底复杂环境下作业的机敏性，可更好地解决海底环境的大范围、长时间的观测探测工作。

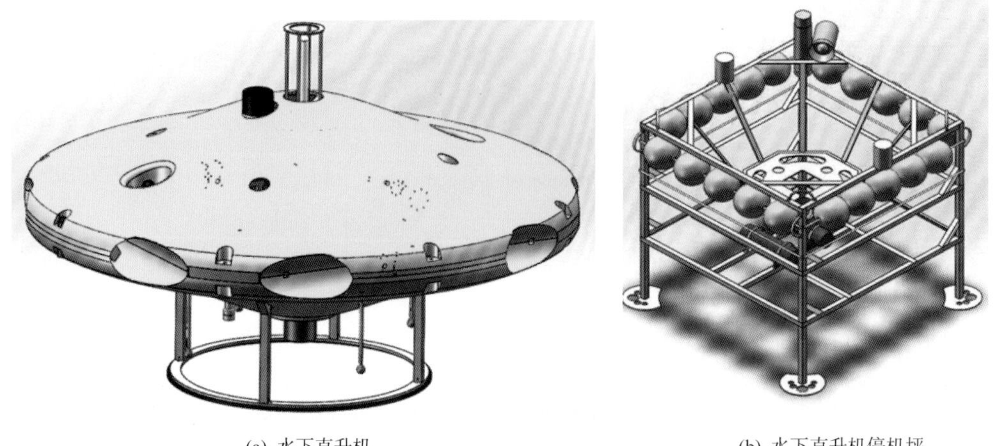

(a) 水下直升机　　(b) 水下直升机停机坪

图 10　水下直升机系统示意图

7　结束语

二十多年的科研经历，让我们深刻地认识到海底观测技术的研究，对于海洋事业的发展，尤其是对于海底科学的进步，具有十分重要的意义。从海洋传感器、海底采样器、海底移动固定联合平台、海底观测网到海底 AUV，浙江大学这个团队在金翔龙提倡的海底科学理论与方法的指引下，走到了今天，得到了发展和进步。海底观测这个技术前沿领域，还有许许多多的新技术需要去进一步攻克，如海底可靠的、长寿命的海洋传感器技术，深海环境下的电能供给，深海远距离的水声通信，特别是海底 AUV 技术等等，还有不少技术难点层出不穷。相信我们海洋技术领域的研究人员，在海底观测技术这个领域可以大有作为。同时我们也将遵循金翔龙院士将海底科学进行到底的意愿，进一步努力发展海底技术，为中国的海洋事业发展，贡献自己的力量。

致谢　感谢团队成员杨灿军、叶瑛、金波、李德骏、潘依雯、顾临怡、谢英俊、吴世军、陈燕虎、黄豪彩、周晶、瞿逢重、司玉林、王杭州、安新宇、魏艳等以及研究生张佳帆、吴怀超、谭春阳、秦华伟、曹建伟、张锋、周勇、王智鲲、王英强、李浩达、杜沛洲、刘勋、胡若愚、陈若妤、江奕奕、蔡成业、王章霖、荣振威等的辛勤努力、付出和坚持。感谢美国明尼苏达大学 Williams J. Seyfried、中国科学院深海科学与工程研究所丁抗、同济大学周怀阳、中国科学院沈阳自动化研究所石凯等同仁的大力支持与合作。

参考文献

陈鹰, 杨灿军, 顾临怡, 叶瑛. 2003. 基于载人潜水器的深海资源勘探作业技术研究. 机械工程学报, 39: 38-42

陈鹰, 杨灿军, 陶春辉等. 2006. 海底观测系统. 北京: 海洋出版社. 129

陈鹰. 2019. 海洋观测方法之研究. 海洋学报, 41: 182-188

梁启星. 2023. 为什么人类只探索了 5%的海洋, https://www.sohu.com/a/636836425_121636761.

2023-02-03.

Chen Y, Ye Y, Yang C. 2005. Integration of real-time chemical sensors for deep sea research. China Ocean Engineering. 19: 129-138

Qin H, Gu L, Li S, et. al. 2005. Pressure tight piston corer – a new approach on gas hydrate investigation. China Ocean Engineering, 19: 121-128

Tan C, Jin B, Ding K, Seyfried W, Chen Y. 2012. Development of an In situ pH Calibrator in Deep Sea Environments. IEEE/ASME Transactions on Mechatronics, 17: 8-15

Wu H, Chen Y, Yang C, et. al. 2007. Mechatronic integration and implementation of in situ multipoint temperature measurement for seafloor hydrothermal vent. Sciences in China, 50: 144-153

Wu S, Yang C, Pester N J, Y Chen. 2011. A New Hydraulically Actuated Titanium Sampling Valve for Deep-Sea Hydrothermal Fluid Samplers, IEEE Journal of Oceanic Engineering, 36: 462-469

Zhou J, Haocai H, Huang S H, et. al. 2023b. AUH, a New Technology for Ocean Exploration. Engineering, 25: 21-27

Zhou J, Si Y, Chen Y. 2023a. A Review of Subsea AUV Technology. Journal of Marine Science and Engineering, 11: 1119

Zhou J, Si Y, Chen Y. 2023c. The Mobility and Agility of Subsea AUV. Encyclopedia, 45826

陆海统筹视角下的海岸带空间规划方法研究

——以浙江为例

王欣凯[①、2]，夏小明[1,2*]，金翔龙[1]、段杰翔[1,2]

1 自然资源部第二海洋研究所

2 自然资源部海洋空间资源管理技术重点实验室

*通讯作者，E-mail：xiaxm@sio.org.cn

摘要 海岸带是海陆过渡的复合地理单元，自古为人类活动聚集之地。但长期过度开发和海陆分治之下，海岸带生态功能持续衰退，可持续发展面临严峻考验。为建立海岸带空间资源保护与利用新秩序，严守生态底线，基于陆海统筹，实施多规合一管制的海岸带空间规划就此诞生。为探索海岸带空间规划技术方法，本文以浙江为例，构建"一线串联、两域统筹，六湾融汇，多岛联动"的海岸带规划总体格局，依据资源禀赋特性，从"以海定陆"和"以陆定海"两方面统筹海岸线两侧空间功能布局，加强湾区的生态保护，谋划海岛联动发展，为海洋强省建设提供有力支撑。

关键词 海岸带规划，陆海统筹，功能分区

0 引言

海岸带地区是海陆能量和物质交换的区域，拥有极为丰富的生态系统，是人类涉海活动的聚集之地。长期以来，海岸带管理与陆域规划处于海洋和土地"二元分治"的割裂状态，同时海岸带监管处置能力弱，权责不清等问题严重（林小如等，2022）。随着海洋的战略地位日益突出以及管理部门对陆海关系认知的提升，在国土空间海陆"一张图"的框架之下，实施陆海统筹"多规合一"的海岸带空间规划，并将其纳入国土空间规划的法定管制体系，是实践解决既往空间资源规划陆海分治和区域冲突最直接有效的手段（安太天等，2022；安太天等，2020；曹忠祥和高国力，2015；胡恒等，2020；李宇等，2021；林小如等，2018）。

① 作者简介：王欣凯，工程师，博士，主要从事海岸带与海岛空间资源监测及承载力评估，海岸带国土空间规划等研究，E-mail：wangxk@sio.org.cn。

1 海岸带规划的现状

海岸带空间规划起源于西方，以 1972 年美国的《海岸带管理法》为始（田海燕，2023）。随着 1992 年联合国环境与发展大会批准了《21 世纪议程》，海岸带规划管理迈上新台阶。从立法模式来看，海岸带空间规划可以分为“综合性”法律和“分散式”的专项法规；美国、韩国、法国、斯里兰卡等国海岸带规划属于综合性法律，而日本、英国、澳大利亚等国海岸带管理规划属于分散式法律（薛婷婷和万元，2021）。荷兰是著名的低地国家和围海造地国家，是世界公认的水治理以及海洋管理和利用最成功的国家之一，也是开展陆海统筹视角下空间规划的典型，具有重要的借鉴价值（赵璐等，2020）。

我国海洋管理随起步较晚，但发展较快。1982 年，我国发布首部海洋管理法——《中华人民共和国海洋环境保护法》，2002 年 8 月，我国发布实施《全国海洋功能区划》，标志着我国海域使用管理和海洋环境保护工作进入了功能导向的分区管控阶段。习近平总书记在党的十九大报告中提出：“坚持陆海统筹，加快建设海洋强国”，将陆海统筹上升到战略高度（黄惠冰等，2021）。在此背景下，2017 年末国家海洋局印发《关于开展编制省级海岸带综合保护与利用总体规划试点工作指导意见的通知》，并将浙江、广东等省作为第一批试点实施编制，将海岸带规划作为落实国土空间规划系统中“陆海统筹”的重要构成专项。随后辽宁、福建、广东等已陆续发布省级海岸带规划（辽宁省人民政府，2013；福建省人民代表大会常务委员会，2017；广东省人民政府，2017），山东滨海诸市区，以及深圳、大连等在 2019 年后陆续发布市级海岸带规划（王学文，2018；青岛市人民代表大会常务委员会，2019；烟台市人民代表大会常务委员会，2019；东营市人民代表大会常务委员会，2019；惠新安，2019；佘春明，2019；日照市人民代表大会常务委员会，2019；黄平利，2020）。2021 年 7 月，自然资源部办公厅印发《关于开展省级海岸带综合保护与利用规划编制工作的通知》，首次明确了融合海域、海岛、海岸线等多规合一的海岸带规划技术方案，浙江省依托其特有的湾区、岛群密集型海洋空间资源禀赋，在全新的编制要求下，形成了特有的“浙江模式”。

2 浙江海岸带空间规划方法

2.1 浙江省海岸带空间规划总体格局

浙江地处长江三角洲南翼，东临东海，沿海地区包括嘉兴、舟山、宁波、台州、温州五市，省辖海域约 4.4 万 km^2，海岸线长度和海岛数量均居全国首位，其海岸带包括海岸线向陆域侧延伸的滨海陆地和向海洋侧延伸的近岸海域，其中陆域协调面积为滨海乡镇区域 1.2 万 km^2。海洋空间依托杭州湾、象山湾、三门湾、乐清湾等重要海湾分布，沿岸阵列舟山、渔山、韭山、洞头、南北麂、七星等众多岛群。综合考虑生态系统一体性、自然地理单元完整性、陆海活动关联性以及海岸带综合管理可操作性，浙江省海岸带空间规划构建了“一线串联、两域统筹，六湾融汇，多岛联动”的空间资源保护利用总体格局（图 1）。

一线，即以海岸线为纽带，对其实施严格保护、限制开发和优化利用的分级管制，严格执行海岸线管理办法，落实占补平衡制度。同时为保障公众亲海空间和海岸生态安全，实施海岸建筑退缩线制度，约束陆域开发建设边界，限制退缩线内建筑准入类型和规模。

两域，即海岸线两侧的海洋空间、陆域协调区域，针对岸线两侧功能一致，用于支撑海岸带生态和经济同步发展的区域，实施海陆一体化的产业类型、空间准入、用地用海方式控制，并提出整体的生态环境保护与修复要求。一方面加快围填海历史遗留问题的处置进度，控制无序地侵占海岸带湿地和陆源污染入海，另一方面限制相关海域的围填、构筑物、养殖等活动，保障景区、港区、滨海工业的能效发挥。

六湾，即推进杭州湾、象山港、三门湾、台州湾、乐清湾、温州湾生态保护，加强重点流域水环境治理，入海排污口整治、入海河流污染治理等工作，深化湾区协同发展与新型城镇化建设，推进相关重大涉海平台能级提升，因地制宜打造宜居宜业、活力充沛的特色湾区。

多岛，即以宁波舟山海域海岛为重点，系统谋划海域海岛联动发展，加快形成“一岛一功能”布局体系，明确有居民海岛主导功能定位，强化无居民海岛分类保护与利用，积极推动和美海岛和十大海岛公园建设，形成人人共享的海岛大花园。

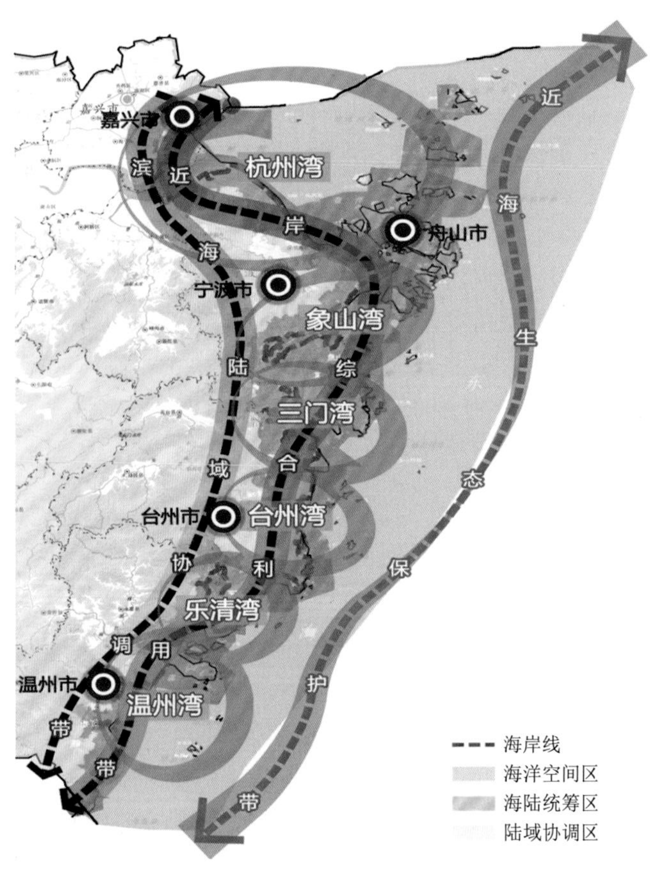

图 1 浙江省海岸带空间格局

2.2 浙江省海岸带空间规划技术路线

海岸带空间规划技术路线主要可分为空间资源的现状分析，科学评估、功能分区分类以及资源管控几大模块。首先，收集现状资料和基础数据，根据海岸带空间的基底属性和利用状况，将海岸带空间分为陆域协调区和海洋空间区，同时对海岸线、无居民海岛、历史围填海区域、深水岸线、海底路由等特殊对象进行专题分类分析。

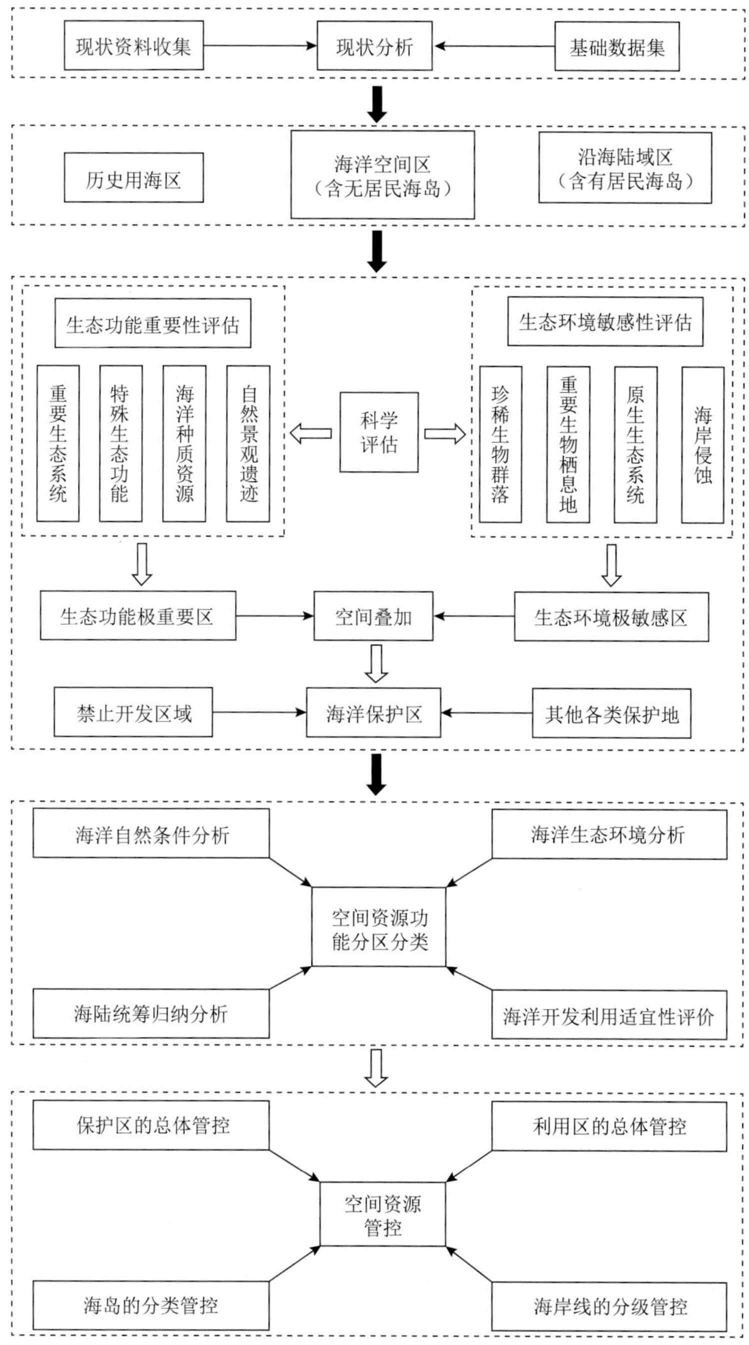

图 2　浙江省海岸带空间规划分区技术路线图

其次，对海洋空间区进行科学评估，通过生态功能重要性评估和生态环境敏感性评估，综合考虑禁止开发区域、其他各类保护地等，确定海洋“两空间内部一红线布局”，划定海洋生态保护红线，严格落实生态优先底线控制。在海洋发展空间，以国家和省级重大战略重大工程为抓手，优化其所需海域、海岛、海岸线等空间要素，并给予保障；其次配置排污倾倒、军事等排他性较强的特殊用海空间需求；接着保障“双碳”发展需求，对核电、风电、油气、工矿、管廊集中地等高度利用地区配置工矿通信功能；随后，针对宁波舟山港区、温州港、嘉兴港区等港口区域，考虑开发现状和港区专项规划方案，给予交通运输用地用海功能，夯实浙江港航强省地位；然后，针对大型中心渔港腹地，渔业资源优势海域（生态保护红线外三场一通道），传统原住民养殖区等区域，给予渔业功能，保持浙江省舟山、温州湾等各大渔场的渔业强势资源。再者，对著名的风景名胜和人文景观资源区域，配置游憩功能，落实“两山”理论，布局全域美丽的海上大花园；最后，为保障海洋生态功能的持续性发展，对当前暂未明确分区功能的区域，作为空间战略预留，既是增强海洋空间生态功能的远期保障，又是重大项目用海用岛预留的控制性后备区域。

资源管控方面实施多规合一的管制，规划将生态保护红线、主体功能区规划、海洋功能区划、海岛保护规划、海岸线保护与利用规划有机融合，统筹海岸线两侧功能一致区域，实施一体化管控。向陆一侧依托海岸线实施海岸建筑退缩线避让制度，有效提高海岸防灾减灾能力的同时增加亲海空间；向海一侧重点推进深水岸线节约集约利用。在海洋空间外部，针对海底路由管廊和无居民海岛提出叠加性特殊管制要求。

3 浙江省海岸带空间功能分区构建

3.1 浙江省海岸带空间功能分区体系

功能分区的体系沿用浙江省国土空间总规的分类（自然资源部，2019；自然资源部办公厅，2020；浙江省自然资源厅，2021）。形成 7 个一级类，并在生态保护区、生态控制区主要依据海陆属性进一步划分 5 个二级类，海洋发展区主要依据用途功能导向不同进一步细化为 6 个二级类。

一级类分区。承接省级国土空间规划的规划用途分区，分为生态保护区、生态控制区、农田保护区、城镇发展区、乡村发展区、海洋发展区和其他保护利用区 7 类。

生态保护区是指具有具有特殊重要生态功能或生态敏感脆弱、必须强制性严格保护的陆地和海洋自然区域，是保障和维护国家生态安全的底线和生命线，通常包括具有重要水源涵养、生物多样性维护、水土保持、防风固沙、海岸生态稳定等功能的生态功能重要区域，以及水土流失、土地沙化、石漠化、盐渍化等生态环境敏感脆弱区域。

生态控制区是指生态保护红线外，需要予以保留原貌、强化生态保育和生态建设、限制开发建设的陆地和海洋自然区域。

农田保护区是指为保障国家粮食安全，按照一定时期人口和经济社会发展对农产品的需求，依法确定不得擅自占用或改变用途、实施特殊保护的耕地集中区域。

农业发展区指农田保护区外为满足农业发展及农民集中生活和生产，且与用海活动无直接关联的区域。

城镇发展区指满足城镇生产、生活集中开发建设且与用海活动无直接关联的区域。

海洋发展区对应着“两空间内部一红线”的海洋利用空间。

其他保护利用区指陆域尚未明确具体功能，暂需保留现状的区域（表 1）。

表 1　海岸带功能分区体系与占比

一级类分区		二级类分区		海岸带规划区域面积占比（%）
名称	代码	名称	代码	
生态保护区	100	核心保护红线区	110	0.4
		陆域保护红线区	120	2.3
		海洋保护红线区	130	25.5
生态控制区	200	陆域生态控制区	210	3.7
		海洋生态控制区	220	2.8
农田保护区	300	-	-	4.5
城镇发展区	400	-	-	6.3
乡村发展区	500	-	-	5.4
海洋发展区	600	渔业用海区	610	29.0
		交通运输用海区	620	9.7
		工矿通信用海区	630	2.2
		游憩用海区	640	1.6
		特殊用海区	650	0.1
		海洋预留区	660	6.2
其他保护利用区	700	-	-	0.2

3.2 浙江省海岸带空间功能分区构建探索

本文探索将浙江省海岸带空间进行功能区划分，在海洋部分共划生态保护区、生态控制区为生态类区块，面积约 1.7 万余平方千米，占比 28.7%；“渔业区、交通运输区、工矿与通信区、游憩区、特殊利用区”为利用类区块，总面积约 2.3 万 km^2，占比 48.8%；其中兼顾将来保护与利用同步发展的预留区，占比 6.2%。

陆域部分生态保护区、生态控制区、农田保护区为生态类区块，总面积约 0.4 万 km^2，占比 10.5%；乡村发展区和城镇发展区为利用类区块，总面积 0.6 万 km^2，占比 11.7%；其他保护利用区零星分布，面积 20 余平方千米，占比 0.2%（图 3）。

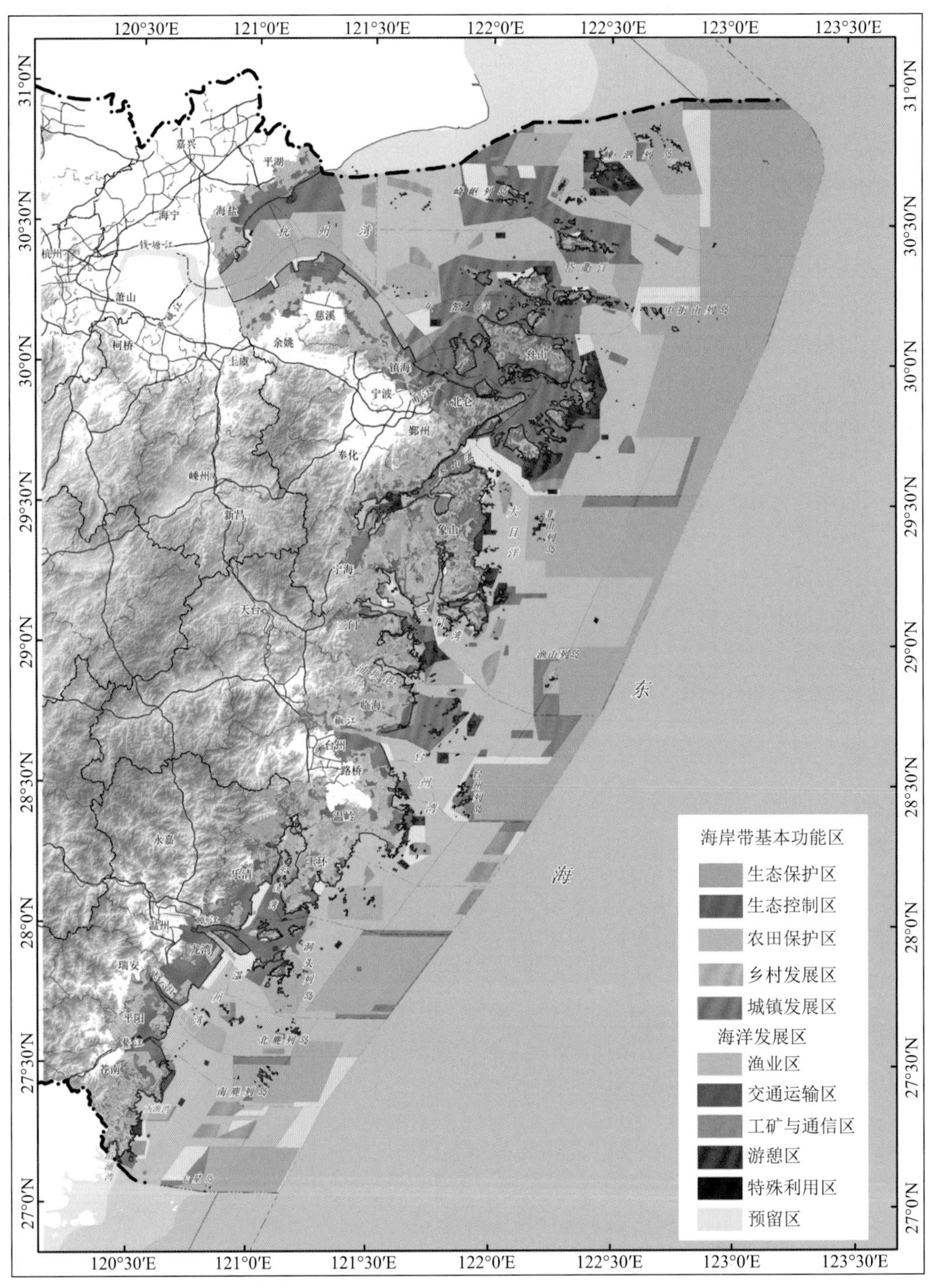

图 3 浙江省海岸带功能分区构建初探结果

3.3 浙江省海岸带海陆统筹一体化区域

海岸带是陆海交融的区域，其生态系统具有完整性连通性，也是生态环境较为脆弱的地区。其保护与利用活动同时受陆域和海域影响，可根据主导因素，区分为以海定陆和以陆定海两大类。

3.3.1 以海定陆

首先，相关陆域应以海洋“双评价”为前提，综合考虑“海洋两空间内部一红线”，符合涉海管控要求，保障相邻海洋空间功能区主导功能发挥；其次，需兼顾陆域国土空间规划相关要求，优化陆域城镇与产业空间布局。

浙江省的做法是：在海岸带规划中将陆域协调区主要匹配和服从海域主导功能的陆地部分纳入海陆一体化分区。具体来说，包括三个类型：

一是以海洋生态保护重要性和脆弱性来确定陆域保护利用方向和强度，如对滨海湿地、重要河口、红树林等陆海连续分布的生态系统进行完整保护；如分段实施海岸建筑退缩线制度等。

例如将浙江杭州湾国家湿地公园的陆地部分统筹到杭州湾南岸湿地保护空间之中，将鳌江口南岸生态退缩线内的陆地部分统筹到鳌江口生态空间之中。

二是以海洋资源的不可移动性和不可替代性来确定相关联的陆域开发行为，如根据深水岸线资源来规划港区和临港产业的布局与规模，根据沙滩等旅游资源的分布来确定公共亲海空间和旅游产业的布局。

例如，将嘉兴港独山港区、乍浦港区和海盐港区的陆域部分统筹到嘉兴港交通运输空间之中；将朱家尖沙源涵养区的陆地部分（保留完整的陆域风成沙丘）统筹到普陀山-朱家尖海岛大花园空间之中。

三是以海洋环境容量和生态系统特征来确定陆源污染排放方案，包括可排放总量、排放类型、排放强度、排污口位置选择以及相应的产业方向。

3.3.2 以陆定海

即相关海域应统筹考虑陆域“主体功能区战略”“三区三线”，优化海洋产业发展，确定海洋空间功能和产业选择。具体来说，包括两个方面：

一是以陆域资源的不可移动性和不可替代性来确定相关联的海洋开发行为，如核电等对地基、场地规模、安全距离等有特殊要求的产业，可根据其选址来确定临近海域的开发利用方向。实践中规划三门核电工矿通信区保障温排水的需要，并设置健跳海域预留区为周边将来发展保留空间。

二是以滨海重要风景名胜区、旅游区的景观需求对海洋保护和修复提出要求，如洞头国家海洋公园保护区对岸线、海域环境、生物资源提出“蓝色海水、生物多样”的美好愿景。

三是以陆域人居生产生活需求来确定海洋开发保护方向，如根据陆域社会经济情况确定海洋防灾减灾救灾需求与措施；结合陆域水资源供需情况，统筹谋划海水淡化产业布局。

4 海岸带综合管理数字化建议

海岸带综合管理方面，坚持规划实施与数字化相结合，建立规划辅助决策、规划辅助用途管制、规划监测评估预警为核心的海岸带数字化平台。依托国土空间 2.0 平台和空间资源大数据“一张图”支持，将海岸带规划指标、分区分类管控要求等成果录入系统，纳入浙江国土空间基础信息平台。具体来说，有三个海岸带空间数字化应用场景需要优先考虑建设。第一个是规划辅助决策应用场景，实现海岸带区域经济发展、生态保护、社会保障在规划空间布局落位，体现规划的引领作用。第二个是规划辅助用途管制应用场景，促进用海审批、海洋环评、项目立项、经济监测等事项跨部门、跨业务协同，动态监测海岸带规划实施情况，落实规划空间管控实施要求。第三个是规划监测评估预警应用场景，动态监测规划指标执行、重大工程布局落地等规划传导落实情况，构建海岸带规划闭环运行管理，服务于海岸带规划监督评估。

5 结论

本文以浙江省为例，在全面贯彻当前国土空间规划的陆海统筹理念，以海陆统筹为引领，以生态保护为导向，坚持“多规合一”，对浙江省海岸带地区保护与利用布局进行了尝试，为高水平助推海洋强省建设提供要素保障支撑。形成结论如下：

（1）构建海岸带保护利用总体格局。基于生态系统、自然地理单元的统一完整，综合考虑海陆关联及海岸带综合管理的操作，以浙江为例，构建了浙江海岸带“一线串联、两域统筹，六湾融汇，多岛联动”的海岸带保护利用总体格局。一线，即以海岸线为纽带；两域，即统筹海岸线两侧的海洋空间、陆域协调区域；六湾，即重点推进杭州湾、象山港、三门湾、台州湾、乐清湾、温州湾的综合管理；多岛，即以宁波舟山海域海岛为重点，系统谋划海域海岛联动发展。

（2）构建海岸带功能分区。沿用浙江省国土空间总规的分类。形成 7 个一级类，并主要依据海陆属性将生态保护区、生态控制区进一步划分 5 个二级类；用途功能导向不同海洋发展区，主要依据进一步细化为 6 个二级类。功能分区在此基础上，选划生态空间 36.5%，土地适宜利用空间 12.7%，陆域发展空间 11.6%，海洋发展区 62.3%。

（3）统筹海岸带海陆一体化区域统筹。基于陆域和海域影响的主导不同，将海岸带海陆统筹区域划分为“以海定陆”和“以陆定海”两类。“以海定陆”，相关陆域以海洋“双评价”为前提，符合涉海管控要求，包括陆域协调区主要匹配和服从海域主导功能的陆地部分。“以陆定海”，相关海域服从陆域功能区划，以此确定空间布局和产业选择。

参考文献

安太天, 高金柱, 李晋, 朱庆林, 沈佳纹, 等. 2022. 基于陆海统筹的海岸带空间功能分区——以宁波市为例. 海洋通报, 41: 315-324

安太天, 朱庆林, 武文, 岳奇, 刘林哲, 等. 2020. 基于陆海统筹的海岸带国土空间规划研究. 海洋经济, 10: 44-51

曹忠祥, 高国力. 2015. 我国陆海统筹发展的战略内涵、思路与对策. 中国软科学. 1-12

东营市人民代表大会委员会. 2019. 东营市海岸带保护条例. 东营日报, 2019-12-10(005)

福建省人民代表大会常务委员会. 2017. 福建省海岸带保护与利用管理条例. 福建日报, 2017-10-14(003)

广东省人民政府. 2017. 国家海洋局关于印发广东省海岸带综合保护与利用总体规划的通知: 粤府〔2017〕120 号

胡恒, 黄潘阳, 张蒙蒙. 2020. 基于陆海统筹的海岸带“三生空间”分区体系研究. 海洋开发与管理, 37: 14-18

黄惠冰, 胡业翠, 张宇龙, 王威. 2021. 澳大利亚海岸带综合管理及其对中国的借鉴. 海洋开发与管理, 38: 28-35

黄平利. 2020. 大连市海岸带保护与利用规划研究. 中外建筑. 61-64

惠新安. 2019. 潍坊市人民代表大会常务委员会关于报请批准《潍坊市海岸带保护条例》的报告. 山东省人民代表大会常务委员会公报. 909

李宇, 胡业翠, 郭泽莲. 2021. 我国海岸带管理冲突及国外经验借鉴. 开发研究. 112-117

辽宁省人民政府. 2013. 辽宁出台海岸带保护利用规划. 共产党员, 2013(14): 23

林小如, 王获, 文超祥, 黄友谊, 张其邦. 2022. 陆海统筹导向下区级海岸带规划路径方法探索——以厦门市翔安区海岸带为例. 城市规划, 46: 20-29

林小如, 王丽芸, 文超祥. 2018. 陆海统筹导向下的海岸带空间管制探讨——以厦门市海岸带规划为例. 城市规划学刊. 75-80

青岛市人民代表大会常务委员会. 2019. 青岛市海岸带保护与利用管理条例. 青岛日报, 2019-12-24(007)

日照市人民代表大会委员会. 2019. 日照市海岸带保护与利用管理条例. 日照日报, 2019-10-01(B03)

佘春明. 2019. 滨州市人民代表大会常务委员会关于报请批准《滨州市海岸带生态保护与利用条例》的报告. 山东省人民代表大会常务委员会公报. 953

田海燕. 2023. 国际海岸带空间规划的实践与启示. 环境生态学, 5: 28-35

王学文. 2018. 山东省人民代表大会常务委员会关于批准《威海市海岸带保护条例》的决定[J]. 山东省人民代表大会常务委员会公报, 2018(03): 527-534

薛婷婷, 万元. 2021. 国外海岸带综合管理经验与启示. 海洋经济, 11: 103-112

烟台市人民代表大会委员会. 2019. 烟台市海岸带保护条例. 烟台日报, 2019-12-18(002)

张赫, 乔红, 王睿, 于洋. 2023. 基于海陆统筹的海岸带地区国土空间功能适宜性评价及分区优化研究. 西部人居环境学刊, 38: 1-8

赵璐, 胡业翠, 张宇龙, 张露. 2020. 荷兰海岸带空间规划管理实践及启示. 开发研究. 78-85

浙江省自然资源厅. 2021. 市级海岸带综合保护与利用规划: 浙自然资厅函〔2021〕612 号

自然资源部. 2019. 市县国土空间总体规划编制指南: 自然资发〔2019〕87 号

自然资源部办公厅. 2020. 国土空间规划用地用海分类指南: 自然资办发〔2020〕51 号

基于船载 GNSS 数据的海洋区域电离层研究进展综述

罗孝文[1,2,*]，吴自银[1,2]，方佳辰[1,2]，李国翔[1,2]，王迪[1]

1. 自然资源部第二海洋研究所 自然资源部海底科学重点实验室，杭州 310012
2. 山东科技大学 测绘与空间信息学院，山东 青岛 266590
*通讯作者，E-mail：cdslxw@163.com

摘要 以往关于电离层的研究是基于 GNSS 陆基站数据，关注的是陆基站分布密集区域的电离层变化情况，但对 IGS 陆基站分布稀少的海洋区域的电离层研究存在不足。利用船载 GNSS 接收机采集海洋区域的电离层观测数据，为解决上述问题提供了新思路。本文在总结海洋区域电离层研究现状的基础上，对基于船载 GNSS 数据提取电离层信息，构建电离层模型的方法进行了详细介绍，并验证了构建的海洋区域电离层模型精度，最后展示了当前海洋区域电离层现象取得的研究成果。

关键词 船载 GNSS，海洋区域，电离层建模，电离层异常，精度分析

0 引言

作为日地空间环境的重要组成部分，电离层对现代无线电工程和人类的空间活动有着重要影响（黄小东等，2020；常志巧等，2021；陈亮等，2023）。研究电离层不仅有利于认识电离层本身、寻找克服电离层可能造成的灾害的途径和探求利用电离层为人类造福的方法，而且有助于推动地球科学领域相关的电离层理论和应用问题的研究与发展。许多国际研究证明电离层的潜在危害，尤其是对导航精度的影响，因此了解电离层会推动导航定位技术的发展（蔡洪亮等，2021；郭树人等，2019；从建峰等，2020）。随着全球导航卫星系统（Global Navigation Satellite System，GNSS）的建设及其快速发展，为研究电离层提供了强大的技术支持，目前已成为电离层观测的主要技术手段（萧佐，1999；丁毅涛等，2021；郭东晓，2015）。

在 GNSS 基准站建设密集的陆地区域，电离层的相关研究已经相当完善，多年来已

基金项目：国家自然科学基金项目（41830540）；自然资源部第二海洋研究所基金项目（JG2101），自然资源部华东海岸带野外科学观测研究站开发基金（ORSECCZ2022104），浙江省自然科学基金项目（LY23D060007，LY21D060002）上海交通大学“深蓝计划”基金项目（SL2020ZD204）

作者简介：罗孝文，研究员，博士，主要从事 GNSS 方面的研究，E-mail：cdslxw@163.com

经建立了适应陆地电离层的经验模型，GNSS 单频接收机用户采用这一模型改正电离层延迟。海洋区域的电离层一直缺少高精度的观测数据，这不利于开展海洋区域的电离层研究，是提高海上导航定位精度的一大障碍（章红平等，2012；张强，2019；张强等，2014）。虽然也有部分学者利用海洋测高卫星对海洋上空电离层 TEC 进行分析和建模，但是由于多源数据之间不可避免地存在系统性偏差，以及目前来说卫星数量较少，所以产品精度难以满足需求（李建胜，2011；余龙飞，2020；刘瑞源和权坤海，1994；袁运斌，2002）。自 21 世纪以来，海洋已经成为全球合作与发展的重要领域，对于海底地形测量，海底资源勘查这类需要高精度导航定位的领域，了解海洋区域电离层变化特征，降低电离层对海上导航定位的影响具有重要意义（崔书珍和周金国，2016；崔书珍等，2015；韩玲等，2018；吴显兵，2016）。

我国每年都会开展大洋的科考项目，通过科考船上安装的 GNSS 双频接收机，收集海洋区域的观测数据，利用船载观测数据可以提取海洋区域高精度高分辨率的电离层 TEC 信息，进而更好地分析研究海洋区域电离层特征和变化规律（朱永兴，2020；周仁宇等，2019；钟慧鑫等，2021）。同时，利用高精度高分辨的船载数据进行海洋区域的电离层建模，以获取航行区域电离层 TEC 的精细变化特点，一般来说建立局部电离层模型的精度要优于全球电离层模型，基于船载 GNSS 数据建立海洋区域的电离层模型，对于海洋区域电离层研究以及提升海上导航定位精度具有一定意义（袁运斌，2002；张益泽等，2019；张小红等，2015；赵玲等，2016；袁运斌等，2021）。

1 海洋区域电离层研究现状

由于布设观测站的条件限制，海洋区域电离层建模的精度受到很大制约，导致电离层模型无法精确表现海洋区域的电离层 TEC，这给海洋区域电离层研究带来不利影响（章红平，2006；张强等，2019；于兴旺，2011）。为了解决该问题，国内外许多学者对此开展了相关研究（解为良，2018；杨娇，2020；杨克凡，2017；袁浩鸣，2019；游梦琳，2021）。吴显兵等人通过结合日本海周边 9 个 IGS 观测站的观测数据，构建了沿海局部海洋区域的电离层模型，有效提升了近海区域的电离层模型精度（吴显兵等，2015）。郭承军等人基于 Kalman 滤波结合 IRI2016 模型和地面 GNSS 观测数据反演电离层模型，弥补了海洋区域观测数据不足的劣势（郭承军和吴欲飞；2019）。此外，也有一些学者通过附加不同的约束条件，提升全球电离层模型精度，以满足海洋区域电离层研究的需要。王月良等人在构建全球电离层模型时，通过附加经验电离层模型虚拟观测，改善了数据空白区域（如海洋区域）的建模精度（王月良等，2017）。刘磊等人通过附加 GIM 约束，有效消除了海洋区域电离层 TEC 为负值的情况（刘磊等，2017）。除了传统的地基电离层探测技术，利用海洋测高卫星进行电离层探测也是一大研究热点（Abdelazeem et al.，2017；Bilitza et al.，2022）。如 TOPEX/Poseidon、JASON-1/2/3、HY-2A 等系列的测高卫星能够覆盖南纬 66°～北纬 66°范围内的绝大部分海洋地区（Fu L and Haines B J，2013；Daniell et al.，1995；HernándezPajares et al.，2009），但是其受限于固定轨道，只能沿轨道进行观测，且由于重复周期于相邻轨道距离相互制约，无法同时获得较高时间分辨率和空间分辨率的观测信息。Ningbo Wang 等人结合 JASON 测高卫星和 GNSS 广播电离层模型，在海洋区域的电离层延迟修正百分比约 51%（Wang N et al.，2017）；王泽明等人结合测高卫星 JASON-2 的观测数据以获取海洋广大区域的 TEC 值，很好地分析海洋区域的电离层异常现象（王泽民等，2015）。Scherliess 等人融合了卫星探测数据、电离层测高仪、掩星数据以及地面 GNSS 观测数据，提高了海洋区域电离层 TEC 精度（Scherliess L et al.，2004）。Hu Jiang 等人也通过结合多源数据分析了极地海洋区域不同时刻的环境变化（Jiang H et al.，2019）。尽管国内外对海洋区域的电离层建模进行了广泛研究，但是受到各种条件的限制，仍无法满足对海洋区域高精度研究的需要（姚宜斌等，2022；杨哲等，2012；武业文，2013；魏传军，2014）。所以获取海洋区域高精度的电离层信息，建立海洋区域高精度的电离层模型，对于研究海洋区域电离层的变化特征、分布规律，提高海上定位精度具有重要意义（Lanyi et al.，1988；Klobuchar，1987；Hernández-Pajares et al.，2009）。

2 基于船载 GNSS 数据的海洋区域电离层研究方法

2.1 船载 GNSS 数据介绍

我国每年都会开展大洋航次的科考调查任务，在科考船上安装全球卫星导航监测型接收机，安装位置如图 1 所示，接收机天线是安装在科考船的最高层，周围无障碍物遮挡，具有良好的视野条件（王宁波，2016；王国永，2015，卢福康，2022）。接收机可以跟踪美国 GPS、俄罗斯 GLONASS 以及我国 BDS 卫星信号，输出伪距和载波相位观测数据，采样率为 30s。利用该接收机输出的双频观测数据即可获得无线电传播过程中的电离层信息（章红平等，2012；王野，2021；王旭峰，2016；王宁波等，2017；李子申等，2017；柳景斌等，2008）。表 1 给出了该接收机跟踪不同卫星导航系统所得到的用于电离层计算的观测数据类型以及接收机和天线类型。

图 1 接收机在科考船上的安装位置

表 1　卫星导航接收机以及观测数据类型

项目	接收机类型	天线类型
	Trimble NetR9	TRM57971.00
项目	伪距类型	载波相位类型
GPS	C1C、C2W	L1C、L2W
GLONASS	C1P、C2P	L1P、L2P
BDS	C2I、C6I	L2I、L6I

2.2　基于船载 GNSS 数据提取电离层信息

GNSS 观测数据分为码观测量和载波相位观测量（Bilitza et al.，2021；Schaer et al.，1998；Ningbo et al.，2021；Leong et al.，2015）。由于测码伪距精度较低，所以单纯利用测码伪距获取的绝对电离层 TEC 信息精度通常不高；而测相伪距由于包含两个频率的整周模糊度参数，导致只能获取相对电离层 TEC 信息（尹萍等，2011；李新星，2017；黄良珂等，2018）。为了获得高精度的电离层 TEC 信息，本文主要采用载波相位平滑伪距的方法来从船载 GNSS 双频观测数据中提取电离层 TEC 信息，并通过投影函数将电离层交叉点（intersect pierce point，IPP）视线方向上的电离层 TEC（Slant TEC，STEC）转化成该点垂直方向上的电离层 TEC（vertical TEC，VTEC）函数表达如式（1）所示

$$P_1 - P_2 = \frac{40.3\left(f_2^2 - f_1^2\right)}{f_1^2 f_2^2} \cdot F\left(\varepsilon\right) \cdot \mathrm{VTEC} + c\left(DCB_s + DCB_r\right) \tag{1}$$

$$F\left(\varepsilon\right) = \frac{\mathrm{STEC}}{\mathrm{VTEC}} = \frac{1}{\cos\left(\alpha\right)} = \frac{1}{\sqrt{1 - \left(\dfrac{R_{\mathrm{earth}}}{R_{\mathrm{earth}} + H_{\mathrm{ion}}} \cos\left(\varepsilon\right)\right)^2}} \tag{2}$$

式中：P_1、P_2 是不同频率的测码伪距观测值；f_1、f_2 分别是载波信号 L_1 和 L_2 的频率；$F(\varepsilon)$ 是投影函数，如式（2）所示，可以将电离层 IPP 点视线方向上的电离层 TEC 转化成该点的电离层 VTEC，α 表示卫星相对于电离层 IPP 点的天顶距，R_{earth} 表示地球半径（本文采用 6371km），H_{ion} 表示电离层薄层的高度（本文采用 425km）；ε 表示卫星相对于接收机的高度角；c 是真空中光的传播速度；DCB_s 和 DCB_r 分别是卫星和接收机的硬件延迟（difference code biases，DCB）。

卫星和接收机的硬件延迟的估计，此处采用广义三角级数模型进行局部电离层建模，将卫星和接收机 DCB 在一天内当作常数估计。广义三角级数模型如式（3）所示。

$$\mathrm{VTEC}\left(\varphi, h\right) = \sum_{n=0}^{n_{\max}} \sum_{m=0}^{m_{\max}} \left\{E_{nm} \left(\varphi - \varphi_0\right)^n h^m\right\} + \sum_{k=0}^{k_{\max}} \left\{C_k \cos\left(k \cdot h\right) + S_k \sin\left(k \cdot h\right)\right\} \tag{3}$$

式中：φ表示电离层交叉点的纬度；φ_0表示局部电离层 TEC 建模中心点的纬度；h表示与电离层 IPP 点处地方时t相关的函数；$n_{\max}$、$m_{\max}$与$k_{\max}$分别表示多项式函数及三角级数函数的最大阶次；E_{nm}、C_k、S_k表示待估的模型系数（Antonio A et al.，2013；Yuan Y et al.，2019）。

图 2 至图 3 主要展示了船载数据和靠近船航行轨迹上的 PIMO 测站数据，提取的电离层 TEC 变化情况。可以看出，船载 GNSS 数据和路基站数据解算的电离层 VTEC 具有相同的变化趋势，且 VTEC 曲线基本能够吻合，由此证明船载 GNSS 数据解算的电离层 VTEC 具有和传统路基站数据一致的精度。

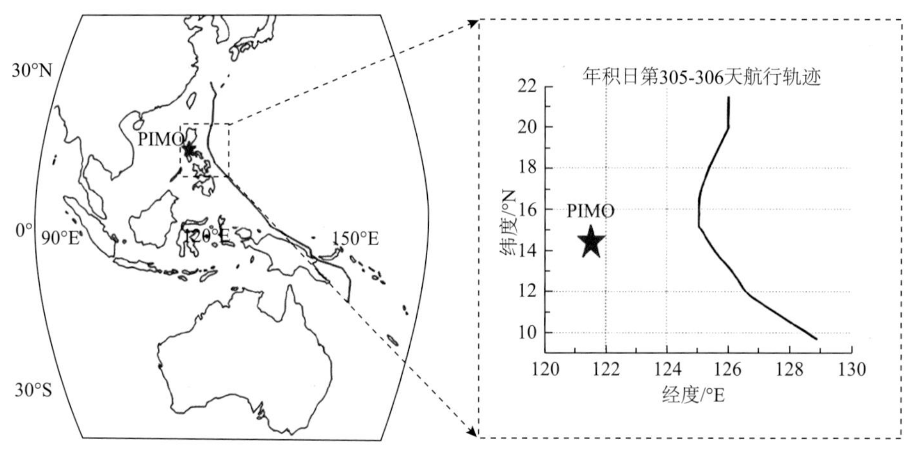

图 2 航行路线图：2014 年年积日第 305-306 天

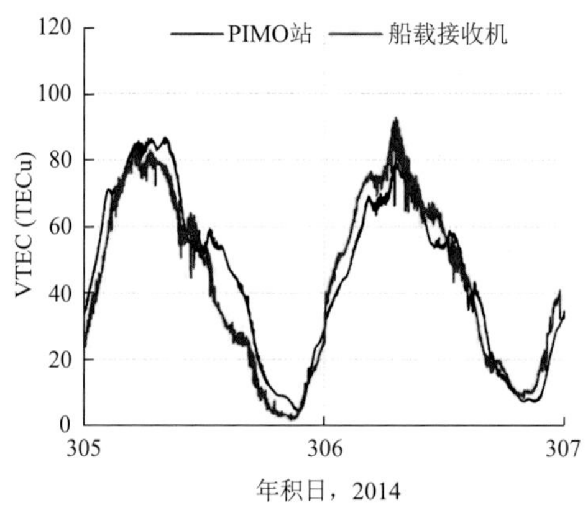

图 3 船载接收机 VTEC 计算值与 PIMO 测站 VTEC 计算值对比图

2.3 海洋区域的电离层建模方法

当对电离层 TEC 进行建模时，我们通常需要选择合适的数学函数以描述其在天顶方向上的变化，广义三角级数模型融合了多项式函数和具有周期特性的三角级数函数，可以有效地实现动态基准站上空电离层 TEC 变化的合理精确模拟，能够通过一组参数模拟电离层 TEC 在全天的变化（Guangxing et al.，2021；Nava et al.，2008；Cheng et al.，2023；Coïsson et al.，2006）。故本文采用广义三角级数函数模型描述中国科考船在海洋航行区域上空的电离层变化，在上文描述的广义三角级数模型中，电离层 TEC 建模中心点纬度，只有在接收机是静态的情况下才被定义，比如以基准站为建模中心，当接收机是运动的情况下，一般没有定义或定义为零，因此描述船载动态 GNSS 接收机，函数模型表达式应更正为式（4）所示。

$$\mathrm{VTEC}(\varphi,h)=\sum_{n=0}^{n_{\max}}\sum_{m=0}^{m_{\max}}\left\{E_{nm}\varphi^{n}h^{m}\right\}+\sum_{k=0}^{k_{\max}}\left\{C_k\cos(k\cdot h)+S_k\sin(k\cdot h)\right\} \tag{4}$$

式中，φ 为电离层交叉点处的地理纬度。

模型参数中，初始设置与纬度相关的阶次为 1，与经度相关的阶次为 1，阶次之和最大值为 2，三角级数阶次为 6，即 n=1、m=1、k=6，共 16 个参数。其表达式展开式如式（5）所示。

$$\begin{aligned}\mathrm{VTEC}=&E_{00}+E_{01}h+E_{10}\varphi+E_{11}\varphi h+C_1\cos(h)+S_1\sin(h)+C_2\cos(2h)+S_2\sin(2h)+C_3\cos(3h)\\&+S_3\sin(3h)+C_4\cos(4h)+S_4\sin(4h)+C_5\cos(5h)+S_5\sin(5h)+C_6\cos(6h)+S_6\sin(6h)\end{aligned} \tag{5}$$

考虑到不同太阳活动水平下的电离层变化之间的特性存在差异，采用基于 F 检验的自适应参数选择策略，通过自动调整广义三角级数中的组成项进而选择适合局部区域的三角级数函数结构。

利用载波相位平滑伪距计算得到的 STEC 通过投影函数转换为 VTEC，与广义三角级数函数表达式联立，其观测方程式如式（6）所示。

$$\begin{aligned}&\mathrm{VTEC}(\varphi,h)=\sum_{n=0}^{n_{\max}}\sum_{m=0}^{m_{\max}}\left\{E_{nm}\varphi^{n}h^{m}\right\}+\sum_{k=0}^{k_{\max}}\left\{C_k\cos(k\cdot h)+S_k\sin(k\cdot h)\right\}-\\&9.52437\cdot(\mathrm{DCB}_s+\mathrm{DCB}_r)\cdot\cos Z'=9.52437\cdot(P_1-P_2)\cdot\cos Z'\end{aligned} \tag{6}$$

将上式改写成误差方程的形式，利用最小二乘法解算模型系数与参数 DCB，其中卫星和接收机 DCB 在一天内当作常数估计，得到电离层模型。

在实际的建模过程中，还应合理选择电离层 TEC 建模的坐标系，从而使构建电离层模型更为准确。一般来说，如果建模区域范围小，地磁活动较弱，可以使用地固地理坐标系或日固地理坐标系；如果建模区域范围较大，地磁活动较强，则使用日固地磁坐标系（魏莹莹，2021）。当采用地磁坐标系时，电离层交叉点处的地磁坐标，如式（7）和式（8）所示。

$$\varphi_{磁}=\arcsin\left(\sin\varphi_{\mathrm{M}}\sin\varphi+\cos\varphi_{M}\cos\varphi\cos\left(\lambda-\lambda_{\mathrm{M}}\right)\right) \tag{7}$$

$$\lambda_{磁} = \arcsin\left(\cos\varphi \sin\left(\lambda - \lambda_M\right) / \cos\varphi_{磁}\right) \tag{8}$$

式中，φ、λ 分别为电离层交叉点处的地理纬度和经度；$\varphi_{磁}$、$\lambda_{磁}$ 分别为电离层交叉点处的地磁纬度和地磁经度；λ_M 是地磁北极的地理经度；φ_M 是地磁北极的地理纬度。

在日固坐标系下，日固地磁经度的计算公式为

$$\lambda_{日} = \lambda_{磁} + \frac{\pi}{12}\left(t - 12\right) \tag{9}$$

式中，t 是观测时刻；$\lambda_{日}$ 是电离层交叉点的日固经度。

图 4 展示了基于船载 GNSS 数据进行海洋区域电离层的建模流程。

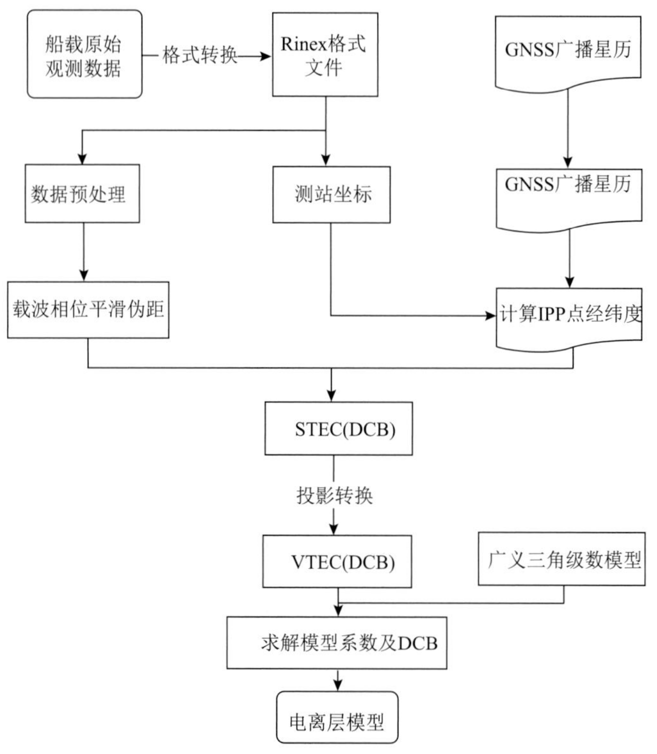

图 4　电离层建模流程图

2.4　精度分析

本小结基于中国科考船获得的船载动态 GNSS 双频观测数据，以南极区域为例（图 5），建立该区域实验范围内的电离层模型，从卫星和接收机硬件延迟偏差精度、电离层 TEC 模型精度两个方面评估了依靠船载数据建立的电离层模型的精度和可靠性。

南极区域采用的数据是 2019 年 12 月 8 日到 12 月 17 日共 10 天的船载动态数据，对应年积日第 342 到第 351 天，航行区域在南纬 68°～南纬 54°，东经 76°～东经 147°之间，航向由西南向东北。

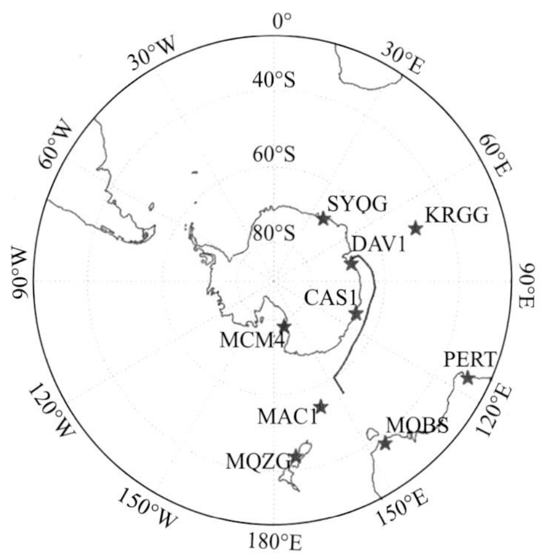

图 5 南极区域航行路线（蓝色实线）及 IGS 路基站（红色五角星）分布图

2.4.1 卫星与接收机硬件延迟偏差精度分析

作为电离层建模过程中的重要组成部分，DCB 参数的准确性和稳定性对电离层建模起着至关重要的作用，能够间接反映电离层模型的精度（刘立龙等，2018；黄玲等，2016）。故本文基于广义三角级数函数实现局部电离层建模并得到卫星和接收机 DCB，通过上文所述的 IGGDCB 方法，选取部分仪器偏差较为稳定的卫星作为基准实现卫星和接收机 DCB 的分离，将分离出的卫星 DCB 和接收机 DCB 进行精度分析（Amiri-Simkooei et al.，2012；Bilitza et al.，2014；Choi et al.，2011）。其中卫星 DCB 精度分析主要以 GPS 卫星为主。本文以国际 IGS（International GNSS Service）组织发布测地所北斗/GNSS 差分码偏差（DCB）产品作为参考，来评估不同海洋建模区域，利用船载数据构建的电离层模型解算的卫星 DCB 和接收机 DCB 精度。

精度分析指标如式（10）所示。

$$\begin{cases} \text{Bias} = X_{\text{计算值}} - X_{\text{参考值}} \\ \text{Mean} = \dfrac{1}{n}\sum_{k=1}^{n}\text{Bias}_k \\ \text{RMS} = \sqrt{\sum_{k=1}^{n}\text{Bias}_k^{\ 2} / n} \end{cases} \tag{10}$$

式中，Bias 表示电离层建模解算的 DCB 值与发布的 DCB 产品参考值之差；Mean 表示计算值与参考值之间的平均偏差；RMS 表示计算值与参考值之间的均方根误差；n 是观测值总数。

图 6 是船载电离层模型卫星 DCB 与参考值偏差的 RMS 结果。图中可以看出，GPS 卫星 DCB 的精度在 0.19～0.24ns 左右，说明在南极区域，船载动态数据解算的卫星 DCB 精度较高。

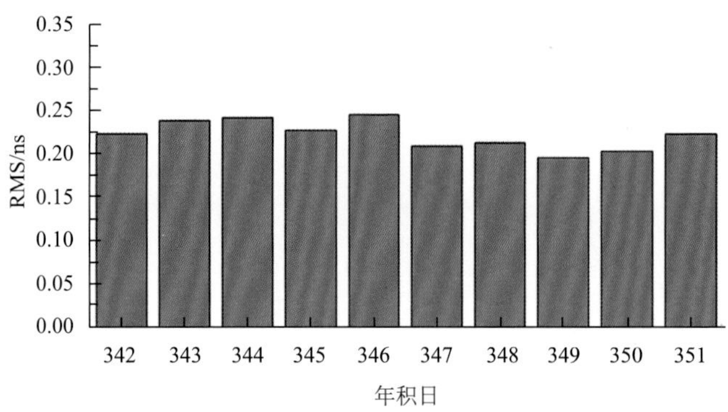

图 6 南极区域船载电离层模型解算的 GPS 卫星 DCB 精度

表 2-2 给出了 9 个 IGS 基准站在年积日 342～351 相对于参考值的 Mean 和 RMS。可以看出，MAC1 测站和 MOBS 测站的 Mean 稍大，但也在 0.8ns 内，其余各测站整体上 Mean 控制在 0.5ns 以内，RMS 在 0.1～0.8ns 左右，精度较高。

表 2 南极区域船载电离层模型解算的接收机 DCB 精度统计

IGS 测站	CAS1	DAV1	KRGG	MAC1	MCM4	MOBS	MQZG	PERT	SYOG
Mean/ns	0.26	0.32	0.06	0.68	0.35	−0.78	0.11	−0.52	0.29
RMS/ns	0.29	0.38	0.12	0.70	0.45	0.80	0.23	0.60	0.37

综合上述结果，认为在南极区域，船载电离层模型解算的硬件延迟偏差精度较高。

2.4.2 海洋区域电离层模型精度分析

利用载波相位平滑伪距法从船载 GNSS 数据提取实测电离层 VTEC 信息，进一步评估航行区域船载电离层模型的精度，同时与全球电离层模型产品在该区域的精度进行比较（Li Z et al.，2015；Radicella S M，2009）。本文选用的全球电离层产品是由中国科学院的 IGS CAS 电离层分析中心提供，下载地址为 ftp://ftp.gipp.org.cn/product/ionex/，文件命名格式为：casgddd0.yyi。其中“cas”为电离层分析中心名称；“g”表示覆盖全球范围；“ddd”表示年积日；“0”表示全天数据；“yy”表示年份；“i”表示电离层文件。该产品的时间间隔是半小时，共发布 49 幅全球 VTEC 格网图，提供的格网模型经纬度间隔为 5°×2.5°，建模方法采用的是球谐和广义三角级数组合函数（SHPTS），该方法先通过广义三角级数逐站建立局部电离层 TEC 模型以获得该区域电离层 TEC 的精细变化特点，然后通过球谐函数合理外推无关测数据区的电离层 TEC。

精度分析具体通过船载电离层模型和全球电离层模型分别插值计算对应时间和对应 IPP 位置的电离层 TEC 模型值，将船载实际观测到的 VTEC 作为真值，减去模型插值，得到模型与真值之间的偏差（Yu X et al.，2015）。统计每日偏差的均方根误差（RMS）来表现电离层模型相对于实测电离层 TEC 的精度，并计算其相对改正精度（RMS_{rel}）。精度评估指标表达式如式（11）所示。

$$\begin{cases} \mathrm{RMS} = \sqrt{\sum_{k=1}^{n} \left(\mathrm{VTEC}_{模型}^{k} - \mathrm{VTEC}_{实测}^{k} \right)^2 / n} \\ \mathrm{RMS}_{rel} = \left(1 - \dfrac{\mathrm{RMS}}{\overline{\mathrm{VTEC}_{实测}}} \right) \cdot 100\% \end{cases} \tag{11}$$

式中，n 为总的采样数目；$\mathrm{VTEC}_{模型}^{k}$ 为电离层模型计算的第 k 个 VTEC；$\mathrm{VTEC}_{实测}^{k}$ 为船载实测的第 k 个 VTEC；$\overline{\mathrm{VTEC}_{实测}}$ 为实测的电离层 VTEC 平均值；RMS 和 RMS_{rel} 分别作为电离层模型精度评估的绝对精度指标和相对精度指标。

图 7 展示了南极区域，年积日第 342 至 351 天船载实测的电离层 VTEC 变化。船载实测 VTEC 与电离层模型插值之间偏差的概率分布如图 8 所示，从图中可以看出，在航行区域，船载电离层模型计算值和动态数据获得的电离层 VTEC 值整体上相差 0.2～1TECu，总的来说，该差值约为 0.5TECu；全球电离层模型计算值和动态数据获得的电离层 VTEC 值整体上相差 4～8TECu，总体上该差值约为 6TECu。该航行区域船载电离层模型相对于全球电离层模型有更小的系统偏差。

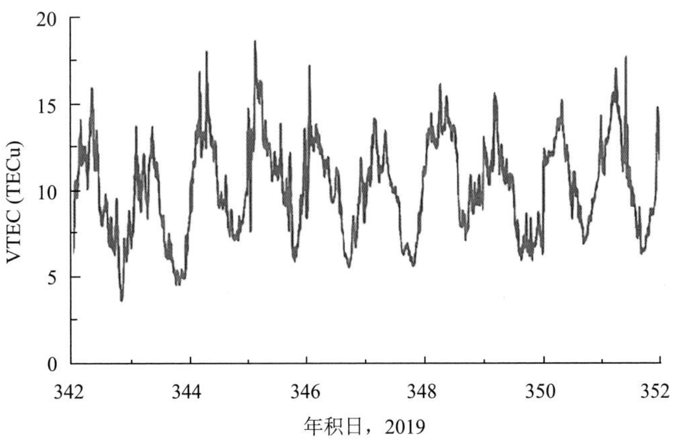

图 7 南极区域船载实测电离层 VTEC 信息

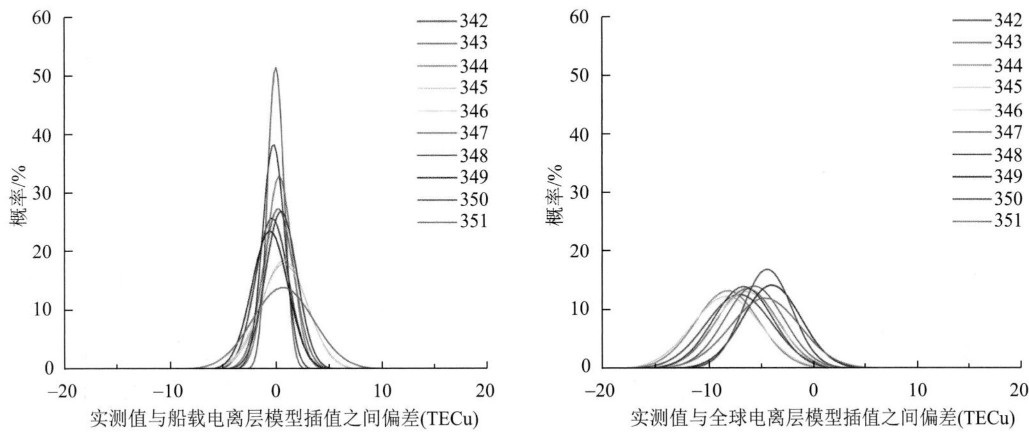

图 8 南极区域船载实测值与电离层模型插值之间偏差的概率分布

进一步分析南极航行区域电离层模型精度,表 3 给出了两种电离层模型的精度统计。船载电离层模型的 RMS 在 1～3TECu，整体精度约为 2TECu；全球电离层模型的 RMS 在 5～9TECu，整体精度约为 7TECu；可以看出船载电离层模型的精度高于全球电离层模型，精度提高约 75%。此外，船载电离层模型的相对改正精度能达到约 83%，全球电离层模型的相对改正精度能达到约 32%，所以在南极航行区域，依靠船载数据建立的局部电离层模型精度要高于全球电离层模型。

表 3 南极区域船载电离层模型与全球电离层模型的精度统计

Day	评估指标	船载电离层模型	全球电离层模型	Day	评估指标	船载电离层模型	全球电离层模型
342	RMS（TECu）	1.57	7.75	347	RMS（TECu）	0.77	6.31
	RMSrel（%）	82.85	15.31		RMSrel（%）	91.81	33.09
343	RMS（TECu）	1.47	6.98	348	RMS（TECu）	1.04	7.26
	RMSrel（%）	82.26	16.09		RMSrel（%）	90.83	36.27
344	RMS（TECu）	1.26	8.71	349	RMS（TECu）	1.75	4.85
	RMSrel（%）	87.97	17.13		RMSrel（%）	81.35	48.27
345	RMS（TECu）	2.34	8.88	350	RMS（TECu）	1.57	4.99
	RMSrel（%）	79.05	20.82		RMSrel（%）	85.30	53.31
346	RMS（TECu）	2.29	7.07	351	RMS（TECu）	2.93	5.68
	RMSrel（%）	77.03	29.10		RMSrel（%）	73.11	47.98

3 基于船载 GNSS 数据的海洋区域电离层研究应用

目前，基于船载 GNSS 数据，开展的海洋区域电离层研究主要有两个方面：一是利用船载 GNSS 数据提取的高精度电离层 TEC 信息,对全球电离层模型在海洋区域的精度进行评估，这一块内容在第二节中有所体现，分析和评估全球电离层模型在海洋区域的精度对 IGS 电离层产品在相关区域的合理应用以及后续相关工作的展开具有重大意义，可以增强全球电离层模型分析海洋区域电离层现象的可信度；二是对海洋区域存在的电离层现象进行精细化分析，包括极区电离层的变化情况和赤道电离层异常现象分析，下面主要展示基于船载 GNSS 数据对赤道电离层异常现象的分析结果（Yuan Y et al.，2008；Sen H K et al.，1960；Coco D.S et al.，1991）。

赤道电离层异常（Equatorial Ionization Anomaly，EIA）是指电离层电子浓度在磁赤道上空出现极小值，而在两侧 10°～20°范围内出现两个极大值的现象（Bilitza D et al.，2007，Luo X et al.，2021；Roma-Dollase D et al.，2018）。形成该现象的原因被称为“喷泉效应”，基本原理如图 9 所示。电离层 E 层的等离子体在中性风的拖拽下切割地球磁场产生感应电场，称为“发电机效应”，电场通过磁力线映射到 F2 层，在该层电场和磁场相互作用，使得等离子体向上产生垂直漂移作用，称为“电动机原理”，当等离子体抬升到一定高度，再随着磁感线向下向两旁扩散，最终在磁赤道两侧形成两个电子浓度峰（Hanson et al.，1966；Ningbo W et al.，2021；Mannucci A J et al.，1993）。许多学者使用 GIM 模型对 EIA 现象进行了整体分析（徐振中等，2012；黄林峰等，2015；冯建迪等，2016；黄良珂等，2018）。

GNSS 陆基站无法在海洋区域提供高时空分辨率的观测数据，限制了对赤道电离层异常（EIA）的研究（Suneetha E et al.，2022；Yuan Y et al.，2022；Qiang Z et al.，2022)。利用 2013 年至 2015 年中国科考船四次行驶在西太平洋赤道区域所采集的动态数据来对 EIA 现象在海洋区域的时空特征进行精细分析。

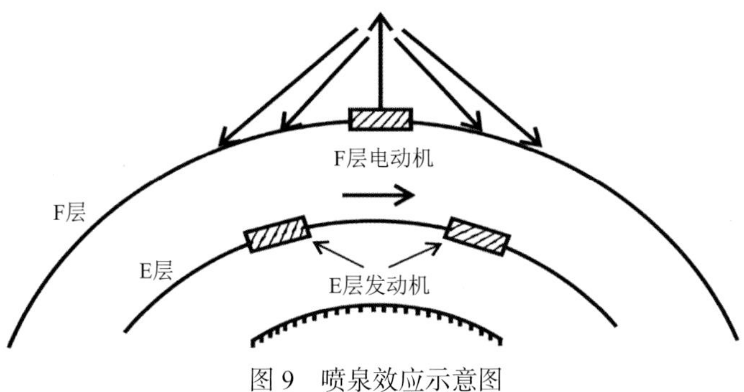

图 9　喷泉效应示意图

这四次航次的航行区域是 30°N～30°S、110°E～140°E 之间，航行的时间为 2013 年 11 月 9 日至 11 月 17 日（其中 11、12、13 日数据缺失）；2014 年 4 月 2 日至 4 月 10 日；2015 年 3 月 29 日至 4 月 6 日；2015 年 11 月 9 日至 11 月 16 日。其中 2013 年和 2015 年 11 月份船舶是由北向南穿越赤道区域，2014 年和 2015 年 3、4 月份船舶是由南向北穿越赤道区域，具体的航行路线如图 10 所示。

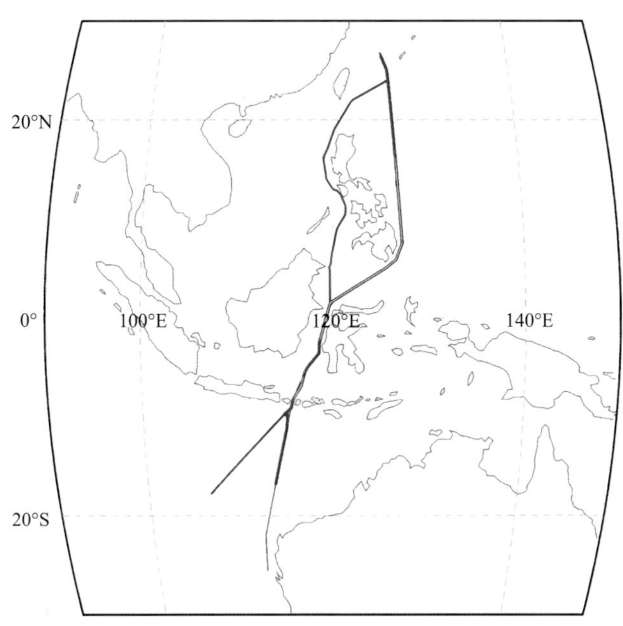

图 10　中国科考船在赤道海洋区域的航行路线

（红线：2013 年船舶由北向南穿越赤道；绿线：2014 年船舶由南向北穿越赤道；蓝线：2015 年船舶由南向北穿越赤道；黄线：2015 年船舶由北向南穿越赤道）

利用船载动态观测数据提取赤道海洋区域的电离层 TEC，然后绘制图 11 来展示该区域在世界时下的时序变化图。可以看出，在赤道海洋区域春季的电离层 TEC 普遍要大于秋季，2015 年春季和秋季的数据对比能更好的反映这一现象，两个季节的电离层 TEC 差值最大可达到 50TECu。在不同年份同一季节中，该区域的电离层 TEC 的大小也不相同，例如 2013 年秋季的电离层 TEC 要大于 2015 年秋季的电离层 TEC，这与当年的太阳活动强弱相关。

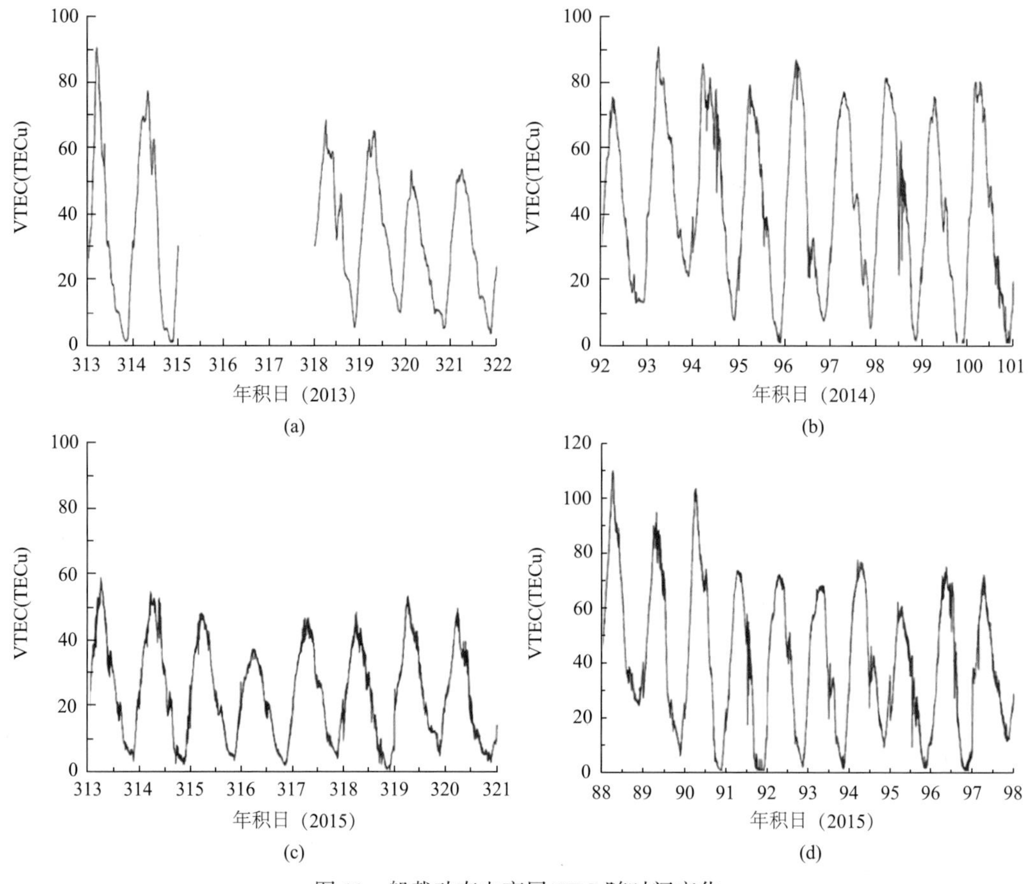

图 11　船载动态电离层 TEC 随时间变化

（a）船舶由北向南穿越赤道；（b）船舶由南向北穿越赤道；（c）船舶由北向南穿越赤道；（d）船舶由南向北穿越赤道

为探究赤道电离层异常在空间上的分布特征，将船载动态电离层 TEC 随着经纬度的变化情况绘制图 12。可以看出，EIA 现象呈现出强烈的南北半球不对称性，具体表现为峰值出现的位置和大小在南北半球是不一致的。该区域 EIA 现象的峰值出现的位置在北半球约为 20°N 附近，在南半球约为 10°S 附近。EIA 现象的峰值大小在南北半球表现出不一致性，而且该不一致性还出现季节的反转变化，在春季 EIA 现象在南半球的峰值要高于北半球，而在秋季峰值的大小对比发生反转，北半球要高于南半球。

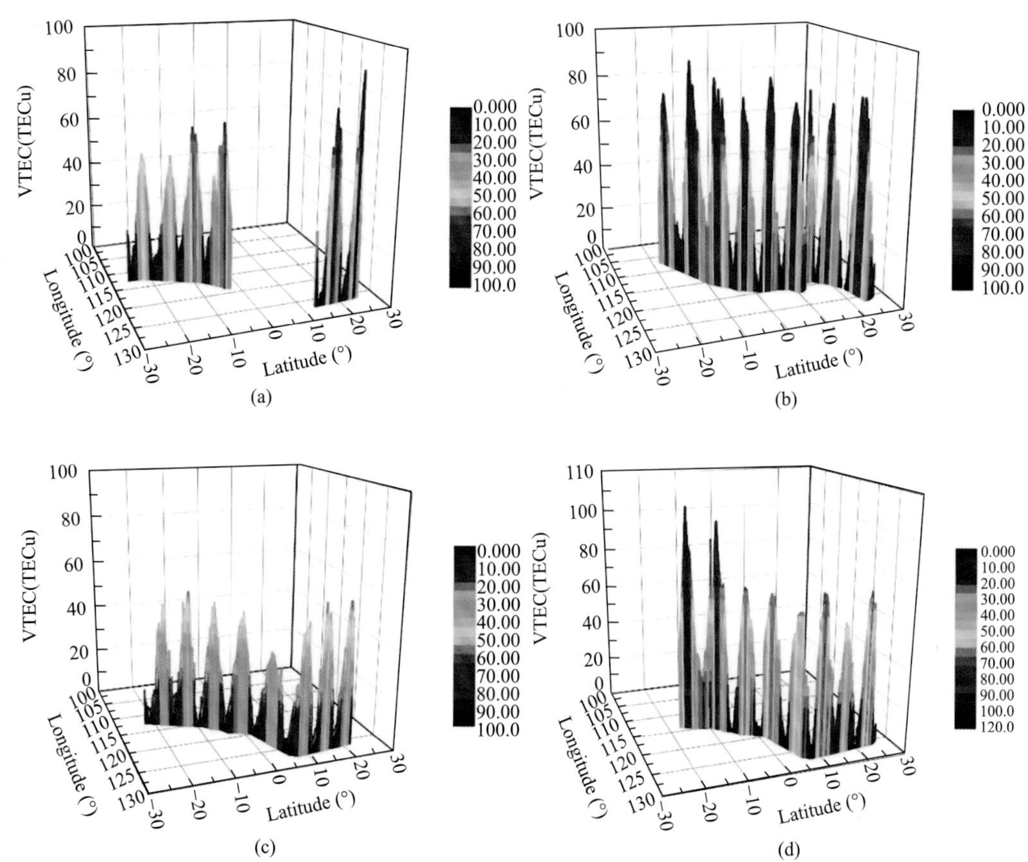

图 12　船载动态电离层 TEC 随经纬度变化

（a）2013 年船舶由北向南穿越赤道；（b）2014 年船舶由南向北穿越赤道；（c）2015 年船舶由北向南穿越赤道；（d）2015 年船舶由南向北穿越赤道

为了更精细地研究海洋区域 EIA 现象的南北不对称性，选用 2013 年 11 月 9 日、15 日和 2014 年 4 月 3 日、10 日的船载动态数据绘制图 13，这几天船舶航行在 EIA 现象的南北驼峰处，详细地描述了南北驼峰的峰值的大小和出现时间。经过分析，得到以下结论:在 2013 年秋季,北驼峰处的电离层 TEC 最大值要高于南驼峰处,其值分别为 90TECu 和 65TECu，北驼峰处最大值出现在当地时间 13：00 左右，而南驼峰处最大值出现的时间为当地时间 15：00 左右；在 2014 年春季，南北驼峰处的电离层 TEC 最大值对比发生反转，南驼峰要高于北驼峰，其值分别为 90TECu 和 80TECu，驼峰处峰值出现的时间也发生反转，南驼峰处最大值出现在当地时间 13：00 左右，而北驼峰处在当地时间 15：00 左右达到最大值。2013 年和 2014 年的船载动态数据很好地描述了 EIA 现象南北驼峰的具体差异以及该差异的季节变化特性，出现这种情况是跟跨赤道区域的中性风有关，中性风在春秋两季的运动方向相反，所以导致了南北驼峰出现季节性反转变化。

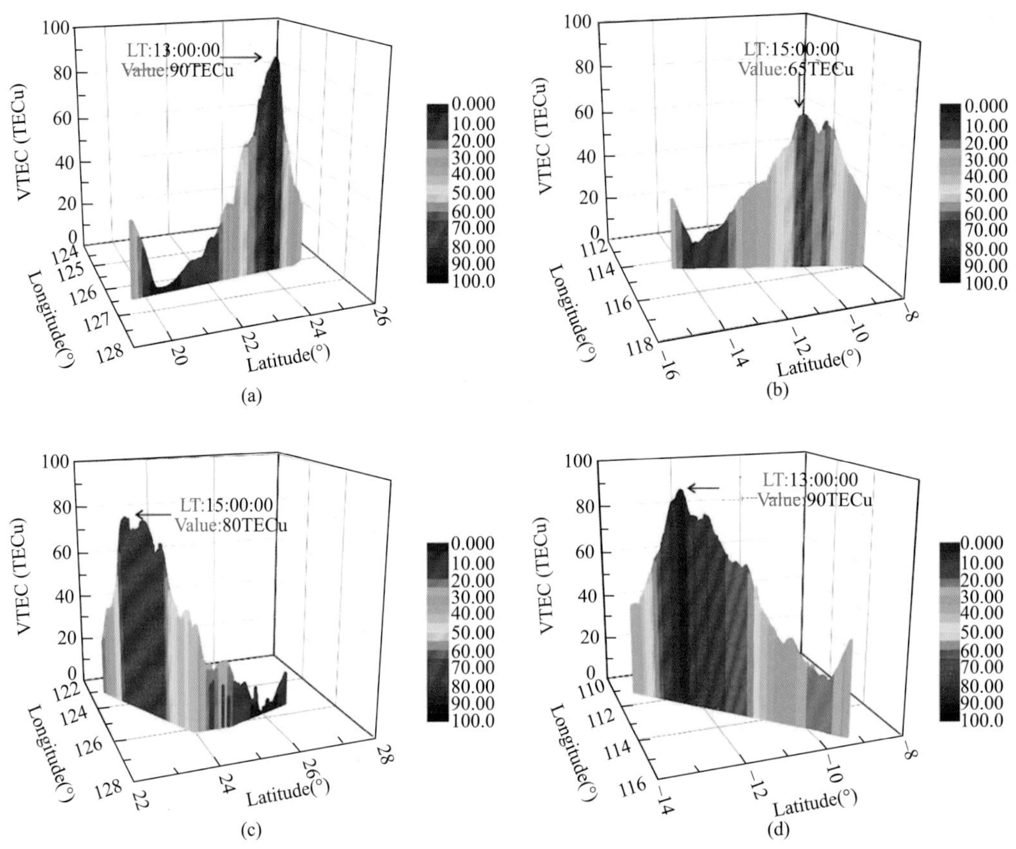

图 13 EIA 海洋区域南北驼峰电离层 TEC 变化对比（（a）2013 年第 313 天；（b）2013 年第 319 天；（c）2014 年第 100 天；（d）2014 年第 93 天）

4 小结

电离层具有影响无线电信号传播的特性，所以是卫星导航定位最主要的误差源之一，了解电离层有利于提高卫星导航定位的精度（Leitinger R et al.，2009；Zhang M L et al.，1995；Yu T et al.，2022）。以往关于电离层的研究基本集中在 IGS 基准站分布密集的陆地区域，海洋区域的电离层难以获取高精度的观测信息，为了保障海上航行和海洋资源开采等工作对于高精度导航定位信息的需求，需要补全电离层研究在海洋区域的空白（Cheng W et al.，2023；Yuan Y et al.，2008；Wang D et al.，2019）。在船舶上搭载 GNSS 接收机来采集海洋区域的电离层观测数据，为解决上述问题提供了高精度的数据支持（孙大伟等，2022；刘瑞源等，1994）。本文主要展示了利用船载动态 GNSS 观测数据进行海洋区域的电离层研究进展，主要研究工作包括以下几个方面：

（1）基于电离层薄层假设，利用船载动态 GNSS 观测数据提取电离层 TEC，并且对提取到的动态电离层 TEC 的精度进行验证。以国际 IGS 组织发布测地所北斗/GNSS 差分码偏差（DCB）产品作为参考，评估了不同海洋建模区域，模型解算的硬件延迟偏差精度。整体上，船载电离层模型解算的硬件延迟偏差具有可靠的精度。再将船载动态数据提取的电离层 TEC 作为参考值，评估了船载电离层模型和全球电离层模型的插值结果在海洋建模区域的精度，船载电离层模型在海洋区域精度较高且比较稳定。

（2）利用船载动态电离层 TEC 详细地分析西太平洋区域赤道电离层异常的时空分布特性。利用 2013 年至 2015 年的航次数据来描述 EIA 现象，发现春季电离层 TEC 在整体上要高于秋季，而且不同年份之间的电离层 TEC 大小与当年的太阳活动强弱相关。由于跨赤道中性风的影响，EIA 现象在该区域具有强烈的南北半球不对称性，南北驼峰出现的位置不一致，北驼峰出现在 20°N，南驼峰出现在 10°S。南北驼峰处电离层 TEC 峰值的大小和出现时间也具有不对称性，而且该不对称性还具有季节反转的特征，在 2013 年秋季，北驼峰处峰值 90TECu 出现在当地时间 13：00 左右，而南驼峰处峰值 65TECu 出现的时间为当地时间 15：00 左右；在 2014 年春季，南北驼峰处的电离层 TEC 峰值大小和出现时间对比发生反转，分别在当地时间 13：00 出现 90TEC 左右的峰值和在当地时间 15：00 出现 80TECu 左右的峰值。

参考文献

蔡洪亮, 孟轶男, 耿长江, 高为广, 张天桥, 李罡, 邵搏, 辛洁, 卢红洋, 毛悦, 袁海波, 刘成, 胡小工, 楼益栋. 2021. 北斗三号全球导航卫星系统服务性能评估: 定位导航授时、星基增强、精密单点定位、短报文通信与国际搜救. 测绘学报, 50: 427-435

从建锋, 刘智敏, 陈汉林. 2020. 山东区域电离层模型的建立及精度评估. 测绘科学, 45: 48-53

常志巧, 陈金平, 刘利, 胡小工, 郭睿, 辛洁, 曹月玲, 马岳鑫. 2021. WAAS 电离层格网播发特性及其性能评估. 天文学进展, 39: 265-275

陈亮, 展昕, 许磊, 张志新. 2023. BDS 授时性能分析与接收 DCB 估计. 导航定位学报, 11: 53-59

崔书珍, 周金国. 2016. 克里金插值法内插 IGS 电离层图精度分析. 全球定位系统, 41: 43-47

崔书珍, 周金国, 邓军. 2015. 广义三角级数函数电离层延迟模型计算. 全球定位系统, 40 : 69-71

丁毅涛, 郭美军. 2021 北斗电离层模型精度分析. 大地测量与地球动力学, 41: 131-139

冯建迪, 王正涛, 时爽爽等. 总电子含量赤道异常变化特性分析[J]. 测绘科学, 2016, 41(06): 44-47+52

郭承军, 吴玉飞. 2019. 基于数据融合的电离层 VTEC 反演精度分析. 天文学报, 60: 47-56

郭东晓. 2015. IGMA 全球电离层延迟建模方法与产品应用. 硕士学位论文. 郑州: 解放军信息工程大学. 1-78

郭树人, 蔡洪亮, 孟轶男, 耿长江, 贾小林, 毛悦, 耿涛, 饶永南, 张慧君, 谢新. 2019. 北斗三号导航定位技术体制与服务性能. 测绘学报, 48: 810-821

韩玲, 王解先, 柳景斌. 2018. NeQuick 模型算法研究及性能比较. 武汉大学学报(信息科学版), 43: 464-470

黄林峰, 蒋勇, 王劲松等. 利用 IGS-TEC 数据分析中国华南地区电离层赤道异常北驼峰的变化特征[J]. 空间科学学报, 2015, 35(02): 152-158

黄玲, 章红平, 徐培亮, 王成, 刘经南. 2016. 中国区域 VTEC 模型 Kriging 算法研究. 武汉大学学报(信息科学版), 41: 729-737

黄良珂, 陈军, 李琛等. 利用 IGS 电离层格网产品分析电离层峰值变化特性[J]. 科学技术与工程, 2018, 18(18): 212-217

黄小东, 韩军强, 涂锐, 刘金海, 洪菊, 范丽红, 张睿, 卢晓春. 2020. 基于北斗地基增强系统的中国区域电离层建模研究. 全球定位系统, 45: 26-30

蒋虎. 2019. 基于 GNSS 的极区电离层 TEC 模型应用研究. 博士学位论文. 武汉: 武汉大学. 1-146

李建胜. 2011. 电离层对雷达信号和导航卫星定位影响的分析与仿真研究. 解放军信息工程大学, 1-158
李新星. 2017. 基于球谐函数构建 VTEC 模式与精度分析. 硕士学位论文. 武汉: 中国地震局地震研究所. 1-51
李子申. 2012. GNSS/Compass 电离层时延修正及 TEC 监测理论与方法研究. 博士学位论文. 武汉: 中国科学院测量与地球物理研究所. 1-172
李子申, 王宁波, 李敏, 周凯, 袁运斌, 袁洪. 2017. 国际 GNSS 服务组织全球电离层 TEC 格网精度评估与分析. 地球物理学报, 60: 3718-3729
李子申, 王宁波, 袁运斌. 2020. 多模多频卫星导航系统码偏差统一定义与处理方法. 导航定位与授时, 7: 10-20
柳景斌, 王泽民, 王海军, 章红平. 2008. 利用球冠谐分析方法和 GPS 数据建立中国区域电离层 TEC 模型. 武汉大学学报(信息科学版), 33: 792-795
柳景斌, 王泽民, 章红平, 朱文耀. 2008. 几种地基 GPS 区域电离层 TEC 建模方法的比较及其一致性研究. 武汉大学学报(信息科学版), 33: 479-483
刘磊, 姚宜斌, 孔建, 翟长治. 2017. 附加 GIM 约束的全球电离层建模. 大地测量与地球动力学, 37: 67-71
刘立龙, 陈军, 黄良珂, 吴丕团, 秦旭元, 蔡成辉. 2018. 基于 Holt 指数平滑模型的 Klobuchar 模型精化. 武汉大学学报(信息科学版), 43: 599-604
刘瑞源, 权坤海. 1994. 国际参考电离层用于中国地区时的修正计算方法. 地球物理学报, 37: 422-432
卢福康, 余学祥, 肖星星, 胡富杰. 2022. BDS-2/BDS-3/GPS/Galileo 双频精密单点定位精度分析与评价. 全球定位系统, 47: 35-44
孙大伟, 艾孝军, 贾小林. 2022. BDS/GNSS 精密单点定位性能分析. 大地测量与地球动力学, 42: 1111-1116
王国永. 2015. 基于双移动站的卫星双向时间传递系统误差校准方法研究. 博士学位论文. 西安: 中国科学院研究生院(国家授时中心). 1-142
王宁波. 2016. GNSS 差分码偏差处理方法及全球广播电离层模型研究. 博士学位论文. 北京: 中国科学院测量与地球物理研究所, 1-1069
王宁波, 袁运斌, 李子申, 李敏, 霍星亮. 2017. 不同 NeQuick 电离层模型参数的应用精度分析. 测绘学报, 46: 421-429
王旭峰. 2016. 基于 GPS/BDS 导航系统电离层建模研究. 硕士学位论文. 徐州: 中国矿业大学. 1-101
王野. 2021. 基于单接收机的 GNSS 偏差分析与估计方法研究. 博士学位论文. 哈尔滨: 哈尔滨工程大学. 1-151
王月良, 李博峰, 王苗苗, 楼立志. 2017. 附加经验模型虚拟观测的全球电离层球谐函数建模. 地球物理学进展, 32: 1043-1050
王泽民, 车国伟, 安家春. 2015. 南极威德尔海电离层异常的综合观测及分析. 武汉大学学报(信息科学版), 40: 1421-1427
魏传军. 2014. 基于地基 GNSS 观测数据的电离层延迟改正研究. 硕士学位论文. 西安: 长安大学. 1-83
魏莹莹. 2021. 中国区域电离层建模方法及其应用研究. 硕士学位论文. 北京: 中国地质大学(北京). 1-75
吴显兵. 2016. 广域实时精密差分定位系统关键技术研究. 博士学位论文. 西安: 长安大学. 1-198
吴显兵, 徐天河, 李施佳. 2015. 基于 GPS 数据的近海区域电离层建模及其精度评估. 海洋测绘, 35: 29-31
武业文. 2013. 利用全球导航卫星研究电离层总电子含量特性. 博士学位论文. 西安电子科技大学. 1-150
萧佐. 1999. 50 年来的中国电离层物理研究. 物理, 28: 661-667
徐振中, 王伟民, 王博等. 120°E 赤道电离异常区电子浓度总含量分析与预测. 地球物理学报, 2012,

55(07): 2185-2192
解为良. 2018. 多系统 GNSS 高精度电离层建模和差分码偏差估计. 硕士学位论文. 武汉: 武汉大学. 1-87
杨娇. 2020. 基于 EGNOS 模型的地基 GPS 水汽反演研究. 博士学位论文. 南京: 南京信息工程大学. 1-136
杨克凡. 2017. GNSS 区域电离层建模及在 PPP 中的应用研究. 硕士学位论文. 郑州: 解放军信息工程大学. 1-73
杨哲, 宋淑丽, 薛军琛, 朱文耀. 2012. Klobuchar 模型和 NeQuick 模型在中国地区的精度评估. 武汉大学学报(信息科学版), 37: 704-708
姚宜斌, 高鑫. 2022. GNSS 电离层监测研究进展与展望. 武汉大学学报(信息科学版), 47 : 1728-1739
尹萍, 闫晓鹏, 宁泽浩. 2011. 一种基于 LSTM 与 IRI 模型的电离层层析 TEC 组合预测方法. 电波科学学报, 37: 852-861
游梦琳. 2021. GNSS 区域电离层建模及应用性能分. 硕士学位论文. 桂林: 桂林电子科技大学. 1-70
余龙飞. 2020. 基于 GNSS 的电离层电子含量时空变化建模与分析. 博士学位论文. 南京: 东南大学. 1-142
于兴旺. 2011. 多频 GNSS 精密定位理论与方法研究. 博士学位论文. 武汉: 武汉大学. 1-179
袁浩鸣. 2019. GNSS 区域电离层建模与精度分析. 硕士学位论文. 徐州: 中国矿业大学.
袁运斌. 2002. 基于 GPS 的电离层监测及延迟改正理论与方法的研究. 博士学位论文. 武汉: 中国科学院研究生院(测量与地球物理研究所). 1-134
袁运斌, 霍星亮, 张宝成. 2017. 近年来我国 GNSS 电离层延迟精确建模及修正研究进展. 测绘学报, 46: 1364-1378
袁运斌, 李敏, 霍星亮, 李子申, 王宁波. 2021. 北斗三号全球导航卫星系统全球广播电离层延迟修正模型(BDGIM)应用性能评估. 测绘学报, 50: 436-447
袁运斌, 欧吉坤. 1999. GPS 观测数据中的仪器偏差对确定电离层延迟的影响及处理方法. 测绘学报, 1999, 28: 19-23
袁运斌, 欧吉坤. 2002. 建立 GPS 格网电离层模型的站际分区法. 科学通报, 47: 636-639
袁运斌, 欧吉坤. 2005. 广义三角级数函数电离层延迟模型. 自然科学进展, 15: 1015- 1019
章红平. 2006. 基于地基 GPS 的中国区域电离层监测与延迟改正研究. 博士学位论文. 上海: 中国科学院研究生院(上海天文台), 1-136
章红平, 韩文慧, 黄玲, 耿长江. 2012. 地基 GNSS 全球电离层延迟建模. 武汉大学学报(信息科学版), 37: 1186-1189
章红平, 施闯, 唐卫明. 2008. 地基 GPS 区域电离层多项式模型与硬件延迟统一解算分析. 武汉大学学报(信息科学版), 33: 805-809
张强. 2019. 多源多系统数据融合全球电离层 TEC 监测理论与方法研究. 博士学位论文. 武汉: 武汉大学. 1-218
张强, 赵齐乐. 2019. 武汉大学 IGS 电离层分析中心全球电离层产品精度评估与分析. 地球物理学报, 62: 4493-4505
张强, 赵齐乐, 章红平, 胡志刚, 伍岳. 2014. 北斗卫星导航系统 Klobuchar 模型精度评估. 武汉大学学报(信息科学版), 39: 142-146
张小红, 左翔, 李盼, 潘宇明. 2015. BDS/GPS 精密单点定位收敛时间与定位精度的比较. 测绘学报, 44: 250-256
张益泽, 陈俊平, 杨赛男, 陈倩. 2019. 北斗广域差分分区综合改正数定位性能分析. 武汉大学学报(信息科学版), 44: 159-165
赵玲, 周杨, 薛武. 2016. GIM 和 IRI2012 模式在中国地区的时空变化和扰动分析. 地球物理学进展, 31: 2048-2055
钟慧鑫, 肖艳鲁, 冯建迪, 朱云聪. 2021. IRI2016 模型的 TEC 预测能力分析. 测绘科学, 46: 54-66

周仁宇, 胡志刚, 苏牡丹, 李军正, 李鹏博, 赵齐乐. 2019. 北斗全球系统广播电离层模型性能初步评估. 武汉大学学报(信息科学版), 44: 1457-1464

朱永兴. 2020. 北斗系统全球电离层建模理论与方法研究. 博士学位论文. 郑州: 战略支援部队信息工程大学. 1-151

Abdelazeem M, Çelik R N, El-Rabbany A. 2017. An accurate Kriging-based regional ionospheric model using combined GPS/BeiDou observations. Journal of Applied Geodesy, 12: 65-76

Amiri-Simkooei A R, Asgari J. 2012. Harmonic analysis of total electron contents time series: methodology and results. GPS Solutions, 16: 77-88

Antonio A, Salvatore G, Ciro G, Marco M, Salvatore T. 2013. Benefit of the NeQuick Galileo Version in GNSS SinglePoint Positioning. International Journal of Navigation and Observation, 2013: 32-36

Bilitza D, Altadill D, Zhang Y, Mertens C, Truhlik V, Richards P, McKinnell L A, Reinisch B. 2014. The International Reference Ionosphere 2012 – a model of international collaboration. Journal of Space Weather and Space Climate, 47: 689-721

Bilitza D, Pezzopane M, Truhlik V, Altadill D, Reinisch B W, Pignalberi A. 2022. The International Reference Ionosphere Model: A Review and Description of an Ionospheric Benchmark. Reviews of Geophysics, 60: 689-721

Bilitza D, Reinisch B W. 2007. International Reference Ionosphere 2007: improvements and new parameters. Advances in Space Research, 42: 599-609

Bilitza D, Reinisch B W. 2021. Preface: International reference ionosphere – Progress and new inputs. Advances in Space Research, 68: 2057-2058

C. J J, H. N, R. W. 2005. GPS TEC and ITEC from digisonde data compared with NEQUICK model. Advances in Radio Science, 2: 269-273

Cheng W, Shanshan X, Lei F, Chuang S, Guifei J. 2023. Ionospheric climate index as a driving parameter for the NeQuick model. Advances in Space Research, 71: 216-227

Choi B, Lee S, Park J. 2011. Monitoring the ionospheric total electron content variations over the Korean Peninsula using a GPS network during geomagnetic storms. Earth, planets and space: EPS, 63: 469-476

Coco D S, Coker C, Dahlke S R, Clynch J R. 1991. Variability of GPS satellite differential group delay biases. IEEE Transactions on Aerospace and Electronic Systems, 27: 931-938

Coïsson P, Radicella S M, Leitinger R, Leitinger R, Nava B. 2006. Topside electron density in IRI and NeQuick: Features and limitations. Advances in Space Research, 37: 937-942

Daniell R E, Brown L D, Anderson D N, Fox M W, Doherty P H, Decker D T, Sojka J J, Schunk R W. 1995. Parameterized ionospheric model: a global ionospheric parameterization based on first principles models. Radio Science, 30: 1499-1510

Fu L, Haines B J. 2013. The challenges in long-term altimetry calibration for addressing the problem of global sea level change. Advances in Space Research, 51: 1284-1300

Guangxing W, Zhihao Y, Zhigang H, Gang C, Wei L, Yadong B. 2021. Analysis of the BDGIM Performance in BDS Single Point Positioning. Remote Sensing, 13: 3888

Hernández-Pajares M, Juan J M, Sanz J, Orus R, Garcia-Rigo A, Feltens J, Komjathy A, S. Schaer S C, Krankowski A. 2009. The Igs Vtec Maps: A Reliable Source of Ionospheric Information Since 1998. Journal of Geodesy, 83: 263-275

Hernández-Pajares M, Roma-Dollase D, Krankowski A, García-Rigo A, Orús-Pérez R. 2017. Methodology and consistency of slant and vertical assessments for ionospheric electron content models. Journal of Geodesy, 91: 1405-1414

Jiang H, Liu J, Wang Z, An J, Ou J, Liu S, Wang N. 2019. Assessment of spatial and temporal TEC variations derived from ionospheric models over the polar regions. Journal of Geodesy, 93: 455-471

Klobuchar J A. 1987. Ionospheric Time-Delay Algorithm for Single-Frequency GPS Users. IEEE Transactions on Aerospace and Electronic Systems, AES-23: 325-331

Lanyi G E, Roth T. 1988. A comparison of mapped and measured total ionospheric electron content using global positioning system and beacon satellite observations. Radio Science, 23: 483- 492

Leitinger R, Zhang M L, Radicella S M. 2009. An improved bottomside for the ionospheric electron density model NeQuick. Annals of Geophysics, 48: 525-534

Leong S K, Musa T A, Omar K, Subari M D, Pathy N B, Asillam M F. 2015. Assessment of ionosphere models at Banting: Performance of IRI-2007, IRI-2012 and NeQuick 2 models during the ascending phase of Solar Cycle 24. Advances in Space Research, 55: 1928-1940

Li Z, Yuan Y, Fan L, Huo X, Hsu H. 2014. Determination of the Differential Code Bias for Current BDS Satellites. IEEE Transactions on Geoscience and Remote Sensing, 52: 3968-3979

Li Z, Yuan Y, Li H, Ou J, Huo X. 2012. Two-step method for the determination of the differential code biases of COMPASS satellites. Journal of geodesy, 86: 1059-1076

Li Z, Yuan Y, Wang N, Hernandez-Pajares M, Huo X. 2015. SHPTS: towards a new method for generating precise global ionospheric TEC map based on spherical harmonic and generalized trigonometric series functions. Journal of Geodesy, 89: 331-345

Luo X, Wang D, Wang J, Wu Z, Gao J, Zhang T, Yang C, Qin X, Chen X. 2021. Study of the Spatiotemporal Characteristics of the Equatorial Ionization Anomaly Using Shipborne Multi-GNSS Data: A Case Analysis（120–150°E, Western Pacific Ocean, 2014–2015）. Remote Sensing, 13: 3051

Mannucci A J, Wilson B D, Edwards C D. 1993. A new method for monitoring the Earth's ionospheric total electron content using the GPS global network. 32: 1499-1512

Nava B, Coïsson P, Radicella S M. 2008. A new version of the NeQuick ionosphere electron density model. Journal of Atmospheric and Solar-Terrestrial Physics, 70: 1856-1862

Nava B, Radicella S M, Azpilicueta F. 2011. Data ingestion into NeQuick 2. Radio Science, 46: 1-8

Ningbo W, Zishen L, Yunbin Y, Xingliang H. 2021. BeiDou Global Ionospheric delay correction Model（BDGIM）: performance analysis during different levels of solar conditions. GPS Solutions, 25: 97

Qiang Z, Zhuoya L, Zhigang H, Jinning Z, Qile Z. 2022. A modified BDS Klobuchar model considering hourly estimated night-time delays. GPS Solutions, 26: 49

Radicella S M. 2009. The NeQuick model genesis, uses and evolution. Annals of Geophysics, 52: 417-422

Roma-Dollase D, Hernández-Pajares M, Krankowski A, Kotulak K, Ghoddousi-Fard R, YuanY, Zishen L, Hongping Z, Shi C, Wang C, Feltens J, Vergados P, Komjathy A, Schaer S, García-Rigo A, Gómez-Cama J M. 2018. Consistency of seven different GNSS global ionospheric mapping techniques during one solar cycle. Journal of Geodesy, 92: 691-706

Schaer S, Beutler G, Rothacher M. 1998. Mapping and predicting the ionosphere. Proceedings of the IGS Analysis Center Workshop, Darmstadt, Germany, February 9-11

Scherliess L, Schunk R W, Sojka J J, Thompson D C. 2004. Development of a physics-based reduced state Kalman filter for the ionosphere. Radio Science, 39: 1-12

Sen H K, Wyller A A. 1960. On the generalization of the Appleton-Hartree magnetoionic formulas. Journal of Geophysical Research, 65: 3931-3950

Suneetha E, Venkata R D. 2022. Regional ionospheric model response of geomagnetic storm during March 2015 using data fusion mechanism: GPS, COSMIC RO and SWARM. Acta Geophysica, 71: 553-566

Wang D, Luo X, Wang J, Gao J, Zhang T, Wu Z, Yang C, Wu Z. 2019. Global Ionospheric Model Accuracy Analysis Using Shipborne Kinematic GPS Data in the Arctic Circle. Remote Sensing, 11: 2062

Wang N, Yuan Y, Li Z, Li Z, Li Y, Huo X, Li M. 2017. An examination of the Galileo NeQuick model: comparison with GPS and JASON TEC. GPS Solutions, 21: 605-615

Yu T, Shuhui L, Hang S, Wenjie Z, Wenyi H, 2022. Comparative analysis of BDGIM, NeQuick-G, and Klobuchar ionospheric broadcast models. Astrophysics and Space Science, 367: 78

Yu X, Zhen W, Xiong B, She C, Ou M, Xu J, Liu D. 2015. The performance of ionospheric correction based on NeQuick 2 model adaptation to Global Ionospheric Maps. Advances in Space Research, 55: 1741- 1747

Yuan Y, Huo X, Ou J, Zhang K, Chai Y, Wen D, Grenfell R. 2008. Refining the Klobuchar ionospheric coefficients based on GPS observations. IEEE Transactions on Aerospace and Electronic Systems, 44: 1498-1510

Yuan Y, Ou J. 2002. Differential areas for differential stations (DADS): a new method of establishing grid ionospheric model. Chinese Science Bulletin, 47: 1033-1036

Yuan Y, Tscherning C C, Knudsen P, Xu G, Ou J. 2008. The ionospheric eclipse factor method (IEFM) and its application to determining the ionospheric delay for GPS. Journal of Geodesy, 82: 1-8

Yuan Y, Wang N, Li Z, Huo X L. 2019. The BeiDou global broadcast ionospheric delay correction model (BDGIM) and its preliminary performance evaluation results. Navigation, 66: 55-69

Zhang M L, Radicella S M. 1995. The improved DGR analytical model of electron density height profile and total electron content in the ionosphere. Annals of Geophysics, 38: 35-41

激光拉曼光谱探测技术在深海热液与冷泉系统原位探测中的应用

李连福[1]，栾振东[1,3]，杜增丰[1,3]，席世川[1]，王思羽[1,3]，马良[1,3]，
张雄[1,3]，张鑫[1,2,3*]

1 中国科学院海洋研究所，中国科学院海洋地质与环境重点实验室&深海极端环境与生命过程研究中心，山东 青岛，266071

2 崂山实验室，山东 青岛，266237

3 中国科学院大学，北京，100049

*通讯作者，E-mail：xzhang@qdio.ac.cn

摘要 深海热液与冷泉系统每年向海洋中释放大量物质，不仅为深海极端生态系统提供了能量来源，也会显著影响周围海水的化学组成与特征。但深海极端环境的严苛温度、压力条件，给准确获取热液、冷泉系统的化学环境场信息造成了困难。而通过保压流体取样技术先采样后实验室分析的测量方式，不仅探测效率低下，也无法避免采样和样品处理过程中气体组分的损失，造成极大的测量误差。激光拉曼光谱测量技术因其非侵入、非破坏、无需样品前处理、快速检测等一系列优势非常适宜于开展深海热液、冷泉释放物质组分的原位测量。本文回顾了激光拉曼光谱技术的发展历程，介绍了激光拉曼光谱技术开展深海原位定量探测的基本原理以及国内外已经研发的深海激光拉曼光谱探测系统，并重点论述了近几年基于该技术在深海冷泉、热液等极端环境基础研究中取得的进展与新认识，最后总结了拉曼光谱技术在深海原位探测中面临的问题与发展趋势，可以为拉曼光谱技术未来的发展提供参考。

关键词 拉曼光谱；冷泉；热液；深海极端环境；原位探测

1 引言

深海热液与冷泉系统的发现一直被认为是上世纪地球科学界的重大事件（Corliss

基金项目：国家自然科学基金项目（Nos. 92058206、42221005、41822604、42049582）、中国科学研究院战略性先导科技专项项目（Nos. XDA22050102、XDB42040302）、泰山学者青年专家项目（Nos. tsqn201909158）、中国科学院冷泉装置前期关键技术攻关项目（LQ-GJ-03-02）

作者简介：李连福，特别研究助理，博士，主要从事深海热液、冷泉等极端环境的原位定量探测研究，E-mail：lilianfu@qdio.ac.cn

et al.，1979），在国际上已有近 40 年的研究历史。热液与冷泉的流体通道连通了地球不同圈层之间的物质与能量交换，其释放的地球深部物质在供养深海极端生态系统的同时，还会改变周围海水的离子成分、溶解气体含量、pH 等化学参数，进而影响海洋深部的物质和能量循环过程（Caldeira and Wickett，2003；Feely et al.，2004；Suess，2014）。同时，深海热液与冷泉活动还形成了丰富的矿产、极端生物基因等重要战略资源，其地质构造、成矿机制和资源潜力一直是国际海洋科学的研究热点（Coumou et al.，2008）。

由于热液与冷泉系统在深海研究领域的重要性，近些年来基于先进的海洋调查手段开展热液、冷泉系统的近海底基础物理化学场的观测，尤其是开展其喷发流体的地球化学参数分析、释放物质通量的观测研究，已成为揭示热液与冷泉活动成因、演化过程及其对全球环境影响的重要研究内容（Wankel et al.，2011）。但是由于深海极端条件影响，目前对深海热液、冷泉物理化学环境场参数的准确观测仍存在诸多困难，而采用先取样后实验室分析的传统探测方式难以避免样品回收、测试过程中温度和压力等环境因素变化所造成分析数据的误差（Ding et al.，2001）。即使采用更为先进的保压流体取样方式也无法排除样品回收与测试过程中微生物反应所造成的对测量结果的干扰。并且目前用于深海探测研究的水下运载平台的负载有限，这限制了开展探测时所携带的采样瓶的数量，而较低的保压流体取样成功率也极大的影响了对深海热液、冷泉系统的探测效率。

针对传统方式在深海热液与冷泉理化环境参数准确观测中面临的技术难题，国内外海洋机构研发了不同类型的多种深海原位探测装置。例如挪威 Kongsberg 集团开发的甲烷、二氧化碳等海洋化学传感器，但此类化学传感器的环境耐受性较差，可用于海水中气体组分的检测分析，无法应用到深海热液喷口的高温、浑浊、强腐蚀的复杂流体环境中。美国明尼苏达大学研发了不同类型的耐高温电化学电极，可用于高温热液喷口流体中硫化氢、氢气、pH 等参数的原位探测（Ding et al.，2005）。美国哈佛大学、特拉华州大学等研制了原位质谱仪并将其应用到对深海热液化学场的原位探测中（Petersen et al.，2011）。以上深海原位探测装备的出现，显著提高了深海热液、冷泉等极端环境近海底化学场参数观测的准确性，提高了深海观测的效率。二十一世纪初出现了一种以光谱技术为检测原理的新型深海原位探测技术——深海激光拉曼光谱原位探测技术，该技术通过采集一次拉曼光谱即可获得包括二氧化碳、甲烷、硫化氢、氢气等气体组分，硫酸根、碳酸根等离子组分在内的多种化学场信息，并且该技术检测快速、无需样品前处理、可实现非接触式测量，因而在深海探测中具有较强的环境适应性，可以满足深海冷泉低温环境、热液高温环境不同等不同场景的原位探测需求（Brewer et al.，2004）。近十年来，中国海洋大学、中国科学院海洋研究所等国内海洋研究机构基于拉曼光谱技术研制了多款深海原位探测装置样机（杜增丰等，2020），并在西太平洋典型热液与冷泉区开展了广泛应用，取得了大量原位探测数据和创新性成果，所取得的新认识，显著推动了深海极端环境科学的发展。本文旨在综述深海原位拉曼光谱技术的发展历史、基本测量原理及其构建的原位定量探测技术体系，并简要介绍近几年基于该技术在深海热液与冷泉研究领域所取得的新进展，探讨该技术的未来发展趋势。

2 深海原位拉曼光谱的介绍与发展历史

当光照射到样品时，大部分光子都发生了投射和反射，还有极少一部分光子与被测样品发生了碰撞，使得光的传播方向与入射光的方向发生偏离，也就是光的散射现象。当入射光子与样品分子碰撞过程中发生能量转移时，散射光频率发生变化，这种散射被称为非弹性散射，主要包括拉曼散射和布里渊散射等，这种被印度科学家 C. V. Raman 和 K. S. Krisihnan 以及苏联科学家 Landsberg 和 Mandelstam 分别独立发现了的散射现象被称为拉曼散射（Bohren and Huffman，2008）。拉曼散射的基本原理决定了拉曼光谱是一种微弱信号，平均每 10^6～10^8 个入射光子中只有一个光子发生拉曼散射。20 世纪 60 年代单色光源激光器被引入作为拉曼散射的光源后，基于拉曼散射效应开展样品的光谱分析技术得到快速发展，并在物质结构研究、成分识别等领域得到十分广泛的应用。尽管拉曼光谱的信号较弱，但它具有快速检测、非接触测量、不损坏样品、无需样品预处理等检测优势，非常适宜于开展深海极端环境的原位探测，因此拉曼光谱技术在深海原位探测领域得到越来越广泛的应用。美国蒙特利湾海洋研究所、中国海洋大学、中国科学院海洋研究所、中国科学院大连化学物理研究所、法国海洋开发研究院、德国柏林工业大学等国内外知名海洋研究机构纷纷研制出可用于浅海、深海以及深渊等环境原位探测的拉曼光谱探测系统（杜增丰等，2020）。美国蒙特利湾海洋研究所布鲁尔教授在深海原位拉曼光谱探测技术的研发上做出了开拓性工作，研制了国际首台深海原位激光拉曼光谱仪（Deep Ocean Raman In Situ Spectrometer，DORISS），该系统可被用于海水中气体组分及深海沉积物孔隙水的探测中。中国海洋大学郑荣儿教授等人研发了国内首套深海自容式激光拉曼光谱探测系统（Deep Ocean Compact Autonomous Raman Spectrometer，DOCARS），该系统具备对海水中 SO_4^{2-}、NO_3^-、HCO_3^-等离子组分的定量探测能力，后续中国海洋大学研究团队研发了新一代小型水下拉曼光谱探测系统（Du et al.，2015）。中国科学院大连化学物理研究所李灿、范峰滔等研发了国际上首台以紫外激光作为激发光源的深海拉曼光谱仪，并成功在马里亚纳开展了海试应用，获得了原位拉曼光谱数据（Fan et al.，2010）。

中国科学院海洋研究所张鑫等人研制了探针式深海激光拉曼光谱探测系统（Raman insertion Probe，RiP），该系统是在 DORISS 系统基础之上的重新设计的全新原位拉曼探测系统，继承了 DORISS 系统高灵敏度、高温定性的特点（Zhang et al.，2017a）（图 1）。为了提高 RiP 系统在深海极端环境探测的适应性，张鑫等人研制了热液探针（Raman insertion Probe for Hydrothermal vent，RiP-Hv）、冷泉探针（Raman insertion Probe for Cold seep，RiP-Cs）、孔隙水探针（Raman insertion Probe for Porewater，RiP-Pw）、水合物探针（Raman insertion Probe for Gas hydrate，RiP-Gh）等不同类型的拉曼光谱探针，使得 RiP 系统成为了国际上唯一一套可同时满足深海热液与冷泉环境探测的深海原位拉曼光谱探测系统，其探针的最高耐温、耐压分别可以达到 450℃、69 MPa，可以满足目前全球绝大部分热液与冷泉系统的环境探测。RiP 系统的三个核心部件激光器、拉曼光谱仪、面阵型电荷耦合器件（Charge Coupled Device，CCD）均放置在钛合金耐压舱中。RiP 系统采用 532nm 波长的 Compass 315 连续激光器（Coherent，USA），在激光单色性、输出功率稳定性、温度适用范围等重要性能指标上表现优异。拉曼光谱仪采用美国

KOSI 公司生产的 N-RXNE-532-RA-SP 型号的光谱仪，采用多路复用光栅。RiP 系统采用 Andor（UK）公司定制款 CCD（DU-440A-BV-136），像素为 2048×512，冷却温度可达零下 40℃。拉曼信号经过光谱仪分光后，投射到 CCD 的上下两个区域。全波段的光谱由上下两段光谱拼接而成，光谱测量范围可达 100 至 4325cm^{-1}，分辨率可以达到 1cm^{-1}（Zhang et al.，2010；Zhang et al.，2012；Zhang et al.，2017a）。目前 RiP 系统已被广泛应用到冲绳海槽热液区、马努斯热液区、西南印度洋中脊热液区、台西南冷泉区、陵水冷泉区等热液与冷泉的原位探测中，获取了大量原位探测数据（图 2）。本文以 RiP 系统在西太平洋区域开展的原位探测研究为依据，将重点介绍该系统近些年来在深海热液与冷泉系统的原位探测研究中取得的重要进展的创新性成果。

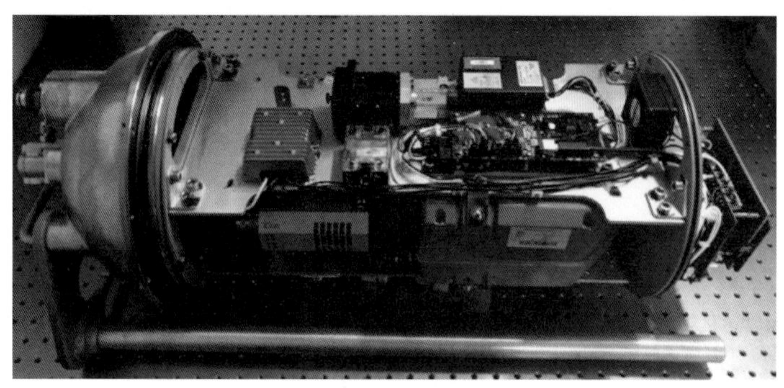

图 1　拉曼插入式探针系统主机内部组成

图 2　拉曼插入式探针系统在“发现”号 ROV 上进行搭载

3 基于拉曼光谱技术构建的深海原位定量分析技术体系

拉曼光谱反映的被测物质的分子振动状态信息，常用于被测物质化学组分与结构信息的反演，由于不同组分的拉曼散射效率不同，且不同测量仪器的参数、光路不同，使得仅通过拉曼光谱的强度无法直接获取被测组分的浓度或丰度，因此在很长时间里，拉曼光谱仅被作为定性分析的工具来使用。20 世纪 80 年代 Wopenka 和 Pasteris（1987）提出了拉曼强度归一化理论，奠定了拉曼光谱定性分析的基础，此后基于拉曼光谱的标准化强度开展被测组分浓度的定量化分析成为了拉曼光谱的重要研究方向。

拉曼光谱的强度公式可以简化为：

$$I = \mathrm{K}'' N \sigma I_{\mathrm{L}} \tag{1}$$

其中，K″代表比例系数，N为拉曼活性分子数，σ 表示拉曼散射截面，I_L 代表被激发辐射的强度，由此可知测量时所获得的拉曼光谱的强度不仅受控于被测物的浓度，还受到激发光强度、测量光路等因素的控制，因此拉曼光谱强度无法直接用于被测组分的浓度反演。拉曼光谱强度的归一化处理是解决这一问题的有效手段，公式如下：

$$\frac{I}{I_{\mathrm{R}}} = \frac{N}{N_{\mathrm{R}}} \frac{\sigma}{\sigma_{\mathrm{R}}} \tag{2}$$

其中，R 表示参考物，一般选择与被测目标物处于同一测量体系的物质，这样可以抵消诸多环境及设备差异所造成的对拉曼光谱定量分析的影响。对于深海热液与冷泉极端环境探测来讲，水是开展溶解态组分拉曼光谱定量分析的理想内标物，因为其化学性质稳定、拉曼特征峰易于识别。因而建立水的拉曼特征峰与被测物拉曼特征峰相对强度与被测组分浓度之间的关系，是开展热液与冷泉物质拉曼光谱定量分析的关键（田陟贤，2015）。

拉曼光谱的分子光谱特性，使得其很容易受到外界环境因素影响，特别是深海热液、冷泉系统的高温（低温）、高压、盐度易变的流体环境将给热液与冷泉流体组分的定量分析造成严重影响。为了解决这一问题，必须开展实验室内开展真实热液与冷泉环境的模拟，并采集不同温度、压力、盐度等环境下的拉曼光谱，建立适用于深海热液与冷泉流体环境的拉曼光谱定量分析模型。李连福等基于实验室内构建的深海极端环境模拟平台开展了 CO_2、CH_4、H_2、SO_4^{2-}等组分的拉曼光谱定量分析。首先利用气体增压系统将高纯气体泵入高温高压反应舱内，再经液体增压系统分别将纯水、标准海水、不同盐度的氯化钠溶液等溶剂泵入反应舱内，维持反应舱内温度和压力环境长时间处于稳定状态直至舱内的气体组分达到溶解平衡。通过插入式拉曼光谱探针直接采集已达到溶解平衡的反应体系的拉曼光谱，对同一温压条件下的拉曼光谱多次采集后，调整反应体系的温度和压力，重复上述实验。不同温压下的气体组分在特定溶剂下的溶解浓度可以通过热力学模型计算得出，对同一反应体系进行多次实验后即可得到不同气体浓度与拉曼光谱特征之间的关系。利用以上实验方法，李连福等分别建立了 CO_2、CH_4、H_2、SO_4^{2-}等组分在高温高压条件下（350℃、40 MPa）的拉曼光谱定量分析模型，覆盖了世界上绝大部分热液与冷泉的探测环境（Li et al.，2018a，2018b，2020b）。后续又在实验室内建立了可同时监测反应体系 pH 参数的深海极端环境模拟平台，基于此，李连福等建立了热液环境 H_2S、HS^-组分的拉曼光谱定量分析模型，席世川等建立了热液环境 HSO_4^-组分的拉曼光谱定量分析模型（Li et al.，2023b；Xi et al.，2018）。基于以上拉曼光谱的定量分析工作基本建立了依托原位拉曼光谱探测技术的深海极端环境定量分析技术体系，为开展深海热液与冷泉环境化学场参数的原位定量探测奠定了基础。

4 基于深海移动观测平台的原位拉曼光谱探测

深海移动观测平台，如遥控无人潜水器（Remote Operated Vehicle，ROV）、载人潜水器（Human Occupied Vehicle，HOV）的快速发展直接带动了深海原位探测技术的进步。目前 RiP 系统满足全球主流潜水器的搭载要求，迄今已搭载包括“发现”号、“海星 6000”、“海龙III” ROV 以及“蛟龙”号 HOV 等国内主流深海潜水器，在深海热液与冷泉区域开展了大量原位探测任务。这种原位探测方式开展任务靶区的选取更加灵活、设备的使用成本更低，因此当前基于激光拉曼光谱探测技术所开展的原位探测大部分是基于深海移动观测平台所开展的。

4.1 热液气体浓度及释放通量原位探测

热液系统每年向海洋释放大量的二氧化碳、甲烷等气体组分，这不仅会影响热液极端环境附近的水体，还会影响全球海洋中的物质循环结构。但是当前尚未有直接测量热液高温喷口流体中气体浓度的方法，这为准确评估热液释放气体的通量带来了困难。深海原位拉曼光谱测量技术是探测热液喷口流体中气体含量的有效方法，在 2016 年冲绳海槽热液航次中，RiP 系统借助“科学”号考察船上的“发现”号 ROV 对 Jade 和 Hakurei 热液区的三个热液喷口实施了原位拉曼测量，通过三个潜次（#98、#99、#101）采集到高温热液流体的大量原位拉曼光谱（图 3）。在进行原位拉曼光谱测量的同时，还利用保真取样装置对这三个喷口的热液流体进行了保压取样，用以对比两种方式测量上的差异。为了更清楚的显示热液流体探测的位置，将开展原位测量的三个喷口分别命名为 RiP-1、RiP-2、RiP-3，其中 RiP-1、RiP-2 位于 Jade 热液区，RiP-3 位于 Hakurei 热液区。基于构建的气体组分的拉曼光谱定量分析模型以及 RiP 系统采集的原位拉曼光谱可以确定热液流体中硫酸根离子和溶解态二氧化碳的浓度。RiP-1 喷口的二氧化碳浓度为 212.7mmol/kg，硫酸根离子的浓度为< 0.6mmol/L。RiP-1 喷口 273℃热液流体的拉曼光谱中硫酸根离子的浓度几乎为零，因此可以认为该喷口溶解态 CO_2 的端元值浓度为 212.7mmol/kg。RiP-2 喷口是一个热液溢流口，在位置上临近 Biwako 液态喷口，但是从 RiP-2 喷口的拉曼光谱上未发现液态 CO_2 的光谱特征，从原位探测的视频中也未见该喷口有液态二氧化碳液滴的渗漏。RiP-2 喷口热液流体拉曼光谱反演得到的 CO_2 和 SO_4^{2-} 浓度分别为 532.3mmol/kg 和 5.3mmol/L。若 RiP-2 喷发的溶解态二氧化碳为液态二氧化

碳与海水混合而成,那么拉曼光谱反演得到的硫酸根离子的浓度比现在测量的要高的多。因此推测该喷口为高溶解态 CO_2 的中温热液溢流口，而非液态二氧化碳喷口。原位拉曼光谱测量的 RiP-3 喷口热液流体中溶解态二氧化碳的浓度为 188.4mmol/kg，该喷口的拉曼光谱中不可见硫酸根离子的拉曼特征峰，因此可认为该喷口溶解态二氧化碳的端元值浓度为 188.4mmol/kg。RiP-1、RiP-2、RiP-3 喷口处采集的保压流体样品经实验室分析后，得到溶解态二氧化碳的浓度分别为 45、22 和 32mmol/kg。通过保压取样方式获取的流体样品中均有较高 Mg^{2+}的浓度，指示了保压流体采样过程中存在不同程度的海水混染。通过 Mg^{2+}的浓度校准得到 RiP-1、RiP-2、RiP-3 喷口溶解态 CO_2 的端元值浓度分别为 59、198、112mmol/kg。同一喷口，原位拉曼光谱测量的结果是保压流体采样测量结果的 1.7 至 3.6 倍，这主要是由于保压采样过程和实验室分析过程中气体的损失造成的。而与之相比，在进行原位拉曼光谱探测时仅需要极少量的热液流体，并且根据采集的拉曼光谱特征可以实时了解拉曼测量过程中海水的混染情况，可以有效的提高热液流体中气体组分端元值浓度计算的准确性（Li et al.，2018a）。

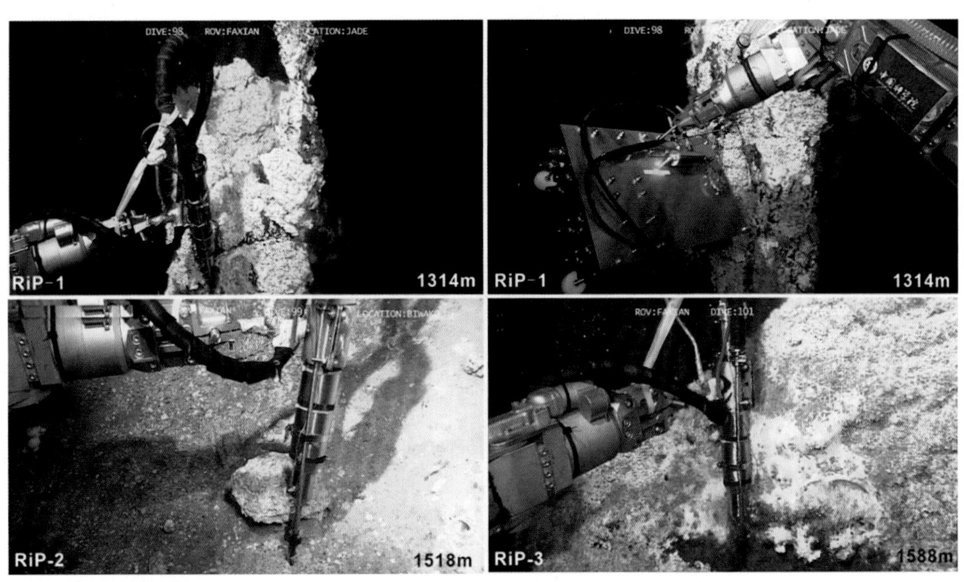

图 3　对 Jade 和 Hakurei 热液区的高温热液流体进行原位拉曼光谱测量和保压流体取样

热液系统的喷发具有时间和空间上的分异特征，因此获取热液系统气体挥发分释放通量的准确数据并非易事，一方面需要具备获取热液流体中气体挥发分准确浓度的测量手段，另一方面还需要对同一个热液区的众多热液喷口进行大范围的测量，获取不同喷口的理化参数信息，厘定流体的喷发区域等。ROV 的负载能力限制了保压流体取样方式的测量效率，使得其难以实现对热液系统释放气体通量的评估。李连福等利用原位拉曼光谱探测系统对冲绳海槽 Iheya North 热液区的溢流区和高温喷发区的喷发流体分别进行了大范围的原位探测，获取了 14 个站位不同类型热液喷口的流体原位拉曼光谱、流体温度和流体流速等数据，并基于超短基线定位系统和视频图像分析的手段厘定了 Iheya North 热液区流体的喷发区域和面积。原位拉曼光谱的观测结果显示 Iheya North 热液区 14 个站位的流体温度数据和气体挥发分的浓度数据呈现明显的负相关，低温溢流区流体中溶解态气体浓度是高温集中喷发区的数倍至数十倍(图4)。基于原位观测数据对 Iheya North 热液区气体释放通量的量化评估表明低温溢流区的气体释放通量比高温喷发区高10至100倍。通过碳同位素和Cl浓度数据分析指示热液相分离作用是驱动 Iheya North 热液区流体中气体浓度分异的主要原因。地震层析图像显示 Iheya North 热液区的海底之下存在低渗透性的岩石盖层，富含 CO_2 的热液流体在上升过程中被这些低渗透性的盖层阻挡，压力的降低使其流体温度达到两相分离的温度，实验数据表明，对于富含 CO_2 的 H_2O-CO_2 系统在发生相分离时，流体温度和气体分配浓度呈负相关，这很好的解释了高温喷发流体中气体含量低于低温溢流流体中的气体含量的原因。考虑到本研究的开展的原位观测地点位于弧后热液系统，观测结果是否具有全球推广性呢？研究人员基于全球热液热通量的观测数据估测了热液气体释放通量在低温溢流区和高温喷发区的分配比例，计算结果表明除部分热液区的氢气释放通量外，全球范围内低温溢流区气体释放比例均比高温喷发区高10至100倍，与在弧后热液系统的原位观测结果一致（Li et al., 2023a）。

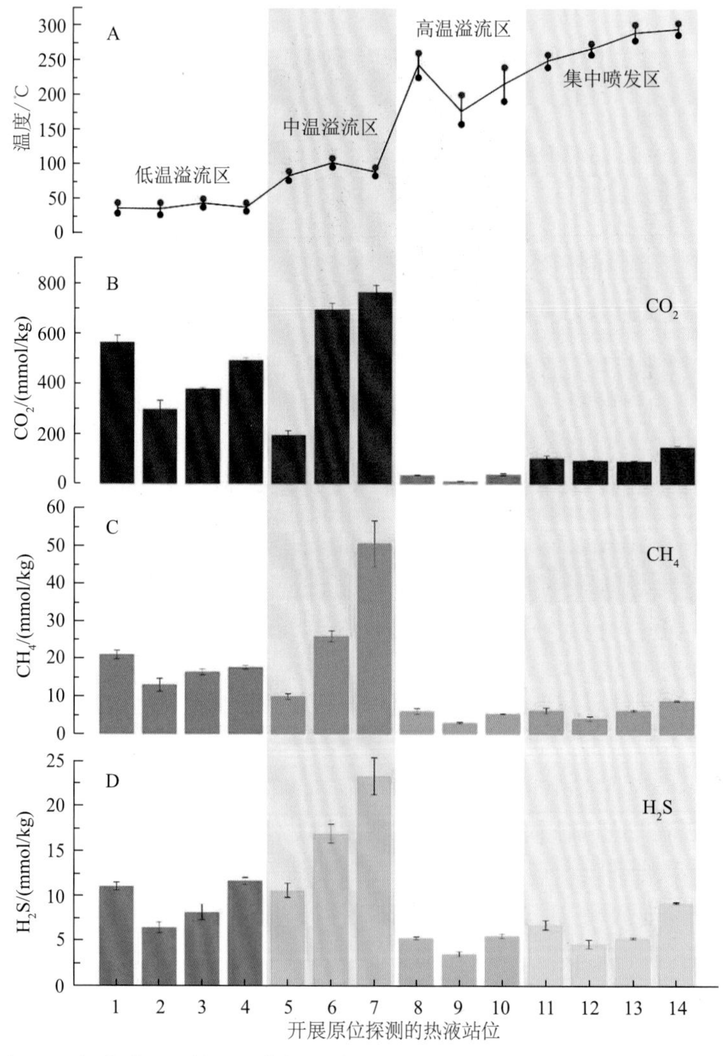

图4 二氧化碳、甲烷、硫化氢组分的端元浓度与热液流体温度之间的关系

4.2 深海超临界二氧化碳原位探测

拉曼光谱的定性分析不仅可以识别热液流体中的不同组分，即使同一种组分在不同温度、压力环境下也具有并不完全相同的拉曼光谱特征，拉曼光谱这种易受环境影响的特性给开展深海极端环境原位定量探测分析带来了困难，但也为开展更细致化的定性分析与相态识别提供了可能性。二氧化碳这种在室温常压下的气体，随着温度和压力的变化很容易发生相态的转变，例如当其所处温度和压力分别超过 31℃和 7.3 MPa 时，即可转变为超临界态。而深海热液与冷泉的极端环境条件很容易满足二氧化碳相态转变的条件，因此如果深海具有较为充足的二氧化碳气源，很有可能存在溶解态、气态、液态、超临界态等形式。冲绳海槽区域在板块俯冲活动影响下具有充足的碳源供应，因此冲绳海槽的热液流体中往往含有极高的二氧化碳浓度，甚至可以达到几百毫摩尔每千克。同时在冲绳海槽开展的多年综合海洋调查显示，冲绳海槽热液区不仅存在高浓度溶解态二氧化碳，还存在液态二氧化碳和水合物态二氧化碳。为了实现基于原位拉曼光谱对深海不同相态二氧化碳的识别，李连福等利用实验室模拟的手段，开展了深海极端环境温压范围内二氧化碳不同相态的拉曼光谱特征研究，构建了溶解态、液态、气态、超临界态等二氧化碳不同相态的拉曼光谱的峰位、半峰宽随温度、压力变化的数据模型（Li et al., 2018c）。基于该方法，张鑫等利用深海原位拉曼光谱探测系统在冲绳海槽的南部 Yonaguni Knoll IV 热液区观测到大量二氧化碳流体喷发，流体温度的测量结果显示该二氧化碳的喷口的最高温度达到 95℃，水深为 1400m，已经超过了二氧化碳的临界温度和压力（31℃，7.3 MPa）（Zhang et al., 2020）（图 5）。为了进一步确定超临界二氧化碳相态，利用实验室模拟方式测量了与深海原位相同温压条件下的二氧化碳的拉曼光谱，两者在拉曼频移和半峰宽等光谱参数上高度一致。通过 RiP 系统原位采集的拉曼光谱中除含有二氧化碳、甲烷、硫化氢、硫酸根等组分的特征峰，含有大量的氮气以及多个未知组分的拉曼峰，虽然单从拉曼光谱信息上很难确定未知峰对应的化学物质，但是拉曼特征峰的峰位可以反映化学键的信息。对拉曼特征峰的归属表明，这些未知峰大多与 C-H、C-C、C-N、N-H 有关，这证明深海热液区喷发的超临界二氧化碳流体中很可能含有大量有机物质。考虑到超临界二氧化碳在甲酸、氨基酸等有机合成中的重要作用，推测这些未知的有机物很可能与氨基酸合成相关。超临界二氧化碳流体兼具了气体与液态物质的特性，拥有较大的扩散速率和较强的溶解能力，这可以极大的提高反应的速率，被广泛用做有机合成反应的介质。由此研究人员提出了一个新的早期地球生命起源模型。月球形成后的几百万年间原始大气逐步形成，此时的原始大气中含有数百大气压的水蒸气和二氧化碳，以及氮气等。在原始海洋形成后，当温压条件超过临界条件时，二氧化碳将以超临界流体相态存在，因此在地球表面存在超临界态的二氧化碳层。在水圈与大气圈的交界面上，氮气和矿物微粒可以被稠密的超临界二氧化碳所吸附。超临界二氧化碳、水、氮气在矿物颗粒的催化下，形成了初始的有机物氨基酸等物质，从而完成了从无机到有机的转化，并产生了生命体必须的氨基酸等有机大分子。

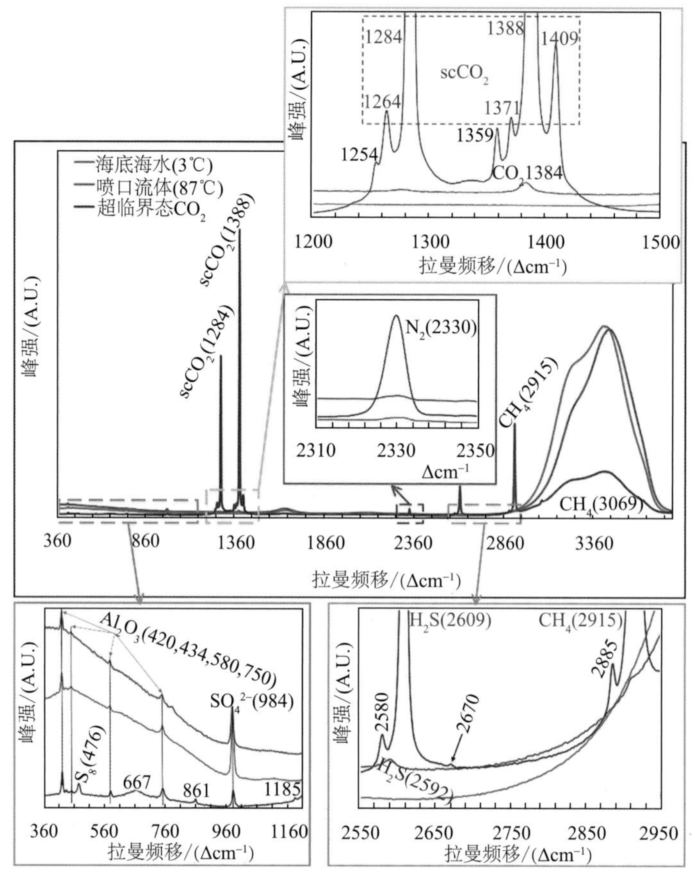

图 5　基于拉曼插入式探针系统在冲绳海槽南部热液区观测到超临界二氧化碳的拉曼光谱

4.3　低密度气相热液喷发系统原位探测

相分离作用是热液系统中一种非常常见，又十分重要的流体分异过程，深刻影响了热液流体的化学成分演变（Bischoff and Rosenbauer，1984）。热液流体从海底深部上升过程中，压力迅速降低，当流体温度超过流体所处压力下两相分离的温度时，低密度、低盐度的气相就会与高密度、高盐度的卤水相分离。这些低密度的气相喷发物在喷出海底后，与海水快速混合，温度快速降低，蒸汽相也就不复存在。中国科学院海洋研究所团队在 2018 年对冲绳南部热液区的综合调查中观测到在 Yokosuka site 热液区存在大量的倒置湖结构，热液法兰盘式烟囱结构形成的倒置湖中存在大量闪闪发光的高温水体（Li et al.，2020b）。研究团队利用原位拉曼光谱探测系统和热液温度探针对倒置湖内的热液流体开展了综合探测。多次温度测量的结果显示倒置湖内热液流体的最高温度可以达到 383.3℃，这已经超过了该热液区 2180 米水深压力下相分离温度（约为 378.1℃），这说明在倒置湖内部很有可能发生了热液流体的相分离过程，存在低密度的气相热液流体。液态水在气化过程中氢键被破坏，而氢键的变动可以在拉曼光谱特征中得到反映，气态水的拉曼伸缩振动谱带因为缺少了位于 3250cm^{-1} 的强氢键子峰，因此与液态水的拉曼伸缩振动谱带相比峰形更为尖锐。倒置湖内不同层位的拉曼光谱表明倒置湖内部可以分为三层，其顶部为高温蒸汽相混有 CO_2、CH_4、H_2S 等气体组分、中层为热液流体与海水的混合相、底部为海水相（图 6）。该热液区特殊的法兰式烟囱结构形成了一个相对封闭的体系，这使得高温的热液流体与周围低温海水隔离，因此气态水得以在海底之上存留。倒置湖内的特殊分层结构，由于存在巨大的密度差异，形成了强反射层，进而呈现闪闪发光的水体，如同倒置湖镜面。高温热液喷发物通过倒置湖的镜面（气液界面）向海水缓慢扩散，这种特殊的喷发模式有利于热液硫化物在烟囱边缘沉淀，从而减弱对海洋环境的影响。金属元素的溶解与运移受到流体密度的控制，因此低密度气相和超临界相热液喷发系统在元素分配和硫化物矿化过程上与常规热液系统有明显差异（Pokrovski et al.，2005）。对 Yokosuka site 热液区气相喷发系统的原位探测，有助于揭示此类低密度气相热液喷发系统的热液硫化物矿化过程以及对深海环境的影响。

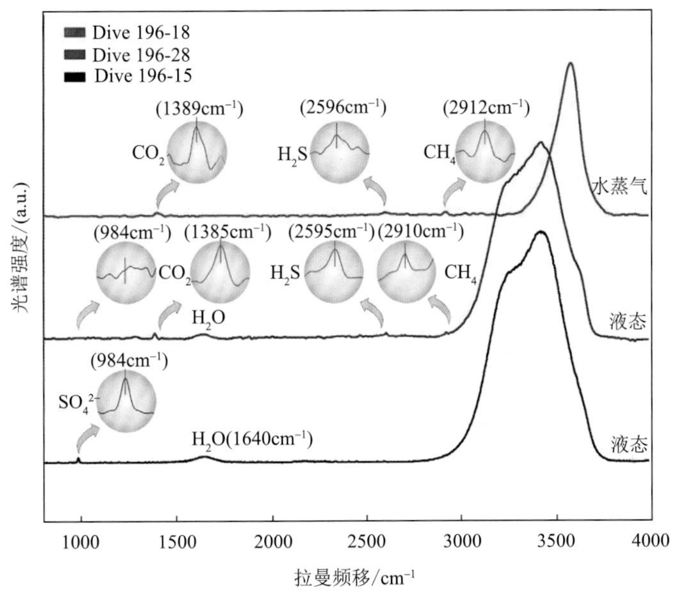

图 6　基于拉曼插入式探针系统采集的倒置湖内流体的原位拉曼光谱

4.4　酸性热液流体原位探测

深海火山-热液系统主要是由于深部火山作用产生的高温挥发性岩浆气（SO_2，CO_2，HCl，HF，H_2）与低温海水混合产生（Nakagawa et al.，2006；Butterfield et al.，2011）。1997 年，西太平洋马努斯盆地 DESMOS 火山口率先被发现孕育了火山-热液超酸性“白烟囱”系统（Gamo et al.，1997；Seewald et al.，2015）。然而，这种超酸性热液流体组分复杂，易受温度、压强影响，而传统“先取样后常温常压测试”的分析方式会造成热液流体组分和理化参数发生变化，因此火山-热液系统流体的原位参数目前还不清楚。Xi 等（2023）对于 DESMOS 火山口 Onsen 喷口区和航次中新发现的 Faxian 溢流区首次开展了原位拉曼定量探测，原位结果表明与超基性岩/基性岩参与的蛇纹石化产氢反应（Sleep et al.，2004）不同，围岩为安山岩的 DESMOS 火山口形成的“白烟囱”流体（106℃，pH：2.17）也会产生毫摩尔级的 H_2（8.56mmol/kg）。除此之外，流体也含有大量 CO_2

(10.92mmol/kg)、H_2S(1.08mmol/kg)、SO_4^{2-}(29.27mmol/kg)、HSO_4^-(115.03mmol/kg)等组分，表明富 SO_2 的岩浆挥发性气体与海水直接混合可形成富氢气的超酸性流体。而同一火山口的 Faxian 溢流区的中性低温流体（40℃）富含 H_2S（7.78mmol/kg）、HS^-（1.05mmol/kg）、CO_2（4.81mmol/kg）等组分（Xi et al.，2023）。上述结果表明即便来自同一岩浆来源，但是由于两个区域岩浆气与海水的混合程度的不同，会发生不同的流体-岩石相互作用（Xi et al.，2023）。早期地球海底火山作用频发，火山-热液系统广泛分布，而富氢气的流体也为早期生命提供了物质和能量来源（Petersen et al.，2011）（图 7）。

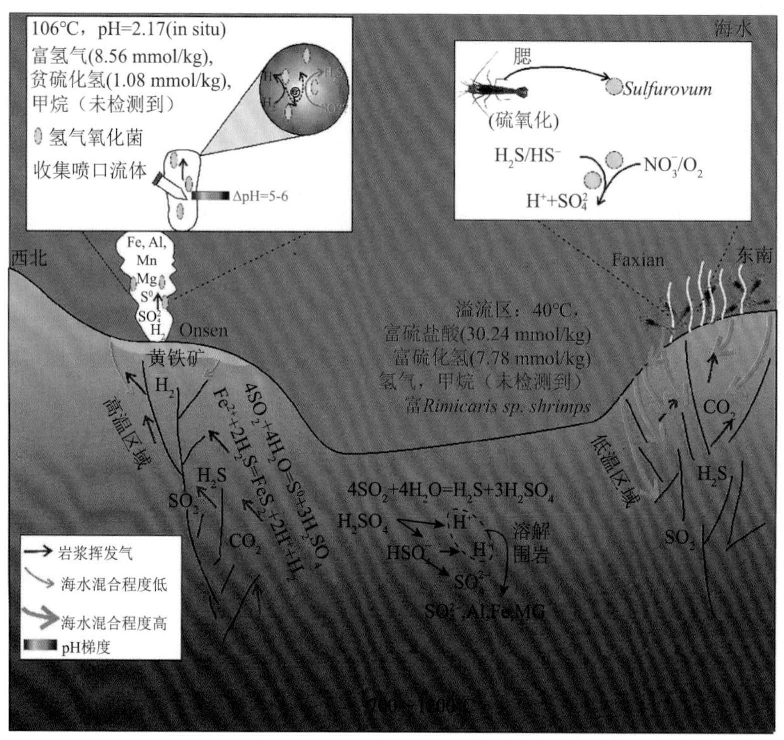

图 7 DESMOS 热液区深部地球化学过程

4.5 热液流体原位 pH 探测

热液流体的 pH 是反映热液系统复杂地球化学和生物地球化学过程的重要指标（McCollom and Shock，1997）。但传统测量方式很难获取热液喷口准确的 pH 值，因为它极易受环境因素影响，传统先取样后实验分析的测量方式不可避免的造成流体温度变化，引起矿物沉淀和电离平衡的改变，这将显著影响热液流体的 pH，另外样品处理过程中溶解气体的损失及硫化物的氧化也会造成 pH 的变化。尽管拉曼光谱无法直接测量 pH 参数，但是拉曼光谱信息可以反映热液流体中电离平衡物质的浓度，基于电离平衡物质之间的关系可以反演热液流体的 pH。李连福等基于实验室内可实时监测深海极端环境模拟平台开展了 H_2S-HS^-电离平衡体系的定量分析研究，分别建立了可用于高温热液流体中 H_2S、HS^-组分浓度分析的拉曼定量分析模型，并基于两者之间的电离平衡关系建立了热液原位 pH 的反演模型（Li et al.，2023b）。中国科学院海洋所团队以冲绳海槽中部

Jade 热液系统为研究靶区，利用“发现”号 ROV 搭载深海原位拉曼光谱探测系统开展了对高温热液喷口流体组分及 pH 的原位探测，成功获取到 Jade 热液流体中 H_2S、HS^- 的原位浓度信息和原位 pH 信息，观测结果表明热液高温喷口的原位 pH 值比在常温下测量的结果高 1.5 左右，Jade 喷口的原位 pH 值（6.3）已经超过了中性流体在该喷口温度压力下的 pH 值（5.6），呈现弱碱性特征（图 8）。这项基于原位拉曼光谱探测技术直接获取高温热液流体原位pH的研究揭示了热液流体的pH在从高温喷口喷出后可能会发生酸碱性的转变。富含沉积物的热液系统的热液流体往往具有较高的碱度，喷发流体与海水混合过程中如果发生硫化物的沉淀，将会释放氢离子，从而增加流体的酸性（Seyfried et al.，2011）。因此通过保压流体采样方式测量的热液 pH 并不能真实反映硫化物沉淀发生之前的流体的状态。这也表明碱性热液喷口不仅存在于 Lost City 这种受蛇纹石化反应控制的热液区域，还可能在靠近大陆边缘的受沉积物显著影响的热液区域普遍存在。

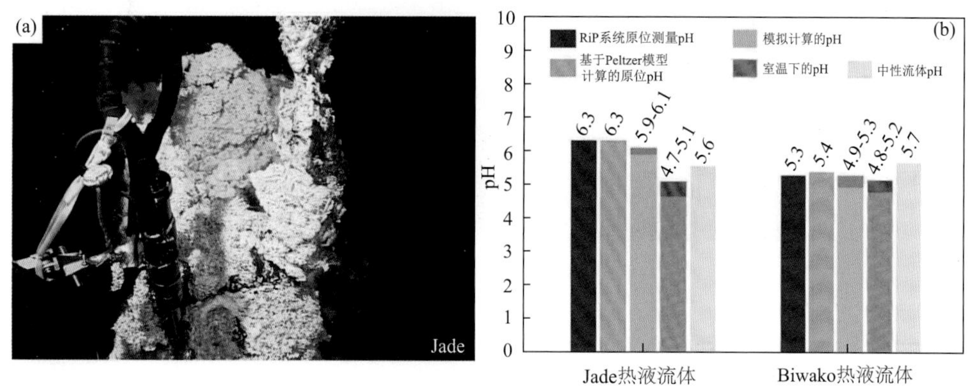

图 8 （a）基于拉曼光谱开展 Jade 热液区的原位探测；（b）原位拉曼光谱测量的 pH 与保压流体测量 pH 对比

4.6 冷泉水合物的原位探测

海底冷泉通常是由底部埋藏的天然气水合物分解并向上释放甲烷形成的，其独特的环境，成为研究天然气水合物的理想场所。中国科学院海洋研究所研究人员在台西南冷泉区域，利用活跃冷泉喷发的富甲烷流体在深海原位快速生成天然气水合物，并通过研发的天然气水合物拉曼探针对合成的天然气水合物样品进行原位探测，获取合成的天然气水合物样品的空间和时间原位拉曼光谱，以确定合成天然气水合物的结构和演化（图 9）。杜增丰等在合成的天然气水合物样品中发现自生碳酸盐碎屑或其他碎屑，这些颗粒物作为成核颗粒是促进合成天然气水合物快速形成的因素之一（Du et al.，2018a）。富甲烷流体中大量甲烷气泡形成的水-气界面是有助于天然气水合物快速形成另一个因素，这与之前的研究非常吻合。张鑫等基于 RiP 系统在台西南活跃冷泉区首次观测到裸露水合物的存在，这种裸露的水合物是由冷泉区内上升的甲烷气泡迅速被水合物膜包裹，遇到自生碳酸盐岩或空贝壳等遮挡物堆积而成（Zhang et al.，2017b）。活跃的冷泉区很容易形成这种结构松散的裸露的天然气水合物。裸露水合物内部含有大量的游离甲烷气体，极不稳定，容易受到干扰携带大量气体失稳上升。马良等分别在台西南、海马、陵水冷泉区开展了水合物合成与上升分解原位实验（Ma et al.，2023）。通过原位拉曼光谱探测系统实时监测了气体水合物上升过程中的相态变化，建立了气体水合物随水深变化的演化模型。研究结果发现，水合物在海水中上升会经历三个阶段的变化：①形貌没有变化但存在气体逸出过程的亚稳态阶段；②外围水合物分解与内部水合物生长共存的第二阶段；③内部水合物完全分解的第三阶段。此外，该研究还表明水合物膜的形成能够大大增加甲烷气体的生存能力，携带甲烷气体到达较浅的深度甚至是大气，这可能是冷泉气体影响浅层水体或者大气环境的一种重要运输方式。

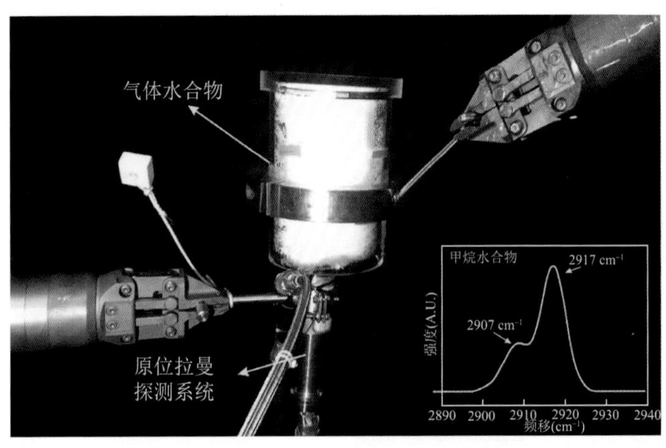

图 9　对南海台西南冷泉区现场合成的水合物开展原位拉曼光谱测量

4.7　冷泉生物群落下覆水的原位探测

杜增丰等利用 RiP-Cs 探针，在台西南冷泉区开展了冷泉喷口流体的原位探测和海底化能合成生物群落内部流体的地球化学分析（Du et al.，2018b）。研究人员使用研发的系列化拉曼探针，分别对冷泉喷口流体进行直接探测，经过抽滤系统将冷泉喷口流体抽滤到光谱探测腔完成原位拉曼光谱探测，同时对富含气体的冷泉流体进行保压取样，并带回实验室进行分析。冷泉流体的原位拉曼光谱表明存在气态 CH_4、C_3H_8 和 H_2S，结果表明该冷泉区域的气体是生物来源的；然而，C_3H_8 的存在表明不应排除热成因的甲烷来源，气相色谱和稳定碳同位素分析的结果也支持了该结论。研究人员还将拉曼探针插入到冷泉喷口附近化能合成生物群落内部，对不同深度处的流体进行了原位探测，结果表明化能合成生物群落内部流体中 SO_4^{2-} 的浓度随着深度的增加而降低，而流体中 CH_4 和 S_8 随深度的增加而增加，但在化能合成生物群落内部流体中并未探测到 H_2S。这一发现表明在化能合成生物群落内部，甲烷被硫酸盐氧化并形成元素硫。这一生物化学反应，通常作为甲烷的厌氧氧化过程发生在海洋沉积物中。这项研究为冷泉流体的地球化学分析和冷泉附近化学合成群落中碳硫元素的转换途径提供了新的见解（Feng et al.，2016）。

4.8　冷泉自生碳酸盐岩原位探测

冷泉碳酸盐岩是海底冷泉天然气渗漏系统重要的地质产物之一（Naehr et al.，2007）。通过对自生碳酸盐岩开展矿物组成、元素、同位素等地球化学分析可还原冷泉系统的地质活动（Aloisi et al.，2004；Naehr et al.，2007）。席世川等采集了南海台西南盆地活跃冷泉区（Site F）和珠江口盆地东部消亡冷泉区（Site P）的自生碳酸盐岩大量的拉曼光谱、扫描电子显微镜（SEM）图像和能谱（EDS）数据，结果证实了消亡区文石拉曼频移由于微量元素含量增大而增大，而文石由于晶体结构受到破坏拉曼半峰宽增大（图10）。规则的高文石指示了冷泉渗漏系统的早期形成或者繁盛阶段，而严重破坏的文石结构代表了冷泉系统开始消亡或者渗漏停止了好长时间（Xi et al.，2018）。冷泉区生物群落内部流体与下覆自生碳酸盐岩时刻发生着相互作用，反映了冷泉系统的演化（Naehr et al.，2007；Smrzka et al.，2020），但二者的相互作用尚不清楚。文石和石英作为冷泉系统重要的指示矿物，可以记录冷泉流体的盐度、温度等信息（Burton，1993）。南海北部台西南盆地福尔摩沙脊（Site F）发育了活跃的冷泉系统并伴生了密集的生物群落。该冷泉系统不同密度生物群落覆盖区域的流体和自生碳酸盐岩的大量拉曼光谱结果表明从繁茂生物群落覆盖的区域到裸露自生碳酸盐岩区域，随着生物密度的降低，文石结构逐渐受到破坏，文石含量也逐渐降低，反之石英含量则逐渐升高。流体的拉曼定量分析结果表明密集生物群落内部会发生甲烷氧化反应形成了低盐度和低硫酸盐的流体（Xi et al.，2020）。密集的生物群落有助于富甲烷流体的横向运移，扩宽了甲烷氧化反应的范围，促进了密集生物群落覆盖下的高结晶度文石的生成，而低盐度流体抑制了自生碳酸盐岩的侵蚀（Xi et al.，2020）（图11）。冷泉流体与自生碳酸盐岩时刻发生着相互作用，针对二者开展深海原位长期监测并进一步开展水岩反应的原位实验，是下一步研究冷泉系统演化的重要技术手段，也是深海极端环境原位探测技术的发展方向。

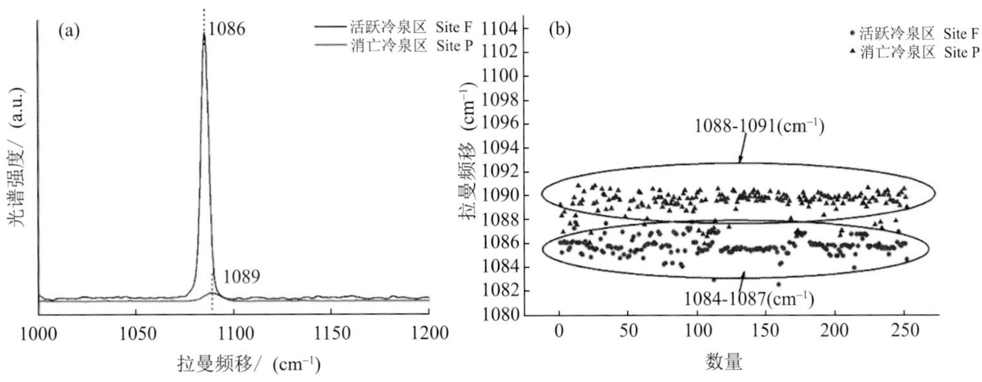

图10 活跃冷泉区与消亡冷泉区的自生碳酸盐岩拉曼光谱对比

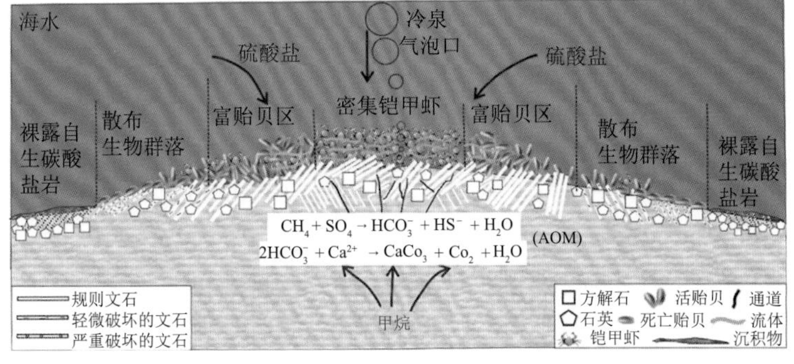

图11 南海台西南冷泉区自生碳酸盐岩与冷泉发育关系

4.9 基于 SERS 技术的冷泉有机质原位探测

后生动物与化学自养生物的共生机制是维持深海生态系统稳定和持续生命活动的重要因素（Childress and Girguis，2011）。海水与沉积物之间存在天然的界面，其中分布着大量的微生物群落和丰富的有机物（Sun et al.，2020）。微生物在化学合成中起着关键作用，特别是在古生菌对甲烷的厌氧氧化中，古生菌可以将甲烷转化为乙酸等营养物质。深海生物，尤其是微生物，对环境因素的变化高度敏感，如含氧量和压力的变化，导致传统采样实验中图像很多不准确（Fortunato et al.，2021）。深海微生物生活环境的特殊性使得在实验室中几乎不可能实现高模拟培养（Wei et al.，2020）。因此，迫切需要开发能够全面开展深海生物原位研究的勘探技术。然而，深海相关有机质的原位检测技术很少。拉曼光谱的高检出限和低灵敏度限制了在这些环境中检测低浓度生物分子的可能性。表面增强拉曼光谱（SERS）技术可以使分子吸附在粗糙金属表面的拉曼信号强度提高数百万倍（Yao et al.，2023）。因此，原位深海拉曼系统可以与 SERS 技术相结合，实现深海原位有机质的检测。基于此，王思羽等研制了具有广谱性的固态 SERS 基底，并在实验室模拟条件下成功实现了多种有机质的相关测试和特异性检测，并证实了 SERS 基底在深海高压下检测低浓度有机质的可行性（Wang et al.，2022）。基于该基底材料，王思羽等人设计了新型了 RiP-SERS 探针，成功在南海冷泉生物群落处收集到多种有机质的拉曼信号峰，包括乙酰辅酶 A、β 胡萝卜素和多种氨基酸（Wang et al.，2023）（图 12）。SERS 技术在深海生物分子原位检测中的成功应用，为未来深海生物分子检测增加了一种新的方法。

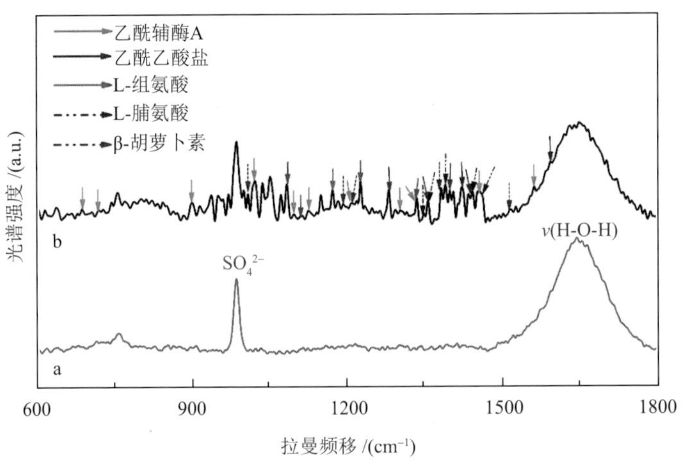

图 12 基于 SERS 技术获取的冷泉生物群落中的有机质拉曼信号

5 基于深海着陆器平台的长期原位拉曼观测与可控实验

当前基于深潜器平台研制的原位探测技术只能实现对单个热液或冷泉喷口、短时间流体参数的原位测量，无法同时监测多个实验区域的环境参数，也无法做到对化学场参数的长期原位监测。但对于深海热液和冷泉系统而言，其喷发流体的状态、成分组成、各组分的含量等参数并不稳定，而是随时间和空间的变化而有所改变，因此仅对深海热液、冷泉环境的单点，短时的原位拉曼光谱测量难以全面、准确地描述深海热液、冷泉系统喷发流体的地球化学特征。针对这一问题，中国科学院海洋研究所研制了基于深海着陆器平台的长期原位多通道拉曼光谱探测系统。

5.1 深海着陆器平台研发

由于海底观测网有建设周期长、观测区域固定等限制，无法灵活的对深海热液与冷泉的喷发活动等地质现象进行连续观测。具备独立供电和通讯的深海着陆器具备搭载的观测模块以及观测区域都可以根据实际观测需求进行更改等优点，已经成为开展深海原位、长期、连续观测的重要平台。开展深海极端环境的长期原位拉曼观测和可控实验需要一个可以为原位监测装备提供电源供给的搭载平台。针对这一需求，中国科学院海洋研究所自 2014 年开始“海洋之眼”深海着陆器的研发，该平台可以携带水下高清摄像机和深海物理、化学传感器等监测装置，并分别于 2016 年 9 月 8 日～2017 年 9 月 18 日（375 天）、2018 年 8 月 4 日～2020 年 5 月 24 日（659 天，电池耗尽前有效工作时间 414 天）在南海冷泉区完成了两次超过一年的连续作业任务（图 13）（Du et al.，2023）。作为国内首套在深海连续工作超过 1 年的深海冷泉定点观测系统，该深海着陆器携带的高清影像系统成功获取了包含冷泉喷口附近活跃冷泉喷口、裸露在海底的天然气水合物、自生碳酸盐岩、还原性沉积物、生物群落的高清影像资料，并利用携带的 CTD、甲烷等传感器同步获取了长时间序列完整的近海底理化参数数据，为解析深海冷泉喷发的流固界面过程与上层水体水动力过程的关系、极端化能生态系统的地球化学驱动提供了长期原位数据。后续中国科学院海洋研究所团队又根据探测需求对“海洋之眼”深海着陆器进行了改进和升级，研制了新型长期海洋观测平台 LOOP（long-term ocean observation platform），该平台采用模块化组装方式，使得监测设备的安装更加灵活，采用缆控式布放，减少了布放回收过程中对 ROV 的依赖，提高了布放、回收效率。“海洋之眼”与 LOOP 等深海着陆器平台的研发为开展深海热液与冷泉等极端环境的长期、连续、原位监测提供了稳定可靠的搭载平台。

图 13 “海洋之眼”深海着陆器 2016 年深海作业（“发现”号 ROV 拍摄）

5.2 深海多通道拉曼光谱探测系统的研发

以往对于多目标物的光学探测系统常采用多光学系统-多探测通道或单光学系统-多探测通道的光学设计。尽管多光学系统-多探测通道的光学设计在光谱分辨率等指标优于单光学系统-多探测通道的光学设计，但多光学系统-多探测通道的光学设计在成本、系统稳定性等方面无法满足深海需求。针对深海探测系统高集成度、高空间利用率的设计要求，亟需开展单光学系统-多探测通道的光学设计与优化，实现多探测光路对激光器、光谱仪等关键光学器件的共用，完成对多目标物的微弱拉曼信号的有效采集。中国科学院海洋研究所科研团队在拉曼插入式探针系统的基础上研制了深海多通道拉曼光谱探测系统（Multi-RiPs）（Du et al.，2022）（图 14）。多通道拉曼光谱探测系统与之前研发的深海激光拉曼光谱探测系统的最大区别是通过光切换开关实现了对主要光学器件（如激光器、光谱仪、光电传感器等）的分时复用。为了最大程度的提高整体系统的可靠性和鲁棒性，激光器、光谱仪和光电传感器均通过光纤连接。光切换开关的主要功能是切换激光器、4 个拉曼探头之一与光谱仪的链接通路。通过光切换开关连接到激光器和光谱仪的拉曼探头可以使用内部校准模块进行波长和激光波长校准，并且进行待测目标物的拉曼信号激发和收集。光切换开关可以按照预先拟定的时间表将四个拉曼探头一一切换到光路。因此，四个拉曼探针可以在光切换开关的控制下依次使用关键光学器件（激光、光谱仪等），从而实现了对关键光学器件的分时复用。深海多通道拉曼光谱探测系统的成功研制扩展了常规原位拉曼光谱的应用范围，提高了观探测效率，为开展深海热液与冷泉环境的长期、连续、原位监测和原位可控实验提供了有力工具。

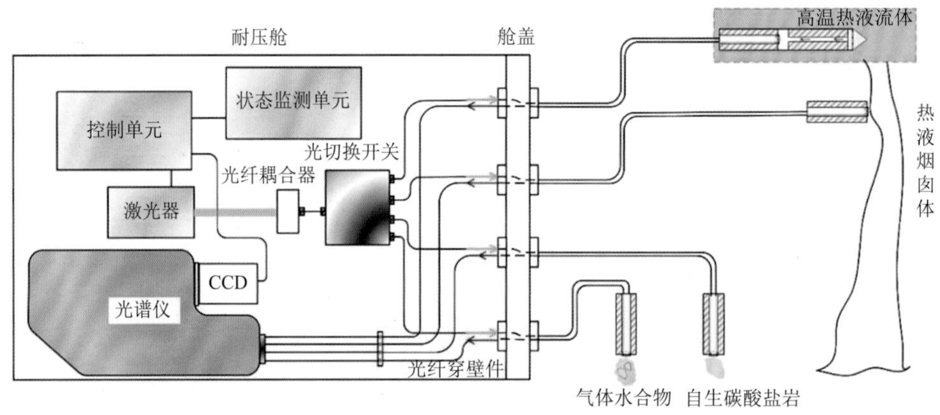

图 14 深海长期原位多（四）通道拉曼光谱探测系统研发光路示意图

5.3 长期原位观测揭示水合物电容器效应

冷泉的偶发性喷发活动在时间和空间尺度上具有很强的不均匀性，因此需要进行原位长期探测。但之前由于探测技术的限制，了解冷泉生态系统的长期稳定性及其与喷发活动之间的耦合机制仍具有挑战性。中国科学院海洋研究所张雄等人利用研制的深海多通道拉曼光谱探测系统（Multi-RiPs）搭载新型长期海洋观测平台（LOOP），以南海台西南冷泉区为天然试验场，开展了冷泉喷发与其伴生的化能合成生态系统耦合关系的原位长期监测实验（图 15）。采用时间序列原位拉曼光谱监测了冷泉喷发流体的甲烷水合物形成和分解过程。原位拉曼光谱追踪结果表明，在冷泉排放活动中，大量甲烷水合物迅速形成。此外，一旦喷发活动强度减弱或停止，甲烷水合物分解释放出甲烷。监测视频显示，冷泉发生了偶发性的喷发活动，但在冷泉生态系统内的宏观生物的总体规模上却没有观察到明显的变化（Lessard-Pilon et al.，2010）。这表明天然气水合物在浅层沉积物的生物地球化学过程中占主导地位，虽然气体流动是偶发的，但水合物起到了动态“电容器”的作用。气体流在冷渗漏喷发时非常活跃，直接为喷口附近的化合群落提供能量（Marcon et al.，2014）。同时，由于冷泉流体的有效补充，水合物的合成速度远远超过分解速度。因此，水合物在运输管道或浅层沉积物中迅速形成和积累，甚至可能暴露在海底。相反，当冷渗漏的排泄活动较弱或处于休眠状态时，天然气水合物的分解速度会超过合成速度，导致水合物持续分解。在没有自由气体释放的情况下，渗漏附近富含甲烷的水与附近缺乏甲烷的水之间的交换会促进甲烷从天然气水合物中扩散出来。天然气水合物电容器释放的甲烷不断向缺乏甲烷的底层水方向扩散，为厌氧氧化甲烷的微生物创造稳定的化学梯度。因此，在天然气水合物电容器的控制下，到达动物群落的甲烷和硫化物通量总体上是稳定的，所以栖息在冷渗漏区的主要巨型动物种群数量没有发生重大变化。

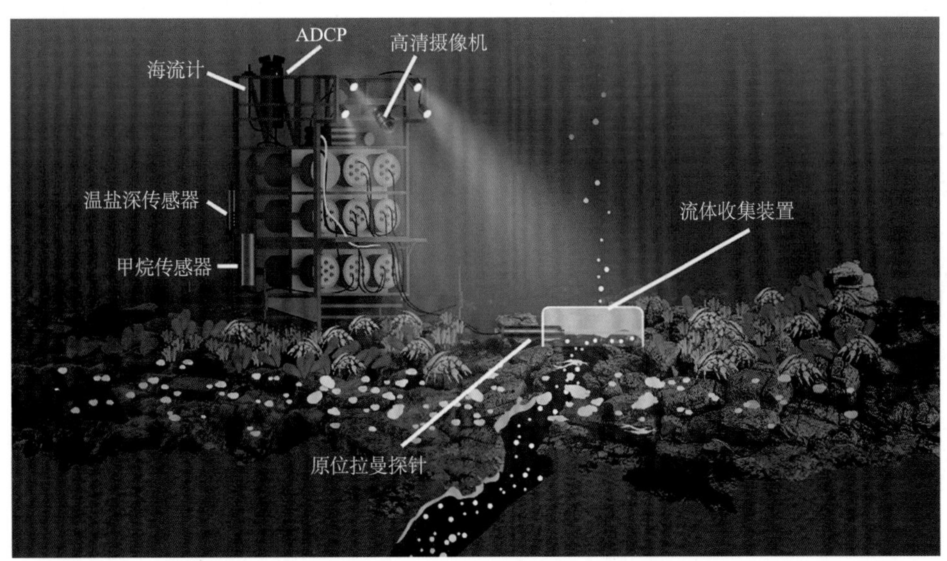

图 15　利用深海多通道拉曼光谱探测系统在台西南冷泉区开展水合物与冷泉生态系统的耦合关系原位实验

6　结论与展望

激光拉曼光谱探测技术在深海原位探测领域的技术优势明显，使得该技术在近十年中得到快速发展。国内外研究人员针对深海极端环境的探测需求，基于该技术研制了多款激光拉曼光谱原位探测系统，并在开展的深海热液与冷泉综合调查中获取了大量原位数据，显著推动了深海极端环境基础科学研究的进步。根据未来深海科学的发展需求，原位激光拉曼光谱探测技术也将不断迭代升级，其主要发展趋势包括：①由短时探测到长期监测，发展基于深海着陆器平台和海底观测网的激光拉曼光谱探测技术，可以解决深海极端环境长时间尺度的原位监测问题；②由原位探测到开展可控原位实验，开展深海原位实验是深度解析深海极端环境前沿科学问题的重要手段，而原位激光拉曼光谱探测技术可以连续监测原位实验的反应过程；③由单光谱到多光谱融合，激光拉曼光谱与激光诱导击穿光谱、激光诱导荧光光谱结合不仅可以提高原位探测效率还可以实现随深海极端环境的全链条检测。因此，未来融合激光拉曼光谱探测技术的多光谱联合探测技术结合深海长期观测平台开展的深海极端环境长期、连续监测和可控原位实验将有望在深海基础科学研究领域大放异彩。

参考文献

杜增丰, 张鑫, 郑荣儿. 2020. 拉曼光谱技术在深海原位探测中的研究进展. 大气与环境光学学报, 15: 2-12

田陟贤. 2015. 水合物赋存域孔隙水地化参数拉曼定量分析可行性研究. 博士学位论文. 中国科学院研究生院(海洋研究所). 1-116

Aloisi G, Wallmann K, Haese R R, Saliège J F. 2004. Chemical, biological and hydrological controls on the ^{14}C content of cold seep carbonate crusts: numerical modeling and implications for convection at cold seeps. Chemical Geology, 213: 359-383

Bischoff J L, Rosenbauer R J. 1984. The critical point and two-phase boundary of seawater, 200–500℃. Earth and Planetary Science Letters, 68: 172-180

Bohren C F, Huffman D R. 2008. Absorption and scattering of light by small particles. New York: John Wiley & Sons

Brewer P G, Malby G, Pasteris J D, White S N, Peltzer E T, Wopenka B, Freeman J, Brown M O. 2004. Development of a laser Raman spectrometer for deep-ocean science: Deep Sea Research Part I: Oceanographic Research Papers, 51: 739-753

Burton E A. 1993. Controls on marine carbonate cement mineralogy: review and reassessment. Chemical Geology, 105: 163-179

Butterfield D A, Nakamura K I, Takano B, Lilley M D, Roe K K. 2011. High SO_2 flux, sulfur accumulation, and gas fractionation at an erupting submarine volcano. Geology, 39: 803-806

Caldeira K, Wickett M E. 2003. Oceanography: anthropogenic carbon and ocean pH. Nature, 425: 365

Childress J J, Girguis P R. 2011. The metabolic demands of endosymbiotic chemoautotrophic metabolism on host physiological capacities. Journal of Experimental Biology, 214: 312-325

Corliss J B, Dymond J, Gordon L I, Edmond J M, Von Herzen R P, Ballard R D, Green K, Williams D L, Bainbridge A E, Crane K, Van Andel T H. 1979. Submarine thermal sprirngs on the galapagos rift. Science, 203: 1073-1083

Coumou D, Driesner T, Heinrich C A. 2008. The structure and dynamics of mid-ocean ridge hydrothermal systems. Science, 321: 1825-1828

Ding K, Jr W, Tivey M K, Bradley A M. 2001. In situ measurement of dissolved H_2 and H_2S in high-temperature hydrothermal vent fluids at the Main Endeavour Field, Juan de Fuca Ridge. Earth & Planetary Science Letters, 186: 417-425

Ding K, Jr W, Zhang Z, Tivey M K, Von Damm K L, Bradley A M. 2005. The in situ pH of hydrothermal fluids at mid-ocean ridges. Earth & Planetary Science Letters, 237: 167-174

Du Z F, Li Y, Chen J, Guo J J, Zheng R. 2015. Feasibility investigation on deep ocean compact autonomous Raman spectrometer developed for in-situ detection of acid radical ions. Chinese Journal of Oceanology and Limnology, 33: 545-550

Du Z F, Xi S C, Luan Z D, Li L F, Ma L, Zhang X, Zhang J, Lian C, Yan J, Zhang X. 2022. Development and deployment of lander-based multi-channel Raman spectroscopy for in-situ long-term experiments in extreme deep-sea environment. Deep Sea Research Part I: Oceanographic Research Papers, 190: 103890

Du Z F, Zhang X, Lian C, Luan Z, Xi S C, Li L F, Ma L, Zhang J, Zhou W, Chen X. 2023. The development and applications of a controllable lander for in-situ, long-term observation of deep sea chemosynthetic communities. Deep Sea Research Part I: Oceanographic Research Papers, 193: 103960

Du Z F, Zhang X, Luan Z D, Wang M X, Xi S C, Li L F, Wang B, Cao L, Lian C, Li C L, Yan J. 2018b. In situ Raman quantitative detection of the cold seep vents and fluids in the chemosynthetic communities in the South China Sea. Geochemistry, Geophysics, Geosystems, 19: 2049-2061

Du Z F, Zhang X, Xi S C, Li L F, Luan Z D, Lian C, Wang B, Yan J. 2018a. In situ Raman spectroscopy study of synthetic gas hydrate formed by cold seep flow in the South China Sea. Journal of Asian Earth Sciences, 168: 197-206

Fan F, Feng Z, Li C. 2010. UV Raman spectroscopic study on the synthesis mechanism and assembly of molecular sieves. Chemical Society Reviews, 39: 4794-4801

Feely R A, Sabine C L, Kitack L, Will B, Joanie K, Fabry V J, Millero F J. 2004. Impact of anthropogenic CO_2 on the $CaCO_3$ system in the oceans. Science, 305: 362-366

Feng D, Peng Y, Bao H, Peckmann J, Roberts H, Chen D. 2016. A carbonate-based proxy for sulfate-driven anaerobic oxidation of methane. Geology, 44: 999-1002

Fortunato C S, Butterfield D A, Larson B, Lawrence-Slavas N, Huber J A. 2021. Seafloor incubation experiment with deep-sea hydrothermal vent fluid reveals effect of pressure and lag time on autotrophic microbial communities. Applied and Environmental Microbiology, 87: e00078-00021

Gamo T, Okamura K, Charlou J L, Urabe T, Auzende J M, Ishibashi J, Shitashima K, Chiba. 1997. Acidic and sulfate-rich hydrothermal fluids from the Manus back-arc basin, Papua New Guinea. Geology, 25: 139-142

Lessard-Pilon S A, Podowski E L, Cordes E E, Fisher C R. 2010. Megafauna community composition associated with Lophelia pertusa colonies in the Gulf of Mexico. Deep Sea Research Part II: Topical Studies in Oceanography, 57: 1882-1890

Li L F, Du Z F, Zhang X, Xi S C, Wang B, Luan Z D, Lian C, Yan J. 2018c. In situ Raman spectral characteristics of carbon dioxide in a deep-sea simulator of extreme environments reaching 300℃ and 30 MPa. Applied spectroscopy, 72: 48-59

Li L F, Li Z M, Zhong R C, Du Z F, Luan Z D, Xi S C, Zhang X. 2023b. Direct H_2S, HS^- and pH Measurements of High-Temperature Hydrothermal Vent Fluids With In Situ Raman Spectroscopy. Geophysical Research Letters, 50: e2023GL103195

Li L F, Luan Z D, Du Z F, Xi S C, Yan J, Zhang X. 2023a. In situ Raman observations reveal that the gas fluxes of diffuse flow in hydrothermal systems are greatly underestimated. Geology, 51: 372-376

Li L F, Xin Z, Luan Z D, Du Z F, Xi S, Wang B, Lei C, Lian C, Yan J. 2018a. In situ quantitative Raman detection of dissolved carbon dioxide and sulfate in deep-sea high-temperature hydrothermal vent fluids. Geochemistry, Geophysics, Geosystems, 19: 1809-1823

Li L F, Zhang X, Luan Z D, Du Z F, Xi S, Wang B, Lei C, Lian C, Yan J. 2018b. Raman vibrational spectral characteristics and quantitative analysis of H_2 up to 400℃ and 40 MPa. Journal of Raman Spectroscopy, 49: 1722-1731

Li L F, Zhang X, Luan Z D, Du Z F, Xi S, Wang B, Lian C, Cao L, Yan J. 2020b. Hydrothermal vapor-phase fluids on the seafloor: Evidence from in situ observations. Geophysical Research Letters, 47: e2019GL085778

Li L F, Zhang X, Luan Z D, Du Z F, Yan J. 2020a. In situ Raman quantitative detection of methane concentrations in deep-sea high-temperature hydrothermal vent fluids. Journal of Raman Spectroscopy, 51: 2328-2337

Ma, L. , Luan, Z. , Du, Z. , Zhang, X. , Zhang, Y. , Zhang, X. 2023. The direct observation and interpretation of gas hydrate decomposition with ocean depth. Geochemical Perspectives Letters. 27, 9–14.

Marcon Y, Sahling H, Allais A G, Bohrmann G, Olu K. 2014. Distribution and temporal variation of mega-fauna at the Regab pockmark (Northern Congo Fan), based on a comparison of videomosaics and geographic information systems analyses. Marine Ecology, 35: 77-95

McCollom T M, Shock E L. 1997. Geochemical constraints on chemolithoautotrophic metabolism by microorganisms in seafloor hydrothermal systems. Geochimica et cosmochimica acta, 61: 4375-4391

Naehr T H, Eichhubl P, Orphan V J, Hovland M, Paull C K, Ussler W, Lorenson T D, Greene H G. 2007. Authigenic carbonate formation at hydrocarbon seeps in continental margin sediments: A comparative study. Deep Sea Research Part II: Topical Studies in Oceanography, 54: 1268-1291

Nakagawa T, Takai K, Suzuki Y, Hirayama H, Konno U, Tsunogai U, Horikoshi K. 2006. Geomicrobiological exploration and characterization of a novel deep-sea hydrothermal system at the TOTO caldera in the Mariana Volcanic Arc. Environmental Microbiology, 8: 37-49

Petersen J M, Zielinski F U, Pape T, Seifert R, Moraru C, Amann R, Hourdez S, Girguis P R, . Wankel S D, Barbe V, Pelletier E, Fink D, Borowski C, Bach W, Dubilier N. 2011. Hydrogen is an energy source for hydrothermal vent symbioses. Nature, 476: 176-180.

Pokrovski G S, Roux J, Harrichoury J C. 2005. Fluid density control on vapor-liquid partitioning of metals in hydrothermal systems. Geology, 3: 657-660

Seewald J S, Reeves E P, Bach W, Saccocia P J, Craddock P R, Shanks W C, Sylva S P, Pichler T, Rosner M, Walsh E. 2015. Submarine venting of magmatic volatiles in the Eastern Manus Basin, Papua New Guinea. Geochimica et Cosmochimica Acta, 163: 178-199

Seyfried W E Jr, Pester N J, Ding K, Rough M. 2011. Vent fluid chemistry of the Rainbow hydrothermal system (36°N, MAR): Phase equilibria and in situ pH controls on subseafloor alteration processes. Geochimica et Cosmochimica Acta, 75: 1574-1593

Sleep N H, Meibom A, Fridriksson T, Coleman R G, Bird D K. 2004. H_2-rich fluids from serpentinization: Geochemical and biotic implications. Proceedings of the National Academy of Sciences, 101: 12818-12823

Smrzka D, Feng D, Himmler T, Zwicker J, Hu Y, Monien P, Tribovillard N, Chen D, Peckmann J. 2020. Trace elements in methane-seep carbonates: Potentials, limitations, and perspectives. Earth-Science Reviews, 208: 103263

Suess E. 2014. Marine cold seeps and their manifestations: geological control, biogeochemical criteria and environmental conditions. International Journal of Earth Sciences, 103: 1889-1916

Sun Q L, Zhang J, Wang M X, Cao L, Du Z F, Sun Y Y, Liu S Q, Li C L, Sun L. 2020. High-throughput sequencing reveals a potentially novel sulfurovum species dominating the microbial communities of the seawater–sediment interface of a deep-sea cold seep in South China Sea. Microorganisms, 8: 687

Wang S Y, Pan R H, He W Y, Li L F, Yang Y, Du Z F, Luan Z D, Zhang X. 2023. In situ surface-enhanced Raman scattering detection of biomolecules in the deep ocean. Applied Surface Science, 620: 156854

Wang S Y, Xi S C, Pan R, Yang Y, Luan Z D, Yan J, Zhang X. 2022. One-step method to prepare coccinellaseptempunctate-like silver nanoparticles for high sensitivity SERS detection. Surfaces and

Interfaces, 35: 102440

Wankel S D, Germanovich L N, Lilley M D, Genc G, DiPerna C J, Bradley A S, Olson E J, Girguis P R. 2011. Influence of subsurface biosphere on geochemical fluxes from diffuse hydrothermal fluids: Nature Geoscience, 4: 461-468

Wei Z F, Li W L, Li J, Chen J, Xin Y Z, He L S, Wang Y. 2020. Multiple in situ Nucleic Acid Collections (MISNAC) from deep-sea waters. Frontiers in Marine Science, 7: 81

Wopenka B, Pasteris J D. 1987. Raman intensities and detection limits of geochemically relevant gas mixtures for a laser Raman microprobe. Analytical Chemistry, 59: 2165-2170

Xi S C, Sun Q L, Huang R F, Luan Z D, Du Z F, Li L F, Zhang X. 2023. Different Magmatic-Hydrothermal Fluids at the Same Magma Source Support Distinct Microbial Communities: Evidence From In Situ Detection. Journal of Geophysical Research: Oceans, 128: e2023JC019703

Xi S C, Zhang X, Luan Z D, Du Z F, Li L F, Wang B, Lian C, Yan J. 2020. Biogeochemical implications of chemosynthetic communities on the evolution of authigenic carbonates. Deep Sea Research Part I: Oceanographic Research Papers, 162: 103305

Xi S C, Zhang X, Luan Z, Wang S Y, Pan R, Yang Y, Luan Z D, Yan J. 2018. A direct quantitative Raman method for the measurement of dissolved bisulfate in acid-Sulfate fluids. Applied Spectroscopy, 72: 1234-1243

Yao S, Lv Y, Wang Q, Yang J, Li H, Gao N, Zhong F, Fu J, Tang J, Wang T. 2023. Facile preparation of highly sensitive SERS substrates based on gold nanoparticles modified graphdiyne/carbon cloth. Applied Surface Science, 609: 155098

Zhang X, Du Z F, Luan Z D, Wang X, Xi S, Bing W, Li L, Chao L, Yan J. 2017b. In situ Raman detection of gas hydrates exposed on the seafloor of the South China Sea. Geochemistry, Geophysics, Geosystems, 18: 3700-3713

Zhang X, Du Z F, Zheng R, Luan, Z, Luan Z D, Qi F J. 2017a. Development of a new deep-sea hybrid Raman insertion probe and its application to the geochemistry of hydrothermal vent and cold seep fluids. Deep Sea Research Part I: Oceanographic Research Papers, 123: 1-12

Zhang X, Hester K C, Mancillas O, Peltzer E T, Walz P M, Brewer P G. 2009. Geochemistry of chemical weapon breakdown products on the seafloor: 1, 4-Thioxane in seawater. Environmental science & technology, 43: 610-615

Zhang X, Kirkwood W J, Walz P M, Peltzer E T, Brewer P G. 2012. A review of advances in deep-ocean Raman spectroscopy. Applied spectroscopy, 66: 237-249

Zhang X, Li L F, Du Z F, Hao X L, Cao L, Luan Z D, Wang B, Xi S C, Lian C, Yan J, Sun W D. 2020. Discovery of supercritical carbon dioxide in a hydrothermal system. Science Bulletin, 65: 958-964

Zhang X, Walz P, Kirkwood W J, Hester K C, Ussier W, Peltzer E T, Brewer P G. 2010. Development and deployment of a deep-sea Raman probe for measurement of pore water geochemistry. Deep Sea Research Part I: Oceanographic Research Papers, 57: 297-306

海底四分量地震数据高精度弹性波成像理论与方法

耿建华[1*]　于鹏飞[2]

1 海洋地质国家重点实验室（同济大学），同济大学海洋与地球科学学院，同济大学海洋资源研究中心，上海，200092

2 河海大学海洋学院，南京，211100

*通讯作者，E-mail：jhgeng@tongji.edu.cn

摘要　通过引入合成压力并耦合到传统的一阶速度-应力弹性波方程中，提出了一种含有压力分量的声-弹耦合方程，该方程不仅能描述流体中传播的声波和固体传播中的弹性波，而且精确描述了流固界面耦合弹性效应。通过矢量波分解，提出了基于矢量分解的声-弹方程，实现了矢量纵横波传播数值计算。基于矢量分解的声-弹方程与矢量波成像条件，发展出同时利用海底四分量地震数据开展矢量弹性波高精度逆时偏移成像方法，简单层状模型以及复杂地质构造模型验证了成像方法的正确性与有效性。

关键词　声弹耦合方程，海底四分量地震数据，弹性波成像，逆时偏移，矢量分解

1　引言

自从 Paslay 等于 1946 年发明水听器（Hydrophone）开展海洋拖缆地震勘探以来（Proffitt，1991），海洋拖缆地震勘探方法在海洋油气与矿产资源勘探以及海洋地质调查与海底科学研究中发挥了巨大作用（Sheriff and Geldart，1995）。为了有效地降低水听器记录中海面噪音干扰，提高地震记录中的低频信号能量，需要加大水听器的沉放深度。Rigsby 等（1987）最早提出将电缆沉放到海底，开展海底电缆（OBC）地震勘探。由于海底电缆同时与海水和海底接触，因此不仅可以用水听器记录压力分量 p，而且可以用速度检波器（Geophone）记录三个速度分量 v_x、v_y 和 v_z，由此发展出海底四分量（4C）地震勘探方法。与常规海面拖缆地震勘探相比，海底地震勘探在提高地震记录信噪比、记录横波信息、方便开展全方位观测、受海况影响小以及良好的可重复性观测等方面具有很大优势，有望替代海面拖缆地震勘探，成为海洋地震勘探的主要方法（Maver，2011；Hays et al.，2008）。实践已证明，海底 4C 地震勘探在提高浅层含气区地震成像质量

基金项目：国家自然科学重点基金项目（Nos. 41630964）

作者简介：耿建华，教授，博士，主要从事地震波成像与反演、岩石物理以及储层地球物理等方面的研究，E-mail：jhgeng@tongji.edu.cn

（Caldwell，1999）、特殊岩体识别（Hoffe et al.，2000）、储层预测与流体识别（Sønneland et al.，1998；Kristiansen，1998；He et al.，2002）、各向异性与裂缝探测（Li，1998；Sayers and Johns，1999；Olofsson et al.，2003；Vetri et al.，2003）、深部成像（Kragh et al.，2010）、高分辨率成像（Gaiser et al.，2001；Simmons and Backus，2003；Granger et al.，2005）、宽方位与全方位成像（Smit et al.，2008）以及时移地震（Kommedal et al.，2004；Bouska et al.，2005；Smit et al.，2006；Thompson et al.，2006；Eriksrud et al.，2009；Langhammer et al.，2010）等方面发挥了独特的作用。

但是，到目前为止，海底 4C 地震勘探并没有被大规模推广使用，原因是其相对较高的数据采集成本与地震记录信息的挖掘利用不成比例，即缺少有效针对海底多波多分量地震数据的处理与解释方法。目前，只是把压力记录作为纵波处理，而把速度记录作为转换横波处理获得转换波信息，然后对纵波和转换横波数据进行对比解释（Tatham and McCormack，1991），这种简单的处理方法没有充分利用 4C 地震记录信息，实现真正意义上的弹性波成像与弹性信息的解释利用，主要原因是缺少合适的地震波理论框架实现同时利用海底 4C 地震数据进行高精度弹性行波成像。

对于海底 4C 地震勘探，地震波在海水与海底分界面处存在地震波传播模式的转换以及一些特殊的波动现象，例如 Scholte 波和 Leaky Rayleigh 等界面波（Strick，1959；Cagniard，1962）。Hou 等（2012）及 Basabe and Mrinal（2015）将流体与固体分层介质中地震波传播描述归纳为双方程法和单方程法两大类。双方程法即在流体介质中采用声波方程，在海底下固体介质中采用弹性波方程（Zhang，2004），由于在海底流固分界面处发生声-弹波模式转换，在此界面需要应用位移与应力连续条件，并且双方程方法用于地震成像时需要知道海底界面的精确位置，如果采用有限差分方法求解波动方程则难以处理海底剧烈起伏情况（Stephen，1986）。单方程法一般采用位移-应力或者速度-应力弹性波方程，在流体介质中把横波传播速度设为 0（Virieux，1986；Levander，1988；Zhang and Wapenaar，2002），这种处理方法在数值计算时可以克服双方程法在流固界面产生的人工虚假反射。但是，由于海底 4C 记录中包含有压力记录，而位移-应力或者速度-应力弹性波方程中没有压力分量，因此，用位移-应力或者速度-应力弹性波方程难以同时利用海底 4C 地震数据进行弹性波成像，Ravasi 和 Curtis（2013）直接将压力记录赋值给垂直应力用于检波端波场逆时张量外推，当海底存在地形起伏时，这种处理方法是不正确的（Zhang，2004）。因此，建立含有压力分量、适合流-固耦合介质中地震波传播方程是海底 4C 地震数据高精度弹性波成像的关键问题之一。

逆时偏移是复杂介质高精度地震成像最重要的方法。弹性波逆时偏移包含弹性波场外推和成像条件两个关键环节。一般将多分量地震记录作为边界条件代入一阶应力-速度弹性波方程进行波场外推，在与源点外推波场进行互相关成像前进行纵波（P 波）和横波（S 波）波场分离，然后应用互相关成像条件分别对 P 波和 S 波进行成像（Sun and McMechan，1986；Etgen，1988；Yan and Sava，2008）。但是，接收端波场逆时延拓会引入非物理波（Yan and Sava，2007；Halliday and Curtis，2010；Vasconcelos，2013），互相关成像运算会产生一些非物理假象，严重影响了弹性波地震成像质量（Ravasi and Curtis，2013；Duan and Sava，2014）。Halliday 和 Curtis（2013）基于格林积分，从理论上提出了“源端-接收端干涉”（SRI）成像方法，即将接收端三分量速度记录和三分量应力记录（2 个水平切向应力+1 个垂向应力）同时作为边界条件输入一阶速度-应力弹性波方程进行逆时外推，利用互相关成像条件可以较好压制接收端波场逆时延拓中产生的偏移噪音。但是，实际地震数据采集中不可能记录海底三分量应力记录，Ravasi 和 Curtis（2013）把海底两个水平切应力赋值为零，而把垂向应力赋值为海底水听器压力记录，当海底为水平情况时，Ravasi 和 Curtis 的处理方法是可行的，但是，当海底存在起伏时，将流体压力直接赋值给垂向应力是不正确的（Zhang，2004），因此，如何充分利用海底 4C 地震数据有效压制弹性波逆时偏移噪音，是实现弹性波高精确成像的关键问题之二。

由于弹性 P 波和 S 波是耦合传播的，为了获得独立的弹性 PP 和 PS 波成像，在互相关成像前需要进行独立的 P 波和 S 波分离。Sun 等（2004）指出，利用散度和旋度运算进行 P 波和 S 波分离会引入 90°相位移问题，而且分离的波场与原波场有不同的振幅信息，更重要的是分离的 P 波是标量场而分离的 S 波是矢量场，因此在利用互相关成像条件进行 PS 波成像时，必须对矢量 S 波进行标量化处理（Yan and Sava，2008）。同时，转换波成像在一些入射角度存在极性反转问题，这会破坏多炮叠加成像质量。一些学者提出了极性校正方法，解决了转换波成像中的极性反转问题（Du et al.，2014；Duan and Sava，2015），但是这些方法都不能解决散度和旋度运算波场分离引入的 90°相位移问题。Zhang 和 McMechan（2010）提出了弹性波矢量分解方法，即将质点速度波场矢量分解为 P 波矢量和 S 波矢量，矢量分解后的 P 波矢量和 S 波矢量保留了原始弹性波场的振幅、相位、波形和方向等信息，因此矢量分解后的 P 波和 S 波之和可以重构原弹性波场。基于矢量分解的弹性波成像可以避免标量波成像中的 90°相位移及振幅不准确等问题（Wang et al.，2015）。所以，如何正确处理弹性波逆时偏移成像中的相位移是海底 4C 地震数据叠前弹性波精确成像的关键问题之三。

针对上述海底多分量地震数据高精度弹性波成像中的三个关键问题，我们提出了一种新的含有压力分量的声-弹耦合方程，该方程能够精确模拟海底流体与固体分界面处波动现象以及声-弹波模式转换。基于此声-弹耦合方程，我们提出了基于波场矢量分解的声-弹耦合方程，由此实现了同时利用海底 4C 地震数据进行高精度弹性波逆时偏移成像，为充分挖掘海底 4C 记录信息提供了海底多分量地震数据处理关键技术。

2 各向同性介质中声-弹耦合方程

在各向同性介质中，合成压力可以通过对主应力场求和并取负得到（Lu et al.，2009；Yu and Geng，2015）。将合成压力带入一阶弹性速度-应力方程中，可以得到一个新的声-弹耦合方程，其运动方程为

$$\rho\frac{\partial}{\partial t}\mathbf{v}=\mathbf{L\Phi} \tag{1}$$

应力-应变方程为

$$\frac{\partial}{\partial t}\mathbf{\Phi} = \mathbf{C}\mathbf{L}^{\mathrm{T}}\mathbf{v} \tag{2}$$

式中 $\mathbf{v} = \left(v_x, v_y, v_z\right)^{\mathrm{T}}$ 为质点速度向量，$\mathbf{\Phi} = \left(p, \tau_{xx}^s, \tau_{yy}^s, \tau_{zz}^s, \tau_{xy}^s, \tau_{xz}^s, \tau_{yz}^s\right)^{\mathrm{T}}$ 为各向同性应力和偏应力组成的应力向量，ρ为密度，t为时间，$\mathbf{L}$为偏微分算子矩阵，$\mathbf{C}$为三维各向同性介质中的扩展刚度矩阵，表达式如下：

$$\mathbf{L} = \begin{pmatrix} -\frac{\partial}{\partial x} & \frac{\partial}{\partial x} & 0 & 0 & \frac{\partial}{\partial y} & \frac{\partial}{\partial z} & 0 \\ -\frac{\partial}{\partial y} & 0 & \frac{\partial}{\partial y} & 0 & \frac{\partial}{\partial x} & 0 & \frac{\partial}{\partial z} \\ \frac{\partial}{\partial z} & 0 & 0 & \frac{\partial}{\partial z} & 0 & \frac{\partial}{\partial x} & \frac{\partial}{\partial y} \end{pmatrix} \tag{3}$$

$$\mathbf{C} = \begin{pmatrix} K & 0 & 0 & 0 & 0 & 0 & 0 \\ 0 & \frac{4\mu}{3} & -\frac{2\mu}{3} & -\frac{2\mu}{3} & 0 & 0 & 0 \\ 0 & -\frac{2\mu}{3} & \frac{4\mu}{3} & -\frac{2\mu}{3} & 0 & 0 & 0 \\ 0 & -\frac{2\mu}{3} & -\frac{2\mu}{3} & \frac{4\mu}{3} & 0 & 0 & 0 \\ 0 & 0 & 0 & 0 & \mu & 0 & 0 \\ 0 & 0 & 0 & 0 & 0 & \mu & 0 \\ 0 & 0 & 0 & 0 & 0 & 0 & \mu \end{pmatrix} \tag{4}$$

方程（4）中 K、μ 分别为体积模量和剪切模量。一阶速度-应力弹性波方程中可以加载应力和形变两种类型的震源，对于声-弹耦合方程，也可加载这两种类型的震源，加载应力源的运动方程为

$$\rho\frac{\partial}{\partial t}\mathbf{v} = \mathbf{L}\mathbf{\Phi} + \boldsymbol{f} \tag{5}$$

方程（5）中，$\boldsymbol{f} = \left(f_x, f_y, f_z\right)^{\mathrm{T}}$ 为外部应力源。对应力-应变方程可加载形变源，得到含有纯 P 波源的应力-应变方程：

$$\frac{\partial}{\partial t}\mathbf{\Phi} = \mathbf{C}\mathbf{L}^{\mathrm{T}}\mathbf{v} + \mathbf{h} \tag{6}$$

上式中，$\mathbf{h} = \left(h^p, 0, 0, 0, 0, 0, 0\right)^{\mathrm{T}}$ 为纯 P 波形变源。

对于二维各向同性介质，方程（3）和（4）变为

$$\mathbf{L}^{2d}=\begin{pmatrix}-\frac{\partial}{\partial x} & \frac{\partial}{\partial x} & 0 & \frac{\partial}{\partial z}\\ -\frac{\partial}{\partial z} & 0 & \frac{\partial}{\partial z} & \frac{\partial}{\partial x}\end{pmatrix} \tag{7}$$

和

$$\mathbf{C}^{2d}=\begin{pmatrix}-(\lambda+\mu) & 0 & 0 & 0\\ 0 & \mu & -\mu & 0\\ 0 & -\mu & \mu & 0\\ 0 & 0 & 0 & \mu\end{pmatrix} \tag{8}$$

方程（8）中 λ、μ 为拉梅系数。

3 基于矢量分解的声-弹耦合方程

Zhang 和 MeMechan（2010）提出了一种弹性波场矢量分解方法，这种方法可以同时得到质点速度矢量 P 波和 S 波。Xiao 和 Leaney（2010）通过引入一个中间变量 τ_P 去构造解耦的弹性波方程，可以更有效的实现弹性波场的矢量分解。Wang 和 McMechan（2015）证明了上述两种方法本质上是等价的。我们将弹性波矢量分解方法引入到各向同性介质声-弹耦合方程中，得到基于矢量分解的声-弹耦合方程，其偏应力-应变方程写为：

$$\frac{\partial\tau_{xx}}{\partial t}=\frac{\partial(\tau_{xx}^{s}-p)}{\partial t}=\left[\left(K+\frac{4\mu}{3}\right)\left(\frac{\partial v_x}{\partial x}+\frac{\partial v_y}{\partial y}+\frac{\partial v_z}{\partial z}\right)\right]-2\mu\left(\frac{\partial v_y}{\partial y}+\frac{\partial v_z}{\partial z}\right) \tag{9}$$

$$\frac{\partial\tau_{yy}}{\partial t}=\frac{\partial(\tau_{yy}^{s}-p)}{\partial t}=\left[\left(K+\frac{4\mu}{3}\right)\left(\frac{\partial v_x}{\partial x}+\frac{\partial v_y}{\partial y}+\frac{\partial v_z}{\partial z}\right)\right]-2\mu\left(\frac{\partial v_x}{\partial x}+\frac{\partial v_z}{\partial z}\right) \tag{10}$$

和

$$\frac{\partial\tau_{zz}}{\partial t}=\frac{\partial(\tau_{zz}^{s}-p)}{\partial t}=\left[\left(K+\frac{4\mu}{3}\right)\left(\frac{\partial v_x}{\partial x}+\frac{\partial v_y}{\partial y}+\frac{\partial v_z}{\partial z}\right)\right]-2\mu\left(\frac{\partial v_x}{\partial x}+\frac{\partial v_y}{\partial y}\right) \tag{11}$$

主应力的时间偏导数对应着 P 波应力，用一个中间变量 τ_P 来替换 $\tau_{xx},\tau_{yy},\tau_{zz}$：

$$\frac{\partial \tau_P}{\partial t} = \left(K + \frac{4\mu}{3}\right)\left(\frac{\partial v_x}{\partial x} + \frac{\partial v_y}{\partial y} + \frac{\partial v_z}{\partial z}\right) \tag{12}$$

在声-弹耦合方程中，

$$\frac{\partial p}{\partial t} = -K\left(\frac{\partial v_x}{\partial x} + \frac{\partial v_y}{\partial y} + \frac{\partial v_z}{\partial z}\right) \tag{13}$$

用$-\frac{1}{K}\frac{\partial p}{\partial t}$替换$\frac{\partial v_x}{\partial x} + \frac{\partial v_y}{\partial y} + \frac{\partial v_z}{\partial z}$，将公式（13）代入公式（12）中得到：

$$\frac{\partial \tau_P}{\partial t} = -\frac{3K + 4\mu}{3K}\frac{\partial p}{\partial t} \tag{14}$$

此时可得到中间变量τ_P和合成压力p的关系：

$$\tau_P = -\frac{3K + 4\mu}{3K}p \tag{15}$$

P 波质点速度矢量$\mathbf{v}^\mathbf{p} = \left(v_x^p, v_y^p, v_z^p\right)$可以利用中间变量$\tau_P$计算得到：

$$\begin{aligned} \rho\frac{\partial v_x^p}{\partial t} &= \frac{\partial \tau_P}{\partial x}, \\ \rho\frac{\partial v_y^p}{\partial t} &= \frac{\partial \tau_P}{\partial y}, \\ \rho\frac{\partial v_z^p}{\partial t} &= \frac{\partial \tau_P}{\partial z}, \end{aligned} \tag{16}$$

用$-\frac{3K + 4\mu}{3K}p$替换中间变量τ_P，得到用压力p表达的 P 波质点速度矢量$\mathbf{v}^\mathbf{p}$方程：

$$\begin{aligned} \rho\frac{\partial v_x^p}{\partial t} &= -\frac{3K + 4\mu}{3K}\frac{\partial p}{\partial x}, \\ \rho\frac{\partial v_y^p}{\partial t} &= -\frac{3K + 4\mu}{3K}\frac{\partial p}{\partial y}, \\ \rho\frac{\partial v_z^p}{\partial t} &= -\frac{3K + 4\mu}{3K}\frac{\partial p}{\partial z}, \end{aligned} \tag{17}$$

最后，用质点速度矢量$\mathbf{v} = \left(v_x, v_y, v_z\right)$减去质点速度矢量 P 波$\mathbf{v}^\mathbf{p} = \left(v_x^p, v_y^p, v_z^p\right)$，即可得到质点速度矢量 S 波$\mathbf{v}^\mathbf{s} = \left(v_x^s, v_y^s, v_z^s\right)$方程：

$$\begin{cases}\rho\dfrac{\partial v_x^s}{\partial t}=\dfrac{\partial\tau_{xx}^s}{\partial x}+\dfrac{\partial\tau_{xy}^s}{\partial y}+\dfrac{\partial\tau_{xz}^s}{\partial z}+\dfrac{4\mu}{3K}\dfrac{\partial p}{\partial x}\\ \rho\dfrac{\partial v_y^s}{\partial t}=\dfrac{\partial\tau_{xy}^s}{\partial x}+\dfrac{\partial\tau_{yy}^s}{\partial y}+\dfrac{\partial\tau_{yz}^s}{\partial z}+\dfrac{4\mu}{3K}\dfrac{\partial p}{\partial y}\\ \rho\dfrac{\partial v_z^s}{\partial t}=\dfrac{\partial\tau_{xz}^s}{\partial x}+\dfrac{\partial\tau_{yz}^s}{\partial y}+\dfrac{\partial\tau_{zz}^s}{\partial z}+\dfrac{4\mu}{3K}\dfrac{\partial p}{\partial z}\end{cases}\tag{18}$$

利用公式（17）和（18）替换公式（1），即可得到基于矢量分解的声-弹耦合方程。在 2D 情况下，基于矢量分解的质点速度矢量 P 波运动方程为

$$\begin{cases}\rho\dfrac{\partial v_x^p}{\partial t}=-\dfrac{\lambda+2\mu}{\lambda+\mu}\dfrac{\partial p^{2d}}{\partial x}\\ \rho\dfrac{\partial v_z^p}{\partial t}=-\dfrac{\lambda+2\mu}{\lambda+\mu}\dfrac{\partial p^{2d}}{\partial z}\end{cases}\tag{19}$$

质点速度矢量 S 波运动方程为

$$\begin{cases}\rho\dfrac{\partial v_x^s}{\partial t}=\dfrac{\partial\tau_{xx}^s}{\partial x}+\dfrac{\partial\tau_{xz}^s}{\partial z}+\dfrac{\mu}{\lambda+\mu}\dfrac{\partial p^{2d}}{\partial x}\\ \rho\dfrac{\partial v_z^s}{\partial t}=\dfrac{\partial\tau_{xz}^s}{\partial x}+\dfrac{\partial\tau_{zz}^s}{\partial z}+\dfrac{\mu}{\lambda+\mu}\dfrac{\partial p^{2d}}{\partial z}\end{cases}\tag{20}$$

各向同性应力-应变方程为

$$\frac{\partial p}{\partial t}=-(\lambda+\mu)\left(\frac{\partial\left(v_x^p+v_x^s\right)}{\partial x}+\frac{\partial\left(v_x^p+v_x^s\right)}{\partial z}\right)\tag{21}$$

偏应力-应变方程为

$$\begin{cases}\dfrac{\partial\tau_{xx}^s}{\partial t}=\dfrac{\partial(\tau_{xx}+p^{2d})}{\partial t}=\mu\left(\dfrac{\partial\left(v_x^p+v_x^s\right)}{\partial x}-\dfrac{\partial\left(v_z^p+v_z^s\right)}{\partial z}\right)\\ \dfrac{\partial\tau_{zz}^s}{\partial t}=\dfrac{\partial(\tau_{zz}+p^{2d})}{\partial t}=\mu\left(\dfrac{\partial\left(v_z^p+v_z^s\right)}{\partial z}-\dfrac{\partial\left(v_x^p+v_x^s\right)}{\partial x}\right)\\ \dfrac{\partial\tau_{xz}^s}{\partial t}=\mu\left(\dfrac{\partial\left(v_x^p+v_x^s\right)}{\partial z}+\dfrac{\partial\left(v_z^p+v_z^s\right)}{\partial x}\right)\end{cases}\tag{22}$$

基于上述矢量分解的声-弹耦合方程，即可实现矢量纵横波传播计算。

4 弹性波逆偏移矢量成像条件

Wang 等（2015）提出了一种矢量 PS 波互相关成像条件：

$$I_{PS}(\mathbf{x})=\frac{\int_0^{t_{\max}}\mathbf{v}_{\mathrm{scr}}^{p}(\mathbf{x},t)\mathbf{v}_{rec}^{s}(\mathbf{x},t_{\max}-t)\mathrm{d}t}{\Theta},\tag{23}$$

$$\Theta=\int_0^{t_{\max}}\mathbf{v}_{\mathrm{src}}^{p}(\mathbf{x},t)\mathbf{v}_{\mathrm{src}}^{p}(\mathbf{x},t_{\max}-t)\mathrm{d}t\ ,\tag{24}$$

式中 Θ 代表震源端 P 波照明，$I_{PS}(\mathbf{x})$ 为矢量 PS 波成像，$\mathbf{v}_{\mathrm{src}}^{p}(\mathbf{x},t)$ 代表震源端正向传播的质点速度矢量 P 波，$\mathbf{v}_{\mathrm{rec}}^{s}(\mathbf{x},t_{\max}-t)$ 代表接收端逆时外推的质点速度矢量 S 波。同样，我们可以给出矢量 PP 波互相关成像条件：

$$I_{PP}(\mathbf{x})=\frac{\int_0^{t_{\max}}\mathbf{v}_{\mathrm{src}}^{p}(\mathbf{x},t)\mathbf{v}_{\mathrm{rec}}^{p}(\mathbf{x},t_{\max}-t)}{\Theta},\tag{25}$$

式中 I_{PP} 为矢量 PP 波成像，$\mathbf{v}_{\mathrm{rec}}^{p}(\mathbf{x},t_{\max}-t)$ 代表接收端逆时外推的矢量 P 波。

5 数值实验

数值实验中声-弹耦合方程以及基于矢量分解的声-弹耦合方程全部采用高阶交错网格有限差分法求解，并采用 CPML 吸收边界条件消除自由表面多次波和非物理边界反射波（Roden and Gedney，2000）。我们用三个数值实验来验证声-弹耦合方程在模拟海底地震波传播的正确性以及同时利用海底 4C 地震数据进行弹性矢量波成像的有效性。

5.1 二维浅海模型地震波传播数值模拟

我们用一个二维浅海模型来考察声-弹耦合方程对海底地震波传播的描述能力，尤其考察对海底流-固分界面处特殊波现象（Scholte 波和 Leaky Rayleigh 波）的描述能力。图 1 为浅海模型的 P 波、S 波速度和密度模型，海水深度为 60m。震源设置在海面，分别在海面记录模拟压力场 p、v_x 和 v_z 速度场以及在海底记录压力场 p，如图 2 所示，在海底压力场记录上可以清晰看到 Scholte 波和 Leaky Rayleigh 波（图 2d），然而，在海面记录上没有看到明显的海底界面波（图 2a，2b 和 2c）。Glorieux 等（2002）证明了大部分 Scholte 波能量聚集在水中，沿着流-固界面以类似于平面体波的形式传播，并且随着远离流-固分界面，能量迅速衰减，这与图 2 中观察到的波动现象一致。

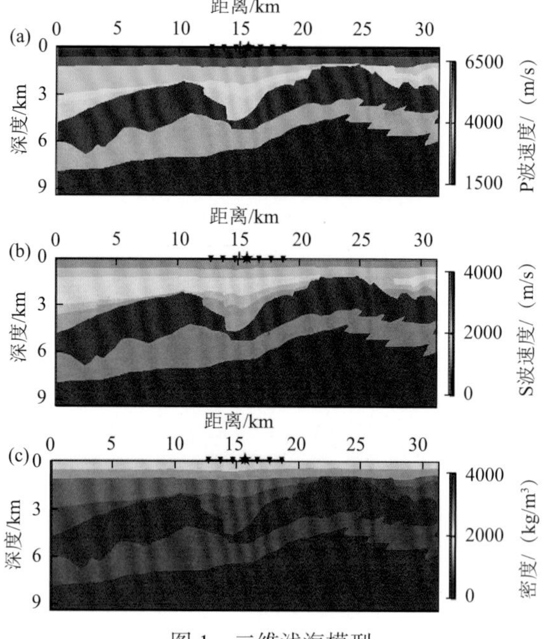

图 1 二维浅海模型

（a）P 波速度模型；（b）S 波速度模型；（c）密度模型

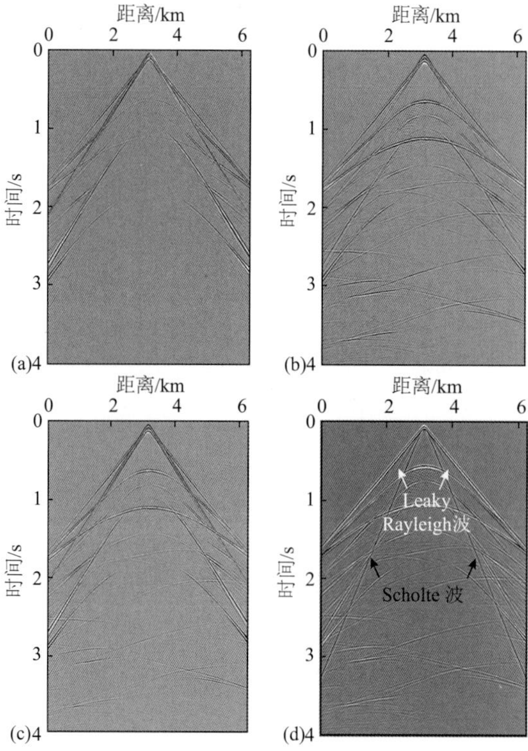

图 2 利用声-弹耦合方程模拟的单炮记录

（a）海面质点速度场水平分量 v_x；（b）海表面质点速度场垂直分量 v_z；（c）海面压力场 p；（d）海底界面处压力场 p

5.2 3D 水平层状模型弹性矢量波成像

3D 水平层状模型如图 3，模型参数如表 1。一个纯 P 波源在 $\mathbf{x}=(50,50,0)$ 位置处激发，利用基于矢量分解的声-弹耦合方程模拟得到 0.15s 时刻的波场快照如图 4，可以看出基于矢量分解的声-弹耦合方程可以得到矢量纵横波场。为了验证基于矢量分解的声-弹耦合方程模拟得到的矢量 P 波与矢量 S 波能否保留原始弹性波场的运动学和动力学信息，从图 4 的波场快照中抽取（**x**，**y**，**z**）=（75，40，0）位置处记录进行比较如图 5 所示，可以看出基于矢量分解的声-弹耦合方程模拟得到的质点速度 P 波矢量与质点速度 S 波矢量的和等于质点全速度矢量，由此证明基于矢量分解的声-弹耦合方程模拟得到的矢量纵横波保留了原始弹性波场的运动学和动力学信息。图 6 为利用基于矢量分解的声-弹耦合方程以及弹性矢量波成像条件得到的单炮 PP 与 PS 成像结果，可以看出 PS 波成像没有出现极性反转问题（图 6b）。

表 1 3D 两层模型参数

	V_p/（m/s）	V_s/（m/s）	ρ/（kg/m³）	深度/m
第一层	2500	1300	1800	50
第二层	3000	1800	2000	50

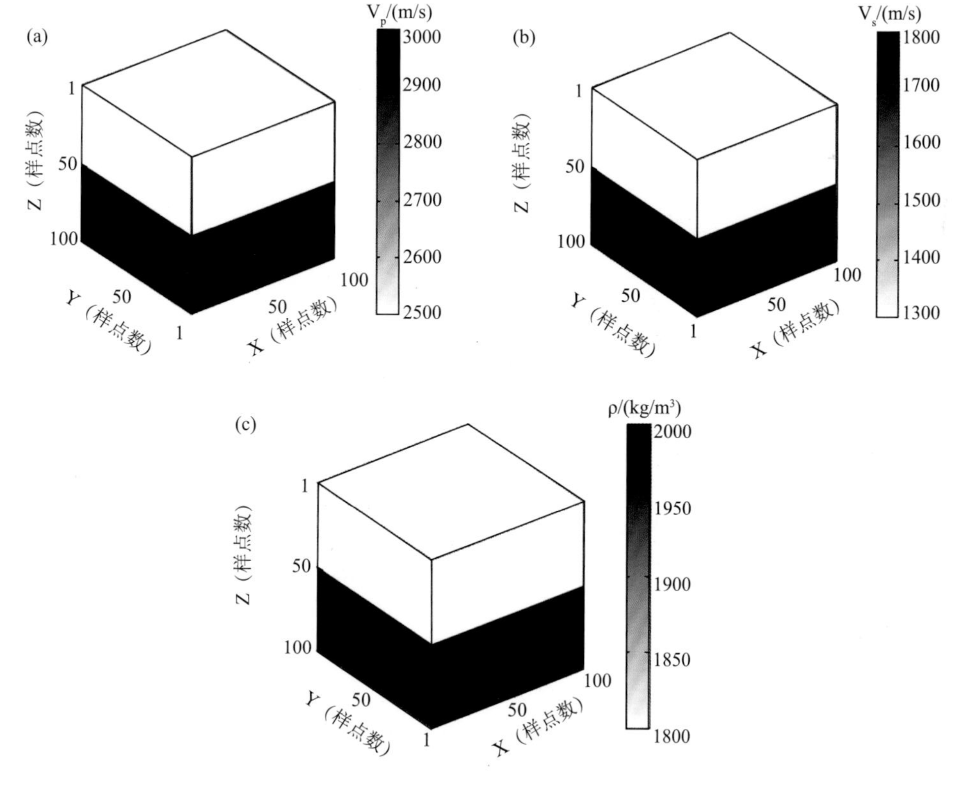

图 3 3D 两层模型

（a）P 波速度；（b）S 波速度；（c）密度

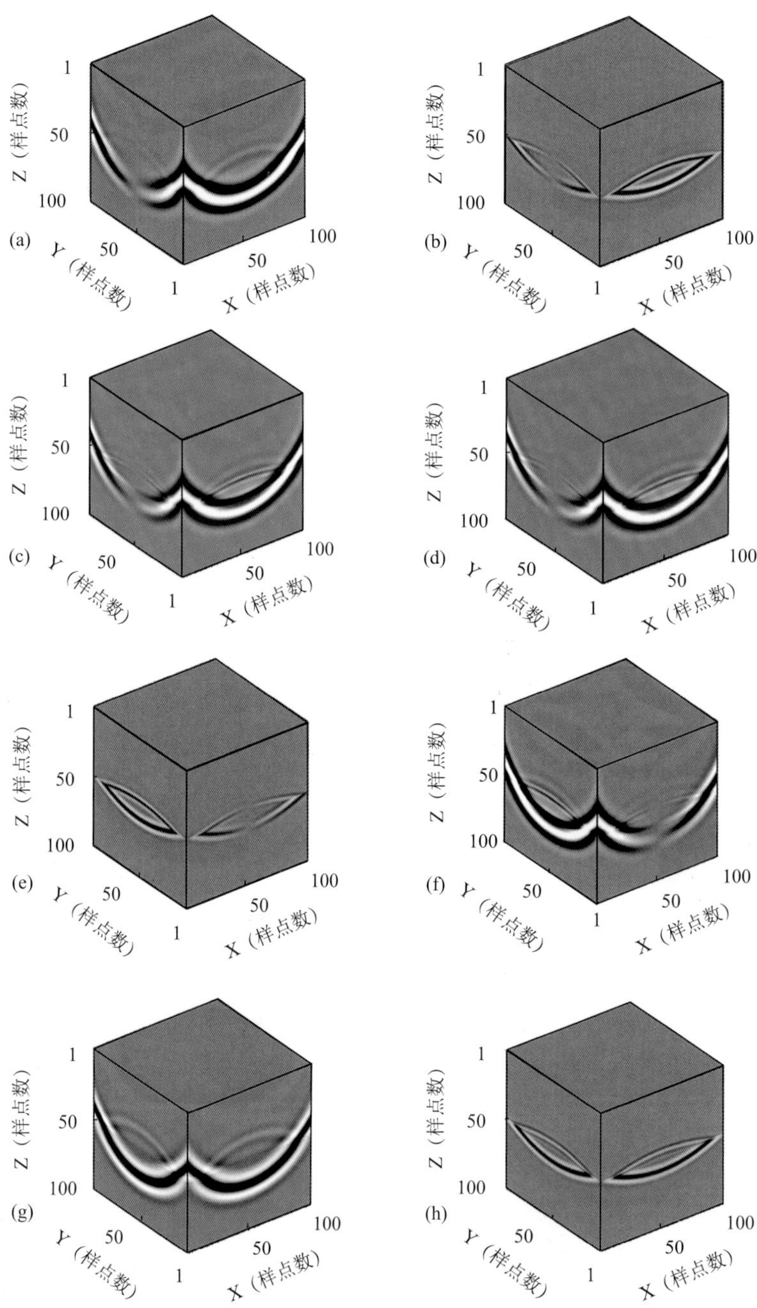
(a)
(b)
(c)
(d)
(e)
(f)
(g)
(h)
Z（样点数）
Y（样点数）
X（样点数）
1
50
100

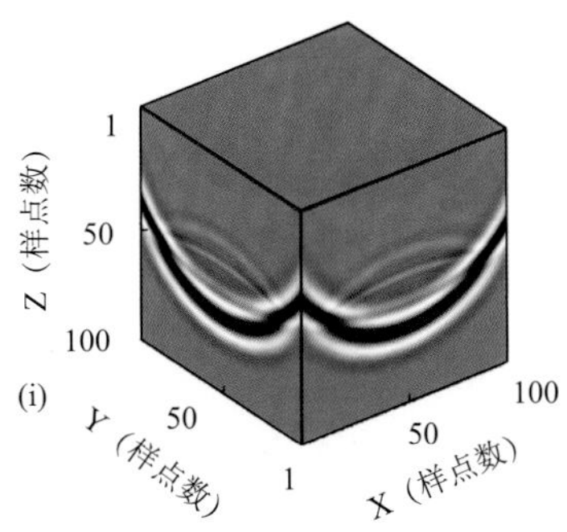

图 4　基于矢量分解的声-弹耦合方程模拟的波场快照

（a）v_x^p，（b）v_x^s，（c）$\mathbf{v}_x$；（d）v_y^p，（e）v_y^s，（f）$\mathbf{v}_y$；（g）v_z^p，（h）v_z^s，（i）$\mathbf{v}_z$

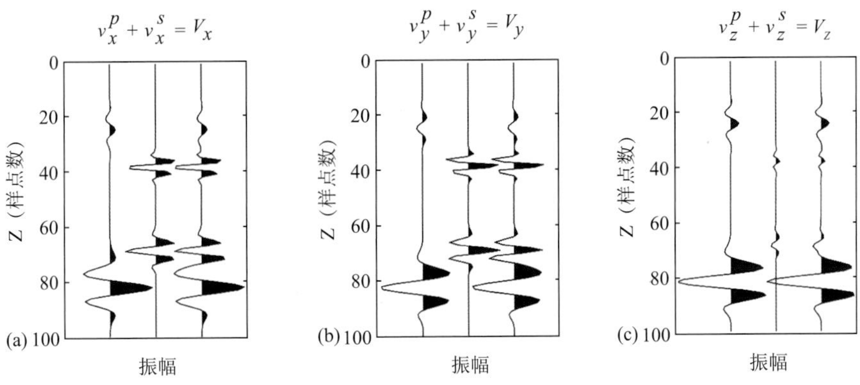

图 5　在（x，y，z）=（75，40，0）位置处的模拟记录

（a）x 方向速度波场，（b）y 方向速度波场，（c）z 方向速度波场

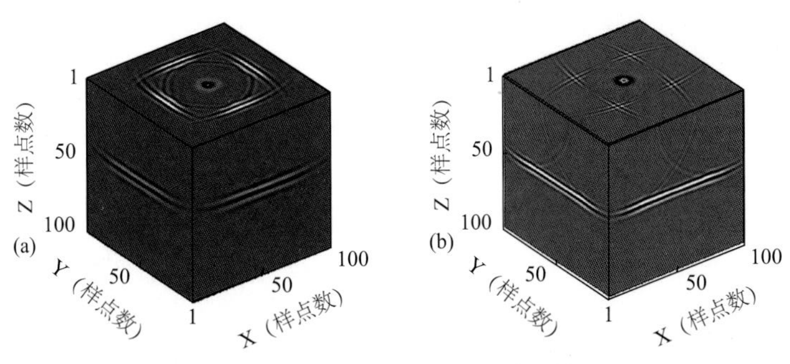

图 6　单炮记录弹性矢量波成像

（a）PP 波像；（b）PS 波像

5.3　南黄海复杂构造模型弹性矢量波成像

图 7 为根据南黄海某区的偏移剖面和测井资料建立的纵波速度 V_p 与密度 ρ 模型，横波速度 V_s 模型根据横波与纵波之间的关系 $V_s = V_p/\sqrt{3}$ 建立。该地质模型构造复杂，正断层和逆断层发育，地层、断面倾角大，并有火山岩体发育。数值模拟中不考虑自由表面多次波的影响，即将海面设为吸收边界。对模拟数据的预处理包括切除直达波、折射

波以及海底界面波。利用基于矢量分解的声-弹耦合方程以及弹性矢量波成像条件进行PP波与PS波成像，结果如图8所示，可以看出，无论是PP波像还是PS波像，陡倾角复杂构造以及火山岩体都得到了很好的成像结果。

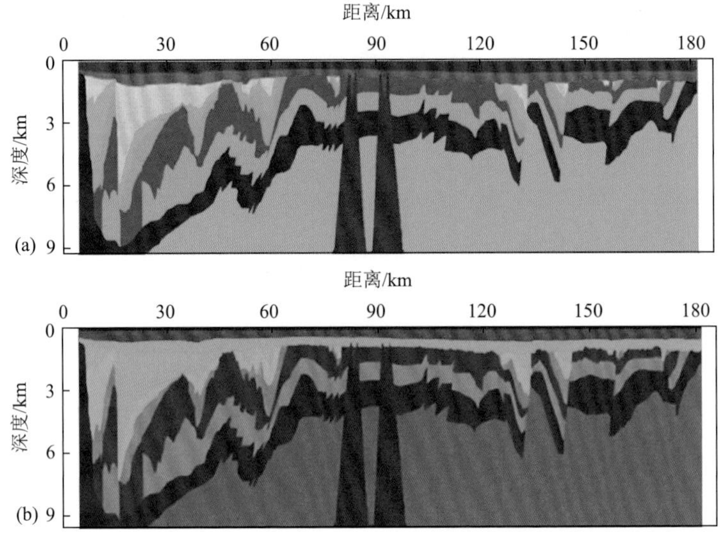

图7 南黄海地区复杂地质构造模型

（a）纵波速度模型，（b）密度模型

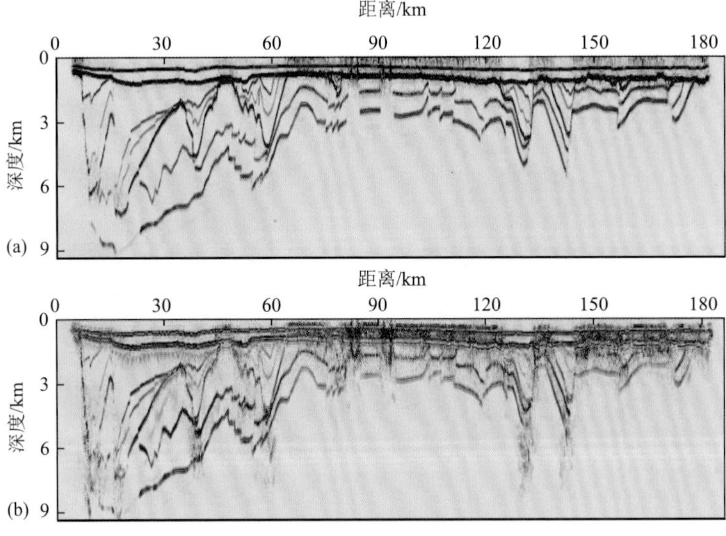

图8 南黄海地区复杂地质构造模型基于声-弹耦合方程的弹性矢量波成像

（a）PP波成像；（b）PS波成像

6 结论

论文在传统一阶速度-应力弹性波方程的基础上，提出了一种含有压力分量的声-弹耦合方程，该方程不仅可以描述流体中传播的声波，还可描述固体传播中的弹性波。数值实验表明，声-弹耦合方程精确描述了流固界面耦合产生的面波。基于矢量波分解方法，提出了矢量分解的声-弹耦合方程，方便实现了矢量纵横波传播数值计算。基于矢量波成像条件，发展出同时利用海底四分量地震数据开展精确的矢量弹性波逆时偏移成像方法，避免了 PS 成像中的极性反转和振幅不保真等问题，简单层状模型以及复杂地质构造模型验证了成像方法的正确性与有效性。

参考文献

Basabe J D, Mrinal K S. 2015. A comparison of finite-difference and spectral-element methods for elastic wave propagation in media with a fluid-solid interface. Geophysical Journal International, 200(1): 278-298

Bouska J, Howie J, Nolte B, Johnston R, Alexandre R, Walters R. 2005. Azeri 4C time-lapse design using 3D 4C OBS imaging decimation tests. SEG Technical Program Expanded Abstracts, 2406-2409

Cagniard L. 1962. Reflection and refraction of progressive seismic waves. New York: McGraw-Hill. 282

Caldwell J. 1999. Marine multicomponent seismology. The Leading Edge, 18(11): 1274-1282

Du Q Z, Gong X F, Zhang M Q, Zhu Y T, Fang G. 2014. 3D PS-wave imaging with elastic reverse-time migration. Geophysics, 79(5): S173-S184

Duan Y T, Sava P. 2015. Scalar imaging condition for elastic reverse time migration. Geophysics, 80(4): S127-S136

Eriksrud M, Langhammer J, Nakstad H. 2009. Towards the optical oil field. SEG Technical Program Expanded Abstracts, 3400-3404

Etgen J T. 1988. Pre-stacked migration of P and SV-waves. SEG Annual Meeting Expanded Abstracts, 972-975

Gaiser J, Moldoveanu N, Macbeth C, Michelena R, Spitz S. 2001. Multicomponent technology: the players, problems, applications, and trends: Summary of the workshop sessions. The Leading Edge, 20(9): 974-977

Glorieux C, Van de Roystyne, Gusev K, Gao V M, Lauriks W, Thoen J. 2002. Nonlinearity of acoustic waves at solid-liquid interfaces, Journal of the Acoustic Society of America, 111: 95-103

Granger P Y, Manin M, Boelle J L, Ceragioli E, Lefeuvre F, Crouzy E. 2005. Autonomous 4C Nodes used in infill areas to complement streamer data, deep water case study. SEG Technical Program Expanded Abstracts, 84-87

Halliday D, Curtis A. 2010. An interferometric theory of source-receiver scattering and imaging. Geophysics, 75(6): SA95-SA103

Hays D, Craft K, Docherty P, Smit F. 2008. An Ocean Bottom Seismic node repeatability study. SEG Technical Program Expanded Abstracts, 55-59

Hoffe B H, Lines L R, Cary P W. 2000. Applications of OBC recording. The Leading Edge, 19(4): 382-39

Hou G N, Wang J, Layton A. 2012. Numerical methods for fluid-structure interaction—a review. Commun. Comput. Phys., 12(2): 337-377

Kommedal J H, Barkved O I, Howe D J. 2004. Initial experience operating a permanent 4C seabed array for reservoir monitoring at Valhall. SEG Technical Program Expanded Abstracts, 2239-2242

Kragh E, Muyzert E, Curtis T, Svendsen M, Kapadia D. 2010. Efficient broadband marine acquisition and processing for improved resolution and deep imaging. The Leading Edge, 29(4): 464-469

Kristiansen P. 1998. Application of marine 4C data to the solution of reservoir characterization problems. SEG Technical Program Expanded Abstracts, 908-909

Langhammer J, Eriksrud M, Nakstad H. 2010. Performance characteristics of 4C fiber optic ocean bottom cables for permanent reservoir monitoring. SEG Technical Program Expanded Abstracts, 66-70

Levander A R. 1988. Fourth-order finite-difference P-SV seismograms. Geophysics, 53(11): 1425-1430

Li X Y. 1998. Fracture detection using P-P and P-S waves in multicomponent sea-floor data. SEG Technical Program Expanded Abstracts, 2056-2059

Lu R R, Traynin P, Anderson J E. 2009. Comparison of elastic and acoustic reverse-time migration on the synthetic elastic Marmousi-II OBC dataset. SEG Technical Program Expanded Abstracts, 2799-2803

Maver K G. 2011. Ocean bottom seismic: Strategic technology for the oil industry. First Break, 29(12): 75-80

Olofsson B, Probert T, Kommedal J H, Barkved O I. 2003. Azimuthal anisotropy from the Valhall 4C 3D survey. The Leading Edge, 22(12): 1228-1235

Proffitt J M. 1991. A history of innovation in marine seismic data acquisition. The Leading Edge, 10(3): 24-30

Ravasi M, Curtis A. 2013. Elastic imaging with exact wavefield extrapolation for application to ocean-bottom 4C seismic data. Geophysics, 78(6): S265-S284

Rigsby T B, Cafarelli W J, O'Neill D J. 1987. Bottom cable exploration in the Gulf of Mexico: a new approach. SEG Technical Program Expanded Abstracts, 181-183

Roden J A, Gedney S D. 2000. Convolutional PML(CPML): An efficient FDTD implementation of the CFS-PML for arbitrary media. Microwave and Optical Technology Letters, 27(5): 334-339

Sayers C, Johns T. 1999. Anisotropic velocity analysis using marine 4C seismic data. SEG Technical Program Expanded Abstracts, 780-783

Sheriff R E, Geldart L P. 1995. Exploration Seismology. Cambridge University, Second Edition, 1-32

Simmons J, Backus M. 2003. An introduction-Multicomponent. The Leading Edge, 22(12): 1227-1262

Smit F, Ligtendag M, Wills P, Calvert R. 2006. Toward affordable permanent seismic reservoir monitoring using the sparse OBC concept. The Leading Edge, 25(4): 454-459

Smit F, Perkins C, Lepre L, Craft K, Woodard R. 2008. Seismic data acquisition using Ocean Bottom Seismic nodes at the Deimos Field, Gulf of Mexico. SEG Technical Program Expanded Abstracts, 998-1002

Sønneland L, Hansen J O, Hutton G, Nickel M, Reymond B, Signer C, Tjøstheim B, Veire H H. 1998. Reservoir characterization using 4C seismic and calibrated 3D AVO. SEG Technical Program Expanded Abstracts, 932-935

Stephen R A. 1986. Finite difference methods for bottom interaction problems. In: Lee D, Sternberg R L, Schultz M H, eds. Computational acoustics, wave propagation. North-Holland, 225-238

Strick E. 1959. Propagation of elastic wave motion from an impulsive source along a fluid/solid interface. Part II: Theoretical pressure response. Part III: The pseudo-Rayleigh wave. Philosophical Transactions of the Royal Society of London, A, 251: 455-523

Sun R, McMechan G A, Hsiao H H, Chow J. 2004. Separating P-and S-waves in prestack 3D elastic seismograms using divergence and curl. Geophysics, 69(1): 286-297

Tatham R H, McCormack M D. 1991. Multicomponent Seismology in Petroleum Exploration. Society of Exploration Geophysicists, 123-186

Thompson M, Amundsen L, Karstad P I, Langhammer J, Nakstad H, Eriksrud M. 2006. Field trial of fibre-optic multi-component sensor system for application in ocean bottom seismic. SEG Technical Program Expanded Abstracts, 1148-1152

Vasconcelos I. 2013. Source-receiver reverse-time imaging of dual-source, vector-acoustic seismic data. Geophysics, 78(2): WA147-WA158

Vetri L, Loinger E, Gaiser J, Grandi A. 2003. Heloise Lynn 3D/4C Emilio: Azimuth processing and anisotropy analysis in a fractured carbonate reservoir. The Leading Edge, 22(7): 675-679

Virieux J. 1986. P-SV wave propagation in heterogeneous media: velocity-stress finite-difference method. Geophysics, 51(4): 889-901

Wang C, Cheng J, Arntsen B. 2015. Imaging Condition for Converted Waves Based on Decoupled Elastic Wave Modes. SEG Technical Program Expanded Abstracts, 4385-4390.

Wang W L, McMechan G A. 2015. Vector-based elastic reverse time migration. Geophysics, 80(6): S245-S258

Xiao X, Leaney W S. 2010. Local vertical seismic profiling(VSP) elastic reverse-time migration and migration resolution: Salt-flank imaging with transmitted P-to-S waves. Geophysics, 75(2): S35-S49

Yan J, Sava P. 2007. Elastic wavefield imaging with scalar and vector potentials. SEG Technical Program Expanded Abstracts, 2150-2154

Yan J, Sava P. 2008. Isotropic angle-domain elastic reverse-time migration. Geophysics, 73(6): S229-S239

Yu P F, Geng J H. 2015. Separating Quasi P Wave in VTI Medium by Composing Main Stress. 77th EAGE Conference and Exhibition 2015, 1-5

Zhang J F, Wapenaar C P A. 2002. Elastic wave propagation in heterogeneous anisotropic media using the lumped finite element. Geophysics, 67(2): 625-638

Zhang J. 2004. Wave propagation across fluid-solid interfaces: a grid method approach. Geophysical Journal International, 159(1): 240-252

Zhang Q S, McMechan G A. 2010. 2D and 3D elastic wavefield vector decomposition in the wavenumber domain for VTI media. Geophysics, 75(3): D13-D26

基于角度校正的 Radon 鬼波压制技术

王征[1] 金翔龙[2] 宋建国[3*] 宋鑫[1]

1. 中海油田服务股份有限公司，天津 300459
2. 自然资源部第二海洋研究所，浙江杭州 310012
3. 中国石油大学（华东），山东青岛 266580
*通讯作者，E-mail：jianguosong@163.com

摘要 近年来海洋拖缆宽频地震技术得到了快速发展，由于多缆、宽方位采集时会产生较大的横向偏移距，且伴随横向数据稀疏，传统鬼波衰减方法应用效果不理想。

本文通过对前人研究成果的分析，基于采集、处理一体化的技术研究思路，对基于平面波分解的高精度 Radon 鬼波衰减方法进行改进，通过方位角校正与高精度 Radon 变换鬼波衰减相结合，实现了对横向偏移距较大的地震数据检波器端鬼波的压制。进而通过模拟数据测试和野外实际资料测试证明，本次所研究的方法能够对横向偏移距较大的检波器端鬼波实现比较好的衰减，鬼波形成的陷频点得到有效恢复，获得了高信噪比的宽频带地震资料，同时本方法不仅适用于变深度斜缆宽频采集数据，也适用于水平缆采集的数据。

研究认为针对震源端鬼波可通过抽取共检波点道集的方式应用本方法，对源、缆沉放较浅的常规地震资料，在应用本文方法时，也取得了一定的正向效果，但仍需进一步深入研究。

关键词 海洋拖缆，变深缆，水平缆，宽频地震，鬼波衰减

0 引言

宽频采集和鬼波衰减方法研究在近年来取得了较快的发展，水平缆、变深缆采集处理宽频技术（Ray and Moore，1982；Soubaras，2010；Soubaras，2012；Wang et al.，2013；Song et al.，2015；King and Poole，2015；Jayaram et al.，2015；Zhang et al.，2015），变深缆和深拖水平缆实现宽频的思路是通过采集与处理联合将鬼波衰减掉，理论上可从根本上消除鬼波引起的陷波对带宽的限制，且生产实施中成本比较低，因此也成为当前商业应用最广的宽频技术。

作者简介：王征，男，博士，高级工程师，主要从事地球物理勘探方法研究和海洋物探装备研制工作，E-mail：wangzheng5@cosl.com.cn

由于宽方位拖缆采集横向采样密度的稀疏性和不规则性，导致三维鬼波衰减方法应用受限，为解决鬼波衰减算法对横向数据密度的需求，斯伦贝谢公司发展了四分量拖缆采集技术（Robertsson et al.，2008；Goujon et al.，2012；Vassallo et al.，2010；Teigen et al.，2012；Sanchis and Elboth，2014），它也可看做是拖缆双检采集技术（Tenghamn et al.，2007）的延伸和发展，通过压力和垂直压力梯度可以提供二维宽频数据，从而区分上、下行波，去除鬼波。通过压力、垂直压力梯度和横向压力梯度解决横向数据密度不足的问题，实现三维波场重建和鬼波衰减（Robertsson et al.，2009）。同年，又推出了基于广义匹配追踪（GMP）的联合插值、波场分离用于横向数据重建。（Wang et al.，2014）提出了基于压力检波器和加速度检波器数据的 Tau-P 稀疏反演算法，该算法克服了 Nyquist 采样定理的限制，用于四分量采集数据中鬼波的消除。

四分量拖缆从装备和处理技术联合解决鬼波问题，其成本劣势并未得到市场广泛认可，而同时常规拖缆宽频的采集技术在市场中广泛应用，但拖缆的多源多缆采集、宽方位采集会产生大量较大横向偏移距的数据，常规 Radon 鬼波衰减方法在横向偏移距过大时并不能很好适应，为此研究提出了基于角度校正的 Radon 鬼波衰减方法，经测试表明，该方法有效提高了横向偏移距较大且横向数据稀疏时的拖缆鬼波衰减效果。

1　方法原理

1）Radon 变换的基本原理

对于水平缆采集时，一个连续的排列记录下来的信号 $\mathrm{d}(t,x)$，其线性 Radon 变换（τ-p 变换）的结果如公式（1、2）所示：

$$m(\tau,p)=\int_{-\infty}^{\infty}d(t=\tau+px,x)\mathrm{d}x \tag{1}$$

$$d(t,x)=\int_{-\infty}^{\infty}m(\tau=t-px,p)\mathrm{d}p \tag{2}$$

其中，p 为斜率，τ 为截距，t 表示地震波旅行时，x 为偏移距；$\tau=t-px$ 为截距时间，$p=\mathrm{d}t/\mathrm{d}x$ 为慢度。$\mathrm{d}(t,x)$ 是时间域的地震信号，$m(\tau,p)$ 是映射得到的 τ-p 数据，对上面两式进行离散化可以得到 τ-p 正反变换的公式（3、4）：

$$m(\tau_i,p_j)=\sum_{n=1}^{N}d(t_i=\tau+p_jx_n,x_n) \tag{3}$$

$$d(t_l,x_n)=\sum_{j=1}^{M}m(t_l-p_jx_n,p_j) \tag{4}$$

式中，N 表示总的地震道数，J 为 p 的取值个数，i,l 分别为 τ, t 轴上的离散序号。τ-p 变换也常常采用频率空间域方法实现，分别对公式 1、2 两式中 τ, t 进行 Fourier 变换，可以得到频率域 τ-p 正反变换对，如公式（5、6）。

$$M(w,p)=\int_{-\infty}^{\infty}D(w,x)e^{iwpx}\mathrm{d}x \tag{5}$$

$$D(w,x)=\int_{-\infty}^{\infty}M(w,p)e^{-iwpx}\mathrm{d}p \tag{6}$$

频率域的离散形式如公式（7、8）所示：

$$M(w,p_j)=\sum_{n=1}^{N}D(w,x_n)e^{iwp_jx_n} \tag{7}$$

$$D(w,x_n)=\sum_{j=1}^{M}M(w,p_j)e^{-iwp_jx_n} \tag{8}$$

通过对 Radon 变换最小平方规则化求解过程进行改进，使用变量阻尼因子，使之随 P 值变化，使能量在真实的速度范围内收敛，则可实现高分辨率 Radon 变换。斜缆采集中上行的一次波到达检波点的时间相对于海平面的检波点接收的一次波时间提前了 $\Delta\tau$，而斜缆中下行的虚反射相比于海平面上检波点接收的一次波时间推迟了 $\Delta\tau$，因此可据此对水平缆线性 Radon 变换的方程进行修改来求取斜缆在海平面没有虚反射的数据。

2）三维观测系统下压制算法

三维观测系统下，由于横向偏移距的影响，二维条件下的一次波、鬼波时差公式不再适用，通过对射线参数进行角度校正，从而推导出三维观测系统下的时差计算公式，并进行模型数据测试，能够较好的压制鬼波，尤其是多缆船采集的近偏移距范围，相对二维 Radon 变换压制鬼波算法有明显改善。图 1 所示为 3D 观测系统下波场传播示意图。

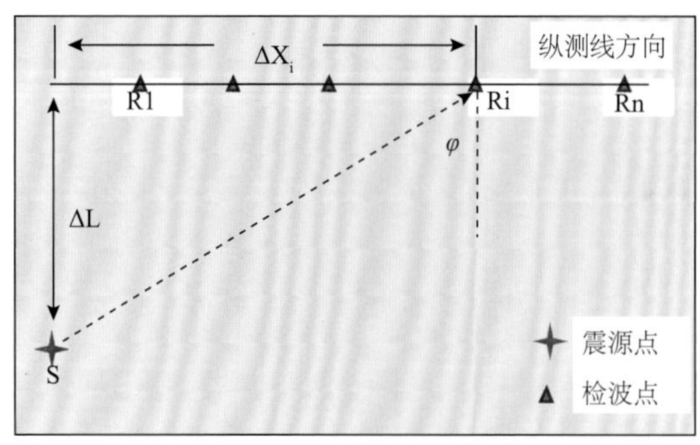

图 1　3D 观测系统下波场传播示意图

二维观测系统下，水平慢度 $\boldsymbol{P}$ 的方向与测线方向一致，可直接用于计算一次波鬼波延时 $\Delta\tau$；三维观测系统下，水平慢度 $\boldsymbol{P}_r$ 与测线方向不一致，存在一定夹角，不能直接用于计算鬼波延时，需要对水平慢度 $\boldsymbol{P}$ 进行一个角度校正：

$$\boldsymbol{\varphi} = \arctan\frac{\Delta X_i}{\Delta L} \tag{9}$$

$$\boldsymbol{P}_r = \frac{\boldsymbol{P}}{\sin\boldsymbol{\varphi}} \tag{10}$$

式中，ΔX_i 为检波点 **Ri** 处的纵向炮检距，ΔL 为横向偏移距，$\boldsymbol{\varphi}$ 为 3D 观测系统下地震波水平慢度与垂直方向的夹角，$\boldsymbol{P}$ 为测线方向的水平慢度，$\boldsymbol{P}_r$ 为 3D 观测系统下经过角度校正之后的水平慢度。

然后将经过角度校之后的水平慢度 $\boldsymbol{P}_r$ 带入一次波、鬼波时差公式，从而计算出 3D 观测系统下的鬼波延时：

$$\Delta\boldsymbol{\tau} = \frac{2\boldsymbol{Z}\cos(\boldsymbol{\theta})}{\boldsymbol{v}_w} \tag{11}$$

其中

$$\boldsymbol{\theta} = \sin^{-1}(\boldsymbol{v}_w \boldsymbol{P}_r) \tag{12}$$

$\Delta\boldsymbol{\tau}$ 表示鬼波相对一次波的延时，$\boldsymbol{\theta}$ 表示入射角度，$\boldsymbol{v}_w$ 表示地震波在海水中的传播速度，$\boldsymbol{Z}$ 表示检波点所在位置的深度。

计算得到三维观测系统下的时差 $\Delta\boldsymbol{\tau}$，然后再带入二维 Radon 鬼波压制算法，即可对三维观测的且具有较大横向偏移距的地震数据进行宽频处理。

2 理论模型测试

为验证该鬼波压制算法的效果，基于一个双层模型进行带鬼波单炮模拟。浅层为海水层，速度为 1500m/s，深层速度为 2000m/s；缆深为 10m；由于当横向偏移距较小时对数据影响较小，计算的时差相差不大，可以当做二维的情况来处理，对于横向偏移距较大的数据则必须进行角度校正再进行鬼波压制。因此这里主要测试横向偏移距 2000m 和 2500m 的数据。

由图 2～图 7 可见，无论横向偏移距 2000m 还是 2500m 的数据，应用二维 Radon 鬼波衰减方法来处理时，近炮检距（约三分之一）部分的鬼波衰减效果均不理想，应用本次研究的基于 3D 角度校正的压制算法（以下简称：三维方法）测试结果可以达到比较理想的效果。

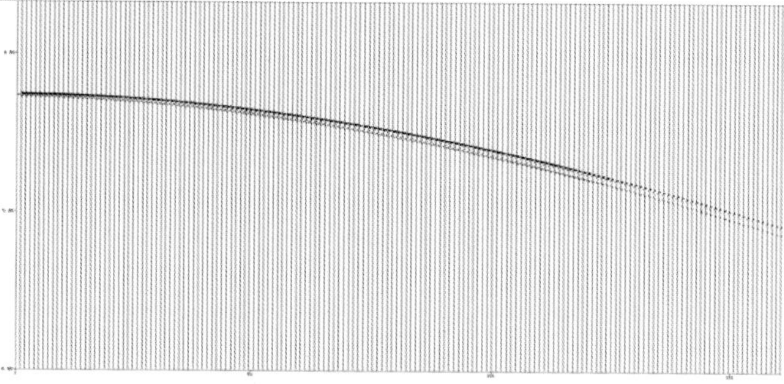

图 2　横向偏移距 2000m 原始记录

图 3　二维 Radon 压制鬼波记录（横向偏移距 2000m）

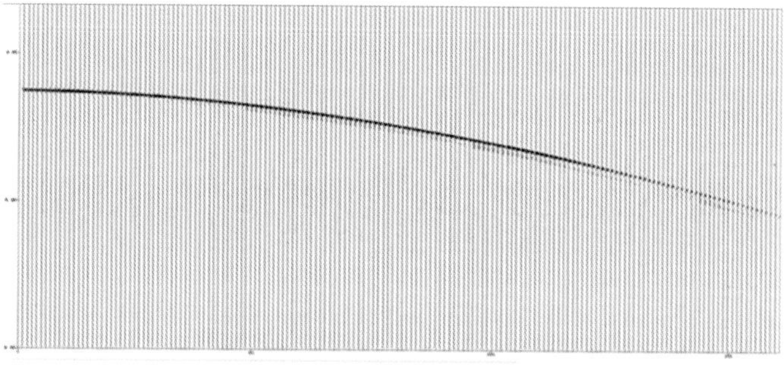

图 4　基于 3D 校正压制鬼波记录（横向偏移距 2000m）

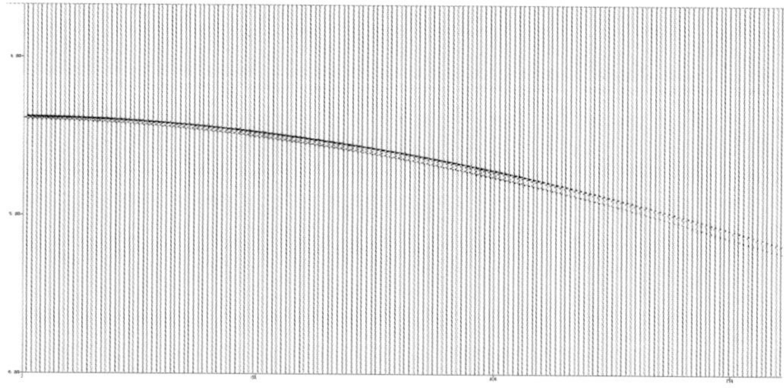

图 5　横向偏移距 2500m 原始记录

图 6　二维 Radon 压制鬼波记录（横向偏移距 2500m）

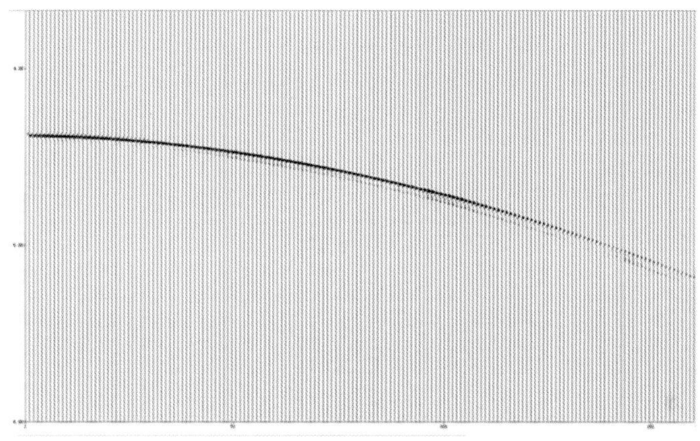

图 7　基于 3D 校正压制鬼波记录（横向偏移距 2500m）

3　实际资料测试

本次测试选取了十缆船水平拖缆采集的边缆数据，采集所使用的电缆设备为自主生产的海亮拖缆系统，横向偏移距 475m，进行基于 3D 角度校正的衰减方法应用试验，图 8 展示了常规二维 Radon 算法和基于角度校正的 Radon 方法衰减电缆鬼波前后单炮对比，可见，常规二维方法对电缆鬼波衰减也取得了一定的效果（图 8 中），但假频噪音比较严重，基于 3D 角度校正的方法衰减效果比较理想，噪音控制也比较理想（图 8 右）。从图 9 对应图 8 单炮的振幅谱对比可以看出，基于 3D 角度校正的方法应用后对陷频点的恢复比较好，常规二维 Radon 方法应用后的振幅谱陷波点相较去鬼波前也得到了一定的恢复，但仍有不足，无论是在高低频端还是在主频段，陷波点位置相较基于 3D 角度校正的方法去鬼波后的振幅谱恢复都存在差距。

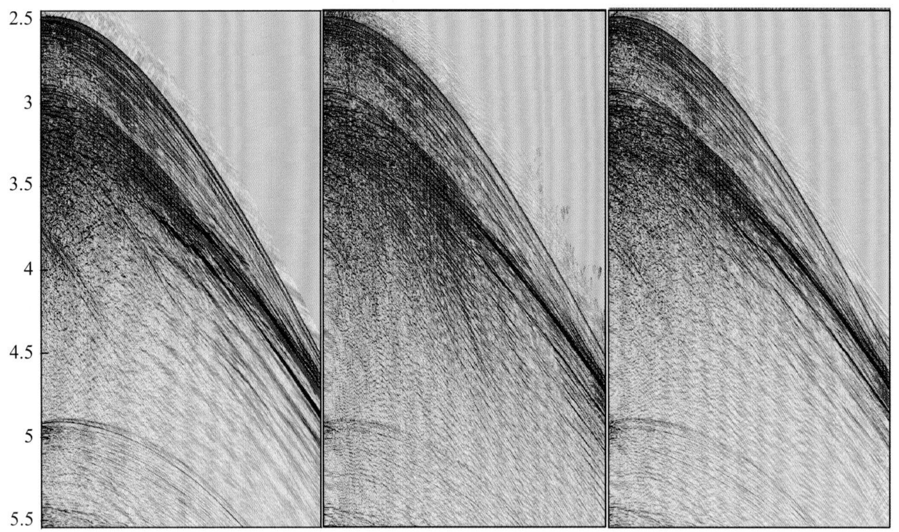

图 8 常规二维 Radon 和基于角度校正的 Radon 方法衰减电缆鬼波前后单炮对比

衰减鬼波前（左）、常规二维方法衰减后（中）、基于角度校正的 Radon 方法衰减后（右）

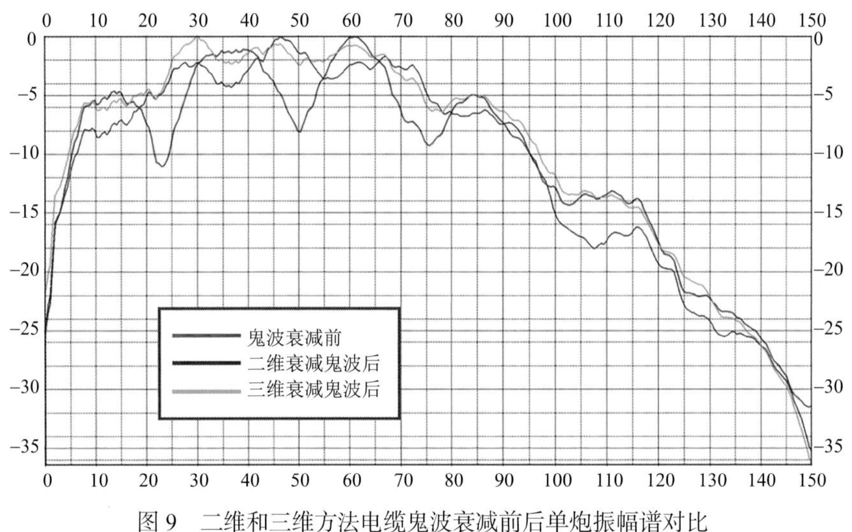

图 9 二维和三维方法电缆鬼波衰减前后单炮振幅谱对比

衰减鬼波前（红色）、二维方法衰减鬼波后（蓝色）、三维角度校正方法衰减鬼波后（绿色）

从上述分析可见基于角度校正的 Radon 鬼波衰减方法对多缆船采集时横向偏移距较大的边缆数据处理保真度更高，信噪比相对常规二维 Radon 方法有明显提高，对鬼波陷频点的恢复良好，鬼波的衰减效果比较理想。

4 结论及认识

本次研究的基于角度校正的 Radon 鬼波衰减算法，可以适应水平拖缆和变深度拖缆的鬼波衰减方法，通过理论模型数据和实际地震数据的试算得到以下结论和认识：

（1）拖缆横向偏移距较大时，该方法应用效果明显，解决了二维 Radon 算法的应用缺陷，同时避免了三维 Radon 算法对横向数据稀疏的不适应；解决了生产中多缆船采集时，横向偏移距较大时在近炮检距附近鬼波压制不彻底的问题。

（2）方法研究充分考虑了野外施工条件，支持野外更加灵活的宽方位宽频采集方法实施，为采集处理一体化获得宽频宽方位资料奠定了基础。

（3）该方法不需要对地震数据整体进行校正，相较三维算法极大地减少了工作量，提高了运算效率。

尽管可通过抽取共检波点道集的形式利用本文方法衰减震源鬼波，但由于其与一次波时差较小，大部分情况下衰减效果不是很理想，仍需进一步研究。

参考文献

Goujon N, Ø. Teigen, Özdemir K, Kjellesvig B A, Rentsch S. 2012. Multicomponent（4C）towed-streamer design for high signal fidelity recording. Society of Exploration Geophysicists: Seg Technical Program Expanded Abstracts 2012. 4609

Jayaram V, Copeland D, Ellinger C, Sicking C, Nelan S, Gilberg J, Carter C. 2015. Receiver deghosting method to mitigate FK transform artifacts: A non-windowing approach. Society of Exploration Geophysicists: SEG Technical Program Expanded Abstracts 2015. 4530-4534

King S, Poole G. 2015. Hydrophone-only receiver deghosting using a variable sea surface datum. Society of Exploration Geophysicists: SEG Technical Program Expanded Abstracts 2015. 4610-4614.

Ray C H, Moore N A. 1982. High resolution, marine seismic stratigraphic system. US Patent, 4353121

Robertsson J O A, Moore I, ÖZbek A, Vassallo M, Manen D. 2008. Reconstruction of pressure wavefields in the crossline direction using multicomponent streamer recordings. Society of Exploration Geophysicists: Seg Technical Program Expanded Abstracts 2008. 3713

Robertsson J O A, Vassallo M, Manen D J V, Zbek A. 2009. 3D deghosting of multicomponent or over/under streamer recordings using cross-line wavenumber spectra of hydrophone data. US Patent, 8379481

Sanchis C, Elboth T. 2014. Multicomponent streamer noise characteristics and denoising. Society of Exploration Geophysicists: SEG Technical Program Expanded Abstracts 2014. 4183-4187

Song J G, Gong Y L, Li S. 2015. High-resolution frequency-domain Radon transform and variable-depth streamer data deghosting. Applied Geophysics, 12: 564-572

Soubaras R. 2010. Deghosting by joint deconvolution of a migration and a mirror migration. Society of Exploration Geophysicists: SEG Technical Program Expanded Abstracts 2010. 3406-3410

Soubaras R. 2012. Pre-stack deghosting for variable-depth streamer data. Society of Exploration Geophysicists: SEG Technical Program Expanded Abstracts 2012. 1-5

Teigen Ø, Özdemir A K, Kjellesvig B, Goujon N, Pabon J. 2012. Characterization of noise modes in multicomponent（4C）towed streamers. Society of Exploration Geophysicists: Seg Technical Program Expanded Abstracts 2012. 4609

Tenghamn R, Vaage S, Borresen C. 2007. A dual-sensor, towed marine streamer: its viable implementation and initial results. Expanded Abstracts of the 77th Annual SEG Meeting. 989: 993

Vassallo M, Özbek A, Özdemir K, Eggenberger K. 2010. Crossline wavefield reconstruction from multicomponent streamer data: Part 1 — Multichannel interpolation by matching pursuit（MIMAP）using pressure and its crossline gradient. Geophysics, 75: WB53-WB67

Wang P, Jin H, Peng C, Ray S. 2014. Joint Hydrophone and Accelerometer Receiver Deghosting Using Sparse Tau-P Inversion. Society of Exploration Geophysicists: Seg Technical Program Expanded Abstracts 2014. 5183

Wang P, Ray S, Peng C, Li Y F. 2013. Premigration deghosting for marine streamer data using a bootstrap approach in tau-p domain. Society of Exploration Geophysicists: SEG Technical Program Expanded Abstracts 2013. 4221-4225

Zhang Z, Wu Z, Wang B, Jiet J. 2015. Time variant de-ghosting and its applications in WAZ data. Society of Exploration Geophysicists: SEG Technical Program Expanded Abstracts 2015. 4520-4524